新中国治淮 70 年论文集

水利部淮河水利委员会
中国水利学会 编

黄河水利出版社
·郑州·

图书在版编目(CIP)数据

新中国治淮 70 年论文集/水利部淮河水利委员会,
中国水利学会编. —郑州:黄河水利出版社,2020.9
ISBN 978 – 7 – 5509 – 2803 – 9

Ⅰ.①新… Ⅱ.①水… ②中… Ⅲ.①淮河 – 流域综
合治理 – 文集 Ⅳ. TV882.3 – 53

中国版本图书馆 CIP 数据核字(2020)第 167917 号

组稿编辑:母建茹 电话:0371 – 66025355 E-mail:273261852@ qq. com

出 版 社:黄河水利出版社 网址:www. yrcp. com
　　　地址:河南省郑州市顺河路黄委会综合楼 14 层 邮政编码:450003
发行单位:黄河水利出版社
　　　发行部电话:0371 – 66026940、66020550、66028024、66022620(传真)
　　　E-mail:hhslcbs@126. com
承印单位:河南瑞之光印刷股份有限公司
开本:890 mm×1 240 mm　1/16
印张:57.25
字数:1770 千字 印数:1—1 800
版次:2020 年 9 月第 1 版 印次:2020 年 9 月第 1 次印刷

定价:298.00 元

《新中国治淮 70 年论文集》
编 委 会

前 言

淮河是新中国第一条全面系统治理的大河。1950年10月14日,中央人民政府政务院做出《关于治理淮河的决定》,开启了新中国治淮的伟大征程。70年来,在"一定要把淮河修好"的伟大号召的指引下,在"蓄泄兼筹"科学方针的指导下,沿淮人民持续开展了声势浩大的淮河治理开发与保护工作,初步建成了现代化的防洪、除涝和水资源综合利用体系,谱写了盛世治水、兴水惠民的淮河篇章。

七秩既往,任重道远;不忘初心,再启新程。为深入贯彻习近平新时代中国特色社会主义思想和治水重要论述精神,积极落实"水利工程补短板,水利行业强监管"总基调,深入研讨淮河保护治理和高质量发展的根本性、方向性、全局性重大问题,2019年12月,水利部淮河水利委员会(以下简称淮委)与中国水利学会发出《关于举办新中国治淮70年(高层)研讨会的通知》,拟定于2020年10月召开新中国治淮70年(高层)研讨会,并正式启动新中国治淮70年征文活动。此后,受新冠肺炎疫情影响,淮委将新中国治淮70年(高层)研讨会调整为纪念新中国治淮70周年座谈会,继续开展新中国治淮70年征文活动,以正式出版纪念文集和论文集的方式代替新中国治淮70年(高层)研讨活动内容。并于2020年4月印发《关于成立新中国治淮70年征文活动组织委员会的通知》,成立了由淮委、中国水利学会和豫、皖、苏、鲁等四省水利厅及青岛市水务管理局等单位领导组成的组织委员会,征文工作有序推进。

2020年8月18日,在新中国治淮70周年的关键节点,习近平总书记亲临淮河,视察治淮工程,查看淮河水情,充分肯定70年来淮河治理取得的显著成效,做出要把治理淮河的经验总结好、认真谋划"十四五"时期淮河治理方案的重要指示。在这样一个历史性的关键节点,继续开展好新中国治淮70年征文活动,凝聚各方共识、集聚各界智慧、汇聚广泛力量共同推动今后治淮工作开展,意义重大,影响深远。

此次征文分为纪念文章和科技论文两部分。2020年5月,淮委主任肖幼发出纪念文章约稿函,得到了治淮老领导、老专家的高度重视和倾力支持。作为新中国治淮的亲历者、见证者与奉献者,他们欣然应约、积极撰稿,在字里行间回忆治淮的峥嵘岁月,关注治淮的每一步进展,展望幸福淮河的美好前景。文章内容涉及聊天记录、诗词、散文、回忆录和工作建议等,虽内容体裁不同,但来自他们治淮记忆中的每一个片段、基于治淮经历的每一个感悟、对当代治淮人的每一个期待和推进治淮的真诚建议,都是推进新时代治淮事业高质量发展的宝贵财富。撰稿期间,有老领导因与病魔抗争,无法手写,口述后由家人记录整理完成约稿文章;有老专家在提交文稿后仍然反复思考,历经多次修改与完善,精益求精;还有领导和专家一人撰写多篇稿件,从不同角度展示老一辈治淮人的初心和使命……这些征文活动过程中的一件件事情都令编者感动并记忆深刻。

科技论文征集活动得到淮委和豫、皖、苏、鲁四省以及社会各界关心淮河水利事业的专家、学者的积极响应,共收到论文328篇。论文作者以严谨细致、认真负责、求实创新的学术态度,立足各自专业领域,围绕防灾减灾与新技术应用、水资源管理与水生态文明建设、水利工程建设与运行管理、民生水利与改革发展等主题,发表了很多具有前沿性的学术观点、创新性的技术方案和建设性的见解建议。2020年7月,本着客观、公正的原则,聘请有关专家通过匿名评审方式评选出198篇入选论文,其中49篇为优秀论文。

淮委、中国水利学会和豫、皖、苏、鲁等四省水利厅及青岛市水务管理局对本论文集的出版工作给予了大力支持,参与评审和编辑的专家与工作人员付出了艰辛工作,在此一并表示感谢。同时,对所有应征投稿的作者致以诚挚的谢意。由于编辑出版的工作量大、时间仓促,且编者水平有限,疏漏和不当之处,敬请广大读者批评指正。

编 者

2020年9月

目　录

一、防灾减灾与新技术应用

二、水资源管理与水生态文明建设

三、水利工程建设与运行管理

四、民生水利与改革发展

一、防灾减灾与新技术应用

沈丘沙河大桥工程对河道行洪影响研究

徐雷诺[1]，吴广昊[2]，汪跃军[1]，王式成[1]

（1. 淮河水利委员会水文局（信息中心），安徽 蚌埠　233001；

2. 中水北方勘测设计研究有限公司，天津　300000）

摘　要　利用二维水动力数值模型研究了沈丘沙河大桥工程建设对河道行洪的影响，得出了工程建设对河道水位、流速的影响。结果表明，工程建成后，以桥址处为界，上游水位壅高，下游水位下降，水位受桥墩阻水作用影响明显，影响程度随流量的增加而缓慢增大。流速变幅较大的区域主要集中在桥墩前沿，沿主流线方向的两桥墩之间区域流速下降最为剧烈。工程建设对河道行洪的影响主要表现为阻水，对河势稳定影响较小。研究成果对于衡量工程建设对河道行洪影响具有重要意义，同时亦可为工程建成后的运行管理提供依据。

关键词　防洪影响；数值模拟；水动力；桥墩壅水

1　前言

桥梁工程建设会减少桥址处河道断面的过水面积，改变河道流场条件，并引起局部水位壅高。国内外学者针对桥墩壅水问题已总结出大量经验公式[1-2]，经验公式法虽然方法简便，但精度较低，主要用于对断面平均壅水值进行估算，局限性较大。相对而言，数值模拟目前已发展到具有成熟的理论体系，得到越来越多的应用[3-6]。

本文拟采用数值模拟方法，针对沈丘沙河大桥工程这一工程案例开展桥墩壅水效应及对河道行洪影响方面的研究，成果可为分析评价工程建设对河道行洪影响及日后工程运行管理提供参考。

2　模型建立

2.1　工程概况

沈丘沙河大桥为沈丘县兆丰大道跨沙颍河大桥，位于沈丘槐店闸下游 1.3 km 处，距下游新蔡河口 11.87 km，是沈丘县连接沙颍河南北的主要交通干道。沈丘沙河大桥全长 645.08 m，由北引桥、主桥、南引桥三部分组成，全桥共分 5 联，主桥宽 40 m，引桥宽 35 m，桥面横坡均为 1.5%，防洪标准为 100 年一遇。

2.2　控制方程

本文基于 Deflt 3D 软件建立工程区域的二维水动力数值模型，控制方程为浅水方程。

连续性方程：

$$\frac{\partial h}{\partial t} + \frac{\partial h\bar{u}}{\partial x} + \frac{\partial h\bar{v}}{\partial y} = hS \tag{1}$$

x 方向动量方程：

$$\frac{\partial h\bar{u}}{\partial t} + \frac{\partial h\bar{u}^2}{\partial x} + \frac{\partial h\,\overline{vu}}{\partial y} = hf\bar{v} - gh\frac{\partial \eta}{\partial x} - \frac{h}{\rho_0}\frac{\partial p_a}{\partial x} - \frac{gh^2}{2\rho_0}\frac{\partial \rho}{\partial x} + \frac{\tau_{sx}}{\rho_0} - \frac{\tau_{bx}}{\rho_0} - \frac{1}{\rho_0}\left(\frac{\partial S_{xx}}{\partial x} + \frac{\partial S_{xy}}{\partial y}\right) +$$

$$\frac{\partial}{\partial x}(hT_{xx}) + \frac{\partial}{\partial y}(hT_{xy}) + hu_s S \tag{2}$$

作者简介：徐雷诺，男，1991 年生，淮河水利委员会水文局（信息中心）工程师，硕士，主要从事水资源管理、流域规划方面的工作和研究。E-mail：xln@ hrc. gov. cn。

y 方向动量方程：

$$\frac{\partial h\bar{v}}{\partial t} + \frac{\partial h\,\overline{uv}}{\partial x} + \frac{\partial h\,\bar{v}^2}{\partial y} = hf\bar{u} - gh\frac{\partial \eta}{\partial y} - \frac{h}{\rho_0}\frac{\partial p_a}{\partial y} - \frac{gh^2}{2\rho_0}\frac{\partial \rho}{\partial y} + \frac{\tau_{sy}}{\rho_0} - \frac{\tau_{by}}{\rho_0} - \frac{1}{\rho_0}\left(\frac{\partial S_{yx}}{\partial x} + \frac{\partial S_{yy}}{\partial y}\right) +$$

$$\frac{\partial}{\partial x}(hT_{xy}) + \frac{\partial}{\partial y}(hT_{yy}) + hv_s S \tag{3}$$

$\bar{u}$ 和 $\bar{v}$ 的表达式如下：

$$h\bar{u} = \int_{-d}^{n}u\mathrm{d}z, \quad h\bar{v} = \int_{-d}^{n}v\mathrm{d}z \tag{4}$$

式中：t 为时间；d 为静水深；η 为水位；$h = \eta + d$ 为总水深；u、v 分别为流速在 x、y 方向上的分量；f 为科氏力系数；ρ_0 为水密度；p_a 为当地的大气压；T 为水平黏滞应力项；S 为源汇项；τ_{sx}、τ_{sy} 为风摩擦应力分量；τ_{bx}、τ_{by} 为河床摩擦应力分量。

有多种方法求解方程(1)~(3)[7,8]，本文将一个时间步长分作两个时间层，每一层上分别交替改变方向隐式求解控制方程。

2.3　网格划分

为更好地贴合天然河道的不规则边界，本文采用正交曲线网格[9]，如图1所示，网格单元数为 414×54，共计 22 356 个网格，单个网格面积基本与桥墩尺寸相当。为保证计算精度，本次计算对桥墩采用了干点处理，即将桥墩所在网格设置为不过水网格来进行计算，桥墩位置网格及干点处理情况如图2所示。

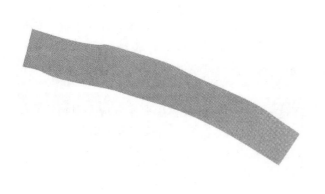

图1　工程河段网格分布

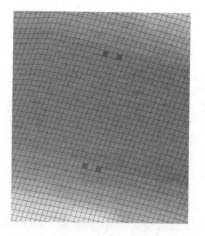

图2　桥墩位置网格及干点处理

2.4　模型验证

根据工程河段的地质资料可知，河床的土质主要为粉质黏土，依据《水工手册》糙率取值范围，将河道的糙率设置为 0.022 5，滩地的糙率设置为 0.027 5。由于缺乏工程河段的实测洪水资料，本次计算采用《河南省沙颍河近期治理工程初步设计报告》中确定的 20 年一遇洪水设计工况验证，通过对比工程河段桥址处水位的模型计算值和设计值，来对模型的合理性进行验证。

根据《沙颍河周口至省界航道升级改造工程沈丘枢纽工程规划同意书论证报告》，沈丘沙河大桥桥址处河道在 20 年一遇洪水条件下的水位为 40.86 m，与模型计算值的对比如图3所示。由图可知，桥址处各测点处水位的计算值与设计值的最大误差为 0.01 m 左右，误差率 0.024%，表明本模型基本合理，满足本次计算的精度需求。

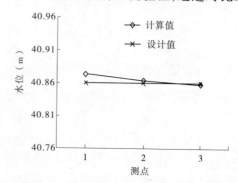

图3　20 年一遇洪水工况下桥址处水位分布

3   计算工况及结果分析

本文采用 20 年一遇洪水工况验证,分别计算 50 年和 100 年一遇洪水工况下工程建成前后水动力场的变化情况,以研究分析工程建设对河道行洪的影响。20 年和 50 年一遇洪水工况对应的流量、水位根据《沙颍河周口至省界航道升级改造工程沈丘枢纽工程规划同意书论证报告》中的成果取值,100 年一遇洪水流量采用交通高教《桥涵水力水文》[10]中的经验公式法计算。

本文的计算工况如表 1 所示。

表 1   计算工况

工况	工况说明	上游边界	下游边界	说明
		流量 $Q(\mathrm{m^3/s})$	水位 $H(\mathrm{m})$	
1	50 年一遇洪水	4 150	41.98	工程建设前
2	50 年一遇洪水	4 150	41.98	工程建设后
3	100 年一遇洪水	4 780	42.94	工程建设前
4	100 年一遇洪水	4 780	42.94	工程建设后

3.1   水位影响分析

图 4 ~ 图 6 为 50 年和 100 年一遇洪水工况下工程建成前后的水位差分布云图,本节所述的水位差(水位变化)定义为:水位差 = 工程建成后水位 − 工程建成前水位。由图可知,工程建设对所在河道水位的影响表现为:以桥址处为界,桥址上游水位壅高,桥址所在断面及其下游水位下降;受桥墩阻水作用影响,桥址上游一侧桥墩前沿区域水位壅高最为明显,两种工况下的水位壅高极值均出现在该区域,最大水位壅高值分别达到 0.041 m 和 0.047 m;受桥墩所在断面过水面积减小,流速增大影响,桥墩断面所在区域水位下降最为明显,沿水流流向两桥墩之间区域的水位下降幅度最大;两种工况下,最大水位降幅分别达到 0.021 m 和 0.029 m。

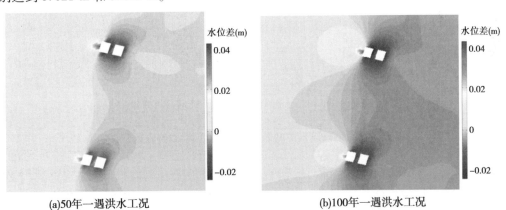

(a)50年一遇洪水工况   (b)100年一遇洪水工况

图 4   工程建成后桥址处水位差分布

3.2   流场影响分析

图 7、图 8 分别为两种洪水工况下,工程建设前后桥址处的流速分布图。由图可知,桥墩处产生的水流扰动范围较小,未对水流流态产生明显影响。受桥墩阻水作用影响,流速变幅较大的区域主要集中在桥墩前沿,沿主流线方向的两桥墩之间区域流速下降最为剧烈。

由计算结果(见表 2)可以发现,两种洪水工况下,流速最大变幅分别为 1.29 m/s 和 0.37 m/s,受桥墩阻水作用影响明显;百年一遇洪水工况下,流速最大变幅减小,主要是受过水断面扩大,流速减小影响。相较于最小流速,工程建设前后,桥址处最大流速的变化幅度相对较小,两种洪水工况下,变幅均小于 0.1 m/s,表明工程建设对河道行洪的主要影响表现为阻水,对河势稳定影响较小。

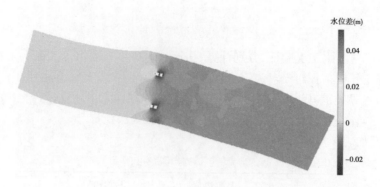

图5　50年一遇洪水工况下工程建成前后工程河段水位差分布

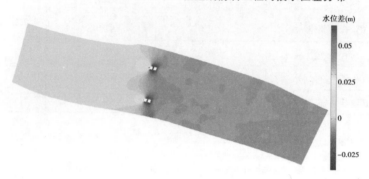

图6　100年一遇洪水工况下工程建成前后工程河段水位差分布

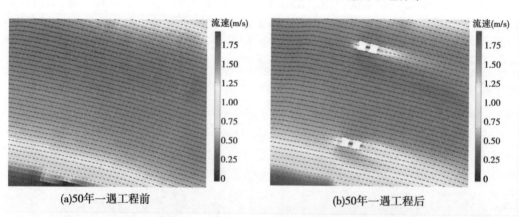

图7　50年一遇洪水工况下工程建成前后桥址处流速分布

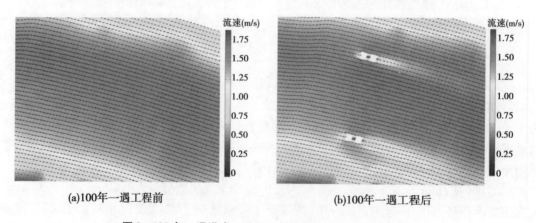

图8　100年一遇洪水工况下工程建成前后桥址处流速分布

表2　流场计算结果

序号	工况说明	平均流速(m/s)	最大流速(m/s)	最小流速(m/s)
工况1	工程建设前,50年一遇洪水条件下,桥址处流场情况	1.72	1.85	1.48
工况2	工程建设后,50年一遇洪水条件下,桥址处流场情况	1.70	1.95	0.19
工况3	工程建设前,100年一遇洪水条件下,桥址处流场情况	1.62	2.06	0.56
工况4	工程建设后,100年一遇洪水条件下,桥址处流场情况	1.62	2.07	0.19

4　结论

本文采用二维数值模型研究了沈丘沙河大桥工程建设对河道行洪的影响,得出如下结论:

(1)以桥址处为界,上游水位壅高,下游水位下降,桥墩前沿区域水位壅高最为明显,最大值可达0.41~0.47 m;桥墩断面所在区域水位下降最为明显,最大降幅可达0.021~0.028 m,水位受桥墩阻水作用影响明显,影响程度随流量的增加而缓慢增大。

(2)受桥墩阻水作用影响,流速变幅较大的区域主要集中在桥墩前沿,沿主流线方向的两桥墩之间区域流速下降最为剧烈,最大变幅可达0.37~1.29 m/s。工程建设对河道行洪的影响主要表现为阻水,对河势稳定影响较小。

参 考 文 献

[1] BRADLEY J N. Hydraulics of bridge waterways[M]. US Federal Highway Administration, 1978.

[2] 陆浩,高冬光. 桥梁水力学[M]. 北京:人民交通出版社,1991:54-80.

[3] HUNT J, BRUNNER G W, LAROCK B E. Flow transitions in bridge backwater analysis[J]. Journal of Hydraulic Engineering, 1999, 125(9): 981-983.

[4] SECKIN G, AKOZ M S, COBANER M, et al. Application of ANN techniques for estimating backwater through bridge constrictions in Mississippi River basin[J]. Advances in Engineering Software, 2009, 40(10): 1039-1046.

[5] 张细兵,余新明,金琨. 桥渡壅水对河道水位流场影响二维数值模拟[J]. 人民长江, 2003, 34(4): 23-24, 40.

[6] 王玲玲,徐雷诺. 周口港弯道码头工程水动力特性[J]. 河海大学学报(自然科学版), 2018(2): 134-139.

[7] Ye Jian, McCorquodale J A. Simulation of curved open channel flows by 3D hydrodynamic model[J]. Journal of Hydraulic Engineering, 1998, 124(7): 687-698.

[8] 金忠青. N-S方程的数值解和紊流模型[M]. 南京:河海大学出版社, 1989: 92-97, 179-248, 57-63.

[9] 汪德爟. 计算水力学理论与应用[M]. 南京:河海大学出版社, 1989.

[10] 舒国明. 桥涵水力水文[M]. 北京:人民交通出版社, 2009.

心墙砂砾石坝变形协调控制技术及工程应用

张兆省,皇甫泽华

（河南省前坪水库建设管理局,河南 郑州　450003）

摘　要　心墙砂砾石坝在水利工程中应用广泛,因结构特点以及筑坝材料性质差异,导致变形不协调,进而引起坝体发生水力劈裂和表面裂缝,严重影响工程安全。依托前坪水库心墙砂砾石坝,通过系统的试验、机制研究和数值模拟,建立了考虑坝料瞬时变形、流变、湿化及循环荷载等要素的大坝应力变形预测技术,揭示了顺坡差动变形易导致水力劈裂的机制,构建了多因素心墙砂砾石坝变形协调性判别准则以及变形协调度综合健康标准和评价函数,提出心墙砂砾石坝变形协调多目标优化方法;改进了体现滚动压密机制的相对密度现场试验方法,提出了碾压机振动回馈与神经网络方法相融合的全工作面压实质量评估模型,实现了碾压参数和压实密度的过程和结果联合智能控制,为前坪水库心墙砂砾石坝安全、智能、高效施工及科学运行管理提供技术保障。

关键词　前坪水库;心墙砂砾石坝;变形协调;水力劈裂;智能碾压

0　引言

心墙砂砾石在水利工程中应用广泛,是水利水电工程中常用坝型[1-2]。多采用黏土、砾石土等材料填筑心墙,采用河床开挖砂砾石料作为坝壳料。对于黏土土心墙坝而言,土石料支撑体的变形大,黏土防渗体也就跟着产生大的变形,导致破坏。因此,在黏土心墙坝的设计当中,必须考虑坝体各土石材料之间的变形协调问题,特别是黏土心墙与土石料支撑体之间的变形协调[1-6]。

变形不协调导致的水力劈裂和坝顶裂缝等是主要安全问题,在国内外工程中持续出现[8-14]。受基于横断面内拱效应的心墙坝水力劈裂机制经典认识影响,工程中倾向降低坝壳压实度和模量,与避免坝顶裂缝的压实度要求存在矛盾,是变形协调控制的难点;水力劈裂所需应力条件不能在心墙坝模拟中再现、心墙破坏机制不明的问题,是变形协调控制的堵点[15-17];天然填筑材料特性变异,采用暨有碾压参数进行过程控制难以确保达到设定压实度要求,是变形协调控制的痛点[18-19]。

前坪水库心墙砂砾石坝整体建于覆盖层上,右岸岸坡陡峻。心墙、坝壳分别采用压缩模量差异显著的黏土和砂砾料,且坝壳砂砾料级配不连续、变异性大、抗渗能力低[20-25],大坝变形协调控制要求高、难度大[26-27]。

本文通过室内试验、现场试验、数值模拟、物理模型试验等研究,疏通了心墙坝破坏机制不明的堵点,解决了变形协调控制标准确定难点,去除了高变异性坝料压实质量控制痛点,实现了心墙坝全面变形协调控制,采用高变异性库区内河床砂砾石料建成前坪水库心墙坝,协同实现了大坝质量安全保障和生态环境保护目标,为心墙坝高质量建设树立了技术样本。

1　控制技术

通过对筑坝材料开展室内试验、现场试验以及物理模型试验方面的系统研究,提出了顺坡差动变形心墙水力劈裂机制,建立了心墙坝变形协调性判别准则,从机制上研究解决了变形协调逻辑含义和大坝应力变形的关键控制指标。进一步揭示了大坝填筑关键控制指标与填筑质量的关系,从而建立了心墙砂砾石坝变形协调度综合健康指标,并提出了心墙砂砾石坝变形协调多目标优化方法。为了科学地控

作者简介:张兆省,男,河南省前坪水库建设管理局局长,教授级高级工程师,主要从事水利工程建设与管理工作。E-mail:zzs@ hnsl. gov. cn。

制坝体填筑质量,建立了将压实计值 CMV 参数与神经网络方法相结合的全工作面压实质量评估方法,首次建立了全工作面压实质量结果控制,优化碾压参数过程控制结合的碾压质量控制方法。

从变形协调判别层面上,提出了滞后湿化变形模型,建立了考虑坝料瞬时变形、流变、湿化及循环荷载等要素的大坝应力变形预测技术,揭示了顺坡差动变形易于导致水力劈裂的机制,构建了包括水力劈裂、坝顶裂缝等破坏多因素的心墙坝变形协调性判别准则;在长期性态预测层面上,构建了心墙砂砾石坝变形协调度综合健康指标和评价函数,提出了基于心墙坝性态耦合预测的变形协调多目标优化方法;从压实质量保证层面上,提出了碾压机振动回馈与神经网络方法相融合的全工作面压实质量评估模型,改进了体现滚动压密机制的相对密度现场试验方法,实现了碾压参数智能控制与优化。

总体思路如图 1 所示。

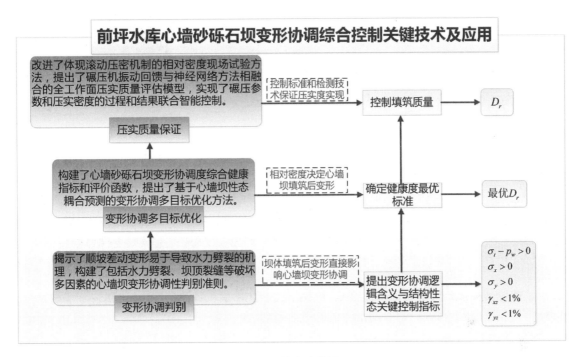

图 1　技术路线图

通过系统的研究,本文提出心墙坝中水力劈裂机制的新解释,首次提出了滞后湿化变形模型,为湿化变形时间累积过程模拟提供了依据。建立了物理模型和精细化仿真结合的性态预测方法,根据安全控制标准,确定了心墙土石坝健康区间,建立了坝壳料密度对坝体变形特性、应力劣化和强度指标的影响函数,形成了心墙土石坝压实质量控制目标。提出了基于心墙砂砾石坝协调变形控制的坝料碾压参数与密度的双控方法。

1.1　变形协调性判别准则

心墙渗透破坏、水力劈裂和坝体裂缝是心墙坝最主要的安全问题。这些安全问题主要受控于坝体变形。因此,工程中常用"变形协调"来描述坝体变形不会引起安全问题和事故的状态。

由于心墙与坝壳间的相互作用、河谷岸坡对坝体变形约束作用(见图2),以及心墙变形和渗流间的耦合作用(见图3)和坝壳多种长期变形分量的时间效应,心墙坝各部位变形不均匀分布,且处于长期调整变化。相应地,心墙坝的变形协调状态也受到多种因素的影响。本节将分析这些因素对变形协调的影响机制及其判断准则。

心墙坝建设从经验为主、半解析化逐步向定量化、数字化和智能化发展至今,变形协调理念已建立,控制手段也不断增强。但是需要看到,高估或低估坝壳变形的问题仍比较突出;长期变形规律认知经验性成分仍较大;应力变形条件对心墙料抗渗性能的影响规律及水力破坏机制还不明确。一些事故原因还没有得到科学合理的解释,并在严格控制的高坝中时有出现。

为了更好地实现心墙坝的变形协调控制,保证大坝的质量和安全,建设中仍需特别注意岸坡基岩处理,以避免岸坡基岩约束导致的不协调;创造条件控制蓄水速度,减少快速蓄水带来的变形不协调;严格坝壳变形控制,切实保证压实密度,控制后期流变、湿化和循环荷载下的变形。

随着经济社会和技术发展,对工程的要求必将从短期安全向长期性能转变,从风险粗放可防向性态精细可控发展。心墙坝的变形协调控制也亟待加快与智能化的融合,提高根据既有状况及预期运用过程动态变化进行精准预测的能力,以更好实现基于长期性能的变形协调自适应多目标优化控制。

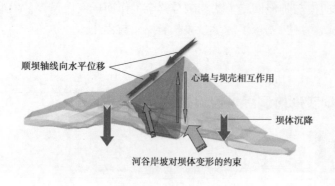

图2　心墙受坝壳和河谷岸坡的约束作用　　　　图3　心墙渗流与应力变形间的耦合作用

本文提出了滞后湿化变形模型,浸水体应变和偏应变增量通过下式计算:

$$\varepsilon_{vs} = c_{w10} \left(\frac{\sigma_3}{P_a}\right)^{n_{w10}} \lg \frac{t_{em}}{t_{em0}} \tag{1}$$

$$\gamma_s = b_{w10} \frac{S_l}{1 - S_l} \lg \frac{t_{em}}{t_{em0}} \tag{2}$$

式中:c_{w10}、b_{w10}分别为体积应变湿化参数和偏应变湿化参数;S_l为剪应力水平;t_{em0}、t_{em}为湿化变形的时刻。

开展了球应力循环条件下变形特性试验,建立了长期变形累积规律(见图4),构建了考虑坝料滞后湿化、流变以及循环荷载影响的心墙坝水力劈裂数值模拟方法。

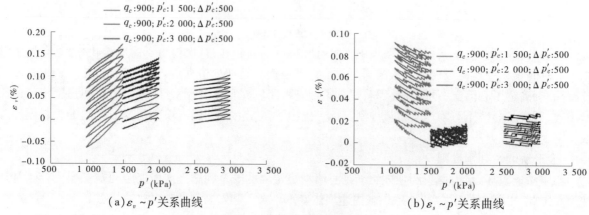

（a）$\varepsilon_v \sim p'$关系曲线　　　　　　　　（b）$\varepsilon_s \sim p'$关系曲线

图4　长期变形累积规律

提出了顺坡差动变形心墙水力劈裂机制,在岸坡强烈约束下,坝壳与心墙在顺岸坡方向上的相互作用分布不均匀,当坝壳约束与拖曳(拱与反拱)在岸坡不同高程同时存在时,会引起心墙顺岸坡向局部拉伸、裂缝,并出现水力劈裂破坏(见图5、图6)。该现象称为岸坡约束下顺坡向差异变形导致的水力劈裂(简称为岸坡约束差动致裂)。

提出了以坡向有效应力为准则的水力劈裂判断标准,融合拉应力标准和剪应变的表面裂缝判断,构建了心墙坝变形协调准则集(见表1)。通过保证坝壳压实度,减小填筑后和蓄水过程中的变形增量差异,防止岸坡差动变形水力劈裂破坏,协同实现对坝顶变形裂缝的防范。

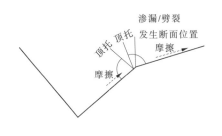
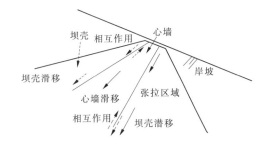

图 5　渗漏和劈裂的普遍发生位置　　　图 6　岸坡约束导致的顺岸坡方向坝壳与心墙相互作用

表 1　变形协调一致性判别准则

准则类型	准则数值
水力劈裂	$\sigma_t - p_w > 0, t // slope$
表面裂缝	$\sigma_x > 0, \sigma_y > 0$（表面张拉裂缝）； $\gamma_{xz} < 1\%, \gamma_{yz} < 1\%$（表面沉降裂缝）

1.2　坝壳料优化设计方法

建立了心墙砂砾石坝变形协调度综合健康指标。心墙砂砾石坝变形协调度是反映坝体筑坝材料之间变形匹配程度的量化指标，受蓄水湿化、材料流变、黏土心墙的固结特性等综合影响。而坝壳密度变化是影响整体变形协调性的主要因素，本质上也反映了材料的刚度、强度、体变、流变以及湿化等一系列物理力学指标的差异。本文提出了坝壳料密度表征函数，构建了表征函数和坝体变形特性、应力劣化和强度指标的影响函数；以满足坝体安全性指标时的表征函数作为坝体健康的临界值，建立心墙砂砾石坝健康区间；结合表征函数变化对坝体变形、应力劣化以及强度指标的影响规律，构建心墙砂砾石坝多指标健康评价函数。

提取不同坝壳料密度计算结果中最不利工况下典型断面位置应力应变极值，将应力指标无量纲化，绘制控制断面坝体表面裂缝和水力劈裂控制指标随坝壳料相对密度变化曲线，如图 7 所示。

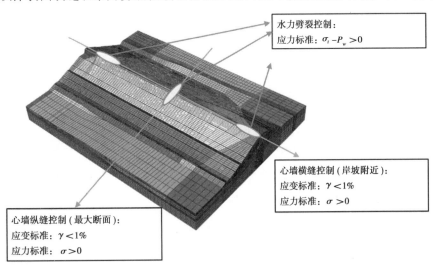

图 7　心墙砂砾石坝安全标准控制断面位置示意图

由图 8 知，坝壳砂砾石料相对密度越低，坝体整体变形越大，对控制坝体表面裂缝不利；从坝体表面裂缝的应力控制指标来看，坝壳砂砾石料相对密度越高，应力控制指标向良性发展。总体来看，对于表面裂缝控制，坝壳砂砾石料相对密度越高越有利。从水力劈裂控制指标来看，随着坝壳砂砾石料相对密度提高，心墙和坝壳之间的差异变形更剧烈，导致应力劣化严重，对心墙抗水力劈裂性能不利，为了保证心墙不发生水力劈裂，要求坝壳砂砾石料相对密度越低越好。

心墙砂砾石坝表面裂缝控制和水力劈裂控制对坝体的要求存在矛盾。为了确保坝体安全,坝壳砂砾石料相对密度需满足安全标准的上、下边界,即心墙砂砾石坝的健康区间,如图 9 所示。

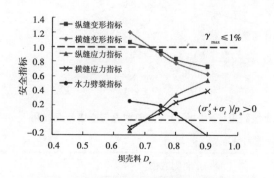
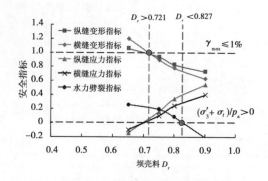

图 8　坝体表面裂缝和水力劈裂控制指标　　　　　　图 9　心墙砂砾石坝健康区间

提出了心墙砂砾石坝变形协调多目标优化方法。以满足心墙砂砾石坝安全性指标为边界条件,以表征函数为变量,以坝体变形特性、应力劣化以及强度指标健康度为目标,将非统一的多目标问题转化成统一的极小化问题,建立各指标的功效函数,形成了保证心墙砂砾石坝协调性最优,满足坝体变形特性、应力劣化以及强度指标健康度多目标的坝壳料相对密度优化方法,如图 10 和图 11 所示。

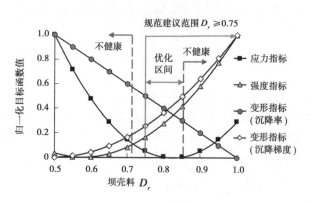
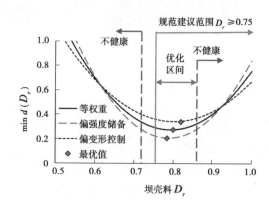

图 10　变形协调评价指标和优化区间　　　　　　图 11　基于变形协调健康度多目标优化结果

1.3　大坝填筑施工碾压智能控制

土石坝的压实质量直接关系到大坝的安全和稳定运行。传统碾压由于依靠人工方式抽检压实质量和控制压实参数,既无法确保整个施工区域的压实质量,也无法满足智能化高效施工的需求。为实现压实参数和压实质量的实时监测,研究者提出了数字碾压技术,如连续压实控制(CCC)、碾压机集成压实监控(RICM)和智能碾压(IC)。截至目前,数字碾压理论与方法已被大量应用于道路、铁路和机场等工程建设,在土石坝方面也取得了若干与数字碾压技术相关的研究成果。在数字碾压中,碾压机由人工驾驶,虽然可以监测碾压轨迹,但无法实现有效的主动控制,存在漏碾、缺振、交叉、重复和超速碾压等问题。为解决上述问题,研究者提出了无人碾压技术。无人碾压技术采用自动控制理论,实现了碾压机的自动行驶,进一步排除了人为操作的影响,目前已在土石坝施工中得到应用。

数字碾压和无人碾压技术部分克服了传统碾压工艺的不足,但技术水平仍停留于自动反馈控制阶段,按照规定的土石填筑碾压质量标准和参数进行施工作业,施工过程具有按步骤实施的程序化特点,压实质量的控制仍由人工线下决策评估完成,不同施工区域间采用固定不变的工作参数进行碾压,无法自主优化碾压参数,施工效率有待改善,因此迫切需要开展压实的智能控制理论研究。基于人工智能、运筹学、自动控制相交叉的"三元论"思想,建立了土石坝压实的智能控制理论。

传统的试坑灌水法检测压实密度的方法检测点数少,对于整个碾压层面而言代表性不足,不能实时检测且效率低,同时传统的大坝填筑施工方法无法根据碾压实际情况对碾压参数进行实时调整。针对传统方法存在的不足和缺点,提出了考虑碾压振动频率、行车速度、行驶方向等碾压参数的堆石料压实质量评估模型,建立了将 CMV 参数与神经网络方法相结合的全工作面压实质量评估方法,如图 12、图 13 所示。

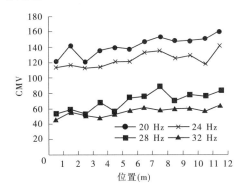
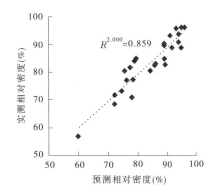

图 12　振动频率对 CMV 的影响　　　　图 13　预测相对密度与实测相对密度对比

建立了基于实际施工碾压参数的滚动碾压大型现场相对密度试验方法;揭示了碾压参数对 CMV 的影响规律,建立了 CMV 与相对密度的相关关系;首次建立了全工作面压实质量结果控制与优化碾压参数过程控制相结合的碾压质量控制方法,如图 14~图 16 所示。

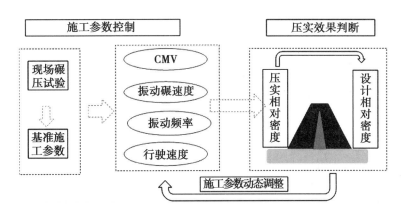

图 14　碾压质量控制方法

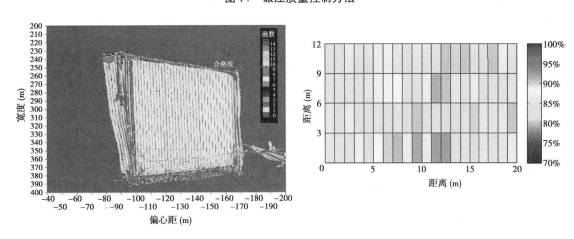

图 15　碾压遍数图　　　　　　　　　　图 16　仓面压实度图

2　工程应用

2.1　技术先进性

所取得的研究技术成果与国内外现有成果的比较如表 2 所示。

表 2　研究技术成果与国内外现有成果的比较

序号	技术指标	国内外已有技术	本成果先进性
1	水力劈裂应力条件再现	不能再现破坏应力条件	再现破坏应力条件
2	心墙水力劈裂变形协调机制	横断面内静态拱效应	空间动态相互作用
3	变形协调坝壳压实控制目标	矛盾 水力劈裂(减小坝壳压实密度)、坝顶裂缝(提高坝壳压实密度)	协调一致 水力劈裂和坝顶纵向裂缝调控目标均要求保证坝壳压实度
4	压实质量控制方法	碾压参数过程控制为主,压实密度结果控制为辅	全工作面压实质量结果控制为主,优化碾压参数过程控制相结合
5	心墙土石坝健康多目标优化	无	变形协调健康度多目标
6	压实质量评估模型	回归方法	振动回馈与神经网络方法相融合

2.2　工程应用

研究成果指导了前坪水库土质心墙砂砾石坝右岸坝肩开挖方案调整;直接应用于前坪水库心墙砂砾石坝填筑标准确定和质量控制方法建立。前坪水库填筑方量约 1 300 万 m³,其中包括库区内不良级配砂砾料近 700 万 m³,解决了不良级配砂砾料利用和施工质量控制问题,避免坝料的库区外占地开采,节约了建设费用,直接经济效益近 1 000 亿元,间接经济效益 3 亿元以上,生态环境和社会效益突出。研究成果还推广应用于新疆大石门沥青心墙砂砾石坝,为工程质量控制、运行安全保障提供了技术支撑,取得了显著的社会效益。

3　结论

本文以前坪水库大坝为依托,开展了前坪水库心墙砂砾石坝变形协调综合控制关键技术及应用研究,形成了心墙土石坝岸坡侧水力劈裂机制和变形协调性判别准则、变形协调多目标优化方法及全工作面压实质量评估方法等系列成果,可为大量心墙坝的施工质量控制和运行安全保障提供技术支撑。

(1)提出了滞后湿化变形模型,建立了考虑坝料瞬时变形、流变、湿化及循环荷载等要素的大坝应力变形预测技术,首次再现了心墙水力劈裂所需应力条件,揭示了坝壳不同高程顺坡向变形差异易于导致水力劈裂的机制,构建了包括水力劈裂、坝顶裂缝等多因素的心墙坝变形协调性判别准则。

(2)构建了心墙砂砾石坝变形协调度综合健康指标和评价函数,提出了基于心墙坝性态耦合预测的变形协调多目标优化方法。

(3)改进了相对密度现场试验方法,揭示了坝料级配对相对密度的影响规律;提出了碾压机振动回馈信息与深度学习方法融合的全工作面压实质量评估模型,建立了针对高变异性坝料的自学习压实度控制技术,构建了传统旁站监理人工过程控制与挖坑检测结果抽样控制结合、数字化碾压参数过程控制与全工作面压实度结果控制结合的质量保证体系。

参 考 文 献

[1] 殷宗泽. 高土石坝的应力与变形[J]. 岩土工程学报, 2009, 31(1):1-14.

[2] 李庆斌, 石杰. 大坝建设 4.0 [J]. 水力发电学报, 2015, 34(8):1-6.

[3] 钟登华, 王飞, 吴斌平, 等. 从数字大坝到智慧大坝[J]. 水力发电学报, 2015, 34(10):1-13.

[4] 陈生水. 复杂条件下特高土石坝建设与长期安全保障关键技术研究进展[J]. 中国科学:技术科学, 2018, 48:1040-1048.

[5] 汪小刚. 高土石坝几个问题探讨[J]. 岩土工程学报, 2018, 40(2):203-222.

[6] WANG Xiao-gang. Discussion on some problems observed in high earth-rockfill dams[J]. Chinese J. Geot. Eng., 2018,

40(2)：203-222.

[7] 孔宪京，邹德高，刘京茂. 高土石坝抗震安全评价与抗震措施研究进展[J]. 水力发电学报，2016，35(7)：1-14.

[8] 马洪琪. 糯扎渡水电站掺砾黏土心墙堆石坝质量控制关键技术[J]. 水力发电，2012，38(9)：12-15.

[9] 张宗亮，刘兴宁，冯业林，等. 糯扎渡水电站枢纽工程主要技术创新与实践[J]. 水力发电，2012，38(9)：22-26.

[10] 王俊杰，朱俊高. 堆石坝心墙抗水力劈裂性能研究[J]. 岩石力学与工程学报，2007(S1)：2880-2886.

[11] 彭翀，张宗亮，张丙印，等. 高土石坝裂缝分析的变形倾度有限元法及其应用[J]. 岩土力学，2013，34(5)：1453-1458.

[12] 铁梦雅，张茵琪，邓刚，等. 非饱和砾石土心墙料渗透变形的试验研究[J]. 水力发电学报，2019，38(3)：116-124.

[13] 张茵琪，汪小刚，张延亿，等. 高砾石含量心墙土的水力破坏试验研究[J]. 水利水电技术，2018，49(10)：134-141.

[14] MURDOCH L C. Hydraulic fracturing of soil during laboratory experiments：Part 1. Methods and observations [J]. Géotechnique，1992，43(2)：255-265.

[15] Zou D，Xu B，Kong X，et al. Numerical simulation of the seismic response of the Zipingpu concrete face rockfill dam during the Wenchuan earthquake based on a generalized plasticity model [J]. Computers and Geotechnics，2013，49：111-122.

[16] 周伟，熊美林，常晓林，等. 心墙水力劈裂的颗粒流模拟[J]. 武汉大学学报(工学版)，2011，44(1)：1-6.

[17] 李全明，张丙印，于玉贞，等. 土石坝水力劈裂发生过程的有限元数值模拟[J]. 岩土工程学报，2007(2)：212-217.

[18] 刘东海，高雷. 基于碾振性态的土石坝料压实质量监测指标分析与改进[J]. 水力发电学报，2018，37(4)：111-120.

[19] 碾压式土石坝设计规范：DL/T 5395—2007 [S]. 北京：北京电力出版社，2008.

[20] 孔宪京，邹德高，徐斌，等. 紫坪铺面板堆石坝三维有限元弹塑性分析[J]. 水力发电学报，2013，32(2)：213-222.

[21] 马晓华，梁国钱，郑敏生，等. 坝体土体和防渗墙模量变化对防渗墙应力变形的敏感性分析[J]. 中国农村水利水电，2011(6)：110-116.

[22] 陈生水，凌华，米占宽，等. 大石峡砂砾石坝料渗透特性及其影响因素研究[J]. 岩土工程学报，2019，41(1)：26-31.

[23] 程展林，丁红顺. 堆石料蠕变特性试验研究[J]. 岩土工程学报，2004(4)：473-476.

[24] 程展林，左永振，丁红顺，等. 堆石料湿化特性试验研究[J]. 岩土工程学报，2010，32(2)：243-247.

[25] 张丙印，孙国亮，张宗亮. 堆石料的劣化变形和本构模型[J]. 岩土工程学报，2010，32(1)：98-103.

[26] 钟登华，时梦楠，崔博，等. 大坝智能建设研究进展[J]. 水利学报，2019，50(1)：38-52.

[27] 马洪琪，钟登华，张宗亮，等. 重大水利水电工程施工实时控制关键技术及其工程应用[J]. 中国工程科学，2011，13(12)：20-28.

淮河中游洪水出路与河道治理研究进展

虞邦义[1,2]，吕列民[1,2]，杨兴菊[1,2]，倪晋[1,2]，贲鹏[1,2]，张辉[1,2]

（1. 安徽省·水利部淮河水利委员会水利科学研究院，安徽 蚌埠 233000；
2. 水利水资源安徽省重点实验室，安徽 蚌埠 233000）

摘　要　淮河中游洪涝灾害的主要症结是中游河道泄量偏小、洪泽湖顶托阻水及出湖通道不畅。自20世纪80年代以来，围绕如何扩大中游洪水出路、充分发挥行蓄区功能、优化行蓄洪区布局、改善淮河与洪泽湖的关系等重大工程与关键技术问题，安徽省（水利部淮河水利委员会）水利科学研究院采用大型实体模型试验，一维、二维耦合水动力数学模型，原型资料分析和理论研究相结合的方法，分析了淮河流域水沙特性、河床湖床演变、河相关系、挟沙能力、造床流量等河道湖泊演变基本规律，优化了淮河干流河道整治及行蓄洪区调整工程方案，提供了行蓄洪区优化调度方案及冯铁营引河论证成果，探讨了新时期淮河中游洪涝综合治理需要进一步研究的问题。

关键词　淮河中游；洪水出路；实体模型；数学模型；河道治理

1　前言

淮河中游是洪涝灾害最为严重的河段，其主要原因在于上游山区河道历经多年整治，洪水来势加快；中游自王家坝以下河道比降平缓，沿淮洼地众多，行蓄洪区和生产圩密布，河道滩槽狭窄，泄流能力严重不足，且受洪泽湖的强烈顶托及浮山以下倒比降的影响，中游洪水难以顺利排泄。在上游影响、洪泽湖制约和中游河道自身短板等因素的交互作用下，洪水在中游地区长久滞留，形成了小流量、高水位、长历时、淹没面积广、损失严重的困难局面。

为减轻中游洪涝损失，1980年以来安徽省（水利部淮河水利委员会）水利科学研究院围绕如何提高河道泄流能力、充分发挥行蓄洪区的功能、优化行蓄洪区布局、改善淮河与洪泽湖的关系及扩大中游洪水出路等重大工程与关键技术问题，开展了大量的基础研究和应用研究，在探索淮河基本规律、优化整治工程方案、探讨河道治理方向上都取得了显著的进展，体现了基础理论与工程关键技术并重的特色。

2　实体模型试验研究进展

系列大型实体模型试验研究为治淮骨干工程提供了优化方案与技术支撑。陈先朴[1-2]主持了淮河干流首个大型非恒定流河工模型——淮滨至正阳关段防洪河工模型，通过联圩靠岗工程、行洪区废弃工程、行洪退堤工程等综合措施，将淮河中游洪水口至正阳关段整理出1.5~2.0 km宽的排洪通道，显著提高了该河段行洪能力。试验确定了临淮岗工程在不同调度条件下的回水淹没范围，回答了各方关注的热点问题。

为研究淮河干流正阳关至浮山段的行洪区调整问题，1997年以来安徽省（水利部淮河水利委员会）水利科学研究院先后在蚌埠（淮河试验研究中心）、合肥（淮河模型基地）完成了淮河干流正阳关至淮南段[3]、淮南至蚌埠段和淮河干流正阳关至涡河口段、蚌埠至方邱湖段河工模型试验三个大型河工模型，其中在合肥基地开展的正涡段模型平面比尺1:300，垂直比尺1:60，模型长500多m，是迄今淮干最大的非恒定流河工模型，模型采用先进的量测控制系统，能实现模型内、外边界的自动控制和水力参数的自动检测。利用上述模型开展了大量的试验研究，成果已应用于方邱湖、临北段、荆山湖、平圩、洛河洼

作者简介：虞邦义，男，1962年生，安徽省·水利部淮河水利委员会水利科学研究院副院长，教授级高工，主要从事淮河水沙特性、河道整治、河湖关系等问题研究。E-mail：yubangyi@vip.163.com。

三个行洪区调整建设(已实施完成);正峡段寿西湖、董峰湖两个行洪区调整方案已批准,正在实施;受土地红线等因素制约,上、下六坊堤和汤渔湖行洪区调整方案正在合肥基地开展进一步优化研究。

围绕治淮19项骨干工程,完成了淮河干流控制枢纽水工模型试验。蚌埠闸枢纽整体水工模型试验,优化了新闸枢纽规模、平面布置与消能防冲布置,为各建筑物联合运用提供了调度方案。针对临淮岗洪水控制工程,开展了7个不同类型的水工模型试验[4],对深孔闸、船闸、上下引河布置等工程进行了多方案优化,对原布置方案进行重大调整。工程运用效果表明,修改方案是成功的。

此轮行蓄洪区调整建设,为保证进退洪效果,将口门调整为进、退洪闸。先后完成了城西湖退洪闸、姜唐湖退洪闸、荆山湖进、退洪闸等十余座行蓄洪区进、退洪控制枢纽工程模型试验。怀洪新河续建工程是扩大中游洪水出路的重要工程,安徽省(水利部淮河水利委员会)水利科学研究院完成了何巷闸、胡洼闸、西坝口闸及香涧湖段河道整治等工程水工河工模型试验。经过2003年、2007年洪水运用表明,已建枢纽运行安全,布置合理。

3　水动力数学模型研究进展

基于河道、行蓄洪区、湖泊等水流运动特性,构建了自息县至洪泽湖出口段一、二维耦合水动力数学模型[5-6],可以较好地模拟淮河干支流、行蓄洪区、生产圩、洪泽湖等区域水流运动情况。此外,还建立了重点河段二维水动力数学模型,能够提供更加详细的水力要素信息,为物理模型试验提供边界,并相互验证,提高了模型的精度和效率。目前,上述模型已应用于淮河中游河道整治及行洪区调整工程方案研究、行洪区泄流能力评估、冯铁营引河方案论证、河湖关系和洪水调度等方面,为淮河进一步治理和保护提供了重要的技术支持手段。

围绕淮河中游行洪区布局和调整建设,开展了河道和行洪区泄流能力研究[7],优化了河道疏浚规模、堤防退建距离、建筑物布置等[8-9]。对冯铁营引河规模、断面形式、运用方式进行了深入系统的研究[10],探明了推荐方案的主要效益及影响。

采用典型年洪水过程,分析了行蓄洪区启用标准、时机和方式对淮河干支流洪水的影响范围和程度,揭示了行洪区从开启到关闭运用过程中五个典型阶段的洪水传播规律,优化了典型年淮河中游行蓄洪区洪水调度预案,并对临淮岗洪水控制工程运用方式进行了探讨。

为改善河湖关系,优化规划工程实施后洪泽湖上下游洪水的安排,分析了冯铁营引河、溧河洼疏浚、湖区开槽及扩大入海水道二期等工程措施的组合效益,研究了降低蒋坝水位对淮干水位的影响范围及幅度,探索了洪泽湖增大入海比例、提前运用入海水道工程带来的效益及影响。

4　淮河中游水沙特性与河道演变规律研究进展

1991年淮河大水以后,淮委十分重视淮河基本规律的研究。治淮工作者陆续对水沙特性、河湖演变、河相关系、挟沙能力、造床流量等演变规律开展了研究。毛世民[11]主持了第一轮淮河流域水沙特性和河床演变的研究,刘玉年[12]主持开展了水利部现代水利科技创新项目"淮河干流河相关系和整治方向研究",韩其为[10]主持了安徽省水利科技创新项目"淮河干流蚌埠以下河道治理研究",钟平安主持开展了国家重点研发计划"淮河干流河道与洪泽湖演变及治理",虞邦义主持开展了安徽省水利重大前期项目"淮河中游洪涝灾害机理与对策研究"。安徽省(水利部淮河水利委员会)水利科学研究院作为主持单位或主要完成单位,参加了上述研究项目。研究成果已在治淮的规划设计中得到了广泛的应用,并为淮河干流的进一步治理提供科学理论支撑。

4.1　水沙特性研究

采用多种水文统计方法,对淮河干流主要测站径流量和输沙量的演变特征进行系统分析得出[13]:整体上淮河干流年径流量未呈现系统的增减趋势,但来沙量则表现出明显的减小趋势,2000年后来沙量趋于稳定,如鲁台子站和吴家渡站含沙量基本稳定在0.1 kg/m³和0.2 kg/m³以下,未来一段时间来沙量整体呈现减小的趋势,并将继续保持少沙期。

4.2　河相关系

利用淮河中游王家坝、润河集、鲁台子、吴家渡和小柳巷五个水文站的历年实测资料,点绘分析了干流河道的断面河相关系;根据确定的造床流量[14],建立了淮河中游沿程河相关系[15]:

$$
\left.\begin{array}{ll}
A = 0.67\, Q_d^{1.05} & r = 0.97 \\[4pt]
B = 1.48 Q_d^{0.71} & r = 0.94 \\[4pt]
H = 0.46 Q_d^{0.35} & r = 0.98 \\[4pt]
R = 82.27 Q_d^{0.65}\, J^{0.09}\, a^{-2.31} & r = 0.95
\end{array}\right\} \tag{1}
$$

式中:Q_d 为对应河段的造床流量;R 为弯道弯曲半径;J 为河段比降;a 为弯道转折角。

4.3　挟沙能力

基于张瑞瑾挟沙能力公式和曼宁公式,通过对淮河干流鲁台子至峡山口河段坡降流量关系及河相关系、河道糙率等的分析,推导了不同冲淤状态下的挟沙力公式,并利用 1990～2007 年实测输沙量对公式进行验证[16]。

淤积情况下:

$$
\begin{array}{ll}
S^* = 1.97 \times 10^{-5} Q^{1.25} & Q \leqslant 3\,200 \ \text{m}^3/s \\[4pt]
S^* = 2.23 \times 10^{-2} Q^{0.36} & Q > 3\,200 \ \text{m}^3/s
\end{array} \tag{2}
$$

冲刷情况下:

$$
\begin{array}{ll}
S^* = 7.14 \times 10^{-6} Q^{1.25} & Q \leqslant 3\,200 \ \text{m}^3/s \\[4pt]
S^* = 8.07 \times 10^{-3} Q^{0.36} & Q > 3\,200 \ \text{m}^3/s
\end{array} \tag{3}
$$

式中:S^* 为水流挟沙能力;Q 为河道过流流量。

该组挟沙力公式的建立,对于把握该段河道的水沙关系、确定河道整治方案提供了参考。

4.4　造床流量

根据 1950～2007 年实测水文资料系列,采用马卡维也夫法和平滩流量法对淮河中游干流河道造床流量进行计算,通过对 2 种方法计算结果的综合分析,推荐了淮河中游各站及相应河段造床流量值(见表 1。)

表 1　淮河中游各站及相应河段造床流量推荐值

序号	测站(河段)	造床流量(m³/s)
1	王家坝站(王家坝—润河集河段)	1 300
2	润河集站(润河集—正阳关河段)	1 900
3	鲁台子站(正阳关—涡河口河段)	3 200
4	吴家渡站(涡河口—浮山河段)	3 500
5	小柳巷站(浮山—洪山头河段)	3 600

从各站推荐的造床流量来看,总体上呈沿程增大的趋势,特别是润河集—鲁台子造床流量增加较多,这是由于淮河中游来水主要集中在鲁台子附近汇入,流量增幅较大。对淮河中游各河段造床流量的特性和统一规律进行了初步探讨,造床流量与年平均流量和汛期平均流量相关性良好,归纳出中游河段造床流量经验公式,可供中游河道整治规划设计参考。

$$
Q_d = 0.92\, Q_{汛} + 1.75\, Q_{年} + 528 \tag{4}
$$

式中:Q_d 为对应河段推荐对的造床流量;$Q_{汛}$ 为多年汛期平均流量;$Q_{年}$ 为多年平均流量。

4.5　河床湖盆演变

基于输沙量差法及断面法,对淮河自洪河口至洪泽湖出口段河床湖盆演变进行了分析,得出淮河干流自然演变缓慢,主要表现为平面形态稳定,主槽微冲,滩地微淤或基本平衡,冲淤幅度较小[17]。对洪泽湖水沙变化趋势、冲淤时空分布的研究表明,随着入湖量和含沙量呈明显减小趋势,湖区淤积呈减少趋势[18]。

强人类活动,尤其是人工采砂造成淮河干流部分河段主槽剧烈下切(见图1、图2),洪泽湖出现局部深坑,对河床湖盆演变产生显著影响。初步估算,近30年来淮河干流洪河口至浮山段河道采砂量约2亿 m^3,洪泽湖采砂量超1亿 m^3。

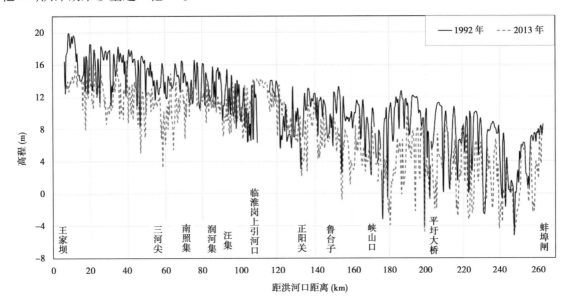

图1　王家坝至蚌埠闸河道纵剖面图

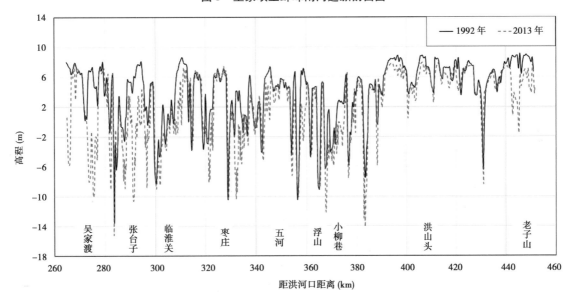

图2　蚌埠闸至老子山河道纵剖面图

以上述研究为基础,针对淮河含沙量低、不饱和输沙程度高、河床边界相对稳定的特点,建立非恒定流河网水沙数学模型,并应用于淮河干流蚌浮段[19]及王临段等工程实践中,为确定合理的主槽疏浚规模、分析预测工程后的河势变化提供了有利的工具。

5　淮河中游洪涝综合治理关键技术问题探讨

淮河中游的洪涝问题关系到国家的粮食安全、中部崛起战略的实现,以及区内人民的福祉等重大问题,是将淮河打造成幸福河必须解决的重要问题,扩大中游洪水出路是淮河治理工程补短板的关键措施。围绕上述问题,我们开展了40年的持续研究,取得了丰富的成果,在淮河的洪涝治理中发挥了重要的作用,但仍有许多问题需要进一步研究[20]。如"关门淹"的成因机制,洪与涝的划分及定量解析等。

未来一段时期,还需要重点研究淮河干流及重要一级支流下段进一步疏浚的可行性,优化保留行洪区的运用条件,进一步谋划畅通淮河尾闾的工程措施。同时,还要兼顾面上治理标准与干流防洪标准的衔接。

今后,我们将紧密结合治淮工程实践,针对河道治理中需要解决的关键技术问题,不断加强基础课题及相关理论的研究,力争在上述几个研究领域取得新的突破。

参 考 文 献

[1] 陈先朴,吴锡金,邵东超,等. 淮河大型防洪模型试验研究(一)模型设计与验证试验[J]. 南昌水专学报,1994(S1):72-79.

[2] 陈先朴,吕列民,武锋,等. 淮河防洪模型控制与检测系统[J]. 水动力学研究与进展(A 辑),1996(3):305-311.

[3] 虞邦义,葛国兴,梁斌,等. 淮干正淮段大型防洪模型设计与试验验证[J]. 水利水电技术,2001(10):17-19,65.

[4] 王久晟,虞邦义,等. 大型水利枢纽总布置优化研究[M]. 郑州:黄河水利出版社,2010.

[5] 虞邦义,倪晋,杨兴菊,等. 淮河干流浮山至洪泽湖出口段水动力数学模型研究[J]. 水利水电技术,2011,42(8):38-42.

[6] 虞邦义,蔡建平,黄灵敏,等. 淮河中游河道水动力数学模型及应用[M]. 北京:中国水利水电出版社,2017.

[7] 虞邦义,杨兴菊,倪晋,等. 淮河干流行洪区泄流能力研究[J]. 水动力学研究与进展 A 辑,2014,29(1):125-130.

[8] 虞邦义,倪晋,贲鹏,等. 淮河正阳关至浮山段行洪区调整与河道整治效果分析[J]. 泥沙研究,2018,43(2):1-6.

[9] 刘玉年,虞邦义,倪晋. 淮河干流蚌埠段河道整治工程效果分析[J]. 水利水电科技进展,2012,32(1):45-49.

[10] 韩其为,郭庆超,虞邦义. 淮河干流蚌埠以下河道治理研究[R]. 中国水利水电科学研究院,安徽省(水利部淮河水利委员会)水利科学研究院,2015,10.

[11] 毛世民. 王家坝河段特性与河床演变[J]. 治淮,2012(7):13-15.

[12] 刘玉年,何华松,虞邦义. 淮河中游河道特性与整治研究[M]. 北京:中国水利水电出版社,2012.

[13] 张辉,虞邦义,倪晋,等. 近66 a 来淮河干流水沙变化特征分析[J]. 长江科学院院报,2020,37(3):6-11.

[14] 虞邦义,郁玉锁,赵凯. 淮河中游造床流量计算[J]. 河海大学学报(自然科学版),2010,38(2):210-214.

[15] YU Bang-yi, WU Peng, SUI Jue-yi, et al. Fluvial geomorphology of the Middle Reach of the Huai River [J]. International Journal of Sediment Research, 2014, 29(1).

[16] 周贺,虞邦义,倪晋. 淮河干流鲁台子站水沙关系分析[J]. 长江科学院院报,2014,31(12):7-10,48.

[17] 虞邦义,郁玉锁,倪晋. 淮河干流吴家渡至小柳巷河段泥沙冲淤分析[J]. 泥沙研究,2009(4):12-16.

[18] 虞邦义,郁玉锁. 洪泽湖泥沙淤积分析[J]. 泥沙研究,2010(6):38-43.

[19] 倪晋,虞邦义,张辉,等. 淮河干流蚌埠至浮山河段河床演变预测[J]. 泥沙研究 2020(2):38-43.

[20] 虞邦义,曹秀清,蒋尚明,等. 淮河流域洪涝综合治理关键技术问题探讨[J]. 中国水利,2020(6):36-38.

安徽省淮河流域易涝分区与治理策略

徐迎春,海燕,王志涛

(安徽省水利水电勘测设计研究总院有限公司,安徽 合肥 230088)

摘 要 根据安徽省淮河流域易涝地区致灾原因和历史灾情特点,选择淹没水深、淹没历时、涝灾频次、涝区经济发展程度4项指标,采用综合评分法对易涝区进行风险评价。按照网格化治理要求,针对安徽省淮河流域易涝区特性,提出湖洼地建设排涝泵站、高低水分区施策、流域系统治理、人水和谐建设幸福河湖等治理策略。

关键词 淮河中游;易涝分区;风险评价;治理策略

1 灾情及致灾原因

安徽省地处淮河中游,省境淮河流域面积6.73万km²。安徽省淮河干流全长418 km,具有洪水比降平缓、浮山以下河底呈倒比降的特点,洪水排泄难的问题突出。沿淮分布着一连串的湖泊洼地和行蓄洪区,地势低洼,是淮河中游洪涝灾害最为频繁的地区。汛期遇淮河中、小洪水时,干流水位就高出地面,湖洼地涝水无法外排,形成"关门淹",淹没水深大,一般在2~4 m,淹没历时长,一般在2~3个月。淮河北岸为广阔的淮北平原,地势平坦,虽有排水系统和一定的排水能力,但遇较大降雨时,往往因坡面漫流或洼地积水而形成灾害,淹没水深较浅,一般在0.5~1.0 m,淹没历时较短,一般在5~15天。淮河南岸为江淮丘陵岗地,地形起伏变化大,流域内低洼地和下游湖泊洼地亦常发生洪涝灾害。

安徽省淮河流域低洼易涝地区分布范围广、面积大,涝灾频发、损失大。涝灾具有突发、频发和旱涝交替、连涝连旱等特点。安徽省淮河流域多年平均洪涝受灾面积84.7万hm²,成灾面积51.3万hm²,其中涝灾受灾面积60.0万hm²,成灾面积40.0万hm²,涝灾占80%。

造成安徽省淮河流域涝灾频发的原因是多方面的。一是自然地理条件极为特殊。淮河流域暴雨集中,雨期长,雨区广,易形成洪涝灾害;沿岸湖洼地地势低平,蓄水排水条件差,干支流洪水出槽机会多,洪水漫滩顶托时间长,涝灾加剧。二是排涝工程体系短板突出。排涝工程建设标准普遍较低、配套不完善,现有许多工程年久失修,排涝能力弱,排涝系统不畅。三是水土资源开发不尽合理,局部地区过度围垦加重了灾情。

2 易涝分区与风险评价

安徽省淮河流域易涝分区划分,综合了自然地形、河流水系、行政区划、涝情特征、治理布局等因素。分区的原则:①排水体系相对独立、承泄区基本一致。单个涝区内部水系边界基本清晰,排水工程体系相对独立完整。②涝区规模适度。综合考虑涝情特点、成灾原因、涝灾程度、涝积水量水位等因素,在排水体系划分的基础上,可将规模较小且相近排水条件的排水区适当合并,也可将规模较大的排水区划分为相互联系又相对独立的不同排水区域。

根据以上原则,安徽省淮河流域易涝区划分为沿淮湖洼地、淮北平原、淮南支流三大片共80个片区。沿淮湖洼地包括淮河以北的谷河、润河、八里河、焦岗湖、西淝河下游、永幸河、架河、泥黑河、芡河、北淝河下游,淮河以南的临王段、正南洼、高塘湖下游、黄苏段、天河、方邱湖、池河下游、七里湖、高邮湖,以及15处沿淮行蓄洪区和沿淮19处局部易涝区;淮北平原包括洪河、颖河、泉河、涡河、怀洪新河两岸、

作者简介:徐迎春,男,1963年生,安徽省水利水电勘测设计研究总院有限公司总规划师,教授级高工,主要从事水利规划设计工作。E-mail:908016530@qq.com。

北淝河上段、灞河、浍河、南沱河、北沱河、唐河、石梁河,茨淮新河两岸、黑茨河、西淝河上段,沱河上段及新汴河本干、萧濉新河、奎濉河、潼河和湖西平原等;淮南支流包括史河、汲河、淠河、瓦埠湖上游、高塘湖上游、濠河和池河中上游等。

以易涝分区为基础,结合历史灾情和涝灾特点,按地面高程沿淮湖洼地低于淮干设计水位、淮北平原和淮南支流低于主要支流20年一遇水位为标准,划定安徽省淮河流域易涝面积3.09万 km²。其中,沿淮湖洼地0.94万 km²,淮北平原2.00万 km²,淮南支流0.15万 km²。

易涝区的易涝风险评价,参考全国治涝规划技术大纲涝区分类指标,针对淮河流域易涝区淹没水深大、淹没历时长、涝灾频发等特性,综合分析选取淹没水深、淹没历时、涝灾频次、涝区经济发展程度等4个影响涝灾程度的主要因素作为易涝风险指标,采用综合评分法评价易涝区风险。安徽省淮河流域易涝区风险,高度区0.12万 km²,中度区2.18万 km²,轻度区0.79万 km²,分别占易涝区面积的3.8%、70.6%、25.6%。易涝面积与易涝风险评价成果见表1。

表1　安徽省淮河流域易涝面积与易涝风险评价成果

序号	易涝分区	易涝区片数	易涝面积(万 km²)	易涝风险分区面积(km²)			涉及省辖市
				高度	中度	轻度	
1	沿淮湖洼地	53	9 445	861	7 135	1 449	阜阳、淮南、亳州、蚌埠、六安、滁州、合肥
2	淮北平原	20	20 020	223	14 414	5 383	阜阳、亳州、蚌埠、淮北、宿州、蚌埠
3	淮南支流	7	1 447	80	284	1 083	六安、淮南、合肥、滁州
	合计	80	30 912	1 164	21 833	7 915	

3　治理策略

为提高淮河流域洼地的排涝能力、改变淮河流域易涝多灾的面貌,从2010年以来,安徽省先后实施了淮河流域重点平原洼地外资项目、西淝河等沿淮洼地治理应急工程、怀洪新河水系洼地治理工程等,洼地治理面积1.11万 km²,工程总投资55.7亿元。经过多年的治涝实践,逐渐摸索出湖洼地建设排涝泵站、高低水分区施策、流域系统治理、人水和谐建设幸福河湖等一系列针对淮河中游易涝区域特性的治理策略,取得了良好的效益。

3.1　建设大站,解决"关门淹"问题

在沿淮湖洼地区兴建大型排涝泵站,能有效降低湖洼地洪涝水位和缩短高水位延续时间,减少洪涝水患淹没面积,减轻流域防汛压力,解决低洼易涝区的"关门淹"问题。

以西淝河下游洼地治理为例。西淝河下游流域面积1 621 km²,流经天然湖泊花家湖,沿河湖地势低洼,常受淮干洪水位顶托影响,自排条件差,平均4~5年发生一次较严重的洪涝灾情,洪涝灾害频繁,"关门淹"现象突出。为解决西淝河下游"关门淹"问题,新建西淝河排涝大站,设计流量180 m³/s。建站后,遇1991年、2003年、2007年等较大洪涝灾害年份,最高洪水位分别降低1.26 m、0.91 m和2.14 m,降低水位效果明显;高于10年一遇洪水位23.3 m的历时分别缩短21天、9天和7天,有利于改善面上防洪排涝形势;多年平均减少淹没面积6 467 hm²,减免直接经济损失约1.2亿元。

港河为西淝河左岸支流,流域面积134 km²,下游天然湖泊姬沟湖通过港河闸与西淝河连通。汛期港河闸关闭,港河洼地遍地泽国,内涝十分严重。为解决港河洼地涝水出路问题,根据地形和周边水系情况,将港河洼地涝水通过顾桥闸引入永幸河,利用永幸河泵站抽排入淮。永幸河泵站在淮河流域重点平原洼地外资项目中拆除重建,设计排涝流量80 m³/s,设计灌溉流量40 m³/s。永幸河泵站的重建,一是解决了港沟和永幸河"关门淹"的问题,提高了314 km²流域的排涝标准;二是增强了永幸河灌区的灌溉供水能力,改善了2.6万 hm²灌区的灌溉用水,经济效益和社会效益显著。

目前,安徽省沿淮抽排设施合计排涝流量2 270 m³/s,合计灌溉流量635 m³/s,总装机22万 kW。

沿淮泵站的建设,不仅极大地改变了沿淮湖洼地易涝多灾面貌,还发挥着引水、灌溉等综合效益。

3.2　分区施策,推进网格化治理

在划清易涝分区界限的基础上,按照网格化治理要求,研究分析流域地形特点及涝灾成因特性,因地制宜,高低水分区施策,做到高水不入洼地,优化排涝工程布局。

以八里河洼地和张家湖洼地治理为例。颍上县八里河流域面积 480 km²,地形南北高、中间洼,下游洼地易积涝成灾。八里河洼地内涝灾害频繁,有记载的较大洪涝灾害有 20 多次,其中 1991 年、2003 年淹没耕地分别达 1.5 万 hm² 和 1.3 万 hm²。按照网格化治理要求,针对八里河流域不同区域的地形条件,采取高水高排、低水低排、自排与抽排相结合,分区制定治理措施,形成完整的除涝体系。①高程 24.5 m(约 10 年一遇)以上地区,疏浚建南河、红建河、保丰沟等高排沟,实施高水高排;②高程 24.5 ~ 23.5 m(10~5 年一遇)地区,开挖排水沟、兴建大沟节制闸,实施分区排水、水灾防治与水资源利用相结合;③高程 23.5~21.0 m(5~2 年一遇)地区,发展适宜农业和种植水杉、杞柳等耐水植物;④高程 21.0 m 以下地区保留为水面。

固镇县张家湖位于怀洪新河北岸,流域面积 175 km²。张家湖上游来水面积大,下游地势低洼,为天然湖汊。汛期遇怀洪新河高水位顶托,张家湖涝水无法外排,形成“关门淹”,大量上游高地涝水潴积于洼地,灾情加剧。2003 年,受怀洪新河分洪影响,张家湖内涝水位最高达 18.58 m,淹没面积 35 km²,绝收面积 0.2 万 hm²。根据张家湖流域地形特点,分区研究治理对策。大黄沟、通浍沟上游 19.0 m 高程以上 31 km² 来水,通过疏挖珍珠沟高截沟,实现高水高排入浍河;张家湖下游洼地涝水,建站抽排,解决“关门淹”。张家湖分区治理工程已列入怀洪新河水系洼地治理工程,目前正在实施。

3.3　系统治理,发挥整体效益

结合易涝分区研究成果,按照新时期的治水思路,以着力破解面上涝水出路为出发点,尊重自然规律,科学治水,系统治理,彻底改变低洼易涝区涝灾繁重、人民群众生活困难的局面,为区域经济可持续发展创造良好的条件。

以怀洪新河流域洼地治理为例。怀洪新河是淮河中游的一项战略性防洪工程,主要任务是分泄淮干洪水,扩大漴潼河水系 1.2 万 km² 排水出路,并兼有灌溉、航运等综合利用效益。2003 年淮河发生大洪水,怀洪新河首次分洪,最大分洪流量 1 670 m³/s,使蚌埠闸上洪水位降低 0.6 m,分洪效益显著。与此同时,受高水位顶托影响,怀洪新河流域低洼地众多村庄被围,耕地被淹,涝灾损失严重。2003 年,仅怀洪新河沿岸就淹没耕地 6.0 万 hm²,受灾人口 70.4 万人,直接经济损失 13.7 亿元。

按照系统治理原则和网格化治理要求,怀洪新河先后安排实施了北淝河下游、澥河、沱河、北淝河上段、怀洪新河两岸、唐河、北沱河、浍河、石梁河等洼地系统治理工程。治理后,除怀洪新河本干和浍河排涝标准仍不足 5 年一遇外,其他主要支流排涝标准达到 5 年一遇,面上排涝基本达到治理要求,形成健全的排涝工程体系,发挥着治理整体效益。

3.4　人水和谐,建设幸福河湖

易涝地区治理要坚持以人为本、人与自然和谐相处的原则。坚持从人民群众对美好生活的向往出发,充分利用湖泊、洼地滞蓄洪涝水,留足合理的洼地蓄水面积,实现治涝减灾与水土资源合理利用双赢;坚持从维护河湖生态系统自身健康出发,以可持续发展的眼光,建设美丽、幸福河湖;坚持从改善民生福祉出发,打造惠民、利民的水利风景,实现流域高质量发展。颍上县五里河湿地公园、蒙城县芡河现代农业示范园,是湖洼易涝地综合治理、建设幸福河湖的典范。

颍上县五里河原是县城西郊的一片湖洼地,内涝灾害频繁。颍上县整合中小河流治理资金和慎和园林等融资平台资金,系统规划、综合治理,实施集城市防洪、市政道路、景观旅游于一体的五里河综合性治理工程,做大、做活水文章,变水害为水利。综合治理工程的实施,真正发挥了水利工程排涝减灾、生态景观、交通便民、富民增收的功能。治理后的五里河,防洪排涝安全、生态环境良好、水岸自然优美,是名副其实的“河畅、水清、岸绿、景美”的生态河、富民河、幸福河。

立仓三圩位于蒙城县立仓镇芡河左岸,地势低洼,自排机会少,易涝多灾。蒙城县通过实施芡河下游及立仓三圩综合整治,打造“那年·乡下”现代农业示范园。示范园内高地以现状农业为基底,打造集科普教育、观光、采摘为一体的田园综合体;芡河沿岸低洼地,建设湿地、人工湖等滞蓄工程,以保障区域防洪安全和增加水资源供给能力。依托农业观光和湿地景观,示范园着力打造3A级生态农业旅游度假区,为人民群众提供了一个休闲、娱乐的好去处。蒙城县现代农业示范园区对芡河流域的可持续开发利用以及蒙城县经济社会的可持续发展都有着重要意义。

4　结语

安徽省淮河流域洼地涉及范围广、情况复杂,治理任务艰巨。本文在易涝分区的基础上,科学划定易涝面积3.09万km²,并采用综合评分法评价易涝区风险。其中,易涝风险高度区0.12万km²,中度区2.18万km²,轻度区0.79万km²,分别占易涝区面积的3.8%、70.6%、25.6%。针对安徽省淮河流域易涝区特性,提出湖洼地建设排涝泵站、高低水分区施策、流域系统治理等治理策略,为易涝区网格化治理和流域生态经济带建设提供了技术参考。

参 考 文 献

[1] 安徽省水利水电勘测设计院. 安徽省淮河流域易涝分区及风险技术研究[R]. 2018.
[2] 安徽省水利水电勘测设计院. 安徽省淮河流域西淝河等沿淮洼地治理应急工程初步设计报告[R]. 2015.
[3] 海燕,夏广义. 西淝河下游洼地致灾原因及建设大型排涝泵站效果分析[J]. 治淮,2013(5):12-13.
[4] 丁瑞勇,程志远,夏广义. 八里河洼地涝灾治理及洪涝水调度方案研究[J]. 安徽水利水电职业技术学院学报,2015(1):34-36.

基于 SIFT 算法的沂沭泗流域高清
卫星影像图拼接研究

王瑶,李飞宇

(淮河水利委员会沂沭泗水利管理局,江苏 徐州　221000)

摘　要　沂沭泗流域面积 7.96 万 km^2,其流域高清卫星图属于大场景图像拼接,使用传统技术进行拼接容易出现拼接精度不高,局部扭曲、变形等瑕疵。为得到沂沭泗流域高清卫星影像,本研究在原有图像拼接技术基础上进行改进,通过简化特征点描述子的生成过程和给定距离比阈值,得到基于 SIFT 算法的高清卫星影像图拼接技术。本研究在图像拼接前,先进行尺度变换,使得拼接的精度更高,同时可以避免图像的拼接边缘出现扭曲变形,拼接速度也很快。该技术在算法上解决了目前传统技术大场景卫星影像图拼接中存在的不足,能够较好地实现沂沭泗流域高清卫星影像的拼接,该技术处于国内先进水平,具有较高的推广价值。

关键词　沂沭泗;卫星影像;sift 算法;拼接技术

1　引言

新时代水利改革发展总基调要求水管单位要全面提升水利管理现代化水平,创新水利工程管理方式,其中,卫星影像图技术就是提升水利管理现代化水平的重要手段之一。卫星图技术是 20 世纪 60 年代发展起来的,广泛适用于水利、测绘、地质和环境保护等各领域。在水利行业,遥感技术已被广泛应用于流域洪涝灾害和旱情的监测与评估、水资源开发与生态及环境监测评估、水土流失监测与评价、水环境监测以及国际河流动态监测等,并取得显著的社会、经济效益。其中,利用遥感信息合成卫星图是遥感技术的一个重要应用的领域。

沂沭泗水系是淮河流域内一个相对独立的水系,系沂、沭、泗(运)三条水系的总称,位于淮河流域东北部,北起沂蒙山,东临黄海,西至黄河右堤,南以废黄河与淮河水系为界。全流域位于东经 114°45′~120°20′,北纬 33°30~36°20′,东西方向平均长约 400 km,南北方向平均宽不足 200 km。流域面积 7.96 万 km^2,占淮河流域面积的 29%[1]。为提高水利管理现代化水平,本研究在开源软件的基础上改进算法,底图使用谷歌公司免费提供的卫星图,实现了沂沭泗流域高清卫星图的拼接,制作了沂沭泗流域高清卫星图,为流域管理信息化贡献了一份重要技术资料。

2　技术路线

卫星图对水利管理工作具有重要的意义,是河湖管理的一份重要数据资料,为准确获取沂沭泗流域高清卫星影像图,本研究通过查阅文献,分析图像拼接算法,围绕两个技术细节进行调查研究,一是如何获取免费的卫星图资源,二是如何将得到的图像拼接为一幅完整图像。基于对成本和技术成熟度的考虑,本研究拟在开源软件的基础上改进卫星影像图像拼接算法,底图决定使用谷歌公司免费提供的卫星图。使用利用 Visual C + +集成开发环境并结合 OpenCV 开源函数库完成图像处理算法,使用 Python 计算机编程语言实现网络应用,最终完成了基于改进 SIFT 算法的高清卫星图拼接技术软件编程[2]。

本研究技术路线如图 1 所示,首先使用开源的程序,对 Google Earth 提供的卫星图进行分割拷屏,将得到的图像碎片素材进行编号。然后对图像碎片素材预处理,使用 SIFT 算法对图像进行配准拼接,形

作者简介:王瑶,男,1989 年生,沂沭泗水利管理局水利管理处(防办)副科长、三级主任科员,主要研究方向:水旱灾害防御与工程管理。E-mail:602960409@ qq.com。

成完整的卫星影像。

3　算法流程

直接对这些图像碎片素材按照序号进行拼接容易产生出现拼接精度不高,局部扭曲、变形等瑕疵。本研究在充分调查和研究的基础上,提出一种改进 SIFT 的图像快速自适应匹配算法对图像碎片素材进行配准后再进行拼接,得到的图像更加精准,也没有局部扭曲、变形等瑕疵。

3.1　传统 SIFT 算法

一般认为,SIFT 算法可以大致分为 5 个步骤,分别为:

(1)尺度空间的建立。

图像数据具有多尺度特征,为了模拟该特征,计算机视觉领域最早引入了尺度空间理论。一般使用高斯函数作为尺度空间的核函数,因此可变高斯函数与图像之间的卷积被定义为图像尺度空间,公式如式(1)所示:

$$L(x,y,\sigma) = G(x,y,\sigma) \cdot I(x,y) \tag{1}$$

式中:$I(x,y)$ 为一幅具体图像的数据,高斯函数 $G(x,y,\sigma) = \dfrac{1}{2\pi\sigma^2}e^{-(x^2+y^2)/2\sigma^2}$,$\sigma$ 为可变核,变化的 σ 可以使 $L(x,y,\sigma)$ 构成该图像的尺度空间。通常为了方便计算极值,引入 DOG 金字塔得到尺度空间函数 $D(x,y,\sigma)$,其表达式为:

$$D(x,y,\sigma) = [G(x,y,k\sigma) - G(x,y,\sigma)] \cdot I(x,y) = L(x,y,k\sigma) - L(x,y,\sigma) \tag{2}$$

当检测某点是否为特征点时,通常将该点与和它同尺度的 8 个邻域点以及上下尺度的 18 个邻域点共 26 个点进行计算,比较尺度空间函数的计算值,如果该点是极值点就把该点作为一个候选特征点。

(2)特征点定位。

在确定了候选特征点后,通过在该点尺度空间函数 $D(x,y,\sigma)$ 的泰勒二次展开式进行三维二次函数的拟合,分别计算得到候选特征点的精确位置和尺度。低对比度的特征点和不稳定的边缘响应点也可以去除,这样得到的特征点稳定可靠。

(3)关键点方向分配。

利用每个特征点邻域点的梯度分布特征计算其指定方向参数,模值 $m(x,y)$ 和方向 $\theta(x,y)$ 公式如式(3)、式(4)所示:

$$m(x,y) = \sqrt{[L(x+1,y) - L(x-1,y)]^2 + [L(x,y+1) - L(x,y-1)]^2} \tag{3}$$

$$\theta(x,y) = \tan^{-1}[L(x,y+1) - L(x,y-1)]/[L(x+1,y) - L(x-1,y)] \tag{4}$$

这里,L 的尺度为每个关键点各自所在的尺度。位置、尺度、方向作为每个特征点的最重要信息都能够求出来。SIFT 的特征区域计算完成。

(4)特征点描述子生成。

首先,将坐标轴旋转到特征点主方向上,用以保证特征的旋转不变性,再以特征点为中心的 8×8 邻域窗口内采样,并用直方图统计每个 4×4 的小窗口邻域像素的梯度方向,如图 2 所示,梯度直方图的范围是 0～360°,其中每 45° 为一个直方图柱,总共 8 个柱,也就是 8 个方向。这样,每个特征点就可以用 128 维的一个特征向量来表征。最后,特征向量规一化,去除光照的影响。

(5)匹配。

计算两个特征点之间的最近邻和次紧邻欧氏距离,如果最近邻距离和次紧邻距离的比值小于设定的距离比阈值,这两个点可以被认为是一对匹配点。因此,该距离比阈值的选取非常重要,如果该值过大,会出现很多误匹配点,如果该值过小,匹配会更加准确,但是匹配点数会减少很多。

3.2　改进 SIFT 算法

研究表明,SIFT 算法图像匹配过程中,特征点描述子的生成过程占 80% 左右时间[3]。而距离比阈

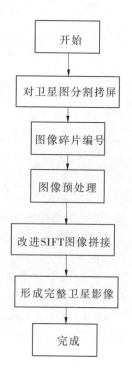

图 1　技术路线图

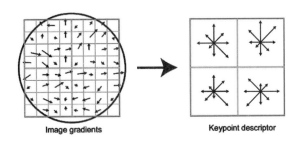

Image gradients　　　　　　　Keypoint descriptor

图 2　特征描述点生成

值一般为给定值,不同图像效果相差比较大,缺少自适应性,为了能够把 SIFT 算法应用于工业检测中,研究了如下快速自适应图像匹配算法。

传统 SIFT 算法存在特征点描述子生成比较缓慢和匹配过程距离比阈值无法自适应调节的问题,本技术研究了一种改进 SIFT 的图像快速自适应匹配算法。该算法通过简化特征点描述子的生成过程,将距离比阈值从 0.7 开始减小,提高了算法效率。并通过自适应地调节距离比阈值参数,提高算法的鲁棒性,具有很多改进 SIFT 算法所不具备的优点。与传统 SIFT 算法相比,图像快速自适应匹配算法的匹配点数减少,匹配准确度高,计算时间缩短。该算法在匹配效率和准确度方面具有明显优势[4]。

具体算法流程如下:

(1)尺度空间的建立与特征点的定位与原算法相同。

(2)生成特征描述子。

找出特征点后,采用 $9\sigma \times 9\sigma$ 圆形窗体统计特征点邻域范围内的 12 个梯度方向,窗口半径为 4.5σ。形成 12 维的特征向量,该特征向量用于表征该特征点。

为保证光照不变性,规一化该 12 维特征向量,如果用 D 表示该特征向量,则规一化后得到:

$$\overline{D} = \frac{D}{\sqrt{\sum_{i=1}^{12} d_i^2}}(\overline{d_1}, \overline{d_2}, \cdots, \overline{d_{12}}) \tag{5}$$

为了在匹配过程中保证算法旋转不变性,查找特征向量中最大的梯度方向,置最大统计方向于最前面,如果 $d_7 = \max(d_i, d_i \in \overline{D})$ 则最终生成 $\overline{D} = (d_7, d_8, \cdots, d_{12}, \cdots, d_5, d_6)$。

(3)自适应匹配。

研究和试验都表明,对于一般图像,距离比阈值 T 的最优值小于 0.7[5]。自适应匹配的目的是能够寻找到最优的距离比阈值,算法思想是从 0.7 开始,逐渐减小阈值 T,通过某种指标评价该阈值的优劣,找到最佳距离比阈值。

这里,用配准率 r 表示该指标,在待匹配的两幅图像中,配准率被定义为准确匹配点数量和匹配点数量总和之间的比值[6]。

$$r = \frac{n_0}{n_m} \tag{6}$$

式中:n_0 为准确匹配点数;n_m 为匹配点总数。

为了得到 n_0,采用随机抽样一致算法对所有匹配点进行优化,经过优化的点可以作为 n_0,通过配准率 r 来衡量距离比阈值的最优值。

因此,改进算法流程图如图 3 所示。在建立尺度空间并定位特征点后,在圆形窗口内统计 12 个梯度方向,得到对应的 12 维特征向量并排序,距离比阈值首先设定为 0.7,当配准率 r 变化不大或者到达一定循环次数后,输出结果,否则适当减小距离比阈值 T 后再次计算配准率。

4　成果论证

该研究能够很好地实现沂沭泗流域高清卫星图的拼接,拼接成果精准,速度较快,如图 4 所示,能够成为一套重要的流域工程管理数据资料。

5　结论

本研究的特点为：一是使用该技术拼接卫星图更精准。沂沭泗流域高清卫星图拼接工作属于大场景图像拼接，使用传统拼接技术进行拼接容易出现拼接精度不高，局部扭曲、变形等瑕疵。本技术基于SIFT（尺度不变特征变换）算法，在图像拼接前，先进行尺度变换，能够在最大程度上纠正偏差，使得拼接的精度更高。二是使用该技术拼接卫星图成本较低。该技术是在开源软件的基础上改进算法，原始图像使用的是谷歌公司免费提供、及时更新的卫星图底图，避免使用国外技术公司提供的昂贵阵列影像。三是使用该技术拼接卫星图速度较快。传统SIFT算法不仅在特征描述子生成过程中计算量大，本技术针对上述问题，在分析原算法的基础上，通过简化特征点描述子生成过程，提出了一种基于改进SIFT图像快速自适应匹配算法，速度较快。

本研究创新点在于：一是该技术提出一种创新算法。该算法通过简化特征点描述子的生成过程，将距离比阈值从0.7开始减小，提高了算法效率，提出了基于最大的梯度下降的改进算法，提高了拼接效率，利用多维的特征向量，改进了尺度变换方法，提高了拼接精度。提出了自适应匹配距离比阈值优化算法，改善了拼接的扭曲、错位等问题，具有很多改进SIFT算法所不具备的优点。二是该技术将

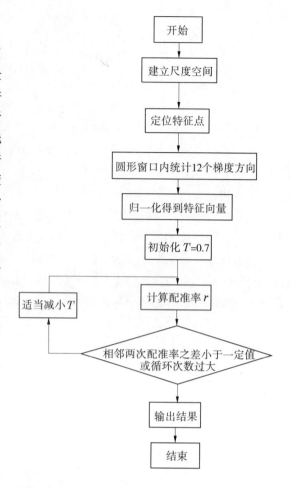

图3　改进算法流程图

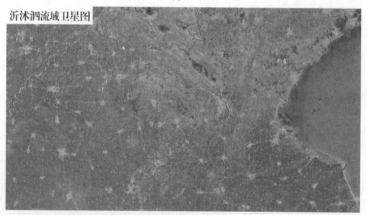

图4　技术成果

SIFT算法用于卫星图拼接。文献分析研究认为，SIFT算法一般应用于卫星遥感图像，本技术提出基于Google Earth提供的卫星图，为卫星图拼接技术延展了研究领域。三是该技术首次实现沂沭泗流域高清卫星图的准确拼接。在本技术研究以前，并没有制作过全流域范围的高清卫星图，本技术较好地提高了水利管理现代化水平，是一种技术先进的、具有推广价值的技术。四是本技术提出了一种新的卫星图拼接算法，本技术首先使用开源的程序，对Google Earth提供的卫星图进行分割拷屏，将得到的图像碎片素材进行编号。然后对图像碎片素材预处理，使用SIFT算法对图像进行配准拼接，形成完整的卫星影像。

总体来说，本研究是依据工程实际需要，对防洪安全，保证人民群众生命财产安全具有重要意义。基于开源的软件和免费使用的谷歌地图，整体经济、社会效益较好，具有良好的推广价值。

参 考 文 献

［1］李飞宇.沂沭泗直管河湖河长制工作思考［J］.治淮,2018(4):84-86.

［2］王瑶,尤丽华,吴静静,等.基于改进 SIFT 的图像快速自适应匹配算法［J］.包装工程,2014(11): 96-99,104.

［3］Osher S,Sethian J A. Fronts propagating with curvature dependent speed: algorithms based on Hamilton-Jacobi formulations ［J］. Journal of Computational Physics, 1988 (79): 12-49,.

［4］于广婷,李柏林,邹翎,等.基于改进水平集的人脑海马图像分割方法［J］.计算机工程,2013(6):283-286.

［5］Chen Yunjie,Zhang Jianwei,Jim Macione. An improved level set method for brain MR images segmentation and bias correction ［J］. Computerized Medical Imaging and Graphics,2009(33):520-531.

［6］王瑶,安伟,尤丽华.距离保持水平集在汽车门锁图像分割中的应用研究［J］.电子设计工程,2015(11):72-74.

淮北地区 50 年、100 年一遇支流洪水计算方法研究

汤义声,夏广义

（安徽省水利引用外资办公室 安徽省水利水电勘测设计研究总院有限公司,安徽 合肥　230022）

摘　要　《安徽省淮北地区除涝水文计算办法(1981 年)》是安徽省淮北地区除涝规划设计中十分重要的技术手段,其经验排模公式简单易用。随着经济社会的快速发展,特别是城市防洪标准将逐步提高到 50～100 年一遇,现行洪水计算办法对超标准洪水计算研究不够,难以满足城市防洪计算要求。本文通过由典型水文站实测流量资料和由雨量资料推求设计洪水成果对比,分析 50 年、100 年一遇设计流量计算折扣系数,为淮北地区支流 50 年、100 年一遇设计洪水分析提供参考。

关键词　水文计算;防洪标准;淮北地区

1　前言

安徽省淮河流域分布有 7 座地级城市,27 个县(市)城市。这些城市基本上都位于淮河干流及其支流附近,防洪排涝任务较重。根据《防洪标准》(GB 50201—2014)、《淮河流域综合规划》、《淮河流域防洪规划》、《安徽省灾后水利建设总体规划》,以及已批准的城市总体规划,市级城市防洪标准为 100 年一遇,县级城市防洪标准为 50 年一遇。目前,除淮河干流沿岸城市达到规定的防洪标准外,淮北地区支流现状防洪标准一般未超过 20 年一遇,为满足经济社会发展的需求,这些城市的防洪标准亟待提高。

《安徽省淮北地区除涝水文计算办法(1981 年)》(以下简称"1981 年计算办法")是安徽省淮北地区除涝规划设计中十分重要的技术手段,其经验排模公式简单易用,并一直在治淮工程规划、设计中广泛采用。但是"1981 年计算办法"中虽明确了 10 年一遇和 20 年一遇设计流量折扣系数,但对超标准降水下洪量计算研究不够,没有明确淮北平原区域 50 年一遇、100 年一遇设计流量计算,此类标准下相关工程规划与洪涝治理计算方法难以统一。因此,本文对 50 年、100 年一遇设计流量计算折扣系数进行分析,为淮北地区计算 50 年、100 年一遇设计洪水提供参考。

2　1981 年计算办法简述

安徽省沿淮、淮北地区除涝水文计算,历来均以由设计暴雨通过产、汇流推算的方法为主。由于观测资料的逐年增加,暴雨统计参数、降雨径流关系的变化,以及面上河沟开挖后汇流条件改变等原因,虽计算方法基本未变,但具体参数有几次变动。

(1)20 世纪 50 年代。

1951 年以保障麦收为原则,采用 3 年一遇麦作期排水模数为 0.1 $m^3/(s \cdot km^2)$。1953 年 11 月淮委工程部提出《1954 年淮河流域除涝工程排水量标准计算暂行规程》,明确流域面积在 100 km^2 以下的,排水模数为 0.21～0.38 $m^3/(s \cdot km^2)$;流域面积在 100 km^2 以上的,排水模数为 0.13～0.3 $m^3/(s \cdot km^2)$。

1957 年淮委设计院提出"淮北坡水区设计洪水计算办法",根据综合单位线制定设计排模计算公式为:$Q_F = cRF^{-n}$。n 值固定为 0.25,c 值的取值范围根据流域面积大小确定为 0.0215～0.025。

(2)20 世纪 60 年代。

1963 年 10 月,水利水电科学研究院及北京设计院共同编制了"沱河地区除涝规划排水模数计算报

作者简介:汤义声,男,1970 年生,汉族,安徽省来安县人,高级工程师,主要从事水利工程规划设计、建设管理和水利工程设计审查等工作。

告"。该成果排模计算采用 $M = kRF^{-0.25}$，并建议 $k = 0.023$。对超标准修峰问题，考虑每超标准一级打九折进行修峰。此成果是其后计算办法的基础。

1964 年 8 月，安徽省水电厅设计院印发了《安徽省淮北平原地区河沟设计排水模数计算办法》（以下简称"1964 年计算办法"），该办法将淮北分为 a、b、b′、c 四个降雨径流关系分区，各区有相应的关系线。

(3)20 世纪 70 年代。

1970 年 2 月，原水电部淮河规划组提出了《淮北除涝水文计算办法》（以下简称"1970 年北京对口成果"）供淮北省际河道规划工作参考。这个材料与"1964 年计算办法"相比，除涝模公式的综合系数 k 值由 0.023 加大为 0.026，原 c 区径流系数有较大幅度增加。该成果使用范围只限于 500 ~ 5 000 km²。

(4)20 世纪 80 年代。

为改变淮北平原河沟排模计算办法不统一的状况，1981 年 9 月安徽省水利水电勘测设计院制定了"1981 年计算办法"，是目前淮北地区除涝水文计算的主要依据。计算办法规定，流域面积在 50 ~ 5 000 km² 时，排水模数 $M = 0.026RF^{-0.25}$，除涝设计流量 $Q = 0.026RF^{0.75}$ 计算（M 为排水模数，以 m³/(s·km²) 计；R 为 3 天暴雨相应的净雨深，以 mm 计；F 为流域面积，以 km² 计）。遇超标准情况，10 年一遇排模打九折；20 年一遇排模打八五折。

3 50 年、100 年一遇设计洪水及折扣系数分析

根据淮北平原区域水文站和雨量站建站及分布情况，按照代表站流域明晰、代表适宜、站点均匀的原则，选择奎河、唐河、浍河、西淝河和谷河等 5 条河的 6 个水文站与 29 个雨量站进行分析研究，通过由典型水文站实测流量资料推求设计洪水（间接法）和由雨量资料推求设计洪水成果（间接法）进行对比分析，初步提出安徽省淮北平原区域 50 年一遇、100 年一遇设计流量折扣系数。

3.1 由暴雨资料推求流量（间接法）

对于奎河、唐河、西淝河、谷河 4 条河流采用本流域内各雨量站计算系列年最大 3 天平均面雨量，设计暴雨计算采用皮尔逊Ⅲ型曲线，分别计算求出不同频率设计面雨量。由于浍河流域面积大，平均面雨量计算难度大，设计暴雨计算拟直接采用"1970 年北京对口成果。"

根据"1981 年计算办法"，设计 P_a 值：3 ~ 5 年用 45 mm，10 ~ 20 年用 55 mm。对于 50 ~ 100 年设计 P_a 值采用 55 mm。降雨径流关系采用淮北平原次降雨径流关系曲线的 1 号线和 3 号线。按经验公式 $Q = 0.026RF^{0.75}$ 计算各频率设计流量，见表 1。

3.2 由流量资料推求设计流量（直接法）

奎河栏杆集站、唐河地下涵站、浍河临涣集站、固镇站、西淝河王市集站不同系列实测流量资料，并对部分大水年进行插补修正，采用 P – Ⅲ型曲线排频计算得出不同频率设计流量。由于谷河公桥站流量资料系列短且不连续，不满足水文计算要求，经分析，1968 年公桥站流量 590 m³/s 约合 50 年一遇。

采用直接法计算的各频率的流量偏小。其主要原因是 20 世纪 50、60 年代开始，区域经济社会和水利建设相对较缓，20 世纪 80 年代开始淮北农村联产承包责任制形成分散耕作，面上农田水利失修，加之区域缺水，沟渠闸坝到处拦截蓄水，排水不畅等原因导致实测流量系列总体偏小。随着区域经济发展进程加快，区域面上治理进一步加强，农田排水将恢复通畅，沟渠闸坝影响逐步减弱，汇流加快，洪峰加大。

因实测洪峰流量受沟渠闸坝等阻水因素影响较大，需对直接法计算洪峰流量进行修正。考虑到洪水越大，洪量越大，汇流越快，阻水因素影响越小，因此本次修正洪峰按加大 10% ~ 20% 考虑。各站不同频率设计流量成果见表 1。

3.3 折扣系数分析

用直接法计算的设计流量成果与间接法计算的设计流量成果相比得到各标准下设计流量折扣系数，成果见表 1。

由结果可知，除西淝河王市集站折扣系数为 0.61 外，奎河栏杆集、唐河唐河地下涵、浍河临涣集和浍河固镇站 10 一遇洪水折扣系数在 0.82 ~ 0.90，20 年一遇洪水折扣系数在 0.75 ~ 0.85。本次计算分析折扣系数与原《安徽省淮北地区除涝水文计算办法》中超标准洪水 10 年一遇打九折，20 年一遇打八

五折相比,基本符合。

表1　验证站设计流量折扣系数计算成果

河流	节点	系列区间 (年)	频率	间接法设计流量 (m³/s)	直接法设计流量 (m³/s)	折扣系数
奎河	栏杆集	1973～2015	10年一遇	400.7	327.6	0.82
			20年一遇	521.4	391.5	0.75
			50年一遇	649.7	472.2	0.73
			100年一遇	736.2	486.9	0.66
唐河	唐河地下涵	1973～2015	10年一遇	444.2	398.8	0.90
			20年一遇	572.3	484.5	0.85
			50年一遇	687.1	593.6	0.86
			100年一遇	771.1	617.8	0.80
浍河	临涣集	1954～2015	10年一遇	852.0	709.1	0.83
			20年一遇	1 207.1	976.8	0.81
			50年一遇	1 521.0	1 341.2	0.88
			100年一遇	1 761.6	1 487.1	0.84
浍河	固镇	1954～2015	10年一遇	1 285.1	1 126.4	0.88
			20年一遇	1 808.3	1 402.6	0.78
			50年一遇	2 262.4	1 763.6	0.78
			100年一遇	2 610.6	1 864.9	0.71
西淝河	王市集	1953～1977	10年一遇	1 008.8	616.2	0.61
			20年一遇	1 327.4	808.5	0.61
			50年一遇	1 663.4	1 064.0	0.64
			100年一遇	1 913.1	1 153.0	0.60
谷河	公桥	1969	50年一遇	804.4	708	0.88

对于50年、100年一遇标准洪水折扣系数,除西淝河王市集站分别为0.64和0.60外,奎河栏杆集、唐河唐河地下涵、浍河临涣集和浍河固镇站、谷河公桥站50年一遇洪水折扣系数在0.73～0.88,平均0.80。奎河栏杆集、唐河唐河地下涵、浍河临涣站和浍河固镇站100年一遇洪水折扣系数在0.66～0.84,平均0.75。

4　小结

由于安徽省淮北地区处于淮河流域中下游,河道流域虽然相对独立,但受人为因素影响较大,这种影响对实测流量更为明显。此外,直接法尚不能精准反映降雨与径流的自然联系规律,通过直接法和间接法流量计算成果对比,间接法成果大于直接法。安徽省淮北地区流量站分布较少,雨量站分布均匀且系列长,结合偏安全因素,建议水利治理前期研究采用间接法计算设计流量。"1981年计算办法"经过几十年的实践与完善,已成为安徽省淮北骨干河道、边界工程及排水区水文计算的主要依据,在该办法已有成果基础上,开展50年、100年一遇洪水计算折扣系数研究,是对淮北除涝水文办法的补充。

考虑到现有河流水文成果实际运用情况、与10年一遇和20年一遇洪水折扣系数协调性,建议50年一遇洪水折扣系数采用0.75～0.80,100年一遇洪水折扣系数采用0.70～0.75。在来水面积不大、河沟槽蓄影响较小、面上治理完善、人为影响较少的地区折扣系数取大值,反之,取小值。

新沂河海口控制工程"2019.8"行洪期三闸分流比解析

肖怀前,林其军

(江苏省淮沭新河管理处,江苏 淮安 223005)

摘 要 2019年8月,新沂河海口控制工程在其南、北两座深泓闸均已被鉴定为三类闸的情况下遭遇建闸以来最大泄洪流量考验。经实测,三座深泓闸实际分流比与设计分流比存在很大偏离。为更好地指导调度运行并进一步优化除险加固方案,有必要对其分流比进行统计、分析。本文介绍了新沂河"2019.8"洪水概况,统计分析了新沂河沿线特征站点水情数据、新沂河海口控制工程历次行洪情况及本次行洪水情数据,对行洪期间三闸分流比进行了分析研究,提出了对策建议。

关键词 新沂河海口;控制工程;水闸;行洪;分流比

1 概述

新沂河自嶂山闸开始,途径徐州、宿迁、连云港三市的新沂、宿豫、沭阳、灌南、灌云县至燕尾港镇南与灌河一同入海,全长146 km。1993年10月,国务院批准沂沭泗东调南下复工,同意按防御20年一遇洪水标准工程规模实施,并要求新沂河按7 000 m³/s标准行洪。新沂河海口控制工程是沂沭泗东调南下工程中的重要工程项目,1997年一期工程采取挖泓建闸,形成3滩2泓,泓滩联合行洪。根据建成后的运行情况,存在着橡胶坝下滩地溯源冲刷,水流汇流不规则,致使橡胶坝下防冲设施毁损严重的问题,危及枢纽安全,2006年进行扩建,调整为全部由泓道泄洪。扩建后新沂河海口控制工程由三座深泓闸组成,由于重新设计上游泓道连接方式,筑坝封堵南、北浅滩橡胶坝,南、北深泓闸泓道发生改变,分流比重新调整,枢纽设计防洪标准从20年一遇提高为50年一遇,经计算和模型试验验证,设计流量提高至7 800 m³/s,此时三座深泓闸设计流量组成为:南深泓闸2 425 m³/s,中深泓闸3 348 m³/s,北深泓闸2 027 m³/s。

2019年8月10~11日,受第9号台风"利奇马"和冷空气的共同影响,沂沭泗流域大部分地区普降大暴雨,局地特大暴雨,其中沂河临沂以上区间降雨量为1974年以来最大降雨量。本次强降雨导致沂沭泗地区发生了较大洪水,新沂河于8月9日开始行洪。8月10日16时,洪水抵达新沂河海口控制工程下泄入海,8月13日15时实测泄洪最大流量5 480 m³/s,后进入相对平稳阶段,过闸行洪流量维持在4 500 m³/s左右,至8月19日,新沂河海口控制工程从泄洪运行转入常规运行。

行洪过程中的监测资料表明,本次新沂河海口控制工程南、中、北三座深泓闸实际行洪流量的分流比与原设计分流比存在较大偏差。因南、北深泓闸2018年4月被安全鉴定为三类闸,"2019.8"沂沭泗洪水时,两闸险象环生,江苏省水利厅派出工作组现场指导,采取多项措施才使得两闸化险为夷,10天安全泄洪18亿m³。近期正在开展两座闸的除险加固可行性研究,为更好地总结新沂河海口控制工程"2019.8"行洪应对经验,并更好地做好除险加固方案,有必要对此次较大流量行洪的分流比进行解析。

2 行洪情况

2.1 历次行洪情况

本次统计新沂河海口控制工程行洪情况为2006~2018年(见表1),其中2014~2016年连续三年

作者简介:肖怀前,男,1976年生,江苏省淮沭新河管理处工程管理科科长(高级工程师),主要从事水利工程建设管理和运行管理工作。E-mail:279487805@qq.com。

未行洪。每年行洪次数多在 2 次以上,每次行洪天数相对较短,但 2007 年、2008 年相对较长。行洪流量多数不超过 5 000 m³/s。新沂河海口控制工程建闸后,嶂山闸(新沂河控制口门)最大实测泄洪流量 4 930 m³/s(调度数据是 5 000 m³/s),发生在 2008 年 7 月 25 日,同期沭阳站最大流量 4 760 m³/s,发生日期为 2008 年 7 月 26 日。

表 1　新沂河历次行洪统计(新沂河海口控制工程建成后)

序号	时间(年)	行洪天数	行洪最大流量(m³/s)	行洪总量(亿 m³)
1	2006			28.29
2	2007	4 + 16 + 38 + 6 = 64	3 500	75.69
3	2008	16 + 6 + 7 + 5 + 4 + 4 = 42	5 000	52.86
4	2009	8 + 5 + 6 + 4 = 23	3 000	19.73
5	2010	6 + 2 + 8 + 5 = 21	2 500	21.2
6	2011	6 + 3 + 4 + 3 = 16	2 000	16.75
7	2012	3 + 7 + 3 = 13	3 000	10.44
8	2013	6 + 8 = 14	1300	8.48
9	2014	未行洪		
10	2015	未行洪		
11	2016	未行洪		
12	2017	4 + 5 + 3 = 12	1 500	7.34
13	2018	16 + 4 = 20	4 000	14.02

注:1. 行洪以嶂山闸开关闸为标志。

　　2. 行洪天数为累加值,以 2007 年为例,说明有 4 次行洪过程,累计共 64 天。

　　3. 行洪最大流量以嶂山闸调度数据统计,行洪总量以嶂山闸调度数据计算,与实测(推算)资料不完全一致。

2.2　本次行洪情况

2.2.1　嶂山闸流量(新沂河口门)

嶂山闸为骆马湖洪水入新沂河控制建筑物,本次泄洪于 8 月 9 日 12 时开闸,泄洪流量经过了"低→高→低→高→低"的过程,8 月 17 日 17 时全部关闭,历时 9 天,实测最大行洪流量 5 020 m³/s,泄水量 16.21 亿 m³。

2.2.2　沭阳站流量(干流控制站)

沭阳站为新沂河上游干流控制站,除新沂河干流嶂山闸下泄洪水,另有老沭河、岔流新开河等主要支流来水汇入,叠加通过沭阳断面继续下泄。本次行洪沭阳站实测最大流量 5 900 m³/s,为"1974.8"大洪水以来的最大行洪流量,最高水位达 11.31 m,超警戒水位 9.0 m 和历史最高水位 10.76 m。

2.2.3　新沂河海口控制工程流量

新沂河海口控制工程是新沂河洪水下泄入海的末端控制口门,大流量时可闸门提出水面敞泄洪水,小流量时需根据涨落潮规律相机排水,本次行洪实测最大流量 5 480 m³/s(见表 2),行洪过程中,南深泓闸和北深泓闸实测分流比均超出设计分流比,中深泓闸实测分流比小于设计分流比。

表2 2019年8月新沂河海口控制工程行洪流量统计

序号	时间 （年-月-日 T 时：分）	总流量 （m³/s）	流量（m³/s）			上游 水位 （m）	下游 水位 （m）	分流比（%）		
			北闸	中闸	南闸			北闸	中闸	南闸
1	2019-08-11T17：20	177								
2	2019-08-11T23：10	479								
3	2019-08-12T08：30	982								
4	2019-08-12T11：00	1 176								
5	2019-08-12T16：30	1 222	329	504	389	3.00	2.80	26.9	41.3	31.8
6	2019-08-12T18：55	2 875				2.28	2.19			
7	2019-08-12T21：30	3 340				1.70	1.25			
8	2019-08-13T00：30	3 760				1.60	0.82			
9	2019-08-13T04：00	3 720				2.21	1.49			
10	2019-08-13T06：30	3 930				2.90	2.05			
11	2019-08-13T07：30	4 190	1 260	1 760	1 170	2.90	2.85	30.1	42.0	27.9
12	2019-08-13T09：00	4 910	1 257	2 043	1 610	2.53	2.24	25.6	41.6	32.8
13	2019-08-13T10：30	5 040	1 376	2 061	1 603	2.23	1.89	27.3	40.9	31.8
14	2019-08-13T12：00	5 110				1.85	1.57			
15	2019-08-13T15：00	5 480	1 671	1 962	1 847	1.93	1.67	30.5	35.8	33.7
16	2019-08-13T18：00	4 550	1 340	1 780	1 430	2.73	2.57	29.5	39.1	31.4
17	2019-08-13T23：00	5 280				1.84	1.50			
18	2019-08-14T05：40	4 160	1 294	1 319	1 547	2.86	2.57	31.1	31.7	37.2
19	2019-08-14T08：00	4 340	1 384	1 463	1 493	2.86	2.53	31.9	33.7	34.4
20	2019-08-14T11：00	4 980				2.07	1.38			
21	2019-08-14T14：00	5 360				1.74	0.99			
22	2019-08-14T17：00	4 350				2.48	2.26			
23	2019-08-14T23：00	5 040				1.73	1.08			
24	2019-08-15T07：00	4 160				3.12	2.78			
25	2019-08-15T13：00	4 820				1.73	1.03			
26	2019-08-15T18：00	4 190				1.53	1.02			
27	2019-08-16T07：00	2 530				2.87	2.68			
28	2019-08-16T13：00	3 060				0.99	0.47			
29	2019-08-16T18：00	2 670				2.18	1.96			
30	2019-08-17T07：00	936				2.69	2.58			
31	2019-08-17T13：30	1 990								
32	2019-08-17T14：30	1 880								

注：1. 表内总流量为上游228国道桥上走航式ADCP实测流量，分流比为闸室下游电波流速仪实测。

2. 表内水位为人工观测，第28测次水位根据前后时间段人工观测直线内插计算，其余空值表示没有人工观测水位；水位观测值为闸上下游近闸处，仅供参考。

3. 第30测次流量明显偏小，原因是中闸和北闸全部关闭，其对应水位为南闸上下游水位。

4. 设计分流比：北闸26%，中闸43%，南闸31%。

2.2.4　本次行洪期间沿线站点特征值分析

根据水位涨落变化和流量数据,可以直观地了解洪水过境情况,因此有必要关注新沂河沿线主要站点水情变化。本次行洪过程中,新沂河沭阳段的沭阳闸下游、沭新闸上游、沭阳站等站点水位均超过了历史最高水位(见表3)。

表3　本次行洪期间沿线站点特征值统计

站名	最大流量 (m^3/s)	出现时间 (年-月-日 T 时:分)	最高水位 (m)	出现时间 (年-月-日 T 时:分)	历史最大流量 (m^3/s)	历史最大流量出现时间 (年-月-日)	历史最高水位 (m)	历史最高水位出现时间 (年-月-日)
嶂山闸	5 020	2019-08-11T 17:00			5 760	1974-08-16		
沭新闸 (上游)			12.04	2019-08-12T 04:00			11.64	1974-08-13
沭阳闸 (下游)			12.26	2019-08-12T 06:10			11.81	1974-08-16
沭阳	5 900	2019-08-12T 08:00	11.31	2019-08-12T 06:30	6 900	1974-08-16	10.76	1974-08-16
盐河南闸 (闸上游)			6.90	2019-08-12T 14:50			7.37	1993-08-17
盐河北闸 (闸上游)			7.03	2019-08-12T 18:00				
小潮河闸 (上游)			5.68	2019-08-13T 06:25			6.59	1993-08-17
东友涵洞 (上游)			5.04	2019-08-13T 09:15				
228国道桥 (海口总)	5 480	2019-08-13T 15:00						

3　三座深泓闸分流比分析

3.1　设计分流比

2005年在新沂河海口控制工程二期工程设计过程中,委托南京水利科学研究院通过水工物理模型试验,对枢纽区域水流和流量进行分析。水工模型试验边界尺寸条件如下:南、中、北深泓闸上下游引河河底高程均为 −2.0 m,上游引河底宽分别为150 m、180 m、100 m,下游引河底宽分别为140 m、180 m、120 m,上下游引河边坡均为1:4,引河两侧滩地高程约2.50 m。水工模型试验成果表明,在新沂河海口控制工程设计行洪7 800 m^3/s工况下,下游引河口设计水位4.0 m时,南深泓闸设计行洪流量2 425 m^3/s(占31%)、中深泓闸设计行洪流量3 348 m^3/s(占43%)、北深泓闸设计行洪流量2 027 m^3/s(占26%)。

3.2　实测分流比

在2019年8月9～17日新沂河海口控制工程行洪期间,根据现场实际监测资料,南、中、北深泓闸的实际行洪分流比偏离设计分流比,呈现南、北深泓闸实际流量占比偏大,中深泓闸实际流量占比偏小。本次行洪过程中,分流比最大偏差发生在8月14日上午05:40,相应枢纽行洪流量4 160 m^3/s,南、中、北深泓闸行洪流量分别为1 547 m^3/s(占37.2%)、1 319 m^3/s(占31.7%)、1 294 m^3/s(占31.1%);在最大行洪流量5 480 m^3/s时(8月13日下午15:00),南、中、北深泓闸行洪流量分别为1 847 m^3/s(占33.7%)、1 962 m^3/s(占35.8%)、1 671 m^3/s(占30.5%)。根据本次行洪流量监测资料,经分析,南、中、北深泓闸实际行洪分流比偏离设计分流比最大程度分别为20.0%(偏大)、26.3%(偏小)、22.7%(偏大)。

3.3 分流比分析

根据 2019 年 5 月新沂河海口控制工程区域地形实测资料,结合本次行洪上游分流岔口区域水流流态观测情况,经初步分析,认为造成枢纽实际行洪分流比偏离设计分流比情况的主要因素如下:

(1)三座深泓闸上游引河现状断面与设计断面偏差较大,本次行洪前测量资料表明,现状南、中、北深泓闸上游引河河底高程分别为 -4.5 m、-2.8 m、-5.0 m 左右,南、北深泓闸上游引河河底高程低于中深泓闸上游引河 2 m 左右,导致新沂河洪水大量流向南北深泓闸引河。

(2)上游分流岔口的地形为中间高、两侧低,中间滩面水流明显向两侧泓道汇集,导致南、北深泓闸分流比的进一步加大。

(3)中深泓闸下游港道淤积较为严重,与灌河交接处芦荡侵占河道呈内喇叭形河口,导致中深泓闸下水位明显高于南、北深泓闸的闸下水位,中深泓闸过闸水位落差小于南、北深泓闸,下游港道洪水冲淤能力锐减,引起中深泓闸实际过流量偏小。

4 总结

(1)新沂河海口三座深泓闸实测分流比与设计分流比产生较大偏移,中深泓闸过流能力明显不足,达不到设计运行条件,南、北深泓闸分流比远大于设计分流比,不利于海口控制工程整体行洪安全。建议对三闸分流比开展模型试验和研究分析,对上游泓道解决方案进行进一步优化设计。

(2)新沂河海口南、北深泓闸均被鉴定为三类工程,在行洪时存在安全隐患,尤其是大流量行洪时存在很大的安全隐患。建议加快南、北深泓闸除险加固进度,同时设计单位要根据本次行洪情况,对南、北深泓闸水下消能和防冲等进行复核研究,增建水文观测设施,进一步优化加固方案。

(3)为确保新沂河海口南、北深泓闸行洪期安全,应进一步优化调度运行原则。在行洪初期,适当控制南深泓闸行洪流量,依次加大北深泓闸、中深泓闸行洪流量,尽量减小下游河道淤积量,提高下游河道行洪能力;在行洪过程中,对南、中、北深泓闸上游泓道的行洪流量进行实时监测,监测数据及时反馈运行调度操作人员;当闸下消力池末端水位低于 0.0 m 时,应适当减小过闸行洪流量,确保三闸工程安全。

参 考 文 献

[1] 钟杰.弯道低水头拦河闸闸孔分流比试验研究[J].长江科学院院报,2011,28(3):28-32.
[2] 吴门伍,陈立,周家俞.大和水闸过闸流量分析[J].武汉大学学报(工学版),2003,36(5):51-54,78.

非绝热条件下混凝土的最终水化度研究

宋家东

（河南省水利第一工程局,河南 郑州　450000）

摘　要　在模拟混凝土温度场时,传统的只考虑混凝土龄期的绝热温升模型导致在极端条件下预测值与实测值有显著偏差。为了解决这一问题,本文提出了一种新的基于等效龄期、考虑极限水化程度的混凝土最终温升预测公式。该公式是根据近年来一些实际工程的实测资料推导而成的。它本质上揭示了混凝土的极限水化程度随施工现场浇筑温度的变化情况。实测资料还表明,混凝土在非绝热条件下的极限水化程度与其浇筑温度有关。本文针对考虑等效龄期对混凝土龄期和温度的影响的关系,提出了一个对数函数公式。比较结果表明,不考虑等效龄期的算法和我们提出的公式相比,新公式与等效龄期的组合能使相对计算误差大幅度降低。

关键词　混凝土;等效龄期;仿真

1　引言

水化放热量直接影响着大体积混凝土的内部最高温度、内外温度差以及基础温差,是影响大体积混凝土温度场计算的一个重要影响因素。本文计算中用到的反映水化放热的参数是混凝土的绝热温升模型。混凝土的绝热温升可以通过在工程位置附近浇筑非绝热温升大型混凝土试块,在试块内部布置温度测点,然后通过反演分析得到。

另一种常用方法则是在实验室内通过绝热温升仪测出。绝热温升仪虽然可以准确测出混凝土绝热温升历程,但其试块温度往往与实际混凝土浇筑块有很大差异;此外,由于混凝土自身温度也影响着水化反应,导致实际浇筑块的水化程度达不到试验试块的程度,所以由绝热温升仪得到的混凝土绝热温升计算参数并不能很好地直接应用到实际工程中。对有些大型混凝土坝,现场有设备控制可以使其浇筑温度被控制在一个相对稳定的范围内,但对于大部分水工混凝土工程,没有昂贵浇筑温度控制设备,只能采取比较简易的措施,其浇筑温度基本随当日气温而变化,故浇筑温度一年当中的变幅很大。实测最低浇筑温度可以达到5 ℃,最高浇筑温度可以达到40 ℃。特别是混凝土强度等级较高的大体积混凝土结构,比如大型泵站、大型水闸、悬索桥锚碇等,温升实测值与计算值差异较大的现象更加突出,故对实际工程中混凝土浇筑块非绝热温升的研究很有必要。

本章根据若干个实际工程的实测温度数据,总结了不同浇筑温度下混凝土的温升值,并根据已有的混凝土绝热温升试验值和反演值,提出了一个预测不同浇筑温度下混凝土非绝热温升终值公式。该公式不会增加较多的计算量,但可以显著提高混凝土温度的预测精度,具有很好的实际应用价值。

2　考虑最终水化度的新温升计算模型

2.1　常用绝热温升计算模型

水泥的水化热是影响混凝土温度场分布的一个重要因素,实际计算中用到的参数是混凝土的绝热温升曲线$\theta(\tau)$。为了表示绝热温升的变化规律,在有限元计算中会利用一些数学模型对混凝土绝热温升过程进行拟合,常见的模型有指数式、双曲线式或复合指数式。

虽然经验表明,双曲线式和复合指数式与实验资料符合较好,但以上三个模型均只考虑了混凝土龄

作者简介:宋家东,1966 年生,男,河南郑州人,高级工程师,主要从事水利工程方面研究。E-mail:3263506148@ qq. com。

期对绝热温升的影响,未考虑其温度对绝热温升过程的影响。针对这个问题,本文中的绝热温升模型采用考虑了等效龄期的复合指数模型,具体表示如下:

$$\theta_e(t_e) = \theta_0(1 - e^{-at_e^b}) \tag{1}$$

式中:θ_e 为考虑了等效龄期的绝热温升,℃。

2.2 现场非绝热温升试验

通常,混凝土的绝热温升终值 θ_0 一般通过绝热温升仪进行试验获得。根据热量平衡原理,混凝土的最高温度应该等于浇筑温度(T_c)加上发热量(绝热温升终值)和散热量之和。但是根据仿真计算结果来看,混凝土最高温度的计算值常常与实测温度差异较大。特别是当浇筑温度不同时,同一品种混凝土实际温升终值差异较大。本文根据位于杭州和淮安的两个工程的温度实测值,总结其温升终值规律,提出了一个简单易行的根据浇筑温度估算混凝土温升终值的公式。

位于江苏淮安的北门桥水闸工程是通过在施工现场浇筑试验块获取的非绝热温升曲线。该试验块是大小为 1.0 m×1.0 m×1.0 m(长×宽×高)的立方体,试块底部用钢模板架空,离地面 50 cm。试块内部中心剖面上,距离表面 3~30 cm 布置了 6 个数字式温度探头,且用导线将其接到混凝土外部的测温仪上。

该工程于 2015 年 1 月浇筑了两个试验块,浇筑时环境温度为 6.562 ℃,测得的混凝土浇筑温度是 6.625 ℃。根据这两个试块的温度实测值,通过基于等效龄期的混凝土温度场数值计算方法分析得到,其非绝热温升终值分别为 26.5 ℃ 和 26.65 ℃。该工程的绝热温升终值由混凝土配合比根据经验公式(2)计算得到,为 44.8 ℃;认为该值就是混凝土的绝热温升终值。

$$\theta_0 = \frac{Q(W + kF)}{c\rho} \tag{2}$$

式中:θ_0 为绝热温升终值,℃;Q 为水泥水化热,kJ/kg;W 为水泥用量,kg/m³;k 为折减系数,粉煤灰取为 0.25;F 为混合材用量,kg/m³;c 为混凝土比热,kJ/(kg·℃);ρ 为混凝土密度,kg/m³。

2.3 实验室绝热温升试验

位于浙江杭州三堡泵站工程开展了混凝土绝热温升试验,由试验值拟合到的 C25 混凝土配合比的绝热温升公式如式(3)所示,从式中可以看出其绝热温升终值为 50.80 ℃。将根据此终值进行仿真计算得到的温度值和工程实测值对比发现,当该工程夏天进行浇筑时,由于当地气温较高,浇筑温度高达 35 ℃ 以上,计算值和实测值之间温度差异较小,为 6.56 ℃,此时测点水化温度峰值是 67.75 ℃,相对误差仅为 9.6%。但是当现场浇筑块的浇筑温度在 13 ℃ 左右时,计算温度值均高于实测值,最高可达 22.90 ℃。

图 1 是测点实测温度历时曲线,从图中可以看出,其温升值为 30 ℃ 左右,比绝热温升终值(50.8 ℃)小了近 20 ℃。这表明,当浇筑温度较低时,混凝土最终水化度低于实验室绝热温升试验时的水化度,即此时仿真计算中的绝热温升终值不宜采用实验室获取的绝热温升终值。

$$\theta(\tau) = \begin{cases} 50.8 \times (1 - e^{-0.2\tau^{1.35}}) & \tau \leq 0.75d \\ 50.8 \times (1 - e^{-0.7\tau^{1.2}}) & \tau > 0.75d \end{cases} \tag{3}$$

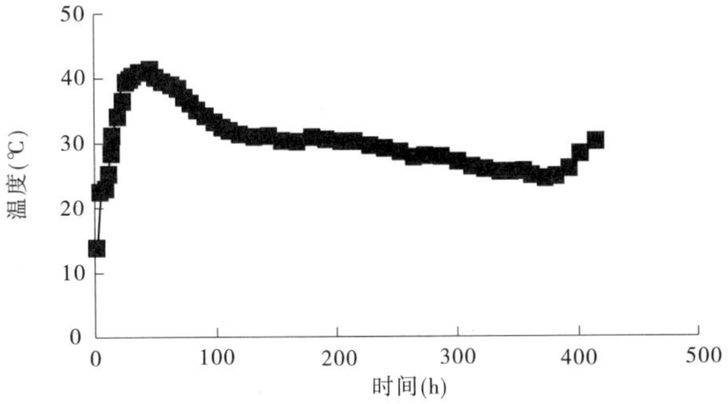

图 1 杭州三堡泵站工程实测大体积混凝土温度历时曲线

2.4 新的温升计算模型

以上数据可以表明,混凝土的水化度与浇筑温度正相关。浇筑温度越高,混凝土水化程度会越充分,散发出的热量越多,从而混凝土的温升幅度越大;但是当浇筑温度达到某一值之后,其水化程度会趋于完全,温升值约等于绝热温升终值。

表1和图2是以上两个工程在不同浇筑温度下,其相应的温升终值和绝热温升终值。从图2中可以看出,在浇筑温度为6.6~13℃时,随着浇筑温度的增加,温升终值增加速度比较缓慢;而在浇筑温度大于35℃之后,温升终值应趋于绝热温升终值;在浇筑温度为13~35℃时,温升终值与浇筑温度仍是正相关的。查阅大量文献资料后发现,温升终值与浇筑温度之间的关系与Logistic函数的变化是非常类似的。故本文引入Logistic函数来拟合考虑最终水化度条件下混凝土的温升终值与其浇筑温度的关系,具体见式(4)。从图2可以看出,公式拟合值和实测值非常接近,误差在可接受的范围之内。

$$\theta_u = C + \frac{\theta_0 - C}{1 + me^{-nT_c}} \tag{4}$$

式中:θ_u 为考虑最终水化度的温升终值,℃;C、m 和 n 为常数,本文建议分别取25、200和0.3;T_c 为浇筑温度,℃。

表1　不同浇筑温度下混凝土温升终值　　　　　　　　　　　　（单位:℃）

浇筑温度	反演值	实测值	拟合值	绝热温升终值
6.60	26.70		25.69	44.80
13.00		30.00	30.11	50.80
35			50.77	50.80

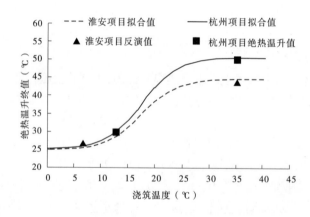

图2　温升终值的实际值和拟合曲线对比

3　考虑等效龄期的绝热温升模型算例验证

将考虑等效龄期的绝热温升模型编码到混凝土温度场有限元计算程序中去,并用一个小模型验证编写程序的正确性。该模型是一大小为3 m的立方体,计算参数参考文献取得,见表2。

表2　混凝土计算参数

导热系数 [kJ/(m·h·℃)]	导温系数 (m²/h)	表面放热系数 [kJ/(m²·h·℃)]	绝热温升	
			参数 a	参数 b
9.75	0.004 3	41.67	1.50	1.30

共计算了4个工况,见表3,环境温度在整个计算过程中保持不变。

经计算,在浇筑温度为5℃时,在达到温度峰值之前,考虑等效龄期的工况(工况1-1)特征点的温度增长速率均小于工况1-2,工况1-2先到达温度峰值,且其温度峰值比工况1-1大,这说明混凝土自身较低的温度对水化作用起着抑制作用。距离表面0.5 m的测点受环境温度影响,其温度较距离表面 1.5 m 的测点低,因此其自身温度对水化反应的抑制效果更明显;在浇筑温度为 35 ℃时,考虑等效龄期工况 2－1 测点温度增长速率大于工况 2－2,且比其先达到温度峰值,这说明混凝土自身较高的温度对水化反应起着促进作用。

表 3　计算工况

(单位:℃)

温度	考虑等效龄期		不考虑等效龄期	
	工况 1－1	工况 2－1	工况 1－2	工况 2－2
浇筑温度	5.0	35.0	5.0	35.0
环境温度	0.0	40.0	0.0	40.0
绝热温升终值	20.0	35.0	20.0	35.0

以上四个工况计算的特征点温度计算中所呈现的规律,验证了本文将考虑等效龄期绝热温升模型编码进有限元算法的正确性。

4　不同模型计算结果对比分析

为了验证本文提出的考虑等效龄期和最终水化度的温升模型的正确性,分别采用了三种模型来计算混凝土的早龄期温度场。

算法 1:采用只考虑混凝土龄期的绝热温升计算模型。

算法 2:考虑了等效龄期的绝热温升计算模型,即式(1)。

算法 3:考虑了等效龄期(式 1)和最终水化度(式 4)(本文提出的新模型)的温升计算模型。

4.1　杭州三堡泵站工程 11# 浇筑块计算结果分析

杭州三堡泵站工程的混凝土浇筑时间从 2013 年 12 月持续到次年 8 月。仿真计算时采用的参数,如冷却水管的通水时间和流量、环境气温、浇筑时间等,和工程实际浇筑时保持基本一致,以达到最大精准的模拟真实温度场。三堡泵站工程的 11# 混凝土浇筑块的冷却水通水方案见表 4。

表 4　杭州三堡泵站工程通水方案

混凝土浇筑块	冷却水			浇筑温度 (℃)
	流量(m³/d)	持续时间(d)	进口温度(℃)	
11#	144.0	1.5	29.0	38.4

11# 混凝土浇筑块是在 7 月底浇筑的,此时正属于当地一年中气温最高的季节,平均气温约 28.5 ℃,由于没有任何降低浇筑温度的措施,导致浇筑温度也很高,实测为 38.4 ℃。表 5 记录了 11# 浇筑块特征点的实测最高温度以及由三个算法计算到的最高温度。

表 5　三堡泵站工程 11# 浇筑块特征点最高温度和温升终值

(单位:℃)

计算方法	最高温度			温升终值
	距表面 0.3 m	距表面 0.5 m	距表面 0.8 m	
实测值		67.75		
算法 1 计算值	55.35	61.19(线性差分得到)	69.93	50.80
算法 2 计算值	60.68	67.17(线性差分得到)	76.91	50.80
算法 3 计算值	60.58	67.05(线性差分得到)	76.77	50.75

由于在有限元计算模型中,距表面 0.5 m 的点均位于单元的内部,所以距表面 0.5 m 的特征点的最高温度计算值只得由距表面 0.3 m 和 0.8 m 的特征点的最高温度计算值线性差值得到,如表 5 中的第三列数据所示。从这列数据可以看出,算法 2 的计算值比算法 1 的计算值更接近实测值,这证明了绝热温升模型需要考虑混凝土自身温度的影响。

4.2　淮安北门桥水闸工程计算结果分析

淮安北门桥水闸工程的浇筑时间则是从 2015 年 5 月到 6 月。该工程的通水冷却方案见表 6。

表 6　淮安水闸工程通水方案

冷却水			浇筑温度 (℃)
流量(m³/d)	持续时间(d)	进口温度(℃)	
87.0	3.3	22.0	25.0

该水闸工程的混凝土浇筑时间比较集中,整个结构在 2 个月内施工完成,实测数据显示该结构的浇筑温度基本都在 25 ℃左右。算法 3 中根据式(4)得到此浇筑温度下混凝土的绝热温升终值为 42.83 ℃。由于该水闸工程没有做绝热温升试验,因此其绝热温升终值只能根据混凝土配合比利用经验公式(1)计算得到,为 44.80 ℃。该工程的特征点实测最高温度以及由计算到的最高温度如表 7 所示。

表 7　淮安水闸工程特征点最高温度和温升终值

计算方法	最高温度(℃)					温升终值 (℃)
	壁面	距表面 0.6 m	底板表面	距表面 1.7 m (1 号浇筑块)	距表面 1.7 m (2 号浇筑块)	
实测值	42.44	45.13		55.56	60.44	
算法 2 计算值	42.26	47.01	43.17	59.61	62.37	44.8
算法 3 计算值	40.10	44.29	40.47	53.83	59.39	42.83

从这两个工程的仿真计算结果来看,算法 2 和算法 3 可以大大地减小混凝土最高温度计算值和实测值的误差,仿真计算得到的温度场更接近真实的温度场。而采用算法 3 的误差比算法 2 更小。因此,根据算法 3 的计算结果提出的温控防裂措施更合理、经济。

5　进一步的验证

出山店水库位于河南省信阳市,该混凝土结构于 2016 年 3 月开始施工浇筑。该工程有 C15、C20 和 C25 三种配合比,其中用于计算的 1# 和 2# 浇筑块是属于 C20 混凝土,其计算用的绝热温升参数是通过对于 2016 年 3 月 7 日进行浇筑的 3# 坝段第一个盖重层进行温度监测,然后反演得到的。

1# 和 2# 混凝土浇筑块分别于 4 月 9 日和 4 月 16 日进行浇筑,此时环境气温约在 19 ℃,由于没有降低浇筑温度措施,浇筑温度分别是 22 ℃和 23.5 ℃,比日平均气温略高;仿真计算时浇筑温度设置与此保持一致。根据式(4)得到这两块浇筑块的非绝热温升终值分别为 36.40 ℃和 37.36 ℃。

表 8 记录了 1# 和 2# 浇筑块特征点的实测最高温度以及算法 3 计算到的最高温度。从该表中可以计算出,这两个浇筑块的温度误差范围分别为 1.4 ~ 2.05 ℃和 0.95 ~ 2.15 ℃,最大相对误差均只有 7%,且平均误差仅为 1.64 ℃,这个误差在工程可接受范围之内。该工程的最高温度实测值和计算值吻合较好,再一次验证了本文中提出的绝热温升公式的实际使用价值。

表 8　河南省出山店大坝特征点最高温度和温升终值

计算方法	1#浇筑块		2#浇筑块	
	最高温度（℃）		最高温度（℃）	
	距表面0.1 m	距上游表面0.1 m	距表面0.1 m	距上游表面0.1 m
实测值	37.63	32.5	35.13	29.25
算法3计算值	36.23	30.45	36.08	31.40

6　结语

（1）本文根据现有的不同工程实测温度数据，总结了不同浇筑温度下混凝土的温升值，并根据已有的混凝土绝热温升试验数据和非绝热温升试验反演数据，提出了一个求不同浇筑温度下混凝土的绝热温升终值（考虑最终水化度的绝热温升终值）公式。

（2）综合运用本章提出的经验公式与等效龄期算法，来计算混凝土温度场，可以明显降低温度峰值的预测误差。因此，基于用综合算法提出的大体积混凝土温控防裂措施更合理。此外，该公式不会增加较多的计算量，有很好的实际应用价值。

（3）用考虑了等效龄期的绝热温升计算模型仿真计算时，发现混凝土自身温度对水化反应的作用存在一个临界值，当混凝土温度小于该值时，其对水化反应起着抑制作用；但当混凝土温度大于该值时，其对水化反应起着促进作用。

参 考 文 献

[1] 朱伯芳.考虑温度影响的混凝土绝热温升表达式[J].水力发电学报,2003(2):69-73.
[2] 崔溦,陈王,王宁.早期混凝土热学参数优化及温度场精确模拟[J].四川大学(工程科学版),2014(3):161-167.
[3] 朱伯芳.混凝土绝热温升的新计算模型与反分析[J].水力发电,2003(4):29-32.
[4] 张君,祁锟,侯东伟.基于绝热温升试验的早龄期混凝土温度场的计算[J].工程力学,2009(8):155-160.
[5] 苏培芳,翁永红,陈尚法,等.基于等效龄期的混凝土温度应力分析[J].地下空间与工程学报,2013(9):1520-1525.
[6] 凌道盛,许德胜,沈益源.混凝土中水泥水化反应放热模型及其应用[J].浙江大学学报(工学版),2005(11):1695-1698.
[7] 李骁春,吴胜兴.基于水化度概念的早期混凝土热分析科学技术与工程[J].2008(2):441-445.
[8] 王振红,朱岳明,武圈怀,等.混凝土热学参数试验与反分析研究[J].岩土力学,2009(6):1821-1825.
[9] 许朴,朱岳明,贲能慧.混凝土绝热温升计算模型及其应用[J].应用基础与工程科学学报,2011(2):243-250.
[10] 张子明,冯树荣,石青春,等.基于等效时间的混凝土绝热温升[J].河海大学学报(自然科学版),2004(5):573-577.
[11] 马跃峰.基于水化度的混凝土温度与应力研究[D].南京:河海大学出版社,2006.
[12] 朱伯芳.大体积混凝土的温度应力和温度控制[M].北京:中国电力出版社,1999.

沂沭泗河超标洪水模拟调度分析与探讨

赵艳红[1]，于百奎[2]

（1. 淮河水利委员会沂沭泗水利管理局，江苏 徐州　221018；2. 河海大学，江苏 南京　210098）

摘　要　探索流域湖泊、滞洪区、涵闸等防洪工程的优化调度模式，寻求优化、科学的调度方法，对减轻流域防洪压力及经济损失具有重要意义。本文针对沂沭泗河洪水的特点，根据大系统分解原理建立沂沭泗河多水系、多工程群的联动调度计算模型，对模拟的 100 年一遇洪水进行规则调度、强迫行洪调度和优化调度，对不同情形的调度方案进行比较和分析。比较结果表明，对于 100 年一遇洪水，通过优化调度，南四湖白马滞洪区滞洪量较规则调度减少滞洪 0.3 亿 m^3，界湖滞洪区减少滞洪 0.26 亿 m^3。骆马湖最高水位降至 25.79 m，较规则调度降低 0.28 m，黄墩湖滞洪区滞洪量减少至 7.60 亿 m^3，滞洪量减少 28%。结论表明，从削减洪峰流量、降低湖泊最高水位、减少滞洪时段数和滞洪量方面，"优化调度"效果明显优于"强迫行洪调度"和"规则调度"。

关键词　沂沭泗河；超标洪水；调度；分析

0　引言

防洪调度是防洪工作的核心。防洪调度决策不仅需要统筹考虑流域上下游的防洪矛盾，而且需要统筹考虑防洪与兴利之间的矛盾，是一个多目标、多阶段的决策过程，利用系统理论与方法对洪水控制工程实行优化调度，可以有效提高防洪系统的整体防洪效果。

2016 年金兴平[1]采用集合与解耦相结合的方法，提出长江上游水库群联合防洪调度总体布局；2017 年，贲鹏等[2]对 1954 年型洪水淮河中游防洪工程联合调度进行了研究；2018 年，魏军等[3]对黄河干流水库群联合调度进行了回顾并提出尽快构建水工程综合调度平台。

沂沭泗水系由沂河、沭河和泗（运）河组成[4]。经过 60 多年的治理，已形成由水库、河湖堤防、控制性水闸、分洪河道及蓄滞洪工程等组成的防洪工程体系。目前，沂沭泗河骨干河道中下游防洪工程体系基本达到 50 年一遇防洪标准。探索流域湖泊、滞洪区、涵闸等防洪工程的优化调度模式，寻求优化、科学的调度方法，对减轻流域防洪压力及经济损失具有重要意义。本文将大系统分解原理应用于沂沭泗河防洪工程联合调度，对模拟的 100 年一遇洪水进行规则调度、强迫行洪调度和优化调度，并对得出的方案进行分析和探讨。

1　调度模型及原理

20 世纪 70 年代起，大系统理论得到迅猛发展。大系统具有高维性、不确定性、规模庞大、结构复杂、功能综合、因素众多等特征，分解协调方法几乎贯穿于大系统理论的所有方面[5]。沂沭泗河防洪工程群调度系统就是一个相互关联的复杂大系统，沂沭泗水系复杂，整个洪水调度模型可分为南四湖、沂河、沭河、骆马湖等 4 个洪水调度模块，4 个调度模块间相互关联和制约，无法通过单个计算求得整个系统的最优解，因此需要根据大系统分解协调理论实现整个水系的优化调度。

根据大系统分解协调原理，将沂沭泗水系优化调度问题分成单湖（河）洪水调度层（以下简称单湖层）和联合协调层（以下简称协调层）2 个层次研究，单湖层为下层决策层，协调层为上层决策层，利用线性规划进行单湖层中单个湖（河）系单个时段的洪水调度。协调层建立了一套协调准则和方法（单时段协调和多时段动态反馈修订调水等准则），将两个子系统联系起来，实现整个系统的协调优化发展。单

作者简介：赵艳红，女，1978 年生，黑龙江宁安人，高级工程师，主要从事水文水资源工作。E-mail：759586177@ qq. com。

湖层提供数据的录入、计算和输出,协调层对单湖层得出的结果进行判定、反馈、修正。单湖层和协调层之间不断地进行信息交换,相互配合,循环反复,实现水资源系统的优化配置。沂沭泗防洪工程联合调度模型总体结构框图如图1所示。

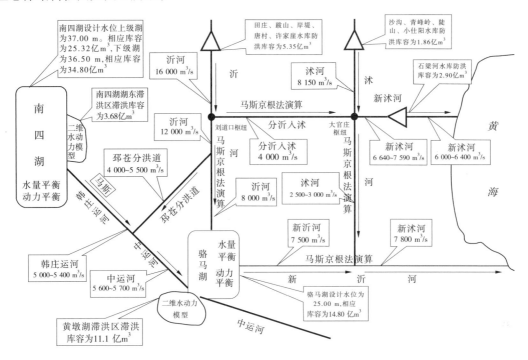

图1　沂沭泗防洪工程联合调度模型总体结构框图

针对流域地形地貌条件复杂、河沟纵横交错、河道交织成网、洼地众多、水利工程密集等特点,以马斯京根法为基础建立河道水流模型;以河道水流模型为基础,并考虑沿途的支流汇入、不同水系的洪水遭遇等组合影响,耦合建立沂沭泗流域河网预报及水流模拟模型。以"最大削峰准则""最小分洪损失"为目标函数,以"泄洪—蓄洪—滞洪"复合系统互动关系为基础,以"河道堤防安全行洪、滞洪区约束、水量平衡约束"为约束,并考虑其他可能的约束条件,建立防洪系统工程联动调度模型。

2　100年一遇洪水模拟

由于实测资料所限,沂沭泗河迄今未发生有实测资料的"全流域"大洪水,为验证和反映发生流域大洪水时防洪工程联动的调度效果,以1974年"8.12"洪水各区间的净雨为原型进行同倍比缩放,再根据经验单位线进行计算,并用100年一遇洪峰、洪量值进行控制及优化调整,模拟出沂沭泗河主要控制节点100年一遇洪水过程。根据《沂沭泗流域骆马湖以上设计洪水报告》(1994年12月),骆马湖以上洪水由沂沭河、南四湖和邳苍三地区洪水组成,本文采用沂沭河发生与骆马湖同频率洪水,南四湖和邳苍为相应洪水,沂河发生与沂沭河同频率洪水,沭河为相应洪水的骆马湖以上洪水组成中3天、7天、15天、30天洪量成果,对100年一遇洪水过程进行调算。

3　100年一遇设计洪水不同情形的调度模拟

3.1　规则调度结果

在遭遇流域100年一遇洪水情况下,根据《沂沭泗河洪水调度方案》对洪水进行规则调度,各工程节点规则调度结果如下:

(1)沂河各工程节点中,彭道口闸、刘家道口闸均达到或超设计流量,需要临沂上游滞洪,最大洪峰流量2 190 m³/s,滞洪量0.47亿 m³;刘家道口闸最大泄流量达到了设计流量12 000 m³/s,彭道口闸最大泄流量为4 500 m³/s,江风口闸最大泄流量达到了设计流量,港上站最大流量接近设计流量。

（2）沭河上各控制节点中，需大官庄上游滞洪 0.50 亿 m³，最大洪峰流量 1 829 m³/s；大官庄(新)闸、人民胜利堰闸最大泄流量达到设计流量，新安站最大流量未超设计流量。

（3）中运河站最大流量超设计流量 2 063 m³/s，且运河站洪峰出现时下级湖已达设计水位，蒋集滞洪区也达最大滞洪量。

（4）南四湖上级湖达到最高水位，需要白马滞洪区滞洪 1.21 亿 m³；界澎滞洪区滞洪 1.43 亿 m³；下级湖超过最高水位 0.06 m，需要蒋集滞洪区滞洪 0.67 亿 m³，骆马湖最高水位超设计水位 1.07 m，需要黄墩湖滞洪区滞洪 10.56 亿 m³，洪峰 2 660 m³/s。

各计算节点的最大流量、最高水位及南四湖、骆马湖滞洪情况见表 1 和表 2。

表 1　流域 100 年一遇模拟洪水沂河、沭河、中运河规则调度结果

100 年一遇洪水		$Q_设$ (m³/s)	Q_{max} (m³/s)	$\Delta Q_超$ (m³/s)	上游滞洪 $Q_峰$ (m³/s)	上游滞洪 $W_滞洪$ (亿 m³)
沂河	临沂	16 000	18 690	2 690	2 190	0.47
	彭道口闸	4 000	4 500	500		
	刘家道口闸	12 000	12 000	0		
	江风口闸	4 000	4 000	0		
	港上	8 000	7 913	0		
沭河	大官庄枢纽	9 500	11 329	1 829	1 829	0.50
	大官庄(新)	6 500	6 500	0		
	人民胜利堰闸	3 000	3 000	0		
	新安	3 000	2 709	0		
中运河	运河站	6 500	8 563	2 063	2 063	—

表 2　流域 100 年一遇模拟洪水南四湖、骆马湖规则调度结果

100 年一遇洪水		$Z_设$ (m)	Z_{max} (m)	$\Delta Z_超$ (m)	滞洪区洪峰 (m³/s)	滞洪区洪量 (亿 m³)
南四湖	上级湖	37.00	37.00	0.00	350+600	白马 1.21，界澎 1.43
	下级湖	36.50	36.56	0.06	350	蒋集 0.67
骆马湖	骆马湖	25.00	26.07	1.07	4 449	黄墩湖 10.56

3.2　强迫行洪调度结果

根据淮河流域综合规划(2012~2030 年)中超标洪水防御方案，强迫行洪是指：①沂河临沂站洪峰流量超过 16 000 m³/s 时，彭道口最大可分 5 000 m³/s，比设计多 1 000 m³/s，江风口最大可分 5 000 m³/s，比设计多 1 000 m³/s，沂河江风口以下最多可走 10 000 m³/s，比设计多 2 000 m³/s。②当大官庄洪峰流量超过 8 150 m³/s 时，人民胜利堰闸最大走 3 000 m³/s，新沭河闸最大分洪 7 000 m³/s，超额洪水在大官庄以上沭河以东地区采取应急措施处理。③骆马湖水位达到 25.5 m，预报将超过 26 m 时，启用黄墩湖滞洪。当骆马湖水位仍超 26 m 时，新沂河加大泄量，利用河道强迫行洪，沭阳最大可走 10 000 m³/s。

在遭遇流域 100 年一遇洪水情况下，若采用强迫行洪方案，各工程节点防洪调度情况如下：

（1）沂河各工程节点中，在强迫行洪条件下可以安全下泄，不需要临沂上游滞洪；港上站最大流量超过设计流量。

（2）沭河上各控制节点中，在强迫行洪条件下，需大官庄上游滞洪 0.42 亿 m^3，人民胜利堰最大流量达到设计流量，新安站最大流量未超设计流量。

（3）中运河站最大流量超设计流量，且运河站洪峰出现时下级湖已达设计水位，蒋集滞洪区也达最大滞洪量。

（4）南四湖上级湖达到最高水位，需要白马滞洪区滞洪 1.21 亿 m^3，界潮滞洪区滞洪 1.43 亿 m^3；下级湖超过最高水位 0.06 m，需要蒋集滞洪区滞洪 0.67 亿 m^3；骆马湖最高水位超设计水位 0.82 m，需要黄墩湖滞洪区滞洪 8.65 亿 m^3，洪峰 4 401 m^3/s。

各计算节点的最大流量、最高水位及南四湖、骆马湖滞洪情况见表 3 和表 4。

表 3　流域 100 年一遇模拟洪水沂河、沭河、中运河考虑强迫行洪调度结果

100 年一遇洪水		$Q_强$（m^3/s）	Q_{max}（m^3/s）	$\Delta Q_超$（m^3/s）	上游滞洪 $Q_峰$（m^3/s）	上游滞洪 $W_{滞洪}$（亿 m^3）
沂河	临沂	20 000	18 690	0	0	0
	彭道口闸	5 000	5 000	0		
	刘家道口闸	15 000	13 690	0		
	江风口闸	5 000	5 000	0		
	港上	10 000	8 340	0		
沭河	大官庄枢纽	10 000	11 829	1 829	1 829	0.42
	大官庄(新)	7 000	7 000	0		
	人民胜利堰闸	3 000	3 000	0		
	新安	3 000	2 717	0		
中运河	运河站	6 500	8 583	2 083	2 083	—

表 4　流域 100 年一遇模拟洪水南四湖、骆马湖考虑强迫行洪调度结果

100 年一遇洪水		$Z_设$（m）	Z_{max}（m）	$\Delta Z_超$（m）	滞洪区洪峰（m^3/s）	滞洪区洪量（亿 m^3）
南四湖	上级湖	37.00	37.00	0.00	350 + 600	白马 1.21，界潮 1.43
	下级湖	36.50	36.56	0.06	350	蒋集 0.67
骆马湖	骆马湖	25.00	25.82	0.82	4 401	黄墩湖 8.65

3.3　优化调度结果

当流域洪水预报信息较为可靠时，在遵循流域调度规则、上下游水力传递关系的前提下，利用洪水预见期、防洪工程在时间与库容上存在的互补调蓄空间等有利条件，优化设计出基于流域全局安全考量的各防洪工程蓄泄方案，并对各防洪工程实施即时调度，以最大限度地削减洪峰流量，降低河湖最高水位与成灾历时，减少蓄滞洪区滞洪量，提高流域防洪综合效果。在发生 100 年一遇洪水情况下，各工程节点优化调度结果见表 5。

表 5　流域 100 年一遇模拟洪水南四湖、骆马湖优化调度结果

100 年一遇洪水		$Z_设$（m）	Z_{max}（m）	$\Delta Z_超$（m）	滞洪区洪峰（m^3/s）	滞洪区洪量（亿 m^3）
南四湖	上级湖	37.00	37.00	0.00	350 + 600	白马 0.91，界潮 1.17
	下级湖	36.50	36.56	0.06	350	蒋集 0.67
骆马湖	骆马湖	25.00	25.79	0.79	4 391	黄墩湖 7.60

根据统计结果,经优化调度后,上级湖最高水位虽然没有降低,但白马滞洪区滞洪量减少0.3亿 m³,界潮滞洪区滞洪量减少0.26亿 m³;骆马湖最高水位从规则调度的26.06 m降低到25.79 m,较规则调度降低了0.28 m,黄墩湖滞洪区滞洪量减少了2.96亿 m³。

4　100年一遇洪水不同情形的调度方案对比分析

对100年一遇洪水过程进行全流域调度计算,对比"规则调度""强迫行洪调度""优化调度"三种调度模式下流域各工程控制断面与节点的洪水要素指标如表6所示。

表6　流域100年一遇设计洪水不同调度方案结果对比

100年一遇洪水		设计值	规则调度	强迫行洪	预调度
沂河 (m³/s)	临沂	16 000	18 690	18 690	18 690
	滞洪量	—	2 190	0	0
	彭道口闸	4 000	4 500	5 000	5 000
	刘家道口闸	12 000	12 000	13 690	13 690
	江风口闸	4 000	4 000	5 000	5 000
	港上	8 000	7 913	8 340	8 340
沭河 (m³/s)	大官庄枢纽	9 500	11 329	11 829	11 829
	滞洪量	—	1 829	1 829	1 829
	大官庄(新)	6 500	6 500	7 000	7 000
	人民胜利堰闸	3 000	3 000	3 000	3 000
	新安	3 000	2 709	2 717	2 717
中运河(m³/s)	运河站	6 500	8 563	8 583	8 583
南四湖	上级湖水位(m)	37.00	37.00	37.00	37.00
	白马滞洪(亿 m³)	1.43	1.21	1.21	0.91
	界潮滞洪(亿 m³)	1.57	1.43	1.43	1.17
	下级湖水位	36.50	36.56	36.56	36.56
	蒋集滞洪(亿 m³)	0.67	0.67	0.67	0.67
骆马湖	骆马湖水位(m)	25.00	26.07	25.82	25.79
	黄墩湖滞洪(亿 m³)	11.1	10.56	8.65	7.60

对于100年一遇洪水,在规则调度情况下,沂河临沂站流量超过设计流量,需要上游滞洪2 190 m³/s。由于临沂达到强迫行洪条件,强迫行洪情况下,沂河各控制闸的下泄能力有了明显提高,可以下泄全部洪水,不需要滞洪。优化调度是利用水库对洪水的调蓄能力,对沂河洪水过程没有影响。

沭河大官庄枢纽的流量在规则调度下超设计流量,需沭河上游滞洪1 829 m³/s。强迫行洪下,大官庄(新)增加的下泄能力和分沂入沭增加的来水相等,因此强迫行洪下依然需要上游滞洪1 829 m³/s。优化调度对沭河洪水没有影响。

南四湖上级湖和下级湖在规则调度下均超设计水位,需要启用全部滞洪区滞洪,且蒋集滞洪区达到最大滞洪量。强迫行洪对南四湖行洪没有影响,强迫行洪方案下结果与规则调度相同。通过优化调度,上级湖和下级湖最高水位虽然没有降低,但白马滞洪区滞洪量减少0.3亿 m³,界潮滞洪区滞洪量减少0.26亿 m³。

骆马湖在规则调度下最高洪水位达26.07 m,超过设计洪水位1.07 m,需黄墩湖滞洪区滞洪10.56亿 m³。在强迫行洪情况下,骆马湖最高水位降至25.82 m,需黄墩湖滞洪区滞洪8.65亿 m³。通过优化调度,骆马湖最高水位降至25.79 m,黄墩湖滞洪区滞洪量减少至7.60亿 m³。

5　结语

针对沂沭泗河洪水的特点,根据大系统分解原理建立沂沭泗河多水系、多工程群的联动调度计算模型,对模拟的100年一遇洪水进行规则调度、强迫行洪调度和优化调度,对不同情形的调度方案进行了比较和分析,得出以下结论:

(1)由于实测洪水资料所限,以1974年"8·12"洪水各区间的净雨为原型进行同倍比缩放,根据经验单位线进行计算,并用100年一遇洪峰、洪量值进行控制及优化调整,模拟出沂沭泗河主要控制节点100年一遇洪水过程。构建了沂沭泗洪水调度模型,对比"规则调度""强迫行洪调度""优化调度"三种调度情形下计算了流域各工程控制断面与节点的洪水要素指标。

(2)对于100年一遇洪水,在规则调度情况下,流域内各工程节点均超设计流量及设计水位,所有滞洪区均需开启滞洪。强迫行洪情况下,沂河各控制闸的下泄能力有了明显提高,不需要滞洪。沭河上游仍需滞洪1 829 m³/s。南四湖上级湖和下级湖在规则调度下均超设计水位,需要启用全部滞洪区滞洪,且蒋集滞洪区达到最大滞洪量,骆马湖最高水位降至25.82 m,较规则调度降低0.25 m,需黄墩湖滞洪区滞洪8.65亿m³;通过优化调度,南四湖白马滞洪区滞洪量减少0.3亿m³,界湫滞洪区滞洪量减少0.26亿m³。骆马湖最高水位降至25.79 m,较规则调度降低0.28 m,黄墩湖滞洪区滞洪量减少至7.60亿m³,滞洪量减少28%。因此,从削减洪峰流量、降低湖泊最高水位、减少滞洪时段数和滞洪量方面,"优化调度"效果明显优于"强迫行洪调度"和"规则调度"。

参 考 文 献

[1] 金兴平.长江上游水库群2016年洪水联合防洪调度研究[J].人民长江,2017,48(4):22-27.

[2] 贲鹏,虞邦义,倪晋,等.1954年型洪水淮河中游防洪工程联合调度研究[J].泥沙研究,2017,42(4):30-35.

[3] 魏军,张丙夺,蔡斌,等.2018年黄河干流水库群联合调度实践与启示[J].中国防汛抗旱,2019,29(4):10-14.

[4] 郑大鹏.沂沭泗防汛手册[M].徐州:中国矿业大学出版社,2003:7.

[5] 辽宁省水利厅.防洪调度新方法及应用[M].北京:中国水利水电出版社,2007:156-157.

淮河中游行洪区调整改造的实践与思考

徐迎春,刘福田,辜兵,程志远

(安徽省水利水电勘测设计研究总院有限公司,安徽 合肥　230088)

摘　要　本文回顾淮河中游行洪区调整改造工程实施情况,总结实践中采取的控、并、调、改、废等处理措施,结合正阳关至涡河口段行洪区调整改造,重点研究了汤渔湖、上六坊堤、下六坊堤行洪区调整改造方案,提出行洪区调整改造中要统筹安全和发展两个目标、服从流域防洪大局、继续实施淮河综合治理等思考。

关键词　淮河;行洪区;调整;实践;思考

1　基本情况

安徽省地处淮河中游,境内淮河干流长 418 km,历来就是洪水多发地区。新中国成立后,按照"蓄泄兼筹"的治淮方针,在中游利用湖泊、洼地开辟了众多行蓄洪区。行蓄洪区既是大洪水时行蓄洪通道,又是区内群众赖以生存发展的基地,由于启用标准低、使用频繁,居民生产生活不安定,加之功能定位限制,基础设施薄弱滞后,经济发展缓慢,成为安徽经济社会发展的突出短板。

目前安徽省淮河干流有濛洼、南润段、邱家湖、城西湖、城东湖、瓦埠湖等 6 处蓄洪区,姜唐湖、花园湖、潘村洼等 9 处行洪区,总面积 2 746.0 km²,耕地 245.8 万亩,区内人口 97.7 万人,涉及阜阳、六安、淮南、蚌埠、滁州、合肥共 6 市 17 个县区。

2　行洪区调整改造的实践

淮河干流两岸 1953 年设立 20 处行蓄洪区,之后陆续新辟临北段、洛河洼、汤渔湖、潘村洼等行洪区,相继将黄苏段、黑张段等改为防洪保护区。到 20 世纪 80 年代初,有 22 处行蓄洪区。1982 年发生 10 年一遇洪水,暴露出了干流河道堤距狭窄、行洪区行洪不畅等问题。1983 年开始实施淮河干流上中游河道整治及堤防加固工程,通过多种方法,对部分行洪区进行了调整改造,取得显著成效。2003 年大水后,国务院安排实施淮河行蓄洪区调整工程。2009 年水利部批复了淮河干流行蓄洪区调整规划。2013 年国家发改委、水利部联合印发的进一步治理淮河实施方案中,分为淮河干流蚌埠至浮山段、正阳关至峡山口段、峡山口至涡河口段、王家坝至临淮岗段、浮山以下段共 5 段实施。目前淮河干流蚌埠至浮山段行洪区调整工程基本实施完成,正阳关至峡山口段、王家坝至临淮岗段行洪区调整工程已开工建设,峡山口至涡河口段、浮山以下段行洪区调整工程可行性研究已上报水利部。

对行洪区调整改造,要综合考虑所处位置、河道特征、行洪效果等因素,因地制宜、因势利导,综合分析,分别采取控、并、调、改、废等 5 种处理措施。

一是"控"。2003 年大水前,淮河行洪区仍然采用扒口进洪,行洪效果差,调整改造重要的手段就是改为进、退洪有闸控制。荆山湖属于淮河低标准行洪区,面积 68.9 km²,启用频繁,只能滞蓄部分洪水,难以起到行洪作用。2006 年实施完成进洪闸、退洪闸建设,设计流量为 3 500 m³/s,在 2007 年洪水调度时做到有效控制;位于蚌埠以下的花园湖行洪区,面积 203.9 km²,已实施完成进洪闸、退洪闸建设,设计流量为 3 500 m³/s。

二是"并"。对有条件的、相近的行洪区,可进行合并。1986 年开始实施唐垛湖行洪区堤防退建,最大退距 2.0 ~ 2.5 km,一般退距 1.0 ~ 1.5 km,退田还河面积 17.9 km²,铲堤长 21.28 km,新筑堤长

作者简介:徐迎春,男,1963 年生,安徽省水利水电勘测设计研究总院有限公司高级工程师,主要从事水利规划设计工作。E-mail:908016530@ qq. com。

14.83 km;同时实施姜家湖行洪区堤防退建,最大退距 1.0 km,退田还河面积 1.9 km²,铲堤长 5.4 km,新筑堤长 2.6 km。2007 年实施完成姜家湖、唐垛湖合并为姜唐湖行洪区,面积 119.2 km²,滞洪库容 7.6 亿 m³,新建进洪闸和退洪闸,设计流量为 2 400 m³/s,退洪闸设计反向进洪功能,对正阳关削峰作用显著。

三是"调"。1991 年实施邱家湖行洪区堤防退建,最大退距 1 700 m,一般退距 600 m,退田还河面积 3.9 km²,铲堤长 11.23 km,新筑堤长 7.76 km。南润段、邱家湖位于临淮岗滞洪区域内,由行洪区调整为蓄洪区,2010 年建设完成进(退)洪闸,设计流量分别为 600 m³/s、1 000 m³/s。2016 年国家防总批复的淮河洪水调度方案,明确南润段和邱家湖为蓄洪区。

四是"改"。2012 年实施完成的石姚段、洛河洼,按照河道宽度 1.3 ~ 1.5 km 控制堤防退建,改为防洪保护区。目前基本实施完成的方邱湖、临北段和香浮段,按照河道宽度 1.0 km 控制堤防退建,结合临北段进口—浮山段 72.5 km 河道疏浚,改为防洪保护区。共退田还河面积 20.81 km²,改为防洪保护区面积 168.0 km²,满足河道排洪通道要求,见表 1。

表 1　淮河中游行洪区改为防洪保护区情况

序号	行洪区名称	退田还河面积 (km²)	堤防最大退距 (m)	铲除原有堤防长度 (km)	新筑堤防长度 (km)	保护面积 (km²)
1	石姚段	5.6	1 000	9.05	8.28	15.0
2	洛河洼	4.7	800	7.39	7.57	14.5
3	方邱湖	0.3	200	3.68	3.68	76.9
4	临北段	4.25	670	11.65	10.52	24.1
5	香浮段	5.96	460	18.57	17.61	37.5
	合计	20.81		50.34	47.66	168.0

五是"废"。润赵段属于淮河低标准行洪区,1992 年实施了淮河干流润赵段行洪区废弃工程,将润赵段行洪区废弃为河滩地,铲平润河集至赵集段堤防,长 10.37 km,退田还河面积为 12.5 km²,扩大正阳关以上河道滩槽泄洪能力。

3　淮干正阳关至涡河口段行洪区调整方案研究

3.1　正阳关至涡河口段行洪区概况

淮河干流正阳关至涡河口段长 127 km,洪水比降平缓,仅 4.2 万分之一,需要行洪区辅助行洪河段占 83%,分布寿西湖、董峰湖、上六坊堤、下六坊堤、汤渔湖和荆山湖行洪区 6 处,总面积 365.0 km²,耕地 41.51 万亩,区内居住群众 17.27 万人,见表 2。

表 2　淮河干流正阳关至涡河口段行洪区基本情况

序号	名称	面积 (km²)	耕地 (万亩)	区内人口 (万人)	涉及县区	确定为行洪区时间
1	寿西湖行洪区	154.5	17.36	9.42	寿县	治淮初期
2	董峰湖行洪区	40.9	4.9	1.87	毛集区、凤台县	治淮初期
3	上六坊堤行洪区	8.8	1.3	0	潘集区	1953 年确定六坊堤,
4	下六坊堤行洪区	19.2	2.3	0.19	谢家集区、 八公山区、潘集区	1958 年一分为二
5	汤渔湖行洪区	72.7	8.3	5.27	潘集区、怀远县	1972 年
6	荆山湖行洪区	68.9	7.35	0.52	怀远县、禹会区	治淮初期
	合计	365.0	41.51	17.27		

3.2　正阳关至峡山口段行洪区调整方案

淮河干流正阳关至峡山口段分布寿西湖和董峰湖行洪区,特别是寿西湖内已有工业园区,涧沟、菱角、丰庄等多处集镇。针对这两个行洪区调整改造,分析比较 3 种方案,一是全部维持行洪区方案,二是寿西湖改为防洪保护区、董峰湖维持行洪区方案,三是全部改为防洪保护区方案。

3 个方案均能达到该段河道设计的 10 000 m³/s 泄洪要求,其中改为防洪保护区对扩大河道滩槽泄洪能力最为显著,对区内群众发展最为有利,但考虑到正阳关属于淮河最为重要的节点之一,是上中游 8.86 万 km² 洪水的汇集点,几乎控制了上游山区的全部来水。从流域防洪安全出发,局部区域服从流域防洪大局,维持寿西湖和董峰湖行洪,能够利用寿西湖、董峰湖约 10 亿 m³ 调蓄库容,滞洪削峰,增强防汛调度灵活性,确保能够控制正阳关洪峰水位。2020 年 4 月水利部已批复工程初设,将寿西湖、董峰湖建设为有闸控制的行洪区,设计行洪流量分别为 2 000 m³/s、2 500 m³/s。

3.3　峡山口至涡河口段行洪区调整方案

淮河干流峡山口至涡河口段分布上六坊堤、下六坊堤、汤渔湖和荆山湖 4 处行洪区,其中荆山湖行洪区调整改造已实施完成,重点研究上六坊堤、下六坊堤、汤渔湖行洪区调整改造方案。

3.3.1　汤渔湖行洪区调整方案研究

汤渔湖行洪区居住不安全人口 5.27 万人,紧临淮南市区,湖内有高皇等集镇,但受行洪区定位限制,基础设施建设严重滞后。2017 年淮南市提出将汤渔湖由原规划的维持行洪区改为防洪保护区,针对汤渔湖行洪区调整改造,分析研究维持行洪区方案和改为防洪保护区方案。

(1)从历史演变分析。1954 年大水淮北大堤在凤台县禹山坝和五河县毛滩两处决口,汤渔湖、临淮关两处淮北大堤实施大退建。在汤渔湖和临北段为防御淮河洪水设立了两道防线,汤渔湖行洪堤和临北段行洪堤在 1955 年淮北大堤建设时称为缕堤,为第一道防线,而与之形成封闭堤圈的淮北大堤在当时为沿岗遥堤,属于第二道防线。直到 1972 年汤渔湖确定为行洪区前,不属于淮河行洪区,也没有分洪任务,即使确定为行洪区以来,也从未分蓄过干流洪水。

(2)从不同定位分析。维持行洪区方案,建设高皇保庄圩,安置区内 5 万多群众,但该段洪水比降十分平缓,导致拟新建的进洪闸和退洪闸尺寸大、投资大。改为防洪保护区方案,采取扩大疏浚规模,保障河道泄洪能力,可新增 60 多 km² 防洪保护区,更有利于区域发展。

(3)从防洪大局分析。汤渔湖由行洪区改为防洪保护区,20 年一遇及以下洪水,采用 2003 年洪水分析,不启用行蓄洪区,全部通过河道滩槽下泄,仅汤渔湖段河道疏浚规模不同,对下游洪水洪峰流量、水位、传播时间基本没有影响。50 年一遇洪水,采用 1954 年洪水分析,汤渔湖蓄洪量改为河道泄洪,不启用怀洪新河分洪,蚌埠洪峰流量增加不到 1%,不超过设计流量 13 000 m³/s,洪峰水位基本没有抬高,未达到防洪水位 22.48 m。100 年一遇洪水,怀洪新河分洪流量不超过设计分洪能力 2 000 m³/s,能够控制蚌埠以下河段洪峰流量和水位在设计范围内,不影响流域防洪大局。

综上所述,当前淮河中游防洪形势较 20 世纪 90 年代以前已大为完善,临淮岗已建成,淮北大堤、淮南等城市防洪圈堤已全面加固,茨淮新河和怀洪新河已多次发挥分泄干流洪水的作用,姜唐湖、荆山湖、花园湖等均是有闸控制的行洪区,调度运用及时有效。尤其是正阳关附近,建成的姜唐湖行洪区、城东湖蓄洪区,加上正在建设的寿西湖行洪区和董峰湖行洪区,总的滞洪库容达 31 亿 m³,削减洪峰、控制水位效果明显。因此,在适当退堤、河道疏浚的基础上,将汤渔湖改为防洪保护区,是必要且可行的。

3.3.2　六坊堤行洪区调整方案研究

上、下六坊堤行洪区位于河道中间,面积 28 km²,耕地 3.6 万亩,隶属于淮南市,面积较小,进洪频繁,堤防单薄,且受采煤沉陷影响,历来是防汛的重点。分析研究全部废弃方案、维持行洪区建设进退洪裹头方案、维持行洪区建设进退洪闸方案。

全部废弃方案将上、下六坊堤行洪区退田还河,需要永久征用大量耕地,解决问题彻底,对河势影响最小,但投资大,是其他方案的 3 倍多,地方政府支持度低,实施难度大。维持行洪区方案,永久征地量少,建设进退洪闸或建设进退洪裹头方案,采取堤防加固措施,行洪区启用标准能够提高到 10 年一遇左右。

　　总之,六坊堤只有维持行洪区,才能减少大规模永久征地,节省投资,也能实现流域防洪规划的治理目标。考虑到建设进退洪闸方案日常管理维护不便,还要增加管理人员和费用,建议六坊堤采取维持行洪区建设进退洪裹头方案。

4　行洪区调整改造的思考

　　淮河行洪区在治淮初期设立,在历次洪水防御中,启用这些行洪区,削减干流洪峰,辅助河道排洪,尤其是低标准行洪区,发挥了重要作用。经过70年的治理,淮河中游防洪形势发生显著变化,沿淮群众对行洪区调整改造提出新的要求。今后行洪区调整改造应注重考虑以下因素:

　　一是要统筹安全和发展两个目标。研究行洪区调整改造方案时,既要考虑防洪安全,也要考虑区域发展,要立足长远考虑行洪区定位,尽量避免永久征地、生态红线等因素制约方案,从安全和发展两个目标综合分析比较,选择技术可行、政策许可、经济合理、地方支持的调整改造方案。

　　二是要服从流域防洪大局。淮河行洪区以流域防洪为首要任务,保留的行洪区,要建设进洪闸和退洪闸,加固行洪区堤防,实施保庄圩、外迁等安全建设,实现可"控"能"控"。改为防洪保护区,不再承担分洪任务,要留足1.5 km左右河道堤距,增加河道疏浚规模,不能影响流域防洪。

　　三是要继续实施淮河综合治理。淮河行洪区调整改造完成后,正阳关以下河道滩槽泄量达到8 000～10 500 m³/s的目标,中等洪水水位仍然偏高,需继续实施生产圩整治、河道疏浚、生态修复等综合治理措施。

基于可靠性理论的淮河干流堤防行洪风险分析

于凤存[1,2],王友贞[1,2],袁先江[1,2]

(1. 安徽省·水利部淮河水利委员会水利科学研究院,安徽 蚌埠　233000;
2. 水利水资源安徽省重点实验室,安徽 蚌埠　233000)

摘　要　本文基于可靠性理论的河道堤防行洪风险模型计算出淮河干流中游主要控制站堤防行洪风险,河道堤防行洪风险的量化是以水位为标准的,把河道水位处于保证水位的堤防行洪风险定义为100,河道水位处于警戒水位时的堤防行洪风险定义为0。计算出2003年和2007年最高洪水位河道堤防行洪风险率,同时计算出淮河干流主要控制站汛期内的河道堤防行洪风险率,为汛期防洪提供了借鉴。

关键词　可靠性理论;河道堤防行洪风险;保证水位;警戒水位;汛期

0　前言

河道堤防是防洪工程重要措施之一,它可以防止洪水泛滥,增加河道泄洪能力,提高大片保护区的防洪标准。但是河道的防洪堤坝在设计、施工和管理运用过程中,存在着很多不确定性,其中一部分有可能成为发生事故的风险因素。因此,堤防行洪能力的风险,成为人们关注的问题之一。基于可靠性理论,计算河道堤防行洪风险率,是评测堤防行洪风险的手段之一。

1　堤防防洪能力特性分析

在本文中,假定河道行洪水位处于保证水位时堤防行洪风险度为1,河道行洪水位处于警戒水位时堤防行洪风险度为0,分析处于两种水位之间的水位时堤防行洪风险度。可靠度的数量指标在工程上一般有可靠度 P_A、风险度 P_f 和可靠性系数 β 三种表示方法。可靠度是指在规定条件下和规定时间内,完成预定功能的概率;风险度为在规定的条件下和规定的时间内,不能完成预定功能的概率,也称为失效概率,它与可靠度是互补的关系,即 $P_A + P_f = 1$;可靠性系数与失效概率在数值上有一定的对应关系。

警戒水位是指堤防需要警惕戒备的水位。此时堤身已挡水,险象环生,可能出现险情甚至重大险情,要密切注意水情、工情、险情的发展变化,增加巡堤检查次数,开始昼夜巡查,进一步做好抢险人力、物力的准备。警戒水位主要根据地区的重要性、洪水特性、堤防标准及工程现状而确定;保证水位是指堤防工程设计防御标准水位,相应流量为安全泄量。当洪水位达到保证水位时,说明工程已处于安全防御的极限时期,防汛进入紧急状态,堤防随时可能出现重大险情。防汛部门要采取一切措施确保堤防安全,必要时可宣布进入紧急防汛期。

通常,河道堤坝的防洪能力是以水位来体现的。河道堤坝防洪能力的可靠度,反映的是堤坝的最高防洪水位与来流洪水水位之间的数量关系。若用 h_R 表示堤防最高洪水位(抗力), h_S 表示来流洪水水位(荷载)。令 $Z_h = h_R - h_S$,当 $Z_h > 0$ 时,堤防防洪能力处于可靠状态;当 $Z_h < 0$ 时,处于失效状态;当 $Z_h = 0$ 时,处于极限状态。

影响河道泄洪能力的主要因素包括河道宽、水深、河床组合、水力坡降等,这些因素多数属于非确定量,同时作为泄洪量的体现方式水位也是一个非确定量。显然,按确定量计算所得的结果,即使是正确的,也只是数学期望值,没有反映随机变量的特征。因此,来流洪水位应作为一种随机变量处理。考虑到其影响因素,有些量虽然是非确定变量,但不是纯随机性变量,因而洪水位不按正态分布处理,而采用对数正态分布,以体现偏态分布的特性。对于堤防多年连续运行的洪水位 h_S 系列资料(实测水位运行

作者简介:于凤存,女,1979年生,高级工程师,主要从事水旱灾害及农田水利方面的研究。E-mail:fcyhhu@ 126.com。

系列资料），可以按经验频率方法来推求年洪水位频率曲线。

堤防最高防洪水位与堤防设计水位和堤顶高程有关。现代堤防工程设计中，根据确定的防洪标准，拟定设计洪水，再按防洪系统的调度应用规则，推算河道的设计洪水水面线，河道沿程各代表断面的水面线高程，即为该断面的堤防设计洪水位，加上波浪爬高及安全超高，则定出堤顶高程。由于堤防设计水位要根据河流水文、地形、土料及河道冲淤等条件，结合防洪系统中的其他防洪措施，并经济技术比较选定，因而堤防最高防洪水位，无论是选用堤防设计洪水位，还是选用堤顶高程或其他水位（如警戒水位），都与水文、地形等非确定性变量有关，也与计算、设计等人为因素有关。因此，堤防最高防洪水位也应是一个非确定性变量，故可认为其与 h_S 一样，也按对数正态分布处理。

2　堤防行洪风险度计算

为了表达方便，用 R 表示堤防最高防洪水位，S 表示来流洪水水位。显然 R 大于 S 时，堤防防洪能力才是可靠的，其极限状态方程为：$R - S = 0$。R、S 按对数正态分布处理，令 $r = \ln R$，$s = \ln S$，则极限状态方程为：$\exp(r) - \exp(s) = 0$。参数 ξ 和 λ 与对数正态分布参数的均值 $\mu_{\ln x}$ 和根方差 $\sigma_{\ln x}$ 有如下关系：

$$\lambda = \ln\mu_{\ln x} - \frac{1}{2}\sigma_{\ln x}^2 \quad \xi^2 = \ln\left(1 + \frac{\sigma_{\ln x}^2}{\mu_{\ln x}^2}\right) \tag{1}$$

堤防最高洪水位 h_R 和多年洪水位 h_S 都按随机变量处理，而且两者相互独立，因此就可采用验算点法——改进的一次二阶矩公式计算可靠度。因为功能函数中含有非正态分布随机变量，所以需先将正态分布变量转换成正态分布变量。其转换条件是，使非正态分布和正态分布两者在验算点处有相同的累积分布函数值和相同的概率密度函数值，转换以后按正态分布量的方法进行。

设非正态分布随机变量 $\underline{X}$ 的分布函数为 $F_{\underline{X}}(x^*)$，概率密度函数为 $F_{\underline{X}}(x_i^*)$，转换后的当量正态分布的均值为 $\mu_{N/\underline{X}}$，根方差为 $\sigma_{N/\underline{X}}$。

由在 P^* 点具有相同累积分布函数值，即可得到：

$$\mu_{N/\underline{X}} = X_i^* - \Phi^{-1}\left[F_{\underline{X}}(x_i^*)\right]\sigma_{N/\underline{X}} \tag{2}$$

由在 P^* 点具有相同的概率密度函数值，即可得到：

$$\sigma_{N/\underline{X}} = \phi\,|\,\Phi^{-1}\left[F_{\underline{X}}(x^*)\,|\,/f_{\underline{X}}(x^*)\right. \tag{3}$$

设定堤防防洪水位为对数正态分布，设其变量以 R 表示，均值为 μ_R，根方差为 σ_R，标准化变量为：$r = \dfrac{R - u_R}{\sigma_R}$，$r^* = \dfrac{R^* - u_R}{\sigma_R}$。

由式（1）得知其参数值为：

$$\lambda_R = \ln\mu_{\ln x} - \frac{1}{2}\sigma_{\ln x}^2 \cong \ln\mu_R \quad \xi_R^2 = \ln\left(1 + \frac{\sigma_{\ln R}^2}{\mu_{\ln R}^2}\right) = \ln\left(1 + \frac{\sigma_R^2}{\mu_R^2}\right)$$

分布函数为：

$$F_R(r^*) = \Phi\left[\frac{\ln r^* - \lambda_R}{\xi_R}\right]$$

概率密度函数为：

$$f_R(r^*) = \frac{1}{r^*\xi_R}\Phi\left[\frac{\ln r^* - \lambda_R}{\xi_R}\right]$$

由转换条件式（2）、式（3）得到正态分布当量均值 μ_R^N 和根方差 σ_R^N 为：

$$\mu_R^N = r^* - \sigma_R^N\Phi^{-1}\left[\Phi\left(\frac{\ln r^* - \lambda_R}{\xi_R}\right)\right] = r^*(1 - \ln r^* + \lambda_R) \tag{4}$$

$$\sigma_R^N = \frac{1}{f_R(r^*)}\Phi\left\{\Phi^{-1}\left[\Phi\left(\frac{\ln r^* - \lambda_R}{\xi_R}\right)\right]\right\} = r^*\xi_R \tag{5}$$

由验算点法得知，当 R 和 S 的当量为正态分布时，可算出以下各量方向余弦：

$$a_R = \frac{\sigma_R^N}{\sqrt{(\sigma_R^N)^2 + (\sigma_S^N)^2}} \quad a_S = \frac{-\sigma_S^N}{\sqrt{(\sigma_R^N)^2 + (\sigma_S^N)^2}} \tag{6}$$

可靠性指标:

$$\beta = \frac{\mu_R^N - \mu_S^N}{\sqrt{(\sigma_R^N)^2 + (\sigma_S^N)^2}} \tag{7}$$

验算点 P^* 的坐标:　　　　　　$r^* = -a_R\beta$　　　$S^* = a_S\beta$

在 $R - S$ 坐标系中:

$$R^* = \mu_R^N - a_R\beta\sigma_R^N, S^* = \mu_S^N + a_S\beta\sigma_S^N \tag{8}$$

具体的计算方法如下:

(1)由洪水预报确定来流洪水位,并第一次假定 $S = \mu_S = h_S$,令 $S^* = S = h_S$,给出变差系数 ξ_S 。

(2)第一次假定 R ,令 $r^* = R$,并给出 ξ_R 。

(3)由式(1)计算 $\lambda_R = \ln R - \dfrac{1}{2}\xi_R^2 \approx \ln R$, $\lambda_S = \ln S - \dfrac{1}{2}\xi_S^2 \approx \ln S$ 。

(4)由式(4)、式(5)计算

$$\delta_R^N = r^*\xi_R \quad \mu_R^N = r^*(1 - \ln r^* + \lambda_R)$$
$$\delta_S^N = S^*\xi_S \quad \mu_S^N = S^*(1 - \ln S^* + \lambda_S)$$
$$t = \sqrt{(\sigma_R^N)^2 + (\sigma_S^N)^2}$$

(5)由式(6)计算方向余弦, $\sigma_R^N = \dfrac{\sigma_R^N}{t}$, $a_S^N = \dfrac{-\sigma_S^N}{t}$ 。

(6)由式(7)计算可靠性指标 $\beta = \dfrac{\mu_R^N - \mu_S^N}{\sqrt{(\sigma_R^N)^2 + (\sigma_S^N)^2}}$ 。

(7)由式(8)计算 $r^* = \mu_R^N - a_R^N\beta\sigma_R^N, S^* = \mu_S^N + a_S^N\beta\sigma_S^N$ 。

(8)用计算的 r^* 和 S^* 重复计算,一直到前后连续两次计算的 β 相符或差别小于允许值。

(9)用最后确定的可靠性指标 β 计算风险度 P_f , $P_f = 1 - \Phi(\beta)$ 。

此外,可靠性系数 β 与失效概率 $P_f = P(h_R < h_S)$ 在数值上对应关系为:

$$P_f = \phi(-\beta) = 1 - \phi(\beta)$$

则失效概率 P_f 亦是可求的。

3　结果及分析

淮河在豫、皖交界处的洪河口以上为上游,河长 364 km,河道平均比降为 0.5‰;洪河口至洪泽湖出口中渡,河长 490 km,河道平均比降为 0.03‰(见表 1)。

表 1　淮河干流主要特征值(安徽省内)

控制站或河段	集水面积(km²)	河长(km)	河床比降(‰)
王家坝	30 630	0	0.35
润河集	40 360	84	0.35
正阳关(鲁台子)	88 630	81	0.30
蚌埠(吴家渡)	121 330	122	0.30
洪泽湖(中渡)	158 160	203	0.30

主要分析 2007 年和 2003 年汛期主要控制点的堤防行洪风险度。

对于河道堤防行洪风险的量化是以水位为标准的,计算出 2003 年和 2007 年淮河干流主要控制站水位介于警戒水位和保证水位之间的河道堤防行洪水风险率,见表 2 ~ 表 5。

表2　王家坝站堤防行洪风险率

水位(m)	保证水位	警戒水位	2003年最高	其他水位			
	29.3	26.5	30.35	27	27.5	28	28.5
行洪风险率(%)	100.00	0.00	129.86	19.51	38.35	56.59	74.13

表3　润河集陈郢站堤防行洪风险率

水位(m)	保证水位	警戒水位	2007年最高	2003年最高	其他水位			
	27.1	24.3	27.82	27.66	25	25.5	26	26.5
行洪风险率(%)	100.00	0.00	120.50	116.43	26.25	44.74	62.84	80.40

表4　鲁台子站堤防行洪风险率

水位(m)	保证水位	警戒水位	2007年最高	2003年最高	其他水位		
	26.1	23.8	26.01	26	24.5	25	25.5
行洪风险率(%)	100	0	96.55	95.86	32.41	54.48	75.86

表5　吴家渡站堤防行洪风险率

水位(m)	保证水位	警戒水位	2007年最高	2003年最高	其他水位		
	22.6	20.3	21.38	22.05	21	21.5	22
行洪风险率(%)	100.00	0.00	49.85	78.98	32.66	55.02	76.73

　　对于河道堤防行洪风险的量化是以水位为标准的,计算出2003年和2007年淮河干流主要控制站水位介于警戒水位和保证水位之间的河道堤防行洪水风险率。

　　从图1和图2可知,2007年王家坝/润河集最高洪水位,均超过了保证河道保证水位,最高洪水位均出现在7月11日;润河集出现2天超过保证水位的情况,王家坝出现1天超过保证水位的情况。鲁

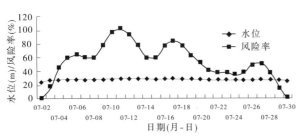

(a)王家坝水位及堤防行洪风险率变化

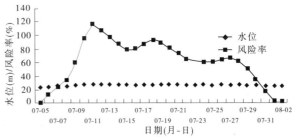

(b)润河集水位及堤防行洪风险率变化过程

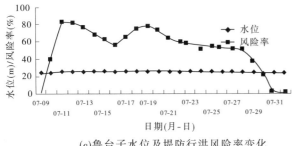

(c)鲁台子水位及堤防行洪风险率变化

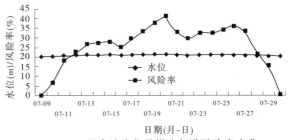

(d)吴家渡水位及堤防行洪风险率变化

图1　2007年主要控制站堤防行洪风险度动态变化图

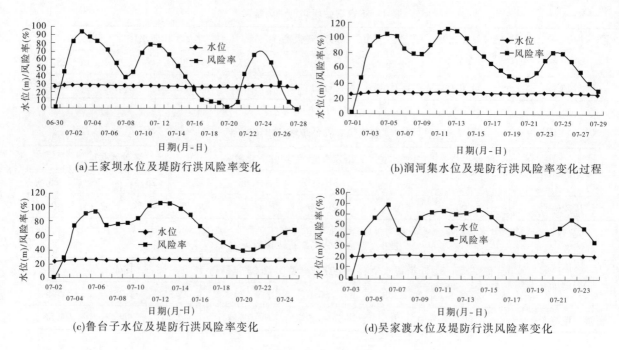

(a)王家坝水位及堤防行洪风险率变化

(b)润河集水位及堤防行洪风险率变化过程

(c)鲁台子水位及堤防行洪风险率变化

(d)吴家渡水位及堤防行洪风险率变化

图2　2003年主要控制站堤防行洪风险度动态变化图

台子和吴家渡整个汛期水位均处于警戒水位和保证水位间,没有出现超过保证水位的情况,尤其是吴家渡偏向更安全的状态。

　　2003年,润河集和鲁台子出现了超过保证水位的情况,润河集7月5日和7月13日前后均超过了保证水位,鲁台子在7月12日前后河道水位超过了保证水位。王家坝和吴家渡整个汛期河道水位均处于警戒水位和保证水位间,尤其是吴家渡偏向更安全的状态。

4　结语

　　本文基于可靠度理论,探讨了堤防行洪风险的评估方法,预设堤防保证水位的行洪风险为100,警戒水位行洪风险为0,推算出淮河干流主要控制站点2003年和2007年汛期行洪风险的动态变化,计算结果表明,该方法为河道行洪风险计算提供了一条简便可行的途径,并为进一步对河道行洪风险分析及汛期风险决策研究及制定奠定了良好的基础。

参 考 文 献

[1] 姜树海.洪灾风险评估和防洪安全决策[M].北京:中国水利水电出版社,2005.

[2] 李继华.可靠性数学[M].北京:中国建筑工业出版社,1988.

[3] 梁在潮,李泰来.江河堤防防洪能力的风险分析[J].长江科学院院报,2001,18(2):7-10.

[4] 曹云.堤防工程风险因子分析和风险计算模型研究[J].水利与建筑工程学报,2006,4(4):14-17.

[5] 赵永军,冯平.河道防洪堤坝水流风险的估算[J].河海大学学报,1998,26(3):71-75.

浅谈淮河入江水道运河西堤崇湾段
真空预压排水的加固方法

丁平[1],宗姗[1],刘广游[2]

(1.扬州市水利局,江苏 扬州 225000;2.高邮市水务产业投资集团有限公司,江苏 高邮 225600)

摘 要 本文结合工程施工实际,针对运河西堤崇湾段深层淤土软弱地基承载力差的特点,通过变真空预压法与传统真空预压法现场试验区的监测与检测数据对比分析得出:变真空预压法大幅度提高了真空预压的能效,对于加固深层淤土地基可以达到降低含水率、提高承载力,达到堤身稳定的目的,在运河西堤崇湾段应用情况较好,具有一定的推广应用价值。

关键词 软弱地基;真空预压;排水固结

1 引言

淮河入江水道是淮河下游干流,承泄上、中游地区66%～79%的洪水,它上起洪泽湖三河闸,经淮安、扬州2市10县及安徽省天长市,经三江营汇入长江,全长157.2 km,设计行洪流量12 000 m³/s。其中,扬州境内的运河西堤崇湾段,桩号49+580～50+335为历史缺口地段,下覆深厚淤泥质土层,其承载力差,堤身不稳定,长期处于沉降状态,历史上对该段进行过多次加固处理,但堤身沉降问题始终未得到很好的解决。本次新一轮淮河入江水道整治工程设计采用真空预压排水板法对该段地基进行加固处理,本文就以该项工程建设为依托,对运河西堤崇湾段真空预压排水的加固方法进行研究,根据现场监测和检测的相关数据对真空预压和变真空预压进行分析比较,从而对地基加固效果得出了综合评价,并提出相关建议。

1.1 真空预压压法的基本原理

真空预压技术是一种基于土的固结原理而发展起来的经济可靠的软土地基处理方法。真空预压法就是在需要加固的软基中插入竖向排水通道(如砂井、袋装砂井或塑料排水板等),然后在地面铺设一层砂垫层,再在其上覆盖一层不透气的薄膜。在膜下抽真空形成负压(相对大气压而言),负压沿竖向排水通道向下传递,土体与竖向排水通道的不等压状态又使负压向土体中传递,在负压作用下,孔隙水逐渐渗流到竖向排水通道中,达到土体排水固结、强度增长的效果。

1.2 真空预压技术的研究与应用现状

20世纪80年代初,真空预压法最先在天津港东突堤软基处理工程中取得成功。随后,真空预压法加固软土地基广泛用于港口、高速公路、机场跑道、电厂厂区、石化油罐区等工程。目前,在港口建设工程中,真空预压法加固软土地基使用最为广泛。20世纪90年代后期,该方法得到很大的发展,从单一的真空预压法加固软土地基发展到真空联合堆载、真空联合降水等加固软土地基等多种方法,使我国该项加固技术水平走在了世界前列。

2 场地及工程地质条件

2.1 水文地质条件

2.1.1 含水层及地下水类型

查《江苏省环境水文地质图集》,场地勘察深度范围内地下水类型为松散岩类孔隙水,地下水动态

作者简介:丁平,男,汉族,1987年生,江苏沛县人,中共党员,大学学历,工程师,毕业于扬州大学水利学院,长期从事重点水利工程建设管理工作。

属降水入渗—蒸发排泄型。大气降水入渗为地下水的主要补给来源,其次为地表水的渗入补给。蒸发、植物蒸腾、层间径流为场地地下水主要排泄方式。

2.1.2　含水层及地下水位

Ⓐ层为人工堆土,存在孔洞、裂隙、缝隙,注水试验测得渗透系数 $k = A \times 10^{-5} \sim A \times 10^{-3}$ cm/s,具有微—中等透水性;①$_2$ 层受植物根茎等的影响产生一些空隙,具有一定的透水性,Ⓐ和①$_2$ 层共同组成潜水含水层。

①$_2'$ 层少黏性土具弱透水性,为承压含水层,①$_2$ 层为其相对隔水顶板,①$_2$、②$_1$ 层为其相对隔水底板。

③$_4$ 层少黏性土具有弱—中等透水性,为承压含水层,②$_1$ 或③$_1$ 层为③$_4$ 层承压含水层的相对隔水顶板。

勘察期间地下水位为 5.98 ~ 8.34 m。

2.2　地质条件

加固区范围内地层主要有:

Ⓐ层(Q_4^{ml}):灰黄、褐黄夹灰色黏土、粉质黏土夹壤土、砂壤土,含铁锰质结核、有机质、砖块等,偶夹砂礓,土质较杂,局部为灰、灰黄杂灰黑色中、轻粉质壤土杂粉质黏土。主要为堤身堆土。该层分布层厚不均,层厚 7 ~ 9 m。场地广泛分布。

Ⓐ′层:淤泥,饱和,流塑状态,高压缩性,力学强度低。

①$_2$ 层(Q_4^{al-1}):近代冲积—潟湖相黏性土或淤泥质黏性土。其特点是腐殖质含量高,含水量大,灵敏度高,强度低,压缩性大,是本工程中影响大堤安全的关键性土层。

①$_2'$ 层(Q_4^{al-1}):灰色中粉质壤土、轻粉质壤土,局部为重粉质砂壤土,含泥质结核,夹黏土、粉质黏土,局部质软近淤泥质,局部为夹粉质黏土薄层。该层呈透镜体状分布于①$_2$ 层中,仅在运河西堤古河槽部位的部分钻孔中有揭示,层厚 0.6 ~ 3.9 m。

21 层:淤泥,饱和,流塑状态,高压缩性,有机质含量 3.08% ~ 3.88%,力学强度低。

22 层:淤泥,饱和,流塑状态,中压缩性,力学强度低。

地质剖面如图 1 所示。

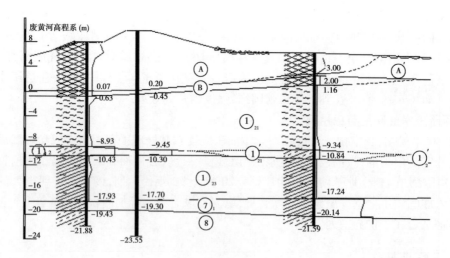

图 1　地质剖面

3　施工程序、方法

3.1　变真空预压固结排水技术的基本原理

变真空快速固结技术的基本原理是,将具有良好透水性及防淤堵性能的排水板,按设计点位插设在高含水量、高压缩性的淤泥质软土地基中,形成竖向排水通道。采用排水管路连接排水板与真空泵,封闭排水系统;采用预埋透气管路与空压机连接,形成变真空增压系统。在管路顶部依次铺设土工布、密封膜等材料,形成封闭层。通过射流泵的真空作用,分级将真空压力通过排水板系统,逐级向淤泥质软土地基传递真空压力,促使淤土内自由水体排出而固结;当真空度达到并保持在设计最高值,且出水量明显减少时,开启增压系统对土体进行增压,加大土体内部压力差,加速水体流动速率,提高固结效果。

3.2　变真空预压固结排水技术的施工工艺

变真空排水固结技术的工艺流程如图2所示。

3.3　实施方案

按照设计要求进行场地平整。排水板按深度在导管上做好标志,并根据打设板位标记进行插板机定位→安装管靴→沉设套管→开机打设至设计标高→提升套管→剪断塑料排水板→检查并记录板位等打设情况→移动打设机至下一板位。增压管采用打孔机埋设,埋设深度比排水板少3 m,垂直度不大于2.0%。埋设完成后孔口用黏土密封。排水板打设完成后,清除场地尖锐物,按照试验区面积覆盖编织布,以防硬物刺穿密封膜。编织布缝合连接,缝合宽度大于10 cm。按设计塑板布设间距裁剪定尺聚乙烯钢丝管,用十字节等连接件连接钢丝管,并对接头做密封处理,组成单元体排水管道。排水板打设完成后,将预留的板头插入手形接头,用铆钉枪锚固。将手形接头与单元排水管道对应的钢丝管接头连接,形成封闭的排水系统。管道系统安装完成后,按照加固区区面积覆盖土工布,土工布采用缝接法连接,搭接宽度不小于10 cm。然后进行场地密封。按照设计要求,本次地基加固预压排水固结法场地封闭采用3层密封膜,密封膜厚度不小于0.12 mm。依据设计文件,本工程北凹处理范围为30 m×285 m,处理深度15 m;南凹处理范围为35 m×355 m,处理深度20 m,由此拟将北凹、南凹段各作为一个施工区,分别进行场地封闭。

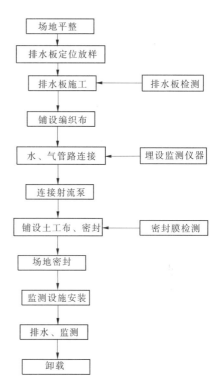

图2　工艺流程图

下一步进行排水固结:真空泵安装调试本次选用真空泵系统,能满足真空预压的要求。逐台检查真空泵系统连接处,要保证在关闭闸阀的情况下,泵上真空度能达到96 kPa,以确保真空泵系统发挥最佳功效。试抽真空宜为7~10天,试抽开始,即应进行真空压力、沉降量等参数观测。开始阶段,为防止真空预压对加固区周围土体造成瞬间破坏,严格控制抽真空速率。具体操作时可先开启半数真空泵,然后逐步增加真空泵工作台数。抽真空维护期间,每天现场值班人员经常检查真空度,如真空度降低,应立即查明原因,采取相应措施,维持真空度在规定范围内。在真空度满足过程中,真空泵的开启数量不少于分区单位总数的80%。

3.4　变真空+增压排水固结技术系统运行要求

(1)先将防淤堵排水板连接管路组成真空系统,利用密封膜作为密封层后,开始抽真空运行。

(2)预抽真空度至30 kPa,检查真空管是否漏气。

(3)将真空度保持在30 kPa,连续抽真空至出水量明显减少。

(4)提高真空度至60 kPa,连续抽真空至水量明显减少。

(5)提高真空度至85 kPa,连续抽真空。

(6)当真空度在85 kPa时,沉降量及出水量较小时,开启增压系统,开启后当真空度降至70 kPa时,关闭增压系统,继续抽真空并观测沉降量和出水量变化情况。当沉降量及出水量又较小时,再次开启增压系统。如此反复。

(7)卸载标准:按照招标文件的规定在本工程施工中,需同时达到以下两个标准,方可停泵卸载,且加载时间不得少于75天。根据变形实测资料,计算被加固土层固结度不小于90%;连续10天平均沉降量小于2 mm/d。

4 现场结果与分析

4.1 真空度变化及分析

4.1.1 传统真空膜下真空度

传统真空预压试验场地的真空荷载采用一次性施加,如图3所示,抽真空前7天,射流泵上的真空度上升到80 kPa;随着射流泵持续抽气工作,射流泵真空度缓慢增长并逐步稳定在90 kPa左右,其变化规律符合真空预压加固地基的真空度变化的一般规律。同时,传统真空预压场地的膜下真空度经过3天的升高后基本不再有明显提升,膜下真空度维持在55 kPa左右,比射流泵上的真空度小35 kPa,真空度从射流泵传递至砂层后发生较为显著的损失。

4.1.2 变真空膜下真空度

鉴于本次现场场地淤泥土层经过长时间的自重固结,土体已经形成相对稳定的骨架结构,不存在因真空荷载施加过大而发生淤堵的问题,故本次变真空试验场地真空荷载采用一次性加载,如图4所示,抽真空前7天,射流泵真空度上升到80 kPa,并随着时间的增长,逐步稳定在90 kPa左右。对比传统真空预压试验场地真空度测试结果可以发现,两个试验场地的泵上真空度变化规律基本一致;同时,变真空试验场地下的膜下真空度几乎与射流泵真空度完全相同,并且在场地的不同位置,真空度分布是均匀的。

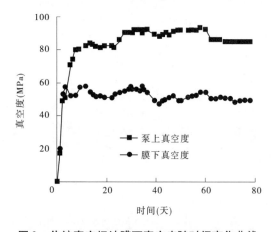 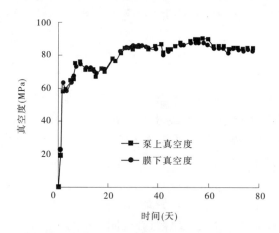

图3 传统真空场地膜下真空度随时间变化曲线　图4 变真空场地泵上真空度和膜下真空度随时间变化曲线

4.1.3 膜下真空度差异原因分析

图5给出了两个试验场地膜下真空度随时间变化的曲线,从图中看出,变真空场地的膜下真空明显大于传统真空的膜下真空度,前者比后者高出了60%。现场两个试验场地的密封条件完全相同,并且两个试验场地射流泵的真空度数值也基本一致。因此,变真空试验场地膜下真空度显著大于传统真空试验场地的原因可以主要归结于:变真空排水固结加固工艺采用了管路系统代替传统真空预压法中砂垫层,管路系统能够减少传递过程中的损失,更为通畅地传递真空荷载,提高地基加固效果。

4.1.4 竖向排水板的真空度沿深度方向上的变化规律

作用在排水板中形成的负压分布直接决定了相应深度土体的固结效果。因此,真空能否在排水板中有效传递是保证深层软土地基加固效果的关键。图6给出了变真空场地排水板不同深度处的真空度随时间变化曲线,由图可知,沿着排水板的深度方向,真空度是递减的。在抽真空35天后开始观测到13 m深度的真空度,约10 kPa。在本次现场变真空试验中,0~5 m范围内真空度损失量为10 kPa/m,5 m以下损失量为3 kPa/m,真空度损失量符合目前已有相关研究结果,但损失集中于表层0~5 m的填土层范围内。表明采用管路替代砂层虽然能够满足膜下真空度在较高水平,但是当真空度沿深度传递时,1.5 m深的密封沟未能完全截断0~5 m范围内的填土层的沿程损失,导致下部排水板真空度相对较低。

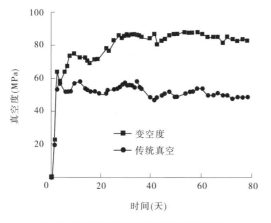

图5　不同工艺的膜下真空度对比图

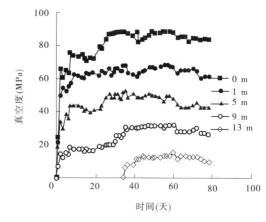

图6　变真空场地不同深度排水板真空度随时间变化曲线

4.2　孔隙水压力变化及分析

孔隙水压力是根据预先埋设的振弦式孔压计测定,图7和图8显示了两种工艺不同深度孔隙水压力消散值随时间变化曲线,从图中可以看出,孔隙水压力消散值随时间的增长逐渐增大,说明土体的有效应力在不断增大,土体产生固结。

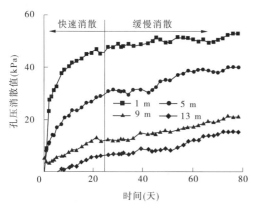

图7　传统真空不同深度孔压消散值变化曲线

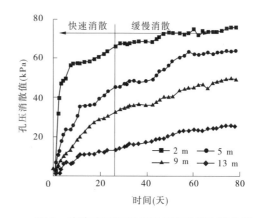

图8　变真空不同深度孔压消散值变化曲线

由图9~图12给出两种试验在相同深度下的孔隙水压力对比曲线,从图中可以看到,在相同的深度处,变真空中的孔压消散值明显大于传统真空中的孔压消散值,也就是变真空场地土体的有效应力增加值明显大于传统真空场地土体,由表1所示的统计数据可知,变真空孔隙水压力消散值(有效应力增加值)比传统真空至少提高46%,在某些地层甚至提高了100%以上。这表明了采用变真空固结技术加固土体更为有效,更为高效地起到提高土体固结速率的效果。

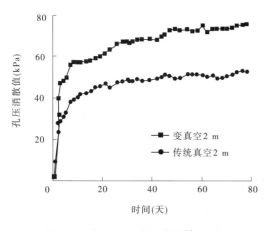

图9　深度2 m处孔压消散情况对比

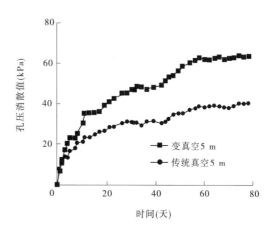

图10　深度5 m处孔压消散情况对比

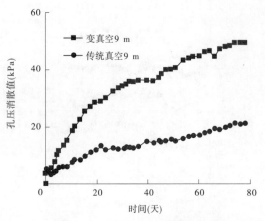

图 11　深度 9 m 处孔压消散情况对比　　　图 12　深度 13 m 处孔压消散情况对比

表 1　传统真空孔隙水压力消散值及有效应力增加值统计

深度（m）	处理前（kPa）	处理后（kPa）	消散值（kPa）	有效应力增加值（kPa）	深度（m）	处理前（kPa）	处理后（kPa）	消散值（kPa）	有效应力增加值（kPa）	有效应力提高百分比（%）
2	25.7	−23.9	49.6	49.6	2	25.3	−47.3	72.6	72.6	46
5	60.0	20.0	40.0	40.0	5	56.7	−6.9	63.6	63.6	59
9	119.5	98.4	21.1	21.1	9	112.0	62.8	49.3	49.3	133
13	160.1	145.0	15.1	15.1	13	155.4	127.7	27.7	27.7	83

4.3　地面沉降量变化

地表沉降量为打设塑料排水板期间的平均沉降量和预压荷载作用下产生的平均沉降量之和。根据图 13、图 14 显示的两种工艺中地面沉降量随时间变化曲线，传统真空地基最终沉降为 52.7 cm，固结度为 91.7%；变真空无桩部分最终沉降为 64.8 cm，固结度为 96.7%；变真空有桩部分地基最终沉降为 35.5 cm，固结度为 96.8%。经计算，传统真空场地固结度达到 90% 所需时间在 74 天左右，而变真空场地固结度达到 90% 仅需时间在 63 天左右，所需时间明显较短。因此，采用变真空工艺可以明显缩短施工工期，提高施工效率，特别对于施工工期紧张的工程项目，该工艺尤为适用。

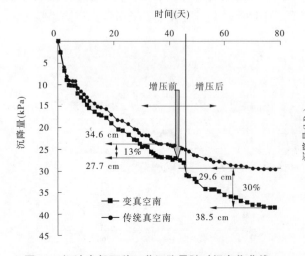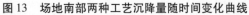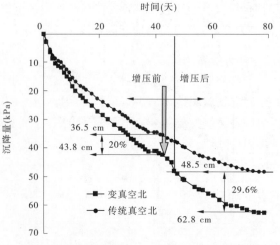

图 13　场地南部两种工艺沉降量随时间变化曲线　　　图 14　场地北部两种工艺沉降量随时间变化曲线

4.4 分层沉降变化与分析

本次试验在场地的四个不同区域分别埋设了分层沉降仪,由监测数据发现,只有变真空南部分层沉降仪有效,其他仪器失效可能是由于沉降仪磁环没有很好地嵌入淤土中,导致土层和磁环不能协调沉降。从图15可以看出,随着深度的增加土层沉降量的降低非常显著,到了10 m以下的土层,仅有很少的沉降。

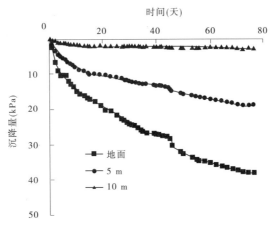

图15　变真空南分层沉降量随时间变化曲线

4.5 原位测试及取样分析

固结试验结束后,将表面密封膜和砂层去掉,对场地不同位置以及不同深度的淤泥进行现场取样,并进行了芯样含水率、颗粒分析、比重、固结压缩特性试验研究,为对固结后淤泥的强度特性进行研究。同时进行了静力触探原位试验,并将其与固结试验前进行对比,分析真空预压处理的效果。

4.5.1 含水率测试

为了了解真空预压处理前后土层含水率的变化情况,对试验结束后的土层进行钻孔取样并测试其含水率,表2给出了下部存在深厚软土层的变真空北试验区域在不同深度处的含水率。通过变真空技术处理,不同土层含水率均有明显降低,含水率最大降低15%,最小降低3%,平均降低约为8%。其中5~10 m淤土层的含水率下降比较明显,整个土层含水率最大降低11%,平均降低约为5%。

表2　变真空北不同深度处理前后的含水率对比

深度(m)	1.5	3.0	4.5	6.0	7.5	9.0
处理前含水率（%）	36.1	41.7	44.7	69.0	60.8	65.5
处理后含水率（%）	33.1	38.9	38.2	53.8	52.3	56.7

4.5.2 静力触探测试

为了检测变真空处理后的地基加固效果,在试验前后分别对变真空试验场地中部进行了静力触探试验,图16显示了试验前后静力触探结果的对比情况,由图可知,经过变真空技术加固后,软土层的力学性质得到明显提高,锥尖阻力较试验前提高了20%~40%。

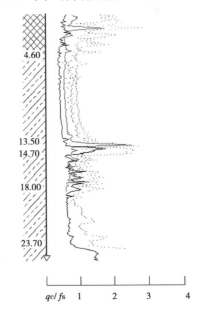

图16　处理前后锥尖阻力对比图

5 结论和建议

5.1 结论

（1）变真空技术采用了管路系统替代传统真空预压砂垫层的工艺可以有效降低真空传递的沿程损失,能够保证膜下真空负压在80~90 kPa的设计值,有效地克服了上部填土透气层对膜下真空度的影响,膜下真空度比传统真空预压法可以提高了 60%。

（2）变真空固结技术的增压工艺能够较为显著地提高地基的加固效果,增压后地基的沉降速率可以提高 1 倍,并且持续时间超过半个月。变真空技术处理下的地基沉降变形主要发生在含水率相对较高的淤泥土层和填土层,地基沉降速率要明显快于传统真空预压方法,总沉降量平均比传统工艺高出约 30%。

（3）变真空固结技术处理后的地基承载力得到明显提高,相比处理前地基承载力提高约 20%,能满足设计要求,且大幅缩短了处理工期,进一步表明该技术在崇湾断堤防加固工程中的适用性和可行性。

5.2　建议

（1）对技术的关键施工参数进一步深化研究,明确增压时间、增压压力控制的理论依据,为进一步优化施工工艺提供科学依据。

（2）加强工程后续沉降观测数据的分析,明确技术处理后的堤防基础长期稳定性。

（3）从经济性、适用性、可行性、社会、生态等方面对变真空预压排水固结加固技术进行系统综合评价,不断促进技术革新。

关于提升新沂河行洪能力的工程措施研究

高士佩

（江苏省水利科学研究院，江苏 南京 210017）

摘　要　新沂河是沂沭泗流域洪水下泄入海的主要通道。受 2019 年汛期台风"利奇马"和冷空气的共同影响，沂沭泗流域沂河、沭河、中运河等发生较大洪水过程，其中以沂河洪水来量最大。新沂河行洪期间沭阳站水位创历史新高，接近防洪设计水位，而断面过流能力仅为设计流量的 3/4。根据淮河流域综合规划提出远期通过扩大新沂河行洪能力，使得骆马湖和新沂河的防洪标准提高到 100 年一遇的目标，针对目前河道行洪出现的短板问题，本文对扩挖泓道归槽泄洪、整治倒比降滩面等工程措施进行了思考和研究。

关键词　新沂河；行洪能力；扩挖泓道；整治滩面；工程措施

新沂河是沂沭泗流域防洪体系的重要组成部分，承担着骆马湖洪水、沭河洪水、嶂沭区间洪涝水和洪泽湖分淮入沂相机洪水下泄入海的任务，河道沭阳断面以上流域集水面积近 5.8 km²，占沂沭泗流域总面积的 70% 以上。保持河道畅泄功能对骆马湖防洪调度决策非常重要，工程涉及骆马湖周边和沂南、沂北 53.47 hm² 耕地和 570 万人生命财产以及连镇、京沪、长深等 10 余条高铁、高速公路和国省干线、高压输电等基础设施防洪安全，对江苏省淮北地区防洪保安、经济社会发展的影响至关重要。新沂河于 1949 年冬开挖，为人工平地挖泓筑堤、束水漫滩行洪，1950 年 5 月挖成通水，历经多次整治后现状防洪标准为 50 年一遇。70 年间新沂河经历了 10 余次 4 000 m³/s 以上的中高流量行洪，特别是 20 世纪 80 年代以后，在河道行洪中多次呈现出中流量高水位的问题，2008 年汛期 50 年一遇整治工程完工后即投入行洪，中流量高水位的问题有所改善，后来 10 年间新沂河未经过较大洪水考验，河床滩面泓道水流边界条件发生了不少变化，如滩面种植、交通电力设施建设、灌排设施、生产设施和自然淤积等。

2019 年 8 月 10～12 日，受台风"利奇马"和冷空气的共同影响，沂沭泗地区普降暴雨，沂河、沭河、中运河等发生较大洪水过程，骆马湖嶂山闸最大下泄流量 5 020 m³/s，为 1974 年来最大泄洪流量。受嶂山闸泄洪、沭河洪水前锋汇入及区间涝水共同影响，行洪期间沭阳站水位最高水位 11.31 m，超过历史最高水位 0.55 m，距设计水位 11.4 m 仅差 0.09 m，而相应流量 5 900 m³/s，仅为设计流量的 75.6%，流量为历史第二位，而水位为历史新高。虽然行洪期间河道堤防未出险，但各级防汛抢险工作投入了巨大的人力、物力和财力，动用部队、消防官兵 1 200 余人和近 6 万干群上堤巡守查险。

为此在新的工情、水情下，为及早解决新沂河行洪中的短板问题，结合《淮河流域综合规划（2012～2030）》[1] 提出远期通过扩大新沂河行洪能力，使得骆马湖和新沂河的防洪标准提高到 100 年一遇的目标，本文就新沂河 2019 年洪水验证出现的短板问题进行了分析思考，并在综合措施方面进行了初步研究。

1　河道自然概况

1.1　自然特征

河道自宿迁市嶂山闸下至连云港市燕尾港镇入灌河口出海，全长 146 km。新沂河河床滩面纵向坡降随自然地形变化，呈上陡、中缓、下仰趋势[2]，其中嶂山闸至沭阳城区为上段，长 43 km，河床陡、河道比降较大，在 1:3 000～1:4 000，水流湍急，流势不稳，流态紊乱；沭阳城区至小潮河为中段，进入古沂、沭河近海平原，南与灌河一堤之隔，长 67 km，河道比降 1:17 000，滩地淤沙向东推进，河面逐渐展宽，风浪增高；小潮河至入海口为下段，长 34 km，河道比降 1:20 000，至东友涵洞 1 km 处，河床高程降至最低

作者简介：高士佩，男，1968 年生，江苏省水利科学研究院副院长、高级工程师，主要研究方向为防洪管理和水利科研。E-mail：54400744@qq.com。

点,东友涵洞以东至河口,河床淤积逐渐升高,河口高仰成倒比降,比降 1:20 000。

两岸堤防除沭阳以西南岸部分地势高河段未筑堤外,其余河段两岸筑堤,漫滩行洪,南堤长 130 km,北堤长 147 km。堤距自西向东展宽,由 500 m 逐渐展宽至 3 150 m,其中嶂山闸下 500 m、口头 920 m、沭阳 1 260 m、盐河 2 000 m 至小潮河闸以下展宽到 3 150 m。沿线涵闸 24 座。河道现状设计流量,按 50 年一遇防洪,嶂山闸至口头 7 500 m³/s,口头至海口 7 800 m³/s。河道滩面高程嶂山闸附近 22 ~ 23 m,沭阳附近 8.2 m,东友涵洞附近 1.7 m,至海口又升至 2.3 m。沭阳以下南北偏泓口宽 150 ~ 260 m,泓道设计行水能力 300 m³/s,河道以滩面行洪为主,河道内有 2 万 hm² 滩面,实行一水一麦。

1.2　地貌地质

嶂山闸附近为黏土缓岗,嶂山至沭阳段位山前洪积平原,沭阳至盐河段属于河泛平原,盐河以东至海口则为海积平原。在地质上三个河段有明显差异,上段河床下部有 5 ~ 10 m 的含砂砾层,中段曾受黄泛影响,土质以粉细沙为主;盐河以东河床和大堤堤基下部为 5 ~ 20 m 厚的海相淤土层[3]。河道行洪特点是沭阳以西因坡降陡而水流急,流态紊乱,河床冲刷严重;沭阳以东河宽水深浪大;盐河以东河道更为宽阔,两岸大堤断面虽达标,但受潮水和风浪作用,冲刷和沉陷是面临的主要隐患。

2　行洪验证情况

2.1　雨情

2019 年 8 月 10 ~ 12 日,受台风"利奇马"和冷空气的共同影响,大部分地区普降大暴雨,沂沭泗流域 48 h 内平均降水量 144 mm,其中 100 mm 降雨量笼罩面积占流域总面积的 71.1%,200 mm 降雨量笼罩面积占流域总面积的 17.0%,沂河临沂以上降雨量 231.5 mm,已超过造成 1974 年大洪水的台风影响期间降雨量;沭河大官庄以上 205.2 mm,邳苍区 184.4 mm,新沂河 139 mm,南四湖 100.4 mm。沂河、沭河、中运河等发生较大洪水过程。强降雨导致沂沭泗地区发生较大洪水过程,其中沂河临沂站洪峰流量达 7 300 m³/s(8 月 11 日 16 时),沭河重沟站洪峰流量 2 720 m³/s(8 月 11 日 19 时左右),中运河运河镇站洪峰流量 2 990 m³/s(8 月 12 日 15 时)。

2.2　洪水调度

根据受台风影响可能发生强降雨的预报,为迎接上游地区可能发生的洪水腾出空间,防汛调度机构在雨前及时增加引沂济淮中运河、徐洪河线向南调水流量以降低骆马湖水位[4],于 8 月 8 日调度骆马湖周边的皂河闸先后增加流量至 300 m³/s、565 m³/s,并于 8 月 9 日进一步加大流量到 665 m³/s,加上洋河滩闸放水 35 m³/s,骆马湖以南中运河行洪流量相应加大到 700 m³/s;同时调度徐洪河线刘集地涵流量由 50 m³/s 逐步加大到 180 m³/s,出湖总流量增加到 880 m³/s。

为控制骆马湖水位上涨,预泄腾出库容迎接上游入湖洪水,开启嶂山闸向新沂河泄洪,最大下泄流量 5 020 m³/s,为 1974 年来最大泄洪流量。受嶂山闸泄洪、沭河洪水前锋汇入及区间涝水共同影响,11 日 22 时 30 分沭阳站水位突破历史最高水位 10.76 m,后继续以每小时 7 ~ 10 cm 的速度快速上涨;后又涨至 11.31 m,超出历史最高水位 0.55 m,接近站点设计水位 11.4 m,相应流量 5 900 m³/s,占设计流量的 75.6%,为历史第二位。后来又对嶂山闸进行反控制,将泄洪流量由 5 000 m³/s 压缩至 4 000 m³/s,4 时 30 分将流量进一步压缩至 2 000 m³/s,才有效控制了新沂河沭阳站水位的上涨。

通过分沂入沭尽量东调沭河洪水经新沭河入海和部分骆马湖洪水分泄中运河、徐洪河以及多次压缩调整嶂山闸出湖流量,降低了沭阳站在中高流量下行洪超设计水位的巨大风险。

经本次洪水验证,新沂河沭东段河道行洪还是暴露出中流量高水位的问题。

3　原因分析

2008 年新沂河 50 年一遇整治完成后,当年就投入较大流量行洪,经实测,沭阳以东中下段河床糙率有较大改善,但随后 10 年来河道一直未经大洪水流量行洪,河道水流边界条件又发生了变化,其中河道淤积退化、滩地种植、工程设施增多、下段河道滩面高仰(倒比降)是产生中流量高水位的主要原因。

3.1 行洪能力衰减

新沂河自 1950 年建成以来,经过 20 年一遇和 50 年一遇的治理,虽然经险工处理、两岸大堤加固提高了挡水能力,但河道束水漫滩行洪的情势未有变化,沭阳以下南北偏泓过水能力只有 300 m³/s,超过这个流量后,洪水即上滩和漫滩行洪。

不同时期的洪水水面线的比较能反映出新沂河的行洪能力变化。1974 年行洪 6 900 m³/s 的水面线与设计 7 000 m³/s 水面线比较对应,且低于设计水面线 0.15 ~ 0.40 m。以后的 1990 年、1993 年、1998 年、2003 年、2005 年、2008 年沭阳站洪峰流量均超过了 4 000 m³/s,2003 年淮河洪水后,周中甫等[5]在论证沭阳站水位流量关系时提出较大洪水相同水位时的流量减少 20%,且随着水位的抬高,流量减少幅度增大,如 2003 年与 1990 年洪峰流量同为 4 880 m³/s,其洪峰水位抬高 0.13 m。

3.2 滩地耕种影响行洪

新沂河河道内有 2 万 hm² 滩地,因当时国家财力有限,河道滩地并未征用,滩地允许沿河地区农民耕种,为一水一麦。为生产需要,历次整治过程中均设置保麦围堰,在南北偏泓上架设了许多农用生产桥,并与滩面持平,桥宽 4.5 ~ 4.7 m,南泓上建有 40 多座,北泓略少。冬春季以种植小麦、油菜为主,也有种植玉米、油菜、芝麻等高秆作物的情况,行洪过后,群众自发在滩地上种植豆类等秋熟低矮作物。个别生产桥上还有带小闸孔的石砌拦河坝,用于蓄水灌溉,不仅造成过水阻碍,造成淤积,而且使上游滩面行洪带下的秸秆、水草、漂浮物等形成草坝,堵塞桥下过水空间。

3.3 滩地工程设施增加

沭阳以下河道是一个相对稳定的河道,行洪期间没有进出水量交换,洪水水面线主要受河床断面和洪水水波特性的影响。不同时期的洪水水面线的比较能反映出新沂河的行洪能力变化。1974 年行洪 6 900 m³/s 的水面线与设计 7 000 m³/s 水面线比较对应,且低于设计水面线 0.15 ~ 0.40 m。20 世纪 80 年代以来,随着经济社会的发展和河道综合利用的需要,从嶂山闸到海口控制工程 140 余 km 的河道内,建设了多处跨河高速公路、高铁、国道和省道桥梁与输电线路铁塔以及泓道、滩面水利工程等,这些桥梁桥墩、铁塔塔基和工程设施等对行洪造成不利影响。

4 综合工程措施

新沂河行洪能力的恢复和提标涉及骆马湖周边和两岸沂南、沂北等淮北地区的防洪保安,也是区域经济社会发展的要求,沿岸徐州、宿迁、连云港市的新沂、沭阳、灌云、灌南地区仍是重点帮扶地区。基于流域综合规划要求,急需对新沂河行洪出现中流量高水位的短板问题采取综合工程措施解决。

4.1 扩挖泓道归槽行洪

针对河道行洪出现的能力达不到设计标准问题,主要影响因素是河道泓道行洪占比太低,主要依靠滩面行洪。根据《淮河流域综合规划(2012~2030)》,规划提出远期通过扩大新沂河行洪能力,使得骆马湖和新沂河的防洪标准提高到 100 年一遇,行洪能力初步按 8 600 m³/s 考虑。赵一晗等[6]对新沂河远期工程规模与骆马湖洪水调洪及黄墩湖滞洪区启用等进行了研究和建模试算,提出新沂河 100 年一遇流量按 9 200 m³/s 规模来规划实施,可以在骆马湖不超过 100 年一遇防洪设计水位情况下避免退守宿迁大控制和启用黄墩湖滞洪区。而达到这个标准,可以通过扩大泓道行洪断面面积实现,结合中高流量洪水出现频率和泓滩最优断面分析,合理分配泓滩分流比例,以泓道行洪为主。开挖泓道的土方主要用来填筑滩面内子堤,使现有滩地耕种从一麦一水彻底解放为全年耕作,从而解决沿线数十万农民的后顾之忧。基于 70 年来新沂河 5 000 m³/s 以下流量洪水出现的概率,可以全部通过泓道行洪来实现,从而解放了近 25 万亩的滩地种植效益,董一洪等[7]对新沂河河道归泓行洪进行了方案比选,将洪水扩泓归槽按泓道行洪规模 5 000 m³/s 来测算,泓道开挖土方压占耕作滩地为 5 万 ~ 6 万亩,如遇更高流量,可以通过滩面子堤上建设的进退水闸进行分洪,即便是滩面行洪淹没损失也是可以接受的。还可以利用扩挖后的南偏泓建设三级航道,沟通沭新河航道与盐河航道、疏港航道和灌河航运,非汛期和不行洪期间发展航运。

4.2　加固堤防和建筑物

新沂河两岸堤防均为一级堤防,保护两岸 570 余万人民生命财产安全。在扩泓归槽行洪实现远期目标情况下,需要根据泓道泓道断面、底面高程进行设计行洪水面线推算,据初步分析,按泓道 5 000 m³/s 来规划设计,河道沭阳以下两岸堤防要加高 1~0.2 m,需要加高堤防,同时对沿线 20 余座涵闸进行复核和加固,拆除合建原泓道内 100 余座生产桥,对海口控制枢纽进行扩孔并按 100 年一遇行洪水位来加固改造。

4.3　整治河床高仰滩面

由于新沂河河道自身的特性,上游河床的冲刷、沭河挟带的泥沙和滩面种植等因素造成中段不断淤积、东友涵洞以下河床受潮水顶托形成滩面高仰(倒比降),河道下段堤防堤基位于海相淤积土层上,堤防全线加高不可行;采取超宽断面的堤防又受两岸堤防背水侧沂南、沂北干渠等灌排水系的影响,实施水系调整也不经济。对东友涵洞以下倒比降河床,可以在扩挖南、中、北泓道的过程中,结合改善河口生态环境需要,实施建设河床式水库和河口湿地,一方面为沿线地区和企业提供淡水;另一方面可以常年保持水面,抑制河口芦苇生长,降低河道糙率,实现洪水畅泄入海。

4.4　改造滩地排污专道

新沂河河道内分布南水北调东线徐州、宿迁市截污工程尾水专道和经王庄闸排放的沭河污水,一起汇入口头以下的河道,经沭阳排污地涵进入北偏泓,至叮当河地涵又汇入中泓至三百号以下北偏泓深泓闸入海。泓道按设计规模扩挖后,沿线滩地子堤断面和堤顶高程将会加宽和加高。部分尾水专道和控制建筑物需要改造或移址重建。随着生态文明社会的建设和沿线地区生态环境发展的需要,上游截污处理下排的尾水应进入独立的渠道或管道经处理后排海,而借助泓道作为尾水排放通道已不合适。

参 考 文 献

[1] 水利部淮河水利委员会.淮河流域综合规划[R].2013.

[2] 江苏省地方志编纂委员会.江苏江河湖泊志[M].南京:江苏凤凰教育出版社,2019.

[3] 王道虎,邱秉华,陈海燕.新沂河治理工程经验与问题探讨[J].水利建设与管理,1997(5):39-44.

[4] 国家防汛抗旱总指挥部.沂沭泗河洪水调度方案[R].2012.

[5] 周中甫,张荣生.新沂河沭阳站水位流量关系分析[J].江苏水利,2006(9):33-34.

[6] 赵一晗,张小松,张海,等.新沂河远期工程规模与骆马湖蓄滞洪区关系研究[J].江苏水利,2019(2):37-41.

[7] 董一洪,刘长玉,张鹏.将新沂河漫滩改为归泓行洪的探讨[J].中国水利,2016(13):30-32.

基于无人驾驶技术的出山店水库土坝
碾压施工关键技术研究及应用

杨峰[1],陈祖煜[2],赵宇飞[2],姜龙[2]

(1.河南省出山店水库建设管理局,河南 信阳 465450;2.中国水利水电科学研究院,北京 100048)

摘 要 常规土石坝碾压施工工作强度大、施工环境差,碾压机械操作人员很难在全程碾压施工过程中保持高效的施工状态,很容易出现疲劳、偏离轨道、精准度不高等问题,错压、重复碾压等现象较为普遍,影响大坝施工质量。为提高大坝填筑施工质量、填筑施工效率,结合目前土石方工程碾压施工特性以及出山店水库工程实际,利用激光雷达、短波雷达、卫星定位等关键技术,研发了不改变施工机械油路、电路等控制系统以及机械结构的无人驾驶改造技术,能够实现自主施工环境感知、自主施工行为决策、自主施工动作执行的人机和谐的无人驾驶土石坝碾压系统,有效保证施工质量,提高施工过程的管理水平。

关键词 无人驾驶碾压系统;关键技术;土石坝填筑;研究;应用

0 引言

水库大坝作为重要的挡水建筑物,其质量好坏关系重大,对下游地区的人民生命财产尤其重要。尽管土石坝的建设技术已经非常成熟[2],但常规土石坝碾压施工工作强度大、施工环境差,碾压机械操作人员很难在全程碾压施工过程中保持高效的施工状态,很容易出现疲劳、偏离轨道、精准度不高等问题,错压、漏碾、重复碾压等现象较为普遍,这些问题为工程后续运行过程中的变形、渗流、开裂等事故的发生埋下了隐患。

近年来,国内外通过高精度卫星定位系统与物联技术的结合,对土石坝填筑过程实现了实时远程智能化监控[2-8]。但是,由于多年的施工习惯、系统不适应现场管理流程等问题,应用的效果与产生的效益不尽如人意。为提高大坝填筑施工质量、填筑施工效率,结合目前土石方工程碾压施工特性以及出山店水库工程实际,利用云计算、物联网、激光雷达、短波雷达、卫星定位等关键技术,开发了人机和谐的无人驾驶土石坝智能碾压系统。该系统结构复杂,不仅具备加速、减速、制动、前进、后退以及转弯等常规的车辆功能,还具有环境感知、任务规划、路径规划、车辆控制、智能避障等类人行为的人工智能。它是由传感系统、控制系统、执行系统等组成的相互联系、相互作用、融合视觉和听觉信息的复杂动态系统。随着计算机技术、人工智能技术(系统工程、路径规划与车辆控制技术、车辆定位技术、传感器信息实时处理技术以及多传感器信息融合技术等)的发展,基于无人驾驶的大坝填筑智能碾压施工在工程中逐渐得以开发和应用。

目前,土石坝碾压施工机械无人驾驶技术的实现方法主要有三种:一是在新机械出厂前附加相关无人驾驶功能模块;二是基于已有机械现状进行油、电、气路的自动化施工改造;三是基于已有机械现状复合相关机械结构。基于出山店水库工程施工机械现状,在土坝填筑碾压时采用了第三种的实现方法进行现有施工机械无人驾驶技术研究与应用。

1 框架设计

无人驾驶大坝填筑智能碾压管理系统通过无线网络把碾压机械上的信息上传给云服务器,操作人

作者简介:杨峰,男,1975年生,高级工程师,河南省出山店水库建设管理局。E-mail:yf2787@163.com。

员看到信息后做出相应的动作(操作控制端的命令),控制端的下传命令也是通过无线网络下传无人驾驶智能碾压机械,无人驾驶智能碾压机械接收到下传命令后,执行相应的动作,从而达到了大坝填筑碾压机械无人驾驶的目的(见图1)。

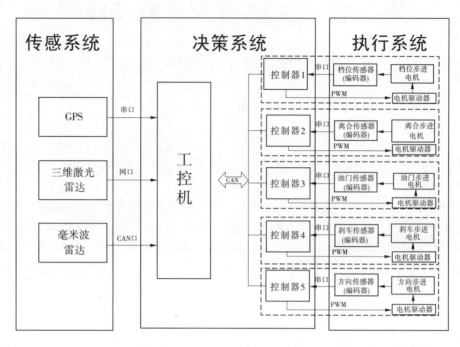

图 1　大坝填筑碾压机械无人驾驶技术(智能碾)设计框架

基于无人驾驶技术的大坝填筑智能碾压施工设备包括传感系统、决策系统和执行系统三个部分,采用的是自上而下的阵列式体系架构,各系统之间模块化,均有明确的定义接口,并采用无线网络进行系统间的数据传输,从而保证数据的实时性和完整性(见图2)。

图 2　基于无人驾驶的大坝填筑智能碾压施工机械实物

1.1　传感系统

传感系统主要功能包括施工区域监测、区域障碍物识别以及高清影像和毫米波雷达融合获取障碍物的位置和状态信息等。

1.1.1　施工区域检测

依据激光雷达扫描点在坝面的连续性,首先用相邻扫描点间的欧氏距离对点聚类,然后用加权移动平均值对每类点平滑滤波,再利用斜率将数据点分割成多段近似直线段,用最小二乘法对线段进行拟合。最后根据线段的斜率和长度、高程信息从多条线段中选取行进路线,见图3。

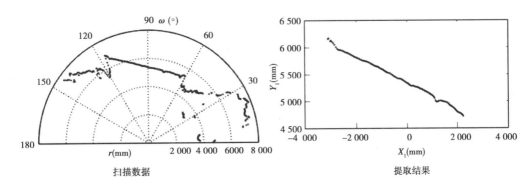

图3 激光雷达原始扫描数据及提取结果

为实现无人驾驶应用碾压车辆载三维激光雷达提取坝面可通行区域,利用探测倾角聚类的方法分割激光雷达扫描线在地面上的投影,通过小波变换初步确定边界和障碍物位置,再使用模糊线段的方法精确定位边界和障碍物,见图4。

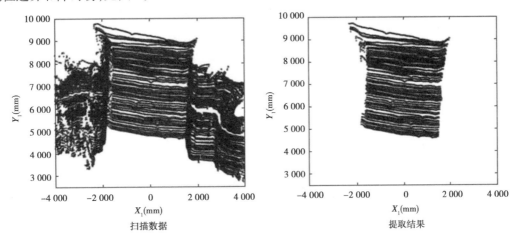

图4 多线激光雷达原始扫描数据及提取结果

1.1.2 施工区域障碍识别

考虑到碾压设备的碾压坝面较为粗糙,且起伏较大,采用栅格中点的高度差来判别栅格属性。该方法能适应碾压设备工作时的有较大和较频繁的俯仰及侧倾的特点,故能减少障碍误判率,对施工环境下正障碍(其他工作人员与作业车辆等)的检测具有高精度、高适应性的效果(见图5)。另外,针对负障碍(坝面边缘等),提出一种基于单线激光束的障碍识别方法,形成栅格地图。将两个栅格地图结合,最终得到完整的局部环境栅格地图。如图6所示,彩色点为激光点云,黑色栅格表示该栅格为障碍栅格。

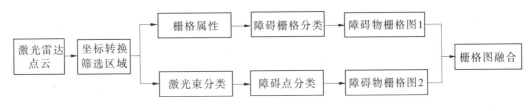

图5 栅格图生成算法流程

1.1.3 基于栅格图的动态障碍物检测

对任意一个全局栅格,如果该栅格在连续几帧中的属性都为占有状态,则该栅格很有可能为静态障碍物。通过对原始的贝叶斯理论过程进行修正,克服了状态转变过程中延迟时间较长的问题。对栅格图中的每一个栅格分别计算,得到全局栅格中的静态障碍物栅格,每一次局部栅格输入,都会对栅格更新一次。当前局部栅格图包含了静态障碍物栅格和动态障碍物栅格,将局部和全局栅格图做差分,可以得到动态障碍物栅格,见图7。

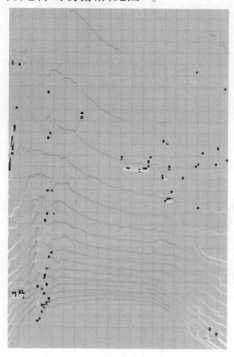

图6　激光点云及栅格图

图7　激光点云及栅格图

1.1.4　高清影像和毫米波雷达融合

碾压设备是填筑碾压施工的重要要素。使用毫米波雷达和高清影像两种传感器融合,识别前方障碍物。通过对传感器的位置和参数进行标定,确立毫米波雷达与机器视觉在空间上的坐标映射关系,将毫米波雷达获得的信息映射到图像上,融合深度学习的碾压设备识别结果,获取障碍物的位置和状态信息。

1.2　决策系统

大坝填筑施工过程中,碾压路径规划是大坝填筑智能碾压核心工作之一。云服务器根据碾压作业需求和碾压设备状态,进行统一调度、合理分配,实现有序、安全、高效的无人驾驶碾压。然后将所规划的路径,经无线网络传输至车载无人驾驶工控机,监控碾压设备按照规划的路径行驶。系统原理图如图8所示。

根据大坝填筑施工相关技术要求,目前主要包含两种路径规划方法:环形碾压路径规划和折线形碾压路径规划。

1.2.1　环形碾压路径规划

(1)大错距条带法。

需要的参数包括碾压设备最小拐弯半径、碾压轮宽度、碾压遍数、搭接宽度、碾压区域坐标以及设定的碾压速度与碾压过程中的振动频率要求。

先计算碾压的拐弯半径,在碾压区域两侧减去相关宽度,作为拐弯区,然后第一条碾压轨迹为碾压区域上边,第一条碾压轨迹的下变为宽度的中部,当椭圆形碾压遍数够要求的碾压遍数之后,按照一定的错距距离向下错距,然后依次完成进行,直到该区域内完成碾压,碾压路线也就规划出来(见图9)。

(2)小错距条带法。

小错距条带法路径规划方法如大错距条带法路径规划,所不同的是小错距条带法不需要碾压遍数完成之后再进行错距,而是根据碾压遍数,完成每个环形之后就进行错距。

1.2.2　折线形碾压路径规划

(1)大错距条带法。

需要的参数包括碾压设备最小倒车距离、碾压轮宽度、碾压遍数、搭接宽度、碾压区域坐标以及设定

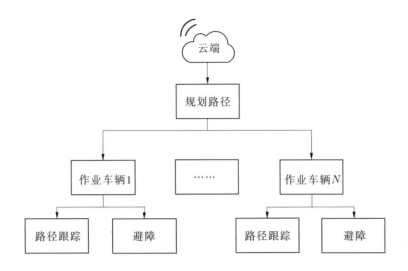

图8 云服务器－车辆无人作业系统原理图

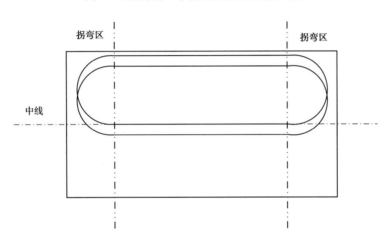

图9 环形无人驾驶路径规划示意图

的碾压速度与碾压过程中的振动频率要求。

先根据碾压设备的倒车距离,在碾压区域两侧减去相关宽度,作为倒车区,然后第一条碾压轨迹为碾压区域上边,当碾压到倒车区之后,倒车按照原线路返回,回到另一侧倒车区,再进行倒车按原路返回,直到完成碾压遍数之后,回到起点倒车区,拐弯进行下一个条带的碾压。规划路线示意图如图10所示。

(2)小错距条带法。

小错距条带法路径规划方法如大错距条带法路径规划,所不同的是小错距条带法不需要碾压遍数完成之后再进行错距,而是根据碾压遍数,在每一个来回之后就进行错距。

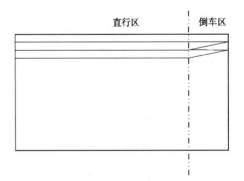

图10 折线形无人驾驶路径规划示意图

1.2.3 路径跟踪

路径跟踪控制器接收两方面的输入信号,一是规划模块的期望路径坐标点序列,二是由厘米级精度GPS和双天线测向设备共同输出的实时精确位置与航向信息。两路输入相比较得到偏差信息,经跟踪控制器运算处理后得到方向盘转角,最终控制碾压设备按照期望路径行驶。路径跟踪模块原理图如图11所示,跟踪控制器实物如图12所示,内部软件模块集成了感知、跟踪、避障算法。

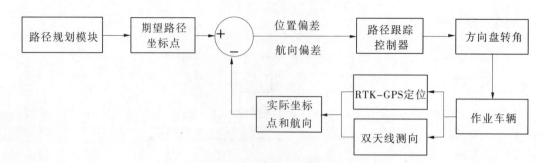

图 11　路径跟踪模块原理图

1.2.4　紧急避障

碾压设备紧急避障根据前方障碍物不同包含两种避障模式：避障停车和避障绕行。紧急避障模块接收感知系统输出的沿行驶方向的障碍物栅格占据图，再根据碾压设备预期行驶的路径计算和判断碾压设备行驶路径周围是否存在障碍物，若存在，则继续判断障碍物是否在停车识别区，若是，则判断为前方因障碍物不可通行，并进行停车或绕行处理。

图 12　车载端控制器

1.3　执行系统

根据大坝填筑碾压机械特性，对设备挡位、刹车、油门、离合等结构操作特性以及行程、推动力等的检测，快速调整制作相关控制机构尺寸、力值输出等参数，并且在施工机械设备上进行安装，实现施工机械的无人驾驶功能，见图 13。

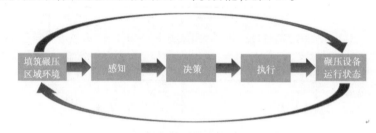

图 13　大坝碾压施工机械无人驾驶技术（智能碾）运行过程

2　工程应用

2.1　工程概况

出山店水库是历次治淮规划确定在淮干上游修建的唯——座大（1）型水库，坝址距信阳市约 15 km，是以防洪为主，结合灌溉、供水、兼顾发电等综合利用的大型水利枢纽工程。水库控制流域面积 2 900 km²，总库容 12.51 亿 m³。水库由主坝、副坝、灌溉洞、电站厂房等 4 部分组成，大坝型式为混合坝型，主坝由混凝土坝与土坝连接混合组成，全长 3 690.57 m（其中混凝土坝段长 429.57 m、土坝段长 3 261 m）。其中土坝为黏土心墙砂壳坝，长 3 261 m，黏土心墙顶宽为 4.0 m，坝体填筑总工程量约 462 万 m³。

2.2　功能实现

结合已经建立的出山店水库大坝碾压施工过程实时智能化监控云平台系统，在出山店水库大坝碾压实时监控系统界面中，结合自动驾驶功能模块，实现路线规划、路径跟踪和障碍物避让等。具体实现过程，如图 14 ~ 图 20 所示。

（1）添加自动驾驶功能，见图 14。

（2）添加碾压模板功能，见图 15。

图 14　自动驾驶界面

该模板包括碾压方法、路径类型,碾压遍次、搭边宽度等,用于工作仓快速选择自动驾驶碾压任务参数。

图 15　碾压模板界面

(3)扩展车辆信息,见图 16。

添加车辆转弯半径、倒车距离等参数,用于自动驾驶碾压任务。

(4)扩展工作仓信息,见图 17。

自动驾驶的参数包括车辆的转换半径、倒车距离、碾压模板的碾压方法、路径类型,碾压遍次、搭边宽度等。

(5)自动驾驶任务,见图 18。

具体根据分配的车辆个数确定,发布任务、开始任务、模拟任务。

(6)模拟任务,见图 19、图 20。

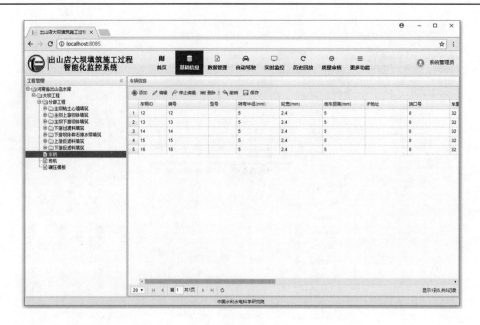

图16　车辆信息界面

图17　工作仓(单元)界面

动态规划车辆的碾压路线,包括小错距折线型碾压方法、大错距环型碾压方法等。

实践证明,该系统具有强大的适应性与移植性。不论机械型号与状态,只要通过简单的机械测量与调整、软件调试分析之后,就能够实现施工机械的无人驾驶功能,并且能够根据制定的线路规划文件,严格按照规定的施工参数进行施工,保证工程施工质量。本系统包含以下三个方面的关键技术:

(1)机械施工模式的智能规划技术。施工机械无人驾驶技术就是要求施工机械按照人为规划的施工方式进行,保证施工效率与施工质量。对于大坝碾压施工来说,碾压路线的自动规划,是无人驾驶技术应用的基础。本项目中,根据碾压之前规划的施工仓位,在单台车或者多台车条件下,按照环形或者折线形的施工方式,考虑大错距或者小错距进行施工路线的规划,规划中需要根据要求的碾压速度与振动频率要求,输出施工机械的下一个追踪点的信息,包括平面坐标、机械振动频率等,为施工机械的无人驾驶提供高效科学的施工模式,保证施工质量与施工效率。

图18　模拟任务界面

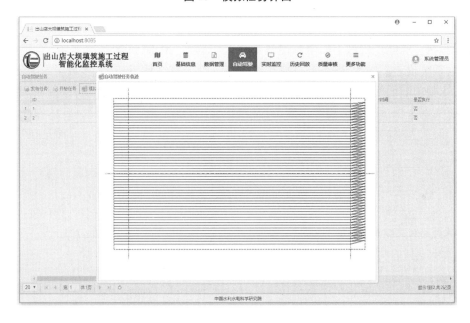

图19　折线型碾压界面

（2）人机和谐的机械智能控制技术。根据目前水利工程建设中施工机械持有现状,利用简单高效的智能机械控制机构与工控系统,实现了快速便捷的无人驾驶。主要的自动控制机构有方向自动操控机构、挡位自动操控机构、油门自动操控机构、离合自动操控机构、刹车操控机构、振动挡位自动操纵机构等部分,通过工控系统的智能协调控制,实现施工机械的自动施工。另外,本关键技术的另一个特点在于人机和谐,即加装无人驾驶控制机构后,并不影响人工操作功能,无须拆除相关部位控制机构,就能实现人工驾驶,这样能够使施工机械无人驾驶技术真正在实际工程中得到推广应用;

（3）机械施工环境识别与避让技术。实际水利大坝碾压施工中,施工环境十分复杂,运料车、施工人员、摊铺设备等的来回移动,都会对无人驾驶的施工机械造成影响,或者造成安全事故。本项目中,通过安装在施工机械上的视频系统与三维激光及毫米波雷达系统,对施工机械周围的环境进行自动识别,目前识别精度为0.3 m,当存在尺寸大于0.3 m的物体时,施工机械则会自动采取相关的避让措施,保证施工安全。

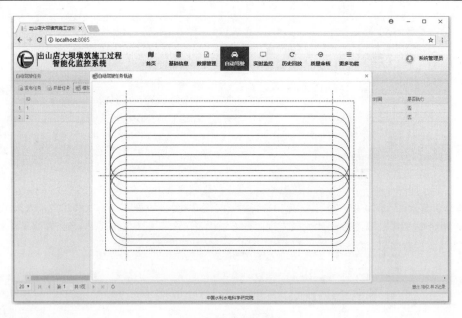

图20　环型碾压界面

3　结语

该系统能够在普通碾压机械上简便快捷地安装系统感知、识别、反馈执行装置,不需要对碾压机械设备进行油、电系统改装。因此,该系统具有很好的适应性与移植性,具有大多数土石方碾压的通用性。施工机械无人驾驶功能的实现与建立的大坝填筑碾压施工过程实时智能化监控系统中规划路线功能相结合,能够快速实现大坝填筑的智能碾压施工,严格在指定的施工区域内按照制定的碾压施工路径和质量控制要求施工,大大提高了施工效率与施工质量,经济与社会效益显著,具有广阔的推广应用前景。

参 考 文 献

[1] 乔勇,苗树英,续继峰. 中国土石坝施工技术进步综述[J]. 水利水电施工,2013(6):1-6.

[2] 董兴干,熊世雄,王垚,等.基于 BIM 的铁路路基连续压实应用探讨[J]. 铁路技术创新,2014(2):22.

[3] 宋晃. 大瑞铁路路基工程 BIM 连续压实技术的成果应用[J]. 科技与创新,2017(7): 12.

[4] 刘东海,王光烽.实时监控下土石坝碾压质量全仓面评估[J]. 水利学报,2010(6): 15.

[5] 吴晓铭.面板堆石坝填筑施工质量 GPS 实时监控系统方案研究[J]. 水力发电,2002(10):11.

[6] Huang S, Zhang W. Wu G. Research on Real-Time Supervisory System for Compaction Quality in Face Rockfill Dam Engineering[J]. Journal of Sensors, 2018.

[7] Ban Y. UNMANNED CONSTRUCTION SYSTEM: PRESENT STATUS AND CHALLENGES.

[8] Zhong D,Cui B.,Liu D, et al. Theoretical research on construction quality real-time monitoring and system integration of core rockfill dam[J]. Science in China Series E: Technological Sciences, 2009, 52(11): 3406.

丁店水库大坝坝体渗漏原因分析

葛仁涛[1]，陈平货[1]，陈厚霖[2]

(1.河南省水利勘测有限公司，河南 郑州 450003;2.华北水利水电大学，河南 郑州 450045)

摘 要 丁店水库属淮河流域贾鲁河支流，是一座以防洪减灾、工业供水为主，兼有水产养殖和旅游开发为一体的综合性中型水库。据历史记载，该水库出现过两次险情，一次是 1958 年出现的塌坑险情处流入输水洞，另一次是 2006 年 5 月 2 ~ 4 日迎水坡先后发现两处险情。丁店水库一旦出现问题，将会影响水库的正常运行，危及下游人民财产和生命安全。作者针对水库出现险情的原因做出分析，为除险加固设计、施工以及运营管理提供了依据。

关键词 大坝;渗漏;分析

1 工程概况

丁店水库位于河南省荥阳市乔楼镇丁店村西。该水库始建于 1957 年，1959 年主体工程竣工，是郑州市境内第二大中型水库。水库控制流域面积 150 km²，总库容 6 065 万 m³，水库大坝为均质土坝，总长 1 170 m，坝顶宽 5 m，坝高 35.5 m，坝顶高程 185.5 m 左右，防浪墙高 1.3 m;溢洪道位于大坝西 200 m 处，全长 1 250 m，采用三级陡坡消能方案，最大泄洪量 1 930 m³/s;输水洞位于大坝东一级阶地，总长 256 m，最大泄洪量 6.8 m³/s。水库运行防洪标准为 100 年一遇设计，2000 年一遇校核，兴利水位 179.5 m，校核水位 184.3 m。

水库上游有老邢、三仙庙、竹园、项沟四座小型水库，下游有楚楼、河王两座中型水库及庙弯小(1)型水库一座，荥阳市城区、省会郑州、310 国道、107 国道、连霍高速、京广铁路、陇海铁路等均分布在其下游。丁店水库一旦出现问题，将出现连锁反应，不仅危及下游水库的安全，同时还会给人民群众的生产、生活、生命和财产造成重大损失。总体来说，丁店水库是一座以防洪减灾、工业供水为主，兼有水产养殖和旅游开发等的综合性工程。因此，确保丁店水库工程安全事关重大。

2 水库渗漏情况

2006 年 5 月 2 日及 4 日，该水库迎水坡先后发现两处险情:①在主坝迎水坡大坝桩号 0 + 320、高程 171.61 m 处发现一漏洞，库水通过漏洞流入坝体，洞内水流方向不明，导致该处形成塌坑，塌坑北距坝轴线 45 m(斜距)，东距放水闸栈桥 80 m;②原已报废的放水斜卧管南侧与水平面相平部位出现漏洞，库水经块石缝隙大量流入坝体而形成塌坑。

险情发生后，水库管理所立即向上级反映，领导对此次险情高度重视，同时组织人员对险情点进行围堰围堵等救险工作，并多次组织人员对大坝迎水坡及背水坡进行定时定点巡查，并在大坝迎水坡发现多处塌坑、塌陷情况。

经查阅原有关水库勘察设计、施工及工程管理方面的资料，并了解有关情况，对丁店水库出现险情的原因做出分析:丁店水库现有的输水洞与水库工程同步建设，1958 年在输水洞工程建设期曾经出现险情，限于当时的施工条件，水库还没完全竣工时，输水洞进口处曾发生塌坑，库水沿洞向外倾泄至下游，后来采取做截水槽、灌浆等加固措施，但并未从根本上解决问题。大坝迎水坡在大坝桩号 0 + 320 处出现的塌坑，根据参与建坝职工回忆，该段正处于大坝右端台地结合部位，其漏水有两种可能，一是沿岸

作者简介:葛仁涛，男，1991 年生，河南省淮阳县人，工程师，一级建造师(水利水电)，主要从事水利水电工程地质勘察、岩土工程勘察工作。

坡结合部流向下游,二是经1958年出现的塌坑险情处流入输水洞。原已报废的放水斜卧管南侧与水平面相平部位出现的塌坑漏水主要经斜卧管伸缩缝或斜卧管底部缝隙流入输水洞。

3 水库渗漏原因分析及评价

3.1 工程地质条件

3.1.1 地形地貌

丁店水库位于贾鲁河支流索河上游。水库上游为山区到丘陵区过渡地段,下游为丘陵区到平原过度地段,地形比较复杂,地面高程150~600 m,南高北低,西高东低。山脉均成北西偏西方向平行延伸,库区以北有万山、岵山,以南有塔山、青石岭等山系,山系中间则形成相同方向的山间倾斜平原,成一倾斜盆地,土薄石厚,覆盖极差。

水库库区属低山丘陵地带,由于新构造运动的结果,侵蚀基准急剧降低,所以形成两岸直立的"V"或"U"形沟谷及河谷,河谷宽100~200 m、深12~30 m;沟谷一般宽50~60 m、深15~20 m。河谷比降在坝址区附近为1/300;河沟均较弯曲,成叶脉状自南向北汇流,在丁店上游成东西二支。在陡峻的河岸中,多发生新冲刷面,暴雨径流还能促成岸崩现象发生。

3.1.2 地层岩性及其结构特征

该水库在建库前曾做过工程地质勘察工作,库区工程地质情况如下:库区内基岩多被低液限黏土覆盖,露头较少。岩石走向均为NW60°~70°,倾向为NE15°~20°,自南向北,由老到新,为一简单的单斜构造,没有见到大的断裂或褶皱构造,底层为石炭纪紫红色石英砂岩、第四纪黄土及第四纪沉积层。

针对出现险情处,进行工程地质勘察和险情调查,并对库区做了地质测绘:坝体主要为碾压土,坝下游阶地为黄土状土,层间杂砂卵石,泥砂质充填,在阶地呈立壁出露。

场区本次勘察深度范围内,揭露地层主要为第四系上更新统冲、洪积成因的低液限黏土、含细粒土砂和卵石以及人工填筑的坝体土(坝体土岩性主要为低液限黏土),场区地层根据时代、成因、岩性及其物理力学性特征,共划分为5个土体单元(见图1)。

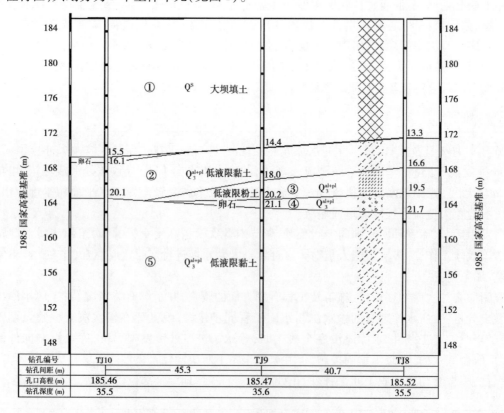

图1 大坝轴线剖面图

第①层素填土(Q^S):浅黄色,稍密,可见碾压痕迹,岩性主要为低液限黏土,局部含少量细砂,塑性较低。该层主要为筑坝填土及坝坡垫土,由于勘探范围主要在台地与河槽结合部位,因此该层层底高程起伏很大。

第②层低液限黏土(Q_3^{al+pl}):黄色—褐黄色,中密,可见针状孔隙,发育有竖向裂隙,偶见螺壳碎片,塑性低,压缩性中等,土质不均一,局部相变为低液限粉土。该层分布稳定,水库坝基主要位于该层,局部该层被清除。

第③层低液限粉土(Q_3^{al+pl}):浅黄色,结构较松散,可见针状孔隙及铁锈侵染,发育有竖向裂隙,黏粒含量偏低,含少量砂粒,压缩性中等。该层分布不连续,局部缺失。

第④层卵石(Q_3^{al+pl}):灰黄色,中密,泥砂质充填,磨圆度一般,卵石成分主要为石英或石英砂岩,粒径一般 3～7 cm,最大 12～15 cm。该层顶部一般为低液限粉土,局部为含细粒土砂,为主要透水层,层底高程 162～164 m,该层沿大坝方向在桩号 0＋320 处向两侧逐渐尖灭,沿与大坝呈约(北西向)45°斜交方向连通大坝上、下游,但厚薄不均,最薄处约 1 m,最后处达 5.5 m。第④层局部夹含细粒土砂(Q_3^{al+pl}):浅黄色—灰黄色,砂质不均,粗细不匀,成分主要为石英、长石,含泥质及小砾石,偶见螺壳碎片。该层分布不连续,在第③层卵石上部或下部揭露,呈附着透镜体状。

第⑤层低液限黏性(Q_3^{al+pl}):褐黄色,可塑状,中密,可见钙质网纹,偶含钙质小结核,压缩性中等,土质较均一。该层连续分布。

3.2　水文地质条件

对工程区各黏性土层取原状土做室内试验,对砂、卵石层做现场注水试验,各土体单元的渗透系数见表1。

表 1　各土体单元渗透试验成果统计

土体单元	时代成因	地层岩性	试验方法	统计	渗透系数(cm/s)		渗透性等级
					范围值	平均值	
②	Q_3^{al+pl}	低液限黏土	室内渗透	5	$9.2 \times 10^{-5} \sim$ 4.1×10^{-4}	2.2×10^{-4}	弱—中等透水
③	Q_3^{al+pl}	低液限粉土	室内渗透	4	$5.5 \times 10^{-4} \sim$ 7.6×10^{-4}	6.5×10^{-4}	中等透水
④	Q_3^{al+pl}	卵石	注水试验	4	$1.3 \times 10^{-3} \sim$ 4.2×10^{-2}	2.7×10^{-2}	强透水
⑤	Q_3^{al+pl}	低液限黏土	室内渗透	5	$1.9 \times 10^{-5} \sim$ 9.8×10^{-5}	6.5×10^{-5}	弱透水

由试验结果可知,第②层低液限黏土、第③层低液限粉土为弱—中等透水,第④层卵石为强透水,第⑤层低液限黏土为弱透水。综合分析,第④层卵石及其夹层含细粒土砂为主要透水层。

3.3　渗漏原因分析

在库水位上升时,大坝在桩号 0＋320 处出现的漏水险情与第④层卵石及第④－1 层含细粒土砂有直接关系,第⑤层低液限黏土属弱透水,可作为相对隔水层,基本排除了险情点漏水垂直向下渗漏的情况。由本次勘探纵横剖面可以看出,第④层卵石沿与大坝呈约(北西向)45°斜交方向连通大坝上、下游,形成一漏水通道,可能成为险点处漏水的主要原因。该卵石层虽然在局部较薄,但其具有强透水性,其上部在局部为低液限粉土,透水性中等,黏聚性很小,但大水流进入第④层卵石层时,会将低液限粉土带走,导致水库局部出现塌坑、塌陷。

根据勘察成果,桩号 0＋320 处正处于大坝右端台地结合部位,修库建坝初期该段坝基也因卵石层清理不净及坝体土碾压不够密实而导致漏水。

另外,此次出现的险情点距离 1958 年在输水洞工程建设期曾经出现的险情点仅有 40 m,当时对输水洞处漏水情况仅做了简单处理,并未从根本上解决问题,本次勘探由于布孔限制,在险点与输水洞之间虽没有发现卵石层漏水通道,但并不排除此次险情点漏水会绕道流入输水洞的可能性。

4　结论

大坝迎水坡在桩号 0 + 280 ~ 0 + 350 段坝基存在严重渗漏问题,由于桩号 0 + 350 至输水洞段出现多处塌坑,因此该段是否存在渗漏通道需进一步查明。坝基的渗漏问题,会给水库的正常运行造成很大的隐患,如不及时处理,会随着时间的推移,渗流通道的进一步扩展,最终将会影响水库安全。建议对水库做以下处理措施:

(1)对于坝基的渗漏,建议采取水泥浆液进行帷幕灌浆处理,其处理深度应至少进入第⑤层低液限黏土 3 ~ 5 m。处理应扩大范围,建议对大坝桩号 0 + 280 至输水洞段全部处理。施工前先进行灌浆试验,具体灌浆孔的孔距、排数、灌浆压力根据试验灌浆效果确定。

(2)对于输水洞两侧及洞壁出现的漏水问题进而导致局部出现塌坑、塌陷,建议对输水洞采取洞内灌浆处理。

(3)对于迎水坡出现的多处塌坑、塌陷,建议在对坝基进行处理后对其采用开挖换填土压实处理。

参 考 文 献

[1] 水利水电工程地质勘察规范:GB 50487—2008[S].北京:中国计划出版社,1999.
[2] 工程地质手册[M].5 版.北京:中国建筑工业出版社,2018.
[3] 中小型水利水电工程地质勘察规范:SL 55—2005[S].北京:中国水利水电出版社,2005.
[4] 孙战争,葛仁涛.荥阳市唐岗水库工程地质问题及评价[J].河南水利与南水北调,2016(5).

世界银行贷款淮河流域重点平原洼地治理项目创新后评价

汪洋,于彦博

(淮河水利委员会水利水电工程技术研究中心,安徽 蚌埠 233001)

摘 要 在"创新、协调、绿色、开放、共享"五大发展理念中,创新发展居于首要位置,是引领发展的第一动力。水利工程建设创新是水利科技中一项重要组成部分,而且是对创新成果的直接运用。传统的水利建设项目后评价主要侧重于技术创新评价,对于观念创新、管理创新评价的内容较少。本文以世界银行贷款淮河流域重点平原洼地治理项目为例,从观念创新、技术创新、管理创新三个方面进行总结评价,可为类似项目提供借鉴。

关键词 世界银行贷款;洼地治理;创新;后评价

党中央、国务院历来高度重视科技创新工作,党的十八届五中全会提出"创新、协调、绿色、开放、共享"新发展理念。习近平总书记强调,在五大发展理念中,创新发展居于首要位置,是引领发展的第一动力。水利工程建设创新是水利科技中一项重要组成部分,而且是对创新的直接运用。近年来,我国水利建设投资规模不断增长,"十三五"期间,全国水利建设总投资年均 7 000 亿元左右,2019 年更是落实水利建设资金 7 260 亿元,达历史最高水平。如果能在水利建设项目后评价中把创新评价作为一项重要内容来进行研究,那么对于工程中创新成果的推广应用有很大的意义。传统的水利建设项目后评价主要侧重于技术创新评价,对于观念创新、管理创新评价的内容较少。本文以世界银行贷款淮河流域重点平原洼地治理项目为例,从观念创新、技术创新、管理创新三个方面进行总结评价,可为类似项目提供借鉴。

1 世界银行贷款淮河流域重点平原洼地治理项目概况

世界银行贷款淮河流域重点平原洼地治理项目(以下简称本项目)涉及河南、安徽、江苏和山东 4 省 19 个地(市)56 个项目县(市、区),共 20 片洼地,综合治理总面积约 9 634 km²。本项目建设内容包括疏浚河道和堤防加固,新建、重建、扩建、加固现有建筑物,淮河流域洪涝灾情评估及减灾决策支持系统等。项目概算投资 41.44 亿元(其中,利用世界银行贷款 2 亿美元)。河南、安徽、山东三省洼地河道堤防按 10 ~ 20 年一遇洪水标准、5 年一遇除涝标准进行治理;对人口集中、现状自排条件较好的地区,自排除涝标准按 5 ~ 10 年一遇进行治理。江苏里下河易涝区按 10 年一遇除涝标准、圩堤按 20 年一遇设计洪水标准进行治理,泰州、徐州、淮安等城市防洪治涝标准按照已批复的城市防洪规划确定。

本项目是国务院确定的进一步治淮 38 项工程之一,2010 年 9 月起陆续开工,淮委实施项目于 2016 年 11 月通过竣工验收,江苏泰东河工程、山东实施项目于 2017 年 12 月通过竣工验收,安徽实施项目于 2018 年 11 月通过竣工验收。其余项目正在进行竣工验收准备工作。

2 世界银行贷款淮河流域重点平原洼地治理项目创新后评价

2.1 项目观念创新

本项目实施中贯彻新发展理念,积极践行治水新思路,结合项目目标,对水环境、水生态、水文化、水灾害进行统筹治理,并借鉴吸收世界银行的相关安全保障政策,取得了较好的效果。

作者简介:汪洋,男,1982 年生,高级工程师,主要从事水利水电工程技术咨询工作。E-mail:wangyang@ hrc. gov. cn。

2.1.1　围绕项目目标实现,统筹水环境治理

山东省郯城县在白马河治理项目清淤筑堤工程完成后,利用项目结余资金实施滩地整理、危桥改建和岸坡防护,两岸环境有了较大改善,进一步激发当地民众改造母亲河的热情。同期,当地政府自筹资金约2亿元,打造集防洪排涝、水质净化、人文景观、旅游观光为一体的综合性湿地。目前,白马河湿地公园首期6 km河段已被评为省级湿地公园,当地政府计划继续追加投资,将其建成国家级湿地公园。

2.1.2　围绕项目目标实现,统筹水生态保护

山东省台儿庄区前石佛寺闸静态蓄水约320万 m^3,有效地解决了两岸农田每年育秧季节向微山湖买水和城区生态补水问题。安徽省沱河城区段及宿东闸建成蓄水,进一步改善了宿州市城市水景观;沱河、澥河、苏沟、济河及大沟疏浚整治后,汛后蓄水有效改善了当地小流域水生态环境。

2.1.3　围绕项目目标实现,统筹水文化建设

江苏省世界银行项目办坚持"水文化与水工程相结合"的建设理念,统筹水文化建设。一是打造泰东河"零起点文化工程",创作泰东河赋并篆刻立碑于东台零起点文化园内,建设泰东河零起点标志和历史文化名人墙。二是打造溱潼闸巡查通道。采用仿古建筑风格,与溱潼古镇建筑风格相协调,丰富了水利工程的文化内涵。淮安市项目办结合里运河文化进行护岸、泵站建设,使里运河治理工程成为地方的一道风景线,成为"运河文化国际交流经典空间"长廊。

2.1.4　吸收借鉴世界银行安全保障政策

安全保障政策是为了确保世界银行所资助项目带来的社会和环境影响给予适当的考虑,包括对可能影响的分析和减缓负面影响的措施。主要包括环境评价、自然栖息地、病虫害管理、土著民族、物质文化资源、非自愿移民、林业、大坝安全、国际水道、有争议地区。针对本项目实际,实施中重点关注了环境评价、非自愿移民、大坝安全、物质文化资源四个方面。

2.2　项目技术创新

本项目包括工程措施与非工程措施,工程措施主要包括疏浚河道、加固堤防和新建、重建、扩建、加固涵闸、泵站等建筑物,堤防级别多为4~5级,泵站、涵闸以中小型为主,采用常规施工方法,未发现采用新材料、新工艺、新设备和新技术的情况;非工程措施包括建设信息采集系统、洪涝灾情评估系统和淮河防洪除涝减灾实体模型等,项目实施中有技术创新实践[1]。

2.2.1　建立了基于遥感的多数据源、全方位平原洼地实时监测系统

本项目采用遥感、巡测基地和水位自动监测站相结合的三位一体监测方式,形成了一个多数据源、全方位的实时监测系统。并利用中分辨率、高时相的MODIS遥感影像,进行洪涝灾情日常监测,洪水期该系统将对每天获得的MODIS遥感影像数据进行自动处理,解译得到水面面积,以监测洪水变化情况。

2.2.2　建立了基于实体模型的淮河干流洪涝演进分析系统

本项目选择淮河干流河势最为复杂的地区(正阳关至涡河口段),建设了淮河干流防洪除涝减灾实体模型。在此基础上,结合已有的原型观测和数学模型,建立了基于实体模型的淮河干流洪涝分析系统,用于开展淮河防洪除涝、行蓄洪区调整、河槽整治、洪水调度及淮河与洪泽湖关系等方面的试验研究,为淮河干流保护治理提供重要的技术手段和科学决策支撑。

2.2.3　建立了基于作物生长机制的洪涝灾情评估系统

该灾情评估系统是基于平原洼地洪涝灾情对其主要农作物的生长影响,借助气象、水文预报、遥感定量分析、地理信息系统分析和数据库等技术手段,综合利用卫星、航空及地面等遥感资源以及湖洼涝水的预测预报成果,从而快速地实现重点湖洼地区的灾前、灾中与灾后的灾情评估分析。该灾情评估系统由灾情动态遥感监测、遥感影像几何校正、洪水信息影像解译、洪水预报、灾情评估分析、GIS查询及灾情制图等6个子系统组成。该项研究成果获2018年淮委科学技术二等奖。

2.3　项目管理创新

2.3.1　开发应用项目管理信息系统

通过开发应用项目管理信息系统(MIS)将世界银行贷款项目的采购合同及财务核算软件相结合,将工程的招标采购、合同执行、工程量清单、价款结算、会计核算、报账提款等功能集于一体,既可保证项目建设管理程序得到严格履行,又保证了项目财务管理和会计核算、报账提款工作的合法高效。安徽省财政厅多次在全省外资利用管理工作会议上推荐 MIS 系统。江苏省在总结 MIS 系统应用经验的基础上,将其推广应用到南京市溧水区中山河闸除险加固工程等省内水利工程项目中,取得了较好的效果。

2.3.2 通过建立和推广农民排灌协会,探索农田水利工程管理新机制

在 4 省项目区组建农民排灌协会后,对农田灌排水利工程建后管护机制方面进行了创新,对深化小型农田水利工程管理体制改革进行了积极探索。本项目建立的农民排灌协会,突出强调农民的主人翁地位,切实落实农田水利工程建后管护的责任主体,明确工程管护经费的来源是排水费、水费,是一种可持续发展的工程管护新模式。建立的农民排灌协会试点示范区中,已投入运行协会的农民用水户得到了高效的灌溉排水服务,在提高农业综合生产能力、增加农民收入、节约用水等方面已初现端倪,其经验值得推广。本项目中建立的江苏省五烈镇东里圩农民排灌协会在 2016 年被认定为全国农民用水合作示范组织,其经验已在全国范围内进行推广。

2.3.3 基于利益相关者理论的管理机制创新评价

(1)工程建设管理的环境分析。本项目是国家重点工程,是进一步治淮 38 项中第一个开工的项目。水利部和 4 省都非常重视此项工程。工程投资包括世界银行贷款、中央预算内资金、地方配套资金。工程需移民安置 82 279 人,永久征地 9 736 亩。工程具有战线长、单项工程多、涉及范围广、建设期间各种矛盾突出等特点。工程的勘察设计、监理、咨询服务、施工等单位较多。由此可见,本项目的利益相关者众多。

(2)工程建设管理的利益相关者的利益冲突分析。本工程是国家重点项目,与国家和 4 省基本没有利益冲突,需要资金到位及时。因工程资金包括世界银行贷款、中央投资、地方(省、市、县)配套投资,资金的使用既要遵循世界银行的要求,也要符合国内基建财务的相关规定。

本项目工期长、单项工程多,参与的建设、设计、监理、施工、货物供应、咨询服务等参与的单位多,合同管理复杂。涉及外资项目的采购需要符合世界银行的相关规定,内资项目的招标需遵循国内招标投标的相关法律法规。

本工程需要的移民安置人口 82 279 人,征迁移民历来是水利建设项目较难以解决的问题,需要遵循国家和世界银行的非自愿移民政策,结合当地的实际情况进行安置,如果移民不能及时地迁移和安置,将会给工期造成很大影响,甚至影响社会稳定。

(3)管理机制创新评价。本项目管理机制的设定要遵循两个方面的要求,一是遵循世界银行关于项目管理机构的要求,设立了相关的指导委员会、协调小组,同时成立中央、省、市、县项目办,作为项目的实施机构。二是严格执行国内水利基本建设有关规定,实行项目法人责任制、招标投标制、建设监理制、合同管理制。4 省和淮委项目管理机构设置见表 1。

本项目按照世界银行关于项目管理机构的要求,设立了相关的指导委员会、协调小组,将同级的发改、财政等相关部门纳入其中,为项目的后续实施奠定了坚实的基础。尤其是在中央层面设立了项目执行办,并把办事机构设在流域管理机构,作为本项目实施的总体组织者和协调者,在项目实施的全过程中,不仅全力做好指导协调 4 省和淮委项目办组织开展具体实施管理工作,监督检查项目实施进度和施工质量,汇总项目的年度执行计划、进度报告和财务决算报告,组织项目的竣工验收和后评价工作,同时还承担起世界银行项目团队与中方沟通、协调、联系的桥梁作用。在项目前期准备和实施管理工作中,中央项目办发挥了重要的组织协调和指导服务工作。

本项目的这种世界银行规则和国内基建程序相结合的项目管理模式,虽然较为复杂,增加了中央项目办、各级项目办的协调工作,但充分调动了有关方面的积极性,有利于工程建设管理。从工程实施情况看,这种综合的管理模式运转良好,对工程建设起到了积极的推动作用。为今后类似工程的建设提供了借鉴作用。

表 1　4 省和淮委项目管理机构设置

项目类型	项目法人	说明
河南省项目	信阳、驻马店、周口市项目办	省项目办负责监督和指导,相关县项目办为现场管理机构
安徽省项目	安徽省项目办	蚌埠、阜阳等 9 市项目办和省水文局项目办作为现场管理机构
江苏省项目	江苏省世界银行贷款泰东河工程建设局、淮安市项目办、泰州市项目办、徐州市项目办	省泰东河建设局下设宿迁巡测基地、泰州市、东台市 3 个建设处作为项目管理机构
山东省项目	相关市、县成立项目法人,共计 11 个	省项目办负责工程建设的组织协调工作
淮委实施项目	淮委外资办	委托淮委水文局实施淮河洪涝灾情巡测基地、灾情评估模型,委托沂沭泗局建设局实施沂沭泗巡测基地,委托淮委发展中心实施灾情评估中心、淮河防洪除涝减灾实体模型

3　结论

　　水利建设项目观念、技术和管理上的创新,对于管理者管理水平的衡量和类似建设项目的借鉴都起到很大的作用。本文尝试将创新后评价作为水利建设项目后评价的重要内容来研究,并以世界银行贷款淮河流域重点平原洼地治理项目为例,从观念创新、技术创新、管理创新三个方面进行总结评价,可为类似项目提供借鉴。

参 考 文 献

[1] 刘玉年,胡银生.淮河流域重点平原洼地治理世界银行项目的管理与实践[M].南京:河海大学出版社,2018:24-26.
[2] 陈岩,郑垂勇.水利建设项目创新后评价初探[J].科技管理研究,2007(3):135-136.

江苏省沂沭泗流域洪涝治理形势与对策研究

陈长奇,毛媛媛,张明,朱星宇

(江苏省水利工程规划办公室,江苏 南京 210029)

摘 要 江苏省地处沂沭泗流域下游,境内流域面积 2.58 万 km²,历史上洪涝灾害频繁。经过多年治理,沂沭泗河洪水东调南下工程陆续实施,流域骨干河道防洪标准基本达到 50 年一遇,有效保障了流域防洪安全。江苏沂沭泗流域是国家淮河生态经济带发展战略的重要组成部分,地处江苏淮海经济区、江淮生态经济区、沿海经济带重点功能区战略交汇叠加区域,在新的经济社会发展条件下,流域洪涝灾害呈现新的特点,洪涝防御存在明显的短板,洪涝治理面临新的需求。本文针对近年来江苏省沂沭泗流域防洪除涝存在的问题,尤其是 2019 年第 9 号台风"利奇马"造成的洪涝灾害影响,分析了新时期流域防洪除涝面临的形势,从提高防洪标准、加强系统治理、提升综合管理能力等方面提出流域洪涝治理的思路与对策。

关键词 江苏;沂沭泗流域;洪涝治理;形势;对策

1 流域洪涝治理现状

1.1 流域概况

沂沭泗河水系位于淮河流域东北部,主要由沂河、沭河和泗河组成,北起沂蒙山,东临黄海,西北与黄河接壤,南以废黄河为界,跨鲁、苏、豫、皖四省,流域总面积 7.96 万 km²。沂沭泗流域地形大致由西北向东南逐渐降低,由低山丘陵逐渐过渡为倾斜冲积平原、滨海平原。沂、沭河自沂蒙山区平行南下,沂河流经山东临沂至江苏新沂入骆马湖,在彭家道口和江风口分别辟有分沂入沭水道和邳苍分洪道,分泄沂河洪水入沭河和中运河;沭河流至山东大官庄分为新、老沭河,老沭河南流至江苏沭阳口头入新沂河,新沭河东流经石梁河水库至临洪口入海。泗河流入南四湖,汇集湖东沂蒙山区西部及湖西平原各支流来水,经韩庄运河、中运河再汇邳苍地区洪水入骆马湖,与沂河洪水一起经骆马湖调蓄后通过新沂河入海。江苏地处沂沭泗流域下游,南至废黄河,西北及北部分别与安徽、山东接壤,涉及徐州、连云港、宿迁、淮安、盐城五个地级市,境内流域面积 2.58 万 km²,约占全省总面积的 26%,耕地 2 026 万亩,人口 1 656 万人。江苏境内沂沭泗流域主要有中运河、沂河、沭河、邳苍分洪道、新沂河、新沭河、淮沭河等流域性河道以及复新河、不牢河、房亭河、蔷薇河、善后河、灌河等区域性骨干河道。

1.2 洪涝治理现状

沂沭泗流域流域上游均为山区性河道,源短、坡陡,洪水峰高流急;下游河道比降小,河床淤积严重,行洪缓慢,持续时间长,其特殊的地理环境极易造成洪涝灾害[1]。流域防洪治理遵照"上蓄、下排,统筹兼顾,合理调度"的原则,初步形成了由水库、河道堤防、蓄滞洪区、调蓄湖泊等组成的防洪工程体系。防洪工程总体布局为:利用沂沭泗河上游修建的水库,拦蓄山丘区洪水;下游利用已扩大的新沭河、新沂河排洪能力,增加沂沭泗河洪水入海出路;在沂河、沭河上分别修建有刘家道口和大官庄枢纽工程,用来控制沂河、沭河洪水,使沂河、沭河洪水尽量由新沭河就近东调入海,从而腾出骆马湖、新沂河调蓄洪、泄洪能力接纳南四湖南下洪水,以提高沂沭泗水系中下游地区防洪标准,称为"沂沭泗河洪水东调南下工程"。江苏位于沂沭泗河水系下游的坡地平原,河道水浅流缓,蓄泄条件较差,洪涝矛盾突出。按照"蓄泄兼筹"的方针和"东调南下"布局,经过多年治理,尤其是沂沭泗河洪水东调南下工程陆续实施,沂沭泗河中下游地区的防洪标准基本上达到了 50 年一遇。

作者简介:陈长奇,男,1973 年生,江苏省水利工程规划办公室主任,高级工程师,主要从事水利规划与管理工作。E-mail:752770719@qq.com。

1.3 存在问题

沂沭泗河洪水东调南下工程是解决沂沭河及南四湖地区洪水出路的系统工程,通过沂沭泗河洪水东调南下工程陆续实施,流域防洪能力不断提高,流域骨干河道防洪标准基本达到 50 年一遇[2]。但是,流域防洪仍存在问题。2019 年 8 月,受 2019 年第 9 号台风"利奇马"影响,沂沭泗普降大暴雨,部分地区特大暴雨,沂沭泗流域暴发了 1974 年以来最大洪水,流域骨干河道经受了洪水考验,更暴露出流域洪涝治理的一些问题。

(1)流域防洪标准偏低。

目前,沂沭泗地区防洪标准仍是江苏流域防洪标准最低的地区,难以抵御较大洪水。流域洪水出路仍然不足,大部分河道未进行系统治理,防洪除涝标准较低,洪涝矛盾依旧突出。2019 年第 9 号台风"利奇马"期间,受台风带来的强降雨影响,沂沭泗流域发生超警、超历史洪水[3]。嶂山闸最大控制流量 5 020 m³/s,骆马湖最高水位 23.72 m,超警戒水位 0.22 m。新沂河沭阳站最大洪峰流量 5 900 m³/s,最高水位 11.30 m,超 1974 年历史最高水位 0.54 m。骨干河道高水位行洪,部分地区出现了不同程度的洪涝灾害,造成了较大经济损失。

(2)流域防洪与区域排涝关系不协调。

新沭河、新沂河等骨干河道既是排泄流域洪水的通道,也是区域和城市防洪排涝的出路。流域发生大洪水时,骨干河道行洪水位较高,区域性河道防洪排涝能力不足,导致区域、城市涝水下泄不畅,极易造成洪涝灾害。2019 年"利奇马"台风影响期间,新沭河行洪导致临洪闸前水位接近历史高水位,导致连云港市区域性排涝河道蔷薇河排水受阻,蔷薇河沿线及支流受涝严重。同时,受新沭河高水位影响,临洪枢纽强排能力不足,市区防洪安全受到威胁。由于新沂河行洪时水位较高,宿迁市新沂河沿线部分低洼圩区排涝动力不足,圩区内受涝严重。

(3)防洪除涝工程存在薄弱环节。

一方面由于河道淤积、断面萎缩等原因,部分流域性骨干河道行洪能力衰减。新沭河太平庄闸、三洋港闸下淤积严重,影响洪水下泄,新沂河、中运河行洪期间均出现小流量高水位现象。另一方面,沂沭泗骨干河道大堤上的穿堤建筑物,大多建于 20 世纪 60 ~ 70 年代,由于年久失修,普遍存在着标准低、质量差、防渗长度不足等问题,存在一定程度安全隐患。2019 年"利奇马"台风影响期间,在持续高水位行洪状态下,新沂河、新沭河、骆马湖等出现堤防渗水、堤坝裂缝、坍塌等险情。沂河、沭河、邳苍分洪道部分河段行洪阻水严重、存在多处险工问题。一些河道沿线涵闸、堤防道路等建筑物建设标准低,老化损坏;抽排泵站年久失修、设备老化,抽排效率低,导致部分地区受灾严重。

(4)水利工程管护与调度运用水平有待进一步提升。

水利工程科学管理和调度运用是确保工程安全、充分发挥工程效益的基础。沂沭泗流域水利工程众多,存在重建轻管的问题,河湖管理范围内仍有乱占违建现象,如新沭河、中运河、邳苍分洪道滩地内种植了大量成片高秆作物和树木等,严重影响河道行洪安全。受现状调度运行办法制约,一些水利工程难以最大限度地发挥综合功能。按照目前新沭河治理工程设计和洪水调度办法,当石梁河水库泄洪 6 000 m³/s,区域可汇入流量 400 m³/s。实际当新沭河行洪 6 000 m³/s 时,根据临洪东站自排闸上、闸下设计水位和临洪闸上水位,两闸可行洪最大流量约 1 200 m³/s。因限制汇入流量,导致临洪闸上最高水位高于设计水位,威胁连云港市和蔷薇河沿岸洼地防洪安全。石梁河水库现状运行兴利水位 24.5 m,其设计兴利水位为 26 m,如恢复至设计兴利水位,可增加蓄水面积 20 km²,增加蓄水量约 1.08 亿 m³,在保障防洪安全的同时,可进一步提高水资源利用效率。

2 洪涝治理面临形势

江苏沂沭泗流域是国家淮河生态经济带发展战略的重要组成部分,地处江苏淮海经济区、江淮生态经济区、沿海经济带重点功能区战略交汇叠加区域,在新的经济社会发展条件下,流域洪涝灾害呈现新的特点,洪涝防御存在明显短板,洪涝治理面临新的形势与需求。

2.1 聚焦经济社会高质量发展,需要提高防洪标准,提升流域防洪安全保障水平

江苏省沂沭泗流域地处多个国家与省级发展战略的交汇区,涉及徐州、连云港、宿迁、淮安、盐城五市,京杭运河贯穿南北,交通便利,是我国商品粮棉基地之一,也是极具发展潜力的地区。随着沂沭泗流域经济社会快速发展,其防洪保护对象及重要性发生了较大变化,同时全球性气候条件变化,极端天气造成的洪涝灾害风险增加,对防洪安全保障提出了更高要求。为贯彻国家和省级发展战略与新发展理念,聚焦高质量发展,需要提高流域防洪标准,提升流域防洪安全保障水平,适应流域经济社会发展需求。

2.2 推进流域区域协调发展,需要加强系统治理,提高洪涝综合防御能力

流域与区域是相互关联、相互影响的统一体,实现流域与区域水利协调发展,需要统筹流域与区域水利治理的关系。目前,沂沭泗流域防洪标准基本达到50年一遇,区域防洪标准10~20年一遇,排涝标准仅3~10年一遇,流域防洪与区域防洪排涝关系不协调,区域防洪排涝工程存在明显短板。随着城市化发展,城市防洪圈扩大,城市防洪标准不断提高,洪水发生时,流域、区域、城市防洪矛盾突出。必须统筹兼顾,加强流域系统治理,补齐区域洪涝治理短板,建立流域与区域、城市相协调的洪涝治理布局,提高流域洪涝综合防御能力。

2.3 衔接南水北调东线工程规划,需要统筹谋划,完善流域水利工程总体布局

南水北调东线工程从长江下游江苏扬州引长江水,利用京杭大运河及与其平行的河道逐级提水北送,穿越江苏省淮河、沂沭泗两大水系。骆马湖、南四湖、中运河是南水北调东线工程的重要调蓄水库和输水河道,也是沂沭泗流域洪水重要调蓄水库和骨干行洪通道,并与骨干行洪河道新沂河相通。南水北调一期工程已于2013年完工并投入运行,目前,水利部正在组织开展南水北调二期工程规划编制工作,规划中涉及中运河、韩庄运河、骆马湖、南四湖等沂沭泗骨干河道与湖泊的治理,迫切需要与南水北调二期工程规划相协调,统筹防洪与供水之间的关系,完善流域水利工程总体布局。

2.4 践行新时期治水方针,需要加强监管,提升水利工程管护水平与能力

为适应新时期水利改革发展形势,践行"节水优先、空间均衡、系统治理、两手发力"的治水方针,水利部将"水利工程补短板、水利行业强监管"作为当前和今后一个时期水利改革发展的总基调。其中,强监管是水利改革与发展的主调[4]。贯彻水利改革发展总基调,针对沂沭泗流域水利工程运行管理中存在的问题和薄弱环节,要在补齐洪涝治理工程短板的同时,加强河湖、水资源、水利工程等的监管,提升水利工程管护水平与能力,保障水利工程功能充分发挥。

3 思路与对策

江苏省沂沭泗流域洪涝治理要针对防洪排涝存在的突出问题,策应区域经济社会高质量发展对水利的需求,落实淮河流域综合规划,按照"蓄泄兼筹"方针和"东调南下布局",在提高流域防洪标准的同时,实施综合整治和系统治理,加强与南水北调二期工程等相关规划的衔接,补齐防洪除涝工程短板,完善区域防洪除涝工程布局体系。加强水利工程管护,强化河湖水域空间与功能管理,优化水利工程调度方案,提高洪涝综合防御能力,提升水安全保障水平。

3.1 提高流域防洪标准

沂沭泗流域目前的防洪标准已经不能适应流域实际防洪需求和经济社会发展需求,亟待提高防洪标准。2013年,国务院以国函〔2013〕35号批复《淮河流域综合规划(2012~2030年)》,提出以南四湖和骆马湖为主的"南下"工程,通过扩大新沂河,远期将骆马湖、新沂河防洪保护区的防洪标准提高到100年一遇的目标[5]。要进一步落实流域综合规划,实施沂沭泗提标工程,提高流域防洪标准,为促进经济社会高质量发展提供水利基础支撑。

3.2 加强流域与区域洪涝系统治理

流域内部一些区域性骨干河道缺少治理,河道淤积,行洪能力下降;部分低洼圩区排涝能力不足,标准较低,区域防洪排涝工程存在明显短板。城镇化发展、城市防洪标准不断提高,流域、区域、城市防洪排涝矛盾突出。在巩固提升流域防洪标准的同时,要加强区域性河道治理,着力提高区域防洪排涝能

力。要进一步增强流域、区域、城市防洪排涝工程体系及圩区排涝动力的协调性，统筹水利治理标准与布局，推进系统治理，提高流域洪涝综合防御能力。

3.3 加强与南水北调工程等相关规划统筹协调

要进一步加强洪涝治理与相关规划的协调衔接，尤其是与南水北调二期工程规划衔接。为满足输水规模，南水北调二期工程规划对南四湖湖区、韩庄运河、中运河进行河道扩挖。河道扩挖将提高排水能力，对下游河道防洪造成压力。要分析相关河道规模扩大对流域防洪的影响，提高河道防洪标准和行洪能力，协调防洪、供水之间关系。同时，加强与流域内供水、生态修复保护、航道建设等其他规划衔接和统筹协调，在保障防洪排涝安全的基础上，充分发挥河湖综合功能。

3.4 提升水利工程管护与调度运行水平

针对河道淤积，河湖内"三乱"，部分涵闸、泵站等水利设施年久失修、设备老化等影响防洪排涝安全的问题，要进一步加强水利工程管护和安全运行管理，有效保证水利工程功能和能力。要推进河湖确权划界，结合河长制，强化河湖水域空间与功能管控，保障河湖空间完整与功能完好。针对目前流域水利工程调度存在问题，如新沭河洪水调度原则、骆马宿迁大控制三角区、黄墩湖滞洪区调度运行方案，以及沂河、新沭河生态流量保障等，要进一步研究优化工程调度运行方案，实施精准调度和运行管理，提高应急调度能力，最大限度发挥工程功能和防洪排涝、水资源、生态等综合效益。

4 结语

江苏地处沂沭泗流域下游，承泄上游山东、安徽洪水，防洪压力大。随着流域经济社会发展，50年一遇防洪标准已经不能适应经济社会发展需求。2019年第9号台风"利奇马"暴雨洪水检验了沂沭泗流域防洪减灾能力，也暴露出流域防洪排涝存在的问题。江苏沂沭泗流域洪涝治理要按照"蓄泄兼筹"方针和"东调南下"布局，落实淮河流域综合规划要求，提高流域防洪标准，加强流域、区域、城市洪涝系统治理，防洪、供水、生态统筹兼顾，加强水利工程科学管理，优化工程运行调度方案，注重工程建设与管理两手发力，提升流域洪涝综合防御能力，为经济社会高质量发展提供水安全保障。

参 考 文 献

[1] 周虹. 沂沭泗流域域规划实施历程和思考[J]. 治淮,2011(10):16-19.
[2] 江苏省水利厅. 江苏省防洪规划报告[R]. 2010.
[3] 詹道强,李沛,赵艳红,等. 201909号台风"利奇马"影响期间的沂沭泗流域洪水预报工作与思考[J]. 中国防汛抗旱,2019,29(11):39-42,53.
[4] 郑晓慧. 对水利行业强监管的认识和思考[J]. 中国水利,2019(14):37-38.
[5] 淮委科学技术委员会. 淮河流域综合规划[R]. 2011

沂沭泗河水系历史大洪水防御分析与思考

陶大伟,王瑶,周静

（淮河水利委员会沂沭泗水利管理局,江苏 徐州　221000）

摘　要　沂沭泗河水系是沂、沭、泗(运)三条水系的总称,位于淮河流域东北部,流域内有干支流河道510余条,其中流域面积超过500 km²的河流有47条,超过1 000 km²的河流有26条,河网密布,主要河道相通互联,水系复杂,本文回顾沂沭泗河水系1957年、1974年大洪水基本情况和应对措施,分析现状防御体系下流域大洪水应对情况,验证沂沭泗河水系防汛抗洪减灾能力,思考沂沭泗暴雨洪水调度措施、成效及短板,为今后防御流域大洪水工作提供参考。
关键字：沂沭泗河水系;大洪水;防御体系;调度

1　沂沭泗河水系基本情况

　　沂沭泗河水系是沂、沭、泗(运)三条水系的总称,位于淮河流域东北部,范围北起沂蒙山,东临黄海,西至黄河右堤,南以废黄河与淮河水系为界。流域面积7.96万 km²,占淮河流域面积的29%。流域行政区划涉及江苏、山东、河南、安徽4省15地(市),77个县(市、区)。流域内有干支流河道510余条,其中流域面积超过500 km²的河流有47条,超过1 000 km²的河流有26条,河网密布,主要河道相通互联,水系复杂,通过中运河、徐洪河和淮沭河与淮河水系沟通。

2　历史大洪水基本情况及应对措施

2.1　1957 年洪水

　　1957年7月的大洪水主要是由长时间连续大面积暴雨而形成的全流域性大洪水,是新中国成立至今沂沭泗河水系最大洪水年份,量大面广,威胁极大。沂沭河及各支流漫溢决口7 350处,受灾面积40.3万 hm²,伤亡742人,倒房19万间。南四湖受灾面积123.3万 hm²,倒房230万间。

　　7月6~26日,沂沭泗水系出现7次暴雨,在暴雨集中的6~20日15天内降雨量400 mm以上的面积达7 390 km²。7月6~8日暴雨中心在沂河、沭河上中游及南四湖湖西。7月9~16日出现一次更大范围的降雨,沂沭泗地区出现多处雨量超过500 mm的暴雨区。7月17~26日在前次降雨尚未全部停止时又出现大降雨过程,暴雨先在淮河水系沙颍河上游,随后向东扩展到沂沭泗地区。

　　当时沂沭河上游尚未建水库,石梁河水库尚未建设,分沂入沭水道、大官庄新沭河、老沭河入口均未建闸,自由分流。骆马湖宿迁大控制尚未兴建,嶂山出口尚未建闸。

　　沂河临沂站出现6次洪峰,7月19日最大洪峰流量15 400 m³/s。分沂入沭水道分泄3 180 m³/s,开启江风口闸分洪入武河3 380 m³/s,李庄以下沂河干流7 830 m³/s,桑庄、高大寺漫溢及倪楼决口。经分沂入沭和邳苍分洪道分洪后,沂河华沂站20日洪峰流量6 420 m³/s。沭河彭古庄(大官庄以上6 km)出现7次洪峰,7月11日最大洪峰流量4 910 m³/s。新沭河分泄2 950 m³/s,洪水由临洪口直接入海。通过胜利堰进入老沭河1 960 m³/s,新安站7月16日最大洪峰流量2 820 m³/s。

　　南四湖汇集湖东、湖西同时来水,最大入湖流量约10 000 m³/s,当时湖西大堤矮小,尚有54亿 m³洪水滞留在湖外,湖西一片汪洋。泗河书院站7月24日最大洪峰流量4 020 m³/s。南阳站25日最高水位36.48 m,微山站8月3日最高水位36.28 m。蔺家坝扒坝泄洪340 m³/s,因口门被冲大一度达1 000

作者简介：陶大伟,男,1983年生,沂沭泗局水管处(防办)科长,主要研究方向：水旱灾害防御。E-mail:40421744@qq.com。

m³/s,下游工矿被淹,又抢堵至原口门宽度。伊家河也扒坝泄洪 50～55 m³/s,老运河当时尚无控制,泄洪 441 m³/s。当时尚未建二级坝,由于洪水下泄困难,35.0 m 以上水位维持了 84 天,南四湖周围出现严重洪涝。骆马湖当时防洪水位为 23.0 m,嶂山出口泄量 1 480 m³/s,皂河闸下泄入中运河 909 m³/s,洋河滩闸下泄入总六塘河 784 m³/s。在没有闸坝控制,又经黄墩湖蓄洪的情况下,骆马湖 7 月 21 日出现最高水位 23.15m。新沂河沭阳站 21 日最大流量 3 710 m³/s。

根据水文分析计算,南四湖 30 天洪量为 114 亿 m³,相当于 91 年一遇。沂河临沂 3 天、7 天、15 天洪量分别为 13.2 亿 m³、26.5 亿 m³ 和 44.6 亿 m³,均为新中国成立以来最大。沭河大官庄 3 天、7 天、15 天洪量分别为 6.32 亿 m³、12.25 亿 m³ 和 18.5 亿 m³,除 3 天洪量小于以后的 1974 年外,其他均为历年最大。骆马湖 15 天、30 天洪量分别达 191.2 亿 m³ 和 214 亿 m³,都居新中国成立以后首位。

2.2　1974 年洪水

1974 年 8 月,受 12 号台风暴雨影响,沂沭河、邳苍地区出现局地大洪水。与 1957 年相比,沂河、沭河本年同时大水,且沭河洪水超过历年,还原后相当于 100 年一遇,为新中国成立后最大值。山东临沂地区受灾 37.1 万 hm²,其中绝产 6.5 万 hm²,倒塌房屋 21.4 万间,死 92 人、伤 4 705 人。江苏徐州、淮阴、连云港地区受灾面积 27.8 万 hm²,倒塌房屋 20.9 万间,死 39 人。降雨过程从 8 月 10 日起至 14 日结束,暴雨集中在 11～13 日,沂沭河出现南北向的大片暴雨区。12 日暴雨强度最大,13 日暴雨中心区移至沂沭河,14 日降雨逐渐停止。

当时,沂沭河上游已建成水库;南四湖已建二级坝及韩庄枢纽、蔺家坝闸;骆马湖嶂山已建闸,还建成了石梁河水库。

沂河临沂站 8 月 14 日凌晨出现洪峰流量 10 600 m³/s,开启彭道口闸分洪入分沂入沭 3 130 m³/s,开启江风口闸江风口闸分洪入邳苍分洪道 1 550 m³/s 后,沂河李庄以下干流 6 870 m³/s,沂河港上站同日出现洪峰流量 6 380 m³/s。加上区间洪水,邳苍分洪道林子站洪峰流量 2 250 m³/s。

沭河大官庄站 8 月 14 日与沂河同时出现洪峰,由于水库拦蓄以及上游 68 处漫溢决口,大官庄洪峰流量 5 400 m³/s。开启新沭河泄洪闸下泄 4 250 m³/s 入石梁河水库,石梁河水库最大下泄 3 490 m³/s,水库水位高达 26.82 m,超过当时的蓄水位 22.5 m,通过胜利堰南下老沭河 1 150 m³/s。在上游及分沂入沭来水情况下,老沭河新安站 8 月 14 日洪峰流量 3 320 m³/s。

邳苍地区处于暴雨中心边缘,加上邳苍分洪道分泄沂河来水,8 月 15 日中运河运河镇出现新中国成立以后最大洪峰流量 3 790 m³/s,最高水位 26.42 m。骆马湖在沂河及邳苍地区同时来水的情况下,嶂山闸 8 月 16 日最大泄量 5 760 m³/s,宿迁闸下泄 1 020 m³/s 入中运河。同日骆马湖退守宿迁大控制,16 日晨骆马湖洋河滩出现历年最高水位 25.47m,利用新沂河超标准强迫行洪,黄墩湖未滞洪。新沂河沭阳站 8 月 16 日洪峰流量高达 6 900 m³/s,相应水位 10.76 m(修正后为 10.82 m)。

本次洪水历时较短,南四湖来水不大。根据水文分析计算,沂河临沂站还原后的洪峰流量为 13 900 m³/s,3 天洪量与 1957 年接近,而 7 天、15 天洪量相差较大。沭河大官庄还原后的洪峰流量为 11 100 m³/s,相当于百年一遇,3 天洪量为历年最大,7 天、15 天洪量仅次于 1957 年。邳苍地区 7 天、15 天洪量均超过 1957 年、1963 年,为历年最大。

3　现状防御体系下流域大洪水应对情况分析

3.1　发生流域大洪水的可能性

近年来,随着经济社会的快速发展,气候形势愈发复杂多变,水旱灾害的突发性、反常性和不确定性更为突出。沂沭泗河流域自 1974 年以来已 40 多年未出现大洪水,从长期预测分析和历史经验来看,发生局部性暴雨洪水甚至流域性大洪水的概率在不断增加。2018 年和 2019 年汛期,流域连续遭遇台风暴雨侵袭,直管河湖出现较大洪水过程,沂河、沭河发生编号洪水,直管控制性枢纽工程开闸泄洪出现若干新纪录,多个控制站出现 1974 年以来最大洪水记录,新沂河沭阳站出现有实测资料记录以来最高水位,更是说明当前及今后所面临的防汛抗洪形势依然不容乐观,风险依旧不可忽视。如遭遇流域性大雨或局部性的暴雨,仍有可能出现严重的洪水灾害。

3.2 发生流域大洪水的不利影响

沂沭泗河流域是我国工农业重点发展地区之一。根据 2016 年相关资料统计,流域内人口 6 019 万人,生产总值 23 302 亿元,粮食作物播种面积 469.8 万 hm²,粮食产量 3 121 万 t。流域内煤炭资源丰富,建成多处大型坑口电厂,公路、铁路交通网密布,水运发达,拥有多个航空港。流域涉及山东临沂、日照、济宁、枣庄、菏泽及江苏徐州、宿迁、连云港等多个城市,其中徐州市是流域内全国重要防洪城市,其他均为流域重要防洪城市。遇大洪水如应对不力,洪涝灾害后果严重。

目前沂沭泗地区 1 级堤防防洪重点保护区主要有 3 处:一是南四湖湖西大堤保护区,保护湖西平原 5 577 km² 土地,33.1 万 hm² 耕地,487 万人民生命财产及沿湖众多的大中型煤矿和徐州、济宁等重要城市的安全;二是宿迁大控制保护区,保护淮沭河以西苏北地区 1 985 km² 土地,10.9 万 hm² 耕地,151 万人民生命财产,宁徐高速公路以及宿迁等重要城市的安全;三是新沂河大堤保护区,保护新沂河北岸及淮沭河以东的新沂河南岸苏北平原 9 568 km² 土地,52.3 万 hm² 耕地,593 万人民生命财产,京沪、沿海、徐连高速公路,陇海、新长铁路及连云港、淮安等重要城市的安全。

3.3 现状防洪工程体系

经过 70 多年来历次大规模的规划治理,沂沭泗水系目前建有各类水库 2 000 余座,总库容约 77 亿 m³,其中大型水库 19 座,控制面积 9 401 km²,总库容 48.91 亿 m³,防洪库容 27.31 亿 m³;在中下游,开辟了新沂河、新沭河入海通道,开挖了邳苍分洪道、分沂入沭水道,调整了水系,兴建了南四湖、骆马湖控制工程,黄墩湖滞洪区和南四湖湖东滞洪区,整治河道,培修堤防,兴建控制性水闸,基本建成了由水库、河湖堤防、控制性水闸、分洪河道及蓄滞洪工程等组成的拦、泄、分、蓄、滞功能完善的防洪工程体系,改变了洪水漫流、水旱灾害频繁的局面。沂沭泗河洪水东调南下续建工程完成后,目前骨干河道中下游防洪工程体系达到 50 年一遇防洪标准,主要支流防洪标准基本达到 20 年一遇。

其中,沂沭泗局主要是对沂沭泗河流域的主要河道、湖泊、控制性枢纽工程及水资源实行统一管理和调度运用,直管河道长度 961 km,大型湖泊 2 座,直管工程包括堤防 1 729 km(其中 1 级堤防 394 km,2 级堤防 895 km)、控制性水闸 26 座(其中大中型 18 座)和中型泵站 1 座。

3.4 防御流域大洪水的应对措施

沂沭泗河洪水调度的主要依据是 2012 年国家防总批复的《沂沭泗河洪水调度方案》,核心思想是"东调南下",重点是沂河临沂、沭河大官庄、南四湖南阳和骆马湖洋河滩等 4 个关键节点。遇大洪水时,依靠东调南下防洪工程体系,充分利用水库、控制性枢纽、堤防等防洪工程以及预测预报、洪水预警等非工程措施,科学调度,合理安排洪水出路,重点保护重要城市防洪安全和沿河人民群众生命安全。上游大中型水库按照调度运用计划,在确保水库工程安全的前提下,尽量为下游河道削峰错峰。河道内拦河闸坝,服从洪水防御总体安排,提前预泄错峰。沂河、沭河洪水尽可能东调,预留骆马湖部分蓄洪容积和新沂河部分行洪能力接纳南四湖及邳苍地区洪水。除利用水闸、河道强迫行洪外,相机利用滞洪区和采取应急措施处理超额洪水。地方政府组织防守,全力抢险,确保重要堤防和重要城市城区的防洪安全,最大限度减少洪涝灾害损失。

通过洪水重演分析预测来看,充分利用现状洪水防御体系,通过科学调度、全力应对,防洪保护区大部分区域可避免受淹风险,可保证湖西大堤、中运河大堤、新沂河大堤和沂沭河中下游堤防安全,重要城市不被淹,但沂沭河上游防洪标准相对较低的保护区,部分区域存在受淹风险,总体来看可能淹没范围将比 1957 年和 1974 年实际情况大大减少。

4 提升防御大洪水的对策建议

针对现状防御体系存在的薄弱环节,建议继续加强投入建设,进一步提升流域防洪减灾能力。

一是进一步理顺防汛抗旱体制机制。细化机构改革后水利与应急部门职责划分,明确流域机构管理单位与地方职能部门的对接关系和联系渠道,避免出现责任落实、安全管理、应急抢险等方面的真空。

二是继续提高、完善流域防洪标准和体系。继续加大对直管工程除险加固的投入力度,结合沂沭泗河东调南下提标工程规划,提高骨干工程防洪标准,尽快治理中下游支流河道,完善整体防洪体系,提升总体防御能力。

三是加强非工程措施建设。进一步畅通防汛信息化系统项目经费渠道，加大经费投入力度，以满足防汛抗旱现代化建设的需要。

四是持续强化河湖管理。充分利用地方政府河（湖）长制平台和"清四乱"等专项行动，在巩固现有成果的基础上，进一步加大对违章建设、行洪障碍等问题的清理整治力度，规范涉河行为，确保河湖防洪安全。

五是分析评估工程现状行洪能力。根据近年来出现的行洪不畅问题，委托有资质单位对各河道行洪能力进行全面论证，利用水工模型对控制性枢纽的运用进行研究。

六是推进水工程防灾联合调度系统建设。进一步完善沂沭泗河洪水预报方案和调度方案，以提高水文预测预报与水工程综合调度为重点，建设沂沭泗河水系水工程防灾联合调度系统，实现预报调度一体化。

5　结语

防汛责任重于泰山。习近平总书记在黄河流域生态保护和高质量发展论坛上做出了"洪水风险依然是流域的最大威胁"的重要论断。机构改革后，水利部门在防汛抗旱方面的主要职责是承担水情旱情监测预警、水工程调度和防御洪水应急抢险技术支撑等工作，任务依然繁重，我们应坚持底线思维，强化风险意识，不断提升综合能力，立足于防御流域历史最大洪水，防御"黑天鹅""灰犀牛"事件，居安思危、防患于未然，把握"建设造福人民的幸福河"的总体目标，聚焦"防洪保安全"的要求，坚决守住底线任务，扎实做好水旱灾害防御各项工作。

参 考 文 献

[1] 沂沭泗水利管理局.沂沭泗防汛手册[M].徐州:中国矿业大学出版社,2018.
[2] 沂沭泗水利管理局.沂沭泗河道志[M].北京:中国水利水电出版社,1996.
[3] 淮河水利委员会.淮河流域防洪规划[R].2009.

新型往复探测式精密水位仪的研制及其在淮河防洪模型试验中的应用

武锋

（安徽省·水利部淮河水利委员会水利科学研究院,安徽 合肥　230088）

摘　要　新型往复探测式精密水位仪是在借鉴以往开发研制的 AW 振动针式精密水位仪和往复自动探测式精密水位仪的基础上,尝试采用精度与量程无关性的理念进行设计和研制的,通过收线轮与编码器的联合工作方式,可以实现大量程高精度的水位检测,采用标准 RS485 通信接口和 Modbus 通信协议,进一步提高了其实用性和可靠性,实现了水利模型试验和原型观测共用的目的。本文介绍了新型往复探测式精密水位仪的总体结构组成与工作原理及其在淮河防洪模型试验中的应用结果。

关键词　新型;往复探测式;精密水位仪;研制;应用

1　前言

在水利模型试验和原型观测工程中,水位仪都是最常应用的仪器设备之一,由于在水利模型试验和原型观测工程中对水位仪的精度和量程的要求不同,所以通常情况下用于水利模型试验的水位仪不能应用于原型观测工程中。为了提高水位仪的通用性,我们希望能研制出一种模型试验和原型观测能够通用的精密水位仪。

在新型往复探测式精密水位仪的开发研制中,我们分别借鉴了以往开发研制的 AW 振动针式精密水位仪和往复自动探测式精密水位仪的经验,尝试采用精度与量程无关性的理念进行设计和研制,通过收线轮与编码器联合工作方式,可以实现大量程高精度的水位检测,同时采用标准 RS485 通信接口和 Modbus 通信协议,进一步提高了其实用性和可靠性。因此,该水位仪不仅可应用于水利模型试验中,也可应用于水利原型观测工程中,从而实现了水利模型试验和原型观测共用的目的。

2　总体结构组成与工作原理

2.1　总体结构组成

"新型往复探测式精密水位仪"总体上由探测锤、探测钢丝、步进电机驱动的收线轮、编码器、驱动控制、计数显示、Modbus 通信等部分组成,每当探测锤由上而下探测到水位时,驱动控制单元会得到相应的信号,通过探测锤和驱动控制单元,经收线轮对其中的探测钢丝绳进行收线和放线控制,再通过编码器和计数显示系统对收线和放线的探测钢丝绳长度进行计量显示,即可对水位进行测量,其总体结构框图如图 1 所示。

由图 1 可见,"新型往复探测式精密水位仪"通过收线轮与编码器的联合工作方式,实现了水位的大量程与高精度的测量,达到精度与量程无关性的要求,从而实现了模型与原型共用的目的。

2.2　内部结构设计

"新型往复探测式精密水位仪"的内部结构主要是要合理安排步进电机与绕线盘、编码器与编码器测量轮、控制电路、限位开关、钢丝绳导线轮的位置布局及其传动机构的设计,其内部结构及其传动机构示意图如图 2 所示。

作者简介:武锋,男,1963 年生,安徽省·水利部淮河水利委员会水利科学研究院,高级工程师（教授级高工）,主要从事水利量测技术和水利自动化与信息化应用研究工作。E-mail:565667558@qq.com。

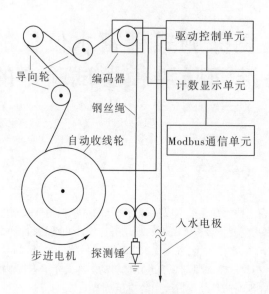

图 1　总体结构框图

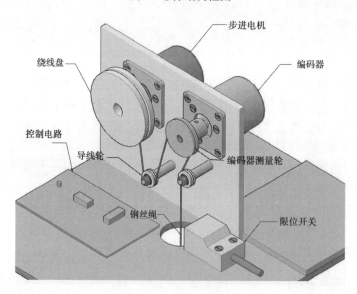

图 2　内部结构与传动机构示意图

2.3　工作原理与工作模式

当每次启动水位仪的采集功能时,控制电路会向步进电机发出启动信号,步进电机通过绕线盘上的钢丝绳使探测锤上提自动寻找零点,当探测锤上升至限位开关感应位置(零点)时,限位开关会发出信号,控制电路再向步进电机发出开始测量的脉冲信号,步进电机通过绕线盘上的钢丝绳带动编码器测量轮转动,使探测锤开始下放,同时编码器计数置零,编码器同步开始计数。当探测锤触碰到水面时,探测锤与预先放在水里的入水电极导通,导通信号被捕捉后经计算处理得出水面高程,从而完成一次测量动作,其水位计算公式如下:

$$H_g = H_a - H_c$$

式中: H_g 为水面高程,mm; H_a 为水位仪安装高程,mm; H_c 为水位仪安装高程到水面的距离(由水位仪测得),mm。

$$H_c = (X_n / 1\ 000) \times 2\pi R$$

式中: X_n 为编码器旋转所记录的线数; R 为编码器测量轮半径,mm。

该水位仪共有"有单次测量""循环测量""往复测量"三种测量方式可供选择,不同测量方式的含义如下:

单次测量——单次测量即水位仪接收到采集命令后,探测锤从零点开始向下探测到水位即完成一次测量。

循环测量——循环测量即水位仪接收到采集命令后,以单次测量程式,不断循环测量。

往复测量——往复测量即水位仪接收到采集命令后,探测锤以设定的时间频率在水面附近往复自动测量。

由于该水位仪采用了探测式方式,每次开始测量时都会回到起点(零点)位置(限位开关位置)再开始测量,所以该水位仪测量水位时不会受到钢丝绳热胀冷缩和水质变化的影响。

3　主要技术指标

"新型往复探测式精密水位仪"的主要技术指标如下:

电源电压　　　　交流 220 V(可定制直流 12 V 或 24 V)

测量范围　　　　0 ~ 20 m(可自行定制)

灵敏度　　　　　0.1 mm

通信方式　　　　RS485(Modbus 协议)

采集方式　　　　定时/连续

组网数量　　　　30 台

调试方式　　　　地址码和波特率自设定

存储温度　　　　-30 ~ +70 ℃

工作温度　　　　0 ~ +50 ℃

4　在淮河防洪模型试验中的应用

"新型往复探测式精密水位仪"已于 2014 年开始在淮河防洪模型试验中得到了很好的应用。在该模型试验中,分别在淮河干流入流量水堰处、颍河入流量水堰处和蚌埠闸下尾水控制处设置了 3 台"新型往复探测式精密水位仪",分别用于淮河干流入流量水堰、颍河入流量水堰和尾水控制水位的采集,另在正阳关至蚌埠闸间沿程分别设置了 16 台"新型往复探测式精密水位仪",用于沿程水位的采集,另用一台安装在尾水量水堰的出口处,用于出口流量的水位采集。

在该模型应用试验中,所有的水位仪均通过 RS485 接口,采用 Modbus 协议与控制室内的主控计算机相连,在主控计算机中装有自行开发的水位采集软件,其硬件连接如图 3 所示。

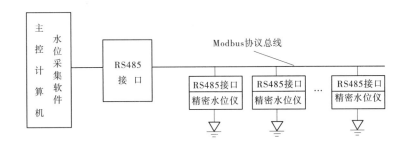

图 3　硬件连接示意图

本项目中的水位采集应用软件是在工业控制组态软件 MCGS 的基础上进行二次开发完成的,主要功能是进行水位数据的采集和处理显示并自动绘制相应的水位过程线。在试验过程中,主控计算机中的水位采集软件通过 RS485 接口和 Modbus 协议采集各水位仪的数据,采集后的数据经分析处理后即可按要求显示出各点的实际水位值和自动绘制出其相应的水位变化的过程线,其实际应用效果如图 4 所示。

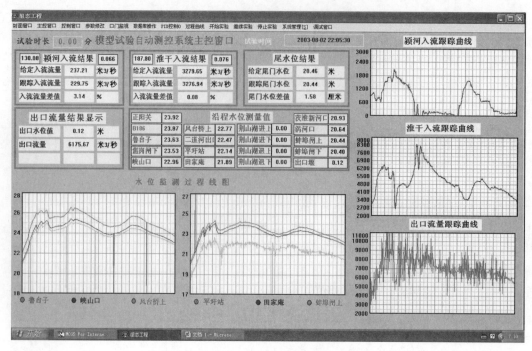

图 4　实际应用效果图

参 考 文 献

[1] 武锋. 复杂边界条件下非恒定流试验测控技术研究报告[R]. 安徽省(水利部淮河水利委员会)水利科学研究院, 2014.

[2] 虞邦义, 杨兴菊, 葛国兴, 等. 淮河防洪减灾实体模型验证试验报告[R]. 安徽省(水利部淮河水利委员会)水利科学研究院, 2015.

[3] 虞邦义, 武锋, 胡兆球, 等. 淮河干流正阳关至田家庵段大型河工模型自动检测与控制系统[J]. 水利学报增刊, 2001 (9):1-5.

江苏省水工程防洪调度演练的规范化
模式研究和实践

孙洪滨[1]，鲍建腾[1,2]，尤迎华[1]，蒋涛[3]，黄芳[4]

(1.江苏省水旱灾害防御调度指挥中心,江苏 南京 210029;2.北京大学政府管理学院,北京 100871;
3.江苏省秦淮河水利工程管理处,江苏 南京 210029;4.江苏南水科技有限公司,江苏 南京 210012)

摘　要　为充分发挥水工程防汛抗旱效益,提升水工程调度决策实战水平,探索提出一种以水工程调度运用为中心科目的新型演练模式——防洪调度演练。目前,仅有水利部七大流域机构及少数省市水旱灾害防御部门试验性地开展过防洪调度演练,并没有形成统一规范化的演练模式。本文介绍了防汛应急抢险演练的传统模式,研究提出了防洪调度演练的规范化模式,并结合江苏省秦淮河流域防洪调度演练的实践,检验新模式的规范化内容。分析了当前组织开展防洪调度演练存在的问题,提出了相关解决措施。

关键词　调度演练;规范化;防汛抗旱;水旱灾害防御;江苏

0　引言

防洪演练是检验并完善调度方案和应急预案的有效手段。从演练实践来看,国务院应急管理办公室编制了《突发事件应急演练指南》[1],以期促进各类应急演练规范、安全、节约、有序地开展;各地也均探索了防汛应急抢险演练的规范化模式,且已经成为各级防汛抗旱指挥机构汛前准备的一项重要工作。目前,适应新形势新要求的防洪调度演练模式还没有形成规范化模式。2019 年汛前,水利部组织七大流域机构开展防洪调度演练[2],江苏省等水行政主管部门也试验性地组织开展了防洪调度演练。

本次研究拟从实战角度出发,总结传统防汛抢险演练的模式,提出以水工程调度为中心科目的新型实战型演练模式——防洪调度演练,并研究规范化的水工程调度演练模式和流程,为各级水行政主管部门开展防洪调度演练工作提供参考。

1　防汛抢险演练的传统模式

水旱灾害既具有突发性、不确定性等特点,同时又具有可预见性、可防御性的特征。传统的防汛抢险演练一般包括策划与准备、编制方案与脚本、组织实施、演练汇报等步骤,针对既定的抢险科目进行抢险演练。同时,对演练现场进行宣传导播,对抢险产品进行展示,对抢险队员进行培训等(见图1)。以江苏省 2018 年军地联合防汛抢险演练为例,江苏省防汛抗旱指挥部办公室在抢险训练场模拟了渗水险情、管涌险情、漏洞险情、漫溢险情、滑坡裂缝险情、溃坝险情、机泵排涝、水上救护等8大类32个科目出险情况。

2　水工程防洪调度演练的规范化模式

2.1　原则及流程

本次研究提出"突出统一指挥、强化部门联动、水工程精准调度"三项基本原则,由各级水行政主管部门组织开展水工程防洪调度演练,探索和尝试更加贴近实际防洪工作的演练模式,进一步提高气象、水利、应急等防汛指挥部各成员单位间应急响应的协调联动、组织、灾情控制及处置能力,充分发挥水工

作者简介:孙洪滨,男,1963 年生,教授级高工,省水旱灾害防御调度指挥中心主任,主持全省水旱灾害防御管理工作。

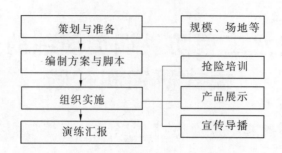

图1　传统防汛抢险演练概化流程

程调度在洪涝灾害防御中的核心作用。本次研究提出防洪调度演练的具体流程,如图2所示[3]。

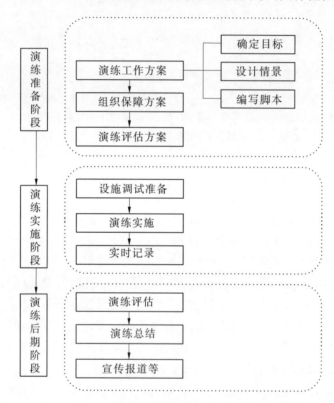

图2　水工程调度演练规范化流程

2.2　防洪调度演练准备

从实践上看,目前防洪调度演练多采用基于脚本的演练方式,工作方案中提前明确演练各参演者的具体职责和任务。演练准备过程主要分为制订演练工作方案、制订组织保障方案及制订演练评估方案[3]。

2.2.1　制订演练工作方案

工作方案是演练过程中一切行动的基础和指导。演练以检验水行政主管部门印发的水工程调度方案为主线,检验各相关部门协同作战能力。主要涉及以下几个方面:

(1)成立演练组织机构。设置总指挥和总策划,工作人员组成调度运行组、预测预报组、技术保障组、专家评估组和综合组等。其中,调度运行组负责调度指令下发,监督调度指令实施,发布洪水预警等;预测预报组负责天气形势、雨情、水情形势分析,主要河湖站点水文预报等;技术保障组负责视频会商系统正常运行等;专家评估组负责演练总结、评估、考核等;综合组负责宣传报道以及形成演练报告等。

(2)演练目的。针对不同的水事件,要明确演练的原因、演练要解决的问题和期望达到的效果[3]。水工程防洪调度演练的最终目的是检验调度方案、应急预案等调度依据的磨合效果;检验预测预报预警、会商决策、调度实施等工作环节的协调交互;锻炼水旱灾害防御调度队伍业务能力;从根本上提高实战能力。

(3)洪涝灾害情景构建。情景构建是制订演练工作方案的引领性工作。"情景"构建集成了各类演练的主要活动,为各类演练开发出一个共同的指导基础[4]。构建情景时,需详细列举突发事件类别、时间、地点、成因、影响范围、队伍人员和物资分布等,明确演练过程中各情景的时间顺序和空间分布情况[3-4]。实践中,为保证防洪调度演练更贴近实战,构建洪涝灾害情景更倾向于模拟历史上真实发生的事件,或者使用水文计算法选定典型年。

(4)演练脚本设计。脚本遵循"可操作性、针对性、合理性"的原则设计,同时需要"演练目的、演练说明、事件、参与主体、演练行动"五要素齐全[5]。对于防洪调度演练来说,脚本设计重点要突出洪水过程中的水工程调度措施,以及水文预报成果与调度决策的交互化效果,即重点设计"演练行动"环节。

2.2.2 制订演练组织保障方案

防洪调度演练更多的采用桌面推演[5]的方式进行,多地(主会场、分会场)同步开展演练,需要强大的通信系统保障,以确保多地互联互通、演练信息畅通。为了更加贴近实战,还需要做好备用方案,制定相应的解决措施,确保演练顺利进行。此外,对于演练过程中可能产生的费用,要提前组织人员进行匡算,制定预算报告上报演练组织单位批准。

2.2.3 制订演练评估方案

演练应充分考虑防洪调度过程中可能出现的各个环节,以及各参演主体所需要采取的措施,提炼评估要素和基本需求,设计科学合理的评估指标体系,制定相应的演练评估表(见表1)。评估人员重点考察参演人员(单位)水文预测预报、调度决策、防汛抗旱简报编制、异地视频系统运用和工程按照调度指令运行的情况,通过观察参演人员掌握水工程调度的业务水平及规范程度,进行综合研判分析。

表1 防洪调度演练评估表

序号	演练科目	评估赋分	评估指标
1	水文预测预报	20%	预报时间、预报精度
2	调度决策	20%	严格按照《调度方案》规定调度
3	防汛抗旱简报编制	10%	编制速度、文件流转熟练程度
4	异地视频系统运用	10%	系统稳定性、流畅性,操作熟练程度
5	工程调度运行	20%	严格按照调度指令操作,及时反馈

2.3 防洪调度演练实施

防洪调度演练过程中需要保证应急通信、异地会商等系统的稳定,保障演练现场的移动指挥车、工情实时视频系统、水文测报系统等有效运行,确保总指挥部与分指挥部的互联互通。演练组织者还需要指定专门人员对演练过程进行详细记录。为增加实战效果,演练总指挥可在演练实施阶段针对实际情况现场增加或删减演练内容(任务),充分检查考验参演单位、人员的应急实战能力。

2.4 总结与评估

在演练过程中,评估人员应客观评价参演主体的表现,通过记录、检查、比对等措施,综合比较演练实际效果与演练目标之间的差异。根据准备阶段制订的评估方案对参演主体的表现进行科学打分;对演练中暴露出的各种问题、不足,要立即总结并提出整改建议,待总指挥在演练总结讲话时供参考。演练后,组织者还需要对演练情况进行系统总结,形成简报上报有关部门和领导,必要时根据参演主体的表现给予奖励或惩罚,可在全系统进行通报。

3 江苏省水工程防洪调度演练实践

2019年6月12日,江苏省水利厅组织开展了秦淮河流域水工程防洪调度演练。演练在秦淮河现状工程条件下,以2016年型秦淮河流域暴雨洪水为防御对象,对武定门枢纽、秦淮新河枢纽、赤山湖蓄滞洪区等重要节点控制工程的调度运用决策进行了情景模拟。演练了气象预测、水文预报、调度决策、应急响应发布、信息化保障、应急监测等科目。

3.1　防洪演练情景构建

受强降雨影响,秦淮河干流及上游溧水河、句容河等地区河湖水位上涨,均超过警戒水位。水文部门应立即向调度指挥部门报送雨水情信息,调度指挥部门提请有关领导组织召开会商会议,研判汛情,讨论工程调度运行措施。根据汛情,江苏省水利厅于 7 月 1 日 19 时(模拟时间,下同)发布秦淮河东山站洪水黄色预警,启动防汛Ⅲ级应急响应。

3.2　洪涝灾害进一步升级

7 月 2 日 9 时,东山站水位继续上涨至 10.66 m,且呈继续快速上涨趋势。江苏省水利厅决定将秦淮河洪水预警提升为橙色预警,将秦淮河流域防汛应急响应从Ⅲ级提升为Ⅱ级,按照程序进行发布。同时,各工程运行管理单位立即贯彻落实调度管理部门的调度命令,江苏省秦淮河管理处实施秦淮新河枢纽全力排水;南京市调度天生桥闸向石臼湖全力分洪;镇江、南京两市在保证水库安全的前提下,实施水库错峰泄洪,减轻下游地区防洪压力;有关市县对秦淮河沿线圩区泵站实施限排措施,加强水库、堤防等工程巡查防守;水文气象部门持续做好预测预报预警工作。

3.3　超常规调度措施启用

7 月 4 日 7 时,东山水位 11.03 m,且预报将达到或超过历史最高水位 11.44 m;赤山湖闸上水位已经达到 13.12 m,且预计可能超过 13.90 m,将明显高于保证水位 13.34 m,防汛形势非常严峻。为控制水位上涨,防止堤防溃决,省水利厅根据秦淮河洪水调度方案调度秦淮新河、外秦淮河所有泄洪口门全力排水入江;对秦淮河沿线圩区泵站实施限排措施。7 月 4 日 12 时报请省人民政府决定启用赤山湖蓄滞洪区,运用顺序为西万亩圩、白水荡、赤山湖内湖。7 月 4 日 11 时,将秦淮河洪水橙色预警提升为红色预警;秦淮河流域防汛应急响应从Ⅱ级提升为Ⅰ级。

3.4　总结与评估

演练结束后,演练指挥对演练进行总结,专家评估组对演练情况进行科学评估,演练策划对演练过程资料进行收集整理并及时形成完整的记录资料。

本次水工程防洪调度演练为江苏省首次实践,形式上主要采用桌面推演的方式,涵盖了预报、会商、决策、调度等各个环节,统筹考虑了上下游、左右岸、区域和流域的协调,现场指挥、组织成效明显;部门协调到位,联动有力;灾害情景构建典型年选取恰当、灵活逼真。演练检验了流域闸站、水库、蓄滞洪区等工程的运用,实现了流域预报、调度方案实时校正,提升了各参演单位防洪调度实战水平和各部门间的协调作战能力。

4　提升防洪调度演练水平的关键措施

为进一步规范防洪调度演练模式,切实提高演练整体实战水平,建议措施如下。

4.1　演练形式上采用桌面推演与实战演练有机结合

采用桌面演练与实战演练相结合的演练形式[5],通过横向整合和纵向协调,达到调度指挥和演练目标的统一。桌面推演主要采用在主会场总指挥部的指挥决策环节,实战演练采用在水文实时预报、工程实时调度、应急情况现场处置环节。桌面推演和实战演练通过异地视频会商系统、应急指挥平台等有机结合起来,突出总指挥部的统一调度指挥。

4.2　演练任务上增强实战性及应急处置能力

水文预报是防洪调度演练的前置环节,要突出演练的实战性,重点将情景构建情况和实战演练融合起来。建议演练前保密设计一系列科学合理的雨情、水情、灾情数据,即从历史典型年库中随机选取一个,在演练前期发放水文部门,限时进行预报,把水文预报实战演习作为防洪调度演练的基础,在演练评估阶段对预报成果与典型年情况进行比对。

4.3　演练过程加强宣传传播和方式创新

提升防洪调度演练的影响力,必须加强传播手段的多样化。在宣传内容方面,要追求实时性和创新性,可以利用视频实时转播,在政府网站上列专题报道。在宣传渠道方面,学习消防演练、抢险演练等应急演练推出短视频产品,运用网络直播的方式,以全网协作分发催生裂变传播。在演练总结方面,要尽快树立水利行业品牌,及时形成专题报告,将演练情况形成简报上报领导,在全系统推广。

5　结论

本次研究提出了一种以水工程调度为中心科目的新型实战型演练模式,用于各级水行政主管部门检验完善调度方案和应急预案,提升水工程调度水平。结论如下:

(1)水工程防洪调度演练能够充分锻炼水旱灾害防御过程中水利、气象、水文等部门的协调能力、应急反应能力,确保各部门形成合力,进一步提高水旱灾害防御水平。

(2)确定了一套行之有效的水工程防洪调度演练流程,对准备、实施、总结三阶段的各个环节进行了细化和规范化。

(3)江苏省的水工程调度演练实践充分展现了其有效性和可操作性,为今后常态化演练提供了示范,可在水利系统中全面推广。

(4)水工程防洪调度演练十分接近实战,演练可以暴露防洪工作过程中存在的问题,帮助有关部门客观地评估考核对象[3],研究应对措施,提升实战能力。

参 考 文 献

[1] 邹积亮.我国应急演练的创新性实践[J].中国减灾,2019(23):22-25.
[2] 水利部组织七大流域机构开展防洪调度演练[J].中国防汛抗旱,2019,29(6):5-6.
[3] 陈国华,邹梦婷.突查式应急演练规范化模式研究与实践探索[J].中国安全科学学报,2016,26(9):157-162.
[4] 李群,代德军.突发事件应急演练评估方法、技术及系统研究[J].中国安全生产科学技术,2016,12(7):49-54.
[5] 王永明.重大突发事件情景构建理论框架与技术路线[J].中国应急管理,2015(8):53-57.

基于卫星遥感和网格化巡查的洪泽湖监管模式研究

梁文广[1,2]，万骏[3]，王俊[1]，王轶虹[1,2]，王冬梅[1,2]，钱程[1,2]

(1. 江苏省水利科学研究院，江苏 南京 210017;2. 江苏省水利遥感工程研究中心，江苏 南京 210017;3. 江苏省洪泽湖水利工程管理处，江苏 淮安 223100;)

摘 要 洪泽湖是我国第四大淡水湖，是淮河流域最大的调蓄湖泊，对于淮河流域防洪减灾、环境保护、渔业养殖、交通运输、旅游开发、饮用水源、经济社会发展等多方面具有重要的作用。长期以来，洪泽湖湖泊管理存在湖区面积大、多地区多行业共管、非法圈圩、非法采砂、涉湖违法建设问题突出等监管难点，迫切需要新的监管模式来解决以上问题。近几年，江苏省建立了高分辨率卫星遥感空间监测、网格化地面巡查相结合的洪泽湖监管模式，融合了卫星遥感监测新技术和网格化巡查新手段，建立了洪泽湖天地一体化空间监管模式，较好地解决了湖泊管理中存在的系列难题，取得了较好的效果，为大型湖泊提供了新的空间监管思路。

关键词 洪泽湖;空间监管;卫星遥感;网格化巡查

1 引言

洪泽湖是中国第四大淡水湖，也是淮河流域最大的调蓄湖泊[1-2]。洪泽湖地处淮河流域中下游结合处、苏北平原中部偏西，地理位置在东经118°10′~118°52′、北纬33°06′~33°40′，行政区划隶属淮安和宿迁2市，涉及3个县和3个区，分别为淮安市所辖的淮阴区、洪泽区、盱眙县和宿迁市所辖的宿城区、泗阳县、泗洪县。洪泽湖水域面积1 597 km²(水位12.5 m)，死水位11.30 m，汛限水位12.50 m，正常蓄水位13.0 m，南水北调规划蓄水位13.50 m，相应水面积为1 780 km²、库容39.57亿m³;设计洪水位16.00 m，相应水面积为3 414 km²、库容112.13亿m³。洪泽湖承接淮河上中游15.8万km²的流域汇水，承担着淮河流域重要的防洪调蓄功能;同时也是南水北调东线工程的重要蓄水水库和供水通道，是苏北地区重要的供水水源地。洪泽湖周边有大片湿地，对保持地区生态平衡具有重要作用。此外，洪泽湖还具有旅游、航运以及水产养殖等多种功能。

长期以来，洪泽湖管理存在一些问题，主要表现在:一是洪泽湖面积广大，常规的人工巡查受客观条件限制，人手不足，巡查不全面、成本高，巡查结果存在一定的主观性;二是洪泽湖涉及2个地市6个区县，水利、交通、渔业、环保、农业等部门共管，多地区多部门共管的局面造成权责不明确、监管不到位，面临"九龙治水"的困境。

针对以上难点，近几年江苏省水利系统引入卫星遥感监测技术和湖泊网格化监管模式，建立洪泽湖天地一体化空间监管模式，较好地解决了这些难题，通过近几年的实践，取得了较好的成效，为洪泽湖的长效管理提供了新的技术和方法。

2 技术与方法

洪泽湖天地一体化空间监管主要包括卫星遥感监测技术和湖泊网格化巡查管理两种手段。

项目来源:江苏省水利科技项目(2019049)、江苏省科技厅创新能力建设计划—省属公益类科研院所自主科研经费项目(BM2018028)。

作者简介:梁文广，男，1981年生，江苏省水利科学研究院湖泊所副所长、高级工程师，主要从事水利遥感应用研究。E-mail:82335673@qq.com。

2.1 卫星遥感监测

洪泽湖水面广阔、岸线复杂、地形多变,常规的人工巡查受人手、地形和经费限制,巡查不全面、不及时,巡查结果主观性大等局限。而卫星遥感具有空间分辨率高、快速、大范围动态监测、客观真实、成本低等优势,在大型湖泊监管中具有较大的优势。

利用卫星遥感技术监管洪泽湖管理范围内占用变化情况,主要包括以下步骤:

(1)资料收集。收集研究区当年度和上一年度共两期高分遥感影像 DOM 产品(数字正射影像)、遥感数据同期湖泊水位数据、湖泊保护范围线、行政区划等资料。高分遥感影像通常选取空间分辨率优于 1 m,比如国产高分二号、高景卫星等。将遥感影像、湖泊保护范围线、行政区划数据经过坐标转换,统一转换为 CGCS2000 坐标系统,便于分析。

(2)开展遥感监测。以 ArcGIS 软件为平台,叠加以上影像数据和矢量数据,采用目视解译、人工提取的方法,提取洪泽湖管理范围内当年度与上一年度遥感影像水域及滩地占用变化区域图斑,计算变化区域图斑中心地理坐标、面积,划分行政区划,制作表格,形成洪泽湖管理范围内占用情况年度遥感监测初步成果。

(3)外业核查。针对遥感监测的变化图斑及相关信息,由涉湖相关市(县、区)水利(务)局根据图斑地理坐标利用 GPS 定位找到该变化位置,调查核实变化是否属实,变化区域涉及项目情况、审批情况是否违法等信息。

(4)成果整理。将外业核查后的违法占用情况进行汇总,编制洪泽湖管理范围内水域及滩地占用遥感监测报告,将其发送给水行政主管部门,对涉及的违法占用情况进行进一步处理。

2.2 湖泊网格化巡查

为强化洪泽湖的管理与保护,实现洪泽湖的长效管护,江苏省洪泽湖管理委员会借鉴城市社区治安管理的网格化管理模式,提出了洪泽湖网格化管理的新模式。通过落实网格管理责任,加强对单元网格的巡查监督,坚持"人格合一"、责任绑定的管理模式,实现洪泽湖生态健康和资源可持续利用的目标[3]。

依据洪泽湖管理范围内的行政区划、地形地貌、面积等,对洪泽湖管理范围进行网格划分,设立三级网格[4]:

(1)一级网格。以洪泽湖全湖为单位划分一级网格,责任主体为江苏省洪泽湖管理委员会,日常事务由管委会办公室负责,网格化管理中重大事务须提交管委会研究决策。

(2)二级网格。在一级网格范围内,沿湖洪泽区、盱眙县、淮阴区、泗洪县、泗阳县、宿城区和江苏省洪泽湖水利工程管理处按照行政辖区和管理范围划定,二级网格可根据乡镇区划细化片区。洪泽湖网格化管理范围共划分 30 个二级网格。每个二级网格设湖长 1 名、副湖长若干名,湖长由各县(区)政府领导和江苏省洪泽湖水利工程管理处领导担任,副湖长由相关乡镇(街道、林场、农场、湿地)和江苏省洪泽湖水利工程管理处所辖管理所主要负责人担任。

(3)三级网格。沿湖洪泽区、盱眙县、淮阴区、泗洪县、泗阳县、宿城区和江苏省洪泽湖水利工程管理处在各自二级网格范围内,按照水域陆域面积大小、湖湾河汊复杂程度、圈圩数量和巡查难易程度等,划分若干三级网格,洪泽湖网格管理范围内共设置 309 个三级网格,其中敞水区 187 个网格,圩区围网区共 122 个网格。三级网格中圩区围网区网格长由各县(区)水行政主管部门下属事业单位、省洪泽湖水利工程管理处所辖管理所中的在编在职的公职人员担任,定岗定责。敞水区网格的作用为定位,有利于在大的水域开展生态调查、执法巡查、人员搜救等工作,敞水区网格不设网格长。

在设置三级网格的基础上,建设了洪泽湖网格化管理信息平台,以信息化支撑网格化管理,建立了洪泽湖网格化管理信息数据库,配备了现场巡查定位等设备,利用 GPS 定位系统、遥感监测、视频监控系统等手段,搭建网格化日常管理系统,实现湖泊巡查、监控、网格化日常管理全覆盖,动态掌握全湖巡查管理和涉湖违法行为情况。

3 应用情况

从 2009 年至今,利用高分卫星遥感开展洪泽湖管理范围内开发利用年度变化(见图 1、图 2)。其中仅 2017 年,共发现变化 432 处。

图1　卫星遥感发现洪泽湖新增违法圈圩

图2　卫星遥感发现洪泽湖新增违法建设

图3　非法圈圩处理

据统计,2017年洪泽湖湖长办、网格长共开展网格化管理巡查15 570次,其中湖长办891次、网格长14 679次,平均每名网格长每周开展网格巡查3.7次,共发现非法圈圩50处、1 818亩,违法建设2处,已清除非法圈圩45处、1 624亩,违法建设2处,其中35处非法圈圩和1处违法建设为现场发现现场清除。图3为2017年洪泽湖网格长在洪泽区老子山镇发现加高加宽圈圩,对其及时处理,将违法行为扼杀在萌芽状态。

4　结论

本文建立集卫星遥感监测和湖泊网格化巡查管理的洪泽湖天地一体化空间监管技术,创新了洪泽湖空间监管模式,实现了卫星遥感和网格化巡查协同监管,从天上卫星遥感全覆盖,到地面三级网格巡查,实现洪泽湖监管多种手段融合、全覆盖、精准、责任到人,不留死角,对于洪泽湖管理范围内违法建设及非法圈圩等违法行为,早发现、早查处,降低了违法处理成本,为洪泽湖管理与保护提供了先进的技术支撑。

参 考 文 献

[1] 张秀菊,罗伯明.洪泽湖利用存在问题及对策探讨[J].江苏水利,2007(3):14-16.

[2] 陈茂满.洪泽湖蓄洪关系与淮河中下游防洪[J].水利规划与设计,2004(2):27-31.

[3] 荣海北,郑福寿,张敏,等.基于3S技术的洪泽湖网格化管理信息化平台的实现[J].江苏水利,2017(6):69-72.

[4] 刘劲松,戴小琳,吴苏舒.基于网格化管理的湖泊动态管护模式研究[J].水利经济,2017(4):51-54.

土石坝测压管水位变化及渗流安全分析

张一冰[1]，段炼[2]

（1.河南省水利勘测设计研究有限公司,河南 郑州　450016;
2.信阳市水利局,河南 信阳　464000）

摘　要　根据"水利工程补短板,水利行业强监管"的水利改革发展基调,必须加强和规范水利工程管理,而在土石坝工程管理中,对土石坝进行渗流观测和渗流安全分析十分必要。本文根据五岳水库测压管位势的变化,并结合大坝运行情况,对水库大坝渗流安全进行分析,判定大坝渗流稳定性不安全,并提出防渗处理措施的建议,为水库除险加固提供了科学依据。

关键词　土石坝;测压管水位;渗流安全

1　工程概况

五岳水库位于淮河一级支流寨河主干青龙河上,总库容1.22亿 m³,大坝系黏土心墙砂壳坝,水库于1966年动工兴建,1970年建成,坝顶长561 m,净宽5.1 m,最大坝高28.8 m,坝顶高程为93.584 m,黏土心墙顶部高程92.884 m。心墙黏性土料以粉质黏性和重粉质壤土为主,坝基采用黏性截水槽进行防渗。坝壳填料在黏土心墙上游84.884 m高程以上为代替料,84.884 m高程以下为砂砾石;黏土心墙下游侧,主河槽段77.884 m以上为代替料,77.884 m高程以下为砂砾石;台地段在81.884 m高程以上为代替料,81.884 m高程以下为砂砾石。

主河槽段坝壳上游坡度由顶向下为1:2.4、1:3和1:3.25 三级,下游坡度由顶向下为1:1.9、1:2.5、1:2.5 三级,上、下游坡在84.384 m和76.384 m高程处均设有戗台,戗台宽为1.5 m。

台地段坝壳上游坡度由顶向下为1:2.4和1:3二级,下游坡度由顶向下为1:1.9和1:2.5 二级,上、下游坡在84.384 m高程处设有戗台,戗台宽为1.5 m。主坝现状纵横断面见图1、图2。

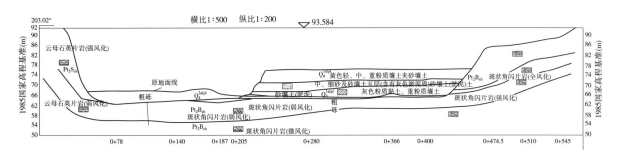

图1　大坝纵断面

2　工程地质条件

大坝两坝头、坝基河床及阶地下部均系元古界(Pt_2)副变质岩系,有云母石英片岩、角闪片岩和斑状角闪片岩等。河谷、阶地与低山丘陵的上部为第四系残积、坡积、洪积、冲积的松散堆积层。角闪片岩、斑状角闪片岩、云母石英片岩的单位透水率为0.27~0.11 Lu,属于极微透水性。云母石英片岩透水性

作者简介:张一冰,男,1971年生,河南省水利勘测设计研究有限公司设计一院副总工程师(教授级高工),主要从事水利工程设计工作。E-mail:hpdwzyb@163.com。

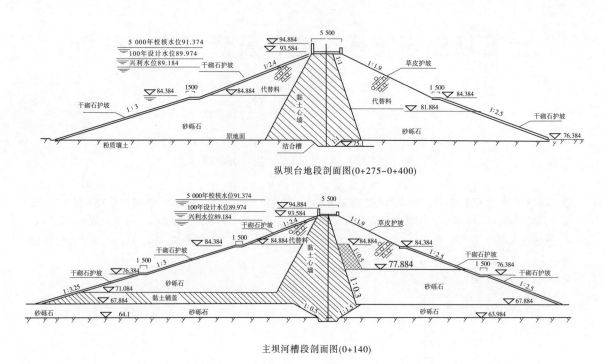

图2　大坝横断面

很小,透水率 q 一般小于 1 Lu。0 + 150 ~ 0 + 430 段坝基的弱风化斑状角闪片岩局部岩层 q 为 10.2 ~ 12.6 Lu。右坝头全风化斑状角闪片岩渗透系数 K 为 2.15×10^{-6} ~ 8.60×10^{-5} cm/s,属于弱—微透水性;强风化岩体透水率 $q = 9.66$ Lu,属弱—中等透水。

施工时坝基处理采用了"截水槽 + 天然铺盖和封闭含水层"综合处理方案。即左岸河床为截水槽防渗,最大挖深 4.4 m,将砂卵石层全部切断,回填黏土,将上游砂卵石履盖 3.2 m 黏土,其上再建砂壳;右岸阶地为天然铺盖防渗,并采用局部增厚黏土铺盖严密封闭阶地顺河方向的强透水层(砂及砂含卵石层),且结合黏土覆盖岸坡形成防渗体系。右坝段为天然铺盖,保留了黏性土、砂层,原 3 ~ 6 m 厚的淤泥质土埋藏于坝基之下。

河谷坝基 0 + 150 ~ 0 + 430 段,弱风化斑状角闪片岩局部岩层 q 为 10.2 ~ 12.6 Lu,右坝头强风化岩体透水率 $q = 9.66$ Lu,属弱—中等透水,均大于规范规定的 3 ~ 5 Lu,施工时坝基未做任何处理。

3　大坝运行情况

五岳水库建成后,多年来一直处于低水位运行,1996 年汛期,库水位上涨到 88.114 m 高程时,主坝右台地桩号 0 + 450 ~ 0 + 590 段坝下游坡潮湿渗水,1998 年在 0 + 450 ~ 0 + 530 段下游坡采用贴坡反滤排水处理,2002 年、2003 年间,因库区雨量充沛,库水位持续居高不下,主坝右岸右台地段 0 + 536 ~ 0 + 590 段坝坡渗水加大,并形成多处沼泽。2007 年 5 月在左右两坝头渗出点进行流量实测,左右坝头渗出流量分别为 0.73 m³/h、0.14 m³/h。坝下游左岸山坡浸润性出渗点高程高于 84.884 m,渗出点渗水由上而下逐渐汇集,于 83.384 m 高程平台附近呈明流。

4　渗透稳定分析

4.1　现有渗流安全监测设施

主坝坝体设有 3 个观测断面,分别位于主坝桩号 0 + 140(主河槽段)、0 + 275(台地段)和 0 + 400(台地段),每个断面设 2 个浸润线观测管、1 个测压管。主坝观测管安装情况见表 1。

主坝观测管均于 1976 年 6 月埋设,由于种种原因到 1978 年 4 月 17 日才开始正常观测,已收集整理了 1978 ~ 2002 年的观测资料。

表1   主坝观测管现状布置

观测孔位置			管顶高程（m）	管底高程（m）	穿越土层长度（m）				总长（m）	花管长（m）	说明
桩号	序号	至坝轴线距离			代替料	砂料	黏土心墙	基岩			
0+140	1	上游2.1 m	93.464	73.534			19.31		19.93	5.8	主河槽段
	2	下游4.6 m	91.804	67.344	9.8		14.66		24.46	4.1	
	3	下游23.3 m	83.314	63.514	5.43	13.9		0.47	19.80	4.2	
0+275	1	上游2.1 m	93.444	78.744			14.70		14.70	5.0	台地段
	2	下游3.1 m	92.514	75.814	12		4.7		16.70	3.4	
	3	下游23.6 m	82.914	73.954	1.03	6		1.93	8.96	3.2	
0+400	1	上游2.1 m	93.444	77.814			15.63		15.63	5.0	台地段
	2	下游3.1 m	92.414	77.256	10.4		4.76		15.16	3.0	
	3	下游23.4 m	83.104	74.154	1.22		6	1.73	8.95	3.2	

注:每个观测断面中3#管均为测压管,其他为浸润线观测管。

4.2　坝基渗流安全分析评价

由于大坝坝基测压管很少,观测断面共3个,每个断面只有一个测压管(3#管)。对0+140(主河槽段)、0+275(台地段)、0+400(台地段)3个断面在1978～2002年的观测资料进行统计整理,画出各管水位与库水位历时曲线、观测管水位与库水位对应关系散点图及测压管位势历时曲线。

4.2.1　坝基测压管水位分析

(1)从测压管水位历时曲线分析。

从测压管(3#管)水位历时曲线(见图3～图5)可以看出,各断面测压管水位较低,有随库水位升降的趋势,但变化较为平缓,说明坝基渗流是正常的。

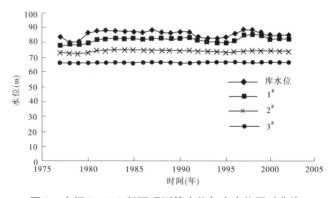

图3　大坝0+140断面观测管水位与库水位历时曲线

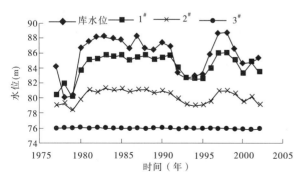

图4　大坝0+275断面观测管水位与库水位历时曲线　　图5　大坝0+400断面观测管水位与库水位历时曲线

（2）从库水位与测压管水位关系散点图分析。

将各断面的测压管（3#）水位每隔10年左右做出与库水位相关的散点图（见图6～图8），可以看出，各断面测压管的水位均随着时间的增长在下降。以0+275断面3#测压管为例，当库水位为88.754 m时，1980年管水位为76.084 m，1990年约为75.934 m，2002年约为75.694 m，第一个10年降低了0.15 m，第二个10年降低了0.24 m。分析产生上述变化的原因可能与库底淤积有关，说明坝基渗流是向好的方向发展。

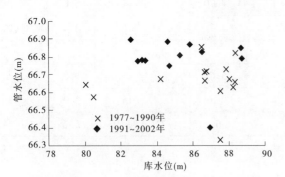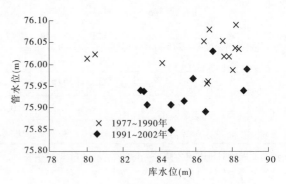

图6　大坝0+140断面3#观测管水位与库水位　　　　图7　大坝0+275断面3#观测管水位与库水位
　　　　对应关系散点图　　　　　　　　　　　　　　　　对应关系散点图

4.2.2　坝基测压管位势分析

测压管位势是指某根测压管水头在渗流场中占总渗流水头的百分数。位势计算时，认为管水位与库水位基本同步，不考虑管水位滞后问题，计算时管水位、库水位及尾水位每月均同步选取。现将各断面测压管位势的变化情况分析如下：

（1）主河槽段0+140断面，见图9中3#管位势过程线的变化比较平缓，说明主河槽段坝基渗流趋于稳定。

（2）台地段0+275断面，见图10中3#管位势过程线的变化也可以分为二段。

第一段，1978～1982年，位势普遍下降：月平均位势由0.81降至0.41，降幅49.38%。

第二段，1983～2002年，位势趋向平稳：月平均位势稳定在0.42左右。

（3）台地段0+400断面，见图11中3#管位势过程线的变化也可以分为二段。

第一段，1978～1982年，位势普遍下降：月平均位势由0.875降至0.44，降幅49.71%。

第二段，1983～2002年，位势趋向平稳：月平均位势稳定在0.45左右。

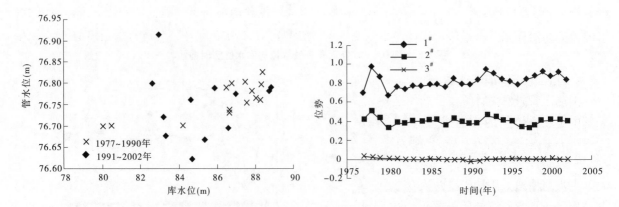

图8　大坝0+400断面3#观测管水位　　　　图9　大坝0+140断面观测管位势历时曲线
　　　与库水位对应关系散点图

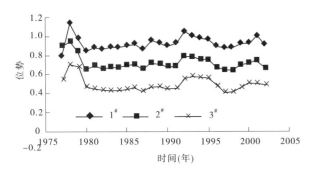

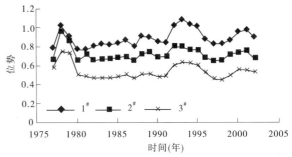

图10 大坝0+275断面观测管位势历时曲线   图11 大坝0+400断面观测管位势历时曲线

（4）位势分析结论。

从以上分析中可以看出，随着库内坝前淤积的不断增加，所有测压管的位势，随着时间的延长在逐渐减少，并趋于稳定。在所分析的3个断面中，主河槽段位势过程线的变化比较平缓，说明主河槽段坝基渗流趋于稳定。台地段的位势的变化可分为2个时段，第一个时段，1978～1982年以前为位势下降时段，下降幅度为49.38%～49.71%，说明该段时间内坝基渗流条件日趋好转，这与坝前淤积明显有关；第二个时段，1978～1982年以来为位势平稳时段，说明坝基渗流条件经过调整日趋平稳。

4.2.3 测压管水位连接线的分析

现将库水位88.754 m时、各断面测压管水位纵剖面绘于图12中。

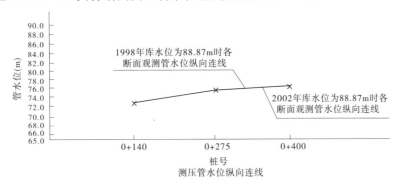

图12 库水位88.754 m时各断面测压管水位

由图12可以看出：

（1）在库水位88.754 m高程时，测压管水位是南高北低，即台地段（0+275～0+400）高于河槽段（0+140）的管水位。分析原因，主要是台地段上部天然铺盖的防渗性能较主河槽段人工铺盖差。

（2）在库水位88.754 m高程时，各坝段坝基承压水头随年限的增长而降低，这说明水库淤积加强了铺盖的防渗作用。台地段比河槽段下降速度更快，因为台地段天然铺盖在初期防渗作用不如人工铺盖。

4.2.4 坝基渗透比降分析

由测压管管水位计算出的水库运用期间的实际水平渗透比降均小于0.2。根据五岳水库台地坝段坝基中重粉质壤土的渗透系数，允许渗透比降为0.5。运行期实际渗透比降及预测在设计库水位89.974 m的渗透比降在0.5以内，说明坝基渗流性态是基本安全的。坝基实际水平渗透比降计算见表2。

4.2.5 坝基渗流安全评价

主坝河槽段采用截水槽防渗，截水槽深入基础弱风化角闪片岩并紧密结合，上部与黏土心墙、防渗铺盖相接。从测压管的位势图看，黏土截水槽底在各种库水位渗透下都是安全的。

台地段坝基为重粉质壤土，上游采用原表层壤土作铺盖防渗，底部设黏土截水槽。从测压管的位势图看，台地段坝基渗流安全是稳定。

从坝基运行情况看，坝脚处长年渗水，已形成沼泽化，这是因为坝基局部存在强风化岩体，具有中等透水性,施工时未做处理,而在埋设测压管位置处坝基为弱透水性,因而出现测压管观测情况与实际不符的现象。

表2　坝基水平渗透比降计算

日期 (年-月)	库水位 (m)	0 + 140		0 + 275		0 + 400	
		管水位(m)	渗透比降	管水位(m)	渗透比降	管水位	渗透比降
		3#	J	3#	J	3#	J
1978-06	82.374	66.744	0.155	75.934	0.064	76.684	0.056
1980-02	83.304	66.464	0.167	75.834	0.074	76.524	0.067
1986-06	84.364	66.664	0.176	75.854	0.084	76.664	0.076
1992-06	84.714	66.854	0.177	75.844	0.088	76.604	0.08
1994-06	84.214	66.944	0.171	76.104	0.08	76.864	0.073
2000-06	82.064	74.884	0.149	75.924	0.061	76.734	0.053
2002-06	81.994	66.224	0.156	75.724	0.062	76.464	0.055

4.3　坝体渗流安全分析

4.3.1　利用观测资料分析坝体渗流安全

浸润线观测是监视坝体渗透安全的主要方法之一。五岳水库共设3个观测断面,每个断面有3个观测管,其中两个为坝体浸润线观测管(见表1)。图1~图3(1#、2#管)为浸润线观测管水位与库水位历时曲线,从图中可以看出,管水位变化较为平缓,有随库水位升降的趋势,且有明显的滞后现象,但1#浸润线管始终保持高水位状态,说明坝体渗透异常。

4.3.2　坝体渗流安全评价

根据观测资料分析,主坝坝体实测浸润线值高于设计理论值;从现场勘查情况看,水库正常蓄水时,大坝背水坡84.384 m平台以上至88.884 m高程的草皮护坡上,出现大面积浸润性渗水,且在下游坝坡上出现一条干湿分明的分界线,渗漏严重处,有明水逸出。这是因为坝体代替料渗透系数不满足要求,心墙后代替料内部分渗水难以排出,因而抬高了坝体浸润水位,出现坝体实际浸润线较高等异常现象。同时因坝体填筑质量不均,部分坝段渗漏量大,浸润线观测管水位偏高,因此主坝坝体渗流性态不安全。

5　防渗处理

5.1　坝基防渗处理

右岸坝基(0 +000 ~0 +150),基岩主要为云母石英片岩、弱风化斑状角闪片岩,表层为弱风化层。坝基0 +100清基时挖出断层带宽1~1.5m,高倾角,断层带中岩石风化加剧,裂隙密集,岩石破碎,多呈小角砾及碎块,松软。坝基(0 +150 ~0 +430),主要分布为弱风化斑状角闪片岩,局部岩层 q 为10.2 ~12.6 Lu,坝基为弱透水局部中等透水。

右坝头(0 +430 ~0 +561),为全风化斑状角闪片岩,渗透系数 K 为 $2.15 \times 10^{-6} ~8.60 \times 10^{-5}$ cm/s,属于弱—微透水性;强风化岩体透水率 q =9.66 Lu,属弱—中等透水。

因左岸坝基存在断层破碎带的渗漏和渗透变形,右岸坝基局部存在中等透水性,设计需对两岸坝基进行防渗处理。该大坝为2级建筑物,坝基帷幕灌浆防渗标准透水率按5 Lu进行设计[2]。左坝头灌浆范围桩号为0 -050 ~0 +225 段(向左岸延长50 m),共长275 m,右坝头桩号为0 +430 ~0 +635 段(向右岸延长74 m),共长205 m,根据主坝坝基的地质条件,采用封闭式帷幕灌浆。桩号0 +225 ~0 +430 段虽然坝基为弱风化斑状角闪片岩,局部岩层 q 为10.2 ~12.6 Lu,具中等透水,但其上覆盖一层较厚的壤土层(厚约10 m),所以本次除险加固不对该段坝基进行处理。

5.2　坝体防渗处理

结合五岳水库的实际情况,通过方案比较,确定坝体采用塑性混凝土防渗墙进行防渗,防渗墙厚度为 0.6 m。因主坝心墙干密度、压实度合格率较低,渗透系数不匀一,局部小于规定值,拟将整个坝段的坝体进行防渗处理,坝体设置防渗墙桩号为 0 + 024 ~ 0 + 561,总长 537 m。在桩号 0 + 024 ~ 0 + 225 段和桩号 0 + 430 ~ 0 + 561 段防渗墙底部与坝基帷幕灌浆顶部相结合,在桩号 0 + 225 ~ 0 + 430 段防渗墙穿过坝基中、重粉质壤土深入斑状角闪片岩 1.0 m,最大墙深 32 m。

6 结语

通过对五岳水库 1978 ~ 2002 年测压管水位的观测资料进行整理,分析测压管水位与库水位之间的变化关系和测压管位势的变化趋势,判断水库大坝渗流安全情况,为水库工程运行管理和对水库进行除险加固提供科学依据。

五岳水库工程大坝于 2009 年进行除险加固,坝基采用帷幕灌浆处理,坝体采用塑性混凝土防渗墙进行防渗,工程建设均已完成,2019 年,该工程进行竣工验收,通过对除险加固后的观测资料进行分析,大坝运行良好,坝体及坝基防渗达到了预期效果。

参 考 文 献

[1] 何杰,李玉娥,张一冰,等.河南省五岳水库除险加固工程初步设计报告[R].2007.

[2] 碾压式土石坝设计规范:SL 274—2001[S].

[3] 李军,兰福江,等.五岳水库塑性混凝土防渗墙施工技术[J].河南水利与南水北调,2010(8).

鲁山县鸡冢小流域暴雨洪水过程模拟研究

朱恒槺[1,2]，李虎星[1,2]，钟凌[3]，袁灿[1,2]

(1. 河南省水利科学研究院，河南 郑州　450003；
2. 河南省水利工程安全技术重点实验室，河南 郑州　450003；
3. 华北水利水电大学，河南 郑州　450045)

摘　要　平顶山市沙颍河上游的鲁山—鸡冢区域，地貌、地质复杂多样，历年来屡遭山洪灾害，是河南省三大暴雨中心之一。本文以鲁山县团城乡鸡冢小流域为研究对象，收集、分析相应测站近 30 年的逐日降雨、流量监测数据，研究前期土壤含水量对峰现时间、洪峰流量的影响；基于 HEC_HMS 水文模型及 ArcGIS 平台，将鸡冢小流域划分为 7 个子流域，结合相应的土地利用和土壤数据，产流计算选用初损稳渗法、径流计算选用斯内德单位线、河道洪水演算选用马斯京根法，对该流域典型暴雨洪水过程进行数值模拟。结果表明，此产汇流方案洪峰相对误差合格率为 89.25%，洪量相对误差合格率为 86.6%，纳什系数为 0.821，说明 HEC_HMS 模型在鸡冢小流域的适用性良好，该研究可为类似流域洪水模拟提供参考。

关键词　鸡冢小流域；暴雨特征；HEC_HMS 模型；GIS；洪水模拟

0　引言

在全球气候变化背景下，流域的水文条件变化显著，特别是受极端天气的影响，局地暴雨洪水频发，区域性灾害不断发生[1]。暴雨是指在短时间内，出现高强度的大量降水，暴雨在山丘区易造成山洪灾害，在城市易形成内涝，对经济的发展和人民的生命安全造成严重威胁[2]。河南省地处于北亚热带与暖温带的过渡带，季风影响强烈，再加上西部、南部为连绵起伏的山地，东部为广阔坦荡的平原，进入省内的主要来自东南方向的暖湿气流受西部山地的影响，气流急剧上升，极易产生大暴雨。许多对灾害性洪水成因分析的研究中表明强降雨是诱发洪水灾害的主要动力，为深入了解洪水成灾原因，加强洪水预报预警系统的建设，有必要对暴雨洪水过程进行模拟分析研究[3]。

根据《河南省中小流域设计暴雨洪水图集》和《河南省防汛水情资料汇编资料》，沙颍河上游鲁山—鸡冢为河南省三大暴雨中心之一。据资料统计，鲁山县鸡冢乡 1951 年 7 月暴雨引发泥石流，死亡 17 人，毁房 21 间；1956 年 6 月 20 日，7 小时降雨 437.7 mm，暴雨引发泥石流，冲走四棵树柴沟村推车坡组半个村庄。为进一步了解鸡冢小流域的暴雨洪水规律，收集近 30 年汛期的鸡冢小流域雨水情资料和山洪灾害调查评价成果数据，从中选取多场典型暴雨过程，采用 HEC_HMS 模型进行场次洪水模拟，产流计算选用初损稳渗法、径流计算选用斯内德单位线、河道洪水演算选用马斯京根法，探讨并总结其在鸡冢小流域的适用性和局限性，为 HEC_HMS 模型在类似区域的推广应用提供参考。

1　研究区概况

鸡冢小流域位于河南省平顶山市鲁山县南部团城乡，处于南北走向的伏牛山东缘，属于淮河流域的沙河水系，研究范围内流域全长 10.3 km，流域面积约为 45.12 km²。流域内设有鸡冢水文站 1 座，雨量站 5 座(九道沟、玉皇庙、五道庙、王家庄和豹子沟)，建站时间均在 1980 年之前。从东南方向进入的水汽，受到地形影响急剧上升，极易产生暴雨，该流域多年平均 24 小时暴雨量在 150 mm 以上，1967 年 7 月 10 日中心实测最大 24 小时点暴雨量太山庙河豹子沟站为 479.1 mm，流域数字高程、水文站、雨量站

作者简介：朱恒槺，男，1992 年生，河南周口人，助理工程师，硕士，主要从事水土保持、山洪灾害等研究工作。E-mail：alleniverson_2011@163.com。

及水系情况见图 1。

2 数据源与模型构建

2.1 数据源

本次研究采用的行政区划和水文站、雨量站监测站点矢量数据来源于 2013 年山洪灾害调查评价成果；数字高程模型（DEM）下载于地理空间数据云平台，为 GDEMV2 30 m 分辨率数字高程数据；土地利用数据来源于国家基础地理信息中心全球 30 m 地表覆盖数据；近 30 年的雨水情数据收集于 1980 年以来的淮河流域水文年鉴和鸡冢小流域已有的 1 个水文站和 5 个雨量站的汛期逐日降雨、流量观测资料。

2.2 模型构建

HEC_HMS 模型主要包括流域模块、气象模块、控制模块和资料系列模块[4-5]。流域模块主要是通过 HEC-GeoHMS 置入 ArcMap 中根据 DEM 采用水文分析生成[6-7]，水系提取具体包括填注、流向、水流累积量、河流分割、流域网格轮廓、流域多边形处理、排水

图 1 鸡冢小流域概况

线处理等步骤，流域特征提取主要包括河流长度、坡度、流域中心、最大汇流路径等特征，最终生成 HMS 流域模型[8]；气象模块可以从 HEC-DSS 软件添加，也可以手动输入；控制模块直接输入所选取的次洪过程的时间范围；资料系列模块直接手动输入相关测站对应控制时间的降雨和流量数据。通过模型的构建，把鸡冢小流域分为 7 个子流域，鸡冢水文站作为流域出口断面，见图 2。

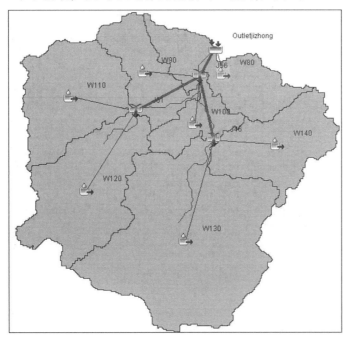

图 2 HEC_HMS 模型中鸡冢小流域概化模型

3 暴雨洪水实测资料分析

3.1 暴雨特征值统计

鸡冢水文站、九道沟、玉皇庙、五道庙、王家庄、豹子沟的逐日降雨观测资料，由 1982～2016 年淮河流域水文统计年鉴获取。从流域图中可以看出，各雨量站点分布较为均匀，面雨量的计算采用算术平均

法,经过统计得到鸡冢小流域汛期(5~9月)的暴雨特征情况,其中有部分月份的观测资料缺失。通过统计数据(见表1)可以看到,鸡冢小流域汛期多年平均降雨量达到1 122.3 mm,日最大降雨量在2000年达到423.6 mm,日平均最大降雨量达到127.6 mm,远远高于同纬度的其他地区[9]。

表1　鸡冢小流域多年暴雨特征值

年份	5月	6月	7月	8月	9月	汛期雨量(mm)	日最大值(mm)
1982	102.4	75.3	422.2	267.4	71.6	938.9	157.6
1983	95.25	87.17	100.78	214.72	228.56	726.5	98.3
1984	61.8	128.1	340.3	140.8	350.9	1 022.0	92.8
1987	118.5	185.1	133.5	147.7	87.9	673.1	67.4
1988	缺测	10.7	316.6	254.2	43.2	624.7	72.7
1997	121.1	78.2	173.9	124.2	14.3	511.6	89.5
1998	332.4	239.5	202.3	370.1	17.5	1 161.7	197.5
1999	80.7	44.7	300.2	58.2	76.0	559.8	185.4
2000	缺测	726.2	510.5	324.2	195.0	1 755.8	423.6
2001	缺测	98.2	388.5	54.9	18.6	560.1	110.8
2003	52.3	132.5	182.9	294.3	254.8	916.7	88.2
2004	缺测	78.8	312.1	335.9	171.8	898.6	104.6
2005	缺测	104.3	387.7	225.8	244.3	962.1	74.8
2006	缺测	78.8	256.2	191.6	145.1	671.7	77.0
2007	86.7	144.2	420.6	170.8	65.8	888.1	115.8
2008	45.6	12.0	373.0	130.2	144.7	705.4	91.8
2009	112.4	86.8	425.5	308.7	120.3	1 053.6	225.5
2010	87.5	147.5	54.7	548.6	625.1	1 463.4	126.2
2011	42.5	91.3	323.6	174.1	381.6	1 013.2	74.8
2012	57.6	67.4	234.3	168.1	169.7	696.9	81.4
2013	239.2	39.2	153.3	173.7	45.2	650.6	125.0
2014	41.9	26.2	16.5	117.6	276.1	478.3	49.1
2015	112.8	173.6	44.8	174.8	37.3	543.2	55.0
2016	93.4	58.3	149.0	153.5	77.9	531.9	277.2
最大值	332.4	726.2	510.5	548.6	625.1	1 755.8	423.6
最小值	41.9	10.7	16.5	54.9	14.3	478.3	49.1
平均值	104.7	121.4	259.3	213.5	161.0	1 122.3	127.6

3.2　前期土壤含水量对洪水过程影响分析

3.2.1　不同前期影响雨量洪水过程分析

从历年的洪水资料中选取"19840702""20090817""19880814"三场洪水,其前期影响雨量分别位于40~49 mm、50~59 mm、60~69 mm三个区间,降雨量分别为79.6 mm、82.2 mm、82.56 mm,三场洪水的降雨过程历时都在8 h内,根据实测的降雨记录数据,可以认为三场洪水的降雨过程是基本一致的。三场洪水的洪水流量过程线和其对应的降雨过程如图3所示。从图中可以看出三场洪水过程其洪水过程线形状基本一致,这与前面判断的三场洪水降雨过程基本一致是对应的。"19840702""20090817""19880814"三场洪水过程的洪量分别为105.3万 m³、156.1万 m³、170.8万 m³,三场洪水过程的洪水总量随着前期影响雨量的增加而增加;"19840702""20090817""19880814"三场洪水过程的洪峰流量分别为 131 m³/s、142 m³/s 、171 m³/s ,三场洪水的洪峰流量随着前期影响雨量的增加而增加;"19840702""20090817""19880814"三场洪水的峰现时间分别为 3.5 h、3 h 和 2 h,三场洪水的峰现时间随着前期影响雨量的增加而变短。

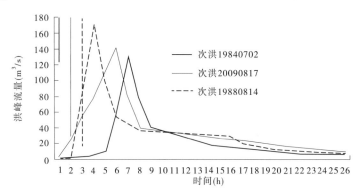

图 3　相同降雨量不同前雨洪水过程

3.2.2　相同前期影响雨量下洪水过程分析

根据《河南省鲁山县山洪灾害分析评价报告》确定鲁山县土壤最大含水量为 70 mm,因此分别选取前期影响雨量在 40 ~ 49 mm、50 ~ 59 mm、60 ~ 69 mm 三组洪水过程(见图 4 ~ 图 6)。40 ~ 49 mm 前期影响雨量的场次洪水有 3 场,分别为"19830907""19840702""20120901",其降雨量分别为 129. 694 mm、82. 56 mm、112. 3 mm;50 ~ 59 mm 前期影响雨量的场次洪水有 5 场,分别为"19840724""19850724""20040811""20090817""20090829",其降雨量分别为 94 mm、70. 36 mm、39. 3 mm、82. 2 mm 和 99 mm;60 ~ 69 mm 前期影响雨量的场次洪水有 2 场,分别为"19880814""20120707",其降雨量分别为 82. 56 mm、56. 6 mm。

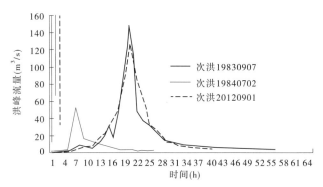

图 4　40 ~ 49 mm 前雨不同降雨量洪水过程

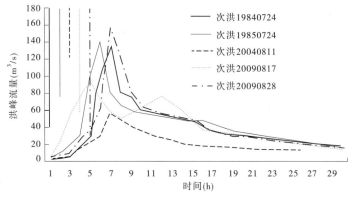

图 5　50 ~ 59 mm 前雨不同降雨量洪水过程

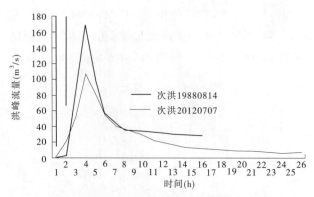

图 6　60~69 mm 前雨不同降雨量洪水过程

从图 6 中可以看出,前期影响雨量基本相同的情况下,场次洪水的洪量随着降雨量的增加而增加,场次洪水的洪峰流量随着降雨量的增加而增加。

4　暴雨洪水实测资料分析

4.1　洪水过程模拟及参数率定

根据研究区暴雨洪水资料及历史山洪灾害情况,选取 2 场典型降雨洪水资料(19840724、20120901)进行模拟,其中产流计算、径流计算、河道洪水演算分别选用初损稳渗法、斯内德单位线和马斯京根法,优化算法选用利用单纯形法检索目标值的内尔德米德优化算法,率参后的最优参数见表 2~表 4。

表 2　初损后损法参数设置

Subbasin	Initial Loss (MM)	Constant Rate (MM/HR)	Imperious (%)
W80	50	2.54	4.500 013
W90	50	2.54	4.500 062
W100	50	2.54	4.500 047
W110	50	3.302	4.500 034
W120	50	5.08	4.500 027
W130	50	4.318	4.5
W140	50	2.54	4.5

表 3　斯奈德单位线参数取值

Subbasin	Lag Time (HR)	Peaking Coefficient
W80	1.295	0.7
W90	4.164	0.7
W100	3.584	0.7
W110	0.956	0.7
W120	3.944	0.7
W130	3.124	0.7
W140	0.305	0.7

表 4　马斯京根法参数取值

Reach	Initial Type	Muskingum K	Muskingum X
R10	Discharge = Inflow	0.5	0.45
R30	Discharge = Inflow	0.5	0.45
R40	Discharge = Inflow	0.5	0.45

4.2　结果与分析

通过 HEC_HMS 模型对所选取的两次典型次洪过程(19840724 和 20100901)模拟结果如图 7、图 8 所示。

由表 5 可知,本次模拟方案都取得了较好的结果:洪峰相对误差合格率为 89.25%,洪量相对误差合格率为 86.6%,纳什系数为 0.821。说明 HEC_HMS 模型水文模型在鸡冢小流域的适用性良好,所选用的产汇流计算方法较为贴近当地实际。

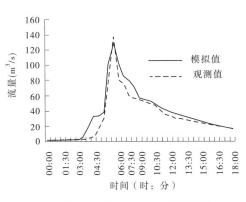

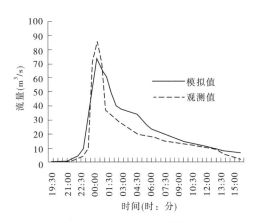

图7 次洪 19840724 模拟结果　　　　图8 次洪 20100901 模拟结果

表5 次洪 19840724 和 20100901 模拟结果

洪号	洪峰流量		洪水总量		纳什系数
	模拟	实测	模拟	实测	
19840724	125	136	51.15	46.87	0.849
20120901	74.7	86.2	32.85	28.65	0.793

5 结论

本文对鸡冢小流域近30年来暴雨资料的收集整理,构建 HEC_HMS 模型,选取了3场典型场次洪水,开展了暴雨洪水过程模拟,得到以下结论:

(1)在降雨量基本相同的情况下,场次洪水的洪量随着前期影响雨量的增加而增加,场次洪水的洪峰流量随着前期影响雨量的增加而增加,场次洪水的峰现时间随着前期影响雨量的增加而变短;在前期影响雨量基本相同的情况下,场次洪水的洪量随着降雨量的增加而增加,场次洪水的洪峰流量随着降雨量的增加而增加。

(2)对鸡冢小流域的两场典型次洪过程进行模拟验证,洪峰相对误差合格率为89.25%,洪量相对误差合格率为86.6%,纳什系数为0.821,取得了较好的结果,表明 HEC_HMS 水文模型在义牒河流域的适用性较好。

(3)通过此方法可以结合流域出口断面水位—流量关系,反推出上游山洪临界雨量,对河南省类似山区小流域的非工程措施建设、监测站点的布置等方面具有重要的意义。

参 考 文 献

[1] 邢子康,马苗苗,文磊,等.HEC-HMS 模型在缺资料地区山洪预报的应用研究[J].中国水利水电科学研究院学报,2020,18(1):54-61.

[2] 刘一鸣.局部暴雨洪涝灾害综合风险评估综述[J].中国减灾,2019(23):48-49.

[3] 赵永超,王加虎,梁菊平,等.HEC-HMS 模型在紫荆关流域水文模拟中的应用[J].水电能源科学,2017,35(12):10-13.

[4] 曹永强,王菲,齐静威,等.HEC - HMS 水文模型在细河流域的应用研究[J/OL].中国防汛抗旱:1-7[2020-06-19].

[5] 张晓娇,焦裕飞,刘佳,等.基于 DEM 的大清河子流域划分方法[J].人民黄河,2020,42(6):13-17.

[6] Cyndi V. Castro, David R. Maidment. GIS preprocessing for rapid initialization of HEC-HMS hydrological basin models usingweb-based data services[J]. Elsevier Ltd,2020,130.

[7] 刘畅,陈兴伟,刘传铭.晋江流域 HEC-HMS 模型关键参数的分区率定[J].南水北调与水利科技,2019,17(3):40-47,96.

[8] 侯春梅.河南省区域性暴雨分布特征及成因分析[C]//中国气象学会.中国气象学会 2006 年年会"灾害性天气系统的活动及其预报技术"分会场论文集.中国气象学会:中国气象学会,2006:858-864.

[9] 原文林,付磊,高倩雨.基于 HEC-HMS 模型的山洪灾害临界雨量研究[J].人民黄河,2019,41(8):22-27,31.

淮河中下游水安全保障的关键——洪泽湖治理研究

杨锋

（水利部淮河水利委员会，安徽 蚌埠　233001）

摘　要　本文在深入研究洪泽湖治理对保障淮河中下游水安全影响的基础上，分析了洪泽湖的形成和治理历程、洪泽湖在淮河水安全保障体系中发挥的重要作用，并提出了洪泽湖治理的方向及其对策，即扩大洪泽湖的调蓄库容，全湖进行清淤疏浚，打通湖内泄水通道，进一步让洪泽湖在流域水安全保障体系中发挥更大的作用。

关键词　洪泽湖治理；淮河中下游；水安全；保障措施

洪泽湖是淮河流域最大的湖泊，为淮河中下游结合部，承泄了淮河上中游 15.8 万 km² 的来水。根据 2016 年淮委组织施测的洪泽湖地形图，湖区面积 1 972 km²，周边滞洪区面积 1 513 km²，总库容 124 亿 m³，在流域防洪、灌溉、供水、航运、保障水生态环境等方面都具有关键性作用。

通过新中国治淮 70 年来的不断治理，洪泽湖的防洪标准达到百年一遇并成为淮河中下游地区的主要调蓄湖泊，在淮河防洪与水资源配置格局中发挥着突出作用。随着社会经济发展特别是贯彻习近平总书记生态文明建设思想和一系列治水重要论述的要求，淮河中下游水安全保障体系建设需要洪泽湖发挥更大的作用。为此，迫切需要我们对洪泽湖的进一步治理进行研究。

1　洪泽湖的形成和治理历程

1128 年黄河夺淮之前，淮河干流是一条稳定的河流，干流及其主要支流基本上都是清水河流，中下游河道水涨漫滩，水落归槽。现在的洪泽湖区域也没有形成大的湖泊，地面高程 6 m（85 黄海高程，下同）左右，河床高程 2 m 左右。随着黄河持续夺淮，黄河的泥沙不断输入和淤积，加之高家堰（洪泽湖大堤的前身）的建设和明清两代治水"蓄清刷黄"方略的运用，在淮河的中下游结合部逐渐形成了洪泽湖并将湖底高程平均淤积成 10.3 m 左右，直至 1855 年黄河结束夺淮改道，洪泽湖形态相对稳定至今并形成了现状的淮河与洪泽湖的关系。因此可以说，洪泽湖不是自然形成的湖泊，而是水害泛滥和先辈们治水建设的巨型水库，在建设和运行的过程中由于黄泛影响库区受到了严重淤积。

洪泽湖地处淮河中下游分界处的关键节点，作为淮河洪水最大的调蓄湖泊和广袤的苏北平原与京杭大运河最大的洪水威胁，洪泽湖的治理历来受到统治者和区域人民的重视。特别是新中国成立后开展大规模的淮河治理以来，围绕着洪泽湖的防洪减灾，先后开辟了入江水道、灌溉总渠、分淮入沂、入海水道以扩大洪泽湖的泄洪能力，加高加固了洪泽湖大堤，规划建设了洪泽湖周边滞洪区，形成了较为完善的防洪体系；围绕水资源利用，先后建设了江水北调、南水北调东线一期工程及诸多引调水工程，洪泽湖成为苏北、皖东乃至南水北调东线的主要水源地。

2　淮河中下游水安全面临的形势和困境

新中国治淮 70 年来，通过堤防退建和加固、河道疏浚、行蓄洪区调整和建设、蚌埠闸等工程的建设，淮河中下游形成了较为完整的防洪除涝、水资源配置体系。但由于特殊的地形条件和黄河夺淮的影响，淮河中下游河道行洪不畅造成行蓄洪区众多且启用标准不高、中小洪水时干流高水位持续时间长、沿岸平原洼地受干流高水位顶托排涝能力偏低甚至关门淹问题依然存在。淮河水系现有各类水库 3 000 多

作者简介：杨锋，男，1971 年生，淮河水利委员会规划计划处处长（教高），主要从事规划计划管理工作。E-mail：yang-feng@ hrc. gov. cn。

座,总库容 203 亿 m³,其中大型水库 20 座,控制面积 1.78 万 km²,总库容 152 亿 m³;由于淮河流域地形条件的限制,水库基本都位于上游地区且控制流域面积仅占流域总面积的 10%,中游广大流域面积的来水得不到有效的控制调蓄,特别是淮河流域降雨年际分布不均,70%的径流又集中在 6~9 月的汛期,受时空分布不均和调蓄能力不足的影响,淮河中下游地区水资源短缺、水生态保障能力不足和水环境问题依然突出。

虽然淮干中下游防洪保护区防洪标准已达到 100 年一遇,但解决淮干中下游行洪不畅问题的瓶颈在于降低干流水位特别是中小洪水的水位;淮河干流和洪泽湖是沿淮和洪泽湖周边广大地区水资源配置体系中的主要来源,解决淮河中下游地区水资源短缺、水生态保障能力不足和水环境问题的瓶颈在于增加淮干与洪泽湖的调蓄能力。

3 洪泽湖在淮河水安全保障体系中的作用

洪泽湖以上控制流域面积 15.8 万 km²,占淮河水系流域面积的 83%;淮河干流自出山店水库以下逐渐进入平原地区,两岸土地肥沃、人口稠密,没有修建水库调蓄洪水和水资源的条件,两岸支流上的水库也基本上在上游山区控制流域面积很小,淮干中游仅建有临淮岗洪水控制工程对 50 年一遇以上的大洪水进行控制、建有蚌埠闸对水资源适当调蓄,沿岸分布的 12 处行蓄洪区在运用时可以消减部分洪峰但代价巨大,淮河的洪水可以说悉数进入洪泽湖,唯有洪泽湖承泄并调蓄淮河洪水后再分别入江入海。作为国家四纵三横的战略性水资源配置体系中的一纵——南水北调东线工程和一横——淮河在洪泽湖交汇,南水北调东线工程抽引长江水进入洪泽湖与淮水调蓄后再一路向北送入华北地区。因此洪泽湖无论是防洪还是水资源调蓄利用上在淮河流域都具有举足轻重的作用,也是淮河水生态、水环境体系中最重要的组成部分,还是南水北调东线等国家重大水资源配置体系中的重要环节,特别是洪泽湖的调蓄能力在淮河水安全保障体系中作用巨大。

4 洪泽湖治理的方向性研究

黄河夺淮南泛的 600 多年中,大量泥沙进入淮河干流,改变了淮河干流河道的自然特性,淮河失去天然入海尾闾而改为入洪泽湖后择机东泛,无通畅的下泄通道;随着洪泽湖淤积湖底抬高,淮河浮山以下河道呈倒比降,不利于洪水下泄且造成淮河中游干支流高水位持续时间长,加剧了中游的洪涝灾害。1855 年黄河改道北徙后,黄河泥沙不再进入淮河干流,淮河中下游的水系格局逐渐稳定下来。针对黄河夺淮给淮河带来的深重影响,历代治淮都认识到了洪泽湖是淮河中下游防洪体系中的关键,通过不懈的努力,逐步扩大了洪泽湖的洪水下泄出路、加固洪泽湖大堤、开辟周边圩区为洪泽湖滞洪区,以此来提高洪泽湖的防洪标准。但随着治淮的不断深入,由于洪泽湖底高程淤高、淮河中下游河道倒比降造成的淮河中游受洪泽湖高水位顶托行洪不畅、高水位持续时间长影响两岸排涝的问题依然严重,次生出行蓄洪区等人水矛盾突出问题,很多有识之士研究淮河和洪泽湖的关系,提出了要恢复黄河夺淮前的淮河原有河道特性来根本解决淮河中游的问题,著名的有河湖分离的方案和恢复淮河故道等方案。

然而,洪泽湖形成后淮河中下游的水系格局已基本稳定,特别是新中国成立后 70 年来,淮河下游已形成完整的防洪及水资源配置体系。防洪方面现状已达到 100 年一遇标准,在淮河入海水道二期工程建成后洪泽湖的防洪标准将达到 300 年一遇;水资源方面,洪泽湖调蓄的淮河水资源已成为中下游地区的主要水源及南水北调东线工程的重要调蓄湖泊;水生态方面洪泽湖更是重要的水生动植物栖息地和淮河洪泽湖淡水水生态的重要支撑;因此,淮河和洪泽湖的现有河湖关系格局已不宜做作大的调整。洪泽湖的进一步治理应主要围绕扩大调蓄能力、通畅淮河中下游行洪能力开展研究,在现有工程规划体系基础上,综合土地、环境、工程、水资源利用等政策研究提出可行的方案。为此,洪泽湖的治理主要应从两个方面进行研究。

4.1 扩大洪泽湖的调蓄库容,全湖进行清淤疏浚

洪泽湖湖区特点是面积巨大,湖区浅平,作为巨型平原水库调蓄库容不足。根据 2016 年淮委组织实测的洪泽湖水下地形和洪泽湖周边圩区地形图,洪泽湖现状水位—库容关系见表 1。

表1　洪泽湖水位、面积、库容关系表(平蓄)

高程 (m)	洪泽湖湖区		洪泽湖滞洪圩区		合计	
	面积(km²)	体积(亿 m³)	面积(km²)	体积(亿 m³)	面积(km²)	体积(亿 m³)
5	3.97	0.065				
6	7.97	0.118				
7	15.93	0.222				
8	34.97	0.439				
9	65.25	0.906				
10	206.7	1.839				
11.1(死水位)	1 161.84	10.582				
12.3 (汛限水位)	1 692.39	27.941				
13.3 (汛后蓄水位)	1 844.97	45.633				
14.3(滞洪圩区 滞洪水位)	1 972.26	64.62	845.11	12.24	2 817.37	76.86
15	2 121.88	78.823	997	18.712	3 118.88	97.535
15.8(设计水位)	2 398.2	96.914	1 087.15	27.147	3 485.35	124.061
16.8(校核水位)	2 645.57	122.343	1 116.1	38.234	3 761.67	160.577

从表1中可以看出,洪泽湖死库容10.58亿 m³,汛限水位以下可利用库容17.36 m³,南水北调东线一期工程抬高汛后蓄水位至13.3 m后的兴利库容也仅有35.05亿 m³。而根据1983~2005年洪泽湖入湖水文测站和出湖水文测站实测统计(详见表2、表3),洪泽湖多年平均年入湖水量多年平均314.28亿 m³,出湖水量287.89亿 m³,其中流入长江的水量为173亿 m³,流入长江的水量和入海水量基本可以视为洪泽湖的弃水量。由此可以看出,增大洪泽湖的调蓄库容是十分必要的,不会出现有库无水的状况。

表2　洪泽湖多年平均入湖水沙量表

入湖河流	淮干	怀洪新河	徐洪河	池河	新汴河	老濉河	濉河	合计
多年平均入湖水量 (亿 m³)	271.8	17.82	4.24	7.27	7.33	0.74	5.05	314.28
多年平均入湖沙量 (万 t)	559.39	8.09	7.02	34.4	29.66	1.13	13.72	653.42

表3　洪泽湖多年平均出湖水沙量

出湖通道及口门	淮河入江水道	淮河入海水道及 分淮入沂	苏北灌溉总渠	合计
多年平均出湖水量(亿 m³)	173	80.86	34.03	287.89
多年平均出湖沙量(万 t)	228.58	71.85	25.77	326.2

由于洪泽湖以上淮干中游的地形条件,淮干中游的防洪除涝体系已经形成,洪泽湖的汛限水位、正常蓄水位及设计洪水位均不宜提高,扩大洪泽湖的调蓄库容只能从降低库底高程入手,实施洪泽湖的清淤。

洪泽湖湖区正常蓄水位以下面积约为 1 845 km²（迎湖挡洪堤以内），平均高程 10.3 m，湖底平均向下疏浚 1～1.5 m，同时将洪泽湖的死水位同步降低 1～1.5 m，将会扩大洪泽湖的调蓄库容 18 亿～27 亿 m³，在汛限水位和正常蓄水位不变的情况下，相当于为淮河中下游地区扩大了 18 亿～27 亿 m³ 的兴利调蓄库容，将大大改善淮河中下游地区的水资源利用条件和南水北调东线工程的调蓄输水能力。洪泽湖清淤后，如果在满足洪泽湖周边地区汛期用水的条件下再适当降低汛限水位，还将改善淮河中游防洪除涝条件和提高洪泽湖自身的防洪能力，效益巨大。

黄河结束夺淮后，淮河干流含沙量大为减少，特别是随着上游水土保持的不断提升，近几十年来淮干输沙量更出现了显著降低，从 1983～2005 年洪泽湖入湖水文测站和出湖水文测站实测输沙量统计可看出，多年平均淤积在湖区的沙量仅 300 多万 t，洪泽湖清淤疏浚的淤积风险很小。

洪泽湖湖区迎湖挡洪堤以外的滨湖洼地现为洪泽湖周边滞洪区，分为 380 多个圩区，在洪泽湖水位 14.3 m 后需破圩滞洪作为洪泽湖蓄洪库容的一部分，在洪泽湖设计洪水位 15.8 m 以下的库容为 27.15 亿 m³。在淮河入海水道二期工程实施后，洪泽湖遇 100 年一遇洪水时可不使用周边滞洪区，洪泽湖清淤疏浚后，先期滞洪库容的加大再辅以二河、三河口门下泄能力的提高，完全有可能实现周边滞洪区不再需要滞洪。

现状周边滞洪区内受滞洪区定位的制约，人口主要分布在高程较高、库容较小、离湖较远的圩区内，沿湖圩区内土地主要为开发利用程度较低的农用地。洪泽湖周边滞洪区滞洪设施建设不完善，滞洪时也难以有效运用。实施洪泽湖清淤疏浚需要大量的湖区外土地作为排泥场，周边滞洪圩区作为排泥场只需临时征用后还可复垦使用，同时把周边滞洪圩区调整为保护区，既节约了大量的土地资源又解决了滞洪圩区的长远发展问题。

4.2 打通湖内泄水通道、通畅淮河洪水下泄

淮河干流浮山以下河道倒比降一直是淮河中下游治理的难题，特别是淮河流经洪泽湖东西长约 60 多 km，从淮干入湖口到二河、三河二个出湖口门之间一直没有一条通畅的流路，也是淮河中下游泄水能力不足、中小洪水时淮干中游受洪泽湖高水位顶托的重要原因。

黄河夺淮前洪泽湖区的地面高程 5 m 左右，河底高程仅 2 m 左右，这与淮干浮山以上河道纵断面是协调的。在不改变现有规划的淮河中下游防洪和水资源体系的前提下，结合三河闸下入江水道河底高程和二河闸下入海水道二期的河底高程，洪泽湖湖内开辟一条底高程 5 m 左右的湖内深槽，可以极大提高淮河洪水通湖下泄能力，改善洪泽湖对中游洪水的顶托影响。湖内工程布局可采用现有淮河入湖口和冯铁营引河入湖口到三河闸上、二河闸上的湖内挖槽方案，结合洪泽湖清淤疏浚实施。三河闸现状底板高程 7.3 m，二河闸现状底板高程 7.8 m，下一步可结合三河闸的除险加固或三河越闸建设、二河闸的除险加固将三河闸、二河闸的底板高程降至 5 m 高程。湖内深槽开挖后，将会根本改变淮河中下游河道倒比降的情势，通畅淮河洪水下泄，重构健康的河湖体系。

实施洪泽湖的清淤疏浚效益显著，工程浩大，牵涉的技术和社会难题也很多，需要在深入研究的基础上统筹做好规划，分步实施。一要做好周边滞洪区的土地临时征用和复垦利用规划，最大限度减小对当地经济社会发展的不利影响；二要研究好大规模疏浚、长距离排泥的技术、经济与环境问题；三要研究好洪泽湖水深变化对现有洪泽湖水生态的影响和补救措施；四要研究好洪泽湖库容和湖内工程格局变化后洪泽湖防洪和水资源配置的优化调度方案。

综上，通过深入研究以洪泽湖为核心的治理措施，解决好淮河中下游防洪、水资源、水生态、水环境方面的突出短板，才能统筹做好淮河中下游水安全保障规划，分步实施、久久为功，真正使淮河成为造福人民的"幸福河"。

南四湖流域汛期分期研究

陈立峰[1]，陆继东[2]，李玥璠[2]

（1. 山东省海河淮河小清河流域水利管理服务中心，山东 济南　250100；
2. 济宁市水利事业发展中心洙赵新河分中心，山东 济宁　272000）

摘　要　本文基于系统聚类法、K 均值法、变点分析法、Fisher 最优分割法，根据 1960～2013 年南四湖上级湖逐日入湖流量资料及南四湖流域面平均降雨量资料，分析计算得出南四湖汛期分期结果为：前汛期 6 月 1～30 日，主汛期 7 月 1 日至 8 月 20 日，后汛期 8 月 21 日至 9 月 30 日。计算结果对南四湖洪水调度及水资源开发利用等方面有一定指导意义。
关键词　南四湖；汛期分期；暴雨

1　概述

我国水利部门传统的汛期确定方法多为定性分析方法，即根据水库防洪安全和兴利蓄水要求、下游防洪安全等，选取全流域某一量级暴雨量、水库入湖洪峰流量、某一关键河道断面洪峰流量、水位等作为描述"汛期"或"主汛期"开始与结束的指标，我国政府根据主要江河涨水情况规定的"七大江河"的汛期，见表 1。上述汛期起止时间的划定对指导相关业务部分做好汛期防汛工作起到十分重要的作用。

表 1　中国主要江河 1950～1980 年实际汛期

河流名称	站名	起始防守流量（m³/s）	实际汛期始（月-日）			实际汛期止（月-日）			国家规定（月-日）	
			最早	最晚	平均	最早	最晚	平均	开始	结束
珠江	石角站	6 000	04-01	06-05	05-05	04-02	08-04	06-04	04-01	09-30
长江	汉口站	30 000	04-03	07-03	05-04	07-05	11-02	10-02	05-01	10-31
淮河	蚌埠站	4 000	06-02	09-04	07-04	07-02	09-06	08-04	06-01	09-30
黄河	花园口	5 000	06-06	10-04	08-03	07-06	11-01	09-03	06-01	10-31
海河	南运河	600	07-05	09-02	08-02	08-01	09-05	08-06	06-01	09-30
辽河	铁岭站	1 500	07-05	08-04	08-03	08-02	09-04	08-05	06-01	09-30
松花江	哈尔滨	5 000	07-01	09-03	08-03	09-01	10-02	09-05	06-01	09-30

注：摘自《中国水利百科全书》（水利电力出版社，1991 年）。

流域汛期分期问题从数学角度来分析，其实质上是一个试验样本的聚类分析问题，因此可以依据统计数学分析的途径来进行分析。目前已有不少学者在这些方面做了大量的研究工作，并提出了相应的分析方法，主要有模糊集合分析方法、分形方法等。

暴雨洪水的季节性变化规律十分复杂，应从多种途经来研究这种季节性变化规律，然后通过多种途经分析结果的相互比对，最终为汛期的合理分期提供更为科学、合理的依据。为此，本研究在系统归纳总结现有相关研究成果，并充分借鉴其他学科领域相关研究成果的基础上，探索应用多种定量分析方法来研究南四湖流域汛期分期规律，并对各种定量评定方法进行了分析对比。

作者简介：陈立峰，男，1980 年生，高级工程师，主要从事水利工程规划、管理、设计等方面的研究。E-mail：13505312980@163.com。

2 汛期分期方法

2.1 系统聚类法

我国多数河流的洪水是由暴雨所致的,研究暴雨洪水发生的时程分布特征和变化规律,是进行流域汛期分期设计的基础。通过对汛期的成因分析,得知影响汛期的因素(如气象因素、自然地理因素等)是多方面的,因此对汛期分期就必须考虑多方面的因素,也就是说,汛期分期是一个多因子控制的问题。

系统聚类法是目前关于聚类分析中应用最多的一种方法,有关它的研究极其丰富,这种方法的基本思想是:先将多个样本各自看成一类,然后规定样本之间的距离和类与类之间的距离。开始,因每个样本自成一类,类与类之间的距离与样本之间的距离是相等的,选择距离最小的一对并成新类,计算新类和其他类的距离,再将距离最近的两类合并,这样每次减少一类,直至所有的样本都成一类。模糊系统聚类法是结合了模糊数学与系统聚类法的一种聚类方法,它通过计算样本之间的距离(或贴近度),以组成模糊相似矩阵,来作为聚类的依据。这个方法可以采用多个因子进行计算,因此比单纯采用单个因子(如日降雨量)进行分期更具合理性。

2.2 K 均值法

K 均值法实质上属于动态聚类法。动态聚类法最初是从迭代的思想得到启发而产生的一种方法,它的基本思想是:先给一个粗糙的初始分类,然后用某种原则进行修改,直至分类比较合理。K 均值法是利用距离最近原则进行分型的。

2.3 变点分析法

变点(change - point)分析是一种基于统计理论,用于检测时间序列突变的划分时间序列的方法,包括均值变点分析和概率变点分析。

2.4 Fisher 最优分割法

最优分割法是对有序样本进行分类的一种统计方法。这个方法首先是由 Fisher 提出来的,所以又称为 Fisher 最优分割法。该方法用来分类的依据是离差平方和,而进行分割的原则是:使得各段内部样本之间差异最小,而各段之间的差异最大。Fisher 最优分割法作为一种传统线性分类方法,已经在农业区划、气象统计预报、地震周期预报、工业产品检测、医学分析等许多方面得到了成功的应用。

2.5 各种方法对比分析

针对各种分析方法的适应性,可以综合对比分析其优缺点,如表 2 所示。

表 2　各种定量分析方法的分析对比

方法	应用情况	优点	缺点
系统聚类法	其他学科使用较多,水文上也有应用	避免选取指标阈值带来任意性,能采用多因子分析	计算较为烦琐,不能考虑系列时序连续性
K 均值法	水文上有应用	方法简单,特别适合利用计算机操作	有时会不收敛,因此对初始值要有较高的把握,只适合散点序列
变点分析法	水文上有应用	理论基础严密,适合时序性系列	需要严格的数学假定,变点个数、阈值的选取存在一些主观性
Fisher 最优分割法	其他学科使用较多,但水文上未见应用	数学概念清晰,时序性聚类,结果稳定、客观,采用多因子分析	计算较为烦琐

考虑水文系列的时序连续性以及暴雨洪水的季节性变化影响因子较多,推荐采用 Fisher 最优分割法进行定量计算。

3 流域汛期分期分析计算

根据 1960 ~ 2013 年南四湖上级湖逐日入湖流量资料及南四湖流域面平均降雨量资料,统计出 8 个指标以用于汛期分期,指标分别为:旬最大入湖流量、年最大入湖量出现次数、旬最大三日径流量、年最大三日径流量出现次数、旬最大一日降水量、年最大一日降水量出现次数、旬最大三日降水量、年最大三日降水量出现次数,汛期各旬的指标特征值如表 3 所示。

表 3　南四湖汛期分期指标特征值

时段	旬最大入湖流量（m³/s）	年最大入湖流量出现次数（次）	旬最大三日径流量（亿 m³）	年最大三日径流量出现次数（次）	旬最大一日降水量（mm）	年最大一日降水量出现次数（次）	旬最大三日降水量（mm）	年最大三日降水量出现次数（次）
6 月上旬	134.7	4	0.184	5	23.6	29	19.5	20
6 月中旬	431.7	8	0.359	7	52.2	45	61.1	48
6 月下旬	48.9	2	0.101	1	100.7	99	143.4	103
7 月上旬	1 588.8	6	2.070	10	138.8	124	147.3	119
7 月中旬	659.9	24	1.296	25	129.3	126	189.2	154
7 月下旬	821.8	31	1.343	27	157.5	153	201.1	152
8 月上旬	917.6	40	1.893	34	175.0	148	188.3	140
8 月中旬	1 215.3	44	2.177	48	99.9	99	147.2	111
8 月下旬	497.0	13	1.271	18	86.0	91	78.2	70
9 月上旬	302.3	13	0.566	11	52.2	53	34.0	29
9 月中旬	592.3	13	1.383	15	42.3	45	45.5	40
9 月下旬	111.6	4	0.001	1	6.6	9	3.5	4

图 1 为将各指标特征值进行 0~1 标准化后取指标平均值的逐旬过程,从图 1 中可以看出,指标特征值在汛期的过程线呈单峰型分布,7 月上旬至 8 月中旬相对其他各旬特征值较大,因此可以从定性上认为是主汛期,而 6 月上旬至 6 月下旬为前汛期,8 月下旬至 9 月下旬为后汛期。该结论是采用较定性方式给出的,下面将利用科学的汛期分期方法,给出南四湖流域的汛期分期成果。

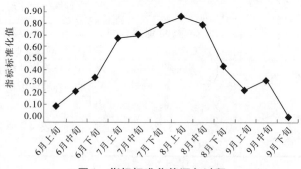

图 1　指标标准化值逐旬过程

（1）系统聚类法。

根据系统聚类法的步骤,得到南四湖流域汛期各旬之间的分类关系矩阵(截度为 0.85,距离公式采用海明距离),如表 4 所示,从中可以看出,7 月上旬至 8 月中旬分为一类,作为主汛期,其他各旬分为一类,但基于时间上的连续性,可将 6 月上旬至 6 月下旬分为一类,作为前汛期,而 8 月下旬至 9 月下旬分为一类,作为后汛期。

表4　截度水平 $\lambda = 0.85$ 下的分类关系矩阵(海明距离)

R	6月上旬	6月中旬	6月下旬	7月上旬	7月中旬	7月下旬	8月上旬	8月中旬	8月下旬	9月上旬	9月中旬	9月下旬
6月上旬	1	1	1	0	0	0	0	0	1	1	1	1
6月中旬	1	1	1	0	0	0	0	0	1	1	1	1
6月下旬	1	1	1	0	0	0	0	0	1	1	1	1
7月上旬	0	0	0	1	1	1	1	1	0	0	0	0
7月中旬	0	0	0	1	1	1	1	1	0	0	0	0
7月下旬	0	0	0	1	1	1	1	1	0	0	0	0
8月上旬	0	0	0	1	1	1	1	1	0	0	0	0
8月中旬	0	0	0	1	1	1	1	1	0	0	0	0
8月下旬	1	1	1	0	0	0	0	0	1	1	1	1
9月上旬	1	1	1	0	0	0	0	0	1	1	1	1
9月中旬	1	1	1	0	0	0	0	0	1	1	1	1
9月下旬	1	1	1	0	0	0	0	0	1	1	1	1

(2)K 均值法。

根据 K 均值法的方法和步骤,以分2类为目标,则7月上旬至8月中旬收敛为一类,可作为主汛期,而其他各旬为一类,考虑时间上的连续性,将6月上旬至6月下旬分为一类,作为前汛期,而8月下旬至9月下旬分为一类,作为后汛期。从分析过程来看,该方法与系统聚类法应用于汛期分期上的共同不足在于不能考虑时间的连续性。

(3)变点分析法。

按照均值变点分析的基本原理,利用最小二乘法找到两个突变点,分别为7月上旬和9月上旬,因而将汛期划分为三个分期:6月上旬至6月下旬为前汛期,7月上旬至8月下旬为主汛期,9月上旬至9月下旬为后汛期。从方法的过程来看,该方法的主要不足在于寻找的突变点不是全局最优解。

(4)Fisher 最优分割法。

根据 Fisher 最优分割法的步骤,计算出目标函数 $e[P(i,k)]$,见表5。据此得到南四湖控制流域不同分类数 k 下的分期结果,见表6。当分三期时,分期结果为:6月上旬至6月下旬为前汛期,7月上旬至8月中旬为主汛期,8月下旬至9月下旬为后汛期。

表5　目标函数 $e[P(i,k)]$ 计算结果

	2	3	4	5	6	7	8	9	10	11
3	0.00(2)									
4	0.03(4)	0.00(4)								
5	0.03(4)	0.00(4)	0.00(4)							
6	0.03(4)	0.01(4)	0.00(6)	0.00(6)						
7	0.05(4)	0.03(4)	0.01(6)	0.00(6)	0.00(7)					
8	0.05(4)	0.03(4)	0.01(6)	0.00(6)	0.00(7)	0.00(8)				
9	0.14(4)	0.05(9)	0.03(9)	0.01(9)	0.00(9)	0.00(9)	0.00(9)			
10	0.32(4)	0.07(9)	0.05(9)	0.03(9)	0.01(10)	0.00(10)	0.00(10)	0.00(10)		
11	0.41(4)	0.07(9)	0.05(9)	0.03(9)	0.01(10)	0.01(10)	0.00(11)	0.00(11)	0.00(11)	
12	0.64(10)	0.13(9)	0.07(12)	0.05(12)	0.03(12)	0.01(12)	0.01(12)	0.00(12)	0.00(12)	0.00(12)

表6　分类结果

分类数	分类结果
2	{1 2 3 4 5 6 7 8 9}{10 11 12}
3	{1 2 3}{4 5 6 7 8}{9 10 11 12}
4	{1 2 3}{4 5 6 7 8}{9 10 11}{12}

绘制目标函数 $e[P(n,k)] \sim k$ 关系曲线图,从图 2 可以看出,曲线在 k 值为 3 处明显有一拐点,从 $k = 3$ 以后的目标函数值基本趋于平缓,即 k 值再增大对分期的意义已不明显,因此选择划分 3 期作为最优分期结果。

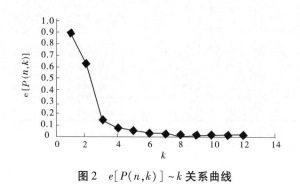

图2　$e[P(n,k)] \sim k$ 关系曲线

4　结论

各种汛期分期方法得到的南四湖控制流域汛期分期结果见表 7。从表中可以看出,系统聚类法、K 均值法和 Fisher 最优分割法的结果完全一致,主汛期划定在 7 月 1 日至 8 月 20 日,而变点分析法将其划定为 7 月 1 日至 8 月 20 日,由于变点分析法存在变点不是全局最优解的不足,因此通过综合对比,选择较多的分期结果,即南四湖汛期分期结果为:前汛期 6 月 1 日至 6 月 30 日,主汛期 7 月 1 日至 8 月 20 日,后汛期 8 月 21 日至 9 月 30 日。计算结果对南四湖洪水调度及水资源开发利用等方面有一定指导意义。

表7　南四湖不同定量分析方法汛期分期结果

分期方法	分期(月-日)		
	前汛期	主汛期	后汛期
系统聚类法	06-01 ~ 06-30	07-01 ~ 08-20	08-21 ~ 09-30
K 均值法	06-01 ~ 06-30	07-01 ~ 08-20	08-21 ~ 09-30
变点分析法	06-01 ~ 06-30	07-01 ~ 08-31	09-01 ~ 09-30
Fisher 最优分割法	06-01 ~ 06-30	07-01 ~ 08-20	08-21 ~ 09-30

参 考 文 献

[1] 王宗志,王银堂,胡四一.水库控制流域汛期分期的有效聚类分析[J].水科学进展,2007,18(4):580-585.

[2] 刘克琳,王银堂,胡四一.Fisher 最优分割法在汛期分期中的应用[J].水利水电科技进展,2007,27(3):14-16.

[3] 刘克琳,王银堂,胡四一.水库汛期分期定量分析方法应用比较研究[J].水利水电技术,2006,37(9):76-79.

跌水消能在小型水库除险加固工程中的应用

段练

（信阳市淮河管理处，河南 信阳 464000）

摘 要 在小型水库除险加固工程中，如何解决好泄水建筑物的安全泄洪、充分消能和减轻下游冲刷，都是水工设计中的重大科技问题，本文结合张河边水库溢洪道工程的实际情况，在现状一级消力池尾水渠末端增设跌水消能，一方面解决了一级消力池消能不充分的问题，另一方面也解决了下游河道的冲刷问题，同时也可形成瀑布水流，表现水的坠落之美。

关键词 水库；溢洪道；跌水；消能

0 前言

张河边水库位于信阳市罗山县子路镇境内，在淮河流域小潢河支流子路河上，是一座以防洪、灌溉为主，结合养殖等综合利用的小（Ⅰ）型水库。该水库于 20 世纪 70 年代建成，由当地政府负责组织民工进行施工，属于"三边"工程。张河边水库枢纽由大坝、溢洪道两部分组成，经 40 多年运行，均出现了不同程度的病险，需进行除险加固。

1 工程概况

张河边水库大坝为均质土坝，全长 76 m，坝顶高程 67.4 m，最大坝高 8.0 m，坝顶平均宽 17.0 m。大坝上游坝坡坡率 1:2.00，下游坝坡坡率 1:1.75。据坝体填筑施工人员回忆，在无任何科学依据的前提下，为了抢工程、赶工期，当时调集当地劳动力修筑大坝，高峰期出动民工数百人，土料含水量及干密度大部分来不及检测就上坝。碾压不均，填筑质量差。经调查，后培厚部分坝体填土未经压实。填筑前未进行必要的坝基清理处理，坝体与原坝体及两坝肩原状土结合不紧密。

溢洪道位于大坝右侧，由进口段、控制段、陡坡段、消力池段、尾水渠组成。进口段两侧设"八"字形 C25 混凝土翼墙，底板采用 C20 混凝土护砌；控制段宽 12.6 m，共 3 孔，每孔净宽 3.0 m，中墩厚 1.0 m，边墩厚 0.8 m，底板顶部高程 64.63 m，堰顶上部设交通桥，共 3 跨，桥宽 4.0 m，控制段均为钢筋混凝土结构；陡坡段为矩形断面，底宽 12.6 m，纵坡 1:3，陡坡底板最小厚度 500 mm，C25 钢筋混凝土结构，两岸岸墙为 C25 钢筋混凝土半重力式挡墙；消力池段为等宽矩形断面下挖式混凝土结构，池长 13.5 m，池深 2.0 m，底宽 16 m；消力池下游未采取防护措施，水流对渠底及岸坡冲刷严重。

2 溢洪道工程地质条件

溢洪道地质结构属黏性土均一结构，由第②层重粉质壤土、第③层粉质黏土和第④层中粉质壤土组成。

第②层重粉质壤土承载力标准值为 150 kPa，具微－弱透水性；第③层粉质黏土承载力标准值为 160 kPa，具微－弱透水性；第④层中粉质壤土承载力标准值为 180 kPa，具弱－中等透水性。重粉质壤土抗冲刷能力较差，坝后存在冲刷问题。据地质测绘资料，现状溢流坝下游两侧边坡存在坍塌问题。

3 溢洪道工程存在问题

溢洪道进口段、控制段、消力池段目前能正常运行，但消力池消能不充分，出口消力设施不完善，消

作者简介：段练，男，1986 年生，信阳市淮河管理处，工程师，主要从事水利规划计划、水利项目前期工作。

力池下游尾水渠底及两岸边坡冲刷严重,局部坍塌。溢洪道尾水渠在桩号0 + 35.6 m处由于洪水冲刷形成冲坑,冲坑下游河道下切,造成上游尾水渠坍塌,并有继续发展趋势。0 + 35.6 m处渠底高程为63.83 m,下游河底高程为58.66 m,高差为5.17 m,下游河道与子路水库连接,正常水位61.66 m。

鉴于以上情况,需在溢洪道尾水渠末端增加二级消能,解决消力池消能不充分问题,以保证尾水渠和下游河道的安全。

4　溢洪道消能设计

4.1　消能方式选择

泄洪建筑物常用的消能工形式有:挑流消能、面流消能、消力戽消能、底流消能及跌水消能等,各消能工形式针对本工程的适用性分析如下:

(1)挑流消能。

挑流消能适用于坚硬岩石上的高坝、中坝,是利用泄水建筑物出口处的挑流鼻坎,将下泄急流抛向空中,然后落入离建筑物较远的河床,与下游水流相衔接的消能方式。本工程溢洪道及尾水渠地质结构属黏性土均一结构,不具备布置挑流消能的条件。

(2)面流消能。

面流消能适用于下游尾水较深,流量变化范围小,水位变幅不大,河床和两岸在一定范围内有较高抗冲能力的工程。本工程下游河道水位低,河床属黏性土,河底及两岸抗冲能力差,不具备采用面流消能的条件。

(3)消力戽消能。

消力戽消能典型流态是"三滚一浪",适用于下游尾水较深(大于跃后水深)且变幅小、下游河床和两岸有一定抗冲能力的河道,本工程不具备采用消力戽消能的条件。

(4)底流消能。

底流消能适用于中、低坝,是通过水跃,将泄水建筑物泄出的急流变为缓流,以消除多余动能的消能方式,具有流态稳定、对地质条件和尾水位变幅适应性强的特点,由于出池水流为缓流,对河床和两岸的冲刷均较小。根据本工程下游河道地形、地质及水流条件,适宜采用底流消能,但由于溢洪道末端与下游河底现状已形成高差为5.17 m的冲坑,若采用底流消能,在溢洪道与消力池之间需设1:4的陡坡连接段,土方开挖量大,工程投资65.36万元。

(5)跌水消能。

跌水消能是使上游渠道水流自由跌落到下游渠道的落差建筑物,可形成瀑布式水流,在上下游渠底落差较大时建跌水,可减少土方开挖量,节约投资,而且在水库泄洪时,可形成瀑布水流,表现水的坠落之美。跌水方案工程投资46.62万元。

综上所述,挑流消能、面流消能及消力戽消能均不适合本工程,而底流消能和跌水消能从地形、地质及水流条件均适合,底流消能是中、低坝泄水建筑物消能的主要形式,跌水消能虽然在水库溢洪道消能中应用较少,但结合本工程的特点,采用跌水消能投资省,且可形成水景观等特点。

因此,本工程二级消能方式推荐采用跌水消能。

结合现场实际情况,主溢洪道在桩号0 + 35.6 m处和下游河道铅直连接,垂直高差为5.17 m,可采用单级跌水。一级消力池后增设跌水消能布置见图1。

4.2　跌水消能计算

采用垂直式跌水墙,且计入水舌上游侧面的水垫静水压力作用时,采用下列经验公式计算:

跌落水舌长度　　　　　　$L_d = 4.3D^{0.27}P$

收缩水深　　　　　　　　$h_c = 0.54D^{0.425}P$

跌后水深　　　　　　　　$h_c'' = 1.66D^{0.27}P$

水跃长度　　　　　　　　$L_j = 6.9(h_c'' - h_c)$

池深　　　　　　　　　　$S = 1.05h_c'' - h_t$

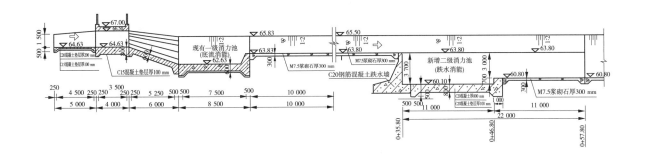

图 1 溢洪道二级消能布置

注:一级消力池为现有底流消能,二级消力池为新增的跌水消能。

池长
$$L_k = L_d + 0.8 L_j$$
$$D = q^2 / g P^3$$

式中:q 为单宽流量;P 为跌高。

根据测量成果,已知下游河道现状水位 61.66 m,由地形图分析得出跌水建筑物出口高程选为 60.8 m 较合适。

张河边水库总库容为 110 万 m³,水库为小(1)型水库,消能防冲标准按 10 年一遇设计。

经计算,所需跌高和消力池长度与下游河道水位有关,分以下两种工况:①若下游河道常年水位不低于 61.66 m,计算跌高为 3.13 m,池深为 0.6 m,池长为 9.68 m,出口段长 10.2 m。②若下游河道常年无水,此跌水建筑物进口段和跌水墙长 1.3 m,计算跌高为 3.63 m,池深为 0.7 m,池长为 10.87 m,出口段长 11.0 m。

综合以上两种计算工况,确定二级消力池采用单级跌水,取跌水建筑物进口段和跌水墙长 1.3 m,跌高 3.7 m,消力池深 0.7 m,消力池段长 11.0 m,池底高程 60.10 m,出口段长 11.0 m,底高程为 60.8 m。

5 结语

张河边水库工程于 2015 年进行除险加固,水库大坝采取坝顶加高、上游增设混凝土护坡、下游设草皮护坡等处理措施;溢洪道现有的一级消力池后尾水渠末端增加二级跌水消能,工程建设任务已全部完成,并于 2018 年进行竣工验收,经过近 3 年洪水考验,工程运行效果较好,达到了预期消能效果。

参 考 文 献

[1] 张一冰,刘晓平,等.罗山县张河边水库除险加固工程初步设计报告[R].2015.

[2] 李崇智,等.跌水与陡坡[R].2 版.北京:水力电力出版社,1988.

[3] 韩东梅,宗志聪,王学超.跌水消能在补水闸工程中的应用[J].东北水利水电,2016(2).

淮河入江水道跨河桥梁壅水计算方法浅析

蔡敏[1], 李菁[2], 黄苏宁[1], 甄峰[2]

(1. 南京市秦淮河河道管理处, 江苏 南京　210012;
2. 江苏省水利工程科技咨询股份有限公司, 江苏 南京　210029)

摘　要　桥梁壅水分析是跨河桥梁防洪评价的核心部分, 对设计单位确定桥型方案和水行政主管部门审查批复项目有直接参考意义。淮河入江水道由于断面大、影响因素多, 行洪期间流场复杂, 桥梁壅水分析较小河道更加难以确定。本文基于353省道跨淮河入江水道(邵伯湖)特大桥壅高计算, 分析了经验公式和二维模型在桥梁壅水计算中的应用情况, 表明二维模型可以模拟淮河流域行洪期间桥址上下游一定范围内的流场, 能够直观体现出河道的主流道范围和水流方向, 可以指导桥梁桥墩布置角度调整, 同时在桥梁壅水分析时考虑了主流区和辅流区的区别, 较经验公式更加符合河道实际情况, 具体生产实践中借鉴意义更大。

关键词　跨河桥梁; 壅水分析; 二维模型; 经验公式

1992 年后, 各地在对涉河建设项目审查时均提出了编制防洪评价报告的的要求[1-3], 水利部颁布的《河道管理范围内建设项目防洪评价报告编制导则(试行)》进一步规范了防洪评价报告的编制内容。桥梁壅水分析是防洪评价报告中的核心部分, 其分析结果对桥型设计、补偿工程有决定性影响。桥梁壅水分析的一般方法为参考《公路桥位勘测设计规范》(JTJ 062—1991)进行壅水高度计算, 随着数学模型的发展, 二维模型在分析跨河桥梁壅水方面逐渐得到运用。本文基于353省道跨淮河入江水道(邵伯湖)特大桥防洪评价, 探讨跨淮河入江水道大桥的壅水分析方法。

1　工程情况

353 省道跨入江水道(邵伯湖)特大桥采用一级公路标准, 设计防洪标准为 300 年一遇。处于江都区和邗江区交界处, 位于邵伯船闸上游约 5 km, 距昭关闸 2.0 km, 距芒稻闸约 18.4 km, 处于淮河入江水道 CS252 ~ CS253 断面之间。湖区段桥梁长 3 313 m, 跨径布置为 3×35 m+23 m×40 m+(58 m+3×100 m+58)+44×40 m+3×35 m。桥梁主墩采用钢筋混凝土空体墩接承台接桩基础, 桩基础均采用 1.8 m 桩径的钻孔灌注桩群桩。引桥上部结构采用 35 m、40 m 装配式部分预应力混凝土连续箱梁。下部结构采用柱式墩, 肋式台, 钻孔灌注桩基础。

现状湖段左堤防洪标准 100 年一遇, 堤防级别为 1 级; 右堤防洪标准 30 年一遇, 堤防级别为 3 级。桥梁与左堤立交, 与右堤平交。

2　淮河泄洪期间桥址处流量、水位

特大桥跨湖段水位受入江水道行洪影响, 具体水位根据淮河入江水道整治工程初步设计成果确定。

2.1　行洪设计流量

根据淮河流域防洪规划, 洪泽湖规划近期防洪标准为 100 年一遇, 远期防洪标准为 300 年一遇。按洪泽湖入湖洪水计算成果及洪水出路安排, 遇淮河流域 100 年一遇洪水, 相应淮河下游入江水道、入海水道、灌溉总渠、分淮入沂总的设计泄洪能力达 15 270 ~ 18 270 m³/s, 其中入江水道泄洪 12 000 m³/s; 遇淮河流域 300 年一遇洪水, 增大入海水道泄洪量, 入江水道仍然控泄 12 000 m³/s。

作者简介: 蔡敏, 女, 1987 年生, 南京市秦淮河河道管理处工程师, 主要研究方向为水利规划与河湖管理。E-mail: 2531361118@qq.com。

2.2 行洪设计水位

洪泽湖下游近期、远期设计防洪标准分别为 100 年、300 年一遇,相应入江水道行洪流量为 12 000 m³/s。高邮湖设计洪水位为 9.5 m,六闸设计水位 8.5 m。桥址处的设计洪水位为 8.68 m。

3 公式法分析桥梁壅水

3.1 桥梁壅水高度

参考《公路桥位勘测设计规范》(JTJ 062—1991)进行壅水高度计算。

壅水高度计算公式为:

$$\Delta Z = \eta \times (V_M^2 - V_0^2)$$

式中:η 为反映桥墩阻断流量($Q_{阻}$)与设计流量的比值的系数,$Q_{泓(滩)阻} = \dfrac{K}{K_{泓(滩)}} \times Q_{泓(滩)}$,$K = \dfrac{\overline{\omega}^{\frac{5}{3}}}{n \times \overline{p}^{\frac{2}{3}}}$,$\overline{\omega}$、$\overline{P}$ 分别为泓滩的过水面积、湿周,求得阻断流量与设计流量的比值,查表得系数 η;Q_P 为设计流量,$Q_P = Q_{泓} + Q_{滩}$;V_0 为断面平均流速,$V_0 = \dfrac{Q_p}{\overline{\omega}_0}$,$\overline{\omega}_0 = \overline{\omega}_{泓} + \overline{\omega}_{滩}$;$V_M$ 为桥下平均流速,m/s,松软土取 $V_M = V_{0M}$;密实土取 $V_M = \dfrac{Q_p}{\overline{\omega}_J}$;$V_{0M}$ 为天然水位桥下平均流速,$V_{0M} = \dfrac{Q_{0M}}{\overline{\omega}_{0M}}$;$Q_{0M}$ 为天然水位下桥下通过的设计流量,m³/s,$Q_{0M} = Q_p - Q_{滩阻} - Q_{泓阻}$;$\overline{\omega}_{0M}$ 为天然水位下桥下过水面积,m²;$\overline{\omega}_{0M} = \overline{\omega}_0 - \overline{\omega}_{泓阻} - \overline{\omega}_{滩阻}$;$\overline{\omega}_J$ 为桥下净过水面积,取天然水位下桥下过水面积,即 $\overline{\omega}_J = \overline{\omega}_{0M}$。

根据上述公式计算桥梁壅水高度为 4.0 mm。

3.2 桥梁壅水曲线长度

依据原《公路桥位勘测设计规范》(JTJ 062—91)中壅水曲线长度计算,计算公式如下:

$$L = \frac{2 \times \Delta Z}{I}$$

式中:I 为水面比降,$I = \dfrac{\Delta Z_{水位}}{\Delta L}$,$\Delta Z_{水位}$ 为相邻两断面的水位差;ΔL 为相邻两断面的间距。

根据公式计算,桥梁桥下壅水曲线最长为 79.9 m。

4 二维模型分析桥梁壅水

4.1 河道二维水流模拟原理

4.1.1 基本方程

描述平面二维水流运动的基本方程组为:

$$
\begin{cases}
\dfrac{\partial Z}{\partial t} + \dfrac{\partial uh}{\partial x} + \dfrac{\partial vh}{\partial y} = q \\[2ex]
\dfrac{\partial u}{\partial t} + u\dfrac{\partial u}{\partial x} + \dfrac{\partial u}{\partial y} + g\dfrac{\partial Z}{\partial x} + g\dfrac{n^2\sqrt{u^2+v^2}}{h^{\frac{4}{3}}}u - fv = \dfrac{\partial}{\partial x}\left(E_x\dfrac{\partial u}{\partial x}\right) + \dfrac{\partial}{\partial y}\left(E_y\dfrac{\partial u}{\partial y}\right) \\[2ex]
\dfrac{\partial v}{\partial t} + u\dfrac{\partial v}{\partial x} + v\dfrac{\partial v}{\partial y} + g\dfrac{\partial Z}{\partial x} + g\dfrac{n^2\sqrt{u^2+v^2}}{h^{\frac{4}{3}}}v + fu = \dfrac{\partial}{\partial x}\left(E_x\dfrac{\partial v}{\partial x}\right) + \dfrac{\partial}{\partial y}\left(E_y\dfrac{\partial v}{\partial y}\right)
\end{cases}
$$

式中:t、x、y 分别为自变量时间及平面坐标;$h = Z - Z_D$ 为水深,Z 为水位,Z_D 为河床高程;u、v 为沿 x 和 y 方向的流速;n 为糙率系数;f 为柯氏系数;E_x、E_y 分别为 x 和 y 方向上的离散系数;q 为包括取排水在内的源项。

4.1.2 固壁边界

对于固壁边界,应满足无滑动边界条件,即流速、紊动动能为零,紊动耗散率为有限值。本文采用不穿透条件。具体如下:

$$V \cdot n = 0(n \text{ 为固体边界的法向矢量})$$

工程河段为非恒定流,两岸边界线随水位的变化也发生明显的变化,水位上涨滩地被逐渐淹没,水位下降滩地逐渐出露。本模型采用露滩"冻结"方法,解决两岸边界线随水位的变化问题。

4.1.3　坐标变换

由于计算区域的边界弯曲,且长、宽尺度相差悬殊,因而在直角坐标系下对上述定解问题进行求解存在着复杂边界不易拟合、网格多等困难。为此,采用正交边界拟合坐标变换,将复杂的计算区域变换成规则的求解区域进行求解,在变换过程中,可以根据需要布置网格的疏密。设新坐标与原坐标系统之间满足如下的泊松方程:

$$\begin{cases} \dfrac{\partial^2 \xi}{\partial x^2} + \dfrac{\partial^2 \xi}{\partial y^2} = P(\xi, \eta, x, y) \\[4mm] \dfrac{\partial^2 \eta}{\partial x^2} + \dfrac{\partial^2 \eta}{\partial y^2} = Q(\xi, \eta, x, y) \end{cases}$$

通过方程式坐标的变换,可以把 x—y 坐标平面上复杂的计算域转换成 ξ—η 平面上的矩形域。改用新坐标系统的自变量 t、ξ、η 后,基本方程式变成:

$$\begin{cases} \dfrac{\partial Z}{\partial t} + \dfrac{1}{J}\left\{\dfrac{\partial}{\partial \xi}(g_\eta u_* h) + \dfrac{\partial}{\partial \eta}(g_\xi v_* h)\right\} = 0 \\[4mm] \dfrac{\partial u_*}{\partial t} + \dfrac{u_*}{g_\xi}\dfrac{\partial u_*}{\partial \xi} + \dfrac{v_*}{g_\eta}\dfrac{\partial u_*}{\partial \eta} + \dfrac{u_* v_*}{J}\dfrac{\partial g_\xi}{\partial \eta} - \dfrac{v_*^2}{J}\dfrac{\partial g_\eta}{\partial \xi} + \dfrac{gn^2 u_* \sqrt{u_*^2 + v_*^2}}{h^{\frac{4}{3}}} - fv_* + \dfrac{g}{g_\xi}\dfrac{\partial Z}{\partial \xi} \\[4mm] \qquad = \dfrac{1}{g_\xi}\dfrac{\partial}{\partial \xi}(E_\xi A) - \dfrac{1}{g_\eta}\dfrac{\partial}{\partial \eta}(E_\eta B) \\[4mm] \dfrac{\partial v_*}{\partial t} + \dfrac{u_*}{g_\xi}\dfrac{\partial v_*}{\partial \xi} + \dfrac{v_*}{g_\eta}\dfrac{\partial v_*}{\partial \eta} + \dfrac{u_* v_*}{J}\dfrac{\partial g_\eta}{\partial \xi} - \dfrac{u_*^2}{J}\dfrac{\partial g_\xi}{\partial \eta} + \dfrac{gn^2 v_* \sqrt{u_*^2 + v_*^2}}{h^{\frac{4}{3}}} + fu_* + \dfrac{g}{g_\eta}\dfrac{\partial Z}{\partial \eta} \\[4mm] \qquad = \dfrac{1}{g_\eta}\dfrac{\partial}{\partial \eta}(E_\xi A) + \dfrac{1}{g_\xi}\dfrac{\partial}{\partial \xi}(E_\eta B) \end{cases}$$

模型计算网格采用交错网格布置,如图 1 所示。

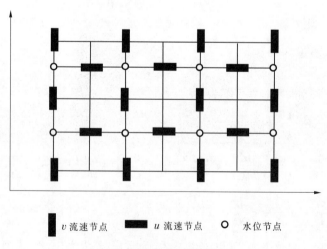

　　■ v 流速节点　　■ u 流速节点　　○ 水位节点

图 1　交错网格布置示意

4.1.4　数值方法

在河道型计算区域内,由于其流态变化很大,网格长宽尺寸相差悬殊,而在河宽方向上的网格宽度一般均较小,有时在几米范围内。对于如此精度的计算要求,采用一般的数值格式如 ADI 法是无法满足计算要求的。为此采用高离散精度全隐矩阵追赶法求解。

4.2　涉水工程概化原理

从涉水工程对流场的影响分析,工程概化考虑以下两个方面:

(1)桥梁桥墩的设立使得过水面积减小,产生阻水作用,用过水率的概念来模拟这种作用,过水率为工程前后的过水面积之比。

(2)由于工程桩基的存在,增加了过水湿周,从而引起阻力的增加。假定单元内流速分布均匀、摩阻比降相同,用下列公式对局部糙率进行修正:

$$n = \alpha n_2 \left[1 + 2(n_1/n_2)^2 (h/B) \right]^{0.667}$$

式中:n_1 为桩壁面糙率;n_2 为河床糙率;h 为水深;B 为桩的间距;n 为局部计算的修正糙率;α 为糙率修正系数,取值 $1.0 \sim 1.2$。

计算时采用计算过水率的方法来模拟桥墩。

4.3　计算条件

4.3.1　地形资料

根据淮河入江水道邵伯湖段地形图、横断面图(K45 + 800 ~ K57 + 300,间距 200 m),并结合《淮河入江水道整治工程初步设计报告》中邵伯湖滩群切滩工程,同心圩、东兴圩、西兴圩、卢家嘴、花园墩切滩到 3.15 m,同心圩、强家嘴、西北圩弃土区设计高程 9.5 m,卢家嘴弃土区设计高程 10.5 m,得到经整治后的邵伯湖地形资料。

邵伯湖群滩切滩工程示意图见图 2,邵伯湖群滩切滩后地形见图 3。

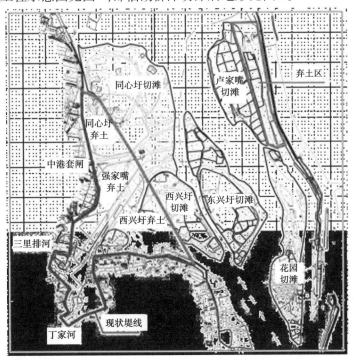

图 2　邵伯湖群滩切滩工程示意图

4.3.2　边界条件

根据研究的目的、资料完整性及模型计算的要求,六闸(三)(K56 +000)处设有水位测站,特大桥跨邵伯湖段桥梁在 K50 +400 处,为了满足计算稳定及减小边界条件的影响,计算范围向上下游延伸,以断面 CS229(K45 +800)和断面 CS286 - 1(K57 +300)作为上下边界,全长共计 11.5 km。

根据《淮河入江水道整治工程初步设计报告》,淮河入江水道在行洪 $Q = 12\ 000\ \mathrm{m^3/s}$ 的情况下,高邮控制水位为 9.5 m,六闸控制水位为 8.5 m;新民滩、邵伯湖滩切滩后糙率成果采用邵伯湖湖区糙率 0.025。

4.3.3　网格划分

模型采用二维贴体非均匀网格,计算河段网格总数为 265×129,沿水流方向有 265 条网格线,最小长度 22 m,平均长度约 76 m,垂直水流方向有 129 条网格线,最小宽度 24 m,平均宽度约 56 m。计算区域网格剖分图见图 4。

4.4　模型率定和验证

为了减小桥墩对水流的阻水面积,使桥墩顺应水流方向,以入江水道设计行洪流量为计算工况,上游给定流量边界条件,下游给定水位边界条件,根据计算河段在无桥情况下的水流形态,分析桥墩和水流流向的夹角,评价桥梁阻水情况。建桥前水流流场图如图 5 所示,建桥后水流流场图如图 6 所示。

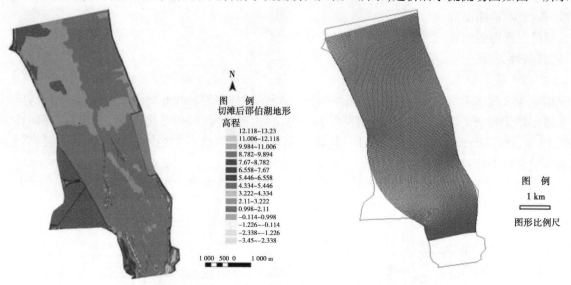

图例
切滩后邵伯湖地形高程
12.118~13.23
11.006~12.118
9.984~11.006
8.782~9.894
7.67~8.782
6.558~7.67
5.446~6.558
4.334~5.446
3.222~4.334
2.11~3.222
0.998~2.11
-0.114~0.998
-1.226~-0.114
-2.338~-1.226
-3.45~-2.338

1 000　500　0　　　　1 000 m

图例
1 km
图形比例尺

图 3　邵伯湖群滩切滩后地形　　　　　　　图 4　计算网格剖分图

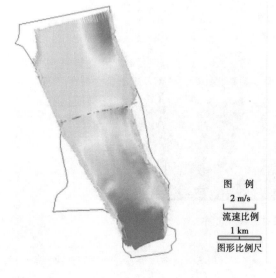

图例
2 m/s
流速比例
1 km
图形比例尺

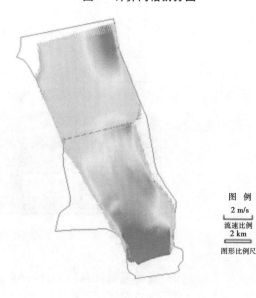

图例
2 m/s
流速比例
2 km
图形比例尺

图 5　建桥前流场图　　　　　　　　　图 6　建桥后流场图

4.5　计算结果

对行洪流量 12 000 m³/s 的建桥前、后工况进行模型分析,通过有桥与无桥的水位,确定桥梁对河道行洪的影响大小及范围。模型分析表明建桥使桥前形成壅水,桥后形成跌水。最高壅水高度为 7.0 mm,5.0 mm 的壅水带壅水范围 1.3 km,4.0 mm 的壅水带壅水范围 2.0 km。

5　计算成果分析

经验公式法计算的壅水高度为 4.0 mm,二维模拟分析桥前最大壅高为 7.0 mm。在壅高影响范围分析时,二维模型可以模拟不同壅水高度的影响范围,较经验公式法更有实际参考意义。经验公式计算时按照河道断面均匀过流考虑,模型模拟考虑了建桥后上下游一定范围内的流场变化,能够区分行洪期间主流通道,更符合实际行洪情况。因此,从偏安全的角度出发,推荐采用二维模型分析桥前壅高。

6　结语

淮河入江水道断面大,行洪期间受到水草等障碍物的影响,断面不是均匀过流,二维模型能够较好的模拟桥址上下游的流场,分析桥梁壅水范围和壅高值较经验公式法更加符合实际情况,在跨河桥梁防洪评价工作和水行政主管部门的审批工作中借鉴作用更强。

淮委"一朵云"助力淮河流域管理再上新台阶

马泽生,齐传富,邱梦凌

(淮河水利委员会水文局(信息中心),安徽 蚌埠 233001)

摘 要 在云计算、物联网、大数据、移动互联网、人工智能等一系列新兴技术与各行业不断深度融合的背景下,本文结合淮委综合管理信息资源整合与共享建设项目当中"一朵云"(计算存储资源虚拟化整合)的建设实践,从需求分析、设计思路、实现方案、功能特点等方面展开分析和讨论。通过云平台建设,实现了资源整合共享与优化配置,显著提高了计算存储资源利用效率,为新时代淮委开展各项流域管理工作提供了重要支撑。

关键字:云计算;虚拟化;信息资源整合共享

1 引言

随着云计算、物联网、大数据、移动互联网、人工智能等一系列新兴技术的发展,国家也制定了相应的信息化发展战略。水利部为落实国家信息化发展战略,贯彻落实《水利信息化资源整合共享顶层设计》,要求流域机构抓紧开展水利信息化资源整合共享建设工作。为此,淮委开展了"淮委综合管理信息资源整合与共享建设"项目建设工作。通过该项目实施,统筹已建、在建和拟建的项目成果,整合数据资源构建面向对象的水利数据模型,建立统一的数据存储、交换和共享体系,补充完善运行支撑环境,强化资源的优化配置,整合形成合理完善的应用体系架构,实现"一朵云、一套库、一张图、一证通、一站式"应用服务模式,提高淮委水行政管理和服务流域社会经济发展的能力与水平。淮委"一朵云"作为该项目的重要建设内容之一,通过淮委信息化运行环境资源整合,建立淮委政务外网统一计算存储资源池"一朵云"框架,构建一套56个CPU、内存超过1 200 GB、存储量达到134 TB的分布式计算存储资源,使得计算资源利用效率提高70%以上、信息存储保障率达到99%,为实现计算存储资源的灵活扩展、动态分配和共享利用提供了保障能力。

2 需求分析

近年来,淮委按照水利部提出的"以水利信息化带动水利现代化"的总体要求,紧紧围绕淮河流域管理中心工作,全面推进水利信息化建设,依托淮委电子政务系统工程、防汛抗旱指挥系统工程、水资源监控能力建设、淮河数据容灾备份中心建设和淮委重要信息系统安全等级保护等一批重点项目的建设,建成了较为完备的数据采集传输、防汛通信和计算机网络、数据存储容灾以及安全保障等基础设施,取得了显著成效,为水利信息化转型迈入智慧水利新阶段奠定了良好基础。但由于分散建设,造成基础环境建设水平参差不齐,仍存在薄弱环节,主要表现在以下几方面:

(1)信息化资源保障能力不足,硬件资源相对分散,且呈现不断增加的态势,众多分散的设备增加了运维管理的成本和压力,同时也带来了机房空间占用与能源消耗问题。

(2)计算和存储资源存在应用不合理、负载不均衡的现象,动态扩展、灵活调度分配和共享利用不足。

为解决这些问题,需要通过整合现有资源,补充部分资源,预留资源扩展空间,构建具有弹性分配能力的计算存储资源池。鉴于现有计算存储资源状况,需要在现有服务器计算资源和存储资源的基础上补充购置计算设备及扩充存储设备,整合形成集中统一的淮委水利计算存储资源池,以满足现有应用的部署要求,并预留扩张空间,实现淮委统一标准计算存储服务。根据等级保护分区分域进行防护的原则,在业务应用区、公众服务区、安全管理区范围内,需要以现有设备为基础,利用虚拟化技术进行整合,

作者简介:马泽生,男,1969年生,淮河水利委员会水文局(信息中心)教高,主要从事水利信息化方面的工作和研究。
E-mail:mzs@ hrc.gov.cn。

构建具有弹性分配计算存储资源能力的运行环境。

3　设计思路

为解决淮委信息化基础设施整合共享,通过采用云计算技术,搭建淮委"一朵云"基础环境,推动淮委通信网络、计算环境、存储环境和应用系统等资源的整合,并提供新的服务模式、应用模式及用户体验。

云计算作为信息资源整合优化的核心技术之一,根据其运作模式和功能特点,可以理解为云计算就是一种通过共享网络提供信息服务的模式,用户可以通过网络按需使用相关服务。云服务的使用者看到的只是服务本身,而不用关心相关基础设施的具体实现和管理。

云计算的核心包括计算处理能力资源、存储资源和应用服务资源三个部分,同时包含更丰富的交流方式、多样化的智能终端设备、无处不在的数据采集方式和新一代的用户体验等。它将计算处理和提供服务从特定的主机或服务器群扩展延伸到整个网络(包括互联网),用户通过个性化的桌面就可以使用无限扩展的网络资源。信息化业务及管理平台迁移、部署到云计算环境,能够极大降低投资成本、管理成本及维护成本。

在"统一技术标准、统一运行环境、统一安全保障、统一数据中心和统一门户集成"的"五统一"建设理念指导下,淮委"一朵云"建设坚持一体化原则,做到合理化、规范化和科学化,以应用为先导,统一规划,集中管理,在满足应用系统架构设计需求和业务数据对云平台资源功能和性能需求的前提下,结合信息化技术的发展趋势,通过资源的统一分配和部署,适度通过虚拟化,最大化地提高资源的利用率和复用率,满足应用业务需求扩充与资源部署变更的发展需要。

4　实现方案

4.1　应用系统服务区计算存储资源构建

以新购配置较高的服务器为主建设虚拟化平台,并从现有服务器中筛选出一部分能够满足虚拟化配置要求的设备加入到虚拟化平台,形成三个计算资源池,提供分配100台以上虚拟机的计算能力。计算资源池通过虚拟化管理中心进行集中管理。

应用系统服务区采用两种方式部署存储资源:①新增的5台服务器通过本身配置的高性能 SSD 和 SAS 硬盘构建一个16个 CPU 计算能力的统一存储资源池,主要为其本身构建的计算资源池提供存储服务。②继续利用现有存储系统 VNX5500,同时新增一台 EMC UNITY400 存储,容量为35 TB,作为应用系统服务区 FC 存储资源池的扩容,为虚拟化环境和数据库服务器提供存储服务。

4.2　公众服务区计算及存储资源构建

利用原有1台刀箱服务器(10个刀片,20个 CPU),安装配置虚拟化软件,构建一个20个 CPU 计算能力的计算资源池,能提供30台以上虚拟机的计算能力。计算资源池通过虚拟化管理中心进行集中管理。

存储资源池构建以充分利用现有1台 VNX5700 存储系统为主,提供存储资源的动态分配,优化存储资源利用率,主要为计算资源池提供存储服务。

4.3　安全管理区资源池平台构建

在安全管理区,一是利用两台物理服务器,搭建 H3C 虚拟机管理平台,实现对 H3C 虚拟化平台的统一管理工作。二是利用原有3台服务器和一台 HP 存储(不再使用),部署 H3C 云管理平台软件(支持200节点授权)构建政务外网云管理平台,管理一套原有 VMWARE 虚拟化计算资源池平台和二套新建的 H3C 虚拟化计算资源池平台。在多虚拟化平台环境下,提供统一的云主机资源服务,实现计算、存储、网络资源的统一管理和分配。

项目实施后,形成2个计算资源池(公众服务区、业务应用区各1套),具备共计56个 CPU、内存超过1 200 GB、存储量达到134 TB 的计算存储能力。可以提供分配100台以上虚拟机,通过虚拟化管理中心进行集中管理。整合后的淮委政务外网"一朵云"运行环境如图1所示。

5　云平台功能和特点

计算资源池虚拟化平台基于 KVM 虚拟化技术,能够实现将传统计算和存储资源以云服务的方式

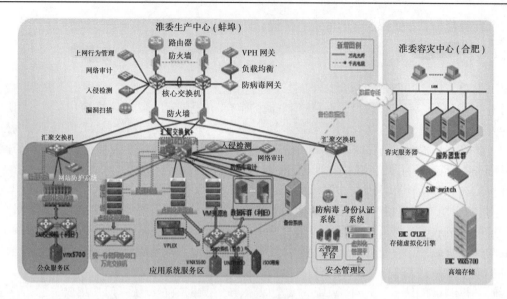

图1　淮委"一朵云"运行环境示意图

向用户提供。平台可以将计算、网络、存储、安全、应用等资源作为云资源向用户发布,可以向用户提供云主机、云硬盘、云防火墙、云负载均衡、云网络、云数据库、公网 IP 等云资源服务。用户通过统一的门户可以完成云资源的申请、使用、管理、销毁。用户可以根据需要选择所需云主机的规格,包括 CPU、内存、硬盘,以及所对应的操作系统,当申请流程完成后,云主机会被自动地推送到自助服务门户供用户操作和管理。在统一的云平台环境下,不同的虚拟机可以在计算资源池之间进行复制和迁移,为应用的部署、扩展、备份提供了可靠支撑。

统一存储方案采用分布式存储技术,统一存储架构的基本单元是 X86 标准服务器,用户无须像以往那样购买连接计算服务器和存储设备的 SAN 网络设备(FC SAN 或者 iSCSI SAN)。在同等存储容量下,不采用特殊专用硬件,存储性价比比传统存储产品有显著提升。整个分布式存储系统采用多个万兆以太网端口共同对外提供数据访问服务,不仅可以达到网络高可用的效果,而且可以提高存储访问的带宽。另外,分布式存储可以将虚拟化的存储池灵活地划分成多个逻辑 pool,可以针对不同的 pool 设置不同的副本冗余策略和数据分布策略,从而适配不同的应用场景;还可以在 pool 内划分逻辑卷,区分不同的应用。增加新的应用或者应用存储需求扩大均可在同一存储池中动态满足。

资源管理池管理平台以业界最主流的开源云平台 OpenStack 为基础,系统能够实现将传统 IT 资源以云服务的方式向用户提供,用户通过统一的门户入口即可以完成云资源的申请、使用、管理、销毁,这些云资源使用起来与传统 IT 资源没有任何区别。平台还支持 VLAN(VxLAN)的部署方式,通过虚拟数据中心功能很好地解决了大家通常所担心的云安全问题。除此之外,信息化人员还可以通过平台系统对数据中心基础设施进行运维。

6　结语

淮委"一朵云"的建设完成,优化了信息化基础设施资源配置,显著提高了计算存储资源利用效率,为淮委各部门贯彻落实水利部党组提出的"水利工程补短板、水利行业强监管"的水利改革发展总基调,开展水利业务应用建设与运行提供了重要支撑平台,对于大力推进高新技术与水利业务的深度融合,充分发挥新一代信息技术的驱动引领作用,持续推进"智慧淮河"建设具有重要的实践意义。

参 考 文 献

[1] 关于促进云计算创新发展培育信息产业新业态的意见:国发〔2015〕5 号.

[2] 水利信息化顶层设计:水文〔2010〕100 号文.

[3] 水利信息化资源整合共享顶层设计:水信息〔2015〕169 号文.

[4] 信息技术 云计算 参考架构:GB/T 32399—2015[S].北京:中国标准出版社,2016.

大中型水库库区占用情况监测和评价

况曼曼[1,2]，万骏[3,4]，王俊[1]，王冬梅[1,2]，史汉忠[5]

（1. 江苏省水利科学研究院，江苏 南京 210017；2. 江苏省水利遥感工程研究中心，江苏 南京 210017；
3. 江苏省洪泽湖水利工程管理处，江苏 淮安 223100；4. 江苏省水利厅，江苏 南京 210029；
5. 溧阳市塘马水库管理所，江苏 常州 213300）

摘　要　利用高分遥感影像数据，结合地面调查，对江苏全省 10 座典型大中型水库 2012～2018 年管理范围内开发占用开展动态监测，定量分析 2018 年江苏省 10 座大中型水库开发占用现状，研究 2012～2018 年水库库区占用过程发展，占用密度，研究提出库区占用监测与分析。分析认为：①从变化数量看，江苏省大中型水库开发占用类型以农业生产、城乡居住和其他为主；从开发占用面积看，水库开发占用以农业生产、其他、工矿企业和城乡居住为主。②从 2012～2018 年，农业生产数量及面积占开发利用总数量及总面积的比例是逐年降低的。③江苏省 10 座大中型水库中，基础设施占用密度最大的水库为横山水库，城乡居住占用密度最大的水库为大石埠水库，农业生产占用密度最大的水库为大石埠水库，工矿企业占用密度最大的水库为石梁河水库，商业开发占用密度最大的水库为云龙湖水库。建议加强库区占用情况遥感监测，尽快建立数据采集与信息管理数据库。

关键词　遥感监测；大中型水库；开发占用；占用过程；占用密度；评价

1　研究背景

我国已建成各类水库大坝 9.8 万余座，总库容超过 5 000 亿 m³，占内陆水面约 40%。水库具有防洪、供水、发电、灌溉与渔业等多种功能，是当今我国经济发展可持续利用的宝贵资源。库区和大坝是水库系统的重要组成部分，库区占用影响水库系统正常运行，威胁防洪安全、大坝安全、生态环境[1]。国家法律法规明确规定，加强对水库大坝的安全管理工作，严厉打击和制止危害大坝安全、侵占水库库容或占压水库工程与管理设施，以及在水库管理和保护范围内修建影响水库防洪的工程设施。因此，库区占用情况监测和评价任务必然成为这些工作的重要基础。

在中国经济迅速发展的背景下，城市化进程快，土地开发利用程度高，水库多处于自然风光秀丽的地区，对水库周边的开发强度不断加大，侵占水库周边区域的开发活动较多，对水库的管理和保护压力较大[2]。目前，不少学者对库区占用和管理等方面进行了积极探索[1]。在制度方面，依据《水法》《防洪法》《水库大坝安全管理条例》《大中型水利水电工程建设征地补偿和移民安置条例》等法律法规，《江苏省水库管理条例》《湖北省水库管理办法》《广东省水利工程管理条例》《南宁市水库管理条例》《尼尔基水库库区水上交通安全监督管理办法》等部门规章和地方立法，但不论国家法规还是地方立法，对库区管理制度规定尚难以适应现状库区管理需要。在实践方面，多年来在库区管理领域摸索出一些经验，如库区农业、林业、渔业、旅游业等开发模式及采取水土保持、严格执法等综合治理理念[3-6]，同时，库区开发利用严重和加强库区管理已成为广泛共识，水库遇到的库区开发利用严重、跨行政区库区体制不协调、缺少库区管理协调机制等诸多困扰非常突出[7-9]。

综上所述，库区占用情况监测、评价和管理问题备受关注，已成为影响大坝安全管理最为薄弱的环节之一。本文以东部某行政区域典型大中型水库库区监测工作为基础，量化分析各类库区占用类型和发展趋势，提出库区评价指标。

基金项目：江苏省科技厅创新能力建设计划—省属公益类科研院所自主科研经费项目，BM2018028。

作者简介：况曼曼，1989 年生，女，硕士，工程师，主要从事遥感监测及水利规划相关研究。E-mail：1195978525@qq.com。

2　研究方法

2.1　研究对象

某东部行政区域拥有各类水库共计 909 座,其中大型水库 6 座,中型水库 43 座。

为了准确掌握大中型水库管理范围内开发占用情况,需要对典型大中型水库占用情况开展外业核查结果详细分析。通过对 49 座大中型水库开发占用遥感监测资料分析的基础上,选取了 10 座典型大中型水库进行详细分析(见表 1),分别为横山、沙河、仑山、月塘、云龙湖、石梁河、安峰山、大石埠、龙王山和金牛湖。其中南京、徐州、淮安、扬州、镇江各 1 座,常州 2 座,连云港 3 座。其中大型水库 4 座,中型水库 6 座。10 座水库共分布在 8 个市级行政区域内,占江苏全省 13 个市级行政区的近 2/3。因此,从水库规模、分布地区等角度看,本次所选现场核查工程具有代表性。

表 1　核查的 10 座典型大中型水库名录

序号	水库名称	类型	防洪分区	行政区划	总库容 (万 m³)	设计洪水位 (m)
1	横山	大型	太湖湖西	宜兴、溧阳	10 904	37.8
2	沙河	大型	太湖湖西	溧阳	10 745	23.6
3	仑山	中型	太湖湖西	句容	2 613	56.2
4	月塘	中型	苏北沿江	仪征	1 549	33.0
5	云龙湖	中型	洪泽湖周边	徐州	3 139	34.7
6	石梁河	大型	沂北	东海	53 100	27.7
7	安峰山	大型	沂北	东海	12 000	18.4
8	大石埠	中型	沂北	东海	2 319	51.8
9	龙王山	中型	洪泽湖周边	盱眙	8 389	33.3
10	金牛山	中型	苏北沿江	六合	9 310	22.8

2.2　监测方法

以 2012 年高分辨率遥感影像为基础,提取水库管理范围内土地占用图斑,之后基于当年年度高分辨率影像和上一年度影像对比并做差分析,提取本年度变化区域,即土地占用增量。根据提取的库区开发利用及年度变化图斑,制作水库监测范围内开发利用及年度变化图,并计算其中心地理坐标、面积,划分行政区划,制作表格,形成水库监测范围内开发利用及年度图、表初步成果。

2.3　占用类型

开发占用分类见表 2。

表 2　开发占用分类

序号	大类	小类
1	水利建设	取水口、排水口、水库管理用房、大坝、溢洪河道、地涵、水闸、泵站
2	基础设施	码头、桥梁、管线、道路
3	城乡居住	民房
4	农业生产	林地、耕地、圈圩、养殖场、水淹地
5	工矿企业	堆场、砂厂、船厂、电厂、其他工厂、废物回收场、有毒有害物品仓库,或者垃圾填埋场
6	商业开发	旅游设施、度假村、宾馆、饭店(酒店)、疗养院、高尔夫球场、房地产开发
7	其他	生态湿地及其他

3 结果与分析

3.1 库区占用现状分析

将 2012 年水库开发占用现状数据与 2012～2014 年、2014～2015 年、2015～2016 年、2016～2017 年、2017～2018 年变化数据进行合并,得到 2018 年水库开发占用现状数据。2018 年江苏省典型大中型水库管理范围开发占用数量、面积与其百分比如图 1、图 2 所示。

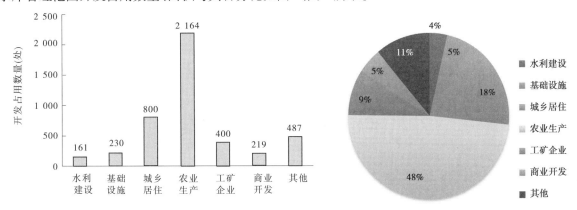

（a）开发占用数量　　　　　　　　　　　　（b）7 类开发占用数量比例

图 1　2018 年江苏省典型大中型水库管理范围内开发占用数量与百分比（7 个大类）

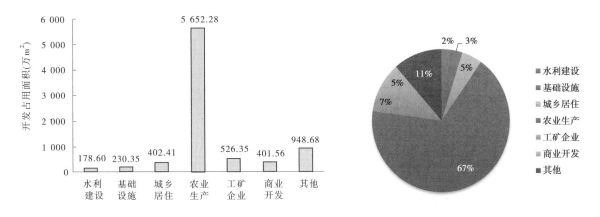

（a）开发占用面积　　　　　　　　　　　　（b）7 类开发占用面积比例

图 2　2018 年江苏省典型大中型水库管理范围内开发占用面积与百分比（7 个大类）

从数量看,10 座典型大中型水库管理范围内开发占用共计 4 461 处,按照 7 个大类分类,开发占用数量从高到低依次为农业生产、城乡居住、其他、工矿企业、基础设施建设、商业开发、水利建设,其中农业生产、城乡居住和其他占全部开发占用数量的 77%,从中可以发现,按照开发占用数量,江苏省典型水库开发占用类型以农业生产、城乡居住等为主。

4 461 处开发占用中,《江苏省水库管理条例》实施前形成的有 576 处,占全部开发占用数量的 12.9%。

如图 2 所示,开发占用面积共计 8 376.22 万 m²。按 7 个大类划分,开发占用面积由多到少依次为农业生产、其他、工矿企业、城乡居住、商业开发、基础设施、水利建设。从开发占用面积看,水库开发占用以农业生产、其他、工矿企业和城乡居住为主,这 4 种类型开发占用面积占全部开发占用面积的 90.32%。

《江苏省水库管理条例》实施前形成的占用面积只有 1 881.0 万 m²,占全部占用面积的 22.5%。从统计数据可以看出,江苏省大中型水库管理范围内开发占用以农业生产、城乡居住为主,大部分为《江苏省水库管理条例》实施后所形成。

3.2　库区占用过程发展

江苏省 10 座大中型水库管理范围线内 2012 年、2014 年、2016 年、2018 年现状开发占用变化监测。如图 3 所示,7 类开发占用数量是逐年增加的,其中农业生产、城乡居住、工矿企业增量较大。通过进一步分析,农业生产及城乡居住在 2014 年的增量分别为 41 处、50 处,在 2016 年增量分别为 156 处、125 处,在 2018 年增量分别为 91 处、142 处。农业生产增量在 2016 年最大,城乡居住在 2018 年最大。从图 4 中可以看出,农业生产数量占开发利用总数量的比例是逐年降低的,城乡居住数量占比是逐年增高的,工矿企业数量占比也逐年增加。

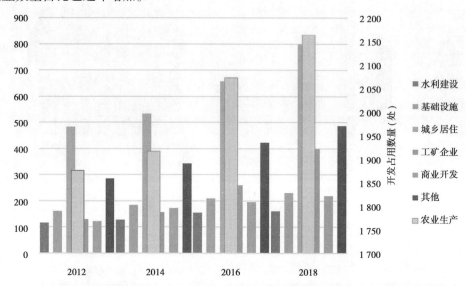

图 3　2012～2018 年江苏省 10 座大中型水库管理范围内现状开发占用数量分类统计

（a）2012 年 7 类开发占用数量比例　　　　（b）2014 年 7 类开发占用数量比例

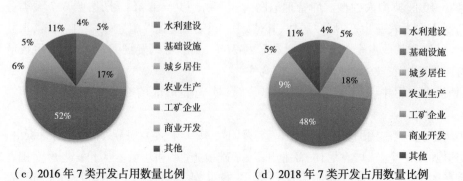

（c）2016 年 7 类开发占用数量比例　　　　（d）2018 年 7 类开发占用数量比例

图 4　2012～2018 年江苏省典型大中型水库管理范围内开发占用数量百分比(7 个大类)

　　从开发占用总面积看(见图5),2014年、2016年和2018年新增面积依次为473.6万 m²,327.8万 m²和211.6万 m²,2014~2016年新增面积比2012~2014年减少了30.8%,2016~2018年新增面积比2014~2016年减少了35.4%。5次监测开发占用新增数量增加明显,但总面积减少。通过进一步分析5次开发占用变化类型,发现2012~2014年新增基础设施面积较大;2014~2016年新增农业生产数量较多,总也面积最大;2016~2018年开发占用面积主要集中在工矿企业等占地规模较大的类型,虽然数量相对较少,但总面积大。进一步分析见图6,农业生产面积占开发利用总面积的比例是逐年降低的,但工矿企业面积占比是逐年增加的。

　　工矿企业给水库的水环境、水生态及防洪安全带来许多问题,需要进一步加大管理保护力度。

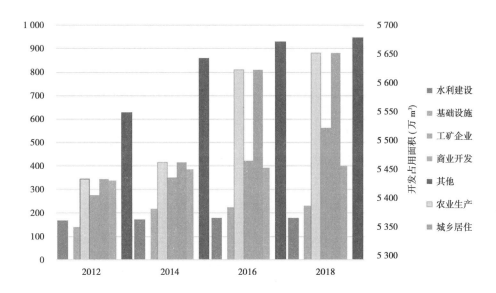

图5　2012~2018年江苏省10座大中型水库管理范围内现状开发占用面积分类统计

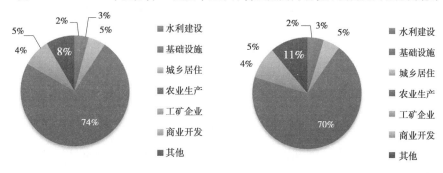

(a) 2012年7类开发占用数量比例　　　　　(b) 2014年7类开发占用数量比例

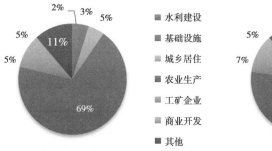　　

(c) 2016年7类开发占用数量比例　　　　　(d) 2018年7类开发占用数量比例

图6　2012~2018年江苏省典型大中型水库管理范围内开发占用面积百分比(7个大类)

3.3 库区占用评价

3.3.1 占用密度

定义：

$$\rho = m/M \tag{1}$$

式中：m 为库区某一占用类型的面积；M 为库区管理范围线内的总面积；ρ 为占用密度(%)。

物理意义：占用类型(面积或起数)在单位库区面积所占用百分比。

3.3.2 七类占用类型的占用密度统计

以 2018 年现状开发占用为例,根据式(1)计算出 10 座大中型水库的 7 类开发占用类型的占用密度,见表 3。

表 3　2018 年现状开发占用类型的占用密度统计　　　　　　　　　　　　　　(%)

序号	类型	沙河水库	云龙湖水库	横山水库	仑山水库	月塘水库	石梁河水库	安峰山水库	大石埠水库	龙王山水库	金牛湖水库
1	水利建设	1.22	0.77	3.78	3.88	1.02	0.57	0.40	0.88	0.76	0.22
2	基础设施	0.56	3.00	12.23	1.66	0.42	0.11	0.26	0.80	0.31	0.89
3	城乡居住	0.67	1.06	0.58	4.18	0.69	1.50	1.31	17.78	1.05	0.85
4	农业生产	19.27	0.18	12.62	12.57	36.17	24.28	36.60	59.04	32.12	27.43
5	工矿企业	0.71	0.01	0.41	0.04	0.00	5.73	0.95	3.97	0.01	0.01
6	商业开发	2.17	30.77	1.80	2.15	2.34	0.13	0.25	0.07	0.33	0.12
7	其他	13.87	4.42	7.97	1.16	1.56	2.32	6.71	4.55	2.93	2.66
	合计	38.47	40.21	39.40	25.64	42.20	34.63	46.49	87.08	37.51	32.19

江苏省 10 座大中型水库中,水利建设占用密度最大的水库为仑山水库,基础设施占用密度最大的水库为横山水库,城乡居住占用密度最大的水库为大石埠水库,农业生产占用密度最大的水库为大石埠水库,工矿企业占用密度最大的水库为石梁河水库,商业开发占用密度最大的水库为云龙湖水库,其他类占用密度最大的水库为沙河水库。对 10 座大中型水库库区占用类型的占用密度进行比较,从表 3 中可见,不同水库库区占用特点有显著区别,有的水库库区占用与城市发展逐渐融合为一体,以徐州市云龙湖水库最为典型;有的水库库区开发融合于地方景区开发建设,以溧阳市沙河水库最为典型;有的水库库区占用两个行政区域,这种行政区域跨省、跨市、跨县都有,给库区协调管理带来很大困扰,以南京市六合区金牛山水库最为典型;有的水库库区开发利用因为水质保护受到有效约束,比如宜兴市横山水库和盱眙县龙王山水库;有的水库库区开发受到利益驱动,工矿企业问题严重,由此引起的码头、堆场遍布,以连云港市石梁河水库最为典型;其余水库在库区占用问题上,商业开发、工矿企业、城乡居住、农业生产等主要占用类型相对均衡。

3.3.3 评价

对于云龙湖水库,这种城市型水库而言,重点是找准水库管理和城市发展的结合点,确保水库库区管理的底线要求,侵占防洪库容和影响生态环境是底线要求,以此为依据约束库区开发建设行为,如库区管理范围内不开发建设影响防洪库容的大宗建筑,不开发建设影响库区生态环境的有污染的工矿企业,限制农业生产过程中的人为活动以限制面源污染,从而确保水库库区良性发展。

溧阳沙河水库和南京金牛山水库是典型的景区型水库,对于景区型水库而言,与城市型水库类似,库区管理约束与景区发展需求两者应当同时满足,景区规划过程中应当考虑到库区管理约束,库区管理范围建设项目不得侵占防洪库容,人类活动不得破坏生态环境,从而确保水库库区良性发展。

跨界型水库是指库区跨越不同行政区域的水库。跨界水库库区管理的根本问题是不同行政区域政府针对库区的监督管理不平衡,对于同一座水库,有的库区所在政府严格开展库区管理,对库区占用严格执法,而有的库区所在政府库区管理松懈,库区占用问题突出,生态环境破坏严重。理顺跨界水库库区管理体制机制,建立跨界行政区针对库区管理的协调机制,完善相关法规制度,是解决这类问题的关键。

供水型水库需要进一步解决的是库区乡镇居民占用、农业生产等历史遗留问题,特别是要加强约束人类行为的规章制度制定工作,使得人类活动能够约束在库区运行管理可接受的程度。

上述五种类型水库库区占用存在几个特点:

(1)除城市型水库外,其他4类水库均存在不同程度的乡镇占用这一遗留问题,缺少与新制度衔接,难以解决。

(2)城市型、景区型、跨界型水库均存在较为突出的库区商业开发行为,因城市发展需要历史上形成的成规模商业开发,但不符合库区管理要求,并逐渐成为社会发展的矛盾面,目前这一情况缺少与新制度衔接,亟待解决。

(3)供水型水库因涉及供水公共安全问题,普遍受到地方政府重视,库区管理体制机制相对顺畅,库区执法效果普遍较好。

4 结语

采用遥感监测及现场核查研究方法,依托江苏省10座典型大中型水库,定量分析库区占用现状、占用过程、占用类型、占用密度,经统计分析得出如下主要结论:

(1)利用高分遥感开展水库开发占用动态监测,能够快速、准确地掌握水库开发占用现状及变化情况,是水库监管的一种高效、先进的技术手段,具有良好的推广应用前景。

(2)按照开发占用数量看,江苏省典型水库开发占用类型以农业生产、城乡居住和其他为主,这3种类型开发占用数量占全部开发占用数量的77%;从开发占用面积看,水库开发占用以农业生产、其他、工矿企业和城乡居住为主,这4种类型开发占用面积占全部开发占用面积的90.32%。

(3)从2012~2018年,农业生产数量占开发利用总数量的比例是逐年降低的,城乡居住数量占比是逐年增高的,工矿企业数量占比也逐年增加。从2012~2018年,农业生产面积占开发利用总面积的比例是逐年降低的,但工矿企业面积占比是逐年增加的。

(4)江苏省10座大中型水库中,水利建设占用密度最大的水库为仑山水库,基础设施占用密度最大的水库为横山水库,城乡居住占用密度最大的水库为大石埠水库,农业生产占用密度最大的水库为大石埠水库,工矿企业占用密度最大的水库为石梁河水库,商业开发占用密度最大的水库为云龙湖水库,其他类占用密度最大的水库为沙河水库。

(5)尽快制定库区管理和保护规划,加强库区管理体制机制建设,完善库区管理相关法规制度,加强库区占用情况监测监督、数据采集与信息管理,切实加强库区占用审批和运行监督管理工作。

参 考 文 献

[1] 张士辰,落全富,赵伟,等.水库库区占用定量分析——以东部某省级行政区水库为例[J].水利水运工程学报,2019(4):68-73.

[2] 高士佩,梁文广,王冬梅,等.基于遥感技术的江苏省水域面积遥感监测应用[J].长江科学院院报,2017,34(7):132-135.

[3] 陈建峰.对黔中水利枢纽工程水库消落区开发利用的探讨[J].水电勘测设计,2010(1):24-26,31.

[4] 董文鹏.黄壁庄水库库区开展流域综合治理的必要性及思路探讨[J].水利发展研究,2017,17(2):28-30.

[5] 席志,舒飞,许祚卿,等.对发挥石梁河水库综合效益的思考[J].中国水利,2015(15):61-62.

[6] 郭健.关于漳河水库水生态文明建设的思考[J].中国水利,2017(3):34-36.

[7] 陈献,余艳欢,张献锋,等.大型跨区域水库管理问题的思考[J].工程建设与管理,2012(2):39-40.

[8] 浦前超,柳七一,周延龙,等.丹江口库区水资源保护管理的思考[J].人民长江,2016,47(16):10-13.

[9] 王旭旭.库滨消落带污染调查及治理对策[J].东北水利水电,2018(3):34-36.

南四湖入湖干流洪水遭遇分析

陈立峰[1]，陆继东[2]，李玥璠[2]

（1. 山东省海河淮河小清河流域水利管理服务中心，山东 济南　250100；
2. 济宁市水利事业发展中心洙赵新河分中心，山东 济宁　272000）

摘　要　南四湖是我国北方最大的淡水湖，流域面积3.17万 km^2，入湖河流主要集中在上级湖控制区，占流域面积的87%。流域降水主要受季风环流影响，随季节变化明显，夏季太平洋高压暖流向北扩展，降水显著增多，降雨量地区分布很不均匀，且年际变化大，年内分布亦很不均匀，汛期6~9月降雨量占年降雨量的72%。本文在分析流域地区洪水组成的基础上，对南四湖入湖8条主要河流的洪水遭遇概率进行了定量计算分析，分析成果对流域规划治理、河道运行管理、防洪减灾调度等有较高的指导意义。
关键词　南四湖；干流；洪水；遭遇

1　流域洪水地区组成

南四湖是我国北方最大的淡水湖，流域面积3.17万 km^2，1960年修建二级坝将南四湖分成上、下两部分，坝北为上级湖，坝南为下级湖，其中上级湖汇水面积2.75万 km^2，占总流域面积的87%。由于逐日流量资料中很多年份仅有汛期部分，且流域入湖河流主要集中在上级湖控制地区，结合以上因素，在分析流域的地区洪水组成时，主要把上级湖控制的汛期地区洪水组成作为研究对象。

入湖洪水主要由湖西、湖面、湖东三部分组成，入湖洪水过程分为湖西、湖区、湖东三片分别计算，以三者之和作为南四湖天然洪水过程。湖东、湖西地区各主要河流均有流量观测资料，但各测站未能控制相应各河的全部面积，需要经面积比修正后计算各河入湖洪量；湖面采用降雨扣除蒸发推求洪量，负值时作零处理。

利用上级湖地区后营、黄庄、梁山闸、马楼等8个入湖控制站的逐日流量资料和流域的面平均雨量及湖区的蒸发资料，详尽分析各主要入湖河流汛期最大洪水出现规律、汛期洪量组成以及汛期最大3 d、7 d和15 d洪量组成。各控制站对应所在的河流分别为：梁济运河、洸府河、洙赵新河、白马河、泗河、万福河、城河、东鱼河，相应的系列年份为：后营（1962~2018年）、黄庄（1963~2018年）、梁山闸（1974~2018年）、马楼（1962~2018年）、书院（1962~2008年）、孙庄（1962~2018年）、滕县（1962~1967年；1969~1996年；1998~2018年）、鱼城（1968~2018年），湖区逐日蒸发的资料系列年份为1964~1966年和1983~2018年。此外，用二级坝闸的流量（1962~2018年）代替二级坝的下泄流量，对其汛期的最大下泄流量出现时间进行分析。

1.1　峰现时间分析

统计上级湖主要河流入湖控制站的汛期最大洪峰，分析其出现时间分布规律。可以看出，上级湖各主要入湖河流的汛期最大洪峰出现时间一般在7月中旬至9月上旬。此外，我们统计了有流量年份的二级坝处开闸泄洪的汛期最大流量的量级及时间分布规律，对于泄洪流量为0的年份，将不作统计，具体见表1。

可以看出，二级坝的泄洪流量量级在0~2 000 m^3/s，其中400~1 200 m^3/s量级的泄洪流量出现次数较多，而大于2 000 m^3/s的泄洪流量也出现过3次，分别发生在2004年、2005年、2018年。从最大泄洪流量在时间上的分布来看，主要分布在8月上旬至9月下旬，而且比较均匀，比入湖河流的汛期

作者简介：陈立峰，男，1980年生，高级工程师，主要从事水利工程规划、管理、设计等方面的研究。E-mail：13505312980@163.com。

最大洪峰出现时间滞后 20 d 左右,说明上级湖在拦蓄滞洪方面起到了积极的作用。对于最大泄洪流量为 0 的年份,可能是因为这些年份属于偏枯年份,上级湖的主要作用是在保证防洪的要求下,以兴利为主要目的。

表 1　二级坝闸汛期最大泄流量出现量级及时间频次统计

时间	不同最大泄洪流量(m³/s)量级的出现次数(次)						合计(次)
	≤400	400~800	800~1 200	1 200~1 600	1 600~2 000	>2 000	
6 月上旬							0
6 月中旬							0
6 月下旬							0
7 月上旬							0
7 月中旬			2	1			3
7 月下旬		1	1				2
8 月上旬	1	1	2	1			5
8 月中旬		1	1	1			3
8 月下旬		3	1			1	5
9 月上旬	1	4					5
9 月中旬	2					1	3
9 月下旬	1	3				1	5
合计(次)	5	9	11	3	0	3	31

1.2　汛期径流量组成分析

南四湖流域洪水主要由湖东湖西入湖径流量和湖区净雨量叠加而成,而又以上级湖控制地区的洪水组成为主要部分。我们统计了上级湖各主要河流入湖控制站的汛期径流量和湖区汛期净雨量的多年平均值,见表 2。

表 2　南四湖流域上级湖汛期(6~9 月)径流量地区组成

各控制站及分区	湖区	后营	黄庄	梁山闸	马楼	书院	孙庄	滕县	鱼城	合计
多年平均径流量(亿 m³)	2.3	2.9	0.5	2.7	0.3	1.7	1.1	0.7	2.2	14.3
所占比例(%)	15.8	20.4	3.2	19.2	1.9	12.0	7.7	4.70	15.2	100

一般来说,各控制站入湖径流量是跟该站所控制的集水面积成正比关系的,因此在无须通过计算各测站精确的入湖径流量,只需计算各测站相应实测径流量占总的实测径流量的百分比的情况下,我们也能得到各部分水量对汛期洪水组成的贡献大小。基于此,在不考虑面积因素的情况下,即不计入各入湖控制站未能控制的那部分水量,直接计算各部分径流量占总的径流量的比例。但在需计算实际的入湖水量时,这部分水量应当考虑进去。

从表 2 可以看出,在汛期地区洪水组成比例来看,梁济运河后营站最大,为 20.4%;洙赵新河梁山闸站其次,为 19.2%;而湖区贡献率为 15.8%,排第三。此外,东鱼河鱼城站和泗河书院站的贡献率也分别达到了 15.2% 和 12.0%,而白马河马楼站的贡献率最小,为 1.9%。说明,南四湖流域上级湖地区的洪水主要由湖西地区的梁济运河、洙赵新河、东鱼河和湖东地区泗河的来水量以及湖区本身的净雨量组成。

1.3　各历时洪量的地区组成分析

通过统计上级湖各主要河流入湖控制站和湖区相应的汛期最大 3 d、7 d、15 d 最大洪量的多年平均值,分析其不同历时下洪量的地区组成,见表3。

表3　南四湖流域上级湖汛期(6~9月)不同历时洪量地区组成

各控制站及分区	最大 3 d		最大 7 d		最大 15 d	
	洪量(亿 m³)	比例(%)	洪量(亿 m³)	比例(%)	洪量(亿 m³)	比例(%)
湖区	0.48	19.05	0.64	15.84	0.88	14.57
后营	0.34	13.49	0.67	16.58	1.13	18.71
黄庄	0.08	3.17	0.13	3.22	0.21	3.48
梁山闸	0.45	17.86	0.74	18.32	1.08	17.88
马楼	0.07	2.78	0.10	2.48	0.13	2.15
书院	0.36	14.29	0.53	13.12	0.77	12.75
孙庄	0.23	9.13	0.41	10.15	0.58	9.60
滕县	0.11	4.37	0.18	4.46	0.28	4.64
鱼城	0.40	15.87	0.64	15.84	0.98	16.23
合计	2.52	100.00	4.04	100.00	6.04	100.00

通过计算分析可以看出不同历时各个控制站及分区的洪量对相应总洪量的贡献大小除比例上稍有区别外,跟汛期径流量是大致一样的。在各时段洪量地区组成中,最大3 d、7 d、15 d洪量处于前五位的始终是梁济运河后营站、洙赵新河梁山闸站、东鱼河鱼城站、泗河书院站和湖区净雨量,只是比例大小稍有不同。从各时段洪量占总洪量的比例来分析,梁济运河后营站、洸府河黄庄站、城河滕县站汛期最大3 d、7 d、15 d洪量占总洪量的比例随统计时段的增长呈现逐渐增大的趋势,但由于洸府河和城河来水相对较小,影响有限,说明梁齐运河来水对形成南四湖上级湖洪水的底水作用较大;湖区自身、白马河马楼站年最大3 d、7 d、15 d洪量占总水量的比例随统计时段的增长呈现逐渐减小的趋势,说明湖区降雨来水对洪水洪峰影响作用明显,常起到加帽造峰的作用,而白马河相对影响较小;其余各主要河流控制站各时段洪量占比变化不大。

另外,需要指出的是,对于从各控制站至湖区的那部分水量和未能控制的上级湖地区其他部分的水量,我们在此做了简化计算。实际计算过程中,不应当忽视,应充分考虑其水量对入湖洪水的影响。

2　洪峰地区遭遇分析

洪水遭遇是指干流与支流或支流与支流的洪峰在相差较短的时间内到达同一河段的水文现象。为了为南四湖流域的防洪规划设计提供依据,需统计分析其入湖洪水遭遇规律。洪水遭遇分为洪峰遭遇和洪水过程遭遇两种情况:若各洪源洪峰(日平均流量)同日出现,即为洪峰遭遇;所谓过程遭遇,是指各洪源时段洪量中部分时段有不同程度重叠现象,重叠部分即为洪量遭遇。这里所谓的洪水遭遇只针对入湖控制站洪水遭遇而言,没有考虑入湖控制站至上级湖区间的河道洪水演进,因为洪水波在控制站以下河道的传播时间一般不长,故这种简化不会影响分析计算的精度。由于过程遭遇计算复杂,本文只分析洪峰遭遇情况。

对于部分站点汛期出现断流的年份,我们将其从系列当中移除,只计算汛期具有洪峰流量的年份。根据这一原则,各控制站之间的统计年份系列长度不一,为此,只计算洪峰遭遇次数占统计系列长度的比例,即洪峰遭遇的可能性,用P_{ij}表示。计算公式如下:

$$P_{ij} = \frac{t_{ij}}{N_{ij}} \tag{1}$$

式中:t_{ij}为第i个控制站和第j个控制站的洪峰遭遇次数;N_{ij}为第i个控制站和第j个控制站的系列重合年份的统计数。

通过统计,我们得到了各控制站所在河流相互之间的洪峰遭遇可能性,见表4。

表4　南四湖上级湖8条主要入湖河流汛期洪峰遭遇概率统计

	河流名称	湖西地区(%)				湖东地区(%)			
		梁齐运河	万福河	洙赵新河	东鱼河	泗河	洸府河	城河	白马河
湖西地区	梁齐运河	100	16.67	30.56	13.16	10.64	28.57	4.35	2.70
	万福河		100	10.00	30.56	14.63	19.35	14.63	15.15
	洙赵新河			100	9.38	11.43	4.00	2.86	7.69
	东鱼河				100	8.11	7.14	5.41	3.45
湖东地区	泗河					100	25.71	20.00	33.33
	洸府河						100	5.88	25.93
	城河							100	24.32
	白马河								100

从表4可以看出,白马河和泗河的洪峰遭遇的可能性最大,达到了33.33%,梁济运河和洙赵新河、万福河和东鱼河的洪峰遭遇可能性紧随其后,均为30.56%;而洙赵新河和洸府河、洙赵新河和城河、梁济运河和城河、梁济运河和白马河、东鱼河和白马河的洪水遭遇可能性均不足5%。但应当指出的是梁济运河、洙赵新河和东鱼河的集水面积较大,它们相互之间的洪峰遭遇可能性虽然可能较小,但对上级湖的入湖洪水影响更大。从河流的地区分布来看,两者皆处于湖西或者湖东地区的河流洪峰遭遇可能性较大,而当两者处于不同分区时,遭遇概率相对较小。

3　结论

本文依据长系列水文实测序列资料,以南四湖流域为研究对象,从峰现时间、汛期径流量组成、各历时洪量的地区组成三个方面分别定量分析了南四湖的洪水地区组成情况;运用定量公式法分析计算了南四湖流域内主要河流的洪峰遭遇概率。所采用的数据资料可靠性、代表性较好,计算结果可以为流域规划治理、河道运行管理、防洪减灾调度等提供一定的数据支撑。

参 考 文 献

[1] 刘煜杰.南四湖湿地区洪水风险与土地利用变化研究[D].济南:山东师范大学,2010.
[2] 陈鹏霄.基于GIS和遥感数据的洪水风险分析[J].水利水电快报,2008.

一种实现自动排水的田间排水口设计

夏倩倩

（开封市汴龙勘察设计中心，河南 开封　475000）

摘　要　田间排水口作为排出田间涝水的建筑物，为农田除涝减灾提供保障，是田间配套建筑物的重要组成部分。目前市场上存在多种结构的田间排水口，但大多需要人为控制启闭。本文从排水口结构形式入手，提出一种可实现自动排水功能的田间排水口，以期实现农田排水自动化，且该排水口可采用预制组合式，施工简便，在实际应用中具有重要的实用价值。

关键词　田间排水自动控制；浮力原理；逆流装置

1　前言

近年来，随着国家对水利基础设施的投入，建设了一大批标准化的灌区，为农业增产稳产提供了保障。但目前在标准化灌区中广泛采用的田间配套建筑物大多外观粗糙，结构单一，材料传统，工艺简单，在实际应用过程中，操作不便，调控不佳，已经成为农田水利基础设施建设最为薄弱的环节。其中田间排水口是田间排水的小型建筑物，具有面广量大的特点，其对止水装置的严密性、启闭的灵活性等方面有较高的要求，其设计与施工质量直接影响农田水利工程的建设与使用效果。经过近年来田间排水口的示范推广应用，市场上已形成多种结构、多种材料的田间排水口[1]。但目前现有排水口的启闭需要农业作业者根据田间的水深状态，人为控制。这种排水方式不仅浪费劳动力，排水量不易控制，且在排水过程中会产生由于排水沟水位激增产生水流倒灌的现象。另外，近年来农业自动化高度发展，小型田间配套建筑物作为农田建设的重要组成部分，实现其自动化是未来农业的发展趋势。田间排水口是田间配套建筑物的重要组成部分，设计一种结构简单且能够实现自动排水的田间排水口，可以减少劳动力，提高排水效率，对灌区的现代化、标准化建设具有重要的现实意义[2,3]。

2　设计原理

可实现自动排水的田间排水口主要由浮动装置、排水管道和防逆流管道构成，结构如图1和图2所示。与排水管道连接的防逆流管道中设置防逆流装置以控制水流方向[4]；通过密度较小的浮块利用浮力原理控制盖板位置，以实现排水管进水口的自动启闭控制；根据水田作物各生育期的允许蓄水上限确定浮动装置的牵拉绳长度，控制排水管进水口开启的水位。

田间排水口的运行原理如下：当排水沟水位高于田块水位时，防逆流阻塞板在排水沟侧的水压力大于田块侧的水压力，防逆流阻塞板关闭，阻止排水沟中的水倒流进入田间；排水沟水位低于田块水位时，防逆流阻塞板在排水沟侧的水压力小于田块侧的水压力，防逆流阻塞板打开，排水与否由牵拉绳长度和田间水深所决定的盖板位置控制，水深高于牵拉绳长度，盖板在浮块所受浮力的牵引下远离排水管道进水口，田间处于排水状态，水深低于牵拉绳长度，盖板关闭排水管道进水口。

3　田间排水口设计

田间排水口安装于田块排水测的田埂旁，由浮动装置、排水管道以及与排水管道连接的防逆流管道三个主要构件构成。排水管道和防逆流管道可采用工程塑料、铸铁等材质制成。其中排水管道呈"L"

作者简介：夏倩倩，2011 年毕业于华北水利水电学院，毕业至今一直在开封市汴龙勘察设计中心工作，主要从事灌区规划编制、中小河流河道治理工程、饮水安全工程和河长制工作等。

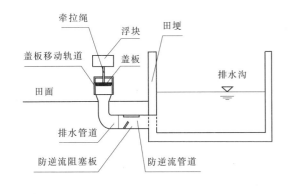

图 1　田间排水口结构(一)

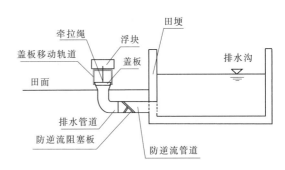

图 2　田间排水口结构(二)

形,采用圆形或方形的截面,垂直段的进水口置于排水田块的田面以上,水平段的埋深以不影响田间耕作为宜。防逆流管道采用方形截面,以方便在防逆流管道的中部设置防逆流阻塞板以控制水流方向,防逆流阻塞板的下方设置有弹性支撑杆。进水管道和排水管道的截面尺寸应根据田间设计排水量及排水沟的设计水深决定,排水管道与防逆流管道通过缓冲段连接。

设置的浮动装置主要由盖板移动轨道、牵拉绳连接的盖板和浮块构成。盖板移动轨道设置在排水管道进水口的正上方,确保盖板始终上下直线滑动,移动至与排水管道进水口在同一水平线时能够完全关闭排水管道出水口。结构形状根据进水管道的截面形状决定,如进水管道的截面为方形,盖板移动轨道采用立方体式的框架结构;如进水管道的截面为圆形,盖板移动轨道采用圆柱体式的框架结构。盖板移动轨道顶部的最高位置设置低于牵拉绳长度,采用的框架结构设置应尽量不影响水流从各方向通过为准。浮块要求有足够大的体积和足够小的密度,盖板要求密度大于水的密度,两者关系需满足在田间水深大于牵拉绳长度时能依靠浮块浮力作用启动盖板,田间水深小于等于牵拉绳长度时盖板所受浮块浮力小于盖板重量,具体可通过实验确定。牵拉绳长度由田间的最大允许蓄水深度决定,设计可通过改变牵拉绳长度改变排水口的启闭水位,以适应不同农作物和不同生育期的排水水位控制。

此排水口的各构件采用定型构件,可预先进行制作,然后在田间进行现场组装,各构件组装采用积木式的接插方式,构件间用黏结剂或水泥砂浆黏结,使用过程中如有个别构件损坏,可拆除损坏构件,重新更换完整的构件,再组合成满足使用要求的田间配套建筑物。可实现制作简单、安装快捷、维护方便的目的。

4　装置运行方式

预先根据水田作物在不同生育期的最大可蓄水深度设置牵拉绳长度。根据田间和排水沟的水位,存在三种运行方式。

(1)排水沟水位低于田间水位,且田间水深高于牵拉绳长度。浮块带动盖板上浮,排水管口打开,田间侧的水压力大于防逆流阻塞板排水沟侧的水压力,防逆流阻塞板保持打开状态,排水管道开始排水(见图1)。

(2)排水沟水位低于田间水位,且田间水深低于牵拉绳长度。盖板处于关闭排水口状态(见图2)。

(3)排水沟水位高于田间水位。防逆流阻塞板在排水沟侧的水压力大于田间侧的水压力,防逆流阻塞板保持关闭状态,避免排水沟的水倒灌进入田间。

5　结论

本文所述的田间进水口自动灌水方法实现了农田的自动定量排水,不仅可以大大减少劳动力。且结构简单,可采用预制组合构件在工厂车间进行批量生产然后进行现场安装,具有广阔的推广应用前景。主要特点如下:

(1)当田块的水层高度超过田间蓄水上限时,排水盖板自动上浮,实现农田自动定量排水。

（2）节约劳力。

（3）装置结构简单，适合工厂化生产，制作快捷，在使用过程中无须人工操作。

参 考 文 献

[1] 尤丽红. 上海农田水利灌溉设施（田间放水口、排水口）改进方法探讨[J]. 珠江水运, 2015(1):78-79.

[2] 边巴罗布. 建设高标准农田水利建设工程[J]. 杂文月刊:教育世界, 2015(4):109-110.

[3] 刘发智, 田振华. 渠系建筑物小型组合式农道桥制作与应用探讨[J]. 水利天地, 2015, 1(10):13-16.

[4] 汤苟度. 一种防逆流水管[P]. CN203475551U. 2014.

试验性提高城东湖蓄洪区控制水位探讨

闫雯雯,赵百营

(六安市水利局,安徽 六安 237000)

摘 要 为有效利用水资源,改善水生态环境,充分发挥城东湖蓄洪区防洪、灌溉、供水等综合效益,提高城东湖蓄洪区控制水位是必要的。文章分析了提高城东湖蓄洪区控制水位的影响及效益,提出了分阶段性提高城东湖蓄洪区控制水位的具体措施。

关键词 城东湖蓄洪区;汛期;控制水位;六安市

1 城东湖蓄洪区基本情况

城东湖蓄洪区位于淮河中游南岸,分属六安市霍邱县和裕安区,东西平均宽度 5~6 km,南北平均长度约 30 km,沿湖有霍邱县的花园、孟集、潘集、新店、城关、三流、宋店、岔路、夏店等 9 个乡(镇)及裕安区的固镇、罗集、丁集等 3 个乡(镇)。蓄洪区北临淮河,居临淮岗、正阳关之中,东、南、西三面环岗,上游南起霍邱县夏店镇砖洪集,下游北至东湖坝,东起潘集乡陈郢子,西至城关镇龙泉寺,整体地形狭长。流域地势南高北低,起源山高坡陡,偏东向北流,至湖的南端三流乡官庄子,过城东湖闸在溜子口入淮。

城东湖蓄洪区设计蓄洪水位 25.5 m(废黄高程,下同),相应蓄水面积 378 km²(其中,裕安区蓄洪面积 54.1 km²)、蓄洪量 15.9 亿 m³,设计进洪流量 1 800 m³/s,湖区正常蓄水位汛期为 19.5 m,非汛期为 20.0 m。城东湖蓄洪区蓄水位通过城东湖闸控制。城东湖湖区常年蓄水位 19.0~20.0 m,相应湖区面积为 102 km²和 140 km²。蓄洪区水位、面积、容积关系见表 1、图 1。

表 1 城东湖蓄洪区水位—面积—容积关系

序号	水位(m)	面积(km²)	容积(亿 m³)
1	18.0	56	0.6
2	19.0	102	1.6
3	20.0	140	2.8
4	21.0	170	4.3
5	22.0	204	6.3
6	23.0	236	8.5
7	24.0	280	11.0
8	25.0	338	14.1
9	25.5	378	15.9
10	26.0	430	17.9

新中国成立以来,城东湖蓄洪区先后于 1954 年、1956 年、1968 年、1975 年、1991 年和 2003 年运用 6 次,运用概率约 10 年一次。城东湖蓄洪区运用情况见表 2。

作者简介:闫雯雯,女,1984 年生,六安市水利局,工程师,主要从事水利工程规划计划、建设管理等相关工作。E-mail: 462326055@qq.com。

2 提高城东湖蓄洪区控制水位措施及影响分析

2.1 提高水位的具体措施

为有效利用水资源,改善水生态环境,充分发挥城东湖蓄洪区防洪、灌溉、供水等综合效益,应分阶段试验性提高蓄洪区控制水位,详细如下。

主汛期:6 月 15 日至 8 月 31 日,控制水位由 19.5 m 调增至 20.0 m,增加蓄水量 0.6 亿 m³,增加水面面积 19 km²。

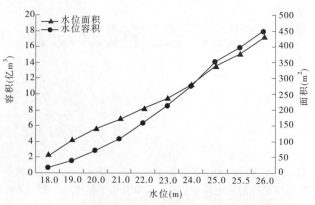

图 1　城东湖蓄洪区水位—面积—容积曲线图

汛初、汛末:5 月 1 日至 6 月 15 日、9 月 1 日至 9 月 30 日,控制水位由 19.5 m 调增至 20.5 m,增加蓄水量 1.35 亿 m³,增加水面面积 34 km²。

表 2　新中国成立以来城东湖蓄洪区运用情况统计

年份	蓄洪时间(月-日 T 时)		蓄洪方式	最大进洪流量	蓄洪量	最高蓄水位
	起	讫		(m³/s)	(亿 m³)	(m)
1954	07-12T01	07-12T20	开闸	1 450	1.1	23.7
	07-15T06	07-20T19	开闸	1 480	4.9	25.56
	07-21T16	07-27T08	决口		3.9	26.58
1956	06-11T03	06-17T08	开闸	1 550	2.66	24.64
1968	07-21T17	07-25T23	开闸	1 800	3.36	23.82
1975	08-17T06	08-23T08	开闸	1 000	4.54	24.41
1991	07-10T10	07-11T16	开闸	500	1.17	25.2
2003	07-11T14	07-14T12	开闸	1 600	3.25	25.3

非汛期:10 月 1 日至第二年 4 月 30 日,控制水位由 20.0 m 调增至 21.0 m,增加蓄水量 1.5 亿 m³,增加水面面积 30 km²。

2.2 提高水位后影响分析

城东湖蓄洪区现有耕地面积 21.44 万亩(含裕安区 4.06 万亩),其中 20.0 m 高程以下 1.59 万亩,占比 7.43%;20.0~21.0 m 高程 1.69 万亩,占比 7.87%;21.0 m 高程以上 18.16 万亩,占比 84.7%。见表 3、图 2。

表 3　城东湖蓄洪区各高程区间耕地面积统计表

序号	高程分布(m)	耕地面积(亩)	占比(%)	说明
1	19.0~20.0	15 937	7.43	
2	20.0~21.0	16 881.2	7.87	
3	21.0~22.0	29 401.6	13.71	
4	22.0~23.0	28 542.8	13.31	
5	23.0~25.5	123 687.1	57.68	其中:裕安区 40 597 亩
	合计	214 449.7		

根据实地走访和调研,城东湖蓄洪区内生产圩区有部分耕地地势低洼,21.0 m 高程以下有近 3.3

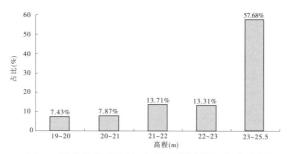

图2　城东湖蓄洪区各高程区间耕地面积占比图

万亩耕地,其中20.0～21.0 m高程的1.69万亩耕地,将受蓄水位抬高影响,当蓄洪区蓄水位抬高至21.0 m时,可能造成这部分圩区排涝压力加大。

3　提高城东湖蓄洪区控制水位效益分析

3.1　社会效益

提高城东湖蓄洪区控制水位,是保证城乡居民生活用水的需要。城东湖蓄洪区是霍邱县城区生活用水的唯一水源地,同时承担着周边乡镇和村庄的居民生产、生活用水任务,周边建有霍邱县二水厂以及潘集、花园等乡镇水厂。霍邱县二水厂是霍邱县城区现状供水水厂,设计规模近期3.5万t/d、远期7万t/d,设计供水人口25万人。随着经济社会发展和城市化建设进程,用水量也将随之增加,根据《安徽省六安市霍邱县城总体规划(2013～2030年)》,规划2030年霍邱县城区人口规模50万人,届时霍邱县城区将用水规模进一步扩大,提高城东湖蓄洪区控制水位是必要的。

3.2　灌溉效益

提高城东湖蓄洪区控制水位,是保证农业灌溉用水的需要。由于城东湖周边地处淠史杭灌区的尾部,灌溉输水线路长,灌溉用水沿途损失大,周边的农业灌溉难以保证,旱情几乎年年发生。近年来,该地连续遭受干旱年份,区域水资源紧缺、干旱缺水矛盾凸显。为保证农作物灌溉用水,城东湖周边陆续建成了51座灌溉泵站,总装机容量12 604 kW,设计提水流量56.07 m³/s,设计灌溉面积32.3万亩。当前,城东湖蓄洪区正常蓄水位一般控制在19.5～20.0 m,蓄水位偏低,遇大旱年份难以满足沿线地区泵站提灌要求,影响泵站效益发挥。城东湖蓄洪区控制水位提高后,将有效增加农业灌溉用水量,有利于当地粮食稳产稳定,同时也将为脱贫攻坚提供基础支撑。

3.3　生态效益

提高城东湖蓄洪区控制水位,是生物多样性保护的需要。城东湖是安徽省重要湿地之一和省级自然保护区,是东方白鹳、白琵鹭、鸿雁、小天鹅、绿头鸭、中华秋沙鸭、白鹭、银鸥、大白鹭等珍稀水禽栖息地和越冬场所。城东湖水位提高后,非汛期将增加蓄水量1.5亿 m³,增加水面面积30 km²,能够为这些珍稀水禽提供更好的栖息地和越冬场所,同时也将对湖区周边生态环境改善发挥更大作用,更好地保护湿地生态系统。

4　结语与建议

根据省防指《关于印发〈城东湖闸调度运用办法(暂行)〉的通知》(省防指〔2008〕56号)规定,城东湖蓄洪区正常蓄水位19.5～20.0 m,干旱期及用水高峰期可视情适当抬高蓄水位。为有效利用水资源,实现水资源效益最大化,分阶段试验性提高城东湖蓄洪区控制水位是可行的。

同时建议:为保证城东湖蓄洪区的正常运用调度,主汛期来临前10天,即6月5日开始逐渐降低水位至20.0 m。汛期若遇强降雨,湖内水位较高或淮河水位暴涨等情况,提前开闸将城东湖水位降至19.5 m以下,以确保城东湖蓄洪区运用时蓄洪总量不变;霍邱县应统筹做好所涉及耕地的排涝工作,以减小由于抬高蓄水位带来的影响。

关于将新沂河漫滩行洪改为归泓行洪的研究

董一洪,张鹏

(连云港市水利局,江苏 连云港　222000)

摘　要　新沂河始建于 20 世纪 40 年代末,限于当时施工条件与技术,采取筑堤束水、漫滩行洪方式,河口内 30 万亩滩地受汛期行洪影响,每年仅种植一季小麦。在当前土地资源,尤其耕地资源非常稀缺,且工程施工技术越来越先进的情况下,本文从归泓行洪产生的农业开发、发展航运、营造水生态环境三个方面积极意义出发,从保证农业生产和流域洪水分配变化两方面阐述归泓行洪的可行性。进而在可行性分析的基础上,提出了两个工程方案构想,对其中一个方案进行了重点分析,分析在某一经济可行的较小过水断面下,归泓洪水位壅高不大,不改变现状新沂河大堤的防洪形势,且对沿线穿大堤建筑物水情、工况没有较大变化,不构成直接影响。总之,归泓行洪对现状南、北堤及穿堤建筑物水情、工况没有直接影响,在不考虑航运情况时,工程影响范围较小且集中在河口以内,经济效益显著,对于新沂河片区经济社会发展有较好的促进作用。
关键词　流域洪水;行洪;农业开发;研究

新沂河西始骆马湖嶂山闸,途经徐州、宿迁、连云港三市的新沂、宿豫、沭阳、灌南、灌云五县(市),至燕尾港镇南与灌河汇合后出海,全长 146 km。新沂河是整个沂沭泗流域洪水两大入海通道之一,关系到骆马湖周边和沂南、沂北 802 万亩耕地、570 万人民生命财产以及连云港市区的防洪安全。新沂河建于 1949 年冬,由于当时施工条件与施工技术落后,采取人海战术,人担车推,河道设计采用了筑堤束水,宽滩、漫滩行洪的方式,河道宽度达 1.5~3.6 km,平均河宽 2.5 km。沭阳、灌云、灌南 30 万亩土地,受行洪影响,每年仅种植一季小麦。30 万亩土地因少种植一季秋季作物,每年少收近 2.25 亿 kg 粮食,减少农业产值约 6 亿元。当前土地资源,尤其耕地资源非常稀缺,且工程施工技术越来越先进,建议对新沂河河道重新规划设计,将现在的筑堤束水,宽滩、漫滩行洪,大量占用土地的行洪方式改为归泓、深泓行洪。这样,一是增加粮食生产,沿线 30 万亩土地每年可多种一季秋季作物,增加粮食产量近 2.25 亿 kg。二是发展航运,新沂河与盐河、通榆运河、灌河航道均有关联,将新沂河南、北泓道拓深,在入海口兴建船闸抬高水位,发展航运,从而沟通盐河、通榆运河航道,发展海河联运。三是增加水面率,增加蓄水量。新沂河泓道拓浚后,增加河道蓄水能力,在海口建闸,从而提高水位和水面率,形成较大水体,有利于调蓄水资源,改造生态环境。

1　可行性分析

1.1　农业开发的可行性

表 1 是新沂河 1950~2009 年间最大行洪流量统计数据。不难发现,新沂河建成 65 年来,除 1974 年外,其余年份均低于 5 000 m³/s。因此,按 5 000 m³/s 以下洪水归泓行洪能保证新沂河 30 万亩土地在绝大部分年份实现一年两季种植。当极个别年份洪量超过 5 000 m³/s 时,仍恢复漫滩过流,不降低行洪标准,确保行洪安全。

1.2　流域洪水分配的有利条件

新沂河既是沂沭泗流域洪水通道,又经分淮入沂水道相机分泄淮水。淮河入海水道、入江水道、苏北灌溉总渠、分淮入沂等共同承泄洪泽湖以上 15.8 万 km² 来水,泄洪能力达到 15 270~18 270 m³/s。其中,分淮入沂水道经淮阴闸、沭阳闸至新沂河,相机将淮河洪水分入新沂河,设计流量 3 000 m³/s。

作者简介:董一洪,男,1965 年生,连云港市水利局副局长,农学硕士,农艺师(中级),主要从事水行政管理工作。E-mail:1875866200@qq.com。

2014 年 11 月 19 日,水利部水利水电规划设计总院审查通过了淮河入海水道二期工程,由一期工程行洪能力 3 000 m³/s 提高到 7 000 m³/s。入江水道也于 2011 年 5 月经国家发改委批准初步设计,按 12 000 m³/s 流量基本建成。可见,淮河主要入江、入海通道行洪能力均有较大幅度提升,仅淮河入海水道二期工程扩大行洪能力达 4 000 m³/s。因此,可以预见,未来分淮入沂水道向新沂河相机分洪的概率和流量(设计最大流量 3 000 m³/s)将会大大降低,这也为对新沂河低于 5 000 m³/s 洪水归泓行洪,实现 30 万亩耕地在大多数年份一年两季种植创造了外部条件,增加了保障。

表 1　1950～2009 年新沂河行洪最大流量统计　　　　　　　　　　　　　　(单位:m³/s)

年份	流量	年份	流量	年份	流量	年份	流量	年份	流量	年份	流量
1950	2 551	1962	1 880	1974	6 900	1986	1 770	1998	4 220	2010	3 030
1951	1 357	1963	4 150	1975	3 010	1987	594	1999	214	2011	2 510
1952	250	1964	2 220	1976	1 500	1988	160	2000	1 770	2012	3 590
1953	1 390	1965	3 410	1977	1 240	1989	750	2001	2 330	2013	1 240
1954	282	1966	2 360	1978	220	1990	4 850	2002	481	2014	300
1955	577	1967	42	1979	3 090	1991	3 800	2003	4 860		
1956	2 660	1968	1 000	1980	1 490	1992	474	2004	2 700		
1957	3 710	1969	2 890	1981	261	1993	4 580	2005	4 000		
1958	1 580	1970	4 840	1982	2 320	1994	388	2006	2 880		
1959	330	1971	4 620	1983	2 060	1995	2 870	2007	3 930		
1960	2 330	1972	4 014	1984	2 870	1996	2 560	2008	4 630		
1961	1 370	1973	3 160	1985	1 150	1997	1 350	2009	3 030		

　　此外,沂沭泗流域内的水情和工情也发生较大变化。首先,作为沂沭泗流域的另一条主要洪水通道—新沭河已于 2008 年 11 月启动了由 20 年一遇提高至 50 年一遇行洪能力的整治,目前已全部建成,行洪能力已由 5 000 m³/s 提高至 6 000 m³/s(其中临洪河以下段为 6 400 m³/s)以上,由此行洪能力增加 1 000 m³/s 以上,这无疑减轻了新沂河行洪压力。如果归泓行洪后,为了最大程度保证农业生产,降低新沂河超 5 000 m³/s 大流量行洪机会,还可以通过上游调度控制,增加新沭河入海流量。其次,沂沭泗流域的经济社会正在快速发展,各行业用水量大幅增加,为了开发水资源,在洪水产流区域也开展了一系列河、库、塘、坝等拦、蓄、滞水设施建设,这也为削减流域洪峰,减少新沂河发生大流量行洪概率创造了条件。

2　工程方案设想

　　根据调查统计,新沂河自 1949 年建成以来的 65 年间,每年行洪流量在 42～6 900 m³/s,其中 5 000 m³/s 以上的年份仅 1 年(1974 年),4 000～5 000 m³/s 年份 9 年,其余 55 年均在 4 000 m³/s 以下。因此,实施 5 000 m³/s 归泓行洪能较大程度保证农业开发,实现一年两季种植的经验保证率为 98.5%。建议 2 个工程方案,方案一按 5 000 m³/s 拓浚南、北偏泓,加高加固保麦子堰;方案二按 4 000 m³/s 拓浚南、北偏泓,1 000 m³/s 拓浚中泓,加高加固保麦子堰。下面着重对工程方案一进行验算分析。

2.1　工程设计

　　采用《沂沭泗河洪水东调南下续建工程新沂河整治工程初步设计报告》成果,新沂河 50 年一遇设计水位为 23.47 m(嶂山闸下 0 +300)、11.40 m(沭阳 43 +000)、6.66 m(小潮河闸 110 +000)、6.06 m(东友涵洞 127 +000)、5.12 m(老挡潮坝 141 +000)、4.00 m(河口 145 +508),设计堤顶高程 25.97 m(嶂山闸下 0 +300)、13.90 m(沭阳 43 +000)、9.16 m(小潮河闸 110 +000)、8.56 m(东友涵洞 127 +000)、7.62 m(老挡潮坝 141 +000)。

按明渠恒定非均匀渐变流能量方程,在相邻断面之间建立方程,从下游往上游进行推算。按河口深泓闸段水位4.00 m、流量2 500 m³/s、河底宽330 m,边坡1:3,河道底高程按现状河口枢纽控制工程泓道底高程 -2.00 m 考虑,向上游推算。为简化计算,只推算小潮河闸(桩号110 +000)、沭阳(桩号43 +000)两个特征断面,用于分析洪水归泓情况及进行归泓河槽的断面设计。

$$Z_1 + \frac{\alpha V_1^2}{2g} = Z_2 + \frac{\alpha V_2^2}{2g} + h_w$$

式中:Z_1、V_1、Z_2、V_2 为上、下游断面的水位和平均流速;$h_w = h_f + h_j$ 为上、下游断面之间的能量损失;$h_f = \frac{\overline{V}^2}{\overline{C}^2 \overline{R}} l$ 为上、下游断面之间的沿程水头损失;$h_j = \zeta \frac{V_2^2}{2g} - \frac{V_1^2}{2g}$ 为上、下游断面之间的局部水头损失;ζ 为局部水头损失系数,均一型河道断面,局部水头损失系数 $\zeta = 0$;C、R、α 分别为谢才系数、水力半径、动能修正系数;n 为河槽糙率,结合新沂河50年一遇工程研究成果,本次采用0.024。

河口断面(桩号145 +508):

$$Z_3 = 4.0 \text{ m}$$

$$V_3 = \frac{Q}{A} = \frac{2\ 500}{(330 + 366) \times (4 + 2) \times 1/2} = 1.197 (\text{m}^3/\text{s})$$

小潮河闸断面(桩号110 +000):

河底宽设为330 m,边坡1:3,河口处底高程按现状底高程 -2.00 m。

$$V_2 = V_3 = 1.197 \text{ m}^3/\text{s}$$

$$A = (330 + 366) \times (4 + 2) \times 1/2 = 2\ 088 (\text{m}^2)$$

$$C = \frac{1}{n} R^{\frac{1}{6}} = \frac{1}{0.024} \times 5.675^{0.166\ 67} = 55.65$$

$$R = \frac{A}{\chi} = \frac{2\ 088}{330 + 37.95} = 5.675$$

$$l = 145\ 508 - 110\ 000 = 35\ 508 (\text{m})$$

$$h_w = h_f + h_j = h_f = \frac{\overline{V}^2}{\overline{C}^2 \overline{R}} l + 0 = \frac{1.197^2}{55.65^2 \times 5.675} \times 35\ 508 = 2.89 (\text{m})$$

$Z_2 = Z_3 + 2.89 = 6.89$ m,相应河底高程0.89 m。

同理,推求出沭阳断面(桩号43 +000)水位 $Z_1 = 12.36$ m,相应河底高程6.36 m。

2.2 对比分析

因此,在新沂河行洪5 000 m³/s流量时,南、北偏泓分别承泄2 500 m³/s流量。此时,通过对比分析,发现洪水位较现状漫滩行洪5 000 m³/s流量的洪水量略有壅高,可从上述计算结果中的2个特征断面中发现:

在小潮河闸断面处,归泓行洪水位值为6.89 m,现状新沂河50年一遇漫滩行洪水位6.66 m。归泓行洪水位值高出现状行洪水位值0.23 m。

在沭阳断面处,归泓行洪水位值为12.36 m,现状新沂河50年一遇漫滩行洪水位11.40 m。归泓行洪水位值高出现状行洪水位值0.96 m。

2.3 归泓河槽断面设计

按现状设计堤顶高程13.90 m(沭阳43 +000)、9.16 m(小潮河闸110 +000)简化推算堤顶高程过程,即将推算出的水位壅高值加上现状堤顶高程,作为归泓河槽的设计堤顶高程。

现状南、北堤在沭阳断面至小潮河闸断面处需加固培高0.96 m,堤顶高程至14.86 ~10.12 m。现状南北堤在小潮河闸断面至河口断面处需加固培高0.23 m,堤顶高程至9.39 ~7.83 m。在南(北)偏泓的北(南)侧按河底宽330 m、边坡1:3、河底高程6.36 ~ -2.0 m筑堤形成河槽。归泓河槽内侧两道堤防无防洪要求,只起束水作用,标准可适当降低,堤顶高程可按高于设计水位1.0 m设计、顶宽6 m、边坡1:3~1:4。当新沂河遭遇5 000 m³/s以上流量行洪时,不再考虑滩地农业种植,采用全断面行洪。

如按方案二进行断面设计,即南、北偏泓各行洪2 000 m³/s,中泓行洪1 000 m³/s,保证新沂河行洪5 000 m³/s以下流量时不漫滩,从而保证在大多数年份实现新沂河滩地两季种植,原理与上述方案一相同,此处不再赘述。

3 工程经济效益及影响

3.1 工程投资

根据以上方案一的分析,在南(北)偏泓的北(南)侧按河底宽330 m、边坡1:3、河底高程6.36~-2.0 m筑堤形成河槽,归泓洪水位壅高不大,不改变现状新沂河大堤的防洪形势,对沿线穿堤建筑物水情、工况没有实质变化,不构成直接影响。因此,工程投资主要用于河道拓浚及堤防填筑。根据调查,现状南偏泓43+630处底宽120 m、口宽160 m、河底高程1.0 m、滩地高程5 m;55+100处底宽120 m、口宽180 m、河底高程0 m、滩地高程4 m;60+100处底宽130 m、口宽190 m、河底高程1.0 m、滩地高程3 m;72+100处底宽116 m、口宽136 m、河底高程-0.6 m、滩地高程3 m;77+100处底宽116 m、口宽136 m、河底高程-0.8 m、滩地高程2.4 m;83+400处底宽112 m、口宽136 m、河底高程-0.8 m、滩地高程1.2 m;89+300处底宽108 m、口宽128 m、河底高程-1.0 m、滩地高程2 m;92+600处底宽108 m、口宽132 m、河底高程-0.8 m、滩地高程2.3 m;94+200处底宽108 m、口宽128 m、河底高程-1.0 m、滩地高程2 m;96+000处底宽108 m、口宽136 m、河底高程-1.0 m、滩地高程2 m;99+000处底宽109 m、口宽132 m、河底高程-1.0 m、滩地高程2.5 m,以上断面按河长进行加权平均,求出南偏泓平均过断面为563 m²。按方案一,实施拓浚后南偏泓滩地以下过水断面为1 017 m²。从而可以估算出按5 000 m³/s归泓行洪方案,沭阳以下98 km河道拓浚南、北偏泓需要开挖土方8 898.4万m³。内侧筑堤堤顶高程按高于设计水位1.0 m设计,顶宽6 m、边坡1:4,以小潮河闸断面确定标准断面,基面高程2.5 m、堤顶高程7.89 m,得出滩地以上断面积148.6 m²,从而估算出两道内堤填筑土方量2 911.5万m³。外堤按沭阳断面至小潮河闸断面加高0.96 m,小潮河闸断面至河口断面加高0.23 m计算,需填筑土方390.3万m³。

综上所述,本工程需开挖土方8 898.4万m³、填筑土方3 301.8万m³,其中挖填结合土方3 301.8万m³,开挖外运土方5 596.6万m³。参照近年类似工程造价,挖填结合土方按每方20元计算,开挖外运土方考虑运距2 000 m,按每立方米15元计算,外运土方堆放占用土地按每亩1.7万元计算、堆高3.5 m。从而估算出土方工程费用15.0亿元,外运土方占征土地费用4.0亿元,合计总投资19.0亿元。同理,估算按方案二估算总投资为17.8亿元。可以考虑提高新沂河大堤标准,将外运土方填筑在堤身,从而避免土方堆放征占地。

3.2 工程效益初步分析

对新沂河河槽断面实施改造,即基本上维持现状南、北堤及穿堤建筑物现状,拓浚现状南、北偏泓过水断面,在原保麦子堰基础上筑堤。在仅考虑农业开发的情况下,按方案一,实现24万亩(考虑工程挖压占地6万亩)耕地每年两季种植农作物,按正常产出每年新增农业产值24×0.2=4.8(亿元),按2年施工期、8%折现率计算,在开工后第7.8年收回投资成本。同理,按方案二,可以保证25万亩(考虑工程挖压占地5万亩)耕地正常产出,每年新增农业产值25×0.2=5.0(亿元),按2年施工期、8%折现率计算,在开工后第6.2年可收回投资成本。

3.3 工程影响初步分析

在某一经济可行的较小过水断面下,归泓洪水位较新沂河50年一遇设计洪水位壅高不大,不改变现状新沂河大堤的防洪形势,且对沿线穿堤建筑物水情、工况没有较大变化,不构成直接影响。总之,归泓行洪对现状南、北堤及穿堤建筑物水情、工况没有直接影响,在不考虑航运情况时,工程影响范围较小且集中在河口以内。只影响到现状的农业生产设施,如生产桥需要改造,另外需要考虑疏港航道在筑堤后对工程的影响。

3.3.1 对疏港航道的影响

疏港航道新沂河枢纽工程包括沂北船闸和沂南船闸 2 座船闸,在新沂河开挖航道 1.787 km。沂北船闸和沂南船闸水工建筑物级别为Ⅲ级,沂北船闸下闸首、沂南船闸上闸首建筑物考虑新沂河防洪要求,等级为 1 级,基本尺度均为 23 m×230 m×4 m(口门宽×闸室长×最小槛上水深),新沂河段新开挖航道位于新沂河河道内,与新沂河南、北深泓呈十字交叉,长 1.787 km,按三级航道标准建设,河道底宽 45 m,设计水深 3.2 m。

为了解决在与新沂河正交的疏港航道处能束水归泓,可以考虑,在新沂河河口内、新筑成的南(北)行洪道的北(南)堤上设南闸和北闸,南闸和北闸分别与新筑堤共同形成束水堤防,当船自南向北行进时,可先进入沂南船闸,平稳地过渡至新沂河水位,再由南闸进入新沂河河床滩地新开航道,过北闸,驶进沂北闸,从而过渡至疏港航道水位,最终进入疏港航道。在枯水期,南闸和北闸可始终保持开启状态;在行洪期,南闸和北闸关闭,断航。

3.3.2 在新沂河内发展水运的影响

根据《内河通航标准》(GBJ 139—90),在南泓道或北泓道发展水运事业,涉及泓道的最低通航水位时的水面宽度、水深、航道的最小弯曲半径和跨河建筑物净高及墩柱间宽等技术要素。由上述方案一可知,束水通道底宽达 330 m,河道比较顺直,再通过拓深等措施,能满足Ⅲ级航道通航最小水深 3.2 m、水面净宽大于 70 m 等要求。可见,按河槽通航要求的水面宽度、水深、最小弯曲半径都不构成制约因素。

因此,主要制约因素是跨新沂河的公路、铁路等跨河建筑物净高及墩柱间宽等要素,Ⅲ、Ⅳ、Ⅴ级航道一般净高要求分别为 10 m、8 m、5 m 以上,墩柱间宽要求分别为 45 m 以上。据调查,临海高等级公路新沂河特大桥、204 国道新沂河特大桥工程等跨南北偏泓跨径均为 40 m,净高 7 m 左右,目前基本满足Ⅴ级以下航道通航标准。

皖北城市堤圈防洪水位探讨

辜兵,夏广义,邢智慧

(安徽省水利水电勘测设计研究总院有限公司,安徽 合肥 230088)

摘 要 皖北面积广阔,地势平坦,河网纵横,人口密集,城市众多,大部分城市位于河流中下游,长久以来城市受洪水威胁严重。本文根据皖北城市分布特点,将皖北城市分为沿淮、中游、上游共3类,通过计算典型城市内堤圈防洪水位,归类梳理城市防洪水位计算方法,探讨皖北城市防洪建设原则,以期服务淮河生态经济带建设。

关键词 皖北城市;防洪水位;溃口洪水

1 问题提出

皖北地区为广阔的淮北平原,地势平坦,河网密布,城市众多。3.7万km²的土地上,分布有国家重要防洪城市阜阳、重点防洪城市蚌埠和淮南,以及亳州、宿州、淮北等6座地级城市,蒙城、阜南、颍上、凤台、怀远、固镇、五河、临泉、太和、界首、灵璧、泗县、砀山、萧县、濉溪、利辛、涡阳等17座县级城市。这些城市大都位于淮河干流、颍河、涡河、洪河、茨淮新河水系、西淝河、怀洪新河水系、新汴河水系、奎濉河等河流附近,甚至跨河建城。因皖北支流多数为跨省河道,要承泄上游邻省来水,客水面积大,导致沿岸城市防洪任务重。

按照《防洪标准》(GB 50201—2014),市级城市防洪标准一般要达到100年一遇,县级城市防洪标准一般要达到50年一遇。但目前除淮河干流达到沿岸城市防洪要求外,淮北地区支流现状治理标准一般未超过20年一遇,不能满足沿线城市防洪保安要求。在城市快速发展的当今,城市经济不断提速,城镇化率不断提高,城市范围加速扩张,防洪保安要求进一步提高。在外河治理标准达不到城市防洪要求的情况下,城市区域外河道堤防溃口风险大,如何确定合适的城市防洪水位,建设经济可行的城市防洪堤圈,保证城市区域的防洪安全,成为越来越迫切的现实需要。

2 皖北城市分类

皖北城市基本上依河而设,部分城市横跨河流两岸,内河水系复杂。按照城市分布与河流位置关系、洪水来源以及不同的洪水特点,可将淮北地区城市分为沿淮、中游、上游三种类型。

2.1 沿淮类城市

沿淮类城市指位于淮河干流沿岸及主要支流下游地区,整体地势低洼,外河(淮河干流)防洪标准满足国家规定的城市防洪要求,但城市处于河道下游区域,上游坡面来水面积较大,产生洪量较大,易受外河顶托影响难以自排的城市。

沿淮类城市有6座,分别为淮南、蚌埠2座地级城市的潘集区和淮上区,凤台、怀远、五河3座县级城市。外河即为淮河干流,防洪标准基本达到100年一遇,满足国家规定的城市防洪要求,但沿淮地区地势相对低洼,城市内河位于河道下游区域,如西淝河、架河、茨河等上游来水面积大,产生洪量较大,而洪水期淮河干流又常对沿淮城市内河形成顶托影响,外河水位长时间高于内河,造成内河洪水难以自排。颍上县城处于颍河下游,受颍河洪水和沿淮洼地八里湖洪水威胁,具有沿淮城市的洪水特点,列为沿淮类城市。

作者简介:辜兵,男,1979年生,安徽省水利水电勘测设计研究总院有限公司正高级工程师,主要从事水利规划设计工作。E-mail:binggu79@163.com。

2.2　中游类城市

中游类城市指位于皖北平原主要支流中游,整体地势较高,但外河(主要支流)防洪标准达不到国家规定的城市防洪要求,存在溃口风险,同时城市上游坡面来水面积较大,自排概率较多的城市。

中游类城市有 11 座,分别为阜阳、亳州、宿州 3 座地级城市,临泉、界首、太和、涡阳、蒙城、固镇、灵璧、泗县 8 座县级城市。外河即为沙颍河、涡河、包浍河、沱河、新汴河等淮北主要支流,防洪标准一般在 20 年一遇左右,达不到国家规定的城市防洪要求,这些外河发生超标准洪水时在城市上游或下游存在溃口风险。而中游城市内河上游来水面积较大,区域地势相对较高,城市内河自排概率较多。

2.3　上游类城市

上游类城市指位于流域或河流上游区域,整体地势高,外河支流洪水威胁较小,城市上游坡面来水面积相对较小,洪水下泄快,自排概率多的城市。

上游类城市有 6 座,分别为淮北 1 座地级城市,阜南、利辛、砀山、萧县、濉溪 5 座县级城市。城市受外河支流洪水威胁较轻,城市内河来水面积相对较小,且区域地势相对较高,城市内河自排概率多。

3　城市堤圈防洪水位计算

沿淮类城市堤圈外河满足城市防洪标准要求,主要受上游大面积坡面来水威胁;上游类城市虽受溃口洪水和上游坡面来水威胁,因来水相对较小且位置较高,洪水威胁程度相对较低;中游类城市同时受到外河溃口洪水和上游大面积坡面来水威胁,属于防洪条件最不利的城市,防洪水位确定最为复杂。本次选择中游城市阜阳作为典型,假定规划城市堤圈保护范围不过水条件下,采用 MIKE 软件构建一、二维耦合水动力学模型模拟溃口洪水,叠加上游坡面来水,上边界采用颍河、泉河 100 年一遇来水,下边界采用淮河干流正阳关设计洪水过程,溃口点选择考虑历史险工险段、迎流顶冲段或溃破后对城市防洪安全最不利等因素,分析城市防洪标准条件下规划内堤圈防洪水位。

阜阳市城区位于颍泉河下游,颍河、泉河交汇穿越城区,形成颍河东区、泉河北区和颍河西区,其中颍河东区面积 154 km²,泉河北区面积 39 km²,颍河西区面积 240 km²。阜阳城市防洪标准要求为 100 年一遇,但目前颍河、泉河治理标准仅 20 年一遇,阜阳段 100 年一遇洪水位 35.6～33.4 m,较 20 年一遇洪水位 33.7～31.5 m 高 1.9 m,城市外河道堤防溃口风险大。模型地形范围见图 1。

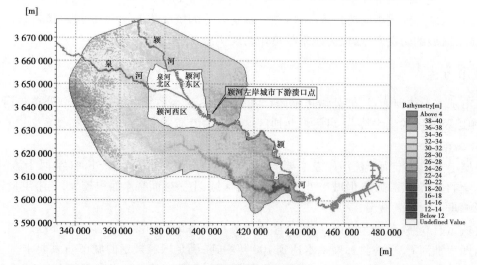

图 1　模型构建地形范围

颍河东区洪水威胁来自颍河,因受淮北分洪河道茨淮新河右堤保护,上游颍河左堤溃口对该区威胁较小,仅考虑在城市下游颍河左岸(岳庄)设置溃口点,距城市堤圈(济广高速)约 0.9 km;泉河北区和颍河西区洪水威胁来自颍河和泉河,在城市上游或下游均存在溃口可能。泉河北区上游溃口点设置在颍河右岸(蔡营),距城市防洪堤圈(柳河口)约 2.8 km,上游溃口点设置在泉河左岸(王洲村),距城市防洪堤圈(黄沟口)约 2.3 km;颍河西区上游溃口点设置在泉河右岸(瓦傅庄),距城市防洪堤圈(和平沟)约2.2 km,下游溃口点设置在颍河右岸(洄溜新街村),距城市防洪堤圈(小新河)约1.4 km。城市溃口洪水计算在概化城市堤圈外围共设置54个测点,其中颍河西区设置23个测点,颍河东区设置11个测点,泉河北区设置20个测点。溃口点及洪水位测点见图2,成果见表1。

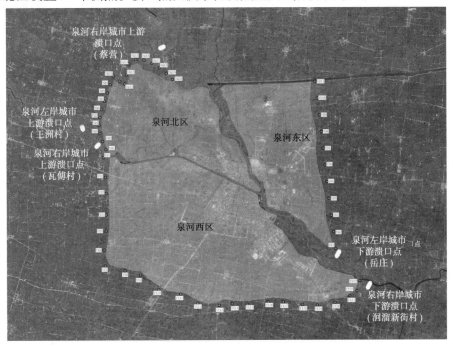

图2 溃口点及溃口洪水测点位置示意图

颍河东区位于颍左茨南区内上游,溃口洪水发生在城区下游,能够迅速汇入下游,因济广高速公路挡水作用,溃口初期在临近颍左堤附近约440 m,形成最高洪水位达30.68 m,溃口洪水向北推进约2 km后,洪水位基本平衡,洪水位29.16 m,沿颍河东区边界洪水演进长约10 km,形成洪水位低于高速公路高程。溃口洪水分布见图3,成果见表1。

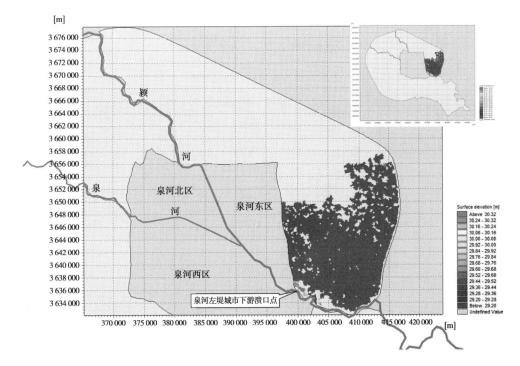

图3 颍河东区溃口洪水分布

泉河北区在泉河左堤或颍河右堤发生溃口,因位于颍河与泉河交汇处三角地带,溃口洪水聚集将在城市外区域,形成最高水位为 35.04~35.12 m,与颍河、泉河相应段 100 年一遇洪水位基本相当,是受洪水威胁最大的城市范围。溃口洪水分布见图 4,成果见表 1。

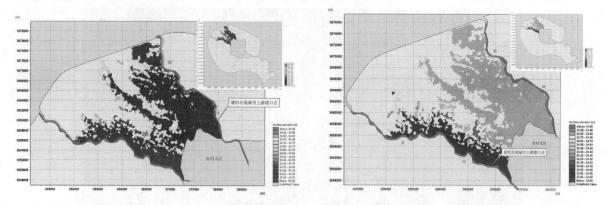

图 4 泉河北区溃口洪水分布

颍河西区位于颍右泉南上游区域,溃口洪水影响较大,特别是上游泉河溃口洪水,形成洪水位和平沟—小润河段为 34.52~33.28 m,高出地面约 3 m 以上,历时较长;下游颍河溃口洪水影响较小,朱桥闸—小新河段为 31.6~29.96 m,高出地面约 1 m,历时较短。溃口洪水分布见图 5,成果见表 1。

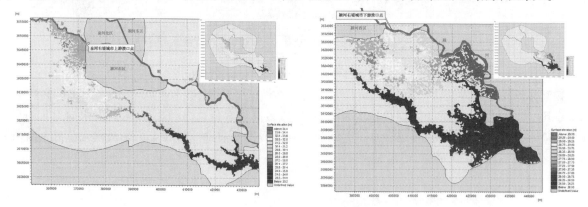

图 5 颍河西区溃口洪水分布

表 1 阜阳市城市溃口洪水计算成果

城市区域	堤防名称	对应测点	对应内防洪堤圈水位成果(m)
颍河东区	济广高速以路代堤	YD1~YD11	29.16~30.68
泉河北区	黄沟口~柳河口	YQ1~YQ20	35.12~35.04
颍河西区	和平沟—阜临路	YX1	34.52
	阜临路—小润河	YX2~YX10	34.5~33.28
	朱桥闸—小新河	YX11~YX23	31.6~29.96

4 城市防洪水位确定原则

一是沿淮类城市主要防御内河洪水,防洪水位宜采用水量平衡法计算。沿淮城市处于淮河干流沿岸,经过多年的建设,沿淮干流堤防防洪标准满足城市外堤圈防洪要求,城市内堤圈受到的主要洪水威胁来自于湖洼地洪水,由于受淮河干流长时期高水位的影响,洪水长期潴留低洼地,形成高水位。沿淮城市防洪工程布局的重点是增加内河沟口涵闸规模提高自排能力、建设泵站抽排等方式,控制城市内河水位。设计洪水位宜按照水量平衡的方法,选取 30 d 以上时段,采用系列年洪水资料进行调洪演算,分析系列年洪水位,进而推求 50 年、100 年一遇设计洪水位。

二是中游类城市防御外河洪水、外河溃口洪水,防洪水位应在分析内外河洪水遭遇的情况下推求,并与各外河溃堤洪水的外包综合采用。处于淮北主要支流中游沿岸,现状堤防防洪标准达不到国家规定的城市防洪要求。城市堤圈受到的洪水威胁一是来自于外河本身的防洪标准不足,二是由于防洪标准不足而存在的溃堤洪水风险。因具有城市整体地势相对较高、内河自排概率较多的特点,防洪工程布局的重点是疏浚河道、增加内河沟口涵闸规模提高自排能力,建设撇洪沟或分洪河道。对于城市外河洪水设计流量可采用《安徽省淮北地区除涝水文计算办法(1981 年)》,设计洪水位应在分析内外河洪水遭遇的情况下,推求设计洪水位,综合考虑河道今后治理等因素综合确定。对于城市内防洪水位,重点分析外河溃口洪水影响、上游坡面来水、城区排涝等综合确定。

三是上游类城市防洪水位应在分析洪水遭遇的情况下推求。处于河道或流域上游沿岸,整体地势高,河道汇水面积一般不大,洪水风险较小。针对地势较高、自排概率较多的特点,防洪工程布局的重点是疏浚河道、增加内河沟口涵闸规模提高自排能力,建设撇洪沟或分洪河道。虽然河道存在溃口风险,但因洪水量级不大,下泄速度较快,影响时间较短,范围较小。因此,设计流量可采用《安徽省淮北地区除涝水文计算办法(1981 年)》计算,设计洪水位应在分析内外河洪水遭遇的情况下,推求设计洪水位,考虑城区排涝要求综合确定。

参 考 文 献

[1] 安徽省水利水电勘测设计院.淮北地区城市内河防洪不同标准(50 年、100 年)治理标准研究[R].2018.8.
[2] 中水淮河规划设计研究有限公司.阜阳市城市总体规划(2012—2030)[R].2017.6.

佛子岭、磨子潭、白莲崖、响洪甸四大水库与淠河联合调度系统建设及应用分析

张锦堂,史俊,薛仓生,顾李华

(安徽省水文局,安徽 合肥 230022)

摘 要 随着淠河流域经济发展,原有单个水库洪水预报调度系统已难以满足水库和下游河道、城市防洪安全及为淮河干流错峰的新需求。将传统水文学与水力学模型结合建设水库与河道联合调度系统,使预报对象从河道控制站"点"向整条河流"线"的转变,可有效应对新形势、满足新需求。通过对历史洪水过程的反演、对比和实际应用表明,联合调度系统可有效作用于水库消峰错峰,保障下游安全,同时对洪水资源的安全利用也发挥重要技术支持作用。

关键词 联合调度;圣维南方程;防洪安全;蓄水兴利

1 研究背景

"十三五"期间水利信息化应重点解决好水利信息化资源整合共享、重点工程建设、新技术应用等关键问题[1]。党的十九大报告将水利摆在九大基础设施网络建设之首。这就要求水利工作必须坚持科学规划、统筹安排、强化质量、有序建设。淠河流域现有的单个水库洪水预报调度系统已难以满足水库和下游河道、城市防洪及为淮河干流错峰的新需求。佛子岭、磨子潭、白莲崖、响洪甸四大水库与淠河联合调度系统的研究和建设,目的在于利用水库与河道之间的联系,通过优化水文站网监测布局,强化水文情报预报质量,统筹考虑防洪与兴利作用,以满足防汛抗旱减灾多目标需求,发挥水利工程的最大综合效益。

2 流域概况

淠河是淮河中游南岸的一条较大的支流,两河口以上分两支,西支称西淠河,东支称东淠河,两河口以下至正阳关入淮河干流。河道总长度260 km,其中两河口以上130 km,两河口以下130 km,平均比降1.46‰,流域多年平均年降水量1 100 mm。水利工程有佛子岭、磨子潭、白莲崖、响洪甸4座大型水库及横排头枢纽工程及下游堤防和圩区组成,淠河流域水系见图1。

3 研究方法

3.1 技术路线

根据不同典型年各水库、河道区间的实际洪水过程,建立水库初始防洪调度方案,求得满足各水库自身安全和兴利需求,以及基于淠河下游河道和城镇防洪安全,以水库泄洪水量为协调变量,配合河道已有节点水文模型的区间汇流,建立水文学和水力学模型的河道洪水演进模型,求得水库下泄的组合洪水及淠河各主要节点的洪水过程。根据淠河各主要节点的防洪标准和计算洪水过程,进行风险评估。根据气象降雨预报和实时洪水变化,对下游超量洪水,按河道和水库的蓄洪约束能力,反馈至洪水预报和联合调度环节,重新修正各水库的下泄洪水量约束,构成新的水库优化调度模型;如此反复不断优化,直到淠河洪水满足下游防洪标准。或者经过风险比较,选择风险损失最小方案,最终决策淠河水库群防

作者简介:张锦堂,男,1988 年生,硕士,安徽省水文局三级主任科员,主要从事水文水资源预报与管理研究。E-mail:793188166@qq.com。

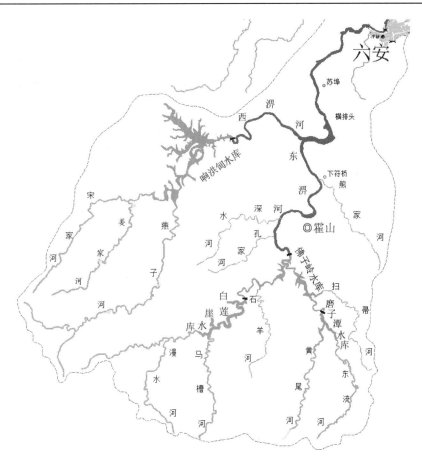

图1 淠河流域水系图

洪系统最优调度方案,达到为淮干错峰的目标。技术路线见图2。

3.2 模型选择

3.2.1 水文模型

新安江模型、API模型、经验单位线、水库调洪演算在安徽省大别山区的水库和河道预报实践中得到大量应用,预报精度达到优良水平,也是该系统建设采用的主流预报方法[2]。

3.2.2 水力学模型

本系统以佛子岭、磨子潭、白莲崖、响洪甸四大控制性水库及横排头水利枢纽为主要研究对象,针对下游淠河河道防护对象的防洪要求,建立满足最大削峰准则、最小成灾历时准则和最大防洪安全保证准则的水库群防洪联合调度模型。模型中如水库下泄与区间洪水遭遇情况,采用水量平衡方程、洪水演进方法等,以水库水位、防洪库容限制、泄洪方式及泄洪能力约束、流量变动幅度限制和最下游防洪控制点安全泄量等作为约束条件。考虑到计算效率,采用一维水动力学模型,其圣维南方程[3~4]为:

连续方程
$$\frac{\partial Q}{\partial x} + B_T \frac{\partial Z}{\partial t} = q_L \tag{1}$$

动力方程
$$\frac{\partial Q}{\partial t} + \frac{\partial}{\partial x}\left(\alpha \frac{Q^2}{A}\right) + gA \frac{\partial Z}{\partial x} + gA \frac{|Q|Q}{K^2} = q_L\left(v_x - \frac{Q}{A}\right) \tag{2}$$

除特殊情况外,很难用解析方法求得圣维南方程组的解析解。一般只能通过数值计算获得个别情况的近似解。常用的数值计算方法主要有有限差分法、特征法、有限单元法、有限元、有限分析法这5类,本次系统建设拟采用有限差分法中的隐式差分法,将圣维南方程离散为:

$$- Q_j^{n+1} + C_j Z_j^{n+1} + Q_{j+1}^{n+1} + C_j Z_{j+1}^{n+1} = D_j \tag{3}$$

$$E_j Q_j^{n+1} - F_j Z_j^{n+1} + G_j Q_{j+1}^{n+1} + F_j Z_{j+1}^{n+1} = H_j \tag{4}$$

式中:$C_j = \dfrac{\Delta x_j}{2\Delta t \theta} B^n_{T_{j+\frac{1}{2}}}$

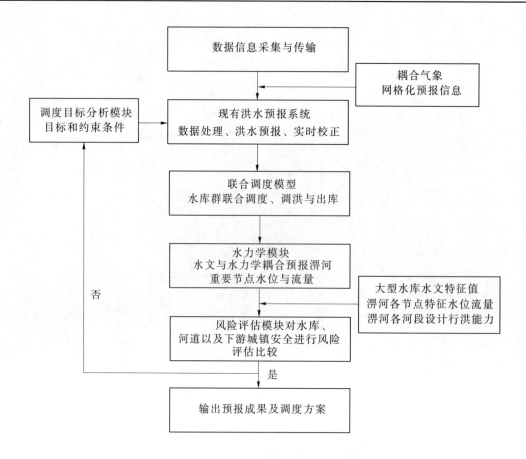

图2 技术路线图

$$D_j = (q_L)_{j+\frac{1}{2}}^n \frac{\Delta x_j}{\vartheta} - \frac{1-\theta}{\theta}(Q_{j+1}^n - Q_j^n) + C_j(Z_{j+1}^n + Z_j^n)$$

$$E_j = \frac{\Delta x_j}{2\theta\Delta t} - (\alpha u)_j^n + \frac{g}{2}(A\frac{|Q|}{K^2})_j^n \frac{\Delta x_j}{\theta}$$

$$G_j = \frac{\Delta x_j}{2\theta\Delta t} + (\alpha u)_{j+1}^n + \frac{g}{2}(A\frac{|Q|}{K^2})_{j+1}^n \frac{\Delta x_j}{\theta}$$

$$F_j = gA_{j+\frac{1}{2}}^n$$

$$H_j = \frac{\Delta x_j}{2\theta\Delta t}(Q_{j+1}^n + Q_j^n) - \frac{1-\theta}{\theta}[(\alpha UQ)_{j+1}^n - (\alpha UQ)_j^n] -$$

$$\frac{1-\theta}{\theta}gA_{j+\frac{1}{2}}^n(Z_{j+1}^n - Z_j^n) + [q_L(v_x - \frac{Q}{A})]_{j+\frac{1}{2}}^n \frac{\Delta x}{\theta} \tag{5}$$

上边界用水库出流过程,下边界用迎河集站水位流量关系,形成封闭的线性方程组,使用追赶法求解[5]。

3.2.3 水库群优化调度模型

在以防洪为主要目标的水库群调度中,传统的线性规划和动态规划方法应用十分广泛,且卓有成效。考虑到系统主要以潏河防洪为目标,且以实用为基本原则,本次开发拟采用动态规划方法建设水库群优化调度模型,可以较好地反映径流实际,并得到稳定的运行策略和调度图。

动态规划是运筹学的一个分支,它是解决多阶段决策过程最优化的一种数学方法[6]。其最优化原理可以这样阐述:一个最优化策略不论过去状态和决策如何,对前面的决策所形成的状态而言,余下的诸决策必须构成最优策略,即其子策略总是最优的。任何思想方法都有一定的局限性,动态规划也有其适用的条件。如果某阶段的状态给定后,则在这个阶段以后过程的发展不受这个阶段以前各段状态的影响,这个性质称为无后效性,适用动态规划的问题必须满足这个性质;其次还须满足上述最优化原理。

动态规划基本思想一是正确地写出基本的递推关系式和恰当的边界条件。二是在多阶段决策过程中，动态规划方法是既把当前一段和后来各阶段分开，又把当前效益和未来效益结合起来考虑的一种多阶段决策的最优化方法。每阶段决策和选取是从全局来考虑的，与该段的最优选择的答案一般是不同的。三是在求整个问题的最优策略时，由于初始状态是已知的，而每阶段的决策又都是该阶段状态的函数，因而最优策略所经过的各阶段状态便可逐次变换得到，从而确定最优路线。简言之，动态规划的基本思想就是把全局的问题化为局部的问题。

按照水库各自调洪、联合调洪、洪水河道演进至下游节点等步骤确定阶段变量，以各自水库和节点的水位或流量过程确定状态变量，研究决策变量和允许的决策集合，最后列出需要的状态转移方程和指标函数等，寻找最优调度策略。

4　成果应用

水库作为防汛抗旱主要工程性措施，通过削峰填谷，在时空上重新分配水量，达到防洪错峰、蓄水兴利的目的，实现洪水资源安全利用[7]。

4.1　联合调度系统在兴利中的应用

水库兴利是为满足水库下游供水、发电、灌溉等方面用水，对水库正常蓄水位和死水位之间的库容进行合理运用，使水资源最大限度地发挥作用。大别山区汛期雨量充沛，也往往会出现从无到有或者从有到无的转折性降水过程[8]。2016年6月30日至7月1日响洪甸水库出现强降水，2 d累计降水量248 mm，致使水库最高水位达129.41 m，超汛限水位4.41 m，超正常蓄水位1.41 m，而且因下泄造成汛限水位和正常蓄水位之间的库容没有有效利用，导致后期由于降水少，发电消耗导致库水位逐渐降低，后期不得不关闭发电洞，影响了生产效益。

联合调度系统中可根据气象预报和调度计划对水库水位进行模拟计算，兼顾水库安全和水资源的有效利用，选择最优调度计划。并随时间推进，结合降雨预报进行实时模拟计算，随时调整调度计划，进而可以避免由于后期降雨少引起的生产效益减少。

图3为根据上述强降水对响洪甸水库的模拟调度成果图，此次调度根据中长期降水预报为暴雨、大暴雨条件下，水库提前预泄，并随时间推进降雨预报精度的提高，对调度计划进行调整。本次确定了调度目标水位处于汛限水位左右，且保证下泄流量小于下游河道的行洪能力。从图中可以看出通过时间的推进，下泄流量进行实时调整，同时模拟计算后期水位情况，反馈到确定的目标函数进行判定，选择合适的水库下泄流量。经模拟调度后的水库最高水位为125.77 m，超汛限水位0.77 m，低于实测水位3.64 m；反推入库洪峰流量2 160 m³/s，模拟最大下泄流量720 m³/s，削峰率为67%，有效保证了水库及下游河道安全；至水库实际调度结束，下泄流量为发电用水时实测水位低于计算水位1.54 m，此时水库蓄水相差近1亿m³。若以120 m³/s流量进行发电可供应10 d，可有效解决水库后期因水位较低而降低发电流量（最后关闭发电洞）和关闭发电洞造成的损失。

4.2　联合调度系统在防洪中的应用

联合调度系统在防洪中的应用可以体现在3个方面：

（1）通过调度保证水库安全。

（2）结合水文模型对水库间联合调度，并通过水力学模型和区间入流进行河道洪水演算。推求关键节点水位、流量，在减轻上游来水对淠河压力的同时，保证各关键节点安全。

（3）对淠河流域进行调度模拟，结合淮河干流的水文预报成果也可对淮干起到错峰的效果。

2018年受台风"温比亚"影响，8月15～18日，安徽省大别山区佛子岭、磨子潭、白莲崖、响洪甸水库流域内累计面平均降水量160～268 mm，其间通过气象模拟预报和实时滚动预报成果，实时调整下泄流量，有效地发挥了水库的削峰作用，同时保证了下游的安全。见表1。

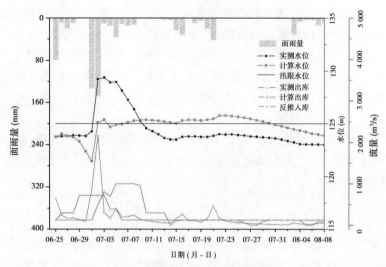

图3　响洪甸水库模拟调度对比

表1　水库洪水特征值及防洪效益统计表

水库	汛限水位（m）	平均雨量（mm）	本次洪水特征值					
			最高水位（m）	出现时间	涨幅（m）	最大入库流量（m³/s）	最大出库流量（m³/s）	削峰率（%）
白莲崖	200	214	200.13	18日3时	10.44	1 440	889	38
磨子潭	180	268	182.40	18日2时	12.73	1470	741	50
佛子岭	118.56	250	119.86	18日3时	4.71	2 030	1 790	12
响洪甸	125	212	124.44	19日16时	3.24	2 670	84.6	97

5　结语

（1）现阶段佛子岭、磨子潭、白莲崖、响洪甸四大水库与淠河联合调度系统建设仍在进行中,本文中响洪甸水库模拟调度和佛、磨、白水库联合调度是整个调度系统中水文学的部分核心内容,对水库防洪兴利发挥了重要作用。

（2）随着水力学模型计算河道洪水演进技术发展日趋成熟,将水文学成果与水力学模型耦合,进行河道洪水演算就可以实现各个节点水文要素模拟,结合特征水位流量关系和河道行洪能力,可保证水库下游河道及城镇安全。

（3）佛子岭、磨子潭、白莲崖、响洪甸四大水库与淠河联合调度系统的建设,是使水文预报对象从河道控制站"点"向整条河流"线"的转变,同时可以对未来水资源需求做出判断和处理,形成统筹上下游、兼顾左右岸防洪关系的调度方式,发挥水资源的最大价值。

参 考 文 献

[1] 蔡阳.关于水利信息化资源整合共享的思考[J].水利信息化,2014(6).

[2] 淮河水利委员会.淮河流域淮河水系实用水文预报方案[M].郑州:黄河水利出版社,2002.

[3] 芮孝芳.水文学原理[M].北京:中国水利水电出版社,2004.

[4] M.乔芬,A.雷麦斯,芮孝芳.圣维南方程组的解析解和数值解[J].河海大学科技情报,1987(2).

[5] 段良伟.一维潮流数学模型在取水工程中的应用[D].河北工程大学,2018.

[6] 俸卫.动态规划在经济最优化中的应用[J].内江科技,2013(11).

[7] 张倩玉,许有鹏,雷超桂,等.东南沿海水库下游地区基于动态模拟的洪涝风险评估[J].湖泊科学,2016,28(4):868-874.

[8] 叶金印,张锦堂,黄勇,等.大别山库区降水预报性能评估及应用对策[J].湖泊科学,2017(6).

淮河临淮岗工程调度运用分析

陈富川

（安徽省临淮岗洪水控制工程管理局，安徽 合肥　230088）

摘　要　文章依据淮河临淮岗工程调度原则，针对工程优化调度运用的必要性进行了论述，结合运行实践对工程优化调度进行了分析，制订了蓄水利用和不同量级洪水的各闸最佳控泄实施方案，从而实现水资源的综合利用和科学调度、合理控泄的防洪目标。分析研究成果为挖掘临淮岗工程潜在功能、发挥综合效益指明了工作方向，也为防控淮河流域大洪水提供了一定的技术参考依据。

关键词　临淮岗工程；防洪减灾；优化调度；综合效益

1　工程概况

淮河临淮岗洪水控制工程（以下简称临淮岗工程）位于淮河干流中游，集水面积42 160 km²，是淮河中游多层次防洪体系中的关键性工程。主体工程处于王家坝与正阳关之间，跨霍邱、颍上、阜南三县，包括主坝8.545 km、南北副坝68.971 km、49孔浅孔闸、12孔深孔闸、姜唐湖进洪闸、临淮岗船闸、城西湖船闸、城西湖退水闸，以及上、下游引河14.39 km。该工程于2001年12月开工建设，2007年6月通过竣工验收并投入运行，它的建成，为淮河流域增加了一道安全屏障，结束了淮河中游无防洪控制性工程的历史。工程总体布置见图1。

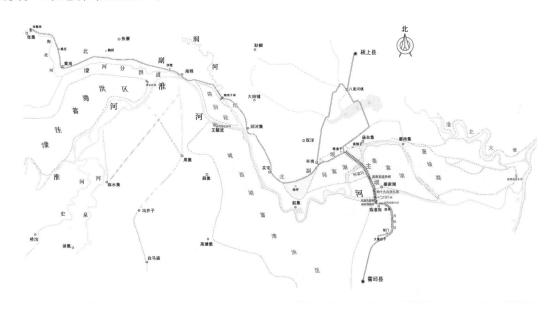

图1　临淮岗工程总体布置

2　调度原则

临淮岗工程一般情况不运用，维持河道自然泄流，启用条件由下游防洪要求决定。按照淮河干流河道整治规划，正阳关百年一遇设计水位和设计流量分别为26.50 m和10 000 m³/s。当淮河上中游发生

作者简介：陈富川，男，1972年生，水利水电高级工程师，工作单位：安徽省临淮岗洪水控制工程管理局，主要研究方向：水利工程管理、水资源调度、水利信息化管理。E-mail：cfc3923@sohu.com。

大洪水时,首先按防洪工程调度运用规定,陆续启用沿淮行蓄洪区,控制正阳关水位和流量不超过设计值;当洪水来量继续增加,沿淮行蓄洪区已充分发挥作用后,正阳关水位和流量仍将超过设计值时,启用临淮岗工程控制洪水,在上游洼地前期滞蓄洪水的基础上,进一步抬高蓄洪水位,并利用圩区和一般堤防保护区,增加蓄洪量,削减洪峰,使正阳关水位和流量不超过设计值。

3　优化工程调度运用的必要性

随着社会经济的发展,特别是面对治水管水新形势的要求,临淮岗工程所面临的运用环境发生了很大变化。首先是工程上游在建、待建的大型水利工程众多,坝址来水总体呈递减的趋势,直接影响临淮岗工程年内来水分配及其防洪运用;其次是国家加大投资对淮河中下游堤防进行了加固,对行蓄洪区进行了调整,提高了工程自身的防洪能力;再次是淮河中下游工农业用水、航运、生态等都对临淮岗工程运用提出了更高要求。

3.1　防洪工程建设的需要

近年来,治淮工程建设步伐加快,基本建成了防洪骨干工程体系,减灾能力明显提高。随着行蓄洪区调整、堤防达标建设及河道整治、居民迁建等重点工程的实施,特别是出山店水库、引江济淮、淮河干流正阳关至峡山口段行洪区调整、王家坝至临淮岗段行洪区调整及河道整治的开工建设,淮河入海水道二期、河南省大别山革命老区引淮供水灌溉等工程前期工作取得重要进展,淮河防洪工程布局发生了较大变化,淮河上游流域发生大洪水的频度有所降低,作为防御大洪水的临淮岗工程有必要优化调度运用方式。

3.2　社会经济发展的需要

淮河流域水资源总量不足,年内年际变化大,水资源短缺问题严重,资源性缺水、工程性缺水和水质性缺水并存。根据流域水资源综合规划初步成果,到 2030 年,缺水量将由现状的 6 亿 ~23 亿 m^3,增加到 8 亿 ~35 亿 m^3,即使通过强化节水、水资源的优化配置,并考虑引江济淮工程、沿淮湖泊洼地蓄水工程建设和地下水的合理开采,到 2030 年本区域仍缺水 2 亿 ~6 亿 m^3,干旱年份缺水形势仍然十分严重。如果临淮岗工程只按设计功能运用,仅仅发挥其防控大洪水的作用,是远远不够的,还应该研究优化调度方式,挖掘其潜在功能,发挥其蓄水、灌溉、航运、养殖及生态等综合效益。

3.3　水利科技进步的需要

水利技术特别是水文气象自动测报预报水平较工程设计阶段有了较大的提高,实际调度过程中,可根据淮河流域整体的防洪形势,结合水情气象预报,在洪水到来之前,及时将水位预泄至防洪限制水位;洪水过后,根据后期来水预测,适时将水位蓄水至允许的变动范围。因此,为更有利于临淮岗工程综合效益的发挥,应进一步开展工程优化调度研究,建立科学合理的调度方式,以适应社会经济发展和未来环境变化的需要。

4　工程优化调度分析

临淮岗是淮河防洪体系的重要工程,工程运行方式复杂,涉及因素较多。只有优化调度运用,在大洪水时期,才能保证安全泄洪;在中小洪水时期,不失时机地充分蓄水。优化调度运用要结合工程的调度原则和各方面的需求,以保证防洪安全为前提,蓄水以不影响下游地区用水、维护河流健康为基础开展分析研究,安全、稳妥地建立科学合理的调度运行方式。

4.1　试验性蓄水调度分析

4.1.1　汛期划定分析

根据淮河流域暴雨洪水基本特点,依据润河集水文站实测降雨及流量资料进行分析研究,分析确定临淮岗工程的汛期分期结果为:前汛期为 5 月 1 日至 6 月 10 日,主汛期为 6 月 11 日至 8 月 10 日,后汛期为 8 月 11 日至 9 月 30 日,10 月 1 日至次年 4 月 30 日为非汛期。合理的汛期分期划定是实现汛限水位动态控制的基础,是科学管理、合理调度洪水的重要依据,使蓄水更加安全有效。

4.1.2 蓄水方案分析

结合临淮岗工程实际,在总结近几年试验性蓄水经验的基础上,并征求沿淮地区相关政府部门意见和建议,对工程蓄水方案分析如下:

(1)前汛期和后汛期,临淮岗坝上水位按22.30 m控制,当坝上低于蓄水位时,浅孔闸关闭,用深孔闸按保持河道生态最小流量要求控制下泄流量;其间若发生洪水,则深孔闸、浅孔闸均及时敞泄。

(2)主汛期,深孔闸、浅孔闸均及时敞泄。当王家坝流量减小至150 m³/s时,关闭浅孔闸,调控深孔闸,临淮岗坝上水位按21.50 m控制;当王家坝流量减小至50 m³/s时,临淮岗坝上水位按22.00 m控制。

(3)非汛期,临淮岗坝上水位按22.30~22.50 m控制。其间若发生洪水,则深孔闸、浅孔闸均及时敞泄。

4.1.3 蓄水风险分析

工程坝址实测水文系列长,洪水预报精度比较高,可为洪水资源利用提供技术支撑。一旦突发强降雨或预报有强降雨过程,以临淮岗工程上、下游控制站水位和上游来水作判别条件,留给工程预泄的时间延长。临淮岗工程滞洪库容大,调度灵活,蓄水位在工程设计水位以下6~6.5 m,兴利库容占用工程设计滞蓄库容的2%~3%,蓄水相关参数见表1。据此数据分析,对于各种频率的洪水有效预见期及不同蓄水情况下控泄时间,可以满足工程蓄水调度的需求,一旦上游发生洪水,增加的库容仅需几个小时即可全部排出,基本不增加上、下游的防洪负担。

表1 临淮岗工程蓄水相关参数

时间	上游最高水位(m)	下游最低水位(m)	兴利库容(亿 m³)	最大水差(m)	最短下泄时间(h)	说明
非汛期	22.5	18.0	2.44	4.5	9.0	下游蚌埠闸非汛期、汛期控制水位分别为18.0 m、17.5 m
前汛期和后汛期	22.3	17.5	2.14	4.8	8.1	
主汛期	22.0	17.5	2.06	4.5	7.8	深孔闸、浅孔闸分别按照设计流量2 890 m³/s、4 470 m³/s控泄

4.2 洪水期工程调度分析

临淮岗工程的洪水调度运用与上下游行蓄洪区的启用有关,涉及面广、影响力大,关系到流域防洪安全,要谨慎决策、科学调度,临淮岗工程与淮河相关工程位置示意图见图2。从2007年6月工程竣工验收以来,管理单位根据结合工程运用实际,分析研究了不同洪水级别下深孔闸、浅孔闸、姜唐湖进洪闸如何联合控泄的问题。

4.2.1 河道自然泄流

淮河流域发生中小洪水,若临淮岗坝上水位低于20.50 m(浅孔闸底板高程),深孔闸全开提出水面;若临淮岗坝上水位高于20.50 m,深孔闸和浅孔闸全开提出水面,维持河道自然泄流。

4.2.2 启用蓄(行)洪区

淮河流域发生较大洪水,临淮岗坝上水位低于27.00 m、正阳关水位低于26.50 m时,深孔闸和浅孔闸全开提出水面,充分利用河道下泄能力;当临淮岗坝上水位将超过27.00 m或正阳关水位将超过26.50 m时,根据上级调度命令,启用姜唐湖蓄(行)洪区,深孔闸、浅孔闸继续全开提出水面,共同承泄流量7 000 m³/s,多余洪水进入姜唐湖。

4.2.3 拦洪蓄洪

发生设计标准洪水,在上游各大型水库、沿淮各行蓄洪区、茨淮新河等均已按规定充分运用后,正阳关水位仍达到26.50 m,且继续上涨,根据上级调度命令,启用临淮岗工程拦洪蓄洪,利用以上河道的蓄洪能力,控制正阳关水位不超过26.50 m,鲁台子流量不超过10 000 m³/s。在实际操作过程中,很难用

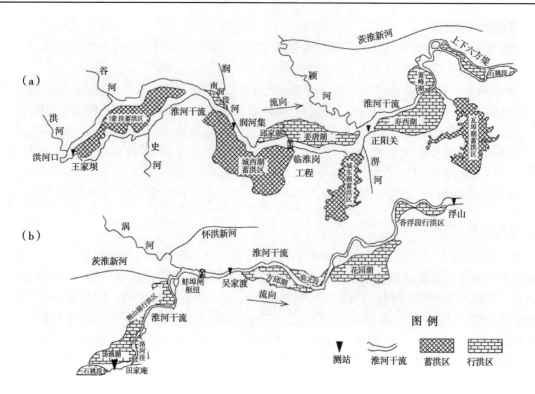

图 2　临淮岗工程与淮河相关工程位置示意图

正阳关的水位、流量来控制临淮岗工程的调度。要通过分析淮干润河集、正阳关、颍河颍上、淠河冯集四个站的流量与临淮岗下泄流量之间的关系,按水量平衡原理,即可求算出临淮岗工程控制下泄的流量,从而达到科学调度、合理控泄。

4.2.4　超设计标准洪水

临淮岗坝上水位达 28.51 m 后,洪水来量仍大,坝上淮干及支流下游圩区破口滞洪,以利控制坝上水位。在临淮岗坝上水位 28.51 ~ 29.10 m 时,控制正阳关泄洪流量不超过 12 800 m³/s;当临淮岗坝上水位达 29.10 m 时,洪水来量仍大,闸门开度按维持坝上水位 29.10 m 逐渐开大,直至达到最大泄流能力,正阳关以下河道利用超高强泄 12 800 m³/s,多余洪量向淮北分洪。

5　调度运行成效

5.1　保障了防洪安全

2007 年汛期,淮河流域连降大到暴雨,发生新中国成立以来仅次于 1954 年的全流域性大洪水,刚竣工验收的临淮岗工程经受了大洪水的考验。深孔闸、浅孔闸安全泄洪,姜唐湖进洪闸及时开闸进洪,姜唐湖退水闸两次倒进洪,大大减轻了淮河中下游的防洪压力,为夺取淮河流域防汛抗洪全面胜利发挥了重要作用。近几年来,淮河流域相继发生了多次中小规模洪水,特别是在 2017 年 10 月,淮河流域发生了历史罕见的秋汛,管理单位密切关注流域雨情、水情、工情和天气变化,强化应急值守和会商研判,全力做好淮河超警洪水的应对工作,充分发挥淮河骨干工程的"拦、分、蓄、滞、排"作用,减少灾害损失,实现从"控制洪水"到"洪水管理"的转变。

5.2　提供了抗旱水源

从 2010 年始试验性蓄水以来,当淮河中下游地区出现旱情时,在省防指的调度下向下游供水。2010 年 10 月至 2011 年 4 月,临淮岗上游沿淮地区遭遇秋冬春夏四季连旱,沿淮各灌溉工程从淮河累计抽水近 2.5 亿 m³,有效保障了上述地区的粮食增产与农民增收。2012 年干旱期间累计向下游紧急供水 1.2 亿 m³,2013 年先后两次向下游紧急供水 0.45 亿 m³。2019 年淮河流域降水普遍偏少,旱情持续发展,根据上级调度指令,深孔闸按照上限控制上游水位,最大限度拦蓄来水,蓄水保水近 1 亿 m³,精准调控下泄流量,解决了周边三县 83 万人、7.7 万 hm² 耕地用水需求,为淮南、蚌埠两地城市供水及工农业生产提供了宝贵水源,有力支援了淮河中下游地区的抗旱工作。

5.3 改善了生态环境和航运条件

临淮岗工程蓄水后,在坝上约 100 km 河段形成近 100 km² 永久水域,常年蓄水在 1.6 亿~4.5 亿 m³,利用洪水强制回灌地下,缓解附近淮河以北地区地下水位急剧下降的局面,逐步改善乃至消除地下水漏斗区。临淮岗工程蓄水后,一批生态湿地已经初具规模。霍邱县以城西湖蓄洪区为基地,引淮河水种植荷花面积 0.35 万多 hm²,打造生态农业旅游基地。阜南县濛洼蓄洪区内四里湖、临淮岗淮河故道、何家圩等湿地公园内水质优良,野生动植物资源丰富,水生态环境良好。蓄水后临淮岗坝上水位较自然河道抬升 3 m,增加航运水深 1~2 m,通航水深达 7 m,坝下通航水深达 3.0 m 以上,上下游通航条件改善,货运量大幅度增加,使淮河内河航运的优势更加凸显。

6 做好工程优化调度的思考

6.1 工程调度的重点

临淮岗工程是保障淮河防洪安全的关键,是合理开发利用淮河中上游水资源的枢纽,调度的重点是要站在流域防洪高度,统筹上下游、左右岸,行蓄洪区和堤防的关系,谨慎决策、科学调度,在保证工程安全的前提下,拦蓄上游洪水,保证淮河正阳关以下河段的防洪标准达到 100 年一遇。同时,在确保防洪安全的前提下,充分运用兴利调节库容,适度利用洪水资源,改善通航条件,改善下游地区枯水时段的供水条件,维系优良河流生态。

6.2 工程调度的难点

临淮岗工程控制运用,设计控泄总流量 7 362 m³/s,其难点是控泄总流量要根据颍河、涡河来水量而定,如何根据水雨情预报,准确制定削峰拦洪的时机及控制下泄的量值,以满足正阳关下泄流量不超过 10 000 m³/s。控泄过程中,各时段实际控泄总流量是变化的,随颍河、涡河来水量加大而减小,随颍河、涡河来水量减小而加大。在实际操作过程中,要通过润河集、颍河、涡河、正阳关实时水位、流量之间的关联,来分析研究临淮岗工程控制下泄流量。

6.3 工程调度的关键

准确的水情工情信息和水文气象预测预报是临淮岗工程调度决策的重要依据,是赢得调度成功的关键。面对日益频繁的极端天气和变幻莫测的气象风云,水文气象要进一步加强技术研究,真正做到长期趋势正确预测,中期变化科学判断。另外,对洪水资源化的研究离不开对工程所在区域汛期分期的合理划分,精确合理的汛期分期能为临淮岗工程洪水资源化的研究提供更好的理论支持,使蓄水工作更加安全有效。

7 结语

临淮岗工程自 2007 年竣工验收以来,运行迄今已有 10 多年了。做好工程调度工作,必须始终坚持以保障防洪安全为前提,以维护河流健康为目标,正确处理调度运用中的各种重大关系,要认真总结管理实践经验,进一步做好工程优化调度研究,建立科学合理的调度运行方式,切实做到统筹兼顾,充分发挥综合效益。

参 考 文 献

[1] 徐良金,陈富川.临淮岗工程与淮河洪水资源化[J].中国防汛抗旱,2007(6).

[2] 杨付军,徐良金.临淮岗工程试验性蓄水效果初探[J].江淮水利科技,2011(5).

[3] 西汝泽,高月霞.合理调度运行 发挥临淮岗工程综合效益[J].治淮,2004(9).

[4] 徐良金,陈树连.淮河遭遇特大洪水临淮岗工程各闸联合控泄实施方案探究[J].江淮水利科技,2013.6.

淮河王家坝小流量监测方法讨论

陈晓成

（安徽省阜阳水文水资源局,安徽 阜阳　236000）

摘　要　2019 年 8～12 月淮河流域干旱期间,淮河中游控制站王家坝断面平均流速低于转子流速仪最小流速的下限, 常用的转子流速仪已不能使用,小流量测验面临采用什么方法,使用何种仪器,测到脉动大、流向紊乱、影响因素多的小流速。经分析对比该站采用新一代声学多普勒水流剖面仪测流 ADCP(M9),选择适宜的测流外部条件和控制适当的测船航速,提高了小流速的测验精度,解决了小流速脉动大、流向紊乱等难题。在过水面积 720 m² 断面,实测最小流量 5.66 m³/s,断面平均流速 0.008 m/s,为过水面积大、流速小的河流流量监测提供借鉴方法,有很强的实用性。

关键词　淮河;王家坝;小流量监测;实际应用;分析

1　前言

2019 年是淮河特枯水年份,淮河中游控制站王家坝年径流量只有多年平均径流量的 32%,王家坝(钐岗)断面出现了自 1953 年有资料以来的全年断流现象,特别是在 8～12 月期间,降水量较常年同期偏少 6 成,上游来水量只有同期多年平均来水量的 15%,淮河上游来水量减少,已影响到中下游沿淮城市的饮用水安全和工农业用水安全,干旱期间的王家坝站流量信息备受关注。

受下游临淮岗闸影响,即使在干旱的枯水期,考虑航运安全,王家坝水位维持在 21.5 m 左右,此水位级下,王家坝断面水面宽约 160 m,断面面积约 770 m²,要在这样的断面测到 20 m³/s 以下的流量,常用低速转子式流速仪已不能使用,因为断面大部分垂线测点流速已低于流速仪最小流速的下限,采用什么仪器和方法能准确测到小流量,并实时报出准确的流量,满足抗旱应急对水文信息的需求,是该站急需解决的一个难题。经过比较,选择精度和流速分辨率较高的声学多普勒水流剖面仪 ADCP(M9),在断面水流干扰较小、航速适宜的情况下进行小流量测验,能够满足规范的要求,并与在线流量对比校正,提高了小流量测报精度,满足了有关部门对旱情信息的需要,取得较好的实用效果。

2　测站概况及水流特性

王家坝水文站坐落在安徽省阜南县王家坝镇,位于淮河中游豫皖两省交界处,是淮河干流第一大站,国家级重要水文站,一类精度站,由王家坝、王家坝(钐岗)、王家坝闸(闸下游)和地理城四个断面共同控制淮河与洪河来水量,集水面积 30 630 km²。王家坝中、低水测流断面位于淮干基本水尺断面上游 28 m,断面上游右岸约 1.0 km 处有白鹭河汇入,左岸上游约 150 m 为王家坝闸,闸下即为濛洼蓄洪区;下游 40 km 右岸有史河汇入,112 km 有临淮岗淮河闸,王家坝位置和上下游水系见图 1。

王家坝水位流量关系特性为:①洪水期,干支流洪水组合、洪水涨落影响、行蓄洪区运用影响等,水位—流量关系曲线呈逆时针绳套曲线,具有明显的平原河道特征,不同的场次洪水水位—流量关系曲线绳套的大小、走向均不相同,同一水位下流量差一般为 15%～35%。②中低水期,受下游临淮岗闸门启闭及淮河两岸取水影响,水位—流量关系散乱,呈宽带状分布,无规律可循。

作者简介:陈晓成,男,1964 年生,安徽省阜阳水文水资源局高级工程师,主要研究方向为水文监测、水资源评价。E-mail:cxc6409@126.com。

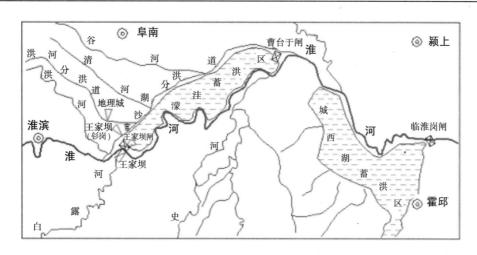

图 1　王家坝位置及上下游水系

3　流量监测设施和方法

3.1　测流断面

王家坝中、低水测流断面宽 415 m,左岸堤顶高 31.14 m,右岸堤顶高 29.84 m,断面主河槽宽约 160 m,最低处河底高程 13.8 m。断面警戒水位 27.50 m,保证水位 29.30 m;实测最高水位 30.35 m,最大流量 4 500 m³/s,最小流量 -93.2 m³/s。

王家坝流量断面见图 2。

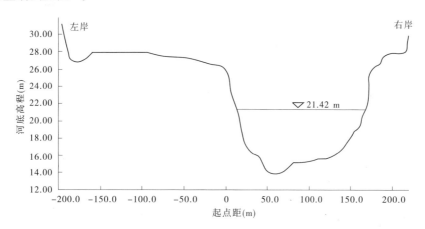

图 2　王家坝流量断面

3.2　流量监测设施和方法

测流断面采用流速仪水文缆道测流,断面水面宽约 160 m,测速垂线布置 11 ~ 15 条,采用两点法(0.2、0.8)和多点法测速。水文缆道不能使用时采用测船流速仪测流或走航式 ADCP 测流。在线流量监测,2018 年 9 月由淮委组织实施的 ADCP 在线测流正式运行。

2019 年测流 188 次,其中缆道流速仪法 142 次,ADCP 船测 46 次。实测最大流量 499 m³/s,最小流量 5.66 m³/s。

4　小流量监测遇到问题和解决方法

4.1　小流量监测遇到的问题

2019 年 8 ~ 12 月,淮河流域降水量较常年同期偏少 6 成,其间上游来水量 4.501 亿 m³,只有同期多年平均来水量的 15%,王家坝断面日平均流量小于 50 m³/s 天数占 82%,小于 20 m³/s 天数占 36%,为该站历史上枯水流量时间持续最长的年份。受下游临淮岗闸调控影响,考虑淮河通航安全,王家坝水位维持在 21.5m 左右,此水位级下,王家坝断面水面宽约 160 m,断面面积约 770 m²,当流量小于 20

m³/s 时,断面大部分测点流速小于 0.02 m/s,低于转子流速仪最小流速的下限,常用的转子流速仪已不能使用,小流量测验面临如下问题:

(1)流向判断。在上游来量很少的情况下,受下游史河来水和临淮岗闸开关闸影响,断面流速紊乱,加上淮河水面宽,来往船只频繁,有顺流有逆流,还有一个断面这边顺流另一边逆流的情况,采用水文缆道流速仪测流,小流量时对流向判别有时很难断定。

(2)影响因素。过往船只的影响最大,其次是水面风速影响,采用缆道牵引 ADCP 测船,缆道行驶行速大小对测流精度有较大影响。因此,在小流量测验时,要尽量把对断面流速的影响因素降低到最少,选择水面风速小无通航的时段,采用恰当的航速,尽量提高测验精度。

(3)替代断面。从理论上讲,本断面不能满足测速条件时,要及时更换符合测验条件的断面,而本站位于淮河干流,常年通航河道,上下游均没有卡口、小断面这样的测流条件,找不到适合小流速测量的替代断面。

4.2　小流量监测方法和实际应用

(1)监测方法。针对上述小流量测验存在的问题,选用声学多普勒水流剖面仪测流,解决了流向和流速紊乱问题,其他影响因素可以选择合适的测验环境。

(2)实际应用。2019 年枯水期间采用 ADCP(M9)测流 46 次,断面流量小于 20 m³/s 时采用 ADCP(M9)测流 19 次,其成果均满足规范要求。

根据《声学多普勒流量测验规范》(SL 337—2006)要求,流量相对稳定时,应进行两个测回断面流量测量,取均值作为实测流量值,每半测回流量值与平均值的偏差小于 5% 成果可以使用。但在实际操作中,由于断面流量较小,其权重基数小,虽然水位基本平稳,但影响流量的因素多,流量脉动相对较大,稍有误差就很难满足两个来回的条件,实际测流多使用一个测回的实测流量计算平均值。

采用声学多普勒水流剖面仪进行小流速测验其他条件要求。测流时对断面上下游河段进行瞭望,选择无船只通航时段,水面风速较小时进行测流。ADCP 漂船挂在水文缆道牵索上,经多次实测分析,缆道航速控制在 0.20 ~ 0.30 m/s 较适宜,往返航速尽量接近,往返流量与平均流量误差满足规范要求概率就高,航速过慢和过快往返流量误差都较大,满足规范要求概率就偏小。其他测流时断面情况:水温在 18 ~ 22 ℃,盐度为 0,断面平均流速在 0.008 ~ 0.025 m/s,测时断面含沙量在 0.025 ~ 0.050 kg/m³。

(3)应用分析。该站有声学多普勒水流剖面仪 ADCP(瑞江 600)和 ADCP(M9)两个型号,对不同型号 ADCP 测流成果进行误差分析。采用 ADCP(瑞江 600),测 10 次成果,两个往返都符合要求的测次没有,一个往返符合要求的测次有 4 次,而这 4 次都不是一次往返成功,最少是 2 个测回,多的达 8 个测回。说明在小流速时采用 ADCP(瑞江 600)型号仪器耗时多,精度不高,不是小流速测验理想的仪器;采用 ADCP(M9)型,流量小于 20 m³/s 测次共计 19 次,两个往返都符合要求的测次 6 次,一个往返符合要求的测次有 13 次,测量成果统计见表 1。

表 1　2019 年王家坝断面 ADCP(M9)实测流量成果统计

测次	日期 (月-日)	起始时间 (时:分)	终了时间 (时:分)	水位 (m)	流量(m³/s)			断面面积 (m²)	水面宽 (m)	平均流速 (m/s)	航速(m/s)	
					往测	返测	平均				往测	返测
144	09-30	08:07	08:33	21.25	5.42	5.892	5.66	717	156	0.008	0.19	0.19
146	10-04	16:21	16:47	21.19	13.51	14.43	14.0	717	155	0.020	0.20	0.20
147	10-06	15:31	15:58	21.23	16.72	17.33	17.0	718	155	0.024	0.19	0.19
148	10-08	15:31	15:57	21.22	6.18	6.27	6.22	737	155	0.008	0.20	0.20
151	10-14	10:50	11:16	21.30	5.99	6.3	6.15	751	156	0.008	0.21	0.22
156	10-21	16:48	17:13	21.49	9.62	10.62	10.1	757	156	0.013	0.20	0.20
157	10-23	14:39	15:07	21.47	19.11	20.78	20.0	760	157	0.026	0.18	0.20
158	10-25	15:34	16:00	21.42	6.48	6.15	6.32	772	157	0.008	0.21	0.20
161	11-01	17:14	17:39	21.41	12.00	12.77	12.4	770	157	0.016	0.21	0.21

续表 1

测次	日期（月-日）	起始时间（时:分）	终了时间（时:分）	水位（m）	流量（m³/s）			断面面积（m²）	水面宽（m）	平均流速（m/s）	航速（m/s）	
					往测	返测	平均				往测	返测
163	11-05	15:43	16:09	21.40	15.24	16.28	15.8	767	157	0.021	0.21	0.21
168	11-17	10:22	10:39	21.35	16.88	16.55	16.8	754	157	0.022	0.31	0.31
169	11-19	10:53	11:10	21.34	8.68	8.28	8.48	750	156	0.011	0.31	0.31
172	11-27	10:43	11:00	21.37	18.47	18.46	18.5	751	156	0.025	0.29	0.31
173	11-30	09:29	09:48	21.34	15.67	15.87	15.8	751	156	0.021	0.25	0.30
174	12-01	10:00	10:18	21.34	6.63	6.74	6.68	741	156	0.009	0.28	0.29
176	12-05	09:38	09:56	21.37	12.56	12.96	12.8	759	157	0.017	0.30	0.31
183	12-19	13:30	13:56	21.47	18.72	19.97	18.4	780	157	0.024	0.21	0.21
184	12-21	09:15	09:40	21.47	18.34	17.97	18.2	778	158	0.023	0.21	0.21
185	12-23	09:05	09:30	21.48	19.24	19.67	19.4	773	158	0.025	0.21	0.22

5 结论

通过王家坝站在枯水小流量期间采用采用声学多普勒水流剖面仪 ADCP(M9)实测流量成果分析，在过水面积大、流速小、流速脉动大、流向紊乱、影响因素多的环境下，选择河段无通航船只时段，风速相对较小，控制漂船航速，并尽量保持往返航速接近，用 ADCP(M9)能提高小流速的测验精度，实用效果较好。

参 考 文 献

[1] 朱晓原,张留柱,等. 水文测验实用手册,[M].北京:中国水利出版社,2013.
[2] 声学多普勒流量测验规范:SL 337—2006[S].北京:中国水利出版社,2006.

高邮市高邮湖退圩还湖关键问题的探讨与分析

杨印[1],高士佩[1],王冬梅[1],王春美[1],梁文广[1],蒋志昊[1],张志俊[2]

(1. 江苏省水利科学研究院,江苏 南京　210017;2. 高邮市入江水道管理处,江苏 高邮　225600)

摘　要　高邮湖承接了淮河入江水道改道段下泄的淮河洪水,是淮河入江的重要行水通道。对高邮湖的治理已经从工程的角度投入了大量的工作,比如高邮湖控制工程、新民滩工程、入江水道整治等。但由于历史上的围垦以及近年来的圈圩养殖与围网养殖,大大减小了湖泊的自由水面,减小了湖泊的防洪库容,影响了高邮湖的防洪功能。控制工程的建设与投入固然重要,但由于"盛水的盆"已经有慢慢萎缩的趋势,更加提醒我们需要从湖泊内部入手,从恢复湖泊的蓄水量、疏浚湖泊行水通道等方面入手,从根本上保证高邮湖的防洪效益。本文从高邮湖开发利用现状研究出发,分析实施退圩还湖、清除湖区内圈圩、围网养殖对提升高邮湖防洪效益带来的影响。

关键词　退圩还湖;防洪效益;高邮湖;湖泊形态

1　高邮湖基本情况

高邮湖地处淮河下游区,淮河入江水道的中段。入湖口以河湖分界点入江水道改道段施尖处断面为界,出湖口以邵伯湖与归江河道分界点高家圩处断面为界[1]。高邮湖江苏省范围内湖泊保护范围面积为689.75 km²。高邮湖高邮市境内保护范围面积约383.74 km²。

高邮湖死水位4.83 m(1985 国家高程基准,下同),相应水面积591.98 km²,库容5.3 亿 m³;正常蓄水位5.53 m,相应水面积649.13 km²,库容9.3 亿 m³;设计洪水位9.33 m,相应水面积745.41 km²,库容37.7 亿 m³。高邮湖保护范围为设计洪水位9.33 m 以下的区域。高邮湖水文特征见表1。

表1　高邮湖水文特征

项目	单位	水准基面	
		1985 国家高程	相应库容(亿 m³)
一般湖底高程	m	3.83	
最低湖底高程	m	3.33	
死水位	m	4.83	5.3
正常蓄水位	m	5.53	9.3
设计洪水位	m	9.33	37.7
最高洪水位	m	9.35(2003 年)	
历史最低水位	m	3.83(1961 年)	

2　高邮湖开发利用情况

2.1　高邮湖水系

高邮湖地处淮河下游区,淮河入江水道的中段,与邵伯湖相连,无明显分界。入湖口以河湖分界点入江水道改道段施尖处断面为界,出湖口以邵伯湖与归江河道分界点高家圩处断面为界。

高邮湖入湖水系主要为淮河入江水道改道段下泄的淮河洪水,此外,宝应湖退水闸相机分泄白马、

作者简介:杨印,男,1986 年生,江苏省水利科学研究院高级工程师,主要研究方向为水利规划。E-mail:442894427@qq. com。

宝应湖涝水,以及沿湖排水入湖河道利农河、秦栏河(苏皖界河)、状元沟等;出湖水系主要为新民滩高邮湖控制线上的杨庄河、毛港河、新港河、王港河、庄台河、深泓河。通过这些河道,高邮湖水进入邵伯湖,后经邵伯湖的出湖水系归江河道运盐河、金湾河、太平河、凤凰河、新河、壁虎河及京杭大运河施桥段等出湖。

高邮湖现状水系见图1。

2.2 开发利用历史与现状

高邮湖历史上的开发主要经历了如下两个时期:①世纪60年代后期至70年代初的围垦。②高邮湖新民滩以耕代清,新民滩滩面高程为5.33~5.83 m,是淮河洪水入江的主要阻水地段之一,历史上滩面杂草丛生,经过4次大规模的垦清,垦清后柴草基本不再生长,有利于洪水的顺利下泄。

20世纪80年代后高邮湖开发利用的形式主要是养殖,养殖面积249.25 km²,其中高埂低网79.76 km²,网养169.49 km²,主要分布在大汕子隔堤南高邮湖死水区内和宝应湖退水闸排涝通道内及淮河入湖口行洪通道内;此外,尚有围垦面积20.92 km²,主要为淮南圩的横桥联圩。目前,高邮市境内高邮湖圈圩养殖面积约31.917 km²,种植面积约4.472 km²,北部圈圩圩埂总长约127 km,南部圈圩圩埂总长约40 km。

高邮湖现状见图2,高邮湖开发利用现状见图3。

2.3 湖区内水利工程情况

2.3.1 水闸

高邮湖主要闸门规模见表2。高邮湖(高邮境内)现状泵站、闸门分布见图4。

表2 高邮湖现状主要控制建筑物一览表

位置	建筑物名称	孔数	泄水能力(m³/s)	等级
大汕子隔堤	宝应湖退水闸	5	160	Ⅱ
利农河南端	利农河尾闸	3	114	Ⅲ
新民滩控制线	杨庄闸	38	500	Ⅲ
	毛港闸	13	150	Ⅲ
	新港闸	28	385	Ⅲ
	老王港闸	20	240	Ⅲ
	新王港闸	18	250	Ⅲ
	庄台闸	25	350	Ⅲ
	湖滨漫水闸	13	150	Ⅲ

2.3.2 堤防

高邮湖高邮市境内涉及的堤防有运河西堤和高邮湖东堤。里运河西堤位于高邮湖、邵伯湖东岸、淮河入江水道中段,自大汕子隔堤至高家圩湖区段堤防全长63.49 km;东堤位于高邮湖东岸,其中高邮境内现状全长29.57 km。高邮湖东堤和运河西堤堤防中心线之间相距约80 m。高邮湖周边堤防布置如图5所示。

2.4 南水北调二期工程

目前南水北调东线二期工程规划正在编制与讨论中,南水北调二期工程与高邮湖高邮市境内相关的主要是运河西侧的输水线路的布置,如图6所示。

3 高邮湖退圩还湖主要内容

3.1 圈圩清退与湖区清淤

高邮湖退圩还湖的主要工程内容由圈圩清除、鱼塘底泥清淤、局部湖区的底泥清淤几方面组成。具

图1 高邮湖现状水系

图2 高邮湖现状

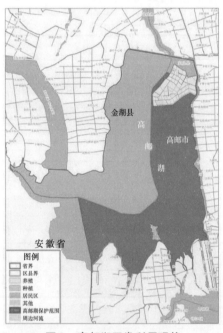

图3 高邮湖开发利用现状

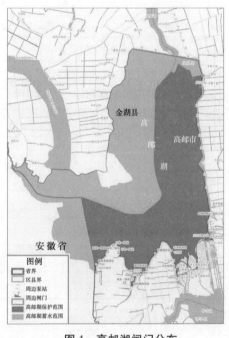

图4 高邮湖闸门分布

体清退的范围、清淤范围如图7所示。高邮湖高邮市境内北部地形较高,现状几乎都是死水区,南部零星分布一些圈圩。高邮湖湖区的基本地形如图8所示。

3.2 排泥场布置

高邮湖湖区内实施圈圩的清退,弃土的堆放从实际操作的可行性出发,在湖区外堆放难度较大,故考虑在湖区内进行弃土,排泥场的布置需要分析湖区内行水通道、生态红线、取水口、航道等各方面的影响[2-5],以及相关的规划和工程,比如南水北调二期工程等。

3.2.1 排泥场与行水通道关系

高邮湖的行洪通道从入江水道改道段出口施尖起东侧沿淮南圩南向东至深水区,西侧以现有湖岸线为边线。排涝通道保护范围为:宝应湖退水闸湖区内通道宽度500 m,保护长度自退水闸至深水区13.8 km;沿湖其他排涝河道通道宽度按河道20年一遇排涝规划断面留足,长度为入湖口至深水区。其

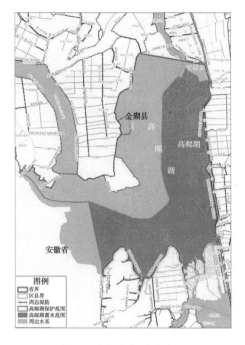

图5　高邮湖堤防分布

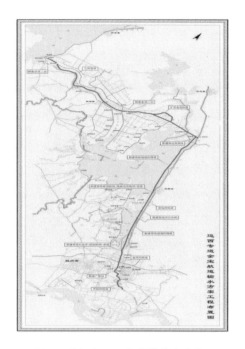

图6　高邮湖运西专道输水方案布置

图7　高邮湖清退区和清淤区示意

图8　高邮湖湖区地形示意

中流经高邮境内的行水通道有南部状元沟、淮河入江水道以及北部大汕子河。排泥场与行水通道关系如图9所示。

3.2.2　排泥场与生态红线关系

高邮湖保护类型为自然保护区,包括自然保护区核心区缓冲区和实验区。其中,核心区面积为5 608 hm²,范围为南至高邮湖大桥北侧20 m,南围郭集镇部分距离滨湖大堤1 000 m,东至老庄台河西岸带,北至湖心区域,西至湖心区域;缓冲区面积为9 937 hm²,范围为南至邮仪公路北侧20 m,以及距离送桥镇、菱塘乡滨湖岸线大堤1 000 m,东至老庄台河东岸带,北至湖心区域,西北段至高邮、金湖行政边界,西至湖心区域;实验区面积为32 181 hm²,范围为南至邵伯湖以及郭集、菱塘滨湖岸线大堤,东至深泓河东岸带,北至西夹滩,西至湖心区域含高邮金湖行政边界及高邮天长行政边界。排泥场与生态红线的关系如图 10 所示。

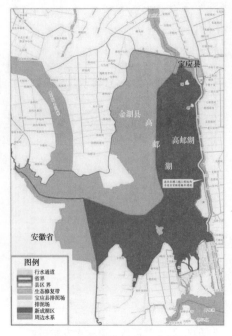 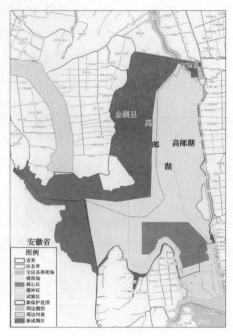

图 9　排泥场与行水通道的关系　　　　　　图 10　排泥场与生态红线的关系

3.2.3　排泥场与取水口关系

高邮湖湖区内现有饮用水源取水口两个:一个位于高邮湖湖西南岸菱塘乡北岗村;另一个位于高邮湖东岸,是高邮市高邮湖马棚湾应急水源地。另外,在京杭大运河上有高邮市里运河清水潭水源地。

从图 11 可以看出,排泥场位于取水口二级保护区之外。

3.2.4　排泥场与南水北调二期工程

目前南水北调东线二期工程规划正在编制之中,堆土区的布置需要充分考虑南水北调二期工程输水通道的布置方案,在运河西堤西侧高邮湖湖区内预留宽度约 300 m 的输水通道。最终的实施方案还需待南水北调二期工程方案确定后,进行相应的调整。排泥场和二期工程的关系如图 12 所示。

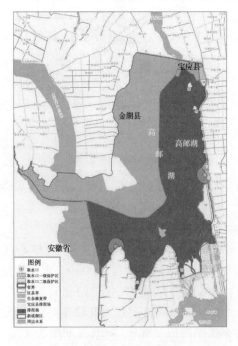 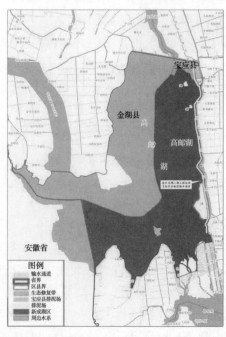

图 11　排泥场与取水口的关系　　　　　　图 12　排泥场与南水北调二期工程的关系

4　退圩还湖效益分析

4.1　水资源与防洪、供水效益

高邮湖退圩还湖工程实施后,恢复的自由水面均可参与供水调蓄,同时也增加了高邮湖的有效防洪库容。由于高邮湖库容的增加,加大了湖泊的自净能力,增大了湖泊水体的流动,对高邮湖供水的量和质都有较大的改善,其水资源效益十分明显。

4.2　环境效益

高邮湖退圩还湖水环境改善效益主要体现在四个方面:

(1)减少入湖污染负荷。高邮湖退圩还湖工程规划清退鱼塘可减少养殖污水,根据类似鱼塘的检测资料,鱼塘淤泥中有机质的平均含量达3.744%,总氮达0.119%,总磷达0.259%,清淤后可大量减少入湖污染物负荷。

(2)环境容量增加。高邮湖退圩还湖工程实施后,可恢复高邮湖自由蓄水面积26.89 km²,增加了以高邮湖为中心区域的河网水体水环境容量,增强水体自净能力,明显改善区域及流域水环境。

(3)水体流动加快,自净能力增强。结合湖泊清淤工程对湖底的重塑以及退圩还湖后新岸线的形成对湖泊形态改变的情况下,高邮湖湖水流动加快,增强了水体的自净能力。

(4)重筑健康湖盆形态,为浮游生物、动植物提供良好的栖息环境。

4.3　生态效益

高邮湖湖底沉积物表面为有机质、总磷、总氮含量较高的流泥层,这层流泥密度小,受风浪扰动易悬浮,造成水体浑浊和营养物质释放量增大,影响水生植物的生长和水环境质量。污染物底泥清淤工程将表层底泥清除,可以减少水体中悬浮物,增加高邮湖水体透明度,降低底泥污染物的释放,对改善水质和水生植物的生长环境有着重要的作用。

4.4　经济效益

高邮湖退圩还湖工程不产生直接经济效益。间接效益主要为水环境改善的效益、排泥场土地出让效益、由于高邮湖环境改善带动周边土地增值的效益、鱼类增产增值效益等。

高邮湖退圩还湖专项整治工程实施后,排泥场形成陆域面积约16 470亩,排泥场可综合利用,作为地方经济发展用地,筹集资金,推进退圩还湖综合整治工程的实施。

另外,退圩还湖工程重新调整了高邮湖的岸线,湖区环境面貌得到了显著改善,提供了更好的居住环境和旅游景点,高邮湖岸线及周边土地利用价值将有较大的增值,促进了房地产和旅游业的发展。

5　结论

高邮湖的退圩还湖恢复了湖泊的生态环境,增大了湖泊的自由水面,提升了湖泊的防洪效益。本文针对高邮湖的开发利用现状与历史,通过分析与研究高邮湖的行水通道、生态红线保护区、取水口以及湖区相关重要水利规划等与退圩还湖工程之间的关系,对排泥场进行了合理布局,并提出了相应的解决方案。本文的研究可为解决江苏省内其他地区退圩还湖中相似问题提供借鉴和参考。

参 考 文 献

[1] 江苏省水利厅. 江苏省高邮湖邵伯湖保护规划[R]. 2006.

[2] 王冬梅,刘劲松,戴小琳,等. 退圩(田)还湖(湿)长效机制研究 ——以江苏省固城湖为例[J]. 人民长江,2017(18).

[3] 周杨,刘锦霞,陆红芳,等. 广洋湖、兰亭荡退圩还湖实施方案效果浅析[J]. 江苏水利,2019,264(4):27-30.

[4] 王冬梅,黄俊友,赵钢,等. 平原水网地区湖泊群退圩还湖规划研究——以里下河射阳湖为例[J]. 水利水电技术,2014,45(2):28.

[5] 钟瑜,张胜,毛显强. 退田还湖生态补偿机制研究——以鄱阳湖区为案例[J]. 中国人口·资源与环境,2002(4):48-52.

等级保护2.0标准下的水利网络安全分析与探索

郏建,李凤生,马泽生

(淮河水利委员会水文局(信息中心),安徽 蚌埠 233001)

摘　要　随着云计算、物联网、大数据、人工智能、移动互联网等新技术在水利行业的广泛应用,水利网络安全面临的新形势。等级保护2.0标准的发布,对加强水利网络安全保障工作,提升水利网络安全防护能力具有重要指导意义。本文立足等级保护工作新标准和新要求,分析淮委水利网络安全等级保护工作现状,探讨新形势下构建主动防御体系方法与路径,进一步强化淮委水利网络安全防护能力。

关键词　等级保护;网络安全;水利信息化

1　引言

当前网络安全面临的形势愈发复杂严峻,一方面,网络攻击仍处于高发态势,涉及范围包括国家网络公共基础设施、国计民生的重要信息系统和日益增长的移动终端,攻击手段涵盖了病毒、木马、漏洞、流量攻击等多种形式,攻击门槛不断降低,攻击范围更加广泛,攻击手段复杂多样;另一方面,日新月异的信息技术如云计算、移动互联网等在水利行业广泛应用,为水利改革发展提供了支撑,但也带来了新的安全隐患。等级保护作为国家网络安全的基本制度,为政务、企事业单位各行各业网络与信息系统实施保护措施[1-3],落实保护责任,提供了可供参考标准规范[4-5]。

随着网络强国战略的整体推进,网络安全作为国家安全的重要组成部分上升到前所未有的高度。2017 年《中华人民共和国网络安全法》实施,亟待对已有 10 年历史的 GB/T 22239—2008 上进一步完善,2019 年《信息安全技术网络安全等级保护基本要求》(GB/T 22239—2019)正式实施,等级保护进入 2.0 时代。本文首先比较等级保护标准新变化,分析淮委当前网络安全等级保护工作与等级保护2.0 存在的差距和不足,探讨完善水利网络等级保护工作的一般思路与实践途径。

2　等级保护标准变化

等级保护 2.0 标准体系包括《信息安全技术 网络安全等级保护基本要求》(GB/T 22239—2019,以下简称基本要求)、《信息安全技术 网络安全等级保护安全设计技术要求》(GB/T 25070—2019,以下简称安全设计技术要求)、《信息安全技术 网络安全等级保护实施指南》(GB/T 25058—2019)、《信息安全技术 网络安全等级保护测评要求》(GB/T 28448—2019,以下简称测评要求)[6-9]等一系列标准组成,其中《基本要求》是等级保护 2.0 标准体系的基础,为《测评要求》和《安全设计技术要求》等标准规定了各级保护对象、技术要求、管理要求等具体指标。相较于等级保护 1.0,新标准的具体变化如表 1 所示。等级保护 2.0 主要有如下特点:

(1)等级保护对象范围更广。等级保护对象从原来的信息系统扩展到基础信息网络、云计算平台、大数据应用/平台/资源、物联网、移动互联技术的系统、工业控制系统等,更加适应当前新技术广泛应用的场景[10]。

(2)安全要求更加全面合理。将原来的安全要求划分为安全通用要求和安全扩展要求,使得标准的使用更加具有灵活性和针对性。不同等级保护对象由于采用的信息技术不同,所采用的保护措施也会不同。安全通用要求针对共性化保护需求提出,无论等级保护对象以何种形式出现,需要根据安全

作者简介:郏建,男,1990 年生,安徽蒙城人,工程师,主要研究方向是水利网络安全与信息化。E-mail:jiajian@ hrc. gov. cn。

表 1　等级保护标准变化对比

项目	等级保护 1.0	等级保护 2.0
保护对象	信息系统	基础信息网络
		信息系统(含采用移动互联技术的系统)
		云计算平台/系统
		大数据应用/平台/资源
		物联网
		工业控制系统
安全要求	安全要求	安全通用要求
		安全扩展要求
技术要求	物理安全	安全物理环境
	网络安全	安全通信网络
	主机安全	安全区域边界
	应用安全	安全计算环境
	数据安全和备份与恢复	安全管理中心
管理要求	安全管理制度	安全管理制度
	安全管理机构	安全管理机构
	人员安全管理	安全管理人员
	系统建设管理	安全建设管理
	系统运维管理	安全运维管理
安全扩展要求	—	云计算
		移动互联
		物联网
		工业控制系统
测评技术框架	单元测评	单项测评
	整体测评	整体测评
安全技术设计框架	安全设计技术设计框架	通用安全设计技术框架
		云计算安全技术设计框架
		移动互联
		安全技术设计框架
		物联网安全技术设计框架
		工业控制安全技术设计框架

保护等级实现相应级别的安全通用要求。安全扩展要求针对个性化保护需求提出,等级保护对象需要根据安全保护等级、使用的特定技术或特定的应用场景实现安全扩展要求。等级保护对象的安全保护措施需要同时实现安全通用要求和安全扩展要求,从而更加有效地保护等级保护对象[11]。

(3)安全技术规划更为统一。统一了基本要求与设计要求的安全框架(通信网络、区域边界、计算环境),充分体现"一个中心,三重防护"的纵深防御思路,可信验证技术落实到每个等级的需求中。通过确定保护对象边界划分安全需求,按照纵深防御设计物理环境、通信网络、网络边界、主机设备、应用和数据多层级的技术防护措施,通过安全管理中心实现安全检测、日常管理、事件处置和分析取证的集中化管控,网络安全从被动防御变为主动主动监测预警。

3　淮委等级保护工作现状

3.1　淮委网络现状

淮委外网网络主要由蚌埠节点(淮委机关网)、徐州节点(沂沭泗局局域网)、合肥节点(容灾备份中心局域网)等三个节点组成。网络拓扑如图 1 所示。

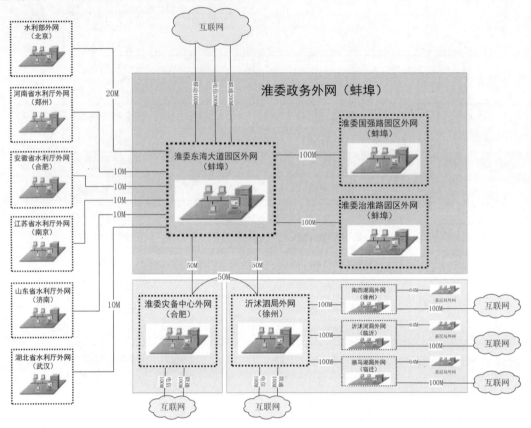

图 1　淮委网络结构

淮委机关网采用星型拓扑结构,以万兆交换机为核心,采用虚拟化技术堆叠,双链路连接至楼层交换机。采用网络分区、访问控制、安全审计、边界完整性检查、入侵防范、恶意代码防范和网络边界防护等技术进行整体安全防护设计。配置有入侵检测、网络审计、上网行为管理、负载均衡、VPN 、防病毒网关、防火墙、漏洞扫描等安全产品。中心机房基本达到 B 级标准,建有新风、温湿度控制、消防和门禁等系统,配有模块化 UPS 电源,主备双路供电,实现了物理环境的自动监控和报警。

沂沭泗局机关建设有局域网,通过防火墙接入互联网,并利用虚拟网技术(VLAN)将各部门划分为不同的网段;通过水利专线连接至淮委,上连至水利部;建成了连接局机关和 3 个直属局以及 19 个基层局的局域网络,采用光纤数字电路实现了各局域网络间的互联。

合肥容灾备份中心外网采用星型拓扑结构,以万兆交换机为核心,万兆光纤到楼层,千兆交换到桌面,两台核心交换机采用虚拟化技术进行堆叠,双链路连接至楼层交换机。

3.2　淮委等级保护工作

淮委机关网安全防护以计算机信息系统三级安全等级保护为标准进行建设,对淮委机关网、淮河数据容灾备份中心以及沂沭泗局外网三个节点部署的重要信息系统进行安全等级保护建设[12]。根据国家有关信息系统安全等级保护要求,结合淮委信息系统安全现状,对淮委外网信息系统进行分类定级,申请备案了 3 个三级重要信息系统与 4 个二级重要信息系统。建立三个节点的安全防护体系,主要包括核心交换区、终端区、安全管理区等多个区域的安全防护,从物理安全、网络安全、主机安全、应用安全、数据安全、安全管理 6 个方面进行安全防护,并于 2015 年通过等保测评,每年进行重要信息系统等级保护复测。

随着等级保护2.0标准体系的实施,淮委现有的网络安全防护体系已经不能满足等级保护的要求,对照等级保护2.0标准,淮委网络安全等级保护存在明显差距,主要表现在:①安全通信网络方面,网络通信与信息传输未采用可信验证技术,如未基于可信根对通信设备的系统引导程序、系统程序、重要配置参数和通信应用程序等进行可信验证;②安全区域边界方面,局域网内各安全区域之间的访问控制不够严格,网络出入口缺乏恶意代码攻击、入侵检测、漏洞扫描等安全防护措施,局域网中缺少完善的网络行为审计和控制措施;③安全计算环境方面,访问控制及信息传输与存储没有细粒度的管控措施,如业务数据在存储、传输过程中,均未实现加密、完整性校验等数据保密性和完整性等功能;④安全管理中心方面,现有设备过保或不能满足当前安全防护要求,缺乏有效手段实现态势感知与主动防御。

4　水利网络安全等级保护建设与完善

水利业务网络经过多年的建设,广泛开展了信息系统等级保护定级、备案、测评、整改、复测等工作,根据等级保护2.0标准,采取"一个中心,三重防护"纵深防御思路,强化已有基础,同时对应用的云计算、移动互联、物联网、工控系统等新技术按照最新标准进行改造,从安全监测感知、安全防御、安全审计、安全管理等方面构建集防护、检测、响应、恢复于一体的安全防护体系,通过强化可内外协同、上下联动的主动监测预警能力、可对抗有组织攻击的纵深防御能力、可及时进行事件处置的应急响应能力建设,提升水利网络安全防护水平,最终达到网络安全等级保护基本要求。

4.1　完善现有水利网络安全防护体系

根据等级保护政策、标准、指南等文件要求,如图2所示,对保护对象进行区域划分和定级,对不同的保护对象从物理和环境防护、通信网络安全防护、网络边界安全防护、主机设备安全防护及应用和数据安全防护等各方面进行不同级别的安全防护设计,采用统一的安全管理中心保障安全管理措施和防护的有效协同及一体化管理。

4.2　强化新技术安全防护能力

等级保护2.0对于新技术应用提出了明确的要求,一般而言,云计算、移动互联、大数据、物联网、工程控制等新应用场景下,安全技术要求各有侧重[13],新技术的等级保护重点如表2所示,等级

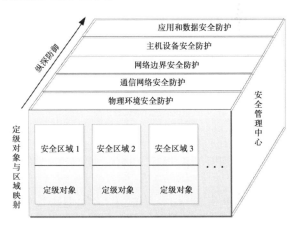

图2　安全防护设计

保护云计算部分重点考虑主要集中在基础设施和虚拟层以及相关组件的安全;移动互联重点关注移动终端、无线接入网关等安全防护;大数据则需考虑基础设施、数据安全以及数据相关功能/组件的安全;物联网重点关注感知层的感知节点设备和网关节点设备安全。工程控制系统则要保证数据采集与监视监控系统和其他控制系统的各项技术安全。

4.3　增强水利网络主动监测预警能力

水利网络经过多年的建设,对于重要信息系统安全等级保护措施较为完善,但在等级保护2.0标准下,需要依托现有网络安全防护基础,重点加强网络安全设备、网络安全平台等防护手段提升建设。补充完善防火墙、漏洞扫描、安全审计、数据库审计、堡垒机、广域网优化设备、主机安全防护系统、基础物理安全等产品,对三级应用系统身份鉴别、访问控制、用户登录、安全审计等方面进行改造,建设具备网络安全预警及态势感知的综合立体网络安全防护体系,提升安全预警与应急响应能力。

5　总结

网络安全等级保护2.0标准的实施,是新形势下网络与信息安全保护措施的完善,为水利网络安全提供了标准参考。本文分析了淮委网络安全等级保护工作的现状与差距,主要从技术要求层面探讨了

水利网络安全等级保护工作建设与完善重点,为提升水利网络安全防护能力提供思路。网络安全防护不仅限于技术层面,更要建立完备的体制机制,强化人员与制度管理,纵深防御、技管并重,继续为水利事业提供网络与信息安全支撑保障。

表 2　新技术应用/平台/系统等级保护技术重点

应用场景	安全物理环境	安全通信网络	安全区域边界	安全计算环境
云计算	基础设施的物理安全以及计算/存储资源的跨境访问控制	域间网络隔离,入侵防范、安全审计	边界访问控制、边界入侵检测以及边界安全检测	接入层安全、虚拟化层安全、数据安全及与数据相关安全
移动互联	移动终端和无线接入网关的物理安全	网络协议安全、网络通信加密	边界防护、访问控制以及入侵检测	移动终端管控和移动应用管控
大数据	基础设施的物理安全以及数据的跨境传输	流量控制以及流量数据分离	边界访问控制、边界入侵检测以及边界安全检测	身份鉴别、应用鉴别、业务连续性、对外服务安全以及数据相关安全
物联网	传感节点物理安全	网络协议安全、网络通信加密	感知层节点接入控制以及感知层节点入侵防范	感知节点和网关节点的计算安全
工业控制	基础设施的物理安全以及数据的跨境传输	网络协议安全、网络通信加密	边界防护、访问控制以及入侵检测	控制服务器数据安全

参 考 文 献

[1] 王晔,陈丽娟,衣然. 等保 2.0 时代城市轨道交通信号系统网络安全防护新思路[J]. 信息技术与网络安全,2020,39(3):1-5.

[2] 侯振堂,申康,崔鑫,等. 等保 2.0 标准下的能源行业网络安全工作的探究[J]. 通讯世界,2019,26(12):75-76.

[3] 李友生. 溧史杭总局信息系统安全等级保护建设实践[J]. 江淮水利科技,2019(4):43-44.

[4] 钟艺堃. 浅析机关单位网络安全等级保护的建设[J]. 大科技,2019(32):234-235.

[5] 王昭群. 浅析事业单位网络安全等级保护的建设[J]. 网络安全技术与应用,2019(7):118-119.

[6] 国家市场监督管理总局,中国国家标准化管理委员会. 信息安全技术 网络安全等级保护基本要求:GB/T 22239—2019[S]. 2019.

[7] 国家市场监督管理总局,中国国家标准化管理委员会. 信息安全技术 网络安全等级保护安全设计技术要求:GB/T 25070—2019[S]. 2019.

[8] 国家市场监督管理总局,中国国家标准化管理委员会. 信息安全技术 网络安全等级保护实施指南:GB/T 25058—2019[S]. 2019.

[9] 国家市场监督管理总局,中国国家标准化管理委员会. 信息安全技术 网络安全等级保护测评要求:GB/T 28448—2019[S]. 2019.

[10] 甘清云. 国标《信息系统安全等级保护基本要求》修订浅析[J]. 网络安全技术与应用,2019(12):1-2.

[11] 马力,祝国邦,陆磊.《网络安全等级保护基本要求》(GB/T 22239—2019)标准解读[J]. 信息网络安全,2019(2):77-84.

[12] 邱梦凌,徐静保. 淮委重要信息系统安全等级保护项目实施和成效[J]. 治淮,2017(9):49-50.

[13] 任婷,于城. 从新技术角度谈等级保护 2.0[J]. 信息通信技术,2018,12(6):12-17.

南四湖二级坝桥梁智能监测预警限行系统研究

邢坦,沈义勤,周守朋,裴磊

(淮河水利委员会沂沭泗水利管理局,江苏 徐州　221000)

摘　要　南四湖二级坝目前是江苏、山东两省煤炭等货物运输的重要通道,工程附近煤码头众多,车流量大,重载、超载严重。由于缺失有效的监测管理设备和限行技术手段,超载车辆对二级坝桥梁造成严重损坏,因此对超载车辆进行监测预警限行管理和对桥梁进行安全监测管理是非常必要的。二级坝桥梁智能监测预警限行系统由高速动态称重系统、车牌识别系统、视频监控系统、报警显示系统、自动拦截限行系统、安全监测系统、计算机管理与通信子系统以及交通标志牌、道路标线等部分内容构成。该系统重点控制车辆总重 55 t(含)以上车辆通过二级坝桥梁,超过限制的车辆禁止其通过,以保证二级坝桥梁在服役期间的安全性。

关键词　桥梁;安全;监测;预警;限行

1　研究背景

随着社会经济的不断发展,我国公路道路运输业取得了快速发展,货车道路运输已成为主要运输方式。目前,货运车辆超高、超宽、超长、超重运输等现象仍普遍存在,在矿产资源、建筑原材料开采生产地区尤为严重。近年来,我国已发生多次公路桥梁坍塌事件,究其原因,虽然有工程质量缺陷等各方面因素,但车辆长期严重超载行驶在桥梁上也是引起坍塌的重要原因之一,大大缩短了桥梁等交通基础设施的使用寿命,不仅使国家承受巨大的经济损失,给社会稳定带来不利影响,也给人民群众造成严重的生命财产损害。

南四湖二级坝枢纽工程位于苏、鲁两省交界处,是南四湖湖西、湖东防汛通道,兼顾两岸交通,是国道 518 的组成部分,在当地社会经济发展中发挥了重要作用。二级坝枢纽于 1958 年开始兴建,1975 年基本建成,经多次改、扩建后,目前已有一闸交通桥、二闸交通桥、三闸交通桥、四闸交通桥、微山一线船闸交通桥、微山二线船闸交通桥、南水北调二级坝泵站交通桥、溢流坝交通桥(在建)等 8 座桥梁。

由于历史原因和所处的特殊地理位置,二级坝目前是江苏、山东两省煤炭等货物运输的重要通道,附近煤码头众多,车流量大,重载、超载严重。虽然二级坝每座桥梁两端都设立限重标志牌,但由于缺失先进的技术设备和管理手段,许多超重车辆无视桥梁限重警示标志,肆意过桥,对桥梁基础设施造成了严重损坏。二级坝多座桥梁已不堪重负,主体结构还远远没有达到设计年限便发生了未老先衰的现象,路面更是未到设计使用年限就变得惨不忍睹。因此,加强对超载车辆监测限行的管理是非常必要的。

2018 年 2 月,国家发展改革委以发改农经〔2018〕292 号文批复了南四湖二级坝除险加固工程的可行性研究报告,并明确要求"强化过坝车辆限流限载管理,做好维修养护,保证工程长期稳定发挥效益";2019 年 2 月,水利部以水许可决〔2019〕12 号文准予工程初步设计报告行政许可,同时要求"加强坝顶道路管理,确保工程良性运行"。因此,为了保护二级坝桥梁、路面免遭超载车辆破坏,结合四湖二级坝除险加固工程开展"二级坝桥梁智能监测预警限行系统研究"已刻不容缓。

2　研究内容

2.1　研究依据

南四湖二级坝除险加固工程新建的溢流坝交通桥桥面汽车荷载等级为公路 – Ⅰ级,对应《公路工

作者简介:邢坦,女,1981 年生,沂沭泗水利管理局防汛机动抢险队总工程师,主要从事水利工程建设管理、防汛抢险等工作。E-mail:59867152@qq.com。

程技术标准》(JTG B01—2014)的荷载等级总重不能超过 550 kN。因此,应重点控制车辆总重 55 t(含)以上车辆通过二级坝坝顶桥梁、道路,超过限制的车辆禁止其通过。

2.2 系统设计

本系统包括二级坝桥梁智能限行系统、二级坝桥梁安全智能监测预警系统两个子系统。系统总体工作流程如图 1 所示。

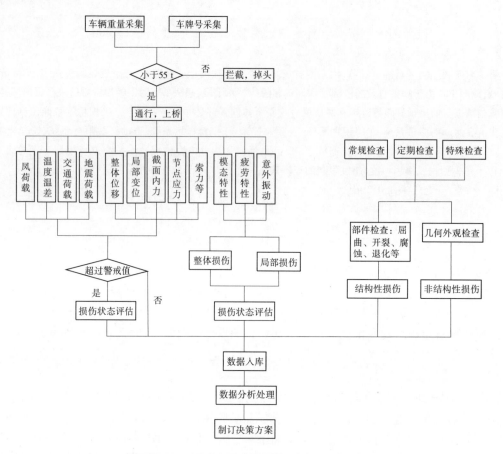

图 1 南四湖二级坝桥梁智能监测预警限行系统总体工作流程

2.2.1 二级坝桥梁智能限行系统

智能限行系统由动态称重、车牌识别、视频监控、报警显示、自动拦截限行、计算机管理与通信以及交通标志牌、道路标线等部分内容构成。

(1)设备布置。

在微山县欢城镇常口社区老运河桥西侧进入二级坝前沿设置交通标志牌,提示二级坝坝顶桥梁、道路限重,严禁超载。向西直至溢流坝交通桥东侧依次设动态称重设备、LED 显示设备、车牌识别设备、图像抓拍设备、自动拦截限行设备等。在运行管理单位二级坝枢纽管理局安装一套管理设备,对系统设备进行管理控制。

(2)限行流程。

智能限行系统工作流程如图 2 所示。

车辆经过老运河桥后可以看到标志牌 1 内容:"55 t 二级坝桥道路限重通行 超限车辆请绕行"。

→继续前行通过自动称重设备,载重超过 55 t 即可以看到 LED 显示屏显示内容,如:"鲁 H××××× 超重前方 100 m 掉头绕行"。同时车牌识别摄像头锁定超载车辆车牌号,并上传到运行管理单位监控系统的数据处理设备上。

→继续前行通过视频监控高清摄像头,全过程记录车辆行驶经过。

→抵达溢流坝交通桥东侧道路掉头区域,此区域设置自动拦截限行设备,若车辆载重小于 55 t,则顺利通过;若被锁定超载车辆抵达,则自动伸缩限行墩柱自动升起,限制车辆通行,超载车辆须根据道路指引标志掉头绕行。

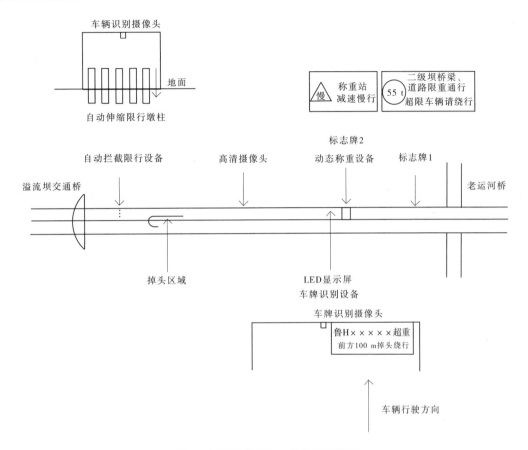

图2　智能限行系统工作流程示意图

2.2.2　二级坝桥梁安全智能监测预警系统

桥梁建成以后,受气候、环境、超载、意外因素等的影响,结构材料会逐渐老化;长期的静、动力荷载作用,会使其强度和刚度随着时间的推移而降低。这不仅影响行车安全,更会使桥梁的使用寿命缩短。因此,对桥梁结构的健康状况进行检测与监测,并在此基础上对其安全性能进行评估是桥梁运营日常管理的重要内容。

二级坝桥梁安全智能监测预警系统是基于监测仪器、设备和数据传输等技术,对桥梁结构的工作状态、使用性能及整体行为进行实时监测,并对桥梁的安全健康状况和潜在危险性做出安全评估,根据系统采集的关键数据为桥梁在特殊气候、交通状况或桥梁运行中的严重异常状况触发预警信号,并根据监测结果制定维修决策,以保证桥梁在建造和服役期间全寿命的安全性。

(1)监测内容。

监测内容主要是针对桥梁的应力、应变、温度、沉降、位移、荷载、倾斜等物理量的监测。

荷载监测:包括温度、交通荷载等。所使用的传感器有:温度传感器—记录环境、结构温度;摄像机—记录车流情况和交通事故等。

表面形貌监测:监测桥梁各部位的静态位置、位移等,所使用的传感器有位移计等。

结构的强度监测:监测桥梁的应变、应力等,所使用的传感器有:应变计—记录桥梁静动力应变、应力。

(2)系统组成及工作流程。

系统主要包括各类软硬件系统,利用前端传感器来读取桥梁各部分结构的温度、应变、位移、车辆载荷等参数,并传输到计算机控制端系统处理软件,由专用的数据处理设备和处理方法来对信号进行存储、处理、分析和显示,最终显示的是一段时间内连续采集的各个数据。运行管理单位可以会同桥梁设计单位对某些数据设立警戒值,当某个数据超过了相应的警戒值,系统会主动报警,提醒管理人员及时做出反应。

以溢流坝交通桥为例,选择桥梁同一跨的9块桥板作为检测对象,同时安装监测装置,对桥梁在各种环境与运营条件下的跨梁的扰度、桥面的裂缝、关键桥墩的倾斜等参数进行实时自动监测。

系统组成及工作流程图如图3所示。

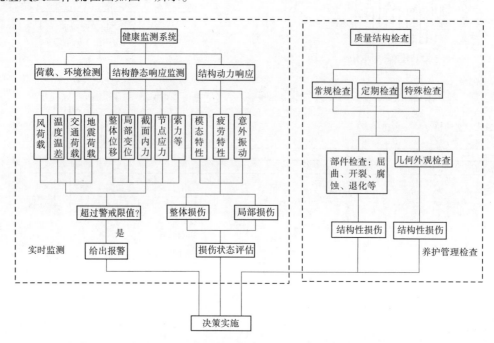

图3　桥梁安全智能监测预警系统工作流程

2.3　数据采集、传输与应用

2.3.1　数据采集

桥梁智能限行系统数据采用自动采集方式。桥梁安全智能监测预警系统数据采集分为自动采集和人工采集两种方式:荷载、环境监测,结构静态响应监测,结构动力响应等数据采用自动监测;常规检测、定期检测和特殊检测数据采用人工检测。

2.3.2　数据传输

数据传输采用光纤传输,自动监测的数据通过软件实时自动写入监控系统的数据库里;人工检测数据采用人工录入方式写入数据库。

2.3.3　数据应用

通过对采集的信息进行数据分析,对桥梁关键构件(或部位)应力(或变形)进行诊断,自动生成诊断方案,对结构异常情况发出预警信息,提醒管理人员及时采取处理措施。

2.4　设备选择要点分析

2.4.1　现场环境复杂

二级坝所处的野外环境比较复杂,干扰因素多,并且信号传输距离远,系统采集的都是微小信号,稍有干扰就会严重影响测量的精确度,设备选型时不仅要考虑指标符合监测需求,还要考虑设备的可安装性、易用性、防护性能及可维护性。

2.4.2　现场信号干扰

考虑到现场可能存在的工频信号、辐射干扰,特别是部分位置存在强电磁场干扰的情况下容易造成无法采集到信号或者采集的信号有较大的干扰噪声,因此采集设备需要有很强的抗干扰能力。

2.4.3　多种信号的同步采集

桥梁智能限行系统采集的信号种类主要是车辆载重、车牌号等。桥梁安全智能监测预警系统涉及信号种类较多,有应变应力、振动、温度、风速、倾角、挠度等,因此就需要监测设备能够实现多种信号的采集与分析,同时为了获取结构动态振动特性,要求所配置的数据采集设备应具备一定的频响范围和采样速率,以保证将结构的动态特性记录下来。

2.4.4 采集系统的通信

采集系统通信接口为标准以太网口,通信稳定可靠,适合大型结构测试系统的组网,采用 TCP/IP 通信协议,使用光纤转换器将电信号转化为光信号进行传输。

2.4.5 性能兼顾性价比

应根据具体要求和实际应用条件,本着力争实现"监测完整、性能稳定兼顾性价比最优"的主要原则选择合理的传感器类型和数量。

2.4.6 数据库

数据库采用标准 SQL server 2012 数据库。

3 结语

南四湖二级坝桥梁智能监测预警限行系统设计方案经过了专家咨询会论证,认为系统设计思路清晰、技术路线可行,可以有效达到智能监测和超载限行的目的。目前,南四湖二级坝除险加固工程建管处和运行管理单位正在与地方交通、公安等部门沟通,商讨相关技术细节问题,开展后续研究工作,进行方案优化,使该系统更加全面、实用,更好地服务当地社会经济发展和人民群众安全便捷出行。

从邳州历史洪水看河道演变及东调南下治理成果

徐鹏[1],张茂洲[2]

(1.骆马湖水利管理局邳州河道管理局,江苏 徐州 221300;
2.沂沭泗水利管理局骆马湖水利管理局,江苏 宿迁 223800)

摘 要 本文通过阐述邳州地理位置、汇流面积、上下游河道等多方面具体情况,结合邳州境内流域性河道演变、东调南下工程特别是南下工程治理情况,分析对比2019年洪水与1974年洪水及近45年间较大流量洪水情况,着重分析邳州境内流域性河流行洪能力的变化。最后通过综合分析,得出流域性河道行洪能力提高的多方面原因,并对后续防汛工作提出合理化建议。对其他流域性河流行洪能力提升、综合治理有一定参考意义。

关键词 历史洪水;行洪能力;东调南下;河道演变;河道治理

2019年8月,受9号台风"利奇马"和冷空气的共同影响,沂沭泗流域大部分地区普降大暴雨,局地特大暴雨,其中沂河临沂以上区间降雨量超过"74·8"大洪水的降雨量。邳州境内三条流域性河流同时行洪,三条河道最大行洪流量为1974年以来最大。经过东调南下及续建工程治理,邳州境内流域性河道行洪能力明显提高,相较于沂河2012年洪水和中运河2008年洪水,相同水位条件下,2019年行洪流量明显高于历年。

1 邳州流域性河道情况

沂沭泗流域是沂、沭、泗(运)三条水系的总称,属淮河流域。沂沭泗流域位于东经114°25′~120°20′,北纬33°30′~36°20′,按水系分成沂沭河、南四湖及邳苍三个区(见图1)。沂沭河上游支流众多,源

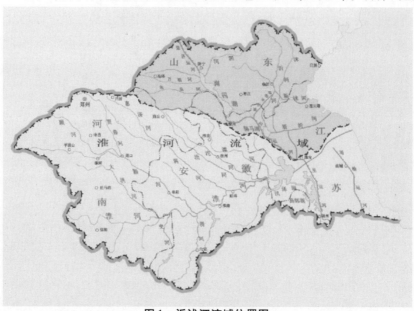

图1 沂沭泗流域位置图

作者简介:徐鹏,男,1990年生,现工作于骆马湖水利管理局邳州河道管理局,工程师、经济师,水利水电工程专业、工商管理专业。E-mail:sdauxp@163.com。

短流急,是沂沭泗流域重要的洪水区。南四湖区位于流域西半部,南阳、独山、邵阳及微山湖四湖南北向连成一线,以韩庄闸为主要排洪口门,蔺家坝酌情泄洪。邳苍区间位于流域南部,邳苍分洪道贯穿区间,邳苍分洪道是分泄沂河洪水至中运河(泗运河)的泄洪通道。

邳州地处沂沭泗流域下游,是沂沭泗流域的咽喉扼要,前述沂沭河、南四湖及邳苍三个区洪水均流经邳州境内。邳州上游有南四湖,下游有骆马湖,境内河流纵横交错,三条流域性河道纵贯南北(见图2),行政区划面积2 085.13 km²,占沂沭泗流域面积2.62%,承担上游5万多 km²(相当于25个邳州市面积)的洪水汇流。入境客水经邳州境内沂河、中运河、邳苍分洪道汇入骆马湖,调蓄后经新沂河入海。

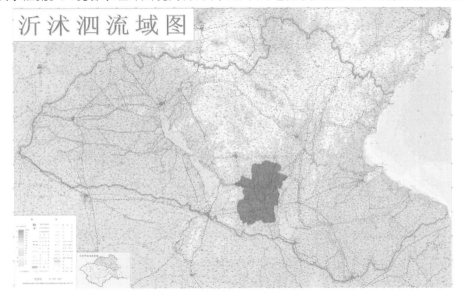

图2　邳州水系位置图

由于邳州在沂沭泗流域特殊的地理位置,沂河、中运河、邳苍分洪道流量除了受到邳州本地降雨径流影响外,与入境客水洪水量关系极大。沂河为山溪性河流,洪水陡涨陡落,峰高量大。中运河为平原性河流,陡涨缓落,洪水持续时间长。邳苍分洪道为1958年人工开辟的分洪水道,除经江风口闸分泄沂河洪水外,还承担着邳苍地区8条支流跨省河道来水,汇流面积2 450 km²;分洪道两堤之间,有耕地0.75万 hm²(见图3)(11万余亩),其中邳州境内0.47万 hm²,种植的农作物对行洪存在一定影响。三条流域性河道有着不同的行洪功能与鲜明的工程特点,行洪期间又互相影响,对河道防洪和治理提出了较高要求(见图3)。

2　东调南下工程情况

1971年国务院治淮规划小组审定沂沭泗中下游的防洪规划,确定南四湖防御1957年洪水,沂沭河防御50年一遇洪水,中运河、新沂河、骆马湖防御100年一遇洪水,遇超标准洪水使用黄墩湖临时滞洪。

规划总体部署是:扩大沂、河洪水东调入海和南四湖南下的出路,使沂沭河洪水尽量就近由新沭河东调入海,腾出骆马湖、新沂河部分蓄洪、排洪能力,接纳南四湖南下洪水。具体措施包括:扩大分沂入沭水道和新沭河,使其排洪能力由原有的1 000 m³/s 和3 800 m³/s,扩大到4 000 m³/s 和6 000 m³/s;兴建刘家道口、人民胜利堰等节制闸,控制沂沭河上游来水,使其尽量由新沭河东调入海;扩大南四湖湖腰;扩大韩庄运河、中运河和新沂河,使排洪能力分别达到5 600 m³/s、7 000 m³/s 和8 000 m³/s,以利南四湖洪水下泄,降低南四湖洪水位。

东调南下一期工程,提高整体防洪标准至20年一遇。具体实施分为三个阶段:第一阶段,新中国成立初期至1958年,实施"整沂导沭"工程,开挖新沂河、分沂入沭水道,修建江风口分洪闸,开辟邳苍分洪道;第二阶段,1971～1981年,根据1971年沂沭泗中下游防洪规划,确定沂沭河洪水东调和南四湖洪水南下两大骨干工程,完成分沂入沭扩大工程、新沭河扩大工程,修建沂河刘家道口水利枢纽、沭河大官庄水利枢纽,因1980年国民经济调整,部分工程停缓建;第三阶段,1991年复工建设到2002年底,续建

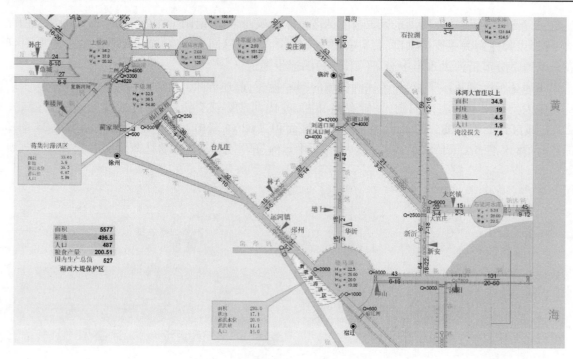

图3　沂沭泗流域防洪情况概化图

分沂入沭工程、新沭河工程,加固沂河、沭河堤防,修筑人民胜利堰,加固邳苍分洪道大堤,实施南四湖湖腰扩大工程,湖东湖西大堤加固工程,加高新沂河堤防,扩挖韩庄运河和中运河并修建省界临时性水资源控制工程[1,2]。

东调南下续建(二期)工程,总体防洪标准50年一遇。主要建设内容包括刘家道口枢纽、韩中骆堤防、沂沭邳治理、南四湖湖西大堤加固等9个单项工程[3]。邳州境内涉及河道扩挖、滩面清障、堤防复堤、穿堤涵闸改建、险工护坡处理、堤防截渗处理、修筑防汛道路等多项工程,其中,沂河邳州段投资6 721万元,中运河邳州段投资5.6亿元,邳苍分洪道邳州段投资6 073万元。

经过东调南下工程治理,邳州境内流域性河道行洪能力有了明显的提高。沂河行洪流量设计标准8 000 m^3/s。分洪道行洪流量设计标准东迦河以上4 000 m^3/s,东迦河以下5 500 m^3/s。中运河行洪流量设计标准省界至大王庙5 600 m^3/s,大王庙至房亭河口6 500 m^3/s,房亭河至二湾6 700 m^3/s。

3　历史洪水情况

根据历史文献记载,公元前179年到1949年,2129年间邳州地区共发生洪灾182次、涝灾63次。气候变化、地理条件与水利工程失修,是酿成水灾的主要因素,近百年时间有"邳苍洼地,洪水走廊"之称,给邳州人民带来了深重的灾难。新中国建立后,通过东调南下工程及续建工程,防洪标准逐步提高,保证了一般年份不再受到洪涝危害。

新中国成立以后,沂沭泗流域曾于1957、1963、1974年发生过三次较大洪水。以30天洪水总量分析,1957年洪水最大,相当于50年一遇。从中下游出现的防洪形势分析,1974年洪水最为险恶。1974年洪水时,骆马湖最大三天进湖总量21.7亿 m^3,为1957年的1.9倍。嶂山闸最大泄量5 760 m^3/s,是历史最高记录,骆马湖出现历史最高水位25.47 m。2019年嶂山闸最大泄量5 000 m^3/s,相应最高水位23.21 m,仅次于最高记录,是沂沭泗流域自1974年以来最大洪水。45年间,还有2005年中运河秋汛,2012年沂河等多次较大洪水。[4]

1957年7月6~25日,沂沭泗流域连续暴雨,临沂以北降雨500~700 mm,鲁西南降雨800~900 mm,沂河、运河发生了罕见的特大洪水。沂河先后出现8次洪峰,临沂站流量有3次在1万 m^3/s 以上,最大达15 400 m^3/s。华沂站最大行洪流量6 420 m^3/s,超过4 200 m^3/s 设计标准,最高水位28.5 m,距离堤顶仅1 m。7月13日江风口开闸分洪,共计分洪9.4亿 m^3,再加上邳苍区间来水,致使武河、柴沟河等近 10 条支流决口漫溢 100 余处,整个邳县北部洪水泛滥。中运河由于邳苍区间来水、江风口分洪、南四湖下泄,水位急剧上涨,为保住陇海铁路安全、减轻下游骆马湖防洪压力、确保安全度汛,先后破开黄墩湖、曲坊湖滞洪,中运河泇口、大王庙堤防溃决,不牢河南堤溃决,最终洪水控制在了房亭河以北、中运河以西地区。共计损失粮食 1 亿多 kg,倒塌房屋 28 000 余间,死伤数十人。

1963 年 7～8 月,邳县与鲁南一带连降暴雨,总雨量达 800～1 100 mm,雨量之大,为中华人民共和国成立后的最高记录。由于连降暴雨,沂河先后出现 17 次洪峰,7 月 20 日,华沂站水位达到 28.21 m,行洪 5 430 m³/s,中运河出现 10 次洪峰。7 月 7 日至 9 月 20 日,水位始终保持在 23.5 m 以上,其中 8 月 1～5 日,最高水位达 25.11 m,行洪 2 620 m³/s。因中运河长期水位较高,内涝受到顶托,邳县有 121 万亩土地反复积水,有 600 多个村庄被水包围,形成了特大内涝,受灾土地面积 71 万亩。

1974 年 7 月 17 日至 8 月 18 日,邳县境内先后降雨 54 次,并不断出现大暴雨,总雨量 763.5 mm;沂蒙山区和鲁西南地区亦普降暴雨,各河水位不断上涨。中运河运河站 8 月 13～18 日,水位持续在 25.0 m 以上 6 日。8 月 14 日 10 时,洪峰水位 26.42 m,行洪流量 3 790 m³/s,为中运河历史最高记录。受高水位影响,不少堤段、堤顶出现纵向裂缝。8 月 14 日,沂河江风口闸向邳县分洪,下泄流量达 1 590 m³/s。江风口分洪以后,分洪道水位急剧上涨,14 日 20 时,林子站水位达到 29.64 m,比设计水位仅差 0.16 m,行洪流量 2 250 m³/s。分洪道堤防双庙以下段,水面离堤顶 1 m 左右。由于沂河地势高差大,比降陡,水流湍急,尽管江风口分洪,但在江风口以下沂河仍旧出现较大洪峰。8 月 14 日 20 时,港上站实测洪峰水位 35.59 m,行洪 6 380 m³/s,华沂站水位达到 29.54 m。此时,有不少堤段,水面离堤顶只有 0.5～1 m,多处出现块石护坡冲塌、滩地冲塌、洪水紧逼堤脚、挑水坝被冲断、塌坡、堤后渗水等险情。因受干河高水顶托,各支流水位相应壅高。8 月 13～15 日,陶沟河、燕子河、六保沟等数条河流先后漫堤决口 50 余处,造成大面积积水。至 8 月 15 日,全县积水总面积 112.65 万亩,有 1 156 个村庄连被水包围或上水,仓库进水 1.56 万间,浸湿粮食 306.5 万 kg。

2005 年 9 月,沂沭泗流域连续降水,造成了沂沭泗历史上少有的秋汛。9 月 19 日,沂河开始行洪,洪水上涨迅猛,22 日 8:00,流量达 3 190 m³/s。23 日开始,中运河开始出现洪水过程,10 月 2 日,中运河运河站流量 2 640 m³/s,水位 25.46 m,逼近警戒水位。洪峰流量 2 680 m³/s,水位 25.54 m,超过警戒水位 0.04 m。受中运河洪水的顶托,邳苍分洪道依宿坝以下水位迅速增高。中运河、邳苍分洪道堤防相继发生多起险情,两条河道河滩地数万亩农田被淹没,邳州市迎来了 20 多年以来最大的秋汛和灾情。

2012 年,降水量较常年同期偏多 16.9%。受上游地区及邳州市降雨影响,邳州局管辖境内的中运河、沂河、邳苍分洪道均有不同程度的行洪过程,最大流量分别出现在:中运河运河站 7 月 11 日 08:00,实测洪峰水位 22.63 m,流量 890 m³/s;沂河港上站 7 月 10 日 23:25,相应流量 4 850 m³/s,为 1993 年以来最大流量,近 20 年一遇;邳苍分洪道林子水文站 7 月 10 日 23:30,实测洪峰水位 28.71 m,流量 951 m³/s。

2019 年,受第 9 号台风"利奇马"登陆北移影响,8 月 10～11 日两日累计降雨量邳苍区间 184.4 mm,强降雨导致沂河、中运河、邳苍分洪道三条流域性河道同时出现洪水过程,最大行洪流量为 1974 年以来最大。沂河距警戒水位 0.75 m,中运河距警戒水位 0.88 m,分洪道超警戒水位 0.71 m。行洪过程中,港上水文站最大流量 5 550 m³/s,最高水位 33.75 m;邳苍分洪道林子站最大流量 1 770 m³/s,最高水位 29.21 m;中运河运河水文站最大流量 2 990 m³/s,最高水位 24.62 m。

4 2019 年行洪能力提升原因分析

4.1 治理工程成效显著

东调南下工程竣工,河道行洪能力明显提高。2019 年行洪过程,相较于 1974 年洪水和 1957 年洪水,在相同水位条件下,行洪流量明显增加。2019 年,沂河最大流量 5 550 m³/s,最高水位仅 33.75 m,与历史最高水位对比,1974 年最大流量 6 380 m³/s,水位高达 35.59 m;与流量接近的洪水对比,1991 年和 1993 年最大流量 5 460 m³/s 和 5 370 m³/s,最高水位 35 m 以上,最高水位下降明显。2019 年中运河最大流量 2 990 m³/s,最高水位 24.62 m,与历史最高水位对比,1974 年最大流量 3 790 m³/s,水位高达 26.42 m;与流量接近的洪水对比,1993 年最大流量 1 740 m³/s,最高水位 25.62 m,最高水位下降明显。

其他年份对比见表1~表3、图4~图6。

表1 沂河较大流量洪水统计

年份	最高水位(m)	最大流量(m³/s)
1957	无记录	6 420
1960	无记录	7 800
1963	无记录	5 430
1974	35.59	6 380
1990	35	5 120
1991	35.24	5 460
1993	35.04	5 370
1995	32.99	2 410
1997	33.83	4 040
1998	33.03	3 060
2005	32.76	3 320
2008	31.69	2 260
2009	32.67	3 550
2012	33.54	4 860
2018	30.92	2 190
2019	33.75	5 550

表2 中运河较大流量洪水统计

年份	最高水位(m)	最大流量(m³/s)
1957	26.18	1 660
1963	25.54	2 620
1964	25.35	1 650
1970	24.96	1 560
1971	25.92	2 380
1972	25.39	2 390
1973	24.98	1 690
1974	26.42	3 790
1993	25.62	1 740
1998	25.23	1 730
2003	24.87	1 740
2005	25.52	2 630
2006	24.36	1 570
2007	24.58	1 850

4.2 洪水调度科学合理

骆马湖作为邳州境内洪水的去处,其水位高低直接影响了邳州洪水的下泄速度。嶂山闸作为骆马湖泄洪的关键节点,提前腾出库容容纳洪水,同时通过调蓄保障下游安全。此次嶂山闸在洪峰未到来前,提前调蓄,并根据情况适当调节:8月11日凌晨洪峰到达沂河省界时,嶂山闸开启流量2 000 m³/s;

表 3　邳苍分洪道较大流量洪水统计

年份	最高水位(m)	最大流量(m³/s)
1963	无记录	1 040
1974	无记录	2 250
1991	无记录	1 020
1993	无记录	1 390
2008	28.9	965
2019	29.21	1 770

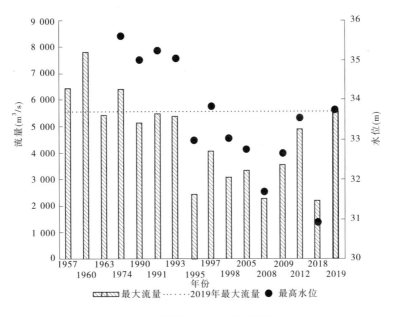

图 4　沂河较大洪水情况统计

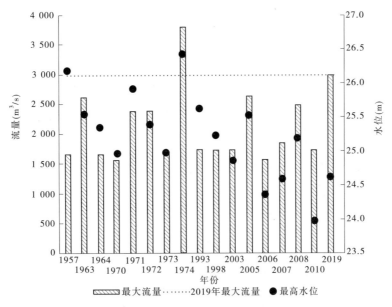

图 5　中运河较大洪水情况统计

洪峰到达骆马湖时,嶂山闸开启流量 3 000 m³/s,同时骆马湖水位达到峰值并开始下降;上游人民胜利堰关闸后,骆马湖水位有所上涨,嶂山闸流量再次增大并逐渐增加到 5 000 m³/s;随着骆马湖水位的下

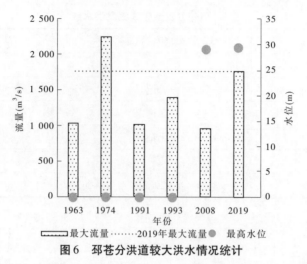

图6　邳苍分洪道较大洪水情况统计

降,嶂山闸流量减小至关闭。邳州境内洪水安全顺利下泄,没有滞留,与上下游合理调度密切相关。

4.3　河长制实施畅通河道

2019年汛期行洪,与其他年份行洪比较后发现,在相同水位条件下,2019年行洪流量明显高于历年,特别是中运河和沂河。东调南下工程加高了沂河堤防,扩挖了中运河河道,属于工程措施提高了行洪标准。近年来河湖长制和清四乱工作,属非工程措施提高河湖的行洪能力。行洪河道内的各项整治措施畅通了洪水的下泄通道,确保行洪河道内行洪期间没有阻水障碍,保证低水位大流量行洪,并确保工程安全。

汛前,邳州境内积极开展五项行动、263行动、清四乱等工作,作为流域河道管理机关,邳州河道管理局积极参与各项行动,对直管工程范围内存在的码头、鱼塘、拆造船厂、活动板房等各类违章进行拆除。各项整治工作共清理各类网箱养殖等养殖设施7 169个,总面积110多万 m²,共拆除非法码头砂站117家、船厂20余家、饭店10余家,其他违章建筑物200万余 m²,清运水面漂浮、生活及建筑等垃圾30万余 m³,拆解采砂船只80条,处置生活船、沉船、浮吊船等碍航设施400余条,并对5座跨河桥梁桥下空间进行了清理,通过综合整治畅通了洪水下泄的通道。

5　结论与建议

2019年洪水,是沂沭泗流域历史上少见的,却未造成大规模洪涝灾害,对比历史洪水,才知道此次防汛胜利果实来之不易。流域河道工程治理,改善了邳州恶劣的水环境,扩大了洪水下泄通道;上下游控制工程的建成,使得洪水调蓄能力增强,确保了邳州河道安澜。河长制的实施,畅通了洪水下泄通道,打造了生态宜居的水环境,探索出水污染治理、水环境改善、水生态修复的治水新路。工程措施与非工程措施结合,实现了邳州境内河流安澜。

邳州境内流域河道治理,后续还应注重以下几点:①继续服从流域部署和洪水调度安排,提高流域河道行洪能力和防洪标准,争取使流域性河道防洪标准提高到百年一遇;②以本次洪水为契机,加强沿河防洪、河长制政策法规宣传教育,确保河长制工作继续贯彻落实;③巩固河长制胜利果实,继续打造生态河湖,不断探索河湖管理制度创新和模式创新。

参 考 文 献

[1] 米佩苓.沂沭河洪水东调工程五十年[J].治淮,2000(01):7-8.

[2] 李宗新.东调南下——沂沭泗洪水的出路[J].中国水利,1994(3):18-19.

[3] 贾乃波.沂沭泗河洪水东调南下工程规划思想与布局[J].水利规划与设计,2007(2):2-3.

[4] 徐光通.从沂沭泗洪水的变迁,看加速完成东调南下工程的迫切性[J].治淮,1984(6):23-25.

[5] 邳州市水利志编委会.邳州市水利志[M].南京:江苏人民出版社,2013:16-27,58-89,317-325.

蚌埠闸水闸调度运用方式浅析

金剑，刘晓凤

（安徽省蚌埠闸工程管理处，安徽 蚌埠　233050）

摘　要　蚌埠闸枢纽工程位于淮河中游蚌埠市，承担防洪及上游沿淮及淮北平原农田灌溉、城镇工业和居民生活用水以及船泊通航任务，经多年调度运用，目前形成一套较为安全、高效的调度运用流程。本文就水闸调度前闸门开度计算、水闸调度操作及注意事项进行全面的介绍。
关键词　水闸；调度；开度；流量

1　前言

蚌埠闸枢纽工程位于淮河中游，横跨蚌埠市淮上和禹会两区，距淮河上游临淮岗洪水控制工程约230 km，距下游洪泽湖约250 km，闸上流域面积12.13万 km²。闸上设计洪水位23.22 m（废黄河高程系，下同），闸下23.10 m，洪水流量13 000 m³/s。枢纽工程由28孔节制闸、12孔节制闸、船闸、水力发电站、分洪道等部分组成，具有防洪、灌溉、航运、发电、供水等综合效益。每年水闸调度次数频繁，特别是在汛期淮河发生强降雨后，调度工作更为频繁，如何高效、准确地调度水闸，成为防汛工作中的重中之重。

2　调度运用依据

2.1　正常调度

蚌埠闸调度运用办法、上级调度指令及综合考虑控制区域内降雨、蒸发、径流、土壤下渗、农作物种植结构、灌溉面积、工业用水、生活用水等指标制定的年度控制运用计划和闸上水位变化趋势，合理制订调度方案，使闸上水位达到预期要求。

2.2　防污联防调度

在搞好控制运用的同时，根据《淮河水污染联防工作的意见》精神，做好淮河防污调度工作。

2.2.1　保持小流量下泄

为了减少上游集中污水对蚌埠市及下游的影响，在满足水位的前提下，尽量做到小流量下泄，有效地缓解上游污水的集中排放，减轻了对下游水体的集中污染。

2.2.2　大流量排泄污水

一般汛前上游各支流利用大水量时机，集中把污水排入淮河，形成淮河干流集中污染团，这时蚌埠闸在淮河水资源局的统一调度下，加大闸门开度，大流量下泄，尽快把污染水体排到下游，减轻淮河集中污染。

3　调度前准备工作

3.1　确定增加（或减小）闸门开度

（1）根据蚌埠闸上水位—库容关系，计算间隔蓄水量及水量调节（见表1）。

作者简介：金剑，男，1978年生，安徽省蚌埠闸工程管理处，工程师，主要从事水闸调度运行、水闸及自动化控制系统及通讯网络运维。E-mail：946111309@qq.com。

表 1　蚌埠闸水位—库容关系及泄流量调节

水位 （m）	库容 （亿 m³）	区间库容 （亿 m³）	水量调节（1 cm/h）	
			维持水位流量（m³/s）	降低水位流量（m³/s）
15.00	1.21	0.21	117.00	234.00
15.50	1.42	0.27	150.00	300.00
16.00	1.69	0.32	178.00	356.00
16.50	2.01	0.29	161.00	322.00
17.00	2.30	0.40	222.00	444.00
17.50	2.70	0.54	300.00	600.00
18.00	3.24	0.66	367.00	734.00
18.50	3.90	0.85	472.00	944.00
19.00	4.75			

（2）查看水情，了解闸上水位变化趋势

目前淮河流域建立了较完整的水情遥测体系，可直接查询闸上、闸下水位（站点编号：50103800），可较为直观地了解闸上水位变化趋势。

（3）根据间隔库容和水位升降趋势，确定增加和减小下泄流量。

例：闸上水位在 17.90 ~ 18.00 m 范围内变化，闸下水位 13.5 m。

17.50 ~ 18.00 m 间隔库容为 5 400 万 m³，其 1 cm 对应的间隔库容为 5 400 ÷ 50 = 108（万 m³）。在 17.50 ~ 18.00 m 范围内，如果闸上水位以 +1 cm/h（或 -1 cm/h）的速度上涨（或下降），说明上游来量应为 1 080 000 ÷ 3 600 = 300（m³/s）（或 -300 m³/s）。

若需闸上水位维持在现在水平上，节制闸就要增加（或减小）的下泄量 300 m³/s；若需闸上水位以 -1 cm/h（+1 cm/h）的速度下降（或上涨），节制闸要增加（或减小）的下泄量为 300 × 2 = 600（m³/s）。

（4）根据增加和减小下泄流量，确定闸门开度。

根据蚌埠闸流量计算和多年来吴家渡实测流量，总结出上下游不同水位差 ΔH 对应单位开度流量估算值 q，来作为日常调度确定闸门开度的依据（见表 2）。

表 2　水位差 ΔH—单位开度流量 q 关系

上下游水位差 ΔH(m)	单位开度流量 q(m³/s)
>4.5	65
3.5 ~ 4.5	60
2.0 ~ 3.5	55
≤2.0	50

注：保密需要，表中单位开度流量 q 所列数值为假设值。

依照前例，若需闸上水位维持在现在水平上，ΔH 为 4.4 ~ 4.5，对应单位开度流量 q 为 60 m³/s，增加（或减小）的总开度值 $E = 300/60 = 5$(m)，每孔闸门调整开度 $e = E/n = 5/n$（n 为启闭的闸门孔数）。

（5）特别注意流量。

案例：2015 年 6 月 25 日 09:30 前，闸上水位一直及较为平稳地控制在 17.42 m 附近。09:30 起闸上水位出现波动，随后在 09:42 ~ 10:30 不到 1 h 时间内上涨 11 cm（见图 1）。值班人员在发现闸上水位异常上升后及时汇报，调度人员加大水闸下泄流量。后查明上桥闸在 8:30 开闸泄洪，造成此次闸上水位异常上升。

因此，在汛期调相关人员还需特别注意茨淮新河上桥闸来量，如果观察不及时，极易造成闸上水位短时间内迅速上升,给水闸调度运用造成不便。

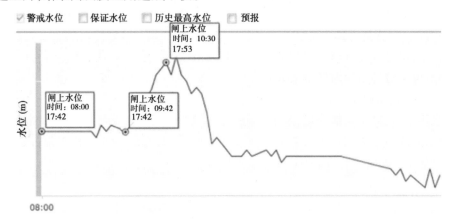

图1 2015年6月25日蚌埠闸闸上水位曲线

3.2 水闸调度前检查工作

(1)检查水闸上下游船只是否撤到安全区域。

(2)上、下游有无漂浮物及其他障碍影响行水。

(3)闸门周围有无漂浮物卡阻,门体有无歪斜,门槽是否堵塞。

(4)闸门开度是否在原来位置,机电、启闭设备是否符合运转操作要求。

(5)观察上、下游水位、流态,查对流量。

4 水闸调度操作

调度工作人员按照《蚌埠闸控制运用办法》和上级主管部门指令,根据上游来量及水位变化趋势,制订调度方案,开具《节制闸闸门启闭通知单》,操作联交操作人员进行启闭操作。操作人员要认真查看闸门调度通知单,明确本次操作的闸门号及开启(关闭)高度。

4.1 28孔闸调度方式(12孔闸关闭,单独开启28孔闸)。

(1)12孔闸自左向右编号1#—12#,28孔闸自右向左编号1#~28#。

(2)当闸门局部开启时,4孔,开启5#、6#、23#、24#孔;开8孔时,开启5#、6#、11#、12#、17#、18#、23#、24#孔;16孔时,开启1#、2#、5#、6#、9#、10#、13#、14#、15#、16#、19#、20#、23#、24#、27#、28#孔;其顺序按由中间向两边对称开启。

(3)当闸门全部开启时,其顺序按由中间向两边对称开启。

(4)始流工况下,闸门开启高度一般为$0.1 \sim 0.3$ m,待水流平稳并与下游河道适应后,再逐步提升闸门,每次开启高度不超过0.5 m。

4.2 12孔闸调度方式(28孔闸关闭,单独开启12孔闸)

(1)为了避免闸下冲刷,12孔闸单独运行闸门总开度不宜大于2.0 m。

(2)始流工况:从左至右开启1#、12#、4#、9#孔,第二批开启2#、11#、5#、8#孔,第三批开启3#、10#、6#、7#孔。

(3)以上各序闸门开启高度均为0.3 m。以后每次开启时分别为$e = 0.5$ m、$e = 1.0$ m、$e = 1.5$ m、$e = 2.0$ m的开度开启,开门顺序同始流工况,最后开启至2.0 m。

4.3 12孔与28孔闸联合调度

当下泄流量大,需要闸门开度大,甚至全开时,有以下三种方式:

(1)28孔闸→12孔闸→28孔闸。按28孔闸单独运行方式,将28孔闸开至2.96 m,然后12孔闸按照前述运行方式逐步开启所需高度,最后按照现行运行方式将28孔闸开启至所需高度。

(2)12孔闸→28孔闸→12孔闸。按12孔闸单独运行方式,将12孔闸开至2.0 m,然后将28孔闸闸门按照现行运行方式逐步开至所需开度,最后12孔闸按前述开门顺序开至所需高度。

（3）12 孔、28 孔闸同时。按照各自的开启方式开启。

4.4 防污联防调度方式

（1）加大下泄流量，缓解上游污染。

在调度运用中，尽量优先开启位于河道左岸的 12 孔节制闸，使水流偏左岸流过，以减轻污水对蚌埠第三水厂的影响，保障蚌埠市的城镇供水安全。

（2）控制下泄流量，减轻下游污染。

当下游发生污染时，减小下泄流量，为治理污染提供时间。如 2013 年 1 月 7 日蚌埠八一化工厂爆炸事故，蚌埠闸下游淮河水受到污染。节制闸全部关闭，水电站全部关机，船闸停航，减少下泄流量 180 m^3/s 左右，为蚌埠市有效地治理污染提供了宝贵的时间。

5 水闸调度后结束工作

（1）检查闸门开度及孔数是否按指令执行。
（2）启闭机电源是否切断。
（3）观察水闸下游流态是否存在异常。
（4）填写运行记录。

6 结语

目前水闸调度工作提倡精准化调度，这是水闸工程管理现代化进程中的必然要求。作者认为精准化应是相对的，不是绝对的。因为蚌埠闸上游淮河流域面积大，支流众多，水系复杂，加之上游来水量和用水量存在众多不确定性。在非汛期不确定因素少，水闸可实现较为精准的调度。一旦进入汛期，各类不确定因素叠加，水闸精准化调度难度加大。所以蚌埠闸水位的控制不可能绝对精准，应带要有一定的范围值，这样调度人员才能做到游刃有余。

多功能直立式水尺的研制与应用

董学阳

(黄河水利委员会山东水文水资源局泺口水文站,山东 济南 250032)

摘 要 通过对水尺结冰规律的研究和分析,找到了预防水尺结冰的方法,设计和加工出水尺靠桩内部的加热装置,装置上部为不锈钢浮体,下部为特制加热管,使得加热装置在水尺靠桩内能随水位变化而自由上下浮动,通电后加热装置始终在水尺靠桩内部水面附近加热,消除了水尺与水流接触处结冰产生的条件,从而达到了水尺防冻的目的。水尺靠桩采用不锈钢管加工,在钢管外面用激光雕刻出数据刻画,在刻画沟槽内填满环氧树脂,环氧树脂外面用红蓝烤漆上色,代替陶瓷水尺板。通过现场使用表明,多功能直立式水尺防冻效果良好,彻底解决了因水尺结冰而给水位观测带来的技术和安全难题,也避免了原来使用的陶瓷水尺板容易磕碰损坏、频繁更换的弊端,值得大力推广应用。

关键词 多功能;直立式;水尺;研制与应用

0 引言

水位是最基本也是最重要的水文数据,水位观测是所有水文测验中最基础的一项工作。

水文站和水位站的水位观测基本设施是水尺加遥测水位计,水尺观读数据用来确定和校正遥测水位计的数据,水位观测始终离不开用水尺观读这一基本手段,一般测站大都采用的是直立式水尺,其构造是将水尺板固定在水尺靠桩上。

我国广大的北方地区,在冬季,常常因水尺及其周围结冰而无法进行人工测读水位。遇到这种情况,往往没有很好的预防措施和有效的处理方法,一般是观测人员利用冰锤、冰铲、冰勺等工具在水尺结冰周围进行人工破冰、除冰,然后再进行水位观读,如果水尺离岸边较远,破冰工具长度有限而导致用不上,需要观测人员靠近水尺破冰,那会给观测人员带来生产安全隐患,这样不仅增加了劳动工作量,同时对水尺板也很容易造成损害,从而影响水位观测资料的精度。

尽管现在有些水文站已经采用电子水尺代替传统水尺观测水位,但是,电子水尺本身并无防冰功能,电子水尺也因其周围结冰会直接影响水位数值的变化,输出的水位误差会很大,甚至产生错误数值,直接导致电子水尺水位资料精度降低或产生错误数据。

在冬季,尤其是在我国北方的河流、水库、湖泊、海洋的水位观测中,预防水尺结冰是亟待解决的现实存在的生产技术难题。

1 水尺防冻原理

1.1 水尺结冰规律分析

1.1.1 结冰生长点理论的提出

通过长年观察,河流流水结冰有如下现象:河岸和水流表面交界处、水尺与水流表面交界处、测量船只与水流表面交界处、其他一些水中物体与水流表面交界处,河水首先在这些交界处结冰,起初冻结成细小透明的冰晶,冰晶多为树枝状或针叶状,这些冰晶均生长在交界处的物体表面上,随时间的推移,这些冰晶逐渐彼此冻结增大,变厚变宽,并向四周扩展[1]。

把这些首先发生流水结冰的地方称为结冰生长点。也就是说,结冰是依附于这些结冰生长点处物体表面上产生并生长的。

作者简介:董学阳,男,1966年生,山东沂水人,高级工程师,从事水文勘测工作,研究方向为水文基础理论研究及应用。E-mail:13011738105@163.com。

1.1.2　水尺结冰规律

由于水尺立于水中,水尺及其靠桩与水流表面接触的地方就成为结冰生长点,当水流温度低于结冰温度时,水尺与水流表面接触的地方就开始结冰,并逐渐向四周扩展、变厚。

1.2　水尺防冻方法

通过对水尺结冰规律的观察和分析可知,采取特制电加热装置对水尺靠桩及其水尺板进行加热,从而达到预防冬季水尺及其周围结冰的目的。

从理论上讲,只要水尺靠桩和水尺板的外表温度高于0 ℃,水尺板和靠桩表面就很难挂住冰,水尺和靠桩挂不住冰,就阻断了流水结冰的生长点,那么水尺周围水流因为失去了结冰生长点,初始结冰的小冰晶无依托挂靠,自然也就失去了增厚扩展的可能,水尺及其周围就不容易结冰了。

同时,在水尺板和靠桩加热过程中,可以把水尺靠桩(连同水尺板)看作是一个热源,由于水尺加热装置持续不断地通电和发热,该热源温度大大高于外面水流温度,对于水尺周围水流来说,其温度会大大低于水尺靠桩的温度,根据热传导规律,"直接接触的不同温度的物体通过接触表面进行热量传递",那么加热的水尺靠桩会通过与水流的接触面不间断地向其周围的水流传递热量,并使周围水流水温升高,高于结冰温度时,水尺周围就不再产生结冰现象。

2　防冻功能设计

2.1　水尺靠桩内部加热装置设计

2.1.1　加热装置理论计算

(1)热平衡计算(特制加热管额定功率计算)。

热平衡方程:温度不同的两个或几个系统之间发生热量的传递,直到系统的温度相等。在热量交换过程中,遵从能的转化和守恒定律。从高温物体向低温物体传递的热量,实际上就是内能的转移,高温物体内能的减少量就等于低温物体内能的增加量。

其平衡方程式为:$Q_放 = Q_吸$

(2)根据热平衡方程求出加热装置的最小功率的计算。

首先建立加热模型,鉴于水尺靠桩内部水流流动性很小,为了计算方便,假设水尺靠桩内部水体连同钢管可以看成是一个供热整体,而取水尺周围1 cm的水体作为受热体,又因为流水初始结冰是从水流与水尺交界面开始的,只要保证水流与水尺交界面以下某一深度水温高于结冰温度就可以了,同时考虑到采用浮体加热方案,受热水体的加热深度取水面以下0.2 m。

根据水流结冰规律,只要水流温度稍微高于结冰温度,水流就不会结冰,现假定温度变化为0.01 ℃,变化时间为水尺周围流水从水尺靠桩上游表面流到下游表面的时间,水流设计速度取2.0 m/s,水尺靠桩外径为120 mm,那么,升温时间为:3.14 × 60 ÷ 2 000 = 0.094(s),即:0.094 s内水尺周围1 cm、深度0.2 m的受热水体水温升高0.01 ℃。

那么,根据热平衡方程得出在0.094 s受热水体升高0.01 ℃所需要的热能是:

$3.14 \times (0.07^2 - 0.06^2) \times 0.2 \times 0.01 \times 4\,200 = 0.034\,3(J)$。

其中,水的比热容取4 200 J/(kg·℃)。

0.034 3J是受热水体所需热能,即$Q_吸$,根据热平衡方程:$Q_放 = Q_吸$,推算出加热器最小功率为:0.034 3 × 3 600/0.094 = 1 314(W)。考虑到热量损耗,以及预防上游流冰会拥堵在水尺周围而需要溶解等复杂情况,水尺内部加热器功率最小不得小于1 500 W。

2.1.2　加热装置技术参数设计

特制加热管技术参数:

(1)升温时间。在试验电压下,元件从环境温度升至试验温度时间不大于15 min。

(2)额定功率偏差。在充分发热的条件下,发热元件的额定功率的偏差不超过±5%。

(3)泄露电流。冷态泄露电流以及水压和密封试验后泄露电流不超过0.5 mA,工作温度下的热态泄露电流最大不超过5 mA。

（4）绝缘电阻。出厂检验时冷态绝缘电阻不小于 50 MΩ,密封试验后,长期存放或者使用后的绝缘电阻应不小于 20 MΩ,工作温度下的热态绝缘电阻不小于 1 MΩ。

（5）绝缘耐压强度。在 1 500 V 基本正弦波的电压下,历时 1 min,不应发生闪络和击穿现象。

（6）经受通断电的能力。元件在规定的试验条件下经历 2 000 次通断电试验,而不发生损坏。

（7）过载能力。元件在规定的试验条件和输入功率下经 30 次循环过载试验,而不发生损坏。

（8）耐热性。元件在规定的试验条件和试验电压下承受 1 000 次循环耐热性试验,而不发生损坏。

（9）机械强度。电热管中的接线引出棒,应能承受 980 N 的拉力试验,历时 3 min,不得有位移、断裂等现象;接线片与引出棒的焊接应能承受纵横 200 N 以上的拉力,应无断裂、脱落等现象。

2.1.3 加热器上部浮球设计

为确保水尺靠桩内部加热装置处于悬浮状态,使得加热装置始终随水位变化而在水面附近加热,目的是提高加热效果,节约能耗,因此在加热装置上方加一不锈钢浮球。

加热器浮球浮力计算（加热器浮球尺寸计算）:由于水尺靠桩外径是 120 mm,壁厚为 10 mm,因此为增加浮球浮力,将不锈钢浮球做成圆柱形的浮体,浮体内径取 90 mm,不锈钢浮体外径取 92 mm,即浮体壁厚为 1 mm,浮体高度为 180 mm。

因此,浮体浮力为 $3.14 \times 45^2 \times 180 \times 1 = 1\,145$（g）。

浮体本身重量为: $(3.14 \times 100 \times 98 \times 1 + 2 \times 3.14 \times 50^2 \times 1) \times 7.8/1\,000 = 301$（g）。

加热器在水尺靠桩内部采用 0.5 m 长的 TPU 弹簧线作为电源引导线,当加热器随水位降落到达底部时,弹簧线全部拉开,此时的拉力为 100 g。因此,加热管的最大重量为: $100 + 1\,145 - 301 = 944$（g）,考虑到加热器在水尺靠桩内上部时,弹簧线拉力很小,避免加热器和浮球不能浮在水面附近,应取加热管的最大重量为 900 g,这样可保证加热器始终在水尺靠桩内部水面附近加热,利于节约电能的同时,还保证外部水流的防结冰效果。

2.2 水尺靠桩设计

水尺靠桩采用长度为 2.20 m、外径为 120 mm、壁厚为 8 mm 的圆形不锈钢管。

水尺靠桩钢管底座用 200×200×10（单位:mm）的钢板焊接,钢板四周钻内径 12 mm 的螺栓连接孔,并用 50×10（单位:mm）的螺栓固定水尺靠桩于水尺混凝土基座上,水尺靠桩上部焊接长度为 500 mm、外径为 8 mm 钢筋,钢筋弯钩用于支撑电缆。

2.3 安全保护设计

因为加热装置均在水中工作,为了安全,加热装置在设计和制作时特别提出防漏电要求。

同时,为预防加热装置和电缆因外力特别是流冰碰撞而导致漏电等安全事故尤其重要,所以在每个加热装置接引电源时加装漏电保护器,一旦整个加热装置系统漏电,电源自动断开,从而确保生产安全。并要求在安装加热装置时,电缆每个连接处采用防爆接线盒和高压防水自粘胶带,精细施工,确保电缆接头防水不漏电。

3 加工与安装

3.1 水尺及靠桩安装

（1）安装时,应将靠桩浇注在稳固的岩石或水泥护坡上,或直接将靠桩打入,或埋没至河底。

（2）水尺靠桩入土深度宜为 1.0～1.5 m;松软土层或冻土层地带,宜埋设至松土层或冻土层以下至少 0.5 m,在淤泥河床上,入土深度不宜小于靠桩在河床以上高度的 1.5～2 倍。

（3）水尺靠桩安装完毕后,在靠桩上绑缚水尺板,水尺板应与水面垂直,安装时应吊垂线校正[2]。

3.2 加热装置安装

水尺加热装置安装在水尺靠桩内部,用 2 m×2.5 m 的防水电缆与电源连接,接头用防爆接线盒和高压自粘胶带缠紧压实,并将接头置于水尺靠桩外,使接头离水尺靠桩最少有 0.5 m 余量。

在接电源处加装 30 A 的空气自动开关,以确保整个线路漏电时,电源自动断路。直立式水尺内部加热装置安装示意图,如图 1 所示。

4　水尺读数刻画

原来直立式水尺结构为:水尺靠桩外绑缚陶瓷水尺板。

现在直接在不锈钢管靠桩外边利用激光雕刻机,按照最小分度值 1 cm 的形式,进行雕刻深度 1.2 mm 的刻槽,槽内涂填环氧树脂,在环氧树脂外面红蓝相间烤漆上色,烤漆厚度为 0.2 mm。这样就直接代替了原来的陶瓷水尺板。

5　多功能水尺使用效果

自 2012 年开始,直立式水尺防冻技术应用于山东黄河济南泺口水文站 2 个水位观测点的水位观测,2014 年相继应用于济南黄河大王庙、德州黄河李家岸引黄闸的冬季水位观测,水尺防冻效果显著,达到了冬季水尺防冻的目的,避免了冬季因人工破冰观测水位带来的安全隐患,提高了水位观测的时效性和精度,节约了工时,减轻了劳动强度,提高了劳动效率。

6　结语

多功能直立式防冻水尺,彻底解决了因水尺结冰而给水位观测带来的技术和安全难题,通过现场推广使用,也表明了直立式水尺防冻技术研究取得了成功,达到了冬季水尺防冻的目的,消除了人工破冰观测水位带来的安全隐患,保证了水位观测的时效性,提高了水位观测的精度和劳动效率,水尺防冻效果显著。

水尺内部加热这一核心技术于 2013 年 7 月获国家实用新型专利[3]。

直立式防冻水尺的产品和技术,实用性很强,具有极高的推广应用价值,今后完全可以在黄河流域以及全国冬季有结冰现象的河流、水库、湖泊、海洋、涵闸的水位观测中推广应用。

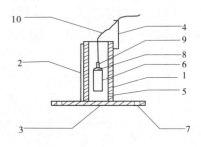

1—水尺靠桩;2—水尺面板;
3—水尺底座;4—钢筋支架;5—圆孔;
6—加热管;7—螺孔;8—不锈钢浮球;
9—电源引导线;10—电源线

**图 1　直立式水尺内部加热
装置安装示意图**

参 考 文 献

[1] 李梅宏,陈庆胜.黄河口防凌技术[M].东营:石油大学出版社,2001:37-38.

[2] 中华人民共和国水利部.水位观测标准:GB/T 50138—2010[S].北京:中国商业出版社,2010.

[3] 董学阳.直立式防冰水尺[P].ZL2013.2.0005784.8,2013.7.

浮子式水位计的变化发展及其应用特性浅析

武锋

（安徽省·水利部淮河水利委员会水利科学研究院，安徽 合肥 230088）

摘 要 浮子式水位计是一种传统经典的水位测量仪器，应用比较广泛。本文结合一些新型浮子水位计的研究应用成果，对浮子式水位计的变化发展及其应用特性进行了一些简要的分析介绍，以供借鉴参考。

关键词 浮子式水位计；变化发展；应用特性；浅析

1 前言

凡是利用浮子来感应水位变化的水位测量仪器都可统称为浮子水位计[1]，其中的浮子和编码器是核心关键器件。我国从 20 世纪 50 年代起就开始了浮子式水位计的研制应用工作，几十年来，浮子式水位计的结构形式及其数据记录存储与传输形式也在不断的变化发展之中。在浮子结构方面，现在不仅有传统的平衡锤加浮子结构，还发展了双轮浮子结构和自收缆浮子结构；在编码器方面，现在不仅有传统的机械编码器，还发展了光电编码器和磁编码器；在数据记录存储方面，现在已经从机械自记方式发展到了固态存储和云存储方式；在数据传输方面，现在已经从电话电文报送方式发展到了远程网络数据传输方式。

本文结合一些新型浮子水位计的研究应用成果，从浮子的平衡与传动结构、编码器的发展、数据采集存储与传输的变化发展等方面，对浮子水位计的变化发展及其应用特性等做了一些简要的分析介绍，以供有关人员借鉴参考。

2 浮子的平衡与传动结构的变化发展及特性

2.1 平衡锤加浮子的结构与特性

最传统与经典的"浮子式水位计"的水位感应和传动方式就是平衡锤加浮子的结构形式，其结构原理示意图如图 1 所示。

其工作原理是，当水位不变时，通过调节浮子和平衡锤的配重，可使浮子的重量减去其所受浮力正好与平衡锤的拉力平衡，此时转轮（水位轮）不动，编码器保持数据不变；当水位上升时，浮子所受的浮力增加，浮子会在平衡锤的作用下向上浮动，通过测绳（钢丝绳）带动转轮顺时针转动，编码器数值增加，直至重新达到平衡；当水位下降时，浮子所受的浮力减小，由于配重时浮子本身的重量大于平衡锤的重量，浮子会带着平衡锤向下运动，通过测绳带动转轮逆时针转动，编码器数值减小，直至重新达到平衡。

由图 1 可见，平衡锤加浮子的结构形式具有结构简单、安装使用方便等优点；缺点是测绳（钢丝绳）和转轮（水位轮）之间易打滑，在平衡锤入水和出水时对浮子的浮力会有一定的影响。

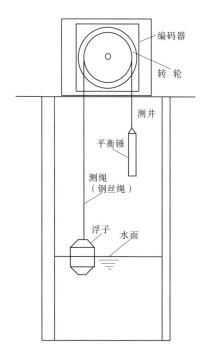

图 1 平衡锤加浮子结构原理示意图

编码器
转轮
测井
平衡锤
测绳（钢丝绳）
浮子
水面

作者简介：武锋，男，1963 年生，安徽省·水利部淮河水利委员会水利科学研究院，正高级工程师（教授级高工），从事水利量测技术和水利自动化与信息化应用研究工作。E-mail：565667558@qq.com。

采用平衡锤加浮子结构的浮子式水位计的主要典型技术指标如下：

浮子直径　　　Φ90 mm;Φ150 mm 可选

平衡锤直径　　Φ20 mm

测量范围　　　0 ～ 40 m(可扩展到 80 m)

分辨力　　　　1 cm

水位变化率　　≤1 m/min

测量误差　　　量程≤10 m 时，±2 cm

　　　　　　　量程 >10 m 时，±0.2%

2.2　双轮浮子的结构与特性

为了克服传统经典浮子水位计可能产生的打滑现象和避免平衡锤的入水出水对浮子浮力变化的影响，中国水利水电科学研究院侯煜等研制了双轮"新型浮子式水位计"，采用上下两个转轮的结构，将原来的开环测量结构改为了闭环测量结构[2]，其结构原理示意图如图 2 所示。

由图 2 可见，浮子直接接在上下两个转轮测绳的一侧上，另一侧不再接平衡锤。下端的转轮架带有质量较大的配重块，可以保证钢丝绳垂直于水面固定不动，同时也可避免因水流而造成的测绳扰动，提高数据测量的稳定性。

其工作原理是：当水位不变时，通过调配浮子的体积重量，可使浮子的重量与其所受浮力正好平衡，此时上转轮(水位轮)不动，编码器保持数据不变；当水位上升时，浮子所受的浮力增加，浮子会向上浮动，通过测绳带动上转轮顺时针转动，编码器数值增加，直至重新达到平衡；当水位下降时，浮子所受的浮力减小，在浮子本身重量的作用下，浮子会向下运动，通过测绳带动上转轮逆时针转动，编码器数值减小，直至重新达到平衡。

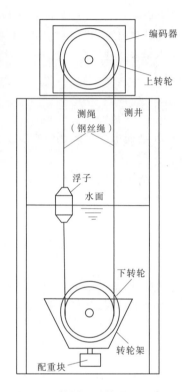

图 2　双轮浮子结构原理示意图

双轮新型浮子式水位计与传统的浮子式水位计相比具有以下优点：

(1)上下 2 个转轮的设计，能保证有 1 个转轮周长的钢丝绳与转轮产生摩擦，增大的摩擦力降低了因水位突变或干扰而造成的测绳打滑的可能性。

(2)下端转轮的配重块增加了测绳与转轮之间的摩擦力。摩擦力与施加在接触面的压力是成正比的，配重块的重力相当于施加在测绳与转轮摩擦面上的压力，因此可以增加转轮与测绳之间的摩擦力，起到较好的防打滑作用。

(3)可采用细长的圆柱体浮子以减小浮子对水位突变的敏感度。

(4)取消平衡锤后即可消除平衡锤入水出水带来的测量误差。

2.3　自收缆浮子的结构与特性

自收缆式浮子的结构主要由浮子、测绳、转轮、恒力自收缆装置等组成，其中恒力自收缆装置的作用是产生一个恒力用于拉紧测绳，使浮子工作在正常吃水深度上并能随着浮力的变化而上下运动。与传统经典的平衡锤加浮子的结构相比，主要是将传统的浮子水位计中的平衡锤用一个恒拉力的自收缆装置来代替，这样就可克服传统经典结构中的平衡锤出水入水时对浮子浮力变化的影响，同时由于只有一根测绳和浮子在测井中运动，可应用于较小管径的测井中，其结构原理示意图如图 3 所示。

工作原理为：水位静止时，对浮子进行配重调试后，可使浮子的重量减去所受浮力后正好与测绳的拉力平衡，浮子静止在水面上，转轮保持不动，编码器输出值与水面高度值相对应并保持不变；当水位下降时，浮子所受浮力减小，浮子的重量大于测绳的拉力，浮子会跟随水位变化向下运动，同时并拉动测绳向下走，测绳带动转轮逆时针转动，水位编码器输出值减小，直至达到新的水位平衡；当水位上升时，浮子所受浮力增大,浮子的重量小于测绳的拉力,浮子跟随水位上升,同时并带动测绳向上走,测绳带动转轮顺时针转动,水位编码器输出值加大,直至达到新的水位平衡。

采用自收缆结构的浮子式水位计的主要典型技术指标如下:

浮子直径	Φ40 mm、Φ50 mm、Φ100 mm 可选
测量范围	0～10 m、0～20 m、0～30 m、0～40 m、0～80 m
分辨力	1 cm
测量精度	≤0.2%

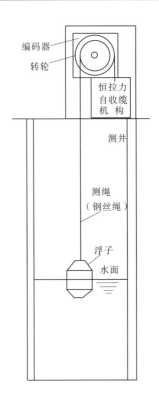

图3 自收缆浮子结构
原理示意图

3 编码器的变化发展

随着计算机技术和电子技术的迅猛发展,浮子式水位计已从早期由水位轮带动记录笔运行、用石英钟驱动走纸机构的划线记录方式转变为编码器采集水位轮的旋转角度再进行固态存储的记录方式,编码器已成为浮子式水位计的主要部件之一,其作用是将接收到的水位变化信号转换成一组开关量信号并传输给后级的采集装置。编码器分为增量型编码器和绝对型(全量型)编码器两大类,国内绝大多数浮子水位计都是采用的绝对型(全量型)编码器。近年来,用于浮子式水位计的编码器主要有机械编码器和光电编码器以及磁编码器等。

3.1 机械式绝对码编码器

常用的机械绝对码编码器(简称机械编码器)主要由 12 个凸轮和 12 个开关组成(以 12 位编码为例),凸轮之间采用齿轮进位,触发 12 个开关输出 0 或 1 的开关量,从而组成 12 位格雷码数字量输出,12 位共可产生 4 096 个编码,每个编码间隔代表着相同且固定的水位变化量,最大量测水位变幅可达 4 096 cm。机械编码器为无源、绝对量输出编码器,抗干扰能力强,在静水井中使用较好;若水面波动则会造成机械编码器的齿轮频繁运动,从而会明显地缩短编码器的寿命。

机械编码器属于接触式编码器,具有制作维护简单的优点,但存在磨损现象,体积大,位数扩展不便。

3.2 光电式绝对码编码器

为了克服机械式绝对码编码器的缺点和不足,又出现了光电式绝对码编码器。光电式绝对码编码器采用的是光电码盘,是集光、机、电为一体的数字化检测装置,具有分辨率高、精度高、结构简单、体积小、使用可靠等优点。

实际使用时光电式绝对码编码器的转动轴固定于水位轮的中心位置,当水位变化时,测绳带动水位轮转动,编码器的转动轴也随之转动,编码器输出不同的编码值,据此可计算出实际的水位变化量。编码器输出的数据由光电码盘的机械位置决定,不受停电、干扰等因素的影响,同时由于绝对编码器的每个位置是唯一的,无须记忆,无须找参考点,而且不用连续计数,使得编码器的抗干扰性能、可靠性都大大提高。

光电式绝对码编码器属于非接触式编码器,具有寿命长、体积小、反应快等优点,另外,光电式绝对码编码器除与机械式绝对码编码器一样输出并行的二进制格雷码外,还可输出串行的二进制格雷码 SSI 信号,常应用于高精度、智能化的浮子水位仪中。

3.3 磁电式绝对码编码器

磁电式绝对码编码器采用磁敏元件组成码盘,利用磁电转换技术输出数据,是集磁、机、电为一体的数字化检测装置,具有分辨率高、精度高、结构简单、体积小、使用可靠等优点。

其实际使用方法与光电式绝对码编码器相同,磁电式绝对码编码器也属于非接触式编码器,具有寿命长、体积小、反应快等优点,不仅可输出二进制格雷码信号,还可输出串行的二进制格雷码 SSI 信号,常应用于高精度、智能化的浮子水位仪中。

4　数据采集存储与传输的变化发展

　　浮子水位计的后续数据采集与存储及传输方式已经从传统的画线自记人工编译电话电报的数据采集存储与传输的方式,发展到了今天可利用网络技术的网络远程数据采集存储及远程数据传输的方式。随着计算机通信技术和光纤传输技术以及无线通信技术的发展,数据采集存储与传输的可靠性越来越高、速度越来越快,使用也越来越方便了。现在利用网络技术和云平台技术,不仅采用计算机可以通过网络远程随时查看水位数据,还可随时通过智能手机等多种智能设备及时查看各有关的水位数据,极大地提高了水位数据采集存储与传输的便利性与可靠性及实用性。

参 考 文 献

[1] 郭疃疃,赵舒迪,魏彩云. 浮子式水位计浅谈[C]// 2013 年全国大坝安全监测技术与应用学术交流会论文集. 全国大坝安全监测技术信息网,2016.11:63-67.

[2] 侯煜,于兴晗,张军,等. 新型浮子式水位计的研制与应用[J]. 水利信息化,2012(5):36-39.

[3] 罗泽旺. 水情传输技术 60 年之变迁[C]//治淮 60 年纪念文集. 北京:中国水利水电出版社,2010:282-287.

阜阳城市防洪问题解决的新探索

骆海涛

（阜阳市水利局，安徽 阜阳　236000）

摘　要　阜阳市为安徽省辖地级市，皖西北的重要门户，淮海经济区的重要组成部分，市域国土总面积 10 118 km²，总人口 1 063 万人。城市性质定位为国家中部地区重要的综合交通枢纽、皖豫省际区域性中心城市。根据《阜阳市城市总体规划（2012～2030）》，至 2030 年阜阳城区城市人口 200 万人，城区规划范围面积 227 km²，空间增长区总面积 433 km²。2000 年，国家防汛抗旱总指挥部以办库〔2000〕10 号文将阜阳市列为全国重要防洪城市。鉴于此，阜阳城市防洪标准应达到 100 年一遇。经过多年经济社会发展，阜城主要河道颍河、泉河外滩地被城市建筑物侵占不少，原有隔堤部分已失去保护作用，从契合城市发展和景观建设及综合效益考虑，通过两河退建、加高以提高防洪标准几无可能，本文旨在探索扩挖茨淮新河分流以达到解决城市防洪问题的可能性。

关键词　城市防洪；解决；探索

1　阜城防洪工程现状

阜阳市城区地处淮北平原，地势平坦开阔，水系发达，境内有颍河、泉河等大小 20 多条河流。其中淮河一级支流沙颍河及其支流泉河在阜阳城区交汇，将阜阳城区一分为三，分别是颍东、颍西、泉北三大板块。阜城位于颍河、泉河下游，受外河洪水和内涝积水威胁大，防洪保安形势严峻。

2000 年编制完成了《阜阳城市防洪规划（2000～2010）》，规划阜阳城按颍河东、西和泉北三个区分区设防，规划防洪堤圈总长 106 km，保护区总面积 189 km²，其中泉河北区防洪标准为 20 年一遇，其他两区 50 年一遇。经过多年的经济社会发展，阜城建设飞速发展，城市人口不断增加，城市规模不断扩大，对保障防洪安全的要求越来越高。但是目前，阜城主要堤防防洪标准普遍不高于 20 年一遇，城市防洪排涝标准低、体系不完善、应急手段和抗灾能力薄弱的问题突出。

2　阜城防洪问题解决思路

2.1　阜城防洪规划概述

防洪标准：根据城市保护区防洪标准和阜阳市城市总体规划，阜阳城区防洪规划仍按颍河西区、泉河北区、颍河东区三区分别设防，防洪标准均为 100 年一遇，排涝 30 年一遇。

防洪圈堤：规划防洪堤圈总长 205 km，保护区总面积 643 km²，分别是原规划的 2 倍、3.4 倍，规划保护区总面积远超城区空间增长区面积 210 km²，为阜城未来发展留出了足够空间。其中，颍河西区，防洪堤圈由沙颍河右堤、汾泉河右堤、隔堤组成，隔堤沿和平沟—胡沟—小润河—黄沟—小新河筑堤（或利用部分高速公路），保护面积 341 km²，堤圈总长 89 km。泉河北区，防洪堤圈由颍河右堤、泉河左堤、隔堤组成，隔堤沿柳河—杨店沟—蔡孜沟—黄沟筑堤，保护面积 142 km²，堤圈总长 58 km。颍河东区，防洪堤圈北至茨淮新河右堤，西、南至颍河左堤，东至济广高速公路，保护面积 160 km²，堤圈总长 58 km。

本文旨在探索通过茨淮新河扩挖解决阜阳城市防洪问题，因此本文仅对受影响的颍河作分洪前后分析，其他因素及分洪后对泉河影响暂未考虑。

2.2　防洪流量测算

沙颍河 50 年一遇水文成果采用《淮河流域综合规划（2012～2030 年）》《淮河流域防洪规划》成果；

作者简介：骆海涛，阜阳市水利局规划计划科，工程师，主要从事全市水利行业发展的项目规划、谋划，以及建设项目统计、水利综合统计等工作。

100 年一遇水文成果采用中水淮河工程有限责任公司编制的《沙颍河近期治理工程可行性研究报告》（2004 年 11 月）中成果，已经水利部和国家发改委批复同意。

何口、漯河、周口及阜阳站 1975 年洪量需做特大值处理，1975 年洪水重现期仍采用 1985 年淮委院《沙颍河设计洪水报告》分析结果，即何口站为 600～1 000 年，漯河站为 300 年，周口站为 150 年，阜阳站为 100 年。

采用已经水利部和国家发改委批复同意的《沙颍河近期治理工程可行性研究报告》（中水淮河工程有限责任公司，2004 年 11 月）中成果，沙颍河干流界首和阜阳断面 50 年一遇设计流量分别为 4 770 m³/s 和 4 580 m³/s，考虑茨淮新河分洪后，茨淮新河口至阜阳闸段 50 年一遇设计流量为 2 760 m³/s。

在沙颍河现状工情条件下，遇 1954 年典型周阜区间与阜阳同频率、周口以上相应 100 年一遇洪水，漯河以上洼地和泥河洼已全部蓄满，岔河口非常分洪 2.25 亿 m³，澧河非常分洪 1.78 亿 m³，周口控泄 3 250 m³/s 方案漯周区间非常分洪 1.12 亿 m³，周口敞泄方案漯周区间不需滞洪。周口流量 3 250～3 660 m³/s，界首流量 5 400～5 510 m³/s，阜阳下泄流量 5 620～5 630 m³/s，茨淮新河最大分洪流量 2 300 m³/s。

沙颍河远期治理工程实施后，遇 1954 年典型周阜区间与阜阳同频率、周口以上相应 100 年一遇洪水，漯河以上洼地和泥河洼已全部蓄满，澧河非常分洪 1.14 亿 m³，漯周区间来水不大，周口泄流量 3 570 m³/s，不需控泄，大道遥滞洪区不需启用。界首流量 5 500 m³/s，阜阳流量 5 550 m³/s，茨淮新河最大分洪流量 2 300 m³/s。

表 1　沙颍河干流界首以下各控制断面设计流量成果

设计频率	界首(m³/s)	茨淮新河口(m³/s)	阜阳闸(m³/s)	沫河口(m³/s)
50 年一遇	4 770	2 760		4 580
100 年一遇	5 500	3 480		5 550

注：茨淮新河口以下设计流量为利用茨淮新河分洪后数值，最大分洪流量 2 300 m³/s。

2.3　防洪水位测算

本次糙率验证采用了两种计算方法，一是选取实测洪水中相对稳定时段的水位、流量资料推算糙率（为保证断面资料和水文资料的一致性，尽量选取近十多年的水文资料）；二是点绘了历年各控制站水位—流量关系，并推算各级流量下的河段糙率。推算结果结合历次规划采用的成果，经综合分析确定采用糙率：界首以下主槽 0.022 5、滩地 0.027 5，考虑到阜阳以下生产圩较多，生产圩行洪时拟采用滩地和生产圩综合糙率 0.037 5。

沙颍河出口水位采用淮干设计水位 26.4 m，沿程水位根据各河段现状断面、设计流量推算，沙颍河干流阜阳段设计水位成果见表 2。

表 2　沙颍河干流阜阳段设计水位成果

断面位置	河道桩号	设计流量(m³/s)		设计水位(m)	
		50 年一遇	100 年一遇	50 年一遇	100 年一遇
柳河口	61+640	4 770	5 490	34.79	35.62
茨淮新河口	66+083			34.34	35.17
白庙	72+279	2 760	3 480	34.20	35.03
泉河口	81+950			33.80	34.64
阜阳闸下	83+125	4 580	5 550	33.38	34.18
济广高速	95+370			32.80	33.62

注：河道桩号起点为省界(0+000)。

2.4 茨淮新河扩大分洪探索

茨淮新河上起颍河左岸茨河铺,流经阜阳市颍东区、颍泉区,亳州市利辛县、蒙城县,淮南市凤台县、潘集区,于蚌埠市怀远县入淮河,全长 134.2 km,截引面积 6 960 km²。主要功能是解决颍河洪水和汾泉河、黑茨河、西淝河内水出路,减轻淮河干流洪水压力。该工程以防洪为主,兼有排涝、灌溉、航运、供水等综合利用功能。根据《茨淮新河工程扩大初步设计》(安徽省革委会生产指挥组,1971 年),茨淮新河设计流量:排涝流量按 5 年一遇设计,上段(西淝河以西)为 1 400 m³/s,下段(西淝河以东)为 1 800 m³/s;排洪流量按 20 年一遇设计,上段为 2 000 m³/s,下段为 2 400 m³/s;校核流量按淮干出现 1954 年型百年一遇洪水时设计,上段为 2 300 m³/s,下段为 2 700 m³/s。现状堤顶高程按淮干 1954 年型百年一遇相应洪水位超高 2 m 设计,颍河口—西淝河口—淮河口设计洪水位为 33.32 m—28.00 m—24.00 m、堤顶高程为 35.32 m—30.00 m—27.00 m。若遇超标准洪水,利用堤防超高强泄(堤顶以下 1 m),可增加分洪泄量约 350 m³/s。

扩挖茨淮新河增大其分洪能力,分泄沙颍河 50 年一遇以上超标准洪水。当沙颍河阜阳以上段发生 100 年一遇洪水,茨淮新河分洪流量需扩大至 3 270 m³/s(包括黑茨河),西淝河口下扩大至 3 670 m³/s,才能使茨淮新河口以下颍河阜阳城区由远期规划 50 年防洪标准提高至 100 年一遇。

根据茨淮新河现状堤防情况,拟定茨淮新河扩大开挖规模至 3 270~3 670 m³/s,现状河底设计高程 24.00 m—18.98 m—13.00 m(颍河口—西淝河口—淮河口),滩地宽 30 m—70 m—50 m—100 m,比降 1/11 000~1/15 000。经推算,沿现有河道中心线开挖,底高程不变,底宽拓宽至 192~380 m,滩地最窄留至 15 m,规划设计参数见表 3。沿线开挖河道 134.24 km,土方量约 7 750 万 m³,挖压占地约 4 万亩,其中挖河 1.6 万亩(河滩地已征用),弃土占地 2.4 万亩,搬迁人口约 1 000 人,拆除房屋 4 万 m²。扩建沿线茨河铺、插花、阚疃和上桥 4 座枢纽,改扩建穿堤建筑物 14 座、泵站 47 座,加固桥梁 18 座(包括阜青、阜徐铁路 2 条,济广、济祁高速公路桥 2 座,省道桥 5 座等)。工程估算投资约 60 亿元。

表 3 分洪后沙颍河阜阳城区段设计水位成果

断面位置	河道桩号	设计水位(m)	说明
柳河口	61+640	35.62	100 年一遇水位
茨淮新河口	66+083	34.34	扩挖茨淮新河方案提高阜阳城市防洪标准至 100 年一遇,分洪规模至 3 270~3 670 m³/s。茨淮新河口以下采用 50 年一遇设计水位
白庙	72+279	34.20	
泉河口	81+950	33.80	
阜阳闸下	83+125	33.38	
济广高速	95+370	32.80	

3 结语

扩挖茨淮新河后,有利于两岸洼地排涝和通航等。可提高茨淮新河口以下颍河防洪标准,同时也可降低泉河城区段 100 年一遇防洪水位;不利影响包括挖压占地、拆迁人口多,改扩建沿线建筑物或桥梁 80 多座,尤其是扩大泄流能力约 1 000 m³/s,对淮河干流涡河口以下防洪排涝体系影响如何尚未分析,且本文在分析承泄百年一遇洪水时是充分考虑颍河远期规划已实施的条件下完成的,其他诸多因素也未纳入考虑范围,后续需进行专题深入研究。目前,该方案已上报安徽省水利厅,并纳入作为新一轮治淮重点工程进入议事范围,待条件、时机成熟即可进一步推进。

应对2019年安徽省淮河旱情的经验与思考

吴连社,陈少泉

(安徽省淮河河道管理局,安徽 蚌埠　233050)

摘　要　2019年,安徽省发生了40年来最为严重的伏秋冬连旱,面对严峻旱情,安徽省淮河河道管理局贯彻落实上级部署,积极应对,统筹协调,科学调度水闸,合理控制蓄水位,采取有效措施蓄水保水,保障了淮河用水需求,取得了一定的抗旱工作成效。总结此次应对旱情的一些经验做法,梳理水闸统筹调度、联合调度、蓄水位控制等方面存在的问题,提出解决问题的建议措施,为促进水旱灾害防御,理顺工作机制,提高水闸科学调度水平,进一步发挥水利工程综合效益,满足防洪、供水、排涝、发电、航运及生态环保等各方面需求,服务区域经济发展,造福人民提供一点启示。

关键词　抗旱;水闸调度;经验做法;建议措施

1　引言

2019年,安徽省发生了40年来最为严重的伏秋冬连旱,安徽省淮河河道管理局(以下简称省淮河局)压实责任,强化巡查值守,综合考虑供用水需求,科学调度水闸,为沿淮工农业和人民群众生产、生活、生态需要提供了必要水源,为2019年有大旱无大灾发挥了应有作用。在抗旱过程中,省淮河局面对各方面困难因素,主动作为,统筹协调,有效应对旱情,也收获了一些经验和启示。

2　安徽省淮河河道管理局应对旱情的经验做法

2.1　关注旱情发展,修订完善预案

2019年全省降雨偏少,较常年同期偏少3成。梅雨期6月17日至7月20日,全省雨量偏少2成,其中淮北偏少7成,江淮之间偏少4成。旱情从7月中旬开始显现,至11月中旬发展至最甚。8月12日至11月10日,全省平均降雨量80 mm,较常年同期偏少7成,江淮之间东部、大别山区南麓、沿江江南及皖南山区大部连续无有效降雨日为66～75天,均为有记录以来第1位,属特大干旱;江淮之间中西部、大别山北麓为36～54天,属严重干旱,入汛以来持续高温少雨天气致使部分地区出现人饮困难和作物缺墒现象。

7月18日,安徽省水利厅首次发布了淮河流域干旱预警,淮北大部将出现轻旱、局部中旱,沿淮、淮河以南地区,用水量将加大,供水水源将持续减少,供水压力将增大。为加强淮河的抗旱工作,省淮河局管理的大中型控制性水闸均修订完善了防汛抗旱应急预案;针对高塘湖区域的严重旱情,为保障抗旱用水,省淮河局又专项编制了《高塘湖区域抗旱应急预案》,上报安徽省水利厅,以应对日趋严重的旱情,为科学抗旱提供技术支撑。

2.2　加强巡查值守,掌握水情变化

省淮河局落实防汛抗旱责任制,执行24小时值班值守制度,加强河道工程巡查,密切关注天气预报和淮河干支流各控制站水位,定时统计分析上游来水和蓄水量情况,观测沿淮主要湖泊及水闸上下游水位,收集掌握水情信息,为精准控制运用水闸提供支撑。

5月至7月中旬,沿淮淮北地区降雨与常年同期比较偏少4成,排1950年以来降雨最少第2位。淮河干流王家坝过水量与常年同期比较偏少6成。淮干沿淮湖泊蓄水量12.68亿 m^3,比常年同期偏少4

作者简介:吴连社,男,1974年生,现任安徽省淮河河道管理局河道管理科科长,高级工程师,先后从事水利工程管理、防汛抗旱、河道管理工作。

成。7 月 18 日淮河干流蓄水量临淮岗以上 1.99 亿 m³,比常年同期偏少 1 成;蚌埠闸以上 1.91 亿 m³,比常年同期偏少 3 成。

针对严峻旱情,省淮河局密切关注淮河干支流水情,每天统计记录窑河闸、六孔闸、东淝闸、东湖闸、焦岗闸等沿淮湖泊及蚌埠闸上下游水情,8 月 2 日,蚌埠闸上游水位最低降至 16.76 m,8 月 8 日,窑河闸高塘湖侧水位最低降至 16.80 m。省淮河局综合天气、来水、用水需求,及时研究分析水情变化,为适时调度水闸蓄水保水做好准备。

2.3　科学调度水闸,适时蓄水保水

省淮河局管理淮河、颍河、涡河、西淝河等河流大中小型水闸共 89 座,其中大型闸 8 座、中型闸 10 座、小型闸 71 座,包括节制闸、分洪闸、进水闸、排水闸、引水闸等,大部分水闸具有防洪、排涝、蓄水等多项功能,科学调度水闸,对水旱灾害防御起到重要作用。2019 年,省淮河局依据批复的控制运用办法和调度指令,综合区域来水、天气降雨、生产生活及生态流量等用水需求,精准控制水闸,保持合理正常蓄水位,为抗旱供水提供了有力保障。5 ~ 9 月,省淮河局调度淮河干支流主要水闸共 558 次。

7 月以后,淮河流域无明显降雨,上游来水量逐步减少,沿淮用水需求逐渐增大,省淮河局结合旱情实际,统筹调度颍河、涡河及沿淮主要控制性水闸按正常蓄水位上限控制,增加调度频次,尽最大可能蓄水保水。据统计,在 7 月 1 日至 11 月 20 日的 143 天中,阜阳闸 77 天、颍上闸 85 天、蒙城闸 106 天、窑河闸 73 天控制在正常蓄水位以上,保证率均在 50% 以上,东湖闸、东淝闸、焦岗闸、六孔闸保证率均达 100%。蚌埠闸严格按照上级调度指令控制,省淮河局根据控制运用情况及时向上级调度部门提出合理化建议,蚌埠闸 40 孔节制闸于 7 月 3 日全部关闭,水电站于 7 月 17 日全部关机,适时蓄水保水。截至 11 月 18 日,淮河干支流蓄水总量约 9.53 亿 m³,与常年同期基本持平;沿淮湖泊总蓄水量约 10.95 亿 m³,比常年同期多 1 成,有效保证了沿淮生产生活用水需求。茨淮新河、怀洪新河、天河从淮河干流抽(引)水共计 9.55 亿 m³,其中上桥闸 7.24 亿 m³、何巷闸 2.22 亿 m³、天河闸 0.09 亿 m³,取得了显著的经济、社会效益。

2.4　及时引水抗旱,缓解突出旱情

在干旱期间,蚌埠闸科学合理调度,及时蓄水保水,窑河闸淮河侧水位高于高塘湖侧水位,符合反向引水的条件。为缓解高塘湖周边严重旱情及用水需求,根据上级通知,省淮河局两次调度窑河闸开闸引水,累计引水量 8 356 万 m³。第一次引水自 8 月 9 日 18 时起至 8 月 20 日 16 时 30 分止,持续引水 262.5 小时,引水量 6 380 万 m³,高塘湖水位从开闸前的 16.80 m 到关闸时的 17.95 m,水位上涨 1.15 m。第二次于 10 月 30 日 17 时 10 分开闸引水至 11 月 6 日 18 时关闭,共开闸引水 169 小时,引水量 1 976 万 m³,高塘湖水位从开闸前的 17.40 m 到关闸时的 17.76 m,水位上涨 0.36 m。整个引水过程中,窑河闸严格按操作规程开闸,重点观察引水初期动态,避免流量过大扰动底质,使水质恶化,并密切关注高塘湖流域水情变化,及时调控引水,确保水闸运行安全。

3　存在问题

3.1　部分水闸正常蓄水位偏低

淮河主要大中型水闸调度运用办法多为 2008 年省防指批复,部分水闸规定的正常蓄水位偏低。例如蚌埠闸上游正常蓄水位规定为 17.5 ~ 18.0 m,库容 2.70 亿 ~ 3.24 亿 m³。经统计,蚌埠闸上游仅淮南市、蚌埠市城乡居民生活及工业用水每日取水流量约 36 m³/s,随着上游工农业用水量的逐年增加及生态环保的需要,在用水高峰期以及干旱期间,该水位已不能满足工农业用水、航运、发电及生态环保需求。

3.2　调度程序尚未理顺

目前大中型水闸调度运用办法规定调度权限为省防指办,在机构调整以前,由省防指办直接向省淮河局下达调度指令。机构调整后,省防指办调整到省应急厅,对各水闸运行情况不能直接掌握,调度指令均通过省水利厅下达,调度的时效性不足,也与现行调度运用办法不符。

3.3　调度统筹性不够

部分水闸调度运用办法虽然规定了正常蓄水位,但同时也明确"在干旱期及用水高峰期,经省防指同意,正常蓄水位水位视情可适当抬高",但在实际调度中,没有统筹考虑合理需求,在水利行业强监管的形势下,常常把正常蓄水位上限作为红线来控制,造成干旱期间有些时段蚌埠闸上游控制水位偏低,与工农业用水需求产生矛盾。

3.4　调度信息共享不充分

水闸调度涉及上下游、左右岸,要做到精准调度,必须全面掌握天气降水、上游来水、区间用水等情况,目前,在信息共享方面仍不充分。例如,蚌埠闸是淮河干流调度的中枢,调度前需了解淮河干流临淮岗枢纽泄流及其他支流来水量,同时要综合考虑区间上桥站、何巷闸、天河闸等抽(引)水情况,往往由于信息共享不及时,容易造成蚌埠闸调度精准性不够。

3.5　生态流量联合调度方案尚未明确

近年来,随着生态环保的需要,各河流开展了生态流量研究,但生态流量实施方案尚未正式批准。例如,蚌埠闸下游控制断面生态流量初步确定为 48.35 m^3/s,现要求按此实施。由于上下游没有明确的联合调度方案,在干旱期或用水高峰期,有时上游没有来水,如果下游水闸仍保持生态流量运行,造成抗旱与生态之间的矛盾。

3.6　蚌埠闸至洪泽湖水位偏低

近年来,受降雨量不均及用水量逐年增大影响,造成蚌埠闸下游水位常年处在偏低状态,影响重载船只通行,造成船闸上下游大量船只滞留,阻碍航运畅通,产生许多不利的社会影响。

4　建议措施

4.1　修订水闸调度运用办法

建议省防指组织专家调研论证,尽快修订大中型水闸调度运用办法,理顺调度职能,明确调度权限,规范调度程序,根据实际需求适当提高正常蓄水位。如蚌埠闸现正常蓄水位上限为 18.0 m,库容 3.24亿 m^3,若抬高蓄水位 0.5 m,可增加库容 0.66 亿 m^3/s。

4.2　建立调度协商机制

在干旱期或用水高峰期,建议上级调度部门在下达水闸调度指令前征求水闸管理单位意见,在不影响防洪调度的情况下,统筹考虑综合效益,适当抬高蓄水位控制。

4.3　建立调度信息共享机制

建议上级主管部门协调有关管理单位,建立淮河上下游闸、站调度信息共享机制,如临淮岗枢纽大流量下泄、上桥站抽水、何巷闸引水、天河闸引水等主要工程的调度,要提前通知相关闸站,做到信息共享,树立防汛抗旱调度一盘棋的思想。

4.4　实施生态流量联合调度

建议上级主管部门结合实际情况,明确各河段生态流量控制指标,印发生态流量调度方案,明确调度权限和调度原则,例如,当防汛抗旱要求与生态流量保障相冲突时,应明确以谁为主;当水闸调度运行办法与生态流量调度方案有冲突时,应明确按哪方面执行等,统筹上下游,实施联合调度。

4.5　加强淮河中下游统筹调度

建议水利部或流域机构针对蚌埠闸至洪泽湖河段水位偏低组织专题论证,协调江苏、安徽两省加强沟通,统筹中下游水利枢纽调度,适当蓄高洪泽湖以上淮河水位,保证蚌埠闸下游用水及航运需求,化解航运矛盾,减少社会影响。

淮河干流枢纽建设施工导流进度及质量控制技术运用研究

单浩浩

（大别山革命老区引淮供水灌溉工程质量监督项目站，河南 信阳 464000）

摘 要 大别山革命老区引淮供水灌溉枢纽工程在淮河干流上兴建，导流明渠施工是保障枢纽顺利建设的重要前提，按照节点计划，主汛期前要完成导流明渠，确保在汛后实施淮河截流，进而在非汛期内开展枢纽主体工程建设。导流明渠施工进度及质量控制尤为重要。淮河滩地含沙量丰富，地质条件复杂，存在抗冲刷能力差、渗透变形问题，开挖边坡易失稳，在此情形下做好导流明渠施工进度及质量管理控制工作非常关键。

关键词： 导流;技术;运用

大别山革命老区引淮供水灌溉工程于 2019 年 11 月在淮河干流信阳市息县境内开工建设。工程主要功能是城市供水及农业灌溉，枢纽总蓄水容积 1.2 亿 m^3，设计灌溉面积 35.7 万亩，工程等别为 Ⅱ 等，枢纽节制闸主要建筑物级别为 1 级，设计洪水流量 9 300 m^3/s。2020 年 4 月上旬，施工导流开挖，6 月上旬完成，全长 1 728 m，是迄今为止在河南省淮河干流境内规模最大、地质条件较为复杂的导流明渠。作者在大别山革命老区引淮供水灌溉工程上从事现场质量监督，见证了导流明渠施工过程。本文旨在分析导流明渠开挖及防护在淮河干流上的运用，总结探索符合该区域特点的施工进度及质量控制技术。

1 科学选择导流方式

1.1 合理安排导流时间

考虑到淮河水文实测资料系列较长，水文资料可靠，枢纽工程的水闸土建工程施工导流建筑物挡水标准采用下限，即 10 年重现期洪水，其全年洪水洪峰流量为 7 064 m^3/s，由于本工程位于淮河干流上，汛期淮河行洪流量大，工程跨汛期施工风险较高，防洪度汛压力大，不宜实施，因此主体工程施工导流时段安排在非汛期，导流时段明确选取在 10 月至次年 5 月。

1.2 导流方式确定

采用分期导流，第一期导流，在枢纽右岸滩地挖明渠导流，导流工程级别为 4 级，导流标准取 10 年重现期洪水，非汛期洪水洪峰流量为 2 608 m^3/s。汛前拆除一期围堰，汛期利用已完成的节制闸过流，第二期导流，水闸安装工程和鱼道施工导流建筑物挡水标准采用 5 年重现期洪水，其汛期洪水洪峰流量为 1 708 m^3/s，临时挡水建筑物采用均质土围堰，围堰填筑及拆除施工技术现在已经较为成熟。

2 扎实做好设计交底

做好设计技术交底，可以起到事半功倍的作用。设计单位在完成施工图纸审发、设计标准及技术交底后，由监理单位总监理工程师组织开展施工交底工作。项目法人、设计、监理、施工各方就图纸上未标注或引用规范未详尽的，要以设计方出具技术说明，各参建单位统一掌握技术标准和规范要求。根据工程区域地形地貌条件，导流明渠布置在淮河枢纽闸址右岸，现状地面高程为 38.0 ~ 40.0 m。导流明渠土质主要为轻粉质壤土和粉细砂，允许不冲流速为 0.35 ~ 0.65 m/s。导流明渠工程 10 年一遇，当年 10 月至次年 5 月导流流量为 2 608 m^3/s，按均匀流进行设计，明渠底宽为 60.0 m，两侧边坡均为 1:3，分进口段、明渠段及出口段三部分，全长 1 728 m。进口段长 600.0 m，渠底高程 30.0 m，首端宽 90.0 m，末

作者简介： 单浩浩，高级工程师，一级建造师，水利造价师，长期从事水利工程建设管理工作。

端宽60.0 m,收缩角度7.0°;明渠段梯形断面,底宽60.0 m,长608.0 m,底坡降0.000 5。出口段长520.0 m,渠底高程29.5 m,首段宽60.0 m,尾端宽100.0 m,扩散角度6.0°;明渠两侧35.0 m高程处设2 m宽平台。明渠过水平均流速为3.01 m/s,为保护开挖明渠不被冲刷,渠底及渠边坡均采用0.4 m厚铅丝石笼防护,底部铺设一层350 g/m² 土工布。对于导流明渠两侧滩地高程低于最高过流水位的位置,填筑子堰,子堰顶高程41.5～41.0 m,堰顶宽3.0 m,两侧边坡均为1:2。为避免水流淘刷带来的不利影响,在明渠进口段的末端及出口段的首端垂直水流向设三轴搅拌桩防护。

3　统筹安排施工

3.1　施工进度安排

根据工程的建设内容、特性及水文条件,遵照国家政策、法令和有关规程规范,严格执行基本建设程序,本着施工进度安排衔接协调、总体经济、逐段推进,并有序发挥工程效益的目标,施工进度安排以"技术措施先进、避免相互干扰、便于组织管控"为原则。因为工程区开挖绝大部分为砂料,渗透系数大,汛期行洪流量大,汛期不适宜截流。到9月底汛期将要结束,采用在淮河左右岸双戗堤同时进占合龙一次性拦断,枢纽闸基四面围封,采用一期一次拦断方式,围堰工程量小,截渗墙工程量也小,施工期间降排水工作可控性强,有利于基坑围封施工。闸体主体工程在第一个非汛期完成,正常度汛时不用担心,因为混凝土闸底板受到冲刷,闸室出现不稳定的情况。闸室上部结构和电气设备安装、鱼道及其他工程在第二个非汛期时间段施工完成。导流明渠工程开挖初始时间为4月2日,6月上旬完成开挖、全断面铺设土工布和铅丝石笼防护。

3.2　施工机械选择

按照挖填平衡原则,明渠土方开挖采用2 m³挖掘机开挖,15 t自卸汽车运输至附近土料暂存场,堆料高10 m,暂时存放,按照水利工程施工场地扬尘防治要求进行覆盖,用于上下游一期围堰填筑及明渠自身土方回填。明渠开挖实际工期不足60天,又比原定计划开工工期滞后近40天,有效施工时间缩短,各类施工机械在施工场区内统筹安排部署,施工方主要采取昼夜施工、增加机械使用量,每日组织2 m³挖掘机40台、反铲挖掘机10台、推土机20台、自卸运输车120辆,投入劳力400人,施工机械保持正常运转。日平均开挖运输量接近3万 m³,施工作业班组完成每日工作量,实现以日保周,以周保月,确保了6月上旬全面完成明渠开挖及防护任务。

4　合理进行项目划分

施工导流虽然属于临时工程,但是根据工程特性、施工部署及安全过流要求,仍然要按照相关规定进行划分和施工质量评定。考虑导流明渠开挖防护工作完成后可以在淮河左右岸堤进行一期围堰左右侧三轴搅拌桩防渗墙施工,施工时间充分,有利于提高基坑封闭质量。导流明渠划分为1个单位工程,5个分部工程,包括明渠上、中、下游段3个分部和一期上游及右侧围堰、一期下游及左侧围堰2个分部。在导流明渠进口和出口段实施的三轴水泥土搅拌桩防护单元为重要隐蔽单元工程,水泥土防冲桩要承担非汛期抗水流冲刷作用。

5　严格施工现场管理

5.1　施工放线测量

根据导流明渠施工图纸,使用GPS测量仪,确定导流明渠开挖中心线、边线、渠底控制高程以及与淮河干流交汇口位置,用明显标志定位,该项工作严格按测量规范要求,施工测量、监理复测,确保施工放样精准,底板过流高程控制到位、明渠坡比正常。

5.2　做好明渠开挖断面保护

明渠开挖深度内揭露地层属中等强透水性,在地下水作用下,易产生管涌破坏,存在抗冲刷能力差、渗透变形问题,需要采取措施解决开挖后边坡稳定问题。为降低水流对明渠的冲刷,根据水流特点,对明渠进口段和出口段采用三轴搅拌桩防护,渠底及渠坡采用铅丝石笼防护。搅拌桩防护钻孔深度达到设计深度,成桩厚度、水泥用量经过试验确定。铅丝石笼自渠底而上至渠顶内坡满铺,石笼下铺一层土工布,土工布进场前经过试验检测,土工布搭接长度符合设计要求,在铅丝石笼防护前,先用粗砂铺垫,有利于保护土工布,防止土工布受到尖石棱角破坏。

5.3 完成情况

主要完成工程量:开挖 160 万 m^3,明渠右岸子堰回填 11 万 m^3,土工布铺设 24 万 m^2,铅丝石笼防护 9.6 万 m^3,三轴搅拌桩防护 1 万 m^2。跨导流明渠临时交通桥为贝雷钢架桥,由专业厂家进场负责安装,进场材料报材料及施工方案经监理审核同意。

5.4 质量检测与评定

根据《水利水电工程施工质量检验与评定规程》《水利水电工程单元工程施工质量验收评定标准》和有关行业施工规范及相关规定,明渠开挖质量检查要点为边坡平顺、断面尺寸和积水处理情况;土工布要进行材质检测,土工布搭接长度符合要求;搅拌桩防护施工过程"三检"质量管理及强度检测,先行试验确定桩孔距、深度、搅拌速度、提升速度、水灰比,搅拌桩完成后进行开挖桩头外观探查、雷达平扫连续性检测和 28 天后强度指标取芯检测;石笼护坡所用的铅丝和石材,进场前做好质量检测,确保所用石材、笼径规格、防腐及延伸性指标满足设计标准,施工中进行石笼厚度、铅丝绑扎点间距和石笼外观平整度检查;外购钢架贝雷桥施工质量验收评定按公路工程行业标准执行。导流工程施工时间紧、任务重,工程建设期间,质量监督项目站监督人员进场靠前监督,检查施工及参建各方履约尽职情况,项目法人充分发挥组织协调作用,施工单位加强技术力量,从源头上保障进场材料及产品质量,全力以赴保障施工质量,监理部旁站抽检及时开展,第三方跟进检测,形成完整的质量管理闭环体系。

6 抓好各项验收

注重收集施工过程各项检测、检验及影像资料,做好记录,单元评定工作完成后,及时组织分部验收和单位工程验收,报质量监督项目站进行核备与核定,法人验收工作完成,截流方案编制审核,向水行政主管部门申请导流工程专项验收。

7 结语

淮河干流上建设枢纽工程,其施工导流进度及质量控制技术会受到投资金额、施工条件、施工技术、工程规模等因素影响,完成情况关系到枢纽主体施工安全,结合监督见证过程,总体认为,要充分结合地形地质情况、水文特性、水工建筑物的布置和形式,科学选择导流方案,统筹好人力、机械、材料等投入,参建各方要始终坚持"质量第一、安全生产"方针,按照设计和规范要求组织施工,才能建设出经受住洪水考验的导流明渠,确保后续枢纽主体顺利建设。

白龟山水库在沙颍河流域的防洪作用

王继涛

（河南省白龟山水库管理局，河南 平顶山　467031）

摘　要　河南省白龟山水库是沙河干流以防洪为主综合利用的大型水库，建成60多年来，在沙颍河的防洪中作用明显。白龟山水库对下游的平顶山、漯河、周口等重要城市，京广铁路、107国道等重要交通设施，下游600万人口和800万亩土地的安全起到了重要的保护作用。本文主要从水库的坝址选择、水库所处的地理位置、水库控制流域特殊的地形、所处纬度的气候特征及白龟山水库在流域防洪调度作用等方面，对白龟山水库在沙颍河流域的防洪作用进行了分析。

关键词：沙颍河流域；白龟山水库；防洪作用

1　工程概况

白龟山水库位于淮河流域沙颍河水系沙河干流上，水库始建于1958年，1966年8月竣工，与上游的昭平台形成梯级水库，是一座集防洪、城市供水、农业灌溉为一体，综合治理沙颍河的水利枢纽工程。水库控制流域面积2 740 km²，其中昭白区间流域面积1 310 km²，水库多年平均降水量900 mm，多年平均径流量4.23亿m³，1998年10月开始除险加固，水库工程按百100年一遇洪水设计，2000年一遇洪水校核，总库容9.22亿m³。水库主要建筑物有拦河坝、顺河坝、北副坝、泄洪闸和南、北干渠渠首闸。

2　白龟山水库在沙颍河流域的防洪作用

2.1　水库坝址的选择

1950年7月，淮河流域发生大洪水，灾害损失很大，10月，政务院发布《关于治理淮河的决定》，同月，河南省治淮总指挥部成立。是年秋末，地质部淮河地质队在沙河上游初选曹楼、下汤两个坝址修建水库。1953年冬至1954年夏，水利部治淮委员会工程部会同河南省治淮总指挥部共同查勘，选定昭平台、白龟山两个坝址。1954年7月至1955年4月，由地质部淮河地质队与河南省治淮总指挥部第一基本工作队共同进行白龟山坝址首次地质勘察、测绘和土的物理力学试验，为技术经济证论提供资料。1956年初，治淮委员会《淮河流域规划》中第三卷"防止水灾"明确昭平台、白龟山二库列入优先修建项目，规划目标以防洪为主，兼顾农业灌溉、城市供水。建设标准为设计洪水300年一遇，校核洪水1 000年一遇，复核洪水5 000年一遇，最大可能库容10.62亿m³。1958年3月，河南省基本建设委员会决定修建白龟山水库，其计划任务书经水电部发文批准。1958年5~8月，河南省第三水利勘探队对白龟山坝址进行第二次勘察，1958年10月，河南水院编制了《白龟山水库扩大初步设计书》，上报水电部转报国务院，国务院批复，委托河南省人民委员会审批。设计书于12月初批准。1958年12月5日，白龟山水库开工建设。

白龟山水库在第一次勘测时并没有入选，对比最初选取的坝址，从图1可以看出，两者相距比较远，曹楼坝址在沙河支流荡泽河上，白龟山坝址在沙河干流上。虽然在第二次勘测时入选，但由于软地基不宜建大型水闸等原因，水库的建设几乎胎死腹中。我们就两个建库的选址来进行比较，进一步认识白龟山水库在沙颍河流域中的防汛作用。

白龟山水库向东为黄淮海平原，若在白龟山下游沙河干流上修建水库，则要沿河四面修坝建库，工

作者简介：王继涛，男，1974年生，汉族，工人技师，中共党员。长期工作在生产一线，从事水库运行管理、闸门启闭机械及闸门自动化的运行管理等工作。

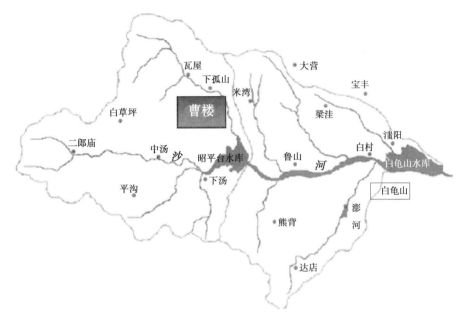

图 1 白龟山水库流域图

程量较大,需要的土方及"三材"较多,在当时国家困难时期,物资较难保障;平原地区建水库要淹没较大面积的良田和村镇;平原人口较密集,库区移民较多,产生的后续问题也较多;平原水库建成后,会对周围环境产生较多的影响,如坝下土地沼泽化、盐碱化等问题;水库在沙河的中游,其控制流域集雨面积较大,综合地质条件和流域防洪的压力,库容不宜过大,水库建成后影响其经济效益和社会效益的发挥。

若在白龟山以西如第一次选址的曹楼建库,其优势在于山区建库,地质条件相对平原要好;只用拦河修建闸坝,就可形成水库,工程量相对较小;使用的沙、石等物资都可就地取材;水库淹没耕地少,搬迁移民少;但其位于沙河上游,且在沙河支流荡泽河上,其防洪控制流域面积较小,使其在沙河防洪的作用大大减小;在山区建库,离城市和农业灌区较远,水库产生的经济效益和社会效益较小。如果要利用水库的水源,则投资成本较大。

选址白龟山,则是综合了上述两者的优势,最大限度地弥补其劣势。选址白龟山建库,沿河左岸,充分利用凤凰山等一系列低矮的丘陵山地,作为沿河挡水建筑物,不再额外修堤建坝。1998 年水库除险加固,库容增加后,也只在左岸山谷等高程较低处修建了较短的北副坝(4 387.55 m),南面则沿河右岸修建顺河坝(18 016.5 m),且越往上游,地面高程逐渐升高,修筑堤坝的高度也越来越低。这样利用丘陵山地,修建水库减少了近一半的工程量,节约大量的"三材",能够保证水库重点部位的用量;水库右岸沿河建堤,淹没部分多为原河道的滩地,淹没耕地少,搬迁移民较少,产生的后续问题较少;水库建于沙河干流上游与中游的连接部位,防洪控制的面积较大,同时还和上游的昭平台水库形成梯级防洪体系,调控能力进一步提高,水库库容可适度增加,有效地提高了沙河的防洪标准,发挥白龟山水库的防洪效益;水库建成后,距平顶山市中心 9 km,有力保障城市的工业用水、生活用水,为平顶山的发展提供水力支撑;通过南、北干渠渠首闸对叶县的两大灌区进行自流灌溉,发挥了较好的经济效益和社会效益。

通过水库选址的调整,可以看出,最终方案选址白龟山是综合各方面因素的结果,既满足治淮防洪的首要目的,也最大程度地发挥水库的经济、环境、社会效益。通过坝址的选择调整,从一个侧面说明了白龟山水库在沙河防洪体系中的价值。

2.2 白龟山水库的地理位置

白龟山水库位于河南腹地,是河南省的粮、油、棉、麻、煤炭、电力等生产的重要基地,京广高铁、京广、石武、焦枝等重要铁路干线,京港澳、宁洛、兰南等高速公路,107、311 国道等国家交通要道交织经过;水库下游有平顶山、漯河、周口等重要城市,直接关系到豫皖两省 600 万人口和 800 万亩耕地的安危。沙河的防汛要求:一是确保漯河、平顶山、周口市等城市的安全;二是保证京广、焦枝铁路畅通;三是确保漯河以下沙河南堤的安全。

从图 2 中可以看出,白龟山水库所在的地理位置极为重要,是发挥沙颍河防洪作用的重要一环。一且水库失事,将会对下游人民生命财产造成不可估量的损失。白龟山水库特殊的地理位置,对沙颖河流域防洪安全至关重要。

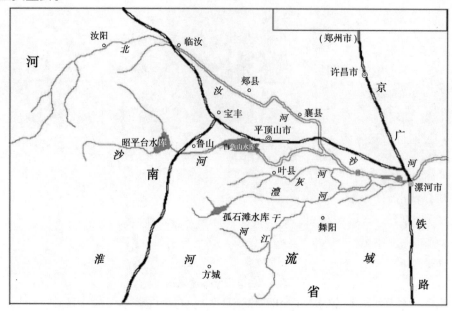

图2　白龟山水库地理位置

2.3　白龟山水库控制流域地形

从图3可以看出,河南省地形大体为西部以山地为主,东南部多为丘陵,东部则是广阔的黄淮平原。地势呈现西北高、东南低,由西北向东南逐渐降低。白龟山水库正处于西部山区和东部平原的连接部。白龟山水库控制的流域,在昭平台水库以上为深山区,山峰重叠,地势陡峭;昭白区间为浅山丘陵区,地势逐渐开阔,两岸山岭较低,河道流入冲积台地,比降较缓,昭白区间流域呈扇形分布。这种西高东低的地势,容易使温暖湿润的气体上升,成云至雨形成地形雨;东阔西窄的地形使云气在向西运动过程中,更容易会聚。白龟山水库控制的流域,大部分为迎风成雨坡,这两个因素的叠加,使白龟山水库控制流域上游的鲁山境内成为河南五大暴雨中心之一。

图3　中原地形图(河南)

山区洪水的特点是:易涨易落,汇流时间短,河谷狭窄,洪水破坏性比较大,一旦山洪暴发下泄进入沙河主河道,短期内将造成河水水位陡长,若没有有效的工程措施对洪水进行蓄、滞、削峰、错峰等有效干预,将会对下游产生不良影响。白龟山水库的位置处于扇形集雨的端点,山区丘陵与平原的连接部,可最大限度地蓄滞上游下泄的洪水,使山区来的洪水削减洪峰后,再按要求进入下游河道。白龟山水库所在的地形特点,决定了它在沙颍河流域中防洪的价值。

2.4 白龟山水库控制流域气候

白龟山水库在北纬33°04′~33°50′,东经112°04′~113°15′,西北以嵩山为界与黄河流域相邻,西南以伏牛山余脉为界与长江流域毗邻,白龟山水库控制流域处在黄河、长江与淮河流域分水岭的东侧,秦岭—淮河一线以北,而又相距不远,属亚热带向温带过渡地带。白龟山水库流域的气候明显有过渡性和季风性的特点。过渡性表现为沙河以南降水多,河流较短,流量都较大;北部降水少,流量小,但河流都较长,流域面积大。季风性表现为区域内受季风影响,四季分明。冬季受蒙古高压控制多西北风,气候干燥寒冷,夏季受西太平洋副热带高压控制,多东南风气候炎热多雨,且降水主要集中在6~8月,多年平均降水量为900 mm。

由于季风性的特点流域内径流量年内变化相差悬殊,汛期径流量约占全年径流量的70%以上,易发生洪涝灾害;冬春季雨水稀少,流域内又会发生严重的旱灾。

白龟山水库流域由于受地形和气候双重因素影响,6月以后,东南季风携带暖湿气团内移,受西部和南部高山的屏障,极易产生地形雨,产生暴雨等极端恶劣天气。同时受季风的影响,降雨多集中在6~8月(占年降水量的60%以上),在相对短的时间内产生大量的降水,成洪至灾。在冬春季节,降水稀少,又极易产生春旱。"75·8"大洪水就是这种先旱后涝的典型气候年份。

白龟山水库流域的气候特征,决定了区域内降水量在年际间和年内分配都极不平衡,往往造成旱涝交替分布。白龟山水库的修建,较好解决了该地区气候因素对沙河防洪的影响,减少了沙颍河流域下游的防洪压力。

2.5 流域防洪调节

沙河是淮河流域最大支流,发源于伏牛山东麓,流域总面积39 880 km²,沙河在漯河以上,主要有北汝河和澧河汇入,从1950年治淮以来,已在澧河上兴建了孤石滩水库,在干江河上建设了燕山水库,在北汝河上正在兴建前坪水库,在沙河干流上兴建了泥河洼大型滞洪区工程,连同沙河干流上的昭平台、白龟山两座大型水库,形成了一个联合运用的防洪工程体系。

白龟山水库建于沙河干流上,控制流域面积2 740 km²,其中昭平台水库以上1 430 km²,从图4中可以看出,白龟山水库在沙颍河洪水调节中起着承上启下的重要作用。在整个沙颍河防洪体系中处于"上压、下控、左右挤"位置,防洪作用极为重要。

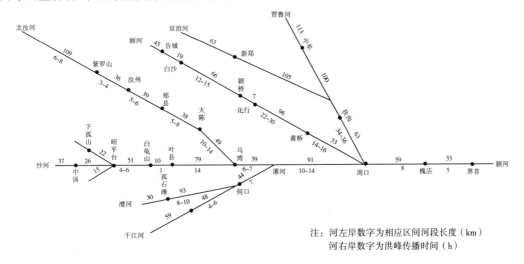

注:河左岸数字为相应区间河段长度(km)
河右岸数字为洪峰传播时间(h)

图4

上压,主要指昭平台水库下泄洪水须经白龟山水库调控后再进入下游河道,这要求白龟山水库要有足够的防洪库容来容纳昭平台泄放的洪水,并能够蓄、滞洪水,在满足下游河道安全的前提下,再泄放进入水库的洪水。上压,就是要白龟山水库承担起沙河上游的防洪压力。

下控,主要指白龟水库下泄的洪水所产生的最终影响,不能超过马湾(2 850 m³/s)、漯河(3 000 m³/s)和周口(3 000 m³/s)等沙河干流的安全流量,保证漯河京广铁路大桥和沙河堤防的安全。这就要求白龟山水库要有足够防洪库容来削峰、蓄洪,并在满足下游河道安全的前提下,错峰泄放进入水库的洪水。下控,就是要白龟山水库承担沙河下游的防洪压力。

左挤,主要指沙河左岸的颍河和北汝河泄入沙河干流的洪水,挤占白龟山水库下泄的流量指标。在颍河上,建有白沙水库,化行、颍河、黄桥等拦河闸,使颍河有较强的防洪调控能力,左挤主要指北汝河。在2015 修建前坪水库前,在北汝河上没有控制性的水利工程,防洪标准不足10 年一遇。大陈拦河闸,蓄水量只有1 225 万 m³,防洪能力有限。一旦发生较大洪水,汇流进入沙河干流,将会挤占白龟山水库下泄洪水指标,甚至关闸错峰,为北汝河的洪峰安全通过下游河道争取宝贵的时间。2020 年 3 月 20 日,前坪水库下闸蓄水,在不增加其他工程措施的条件下,北汝河防洪标准由不足10 年一遇提高到20 年一遇,将沙颍河的防洪标准由目前的10 ~ 20 年一遇提高到50 年一遇。左挤的防洪压力明显减小。

右挤,主要是指沙河右岸的澧河,其上游是河南省另一个暴雨中心,来水量大,河道流程短,坡陡流急,特别是其支流干江河河口发源地,常形成暴雨中心,是澧河洪水的主要来源。澧河上游建有大型水库孤石滩,但控制流域面积只有澧河流域面积的10.6%,不能有效解决澧河的防洪问题,澧河下游有罗湾分洪闸可向泥河洼滞洪区分洪,但因澧河与沙河干流洪水遭遇较多,所以澧河洪水可利用泥河洼滞洪区库容有限,澧河的防洪标准为5 年一遇。2006 年修建燕山水库以前,在干江河上没有控制性的水利工程,一旦发生较大洪水,较短时间就会进入漯河段沙河干流,会直接影响京广铁路桥的安全,将严重挤占白龟山水库、北汝河、孤石滩水库下泄的洪水指标,甚至关闸错峰,为澧河洪峰安全通过下游河道让出最大的流量。所以,右挤的压力较大。2008 年燕山水库建成后,使澧河的防洪标准由5 年一遇提高到20 年一遇,其和沙河流域其他防洪工程联合运用,可将沙河干流的防洪标准提高到50 年一遇。右挤的压力明显减少。

白龟山水库在沙河防洪中直到了承上启下的作用,是沙颍河流域防洪体系的重要组成部分。

3　典型洪水分析

1975 年 8 月,白龟山水库流域从8 月 5 至 8 月 8 日普降暴雨,平均降雨量448 mm,接近100 年一遇洪水标准,其中达店站降雨量671 mm。这次降水多集中在5 ~ 7 日,特别是7 日 12 时至 8 日 8 时强度最大,达店站7 日降雨量355 mm,占总降水量的一半以上。

暴雨洪水发生后,白龟山水库水位从8 月 4 日的101.92 m 至 8 月 8 日 21 时达到106.21 m,库容从2.51 亿 m³增加到5.74 亿 m³,8 月 8 日 14 时入库洪峰达到最大4 896 m³/s,距1 000 年一遇校核洪水107 m 只差0.79 m,防汛形势十分危急。8 月 8 日 21 时,泄洪闸开闸泄洪,最大泄量3 300 m³/s。8 月 9 日 8 时,水位开始下降,保证了水库安全度汛。

此次抗洪过程中,白龟山水库发挥了巨大的防洪调节作用。

(1)削峰。白龟山水库将洪峰流量4 896 m³/s,削减到3 300 m³/s,削减洪峰33%。

(2)蓄洪。此次洪水过程产生洪水总量为7.05 亿 m³,白龟山水库拦蓄洪水3.23 亿 m³,占洪水总量的45.8%,明显减少了下游灾害损失,有效地保护了下游城市和人民生命财产安全。

(3)错峰。白龟山水库充分利用有效的防洪库容,通过科学的调度,在这场洪水中,为北汝河错峰赢得宝贵的时间。8 月 7 日 11 时,北汝河襄城站出现洪峰3 000 m³/s,于8 月 8 日 1 时通过马湾闸。9 日 0 时,北汝河襄城站洪峰2 870 m³/s,于9 日 14 时过马湾闸。白龟山水库于8 月 8 日 21 时泄洪3 300 m³/s,9 日 11 时洪锋通过马湾闸,这次白龟山水库利用北汝河二次洪水的间隙,错峰将白龟山水库拦蓄的洪水泄掉,减轻了下游洪水威胁和灾害损失。

综上所述,白龟山水库在沙颍河流域中的防洪作用主要体现在:一是对沙河流域水库下游地区的防洪作用,二是对沙河干流洪水的错峰或削峰,对沙颍河下游整体防洪调度起关健作用,三是对水库所在沙颍河流域的防洪调度的可靠性和灵活性起保障作用,为防汛抢险创造了有利条件。

试算插值法在水利工程计算中的应用

汪国华,高庆平,冯江波

(山东省海河淮河小清河流域水利管理服务中心,山东 济南 250100)

摘 要 化繁为简的计算方法的计算技巧 $f(x) = 0$,不是正面求 x,而是通过试算 $f(x_1)$、$f(x_2)$ 的值接近于零且位于零两侧的正负数,来判定 $x \in (x_1, x_2)$,避免了直接求 x 的高次方程 $f(x) = 0$,水利计算中经常会遇到求解高次方法,直接求解相当困难且烦琐,在 x_1 和 x_2 之间采用插值法求解,概念清晰,大大简化了计算。

关键词:水利计算;试算插值法;化繁为简

0 前言

化繁为简的计算方法,采用试算内插法求解水利工程设计用到的基本数据将大大简化水利计算中遇到的烦琐公式,一般的水利工程设计用到的水力学数据,大部分都是从水力学的基本方程出发,根据已知条件导出解题所需要的计算公式。这种解题方法概念清晰,思路明确,容易掌握。对于明渠均匀流、泄水建筑物下游的水流衔接、渐变渗流等方面比较复杂的水力计算,均可采用插值法求解,大大简化了计算,且概念清晰。下面就水利计算分 4 个专题进行阐述。

1 明渠恒定均匀流

一条梯形断面混凝土渠道,已知流量 $Q = 40$ m³/s,底宽 $b = 8$ m,边坡系数 $m = 1.5$,粗糙系数 $n = 0.012$,底坡 $i = 0.000\ 12$,按均匀流设计求水深 h。

解:水断面面积 $A = (b + mh)h = (8 + 1.5h)h$;湿周 $\chi = b + 2h\sqrt{1 + m^2} = 8 + 3.606h$;$Q = \dfrac{\sqrt{i}}{n} \dfrac{A^{5/3}}{\chi^{2/3}}$;这是一个含有未知数 h 的方程,代入已知数据,得方程:$40 = \dfrac{\sqrt{0.000\ 12}}{0.012} \times \dfrac{[(8 + 1.5h)h]^{5/3}}{(8 + 3.606h)^{2/3}}$;移项得:

$\dfrac{\sqrt{0.000\ 12}}{0.012} \times \dfrac{[(8 + 1.5h)h]^{5/3}}{(8 + 3.606h)^{2/3}} - 40 = 0$。直接求解关于未知数 h 的方程相当困难,也相当烦琐,为快速且概念简单的解出未知数 h,这里采用内插试算法,令 $f(h) = \dfrac{\sqrt{0.000\ 12}}{0.012} \times \dfrac{[(8 + 1.5h)h]^{5/3}}{(8 + 3.606h)^{2/3}} - 40 = 0$,用内插试算法快速求解方程 $f(h) = 0$ 的近似逼真解。试算过程可用电子表格 Excel 来完成。当 $h = 2.4$ 时,$f(2.4) = -4.204$;当 $h = 2.6$ 时,$f(2.6) = 1.494$。因此,h 的值介于 2.5 和 2.6 之间,用内插法得:$h = 2.4 + \dfrac{2.6 - 2.4}{1.494 + 4.204} \times 4.204 = 2.548$,这时 $f(2.548) = -0.029 \approx 0$,满足要求,这样就避免了求解烦琐的高次方程,最后得到明渠均匀流水深 $h = 2.548$ m。

2 水跃

矩形断面渠道,流量 $Q = 42$ m³/s,宽度 $b = 10$ m,粗糙系数 $n = 0.014$。若陡坡($i_1 = 0.02$)与缓坡($i_2 = 0.001$)相接,问有无水跃发生的可能。

作者简介:汪国华,男,1968 年生,山东嘉祥人,高级工程师,主要从事工程设计与管理工作。E-mail:wghwhy@ sina.com。

解:先求正常水深 h_{01} 和 h_{02}: $Q = \dfrac{\sqrt{i}}{n} \dfrac{(bh)^{5/3}}{(b+2h)^{2/3}}$;由于 Q、i、n、b 为已知,要求 h,上述可转化成关于未知数 h 的方程: $f(h) = \dfrac{\sqrt{i}}{n} \dfrac{(bh)^{5/3}}{(b+2h)^{2/3}} - Q = 0$。

(1)在陡坡段($i_1 = 0.02$)时,用内插试算法快速求解方程 $f(h) = 0$ 的近似逼真解。试算过程可用电子表格 Excel 来完成。当 $h = 0.6$ 时,$f(0.6) = -2.021$;当 $h = 0.7$ 时,$f(0.7) = 9.083$。因此,h 的值介于 0.6 和 0.7 之间,用内插法得: $h = 0.6 + \dfrac{0.7-0.6}{9.083+2.021} \times 2.021 = 0.618$,这时 $f(0.618) = -0.092 \approx 0$,满足要求,这样就避免了求解烦琐的高次方程,最后得到陡坡段的正常水深 $h_{01} = 0.618$ m。

(2)在缓坡段($i_2 = 0.001$)时,用内插试算法快速求解方程 $f(h) = 0$ 的近似逼真解。试算过程可用电子表格 Excel 来完成。当 $h = 1.6$ 时,$f(1.6) = -0.914$;当 $h = 1.7$ 时,$f(1.7) = 3.000$。因此,h 的值介于 1.6 和 1.7 之间,用内插法得: $h = 1.6 + \dfrac{1.7-1.6}{3.000+0.914} \times 0.914 = 1.623$,这时 $f(1.623) = -0.023 \approx 0$,满足要求,这样就避免了求解烦琐的高次方程,最后得到缓坡段的正常水深 $h_{02} = 1.623$ m。

求渠道的临界水深: $h_c = \left(\dfrac{Q^2}{gb^2}\right)^{1/3} = \left(\dfrac{42^2}{9.81 \times 10^2}\right)^{1/3} = 1.216$ m

在陡坡段,$h_{01} < h_c$,水流为急流;在缓坡段,$h_{02} > h_c$,水流为缓流。从急流过渡到缓流,必有水跃发生。

3 堰流及闸孔出流

实用堰顶部设平板闸门用以调节上游水位。闸门底缘的斜面朝向上游的倾角 $\theta = 60°$。试求所需的闸孔开度 e。已知: $Q = 45$ m³/s,堰顶水头 $H = 4.0$ m,闸孔净宽 $b = 6$ m(下游水位低于堰顶,不计行近流速)。

解:流量系数 μ 的经验公式: $\mu = 0.65 - 0.185\dfrac{e}{H} + (0.25 - 0.357\dfrac{e}{H})\cos\theta$

流量公式: $Q = \mu be\sqrt{2gH}$

流量公式改写的方程式: $f(e) = \mu be\sqrt{2gH} - Q = 0$

上述方程只有一个未知数 e。采用试算法求方程 $f(e) = 0$ 的近似解。试算过程可用电子表格 Excel 来完成。当 $e = 1.2$ 时,$f(1.2) = -2.542$;当 $e = 1.3$ 时,$f(1.3) = 0.366$。由此可以断定 e 的值介于 1.2 和 1.3 之间,用内插法得: $e = 1.2 + \dfrac{1.3-1.2}{2.542+0.366} \times 2.542 = 1.287$,这时 $f(1.287) = -0.006 \approx 0$,满足要求,这样就避免了求解烦琐的高次方程,最后得到所需闸门开度 $e = 1.287$ m。

4 泄水建筑物下游的水流衔接与消能

高度 $P = 2.1$ m 的跌水,其出口用平板闸门控制流量,已知流量 $Q = 11$ m³/s,下游水深 $h_t = 1.5$ m,河槽断面为矩形,底宽 $b = 4.2$ m,闸前水头 $H = 1.6$ m,行进流速 $v_0 = 1.1$ m/s,流速系数 $\psi = 0.96$。试计算收缩断面的水深 h_c。

解:建立跌坎上游断面和下游收缩断面的能量方程: $H + P + \dfrac{v_0^2}{2g} = h_c + \dfrac{Q^2}{2g\varphi^2 b^2 h_c^2}$;代入已知数据为:

$1.6 + 2.1 + \dfrac{1.1^2}{2 \times 9.81} = h_c + \dfrac{11^2}{2 \times 9.81 \times 0.96^2 \times 4.2^2 \times h_c^2}$;用电子表格 Execl 计算得: $3.762 = h_c + \dfrac{0.379}{h_c^2}$;令

$x = h_c$,得到关于 x 的方程: $f(x) = x + \dfrac{0.379}{x^2} - 3.762 = 0$,用内插试算法快速求解方程 $f(h) = 0$ 的近似逼真解。试算过程可用电子表格 Excel 来完成。当 $x = 0.3$ 时,$f(0.3) = 0.749$;当 $x = 0.4$ 时, $f(0.4) =$

-0.993。因此，x 的值介于 0.3 和 0.4 之间，用内插法得：$x = 0.3 + \dfrac{0.4 - 0.3}{0.749 + 0.993} \times 0.749 = 0.343$，这时 $f(0.343) = -0.198 \approx 0$，满足要求，这样就避免了求解烦琐的高次方程，最后得到下游收缩断面水深 $h_c = 0.343$ m。

5 结语

试算插值法化繁为简的水利计算方法非常适用工程技术人员日常工作的数据计算。这种题解基础都是从水力学的基本方程出发，根据已知条件导出解题所需要的计算式 $f(x) = g(x) - c = 0$，$g(x)$ 一般是关于所求未知数 x 的高次计算式；c 是已知的常数。通过电子表格 Excel 试算，得出 x_1 和 x_2 两个试求值使得 $f(x)$ 的算值接近于零且位于零的两侧的正、负数。然后通过插值法求出所求未知数 x，使得 $f(x) \approx 0$，精度满足要求。用此解题方法，可以大大简化有关比较复杂的水利工程有关技术数据的计算，方便工程技术人员快速解决工程技术问题。

参 考 文 献

[1] 莫乃榕.水力学习题详解[M].3 版.武汉:华中科技大学出版社,2007.

自动智能型测深杆的研制与应用

董学阳

（黄河水利委员会山东水文水资源局泺口水文站，山东 济南　250032）

摘　要　采用镁铝合金材质加工可任意组合、加长或缩短的测深杆杆体，运用数控同步旋转精刻工艺对杆体按照水尺样式进行刻画刻度，刻画凹于杆体内，用氟碳底漆、标准色氟碳面漆，用镂喷烤固等一系列烤漆加工工序，使测深杆杆体刻度颜色鲜艳、直观易读。利用水压力原理和传感技术，编制智能解算芯片，将水流某点的压力解算成实时水深数据，并显示在电子显示屏幕上。水深数据自动智能显示代替了原来的人工观读，减少了人工劳动强度，增加了工作效率，提高了水深测量成果精度；实现了水深测验工作的数显化、自动化。克服了原来木质测深杆上没有刻画，只是用油漆画上刻度，油漆易磨损、易脱落，水深数据误差大的弊端。值得推广应用。

关键词　自动；智能型；测深杆；研制与应用

0　引言

水深是最基本也是最重要的水文数据，水深测量是流量测验中最基础的一项工作。

现在水文站水深测量大多采用木制测深杆人工观读水面截于杆体的读数获得。这些测深杆上没有刻画，只是用油画上刻度，油漆易磨损、易脱落，木制测深杆笨重、取材难，使用不方便，容易损坏，测量水深时，定位不准，准确性较差。在这种情况下，很容易造成流速仪施测测点流量误差，影响流量测验精度，为了消除或尽可能地减少水深测量造成的误差，提高流量测验精度，选择既轻便又坚固的材质作为测深杆杆体，根据感应原理和电子显示屏结合，研制了一种自动智能型测深杆。

1　设计原理

1.1　水压力原理

水流中某一点（或水底）的压强与水深和水的比重呈正比，根据这一规律，只要测知水底或某一点的压力，便可求出水深。即：

$$H = P/\rho$$

式中：H 为水面到水底或某一点的垂直深度，即水深，m；P 为水底或水流中某一点的压强，kg/m^2；ρ 为水的容重，kg/m^3。

1.2　压力传感原理

压力传感器是在薄片表面形成半导体变形压力，通过外力（水压力）使薄片变形而产生压电阻抗效果，从而使阻抗的变化转换成电信号。

压力传感器一旦制作完成，其受压面积就是固定值（常数 A，单位：m^2），那么，在水中所受压力 $F = P/A$；并且 F 是随时测知的压力。$F = f \cdot U$，其中 U 为压力传感器获知的电压值，f 为压力系数。

由于：$P = F/A$，在 A 为常数的情况下，

令：$1/A = K$

则：$P = K \cdot F = K \cdot f \cdot U$；

故：$H = K \cdot f \cdot U/\rho$；

作者简介：董学阳，男，1966 年生，山东沂水人，高级工程师，主要从事水文勘测工作，研究方向为水文基础理论研究及应用。E-mail：13011738105@163.com。

令:$K \cdot f/\rho = \psi$,ψ 为综合比例系数(该系数由水的温度、密度、实际水深和计算水深比值等综合因素求得),则:$H = \psi \cdot U$。

那么,只要获知水底或水中某一点压力传感器薄片上的电压值信号,就能换算并得出该点的水深。

1.3 数据解算技术

通过事先编写好解算程序,嵌入 PC 单片机中(特制芯片),在 PC 单片机接收到水压力电阻值信号(U),通过计算公式:$H = \psi \cdot U$ 直接转换成水深,并显示在屏幕上。

其中,ψ(综合比例系数)可以通过测深杆刻画直接读出的实际水深,输入到显示屏幕上后,PC 单片机会自动计算求出,并返回到计算程序中,之后显示的水深与实际水深一致,从而消除了含量数值变化带来的水深数据的误差。

2 智能测深杆设计与加工

2.1 总体设计

结合现在流量测验中水深测量的工作实际,针对现有测深杆测量不准、读数困难、准确性较差、刻度易磨损、脱落、操作较笨重的实际情况,从提高水深测量精度、轻便易操作、节约资金、经济实用的角度考虑,形成了研制自动智能型测深杆的初步构思,通过广泛征求一线测验职工的意见,形成了总体设计和加工思路。

总体设计如下:杆体采用叠加组合式,刻画采用激光雕刻涂绘,水深采用压力传感和屏幕显示。

2.2 组件加工

(1)测深杆杆体。深杆杆体采用镁铝合金材质,直径 38 mm,壁厚 2.2 mm。每根长 1.5 m 为一单元[1],自成整体;运用数控同步旋转精刻工艺对杆体按照水尺样式刻画刻度,刻度凹于杆体内,采用氟碳底漆、标准色氟碳面漆,使用镂喷烤固等一系列烤漆加工工序,使测深杆杆体刻度颜色鲜艳、直观易读。

(2)水深数据显示屏。水深数据显示屏采用万能分度液位显示器,型号:JQL – C403 – 81 – 23 – HL – P,电子显示屏与电路板相连,主要显示水深读数,单位为 cm。

(3)压力传感器。压力传感器采用液位变送器,型号:JQL – 808,精度为 0.2% FS,安装在杆体的底部,与电路板和传输线连接,主要传送水深数据。

(4)工作电源。工作电源采用 12V DC 直流锂电池组为电子显示屏供电,为方便夜间观测,增加 LED 照明灯功能。

(5)数据传输线。数据传输线为带屏蔽防折弯中通管 0.75X2 信号线,杆与杆之间接头为插接式。

(6)杆体接头。合杆体接头采用不锈钢材质,运用数控机床编程加工而成,为中空结构。

2.3 构件组装

自动智能测深杆主要包括电路板、电子显示屏、液位变送器、直流锂电池组、LED 照明灯带、按钮开关、连接线等。

液位变送器安装在杆体底部,电路板、电子显示屏、直流锂电池组、LED 照明灯带安装在杆体顶部,按钮开关安装在杆体中部,可上下自由活动,便于开关操作。

同时,杆体每节长 1.5 m,可根据需要可随意拆卸安装,满足测量不同水深的要求。

3 经济和社会效益

3.1 经济效益分析

自动智能测深杆总研制费用 0.66 万元,如果批量生产,1 根自动智能测深杆造价在 2 000 元以下,按照每套测深杆使用寿命 10 年折算,年摊入成本 200 元。

目前各涵闸流量测验中,水深测量大都采用的是传统的木质测深杆,读数标志采用人工刻画涂漆显示。

在使用木质测深杆过程中,读数标志容易脱落,导致刻画不清,需要人工重新刻画、涂漆,并且木质测深杆容易磨损,尤其是底部磨损后,会造成水深数据不准。

假设按每站一年使用 1 根测深杆进行测量作业,经过使用后半年甚至更短时间,油漆刻画就会模糊不清,需要人工进行刻画涂漆维护,每年 2 次维护耗费工时按 1 天计算,需要人工费 200 元/年。

1 根木质测深杆大约使用 5 年,每根成本按 2000 元/根,那么每年使用成本 400 元/年,再加上每年维护、刻画、涂漆的费用 200 元/年。那么,1 根木质测深杆的费用 600 元/年。

每年每闸站节省:600 元 – 200 元 = 400 元。

据不完全统计,全国水文站、涵闸站等有上千座,若能全部站点得到推广应用,年新增利润:30.0 万元(300 × 1 000 = 300 000)。

3.2　社会效益分析

自动智能测深杆的应用,水深数据自动智能显示代替了原来的人工观读,减少了人工劳动强度,增加了工作效率,提高了水深测量成果精度;实现了水深测验工作的数显化、自动化。

同时,也有力地推动了流量测验工作的数字化、自动化,提高流量测验的精度和准确率,将是水深测量技术的革新,满足了黄河工程规划设计、防洪决策、治理与开发利用对流量成果资料的需要,社会效益非常显著。

4　使用效果

自动智能型测深杆,通过在黄委山东水文水资源局泺口水文站和菏泽黄河河务局供水局苏阁、杨集引黄水闸近一年的应用,普遍认为自动智能型测深杆轻便坚固,智能化程度高,电子显示测量数据精确。具有操作简单、安全性能高、刻度清晰易读、经济实用、易推广等优点,是一款适用于各类水闸测量水深和黄河防汛坝岸根石探测的新型劳动工具。避免了由于水流动和风浪造成人为读数误差,从根本上解决了水深测量误差的问题;降低了劳动强度,提高了工作效率;保证了由于水深和流量测验数据的精确度,经济效益和社会效益显著,具有较高的推广应用价值。

5　结语

自动智能型测深杆,采用新材料,利用压力传感原理设计与加工,坚固耐用、经济实用,操作简便,经济效益和社会效益显著,使用效果良好,并获得 2018 年黄河水利委员会山东河务局科技进步三等奖。

参 考 文 献

[1] 中华人民共和国住房和城乡建设部,国家质量监督检验检疫总局. 河流流量测验规范:GB 50179—2015[S]. 北京:中国计划出版社,2016.

1958年淮北河网化规划及其评价

徐迎春

(安徽省水利水电勘测设计研究总院有限公司,安徽 合肥 230088)

摘 要 介绍1958年淮北水网化规划的背景、规划情况及实施情况,总结淮北河网化规划的不足,并对其进行评价,提出新形势下淮北地区可积极推进水系连通等水系整治工程,发挥其水资源配置、防洪、排涝、水环境改善等综合效益。

关键词 淮北;河网化;评价

1 背景

1957年汛期,豫东、鲁西南及皖北的北部发生强降雨,造成大面积洪涝灾害。同年11月国务院召开的治淮会议上,国务院和水利部强调今后的治淮工作,要遵循以小型为主、以蓄为主、以社办为主的"三主"治水路线。中央书记处书记谭震林在此次治淮会议上提出淮北水网化、水稻化方针以后,淮委及阜阳、蚌埠两专区的水利业务部门,开始进行淮北水网化的轮廓规划。同时,安徽省省委召开的三级干部会议,决定了淮北水网化、水稻化,变淮北为江南的治水方针,规划构成一个淮北地区的大水网,以满足改种水稻、消除水旱灾害及开发航运水电等需要。1958年3月,安徽省委第一书记曾希圣率有关人员赴淮北视察,亲自主持淮北水网化的规划工作,根据冬季已做工程的实践经验以及各方面的意见,提出了淮北地区治水纲领以及关于淮北水网化的十项规定,确定了淮北水网化规划。

2 淮北河网化规划

2.1 规划情况

1958年11月底至12月初,水利电力部、交通部和农业部在北京联合召开了河北、河南、北京、山东、安徽、江苏六省市河网化规划座谈会。根据会议要求,安徽省水利电力厅编制了《安徽省淮北河网化规划》。规划认为,淮北治水的总方针是:"依靠群众,相信群众,全面规划,全面治理,小型为主,大中支持,以蓄为主,尽量少排,水网化,水稻化,把淮北变江南。"具体要求是:淮北大部分耕地要改种水稻,达到70天不雨不旱,10天降雨400 mm不排不涝(后改为5天降雨400 mm不涝),县县通轮船,乡乡通木船,社社通小船或木盆。

(1)基本水网。基本水网由沟塘组成。沟分为大、中、小三种:大沟深6 m,上口宽30 m,底宽6 m;中沟深5 m,上口宽20 m,底宽4 m;小沟深4 m,上口宽10 m,底宽2 m。大沟每隔3 km 1条,中沟每隔1 km 1条,小沟每隔300~500 m 1条。基本水网,每平方千米挖土25万 m^3,沟塘井一律下泉,三者互相结合。

(2)河道网。为了使原有河道可以蓄水,节节修建拦河节制闸。为使各河之间水量能互相调剂,互相沟通,还须开挖几条新河,这样就构成一个河道网,可以全面控制淮北地区的蓄水和排水。初步规划新开河道总长960 km,包括界洪新河、界南新河、阜蒙新河、颍淮新河、涡浍新河、淮涡新河、符怀新河、浍濉新河、淮濉新河及临淮岗水库灌溉总干渠等10条新河。新河的主要作用为灌溉和航运,其次为排水、发电和分洪。计划河底宽20~80 m,深6~8 m。

(3)湖泊洼地。淮北各河流的中下游,有很多湖泊洼地。有的洼地冬春季积水不多,甚至干涸,但

作者简介:徐迎春,男,1963年生,安徽省水利水电勘测设计研究总院有限公司总规划师(教授级高工),主要从事水利规划设计工作。E-mail:908016530@qq.com。

到汛期,四周来水蓄积就汪洋一片,蓄水浅、淹地多。这种湖泊洼地面积约有 1 720 km²,总容蓄量约 42 亿 m³,平均积水深仅 2.4 m,以往多采取一水一麦办法,秋季不能保收。水网化以后,根据洼地圈圩改种的成功经验,湖泊洼地计划分三种处理:地势较高地区,实行圈圩改种,圩内实施河网化,确保两季丰收,估计可以圈圩改种的面积约 860 km²,占湖泊洼地面积的 50%;最洼地区确定为常年蓄水区,发展水产面积约 360 km²;其余 500 km² 作为灌溉除涝调节蓄水区,可以栽种芦苇或其他耐水作物,计可蓄灌溉水 15 亿 m³,蓄涝水 20 亿~30 亿 m³。

(4)灌溉与除涝。淮北河网化以后,计划发展水稻田 183 万 hm²,占耕地面积的 64%,其余 101 万 hm² 旱地一律变成水浇地。其中水源不足的,主要是北部和中部灌区,这两个灌区引汉引黄灌溉最为有利,拟请中央从引汉引黄中解决。如遇中等干旱年以上的旱年,则灌溉需水还将增加,而水源可能减少,还须进一步依靠地下水及外水,并须再扩大引汉济淮水源,以接济淮北的北部和中部灌区。此外,还要研究开辟江淮运河,直接从长江引水,接济沿淮一带的淮水灌溉。淮北初步河网化以后,可以基本解决除涝问题。

(5)航运与发电。河网化以后,不论河道网及基本水网,均可常年通航。计划通航标准,以一列拖驳的总吨数计算,淮河干流、界洪新河、符怀新河等计划为 1 000~3 000 t,颍河、涡河、阜蒙新河等计划为 500~2 000 t,其余各河分别为 150~1 000 t。水网化计划修建中小型水电站约 20 处。

(6)水产与绿化。据河网化初步规划,如每平方千米挖沟塘 25 万 m³,估计沟塘面积约占总面积的 8.7%,整个淮北地区可以常年蓄水经营水产的面积约为 2 650 km²。水产以养鱼为主,兼顾其他养殖。河网化以后,因挖河堆土,河道两岸将有较大的占压土地,这些土地可用来培植各种经济林,构成纵横交错的林带。这些水产与林木都有很高的经济价值,常年产值将不会比农业低。

按当时的设想,河网化以后的淮北平原将有数不清的大小河道,纵横交错,整个淮北平原将有 60%~70% 的土地可以改种水稻,河网化以后的淮北平原可以完全控制自然,在水利方面做到蓄排自如,不会再发生水旱灾害。河道的两岸将出现许多宽阔的公路和道路以及夹道的果木林和防风林带,河网化将有各种类型的船只,川流不息地担负着淮北工农业所需要的运输任务,整个淮北可在近期内实现水稻化、园田化、园林化。

2.2 实施情况

1957 年冬,淮北掀起了兴修水利的高潮。当时的工程除继续兴修大中型河道疏浚及涵闸工程以外,小型工程方面,主要是排水小沟、稻改圩沟及蓄水塘。1958 年冬至 1960 年春,淮北集中主要力量开挖大的新河。淮河干流上的临淮岗水库及淮河中游的蚌埠闸都开工了。临淮岗水库是中游沿淮整体规划中的枢纽工程,在防洪方面,可提高淮河防洪标准至 100 年一遇;在灌溉方面,原计划配合河网化保证沿淮地区 60 余万 hm² 农田用水。该工程于 1962 年 4 月停工。蚌埠闸是配合上游临淮岗水库,壅高淮河水位,发展淮北灌溉的枢纽建筑物,也是淮北河网化的重点工程之一。

3 淮北河网化规划的不足

1962 年,水利部为了总结 1958~1962 年 4 年大规模兴建水利工程的经验教训,要求有关省份开展一次较全面的调查研究总结。淮北河网化是安徽省各项总结工作的重点内容。1962 年,由尤家煌、潘承朴等汇总撰写的《淮北河网化调查研究总结》认为,1958 年起在淮北开展的河网化工程,由于当时治水指导思想存在着缺点,以至于在工程实施中发生了许多问题。主要问题包括过分强调就地蓄水、通航要求过高、工程量过于浩大、要求沿路挖沟等。河网化规划存在的问题主要有以下三点:一是调查研究工作做得不够,对淮北基本特点认识不足;二是规划过于简略,对工程兴建的经济核算研究不够;三是规划中对近期工程与远景工程的分期实施问题研究不够。河网化工程实施的一个教训是,兴建工程时规划粗糙,没有正式设计,仓促施工,不讲基本建设程序,施工财务制度混乱,导致工程多变、多返工,造成很大浪费。

1964 年谭震林副总理召集各省及水利部有关人员座谈,研究总结治淮 15 年的经验教训,并提出根治淮河的设想与以后的工程安排。水电部规划局于同年 9 月提出了《淮河流域治理初步意见》。该文件中对河网化问题的评价是:"究竟淮北地区应不应该搞河网化,怎样搞才好? 现在还很难做出结论。淮北地区地下水位相当高,年雨量也不很少,开挖排水沟就能挖出地下水来,这些水能用于抗旱,这是同北方一些地区不同的。看来在开挖排水系统时,适当挖深一点,并且在一定范围内串联起来适当控制,就不仅能解决排涝,也有利于抗旱。今后河网化不应作为方向,而应作为一种因地制宜的水利措施,因此应好好总结其适应范围。"

4　结语

关于淮北地区河网化,应该历史地、客观地加以评价。淮北河网化是在大的政治背景下产生的,当时的"总路线""大跃进"夸大了主观意志和客观努力的作用。但当时规划的一些淮北新河,还是发挥了较显著的排涝、灌溉、供水等效益。以后许多年来,淮北的治水措施中,"河网化"未占重要地位。在有些地区,如沿淮凤台县在已往修建的河网基础上,进一步利用、改造、发展,取得了成功的经验。肖濉新河对萧县境内的大沙河、岱河、龙河等主要河道的排洪排涝,起到了决定性作用。20 世纪 70 年代中期,涡阳县在实施全县灌排网工程规划时,改造利用了河网化时期遗留的涡楚河、界洪河、向阳河、涡标河、涡新河、涡包河和青曹河等。

近年来,阜南县通过实施水系连通工程,提高了易旱地区的水资源保障程度,效益明显。淮北许多地区都制订了利用现有河道实施水系连通规划。在新形势下,通过科学规划,在淮北平原实施水系连通工程,将进一步使这些人工河道焕发生机,发挥其水资源配置、分洪、排涝、生态等效益。有必要对界南新河、界宿新河等水系整治开展前期工作,推进项目实施。

参 考 文 献

[1] 安徽省水利电力厅. 安徽省淮北水网化规划[R]. 1958.
[2] 徐迎春. 皖北地区治水与经济发展[D]. 合肥:安徽大学, 2004.

基于改进 A* 算法的无人机群滞洪撤退路径规划

钱文江[1],周元斌[1,2],李雷[1],洪毅[1]

(1. 宿迁市水利局,江苏 宿迁 223800;
2. 江苏省骆运水利工程管理处,江苏 宿迁 223800)

摘 要 提出了一种无人机群在滞洪撤退时路径规划的改进 A* 算法。以滞洪撤退线路为重点进行简化、建立模型,构建不指定最终目标点条件下的代价函数,避免陷入局部最优点陷阱,同时引入热度函数作为代价函数权值,考虑选择路径时当前点的热度效应,避免机群过于集中、减少远行机会成本,实现无人机群全局最优路径路搜索。仿真结果表明,改进 A* 算法及程序能自动给出无人机群各自路径规划方案,节约路径规划时间,减小陷入局部最优解概率,满足路径规划要求,针对滞洪运用等一类问题具有很好的运用前景。

关键词 无人机群;改进 A* 算法;滞洪撤退;路径规划

0 引言

随着无人机智能化水平不断提高,无人机(UAV)在灾难救援领域发挥了越来越重要的作用,解决救援、巡查等诸多难题[1-3]。滞洪运用时,巡堤查险压力大、指挥调度难度大、应急搜救任务重,无人机群的有效运用能大幅提高滞洪撤退效率,提升防汛工作信息化水平。无人机路径规划是救灾救援任务的重要部分,多年来,诸多学者对此问题提出了栅格法、模拟退火算法、遗传算法、蚁群算法等诸多算法[4-7],其中 A* 算法可以在静态环境中进行路径规划,实验时可满足实时性的要求,从而可迅速高效地求解最优路径[8-9]。无人机群滞洪撤退运用主要包括两方面:一是无目标全覆盖搜索,这种搜索有必要,确保无遗漏,但效率相对较低;二是以撤退道路为目标,以预警提醒、巡查发现为核心,确保重点环节实时保障。本文针对后者,以撤退道路为关注目标,进行滞洪撤退时无人机群路径规划的算法研究,提出了一种改进 A* 算法,通过重新定义代价函数、引入热度函数实现无人机群全局最优路径规划,并通过程序自动实现生成无人机群路径,提高无人机群滞洪区撤退路径规划效率,寻找无人机技术与防汛工作结合点,拓展其运用前景。

1 无人机群路径规划模型建立

将预定的撤退线路定义为目标遍历线集合 A,其中包含 N 条连续撤退线路,每条撤退线路上控制点有 i_p 个,其中 $i = 1, 2, \cdots, n$。将每条撤退线路上所有点的定义为集合 B_i,其中 $i = 1, 2, \cdots, i_p$。

假设有 M 架无人机,滞洪撤退运用时,无人机群巡查撤退线路最优规划路径问题就可以转化 M 架无人机最短时间内遍历所有集合 A 的最优解问题。若某条线路已被任意一台无人机航行过,则此线路状态定义为"已航";率先飞完当前所在线路的无人机定义为需"转航"无人机,实现"群"路径自动规划;任意线路被无人机选中的点定义为这条线路的"始点",航行至线路结束的点定义为这条线路的"终点"。

为简化问题研究,做出如下假设:

(1)无人机初步分布在不同起点。

(2)无人机具有相同的物理特性,飞行速度固定,且只考虑无人机质心运动方程。

作者简介:钱文江,男,1988 年生,硕士,工作于宿迁市水利局,主要研究方向为水工结构、智能控制。E-mail: 1530309108@qq.com。

2 改进 A* 算法

2.1 A* 算法基本思想

A* 算法是一种启发式搜索算法,在空间中起始点到目标点的最小代价路径问题中被广泛使用。通过在搜索空间不断评估路径的估价函数来启发式搜索节点,最终构建最优路径。A* 算法的常规估价函数为:

$$f(n) = g(n) + h(n) \tag{1}$$

式中:n 为当前节点;$f(n)$ 为从初始点经由节点 n 到目标点的估价函数;$g(n)$ 为状态空间中从初始节点到节点 n 的实际代价;$h(n)$ 为从节点 n 到目标节点的估计代价。

传统的 A* 算法一般针对特定的某终点目标,通过空间栅格化进行搜索,搜索效率主要由搜索方向和搜索步长决定,但是无法进行无特定终点目标下无人机群关联分析和确定整体机群最优路径。

2.2 改进 A* 算法

根据问题模型,重新定义改进 A* 算法节点 n 的代价函数 $f(n)$,引入无人机群热度函数 $\xi(n)$、$\eta(n)$,分别赋予节点 n(线的始点或末点)估价函数 $f(n)$ 中 $g(n)$ 和 $h(n)$ 以权重,得到节点 n 考虑无人机群热度和线路延伸距离的综合代价。改进 A* 算法中代价函数、变权值评估方法以及热度函数分别如下所述:

(1)代价函数。

设当前节点为 n,由于问题模型中没有特定的目标节点,只有需要遍历的若干线,因此定义 $g(n)$、$h(n)$ 分别为状态空间中前一遍历线的终点到节点 n、到节点 n 所在遍历线路的另一端点的距离,在避免因遍历线路延伸距离"过远"而陷入的局部最优情况下,找到每一步的当前最优点 n。

(2)变权值代价函数。

重新定义代价函数虽然可以跳过"过远"陷阱,但是无法避免"过热"问题,也就是没有考虑待选点周边无人机群分布疏密程度。如果某一待选点 n 满足代价函数最小要求,但是 n 点周边无人机分布已经很密,且仍有大片无人机分布很疏的区域还未遍历。此时,更希望此无人机 m 能够"跳出"热岛,飞向大片还未遍历的区域,而不是集中于热度较高的 n 点,而如果坚持选择 n 点,实际上相当于增大了选择此点的代价。因此,为避免跳入过热区域,有必要引入无人机群热度函数 $\xi(n)$、$\eta(n)$,考虑 $g(n)$ 和 $h(n)$ 对路径评估的影响不同,选择变权值评估方法,相应代价函数为:

$$f(n) = \xi(n)g(n) + \eta(n)h(n) \tag{2}$$

式中:$\xi(n)$ 为 $g(n)$ 的权值;$\eta(n)$ 为 $h(n)$ 的权值。

(3)热度函数。

为衡量待选点无人机群密集程度引入无人机热度函数概念,定义如下:

$$\xi(n) = \left(1 + \sum_{i=1}^{M} \frac{d_0}{d_i}\right)^{\alpha} \tag{3}$$

$$\eta(n) = \left(1 + \sum_{i=1}^{M} \frac{d_0}{d_i}\right)^{\beta} \tag{4}$$

式中:d_0 为无人机 m 当前所在遍历线的终点到待选点 n 的距离,d_i 为 M 个无人机分别到待选点 n 的距离。

α 为热度函数 $\xi(n)$ 的幂次,取值大于 0,所以 $\xi(n)$ 大于 1,当待选点 n 越热,$g(n)$ 越达,估价函数值 $f(n)$ 越大,n 点被选中概率越低;β 为热度函数 $\eta(n)$ 的幂次,取值小于 0,所以 $\eta(n)$ 小于 1,当待选点 n 越热,$h(n)$ 越小,估价函数 $f(n)$ 越小,n 点被选中概率越大,即如果 n 点很"热",走远一点也可以接受,避免无人机集于过热区域。此外,$\xi(n) > 1 > \eta(n) > 0$,放大 $g(n)$ 数值,缩小 $h(n)$ 数值,突出待选点 n 的影响,减弱待选点所在遍历线的另一端点的影响,与实际情况相符合。调整 α 和 β 取值,相应可以变更热度函数值,影响 $g(n)$ 和 $h(n)$ 权重,适用于更多问题。

改进 A* 算法详细步骤如下:

步骤1,读取 N 条线路和 M 个无人机初始点信息。

步骤2,对第1架无人机,计算其在所有线路两个端点的估价函数 $f(n)$,并根据估价函数最小原则确定其初始线路,并标记线路状态为"已航",标记估价函数最小的点状态为"始点",其所在线路的另一端点状态为"终点"。

步骤3,对第2至 M 架无人机,依次重复步骤2,依次确定各无人机初始线路,并标记线路状态为"已航",标记选择线路点状态为"始点",选择线路的另一端点状态为"终点",已被标记为"已航"的线路不需计算比较。

步骤4,计算各个无人机已航总路径长度、当前线路长度,则最先结束当前线路的无人机即为下一个需要"转航"的无人机,并将此无人机当前线路的终点信息存入并作为下一步"转航"计算的初始信息。

步骤5,计算"转航"无人机对所有线路两个端点的估价函数,根据估价函数 $f(n)$ 最小原则,确定"转航"无人机的下一线路,标记线路和其端点状态,已被标记为"已航"的线路不需计算比较。

步骤6,重复步骤4、步骤5,直至所有线路标记为"已航",所有待飞线路全部遍历。

3 仿真结果与分析

分别通过四个算例和程序分析,对本文算法进行验证。

3.1 算例1

通过算例1检验算法对于"过远"问题的考虑效果。假设有1架无人机 UAV1,2 条遍历线 L1、L2,初始坐标如图1所示,进行无人机最优路径规划。

算例1计算时,普通算法会优先选择距离最近的线路2的点3;改进 A* 算法中,α 取 0.5,β 取 -0.5(见表1),优先选择线路1的点1,虽然没有选中距离最近的点3,但是却避免了因选择线路2而绕"过远"的问题,普通算法与之相比增加了 6.8% 的总路径距离。此外,$\text{Abs}(\alpha/\beta)$ 大小体现改进 A* 算法对于两个端点影响评估的侧重程度,若

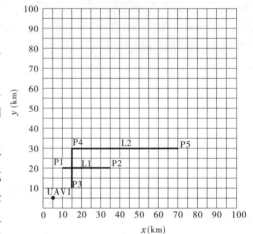

图1 算例1无人机遍历线及初始点信息

$\text{Abs}(\alpha/\beta)$ 趋近无穷大或无穷小,则改进 A* 退化为仅考虑某一端点的普通算法,无法考虑"过远"问题,α 和 β 取值敏感性分析见算例2。

表1 算例1无人机路径规划

方案类别	α	β	无人机路径	总路径距离
普通算法	—	—	线1(点1—点2)—线2(点3—点5)	$1.382e^5$
改进 A* 算法	0.5	-0.5	线2(点3—点5)—线1(点2—点1)	$1.476e^5$

3.2 算例2

通过算例2分析 α 和 β 取值对路径规划结果影响的敏感性,也作为算例3无人机群路径规划的对比算例。假设有1架无人机 UAV1,3 条遍历线 L1、L2、L3,初始坐标如图2所示,进行无人机最优路径规划。

通过算例2可知,普通算法优先选择线路1,相比于优先选择线路2的算法,总路径距离增加了 14.2%。表2中的界限比例为最优点与次优点 $f(n)$ 的比值,用来表示优先选择线路1或线路2,比值大于1时即表示选择线路1,小于1时即表示选择线路2。通过调整 α 和 β 取值进行敏感性分析可知,同一算例中,$\text{Abs}(\alpha/\beta)$ 越大,越偏向于优先选择线路2;不同算例中,界限比例对应的 $\text{Abs}(\alpha/\beta)$ 临界值不同,α 越大,$\text{Abs}(\alpha/\beta)$ 临界值越大,且当 α 超过始末端点距离比某限值时,无论 $\text{Abs}(\alpha/\beta)$ 取值多大都无法选择到路径2。由此可见,合适的 α 和 β 取值对于不同算例的影响非常大,一般建议在 $(-1,1)$ 之间取值(见表2)。

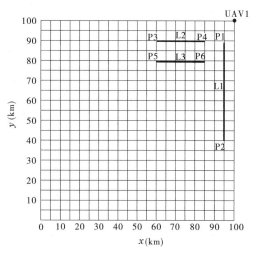

图2　算例2无人机遍历线及初始点信息

表2　算例2无人机路径规划

方案类别	α	β	Abs (α/β)	无人机路径	总路径距离	界限径比例
普通算法	—	—	—	线1(点1—点2)—线3(点6—点5)—线2(点3—点4)	1.624e⁵	—
改进 A* 算法	0.5	−0.5	1.00	线2(点4—点3)—线3(点5—点6)—线1(点1—点2)	1.422e⁵	0.936
	0.5	−0.98	0.51	线1(点1—点2)—线3(点6—点5)—线2(点3—点4)	1.624e⁵	1.001
	1.0	−0.48	2.08	线1(点1—点2)—线3(点6—点5)—线2(点3—点4)	1.624e⁵	1.001
	1.5	−0.000 01	1.5e⁵	线1(点1—点2)—线3(点6—点5)—线2(点3—点4)	1.624e⁵	1.004

3.3 算例3

上述两个算例,分析了"过远"问题以及 α 和 β 取值的敏感性,但均未考虑无人机群的概念,也无法检验算法中引入热度函数是否能有效解决"过热"问题。下面通过算例3检验算法对于"过热"问题的考虑效果。假设有 2 架无人机 UAV1、UAV2,3 条遍历线 L1、L2、L3,初始坐标如图3所示,进行无人机群最优路径规划。

通过算例2和算例3对比可知,在相同的 α、β 取值时(本例分别为0.5、−0.5,见表3),仅有无人机1的算例2优先选择路径2,为此算例的最优路径;而同时有无人机1、无人机2的算例3中,无人机1优先选择路径1,也为此算例的最优路径,且算例2总路径距离相比算例3增加了9.5%。由此可见,算法中引入的热度函数,可以有效避免无人机集中于过热区域,解决"过热"问题,寻找更优路径。

3.4 算例4

下面将前3个算例模型结合起来,检验算法对于无人机群的路径规划能力。假设有 3 架无人机 UAV1、UAV2、UAV3,5 条遍历线 L1、L2、L3、L4、L5,初始坐标如图4所示。

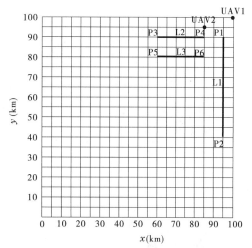

图3　算例3无人机遍历线及初始点信息

通过算例4计算结果可知,程序可以自动进行给出3台无人机各自路径方案,实现无人机群路径规划,算法减少无人机路径规划时间,选择的线路总路径距离最优,可以找到全局最优方案,具有很好的适用性(见表4)。如果算例中遍历线和无人机越多、越复杂,程序及算法的优越性将更为显著,而此时人工进行路径规划几乎无法完成。

表3　算例3无人机路径规划

方案类别	α	β	无人机路径	总路径距离
算例2	0.5	−0.5	线2(点4—点3)—线3(点5—点6)—线1(点1—点2)	$1.422e^5$
算例3	0.5	−0.5	机1:线1(点1—点2)	$0.612e^5$
			机2:线2(点4—点3)—线3(点5—点6)	$0.650e^5$

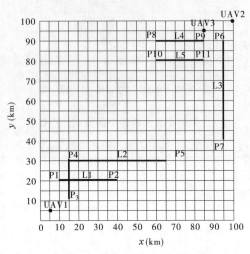

图4　算例4无人机遍历线及初始点信息

表4　算例4无人机路径规划

方案类别	α	β	无人机路径	总路径距离
算例4	0.5	−0.5	机1:线1(点1—点2)—线2(点3—点5)	$1.382e^5$
			机2:线3(点6—点7)	$0.612e^5$
			机3:线4(点9—点8)—线5(点10—点11)	$0.650e^5$

算例4程序运算主要过程如图5所示。

图5　算例4程序主要计算过程

4　结论

本文提出了一种改进 A* 算法,该算法根据滞洪运用一类问题重新定义代价函数,避免陷入局部最优点陷阱,同时引入热度函数作为代价函数权值,考虑选择路径时当前点的热度效应,避免飞入无人机过于集中区域。仿真结果验证了本文的算法可以有效减少规划时间、缩短路径长度,选择合适的热度因子,可以避免"过远""过热"等问题,是一种有效的无人机路径规划算法,针对滞洪运用等一类问题具有很好的运用前景。

参 考 文 献

[1] 谭遵泉,尹明辉.基于人工智能技术的无人机城市应急救援决策辅助系统设计[J].科技创新与应用,2020(11):54-55.

[2] 李晓阳,韩贞辉,谢恒义,等.无人机航空遥感系统在灾害应急救援中的应用[J].技术与市场,2020,27(3):126,128.

[3] 陈浩,解成超.无人机在海上石油平台巡检与应急救援中的应用研究[J].信息技术与信息化,2019(8):209-211.

[4] 刘梅.基于栅格化视觉的机器人路径优化研究[J].计算机与数字工程,2018,46(8):1548-1552.

[5] 顾键萍,张明敏,王梅亮.基于改进遗传算法的路径选择算法及仿真实现[J].系统仿真学报,2016,28(8):1805-1811.

[6] 陶重犇,雷祝兵,李春光,等.基于改进模拟退火算法的搬运机器人路径规划[J].计算机测量与控制,2018,26(7):182-185.

[7] 李理,李鸿,单宁波.多启发因素改进蚁群算法的路径规划[J].计算机工程与应用,2019,55(5):219-225,250.

[8] 吴鹏,桑成军,陆忠华,等.基于改进 A* 算法的移动机器人路径规划研究[J].计算机工程与应用,2019,55(21):227-233.

[9] 占伟伟,王伟,陈能成,等.一种利用改进 A* 算法的无人机航迹规划[J].武汉大学学报(信息科学版),2015,40(3):315-320.

浅谈白沙水库大坝渗流安全监测系统

李秋光,李新攀

（河南省白沙水库管理局,河南 禹州　461670）

摘　要　白沙水库大坝观测系统通过改造逐步实现自动化观测,介绍了系统的软硬件设施,设备的更新换代较快、电子元件的损坏等原因导致观测数据不正常,通过人工观测与自动观测的数据进行比对,分析影响大坝渗流安全监测的影响因素,及时解决并确保大坝安全。

关键词　大坝渗流;安全监测;MCU

大坝的安全直接影响下游的生命和财产安全,渗流又作为大坝安全的主要测评指标,实时大坝监测把握大坝安全状态至关重要。自 20 世纪 50 年代以来,大坝渗流监测的研究不断地完善和发展,从 20 世纪 80 年代在葛洲坝的内部参数自动化采集装置,到 90 年代国电自动化研究院研制的软硬件齐全的自动化大坝监测系统,从人工观测到自动化观测实现质的飞跃。美国 GEOMATION 公司研发具有智能化的分布式遥测监测系统,通过 MCU 采集信息、有线或者无线连接 MCU 与计算机中央处理器来实现大坝监测信息的传输系统[1]。目前,国内渗流监测整体系统较为成熟的有南京水文自动化研究所的 DG 系统和南京南瑞集团的 DAMS 系统[2]。大坝监测数据采集已经完全实现,如何利用数据的变化准确评价大坝安全状态,科研学者进行了大量研究,王初生等构建多元线性回归模型对坝基渗流进行预测研究[3],S. Wold 和 C. Albano 等提出了偏最小二乘回归的方法对大坝渗流进行预测研究[4],不少学者在人工神经网络的基础上提出了一些改进算法,如修正牛顿法[5]、非线性最小二乘法[6,7]、正交最小二乘法[8]等。张立君等构建 RBFNN 神经网络模型进行预测,比单纯 BP 神经网络所拟合出的结果收敛速度快,避免局部极小的优势[9]。张乾飞等构建了基于模糊聚类的神经网络预测模型[10];丁光斌构建了基于模糊聚类和自适应神经模糊推理系统等[11]。

下面针对白沙水库的大坝渗流安全监测系统,介绍监控系统的升级改造及改造后的硬、软件设施,分析存在的问题和改进的建议。

1　工程概况

白沙水库位于淮河流域沙颍河上游,坝址位于河南省禹州市与登封市交界处,距禹州市中心 37 km。该水库是 20 世纪 50 年代初治淮早期河南省最早兴建的大型水库之一,是一座以防洪灌溉为主,兼顾工业供水、水产养殖、旅游等综合利用的大(2)型水利枢纽工程。水库控制流域面积为 985 km²,兴利库容 1.15 亿 m³;设计洪水标准为 100 年一遇,相应库容 2.11 亿 m³;校核洪水标准为 2 000 年一遇,总库容 2.78 亿 m³。

水库枢纽工程由大坝、溢洪道、输水洞、副溢洪道和灌溉洞等水工建筑物组成。白沙水库挡水建筑物包括主坝、东副坝、西副坝和由于泄水建筑物改建而新建的堵坝,坝型基本为均质土坝。其中主坝坝顶长 1 330 m,坝顶宽 6.5 m,最大坝高 48.4 m,坝顶高程 236.30 m,防浪墙顶高程 237.50 m。

2　大坝渗流监测系统升级改造

白沙水库经过 2003～2006 年除险加固时增设了部分安全信息管理子系统,后又利用 2013～2019 年维修养护经费改造完善了部分安全信息系统,其中大坝坝体、坝基渗压观测经过自动化更新改造,大坝渗流观测有人工观测和自动化监测两种方式。人工观测是对大坝原有 29 根浸润线管和测压管进行

作者简介:李秋光,男,高级工程师。

观测,除险加固时 8 根被损坏,目前有 21 根,其中 8 根无水,4 根堵塞,9 根正常观测。

新设的自动化观测管目前有 34 根(原 29 根,增加 5 根)。浸润线观测管布设在 0 + 279、0 + 572、0 + 947 三个断面上,每排 5 根,共 15 根;坝基测压管设在 0 + 281、0 + 574、0 + 945、0 + 100、1 + 000 五个断面上,共 19 根,渗压计选用基康公司生产的 GK – 4500S 型振弦式渗压计,技术指标为:分辨率 ≤ 0.025% F. S,精度 ≤ ±0.5% F. S。每周三进行一次观测。

大坝 34 支测压管渗流监测采用自动化监测系统,作为大坝渗流安全监测的主要数据。而原 29 支老测压管,取水井、涌水井、绕坝东和绕坝西四支测压管继续每周三进行一次人工观测;13 支无水的测压管每半月进行一次人工观测,但仅作为参考值;8 支损坏和 4 支淤堵的测压管,因与新测压管无比对价值,无法观测。目前渗压安全实时监控与预警系统已建成,能实现远程遥测和整编分析及实时预警功能。

根据白沙水库渗流监测点分布情况,为保证采集信号不衰减及采集设备安全,在大坝平台安装 3 套 MCU – 32 型采集装置,各渗压计就近牵引到相应观测箱,共计 3 台 MCU 采集单元,同时增设防雷地网。

3 大坝渗流监测系统的硬、软件设施

3.1 大坝渗流监测系统的硬件 MCU

MCU(测量控制单元)包括控制测量、A/D 转换、数据暂存和数据传输,实现自动化观测的重要设备,可通过人工测量检验并校核数据的准确性,采取双供电方式,且具备防雷抗干扰、防震、防尘和防潮的功能。

3.1.1 MCU 测量控制

MCU 能按任意设定的时间自动启动进行单测、巡测、选测和暂存数据,测量时间间隔范围为 2 min 至 1 个月。同时具备人工测量功能,无须改变测控装置的接线,通过接口对接入该测控装置的所有传感器进行人工测量。每个智能数据采集模块接口便捷,操作人员在现场通过计算机和键盘显示器可以进行检查、率定、诊断等,且不扰乱正常的日常数据采集和系统网络拓扑结构。存储空间存满后能自动覆盖,可存储 500 测次以上的数据。存储在存储器内的测量数据能保存 5 年以上的时间不丢失。

3.1.2 电源管理功能

MCU 提供 220 V 交流电和带免维护的铅酸充电电池作后备电源供电的两种可靠的供电方式,平时直接采用 220 V 交流电供电(并对蓄电池充电),在系统供电中断的情况下,备用电源自动启动,并能保证测控装置连续工作一周,保证数据测量的连续性。

3.1.3 MCU 防雷抗干扰、防震、防尘、防潮

采集单元具有防雷、抗电磁干扰技术措施,所有传感器入口均采取信号隔离、防雷、防电磁干扰措施,测控装置应采用上电自动复位电路、看门狗电路等保护措施,保证测控装置不受雷电流和电磁破坏,并且在电压波动或电源中断情况下也能安全稳定运行,系统防雷电感应不低于 1 500 W。保证在水工恶劣环境中(工作温度 – 30 ~ 60 ℃,湿度 ≤ 100%)长期稳定工作。箱体可直接安装在墙上,其防护等级应符合 IP56 标准。

3.1.4 自检、自诊断功能

能自动检查和诊断各部位运行状态,将状态信息传输到监控主机或便携式计算机显示,以便维修。具有异常测值报警功能,提醒用户检查或采取相应措施。

3.2 自动化系统软件信息管理系统软件

大坝安全实时监控与预警系统是依据水库大坝实际要求开发出来的软件,主要由远程数据采集、大坝安全诊断、大坝安全远程预警、大坝信息管理、系统信息管理等五个模块组成(各功能模块信息交互流程见图 1)。软件具有数据采集、数据处理、资料管理、资料整编、资料分析、网络管理以及可扩展性,能与其他自动化系统进行无缝连接等功能,以及大坝管理人员和管理局领导可以及时了解工程当前性态,为领导决策提供科学依据,实现工程管理自动化、现代化,以提高工程安全管理的效率和质量,为水库大坝的长期安全、经济运行提供可靠保证。白沙水库大坝安全实时监控与预警系统网页界面见图 2。

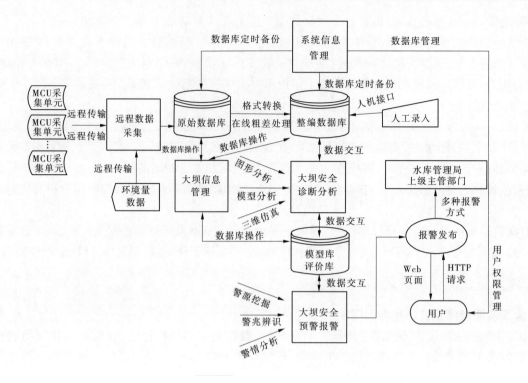

图 1　大坝安全实时监控与预警系统各功能模块信息交互流程

图 2　白沙水库大坝安全实时监控与预警系统网页界面

　　大坝安全实时监控与预警系统的软件采用 B/S 结构,除数据采集服务程序要在监控主机上启动外,其他部分只要计算机用户通过网络与服务器相连,即可通过浏览器进行访问,查询监测数据、图形、安全监测信息和评价结论。本系统支持工作组、网络运行方式,可以与局域网和广域网互联,数据库可与各种其他数据库互联,为其他系统提供数据接口或供其直接使用。用户可以远程控制 MCU 的数据采集,显示测量数据,并可将测量数据直接保存至服务器中的数据库内。

　　(1)大坝安全监测信息、环境量信息等通过光缆、无线遥测等通信平台远程传输至监控中心。在入库过程中,系统对远程数据进行误差识别、异常数据识别和疑点判别,若无疑点,进入整编数据库,若存在疑点,则进行成因分析。

(2)整编数据库响应用户层请求,形成对数据操作,进行数据库访问操作;绘制各种可视化图形(例如过程线、相关线、包络线等);调用知识库、方法库中的各种模型算法进行各项分析,包括疑点成因分析、统计分析、盲信息分析、结构分析(包括变形分析、裂缝分析、渗流分析、应力变形分析等)和反分析;调用方法库的预测预报模型进行预测预报;利用三维仿真、实时视频对关键部位监控和评价;并将分析结果存储到成果库中。

(3)及时向系统反馈最新安全诊断结果信息,在此基础上进行警源挖掘、警兆辨识、警情分析等分析处理,并对大坝安全现状通过信息发布系统以人机交互、自动化预警输出和 WEB 发布等形式向水库管理处、上级主管部门等发布。

(4)响应用户管理界面层发送的请求,进行大坝安全信息和系统信息管理。

采集单元通过光纤和网络设备传输到监控中心的大坝监测服务器数据库里,采集到的数据通过服务器上安装采集、分析和预警软件进行解析;将该服务器上数据库的数据链接到综合自动化运行平台,实现信息共享。

4　渗流监测优点及存在问题

4.1　渗流监测优点

近几年白沙水库大坝渗流监测系统实际应用,主要有以下优点:

(1)软件功能齐全、可视化效果较好,且性能稳定可靠、操作简单,降低了相关技术人员的使用难度且方便高效,能够通过网络适时查询。

(2)设计合理,造价经济。

(3)数据分析科学合理,保证了大坝和水库运行信息准确、可靠、及时。为白沙水库的安全运行管理提供了有效的科学依据。

4.2　渗流监测系统存在的主要问题及解决方案

大坝安全监测的 MCU 数据采集单元,由于使用时间较多,电子原件时有故障出现,有时个别数据不正常,影响大坝安全监测数据的正常分析。

针对以上问题,采取以下方式解决:

(1)针对有时个别数据异常时,要人工测量进行适时比对,采用人工测量的数据,同时分析出现问题的原因。

(2)对测量精度不高的渗压计及时更换。

(3)必要时更换大坝安全监测的 MCU 采集单元及升级分析监测软件;加强各个组成系统的检查和维护。确保大坝渗流监测系统的正常运行,为保证水库的安全运行提供科学依据。

5　结语

(1)根据《土石坝安全监测技术规范》(SL 551—2012),白沙水库大坝安全实时监控预警系统管理平台可自动生成过程线、相关线、浸润线等图形,为资料整编分析工作带来极大的便利,对提升大坝安全管理水平具有重要意义。

(2)自动化观测实施以来一直处于低水位状态运行,加强在高水位状态下的监测,以及变化情况下的监测。

(3)监测资料分析应与日常巡视检查、运行管理等情况结合并进行综合分析,在仪器监测基础上,定期开展人工巡视检查。

(4)加强大坝渗流机理的学习与研究,结合智能算法对渗流预测做更深一步的研究,精准的预测为领导做出正确决策提供依据。

参 考 文 献

［1］李利军,郭振岗,陈鹏,等.无线传感器网络在大坝安全监测中的应用［J］.计算机与数字工程,2007,35(10):83-85.

［2］储海宁.大坝安全监测自动化技术的新进展［J］.中国水利水电工程技术进展,1999(4).

［3］王初生,唐辉明,杨裕云.多元回归模型在坝基渗透稳定性预测中的应用［J］.华东地质学院学报,2004,26(4):367-370.

［4］汪贤星,李俊杰,王二杰.我国民间投资的偏最小二乘回归研究［J］.华中科技大学学报:社会科学版,2003,17(4):90-93.

［5］McLoone S,Irwin G. A variable memory quasi-Newton training algorithm［J］.Neural Processing Lett,1999(9):77-88.

［6］Biegler K F,Barmann F. A learning algorithm for multilayer neural networks based on linear least squares problems［J］.Neural Networks,1993(6):127-131.

［7］Hagan M T,Menhaj M. Training feedforward networks with the marquardt algorithm［J］.IEEE Trans. Neural Networks,1994(5):989-993.

［8］Chen S,Cowan C F N,Grant P M. Orthogonal least squares learning algorithm for radial basis function networks［J］.IEEE Trans. Neural Networks,1991,2(3):302-309.

［9］张立君,刘先珊,王永兵.径向基函数神经网络模型在渗流监测中的应用［J］.人民长江,2002,33(12):26-28.

［10］张乾飞,徐洪钟,吴中如,等.基于模糊聚类的神经网络及其在渗流分析中的应用［J］.水利发电学报,2002(2):37-43.

［11］丁光彬,宿辉,李彦军,等.基于 ANFIS 的大坝渗流监测数据处理和安全预报［J］.水利水电技术,2006,37(4):90-91.

二、水资源管理与水生态文明建设

山东省一般山丘区典型流域推理公式研究

贾守东，郑从奇，党永平，鲁素芬

（山东省水文局，山东 济南 250002）

摘　要　本研究基于山东省一般山丘区小流域推理公式基本理论和研究方法，按照非高割洪水和高割洪水两种情况，分析了典型流域 12 场雨洪资料的产汇流参数，并探索了产流参数 μ 随雨强 I 和前期影响雨量 P_a 的关系，以及汇流参数 m 与净雨深 h_R 或最大流量 Q_m 的关系。此外，还分析了洪水切割后的峰量与实测峰量之间的相关关系。

关键词　朱家庄；推理公式；产汇流参数；山东省

1　研究区相关概况

根据全省地质岩性情况和一般山丘区推理公式研究有关条件要求[1]，经综合分析，选取沂河上游朱家庄流域作为山东省一般山丘区典型研究流域。朱家庄站符合选用站条件：流域面积较小，产汇流条件比较一致，河道干流比降大且沿程变化不大，流域内雨量站数基本能够控制流域面降水量。

该流域位于田庄水库以上，朱家庄水文站位于沂河的支流高庄河（田庄河）上游，高庄河发源于沂源县琵琶山天门顶，由南向北流，下游 8 km 为田庄水库，流域内高山环抱，流域形状为扇形。集水面积 31.4 km²。

朱家庄水文站设立于 1968 年 6 月，距下游田庄水库水文站 11 km。流域内共有 4 处雨量站，分别为朱家庄、曹家庄、磨山石和双庙雨量站。其中，朱家庄雨量资料截止时间为 1976 年 7 月至 2012 年 9 月，曹家庄 1976 年 7 月至 1994 年 9 月，磨山石 1976 年 7 月至 1994 年 9 月，双庙 1976 年 7 月至 1994 年 9 月。流域内无蒸发监测资料，移用附近镇后站蒸发资料。

2　推理公式研究

2.1　流域资料处理

本研究基于朱家庄水文站洪水水文要素摘录表（1976～2001），朱家庄、曹家庄、磨山石和双庙雨量站逐日降水量表与降水量摘录表，镇后站逐日水面蒸发量表，以及朱家庄水文站测站考证簿等资料进行分析。

基于推理公式雨洪资料选择要求[1]，从历史资料中筛选出了 12 场次雨洪，进一步推求计算了流域各场次雨洪的洪峰流量、面雨量和主时段雨强，见表 1。在对降水、洪水过程进行等时距插补基础上，进行推理公式参数分析。

2.2　流域特征值量算[2]

本研究直接采用《测站考证簿（朱家庄站）》提供的流域特征值参数，该成果是基于 1∶50 000 航测图的量算成果。

朱家庄站流域面积 F 为 31.4 km²，出口断面起沿主河道至分水岭的最长距离（含主河道以上沟形不明显部分坡面流程的长度）L 为 11.6 km，主河道 L 平均比降 J 为 15.5‰。

作者简介：贾守东，男，1971 年生，高级工程师，主要从事水文学与水资源研究。

表 1　朱家庄流域推理公式法分析选用场次雨洪

序号	雨洪号	洪峰流量 （m³/s）	面雨 （mm）	主时段雨强 （mm/h）	配套 雨量站
1	19760813	66.5	125.0	17.8	
2	19800616	115.0	107.5	37.7	
3	19800904	21.6	55.4	23.7	
4	19880704	31.9	61.7	33.4	
5	19890710	12.4	61.4	16.5	朱家庄、
6	19930716	62.0	68.8	18.4	曹家庄、
7	19930726	79.5	62.9	46.6	磨山石、
8	19940629	70.5	80.5	40.7	双庙
9	19940706	116.0	63.1	40.5	
10	19880716	163.0	58.4	18.5	
11	19900717	144.0	101.6	34.9	
12	19930712	158.0	107.6	42.5	

2.3　场次雨洪产流参数分析

场次雨洪产流参数分析包括两部分内容：一是计算场次雨洪的产流历时 t_c 及产流历时内的流域平均雨量 P_{t_c} ，二是计算流域平均损失率 μ 。

朱家庄场次雨洪参数计算采用图解法[3]，即首先根据场次暴雨过程绘制降水累积曲线 $P_t \sim t$ ，然后在纵轴上由原点起截取次径流量 h_R 得到相应点，并过相应点作 $P_t \sim t$ 曲线的切线，则该切点的横坐标即为产流历时 t_c ，切线的斜率即为本场雨洪的流域平均损失率 μ ，见图 1。计算公式如下：

$$\mu = \frac{P_{t_c} - h_R}{t_c} \tag{1}$$

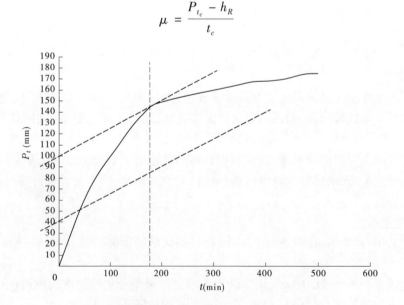

图 1　切线法求解流域平均损失率 μ 示意图

基于推理公式基本假定，流域汇流速度为常数，考虑到地下径流与地表径流流速差异，本次研究未分析未切割基流时的产汇流参数。参照《水利水电工程设计洪水计算手册》中推理公式产汇流参数分析案例，采用直线斜割法割去场次洪水的地下径流和部分壤中流，并分析其特征值及产汇流参数。考虑到汇流模型研究时分析过高割洪水的情况，以及推理公式假定流域汇流参数为常数的基本条件，文章又分析了高割洪水即割去地下径流和全部壤中流条件下的径流特征值及产汇流参数。

经推求,得到非高割和高割洪水条件下径流特征值和产流参数,见表2、表3。

表2 朱家庄站场次雨洪径流特征值及产流参数成果(非高割洪水)

雨洪号	地表径流 h_R（mm）	Q_m（m³/s）	产流历时 t_c（h）	P_{tc}（mm）	损失参数 μ（mm/h）
19760813	26.3	63.2	3.2	58.6	10.6
19800616	17.7	110.8	1.0	37.3	18.3
19800904	4.5	21.1	1.0	22.5	17.9
19880704	3.0	31.2	0.5	20.5	31.4
19880716	34.4	158.4	2.9	48.2	2.7
19890710	2.2	12.1	0.9	20.7	16.7
19900717	47.7	139.7	2.4	85.8	8.0
19930712	25.1	155.7	1.2	55.3	13.7
19930716	24.1	68.5	2.6	46.2	9.2
19930726	19.1	79.0	1.1	47.6	26.5
19940629	9.8	69.8	0.8	34.0	30.6
19940706	29.2	115.3	1.2	42.1	13.7

表3 朱家庄站场次雨洪径流特征值及产流参数成果(高割洪水)

雨洪号	地表径流 h_R（mm）	Q_m（m³/s）	产流历时 t_c（h）	P_{tc}（mm）	损失参数 μ（mm/h）
19760813	20.6	61.7	2.7	53.4	13.0
19800616	12.2	108.8	0.7	30.6	28.6
19800904	3.7	20.9	0.8	19.7	20.4
19880704	2.6	30.6	0.5	19.0	29.7
19880716	28.2	157.8	2.7	47.8	3.8
19890710	1.5	11.8	0.7	15.6	18.8
19900717	41.1	137.8	2.2	82.2	9.3
19930712	21.2	154.6	1.1	54.1	15.2
19930716	17.2	66.4	2.5	45.5	11.1
19930726	10.3	77.9	1.0	44.7	36.0
19940629	8.2	69.1	0.7	30.7	34.3
19940706	19.1	113.6	1.1	41.0	21.9

2.4 场次雨洪汇流参数分析

首先判别场次雨洪的汇流条件,分别计算 $\dfrac{h_R}{t_c}$ 和 $\dfrac{Q_m}{0.278F}$,如果前者大于等于后者,则为部分汇流,即 $t_c \leqslant \tau$,此时, τ 由下式计算:

$$\tau = 0.278 \frac{h_R}{Q_m} F \qquad (2)$$

反之,则为全面汇流,即 $t_c > \tau$,此时根据 $\dfrac{Q_m}{0.278F}$ 计算值和平均产流强度曲线 $\dfrac{h_t}{t} \sim t$,查得相应时

间即为 τ 值。平均产流强度曲线 $\frac{h_t}{t} \sim t$ 根据降水累积曲线 $P_t \sim t$ 和损失累计曲线 μ_t 建立。

汇流时间 τ 确定后,即可根据主河道长度计算场次洪水的汇流速度,公式如下:

$$v_\tau = \frac{0.278L}{\tau} \tag{3}$$

针对所选 12 场次洪水,依次进行流域汇流条件判别、汇流时间和汇流速度计算,暂且考虑流域河道为矩形断面,取 $\lambda = 2/5$、$\sigma = 1/3$。根据流域平均汇流速度经验公式求解场次洪水的汇流参数。非高割和高割洪水条件下径流特征值和汇流参数见表 4 和表 5。

表 4　朱家庄站场次雨洪径流特征值及汇流参数成果(非高割洪水)

雨洪号	地表径流 h_R (mm)	Q_m (m³/s)	产流历时 t_c(h)	h_R/t_c (mm/h)	$Q_m/0.278F$ (mm/h)	汇流模式	τ (h)	汇流速度 (m/s)	汇流参数 m
19760813	26.3	63.2	3.2	8.3	7.2	部分汇流	3.6	0.9	0.7
19800616	17.7	110.8	1.0	18.1	12.7	部分汇流	1.4	2.3	1.4
19800904	4.5	21.1	1.0	4.7	2.4	部分汇流	1.9	1.7	2.1
19880704	3.0	31.2	0.5	5.6	3.6	部分汇流	0.8	3.8	3.9
19880716	34.4	158.4	2.9	11.8	18.1	全面汇流	1.5	2.1	1.1
19890710	2.2	12.1	0.9	2.4	1.4	部分汇流	1.6	2.0	3.0
19900717	47.7	139.7	2.4	19.7	16.0	部分汇流	3.0	1.1	0.6
19930712	25.1	155.7	1.2	21.5	17.8	部分汇流	1.4	2.3	1.2
19930716	24.1	68.5	2.6	9.5	7.8	部分汇流	3.1	1.1	0.8
19930726	19.1	79.0	1.1	17.7	9.1	部分汇流	2.1	1.5	1.1
19940629	9.8	69.8	0.8	12.3	8.0	部分汇流	1.2	2.6	1.9
19940706	29.2	115.3	1.2	25.0	13.2	部分汇流	2.2	1.5	0.9

表 5　朱家庄站场次雨洪径流特征值及汇流参数成果(高割洪水)

雨洪号	地表径流 h_R (mm)	Q_m (m³/s)	产流历时 t_c(h)	h_R/t_c (mm/h)	$Q_m/0.278F$ (mm/h)	汇流模式	τ (h)	汇流速度 (m/s)	汇流参数 m
19760813	20.6	61.7	2.7	7.6	7.1	部分汇流	2.9	1.1	0.9
19800616	12.2	108.8	0.7	16.8	12.5	部分汇流	1.0	3.3	2.0
19800904	3.7	20.9	0.8	4.4	2.4	部分汇流	1.5	2.1	2.5
19880704	2.6	30.6	0.5	5.2	3.5	部分汇流	0.7	4.4	4.5
19880716	28.2	157.8	2.7	10.4	18.1	全面汇流	1.3	2.4	1.3
19890710	1.5	11.8	0.7	2.3	1.3	部分汇流	1.1	2.8	4.2
19900717	41.1	137.8	2.2	18.7	15.8	部分汇流	2.6	1.2	0.7
19930712	21.2	154.6	1.1	19.0	17.7	部分汇流	1.2	2.7	1.4
19930716	17.2	66.4	2.5	7.0	7.6	全面汇流	2.0	1.6	1.2
19930726	10.3	77.9	1.0	10.7	8.9	部分汇流	1.2	2.8	2.0
19940629	8.2	69.1	0.7	11.7	7.9	部分汇流	1.0	3.1	2.3
19940706	19.1	113.6	1.1	18.2	13.0	部分汇流	1.5	2.2	1.3

2.5 单站参数规律研究

2.5.1 产流参数 μ 规律

根据前期研究成果,将朱家庄流域损失参数 μ 分别与主时段雨强 I 和前期影响雨量建立相关关系。如下所示:表6列出了非高割洪水和高割洪水两种条件下的损失参数及可能影响因素值。图2和图3分别绘制了两种条件下的损失参数 μ 与主时段雨强 I 和前期影响雨量的关系。

表6 朱家庄站场次雨洪损失参数及可能影响因素值

雨洪号	非高割洪水损失参数 μ	高割洪水损失参数 μ	主时段雨强 I	P_a
19760813	10.6	13.0	17.8	34.8
19800616	18.3	28.6	37.7	28.3
19800904	17.9	20.4	23.7	22.8
19880704	31.4	29.7	33.4	17.9
19880716	2.7	3.8	18.5	76.1
19890710	16.7	18.8	16.5	21.7
19900717	8.0	9.3	34.9	71.1
19930712	13.7	15.2	42.5	52.1
19930716	9.2	11.1	18.4	63.3
19930726	26.5	36.0	46.6	39.2
19940629	30.6	34.3	40.7	31.1
19940706	13.7	21.9	40.5	60.5

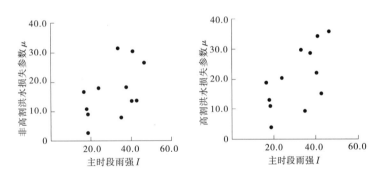

图2 损失参数 μ 与主时段雨强 I 的关系

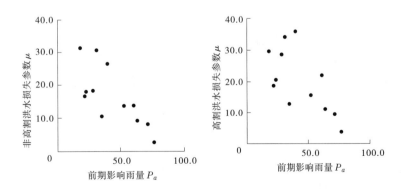

图3 损失参数 μ 与前期影响雨量 P_a 的关系

显然,损失参数 μ 与两种可能影响因素的关系都不太明显,且两种条件(非高割与高割)下的参数规律相差不大。总体上,两种条件下,μ 随 I 增大而变大;μ 随 P_a 增大而减小。

　　笔者认为损失参数 μ 为产流历时 t_c 内的流域平均损失强度,而前期影响雨量 P_a 则是场次暴雨的前雨,即为暴雨起始时刻的流域影响雨量值,场次暴雨起始时刻与产流起始时刻之间往往还有一段时间,将这两者建立关系是没有理论依据的。而损失参数 μ 与主时段雨强 I 之间可能存在的关系更易得到理解,由于受雨洪资料限制,两者之间的进一步关系还有待结合其他站点参数成果共同确定。

2.5.2　汇流参数 m 规律

　　对于单一站点的汇流参数,往往建立场次雨洪汇流参数 m 与净雨深 h_R 或最大流量 Q_m 的关系,见图 4 和图 5。

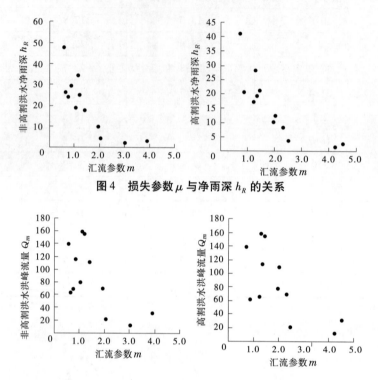

图 4　损失参数 μ 与净雨深 h_R 的关系

图 5　损失参数 μ 与最大流量 Q_m 的关系

　　显然,在两种条件下,当净雨深 h_R 或最大流量 Q_m 较小时,汇流参数 m 变动较大,随着净雨深 h_R 或最大流量 Q_m 的加大,m 值渐趋于稳定,可以作为设计采用值,并用于地区综合。显然,$h_R \sim m$ 关系好于 $Q_m \sim m$ 关系,趋势较为明显。高割洪水和非高割洪水两种条件下的参数规律有一定差异,与非高割洪水相比,高割洪水条件下 m 值相对发散。

　　本站非高割洪水 $h_R \sim m$ 关系下稳定的汇流参数 m 值大约为 0.6。

2.6　关于洪峰流量 Q_m 的说明

　　为进一步了解地表径流洪峰与观测洪峰之间的关系,绘制了非高割洪水和高割洪水两种情况下地表径流洪峰与观测洪峰的关系图,见图 6。

　　可见,无论是非高割洪水还是高割洪水之后的地表径流峰量和实际观测的洪峰流量都有较好的相关关系,这将为设计条件下的洪峰流量修正提供一定依据。

3　结论

　　文章基于推理公式研究方法,按照非高割洪水和高割洪水两种情况,对山东省一般山丘区朱家庄小流域的产汇流参数进行了分析研究。研究表明,两种情况下,损失参数 μ 都随主时段雨强 I 的增大而增大,随前期影响雨量 P_a 的增大而减小;在非高割洪水情况下,小流域汇流参数 m 值大约为 0.6,高割洪水条件下汇流参数 m 值相对发散;无论是非高割洪水还是高割洪水之后的地表径流峰量和实际观测的洪峰流量都有较好的相关关系。

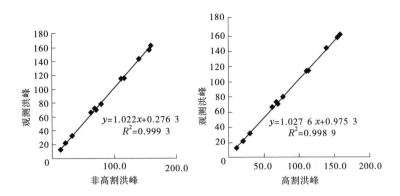

图6　两种情况下地表径流洪峰与观测洪峰关系　（单位：m³/s）

参 考 文 献

［1］河海大学.水文水利计算［M］.北京:中国水利水电出版社,2006.

［2］山东省水利厅.水文测站考证簿［M］.1979.12.

［3］水利部长江水利委员会水文局,南京水文水资源研究所.水利水电工程设计洪水计算手册［M］.北京:中国水利水电出版社,2001.

清水活水打造江淮宜居文化名城

——刍议扬州市瘦西湖水质提升及水环境改善

李章林[1],葛恒军[2],盛冰[2]

(1.扬州市水利局,江苏 扬州　225002;
2.扬州市勘测设计研究院有限公司,江苏 扬州　225009)

摘　要　扬州市位于淮河流域下游,入江水道尾闾,自吴王夫差"开邗沟、筑邗城"已有 2 500 年历史,历史上曾有"扬一益二"的美誉。驰名中外的瘦西湖风景名胜区位于扬州城区北部,总面积约 150 hm²,其中水域面积约 50 hm²,库容约 150 万 m³。瘦西湖作为城市河网的重要组成部分,是扬州市城市形象的"名片",其水质的优劣直接影响到公众对扬州水环境甚至城市形象的评价。近年来,扬州市委、市政府践行"治城先治水""秀湖先秀水"的理念,综合运用活水、截污、清淤、建闸等措施,大力开展城市水利建设,同步实施水生态、水景观、水文化打造,促进河湖相通,实现了瘦西湖大部分水域"死水变活,湖水变清"。但是,受诸多因素影响,瘦西湖观光水域存在着透明度较低、水质不能稳定达标甚至有时严重超标的问题,已引起全社会的广泛关注

作者通过对淮河下游水质分析,结合扬州当地环境整治措施,提出瘦西湖水质提升的路径和原则,为扬州市瘦西湖水质提升工作奠定必要的基础。

关键词　水质提升;成因分析;路径研究

0　引言

扬州市位于江淮交汇处,瘦西湖是扬州旅游主要目的地,景区水域面积 0.3 ~ 0.35 km²,常水位 4.8 ~ 5.0 m,水深 1.5 ~ 2.5 m,水面时宽时窄,断面呈 U 形,进出水量较小,是典型的浅水小型湖泊。近年来,在市委、市政府"治城先治水"的战略引领下,扬州市先后实施了"不淹不涝""清水活水"等工程,瘦西湖水环境也得到一定改善。但因源水水质不佳、沿线截污不到位、底泥久未疏浚、调水水量过大等原因,现状水质总体不理想,尤其是水体浑浊、透明度低,感官效果较差,水生态系统脆弱,在一定程度上影响了旅游经济发展,也给瘦西湖这一城市名片蒙上了一层阴影。

1　瘦西湖水质现状及成因分析

1.1　水质概况

1.1.1　水系概况

瘦西湖水系位于蜀冈以南、新城河以东、古运河以西,汇流面积约 18.6 km²。瘦西湖内部水系与古运河、新城河等外部河道沟通处均建有涵闸或闸站控制,形成相对较为封闭的包围,湖区常水位在 4.8 ~ 5.0 m。

瘦西湖现状补水线路有两条(见图 1):一条为河道补水线,兴建于 2015 年,即"京杭运河→古运河→黄金坝闸站→邗沟河→保障湖→瘦西湖→家禽河→沿山河→明月湖",黄金坝闸站设计引水流量 18 m³/s,常年开 1 ~ 2 台机组(4.5 ~ 9.0 m³/s),分流入湖水量约占 90%;另一条为管道补水线,兴建于 2002 年,即"京杭运河→大运河提水泵站→瘦西湖补水专用管道→保障湖→瘦西湖",提水泵站设计流量 4 m³/s,入湖流量 1 ~ 2 m³/s,因引水池淤积、输水管道线路长、沿程损失大、运行费用高等缘故,特殊

作者简介:李章林,E-mail:1390150407@qq.com。

情况开启。

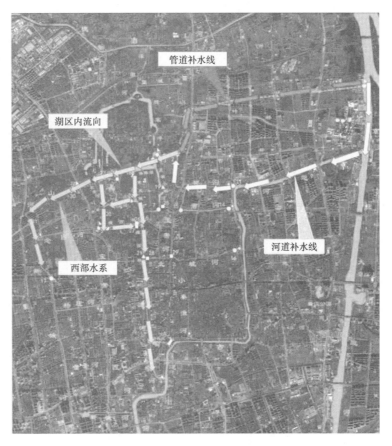

图1　瘦西湖补水路线

1.1.2　水质现状

2020年3月26日至2020年4月1日在瘦西湖补水线及水系范围内共布置了29个测点,分二次重点检测了氨氮、总氮、总磷、水温、化学需氧量、溶解氧、五日生化需氧量、透明度、高锰酸盐指数、悬浮物、叶绿素 a 等11个指标。具体监测点位见图2。

根据检测报告,瘦西湖及相关河道水质主要结论如下:

(1)溶解氧总体平稳,从连续7天均值分析,随着气温上升和补水量的不足,富营养化现象呈上升趋势。本次各测点溶解氧指数分布为:1、3、4、5、22、23 等6个测点在8.0以上,水质相对较好;2、6、10、11、12、13、14、15、19、20、21、24、25、26、29 等15个测点在7.5～7.9,水质相对稳定;7、8、9、16、17、18、27、28 号等8个测点在7.5以下,基本在良好范围(见图3)。

(2)透明度、总磷、总氮、叶绿素 a 对于景观用水,直接影响感官。从连续5天监测均值指数分析,透明度、总磷、总氮三个指标均不符合标准要求,特别是透明度只有0.3 m,远远低于景观水体要求,叶绿素 a 基本符合要求,总磷、总氮超标倍数在1～3,其中,11、15 等2个测点总氮超标,污染物指数在1.1～1.3;28、29、11、21、27、14 等6个测点总磷严重超标,污染物指数在1.8～3.0(见图4)。充分表明瘦西湖水体富营养化严重,这些测点大都是瘦西湖支流,水域互通,对湖水水质产生直接影响。

(3)化学需氧量、高锰酸盐指数、五日需氧量、氨氮、悬浮物等10个污染物普遍存在超标,经检测结果综合分析,污染较重测点排序是:黄金坝闸站上、北城河、玉带河问月桥北、大虹桥、漕河西、高桥闸下、管道出水涵口、钓鱼台南汊、钓鱼台北汊、蓝盾花园北、竹西河出口、长春桥、便益门闸站、四望亭路南、夏家河南(见图5)。这15个测点中瘦西湖测点约占35%。

1.2　水质成因分析

根据本次检测结论和以往相关研究结论,瘦西湖水质不佳主要原因有以下四点:

(1)源水水质不佳。瘦西湖现状补水水源为上游邵伯湖、京杭运河来水,源水水质悬浮质含量较高

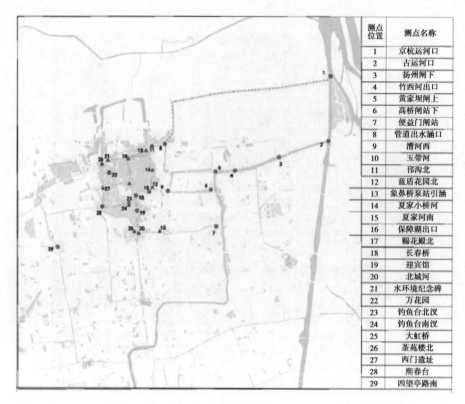

测点位置	测点名称
1	京杭运河口
2	古运河口
3	扬州闸下
4	竹西河出口
5	黄家坝闸上
6	高桥闸站下
7	便益门闸站
8	管道出水涵口
9	漕河西
10	玉带河
11	邗沟北
12	蓝盾花园北
13	象鼻桥泵站引涵
14	夏家小桥河
15	夏家河南
16	保障湖出口
17	赐花殿北
18	长春桥
19	迎宾馆
20	北城河
21	水环境纪念碑
22	万花园
23	钓鱼台北汊
24	钓鱼台南汊
25	大虹桥
26	茶苑楼北
27	西门遗址
28	熙春台
29	四望亭路南

图2　瘦西湖监测点位图

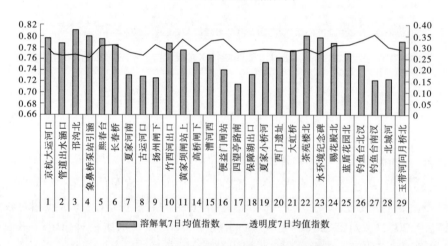

图3　各测点溶解氧、透明度7日均值指数

且呈胶凝状,难以沉淀,透明度仅30 cm左右;淮河行洪期,源水水质进一步恶化,透明度降至20 cm左右。

(2)沿线截污不到位。黄金坝闸坝引水线路源水,自京杭运河经扬州闸进入古运河、邗沟、保障湖后,进入瘦西湖。由于沿线叶桥大沟、竹西河、冷却河及邗沟两岸排污口没有完全截流,现状多处未经处理的生活污水直排河道,远超水体自身纳污能力,由于排污口在水面以下,一般很难发现,常年排污加剧了瘦西湖水质恶化,使入湖水质变成Ⅳ~Ⅴ类,甚至劣Ⅴ类水。

(3)引水水量大流速快。据2018年全年统计,除本地降雨外,当年进入瘦西湖的引水水量共约1.94亿 m^3,其中黄金坝闸站引入1.34亿,活水管道引入0.6亿 m^3,日均活水水量约53万 m^3。相比而言,杭州西湖年引水量约1.2亿 m^3,日均引水量约40万 m^3,瘦西湖引水规模已超过杭州西湖。长期大量换水使瘦西湖成为市区中部的过流性湖泊,生态修复和自净能力减弱。此外,由于流量大,河道断面小,补水线流速较快,带动底泥进入水体;管道输水线出口直冲邗沟河南岸,岸坡、河床冲刷加剧了水体变浑。

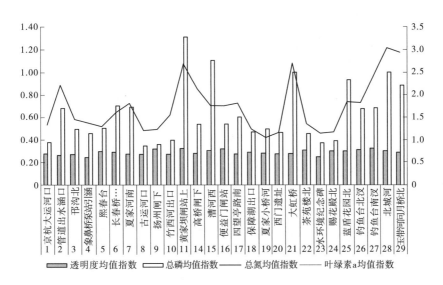

图4 各测点水质监测污染物5日平均指数

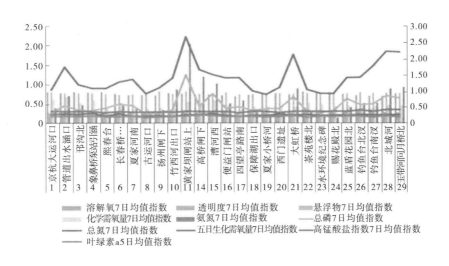

图5 第一次瘦西湖水质检测主要污染物均值指数分布图

(4)底泥污染严重。瘦西湖现状湖底平均淤积深度30~60 cm,底泥中有机质、全氮、全磷大范围富集,通过与上覆水体的物理、化学和生物交换作用重新进入到水体中,同时,景区内部花舫游船行驶时,船行波冲刷岸坡、搅动底泥,导致湖区水体持续污染。

2 水质提升总体方案

2.1 分质供水方案

分质供水方案的核心思路:以问题为导向,以节约、景观为目标,一是建立瘦西湖水系独立封闭圈,利用现状管道补水线,将经过高效净化的源水输入瘦西湖及周边河道,避免外部河道水质较差的水体进入瘦西湖,使瘦西湖主要景区透明度达到1.0 m以上;二是重构城市西部补水通道,通过兴建瘦西湖输水涵管,使好黄金坝闸站引水和平山堂泵站提水,向城市西片补水的功能不受影响,保障西部活水(见图6)。

为实现这一目标,提出"净水、送水、控水"三大工程:

(1)净水工程。将京杭运河西侧原扬州发电厂灰库改造为水质净化湿地公园,对源水进行絮凝沉淀,水质达地表Ⅱ类水。

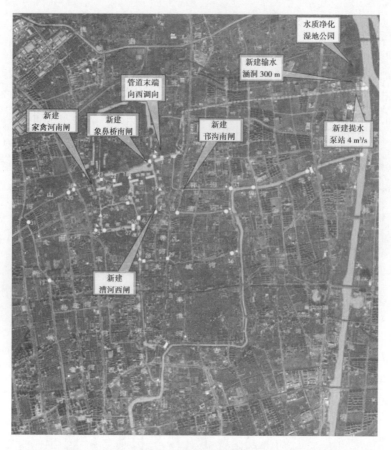

图 6　分质供水方案

（2）送水工程。改造引水泵站,将现有 4×1Q 泵站,改造为 2×1Q 引水,2×1Q 送水,配套新建 2×300 m 涵洞,将京杭运河源水引入湿地公园,净化后再经引水泵站、管道输水线送入保障湖。

（3）控水工程。在玉带河北端、家禽河南端、漕河西端、邗沟河西端,分别新建挡水涵闸,形成瘦西湖相对独立体系,确保净水优水专用。

2.2　源水提升方案

将京杭运河西侧原发电厂灰库改造为水质净化湿地公园,设置相应絮凝配套设施及稳定塘、表面流湿地、潜流湿地,对源水进行净化[1],湿地公园面积约 700 亩,水深 1.0～1.5 m。

2.3　污染治理方案

2.3.1　点源污染治理

对初步探查的 275 个雨污水排放口（包括 251 个雨水排口、24 个污水排口）,进行封堵或就近接管处理。对有污水管网但截污纳管困难,不具备改造条件的,结合老小区或道路改造一并进行。后期积极采用行政管理手段,依法严格控污,采取多种措施避免污水入河道（见图 7）。

2.3.2　内源污染治理

底泥内源污染是湖区水质不佳的主因之一。考虑整个湖区的实际情况、补水影响、施工工期、瘦西湖旅游的影响等因素,拟采取分片干法清淤的施工方案,总清淤量约 24 万 m³,配置 4 座固化站（见图 8）。具体方案如下:

（1）施工围堰。在家禽河南侧、小运河长春路北侧、小运河宋夹城北侧设置围堰,在念四河东侧、宋夹城南侧、大虹桥南侧设置围堰,将整个湖区大致分为南、北、中三个片区。

（2）施工排水。湖区水体量较大,优先抽南、北两侧湖水,在施工期间遇降雨存在导流问题时,也可适当牺牲中段进度,通过中段向外侧导流;具体需结合工程实施进一步优化。

（3）河道清淤及护岸加固改造。南、北、中三段清淤时同步进行护岸加固改造,南段局部运距超正常施工出淤长度的,可在中段北侧设置中转场地。

污水口 雨(污)口

图7 点源污染治理示意图

图8 内源污染治理方案示意图

2.4 生态修复

2.4.1 生物修复措施

在对瘦西湖现状生态系统综合评估的基础上,应构建自净能力和自然修复功能较强的综合性生态系统,兼顾景区旅游观赏等需求,开展水生植物栽植和鱼类投放工作,提高水体自身的生态修复能力。[2]

2.4.2 护坡生态改造

新建和修复护岸9.5 km,进一步提高岸坡稳定性,减少岸坡因船行波冲刷导致的水土流失,包括新建绿色生态混凝土护岸5.2 km、新建和修复高分子板桩护岸2.5 km;选择无砂大孔混凝土,加入混合剂、粗砂砾料或碎石等,用于修复和翻建石驳岸1.8 km,满足长草生根、生长,具有较好的透水透气性,也能够有效地提升抗拔力。

2.5 智慧调度

2.5.1 智能感知建设

在瘦西湖水系各主要控制建筑物节点上建立智慧监测调度系统,设置流速、水质智能自动监测仪器,掌握内外水体交换情况,同时实施准确记录湖区水质数据。

2.5.2 智能应用建设

结合瘦西湖水环境水生态的主要目标和需求,综合 GIS、计算机、网络通信等现代化技术手段,建立瘦西湖水质综合管理可视化平台,对各类基础信息、状态信息进行实施监督和查看,对取水泵站、输水线路、闸坝调度进行信息采集、智慧管理,实现瘦西湖水质管理及城区活水调度运行信息化、智能化和现代化。

参 考 文 献

[1] 王生福,冀保程,王士满,等. An Assessment of Purification Efficiency of Constructed Wetlands in Linyi 临沂市人工湿地净化效能评价[J]. 湿地科学与管理, 2019, 15(2):18-21.

[2] 谭晓莲. 城市河道生态修复技术研究[J]. 山西建筑, 2020(2):7-9.

基于信息熵的连云港市用水结构演变分析

倪凤莲[1],范兴业[2],李军[2],吝志帅[1]

(1. 淮海工学院理学院,江苏 连云港　222005;
2. 连云港市水利局,江苏 连云港　222006)

摘　要　分析 2008~2017 年连云港市工业用水、农业用水以及生活用水等用水结构,定量研究分析用水演变。

关键词　信息熵;连云港;用水结构;分析

调整地区用水结构是解决水资源短缺,有效节约水资源的重要措施,其最基础的工作是深入研究该地区的用水结构变化。

1　连云港市用水状况

连云港市位于江苏省东北部,东临黄海,地处所属沂沭泗水系的淮河流域下游。连云港辖区总面积 7 499.91 km²(约占江苏省总面积的 7.44%),2017 年连云港市常住人口总数为 440.69 万人。全市 2003~2017 年 15 年来的用水情况如表 1 所示。

表 1　连云港市区域水资源基础数据

年份 (年)	总用水量 (亿 m³)	农田灌溉 用水量 (亿 m³)	工业用水量 (亿 m³)	农村生活 用水量 (亿 m³)	城镇生活 用水量 (亿 m³)	林牧渔业 用水量 (亿 m³)	工业总产值 (亿元)	单位工业 增加值 用水量 (m³)	工业用水 重复 利用率 (%)
2003	22.66	17.43	3.15	0.65	0.79	0.64	211.46	76.30	21.00
2004	23.25	17.65	3.45	0.73	0.95	0.47	288.21	71.60	29.00
2005	22.77	17.38	3.34	0.65	0.91	0.49	342.76	64.40	36.00
2006	23.98	17.89	3.67	0.81	1.02	0.59	462.86	59.30	43.00
2007	25.15	18.40	3.94	0.90	1.15	0.76	695.58	53.50	54.00
2008	27.41	19.89	4.47	0.95	1.33	0.77	973.56	48.60	69.00
2009	29.13	21.24	4.50	1.02	1.51	0.86	1 303.81	45.40	75.00
2010	29.72	21.86	4.45	1.00	1.47	0.94	1 941.32	42.30	81.00
2011	31.50	24.73	2.05	0.98	1.50	2.24	2 619.64	37.60	71.00
2012	27.75	20.56	2.09	0.80	2.30	2.00	3 353.48	31.10	76.00
2013	27.15	20.37	2.06	0.74	1.27	2.02	4 101.08	25.10	76.00
2014	26.90	19.94	2.31	0.71	1.30	1.94	4 862.74	23.30	78.00
2015	27.33	19.95	2.51	0.68	1.329	2.13	5 433.14	21.70	77.00
2016	26.40	18.62	2.83	0.604	1.377	2.19	5 974.81	20.60	79.00
2017	26.86	19.21	2.39	0.585	1.464	2.16	6 150.17	18.60	80.00

数据来源:《连云港市水资源公报》《连云港市统计年鉴》。

作者简介:倪凤莲,女,39 岁,讲师,淮海工学院理学院。

2 研究方法

2.1 信息熵方法

"熵"的概念用来描述系统中具有不可逆状态的自发过程。在水资源系统中通过引入信息熵,可以较详细地描述分析水资源的用水结构变化。

2.1.1 定义信息熵

假设在某段时间尺度内,某水资源系统具有 T 的总用水量,该系统包含 M 种可利用的水资源类型为 $\{y_1, y_2, \cdots, y_m\}$,每一种用水类型相对应的用水量为 $\{t_1, t_2, \cdots, t_m\}$,每个状态的相应概率为 $\{p_1, p_2, \cdots, p_m\}$。由此可知:

$$\sum_{i=1}^{M} t_i = T \tag{1}$$

继续假设每一种可以利用的水资源类型所用水量占水资源总量的概率为 $p_i = t_i / T$,并且该关系式满足 $\sum_{i=1}^{M} p_i = 1$,其中($i \neq 0, p_i \neq 0$),这样,可以定义某系统水资源信息熵为:

$$H = -\sum_{i=1}^{M} p_i \ln p_i \tag{2}$$

在式(2)中,H 为水资源系统中的信息熵,其单位是 nat,H 越大,表明系统中无序的程度在增大,系统中结构的分配就会越来越平均。

2.1.2 定义均衡度

随着时间尺度的变化,可能会导致不同的时间尺度中可利用的水资源类型不同,这样就使得不同时间尺度内计算出来的信息熵就不再具备可比性。把可利用的水资源类型 M 包含在信息熵的计算中,从而定义均衡度 J:

$$J = \frac{H}{H_{\max}} = -\sum_{i=1}^{M} p_i \ln p_i / \ln M \tag{3}$$

式中:$H_{\max} = \ln M$ 用来表示系统中最无序的状态结构;$J \in [0,1]$ 为均衡度,J 取值越大,表示在水资源中单一的用水结构会呈现出更弱的优势性,这样水资源的结构就会越来越复杂,系统的稳定性会越来越强,水资源的综合开发利用就会越来越趋于合理。

2.2 结构演变判别方法

由于内外因素的影响,水资源系统的结构在不断进行着交替演变。该演变方向可能向着良性方向演变,也可能向着恶性方向演变。信息熵理论通过如下关系来检验水资源系统的演变趋势:

$$\Delta \Gamma = \Gamma(t+1) - \Gamma(t) \tag{4}$$

式中:$\Gamma(t+1)$ 为水资源系统在第 t 时间段内的末态熵,$\Gamma(t)$ 为水资源系统在第 t 时间段内的初始态熵,可以依据 $\Delta \Gamma$ 的大小来判断水资源系统的均衡程度以及水资源结构的演变方向。当 $\Delta \Gamma > 0$ 时,信息熵增加,系统向平衡状态演变;当 $\Delta \Gamma = 0$ 时,熵值不变,状态没有变化;当 $\Delta \Gamma < 0$ 时,信息熵减小,系统向非平衡状态演变。

3 基于信息熵的用水结构演变分析

3.1 近 15 年连云港市用水结构变化分析

表 2 为连云港市用水结构变化过程。

表2　2003～2017年连云港市用水结构变化过程

年份（年）	总用水量 X_0（亿 m^3）	农业灌溉 X_1		工业 X_2		农村生活 X_3		城镇生活 X_4		林牧渔业 X_5	
		用水量（亿 m^3）	比重（%）	用水量（亿 m^3）	比重（%）	用水量（亿 m^3）	比重（%）	用水量（亿 m^3）	比重（%）	用水量（亿 m^3）	比重（%）
2003	22.66	17.43	76.92	3.15	13.90	0.65	2.87	0.79	3.49	0.64	2.82
2004	23.25	17.65	75.91	3.45	14.84	0.73	3.14	0.95	4.09	0.47	2.02
2005	22.77	17.38	76.33	3.34	14.67	0.65	2.85	0.91	4.00	0.49	2.15
2006	23.98	17.89	74.60	3.67	15.30	0.81	3.38	1.02	4.25	0.59	2.46
2007	25.15	18.40	73.16	3.94	15.67	0.90	3.58	1.15	4.57	0.76	3.02
2008	27.41	19.89	72.56	4.47	16.31	0.95	3.47	1.33	4.85	0.77	2.81
2009	29.13	21.24	72.91	4.50	15.45	1.02	3.50	1.51	5.18	0.86	2.95
2010	29.72	21.86	73.55	4.45	14.97	1.00	3.36	1.47	4.95	0.94	3.16
2011	31.50	24.73	78.51	2.05	6.51	0.98	3.11	1.50	4.76	2.24	7.11
2012	27.75	20.56	74.09	2.09	7.53	0.80	2.88	2.30	8.29	2.00	7.21
2013	27.15	20.37	75.03	2.06	7.59	0.74	2.73	1.27	4.68	2.02	7.44
2014	26.90	19.94	74.13	2.31	8.59	0.71	2.64	1.30	4.83	1.94	7.21
2015	27.33	19.95	73.00	2.51	9.18	0.68	2.49	1.329	4.86	2.13	7.79
2016	26.40	18.62	70.53	2.83	10.72	0.604	2.29	1.377	5.22	2.19	8.30
2017	26.86	19.21	71.52	2.39	8.90	0.585	2.18	1.464	5.45	2.16	8.04

数据来源:《连云港市水资源公报》《连云港市统计年鉴》。

3.2　近10年连云港市用水结构信息熵以及均衡度分析

连云港市近10年的用水结构信息熵和均衡度的变化过程见表3,近10年连云港市用水结构信息熵的变化折线图见图2、图3。

表3　2008～2017年连云港市用水结构信息熵及均衡度变化过程

年份	2008	2009	2010	2011	2012	2013	2014	2015	2016	2017
信息熵(nat)	0.795	0.810	0.800	0.845	0.885	0.892	0.893	0.882	0.808	0.915
均衡度	0.494	0.503	0.497	0.525	0.549	0.554	0.555	0.548	0.502	0.568

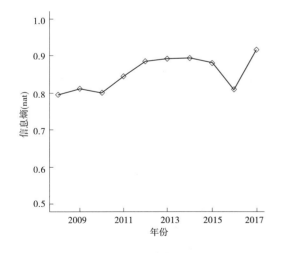

图2　2008～2017年连云港市
用水结构信息熵变化折线图

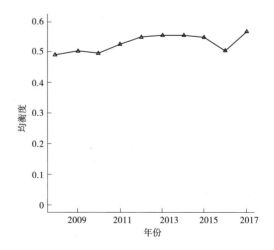

图3　2008～2017年连云港市
用水结构均衡度变化折线图

4　结论

4.1　宏观层面分析

总体上看,近 10 年间连云港市用水结构信息熵值逐渐呈现出较明显的增加趋势,信息熵由 2008 年的 0.795 nat 增长到 2017 年的 0.915 nat,这表明连云港市的水资源系统用水结构逐渐地趋向较稳定方向发展。但年均信息熵增长率增加有减缓趋势,由 2008 年到 2017 年的 0.018 nat/a 减少到 2012 年到 2017 年的 0.006 nat/a,这表明连云港市用水结构系统正在逐渐缓慢地演变为平衡状态。近 10 年间连云港市用水结构均衡度从 2008 年的 0.494 上升至 2017 年的 0.568,表明用水系统均衡度有所改善,有逐渐增强的趋势。从 2015 年以来看,连云港市农业灌溉,林牧渔业等用水量大量增加,工业用水量明显减少。这表明用水结构类型不再单一化,用水结构向着多元化发展。水资源系统中用水结构均衡度的提高,在某种程度上体现了连云港市对生态环境的高度重视,反映出连云港市的水资源正在被多元化的有效利用,用水结构正在向合理方向发展。通过水资源数据的分析,我们可以看到,不管从用水结构信息熵的变化方面看,还是从均衡度变化方面看,连云港市水资源结构都逐渐展现出均衡性和稳定性。

4.2　用水组成演变分析

农业灌溉用水稳中有减。农业灌溉用水比重在逐年减小,呈持续下降趋势。农业用水量由 2008 年的 19.89 亿 m^3 上升至 2012 年的 20.56 亿 m^3,农业灌溉用水比重由 2008 年的 72.56% 下降到 2017 年的 71.52%,以年均 0.104% 的速度下降,但是农业灌溉一直在连云港市水资源用水结构中占据重要的比重。工业用水呈减缓趋势。2008 年工业用水总量及比重分别为 4.47 亿 m^3 和 16.31%,到 2017 年减少到 2.39 亿 m^3 和 8.90%。农村生活用水稳中有减。农村生活用水减缓的比较平稳,由 2008 年的 0.95 亿 m^3 减至 2017 年的 0.585 亿 m^3。农村生活用水比重稳中有降,由 2008 年的 3.47% 增至 2017 年的 2.18%。城镇生活用水呈逐年增加的趋势。城镇生活用水比重也在逐年增加,用水量由 2008 年的 1.33 亿 m^3 增加到 2017 年的 1.464 亿 m^3,平均年增长率为 13.4%。用水比重由 2008 年的 4.85% 增长至 2017 年的 5.45%,以年均 0.6% 的速度增长。林牧渔业用水量以及用水比重呈逐年增加趋势。用水量由 2008 年的 0.77 亿 m^3 增加到 2017 年的 2.16 亿 m^3,平均年增长率为 13.7%。用水比重由 2008 年的 2.81% 增长至 2017 年的 8.04%,年平均增长率为 0.523%。

基于风蚀模型的河南省淮河流域黄泛区风力侵蚀状况评价

衣强[1],袁利[2],李泮营[1],靳春香[1]

(1. 河南省水土保持监测总站,河南 郑州 450003;
2. 水利部淮河水利委员会,安徽 蚌埠 233001)

摘 要 为科学评价河南省淮河流域黄泛区风力侵蚀状况,选定兰考县、中牟县、开封市祥符区、通许县、尉氏县、杞县6县(区)作为研究区,采用《区域水土流失动态监测技术规定(试行)》的风蚀模型,通过遥感影像获取土地利用以及地表粗糙度、植被覆盖度等模型因子,利用研究区及周边主要气象站获得的长期风向风速观测数据,计算出风力侵蚀模数,进而评价土壤风力侵蚀分布、面积与强度,以期为该区域风力侵蚀预防、治理提供依据和支撑。

关键词 淮河流域;黄泛区;风力侵蚀

土壤风力侵蚀指风力作用于地面,引起地表土粒、沙粒飞扬、跳跃、滚动和堆积,并导致土壤中细粒损失的过程。黄泛区风沙化严重,风沙区域分布不均匀,人口密集,风沙对人的危害大[1]。河南黄泛区包括豫北、豫中、豫东等地区,涉及郑州、开封、安阳、鹤壁、新乡、焦作、许昌、商丘、濮阳和周口10个市,共52个县(市、区),土地总面积43 072.5 km²,以淮河流域为主。黄泛区核心部位的豫东、豫北等地,2007年,流动半流动沙丘仍有5万hm²,67万hm²沙化土需治理[2]。在2011年第1次全国水利普查水土保持情况普查中,利用土壤风力侵蚀模型计算出风力侵蚀模数,进而评价了土壤风力侵蚀的分布、面积与强度[3]。2018年水利部水土保持监测中心印发《区域水土流失动态监测技术规定(试行)》,组织全国开展水土流失动态监测工作,并对土壤风力侵蚀模型进行了优化。2018年,为科学评价河南省淮河流域黄泛区风力侵蚀状况,选定兰考县、中牟县、开封市祥符区、通许县、尉氏县、杞县6县(区)作为研究区,采用《区域水土流失动态监测技术规定(试行)》的风蚀模型,通过遥感影像获取土地利用以及地表粗糙度、植被覆盖度等模型因子,利用研究区及周边主要气象站获得的长期风向风速观测数据,计算出风力侵蚀模数,进而评价土壤风力侵蚀分布、面积与强度,以期为该区域风力侵蚀预防、治理提供依据和支撑。

1 研究区概况

水土流失潜在危险较大的区域,应当划定为水土流失重点预防区[4]。其特征是现状水土流失较轻,但潜在水土流失危险程度较高,对区域防洪安全、水资源安全和生态安全有重大影响。河南省淮河流域黄泛区在全国水土保持区划中属于北方土石山区 - 华北平原区 - 黄泛平原防沙农田防护区,该区水土保持主导基础功能为防风固沙与农田防护。而这其中的兰考县、中牟县、开封市祥符区、通许县、尉氏县、杞县6县(区)被划分为黄泛平原风沙国家级水土流失重点预防区,其余县(区)为省级及以下水土流失重点预防区,本研究区是河南省淮河流域黄泛区风力侵蚀突出、集中区域,具有典型代表性。

本研究区位于东经113°46′~114°50′,北纬34°12′~35°52′,面积7 093 km²,为黄泛冲积平原,区内地形平坦,自西向东缓慢倾斜,大部分地区海拔低于70 m,受到黄河在境内频繁决口、改道的影响,形成许多河滩高地、河间洼地、滩地、背河洼地、缓平坡地或相间分布或纵横交错,构成了黄泛平原所特有的

作者简介:衣强,E-mail:hnyi2004@126.com。

独特微地貌。

　　研究区属于中纬度温带季风气候,四季分明,光照充足,雨量适中,具有冬季寒冷干燥,雨雪稀少,春季干旱多风,夏季高温多雨,秋季凉爽的气候特征。年平均气温 14 ℃左右,春夏两季(3~8 月)盛行南风,秋冬季(9 月至次年 2 月)盛行北风,年平均风速 3 m/s。区内年平均降水量为 616~723 mm,主要集中在 6~9 月。

　　研究区主要土壤类型有潮土、风沙土、盐土,土壤质地多为砂壤土、黏土和砂土。土体疏松,土层深厚。其中潮土分布最为广泛,主要分布在故道河床两侧。研究区土地利用以耕地为主,植被类型属暖温带落叶阔叶林带,乔木以农田林网、"四旁"树和经济林为主,主要有杨树、刺槐、白蜡、泡桐、旱柳、臭椿、苹果、枣树、杏、梨树、柿树等,灌木和草本植物主要有枸杞、簸箕柳、酸枣、黄荆、地丁、毛茛等,农作物以小麦、玉米、花生、大豆、棉花为主。

2　主要数据及处理

2.1　遥感影像数据

　　(1)用于土地利用解译的遥感影像。采用时相 2017 年 11~12 月的范围 2 m 分辨率 GF-1、GF-2 和 ZY-3 影像数据。为确保数据质量,在使用前对数据完整性和质量进行检查,其中完整性主要检查数据是否完整,有无缺角现象,质量主要检查时相、清晰度、云量、坐标系统、波段信息等内容是否满足需求。

　　(2)用于计算植被覆盖度的影像。包括 TM 和 MODIS 数据,其中 TM 数据为 30 m 分辨率 Landsat 8 OIL 影像,时相为 2015 年、2016 年、2017 年春、夏、秋季影像,共 36 期数据。MODIS 数据为 2015 年、2016 年、2017 年 250 m 空间分辨率 MODIS NDVI 产品 MOD13Q1,16 天 1 期,每年 23 期,为确保研究需要的 24 个半月数据,增加了 2014353、2018001 两期影像,共 71 期数据。影像数据主要是将 71 期 MOD13Q1 产品中植被指数 NDVI 数据层导出,完成投影转换、重采样、裁剪等预处理。

　　(3)用于计算表土湿度的影像。本研究采用 2015 年 3 月 30 日至 2018 年 11 月 30 日 9 km 分辨率 SMAP L3 土壤湿度数据产品,以计算 24 个半月的表土湿度因子,并将 SMAP 土壤湿度产品进行投影转换、重采样、裁剪等预处理。

2.2　土壤资料

　　收集中国土壤类型分布图、淮河流域土壤类型图、河南省(1:20 万)土壤类型图。根据研究区土壤类型,结合水利部淮河水利委员会项目"淮河流域黄泛风沙区水土流失分布格局与防治对策研究"、王友胜《淮河流域黄泛区风水侵蚀格局及其驱动因子研究》[5]等相关研究和文献资料,将研究区中风沙土、草甸风沙土、砂质脱潮土、氯化物盐化潮土、砂质潮土等易风蚀性土壤类型,作为耕地模型计算的控制条件。

2.3　气象数据

　　收集淮河流域黄泛区风力侵蚀定位观测站(河南省兰考县)2013~2018 年风速数据和河南省相邻的山东省菏泽市、济宁市 18 个气象站 1981~2010 年风速数据,经插值生成了研究区风速数据及各等级的累计时间。

3　研究方法

3.1　风力侵蚀模型

　　采用《区域水土流失动态监测技术规定(试行)》的风蚀模型,根据土地利用类型,分别选用与之对应的耕地、草(灌)地、沙地(漠)风力侵蚀模型,计算土壤侵蚀模数。风力侵蚀模型的适用范围见表 1。

表 1 风力侵蚀模型适用范围

模型类型	土地利用类型
耕地风力侵蚀模型	耕地中的水浇地、旱地
草(灌)地风力侵蚀模型	园地中的果园、茶园、其他园地;林地中的有林地、灌木林地、其他林地;草地中的天然牧草地、人工牧草地、其他草地
沙地风力侵蚀模型	其他土地中的盐碱地、沙地、裸土地;建设用地中的在建生产建设项目

(1)耕地风力侵蚀模型。模型为:

$$Q_{fa} = 0.018(1 - W)\sum_{j=1}^{35} T_j \exp\left\{-9.208 + \frac{0.018}{Z_0} + 1.955\,(0.893U_j)^{0.5}\right\} \tag{1}$$

式中:Q_{fa} 为每半个月内耕地风力侵蚀模数,t/(hm² · a);W 为每半个月内表土湿度因子,介于 0 ~ 1;T_j 为每半个月内各风速等级的累积时间,min;Z_0 为地表粗糙度,无量纲;j 为风速等级序号,在 5 ~ 40 m/s 内按 1 m/s 为间隔划分为 35 个等级;U_j 为第 j 个等级的平均风速,m/s,譬如风速等级为 5 ~ 6 m/s,U_j = 5.5 m/s。

(2)草(灌)地风力侵蚀模型。模型为:

$$Q_{fg} = 0.018(1 - W)\sum_{j=1}^{35} T_j \exp\left(2.4869 - 0.0014V^2 - \frac{61.3935}{U_j}\right) \tag{2}$$

式中:Q_{fg} 为每半个月内草(灌)地风力侵蚀模数,t/(hm² · a);V 为植被覆盖度(%);其他参数含义同式(1)。

(3)沙地风力侵蚀模型。模型为:

$$Q_{fs} = 0.018(1 - W)\sum_{j=1}^{35} T_j \exp\left\{6.1689 - 0.0743V - \frac{27.9613\ln(0.893U_j)}{0.893U_j}\right\} \tag{3}$$

式中:Q_{fs} 为每半个月内沙地风力侵蚀模数,t/(hm² · a);V 为植被覆盖度(%);其他参数含义同式(1)和式(2)。

3.2 风蚀模型因子测算

3.2.1 风力因子

风蚀模型计算中,对于耕地,根据淮河流域黄泛平原风沙预防区区域实际,参考淮河流域黄泛区风力侵蚀定位观测站(河南省兰考县)实测数据和王友胜《淮河流域黄泛区风水侵蚀格局及其驱动因子研究》等相关文献,当植被覆盖度小于等于 10% 时,启动风速为 5 m/s;当植被覆盖度大于 10% 且小于等于 50% 时,启动风速为 6 m/s;当植被覆盖度大于 50% 且小于等于 70% 时,启动风速为 7 m/s;当植被覆盖度大于 70% 时,T_j 取值为 0。

对于沙地,当植被覆盖度大于 10% 时,T_j 取值为 0;当植被覆盖度 ≤10% 时,只对超过表 2 中植被覆盖度对应的临界侵蚀风速(U_{jt})的各等级风速进行时间累计。

表 2 沙地和草(灌)地不同植被覆盖度下的临界侵蚀风速 U_{jt}

植被覆盖度范围(%)	沙地 U_{jt}(m/s)	草地和灌木林地 U_{jt}(m/s)
0 ~ 5	5.0	8.2
5 ~ 10	6.1	8.5
10 ~ 20	7.1	9.0
20 ~ 30	8.5	9.8
30 ~ 40	10.0	10.8
40 ~ 50	11.7	12.1
50 ~ 60	13.5	13.9
60 ~ 70	14.9	15.8
70 ~ 80	16.9	

土地利用为草地和灌木林地,植被覆盖度大于70%时,T_j取值为0;植被覆盖度≤70%时,只对超过表2中植被覆盖度对应的临界侵蚀风速(U_{jt})的各等级风速进行时间累计。

3.2.2　表土湿度因子

将预处理后的SMAP土壤湿度数据相同半月的土壤湿度数据取平均,得到30 m分辨率24个半月的表土湿度。

3.2.3　地表粗糙度

参考淮河流域黄泛区风力侵蚀定位观测站(河南省兰考县)观测数据,结合区域地表植被类型、植被盖度、植被高度、土地利用方式、地形起伏和微地貌实地调查结果,对一年一熟和一年两熟耕地分别进行赋值,获得24个半月地表粗糙度,生成粗糙度因子的矢量图层,经重采样,生成30 m空间分辨率的栅格数据。

3.2.4　植被覆盖度计算

(1)将预处理后的MODIS – NDVI数据产品按照式(4)转换为相应的植被覆盖度FVC,得到3年24个半月的植被覆盖度。

$$FVC = \left(\frac{NDVI - NDVI_{\min}}{NDVI_{\max} - NDVI_{\min}} \right)^k \tag{4}$$

式中:FVC为植被盖度;$NDVI$为像元NDVI值;$NDVI_{\max}$、$NDVI_{\min}$为监测区域内MODIS不同植被的NDVI最大值、最小值;K为非线性系数

(2)修订MODIS植被覆盖度。利用全国水土流失动态监测工作提供的24个半月30 m分辨率的植被覆盖度修订系数,按照式(5)计算得到24个半月30 m分辨率的植被覆盖度:

$$FVC_{30} = 0.01 \cdot Coeff \cdot FVC_{re30} \tag{5}$$

式中:$Coeff$为植被盖度尺度转换栅格系数栅格类型数据,30 m分辨率;FVC_{re30}为重采样后的MODIS植被覆盖度栅格数据,30 m分辨率。

(3)计算3年平均24个半月植被覆盖度。用上述方法依次计算2015~2017年的24个半月30 m植被覆盖度,再将3年栅格数据进行平均值运算,即得到3年平均24个半月植被覆盖度。

4　风力侵蚀状况评价

4.1　侵蚀强度与面积

依据《土壤侵蚀分类分级标准》(SL 190—2007),研究区风力侵蚀等级分为微度侵蚀、轻度侵蚀、中度侵蚀和强烈侵蚀4个类型。不同侵蚀等级面积分别为:微度侵蚀3 668.22 km²,占土地总面积的51.72%;轻度及以上侵蚀1 299.28 km²,占土地总面积18.32%,其中轻度侵蚀1 290.70 km²,占水土流失面积99.34%;中度侵蚀7.21 km²,占水土流失面积的0.55%;强烈侵蚀1.37 km²,占水土流失面积的0.11%,具体情况见表3。

表3　研究区风力侵蚀状况　　　　　　　　　　　　　　　(单位:km²)

省辖市、直管县	县(区)	土地总面积	微度侵蚀	水土流失面积			
				合计	轻度侵蚀	中度侵蚀	强烈侵蚀
郑州市	中牟县	1 393	388.17	485.30	479.02	6.28	0
开封市	祥符区	1 302	540.38	365.48	365.38	0.06	0.04
	杞县	1 258	839.98	72.38	72.32	0.06	0
	通许县	767	477.19	76.43	76.43	0	0
	尉氏县	1 257	777.84	171.95	171.64	0.25	0.06
兰考县		1 116	644.66	127.74	125.91	0.56	1.27
合计		7 093	3 668.22	1 299.28	1 290.70	7.21	1.37

4.2 空间分布

研究区轻度及以上风力侵蚀分布情况为:轻度侵蚀主要分布在中牟县、祥符区、杞县、尉氏县、兰考县等县(区),中度侵蚀主要分布在中牟县,强烈侵蚀主要分布在兰考县。各县轻度及以上风力侵蚀分布情况见表4。

表4 研究区各县(区)轻度及以上风力侵蚀分布情况

省辖市、直管县	县(区)	空间分布情况
郑州市	中牟县	轻度侵蚀在南部地区较为集中;中度侵蚀主要分布在西南部的九龙镇、张庄镇,中部地区的大孟镇以及北部地区的狼城岗镇等
开封市	祥符区	轻度侵蚀在中南部较为集中;中度侵蚀在万隆乡较为集中;强烈侵蚀集中分布在中部的兴隆乡和西南部的朱仙镇等
	杞县	轻度侵蚀在中北部较为集中;中度侵蚀集中分布在中部地区的城郊乡、葛岗镇以及南部地区的圉镇镇等
	通许县	轻度侵蚀在北部的孙营乡、冯庄乡、朱砂镇及西南部的邸阁乡较为集中
	尉氏县	轻度侵蚀在西北部最为集中;中度侵蚀面积和强烈侵蚀集中分布在西北部的岗李村、大营镇、庄头镇和东南部的永兴镇等
兰考县		轻度侵蚀在全县范围内零星分布;中度侵蚀集中分布在西南部的城关乡,西北部地区的谷营镇、东坝头乡以及中部地区的阎楼乡等。强烈侵蚀在城关乡及仪封乡的东部最为集中

5 结论

(1)淮河流域黄泛区风力侵蚀得到有效遏制。以研究区为例,1949年前处处是沙荒,"大风起、飞沙舞,一年四季都喝土;狂风掀起茅屋顶,沙湮田垄禾苗枯"等民谣无不倾诉着风沙之苦。1949年后至今风力侵蚀得到有效治理,相关统计数据表明,2006~2018年研究区轻度及以上风力侵蚀面积占土地面积的34.81%减少到18.32%,其中中度及以上侵蚀面积从占水土流失面积19.91%减少到0.66%,土壤风力侵蚀无论从面积上、强度上都得到了有效遏制。

(2)为推进淮河流域黄泛区生态环境高质量发展,仍需加强该区风力侵蚀预防和治理工作。以研究区为例,经测算,研究区轻度及以上风力侵蚀区占土地面积的18.32%,该区域年度因风力侵蚀造成土壤流失量约57万t,平均侵蚀模数441.91 t/(km² · a),年损失土壤厚度约2.84 mm。对于轻度及以上风力侵蚀区,要加强治理,特别是对中度、强烈侵蚀区要优先治理;研究区微度风力侵蚀面积占土地面积51.72%,不合理的人为活动极易造成该区域新的风力侵蚀,因此要加强该区域风力侵蚀预防,特别是要防止生产建设项目导致的风力侵蚀加剧。

参 考 文 献

[1] 朱震达.湿润及半湿润地带的土地风沙化问题[J].中国沙漠,1986,6(4):1-12.
[2] 马捷,杨铭.黄泛区生态环境的演变及其治理[J].水土保持研究,2007,14(3):278-280.
[3] 李智广,邹学勇,程宏.我国风力侵蚀抽样调查方法[J].中国水土保持科学,2013,11(4):17-21.
[4] 赵永军.水土流失重点防治区划分刍议[J].中国水土保持,2012(4):4-6.
[5] 王友胜.淮河流域黄泛区风水侵蚀格局及其驱动因子研究[D].山东农业大学,2012.

2009～2018 年淮河流域水资源变化趋势分析

张海明,许广东,蔡猛,沙朦,臧力永

(江苏省水文水资源勘测局宿迁分局,江苏 宿迁 223800)

摘 要 水资源的可持续利用是社会经济可持续发展的有力保障,淮河流域水资源的合理开发利用和节约保护对于保障淮河生态经济带的发展具有重要意义。本文通过 2009～2018 年淮河流域水资源量、供用水结构和水质变化趋势进行分析研究,对于了解淮河流域水资源状况和淮河流域水资源"十四五"规划具有一定的参考价值。

关键词 淮河流域;水资源;水质

1 引言

水资源是一种宝贵的战略资源,水资源数量和质量的下降已对我国粮食安全、生态环境安全、经济安全等造成巨大影响[1]。我国水资源问题,主要体现在水资源短缺、供需矛盾大和水污染严重。2011 年中央 1 号文件明确提出开始实行最严格水资源管理制度,2012 年 1 月国务院发布了《关于实行最严格水资源管理制度的意见》,2013 年 1 月 2 日国务院办公厅发布《实行最严格水资源管理制度考核办法》,从水量、用水效率和水质共 3 个方面建立了"四项制度"和"三条红线",着力解决水资源过度开发、用水浪费和水污染严重等突出问题。水资源的可持续利用是社会经济可持续发展的有力保障,淮河流域水资源的合理开发利用和节约保护对于保障淮河生态经济带的发展具有重要意义。

淮河流域面积约 27 万 km^2,地跨湖北、河南、安徽、江苏、山东 5 省 40 个市 181 个县(市、区),总人口约为 1.64 亿人。淮河流域分为淮河上游(王家坝以上)、淮河中游(王家坝至洪泽湖出口)、淮河下游(洪泽湖出口以下)、沂沭泗河四个水资源二级区。流域内平均降水量为 965.00 mm,洪涝、干旱等自然灾害发生频繁[2],流域内水资源问题突出。本文通过 2009～2018 年淮河流域水资源量、供用水结构和水质变化趋势进行分析研究,对于了解淮河流域水资源状况和淮河流域水资源"十四五"规划具有一定的参考价值。

2 数据来源与计算

本文研究数据主要来源于中华人民共和国水利部淮河水利委员会公开发布的 2009～2018 年《淮河片水资源公报》,包括 2009～2018 年降水量、地表水资源量、地下水资源量、水资源总量、大中型水库及重要湖泊蓄水动态、供水量及用水量数据等。流域历年人均水资源量计算式为:

$$q_i = Q_i/N_i \tag{1}$$

式中:q_i 代表某年人均水资源量;Q_i 代表某年水资源总量;N_i 代表某年人口数量。

根据历年《淮河片水资源公报》中淮河流域的年度总用水量与年度人均用水量计算相应年份淮河流域的人口数量,流域历年人口数量计算式为:

$$N_i = P_i/p_i \tag{2}$$

式中:N_i 为某年人口数量;P_i 为某年总用水量;p_i 为某年人均用水量;$i = 2009, 2010, \cdots, 2018$ 年。

作者简介:张海明,男,1989 年生,江苏省水文水资源勘测局宿迁分局水质科副科长(工程师),主要从事水资源分析与评价工作。E-mail:664756834@qq.com。

3 结果与分析

3.1 2009～2018 年淮河流域水资源量变化

淮河流域地表水资源量和水资源总量的年际变动较大,最大值分别比最小值多85.6%和67.9%。地下水资源量变动相对较小,最大值比最小值多33.1%。地表水资源量在水资源总量中占比较大,且波动较小,介于66.8%～74.6%,平均为71.1%。地下水资源量较为丰富,相对稳定,10年均值为335.8亿 m^3。淮河流域 2009～2018 年平均降雨量为 855.1 mm。淮河流域 2009～2018 年淮河流域水资源量情况见表1,其中 $Q = Q_{地表} + Q_{不重复}$,加粗字体代表 2009～2018 年最大值,斜体加粗代表 2009～2018 年最小值。

表1 2009～2018 年淮河流域水资源量

年份	降水量（mm）	地表水资源量（亿 m^3）	地下水资源量（亿 m^3）	地下与地表水资源不重复量（亿 m^3）	水资源总量（亿 m^3）	地表水资源量在水资源总量中占比（%）
2009	837.0	483.3	335.2	227.6	710.9	68.0
2010	871.2	632.6	353.6	227.0	859.6	73.6
2011	816.0	533.1	328.2	217.0	750.1	71.1%
2012	748.6	452.7	294.9	196.7	649.4	69.7
2013	*716.0*	*380.0*	*286.0*	*189.0*	*569.0*	*66.8*
2014	846.0	471.0	315.0	218.0	689.0	68.4
2015	878.0	574.4	335.0	225.0	799.0	71.8
2016	**965.0**	**705.1**	**380.7**	**250.5**	**955.6**	73.8
2017	930.5	645.1	369.3	235.7	880.9	73.2
2018	943.1	662.1	360.4	225.0	887.0	**74.6**
10 年均值	855.1	553.9	335.8	221.2	775.0	71.1

3.2 2009～2018 年淮河流域供水量变化

淮河流域 2009～2018 年供用水量情况如表2所示,可以看出 2009～2018 年总供水量基本稳定,介于 540 亿～590 亿 m^3,10 年总供水量均值为 560.7 亿 m^3。在各项供水量中,地表水源供水占比最大,其次是地下水源供水,其他水源供水占比最小,2009～2018 年平均占比分别为 74.3%、24.7%、1.0%。地表水源供水量年际间存在小幅波动,但整体处于相对稳定的水平;地下水源供水量在 2009～2018 年整体呈下降的趋势,地下水过度开采得到有效控制的过程,与最大值 2012 年 151.77 亿 m^3 相比,2018年的地下水源供水量降低了 17.2%;其他水源是指污水处理再利用量和集雨工程供水量,其呈现出逐年增长的趋势,2018 年其他水源供水量已达到 12.0 亿 m^3,占总供水量的 2.2%,与 2009 年度相比,其他水源供水量增长 733.3%,体现了淮河流域重视并加大对于污水处理再利用和集雨工程的投入力度,且成效显著。

3.3 2009～2018 年淮河流域用水结构变化

淮河流域 2009～2018 年供用水量情况如表2所示,在各项用水量中,农田灌溉用水量最大,其次是林牧渔畜、工业和居民生活用水量,再次是城镇公共用水量,生态环境用水量最小,2009～2018 年平均占比分别为 64.0%、11.5%、10.7%、9.6%、2.3%、2.0%。

农田灌溉用水量年际间略有波动,但整体呈下降趋势,2018 年农田灌溉用水量为 340.17 亿 m^3,比 2009 年降低了 9.9%。林牧渔畜用水量整体呈下降趋势,并且从 2014 年起林牧渔畜用水量大幅下降,与 2009 年相比,2018 年降低了 9.9%。工业用水量整体呈先上升后降低趋势,其间 2014 年工业用水量最大,为 81.15 亿 m³,2018 年工业用水量比 2014 年降低了 6.6%。城镇公共和居民生活用水量整体上均呈逐年增加的趋势,2018 年分别为 16.56 亿 m³、59.45 亿 m³,与 2009 年相比,分别增长了 75.4%、19.6%。生态环境用水量略有波动,整体上呈上升趋势,2018 年生态环境用水量已达到 20.29 亿 m³,占总用水量的 3.8%,与 2009 年度相比,生态环境用水量增长 243.5%,这是政府对于生态环境的重视与日益增加的保护力度的客观体现。

表 2　2009～2018 年淮河流域供用水量

年份	供水量(亿 m³)				用水量(亿 m³)						
	地表水	地下水	其他	总供水量	农田灌溉	林牧渔畜	工业	城镇公共	居民生活	生态环境	总用水量
2009	423.05	147.64	1.44	572.12	377.44	86.41	43.03	9.44	49.70	6.09	572.12
2010	427.33	142.87	1.49	571.69	374.21	86.87	43.77	10.29	49.84	6.71	571.69
2011	434.22	149.22	2.60	586.05	379.95	90.56	41.36	11.25	51.26	11.67	586.05
2012	422.91	151.77	2.33	577.01	368.48	91.47	41.27	11.79	52.29	11.72	577.01
2013	418.42	147.44	3.89	569.76	364.23	91.01	42.09	12.34	52.84	7.24	569.76
2014	402.25	128.33	6.16	536.73	342.42	40.27	81.15	12.97	53.09	6.83	536.73
2015	400.44	132.22	7.49	540.15	343.23	41.44	78.87	13.53	54.32	8.77	540.15
2016	413.35	132.41	8.01	553.77	350.96	40.08	77.92	14.53	57.45	12.82	553.77
2017	413.62	127.03	9.95	550.60	345.06	37.85	77.34	15.07	58.61	16.66	550.60
2018	411.34	125.74	12.00	549.08	340.17	36.18	75.81	16.56	59.45	20.92	549.08
10 年均值	416.69	138.47	5.54	560.70	358.62	64.21	60.26	12.78	53.89	10.94	560.70

3.4　2009～2018 年淮河流域人口与人均水资源量情况

通过淮河流域的年总用水量与年人均用水量,计算相应年份淮河流域的人口数量;通过水资源总量及人口数量,进而计算出流域人均水资源量。由表 3 可知,淮河流域 2009～2018 年人口数量变化不大,在 1.60 亿～1.67 亿人,10 年均值为 1.63 亿人;人均水资源量年际波动较大,最大值比最小值多67.8%,10 年均值为 476.7 m³。2009～2018 年淮河流域人口与水资源量数据见表 3。

表 3　2009～2018 年淮河流域人口与水资源

年份	水资源总量(亿 m³)	总用水量(亿 m³)	人均用水量(m³)	人口(亿人)	人均水资源量(m³)
2009	710.9	572.12	342.17	1.67	425.2
2010	859.6	571.69	342.33	1.67	514.7
2011	750.1	**586.05**	**363.57**	1.61	465.3
2012	649.4	577.01	358.16	1.61	403.1
2013	*569.0*	569.76	353.20	1.61	*352.7*
2014	689.0	*536.73*	*335.47*	1.60	430.6
2015	799.0	540.15	337.40	1.60	499.1
2016	**955.6**	553.77	342.98	1.61	**591.9**
2017	880.9	550.60	338.80	1.63	542.0
2018	887.0	549.08	335.79	1.64	542.5
10 年均值	775.0	560.70	344.99	1.63	476.7

注:加粗字体代表 2009～2018 年最大值,斜体加粗代表 2009～2018 年最小值。

3.5 2009～2018 年淮河流域河流水质变化

淮河流域Ⅰ～Ⅲ类水河流的占比在 2009～2018 年表现为整体上升趋势,其中 2009～2013 年Ⅰ～Ⅲ类水河流的占比在37.6%～40.0%,2016 年开始超过50.0%,2018 年达到62.9%与2009 年37.9%相比大幅增加。Ⅳ～Ⅴ类水河流的占比在 2009～2018 年表现为前期波动较小后期降低的趋势,其中 2009～2015 年Ⅳ～Ⅴ类水河流的占比波动较小在35.9%～40.5%,2016～2018 年Ⅳ～Ⅴ类水河流的占比降低到32.5%左右。劣Ⅴ类水河流的占比在 2009～018 年表现为整体下降趋势,其中 2009～2013 年劣Ⅴ类水河流的占比在20.7%～26.2%,2014 年开始降幅较大,2018 年劣Ⅴ类水河流的占比仅5.0%,与2009 年26.2%相比大幅降低。2009～2018 年全年期淮河流域河流水质状况如图1 所示。

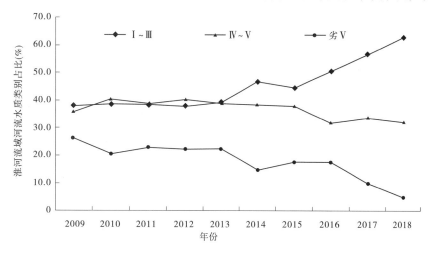

图1 2009～2018 年全年期淮河流域河流水质状况

4 讨论及结论

淮河流域 2009～2018 年平均降雨量为 855.1 mm,与多年均值 875 mm 相比有所减少。淮河流域人均水资源量年际波动较大,2009～2018 年均值为 476.7 m³,仅为全国平均水平的22.7%。按照国际公认的标准,人均水资源量低于 500 m³ 为极度缺水,可见淮河流域整体处于极度缺水的水平。在各项供水水源中供水量占比依次为:地表水＞地下水＞其他水源,各项供水量的年际变化体现了采取节水压采措施、南水北调工程、污水处理再利用和集雨工程对缓解淮河流域水资源危机起到了积极的作用。在用水方面,淮河流域主要通过压缩农业(农田灌溉和林牧渔畜)用水降低了总用水量,与2009 年相比,2018 年农业用水量大幅降低,这主要得益于节水灌溉技术在淮河流域大面积推广应用,以及实行种植结构和林牧渔畜产业结构调整等措施,起到了较好的节水效果。通过流域工业结构调整和大幅压缩"三高"企业占比以及企业生产工业升级,工业用水效率显著提高,但是随着流域经济社会的发展,工业企业的数量大幅增加,工业用水量逐渐增加。2009～2018 年淮河流域河流的水质状况持续改善,尤其是最严格的水资源管理制度实施后,淮河流域河流水质改善最为显著,但Ⅳ～Ⅴ类水河流的占比还需要进一步降低。

5 建议

基于对 2009～2018 年淮河流域水资源变化趋势的分析,提出以下建议:

(1)进一步加强淮河流域雨、洪资源化的研究和利用,缓解水资源短缺的压力。

(2)科学优化流域水资源管理制度,加强引调水工程建设与管理,合理规划调配水资源,完善水资源价格体系。

(3)进一步优化流域各省产业结构,提高农业和工业用水效率,鼓励水资源利用率高、水资源使用量少的低耗水产业的发展;进一步大力推动污水处理和再生水资源利用,加强水污染防治工作。

(4)加强节水宣传,提高社会的节水意识;大力推动节水型城市建设和节水工艺发展,进一步提高水资源利用率。

（5）加强流域水环境安全意识，严格控制点源和面源污染，重点控制入河污染源，持续改善流域内河流湖泊和水库等水体的水质状况，提高水资源承载能力，增加流域内水资源可利用量。

（6）加强对流域内河流湖泊生态需水量的研究，适当控制生态环境用水中需保持的水面面积。

6　结语

淮河是中国中部的重要河流，淮河流域水资源的变化趋势对流域社会经济的发展及生态环境有重要影响[3]。为加强淮河流域水资源的保护，保障淮河流域水资源的可持续利用，要不断地开展水资源的相关研究，采取科学可行的水资源管理保护措施，以形成淮河流域水资源保护的长效机制。

参 考 文 献

[1] 黄微尘,余朕天,李春晖,等.基于 ELECTRE Ⅲ 的淮河流域水资源安全评价[J].南水北调与水利科技,2019,17(1)：20-25.

[2] 水利部淮河水利委员会.淮河片水资源公报(2018 年)[R].蚌埠:水利部淮河水利委员会,2019.

[3] 张晓红,陈兴,罗连升,等.1960~2008 年淮河流域面雨量时空变化及径流响应[J].资源科学,2015,37(10):2051-2058.

济南市不同水体浮游动物群落结构分析

贾丽[1],王帅帅[1],梁晶晶[1],王瑾[1],朱杰[1],

张厚信[1],盛楚涵[2],李庆南[2],殷旭旺[2*]

(1.济南市水文局,山东 济南 250014;2.大连海洋大学,辽宁 大连 160232)

摘 要 以济南河流型和水库型浮游动物作为研究对象,分别于2014年5月、8月、11月和2015年5月、8月、11月共6次对济南全流域范围内布设31个收集区域的浮游动物群落进行采样调查,通过对济南流域浮游动物群落结构分布及时空格局进行分析,初步得出以下结论:济南区域浮游动物两型水体相对连通性较好,水库型浮游动物较河流型浮游动物相对稳定,但物种数量上要少于河流型,济南区域浮游动物整体多样性状况较差,水库型与河流型浮游动物多样性差异不明显。

关键词 浮游动物;群落结构分布;河流型;水库型

浮游动物是水生态系统中重要的生物类群,其群落组成、多样性分布特征可以直接映射不同水体的水生态健康状况[1]。在不同的水体类型中,浮游动物的物种组成和密度分布存在较大差异[2-7]。在淡水水生态系统中,最常见的两种水体类型为水库型和河流型。水库型水体水量大、流速缓,从空间上更适于浮游动物生存,浮游动物物种数往往要多于河流型,并且在浮游动物物种中包括很多枝角类、桡足类。河流型水体浮游动物物种组成类群相对比较单一,一般河流型浮游动物主要类群以轮虫为主。济南位于山东省中部偏西,市域内有黄河水系、小清河水系以及徒骇马颊河水系三大水系,分别属于黄河流域、淮河流域以及海河流域。水体类型大体可划分为水库型和河流型(本文将济南地上泉区归入河流型),河流型水体多集中在济南中北部区域,水库型水体集中在济南东部偏南,经过长期生态演化,两种水体类型形成独有的浮游动物物种群落分布结构,本文基于济南区域浮游动物分布特征,探索该区域水库型和河流型浮游动物之间的差异性和关联性,为该区域水生态环境改善提供有效依据。

1 材料和方法

1.1 济南浮游动物采集样点

1.2 浮游动物样品采集

首先通过资料确定浮游动物采集地点(见表1),采用GPS全球定位系统(eXplorist－200)进行现场定位(见图1)。浮游动物在收集时,注意不同水体类型采用不同的浮游动物采集方法,水库型用水生－80型采水器采水50 L,经25#浮游生物网(300目)过滤获得初筛样品;河流型用5 L水桶采水50 L,用25#浮游生物网(300目)过滤获得初筛样品。收集到的样品24小时后浓缩到20 mL,浓缩后的样品需用5%甲醛固定剂进行固定,在测定时,吸取1 mL浓缩样品置于浮游动物计数框内,在OlympusCX21FS1型显微镜下全片计数。

1.3 数据整理、分析和处理

通过显微镜对浮游动物进行鉴定,获得平均基础数据进行整理、分析,按各样点的浮游动物数据进行计算,其中香农－维纳多样性指数H'的计算[8-9]:

$$H' = -\sum P_i \times \log_2 P_i$$

基金项目:辽宁省优秀人才支持计划项目(LR2015009)。

作者简介:贾丽,女,1989年生,工程师。E-mail:24823520@qq.com。

通讯作者:殷旭旺,1980年生,男,教授,博士。E-mail:yinxuwang@dlou.edu.cn。

式中:P_i为在每个样品中第 i 个物种的个体数占总个体数的比。

表 1　济南流域布设站位对应水体

点位标号	对应水库	点位标号	对应河流	点位标号	对应河流	点位标号	对应河流
W2	八达岭水库	W1	并渡口	W24	黄台桥	W39	张公南临
W4	卧虎山水库	W3	黄巢水库	W28	相公庄	W40	刘家堡桥
W6	锦绣川水库	W5	宅科	W29	浒山闸	W41	周勇闸
W7	垛庄水库	W8	陈屯桥	W30	五龙堂	W42	杆子行闸
W9	东阿水库	W11	北大沙河入黄河口	W31	张家林	W43	明辉路桥
W10	汇泉水库	W12	顾小庄浮桥	W32	白云湖	W44	潘庙闸
W13	崮头水库	W16	睦里庄	W33	北田家	W45	刘成桥
W14	钓鱼台水库	W17	吴家铺	W34	垛石街	W46	龙脊河
W15	崮山	W20	梁府庄	W35	新市董家	W47	石河
W25	杏林水库	W21	板桥	W36	葛店引黄闸	W48	巨野河
W26	杜张水库	W22	五柳闸	W37	大贺家铺		
W27	朱各务水库	W23	泺口	W38	营子闸		

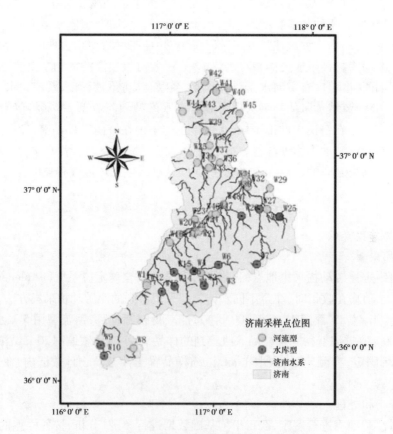

图 1　济南流域不同水体类型浮游动物采集布设站位

2　结果

2.1　济南水体浮游动物物种分布

济南水库型水体共采集到浮游动物 87 种。其中轮虫物种数为 37 种,占全部种类数的 43%;原生动物物种数为 28 种,占全部种类数的 32%;枝角类物种数为 13 种,占全部种类数的 15%;桡足类物种数为 9 种,占全部种类数的 10%。济南河流型水体共采集到浮游动物 103 种。其中轮虫物种数为 40 种,占全部种类数的 39%;原生动物物种数为 34 种,占全部种类数的 33%;枝角类物种数为 19 种,占全部种类数的 18%;桡足类物种数为 10 种,占全部种类数的 10%(见图 2)。

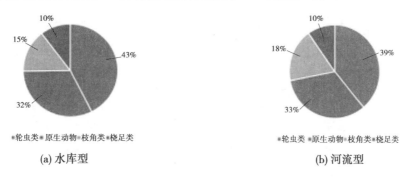

(a) 水库型   (b) 河流型

图 2 济南水库型、河流型水体浮游动物物种组成

济南水库型水体每个采样点平均采集到的浮游动物物种数为 6 种。其中 2014 年 5 月平均物种数最多,约为 10 种,优势物种有点滴尖额溞、桡足幼体。其余 5 次采样结果浮游动物物种数波动范围较少,基本呈现平稳趋势。济南河流型水体每个采样点平均采集到的浮游动物物种数为 4 种。其中 2014 年 5 月平均物种数最多,约为 9 种,优势物种有萼花臂尾轮虫、曲褶龟甲轮虫。2014 年 5 月和 8 月,浮游动物物种数较低,为 2 种,2015 年 3 次采样结果较为均衡,浮游动物物种数基本为 4 种(见图 3)。

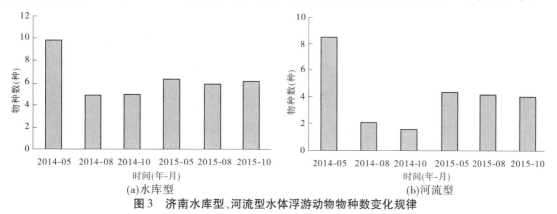

(a)水库型   (b)河流型

图 3 济南水库型、河流型水体浮游动物物种数变化规律

2.2 济南浮游动物密度分布

济南水库型水体每个采样点浮游动物平均密度为 405.23 个/L。2014 年 3 次采用结果显示,浮游动物密度非常低,均值为 74.90 个/L,其中 2014 年 8 月和 10 月,浮游动物密度最低,分别为 4.79 个/L 和 7.83 个/L。2015 年浮游动物密度明显增加,平均值为 735.56 个/L。其中 2015 年 10 月浮游动物密度最高为 846.67 个/L(见图 4)。

2.3 济南浮游动物多样性变化

济南水库型水体每个采样点浮游动物平均多样性指数为 1.16。6 次采样结果显示,浮游动物多样性指数变化波动较小,数值范围在 1.06 ~ 1.29。济南河流型水体每个采样点浮游动物平均多样性指数为 1.23。2014 年 5 月,浮游动物多样性指数最高为 2.18,2014 年 8 月和 10 月,浮游动物多样性指数最低,为 0.75 和 0.57。2015 年 3 次采样结果数据显示,浮游动物多样性指数波动范围较小,平均值为 1.29(见图 5)。

3 总结与讨论

从济南水库型、河流型浮游动物物种总数和各个类群比例分布来看,济南水库型和河流型浮游动物物种差别不大,河流型浮游动物物种总数略高于水库型浮游动物物种总数,各个类群比例相似,轮虫和原生动物为济南两种水型主要构成物种。从各个月各点位平均物种数变化来看,水库型浮游动物和河

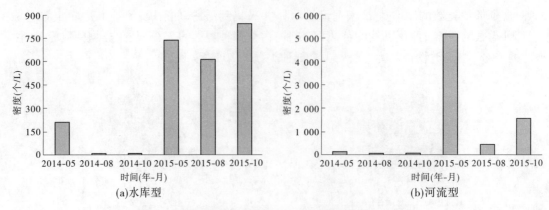

图4　济南水库型、河流型水体浮游动物密度变化规律

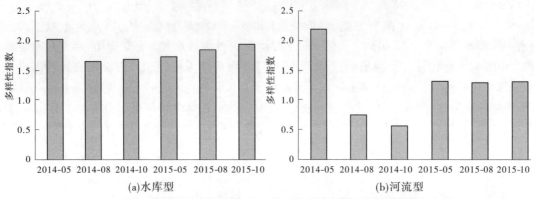

图5　济南水库型、河流型水体浮游动物多样性指数变化规律

流型浮游动物呈现相同的变化规律,2014年5月两水型浮游动物明显高于其他各月份,其他月份相对物种变化不大,水库型浮游动物物种更趋于稳定,河流型浮游动物受季节变化,8月、10月浮游动物物种数相对较低。从各个月各点浮游动物密度变化来看,济南2015年两型水体浮游动物密度整体要高于2014年,河流型水体浮游动物密度明显高于水库型水体浮游动物。从各个月各点浮游动物多样性变化来看,济南区域浮游动物整体多样性状况较差,济南水库型水体每个采样点浮游动物平均多样性指数为1.16。6次采样结果显示,浮游动物多样性指数变化波动较小比较稳定。河流型浮游动物多样性在2015年变化较大,尤其从5月到8月有明显降低趋势,从10月到次年5月又明显升高趋势。

整体来看,济南区域浮游动物两型水体相对连通性较好,水库型浮游动物较河流型浮游动物相对稳定,但物种数量上少于河流型,这与其他区域物种数量调查结果不同,一般情况,水库型浮游动物物种数要多于河流型,原因主要有两方面,一方面是济南水体浮游动物总体多样性不高,呈现的物种差异不明显;另一方面与济南水库型、河流型水体分布状况有关,济南大部分水库与河流型水体连通性相对较好,河流型水体水量小,流速缓,导致河流型水体总物种略高于湖泊型。从济南浮游动物年变化上来看,2015年济南浮游动物密度明显高于2014年,物种数变化不大,这与济南区域整体水量变化状况有关。水体浮游动物总密度的降低,会导致浮游植物密度增大,从而影响到鱼类数量减少,预示水体受到潜在污染源的胁迫。因此,有关部门应对浮游动物生物群落变化引起重视,加大对济南区域水环境监督监测力度,保证济南水生态安全,使济南水生态能够发挥健康良性的循环机制。

参 考 文 献

[1] Wang R,Fang C I. Copepods feeding activities and its contribution to downwards vertical flux of carbon in the east China Sea [J]. Oceanologia et Limnologia Sinica,1997,28(6):579-587.

[2] Strom S L,Brainard M A,Holmes J L,et al. Phytoplankton blooms are strongly impacted by microzooplankton grazing in coastal North Pacific waters[J]. Marine Biology,2001,138(2):355-368.

[3] Merrell J R and Stoecker D K. Differential grazing on protozoan microplankton by developmental stages of the calanoid cope-

pod Ettrylemora affinis Poppe[J]. Journal of Plankton Research,1998,20(2):289-304.

[4] Griffin S L,Herzfeld M,Hamilton D P. Modelling the impact of zooplankton grazing on phytoplankton biomass during a dino-flagellate bloom in the Swan River Estuary[J]. Western Australia. Ecological Engineering,2001,16(3):373-394.

[5] Lonsdale D J,Cosper E M,Doall M. Effects of zooplankton grazing on phytoplankton size structure and biomass in the lower Hudson River Estuary,1996,19(4):874-889.

[6] Newton G M. Eetuarine ichthyoplankton ecology in relation to hydrology and zooplankton dynamics in a salt—wedge estuary [J]. Marine and Freshwater Research,1996,47(2):99-111.

[7] Zheng Z,Li S J,Xu Z Z. Marine planktology[M]. Beijing:China Ocean Press,1984.

[8] Sevenson R J,Pan Y D,Dam H V, et al. Assessing environmental conditions in rivers and streams with diatoms[M]. 1999.

[9] Shannon C E,Wiener W J. The mathematical theory of communication[J]. Urbana:University of Illinois Press, 1949: 296.

南四湖取水工程(设施)核查登记工作经验

王秀庆[1],杜庆顺[1],王启猛[2]

(1. 沂沭泗水利管理局水文局(信息中心),江苏 徐州 221018;

2. 水利部淮河水利委员会,安徽 蚌埠 233001)

摘　要　取水工程(设施)是开发利用水资源的重要手段。南四湖跨苏鲁两省,是南水北调东线一期工程重要调蓄湖泊,水事矛盾突出。根据水利部工作部署,为深入贯彻最严格水资源管理制度和"水利工程补短板、水利行业强监管"总基调,落实好"合理分水、管住用水"的水资源管理工作目标,狠抓取用水管控,全面规范和加强南四湖取用水管理,2019年淮河水利委员会组织开展南四湖取水工程(设施)核查登记工作。全面掌握南四湖取水工程(设施)管理现状,摸清取用水家底;查清基础信息,做好登记入库,形成初步名录;基本完成信息建库立档和"水利一张图"管理;及时总结经验,深度剖析问题,为整改提升、实现南四湖流域区域信息共享打好基础,着力推进流域水资源监管长效机制建设和监管效能提升。

关键词　南四湖;取水工程;核查登记;用水监管

1　工作背景

随着经济社会的快速发展,南四湖周边取水工程(设施)数量大幅增加,水资源开发利用规模呈增长态势,水资源无序开发、管理粗放等问题日趋显现。部分地区取水许可审批管理不规范,取水计划、水量调度、取用水计量监测等事中事后监管措施落实不到位。一些取水工程(或设施)未经批准擅自取水或未按批准的取水许可规定条件取水,取水工程(设施)现状家底不清,取水许可台账信息不全,难以准确掌握地区水资源开发利用状况。

为深入贯彻最严格水资源管理制度和"水利工程补短板、水利行业强监管"的水利改革发展总基调,落实好"合理分水、管住用水"的水资源管理工作目标,狠抓取用水管控,全面规范和加强南四湖取用水管理,将"核查南四湖周边取水口变化情况"列为水利部2019年重点工作督办事项。

开展南四湖取水工程(设施)核查登记工作,可全面掌握南四湖取水工程(设施)和水资源开发利用管理现状及存在的问题,坚持问题导向,依法规范,切实加强取用水管理,对于准确研判南四湖水资源开发利用形势,促进南四湖水资源有序开发、高效配置和合理利用,必将发挥重要的基础支撑作用。

2　工作内容

2.1　核查登记范围及对象

本次核查登记范围为南四湖及自南四湖取水河段,涉及山东省的济宁市、枣庄市和江苏省的徐州市。

核查登记对象为核查登记范围内直接从江河、湖泊或地下取用水资源,应纳入取水许可管理范围且未报废的取水工程(设施),包括闸、坝、渠道、人工河道、虹吸管、泵站、水电站等7类。

除依据有关法律法规和流域内各省人民政府规定不需要申领取水许可证的情形外,其余取水工程(设施)均列为本次核查登记对象。

2.2　工作任务

现阶段南四湖取水工程(设施)核查登记工作任务主要有:

作者简介:王秀庆,女,1988年生,沂沭泗水利管理局水文局,信息中心(工程师),主要从事水资源管理、水文情报预报及防汛调度工作。E-mail:wangxq978@163.com。

一是对象核查。以县级行政区为单元开展全面排查。掌握辖区内已建、在建的取水工程(设施)管理权属、工程建设和运行、取水许可、取水口位置等情况。

二是登记入库。根据核查对象名录,针对未报废的取水工程(设施),县级水行政主管部门和各取水审批机关组织取水单位(处人)填报,登记取水口基础信息、取水口基本信息、计量及取水情况、取水许可审批情况、取水计划情况等五大方面信息。

三是复核分析。根据各单位上报的核查登记结果,组织专业技术人员对上报的成果进行复核,个别情况采取现场核查的形式,全面梳理南四湖取水工程(设施)填报情况。针对核查登记发现的问题,及时反馈填报单位,要求其补正。

3 南四湖基本情况

3.1 流域概况

南四湖流域地处鲁南泰沂山前冲积平原与鲁西南黄泛平原的交界地带,在黄河与废黄河之间。南四湖东部为山地、丘陵及山前平原,西部为黄泛平原,地势西高东低,由于黄泛影响,地貌比较复杂。湖底高程上级湖为31.5~32.5 m,下级湖为30.0~30.5 m。

南四湖由南阳湖、独山湖、昭阳湖、微山湖4处相连的湖泊组成,1958年修建了二级坝枢纽工程,坝长7.36 km,将南四湖一分为二,坝北为上级湖,坝南为下级湖。

3.2 河流水系

南四湖汇集沂蒙山区西部及湖西平原各支流洪水,经韩庄运河、伊家河及不牢河入中运河。入湖支流共53条,其中湖东主要有洸府河、白马河、北沙河、新薛河等,湖西主要有梁济运河、洙赵新河、万福河、复新河、大沙河、郑集河等。

4 取水工程核查成果

在淮委水资源处的组织协调下,在江苏省、山东省各级水行政主管部门以及沂沭泗水利局的积极配合下,南四湖取水工程(设施)核查登记工作初步完成,基本摸清了取水工程(设施)底数,形成了核查对象名录。

本次南四湖取水工程(设施)共核查登记294处取水工程(设施),其中山东省171处,包括济宁市108处、枣庄市63处;江苏省123处,全部在徐州市境内。

4.1 取水工程类型

(1)按照工程类型划分。南四湖取水工程(设施)按照工程类型主要涉及闸、泵站、渠道、人工河道及其他类。核查登记的取水工程(设施)中闸类46处,泵站类237处,渠道类5处,人工河道类2处,其他类4处。

(2)按照取水用途分工程类型统计。南四湖取水工程(设施)按照取水用途主要涉及农业用水255处,工业用水12处;城镇供水8处,火(核)电循环冷却用水4处,其他用途用水11处,人工生态环境补水5处、水资源配置调度取水9处,上述取水工程中多用途取水工程10处。

4.2 取水许可审批办理情况

南四湖取水工程(设施)核查登记名录中申领取水许可的共63处,占比21.4%。其中农业灌溉取水工程47处,城镇供水5处,工业用水5处,发电取水4处,人工生态环境补水2处。

山东省的171处取水工程(设施)中办理取水许可的共有41处,占比24.0%,其中枣庄市共有30处取水工程办理取水许可,均为淮委审批;济宁市共办理取水许可11处,10处为淮委审批,1处为地方水利部门审批。

江苏省的123处取水工程(设施)中,已办理取水许可手续的共有22处,占比17.9%,其中6处为淮委审批,16处为地方水利部门审批。

4.3 取水设施计量监测情况

本次调查的南四湖取水工程(设施)有取水计量设施有31处,占比10.5%,无计量取水工程(设施)

有263处,占比89.5%,目前取水工程监测比例较低,大部分取水口门缺乏计量设施。

4.4　取水量及用途分析

根据初步核算,南四湖取水工程(设施)2018年取水量约9.12亿 m^3,按照行政区划分,山东省4.37亿 m^3,江苏省4.75亿 m^3;按照取水用途划分,农业用水7.00亿 m^3,占比76.8%,非农业用水2.12亿 m^3,占比23.2%。

5　工作经验

本次南四湖取水工程(设施)核查登记工作具有以下特点:一是工作时间紧,工作任务重,核查登记调查范围涉及从南四湖及南四湖取水河段取水的闸、坝、渠道、人工河道、虹吸管、泵站、水电站等7类全部取水工程;二是涉及范围广,核查登记涉及山东省济宁市、枣庄市,江苏徐州市共2省3个地级市;三是成果质量严,调查成果作为2019年水利部督办事项,同时该成果要在今后水量分配、水量调度中应用。

5.1　加强组织领导,落实单位责任

核查登记工作启动以来,淮委领导高度重视,明确淮委分管主任作为主要责任人,水资源处督促江苏、山东两省水行政主管部门落实省、市、县三级责任单位及工作人员,明确任务分工,建立由各级行政负责人、技术负责人和联系人组成的联络制度。同时,建立取水工程(设施)工作群,定期对工作进展情况和存在问题进行通报,并对核查人员提出的相关政策、技术问题及时答疑。

5.2　借助已有成果,加快工作进度

本次核查工作挖掘利用已有成果,充分借助地方水行政部门掌握的现有基础资料。比如山东省结合水资源费改税工作,已对所在地用水户、取水口进行了排查;江苏省结合长江流域取水口核查登记工作,在全省境内开展取水口核查登记。同时淮委开展沂沭泗规范化管理工作,对直管范围内的取水户也开展了排查。核查登记采取资料收集与现场核查相结合的方式,适时开展和督导检查,核实已有调查资料,提高了工作效率。

5.3　多级审查复核,严控成果质量

为做好南四湖取水工程核查登记工作,提升工作效率和质量,并便于后续数据管理,开发了"淮河流域取水工程(设施)核查登记系统",实现取水工程(设施)核查工作在线填报、审核,并具备查询、统计、分析等功能,并可展示"水利一张图"。利用该系统建立了流域机构"基层局—直属局—沂沭泗局"和地方水行政主管部门"省—市—县"三级填报、审核质量把控机制,召开专题研讨会、培训会,组织人员对名录汇总的信息仔细比对,查找可能存在的系统或细节问题,对于系统复核名录中仍然存在的个别填报问题,逐一和填报人员进行沟通、确认调整,确保系统数据完整无误,充分发挥技术支撑单位优势,组织专门人员加强数据现场复核工作,确保填报信息标准统一、全面准确。

6　存在的问题

南四湖取水工程(设施)核查登记工作取得了重要成果,但工作也存在一些困难和问题。

6.1　取水工程核查登记目的认识不够

部分地方水行政主管部门对开展取水口核查登记工作的目的认识不够,个别工作人员存在顾虑,认为核查登记的目的在于"查问题、追责任",不愿意填报或者不能准确填报取水工程,尤其是不愿意填报越权审批的取水工程,可能造成填报信息的缺失遗漏。

6.2　取水工程核查技术要求尚待完善

取水工程(设施)核查登记一些技术问题尚需进一步界定。一是对于从南四湖引水河道(渠道)取水的口门,是否界定为从南四湖取水难以确定,取水水源受河道来水、湖水水位等影响;二是部分排涝泵站,以排涝为主,兼顾灌溉,且近年未利用其灌溉,是否进行登记核查;三是对南水北调东线工程调水泵站、船闸用水、生态环境等特殊用水户如何界定。

6.3   农业取水许可规范化管理相对薄弱

南四湖多数取水口建于 20 世纪中后期,规模小,数量多,分布散,且工程老化、管理不善,问题长期积累。已建取水工程取水许可审批手续不全,取水工程登记信息不完整,特别是农业取水口门,属村民小组管理,无取水许可证,无计量监测设施,无运行记录,事中、事后监管不到位,多数取水单位未提交当年度用水总结和下一年度用水计划。据统计,大部分取水口门未办理取水许可手续,294 处取水工程(设施)无证取水达 78.6% ,未安装取水计量设施的取水工程(设施)普遍存在,占比 89.5% 。

6.4   核查登记系统相互独立,暂不能实现全国"水利一张图"

全国开展取水工程(设施)核查登记工作在长江流域先行,淮委南四湖紧随其后,该项工作属于探索阶段。目前长江流域开发了"长江流域取水工程(设施)核查登记系统",淮河流域开发了"淮河流域取水工程(设施)登记核查系统",两个系统相互独立,资源不能共享,不能实现全国"水利一张图",后续系统需升级改造,打破数据壁垒,实现信息资源整合共享,构筑统一平台,实现全国"水利一张图"。

6.5   基层水利部门工作人员力量亟待加强

取水工程(设施)核查登记工作中填报内容较多,指标相对复杂。此项工作主要任务在县区一级,而县区级水资源管理能力最为薄弱,尤其本次机构改革后,人员变动较大,部分县(市、区)仅有一名从事水资源管理工作的技术人员,且未安排专项工作经费,核查登记工作的时间和质量不能保障。

7   结论与建议

开展南四湖取水工程(设施)核查登记工作,形成核查登记名录,建库立档,全面排查,基本查清南四湖取水工程(设施)家底信息,以及取用水管理突出问题。南四湖取水工程(设施)核查登记工作取得阶段性成绩,需总结经验做法,谋划下一阶段整改提升工作,为下一步淮河流域甚至全国铺开核查登记工作积累了可借鉴的经验和做法。

针对上述梳理问题,下一阶段重点做好以下工作:采取"四不两直"的形式加强现场抽查和复核工作,严格把控取水工程(设施)填报技术标准,强化数据质量控制,稳步有序地推进后续整改提升工作,同时完善取水许可管理制度,强化取水口门监测能力建设,依法规范和加强取用水管理,统筹协调流域生活、生产和生态用水,进一步提高淮河流域的水资源管理能力和水平,促进淮河流域水资源的可持续利用和有效保护。

沙颍河流域生态流量调度探索实践

魏钰洁

（河南省沙颍河流域管理局，河南 漯河　462000）

摘　要　水是生命之源、生产之要、生态之基。随着社会经济状况的发展及环境问题的变化，沙颍河流域水资源开发利用率不断提高，导致了河流生态用水被挤占，水生态问题突出。随着水利改革与发展的不断深入，水生态文明建设已经成为水利管理工作的重要内容，积极开展河道生态环境现状调查，分析河道控制断面生态水量需求，拟定生态流量指标，制订生态流量调度方案，进行流域生态流量调度探索实践工作是非常必要的。

关键词　沙颍河流域；生态流量；调度；实践

1　流域概况

沙颍河是淮河最大支流，自西向东横跨豫皖两省，其中河南省境内干流长 418 km，流域面积 34 440 km²，流域覆盖了平顶山、漯河、许昌、周口、郑州、洛阳、南阳、开封 8 市 30 余个县（区）；流域大于 1000 km² 的一级支流有北汝河、澧河、颍河、贾鲁河、新运河、新蔡河、汾泉河和黑茨河 8 条；大于 100 km² 的二级支流近百条；流域内建有昭平台、白龟山、白沙、孤石滩、燕山、前坪 6 座大型水库和 24 座中型水库及 340 座小型水库；中下游建有泥河洼滞洪区和 26 座大中型拦河水闸；已建干支流堤防 1 866.94 km，基本成为一个相对完整独立的工程水系，为防御洪水、维持流域内生态平衡、区域的工农业和居民生活用水提供了极大的保障。

但是近年来随着社会经济的快速发展和水资源需求量的不断增加，各地利用辖区内的水库、拦河工程层层拦蓄，水资源竞相开发、分散管理的问题较为严重，导致河流生态用水被挤占，水生态问题突出，因此科学确定流域河湖的生态流量，优化流域水资源配置及闸坝调度方案，维护良好的水生态系统是流域水资源管理的一项迫切工作。

2　流域水生态管理现状及存在的问题

沙颍河流域降水量年内分配很不均匀，呈明显的季节性，丰枯变化显著，为了缓解洪涝、干旱和水体污染等问题，流域内修建了大量水库闸坝，作为调蓄工程，闸坝对防洪安全和供水发挥了很大作用，但由于阻隔及径流调节的影响，也引发了河流自然形态、水力条件、水沙特性以及水生生物的演替过程发生了巨大的改变，非汛期时常出现断流，对河流生态环境造成了负面影响，生态系统的急速退化，水生生物物种减少，水资源紧缺与生态系统的矛盾突出。同时，流域水资源水环境的管理涉及多个部门，难以统筹协调，导致生态流量管控缺少统一的管理机制，存在的问题主要表现为：

（1）水资源短缺，生态环境恶化。流域内水资源季节分布不均衡，水资源开发利用程度高，生产、生活、生态用水矛盾突出，各辖区水库、拦河工程层层拦蓄，非汛期出现断流现象，生态流量难以保证。生态环境恶化。

（2）生态流量保障和调度协调难度大。生态流量统一调度的体制、机制尚未建立。一是区别于防洪调度和其他应急水量调度，非汛期生态水量调度的体制、机制尚未建立，上下游之间协调难度大。二是水库、闸坝分散管理，管理主体多样，日常运行管理多数没有考虑生态需求，统一调度难度很大。

（3）生态流量管理工作基础能力薄弱。许多已建水利工程缺少生态水量泄放设施和小流量监控设

作者简介：魏钰洁，女，1988 年生，硕士研究生，主要从事水文与水资源管理工作。E-mail：weiweinianhua@163.com。

备,生态水量的在线监测能力达不到要求,市、县监测断面和重点水系节点监测断面与监控手段缺乏,生态水量预报预警和调度决策系统还未建立,严重制约了生态水量调度工作的科学性和时效性。

(4)生态流量保障的技术支撑不足。生态流量调度涉及防洪、供水、防污和生态等多种目标,在实践过程中仍有许多关键技术需要进一步研究,如多目标调度协同优化技术、大型水库生态流量传播时间和过程模拟技术、监控断面生态流量过程计算与监控技术、沙颍河生态流量调控系统研发技术等,而这些技术对科学及时预警、确保生态流量指标达标、指导实际调度工作、保证方案顺利实施具有重要作用。

3 沙颍河流域生态流量调度探索实践

2015年4月2日,国务院正式出台《水污染防治行动计划》,并强调要按照习近平总书记提出的"节水优先、空间均衡、系统治理、两手发力"的原则,系统推进水污染防治、水生态保护和水资源管理的思路,提出要"科学确定生态流量","在黄河、淮河等流域进行试点,分期分批确定生态流量(水位),作为流域水量调度的重要参考"。之后《水利部关于印发〈水利部落实水污染防治行动计划主要任务实施方案〉的通知》(水资源〔2015〕325号)明确要求"编制黄河、淮河流域生态流量试点工作方案。科学确定生态流量,根据各河流断面生态流量(水位),统筹做好黄河调水调沙、淮河流域闸坝调度等工作"。

沙颍河作为淮河的最大支流,一方面,流域天然基流缺乏,河流闸坝密集,生态用水挤占问题严重,水环境水生态恶化明显;另一方面,流域水库、闸坝较多,具有较强的供水调节能力,具备一定的调度条件,便于开展生态流量调度工作。通过开展沙颍河流域生态流量调度探索实践,逐步建立、完善流域生态流量管理工作机制,为全面开展生态流量管理工作积累经验,维护良好的水生态系统,实现流域环境效益、经济效益与社会效益多赢的人水和谐新局面。

3.1 确立调度原则

根据沙颍河流域特点和生态流量调度目标,确定生态流量调度的原则如下:

(1)水量调度服从防洪调度原则,包括生态调度在内的水量调度要服从防洪调度,确保防洪安全。

(2)总量控制原则,按照沙颍河水量分配方案确定的有关断面下泄水量、流量要求及省际间分配的水量份额进行调度。

(3)生活用水优先原则,从水源工程调水必须以满足当地生活用水需求为前提。

(4)统筹兼顾原则,在不影响有关水库、闸坝原有调度运用方案的情况下,兼顾生态用水调度。

(5)以非汛期为主原则,调度时段以非汛期为主,有鱼类等敏感保护目标的河段,重点考虑鱼类的产卵期。

(6)联合调度原则,采取水库、闸坝、拦河建筑物等水利工程联合调度。

3.2 确定调度目标

沙颍河流域生态流量调度前期以减少断流、保障生态基流为主要目标,完善沙颍河干流控制断面生态流量监测基础设施、建立健全预警机制,通过对控制断面枯水期流量的实时监测和动态调度,落实其生态用水需求,满足干流生态流量要求。后期通过对干流河道、主要支河、入河排污口等的实时监测,开展流域层面的截污导流、水量动态调度等管理,落实生态用水需求,保障枯水期生态基流,进一步保护和改善水环境,基本达到沙颍河流域水生态管理保护要求。

3.3 明确调度机构和职责

沙颍河流域生态流量调度的主管部门是省水利厅,实施部门是流域管理局,调度实施单位是流域各地市水利局以及相关水库和闸坝管理机构。

沙颍河流域生态流量调度由省水利厅负责,生态流量调度意见由河南省水利厅提出,由流域管理局负责具体工作的组织实施。根据省水利厅工作领导小组职责安排,领导小组下设办公室,领导小组办公室承担领导小组日常工作及协调监督工作,水文系统配合做好有关流量、水质监测及信息报送工作,流域管理局负责具体工作的组织实施与淮河流域水资源保护局的工作衔接,流域内有关省辖市水利局以及大型水库、重要闸坝等工程管理单位做好配合和调度计划执行。

3.4　理顺调度流程

沙颖河流域生态流量调度基本分为七个阶段,流程见图 1。

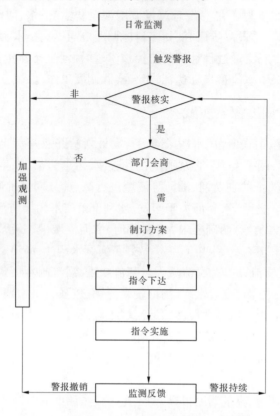

图 1　沙颖河流域生态流量试点调度流程图

一是日常监测阶段。沙颖河流域管理局利用水资源信息中心平台(待建)对监测断面的实时水位、流量等数据信息进行监测,每天对断面日平均流量进行核查。

二是预警核实阶段。当监测断面实测数据达到预警触发条件时,信息中心平台将通过多渠道向工作人员发出预警信息,工作人员要通过查阅历史记录、现场视频等方式对预警信息进行核实,如该警报信息仍有待观察,则加强对监测数据的核查,如达到应对要求则须向负责人汇报。

三是部门会商阶段。沙颖河流域管理局依据预警的等级、涉及范围等招集有关部门进行会商,提出应对方案,综合判断仍需进一步观察的,则责令工作人员加强对监测信息的收集分析,如分析确定应实施工程调度的,则制订具体的调度方案。

四是方案制订阶段。沙颖河流域管理局依据会商意见拟定调度方案,经水利厅批准后实施。

五是指令下达阶段。依据批准的调度方案由省防办向各有关单位下达调度指令,并逐级下达至涉及的闸坝管理单位。

六是指令实施阶段。收到调度指令的单位应在指定期限内落实有关措施,沙颖河流域管理局负责调度过程的监督管理,及时将实施情况向上级汇报。

七是监测反馈阶段。指令实施后要加强对各断面实时数据的监测,如警报仍未完全撤销,则应对该警报进行核实并启动新一轮次的调度过程,如警报撤销,则转入日常监测状态。

3.5　建立生态流量调度预警机制

沙颖河生态流量调度预警分为两个等级,即橙色预警和红色预警。其中橙色预警,指出现低于设定控制生态流量阈值的风险出现,并有持续加大的趋势;红色预警,指出现低于设定控制生态流量阈值的风险很大,且没有好转的迹象,随时需要启动生态调度。

监测断面预警触发条件如下:

(1)当监测断面实时流量低于生态流量阈值的 1.5 倍但高于 1.2 倍,且持续 7 日平均流量或水位持续降低时,触发橙色预警。

(2)当监测断面实时流量低于生态流量阈值的 1.2 倍但高于 1.0 倍,且持续 3 日平均流量持续降低,或者当日平均流量低于生态流量阈值时,触发红色预警。

预警触发后,通过加强上下游水量调度使得监测断面流量、水位逐步得到恢复,当监测断面实时流量连续 3 日平均流量达到生态流量阈值以上时,预警逐级撤消。

3.6 制订生态流量调度方案

3.6.1 参与调度的水利工程

综合考虑沙颖河流域统一管理要求并结合地理位置、库容和调水线路等因素,确定流域内参与调度的水利工程以流域内大中型水库以及干流上的拦河闸坝为主,沙颖河周口断面以上参与调度的水源工程包括燕山水库、孤石滩水库、白龟山水库、昭平台水库。重要控制闸坝有周口闸、贾鲁河节制闸、漯河节制闸、马湾拦河闸和大陈闸(见图 2)。

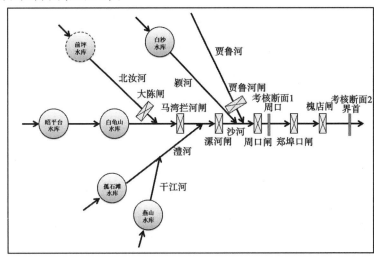

图 2 沙颖河生态流量调度涉水工程概化图

3.6.2 周口控制断面生态流量调度方案

当周口断面监测流量触发红色警报时,河南省水利厅进行生态流量调度会商,并向河南省沙颖河流域管理局发出生态流量调度意见,依次调度周口断面上游蓄水工程,保证周口断面流量不小于时段生态流量。

(1)10 月至翌年 3 月生态流量调度。

当周口断面流量触发红色警报接近 4.30 m³/s 且继续减少时,开启距离周口断面最近的周口闸泄水,使得周口断面流量不小于 4.30 m³/s。当周口闸的可调水量不能满足调水需求时,考虑由周口闸和沙河漯河节制闸开展生态调度,若仍不能满足调水需求时,依距离远近依次调度上游水闸及大型水库进行水量下泄,依次递推,保障周口断面流量不小于 4.30 m³/s。

(2)4~5 月生态流量调度。

当周口断面流量触发红色警报接近 5.00 m³/s 且继续减少时,开启距离周口断面最近的周口闸泄水,使得周口断面流量不小于 5.00 m³/s。当周口闸的可调水量不能满足调水需求,考虑由周口闸和沙河漯河节制闸开展生态调度,若仍不能满足调水需求时,依距离远近依次调度上游水闸及大型水库进行水量下泄,依次递推,保障周口断面流量不小于 5.00 m³/s。

(3)6~9 月生态流量调度。

当周口断面流量触发红色警报接近 15.70 m³/s 且继续减少时,开启距离周口断面最近的周口闸泄水,使得周口断面流量不小于 15.70 m³/s。当周口闸的可调水量不能满足调水需求时,考虑由周口闸和沙河漯河节制闸开展生态调度,若仍不能满足调水需求时,依距离远近依次调度上游水闸及大型水库进行水量下泄,依次递推,保障周口断面流量不小于 15.70 m³/s。

3.6.3   生态流量调度线路方案

生态流量调度应与社会经济用水相协调,在调度线路中寻找最短路径,启动最少闸坝,先干流后支流,并遵循调度成本最小化、效益最大化的原则。因此,根据水源工程与目标断面(周口断面)距离远近及水资源的空间分布,将可能的调度线路分为不同级别。其中干流工程级别高于支流工程级别,距离目标断面近的工程级别高于距离远的工程级别。实施调度时,优先从级别高的水源工程开展调度,依次递推。据此,确定沙颍河生态流量调度线路的优先级别,如表1所示。

表1   沙颍河生态调度水源工程运用先后顺序及优先级别

第一级	周口闸—目标断面
	贾鲁河闸—目标断面
第二级	漯河节制闸—周口闸—目标断面
第三级	马湾拦河闸—漯河节制闸—周口闸—目标断面
第四级	孤石滩水库—漯河节制闸—周口闸—目标断面
	燕山水库—漯河节制闸—周口闸—目标断面
第五级	白龟山水库—马湾拦河闸—漯河节制闸—周口闸—目标断面
	大陈闸—马湾拦河闸—漯河节制闸—周口闸—目标断面
第六级	昭平台水库—白龟山水库—马湾拦河闸—漯河节制闸—周口闸—目标断面
	(前坪水库)—大陈闸—马湾拦河闸—漯河节制闸—周口闸—目标断面 *

3.7   开展生态流量调度实践

按照生态流量调度方案,流域管理局通过监控控制断面生态流量变化,出现情况及时预警,提出意见上报到水利厅,经过部门会商制订调度方案,各成员单位积极配合,及时进行多方补水,保证生态流量达标。

2018年1月至2019年底开展调度实践两年来,共协调白龟山水库根据下游河道需水情况放水6次,开展调度3次,流域管理局通过生态流量调度有效缓解了较为严峻的河道水情形势,使下游生态流量得到了有效保障。

4   结语

由于沙颍河流域长期的水资源开发利用模式制约,使得目前河道的水生态环境状态不容乐观,流域生态流量管理需要一个逐步改善提高的过程,开展沙颍河流域生态流量调度探索实践,适应日益增加的用水需求的形势,减少水利工程对生态环境的不利影响,需要对闸坝群进行有序的控制和联调,在满足生活用水的前提下,以水资源可持续性利用为目标,不断完善水量调度监测、监控等手段,强化水量调度监督管理和执行力,科学地提出生态流量管控机制,保障重要控制断面生态流量控制目标的实现,实现社会经济与生态的协调发展。

参 考 文 献

[1] 魏钰洁.沙颍河流域生态流量调度方案[R].河南省沙颍河勘测设计院,2018.
[2] 王秀庆,屈璞,詹道强,等,沂沭河生态流量调度原则探讨[J].江苏水利,2018(2):7-11.
[3] 王秀庆,屈璞,詹道强.沂沭河生态流量调度中的几个问题探讨[C]//第五届中国水生态大会论文集.2017.

淮委水资源监控信息平台之信息系统建设工作的思考

樊孔明[1],汪跃军[1],马威[2]

(1. 淮河水利委员会水文局(信息中心),安徽 蚌埠 233001;
2. 淮河流域生态环境监督管理局生态环境监测与科学研究中心,安徽 蚌埠 233060)

摘 要 淮委于 2012 年开始着手分两期开展流域水资源监控能力建设,其中淮委水资源监控信息平台建设是一项重要的内容,而信息系统又是淮委水资源监控信息平台的一项重要组成系统。信息系统充分结合水资源管理和保护需求,完成了取用水户、省界水资源监测站、饮用水水源等水资源监控数据的整合、展示和统计以及监测数据质量的分析。整体而言,信息系统数据完整、界面友好、功能实用,对发挥流域水资源管理和保护"强监管"起到了支撑作用。本文旨在介绍信息服务系统基本情况的基础上,总结分析日常管理和运行维护中发现的问题,并提出下一步工作的一些思考。

关键词 淮河流域;监控能力建设;信息系统

为贯彻和落实《中共中央 国务院关于加快水利改革发展的决定》(中发〔2011〕1 号)和《国务院关于实行最严格水资源管理制度的意见》(国发〔2012〕3 号)文件精神,水利部、财政部于 2012 年 9 月联合印发《国家水资源监控能力建设项目实施方案(2012~2014 年)》(水资源〔2012〕411 号)(以下简称《实施方案》),部署开展国家水资源监控能力建设。《实施方案》明确国家水资源监控能力建设按照"三年基本建成,五年基本完善"的总体部署,分两个阶段开展实施。第一阶段基本建立国家水资源监控系统,初步形成与实行最严格水资源管理制度相适应的水资源监控能力;第二阶段建立基本完善的国家水资源监控体系和管理系统,为最严格水资源管理制度提供支撑。

淮委水资源监控信息平台建设是淮河流域水资源监控能力建设的一项重要内容,经过两期约 8 年的建设,淮委水资源监控信息平台构建了以"信息服务系统、业务管理系统、应急管理系统、调配决策系统"为框架的四大系统体系,其中信息服务系统集成了取用水监测、水文站监测、南水北调监测等多方面的信息,在日常的工作中,使用最为频繁,对水资源管理和保护的支撑作用最为显著。保障信息服务系统信息及时到位、准确可靠、功能实用、界面友好则成为重中之重。本文旨在介绍信息服务系统基本情况的基础上,总结分析日常管理和运行维护中发现的问题,并提出下一步工作的一些思考。

1 基本情况

信息服务系统以展示水资源管理和保护监控数据为核心,以监控数据查询、统计、分析和预警等功能为主题框架,为水资源管理和保护工作提供支撑。目前,信息服务系统集合了取用水水量、断面和口门监控流量以及水体水质等三大类信息。

1.1.1 取用水水量监控信息

淮河流域取用水监控对象主要为由淮河水利委员会和由流域内湖北、河南、安徽、江苏、山东等五省水行政主管部门批准颁发取水许可证的重点取用水户,以及部分由地市、县水行政主管部门批准颁发取水许可证的重点取用水户。包括地表取水和地下取水等取水方式,地表取水又包括从蓄水工程取水、引水工程取水和调水工程取水等。取用水的行业类别大部分为高耗水行业。

作者简介:樊孔明,E-mail:fankm@ hrc. gov. cn。

目前,淮河流域接入国控系统的取用水户数量654户,监测点2 039个。其中,湖北取用水户3个,监测点3个;河南239户,330个监测点;安徽142户,426个监测点;江苏134户,421个监测点;山东236户,859个监测点。

1.1.2　断面和口门水量监控信息

主要包括省界断面水位流量信息、南水北调东中线调水断面或口门水量监控信息、沂沭泗新建的水资源监控断面水位流量监控信息。

省界断面水量信息目前32处原有的省界水文站以及39处新建站共计84处监测断面的监控信息全部接入了系统,实现实时展示和查询。

南水北调东线由淮河水利委员会负责监测的蔺家坝、台儿庄、二级坝、长沟4处泵站4处省界断面的水量监测信息已经接入信息服务系统并展示。

南水北调中线工程淮河流域段内共有干渠引水口门17处,淮委负责对各引水口门进行水量、水质监测与监督。同时输水干线流入、出淮河流域的2处干流控制口门分别为方城草墩河和黄河北岸,其监测数据由水利部相关部门下发给淮委。通过建设,目前系统已将上述17处引水口门和干流入、出淮河流域的2处干流控制口门(方城草墩河、黄河北岸)已经接入信息服务系统并展示。

依托淮河流域水资源监控能力建设项目,淮委在沂沭泗流域直管范围内选取了19条南四湖周边入湖河流以及沂沭泗流域管理范围内的两座直管水闸布设水资源监控站点。目前这21处水资源监测站的监控信息已经接入信息服务系统并展示。

1.1.3　水质监控信息

水质监控信息主要包括流域重要水源地水质在线监控信息、省界断面水质评价信息、流域重要江河湖泊水功能区水质评价信息。

2016年度水利部发布了《水利部关于印发全国重要饮用水水源地名录(2016年)的通知》(水资源函〔2016〕383号),对全国供水人口20万人以上的地表饮用水水源地及年供水量2 000万 m³以上的地下水饮用水水源地进行了核准(复核),经征求各省级人民政府同意,将全国618个饮用水水源地纳入名录管理,其中淮河流域列入全国重要饮用水水源地数量由原来的20个调整为57个。其中湖北省1个、河南省10个、安徽省7个、江苏省6个、山东省33个。流域57个全国重要饮用水水源地中,河道型水源地有11个,湖库型水源地有36个,地下水型水源地有10个。目前有37个水源地水质信息接入系统并展示。

淮委一直组织对淮河流域47条跨省河流51处监测断面进行水质监测,目前监测频次为一个月一次,监测项目主要为《地表水环境质量标准》(GB 3838—2002)中的21项,其水质评价信息目前已接入系统。

2011年12月28日,国务院以国函〔2011〕167号正式批复了《全国重要江河湖泊水功能区划(2011~2030年)》,淮河区列入全国重要江河湖泊水功能区划共有394个,区划河长12 036 km,区划湖库面积6 434 km²。目前394个水功能区水质评价信息已接入系统。

2　存在问题

信息服务系统较为复杂,主要表现在:一是整体性强,若一个环节出现问题,就可能导致整个系统无法正常工作;二是支撑软件较为繁多,除采集、传输和存储的硬件设施外,还有很多软件在后台以封装状态运行;三是数据更新快,系统在运行中将有大量的数据进行实时更新或补充,是水利行业的大数据;四是信息技术更新换代频率快,系统软件的升级改造会受到技术的快速发展带来的挑战和制约;五是随着治水理念的发展,水资源管理提出了很多新的需求,需要系统不断地同步开发满足。正是因为具有这样的特点,目前系统虽然整体运行较好,但是也存在着以下问题。

(1)数据质量仍需进一步完善。主要表现为两个方面:一是基础数据不完整、不准确,不全面,空间定位不准确。导致监控的数据不能如实反映取用水户实际的取用水量,容易误导管理者决策;二是监测数据特别是取用水户和监测点取用水水量监测数据存在很多特大值和负值等异常值,有的取用水户和监测点还存在着连续零值甚至常年报送零值,由于数据质量的问题直接影响取用水的统计结果,一定程度上削弱了对最严格水资源的管理工作的支撑水平。

(2)监控范围仍需进一步扩大。目前取用水水量监控未包含农业用水的水量监控,而农业用水在占总用水量的一半以上。同时据统计,接入信息服务系统的监控水量 2016 年、2017 年、2018 年分别为57.8 亿 m³、66.4 亿 m³、48.07 亿 m³,而对比水资源公报数据扣除农业用水和林木鱼畜用水,2017 年、2018 年、2019 年的用水量分别为 196 亿 m³、201.74 亿 m³、208.78 亿 m³,由此可见,目前,接入信息服务系统的取用水户和监测点的数量仍需进一步增加。

(3)系统功能的实用性仍需进一步提高。目前信息服务系统信息能够及时、完整地展现出来,但是缺乏智能化的分析、预警以及个性化的定制功能。取用水数据质量异常值的告警及核查功能、比如生态流量及下泄水量的预警和分析功能。

(4)互联互通尚未全面实现。数据传输的顶层设计是省区数据交换到中央,中央再下发至流域,但是下发时由于缺乏一些基础数据,或者基础数据不准确,导致中央又无法识别哪些是流域内的,哪些是流域所关注的,造成流域无法全面掌握流域内各取水户、监测站点等其他重要管理环节的相关信息,对流域内各省区的水资源管理信息无法做到实时获取,从而给流域管理带来不便。同时由于数据流的问题,流域机构对数据没有审核的权限,发现问题时,往往只能向上级反馈,相关的机制不畅,工作效率不高。

(5)用户和运维人员管理机制尚不完善。信息系统能否正常运转,运维工作非常重要,运维过程中用户和运维人员又发挥着重要的作用,用户就是指具体从事水资源管理的工作人员,需要定期查看系统是否能稳定运行,功能是否能够满足日常的管理需要;而作为运维人员,就是要做好系统正常运行的技术支撑,除需要对系统进行检查外,还要对软件和硬件进行及时的修复和更新,而这些工作则需要专业专门的运维机构。用户和专业运维人员需要良好的配合,形成稳定的工作团队以及长效的运维机制。

3 下一步工作思考

针对在长期的系统运行维护工作实践中发现的问题,重点提出以下工作设想:

(1)全面开展基础数据核查,夯实工作基础。

基础数据方面当前的重点是取用水户基础数据的核查补充完善。取用水户方面,一是要做到对象信息准确,即户、站、点基础数据准确,同时保障中央、流域、省区三级平台能够同步更新;二是要做到关系数据信息完整,即国控取用水户、取水权人、监测站、监测点之间的关联关系准确,监测点与取水许可证可以建立直接的关系;三是监测信息匹配,监测值能与取水许可、计划用水、季度用水量统计上报、区域总量等业务数据较好匹配。当前工作的主体是省区相关部门,流域层面要积极与省区沟通,掌握工作动态以及工作成果,以便掌握底数清单,高效核查和补充基础数据。

除此之外,流域层面要摸清省区重点监控用水户清单,将省区已经监控但没有接入淮委信息服务系统的用水户接入进来,这就需要与流域五省积极沟通,补充大量的准确的基础信息,保证流域层面监控水量的完整性。

(2)加快提升监控数据质量,建立工作机制。

信息服务系统的数据仅新建省界水文站水量数据来源于流域机构本地,其余数据如取用水户用水量监控数据全部来源于省区,因此省区要在数据上报前,及时发现异常的监控数据,在源头就进行把关。流域层面要对信息服务系统监控数据进行核查和分析,一是要核查数据上报的完整性和及时性,做好统计;二是要开发完善异常值核查功能,编制异常值清单;三是要加强与省区沟通,建立长效的工作机制,流域层面发现的问题能够及时向省区反馈,省区也能及时响应。

(3)掌握水资源管理和保护工作动态,提高信息服务系统的服务能力。

随着治水主要矛盾的转变,水利全行业正在积极践行"水利行业强监管、水利工程补短板"的水利改革发展总基调,水资源管理和保护的新需求越来越多,要求越来越高,比如当前水量分配方案要落地,淮委已经印发了《沂沭河水量调度方案》,确定了省界断面及重要控制断面的生态流量目标和下泄水量目标,那么信息服务系统要紧跟当前动态,结合水资源管理者的需求,及时设计并完善相关功能,以便更好地为水资源管理和保护服务。

(4)提升系统界面的友好型、操作的便捷性。

目前,多个领域的系统投入使用后的实效与预期的效果或多或少存在差距,为此,今后要积极督促水资源管理工作人员使用信息服务系统,在实际操作中发现问题,从而对不同应用群体的个性化需求进行设计和完善,满足不同业务管理人员的操作需求;完善手机移动客户端的功能,全面展示电脑端的信息,提升响应速度,开发外业采集数据和影像功能,实现移动办公,提升工作效率,为水资源监督管理提供支撑。

浅析新时代水利改革下沂沭泗直管区水资源管理

李素,姚欣明

(淮河水利委员会沂沭泗水利管理局,江苏 徐州 221000)

摘 要 为深入贯彻党的十九大精神,落实最严格水资源管理制度和"水利工程补短板、水利行业强监管"的水利改革发展总基调,本文在浅谈对新时代治水矛盾认识的基础上,结合沂沭泗直管区水资源管理实际,分析了沂沭泗直管区水资源管理现状,对水资源管理方面存在的短板和需要强化的方向进行了探讨,提出了具体的措施建议,为沂沭泗直管区水资源管理工作开展提供参考。

关键词 沂沭泗直管区;水利改革;水资源管理

党的十九大报告指出,我国的社会主要矛盾发生了变化,从人民日益增长的物质文化需要同落后的社会生产力之间的矛盾转变为人民日益增长的美好生活需要同不平衡不充分的发展之间的矛盾。社会在发展,时代在进步,在不断兴利除害的过程中,我国的治水矛盾也在悄然发生变化。

1 对新时代治水矛盾转化的认识

随着社会经济的发展,防洪工程水平的不断提高,除水害兴水利不再是我国治水的主旋律,治水从改变自然征服自然,向调整人的行为,纠正人的错误行为转变,水资源短缺、水环境污染、水生态损害成为人民对美好生活追求路上的"绊脚石",习近平总书记的十六字治水思路指明了水利改革发展的新思路。

鄂竟平部长指出,习近平总书记"3.14"讲话中提出的"从改变自然征服自然,向调整人的行为,纠正人的错误行为"是新时代治水方针的精辟论断,并由此概括总结出新时代我国治水矛盾转化的科学概念,即从人民对除水害兴水利的需求与水利工程能力不足之间的矛盾,转化为人民对水资源、水生态、水环境的需求与水利行业监管能力不足之间的矛盾,揭示了当今水利工作存在的四个不平衡和四个不充分,同时确定今后一个时期水利改革发展的总基调,即"水利工程补短板,水利行业强监管"。这些不平衡不充分中就涉及水资源管理,如水资源节约利用不充分,水资源调度不充分,水资源配置不充分等,水资源监管也是需要重点加强的。

2 沂沭泗水资源管理现状

2.1 多措并举,加强水资源监督管理

一是加强日常监管,以取水许可监督管理作为水资源管理的主要抓手,强化日常巡查监督管理,规范取用水行为。沂沭泗全局实行三级巡查机制,全范围巡查与重点检查督查相结合,加强直管区取排水口、水功能区监管巡查。南水北调东线工程调水期间,着力加强南四湖—骆马湖周边取用水监管,实行周报制,确保调水圆满成功,为南水北调东线工程供水安全提供了保障。二是重点查处与明察暗访、专项整治相结合。组织开展不定期重点督查、直管河湖入湖排污口及重点取水户明察暗访、取水许可规范化管理、入河排污口摸底调查和专项整治行动等,及时制止和纠正了一些违法、违规取排水行为,重点查处个别违法取水工程建设。

2.2 科学调度,合理利用雨洪资源

一是最大限度地调蓄水资源。多年来,沂沭泗局在确保防洪工程安全的同时,坚持防汛抗旱并举,

作者简介:李素,女,1988年生,淮河水利委员会沂沭泗水利管理局,工程师,主要从事水资源管理工作。E-mail:402962664@qq.com。

积极协调流域内苏鲁两省,利用水系互通、工程互联的有利条件,科学灵活调度,最大限度地调蓄雨洪资源。据统计,2011～2019年南四湖和骆马湖汛末蓄水量累计189.52亿 m^3,综合效益显著。

二是多次实施跨水系调水。2001年、2004年、2005年和2013年、2019年五次实施"引沂济淮",累计向淮河下游地区调送水资源超过30亿 m^3,为宿迁、淮安、连云港等地工农业和生态用水提供了重要保障,有效地缓解了当地用水矛盾。

2.3　严格建设项目水资源论证,强化水资源刚性约束

协助淮委做好水资源论证工作,对直管区内新建、改建、扩建的取水建设工程项目主动事前介入,督促项目单位严格开展水资源论证,严把建设项目水资源论证关,全过程参与水资源论证现场勘察和论证报告审查。

2.4　加强能力建设,提高水资源管理水平

一是加强队伍建设,积极组织开展培训,通过培训,增长知识,开拓视野,进一步提高了管理人员的业务素质和工作履职能力。二是组织实施了国家水资源监控能力建设(2016～2018年)二期项目,完成直管区21处流量在线监测站建设及日常运行维护,确保测站实时监测水位、流量信息及时、准确、完整上报,提高直管区水资源管理信息化水平,为水资源管理决策提供技术支撑。

3　存在的短板和需要强化的方向

由于水资源是沂沭泗地区稀缺资源,水资源又与区域经济社会发展、生态环境状况和人民群众生产生活密切相关,因此围绕资源的利益关系和管理权属关系十分复杂。在流域水资源管理上,流域水管单位手段和能力相对不足,缺乏协作、协商的工作机制与平台,因此在沂沭泗直管区水资源管理上仍然存在不少体制、机制和操作层面上的困难与问题,需要通过改革与创新,逐步加以解决。

3.1　体制机制方面

3.1.1　政策法规冲突

部分地方性政策法规与上位法相抵触,越权将流域水资源管理权重复授予区域水行政管理机构,形成重复管理、交叉管理、越位管理。1994年水利部《关于授权淮河水利委员会取水许可管理权限的通知》,明确了沂沭泗直管范围内的取水许可管理实施主体是淮委,并且是全额管理,而一些地方性法规把流域全额管理权限变成为限额管理,将应属流域机构的管理事权划归地方水行政主管部门。

3.1.2　事权划分不清晰,导致管理体制机制不顺

流域立法滞后,流域与区域事权划分还有待进一步明确。水资源管理体制方面,存在着水资源管理条块分割、相互制约、职责交叉、权属不清的问题。

3.1.3　水行政执法依据不足,执法手段较弱

《水法》《防洪法》对于流域管理机构的行政执法权有了明确规定,但并未能解决流域管理机构下属管理机构的行政处罚权问题,尤其在水资源管理以及水利规费的征收等方面存在一些空白,难以做到打击、遏制某些水事违法行为。

3.2　水资源管理能力方面

3.2.1　水资源管理缺乏有效的控制手段

沂沭泗直管范围内(包括部分支河入湖口5 km范围)共有取水口400余处,沂沭泗局直接管理的仅有10处。沂沭泗局虽然管理着流域性河湖工程,但入河、入湖支流及穿堤引、排水建筑物等绝大多数取水口门由地方管理,流域管理机构既缺少控制性手段,又没有必要的计量设施,因此沂沭泗局对直管范围内的取用水实施有效控制非常困难。

3.2.2　信息化建设滞后

国家水资源监控能力建设项目2012年已启动,流域管理机构水资源监控管理平台已于2018年底建设完成,但直管区建设的流量在线监测站也仅能覆盖部分重要入河、湖支流,且直管范围内400多处取水口的在线监测由地方建设,信息共享不足,不能满足直管区水资源实时监控的要求。

4　措施建议

4.1　呼吁加快配套政策法规体系建设

《水法》和《取水许可和水资源费征收管理条例》虽明确了流域管理机构的法律地位,规定了流域管理机构和省级水行政主管部门的管理职能,但其规定是宏观性、概述性的,比较笼统,可操作性差。下一步靠什么强监管,鄂竟平部长明确指出是要靠建立一个完整的监督体系去监管,完整的监督体系包括法治、体制、机制三个方面的内容,我们应大力呼吁体系早日形成,为强监管提供制度保证。

4.2　明晰流域直管单位各层级水资源管理事权

沂沭泗局基层局处于水资源管理第一线,承担监管、检查、巡查、执法和监测任务;但其具体工作任务和授权缺乏明确的界定,需要清晰界定和明确授权。

4.3　逐步提升水资源管理能力

4.3.1　健全水资源管理队伍,提高从业人员专业素养

增加水资源管理人员编制,落实基层局专职水资源管理人员,且加大水资源管理人员的培训力度,突出培训的针对性和实用性,强化专业知识,使其扎实掌握工作内容,提高工作水平。

4.3.2　强化直管区水资源管理手段

沂沭泗地区水资源短缺,水系复杂、连通性强,水资源省际关系复杂,沂河、沭河等省际河道,上下游用水矛盾冲突不断,南四湖不仅为省际湖泊,还是南水北调东线输水通道,沂沭泗直管区实行水资源统一管理就尤为重要。要增加流域直管单位的管理手段,有利于强化沂沭泗直管区取用水管理,保障苏鲁两省的供水安全。

4.3.3　加快推进信息化建设

在国家水资源监控能力建设的基础上,争取国家资金投入,继续做好直管区水资源监控能力建设,同时整合完善现有信息平台,建议上级协调地方水行政主管部门,共享直管区水资源信息,纳入国家水资源监控平台,实现资源共享。

4.4　强化水资源监管巡查

强化直管区水资源监管,完善水资源监管巡查制度,加强水资源监管巡查的事前、事中、事后的过程管理,如取水许可事宜,事前要在建设项目立项时提前介入,做好服务指导,事中要全过程参与,随时掌握取水许可事宜的进度,事后要加强对取水口的取用水监管,实时掌握取用水情况。

里下河(兴化市)湖泊湖荡治理方案

——以耿家荡为例

蒋志昊[1,2],杨印[1,2],万骏[3,4],王俊[1],王冬梅[1,2]

(1. 江苏省水利科学研究院,江苏 南京 210017;2. 江苏省水利遥感工程研究中心,江苏 南京 210017;3. 江苏省洪泽湖水利工程管理处,江苏 淮安 223100;4. 江苏省水利厅,江苏 南京 210029)

摘　要　里下河腹部地区湖泊湖荡分布于里下河腹部低洼区,范围包括扬州市、泰州市、盐城市和淮安市,早期是淮河下游洪水入海的重要行洪通道和自然调蓄湖泊。由于人类开发盲目无序,擅自圈圩,造成湖泊湖荡水生态恶化,滞蓄能力严重下降,严重危害周边安全。本文以里下河湖泊湖荡兴化市内耿家荡为例,在充分考虑城市发展和生态修复的前提下,对现存非法圈圩进行拆除,底泥清淤,沿岸布置浮叶植物和挺水植物,合理重塑湖泊形态。经生态治理后,恢复耿家荡自由水面 2.262 km²,底泥污染消除,圩区内现存违法占用问题得到妥善解决,湖泊水生态条件也得到改善,对地方经济可持续发展具有重大意义。

关键词　里下河湖泊湖荡;生态修复;河湖连通;可持续发展

1　区域概况

兴化市位于里下河地区腹部,地势低洼平坦,地面高程为 1.23 ~ 3.03 m。兴化市列入《江苏省湖泊保护名录》[1]的湖泊湖荡共有 20 个,主要分布在兴化市的中西部,耿家荡位列其中。耿家荡位于兴化市西南部,与高邮市交界(见图 1)。兴化境内涉及兴化市开发区。耿家荡(兴化境内)保护面积 3.163 km²,共有 4 个圩[2]。其中第一批滞涝圩 1 个,保护面积 0.511 km²;第二批滞涝圩 1 个,保护面积 0.111 km²;第三批滞涝圩 2 个,保护面积 2.541 km²(见表 1)。耿家荡附近的河道主要有东平河、北山子河、南山河、安泗河、第一沟、联兴河、横泾河、袁冷河等。其中东平河、横泾河为里下河腹部地区湖泊湖荡二级行水通道。

表 1　耿家荡(兴化市内)滞涝圩基本情况

滞洪顺序	个数	圩名	面积 (km²)	保护范围线长 (m)	圈圩时间 (年)	圩子性质	调蓄滞涝情况
1992 年省政府规定保留水面	0	—	—	—	—	—	—
第一批滞涝圩	1	Ⅰ 167	0.511	1 692	1974 ~ 1978	副业圩	兴化水位达到 2.33 m 时
第二批滞涝圩	1	Ⅱ 125	0.111	1 364	1974 ~ 1978	副业圩	兴化水位达到 2.83 m 时
第三批滞涝圩	2	Ⅲ 122	1.500	6 493	1986 ~ 1990	混合圩	兴化水位超过 2.83 m,并有继续上涨趋势时
		Ⅲ 124	1.041	5 778	1974 ~ 1980	混合圩	
合计	4		3.163				

作者简介:蒋志昊,男,1990 年生,江苏省水利科学研究院,工程师,主要研究方向为水利规划、定量遥感。E-mail:245133215@ qq. com。

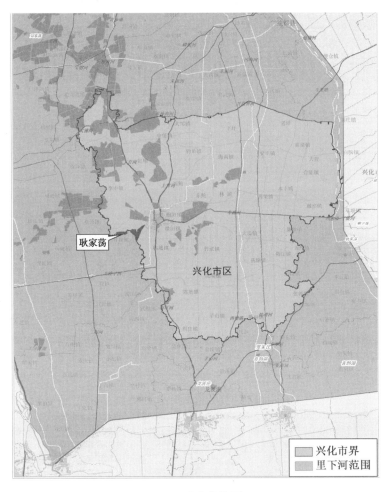

图1 耿家荡位置

2 存在问题

2.1 开发利用

耿家荡现状主要以圩区形式存在,圩区比较分散,为副业圩、混合圩,以养殖、种植为主,另有部分建设项目(见图2)。养殖面积约为1.398 km²,种植面积约为1.003 km²。Ⅰ167内有2处居民点,总面积约0.014 km²;Ⅲ122内有1处居民点,总面积约为0.018 km²。Ⅲ124内现有省道S351通过,Ⅲ122内有县道X201通过。Ⅲ124内省道两侧有墓园,占地面积约为0.08 km²;省道东侧有2处厂房,占地面积约0.036 km²。

2.2 违法乱建

河湖"两违"包括违法和违规占用河湖管理范围行为,违法建设涉水建筑物行为及违法向河湖排放废污水、倾倒废弃物行为。为响应习近平总书记十六字治水方针,改善河湖生态环境,构建山水林田湖的生命共同体,江苏省河长办制定《"河湖"整治行为整改验收和销号办法》[4]。其中耿家荡保护范围内"两违"通报违法建设共计3处,见图3、表2。在Ⅲ124范围内发现3处违法点,包括兴化市昭阳镇老鳖村和五里西路上各1处违法建设,阜兴泰高速东侧活动板房1间。

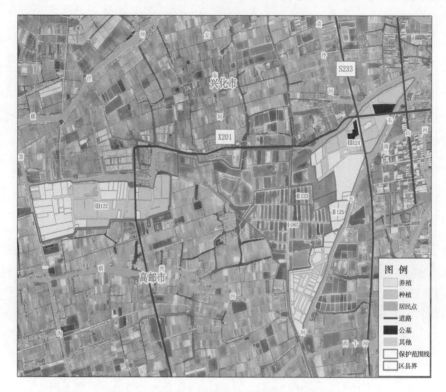

图 2　耿家荡开发利用图

图 3　耿家荡违法点分布

表 2　耿家荡"两违"通报违法情况

序号	经度 (°)	纬度 (°)	违法类型	主要情况	发现单位 及时间	处理状态
1	119.789 3	32.911 8	违法建设	位于耿家荡兴化市昭阳镇老鳖村,形成时间2014年,25.2亩	2015年度 遥感监测	尚未处理
2	119.778 8	32.952 6	违法建设	兴化市昭阳镇建设五里西路,形成时间2014年,39.8亩	2015年度 遥感监测	尚未处理
3	119.783	32.953 7	违法建设	活动板房,面积为1.06亩	2016年度 遥感监测	尚未处理

2.3　权责问题

早期湖泊湖荡开发盲目无序,1981 年规划确定了湖荡"中滞"作用,但工程未落实,只能采取强制措施[5]。在 1992 年省政府规定了湖荡控制面积后,有的地方仍擅自圈圩。清障工作费力费时,仍不彻底。现有的湖泊湖荡绝大多数已被开发利用,都是由地方乡镇组织经营承包管理的,水利部门未能有效介入监督;无偿占用水域普遍,无序开发利用现象也屡禁不止,对占用水域过流断面的未有补救措施,水资源管理非常被动;湖泊湖荡地区的权责不清,所有权、使用权、管理责任主体不统一[6]。此外,开发经营地块零散,造成了无组织状态,难以实现整体上令行禁止。

3　修复效果分析

3.1　河湖连通

耿家荡附近的河道主要有东平河、北山子河、南山河、安泗河、第一沟联兴河等。其中东平河为里下河腹部地区湖泊湖荡二级行水通道,同时也是市县级骨干河道。耿家荡生态修复后,入湖水系主要有:南边流入湖区的东平河、西十河,西侧流入湖区的联兴河、北山子河。出湖水系主要有:北侧流出湖区的北山子河,东侧流出湖区的东平河。其中东平河从全湖区穿过。在新成湖区东侧有 2 条乡镇河流通过,入湖处河底高程 −0.5 m(−0.33 m),断面宽度约 40 m。退圩还湖后耿家荡水系连通情况见图 4。

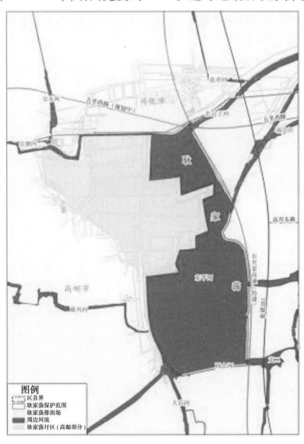

图 4　耿家荡生态修复后水系连通图

(1)横泾河。

横泾河自西南向东从耿家荡规划范围南部流入,并与耿家荡相连。横泾河为里下河腹部地区湖泊湖荡二级行水通道,同时也是市县级骨干河道。入湖口河底高程 1.5 m 左右,断面宽度 85 m。工程实施后,横泾河沿新的规划范围段内堤防加宽加固。

(2)东平河。

东平河自西南向东北方向从耿家荡湖区内穿过,为里下河二级行水通道。东平河入湖口河底高程 −1.5 m 左右,断面宽度 92 m;出湖口河底高程 −1.5 m 左右,断面宽度 55 m。工程实施后,东平河与耿家荡新成湖区形成敞开式自由水面。

（3）北山子河。

北山子河位于湖区北侧，为耿家荡出湖河道。北山子河出湖口河底高程 -1.5 m 左右，断面宽度 87 m。工程实施后，北山子河将结合 GJD - 2 排泥场土地利用对原有堤防进行调整布置。

（4）西十河。

西十河位于耿家荡新成湖区南侧，自西向东流出湖区。出湖口河底高程 -1.5 m 左右，断面宽度 70 m。为提高自由水面积，促进水体流动性，西十河将纳入新的湖区保护范围内，并对西十河东侧堤防进行加宽加高加固。

3.2 地形重塑

根据水生植被的调查研究结果，挺水植物耐淹水深在 1.5 m 左右，其中芦苇 <1.1 m，香蒲 <1.2 m，莲 <1.6 m；浮叶植物耐淹水深均 ≤2.0 m。耿家荡成湖后湖底平均高程均控制在 -0.5 m，常水位水深控制在 1.5 m 左右，一方面，有利于湖泊湖荡退圩还湖后水生植物生长，满足植物耐水要求；另一方面，湖底淤高是挺水植物生存和发展的基础，控制湖底高程是控制挺水植物生长的关键因素之一，适宜的湖底高程能够防止挺水植物疯长蔓延。

综合考虑适宜水生植物生长、保护湖底地形形态等因素，确定耿家荡湖底平均高程为 -0.5 m，湖中心区域平均水深为 2 ~3 m，湖底地形从岸边到中心按缓坡状布置，最深处水深为 2 ~3 m。工程实施后，常水位水深控制在 1.5 m 左右，最深处水深 2 ~3 m。

3.3 堤防布置

耿家荡圩区清退后，将形成湖区蓄水面积 2.285 km² 的湖泊。结合本次耿家荡实施方案，拟采用路堤结合的方式修建环湖路及耿家荡堤防。耿家荡北侧东龙港、临兴河在现状圩堤的基础上加宽加高加固，以满足周边村庄的防洪安全要求。南侧横泾河河段结合现状堤防进行合理加高，满足周边居民的防洪安全和出行需要。东侧荡东河河段也在原有圩堤的基础上加宽加固，满足周边防洪安全要求。其余部分湖堤的修建均结合环湖路及景观要求来修建。本次湖堤堤顶宽 4 m，高程 4.33 m，坡比 1:2。建设完成后，耿家荡全面达到 20 年一遇的防洪标准、10 年一遇的排涝标准。典型堤防断面如图 5 所示。

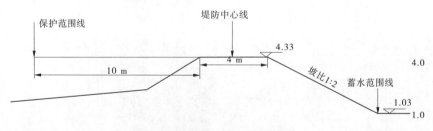

图 5　耿家荡新建堤防典型断面

3.4 生态修复

湿地中的水生植物可为浮游动物、底栖动物、鱼类提供营养物质，同时，还为鲤、鲫等产黏性卵的鱼类提供良好的产卵繁殖场所，大型挺水植物在水中部分能附生大量的藻类，可为微生物提供更大的接触表面积[7]。

考虑到湖泊生态系统的重建，采取生态修复措施，加快生态恢复和改善，在清淤区、弃土区沿湖堤岸布置滨水植物，成湖后，湖区近岸带 20 ~30 m 范围内种植浮叶植物和挺水植物，在清淤区种植沉水植物，并投放适量的底栖生物和鱼类。近岸生态修复带按坡比 15% 布设，考虑水生植物耐淹水深在 0.2 ~1.0 m，近岸生态修复带设计高程为 0.30 m，如图 6 所示。

4　结论

耿家荡位于兴化市西部，并有部分与高邮搭界，是兴化城市经济、交通发展的关键因素，具有重要的区位条件。为落实《江苏省生态河湖行动计划（2017 ~2020 年）》的需要，改善区域防洪、排涝区域并促

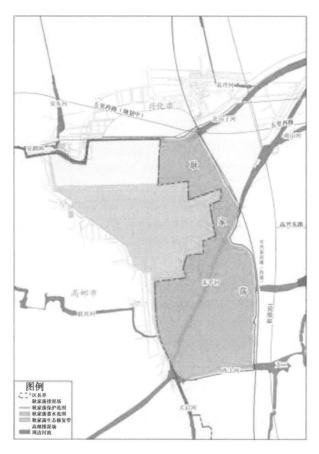

图6 耿家荡生态修复带分布

进经济社会可持续发展,妥善解决现有圩区内历史遗留问题,兴化市对耿家荡开展了湖区内违法行为查处工作。将原有圩区内的圩埂拆除,对湖底进行清淤处理,将清除的土方用于湖区周围排泥场建设。工程实施后,确定排泥场面积0.901 km²恢复耿家荡自由水域面积2.285 km²。同时,为保障周边防洪排涝安全,在新成湖区外围建设堤防。堤防采用生态护坡形式建设。堤防中心线全长4.938 km,堤顶高程为4.33 m,堤防按坡比1:2建设。成湖后,排泥场周边20~30 m范围内种植浮叶植物和挺水植物,在清淤区种植沉水植物,并投放适量的底栖生物和鱼类[8]。通过工程的实施,提高耿家荡流域、区域防洪和水资源配置能力,改善湖泊水环境,保护湖泊形态,维护湖泊生命健康,为区域经济社会可持续发展提供更好支持。

参 考 文 献

[1] 江苏省水利厅.江苏省里下河腹部地区湖泊湖荡保护规划[R].南京:江苏省水利厅,2006.

[2] 王冬梅,刘劲松,戴小琳,等.退圩(田)还湖(湿)长效机制研究——以江苏省固城湖为例[J].人民长江,2017(18):23-26.

[3] 毛德华,王亦宁,彭保发,等.退田还湖政策的博弈分析[J].湿地科学,2007,5(4):289-297.

[4] 包振琪,余志国,夏红卫.做好兴化市退圩还湖的几点思考[J].江苏水利,2015(7):1-2.

[5] 包振琪,夏红卫,朱荣慧.里下河地区水环境治理的实践与思考[J].江苏水利,2015(11):23-24.

[6] 周乃晨.城市洪水及防治[J].自然杂志,1990,13(9):575-623.

[7] 刘军英.一维河网模型在平原感潮河网地区的应用[J].广东化工,2015(8):135-137.

[8] Stoker J J. Nu merical Solution of Flood Prediction and River Regulation Problems:Derivation of Basic Theory and For mulation of Numerical Methods of Attack Report I, New York University Institute of Mathe matical Science, 1953, Report No. IMM-NYU-200, New York.

淮北平原夏玉米作物系数及蒸散估算

王振龙[1]，范月[2]，吕海深[3]，许莹莹[2]，董国强[1]

（1. 安徽省·水利部淮河水利委员会水利科学研究院 水利水资源安徽省重点实验室，安徽 蚌埠　233000；
2. 河海大学理学院，江苏 南京　210098；3. 河海大学水文水资源学院，江苏 南京　210098）

摘　要　为反映作物逐日作物系数变化，综合考虑气象和生物因子对作物生长的共同影响，采用五道沟水文实验站大型蒸渗仪夏玉米实测蒸散及气象数据，基于地温及叶面积指数建立了气象 – 生理双函数乘法模型，并结合梯度下降法对模型进行了精度优化。基于地温及叶面积指数构建的气象 – 生理双函数乘法模型，可更精确用于作物系数及实际蒸散量计算。

关键词　作物系数；蒸散；梯度下降法；夏玉米；蒸渗仪

本文采用五道沟水文实验站大型称重式蒸渗仪实测蒸散数据，结合系列气象资料计算出实际作物系数，将作物系数与叶面积指数利用米氏方程进行拟合，得出受生物因子影响的作物系数，进而利用多元回归筛选出影响作物系数最密切的气象因子——地温（0 cm），进行了指数拟合，最后通过梯度下降法优化求取模型参数，采用实测数据对计算结果进行评估，对掌握夏玉米生育期内作物系数的动态变化特征，精确估算作物实际蒸散量具有重要意义。

1　材料与方法

1.1　试验区概况

试验研究在安徽淮北平原五道沟水文实验站进行。该地区（117°21′E、33°09′N）属暖温带半湿润季风气候区，四季分明，雨热同期。地下水位变化范围为 1 ~ 3 m，种植作物主要有玉米、小麦、花生和大豆。实验区土壤田间持水率为 28% ~ 30%，适宜作物生长的土壤含水率 18% ~ 25%，凋萎含水率为 10% ~13%。实验区设有气象观测场，可获取地温、空气温度及湿度、降雨量、风速及风向、水面蒸发量和日照时数等 60 余年不间断长系列气象要素。另外，还设有自动高精度气象站，可获取空气温度、空气湿度、风速、净辐射、太阳辐射、土壤热通量等，可用于计算参考作物蒸散量。

1.2　试验设计与方法

本文以淮北平原分布较为广泛的砂姜黑土区为研究对象，作物为夏玉米（登海 618），于 2018 年 6 月 22 日播种，10 月 8 日收获。玉米实际蒸散量由大型称重式蒸渗仪测得，蒸渗仪土柱口径为 4.0 m²，高度为 4.0 m，蒸渗仪地下水埋深设为 1 m，土壤为分层回填土，10 cm、30 cm、50 cm、100 cm 埋深处分别设有土壤水分、温度、电导三参数传感器，数据每 10 min 获取一次。蒸渗仪自动采集数据资料时段选取 2018 年 6 月 22 日至 10 月 8 日。选取同期气象观测场水文气象要素数据。利用叶面积仪测定蒸渗仪内玉米不同生育阶段的叶面积，结合实际种植密度计算叶面积指数。

1.3　参考作物蒸散量 ET_0

本文采用高精度气象站数据，利用 FAO 修正的 P – M 公式计算逐日参考作物蒸散量，其计算公式为：

$$ET_0 = \frac{0.408\Delta(R_n - G) + \gamma \dfrac{900}{T + 273}U_2(e_s - e_a)}{\Delta + \gamma(1 + 0.34U_2)} \tag{1}$$

作者简介：王振龙，男，1965 年生，安徽省·水利部淮河水利委员会水利科学研究院党委委员，水文水资源研究所所长，教授级高工，主要从事水文水资源研究、水资源管理与规划等工作。E-mail：429827284@ qq. com。

式中:ET_0 为参考作物蒸散量,mm/d;R_n 为地表净辐射,MJ/(m²·d);G 为土壤热通量,MJ/(m²·d);U_2 为地面上方 2 m 处风速,m/s;e_s 为饱和水汽压,kPa;e_a 为实际水汽压,kPa;Δ 为饱和水汽压随温度变化曲线的斜率,kPa/℃;γ 为干湿球常数,kPa/℃;T 为 2 m 高处日平均气温,℃,由日最高气温和最低气温平均值计算得到。

1.4 作物系数计算

本文所用测筒控制地下水埋深为 1 m,属于不充分供水,这种情况下作物实际蒸散量除了受环境因素和作物自身特性的影响外,还受到土壤含水率的制约,因此本文引入了土壤水分胁迫系数 K_s,并进行实际作物系数的计算:

$$ET = ET_0 \cdot K_s \cdot K_c \tag{2}$$

式中:ET 为实际蒸散量,mm/d;ET_0 为参考作物蒸散量,mm/d;K_c 为作物系数;K_s 为土壤水分胁迫系数。

1.5 土壤水分胁迫系数计算

土壤水分胁迫系数反映了土壤水分对蒸散量的影响,通过下式确定:

$$K_s = \begin{cases} 0 & ,\theta_{(0\sim40)} \leq \theta_f \\ \dfrac{\theta_{(0\sim40)}}{\theta_f} & ,\theta_f < \theta_{(0\sim40)} < \theta_w \\ 1 & ,\theta_{(0\sim40)} \geq \theta_w \end{cases} \tag{3}$$

式中:K_s 为土壤水分胁迫系数;$\theta_{(0\sim40)}$ 为 0~40 cm 的平均土壤质量含水率,由蒸渗仪内 10 cm 和 30 cm 体积含水率平均计算所得,土壤容重为 1.4;θ_w 为凋萎含水率(取值 10%);θ_f 为田间持水率(取值 28%)。

2 作物系数模型建立

2.1 模型构建

2.1.1 基本模型

作物系数可以反映作物生长状况。当前作物系数的计算一般基于作物生理特性,但以往研究表明,作物系数受到作物生理特性及气象因子的共同影响。因此,本文综合考虑两种类型因素对作物系数的影响,通过建立气象 – 生理双函数乘法模型计算作物系数,模型式如下:

$$K_c = f(e) \cdot f(LAI) \tag{4}$$

式中:K_c 为作物系数;$f(e)$ 为由气象因素构成的作物系数函数;$f(LAI)$ 为由作物生理因素(叶面积指数 LAI)构成的作物系数函数。

当前,不同研究者针对作物系数与叶面积指数间关系采取了不同拟合方式,如高斯拟合、指数拟合等。在生长初期,作物快速生长,蒸散随作物蒸腾量的增加而增加,作物系数也增大,当增大到一定程度时,LAI 与作物系数的关系不再明显,作物系数主要受环境因子影响,本文根据作物系数对叶面积指数的响应特征,遂采用米氏(Michaelis – Mentenn)方程拟合作物系数与 LAI,即 $f(LAI)$ 为:

$$K_{LAI} = \frac{m \cdot LAI}{n + LAI} \tag{5}$$

式中:m、n 为待拟合参数;LAI 为叶面积指数;K_{LAI} 为仅受生物因子影响时的作物系数。

将实际 K_c 去除生物因素影响的处理,即用实际 K_c 除以拟合得到的 K_{LAI},得 $f(e)$,分析其与各气象因子(日平均气温、日最高气温、日最低气温、日照时数、风速、绝对湿度、相对湿度、饱和差、水汽压力差,0 cm、5 cm、10 cm、20 cm、40 cm、80 cm、160 cm 和 320 cm 地温)的相关性,采用多元逐步回归法筛选出解释程度较高的因子,根据分析结果可知,最终入选因子为地表温度。将所得 $f(e)$ 与地表温度采用多种函数进行拟合发现,采用 exp 指数函数拟合效果较好,可以解释 K_c 变化的 30%。建立两者的模型式如下,即 $f(e)$ 为:

$$K_e = a \cdot e^{\left(\frac{D_0-b}{c}\right)^2} \tag{6}$$

式中:a、b、c 为未知参数;D_0 为地表温度;K_e 为受气象因子影响的作物系数。

2.1.2 梯度下降法

针对上述模型中的未知参数,本文利用梯度下降法确定参数,梯度下降算法是机器学习中较为广泛的优化算法,本文主要以线性回归算法损失函数求极小值确定参数 a、b、c,因此需将式(6)转化为线性形式。步骤如下:

(1)首先对式(6)进行转化;对其两边取对数,得

$$Ln(K_e) = Ln(a) + \frac{(D_0 - b)^2}{c^2} \tag{7}$$

整理得:

$$Ln(K_e) = \frac{1}{c^2}D_0^2 - \frac{2b}{c^2}D_0 + Ln(a) + \frac{b^2}{c^2} \tag{8}$$

令 $\theta_0 = Ln(a) + \frac{b^2}{c^2}$,$\theta_1 = -\frac{2b}{c^2}$,$\theta_2 = \frac{1}{c^2}$,$x_2 = D_0^2$,$x_1 = D_0$,$x_0 = 1$,$h_\theta(x) = Ln(K_e)$,则式(8)可转换为:

$$h_\theta(x) = \theta_2 \cdot x_2 + \theta_1 \cdot x_1 + \theta_0 \cdot x_0 \tag{9}$$

式中:θ_0、θ_1 和 θ_2 为未知参数;x_0 为特征常量设为 1;x_1 为地温;x_2 为地温的平方。

为了算法能更快收敛,要确保不同特征的取值在相近的范围内,需要对自变量进行特征归一化。上式中 D_0 和 D_0^2 取值范围相差较大,需要对其进行特征缩放。即令

$$x_1' = \frac{x_1 - x_{1av}}{x_{1max} - x_{1min}} \tag{10}$$

$$x_2' = \frac{x_2 - x_{2av}}{x_{2max} - x_{2min}} \tag{11}$$

式中:x_1' 为均值归一化后的地温;x_{1av} 为地温平均值;x_{1max} 为地温最大值;x_{1min} 为地温最小值;x_2' 为均值归一化后的地温平方;x_{2av} 为地温平方平均值;x_{2max} 为地温平方最大值;x_{2min} 为地温平方最小值。

因此将式(9)转化为:

$$h_\theta(x) = \theta_2 \cdot x_2' + \theta_1 \cdot x_1' + \theta_0 \cdot x_0 \tag{12}$$

(2)对式(12)利用梯度下降法求得参数;在线性回归算法中,目标损失函数定义为

$$J(\theta) = \frac{1}{2}\sum_{i=1}^{m}\left[h_\theta(x^{(i)}) - y^{(i)}\right]^2 \tag{13}$$

式中:$J(\theta)$ 为损失函数;θ 为由 θ_0、θ_1 及 θ_2 构成的参数向量;m 为样本总数;$x^{(i)}$ 为由 x_0、x_1' 及 x_2' 构成的特征向量;$y^{(i)}$ 为实际作物系数构成的向量;$h_\theta(x^{(i)})$ 为对应预测值构成的向量。具体过程如下:

第一步,对 θ 赋初值,这个值可以随机选取,也可以让其为一个全零的向量,本文令其初始值为零向量。

第二步,更新 θ 的值,使得目标损失函数按梯度下降的方向减少,通过下式迭代:

$$\theta = \theta - \alpha\frac{\partial J(\theta)}{\partial\theta} \tag{14}$$

式中:α 为学习率,需人为指定,本文取值 0.001,α 若过大会导致震荡无法收敛,若过小收敛速度会很慢;对多元函数的参数求偏导,将求得的各个参数的偏导数以向量的形式表示就是对应的梯度,本式中 $\frac{\partial J(\theta)}{\partial\theta}$ 为对应的梯度,梯度计算结果如下:

$$\frac{\partial J(\theta)}{\partial\theta_j} = \frac{\partial}{\partial\theta_j}\frac{1}{2}\left[h_\theta(x) - y\right]^2 = \left[h_\theta(x) - y\right] \cdot x_j \tag{15}$$

第三步,当每次更新后的结构都能让损失函数变小,最终达到最小则停止下降。

2.2 模型评价指标

本文评价指标包括平均绝对误差 MAE、均方误差 MSE、均方根误差 RMSE 和相关系数 r,用来评价

计算结果与实测数据间的误差情况;采用准确率 P 对模型精度进行评价,对于作物系数,定义绝对误差在 0.2、0.3 及 0.4 以内的数据个数占总数据集的比例为相应准确率;对于蒸散量,定义绝对误差在 2、3 及 4 以内的数据个数占总数据集的比例为相应准确率。各指标通过以下公式计算:

$$MAE = \frac{\sum_{i=1}^{m} |(y_i - \hat{y}_i)|}{m} \tag{16}$$

$$MSE = \frac{\sum_{i=1}^{m} (y_i - \hat{y}_i)^2}{m} \tag{17}$$

$$RMSE = \sqrt{\frac{\sum_{i=1}^{m} (y_i - \hat{y}_i)^2}{m}} \tag{18}$$

$$r = \frac{\sum_{i=1}^{m} (y_i - \bar{y}_i)(\hat{y}_i - \bar{\hat{y}}_i)}{\sqrt{\sum_{i=1}^{m} (y_i - \bar{y}_i)^2} \sqrt{\sum_{i=1}^{m} (\hat{y}_i - \bar{\hat{y}}_i)^2}} \tag{19}$$

式中:y_i 为实际值;$\hat{y}_i$ 为模型计算值;i 为样本序数,$i = 1, 2, \cdots m$;$\bar{y}_i$ 为实际值均值;$\bar{\hat{y}}_i$ 为计算值均值;m 为样本数。

3 结果与讨论

3.1 作物系数模型

夏玉米全生育期地温、叶面积指数及实际作物系数变化如图 1 所示。地温、叶面积指数与作物系数的相关系数分别为 0.75 和 0.52,相关性较高。作物根系生长对地温变化非常敏感,地温越高,作物的生长发育越快,作物蒸腾作用增强,土壤水的移动越频繁;地温低,根系的生长和代谢都会受到抑制,作物根系吸水缓慢,蒸腾作用较弱。且作物蒸腾主要通过叶片蒸腾作用,与叶面积关系密切。

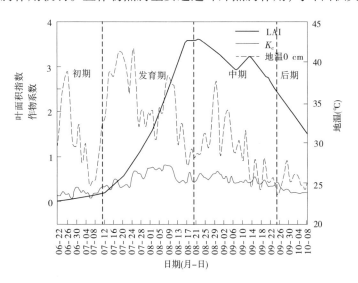

图 1 全生育期地温、LAI 及 K_c 变化过程线

利用蒸渗仪实测蒸散数据及气象系列资料对作物系数模型中各参数进行估计。首先对于 K_{LAI},选取 2018 年玉米生长季(6 月 22 日至 10 月 8 日)的实测叶面积指数数据进行研究,每隔 1 d 抽取 1 d 数据作为训练样本(55 d),其余作为检验样本(54 d)。将根据式(2)计算得到的作物系数与实测叶面积指数进行拟合,利用 matlab 拟合为式(5)的形式,所得方程为:

$$K_{LAI} = \frac{0.516\,6LAI}{0.158\,4 + LAI} \quad (R^2 = 0.050\,9, P < 0.01) \tag{20}$$

式中:0.158 4 为米氏常数,数值越小,作物系数对 LAI 变化敏感性越强;由于 LAI 对应多个 K_c,故 R^2 较小,但两者之间显著相关($P < 0.01$)。

其次针对 K_e,利用梯度下降法[式(13)~式(15)]解得式(12)中的参数 θ_0、θ_1 及 θ_2 分别为 $-0.063\,4$、$0.542\,8$ 和 $0.478\,8$,再根据所得 θ_0、θ_1 及 θ_2 的值求得式(6)中 a、b 及 c 的值分别为 $0.804\,7$、$-0.566\,8$ 和 $1.445\,2$。所得 K_e 计算式为:

$$K_e = 0.804\,7 \cdot e^{\left(\frac{D_0 + 0.566\,8}{1.445\,2}\right)^2} \tag{21}$$

最后,根据所得 K_{LAI} 与 K_e 建立的乘法模型式为:

$$K_c = 0.804\,7 \cdot e^{\left(\frac{D_0 + 0.566\,8}{1.445\,2}\right)^2} \left(\frac{0.516\,6LAI}{0.158\,4 + LAI}\right) \tag{22}$$

图 2 为训练样本根据式(22)所建模型计算得到的作物系数 K_c 及实际值变化过程图。两者平均值分别为 0.399 和 0.405,相差小于 0.01,平均绝对误差约为 0.11,均方误差约为 0.02,均方根误差约为 0.14,准确率(误差 <0.2)为 80%,准确率(误差 <0.3)为 98%,准确率(误差 <0.4)为 100%,误差较小,说明模型精度较高。

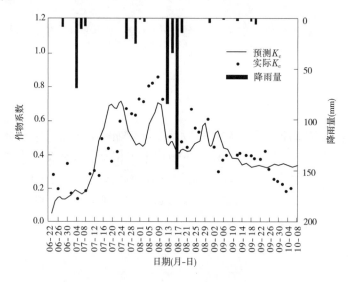

图 2　训练样本计算 K_c 与实际值比较

3.2　模型检验

图 3 为检验样本根据式(22)所建模型计算得到的作物系数 K_c 及实际值变化过程图。两者平均值分别为 0.40 和 0.44,仅相差 0.04,平均绝对误差约为 0.12,均方误差约为 0.02,均方根误差约为 0.15,准确率(误差 <0.2)为 81%,准确率(误差 <0.3)为 96%,准确率(误差 <0.4)为 100%,误差较小,模型预测精度较高。

全生育期夏玉米实际作物系数与计算作物系数均值分别为 0.42 和 0.40,仅相差 0.02,平均绝对误差为 0.12,均方根误差为 0.15,相关系数为 0.91。准确率(误差 <0.2)为 81%,准确率(误差 <0.3)为 97%,准确率(误差 <0.4)为 100%。

表 1 为以实际作物系数为依据,不同样本范围模型的计算精度评价指标值。结果表明,本文构建的作物系数模型能以较高精度计算夏玉米生长期内逐日作物系数,再利用 FAO 所推荐的估计作物实际蒸散量方法,可以进一步计算作物逐日蒸散量。

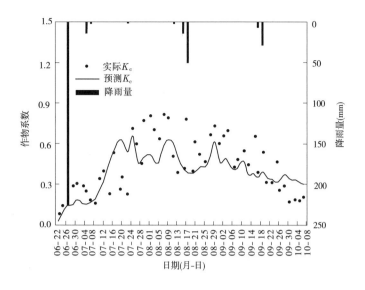

图3 检验样本计算 K_c 与实际值比较

表1 不同样本作物系数计算精度评价指标值

样本	均值差	平均绝对误差	均方根误差	相关系数 r	误差 <0.2 的 $P(\%)$	误差 <0.3 的 $P(\%)$	误差 <0.4 的 $P(\%)$
训练集	0.01	0.11	0.14	0.94	80	98	100
验证集	0.04	0.12	0.15	0.87	81	96	100
全生育期	0.02	0.12	0.15	0.91	81	97	100

3.3 蒸散量计算及精度评价

图4为依据式(2)计算所得训练集蒸散值与实际值对比图。两者平均值分别为3.88和3.86,相差小于0.1,平均绝对误差约为1.0,均方根误差约为1.4,准确率(误差 <2 mm/d)为80%,准确率(误差 <3 mm/d)为95%,准确率(误差 <4 mm/d)为98%,误差较小,预测精度较高。

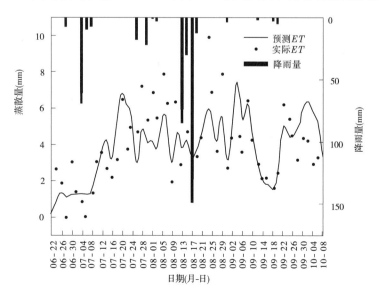

图4 训练样本计算 ET 与实际值比较

　　图 5 为依据式(2)计算所得验证集蒸散值与实际值对比图。两者平均值分别为 4.01 和 4.16,仅相差 0.15,平均绝对误差约为 0.12,均方根误差约为 1.39,准确率(误差 <2 mm/d)为 81%,准确率(误差 <3 mm/d)为 96%,准确率(误差 <4 mm/d)为 100%,误差较小,模型预测精度较高。

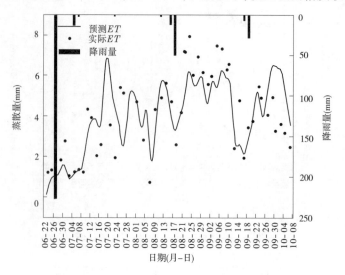

图 5　检验样本计算 ET 与实际值比较

　　表 2 为以实际作物系数为依据,不同样本范围模型的计算精度评价指标值。结果表明,本文构建的作物系数模型能以较高精度计算夏玉米生长期内逐日作物系数,并利用 FAO 所推荐的估计作物实际蒸散量方法所计算的作物逐日蒸散量精度也较高。

表 2　不同样本蒸散量计算精度评价指标值

样本	均值差	平均绝对误差	均方根误差 RMSE	相关系数 r	误差 <2 的 $P(\%)$	误差 <3 的 $P(\%)$	误差 <4 的 $P(\%)$
训练集	0.02	1.0	1.4	0.75	80	95	98
验证集	0.15	1.0	1.3	0.76	81	96	100
全生育期	0.07	1.0	4.5	0.75	81	95	99

3.4　模型比较与评价

　　本文采用相同数据并根据 FAO 推荐作物系数及 P – M 模型计算了全生长季的玉米蒸散量。FAO 建议将作物的生长期划分为生长初期、发育期、生长中期和生长后期四个阶段。根据实验地区作物实际生长情况,夏玉米各生长阶段划分及对应的推荐作物系数如下,其中发育期作物系数通过插值得到(见表 3)。

表 3　夏玉米生长阶段划分及对应作物系数

生长阶段	初期	发育期	中期	后期
时段划分(月-日)	06-22 ~ 07-11	07-12 ~ 08-20	08-21 ~ 09-24	09-25 ~ 10-08
天数	20	40	35	14
推荐作物系数	0.3	1.1	1.2	0.6

　　将计算结果与本文作物系数模型计算的玉米蒸散量分别与其实际蒸散量进行了对比(见图 6),发现三者的趋势基本一致,但根据 FAO 推荐作物系数计算的 ET 值整体偏高,计算精度明显低于本文所建作物系数模型,具体计算结果如表 4 所示。

表4　全生育期不同模型蒸散量计算精度评价指标值

模型	均值差	平均绝对误差 MAE	均方根误差 RMSE	相关系数 r	误差<2 的 P(%)	误差<3 的 P(%)	误差<4 的 P(%)
本文作物系数模型	0.07	1.0	4.5	0.75	81	95	99
FAO 推荐作物系数	5.0	5.07	6.09	0.75	23	30	36
差值	4.93	4.07	1.59	0	58	65	63

基于本文模型计算所得蒸散值与实际值均值仅相差0.07,平均绝对误差为1.0,均方根误差为4.5,相关系数为0.75,准确率(误差<2 mm/d)为81%,准确率(误差<3 mm/d)为95%,准确率(误差<4 mm/d)为99%。根据 FAO 推荐作物系数计算所得蒸散值与实际值存在较大偏差,两者均值相差5.0,平均绝对误差为5.07,均方根误差为6.09,相关系数为0.75,准确率(误差<2 mm/d)为23%,准确率(误差<3 mm/d)为30%,准确率(误差<4 mm/d)为36%。利用本文模型计算的蒸散值准确率(误差在2 mm/d 及3 mm/d 以内)均提高了3倍以上,且误差几乎都在4 mm/d 以内。因此,本文构建的气象－生理双函数模型,综合反映了气象和生物因子对玉米生长的共同影响,可更高精度估算玉米作物系数和蒸散量。

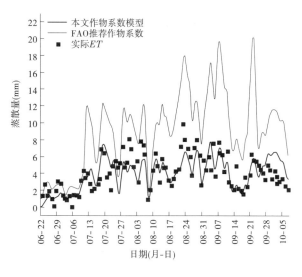

图6　全生育期不同方法 ET 计算值与实际值比较

4　结语

(1)本文基于地温和叶面积指数构建了气象－生理双函数乘法模型,可以反映作物逐日作物系数变化。该模型在训练和检验样本中计算精度均较高,作物系数计算值与实际值均值相差均小于0.1,平均绝对误差均小于0.2,均方根误差均在0.2以内,且相关性均在0.8以上。模型简化了夏玉米作物系数的计算,明确了地温和叶面积指数对作物系数的综合影响程度,提高了计算精度,可用于玉米作物系数的动态计算。

(2)基于本文作物系数模型计算的实际蒸散量精度较高,蒸散量计算值与实际值均值相差均小于0.2,平均绝对误差均小于1.0,均方根误差均在1.4以内,且相关性均在0.7以上。与 FAO 推荐作物系数相比,精度更高。

(3)根据 FAO 推荐作物系数计算蒸散值与实际值两者均值相差5.0 mm,平均绝对误差为5.07 mm,均方根误差为6.09,相关系数为0.75,利用本文模型计算的蒸散值准确率(误差在2 mm/d 及3 mm/d 以内)均提高了3倍以上,且误差几乎都在4 mm/d 以内。

本文作物系数模型是基于五道沟水文实验站大型称重式蒸渗仪实测数据构建,本模型研究时间尺度为日,基于农田面尺度及更小时间尺度的作物系数估算有待进一步研究。

参 考 文 献

[1] 王笑影,梁文举,闻大中,等.北方稻田蒸散需水分析及其作物系数确定[J].应用生态学报,2005,16(1):69-72.

[2] 彭世彰,丁加丽,茆智,等.用 FAO - 56 作物系数法推求控制灌溉条件下晚稻作物系数及验证[J].农业工程学报, 2007,23(7):30-34.

[3] Steele D D,Sajid A H,Pruuty L D. New corn evapotranspiration crop curves for southeastern North Dakota[J]. Transactions of the ASAE,1996,39(3):931-936.

[4] 王娟,王建林,刘家斌,等.基于 Penman - Monteith 模型的两个蒸散模型在夏玉米农田的参数修正及性能评价[J]. 应用生态学报,2017,28(6):1917-1924.

[5] 雷志栋,罗毅,杨诗秀,等.利用常规气象资料模拟计算作物系数的探讨[J].农业工程学报,1999(3):119-122.

青岛市水资源承载能力探讨

王军召

（青岛市水利勘测设计研究院有限公司，山东 青岛 266000）

摘 要 水资源承载能力涉及整个资源、经济、环境大系统，水资源承载能力与社会、经济、环境可持续发展息息相关。在充分理解水资源承载能力概念、影响因素的基础上，结合青岛市实际，运用模糊综合评价法，建立了以表征社会发展水平的单位 GDP 综合用水量指标为途径的承载水平模型，对 2030 年青岛市水资源承载能力进行了研究，得到了相应经济社会水平下的承载能力规模。

关键词 水资源承载能力；指标体系；模糊综合评价；青岛市

1 研究意义

水是基础性自然资源，也是战略性命脉资源，是经济社会可持续发展的基本条件之一。在新的历史时期，青岛市在落实国家战略、打造"一带一路"国际合作新平台、建设现代化国际大都市的进程中，水资源的安全保障事关全市高质量快速发展的长远大计。然而青岛市是典型的资源型缺水城市，水资源长期短缺，全市水资源总量 21.5 亿 m^3，可利用量 13.7 亿 m^3，人均占有水资源量 247 m^3，仅为全国平均值的 11%、世界平均水平的 3%，远低于世界公认的人均 500 m^3 的绝对缺水标准。且存在地区分布不均、降水年际年内变化剧烈的特点。

青岛市水资源的禀赋和特点，使其对经济发展和提高生活水平的影响越来越突出，已成为青岛经济社会快速发展的最大资源制约。因此，开展水资源承载能力的定量化研究，为经济社会可持续发展和生态环境保护提供水资源保障的基本认识和可能性分析，是制定经济社会发展与生态环境保护战略，寻求可持续发展模式的重要依据，是研究经济社会发展过程中的水资源供需平衡与维持生态环境的基本途径，将为流域或区域经济发展模式和生态环境保护的长远宏观战略规划提供科学的决策依据，对于保障青岛市经济社会可持续发展具有重要意义。

2 基本概念

目前，"水资源承载能力"一词在研究缺水地区的工业、农业和城市及整个经济发展水资源供需平衡时被广泛采用，但至今尚无统一的定义。"承载力"一词原为物理力学中的一个物理量，指在物体不产生任何破坏时的最大（极限）负荷。被其他学科借用，最初应用于群落生态学，其含义是："某一特定环境条件下（主要指生存空间、营养物质、阳光等生态因子），某种生物个体存在数量的最高极限"。后来应用于土地科学中，形成了"土地承载力"这一较为成熟的概念，其定义为："在一定条件下，土地资源的生产能力所能承载一定生活水平下的人口数量"。

水资源作为一种资源，其承载力与上述定义的内容基本契合，但水资源承载能力有着自己的特点。水资源承载能力体现在一定社会经济条件和一定状态下，水资源系统可以承载一定程度和方式的人类活动的指标，在这些指标所允许的范围和程度之内的人类经济发展活动作用下，水资源系统结构组合特征、功能状态不会发生质的变化，这是水资源具有承载力的内在原因。由于上述指标在量上是有限度的，当某一指标消耗过大（例如地下水超采），会影响水资源系统的整体结构水平，进而导致功能失常。因此，水资源系统的物质、能量的输入存在限度，水资源承载能力具有极限。

作者简介：王军召，E-mail：qdslsjyjyjb@163.com。

目前,关于水资源承载力的定义具有代表性的有两种:一种是水资源开发容量论或水资源开发规模论,比较有代表性的定义如施雅风等认为水资源承载力是指某一地区的水资源,在一定社会和科学技术发展阶段,在不破坏社会和生态系统时,最大可承载的农业、工业、城市规模和人口水平,是一个随社会经济和科学技术水平发展变化的综合目标[2];另一种是水资源支持持续发展能力论,比较有代表性的定义如惠泱河等认为水资源承载力是指在某一具体的历史发展阶段下,以可预见的技术、经济和社会发展水平为依据,以可持续发展为原则的,以维护生态环境良性发展为条件,经过合理的优化配置后,水资源对该地区社会经济发展的最大支撑能力[2]。以上两种定义,虽从两个不同的角度对水资源承载能力进行了阐述,但共同点是,水资源承载能力研究均是以可持续发展为原则的,核心问题是社会发展与人口、资源、环境之间的关系问题,具体体现为流域或区域的水资源条件对水资源开发利用供、用、耗、排这一侧支循环模式和规模的支撑能力的研究。综上所述,结合青岛市实际,本研究以水资源支持持续发展能力论为基础,进一步将水资源承载能力定义为:在某一具体的历史发展阶段下,以可预见的技术、经济和社会发展水平为依据,以可持续发展为原则,以维护生态环境良性发展为条件,在水资源得到合理的开发利用下,该地区人口增长与经济发展的最大容量。

3　研究方法

3.1　研究现状

目前国内水资源承载力的研究领域主要集中在城市水资源承载力和区(流)域水资源承载力两个方面。研究的方法大致可分为经验估算法、指标体系评价法、复杂系统分析法三大类。主要有常规趋势方法、模糊综合评价法、主成分分析法、系统动力学方法、多目标分析评价核心模型、多目标线性规划方法、多目标决策分析方法等。

近年来,学术界关于中国区域水资源承载能力定性与定量研究取得了较大进展。徐中民等在传统多目标分析决策技术的基础上,采用基于情景分析的多目标模型,结合黑河流域具体情况,对黑河流域的水资源承载能力进行了研究[3-4]。王浩等针对生态环境脆弱的内陆干旱区特点,提出了水资源承载力的指标体系、计算流程和边界条件,分析计算了西北内陆干旱区水资源生产能力[5]。阮本青等采用水资源适度承载能力计算模型对黄河下游地区的水资源承载能力进行了研究[6]。高彦春等采用模糊综合法对汉中盆地的水资源开发利用进行了阈限分析[7]。傅湘等采用主成分分析法对汉中盆地的水资源承载能力进行了研究[8]。夏军等、朱一中等从水循环模拟研究切入,建立了水资源承载力综合评价指标体系,进行了不同发展背景下的生态用水和水资源承载力的量化研究[9-10]。闵庆文等将地区水资源承载力研究纳入到了生态安全领域,开创了水资源和生态安全相结合的研究,即从水资源生态系统管理出发,以水资源承载力和水资源安全为基础,在防止水污染前提下,提出西北地区确保水资源安全的生态系统途径[11]。

3.2　研究方法

水资源承载能力的内涵是:由承载主体和承载客体以及两者之间相互作用、相互协调的关系组成,以水资源作为承载主体,以与水资源有关的或以水资源为主要支撑条件的各种系统作为客体,分析和评价水资源所能承载的最大能力。具有有限性、动态性、多目标性、模糊性、可增强性等基本特性。除受水资源本身的特性(如水量、水质、时空分布等)外,影响水资源承载能力的因素还包括所承载的客体对水资源承载能力的反作用因素,诸如生产力水平、社会消费水平与结构、科学技术、人口与劳动力、其他资源潜力、政策、法规、市场、宗教、传统、心理等因素。通过对国内现有研究方法的对比分析研究,结合水资源承载能力的内涵和特性,从青岛市实际出发,本着简单易行,更清晰量化青岛市水资源承载能力,本研究引用模糊综合评价法,进行青岛市水资源承载能力研究。

4　研究模型

4.1　模型构建

在水资源综合规划和水资源调查评价等成果基础上,确定有效水资源(水资源可利用量),通过着重分析水资源承载水平指标(经济发展水平、三产比例、用水效率等)与承载规模指标的关系,建立以单位 GDP 综合用水量指标为途径的水资源承载能力计算方法,简称承载水平模型。

同时考虑到随着经济社会的不断发展,用水量的不断增加,必将对水生态环境平衡产生影响。因此,考虑在一定的社会生活水平和工程技术条件下,为实现水资源可持续利用、保障经济可持续发展、促进水环境改善的前提下,建立以污染物限排总量为控制指标,研究污染物限排总量与用水总量的关系的计算方法,简称污染物限排总量—用水总量模型。

污染物限排总量—用水总量模型作为承载水平模型的约束条件,是嵌套在承载水平模型中的子模型,用于约束经济社会发展的最大合理用水量,使承载水平模型能够同时兼顾水资源量和质,科学合理研判青岛市水资源承载能力。

4.2 计算步骤

(1)确定经济社会最大合理用水量。

根据《青岛市水资源综合规划》《青岛市第三次水资源调查评价》等,分析水资源可利用总量,并以最严格水资源管理制度"三条红线"和水功能区限制排污要求作为边界条件,取各边界条件下计算得到的经济社会最大用水量中的小值,作为经济社会最大合理用水量。需要注意的是,水功能区对不同污染物的限制排放量要求不同,应分别计算不同污染物限制排放量对应的经济社会最大用水量。

(2)确定经济社会发展水平。

根据《青岛市水资源综合规划》《青岛市城市总体规划》等,分析青岛市分析水平年的经济社会发展水平,获取人均 GDP、产业结构 p_i、生产用水定额 E_{ti}、生活用水定额 E_l、河道外生态需水量等表征经济社会发展水平的指标。

(3)计算单位 GDP 综合用水量 U_c。

根据产业结构 p_i 和生产用水定额 E_{ti},计算单位 GDP 综合用水量 U_c。

$$U_c = E_{ti} \cdot p_i$$

(4)计算可用于生产的水资源可利用量。

经济社会最大合理用水量扣除生活用水和河道外生态用水,得到可用于生产的水资源可利用量。其中河道外生态用水量与经济社会发展水平有关,生活用水量由预测人口和生活用水定额计算得到。

(5)确定可承载的经济总量和人口数量。

可用于生产的水资源可利用量,与单位 GDP 综合用水量相除,即得到该承载水平下的水资源可承载的总 GDP 值,即对经济规模的承载能力。然后根据表征生活水平的人均 GDP,计算出该承载水平下的承载人口数量。

(6)检验。

将计算得出的可承载人口数量与预估人口数量作比较,若前者大于后者,说明计算生活用水的人口数偏小,应增加人口预估数量再作计算;反之,则应减少预估人口数再计算,最终应使计算所得可承载人口数等于或接近预估人口数量。

承载水平模型计算流程示意图如图 1 所示。

4.3 计算实例

综合以上对水资源承载能力概念、计算方法和承载能力模型构建的研究理论,选取 2030 年为研究水平年,研究青岛市 2030 年水资源承载能力。

(1)经济社会最大合理用水量计算。

根据《青岛市水资源综合规划》《青岛市第三次水资源调查评价》等,预计到 2030 年全市可利用水资源总量 19.12 亿 m³,其中本地水资源可利用量 11.12 亿 m³,客水可利用量 4.77 亿 m³,非常规水可利用量 3.22 亿 m³。

根据《青岛市人民政府办公厅关于印发青岛市实行最严格水资源管理制度考核办法的通知》,青岛市 2030 年本地水资源可用水量控制目标为 11.34 亿 m³。满足本地水资源可利用量 11.12 亿 m³ 的要求。

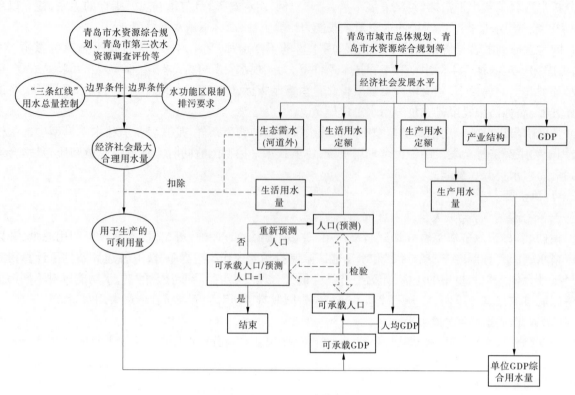

图 1　承载水平模型计算流程示意图

根据《青岛市水利局关于青岛市水功能区限制排污总量的意见》,全市水功能区限制排污总量指标:COD 为 14 258.33 t/a,氨氮为 235.93 t/a。考虑污染物浓度、排放系数和入河系数等,计算得水功能区能够承受的用水总量最大值为 16.85 亿 m^3。

综合以上最严格水资源管理制度"三条红线"和水功能区限制排污边界条件限制,经济社会最大合理用水量为 16.85 亿 m^3。

(2)经济社会发展水平分析。

综合分析《青岛市城市总体规划》《青岛市水资源综合规划》等成果中对青岛市经济社会发展形势的研判,贯彻"学深圳、赶深圳"指示精神,对深圳市近 10 年经济社会发展情况和《深圳市可持续发展规划(2017 ~ 2030 年)》进行了研究分析,结合全市近 10 年来经济社会发展情况,预计到 2030 年,青岛市人均 GDP 将达到 20 万元,城镇化率达到 85%,三产比例为 1.5:28.5:70。

(3)单位 GDP 综合用水量 U_c 计算。

根据产业结构和生产用水定额,计算单位 GDP 综合用水量 3.34 m^3/万元(见表 1)。

表 1　青岛市 2030 年单位 GDP 综合用水量

类目	一产	二产		三产
	农业	工业	建筑业	服务业
生产用水定额 E_{ti}(m^3/万元)	117	2.59	4.53	1.03
产业结构 p_i(%)	1.5	22	6.5	70
单位 GDP 综合用水量 U_c(m^3/万元)	3.34			

(4)可承载的经济总量和人口数量计算。

按照上文中所述研究模型计算方法,经多次迭代试算,预计到 2030 年经济社会发展水平下,水资源可承载人口为 1 500 万人,可承载 GDP 为 30 000 亿元。

5 结论

水资源承载能力是区域可持续发展过程中各种自然资源承载能力的重要组成部分。本文系统分析了水资源承载能力的基本概念、研究现状和现行主要的分析计算方法。从经验估算法、指标体系评价法和复杂系统分析法中,综合对比选择了数字模型简明直观、所需基础数据基本完善、计算结果符合要求的模糊综合评价法作为青岛市 2030 年水资源承载能力研究方法,建立了以表征社会发展水平的单位 GDP 综合用水量指标为途径的承载水平模型。

承载水平模型确定的是一定的经济社会生活水平下,在保护水生态平衡和水资源供给保障的前提下,所能支撑的最大 GDP 和人口规模。在承载水平模型中,考虑生态环境的消化能力,引入污染物限排总量—用水总量模型作为边界红线条件,以 2030 年污染物入河限排量为限制条件,核算经济社会用水总量的合理极大值为 16.85 亿 m^3。在一定经济社会发展水平下(人均地区生产总值 20 万元),确定单位 GDP 综合需水量为 3.34 m^3/万元,采用多次迭代计算,计算得到 2030 年青岛市水资源可承载 GDP 为 30 000 亿元、可承载人口 1 500 万人。

参 考 文 献

[1] 施雅风,曲耀光. 乌鲁木齐河流域水资源承载力及其合理利用[M]. 北京:科学出版社,1992.

[2] 惠泱河,蒋晓辉,黄强,等. 水资源承载力评价指标体系研究[J]. 水土保持通报,2001,21(1):30-34.

[3] 徐中民. 情景基础的水资源承载力多目标分析理论及应用[J]. 冰川冻土,1999,21(2):99-106.

[4] 徐中民,程国栋. 运用多目标分析技术分析黑河流域中游水资源承载力[J]. 兰州大学学报:自然科学版,2000,36(2):122-132.

[5] 王浩,秦大庸,王建华,等. 西北内陆干旱区水资源承载能力研究[J]. 自然资源学报,2004,19(2):151-159.

[6] 阮本青,沈晋. 区域水资源适度承载能力计算模型研究[J]. 土壤侵蚀与水土保持学报,1998,4(3):57-61.

[7] 高彦春,刘昌明. 区域水资源开发利用的阈限分析[J]. 水利学报,1997(8):73-79.

[8] 傅湘,纪昌明. 区域水资源承载能力综合评价——主成分分析法的应用[J]. 长江流域资源与环境,1999,8(2):168-173.

[9] 夏军,朱一中. 水资源安全的度量:水资源承载力的研究与挑战[J]. 自然资源学报,2002,17(5):262-269.

[10] 朱一中,夏军,谈戈. 关于水资源承载力理论与方法的研究[J]. 地理科学进展,2003(2):180-188.

[11] 闵庆文,余卫东,张建新. 区域水资源承载力的模糊综合评价分析方法及应用[J]. 水土保持研究,2004,11(3):14-16.

山东省降水量时空分布特征分析

季妤,庄会波,陈干琴,刘祖辉

(山东省水文局,山东 济南　250002)

摘　要　为分析山东省年降水量时空分布特征,根据 488 处雨量站的逐月降水资料,采用等值线等方法进行了降水量空间分布特征分析,应用线性回归分析、模比系数、Mann-Kendall 检验等方法对降水量的年内分配、年际变化进行了分析。结果表明,山东省降水地区分布的总体特点为:自鲁东南沿海向鲁西北内陆递减,山丘区降水量大于平原区;年降水量呈减小趋势,但减小趋势不显著;降水的年际变化较为剧烈,有明显的丰、枯水交替出现的特点;年内分配的特点表现为汛期集中,最大最小月相差悬殊。研究结果可为水资源规划和管理工作提供一定的参考。

关键词　降水量;空间分布;年内分配;年际变化;山东省

1　引　言

山东省地处黄河下游,东部突出于黄、渤海之间,形成山东半岛,西北部与河北相邻,西接河南,南邻江苏、安徽。山东省位于暖温带季风气候区,除胶东半岛东部沿海外,大陆性气候显著。全省降水主要受大气环流、季风和地形条件影响,降水量的年际变化较大,年内分配很不均匀。降水量年际、年内变化剧烈的这一特点,造成了山东省洪涝、干旱等自然灾害频发,同时也给水资源的开发利用带来了很大困难[1]。本文对山东省年降水量的时空分布特征进行了系统性的分析,以期为洪涝灾害防治及水资源高效利用提供支撑。

2　基本资料

本文采用的降水资料源自按照国家规范进行整编的水文资料,取自山东省水文数据库。结合雨量资料实际情况,在山东省内共选用观测资料质量较好、系列较长的雨量站 488 处,共计 357 216 站月资料,其中实测资料占 89.0%,全省平均站网密度 321.1 km²/站。基于 488 处雨量站的年降水量系列,统计计算了全部选用雨量站 1956 ~ 2016 年系列多年平均年降水量及年降水量变差系数 C_v 值,其中均值采用算术平均值,C_v 值采用矩法计算值。并采用泰森多边形法计算了 1956 ~ 2016 年山东省年降水量系列。

3　年降水量空间分布

山东省 1956 ~ 2016 年平均年降水总量为 1 054 亿 m³,相当于面平均年降水量 673.0 mm。由于受地理位置、地形等因素的影响,年降水量在地区分布上很不均匀。

从图 1 中可以看出,年降水量总的分布趋势是自鲁东南沿海向鲁西北内陆递减。600 mm 等值线自鲁西南菏泽市的鄄城、郓城,经济宁市的梁山、泰安市的东平、德州市的齐河、济南市的济阳、滨州市的邹平、淄博市的临淄、潍坊市的青州和昌邑、青岛市的平度、烟台市的莱州和龙口至蓬莱的西北部。该等值线西北部大部分是平原地区,多年平均年降水量均小于 600 mm;该线的东南部,均大于 600 mm,其中崂山和昆嵛山由于地形等因素影响,其多年平均年降水量达 1 000 mm 以上。

根据全国年降水量五大类型地带划分标准,从图 1 可以看出,山东省除日照市中南部、临沂市中南

作者简介:季妤,E-mail:764908352@ qq.com。

部、枣庄市东南部及泰山、崂山、昆嵛山附近的局部地区多年平均年降水量在 800 mm 以上为湿润带外，其他地区均为过渡带。

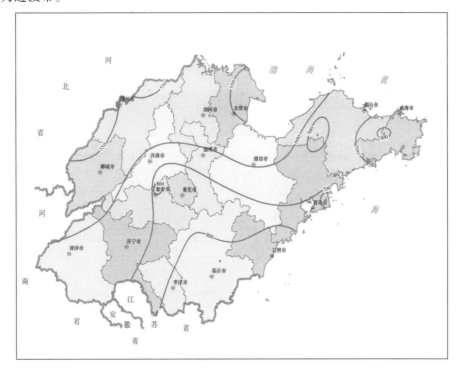

图 1　山东省 1956～2016 年多年平均年降水量等值线　（单位：mm）

3.1　降水量分布的纬度地带性

山东省年降水量分布的纬度地带性比较明显。表 1 中，列出了全省范围内东经 116°～120° 五条经度上各雨量站 1956～2016 年的平均年降水量。表中数据说明在同一经度上，年降水量随纬度的增加而减少。

表 1　同一经度附近自北向南各雨量站（1956～2016 年）平均年降水量统计

经度 116°E		经度 117°E		经度 118°E		经度 119°E		经度 120°E	
站名	年降水量（mm）	站名	年降水量（mm）	站名	年降水量（mm）	站名	年降水量（mm）	站名	年降水量（mm）
武城	501.0	德平	563.7	埕口	565.1	大家洼	576.7	饮马池	628.5
夏津	527.9	孙耿	601.8	北镇	579.6	白浪河	610.7	平度	620.0
聊城	569.8	黄台桥	679.1	淄川	673.5	雹泉	697.6	闸子	656.4
梁山	596.8	大汶口	709.2	芦芽店	739.8	东莞	708.7	胶县	668.9
田集	679.8	望冢	724.7	蒙阴	804.2	小仕阳	761.2	王台	720.8
黄寺	705.3	二级湖	730.7	卞庄	838.5	中楼	844.8	胶南	774.0

3.2　降水量分布的经度地带性

受东部沿海及由此产生的气候干湿度差异的影响，年降水量的地带分布有十分明显的经度地带性。具体表现在同一纬度上各地的年降水量有自东（海滨）向西（内陆）减小的趋势。表 2 列出了山东省北纬 35°、36°、37° 三条纬度线上各雨量站 1956～2016 年的平均年降水量。表中数据表明，在每条纬度线上各站的年降水量普遍存在着自东向西递减的趋势。

表2　同一纬度附近自东向西各雨量站(1956～2016年)平均年降水量统计

纬度35°N		纬度36°N		纬度37°N	
站名	年降水量 (mm)	站名	年降水量 (mm)	站名	年降水量 (mm)
安东卫	856.8	青岛	693.1	石岛	791.3
临沂	860.9	红旗	719.2	龙角山	743.4
高桥	885.2	沙沟	744.3	莱阳	688.4
西集	794.3	贾庄	771.1	郭家店	695.6
滕县	755.8	羊流店	753.9	海沧口	558.9
南阳	695.1	大汶口	709.2	西王高	578.3
孙庄	681.3	杨郭	660.3	岔河	575.3
成武	679.0	戴村坝	634.9	济阳	587.5
定陶	672.5	寿张	532.9	禹城	559.1
三春集	633.6	观城	554.5	夏津	527.9

经度的地带性和纬度的地带性相互作用,决定了山东省年降水量等值线多呈西南—东北走向,年降水量自东南向西北递减。

3.3　降水量分布的垂直地带性

由于山区与平原的差异对降水量有明显的影响,山东省山区出现了年降水量分布的垂直分带性,如泰山、崂山、昆嵛山等山区的年降水量,都比周围山前平原大。昆嵛山顶站(海拔922 m)同步期平均年降水量1 083.5 mm,比南麓的米山站(海拔35 m)793.2 mm大290.3 mm,平均每升高100 m年降水量增大32.7 mm。由此说明山东省山区的年降水量大于山前平原。

4　降水量年内分配

山东省各地降水量的年内分配很不均匀。本次分析对488个雨量站历年逐月降水资料进行了统计分析,结论如下:

各雨量站多年平均年降水为501.0～1 083.5 mm,年降水量主要集中在汛期6～9月,多年平均连续最大4个月降水量为375.3～760.2 mm,占年降水量的65%～80%。年内各月降水量变化较大,最大和最小月降水量相差悬殊,一年中以7月降水量最多,为144.2～278.6 mm,占全年降水量的21.1%～34.4%;8月次之,为111.6～276.0 mm,占全年降水量的18.9%～28.4%;最小月降水量多发生在1月,为3.1～35.5 mm,仅占全年降水量的0.5%～3.3%。

由此可见,全省年降水量约有3/4集中在汛期6～9月,有一半左右集中在7～8月,最大月降水量多发生在7月。这说明山东省的雨季较短、雨量集中,降水量的年内分配很不均匀。

5　降水量年际变化

降水量的年际变化可从变化幅度和变化过程两个方面来分析。年际变化幅度可用年降水量变差系数C_v来反映,变差系数C_v大,则表示年降水量的年际变化大;反之亦然。年际变化幅度也可以用年降水量极值比和极差来反映。年降水量的年际变化过程可以用年降水量过程线和年降水量模比系数差积曲线等来反映。

5.1　降水量年际变化幅度

山东省1956～2016年降水系列中,最大年降水量发生在1964年,为1 160.6 mm,最小年降水量发生在2002年,为418.4 mm,极差为742.2 mm,最大是最小的2.8倍。

从多年平均年降水量的变差系数来看,全省各地降水量的年际变化较大,C_v 值一般为 0.20 ~ 0.35。全省 C_v 值总的变化趋势为由南往北递增、山区小于平原。鲁北平原区和胶莱河谷平原区的 C_v 值一般都大于 0.30;蒙山、五莲山区及其南部地区 C_v 值一般都小于 0.25。

山东省各地最大与最小年降水量相差悬殊。各雨量站年降水量极差在 525.5 ~ 1 491.2 mm,均值为 905.7 mm,最大与最小年降水量比值在 2.3 ~ 6.6,均值为 3.8。

5.2 降水量年际变化过程

山东省年降水量的多年变化过程具有明显的丰、枯水交替出现的特点,连续丰水年和连续枯水年的出现十分明显。从全省平均年降水量过程线(见图 2)可知:①山东省年降水量在均值附近上下波动,无明显的增大或减小趋势,自 1956 年以来出现了 4 个较大的丰水段、4 个较大的枯水段;②从一元线性趋势线可以看出,山东省降水量呈小幅减小趋势,线性倾向率为 −14.5 mm/10 a。从全省平均年降水量模比系数差积曲线(见图 3)可以看出,1956 ~ 1975 年为上升段(丰水期),1976 ~ 2001 年为下降段(枯水期),自 2002 年开始又转为上升段。

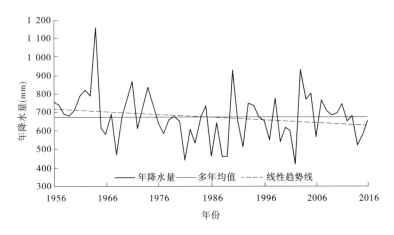

图2　山东省年降水量过程线

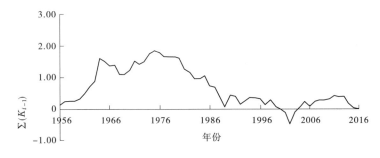

图3　山东省年降水量模比系数差积曲线

为了定量分析降水量的变化趋势,采用 Mann-Kendall 趋势检验法分别计算了山东省全年及各月降水量的统计量 Z,结果见图 4。由图 4 可知:①山东省年降水量的 Z 值为 −1.55,表明山东省年降水量呈减小趋势,但减小趋势未通过检验(显著性水平 $\alpha = 0.05$,Z 的阈值为 1.96),年降水量减小趋势不显著;②各月降水量中,只有 2 月和 5 月降水量呈增大趋势,其中 5 月通过了显著性检验,即 5 月降水量增大趋势显著;③其余各月份降水量均呈减小趋势,但均未通过显著性检验,其中减小趋势最大的是 3 月,减小趋势最小的是 8 月。

6　结语

本文对山东省 1956 ~ 2016 年降水量的时空分布特征进行了分析,主要结论如下:

(1)山东省 1956 ~ 2016 年年均降水量为 673.0 mm。山东省降水地区分布的总体特点为:自鲁东南沿海向鲁西北内陆递减,山丘区降水量大于平原区。C_v 值的变化总趋势为由南往北递增,山丘区小于

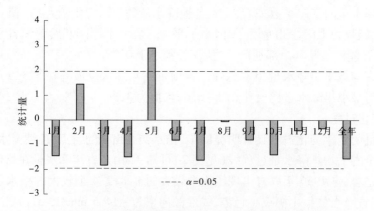

图4　山东省降水量 Mann-Kendall 趋势检验

平原区。

（2）山东省降水的年际变化较为剧烈,极值比较大,年降水量变差系数较大,有明显的丰、枯水交替出现的特点。多年平均降水年内分配的特点表现为汛期集中,最大最小月相差悬殊。

（3）山东省 1956~2016 年系列年降水量呈减小趋势,但减小趋势不显著;各月降水量中,2 月和 5 月呈增大趋势,其余月份均呈减小趋势,仅 5 月变化趋势显著。

参 考 文 献

[1] 刘帅. 山东省水资源保护规划研究[D]. 济南:山东大学, 2009.

[2] 王慧凤,陆宝宏,熊丝,等. 近65年合肥市降水变化规律分析[J]. 水电能源科学, 2017, 35(3):11-14,88.

[3] 陆建宇,陆宝宏,朱从飞,等. 沂河流域天然径流变化规律分析[J]. 中国农村水利水电, 2014(7):67-71.

[4] 黄济琛,陆宝宏,徐玲玲,等. 变化条件下常德市降水气温特征分析[J]. 水文, 2016(36):91.

[5] 赵恩来,庞雁东,蒋东进,等. 驻马店市 1958~2011 年降水序列变化特征分析[J]. 水文, 2019(4).

[6] 孙银凤,陆宝宏. 基于 EEMD 的南京市降水特征分析[J]. 中国农村水利水电, 2013(3):11-15.

[7] 邹连文,陈干琴,王娟,等. 山东省年降水量系列代表性及多年变化的初步分析[J]. 水文, 2005(6):60-63.

宿迁市饮用水源地生态健康性研究

——以骆马湖为例

王明明[1]，卜昊[1]，李雪纯[2]，杨静[3]，曹英超[4]，朱乾德[2]

（1.南京水利科学研究院水文水资源与水利工程科学国家重点实验室,江苏 南京 210029；
2.宿迁市水利局,江苏 宿迁 223800；3.太仓市水务局,江苏 苏州 215400；
4.南通市通州区沿江开发办公室,江苏 南通 226300）

摘 要 基于饮用水源地水安全客观要求,急需以生态监测作为技术手段,全面系统研究饮用水源地的生态健康性。本文以饮用水源地骆马湖为研究对象,设置10个监测点,研究骆马湖浮游动植物、底栖动物、大型水生维管束植物和着生生物不同时空条件下的种类组成、数量、生物量,评价骆马湖水生态健康性。结果表明,骆马湖大型水生维管束植物盖度和生物量均由湖岸向湖心降低趋势显著,水下地形坡降较小的水域,水生大型植物分布面积较广,而在坡度较陡的岸带,水生大型植物分布宽度通常较小;浮游植物细胞密度和生物量高值主要出现在夏春季节,其中夏秋季节蓝藻细胞密度所占比例较高,浮游植物年均生物量为0.89 mg/L,最大值为1.57 mg/L,表明骆马湖为中污染水平的中 - 贫营养湖泊;骆马湖底栖动物 Shannon-Wiener 指数得分均处于1.0~2.0范围内,整体属于中污染状态。综上分析,骆马湖为中污染水平的贫 - 中营养湖泊,可为饮用水源地保护与修复工作提供技术支持。

关键词 饮用水源地;生态健康;骆马湖;生物量;水源地

1 绪论

湖泊发挥着调蓄洪水、确保供水、维持生态健康、净化水质、养殖、航运、旅游等多种功能,在推动区域经济社会发展和维持区域生态平衡中发挥着重要作用。骆马湖是淮河流域第三大湖泊、江苏省第四大湖泊,不仅是沂河、中运河洪水的主要调蓄湖泊[1-2],也是宿迁、新沂两市的重要水源地,同时还是国家南水北调东线输水工程的主要调节湖泊之一[3]。但长期以来,人们在开发利用湖泊资源时,忽视了对湖泊的有效管理与保护,湖泊污染、围垦、过度养殖等问题严重,湖泊功能、生态环境和效益不断下降。

水生态监测作为研究水生生物对水环境和水体污染过程反应[4-5],以及人为干扰与生态环境变化关系的技术手段之一,分析引起湖泊、河流生态环境变化的干扰因素与作用、水环境、水质发展趋势,为受损生态系统的恢复和重建、人与自然关系的协调、生态系统保护以及可持续发展提供科学依据。水生生物的监测与水体理化因子的监测相比,具有明显的优越性。可以直接检测出生态系统已经发生的变化或已经产生影响而没有显示出不良效应的信息,能全面表明出骆马湖水生态系统的健康与否,为水生态系统建设提供基础数据。基于此,本文以骆马湖10个采样点的水生态监测数据为基础,通过多元统计分析方法研究水生态系统的健康状况,为骆马湖水源地生态环境保护与管理提供科学支撑。

基金项目:国家重点研发计划课题(2017YFC0404503);水利科技示范项目(SF-201904);国家自然科学基金青年科学基金项目(41601529)。

作者简介:王明明,男,江苏宿迁人,工程师,本科,主要从事水资源管理相关工作。E-mail:317652598@qq.com。

通讯作者:朱乾德,E-mail:qdzhu@nhri.cn。

2　材料与方法

2.1　骆马湖概况

骆马湖位于江苏省北部,介于北纬 34°00′~34°14′、东经 118°6′~118°16′,见图 1。骆马湖蓄水保护范围为一线堤防内规划蓄水位 23.50 m 以下区域,面积为 290 km²,容积 9.18 亿 m³,汇水面积约 1 300 km²。骆马湖区位优势明显,为宿迁、徐州两市共辖,地处徐州、连云港经济带中部,交通便捷。骆马湖北面通过运河与山东南四湖相连,南与洪泽湖相连,继而与长江水系相通,入湖河流主要有沂河水系、南四湖水系和邳苍地区共 40 多条支流;出流有三处,一经嶂山闸入新沂河,一经皂河闸入中运河,一经洋河滩闸入六塘河[6]。骆马湖属典型的过水性湖泊,具有供水、防洪、排涝、灌溉、养殖、航运及旅游等多种功能,是宿迁市重要的引用水源地,也是南水北调东线调节湖泊,对南水北调东线工程具有重要的调蓄作用,其水质好坏关系调水的成败。

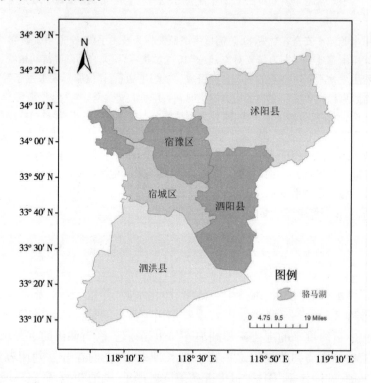

图 1　骆马湖位置图

2.2　采样方法

根据骆马湖的形态、围网养殖、采砂和水生植被分布及出湖入湖河流等情况设置 10 个监测点,见图 2,分别在 2 月、5 月、8 月、11 月四个月份进行现场采样,研究基准年为 2019 年。采样分析内容包括浮游植物种类组成、数量、生物量,浮游动物组成、数量、生物量,底栖动物组成、数量、生物量,大型水生维管束植物组成、数量、生物量,着生生物组成、数量、生物量。大型水声维管束植物选取均匀群落采样,每个采样点上随机采集 2~3 次;浮游植物采表层 500 mL 湖水装瓶,立即用鲁哥氏液加以固定;浮游动物的采样根据个体大小采用不同方法,原生动物和轮虫的采样方法与固定方法和浮游植物的相同,浮游甲壳动物枝角类和桡足类用孔径为 64 μm 的浮游生物网过滤采样,角类、桡足类用采水器取 10~50 L 水样,用 25 号浮游生物网过滤,把过滤物放入标本瓶中,水深在 3 m 以内、水团混和良好的水体,可只采表层水样,水深更大的水体区域,应分别取表、中、底层混合水样;底栖动物样品采集使用 D 型网采集面积为 0.3 m² 的样方,每个采样点采集 3 下;着生生物采用现场采集刮片[7-8]。

2.3　评估标准

湖泊营养型水生态的评估标准以浮游植物的生物量作为标准,一般将浮游植物生物量介于 1~1.5 mg/L 为贫营养,介于 1.5~5.0 mg/L 为中营养,生物量达 5~10 mg/L 为富营养型。湖泊污染程度以

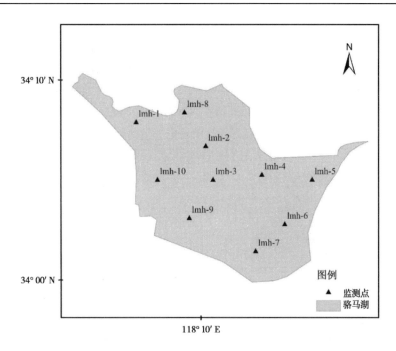

图2 骆马湖监测点分布

Shannon-Wiener 生物多样性指数为标准,其中指数为等于 0 ~ 1 为重度污染,1 ~ 2 为 α - 中污型,2 ~ 3 为 β - 中污型,> 3 为清洁水体。

3 骆马湖生态监测研究分析

3.1 大型水生维管束植物

研究结果表明,骆马湖大型水生维管束植物共计 28 种,分别隶属于 16 科。按生活型分,沉水植物 11 种,挺水植物 9 种,浮叶植物 4 种,漂浮植物 4 种。湖区的优势种转变为菹草、菱、马来眼子菜和蓖齿眼子菜。

2019 年 5 月,全湖大型水生植物生物量约为 4.6 万 t,湖泊北部水域无大型水生植物分布,植物主要分布在南部,菹草出现频率最高,达到了 56%,其次是微齿眼子菜和穗花狐尾藻,频率分别为 14% 和 12%。生物量介于 1 ~ 2 kg/m^2、2 ~ 3 kg/m^2 和大于 3 kg/m^2 的水域面积分别为 11 km^2、17 km^2 和 88 km^2。8 月,全湖大型水生维管束植物生物量约为 2.2 万 t,大型水生植物主要分布在沿岸带,尤其是西南和东南沿岸带,物种盖度和生物量均沿垂直岸线方向逐步降低。北部湖区由于水下地形较陡,大型水生植物分布的面积较小,微齿眼子菜和苦草出现的频率最高,分别达到了 22% 和 18%,生物量介于 1 ~ 2 kg/m^2、2 ~ 3 kg/m^2 和大于 3 kg/m^2 的水域面积分别为 14 km^2、10 km^2 和 36 km^2,多数大型水生维管束植物群落的生物量小于 1 kg/m^2。

5 月和 8 月,大型水生植物盖度超过 5% 的水域分别为 129 km^2 和 64 km^2,大型水生植物盖度超过 50% 的水域约为 74 km^2 和 23 km^2。8 月大型水生植物总生物量显著低于 5 月,主要原因是春季菹草覆盖度高,且植物处于生长旺盛期,进入 6 月,菹草开始腐烂,而夏季生长型的植物种类少,生物多样性低,长势较差,生物量处于较低水平。

3.2 浮游植物

骆马湖湖区共监测浮游植物 7 门 115 种属,其中蓝藻门 18 种属、硅藻门 27 种属、绿藻门 53 种属、裸藻门 8 种属、甲藻门 3 种属、隐藻门 3 种属、金藻门 3 种属。浮游植物优势种属存在季节差异,春季浮游植物优势属有隐藻属、小球藻属、栅藻属、浮生蓝丝藻属、束丝藻属、湖丝藻属和锥囊藻属,夏季优势属有小球藻属、十字藻属、栅藻属、丝藻属、拟柱胞藻属、湖丝藻属和浮生蓝丝藻属,秋季优势属有隐藻属、小球藻属、栅藻属、湖丝藻属和直链硅藻属,冬季优势属有小球藻属、栅藻属、湖丝藻属、锥囊藻属。

骆马湖浮游植物细胞密度和群落组成的季节差异比较明显。春季骆马湖各点浮游植物密度为

53.04万~829.92 万 cells/L,最低值出现在湖区南部的 lmh-7,最高值出现在湖区南部的 lmh-9;夏季骆马湖各点浮游植物密度为 180.96 万~758.16 万 cells/L,最低值出现在湖区南部的 lmh-6,最高值出现在湖区北部的 lmh-10;秋季骆马湖各点浮游植物密度为 12.48 万~327.6 万 cells/L,最低值出现在湖区南部的 lmh-5 和 lmh-7,最高值出现在湖区北部的 lmh-10;冬季骆马湖各点浮游植物密度为 1.58 万~62.4 万 cells/L,最低值出现在湖区北部的 lmh-3,最高值出现在湖区北部的 lmh-4,见图 3。

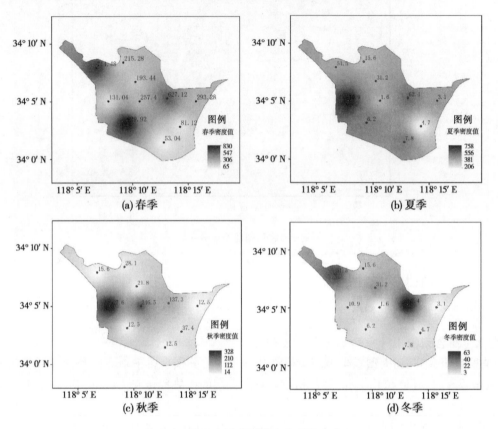

(a) 春季　　　　　　　　　　(b) 夏季

(c) 秋季　　　　　　　　　　(d) 冬季

图 3　骆马湖浮游植物密度季节分布

其中夏季各点浮游植物平均密度最高达到 451.78 万 cells/L,冬季浮游植物平均密度最低为 19.5 万 cells/L,秋季平均密度为 85.18 万 cells/L;春季平均密度为 339.61 万 cells/L。

骆马湖浮游植物生物量组成的季节差异同样比较明显。春季骆马湖各点浮游植物生物量为 0.314 2~8.156 9 mg/L,最低值出现在湖区南部的 lmh-7,最高值出现在湖区南部的 lmh-9;夏季骆马湖各点浮游植物生物量为 0.531 9~1.621 9 mg/L,最低值出现在湖区南部的 lmh-7,最高值出现在湖区北部的 lmh-10;秋季骆马湖各点浮游植物生物量为 0.015 9~4.089 7 mg/L,最低值出现在湖区南部的 lmh-5,最高值出现在湖区北部的 lmh-10;冬季骆马湖各点浮游植物生物量为 0.002 5~1.306 7 mg/L,最低值出现在湖区北部的 lmh-3,最高值出现在湖区北部的 lmh-1,见图 4。

其中春季各点浮游植物平均密度最高达到 1.574 9 mg/L,冬季浮游植物平均密度最低为 0.267 5 mg/L,夏季平均密度为 0.976 8 mg/L,秋季平均密度为 0.732 mg/L。

3.3　浮游动物

骆马湖湖区共采集到浮游动物 82 种,其中原生动物 24 种、轮虫 30 种、枝角类 16 种和桡足类 12 种,在种类组成上原生动物占优势,占比为 29.3%。骆马湖浮游动物密度和生物量各点位空间分布极不均匀。年平均密度最高出现在湖心敞水区(lmh-3:2 686 ind./L),最低出现在湖区北部水域(lmh-7:969 ind./L)。其他密度较高的点位于湖区北部水域(lmh-1:2 153 ind./L)和湖区西部水域(lmh-10:2 066 ind./L)。但是,年平均生物量的大小却和总密度具有一定差别,最高生物量出现在湖区东部水域(lmh-5:366.4 μg/L),其次是湖区东南部水域(lmh-6:337.6 μg/L),最低出现在湖区北部水域(lmh-8:72.8 μg/L),见图 5。

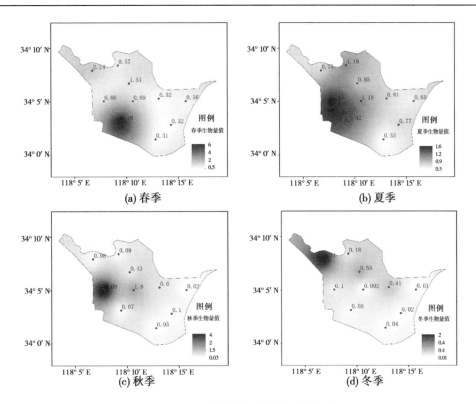

图4 骆马湖浮游植物生物量季节分布图

总体而言,在骆马湖湖心敞水区,浮游动物的总密度和总生物量均保持相对较高的状态。

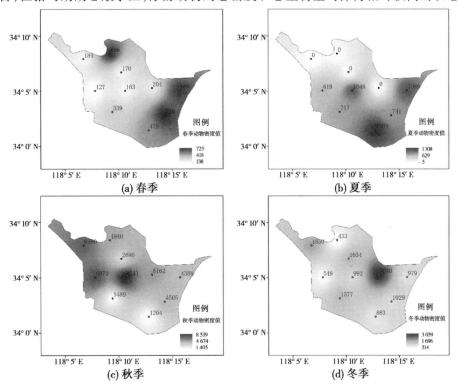

图5 骆马湖浮游动物密度季节分布

在监测的10个点中,原生动物的密度在所有位点均最大,且与所有浮游动物总密度的变化规律一致,其中在骆马湖湖心敞水区密度最大(lmh-3:9 758 ind./L),最低是湖区西南水域(lmh-9:2 946 ind./L)。轮虫的密度最高出现在湖区西部水域(lmh-10:1 718 ind./L),最低出现在湖区北部水域(lmh-8:375 ind./L)和湖区西北部水域(lmh-1:387 ind./L)。枝角类密度的变化范围为2~74ind./L,最高在湖区南部水域(lmh-7:74 ind./L),最低在湖区西北部水域(lmh-1:2 ind./L)。桡足类密度变化范围为 3 ~ 42 ind./L,最高和最低分别在 lmh-9 和 lmh-4 水域,见图 6。

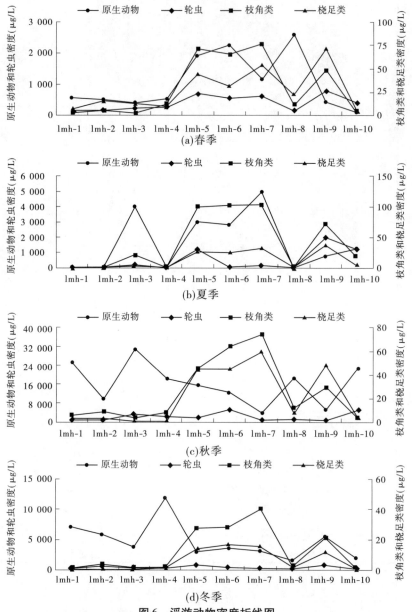

图 6　浮游动物密度折线图

在生物量方面,原生动物虽然密度最高,但生物量占比最低。轮虫的生物量占比较高,在大部分采样点中均处于优势地位,其中生物量最大处位于湖区东部水域(lmh-5:853.4 μg/L),最低位于湖区北部水域(lmh-8:157.3 μg/L)。枝角类的生物量最大处位于湖区南部水域(lmh-7:500.9 μg/L),最低在湖区西北部水域(lmh-1:15.8 μg/L)。桡足类生物量略低于枝角类,生物量介于 13.9 ~ 252.1 μg/L,最高和最低分别在湖区南部水域(lmh-7:500.9 μg/L)和湖区西部水域(lmh-10:13.9 μg/L),总体与密度趋势基本一致,见图 7。

4　结果与讨论

骆马湖浮游植物细胞密度和生物量的空间分布均显示季节差异比较明显,密度和生物量的空间在夏、秋和冬季的分布均显示当季最高值出现在湖区北部,最低值出现在湖区南部。春季密度和生物量的最高值及最低值均出现在湖区的南部点位。浮游植物密度的季节变化显示夏季为密度最高的季节,生

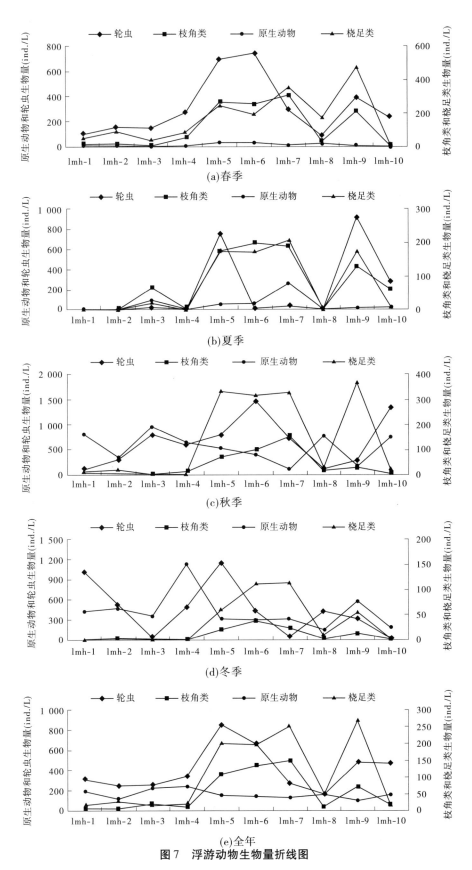

图7 浮游动物生物量折线图

物量的季节变化显示春季为生物量最高的季节。基于多个水生生物类群的监测结果,可判断骆马湖处于中污染水平的贫－中营养湖泊。

骆马湖作为饮用水源地,富营养化是导致水生植被衰退的重要原因之一,过多的外源营养物进入水体,若遇到适宜的条件会增大水华爆发的风险。骆马湖浮游植物及浮游动物的监测成果,可为相关监管部门提供技术支撑。

参 考 文 献

[1] 申霞,等.骆马湖生态环境现状及其保护措施[J].水资源保护, 2013,29(3):39-43,50.

[2] 陆桂华.关于骆马湖水生态环境保护的调研与建议[J].江苏水利, 2008(9): 12-13.

[3] 朱乾德,等. 重大调水工程建设与管理发展史——以江苏省为例[J]. 江苏水利, 2016(10): 7-13.

[4] 陈水松,唐剑锋.水生态监测方法介绍及研究进展评述[J].人民长江, 2013,(s2):92-96.

[5] 张乃群,等.南水北调中线水源区水质生态监测(2005 年)[J]. 湖泊科学, 2006(5):95-99.

[6] 王飞,翟鹏飞.骆马湖水环境变化趋势及对策研究[C]//中国水利学会2007 学术年会湖泊健康与水生态修复分会场论文集. 2007.

[7] 章宗涉,黄祥飞.淡水浮游生物研究方法. 1991.

[8] 吴东浩,等.底栖动物生物指数水质评价进展及在中国的应用前景[J]. 南京农业大学学报, 2011(2):132-137.

递进式生境演替技术在徐州市老房亭河治理中的应用

范敬兰[1],刘奉[2],刘强[3],丁维程[4]

(1.徐州市水利科学研究所,江苏 徐州　221018;2.徐州市水利学会,江苏 徐州　221018;
3.徐州工程学院环境工程学院,江苏 徐州　221111;
4.江苏天安永润环境科技有限公司,江苏 徐州　221000)

摘　要　老房亭河是淮河流域中运河西部房亭河的一条支流,也是徐州市主城区东部的主要排洪通道,水质很差,属于重度黑臭,严重影响周边居民的生产生活环境。总结前期研究成果,同时借鉴国内同类地区黑臭水体治理成功经验,构建递进式生境演替技术。采用该技术治理老房亭河黑臭问题,取得了良好的效果,治理后的河水水质达到Ⅴ类及以上标准。项目的完成可为国内同类地区黑臭水体的治理提供借鉴与示范,为淮河流域水环境治理提供重要技术支撑。

关键词　黑臭水体;生境演替;生态修复;生物滤池;催化氧化

城市黑臭水体是城市建成区内,呈现令人不悦的颜色和(或)散发令人不适气味的水体的统称[1]。它不仅给群众带来了极差的感官体验,也是直接影响群众生产生活的突出水环境问题。国务院颁布的《水污染防治行动计划》提出,"到2020年,地级及以上城市建成区黑臭水体均控制在10%以内,到2030年,城市建成区黑臭水体总体得到消除"。

为有效解决淮河流域水环境污染形成黑臭水体问题,确保按期完成黑臭水体治理,实现淮河流域生态环境持续向好的目标,项目组总结前期研究成果并借鉴国内同类地区黑臭水体治理成功经验,提出了"递进式生境演替技术"概念并将其用于徐州市老房亭河的治理,对其应用效果进行了研究。

1　项目概况

房亭河是南水北调东线二期调水通道的复线,是京杭运河的一级支流,也是中运河西部地区的主要排水河道。老房亭河是房亭河的一条支流,该河西起民祥园农贸市场西侧,东至金龙湖入口,全长约4.7 km,也是徐州市主城区东部的主要排洪通道,其污染状况对房亭河水质有重要影响。

1.1　原水水质与黑臭等级识别

2018年9月,江苏省水整治办委托第三方检测机构对江苏省黑臭水体整治计划清单中的69条黑臭水体(2016年度完成整治的56条水体和2017年度完成整治的13条水体)进行了现场调查及水质检测,其中老房亭河的水质检测结果见表1。

《城市黑臭水体整治工作指南》[1]按黑臭程度的不同,将黑臭水体细分为"轻度黑臭"和"重度黑臭"两级。连续3个以上监测点被认定为"重度黑臭"的,监测点之间的区域应认定为"重度黑臭";水体60%以上的检测点被认定为"重度黑臭"的,整个水体应认定为"重度黑臭"。由表1的检测结果可知,老房亭河属于"重度黑臭"水体,急需治理。

基金项目:江苏省高等学校自然科学研究重大项目(17KJA610004);江苏省自然科学基金项目(BK20151161);徐州市科技项目(KC19105)。

作者简介:范敬兰,男,1965年生,江苏徐州丰县人,大学本科,高级工程师(总工程师),主要研究方向为水环境修复技术、水土保持、山体修复技术、节水灌溉等。E-mail:jinglanf@163.com。

表1　项目实施前的老房亭河水质情况

取样点	透明度（cm）	溶解氧(mg/L)	氧化还原电位(mV)	氨氮（mg/L）	黑臭判定
开明市场	16	1.5	-125	29	重度黑臭
云苑路	20	1.1	-270	29	重度黑臭
彭旅桥	20	1.0	-320	30	重度黑臭
汉源大道	30	2.5	-80	8.5	重度黑臭
入湖口	45	6.5	80	3.5	重度黑臭

1.2　污染源调查与成因分析

由于历史原因,老房亭河上游周边小区排水体制均为合流制。在非汛期,生活污水直接排入该河段;在汛期,该河道作为该区域的主要泄洪通道,担负东部区域径流的下泄。上游的三孔闸是该河道重要的污水节制闸:在非汛期,三孔闸处于闭闸状态,上游来污经埋设在三孔闸西侧的排污管道输送至三八河污水厂进行处理;汛期遇降雨时,通过三孔闸开闸排涝。

经排查后得知,老房亭河沿线共有大小20个排污口,工业污水、生活污水直排入河,导致水质污染严重,恶臭难闻,严重影响周边居民的生产生活环境。

1.3　常用治理技术分析

目前,国内黑臭水体常用治理技术可分为物理法、化学法和生物法。物理法主要包括阻源截污[2]、曝气增氧[3-4]、底泥疏浚[5]、引水冲污[6]等。化学法主要是通过向河道内投加絮凝剂、氧化剂来改善水质[7-8],该方法在短期内可使水质得到净化,但从长远看,对水生态系统有不利影响。生物法主要包括微生物强化降解[9-10]、厌氧生物滤池、曝气生物滤池、复合流人工湿地[11]等。生态修复法在我国起步较晚,该方法致力于从源头恢复水生态系统的内部结构,利用生态系统自身的净化能力消除污染[12],因此可归类为生物法。

鉴于黑臭水体成因复杂、影响因素众多,适用治理技术一般为上述多种技术的组合。

2　治理方案

鉴于老房亭河污染的严重性及成因的复杂性,项目组经多次现场调研与反复磋商,最终制订了以递进式生境演替技术为核心的治理方案。

2.1　递进式生境演替技术的定义

生境一词最早是由 Grinnel 于1917年提出的,是指生物出现的环境空间范围,一般指生物的个体、种群或群落所居住或生活的生态地理环境[13]。生境演替是指随着时间的推移,一种生态系统类型(或阶段)被另一种生态系统类型(或阶段)逐步替代的过程。所谓"递进式生境演替技术",是指从污染源头出发,对导致水体污染的各个环节循序递进处理,逐步改善污染区域生境,使其由污染系统向可持续生态系统转化,最终达到生态环境修复目的的一种技术。具体来讲,该技术涉及排污口控制、底泥原位治理、水质改善、藻相控制、微生态系统构建以及生态系统重建,是一项集成了生化协同、微生物控制以及水生动植物操控等水生态治理技术的系统工程。

2.1.1　技术要点

递进式生境演替技术的要点主要有两个:

(1)以催化氧化解毒技术为先手,以底泥原位治理为起点,通过矿物质藻相调控与微生态激活,创造出适宜微生物生长繁殖的微生态环境,最大限度地发挥微生物"分解者"的功能。

(2)按所处位置、污染程度、底泥分布、景观需求等将受损水体分为若干生态斑块,以生态斑块为治理单元,对不同的斑块施以不同的治理手段。

2.1.2　方案设计

（1）确定工艺路线。

利用递进式生境演替技术确定老房亭河治理工艺路线：外源污染治理（三孔闸上游区域）→全河道截污→全河道底泥解毒、除黑臭→复合地矿底泥原位削减→底栖微生态系统构建→水体解毒、除黑臭→水质提升→微生态系统构建→曝气增氧→生物接触氧化→生态浮床→水体自净功能恢复。

（2）划分生态斑块。

将老房亭河划分为四个生态斑块，各斑块情况如下所示：

①三孔闸—庆丰路（初级处理段，长度约 400 m）。此斑块处于排污口的最前端，河底浮泥量大，浮泥累积速度快，水质最差。建造生物滤池、梯级拦水坝以实现泥水分离，采用复合地矿持续底质改良及水质还清、铺设人工水草与沉水植物、微孔曝气增氧、生态浮岛、微生物扩繁投放等技术处理污染水体，使水质得到明显改善，水中悬浮物基本能被去除。

②庆丰路—云苑路（强化处理段，长度约 1 700 m）。此斑块内的氨氮、总磷含量较高，需强化治理。采用复合地矿持续强化底质改良及水体还清、微孔曝气增氧、生态浮岛（徐州医科大校园内）、微生物强化等手段，进一步提升水质。

③云苑路—上山闸（景观展示段，长度约 700 m）。经过前两斑块的治理，本斑块的进水水质应能达到 Ⅴ 类水标准，可作为治理成果的展示区。沿河布设 6 个总面积为 480 m² 的浮岛，同时在两岸布设景观小浮岛，在土质边坡的水岸交接带布设挺水植物，在水深不超过 2 m 的水域布设沉水植物，同时安装微孔曝气装置和人工水草，搭接完整生物链，保证水质进一步提高。

④上山闸—入湖口（水质提升段，长度 1 900 m）。该河段的下游就是金龙湖，要确保入湖水质不低于 Ⅴ 类水标准。在本斑块内，除了封堵沿线排污口，还要布设深水曝气装置和生态浮岛，同时增设景观喷泉，进行水质提升与景观建设。

2.1.3　具体技术手段

（1）截污疏浚清淤，控制外源污染。将河道的水全部放空，沿线逐个排查排污口并进行封堵，对河道进行疏浚、清淤；对三孔闸上游底泥和水体进行治理；对因排污管渗漏造成的新增污染，设置生态列阵进行持续调控。

（2）消除底泥黑臭，降解营养物质。首先，向底泥层高压注射解毒产品，消除底泥黑臭；其次，向河底投撒复合地矿以增加水体中的硅、钙、镁含量，使水体由蓝藻优势种逐步转化为小球藻和硅藻优势种，富营养物质被降解，水质逐步变好。

（3）构建生态浮岛，提高生物总量。共构建 26 个生态浮岛，总面积达 7 800 m²，大幅度提高水中的生物总量，增强生物降解能力。选择水生植物种类时遵循以下原则：①挺水植物与浮水植物相结合；②不同花期的植物相组合；③搭配耐寒植物；④适合当地水体。

（4）安装曝气设备，增加溶解氧浓度。安装曝气设备向水体充氧，提供微生物进行新陈代谢所必需的溶解氧，增强微生物活性，提高生物降解能力。全程共布设 15 套微孔曝气装置，同时布设 16 处喷泉。喷泉的布设，既能增加溶解氧浓度，又能增添河道的景观效果。

（5）布设沉水植物，搭接完整生物链。对各种水生植物进行合理搭配，在河道内形成错落有致的"水下森林"景观，构建稳定的水生植物群落，同时通过系统调试搭接完整的生物链。本河道选取的水生植物以耐污型沉水植物——密齿苦草为主。由于河道底层浮泥较多，在景观展示段要先敷设专用地布，抑制芦苇的生长。

（6）扩繁微生物，消除氨氮危害。投加生物制剂，扩繁微生物，提高底泥和水中氨氮的去除效果，增加水体透明度。该制剂是经过特别选择的微生物菌株，即靶向微生物菌群。投加方式为分段投加，即在河道的前后端分别投加，投加量约为 10 g/m³。

3　实施效果

本项目自 2019 年 1 月下旬开始实施，于同年 4 月底完工，历时 3 个多月。委托第三方检测机构对庆丰路桥、徐州医科大学和彭旅桥三个断面的水质进行了检测,部分指标的检测结果见表2。其中,庆丰路桥监测断面表征生态斑块1(初级处理段)出水,徐州医科大学监测断面表征生态斑块2(强化处理段)出水,彭旅桥监测断面表征生态斑块3(景观展示段)出水。对照《地表水环境质量标准》(GB 3838—2002)可知,与项目实施前相比,老房亭河水质得到显著提升:三个监测断面的溶解氧浓度均达到Ⅱ类以上标准;庆丰路桥监测断面的氨氮符合Ⅴ类水标准,徐州医科大学和彭旅桥监测断面的氨氮短时间可达到Ⅳ类水标准;三个监测断面的总磷均符合Ⅴ类水标准,平均值可达Ⅲ类水标准;三个监测断面的高锰酸盐指数符合Ⅳ类水标准,平均值可达Ⅲ类水标准。检测期间,斑块3内有一排污口被周边居民私自打开,导致彭旅桥监测断面的高锰酸盐指数、氨氮、总磷浓度突然升高。若排除该人为因素的影响,各水质指标沿三个监测断面呈明显的下降趋势,强化处理段的出水即可达到Ⅴ类水标准。项目实施后,水中优势藻类一开始为蓝绿藻,然后逐步转变为小球藻和硅藻,水体透明度显著提高,黑臭现象彻底消除,项目取得了良好的效果,于2019年6月通过验收(见表2)。

表2　项目实施后老房亭河部分水质指标情况

监测断面	水温 (℃)	透明度 (m)	pH 值	溶解氧 (mg/L)	氨氮 (mg/L)	高锰酸盐 指数(mg/L)	总磷 (mg/L)
庆丰路桥	6.6~22.4 (13.6)	0.25~0.40 (0.33)	7.86~8.21 (8.06)	6.1~9.8 (7.9)	1.83~1.97 (1.91)	3.3~8.4 (5.7)	0.04~0.31 (0.20)
徐州 医科大学	6.2~22.6 (13.5)	0.30~0.45 (0.38)	8.00~8.16 (8.11)	7.6~9.5 (8.4)	1.27~1.92 (1.69)	4.4~6.6 (5.4)	0.04~0.27 (0.17)
彭旅桥	6.4~22.2 (13.3)	0.29~0.45 (0.37)	7.95~8.14 (8.07)	7.9~9.6 (8.8)	1.01~2.24 (1.71)	3.4~6.2 (5.1)	0.05~0.31 (0.18)

4　结语

　　黑臭水体的治理是一项复杂的系统工程,必须依据其成因、污染程度及功能区划采取相应的治理手段。本项目以徐州市老房亭河为研究对象,采用递进式生境演替技术对其黑臭问题进行治理,取得了良好的效果,其成果可为国内同类地区的黑臭水体治理提供借鉴与示范。

参 考 文 献

[1] 住房和城乡建设部,环境保护部.城市黑臭水体整治工作指南.2015.08.28.

[2] 赵亮,汪园林,李林,等.那考河(植物园段)黑臭水体整治与全流域海绵化建设模式[J].中国给水排水,2019,35 (22):1-9.

[3] 黄加昀,黄永炳.曝气增氧–生物膜组合工艺提升黑臭水体实例[J].工业水处理,2019,39 (12):97-100.

[4] 陈丽娜,黄志心,白健豪,等.微纳米曝气–微生物活化技术在黑臭水体治理中的应用研究[J].给水排水,2019,45 (12):18-23.

[5] 卢士强,徐祖信,罗海林,等.上海市主要河流调水方案的主要影响分析[J].河海大学学报(自然科学版),2006,34 (1):32-36.

[6] 武涛,刘彬彬.上海市黑臭河道治理技术应用研究[J].工业安全与环保,2010,36 (3):27-29.

[7] 陈友岚.武汉地区水厂废水处理研究[D].武汉:华中科技大学,2004.

[8] 徐续,操家顺.河道曝气技术在苏州地区河流污染治理中的应用[J].水资源保护,2006,22 (1):30-33.

[9] 黄伟,汪丽,王阿华,等.水质控制与提升措施用于麻园河黑臭水体综合整治[J].中国给水排水,2019,35 (22):83-86,90.

[10] 赵志瑞,刘硕,李铎,等.脱氧菌剂在低溶解氧黑臭水体中氮代谢特征[J].环境科学,2020,41 (1):304-312.

[11] 马越.滤墙/AF/BAF/复合流人工湿地用于黑臭水体治理[J].中国给水排水,2018,34 (20):76-81.

[12] 郑继利,潘红忠,庄华清.常州藻港河黑臭河道治理与生态修复[J].中国给水排水,2018,34 (22):90-95.

[13] 范敬兰,刘卫岗,王晓东.水环境治理与资源利用[M].哈尔滨:哈尔滨地图出版社,2019.

浅析淮河流域低洼地区水系连通的工程作用

赵燕,李卉,朱峰,茆福文,董宇,杨飞

(淮安市水利勘测设计研究院有限公司,江苏 淮安 223001)

摘　要　淮河流域是历史上洪涝灾害频发的地区,下游低洼区受其影响易出现多发性与地域性的排水不畅,里下河地区地处淮河流域下游,苏北平原中部,地势低洼,自然水系复杂且频繁受淮河影响,随着近年治淮工程的加快进展,当地已初步形成排序兼顾的防洪排涝体系,在此基础上,治理措施日益重视河网水系连通工程的建设。论文结合里下河地区的特殊地形条件,分析低洼区域存在的现状水利问题,阐述了淮河下游低洼地区水系连通工程体系的作用,明确低洼地区水利治理新思路,保证区域水系的连通性和流动性。通过分析该地区长期开展水系连通工程所产生的作用和效益,可见水系连通工程对淮河下游地区的生态恢复及改善水环境方面建设具有重大而深远的意义。

关键词　水系连通;河网水系;水资源;生态环境

1　引言

亘古以来,人类历史发展与河湖水系之间的关系密不可分。人类生存所需的水资源来源于河湖水系,同时河湖水系对整个生态环境也起着举足轻重的作用[1]。淮河是我国七大河流之一,位于长江与黄河之间,长约1 000 km,是洪泽湖的主要补给水源。历史上,黄河多次挟带巨量泥沙改道淮河,即黄河"夺淮入海",致使淮河下游河床、湖泊淤积严重,水流不畅,从此淮河下游低洼地区成了灾害频发的地区[2]。

里下河地区是江苏省里运河与下河之间的平原地区,一直以来是江苏省长江与淮河之间最低洼的地区。黄河夺淮打乱了里下河原有的自然水系,极大地改变了包括里下河在内的整个淮河下游地区的自然环境,经过不断推进的治淮工程,淮河下游已初步形成排蓄兼顾的防洪排涝体系。但随着日益加深的水资源开发利用,低洼区的河湖水系连通格局又受到影响,形成了里下河地区河流湖泊众多,水网密布,但涝水排泄不畅、水环境恶化的现状[3]。

针对一系列水问题,2010年水利部陈雷部长在全国水利规划计划工作会议上提出"河湖连通是提高水资源配置能力的重要途径",要"构建引得进、蓄得住、排得出、可调控的河湖水网体系,根据丰枯变化调水引流,实现水量优化配置。提高供水的可靠性,增强防洪保安能力,改善生态环境"。2011年中央一号文件、全国水利发展"十二五"规划及水利改革发展"十三五"规划等也都对全国的河湖连通工作做了进一步部署[4]。2014年陈雷部长再次强调,不断推进江河湖库水系连通,优化水资源配置格局。水利部关于推进江河湖库水系连通工作的指导意见正为里下河地区涝水外排问题及区域水资源治理指明了发展方向,提出了解决思路。

2　里下河地区概况

里下河地区,位于江苏省北部,119°08′~120°56′E、32°12′~34°10′N。历史上,江淮之间的里运河,又称里河,而位于范公堤东侧的串场河被称为下河,介于里河与下河之间的地区遂被称为"里下河"。腹地具体边界为西起里运河,东至串场河,北自苏北灌溉总渠,南抵新通扬运河,总面积为1.35万 km²。其中主要包含淮安、宝应、高邮、扬州、泰州、海安、东台、盐城、阜宁、兴化等地。该地区季风气候明显,受

作者简介:赵燕,女,1979年生,淮安市水利勘测设计研究院有限公司,工程师,从事水文水资源规划设计工作。
E-lmai:yan. zhao. zoe@ outlook. com。

海洋性气候影响,多年平均降水量 1 025 mm,汛期 5 ~ 9 月雨量约占全年雨量的 70%[5]。

里下河地区是著名的洼地,地势极为低平,地面高程仅 1.0 ~ 1.5 m(废黄河口基面,下同),里下河水域面积约占总面积的 10%,腹部河网密布,流向不定。淮河不断挟带泥沙入海,在此低洼区淤积,逐渐演变形成了今天四周高、中间低的碟形洼地,俗称"锅底洼"。南面为新通扬运河和沿江高沙地,西边为高耸的京杭运河大堤,北边是高于里下河至少 5 m 的黄河故道,东面是串场河和范公堤,高于里下河 1 ~ 2 m[5]。从地面高程来看,周边地区最高海拔 4.5 km,中心低洼区域海拔只有 1 km 左右,位于射阳湖附近。

3　里下河现状问题

3.1　涝水外排难

在自然成因方面,里下河腹部四周高、中间低,且水面被分割成许多湖荡沼泽的特殊地形,导致该地区遭遇大暴雨时洪涝最为严重,首要的问题即是涝水外排下泄难。

2003 年汛期,淮河出现大洪水,客水汇集,导致里下河地区遭受洪涝灾害侵袭,历史最高水位一再被突破;2006 年里下河本地梅雨量 300 ~ 500 mm,降雨中心在里下河北部大丰,多站 24 h 降雨量超历史,造成里下河中北部河道水位陡涨,最高水位超历史。1954 年、1991 年、2003 年和 2006 年都是由于梅雨量大,区域遭遇高重现期降水,加之里下河水系复杂,地势低洼,闸坝众多,河道淤积,自排能力较弱,洪涝水位趋高,导致洪水难以排泄,洪涝灾害频发[5]。

3.2　水环境恶化

在人类活动方面,随着近期城镇化的发展,城市规模扩大,人类活动日益频繁,对水资源的开发利用程度不断加深,从而造成低洼区的河湖水系连通格局受到不同程度的影响。不合理的圩垸垦殖导致湖荡萎缩,减弱了水体调蓄能力;闸坝建设引起河道淤积,原有的水系连通性被减弱,河流流速缓慢,加剧了河流湖泊等水体富营养化程度;受人类频繁活动的干预影响,经济快速发展的同时带来排污量增加、水体污染扩散等问题,导致水资源短缺、水环境恶化、水生态退化等环境问题日益突出,逐渐成为影响社会经济发展的关键制约因素[6]。

综上所述,里下河地区因其特殊的地形特征,首要解决的是涝水出路和水环境问题。近年水利治理主要侧重于里下河地区的水资源规划和调配,除涝情况有所改观,而对于影响水资源生态环境方面的河网水系结构和水系连通关系,则相对重视程度不够。

4　水系连通工程的作用

在水利部推进河网建设工作的指导意见下,淮河下游低洼区,以里下河地区为核心,开展一系列河网水系连通工程。通过自然(非人工)或经人改造的湿地、湖泊、江河等水系,经过人工措施,通过天然水循环更新等手段[8],基于特定的调度准则,连通成水网体系,用以提高水资源调动和分配的能力,达到改善水体生态环境、提高防汛抗旱能力,实现人与水和谐共处,实现水资源高效、可持续利用为目标[9]。淮河下游低洼区—里下河区域水系连通工程作用主要为解决资源型缺水和水质性缺水两个方面。

4.1　解决资源性缺水

里下河人为的围垦、筑堤、建闸等建设项目的过度开发,切断了河流与湖泊的自然连通,导致干流与支流之间的水力联系逐渐减弱,造成水流流动性差、局部地区水资源短缺。通过对里下河区域河道疏浚、开挖,修建适宜的水系连通工程,打通河湖水系泄洪通道,构建河湖相通、湖湖相连的水系网络,充分发挥湖泊、湿地、蓄滞洪区的防洪功能,可以实现水资源合理配置[10],实现各区域引水补源。

里下河地区治理思路是"上抽(抽水入长江、运河)、中滞(蓄滞涝水)、下泄(下排入海)",通过在宝应县和淮安区之间建设泵站,将上部涝水直接抽入大运河,为"上抽"方法;通过对里下河地区湖泊岸线整治、疏通河网通道、退圩还湖等治理,实现"中滞";对于淮安境内的次高地问题,针对下游高水位顶托,且无抽排动力的情况,关键是疏浚该地区主要排水河道头溪河,同时治理里下河地区最大排水入海的干河射阳河,连通区域河网水系,达成"下泄"的目标[7]。

里下河地区通过开展大规模的河网水系连通工程,可有效利用已有的水利工程,形成江湖相通、湖荡相连的水系网格,实现联合调蓄,提升滞蓄涝水能力,基本解决涝水外排难的问题[11]。

4.2 解决水质性缺水

里下河河网多呈网状结构,大部分中小河流的流速缓慢,水体流动性差,河道之间易形成阻隔,导致水体富营养化,造成水质性缺水。因此,在里下河地区实施河湖水系连通,增加河流间的补给水源,才能够有效增强水体流动性,提升水体的自净能力,加快水体交换,改善河网生态水环境,有效控制水体污染[12]。

里下河地区实施的水系连通工程主要有盐城市盐都区中小河流水系连通工程,疏浚与大纵湖、盐龙湖相连通的各级中小河道,可以有效提高水环境承载力,改善区域水环境,遏制了水环境恶化趋势。2019 年盐城提出最新治理计划,全面启动市区第Ⅲ防洪区水环境治理工程,市区 118 条河道将全部打通相连,实施水系连通工程、闸站工程和活水工程,通过从水源地向市区河道补给优质水源,加速了区域内河水流动交换,既促进河道生态系统修复,又营造了健康宜居的河湖环境。

里下河地区通过构建生态水网系统,以湖荡为核心,恢复江湖水系相连,可改善河湖水动力条件[13],增强水体纳污能力,从而有效改善河湖水质,对解决水质性缺水具有积极意义[14]。

5 水系连通工程的效益

5.1 社会效益

河湖水系连通通过综合治理河网水系,提高了区域防洪能力,提升里下河地区除涝排水能力,解决涝水外排通道问题,消除了该区域的安全隐患,有力保障了区域内的生产生活与生命财产安全,并实现水资源综合利用,带动城镇化发展,推动水文化建设,产生推动社会发展的正面效益。

5.2 经济效益

河湖水系连通工程建设,提高了里下河地区的水资源配置能力,改善用水地区的农业灌溉情况,提高有效灌溉率,区域粮食生产产量可稳定提升。同时保障了城市和工业供水,促进工业和其他产业的发展提高。河湖水系连通可打造更好的宜居环境和旅游景观,促进当地土地增值,带动相关产业的发展,将带来更多的区域经济效益。

5.3 生态效益

河湖水系连通调节了区域河网水系,增加水面面积,加强了内部水循环系统,下垫面情况的改变对区域气候起到调节的作用,补偿调节河湖水量,提高了河湖水体自净能力,改善河道水质,修复生态环境,形成湿地,从地表对地下水进行补偿,完善流域全方位水体补给,创造生物多样性的生长环境,实现了生态效益与经济效益双赢。

6 结语

水系连通对于里下河地区的河湖环境有重要影响作用,主要体现在水资源利用、河道水质、湿地生态环境等方面,在新时期全国水利规划指导方针下,综合考虑地区自然、经济、社会等属性,针对性地采取水系连通工程措施,有条理地梳理区域河湖上下游关系,有效连通河湖关系,打造适合区域可持续性发展的河湖生态环境。河湖水系连通是低洼地区一项全新且任重道远的工作,随着社会进步与科技发展,未来水系连通工程将会对淮河下游低洼区产生深远影响。

参 考 文 献

[1] 李原园,郦建强,李宗礼,等.河湖水系连通研究的若干问题与挑战[J].资源科学,2011,33(3):386-391.

[2] 吴梅.淮河水系的形成与演变研究[D].2013.

[3] 吕振霖.对淮河下游治理形势和任务的几点认识[J].中国水利,2006(2):56-58.

[4] 唐传利.关于开展河湖连通研究有关问题的探讨[J].中国水利,2011(6):86-89.

［5］ 叶正伟,许有鹏,徐金涛.江苏里下河地区洪涝灾害演变趋势与成灾机理分析［J］. 地理科学, 2009(6):104-109.

［6］ 吕慧华.周峰,李娜,等.苏北里下河典型区河网水系演变特征研究［J］.长江流域资源与环境,2018,27(2):380-385.

［7］ 谢亚军,赵伟,刘帅,等.淮安市重点区域河湖水系连通研究［J］.治淮,2018(4):48-50.

［8］ 赵梦霞.赵梓言,张彬,等.河湖水系连通工程的必要性［J］.河南水利与南水北调,2018(3):12-13.

［9］ 李鸿业,孙磊.浅析河湖水系连通工程的发展及其影响［C］//2017 年第九届全国河湖治理与水生态文明发展论坛论文集.2017:252-255.

［10］ 李宗礼,李原园,王中根,等.河湖水系连通研究:概念框架［J］. 自然资源学报,2011,26(3):513-522.

［11］ 夏军,高扬,左其亭,等.河湖水系连通特征及其利弊［J］.地理科学进展,2012,31(1):26-31.

［12］ 刘伯娟,邓秋良,邹朝望.河湖水系连通工程必要性研究［J］.人民长江,2014,45(16):5-6.

［13］ 王中根,李宗礼,刘昌明,等.河湖水系连通的理论探讨［J］.自然资源学报,2011,26(3):523-529.

［14］ 赵军凯,蒋陈娟,祝明霞,等.河湖关系与河湖水系连通研究［J］.南水北调与水利科技,2015,13(6):1212-1217.

关于淮河流域河南段 COD、氨氮及
工业废水排放空间自相关研究

纳月,赵进勇,丁洋

(中国水利水电科学研究院 水生态环境研究所,北京 100038)

摘　要　针对淮河流域水环境恶化问题,为了有效分析淮河流域河南段工业污染空间格局,本研究选取淮河流域河南段 2006～2018 年的 11 个省辖市工业废水排放量,以及 COD、氨氮排放量数据,采用空间自相关分析方法对河南段污染排放空间自相关性进行研究。空间自相关分析表明河南段工业废水排放总量及氨氮排放呈负空间自相关,COD 排放呈正空间自相关,空间上的分布格局逐渐形成。局部空间自相关分析表明洛阳市与平顶山市成为工业废水排放的高集聚区域,驻马店市与信阳市成为 COD 排放的高集聚区域,洛阳市与漯河市成为氨氮排放的异常集聚区域。

关键词　空间自相关分析;全局空间自相关;局部空间自相关;COD;氨氮

0　引言

近年来,随着环境污染的日益严峻,世界各地的河湖生态系统普遍出现了水污染、河湖生态功能退化等问题,严重影响社会经济的可持续发展[1]。人类对水资源进行了大规模开发利用,排出含有污染物质的废水污水到河流湖泊,造成水体污染[2]。准确、全面地获取污染物空间相关程度、空间集聚模式及空间关联距离等要素空间分布特征,对环境污染问题的深入研究、区域水环境综合整治、防治措施的科学制定均具有重要意义[3],也为准确地掌握水污染的空间分布特征提供了有效工具,为解决水污染问题严重[4]等问题提供了参考。

空间自相关是指变量在同一或不同分布区域内观测数据间潜在的相互依赖性,可分为全局空间自相关和局部空间自相关。空间自相关分析在水污染空间聚类和异常值探测研究中具有很大的潜力[5]。一般对生态修复措施的布局仅局限在污染量的大小上,仅说明该生态修复措施布局在污染严重的地区,不利于落实到责任主体[6],因此对于污染指标空间格局变化的研究较为重要。

本研究采用空间自相关分析方法对淮河流域河南段近 12 年环境污染主要因子 COD、氨氮以及工业废水排放量的空间动态变化进行分析,探究其空间演变规律及发展趋势,为河南省未来的经济发展及环境保护规划提供理论依据。

1　研究背景

1.1　研究区概况

淮河流域地处我国中东部[8],干流全长约 1 000 km,流域面积 270 000 km²,降水量多年均值为 600～1 400 mm[7]。河南段处淮河流域中上游(见图 1),淮河干流在河南境内长 340 km,流域面积 88 300 km²,占淮河流域总面积的 31.7%,占河南省总面积的 51.8%。据《河南省水资源公报统计》,河南段降水量呈下滑状态[8]。2001～2013 年均降水量为 763.6 mm,较 1965～2000 年均降水量 846.7 mm 低近 9%。故因年径流量降低使流域水环境储存空间减少,自净功能降低,导致污染严重。

1.2　数据来源

本研究的数据来自《河南省环境统计资料》,主要选取河南段 11 个省辖市 2006～2018 年 COD、氨

作者简介:纳月,女,1996 年生,中国水利水电科学研究院,硕士研究生,主要从事水环境学方向的研究。E-mail:safe-ny1026@163.com。

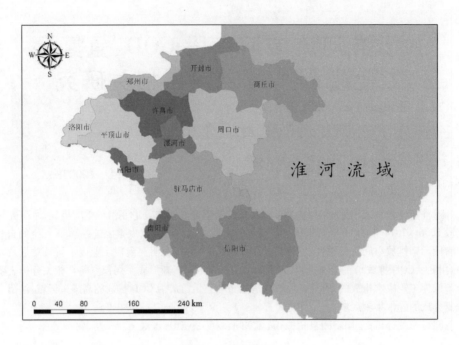

图1　研究区概况

氮以及工业废水排放总量,借助 GeoDA 软件进行空间自相关分析。

2　研究方法

　　本研究选取空间自相关分析方法,对河南段的 COD、氨氮及工业废水排放的空间变化分布格局进行研究。空间自相关是研究空间中某位置观察值与其相邻位置观察值是否相关以及相关程度的空间数据分析方法[9],是检验某个要素属性值是否显著与其相邻空间点的属性值相关联的重要指标,分为正相关和负相关,正相关表明某单元的属性值变化与其邻近空间单位具有相同变化趋势,负相关则相反。空间自相关包括全局自相关和局部自相关,测度统计量是全局 Moran's I 以及局部 Moran's I[10]。相应计算在 GeoDa 软件中进行。

2.1　全局空间自相关

　　全局 Moran's I 测度全区域空间要素属性值聚合或离散的程度。Moran's I >0 表示空间正相关,其值越大,空间相关性越明显,即空间要素在整体空间区域聚合,反之空间差异越大,即空间要素在整体空间区域离散;Moran's I = 0,即空间要素在整体空间区域趋于随机分布。可用式[10](1)表示

$$I = \frac{\sum\limits_{i=1}^{n} (x_i - \bar{x}) \sum\limits_{j=1}^{n} W_{ij}(x_j - \bar{x})}{S^2 \sum\limits_{i=1}^{n} \sum\limits_{j=1}^{n} W_{ij}} \tag{1}$$

式中:$S^2 = \frac{1}{n} \sum\limits_{i=1}^{n} (x_i - \bar{x})^2$;$n$ 为空间单元数目;x_i、x_j 为空间单元 i 和 j 的属性值;W_{ij} 为空间权重系数矩阵,表示空间单元邻近关系。

　　以正态分布 90% 置信区间双侧检验阈值为界限,对全局 Moran's I 的显著性检验。可用式(2)来表示。

$$Z(I) = \frac{I - E(I)}{\sqrt{VAR(I)}} \tag{2}$$

式中:$Z(I)$ 为空间自相关的显著水平;$E(I)$ 为全局 Moran's I 的数学期望;$VAR(I)$ 为方差。

2.2　局部空间自相关

　　局部 Moran's I 确定空间要素属性值的空间集聚区或孤立区所在位置以及异常点,测度各种集聚值

及该集聚出现区域,如正常值集聚(H－H 集聚、L－H 集聚)及异常值集聚(L－L 集聚、H－L 集聚)。LISA 集聚图能清晰地展示上述空间集聚。采用局部 Moran's I 来分析研究区内每个空间单元在整体区域内的空间分布状态,根据每个空间单元的取值分析是空间集聚还是离散,可用式[10](3)表示:

$$I = \frac{(X_i - \bar{x})}{S^2} \sum_{j=1}^{n} (x_j - \bar{x}) = \frac{n(x_i - \bar{x}) \sum_j W_{ij}(x_j - \bar{x})}{\sum_i (x_i - \bar{x})^2} = Z'_i \sum_i W_{ij} Z'_j \quad (3)$$

式中:x_i 和 x_j 分别表示区域环境污染指数在空间单元 i 和 j 上的观察值。当 $I_i > 0$ 时,区域空间单元 i 与相邻空间单元 j 存在较强的正空间自相关,表示局部空间集聚,反之表示局部空间离散,同样,需对局部 Moran's I 进行显著性检验,检验方法同全局 Moran's I。

3　结果与分析

3.1　全局空间自相关分析

由图 2 可知:

(1)工业废水排放总体呈下降趋势。2009 年前工业排水总量全局 Moran's I 为负值。2007 年至 2009 年全局 Moran's I 分别为 －0.101、－0.017 和 －0.125,为负空间自相关,空间上呈弱离散分布。2011 年及 2012 年全局 Moran's I 为正值,为正空间自相关,空间上呈集聚分布格局。2014~2018 年全局 Moran's I 接近于 0,表现为随机分布。

(2)COD 排放总量的全局 Moran's I 总体呈上升趋势。其中除 2016 年与 2018 年全局 Moran's I 为正值,分别为 0.029、0.05,为正空间自相关,空间上呈集聚分布格局。其余年份均为负值,为负空间自相关,空间上呈离散分布格局。

(3)氨氮排放总量的全局 Moran's I 总体呈下降趋势。2006 年、2011 年分别为 －0.279、－0.316,负空间自相关逐渐增强,空间上呈离散分布。2011 年后氨氮排放量的全局 Moran's I 逐渐增大,负空间自相关减弱,2017 年和 2008 年又降为 －0.271、－0.341,负空间自相关增强,空间上呈离散分布格局。

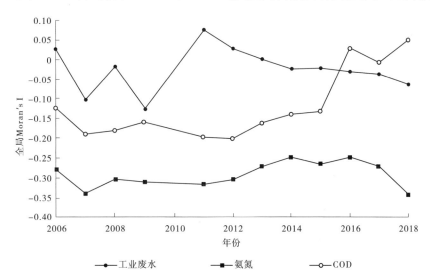

图 2　河南省主要环境污染排放全局空间自相关

根据以上对淮河流域河南段的 11 个省辖市的全局自相关分析表明:

(1)工业排水总量与 COD 排放总量在某些年份呈现较强的空间依赖关系。氨氮排放总量有较强的空间相关性,基本为负空间自相关。因此,每个省辖市的环境污染排放指标之间有着一定的关系,应综合考虑。

(2)工业排水总量、COD 以及氨氮排放近年来都逐渐呈现出一定的空间自相关趋势,空间上的集聚或离散分布格局也逐渐形成。

（3）河南省的 COD、工业废水排放先于氨氮在空间呈现集聚格局，且空间集聚的程度也大。

3.2　局部空间自相关分析

本研究采用 GeoDA 中的 Moran 散点图研究局域空间的一致性，其横坐标为各单元标准化处理后的属性值，纵坐标为其空间连接矩阵所决定相邻单元的属性值的平均值，见图 3。散点图 4 个象限中的数据具有不同含义[10]。以 2018 年河南段氨氮排放 Moran 散点图为例，可知 2018 年的氨氮 Moran's I 为 - 0.341，是负空间自相关，散点重要集中在第二与第四象限，表明该区域与相邻区域存在较大差异。第一象限的地区为信阳市与驻马店市，表明这两个区域的氨氮与邻近区域的属性有较高程度的集聚效应。同理第三象限的漯河市与邻近区域有较低程度的集聚效应。

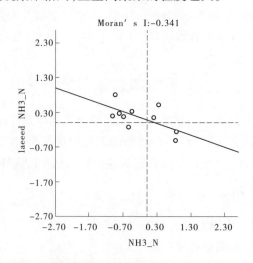

图 3　河南省 2018 年氨氮排放 Moran 散点图

为了更清楚判断每个象限包括的具体省辖市及分析河南省环境污染排放的时空变化分布格局，对 11 个省辖市不同年份环境污染排放做同样的分析，得到 LISA 集聚图，见图 4 ~ 图 6。

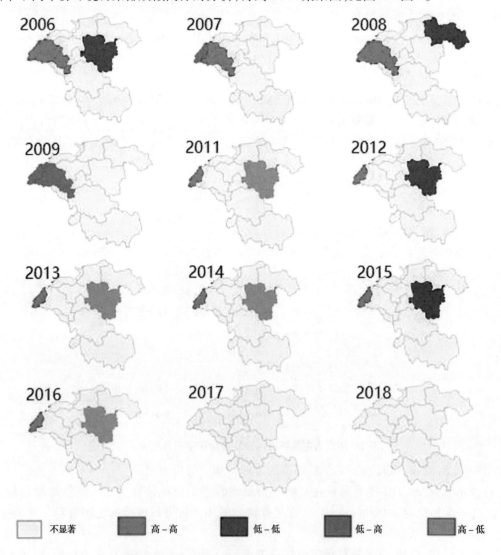

图 4　河南段 2006 ~ 2018 年工业废水排放 LISA 集聚图

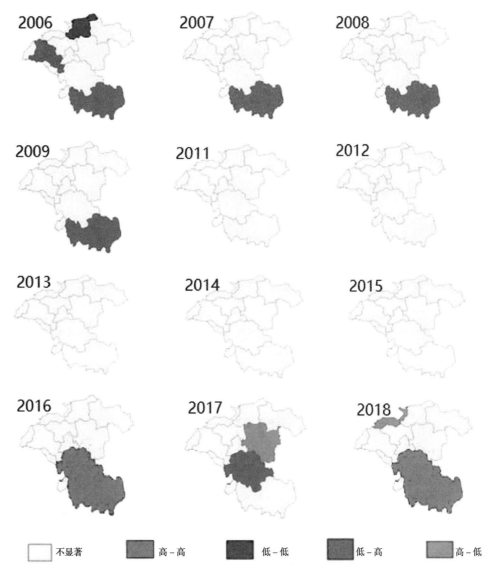

图 5　河南段 2006～2018 年 COD 排放 LISA 集聚图

（1）工业废水排放总量的空间格局发生变化（见图 4）。其中 H－H 集聚在 2008 年前主要集中在平顶山市、洛阳市，2011～2017 主要在洛阳市。高排放集聚区随着时间发生改变，但主要集中在河南西南部。L－L 集聚主要是周口市和商丘市，集中在河南东部。L－H 集聚在 2007 年前是洛阳市，2009 年是洛阳市和平顶山市。H－L 集聚在 2013 年、2014 年、2016 年的周口市。

（2）COD 排放的空间格局发生显著变化（见图 5）。其中 H－H 集聚在 2016 年开始出现，主要集中在信阳市、驻马店市。2016～2018 年是驻马店和信阳市，高排放集聚区域随着时间而产生，从未出现高排放到 2016 年出现，主要集中在河南南部。L－H 集聚在 2006 年是信阳市和平顶山市，2007～2009 年是信阳市，2017 年是驻马店市。H－L 集聚在 2017 年、2018 年的周口市、郑州市。

（3）氨氮排放的空间格局也发生了变化（见图 6）。2006 年在漯河市首先出现 H－L 集聚，2008～2009 年主要集聚在开封市，2016～2017 年在周口市出现。L－H 集聚区域仅在 2016 年的洛阳市。氨氮的排放格局未出现 H－H 高排放集聚区域，结合 H－L 及 L－H 出现的集聚区域，也不排除未来会在漯河市及洛阳市等区域出现高排放集聚区域。

结合上述结果，通过对河南省经济发展资料及相关政策的查询，河南为了更好地促进区域平衡发展，投资重心开始往西南地区侧重[11]，可发现 COD 排放近几年都在信阳市、驻马店市形成高集聚区域；工业废水排放主要集聚在平顶山市、洛阳市等西部区域。2011 年河南省以郑州市为核心，洛阳和开封为两翼，将经济重心不断向此迁移[12]。根据氨氮排放发生的异常集聚区域主要是漯河、开封市、周口

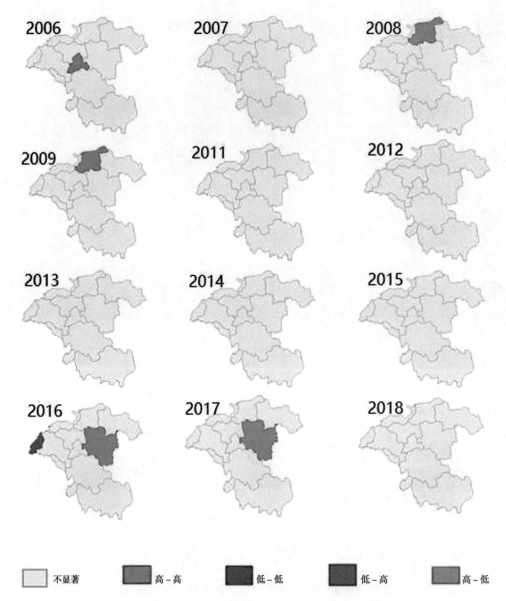

图 6　河南段 2006～2018 年氨氮排放 LISA 集聚图

市等中心区域,虽然目前还未出现高集聚区域,但是以此趋势,也不排除未来几年会在漯河市、洛阳市等经济重心城市出现,也证实了河南省的经济发展及区域经济差异都会对环境污染因素产生影响。

4　结论

本研究采取空间自相关分析,选取淮河流域河南段的 COD、氨氮以及工业废水排放量进行分析。计算全局 Moran's I 和局部 Moran's I 值,反映 COD、氨氮以及工业废水排放的空间自相关及空间格局的分布情况。得到如下结果:

（1）全局空间自相关分析表明,工业废水排放和氨氮排放的空间自相关性随时间推移发生变化,近年来呈现较显著的负空间自相关趋势,即工业废水排放与氨氮排放在河南段形成离散分布格局;COD 排放呈现显著的正空间自相关趋势,即 COD 排放在空间上正逐渐形成集聚分布格局。

（2）局部空间自相关分析表明,平顶山市、洛阳市逐渐成为工业废水排放的高集聚区域,即这两座城市周围出现工业废水高排放的区域,驻马店和信阳市逐渐成为 COD 排放的集聚区域,同理其附近存在 COD 高排放的城市区域。氨氮变化较为平稳,还未出现高集聚区域,但根据其异常值 H－L、L－H 集聚在洛阳市、漯河市的出现,表明这两个区域正处于水环境恶化或者改善的“双向变化”状态。从东西格局与南北格局来看,河南段西部较东部污染严重,如洛阳市;南部较北部污染严重,如信阳市。

（3）根据对河南段全局以及局部空间自相关的分析，对于淮河流域河南段的水环境污染治理，工业废水及 COD 污染指标出现集聚的空间格局，是区域面上的综合整治；氨氮污染指标，是出现异常集聚的城市点上的整治，即针对不同的污染指标，根据其不同的集聚区，不同的来源采取更有针对性的保护治理措施。其次，结合河南省近年经济发展的政策，对于工业废水、COD 及氨氮排放的空间格局的变化，主要还是与河南省的经济发展重心的迁移有关，但也不排除人口发展、天然条件的影响。

参 考 文 献

［1］彭文启. 河湖健康评估指标、标准与方法研究［J］. 中国水利水电科学研究院学报，2018，16（5）：76-86，98.

［2］董哲仁. 生态水利工程学［M］. 北京：水利水电出版社，2019.

［3］周天墨，胡卓玮. 空间自相关方法及其在环境污染领域的应用分析［J］. 测绘通报，2013（1）：53-56.

［4］彭文启. 新时期水生态系统保护与修复的新思路［J］. 中国水利，2019（17）：25-30.

［5］王新成，王斌之，黄建毅. 基于空间自相关的水污染空间聚类研究［J］. 环境工程技术学报，2014，4（4）：293-298.

［6］丁洋，赵进勇，彭文启. 基于控制单元的湖北省小南海湖流域生态修复措施体系及布局分析［J］. 景观设计学，2019，7（4）：42-55.

［7］徐伟义，王志强，张桐菓. 淮河流域河南段水环境空间异质性分析［J］. 湿地科学，2017，15（3）：425-432.

［8］蒋丽. 淮河流域（河南段）水环境空间异质性研究及其对水生植物群落的影响［D］. 湘潭：湖南科技大学，2015.

［9］肖昕茹，刘晓霞. 区域人口分布及空间相关性研究［J］. 南京人口管理干部学院学报，2013，29（4）：28-32.

［10］赵小风，黄贤金，张兴榆. 区域 COD、SO_2 及 TSP 排放的空间自相关分析：以江苏省为例［J］. 环境科学，2009，30（6）：1580-1587.

［11］乔谷阳，潘少奇，乔家君. 环境污染重心与社会经济重心的演变对比分析——以河南省为例［J］. 地域研究与开发，2017，36（5）：23-28.

［12］高军波，谢文全，韩勇. 1990～2013 年河南省县域人口、经济和粮食生产重心的迁移轨迹与耦合特征 ——兼议与社会剥夺的关系［J］. 地理科学，2018，38（6）：919-926.

连云港市主要河道水质现状评价与管控对策研究

谭璟,王小青,高德应,田晗,许志明

(连云港市市区水工程管理处,江苏 连云港 222000)

摘 要 在充分调研连云港市区 6 条主要河道水环境状况基础上,本文确定了影响连云港市河流的胁迫因子,构建了市区水环境质量评价体系,采用单因子评价法和内梅洛污染指数法对主要河道水质进行水质评价,描述了胁迫因子时空演变特征,总结归纳了河道的指标变化。结果表明,市区主要 6 条河道水功能区达标率较高,主要污染物为氨氮。针对现阶段水环境存在的问题,本文从监管体系、预防控制对策等方面提出了管理控制建议,以期为连云港市区河道水环境治理工作提供思路与参考借鉴。

关键词 水环境治理;胁迫因子;水质评价;管控对策

水质评价是评价水环境好坏的一种重要方法,主要是通过实际监测的水质情况和根据环境规划要求的水质目标进行对比,来评价水环境的好坏,是一种直观、有效的评价方法[1,2],国内外学者在对不同水环境进行评价时,经常利用水质现状的评价结果作为评价依据[3]。水质评价结果的准确性,对正确地开发利用和保护水资源,有着重要的指导作用[4]。水质现状评价,最基本的要素除水质条件的监测外,还需要选择正确的水质评价模型,根据不同水域的不同特点,水质模型的选择和应用也大不相同[5,6]。对此,国内外大量学者进行了研究分析,取得了很多成果[7-10]。本文利用单因子评价法和内梅洛污染指数法对连云港市市区 2016～2018 年龙尾河、玉带河、东盐河、大浦河、烧香河、排淡河共 6 条骨干河流进行水质评价,总结归纳市区河道存在的主要问题,并提出了完善政府监管体制和预防控制对策方面的规划建议,可为水环境的改善及后续治理提供科学数据的支持。

1 评价方法介绍

1.1 单因子评价法

单因子评价法是《地表水环境质量标准》(GB 3838—2002)中规定的河流水质评价方法,其将各监测指标的实测值与国家规定的相应指标的标准限值进行对比来确定每项指标的水质类别,然后再以该监测断面中最差的水质类别作为该断面的水质类别。水质类别评价采用单因子指数评价法,该评价方法是根据评价期间评价中指标的最差类别确定的。根据水环境历史污染特征,从指标中选取若干具有代表性和连续性的指标,计算综合污染指数,以确定主要污染断面、污染物类型。

$$P_{ij} = \frac{C_{ij}}{C_{io}} \tag{1}$$

$$P_j = \sum_{i=1}^{n} P_{ij} \tag{2}$$

式中:P_j 为 j 断面水污染综合指数;P_{ij} 为 j 断面 i 项污染物的污染指数;C_{ij} 为 j 断面 i 项污染物的实测值;C_{io} 为 i 项污染物评价标准值;n 为参加评价污染物项数。

1.2 内梅罗污染指数法

内梅罗指数是一种计权型多因子环境质量指数,兼顾了单因子污染指数的平均值和最高值,可以突出污染较重的污染物的作用,该方法能够较好地定量分析水体的污染程度,反映河流水体是否达到了功能区目标,其计算公式为:

作者简介:谭璟,男,1989 年生,连云港市市区水工程管理处,经济师、助理工程师,从事水资源管理工作。E-mail:tanjing2006@126.com。

$$I = \sqrt{\frac{I_{imax}^2 + I_{ave}^2}{2}} \tag{3}$$

$$I_{ave} = \frac{1}{n} \sum_{i=1}^{n} I_i \tag{4}$$

$$I_i = \frac{C_i}{C_{si}} \tag{5}$$

式中：C_i 为第 i 项监测指标实测浓度；C_{si} 为第 i 项对应监测指标的标准限值；I_i 为第 i 项污染指数；I_{imax} 为参与评价的最大单因子指数；I_{ave} 为参与评价的单因子指数的均值；n 为监测指标总个数；I 为内梅罗指数。

2　市区河道水质指标评价体系构建

2.1　采样点分布

　　根据《地表水和污水监测技术规范》（HJ - T91—2002）要求，市水利局在宏观上反映水系所在区域的水环境质量状况点的位置设置监测断面，根据需要频次进行采样。分别在东盐河、龙尾河、排淡河、玉带河、烧香河、大浦河上各选取 1 个水质监测控制断面，见图 1。

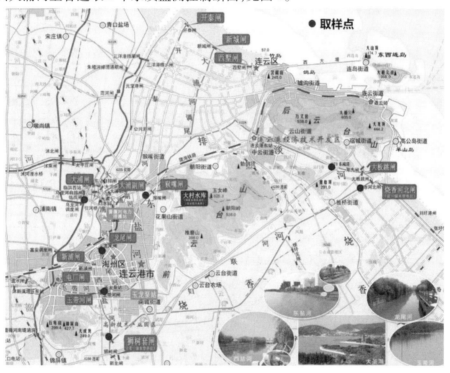

图 1　取样点分布图

2.2　水质评价指标的选择

　　水环境质量评价是对水环境的定量分析，是客观准确了解水环境状况的重要手段。合理地选用评价方法有助于真实准确地了解水环境质量，找出影响水环境的各项指标因素。影响水环境的指标很复杂，目前市环保部门在控制监测断面点进行的水质监测指标主要有水温、pH 值、溶解氧（DO）、高锰酸盐指数、氨氮、总氮、总磷、石油类、粪大肠、菌群、悬浮物、生化需氧量、化学需氧量、透明度、叶绿素 a、溶解性总固体、硫化物、六价铬、电导率、阴离子表面活性剂、氟化物、挥发酚、砷、汞、硒、镉铅等。连云港市主要地表水流经区域主要是生活污水、工业废水、禽畜养殖污水的排放。综合《地表水环境质量标准》（GB 3838—2002），连云港市企业类型及历史监测数据等因素，城市内河选取溶解氧、氨氮、高锰酸盐指数、总磷、五日生化需氧量（BOD$_5$）、化学需氧量（COD）、氟化物 7 个水质评价指标作为研究对象。

3　结果与分析

3.1　主要河流评价结果

　　利用单因子评价法式(1)和式(2)计算连云港市市区主要河道 2015～2018 年溶解氧、高锰酸盐指数、氨氮、总磷、五日生化需氧量、生化需氧量、氟化物 7 个指标的单因子评价指数,见图 2。

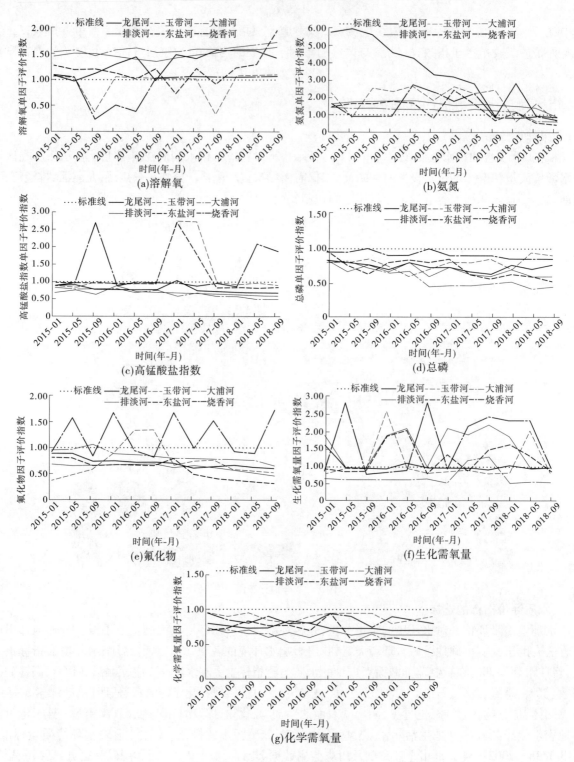

图2　单因子评价法评价河流结果

　　2015～2018年市区河流溶解氧单因子指数大部分在标准线以上,市区河流状况总体良好,市区河流主要污染指标改善最明显的是氨氮,最大的浓度降幅达73.4%,溶解氧浓度较2015年下降了2.5%～43%,高锰酸盐指数浓度降幅最高的达36.0%,五日生化需氧量除龙尾河、大浦河、东盐河外,浓度有所上升,平均涨幅27.9%,总体来说,2018年底较2015年河流整体水质有所改善。其中烧香河水质有一定的污染,溶解氧指标低于标准线,其他河道溶解氧常年保持在标准线以上;氨氮超标是市区河流的重要污染物指标,各条河流水体常年受到不同程度的污染,随着市水利局各项工程措施和非工程措施的治理,到2018年9月各条河流的氨氮指标出现好转,其中龙尾河治理效果较明显,部分河流指标符合功能区目标;高锰酸盐指数常年保持在标准线下,部分河流偶有超标现象;各条河流生化需氧量指标存在不同的超标,随着各项措施的开展,部分河流指标开始好转,但改善程度不明显。

　　河道的水质变化情况上,龙尾河、玉带河这三年来水质状况变化明显,从劣Ⅴ类改善为符合水质河流断面的考核标准,特别是氨氮的降低对水质的改善明显,主要污染因子为氨氮、生化需氧量、溶解氧、高锰酸盐指数、氟化物等;大浦河、排淡河、东盐河水质有明显改善,2018年后多次检测均达到符合河流考核断面标准,主要超标指标为氨氮、生化需氧量、氟化物、高锰酸盐指数等;烧香河水质常年处在Ⅴ类水,甚至水质为劣Ⅴ类,水质污染较严重,氨氮指标有所降低。烧香河主要的超标指标为氨氮、生化需氧量、氟化物、高锰酸盐指数等。

　　利用内梅罗综合评价法,见图3,内梅罗综合污染指数数值逐年持续降低,河道水质逐渐改善。从图3分析,治理改善可分三个阶段,第一阶段,2015年9月前,市区河流的内梅罗指数数值不但超过标准值,还有明显的或平缓的上升趋势,各条河流污染程度逐渐加剧;第二阶段,从2015年9月开始,随着各项措施并举,内梅罗指数出现明显或平缓的下降趋势,特别是龙尾河,污染指数下降更为显著,到2018年5月,市区河流污染程度持续降低,多条河流水体达到功能区目标;第三阶段,到2018年底,除了烧香河为轻度污染,其余河流均符合功能区目标,市区河流水体受污染情况良好。

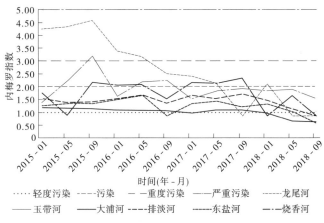

图3　市区主要河道综合污染情况变化

3.2　水质超标原因分析

　　目前,市区河道主要污染物为氨氮,污染来源以生活污水为主;烧香河、排淡河、大浦河及龙尾河周边棚户区、排污企业分布复杂,入河排口众多,市区地下排水管网规划滞后,沿河管道截污不彻底,现有雨污管网体系不完善,雨污混接,管网运行效率较低;河流沿线农业种植较多,农业面源污染还未得到有效控制;河道执法监督存在盲区,河岸违章建筑和违规种植、养殖、堆放垃圾等现象取缔不止;河道水环境自动化监测水平薄弱,市区河道大多依托闸门位置布设水位监测断面,缺少流量监测设施,市区河道仅大浦河盐河桥水质国考断面实现在线监测;河道水环境治理涉及多管理部门、多专业领域,相关专业数据散落各家,存在信息孤岛现象,缺乏统一管理平台。

4　管控对策规划建议

　　多年来,连云港市地表水水环境质量有了明显的改善,但水环境保护和修复是一个复杂而漫长的过程,结合市区河道水环境现状与主要问题,提出如下治理规划。

4.1 健全政府部门监督与管理体系

(1)完善政府监管职能。完善部门监督管理机制,强化政府监督职能,协调好相关部门,将市区水环境治理工作纳入年度目标进行考核,细化各部门的考核任务,设立每条河道的水体治理档案,公示监督电话等信息。

(2)建立河道污染监督管理机制。建立河道管理体系,进一步加强环境监测系统的建立,提高环境监测水平和技术。

(3)建立环境与发展综合决策机制。随着连云港自贸区获批,连云港在经济、社会发展上迎来了大好时机,水环境对经济的发展至关重要。加强分析连云港市地表水环境质量胁迫因子、主要污染物的来源,结合污染成因制定有针对性的治理措施。

(4)加大投入财政资金。河流治理需要大量的资金,但各级财政拨款专门资金治理水环境相对有限。建议广泛招引接受社会资本注入,保证经费投入。

4.2 预防控制对策规划建议

(1)明确市区河流水环境修复重点。相关部门在制定有关河流清淤工程或水环境改善治理时,应当根据各条河流水质状况制定合理有效的措施,降低水体中的超标污染物因子,合理有效控制氨氮指标的进一步上升,同时加大投入,采取如合理布置生态浮岛、种植芦苇等有效降低水体氨氮措施。

(2)标本兼治,重视污染源头治理。近些年,市水利相关单位和部门启动了多条整治措施,定期更换河流水体,河床清淤疏浚,完善河岸栏杆、岸墙修护,清理河堤上的违建物、垃圾,合理布置景观绿化带等。这些方法在一定程度上有效地控制了水体进一步污染,对水质的改善起到了积极的作用。下一步治理重点应明确河流污染源。相关部门应根据河流污染物的特点,排查污染源。同时,还要推进实施雨污水管网系统改造,逐步解决城中村、老旧城区和城乡结合部的污水截流、收集、处理。重点清除沿河临时饭店、养殖、厕所、垃圾、违建、码头、船舶等污染源,封堵工业不达标污水排放,确保不再出现新增污染源。

(3)建立管控一体化平台,实现政府实时监控水环境功能。目前,全国多数地市政府监管水环境治理采用的模式多为传统管控模式,这种模式通常存在监控不到位、问题反馈不及时等问题。为弥补传统管控模式的缺陷,有些城市引入了构建管控一体化平台。管控一体化平台最终的服务对象为政府主管部门,可实时监控和掌握水环境现状。通过系统化信息化方案,可明显改善城市水环境质量和水生态功能,提高环境和生态承载能力,保证城市水环境安全,从而促进城市经济的可持续发展,具有显著的环境效益。

4.3 其他措施建议

(1)优化产业布局。目前,连云港市分散着众多微小企业,多家化工企业,这些企业存在工业结构关联度低、规模小、过于分散、污染面积大、污染治理难度大等问题。做到合理分布企业区域、企业类型,让企业布局与区域环境功能相适应。

(2)制定政策与法律法规。我国社会主义市场经济发展迅速,必须重视立法工作,以适应市场经济条件下的环境保护工作。在国家法律法规体系的框架下,根据连云港市的具体情况制定必要的地方法规和地方环境标准,加强立法工作的同时,加强执法力量和执法力度。

(3)积极倡导公众参与及环保教育。要提高公众的环境意识,鼓励群众参与环境管理与保护,建设项目的环境影响评价须有公众调查结果。建立环境管理的信息化建设,充分利用好互联网资源,开展环境警示教育,增强全社会的环境忧患意识,营造良好社会氛围,吸引公众参与环境管理和建设。

参 考 文 献

[1] Bhuyan S J,et al. An integrated approach for water quality assessment of a Kansas watershed[J]. Environmental Modeling and Software, 2003,18(5):473-484.

[2] Jacobs H L. Water quality criteria[J]. Journal of Water Pollution Control Federation,1965,37(5):292-300.

［3］ 明瑞菲,胡晓龙,丁桑岚.饮用水水源地水质现状评价及变化趋势分析研究[J].环境科学与管理,2016,41(2):177-181.

［4］ 许剑辉.基于 GIS 的水环境污染事故应急预警系统的研究[D].广东:汕头大学.

［5］ 刘晓,刘海涵,王丽婧,等.三峡库区 EFDC 模型集成与应用[J].环境科学研究,2018,31(2):283-294.

［6］ 凌敏华,左其亭.水质评价的模糊数学方法及其应用研究[J].人民黄河,2006(1):34-36.

［7］ 花瑞祥,张永勇,刘威,等.不同评价方法对水库水质评价的适应性[J].南水北调与水利科技,2016,14(6):183-189.

［8］ 刘运珊.单因子指数法在信丰县地表水水质评价中的应用[J].水资源开发与管理,2018(5):64-66.

［9］ 黄兴国,刘秀花.水环境质量评价中几种方法的对比[J].地下水,2005(2):125-126,135.

［10］ 李名升,张建辉,梁念,等.常用水环境质量评价方法分析与比较[J].地理科学进展,2012,31(5):617-624.

山东省产水系数空间分布及影响因素分析

陈干琴,季妤,庄会波,郑从奇,王娟

（山东省水文局,山东 济南 250002）

摘　要　根据第三次山东省水资源调查评价成果,以水资源三级区为单元,分析了近期下垫面条件多年平均和不同降水年型平均地表水资源量产水系数(径流系数)和水资源总量产水系数的空间分布规律及其主要影响因素。结果表明,山东省各水资源三级区径流系数和产水系数都表现出明显的梯度分布,各三级区径流系数与松散岩类面积比例、多年平均年降水量和流域平均坡度具有较好的相关关系,产水系数与碳酸盐岩类面积比例、多年平均年降水量和流域平均坡度具有相对较好的相关关系。

关键词　径流系数;产水系数;空间分布;影响因子;山东省

产水系数是多年平均水资源总量与降水量之比值,反映评价区域降水产生水资源总量的能力;径流系数是多年平均河川径流量(或地表水资源量)与降水量之比值,反映流域降水产生河川径流量(地表水资源量)的能力,亦称地表水资源量产水系数[1]。产水系数是评价流域或区域水资源转换规律的重要指标,研究大范围地区产水系数,分析其空间分布规律及影响因素,对认识各地水资源转换规律及其空间分布格局,做好流域区域水资源评价,特别是县域等小范围地区水资源评价、水利工程水文水利计算等工作,从区域层面提高成果合理性、可靠性等,具有重要的指导意义。

1　研究区概况及资料来源

山东省位于东部沿海季风区,总面积15.8万 km²。泰沂山脉横亘中央,向外逐渐降低为低山丘陵和冲积洪积平原;胶莱河谷以东自西向东构成东西向分水岭,向南北两侧逐渐过渡为滨海平原;南四湖以西及黄河以北地区主要为黄泛平原区。全省划分为13个水资源三级区,见图1。

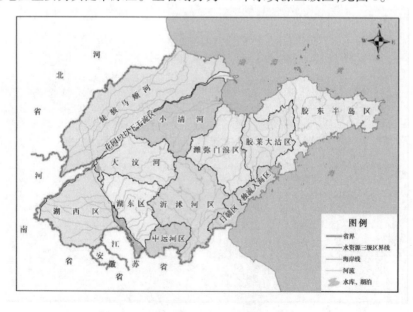

图1　山东省水资源三级区分布示意图

作者简介:陈干琴,女,1977年生,山东省水文局高级工程师,主要从事水文水资源分析计算工作。E-mail:ganqinchen@163.com。

研究区水资源三级区降水及水资源量数据来源于山东省水文局承担完成的第三次山东省水资源调查评价成果。分区各类地质岩性比例,根据山东省水文局2017年完成的全省水文岩性矢量图基于GIS软件统计求得。流域平均坡度根据GDEMGEM 30 m分辨率数字高程数据基于GIS计算求得,该数据来源于中国科学院计算机网络信息中心地理空间数据云平台(http://www.gscloud.cn)。植被覆盖率采用2000年和2017年两年平均情况代替2000年以来近期平均情况,按照《土地利用现状分类》(GB/T 21010—2017)中一级类要求,基于GIS软件统计的耕地、园地、林地和草地四类植被面积之和所占比例,其中2000年山东省100 m土地利用数据来源于国家科技基础条件平台——国家地球系统科学数据中心(http://www.geodata.cn),2017年土地利用数据来源于山东省水文局2018年完成的全省水资源遥感影像资料处理及服务项目成果,数据源为空间分辨率等于或优于2 m的高分辨率遥感影像数据。

2 多年平均产水系数空间分布

第三次水资源调查评价重点评价了2001~2016年水资源量系列,在与以往评价成果1956~2000年系列一致性分析处理基础上,得到反映2001年以来近期下垫面条件1956~2016年水资源量系列。鉴于2001~2016年系列偏短,第三次山东省水资源评价在分析系列一致性时采取偏保守原则,仅针对系列明显不一致且有合理成因支撑的情况对原1956~2000年系列成果进行一致性修正。鉴于此,分析近期下垫面条件产水系数时,采用1956~2016年和2001~2016年两个系列数据进行了分析比较、综合判定。

2.1 多年平均地表水资源量产水系数空间分布

表1列出了各水资源三级区两个统计系列多年平均地表水资源量产水系数(径流系数)及对应年均降水量。经对比,胶莱大沽区、日赣区、独流入海区、潍弥白浪区和沂沭河区五区两个统计系列年均径流系数具有一定差异,主要是降水量差异所致,参考青岛站长系列雨量资料代表性评价成果,1956~2016年系列略微偏丰,2001~2016年则偏枯,判定近期下垫面各区径流系数可取两个系列径流系数均值替代。其他各分区两个系列径流系数都比较接近。

表1 近期下垫面条件多年平均地表水资源量产水系数(径流系数)

水资源三级区名称	1956~2016年		2001~2016年		变化(%)	
	年降水量(mm)	径流系数	年降水量(mm)	径流系数	年降水量	径流系数
徒骇马颊河	564.9	0.077	564.5	0.075	-0.1	-2.4
湖西区	662.4	0.091	680.8	0.091	2.8	0.8
花园口以下干流区间	585.2	0.093	586.0	0.092	0.1	-1.1
小清河	602.3	0.140	607.0	0.142	0.8	1.5
胶莱大沽区	646.2	0.141	627.0	0.109	-3.0	-22.6
潍弥白浪区	665.9	0.174	646.5	0.158	-2.9	-9.7
独流入海区	762.0	0.210	732.9	0.189	-3.8	-10.2
湖东区(不含湖区)	724.3	0.214	741.8	0.212	2.4	-1.1
大汶河	703.1	0.223	713.8	0.223	1.5	0.3
日赣区	849.4	0.287	811.1	0.256	-4.5	-10.9
胶东半岛区	704.5	0.288	708.6	0.277	0.6	-3.6
中运河区	842.1	0.307	849.6	0.309	0.9	0.4
沂沭河区	800.7	0.318	791.0	0.296	-1.2	-6.9

注:颜色深浅分别表示产水系数不同梯度区间,下同。

由表1可知,各水资源三级区径流系数基本在0.07~0.32。从省区层面,全省大致可分为五个梯度区间:第一梯度区间径流系数 0.30~0.32,第二区间 0.26~0.29,第三区间 0.20~0.23,第四区间 0.13~0.16,第五区间 0.07~0.10。

2.2 多年平均水资源总量产水系数空间分布

表 2 列出了各水资源三级区两个统计系列多年平均水资源总量产水系数及对应年均降水量。两个系列产水系数差异情况与地表水产水系数基本相同,同一分区不同系列产水系数差异主要是降水量差异所致,在结合青岛站系列代表性评价基础上,判定近期下垫面产水系数取两个系列产水系数均值比较合理。

表 2　近期下垫面条件多年平均水资源总量产水系数

水资源三级区名称	1956~2016 年		2001~2016 年		变化(%)	
	年降水量(mm)	产水系数	年降水量(mm)	产水系数	年降水量	产水系数
徒骇马颊河	564.9	0.205	564.5	0.203	-0.1	-0.7
花园口以下干流区间	585.2	0.211	586.0	0.209	0.1	-0.9
胶莱大沽区	646.2	0.218	627.0	0.184	-3.0	-15.7
湖西区	662.4	0.254	680.8	0.257	2.8	1.1
潍弥白浪区	665.9	0.255	646.5	0.236	-2.9	-7.5
独流入海区	762.0	0.256	732.9	0.223	-3.8	-12.8
小清河	602.3	0.279	607.0	0.281	0.8	0.9
大汶河	703.1	0.316	713.8	0.311	1.5	-1.4
日赣区	849.4	0.318	811.1	0.292	-4.5	-8.4
胶东半岛区	704.5	0.339	708.6	0.327	0.6	-3.5
湖东区(不含湖区)	724.3	0.374	741.8	0.373	2.4	-0.2
沂沭河区	800.7	0.376	791.0	0.355	-1.2	-5.7
中运河区	842.1	0.392	849.6	0.396	0.9	1.0

由表 2 可知,各水资源三级区多年平均水资源总量产水系数基本在 0.20~0.40。从省区层面,全省大致也分为 5 个梯度区间:第一梯度区间产水系数 0.37~0.40,第二区间 0.31~0.34,第三区间在 0.28 左右,第四区间 0.24~0.26,第五区间 0.20~0.21。

与各区径流系数相比,湖东区由第三梯度区间跃升为第一梯度区间;大汶河、小清河和湖西区各跃升一个梯度区间;独流入海区和胶莱大沽区各下跌一个区间,其他 7 个区所属梯度区间相同。

各区所属地表水和水资源总量产水系数梯度区间不同主要是地下水与地表水不重复量产水系数差异所致。湖东区岩溶区分布范围广、地下水开发利用程度高,降水量中形成的地下水与地表水不重复量比例较大,导致该区总量产水系数较地表水产水系数有明显跳跃。其他区所属梯度区间跃升或下跌的原因与各地土壤岩性、地下水开发利用程度、流域平均坡度等多种因素有关。

3　不同降水年型产水系数空间分布

根据分区年降水量 $P_{12.5\%}$、$P_{37.5\%}$、$P_{62.5\%}$ 和 $P_{87.5\%}$ 将 1956~2016 年系列分别划为丰水、偏丰、平水、偏枯和枯水 5 种降水年型,分别计算不同降水年型平均年产水系数,进一步分析其空间分布规律。

3.1　不同降水年型地表水资源量产水系数空间分布

表 3 列出了各水资源三级区不同降水年型平均地表水资源量产水系数(径流系数),对五种降水年型,全省都可近似划分为 4 个梯度区间,其中 6 个三级区不同降水年型径流系数都属于同一个梯度区间,7 个三级区不同降水年型径流系数属于两个不同的梯度区间。

对于丰水年型,4 个梯度区间分别为:第一区间径流系数 0.41~0.45,第二区间 0.30~0.36,第三区间 0.21~0.27,第四区间 0.15~0.19。

对于偏丰年型,4 个梯度区间依次为:0.32~0.38,0.23~0.26,0.15~0.20,0.09~0.11。

平水年型依次为:0.25~0.28,0.16~0.21,0.12 左右,0.04~0.08。

偏枯年型依次为:0.21~0.25,0.14~0.18,0.10~0.12,0.03~0.06。

枯水年型依次为:0.21 左右,0.11~0.16,0.06~0.09,0.01~0.05。

表3　近期下垫面条件不同降水年型平均地表水资源量产水系数(径流系数)

水资源三级区名称	丰水	偏丰	平水	偏枯	枯水
徒骇马颊河	0.157	0.103	0.043	0.030	0.014
花园口以下干流区间	0.185	0.110	0.071	0.047	0.029
湖西区	0.159	0.089	0.075	0.061	0.047
小清河	0.214	0.153	0.120	0.114	0.081
胶莱大沽区	0.258	0.172	0.120	0.058	0.043
潍弥白浪区	0.266	0.200	0.163	0.106	0.064
独流入海区	0.355	0.248	0.189	0.116	0.066
湖东区(不含湖区)	0.303	0.235	0.203	0.140	0.139
大汶河	0.353	0.259	0.209	0.136	0.092
胶东半岛区	0.448	0.348	0.254	0.176	0.117
中运河区	0.443	0.344	0.255	0.246	0.211
日赣区	0.415	0.319	0.262	0.212	0.119
沂沭河区	0.436	0.377	0.278	0.249	0.159

3.2　不同降水年型水资源总量产水系数空间分布

表4列出了各水资源三级区不同降水年型平均水资源总量产水系数,对于5种降水年型,全省都可近似划分为5个梯度区间,其中2个三级区5种降水年型产水系数都属于同一个梯度区间,3个区5种降水年型产水系数分属于个梯度区间,8个区各分属于两个梯度区间。

对于丰水年型,5个梯度区间分别为:第一区间产水系数0.49~0.52,第二区间0.43~0.45,第三区间0.39左右,第四区间0.33~0.35,第五区间0.30~0.31。

对于偏丰年型,五个梯度区间依次为:0.42~0.43,0.39左右,0.34~0.35,0.26~0.29,0.22~0.25。

平水年型依次为:0.33~0.37,0.29~0.31,0.23~0.26,0.19~0.20,0.16~0.17。

偏枯年型依次为:0.30~0.34,0.24~0.25,0.19~0.21,0.16~0.17,0.13~0.14。

枯水年型依次为:0.30左右,0.20~0.23,0.17左右,0.15~0.16,0.11~0.13。

表4　近期下垫面条件不同降水年型平均水资源总量产水系数

水资源三级区	丰水	偏丰	平水	偏枯	枯水
徒骇马颊河	0.308	0.238	0.166	0.140	0.115
花园口以下干流区间	0.302	0.225	0.192	0.166	0.151
胶莱大沽区	0.331	0.251	0.199	0.135	0.119
独流入海区	0.393	0.291	0.233	0.169	0.126
湖西区	0.329	0.265	0.242	0.213	0.173
潍弥白浪区	0.339	0.277	0.246	0.192	0.153
小清河	0.353	0.291	0.260	0.245	0.216
日赣区	0.442	0.346	0.295	0.247	0.156
大汶河	0.430	0.345	0.303	0.241	0.214
胶东半岛区	0.486	0.391	0.305	0.238	0.199
沂沭河区	0.493	0.431	0.337	0.307	0.226
中运河区	0.517	0.425	0.342	0.338	0.303
湖东区	0.446	0.389	0.366	0.323	

对比表3和表4可知,水资源总量产水系数空间分布因影响因子众多较地表水产水系数空间分布要略显复杂,但绝大多数分区同一降水年型地表水产水系数与水资源总量产水系数都所属同一或邻近梯度区间;仅偏丰年型胶莱大沽区、独流入海区、日赣区和枯水年型日赣区所属梯度区间发生了明显变化,经查阅基础资料,主要是这些分区相应年型资料偏少、代表性不够所致。

4　产水系数空间分布影响因素浅析

气候因素特别是降水量是影响流域降水径流关系的主要因素[2-3],气候因素和流域特征因素是影响流域降水径流关系的两个主要方面[2-4],石扬旭等对流域下垫面特征对多年平均径流系数的影响筛选了多方面因素做了相对深入的研究[4],本文在前人研究基础上,结合山东省实际情况,筛选了多年平均年降水量、流域平均坡度、植被覆盖率、地质岩性(采用岩浆岩变质岩类面积比、碳酸盐岩类面积比、松散岩类面积比 3 个因子;各分区碎屑岩类面积比较小,未列入影响因子)4 类 6 个影响因子,分析各影响因子与产水系数的关系。

4.1　地表水资源量产水系数影响因素

图 2 给出了各水资源三级区近期下垫面条件地表水资源量产水系数与各影响因子的关系,其确定性系数由大到小依次为 0.777 6、0.769 5、0.627、0.319 9、0.297 1、0.212 1。可见,各三级区径流系数与松散岩类面积比例、多年平均年降水量和流域平均坡度三个影响因子具有较好的相关关系。松散岩类主要指分布在平原区的沉积物,松散岩面积比例与径流系数呈较好的负相关关系,表示平原区面积占比越大径流系数越小;多年平均年降水量和流域平均坡度与径流系数呈较好的正相关关系,影响因子值越大,径流系数越大;植被覆盖率、岩浆岩变质岩类面积比例和碳酸盐岩类面积比例与径流系数相关关系相对偏弱。

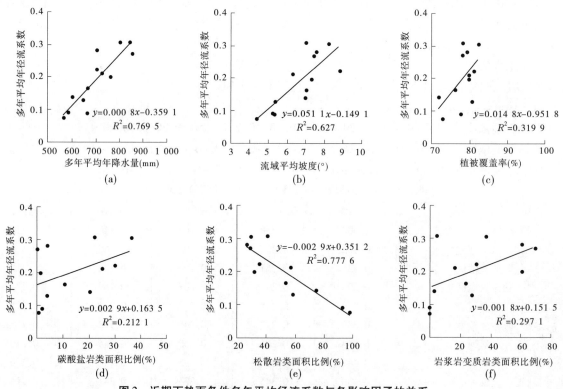

图 2　近期下垫面条件多年平均径流系数与各影响因子的关系

4.2　水资源总量产水系数影响因素

图 3 给出了各水资源三级区近期下垫面条件水资源总量产水系数与各影响因子的关系,其确定性系数由大到小依次为 0.524 1、0.509 8、0.393 1、0.277 1、0.143 6、0.007,可见,各三级区产水系数与碳酸盐岩类面积比例、多年平均年降水量和流域平均坡度具有相对较好的相关关系,且都呈正相关关系;与其他因子相关关系偏弱。

与各影响因子对地表水资源量产水系数影响相比,碳酸盐岩类面积比例与水资源总量产水系数相关关系跃升为最好,分析原因可能是碳酸盐岩类分布地区降水入渗系数大,在当前地下水开发利用程度较大情况下,降水入渗补给量形成的河道排泄量较小,从而导致同量级降水条件下碳酸盐岩类分布地区地下水与地表水不重复量比其他地区明显偏大,所以碳酸盐岩类面积比例与水资源总量产水系数相关关系较好;松散岩类面积比与水资源总量产水系数相关关系下降最多,说明平原区面积比例对所属分区水资源总量产水系数影响不大;其他4个影响因子对水资源总量产水系数影响都明显减弱,说明水资源总量产水系数比地表水资源量产水系数(径流系数)受综合因素影响更为明显。

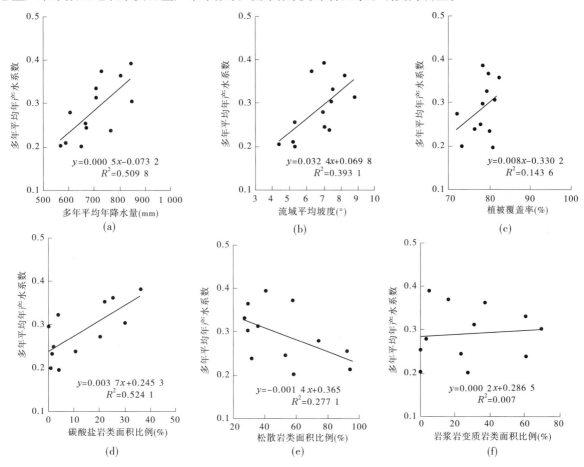

图3　近期下垫面条件多年平均产水系数与各影响因子的关系

5　结论

(1)全省各水资源三级区多年平均地表水资源量产水系数为0.07~0.32,水资源总量产水系数为0.20~0.40,二者在全省层面都大致分为5个梯度区间,但同一三级区径流系数和产水系数可能属于不同的梯度区间。

(2)全省各水资源三级区丰水年平均地表水资源量产水系数0.15~0.45,偏丰年0.09~0.38,平水年0.04~0.28,偏枯年0.03~0.25,枯水年0.01~0.21,5种降水年型径流系数都大致分为4个梯度区间,同一三级区5种年型径流系数分别属于1~2个梯度区间。

(3)全省各水资源三级区丰水年平均水资源总量产水系数0.30~0.52,偏丰年0.22~0.43,平水年0.16~0.37,偏枯年0.13~0.34,枯水年0.11~0.30,5种降水年型产水系数都大致分为5个梯度区间,同一三级区5种年型产水系数分别于1~3个梯度区间。

(4)各水资源三级区地表水资源量产水系数与松散岩类面积比例、多年平均年降水量和流域平均坡度相关关系较好,确定性系数0.78~0.63。水资源总量产水系数与碳酸盐岩类面积比例、多年平均年降水量和流域平均坡度相关关系相对较好,确定性系数0.52~0.39。

参 考 文 献

[1]　董增川.水资源规划与管理[M].北京:中国水利水电出版社,2008:42.

[2] 郭华,姜彤,王艳君,等.1955～2002 年气候因子对鄱阳湖流域径流系数的影响[J].气候变化研究进展,2006,2(5):217-222.

[3] 宫爱玺,张冬冬,冯平,等.大清河流域年径流系数变化趋势及影响因素分析[J].水利水电技术,2012,43(6):1-4.

[4] 赖春羊,郑哲韬,邱洁坤,等.径流系数影响因素分析[J].水电站设计,2019,35(3):86-88.

[5] 石扬旭,张友静,李鑫川,等.流域下垫面特征对多年平均径流系数的影响[J].西北农林科技大学学报(自然科学版),2017,45(12):138-147.

大别山区油气管道工程水土流失防治措施体系探讨

李欢[1]，李岩[2]

（1.淮河水利委员会淮河流域水土保持监测中心站，安徽 蚌埠　233001；
2.德州市水利局，山东 德州　253000）

摘　要　通过对大别山区成品油管道工程进行实例研究，探讨分析管道工程不同建设阶段、不同防治分区水土流失特点，提出了油气管道工程水土保持措施体系，为同类型生产建设项目水土流失防治和水土保持监测提供理论依据。

关键词　油气管道工程；水土流失；措施体系

1　引言

生产建设项目水土流失是工程建设及生产运行过程中，由于开挖填筑、堆垫、弃土（石、渣）、排放废渣（尾矿、尾砂、矸石、灰渣等）等活动，扰动、挖损、占压土地，导致地貌、土壤和植被破坏，在水力、风力、重力及冻融等外营力作用下造成的岩、土、废弃物等的搬运、迁移和沉积过程，包括水土资源的破坏和损失以及水土保持功能的消弱和丧失。生产建设项目因其所处的地理位置、地貌类型、生态脆弱程度、对地表的扰动强度、施工工艺（方法）等不同，水土流失特点具有一定的差异。

本研究以大别山区成品油管道工程为实例研究对象，探索油气管道工程不同建设阶段、不同防治分区水土流失特点、规律及防治措施体系，为有效地防治建设过程中的水土流失、合理利用和保护水土资源、改善生态环境奠定基础，为今后大别山区油气管道类生产建设项目水土流失防治提供理论依据。

2　油气管道工程水土流失特点

2.1　工程特点

成品油管道项目建设内容主要包括输油管道、站场、线路截断阀室、施工道路、施工场地等。管道工程作为线型工程，具有空间跨度大、扰动点分散、穿越地貌类型多样等特点；河流、湖泊、沟渠等水域多采取定向钻穿越，公路、铁路等多采取顶管穿越方式；与公路、铁路等线型项目不同，油气管道工程为分段施工，总体扰动强度较小。

2.2　水土流失特点

工程施工造成的水土流失具有分段施工，总体水土流失强度较小，但局部点状水土流失强烈的特点。施工期间管道作业带开挖、站场阀室建构筑物基坑开挖、临时施工场地、施工便道的修建，挖方和填方在时间和空间上的变化，导致土壤裸露或挖方临时堆放，导致水土流失强度急剧增加。

不同施工阶段，产生的水土流失强度不同。油气管道工程水土流失重点时段为施工期。工程施工扰动后土壤侵蚀模数最大的建设阶段为施工期，侵蚀强度为强烈，其次为施工准备期和安装调试期，侵蚀强度均为中度；扰动后侵蚀强度最小的为植被恢复期，侵蚀强度为轻度。

大别山区地貌以山地丘陵为主，地形起伏较大，坡度较大，管道爬坡铺设段较多，降雨量大，加剧了工程施工过程中的水土流失的发生和发展。

沿线土地利用类型以林地和耕地为主，由于作业带开挖、土方堆垫、机械碾压等原因，破坏了山体植被，致使生态环境遭到破坏，新产生的水土流失主要集中在管道作业带、穿越入土点及出土点，单位线路

作者简介：李欢，女，淮河水利委员会淮河流域水土保持监测中心站，工程师，E-mail：lihuan@hrc.gov.cn。

长度管道工程产生水土流失量平均值最大的为山区丘陵区。

3 水土流失成因及规律

3.1 水土流失影响因素

3.1.1 降雨

项目区属于北亚热带湿润季风气候,年内降雨主要集中在 5~9 月份,约占全年降雨量的 60%,全年降雨侵蚀力的贡献值达到 70%,高峰值出现在 7 月,该月降雨侵蚀力占全年降雨侵蚀力的 30%。因此,全年水土流失主要集中在 5~9 月份。

3.1.2 地形地貌

一般地貌分为山地、丘陵和平原三大类。山地海拔较高,坡度较陡;平原较平缓;丘陵则介于两者之间。地形地貌对管道水土流失的影响主要来源于管道铺设的地貌部位,即坡度和坡长,其中坡度对水土流失影响较大。项目区位于丘陵平原区,平原区水土流失较轻微,丘陵区坡面水土流失量随坡度的增加而增加。

3.2 水土流失规律

油气管道工程建设过程中水土流失产生、发生、发展与降水、微地貌、扰动类型、施工时段等存在相关性。

(1)水土流失与降雨的关系。通过对堆垫面、开挖面、道路路面进行侵蚀沟量测,分析计算各次侵蚀量和侵蚀模数,侵蚀量较大的时段为每年的 5~9 月,为当地的主要降雨时段,降雨产生的径流在堆垫面汇集,极易产生水土流失。

(2)水土流失与坡度的关系。水土流失量与坡面坡度有关,坡度越大,水土流失越严重。

(3)水土流失与地表扰动类型的关系。在不同的地表扰动类型中,土质堆垫面侵蚀强度最大,路面等占压侵蚀强度最小,土质开挖面侵蚀强度居中。

(4)水土流失与施工时段的关系。在工程建设过程中,由于场地清理、平整、基坑开挖、管道铺设等活动扰动了原地貌,使原地表的抗蚀能力大大降低,水土流失强度急剧增加,最严重的时段为各区域土建阶段。

根据油气管道工程的水土流失特点和规律,需及时采取防治措施,避免水土流失对工程建设区域及周边环境产生危害,影响工程正常运行和区域经济发展等。

4 水土流失防治措施体系

4.1 水土流失防治分区

根据工程功能单元及其空间布局,将工程划分为管道作业带区、管道穿越工程区、站场阀室区、施工道路区四个防治分区。

(1)管道作业带区:管道采用埋地敷设,施工场地布置在作业带区域内,标志桩、转角桩等为永久占地,其余均为临时管道施工占地。

(2)管道穿越工程区:河流、沟渠采用定向钻穿越方式,河堤定向钻穿越选择在岸堤两侧较宽敞的场地,沉淀池、泥浆池、施工机械、管道、临时堆土等均布置在临时占地内;公路、铁路采用顶管穿越,施工场地选择在公路或者铁路的一侧,另一侧施工场地直接占用管道作业带占地。

(3)站场阀室区:包括新建线路截断阀室以及新建、扩建或改建的工艺站场。

(4)施工道路区:管道所经区域内交通以公路为主,可依托国道、省道以及地区乡道、村道等,部分地段到达线路道路状况较差,需要修筑临时施工便道。

4.2 水土保持措施布设原则

(1)应根据主体工程设计中具有水土保持功能工程的评价,借鉴当地同类生产建设项目防治经验,布设防治措施。

(2)应注重降水的排导、集蓄利用以及排水与下游的衔接,防止对下游造成危害。

(3)应注重表土资源保护。

(4)应注重弃土(石、渣)场、取土(石、砂)场的防护。

(5)应注重地表防护,防止地表裸露,优先布设植物措施,限制硬化面积。

(6)应注重施工期的临时防护,对临时堆土、裸露地表应及时防护。

4.3 油气管道工程水土保持措施体系建设

结合工程实际和项目区水土流失现状,依据因地制宜、因害设防的原则,在主体设计已有水土保持措施的基础上,科学合理地配置工程措施、植物措施、临时措施,形成综合防护技术措施体系。

(1)管道作业带区。

管道作业带在施工前设立施工边界警戒标识,管道开挖前对表土进行剥离,与开挖的土石方分层集中堆放在管沟的一侧,施工过程中,临时堆土采取安全拦挡、排水、苫盖等临时防护措施。

施工完成后,对于爬(横)坡敷设段,根据坡面及土地利用情况进行边坡防护,并配套排水系统;穿越林地时,管道中心线两侧各5 m范围播撒狗牙根草籽恢复植被,管道穿越耕地,施工完成后对土地进行整治,最后交由农民复耕。

(2)管道穿越工程区。

大开挖穿越常流水河流时,在大开挖区域,施工前通过抽排水流并汇入就近排水沟,工程另外再开挖布置排水沟,清除河底的淤泥,集中堆放,并进行临时苫盖、排水及拦挡措施。施工结束后进行管沟回填,对破坏的河岸采取防护,并进行土地平整,恢复原土地功能。对破坏河道两侧绿化带区域进行撒播狗牙根草籽和栽植意杨。

顶管穿越公路、铁路时,施工期对施工场地的表土进行剥离,与开挖的深层土进行分开集中堆放,并采取临时措施。施工结束后,平整场地、还原地表,恢复原土地利用类型。

大开挖穿越公路时,施工前修建临时通行道路,管沟开挖产生的堆土集中堆放,并对其采取临时措施。施工结束后,按原规模恢复道路,并恢复道路护坡、排水系统,需对道路两旁行道树进行恢复。

(3)站场阀室区。

站场施工前对站场、阀室占地内的表土进行剥离,集中堆放采取临时防护措施;施工过程中,对施工材料和临时堆土采取临时防护措施;站场排水沟连接沉沙池后汇入周边自然沟渠;施工结束后,对非硬化地面与进场道路两侧实施表土回覆和土地整治,进行绿化美化。

(4)施工道路区。

整修道路施工前设立施工边界警戒标识,对施工道路的表土进行剥离,集中堆放采取临时防护措施;道路两侧修建截排水沟及临时排水沟。

5 结论

经分析,油气管道工程水土流失强度最大的建设阶段为施工期,水土流失强度最大的防治分区为管道作业带区,侵蚀强度均为强烈,水土流失量随管道线路长度增加而增加,且山区丘陵区侵蚀强度增加幅度最大。因此,在今后的水土流失防治过程中,应针对油气管道工程水土流失强度分布特点和规律,找准防治重点,提出防治措施体系,进行水土保持措施设计,加强临时堆土拦挡、苫盖措施的实施,有效防治工程建设过程中的水土流失,遏制水土流失的发生发展。

基于 ArcGIS 的淮河流域平原区浅层
地下水埋深等值面绘制方法研究

樊孔明[1]，曹炎煦[2]，胡勇[3]

(1. 淮河水利委员会水文局(信息中心)，安徽 蚌埠 233001；2. 水利部淮河水利委员会，安徽 蚌埠 233001；
3. 安徽省·水利部淮河水利委员会水利科学研究院，安徽 合肥 230000)

摘 要 流域地下水平原区埋深等值面绘制是流域地下水资源量评价的一项重要基础性工作。本文在广泛收集淮河流域地下水监测站点监测资料的基础上，一是基于流域 841 眼监测井资料，利用 ArcGIS 操作软件进行了埋深等值面的绘制；二是对流域五省区分别上报的省区地下水埋深等值面进行了省际交界区域的协调，最终形成流域地下水埋深等值面；三是对流域埋深分布特点及合理性进行了分析，最终形成流域地下水埋深等值面。通过分析，淮河流域地下水埋深整体而言，北部埋深大于南部；沿着淮河干流从西至东埋深呈递减态势，河南省多在 5 ~ 10 m，安徽、江苏两省埋深较浅，多集中在 1 ~ 3 m；山东省地下水埋深多在 5 ~ 10 m，局部地区形成地下水漏斗，埋深在 20 ~ 30 m。

关键词 淮河流域；ArcGIS；地下水埋深；省际协调

地下埋深等值面绘制是流域地下水资源量评价的一项重要基础性工作。绘制地下水埋深等值面可以更加直观地反映计算单元、均衡单元、各个水资源分区和行政区的埋深情况，对于资源量计算有着重要作用。地下水资源量的计算需要的水文地质参数如降水入渗补给系数等需要根据计算单元的地下水埋深来确定，河道渗漏补给量的计算需要由地下水位和地表水位的高低进行分析计算，均衡单元的水均衡分析需要对比地下水埋深的变化进行分析，平原区和山丘区地下水资源量的合理性检查同样需要地下水埋深资料。

本文首先基于 2016 年流域 841 眼地下水监测井年均埋深监测资料利用 ArcGIS 操作软件生成了流域层面的埋深等值面绘制。年均浅层地下水埋深分别采用其年内各次监测值的算数平均值，地下水埋深 Z(单位：m)分区数值为：$Z \leqslant 1, 1 < Z \leqslant 2, 2 < Z \leqslant 3, 3 < Z \leqslant 4, 4 < Z \leqslant 5, 5 < Z \leqslant 6, 6 < Z \leqslant 10, 10 < Z \leqslant 20, 20 < Z \leqslant 30, 30 < Z \leqslant 50, Z > 50$。其次是对流域五省提交的本省区的地下水埋深分区图进行审核，遵循一定的原则对流域省际交界区域的协调，最终综合流域层面的埋深分区图和省区提交的埋深分区图，在省际交界区域埋深等值面协调的基础上形成流域地下水埋深分区图。

1 淮河流域平原区基本情况

淮河流域及山东半岛(以下简称淮河区)，地处我国东部，介于长江和黄河之间，位于东经 111°55′ ~ 122°45′，北纬 30°55′ ~ 38°20′，面积约 33 万 km²。跨湖北、河南、安徽、江苏、山东五省 47 个地级市。淮河流域位于全国地势的第二级阶梯的前缘，大都处于第三级阶梯上，地形大体由西北向东南倾斜，淮南山区、沂沭泗山丘区分别向北和向南倾斜。流域西、南、东北部为山丘区，面积约占流域总面积的 1/3；其余为平原(含湖泊和洼地)，面积约占流域总面积的 2/3。

2 流域地下水埋深等值面生成方法

ArcGIS 是一种集采集、存储、管理、分析、显示与应用地理信息为一体的计算软件，其空间分析功能

作者简介：樊孔明，E-mail：fankm@ hrc. gov. cn。

及数据建模特性在水文行业已广泛应用[1]。使用 ArcGIS 制作地下水埋深等纸面流程如下。

2.1　数据准备

将监测井点的数据(坐标、实测水位埋深),整理成如表 1 格式的 Excel 表格或 txt 文档。

表 1　监测井点的数据

编号	东经(°)	北纬(°)	2016 年年均地下水埋深	说明
砀山县 1 号井	116.45	34.56	3.93	周寨
砀山县 2 号井	116.31	34.40	3.49	苇子园
…	…	…	…	…

2.2　图层生成

打开 ArcMAP,利用菜单命令"文件—添加数据—添加 XY 数据"导入地下水监测井数据,设定好 X 字段、Y 字段、Z 字段选择需插值的数据,根据实际情况设置坐标系,将观测点展绘出来。将生成的测井数据点导出 shapefile 文件[2]。

2.3　图层栅格化

监测井点数据生成 shapefile 图层之后,对其进行栅格插值。ArcGIS 自带的栅格插值方法有反距离权重法 InverseDistanceWeighted,简称 IDW)、克里金法(Kriging)、样条函数法(Spline)等。空间插值方法很多,不同的方法插值结果差异很大,近年来的研究结论也多种多样。常用的有反距离权重法和克里金法。

(1)反距离权重插值法。反距离权重插值法是以一组采样点的线性权重组合来确定栅格像元值。权重是一种反距离函数,进行插值处理的降水量站点数据集是具有局部因变量的数据集。此方法假定所映射的变量受到与其采样位置间的距离的影响而减小。

(2)克里金法[3]。克里金法是利用一组具有 z 值的分散点生成估计表面的高级地统计过程,与其他插值方法不同,该方法在选择用于最佳估算方法之前,使用克里金法对 z 值表示的空间行为进行交互研究。反距离权重法、样条函数法和自然邻域法被称为确定性插值法,这些方法直接基于站点值指定数学公式。克里金法属于地统计方法,该方法基于包含自相关的统计模型。因此,地统计方法不仅具有产生预测表面的功能,而且能够对预测的确定性或准确性提供某种度量。克里金法假定采样点之间的距离或方向可以反映表面变化的空间相关性。该方法包括数据的探索性统计分析、变异函数建模和创建表面,还包括研究方差表面。当了解站点数据中存在的空间相关距离或方向偏差后,克里金法是最适合的方法。克里金插值法相较于其他确定性插值法来说,不仅考虑采样点之间的距离,还会考虑预测点的位置以及预测点周围采样点的空间关系,因此计算的权重系数更为合理,预测更为精确。

笔者在实际应用过程中,分别利用反距离权重法和克里金法对地下水水位埋深进行了空间插值,结果显示,克里金法的插值效果更贴近实际,克里金插值法相较于其他确定性插值法来说,不仅考虑采样点之间的距离,还会考虑预测点的位置以及预测点周围采样点的空间关系,因此计算的权重系数更为合理,预测更为精确。因此,本文采用反距离权重法进行插值。打开 3DAnalystTools 下的栅格插值,选择克里金法,输入点要素及插值字段,其余参数可选择默认值,保存输出路径,得到插值栅格面。

2.4　掩膜提取

按照上述方法插值得到的栅格考虑了区域外未知情况,即插值栅格对监测井点外的区域进行了适当延展,需要利用一定的边界对延展的栅格进行裁剪。利用空间分析工具(Spatial Analyst Tools)中的提取分析选项,选择按掩膜提取,输入刚输出的克里金插值栅格,以淮河区地下水平原区图层区域为提取范围,输出淮河区地下水平原区内的插值栅格[4]。

2.5　生成等值面

利用 3D Analyst Tools 下面的栅格重分类工具,对输出的淮河区地下水平原区内的插值栅格进行重分类,依据地下水埋深实际情况,按照 $Z \leqslant 1, 1 < Z \leqslant 2, 2 < Z \leqslant 3, 3 < Z \leqslant 4, 4 < Z \leqslant 5, 5 < Z \leqslant 6, 6 < Z \leqslant 10,$

$10 < Z \leqslant 20, 20 < Z \leqslant 30, 30 < Z \leqslant 50, Z > 50$ 进行等级划分,输出重分类后的栅格。利用 Conversion Tools. tbx 中的栅格转面工具将重分类后的栅格转面,并对每个面的要素依照相应的等级按照 $Z \leqslant 1, 1 < Z \leqslant 2,$ $2 < Z \leqslant 3, 3 < Z \leqslant 4, 4 < Z \leqslant 5, 5 < Z \leqslant 6, 6 < Z \leqslant 10, 10 < Z \leqslant 20, 20 < Z \leqslant 30, 30 < Z \leqslant 50, Z > 50$ 进行赋值。对于局部出现的较小的面,可利用 Data Management Tools. tbx 消除功能将面积较小点的面消除。输出流域地下水埋深等值面图层[5]。

3 省级地下水埋深分区图审核和协调

淮河流域湖北省均为山丘区,无须绘制平原区地下水埋深分区图,除湖北省外,流域内的河南省、安徽省、江苏省和山东省均向流域机构提交了平原区地下水埋深分区图。由于各省缺少省外区地下水埋深监测数据,省界附近的地下水埋深插值结果准确度较差,因此,,流域机构重点对省际交界处埋深等级进行了协调,如果交界处埋深等级不一致或有明显的跳跃,则认为不协调。因此,流域机构考虑本流域实际情况,提出了如下协调原则:

(1)省际交界处的图层采用流域机构根据 841 眼监测井资料绘制的图层。

(2)原则上省区扣除省际交界图层后的内部图层,在审核分析后,采用本省区提供的图层。

(3)将省际交界处图层与各省区扣除省际交界图层后的内部图层叠加,生成最终的流域埋深分区图。

4 地下水埋深特点分析

通过分析,淮河流域浅层地下水埋深有以下几个特点:

(1)整体而言,淮河流域北部埋深大于南部。

(2)沿着淮河干流从西至东埋深呈递减态势,河南省多在 5 ~ 10 m,安徽、江苏两省埋深较浅,安徽省的埋深多集中在 1 ~ 3 m,江苏省埋深 1 m 左右。

(3)山东省地下水埋深多在 5 ~ 10 m,局部地区形成地下水漏斗,埋深在 20 ~ 30 m。

参 考 文 献

[1] 党磊,王子佳.基于 ArcGIS 不同插值方法制作水文要素等值线[J].东北水利水电,2020(1).
[2] 高志鸿,刘航.ArcGIS 在地下水埋深等值线绘制过程中的应用[J].吉林水利,2017(1).
[3] 靳国栋,刘衍聪,牛文杰.距离加权反比插值法和克里金插值法的比较[J].长春工业大学学报:自然科学版,2003,24(3):53-57.
[4] 陈浩,胡燕,王贵玲.ArcGIS 空间分析技术在地下水评价中的应用[J].水文地质工程地质,2007(4):112-115.
[5] 刘武,怀志军.ArcGIS 在绘制降雨径流等值线过程中的应用[J].水利科技与经济,2015,21(7):118-120.

金湖县高邮湖退圩还湖及绿色发展研究

黄苏宁[1]，蔡敏[1]，杨定全[2]，甄峰[3]

(1.南京市秦淮河河道管理处，江苏 南京 210012；2.金湖县水务局，江苏 金湖 211600；
3.江苏省水利工程科技咨询股份有限公司，江苏 南京 210029)

摘 要 高邮湖上承淮河入江水道，下接邵伯湖后至归江河道，是淮河下游的重要湖泊，具有行洪排涝、供水、生态等功能，其中金湖县境内面积为 296.79 km²。由于历史上湖泊开发利用无序，圈圩及围网养殖大面积侵占湖泊，造成湖内行水不畅、水体污染、生态退化、管理困难等问题。在当前经济社会发展新形势下，"绿色"发展理念需贯穿湖泊治理、管理及开发利用全过程，当务之急是开展退圩还湖工程。工程建设前，重点研究金湖县高邮湖圈圩历史成因、当前存在问题、退圩还湖规划方案、湖泊绿色发展路径等有关问题，将对工程的实施起到引领性和指导性作用。

关键词 退圩还湖；绿色发展；问题分析；金湖县高邮湖

1 研究区域概况

金湖县位于淮河下游、江苏省中部偏西地区，方位在长江以北、苏北灌溉总渠以南、洪泽湖以东、京杭运河以西。金湖地处两省三市之交，东与扬州市的宝应县、高邮市接壤，东南、南与安徽省滁州市的天长市、南京市六合区相邻，西与淮安市盱眙县、洪泽区交界，北与洪泽区毗邻，淮河入江水道自西向东横贯金湖。金湖县属全省水利分区上的白宝湖地区，境内沟渠纵横，湖泊众多，其中高邮湖是金湖境内最重要的湖泊之一。

高邮湖位于东经 119°06′~119°25′、北纬 32°30′~33°05′范围内，为浅水湖泊。高邮湖上承淮河入江水道，下接邵伯湖后至归江河道，是淮河下游的重要湖泊，具有行洪排涝、供水、生态等功能。高邮湖正常蓄水位 5.70 m(废黄河高程，下同)，相应库容 9.3 亿 m³；设计洪水位 9.50 m，相应库容 37.7 亿 m³。湖泊保护范围为设计洪水位 9.50 m 以下的区域，金湖县境内面积为 296.79 km²。主要出入湖河道为淮河入江水道、涂沟河、新坝河、利农河、关坝河、夹纪河、高杨河、闵桥跃进河等。高邮湖主要控制建筑物为宝应湖退水闸、利农河尾闸等[1]。

金湖县高邮湖地区圈圩基本建设于 1988 年之前。由于历史上湖泊湖荡开发利用严重，造成行水不畅，难以发挥其应有的行洪功能，影响了金湖县高邮湖周边地区的防洪安全，一定程度上导致高邮湖地区的生态退化，影响湖泊资源的可持续利用和区域社会经济的发展。

2 存在问题分析

由于历史上湖泊开发利用无序，圈圩及围网养殖大面积侵占湖泊，造成湖内行水不畅、水体污染、生态退化、管理困难等问题[2]。

2.1 湖泊水面萎缩，行水通道不畅

湖泊最基本的特征是水面，也是最重要的空间要素。高邮湖的圈圩养殖是湖泊水面消失的最直接的方式，也使得湖泊调蓄库容减少，行水通道不畅。目前，湖泊内圈圩养殖面积 60.80 km²，占用兴利库容(正常蓄水 5.70 m 至死水位 5.00 m 之间)约 0.403 亿 m³，占相应县域内湖泊面积 296.79 km² 的 20.49%，围网面积 72.18 km²，占相应湖泊面积的 24.32%，总占比达 44.81%。正常蓄水位 5.70 m 与

作者简介：黄苏宁，男，1987 年生，南京市秦淮河河道管理处工程师，主要研究方向为水利规划与河湖管理。E-mail：562788320@qq.com。

设计洪水位 9.50 m 之间的滩地,几乎全部被开发。湖泊内现有的陈家圩等大面积圈圩也大幅降低了湖泊保护范围红线内有效水面面积。从圈圩和围网分布图(见图 1)来看,高邮湖除深水区外基本被圈圩和围网覆盖,利农河入高邮湖后的行水通道、宝应湖退水闸下行水通道等湖内重要行水通道基本被圈圩所阻碍。圈圩和围网的发展如不加遏制,将直接导致湖泊消亡,并对环境造成了巨大的负面影响。随着湖泊面积的缩小,金湖县境内高邮湖有效库容和调洪能力严重减小。

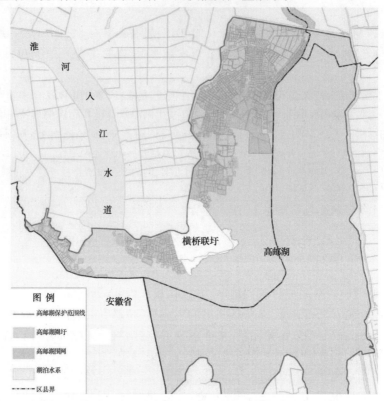

图 1　金湖县高邮湖圈圩和围网示意图

2.2　湖泊淤积较重,湖盆逐步抬高

高邮湖素有"悬湖"之称,原湖底高程一般为 3.5 m。历史上圈圩及围网养殖清塘将底泥抛至湖内造成湖泊淤浅,湖盆有逐步抬高的趋势,现状湖泊湖底高程平均约 4.0 m,近岸浅水区 4.5 ~ 6.8 m,淤积深度一般为 0.3 ~ 1.0 m,湖泊容量减小,直接影响蓄水功能,扰乱生态平衡,底栖生物生活环境逐步恶化。

2.3　湖泊水质恶化,富营养化加剧

金湖县高邮湖在历史成型及演化过程中,除受到气候、土壤、河流等自然因素的影响外,最重要的是受到人类活动的影响,特别是中华人民共和国成立后至 1988 年为提高区域经济效益,大面积圈圩及围网养殖日益增多,投放的饵料对水体造成一定的污染,湖内大面积围垦及使用化肥、含磷洗涤剂和工业污水等使水质进一步恶化,也造成了轻度富营养化。根据 2012 ~ 2016 年统计资料,湖泊综合水质类别多为Ⅲ ~ Ⅴ类,总磷浓度除 2014 年水质Ⅲ类外,其余各年均为Ⅳ类;总氮浓度 2014 年和 2016 年为Ⅳ类。全湖及各生态功能分区营养化指数介于 51.6 ~ 57.6,2016 年数值有所上升,为轻度富营养状态。高邮湖湖泊水质恶化和富营养化已经对湖泊水资源利用、水生态环境造成了一定的负面影响。

2.4　湖区无序开发,生态功能退化

湖泊的无序开发,会侵占水生生物栖息地。据 2016 年统计,高邮湖水生植物共计 18 种隶属 13 科,浮游植物 70 属 107 种,浮游动物 69 种,底栖动物 19 种(属),鱼类 16 科 46 属 63 种,其中鲤科 37 种。湖泊内特色的动植物有芦苇、双穗雀稗、穗花狐尾藻、菹草、伪鱼腥藻、衣藻、侠盗虫、球型砂壳虫、环棱螺、苏氏尾鳃蚓、鲤鲫鳊鱼及银鱼,湖泊内还设置了高邮湖大银鱼湖鲚国家级水产种质资源保护区。湖泊内生物资源丰富,湖泊无序开发造成生物存活率降低,生态功能退化,生物赖以生存的栖息地日益减

少。

2.5 湖泊保护难度加大,管理体制有待优化

不同的开发利用方式及经济社会发展需要造成高邮湖的无序开发,使湖泊管理与保护难度加大,管理部门在管理与执法过程中面对不同利益相关方需采取不同的管理措施,人员少、任务重。多种竞争性开发利用方式并存的局面导致了管理主体不够明确,事权责任不清[3]。湖泊管护涉及水务、海洋渔业、生态环境、自然资源等,虽建立了湖泊管理与保护联席会议制度,但管理及执法资源相对分散,对湖泊水利功能及生态功能认识存在偏差,执法刚性不够,开发力度大于保护力度,长效、全面、高质量的管理有待进一步落实[4]。

3 对策与建议

面对金湖县高邮湖现状存在的问题,在当前经济社会发展新形势下,"绿色"发展理念需贯穿湖泊治理、管理及开发利用全过程,面对打造"幸福河湖"的新要求,当务之急是实施退圩还湖工程,进一步探索湖泊绿色发展的有效路径。

3.1 规划退圩还湖工程,有效清退圈圩围网

规划和实施金湖县高邮湖退圩还湖工程,是落实《江苏省湖泊保护条例》《江苏省高邮湖邵伯湖保护规划》要求的重要一环,也是推进湖泊依法管理和保护,推动生态河湖、幸福河湖建设的有效手段[5],是"绿色"发展理念得以落地的关键。

一是规划清退湖内圈圩及围网。清退湖内圈圩 60.80 km²,清除围网 72.18 km²,恢复自由水面43.65 km²,设计洪水位至正常蓄水位之间增加库容约 1.659 亿 m³,增加了兴利库容约 0.309 亿 m³。充分恢复湖泊蓄水调洪能力。根据采样分析成果,高邮湖底泥中总磷(TP)主要为 253~677 mg/kg,总氮(TN)主要为 0.074~0.264 mg/kg,有机质(OM)主要为 11.5~36.3g/kg。铜(Cu)主要为 23.5~36.2 mg/kg,锌(Zn)主要为 86.2~253 mg/kg,铅(Pb)主要为 22.6~30.7 mg/kg,镉(Cd)主要为 0.065~0.517 mg/kg。根据《土壤环境质量标准》(GB 15618—1995),高邮湖宜采用 I 级标准,铜、锌、铅、镉的标准含量上限分别为 35 mg/kg、100 mg/kg、35 mg/kg、0.2 mg/kg,根据《农用污泥中污染物控制标准》(GB 4284—2018),A 级农用污泥中铜、锌、铅、镉的最高含量分别为 500 mg/kg、1 200 mg/kg、300 mg/kg、3 mg/kg,参照农用污泥中污染物控制标准,高邮湖底泥中重金属含量均未超标,可用于填筑排泥场。拟在湖泊保护范围红线内布置 17.15 km² 的排泥场,合理抬高排泥场面高程,调整湖泊岸线,保护和维持湖泊形态。

二是规划布置两处排泥场(见图2)。一处位于陈家圩及其北侧,面积 16.8 km²,堆土后排泥场地面高程约 10 m。另一处筑生态岛 1 座,位于横桥联圩东侧,面积 0.33 km²,堆土后排泥场地面高程约10 m。

三是设置堤防及调整湖泊保护范围线。排泥场布置后沿岸线需增设堤防,按 2 级堤防标准堤顶高程达到 12.5 m,排泥场布置时堤防及保护范围需留足。根据《江苏省高邮湖邵伯湖保护规划》,淮南圩管理范围为背水坡坡脚外 50 m,保护范围为堤防及背水坡堤脚外 50 m,调整后的湖泊保护范围线应按程序报相关部门批准,并在本规划批准后重新勘界设桩予以确认。

3.2 清除湖区淤积底泥,重塑湖盆空间形态

在绿色发展理念指引下,水生态环境及动植物栖息地打造将成为湖泊保护的重要环节,也是湖泊治理成效的体现。金湖县高邮湖现状湖底地形从岸边到中心按缓坡状布置,一般湖底高程 4.0 m,最低处约 3.6 m。现状近岸浅水区淤积后的湖底高程 4.5~6.8 m,淤积深度为 0.3~1.0 m。清除湖区淤积底泥,重塑新的湖盆空间形态,将给挺水植物和沉水植物形成较为稳定和友好的生态空间,动植物随着繁衍生息将会渐渐在沿岸带、近岸带及深水区形成不同层次的分布,进而形成健康的生物群落,促进健康湖泊体系的进一步形成。挺水植物将根系扎入沿岸带土壤中,可在在水深 1~2 m 区域内存活。因此,清淤深度 0.3~1.0 m 可基本满足植物生长及水生态系统运行要求,清淤后还需要进一步采取人工投放生物、畅流活水等措施加快清淤区生态恢复,也可基本清除底泥中的污染物。

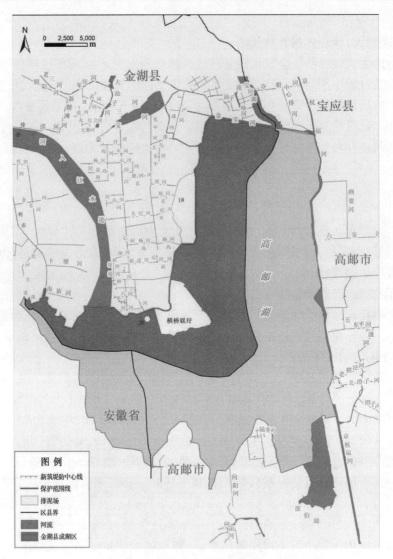

图2　排泥场布置示意图

清理行水通道及出入湖河道。根据湖泊保护规划要求,对宝应湖退水闸下行水通道、淮河入江水道入湖段行水通道及百家荡行水通道进行清淤,清后湖底高程为3.0~3.5 m。对出入湖河道清理至周边相近区域湖底高程。

3.3　实施近岸生态修复,加强生态红线管控

(1)加强退圩还湖工程实施后的湖泊生态系统重建。鉴于水生植物耐淹水深在0.2~1.0 m,在南北或东西宽度大于1 km的区域周边50 m范围内种植浮叶植物和挺水植物,在清淤区种植沉水植物,并投放适量的底栖生物和鱼类,修复带顶高程5.50 m。金湖县地处我国东部、淮河下游区,属北亚热带湿润气候区,兼有海洋性和大陆性气候特征,适宜的水生植物品种较多,结合地方旅游发展规划等主选芦苇及荷花,可间植鸢尾、菖蒲等常见水生植物。

(2)落实生态红线保护规划中的管理与保护机制。《江苏省生态红线区域保护规划》明确金湖县高邮湖内一级管控区为鸡鸣荡位置处的高邮湖大银鱼湖鲚国家级水产种质资源保护区,其他湖区为二级管控区。要求一级管控区实行最严格的管控措施,严禁一切形式的开发建设活动;二级管控区以生态保护为重点,实行差别化的管控措施,严禁有损主导生态功能的开发建设活动。《江苏省国家级生态保护红线规划》要求生态保护红线原则上按禁止开发区域的要求进行管理,严禁不符合主体功能定位的各类开发活动,严禁任意改变用途。落实生态红线管控,可有效推进湖泊生态及水生动植物的保护。

(3)清退湖内居民房屋,保障群众生产生活。金湖县高邮湖内规划清退的(蟹)鱼塘养殖主体为县域农渔民,湖泊内有为数不少的砖瓦房、简易房、茅草房及船房,清退后需充分保障群众生产生活,按标

准补偿到位,并将未缴纳社保的群众纳入城镇居民社保范围,给予生产技能培训,保障上岸渔民就业。在充分保护湖泊的同时,让群众无后顾之忧。真正落实"绿水青山就是金山银山",将高邮湖打造成群众生活、生产、旅游、休闲等有利于经济社会发展的"幸福河湖"。

3.4 修编湖泊保护规划,厘清湖泊管理权责

自上一轮湖泊保护规划编制后,区域经济社会发展迅速,湖泊管护出现了很多新问题、新要求与新举措,修编湖泊保护规划可有效指引湖泊管理与保护工作,重点研究内容不仅体现在防洪除涝、水资源供给与保障、水环境治理、水生态修复等方面,还要重新梳理湖泊功能定位,加强水域、岸线保护。落实在保护中开发、在开发中保护,如确需利用水域养殖,需编制专项的养殖规划,在湖泊保护规划的框架下采用先进养殖技术,严控养殖污染入湖,也防止水域岸线遭到破坏。

在湖泊管理方面,开展湖泊流域化管治试点,厘清湖泊管理权责。当前多龙治水、多部门管水导致权责不清、责任不明,因此需大胆改革管理体制机制。高邮湖是流域性湖泊,也是洪泽湖下游淮河水入江的必经通道,应在现有法律法规框架范围内,进一步深化湖泊管理联席会议制度,开展湖泊流域化管治试点,明确相关部门责任清单。在实际管理中,宜集中资源、加强巡查,多部门各级别人员反复扫描湖泊水域岸线问题,加强涉湖建设工程的监管,推进综合执法,充分提高湖泊管护水平。

参 考 文 献

[1] 江苏省水利厅.江苏省高邮湖邵伯湖保护规划[R].南京:江苏省水利厅,2006.
[2] 王俊,王轶虹,高士佩,等.退圩还湖工程实施方案及其对湖泊环境影响分析[J].人民长江,2020,51(1):44-49.
[3] 陈立冬,何孝光,王阳,等.江苏省洪泽湖退圩还湖的思考[J].江苏科技信息,2019(12):75-77.
[4] 杨小秋,冯爱国,胡永春,等.宝应县运西地区省管湖泊退圩还湖工程的思考[J].治淮,2018:53-55.
[5] 赵一晗.洪泽湖综合治理与保护的调查和思考[J].治淮,2018:61-62.

微灌技术在农业灌溉工程中的应用

郭丹萍[1]，杨涛[1]，俞伟[1]，王毅[2]，陈敏[1]

（1. 淮安市水利勘测设计研究院有限公司，江苏 淮安　223005；
2. 淮安市淮河水利建设工程有限公司，江苏 淮安　223005）

摘　要　随着淡水资源总量的减少，土地资源的不断减少，加之淮河流域人口的剧增，对农作物增产增收的需求不断提高，进而农业灌溉需求也逐渐增加，为提高水资源的利用率，鼓励继续加强节水技术的推广，发展高效节水灌溉工程。淮河流域贯穿河南、安徽、江苏三省，苏北平原位于淮河流域下游，是江苏重要的农业经济发展区域；近年来，随着节水灌溉工程在江苏农业灌溉工程中的应用越来越广泛，微灌技术以其精准控制水量、灌水均匀、节省占地、能够适应较复杂地形、应对干旱气候等特点，逐渐显现出良好的经济效益，具有不可替代的优势。本文通过金湖某些工程实例，介绍微灌灌水技术的几种选择及布置方式，可为类似的项目建设提供技术参考。

关键词　节水灌溉；微灌技术；灌水器；管网布置；喷灌；滴灌

1　引言

节水灌溉是指以最低限度的用水量，获得农作物最大的产量或收益，也就是最大限度地提高单位灌溉水量的农作物产量和产值的灌溉措施。近年来，苏北平原节水灌溉技术的大面积应用，大幅提高了作物灌溉效率，促进农作物的增产增收，从而促进苏北农业经济的发展；另外，结合自动控制技术及节水设备在农业中的应用，很大程度上节省了人工劳力，提高了管理水平，在降低生产成本的同时达到节电、节肥、节地等效益。目前，我国节水灌溉的主要工程措施有防渗渠道、低压管灌、喷灌、微灌等，本文着重介绍微灌技术的应用。

2　微灌工程技术特点及适用条件

微灌工程是通过管道系统，利用末级管道上的灌水器，以较小的流量湿润作物根部部分区域土壤的灌水技术，为局部灌溉。微灌根据灌水方式的不同，又分为滴灌、微喷灌、小管出流灌等。微灌工程的基本特点是运行压力低、灌水流量小、灌水频率高，并且能够精准地控制水量，灌水均匀，能够适应较复杂的地形，能够应对干旱的气候等，不仅适用于土地资源紧张的平原地区，在山丘区等复杂地形及干旱缺水的北方地区更能体现出其不可替代的优势。但由于灌水器出水口小、流量小，易被水中杂质堵塞，因此一般情况下微灌系统首部需安装过滤等水处理设施，导致微灌工程一次性投资较高，目前在我国的应用发展中仍具有广泛的空间。

3　微灌系统布置原则

灌水器的选择主要受作物种类、种植形式、土壤类型、地形条件等因素的制约和影响，并受设计人员的经验影响。实际中需根据作物的种类及生长需求、种植株行距、土壤质地、地形地势等实际情况，通过技术与经济分析，确定不同的灌水方式。

灌水器选择好之后，需确定微灌系统的田间布置方式及管网的规划布置，其布置原则如下：毛管的布置一般沿作物种植方向，铺设长度受地形条件、田间管理的制约，且不得穿越田间机耕道路；平坡铺设

作者简介：郭丹萍，女，1987 年生，山西原平人，硕士研究生，工程师，设计师，研究方向为农业水利、水工结构工程。

时宜在支管两侧双向均匀布置毛管,坡度较小时,支管两侧双向布置毛管,逆坡向短,顺坡向长,坡度较大时,宜顺坡单向布置毛管。支管的布置一般垂直于作物种植方向,长度受田块形状、大小和灌水小区等影响,间距取决于毛管的长度,尽可能增加毛管长度,增大支管间距。干管的布置应与支管布置同时进行,主要受水源位置、地形的制约,尽量顺直,减少转折,与道路电力线等平行布置,尽可能地减少干管级数。

以下通过金湖几个微灌工程的实例,介绍不同作物种类及种植形式下的几种不同的灌水方式及布置方式。

4 微灌技术在农业灌溉工程中的应用

4.1 三园农庄果树滴灌工程

4.1.1 工程概况

该高效节水灌溉项目区位于金湖县吕良镇三园农庄度假区,庄园以出产有机水稻、有机果蔬等实现经济效益,也为游客提供果蔬采摘的休闲体验。项目区种植果蔬主要有桃、李、车厘子、葡萄,种植区面积 29.3 hm²,采用滴灌灌溉。

4.1.2 灌水器及田间布置方式的选择

该项目区主要种植果树,间距多为 3.0 m×4.0 m,土质为壤黏土,地形较为平坦,地块分散,宜选用流量较小、使用年限长、能够自动调节出水量和自清洗、出水均匀度高、能够适应复杂地形等特点的灌水器;布置方式宜采用毛管和灌水器绕树的滴灌形式(见图1)。初选灌水器为稳流器 + 分流管,工作压力为 0.1 ~ 0.3 MPa,流量为 20.0 L/h 的稳流器;分流管采用 φ5 mm 的 PE 软管,带有分流扣,1 m 三扣,每个分流扣流量为 2.0 L/h。

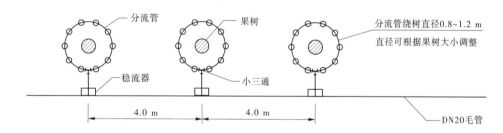

图1 毛管与灌水器布置方式1

4.1.3 管网规划布置

结合项目区的功能划分及地形状况,并考虑尽量降低水头损失,取水水源选在项目区东侧中部,从泵站出来主干管至种植区域向南、北、西分3条分干管,分干管1控制南边片区1~片区3,分干管2控制北边片区4,分干管3控制西边片区5、片区6。

每一个片区内,支管沿东西方向布置,除支管3-2两侧灌水,其余支管均布置于地块一侧,单侧灌水。支管埋于地下,通过辅助管道与地面的连接管相连,每条支管上设3条连接管与毛管相接,毛管沿南北方向布置。

根据果树种植特点,毛管沿树行一侧布置,间距3.0 m,每棵树附近设置1个稳流器,稳流器间距4.0 m,稳流器以下接分流管,分流管绕树布置,每条分流管上设置10个分流扣。

项目区管道系统均采用 PE 管,主管道(干管、分干管、支管)埋于地面以下不小于0.5 m,管道穿路时埋深不小于1.0 m。管网平面布置见图2。

4.2 三园农庄花卉微喷灌工程

4.2.1 工程概况

该项目区位于金湖县吕良镇三园农庄度假区,该区域主要种植观赏花卉,种植区面积 10 hm²,采用微喷灌灌溉。

区域一：果树区，440 亩

图2 果树滴灌管网平面布置

4.2.2 灌水器及田间布置方式的选择

相较于滴灌，喷灌受风、空气湿润度等气候影响较大，所需压力较大，喷头流量相对较大，灌溉范围较大，适用于生长高度较低，种植密度大的作物。该区域主要种植花卉，作物生长高度较低，种植较密，可采用雾化程度略高，喷灌强度较低的微喷头进行灌溉。结合业主及当地的习惯，拟选灌水器为 HW5442 双喷嘴旋转喷头，该灌水器水颗粒均匀细密，当工作压力 300 kPa 时，流量 450 L/h，射程 7.0 m，打孔连接到 PE 毛管上，喷头立杆采用地插安装，立杆高度 1.2 m，喷头组合安装间距 8 m×8 m。

4.2.3 管网规划布置

该项目区地块整齐，地形平坦，水源位于项目区西南侧，根据毛管的铺设长度，结合水源位置及沟路的布置现状，将项目区分 8 个片区，水泵出水接干管 1，干管穿过水泥路分别向东、西分出 2 条分干管 1-1、分干管 1-2，分干管主体方向南北布置，支管沿东西向布置，共 16 条支管，每条支管单向灌溉。支管通过三通与毛管连接，毛管地面铺设，沿南北向铺设，毛管间距 8.0 m。花卉区主管道均采用加筋 PE 管，主管道(干管、分干管、支管)管顶均埋于地面以下不小于 0.7 m，穿路、沟塘时埋深不小于 1.0 m。花卉区主管道平面布置见图 3。

区域二：花卉区，150 亩

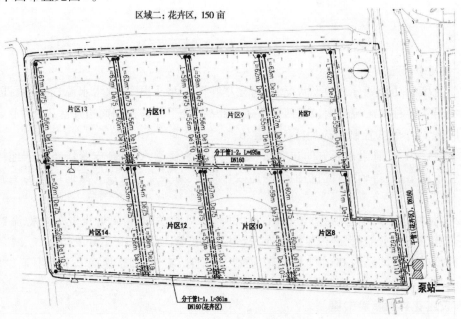

图3 花卉微喷管网平面布置

4.3 陈渡高效农业园果树滴灌工程

4.3.1 工程概况

项目区位于金湖县淮金公路东侧,金北镇陈渡高效农业园区内,规划灌溉面积约为 2.3 hm²。项目区已建好大棚,宽度为 4 m 左右,三排大棚长度分别为 26 m、90 m、70 m。主要种植桑葚,采用大棚内滴灌系统进行灌溉,灌溉水源为项目区西南侧附近沟道。

4.3.2 灌水器及田间布置方式的选择

根据园内种植作物及管道布置方式,要求采用流量稳定、结构简单、抗堵塞能力强、方便维护、经济适用的灌水器,故灌水器采用压力补偿式内镶滴灌管,滴灌管兼具有配水和滴水功能,且流量稳定,具有自冲洗功能、沿程水头损失小、铺设长度长、田间易于布置和收取等优点。根据作物需水量的大小,选用 DN20(内径 18 mm,壁厚 1.0 mm),具有压力补偿式的内镶 PE 滴灌管,滴孔间距 0.5 m,压力范围 0.05~3.5 MPa,滴头额定工作压力 0.10 MPa,额定流量 3.0 L/h。根据果树种植形式,株距 0.6~1.0 m,行距 1.5 m,毛管(既滴灌管)布置方式采用单行毛管平行布置于果树行一侧,间距 1.5 m(见图 4)。

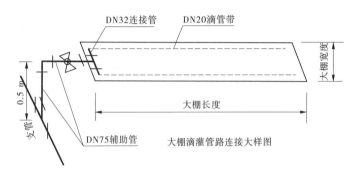

图 4　毛管与灌水器布置方式 2

4.3.3 管网规划布置

大棚内主要种植桑葚,支管上在每个大棚处设一分水口,每个分水口上连接一根连接管,每根连接管上连接 2 根滴灌带,滴灌带间距为 1.5 m,长度依据田块长度确定,为 26~90 m。干管根据水源位置自西侧沟旁引至种植区,通过南北向分干管连接三条东西向支管。干管、支管、连接管均采用 PE 管,干管、支管埋于地面以下 0.5 m,分水口、连接管、滴管带均贴于地面布置。具体管网见图 5。

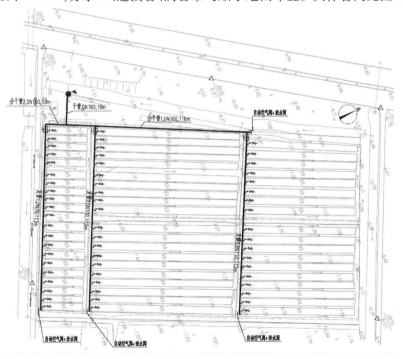

图 5　桑葚滴灌管网平面布置

4.4　新丰高效农业园桃园滴灌工程

4.4.1　工程概况

项目区位于淮金公路东侧,陈桥镇新丰高效农业园区内,规划灌溉面积约为 7.3 hm^2,分两片区域,共建一座泵站,配套 2 台泵各单独灌溉。北侧种植桃树,面积约 3.3 hm^2;南侧种植火龙果,面积约 4 hm^2。桃树区拟进行露天滴灌灌水方式,灌溉水源为项目区西南侧约 200 m 处自建水池。

4.4.2　灌水器及田间布置方式的选择

根据桃树的灌水要求,结合种植方式,灌水器采用管上式压力补偿式滴头(奥特普),该系列滴头能够自动调节出水量和自清洗,具有出水均匀度高等特点。滴头工作压力范围为 0.1~0.35 MPa,滴头流量 2.0 L/h。平坡条件下,灌水均匀度为 90%,在 0.2 MPa 压力下,推荐最大铺设长度为 180 m,首部配套 150 目网式过滤器。

根据桃树的种植方式,株距 1.8 m,行距 4.2 m,采用双行毛管平行布置方式,即沿树行两侧布置两条毛管,每棵树两侧每条毛管上各设置 4 个滴头,滴头平均间距 0.45 m,毛管间距窄行 1.0 m、宽行 3.2 m(见图 6)。

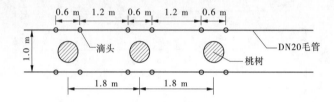

图 6　毛管与灌水器布置方式 3

4.4.3　管网规划布置

从水源出来南北向布置一根干管到桃园,平行于干管布置 2 根分干管分别铺设于中心道路两侧,与分干管平行通过辅助管道连接支管,每根分干管上设 4 条支管,每条支管控制 11 组(22 条)毛管,毛管沿东西方向布置。毛管、支管、分干管、干管均采用 PE 管,干管、分干管均埋于地面以下 0.5 m;管网平面布置见图 7。

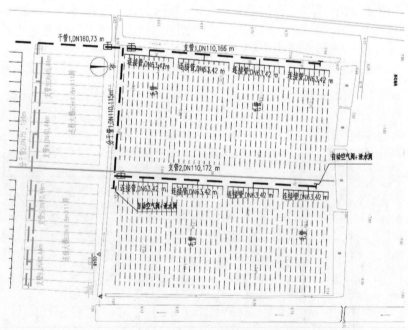

图 7　桃园滴灌管网平面布置

5　结语

高效节水工程的建设,可提高水资源利用率,降低生产成本,同时提高作物的品质和产量,有着良好的示范效果。微灌技术作为节水灌溉技术中的一种工程措施,是一种将机械化、自动化灌溉有机结合的现代化农业技术,在改善农业生产条件、保障农业和农村经济持续稳定增长、提高农民生活水平等方面具有不可替代的重要地位和作用。另外,微灌工程在沙漠化治理、水土保持、改善生态环境等方面也具有很好的发展前景。同时,能够带动了其他相关产业(如塑料、化工、机械、电子等)的发展,从而促进淮河流域地区整体的经济发展。

浅析河长制在石梁河水库生态治理中的作用

李军,徐进军,嵇耀

(连云港市水利局,江苏 连云港　222006)

摘　要　水生态是我国生态文明建设的重要组成部分,水库枢纽又是水生态建设的重中之重。石梁河水库是江苏省最大的水库枢纽工程,在水生态建设上存在许多短板。尤其是不规范采砂已有30余年历史,违章圈圩、违法取土、违法建设等行为长期存在、禁而未绝,直接影响水库周边生态环境。近年来,江苏省连云港市以全面推行河长制为契机,以"绿水青山就是金山银山"为指导,结合河湖"四乱"清理、打黑除恶专项斗争,全面开展石梁河水库水生态综合整治,有效改善了库区生态环境。本文系统分析了河长制在石梁河水库生态整治中的主导作用,在水库生态规划中的统筹作用,总结了河长制在石梁河水库生态治理顶层设计、系统谋划、整体推进等方面的实践创新和经验,为今后淮河流域生态河湖系统治理提供参考。

关键词　河长制;水库;生态治理

石梁河水库不规范采砂已有30余年历史,违章圈圩、违法取土、违法建设等行为长期存在、禁而未绝,整治工作中遇到不少"钉子户""拦路虎"。面对这种情况,连云港市水利部门不怕矛盾,不避问题,坚持把"办大案、清积案"作为重点,以最坚决的态度向违法违规问题宣战。整治过程中立案查办重大涉水案件20余起,结合打黑除恶专项斗争,在公安、环保、信访等部门支持下,强化专班推进,加强信息共享,形成工作合力,统筹推进整治过程中的综合协调、法律服务、审批服务、信访维稳、应急处置、舆情引导等各项任务,共同将整治工作推向深入,保障整治取得预期成效。

1　石梁河水库基本情况及存在问题

1.1　石梁河水库现状

石梁河水库位于新沭河中游,苏鲁两省的赣榆、东海、临沭县三县交界处,是江苏省库容最大的水库,沂沭泗洪水东调南下工程的重要组成部分,连云港市最重要的防洪保安工程。水库于1958年兴建,1962年建成,最大库面积91 km²,库容5.31亿 m³,为大(2)型水库。石梁河水库建成后,在历代水利人的精心管理下,水库防洪能力基本能达到100年一遇设计、2 000年一遇校核,现状自流灌溉东海县、赣榆区70万亩农田,并为下游工业和生活用水提供水源,在保障连云港市防洪和供水安全中发挥了重要作用。与此同时,受各种因素影响,水库在发展过程中也出现了一些矛盾和问题。

1.2　存在问题

(1)行水通道不畅,蓄排能力下降。

建设初期,根据库区移民计划,政府分别对库区内高程27.0 m以下居民实施了外迁安置,对高程28.0 m以下土地进行了赔偿。但由于移民安置管理不严,一些外迁居民陆续返乡,从事围垦和网箱圈圩养殖,库区人口急剧增加,现状库区管理范围内有行政村19个、人口近4万人,网箱养殖水面达到34.45 km²。

(2)蓄水功能未得到充分发挥。

石梁河水库设计兴利水位26 m,受库区移民及水库自身安全问题影响,水库一直被压低水位运行。汛期限制水位为23.5 m,汛后坝前最高水位不得超过24.5 m。石梁河水库现状兴利水位为24.5 m,低水位运行导致库区26 m以下种植、养殖等人为活动密集,水资源不能充分利用。

作者简介:李军,男,1969年生,江苏省连云港市水利局高级经济师,主要研究方向为水利文史和经济管理。E-mail: junzimu001@163.com。

（3）水库生态环境局部被破坏。

主要是库区出现富营养化，水功能区水质不能稳定达标，整治以前库区总磷超标比例达到33.8%。上游入库河流工业、生活污染治理水平较低，污水进入库区。网箱、圈圩、畜禽养殖尾水入库，给水环境和水生植物带来影响。违章建窑烧砖，影响水土保持，堆砂场、待泊港区呈犬齿状密布，船舶采砂、洗砂导致水体污染。

（4）无序采砂现象较为严重。

整治工作以前，库区内非法采砂船舶达到了425条，非法运砂船千余条，堆砂场574个，占地面积3.33 km²，堆砂码头占用岸线长29 km²。过度采砂使原本较为平坦的库底出现大量的深坑，特别是近岸采砂，更易造成河势不稳、冲淤失衡、河岸变陡、崩岸塌坡等现象，库区生态环境遭到破坏，鱼类资源生存环境受到严重影响。

2 石梁河库区综合整治取得积极成效

2019年以来，连云港市委、市政府审时度势，强力担当，充分认清石梁河水库问题的严重性和紧迫性，以壮士断腕的决心发力库区综合整治，科学谋划，系统施策，全力推进，取得积极成效。

2.1 石梁河水库不规范采砂历史彻底结束

（1）在船只清理方面，制订《石梁河水库采运砂船只清理解体实施方案》，由水利、公安等五部门联合发布《关于清理石梁河水库采运砂船舶、机具的通告》，限期开展船只解体。规定管理范围内所有采砂、运砂船只限期自行驶离，对于限期内未驶离水库管理范围的船只，要求按规定自行解体或集中解体，对于限期内未解体的船只依法强制解体。

（2）在堆砂清理方面，制订《石梁河水库储砂整治工作实施方案》，发布《关于清理石梁河水库砂场的通告》，分类实施堆砂场清理工作。对于有占用协议储砂户，要求自行登记，签订承诺书，补缴超面积占用费，自行完成清理，修复地形地貌，报请执法部门验收。整治工作完成船只拆解1 800余艘，完成砂场清理90余家，非法采砂"清零行动"彻底结束了困扰石梁河水库30余年不规范采砂的历史。

2.2 石梁河水库生态面貌恶化趋势得到遏制

借力"河长制"工作平台，凭借打击非法采砂过程中形成的高压态势和良好工作机制，深入推进库区周边违章建筑、违法圈圩治理。市水利部门联合东海、赣榆两县区，相继启动"两违三乱"强制清理工作，组织公安、水利、城管等部门出动人力近3 200余人次，出动挖掘机100余台次，保障车辆600余台次，共拆除违建砂厂、养殖场房面积131 846 m²。深入开展石梁河库区周边河道及入库河道巡查排查，督促属地县区和部门加快实施截污治污，逐步改善入库河流水质，多措并举扭转库区生态环境恶化趋势。

2.3 全面形成打违治乱的长期高压态势

结合打黑除恶专项斗争，密切配合公安部门查处采砂过程中的涉黑、涉恶违法行为，大力推动行刑衔接，坚决打击违法主体嚣张气焰，有效形成不敢违、不想违的长期高压态势。

2.4 创新总结了一套全过程整治工作经验

整治工作开始之前，连云港市水利部门开展了大范围的违法违章行为摸排工作，对非法采砂主的人员情况、采砂范围、非法采砂量等进行了逐一核实。在石梁河库区及周边地区广泛宣传工作政策，印发《致石梁河水库采砂从业人员的一封信》，并通过执法船只全天24 h播放，让非法采砂业主和周边群众深入了解整治工作政策和决心力度，将一小部分非法采砂主的对抗抵触情绪降到最低。整治工作过程中，及时与采砂业主、圈圩养殖户进行沟通，将打击非法行为与宣传教育工作有机结合起来，登门入户做好劝导，耐心细致讲解政策。

3 石梁河水库保护与利用基本思路

3.1 必须把生态修复作为首要任务

推动水库生态面貌从"转好"迈向"变优"，在巩固整治成效基础上，加快开展生态修复，推动实施

"一面、两环、四廊道"建设。

一面即水库水面整治。要按照"老账逐步还、新账不再欠"的原则,有计划推进设计兴利水位 26 m 以下"退圩、退田、退渔"等"三退还库"工作,为水库发展腾出生态空间。进一步清理环库堆砂场、渔港、码头等违章建筑,对犬齿状岸线码头进行生态治理,形成平滑、生态的自然式岸线。在水库周边实施生态涵养林建设,通过栽种水杉等乔木,采用乔、灌、草结合方式,成片成带布置常绿落叶针阔混交林,恢复水库库面生态景观。

两环即打造环库交通环和环库生态环。环库交通环以现有公路为主干,拓展新线路,打造环湖大道,建设道路绿化带,串联起周边乡镇,助力"美丽乡村"建设。环库生态环充分利用水面及水库涵养林优势,规划建设环库步道 55.9 km,串联起库区湿地、生态景观带和水利风景区,实现水库生态功能利用最大化。

四廊道即打造新沭河、西朱范河、石门头河、朱范河等 4 条主要入库河道生态廊。把生态湿地、生态护坡和生态涵养林建设结合起来,以 4 条主要河道入库口为重点,打造自然景观廊道,涵养入库河道生态,提高入库河流水质,减轻水库污染压力。具体工作中要依据有关法律规章,结合水库功能特色,对标生态建设要求,分步分类推进实施。

3.2　必须把科学用水作为关键环节

(1)大力推进水量提升行动,通过工程措施及非工程措施,在保障库区安全前提下,逐步恢复原设计兴利水位。根据水文部门测算,新沭河非主汛期年平均来水量达到 3.45 亿 m³。在以水定城、以水定地、以水定人、以水定产的背景下,充分发挥库容优势,主动用好雨洪资源,错峰保水蓄水既是发挥水库的应有功能,也是助力港城绿色发展必要举措。

(2)持续做好水质保障工作,依托"河长制"推进,结合水库生态修复、入库河流节制等工程建设,继续强化入库河流整治,加大重点问题交办督办,推动落实污染客水、生活污水、农业污水减量行动。石梁河水库水质本底相较市区其他河流具有较强优势,水库综合整治后,水质持续向好,基本稳定在地表水 Ⅲ 类水标准。要以石梁河水库为重点,奋力做好碧水保卫战,逐步阻截污水,留住好水,为子孙后代留下宝贵的水资源。

(3)全面提升水库调度能力,优化和拓展石梁河水库生态用水、生活用水功能,规划和完善向市区、临港产业区调水线路,为连云港市石化产业发展及市区生态用水保障提供更加有力的支撑。坚持把节水优先贯彻到石梁河水库调水、用水工作全过程,探索推进节水效益与用水指标分配挂钩制度,保障出库水资源得到合理利用。

3.3　必须把依法管砂作为重点任务

(1)坚持规划先行,把保护放在首位,在保障水库生态安全、防洪安全、供水安全的前提下,严格划定可采区、禁采区和保留区。坚持分类管理,对不同区域采取不同的管理措施,提高保护工作针对性和可行性。切实提高规划执行刚性,做到禁要禁得住,留要留得久,采要有序可控。

(2)坚持审批从严,在规划许可范围内,依法从严落实审批制度,在审批中明确地点、期限、总量、方式和深度,坚决从源头上管控住非法采砂行为。原有砂码头、堆砂场彻底清理到位,加快现有码头岸线整合,禁止任何未经批准的船舶和车辆进入库区。

(3)坚持管理创新,强化市场主体整合,探索引入资质好、实力强、信誉优的国有资本,通过企业化运作方式利用砂资源,牢牢掌握砂资源管控主动权。与此同时,在规划许可范围内建设必要的执法使用码头和停靠港,积极推进采砂—运砂一体化,推动使用环保载运方式,坚决防止出现新的堆砂场地。

3.4　必须把生态富民作为有效措施

石梁河水库库区管理范围内涉及行政村 19 个,根据相关资料统计,库区人均耕地仅为 0.73 亩,远低于周边县区平均水平,长期以来一直是脱贫攻坚工作的重点地区。实现石梁河水库长治久安,必须引导库区周边居民走出"靠水吃水"粗放式发展道路,尽最大努力减少库区周边居民依靠抢占库区资源谋生存的行为。

下一步工作中,可以依据年采砂量,每立方米提取政府性基金 10 元,设立库区扶贫专项资金,用于帮扶集体经济薄弱村和公益事性事业建设。另外,石梁河水库位处暖温带季节性海洋气候,四季分明,雨量适中,光照充足,冬暖夏凉,南接景色优美的磨山,北连历史悠久的凤凰墩,东临素有"中国抗日第一山"之称的抗日山烈士陵园,优越的地理位置,适宜的自然气候,丰富的文化底蕴,一望无垠的水面,为石梁河发展生态旅游经济提供了重要的物质基础和精神资源。加快库区生态景观建设,推动库区旅游经济实现跨越发展,依托农业采摘、特色小镇、旅游观光等各种建设,因地制宜壮大石梁河库区"美丽经济",带动周边群众走上绿色致富之路,真正将石梁河水库打造为造福群众的"生态库""富民库",让鸢飞鱼跃、岸绿景美、水清民富的壮美景观重回库区。

3.5 必须把强化组织保障作为重中之重

(1)坚持高位协调推动。进一步加大石梁河水库综合保护利用工作汇报争取力度,推动在市级层面成立工作专班,充分发挥水利、公安、交通等市级部门,赣榆、东海等属地县区各方面积极性,形成强大工作合力。深化石梁河水库管理联席会议制度,配备专职人员,落实专项经费,完善专项制度,全面提升组织保障水平。加强跨省、市沟通协调工作力度,在保障库区水质水量上形成长效协作机制。

(2)切实强化资金保障。积极争取本级财政资金和上级条线部门资金支持,充分运用"以奖促防""以奖促治""以奖代补"等政策,切实发挥财政资金引导作用。探索引入市场机制,创新投融资手段方式,引入更多社会资本进入,解决资金"瓶颈"问题。积极争取石梁河水库保护利用项目纳入国家和省级项目库,努力形成库区综合保护利用稳定投入、长效投入机制。

4 总结

石梁河水库综合整治是连云港市全面落实"两山"理论和河长制工作的具体举措。目前,石梁河水库水质稳定在Ⅲ类水,个别指标甚至达到Ⅱ类水标准,并在长达25年之后再次向赣榆区小塔山水库补水,日供水量43.2万 m^3,极大缓解当地供水压力,为连云港市补齐农村饮水安全短板提供保障。

间歇灌溉下不同种植方式对水稻
产量和水分利用的影响

吴汉,时光宇

（安徽省淠史杭灌区管理总局 安徽省淠史杭灌区灌溉试验总站,安徽 六安　237158）

摘　要　研究间歇灌溉下移栽水稻与直播水稻的产量及水分利用差异,为灌区的水资源调度提高依据。于 2018 年、2019 年连续两年在间歇灌溉(II)条件下设置了移栽(PTR)和直播(DSR)两种水稻种植方式,并以传统淹灌(FI)为对照,研究间歇灌溉条件下不同种植方式对水稻产量及水分利用的影响。试验结果表明,间歇灌溉下直播水稻(II + DSR)的产量为 10.48 ~ 12.25 t/hm²,与传统淹灌下直播水稻(FI + DSR)的无显著差异,而较移栽水稻(FI + PTR,II + PTR)显著下降。间歇灌溉下直播水稻(II + DSR)的需水量为 555.8 ~ 628.9 mm,较间歇灌溉下移栽水稻(II + PTR)增加了 40.1 ~ 53.8 mm,较传统淹灌下移栽水稻(FI + PTR)减少了 8.7 ~ 17.0 mm。直播水稻需水量的增加主要是由于苗期需水量的增加,而分蘖期需水量与移栽水稻无显著差异,穗分化后的需水量显著下降。与 II + PTR 相比,II + DSR 的水分生产率显著下降了 12.71% ~ 24.69%。本研究认为,在间歇灌溉下,直播水稻较移栽水稻显著增加了需水量,主要是由于苗期需水量的增加,而穗分化后需水减少,产量下降,水分生产率显著下降。

关键词　间歇灌溉;直播;移栽;需水量

0　引言

一方面,随着人口的增长、城镇和工业的发展、全球气候的变化以及环境污染的加重,用于灌溉的水资源愈来愈匮乏, 严重威胁到水稻生产的发展;另一方面,近年来随着经济的快速发展,大量的农村劳动力转移及土地流转的加快,农业生产经营主体发生了巨大变化,使得生产种植方式也在不断变革,以直播稻、机插秧等为代表的轻简化水稻生产技术得到了较快的发展。然而淠史杭灌区以丘陵高岗地貌为主,这限制了水稻机械化种植,也因此直播稻在淠史杭灌区的种植面积呈逐年扩大的趋势。然而直播水稻生长发育特性与移栽水稻有所不同[1],其需水必定也有所差异。

然而,前人对直播稻的需水规律研究结果不尽一致。Cabangon 等[2]和孙雪梅[3]等认为直播稻的大田生长期的延长,增加了水稻的需水量。然而,亦有研究结果[4]认为,与移栽水稻相比,直播水稻减少了育秧期的水分消耗,需水量下降。此外,郑天翔等[5]研究结果显示,与移栽水稻淹灌相比,水稻旱直播旱管减少了 30 % 的灌水量。免耕直播水稻较移栽水稻减少了泡田水,生长期内渗漏减少[6]。然而随着节水灌溉技术的推广,移栽水稻的需水量显著下降[7],在淠史杭灌区水稻间歇灌溉技术应用较多。由于免耕直播与旱直播旱管水稻产量显著下降,前茬作物收割留茬较高、秸秆还田等原因,淠史杭灌区的直播水稻仍使用传统的泡田耕作的模式,且直播水稻在齐苗后与移栽水稻经常采用相同的水分管理。因此,需要研究节水灌溉下直播水稻较移栽水稻的产量与水分利用的差异。为此,本研究采用间歇灌溉技术,研究直播水稻与移栽水稻的产量和需水差异,为灌区水资源合理调度提供理论依据和技术支持。

1　材料与方法

1.1　试验地点与材料

试验于 2018 年和 2019 年在安徽省六安市淠史杭灌区灌溉试验总站内(117.55°E,31.80°N)进行,

作者简介:吴汉,男,1992 年生,助理农艺师,主要从事水稻节水灌溉技术研究,E-mail:wh18255372060@163.com。

土壤有机质含量 1.96% ,pH 值为 7.5,全氮含量 0.124% ,全磷含量 0.028% ,全钾含量 1.32% 。试验期间的气象数据如图 1 所示,由试验站内安装的小型自动气象站提供。

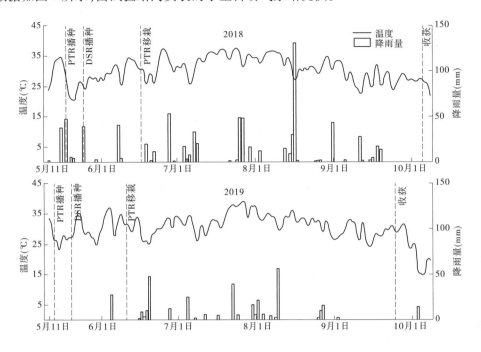

图 1　试验期间的气象数据

1.2　试验设计

采用随机区组设计,在间歇灌溉(Ⅱ)条件下设置了移栽(PTR)和直播(DSR)两种种植方式,并以传统淹灌(FI)为对照,共 4 个处理。具体的水分管理如表 1 所示,以农田水位作为田间水分控制指标,中间数值为灌水适宜上限,右边数值为降雨时允许蓄水深度;间歇时间表示田间无水层后到再次灌水的时间。在苗期,水稻播种至齐苗期间保持土壤湿润,无水层;移栽水稻在齐苗后保持 0 ~ 20 mm 的浅水层直至移栽;直播水稻在齐苗后田间无水层 7 ~ 9 天后补充灌溉。分蘖后期搁田;收获前 2 周断水,自然落干。每个处理 3 个重复,小区 2.5 m × 1.6 m。

1.3　田间管理

2018 年、2019 年移栽处理分别于 5 月 18 日、5 月 13 日播种(水育秧),6 月 17 日、6 月 11 日移栽,株行距为 20 cm × 21 cm;直播水稻于 5 月 25 日、5 月 20 日播种(水直播),每公顷 37.5 kg。10 月 7 日、9 月 26 日收割。施氮量为 180 kg/hm²,直播水稻基肥:分蘖肥:穗肥 = 2:6:2;移栽水稻基肥:分蘖肥:穗肥 = 6:2:2;K_2O 和 P_2O_5 均为 120 kg/hm²,一次性基施。病虫草害防治同当地。

1.4　测定内容与方法

1.4.1　产量及其构成因素

于收获前每小区选取 3 个连续的 20 穴水稻计算有效穗数,再取相同茎蘖数植株 10 穴进行室内考种,测量株高,计算结实率、千粒重,并实收记产。

1.4.2　需水量

根据《灌溉试验规范》(SL 13—2015),利用田间水层深度变化及土壤含水率法进行测定(见表 1)。

1.4.3　水分生产率

$$I = Y/ET$$

式中:I 为水分生产率,kg/m³ ;Y 为水稻产量,kg/m² ;ET 为需水量,m³/m²。

表 1　水分管理

处理	指标	苗期		分蘖期		穗分化期	抽穗开花期	灌浆结实期
		播种至齐苗	齐苗至分蘖（移栽）	分蘖前期	分蘖后期			
FI + PTR	水层（mm）	0	0 ~ 20	0 ~ 60	搁田无水层	0 ~ 80	0 ~ 100	0 ~ 50
	间歇天数（d）	0	0	0		0	0	0
FI + DSR	水层（mm）	0	0 ~ 20	0 ~ 60	搁田无水层	0 ~ 40	0 ~ 100	0 ~ 50
	间歇天数（d）	0	7 ~ 9	0		0	0	0
II + PTR	水层（mm）	0	0 ~ 20	0 ~ 40 ~ 60	搁田无水层	0 ~ 40 ~ 80	0 ~ 40 ~ 100	0 ~ 40 ~ 50
	间歇天数（d）	0	0	7 ~ 9		3 ~ 5	3 ~ 5	3 ~ 5
II + DSR	水层（mm）	0	0 ~ 20 ~ 20	0 ~ 40 ~ 60	搁田无水层	0 ~ 40 ~ 80	0 ~ 40 ~ 100	0 ~ 40 ~ 50
	间歇天数（d）	0	7 ~ 9	7 ~ 9		3 ~ 5	3 ~ 5	3 ~ 5

2　试验结果

2.1　产量及其构成因素

　　年份、种植方式及二者的交互作用显著影响水稻产量；水分管理对水稻产量的影响不显著。2019 年的水稻产量显著高于 2018 年。直播水稻的产量较移栽水稻显著下降了 4.64% ~ 11.84%。同一种植方式在间歇灌溉和传统淹灌下的水稻产量差异不显著，两年表现一致。间歇灌溉下，直播水稻的产量为 10.48 ~ 12.25 t/hm²，要低于移栽水稻（11.99 ~ 13.03 t/hm²），且在 2018 年达到了显著水平。年份显著影响有效穗数、穗粒数和结实率；种植方式显著影响有效穗数、穗粒数、千粒重和结实率；水分管理对产量构成因素影响不显著。2019 年的有效穗数显著低于 2018 年，而穗粒数和结实率则相反。直播水稻的有效穗数显著高于移栽水稻，而穗粒数、千粒重和结实率显著低于移栽水稻（见表 2）。

表 2　间歇灌溉下不同种植方式水稻产量及其构成因素的影响

年份	处理	有效穗数（个/m²）	穗粒数（个）	千粒重（g）	结实率（%）	产量（t/hm²）
2018	FI + PTR	275.3b	185a	27.33ab	89.62a	11.53a
	FI + DSR	300.33a	162b	27.17ab	79.89b	10.58b
	II + PTR	276.3b	188a	27.56a	90.62a	11.99a
	II + DSR	295.0a	166b	26.81b	79.83b	10.48b
2019	FI + PTR	259.3a	189a	27.80a	92.04a	12.51ab
	FI + DSR	268.3a	186a	26.58b	89.51b	11.93b
	II + PTR	256.0a	201a	27.63a	92.37a	13.03a
	II + DSR	264.7a	195a	26.68b	89.18b	12.25ab
方差分析	年份（Y）	**	**	ns	**	**
	水分管理（W）	ns	ns	ns	ns	ns
	种植方式（P）	**	**	*	*	**
	Y × W	ns	ns	ns	ns	ns
	W × P	ns	ns	ns	ns	ns
	Y × P	ns	*	ns	**	**
	Y × W × P	ns	ns	ns	ns	ns

注：数据后不同小写字母表示同一年份不同处理的在 0.05 水平上差异显著；**、* 和 ns 分别表示处理在 0.01、0.05 水平上差异显著和差异不显著。下同。

2.2 需水规律

分析表3可得,与传统淹灌相比,间歇灌溉的需水量显著下降。直播水稻的需水量增加了40.1~53.8 mm。II + DSR 的需水量较 II + PTR 的显著提高了40.1~44.6 mm,而与 FI + PTR 相比则下降了8.7~17.0 mm。

表3 间歇灌溉下不同种植方式对水稻各生育时期需水量和需水强度的影响

年份	处理	需水量(mm)					
		苗期	分蘖期	穗分化期	抽穗开花期	灌浆结实期	全生育期
2018	FI + PTR	11.9b	196.3a	204.3a	70.5a	121.6a	604.6b
	FI + DSR	88.6a	199.5a	191.0b	67.4ab	102.9c	649.4a
	II + PTR	11.9b	185.0b	178.2c	67.3ab	113.3b	555.8c
	II + DSR	88.6a	178.6b	170.7c	63.7b	94.3d	595.9b
2019	FI + PTR	13.2b	176.3a	212.6a	78.8a	164.3a	645.9b
	FI + DSR	92.7a	182.8a	201.0b	76.7ab	146.5b	699.7a
	II + PTR	13.2b	160.5b	191.4c	73.5c	145.7b	584.3d
	II + DSR	92.7a	159.2b	183.8d	65.2d	128.1c	628.9c
方差分析	Y	**	**	**	**	**	**
	W	ns	**	**	**	**	**
	P	**	ns	**	**	**	**
	Y × W	ns	ns	ns	ns	*	*
	W × P	ns	*	ns	ns	ns	ns
	Y × P	*	ns	ns	ns	ns	ns
	Y × W × P	ns	ns	ns	ns	ns	ns

注:移栽水稻苗期需水量是按照秧田需水量:大田需水量 =12:1换算所得。

水分管理显著影响着水稻分蘖期、穗分化期、抽穗开花期、灌浆结实期的需水量。种植方式显著影响苗期、穗分化期、抽穗开花期、灌浆结实期的需水量。2019 年水稻分蘖期的需水量要显著低于2018年,其他时期则相反。除苗期外,间歇灌溉下各个时期的需水量较传统淹灌均显著下降。在苗期,直播水稻较移栽水稻需水量、需水强度显著增加,而在穗分化期、抽穗开花期、灌浆结实期显著增加。在苗期,II + DSR 的需水量较其他处理增加了76.7~79.5 mm,而在其他时期需水量均为最少。

2.3 水分利用

由图2可知,水分管理、种植方式显著影响着水分生产率。间歇灌溉下的水分生产率显著高于传统淹灌。与移栽水稻相比,直播水稻的水分生产率显著下降,两年表现一致。间歇灌溉下移栽水稻(II + PTR)的水分生产率最大(2.23~2.34 kg/m³),II + DSR(1.76~1.94 kg/m³)与之相比显著下降了12.71~24.69%。

3 讨论

3.1 间歇灌溉下不同种植方式对水稻产量的影响

不同的节水灌溉技术其增产效应不一样,间歇灌溉由于其增产稳产被大面积推广[7,8]。本试验结果显示间歇灌溉下直播水稻(II + DSR)的产量为 10.48~12.25 t/hm²,已达到高产水平,与传统淹灌下(FI + DSR)的无显著差异,而较移栽水稻(FI + PTR,II + PTR)显著下降,这与前人[5,7,8]的研究结果基本一致。直播稻由于其出苗不齐,在生产中往往通过加大播种量来保证有效穗数,然而这也使得密度增加,影响水稻后期的生长发育[9]。尽管直播水稻的有效穗数较移栽水稻显著增加,但穗粒数、结实率、

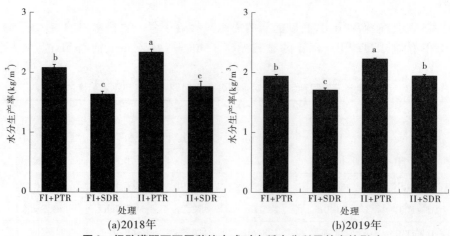

(a)2018年　　　　　　　　　　　　　(b)2019年

图2　间歇灌溉下不同种植方式对水稻水分利用效率的影响

千粒重显著下降,最终使得水稻产量下降了4.64% ~ 12.59%。此外,2019年的水稻产量显著高于2018年,这可能是因为2019年在水稻灌浆期间光照充足,有利于物质积累。

3.2　间歇灌溉下不同种植方式对水稻水分利用的影响

前人[5,7,8]的研究结果一致认为节水灌溉有着显著的节水效应。本研究显示,与传统淹灌相比,间歇灌溉下移栽水稻的需水量显著下降,这与前人[10]在该地区的研究结果基本一致。同一灌溉制度下,直播水稻的需水量较移栽水稻增加了40.1 ~ 53.8 mm,由于直播水稻在分蘖期的需水量和移栽水稻无显著差异,而穗分化后(穗分化期、抽穗开花期、灌浆结实期)的需水量要显著低于移栽水稻,因此直播水稻需水量的增加主要来自于苗期,这与Cabangon等[2]的结果基本一致。然而亦有不少研究结果[4-6]认为直播水稻较移栽水稻节水,造成这种差异的主要原因是这些研究直播水稻采用节水灌溉,如旱直播旱管、湿润灌溉,而移栽水稻则是传统淹灌,本研究结果也表明间歇灌溉下直播水稻(II + DSR)的需水量较传统淹灌下移栽水稻(FI + PTR)减少了8.7 ~ 17.0 mm。此外,前人研究认为不同的种植方式影响水稻的根系发育,从而改变了其需水规律[9,11]。本试验结果表明,直播水稻与移栽水稻的分蘖期需水量和需水强度差异不显著,而在穗分化后需水量和需水强度移栽水稻要显著高于直播水稻,这可能是因为在穗分化前水稻叶面积较小、根系尚未完全建成,需水以棵间蒸发为主;而穗分化后,移栽水稻的根系发达,叶面积大,蒸腾作用更强[12-13]。

与传统淹灌相比,间歇灌溉下水稻产量无显著差异,需水量显著下降,使得水分生产效率显著提高。尽管受天气影响,年际间需水量存在着显著差异,而水分利用效率年际间并无显著差异,移栽水稻达到1.94 ~ 2.34 kg/hm²。而直播水稻需水增加,产量下降,这导致水分利用效率较移栽水稻显著下降。

4　结论

本研究认为,在节间歇灌溉下,直播水稻较移栽水稻显著增加了40.1 ~ 53.8 mm的需水量,主要是由于苗期需水量的增加,而穗分化后需水减少;穗粒数、结实率、千粒重显著下降,从而降低了5.99% ~ 12.59%的产量,水分生产率显著下降12.71% ~ 24.69%。

参 考 文 献

[1] 张洪程,龚金龙. 中国水稻种植机械化高产农艺研究现状及发展探讨[J]. 中国农业科学, 2014, 47(7): 1273-1289.

[2] CABANGON R J, TUONG T P, ABDULLAH N B. Co mparing water input and water productivity of transplanted and direct-seeded rice production systems [J]. Agr Water Manage, 2002, 57(1): 11-31.

[3] 孙雪梅,于艳梅,孙艳玲,等. 控制灌溉条件下粳稻不同种植模式对比研究[J]. 黑龙江水利, 2017, 3(8): 6-11.

[4] KUMAR S, NARJARY B, KUMAR K, et al. Developing soil matric potential based irrigation strategies of direct seeded rice for i mproving yield and water productivity [J]. Agr Water Manage, 2019, 215: 8-15.

［5］ 郑天翔, 唐湘如, 罗锡文, 等. 不同灌溉方式对精量穴直播超级稻生产的影响［J］. 农业工程学报, 2010, 26(8): 52-55.

［6］ 魏永霞, 侯景翔, 吴昱, 等. 不同水分管理旱直播水稻生长生理与节水效应［J］. 农业机械学报, 2018, 49(8): 253-264.

［7］ 何海兵, 杨茹, 廖江, 等. 水分和氮肥管理对灌溉水稻优质高产高效调控机制的研究进展［J］. 中国农业科学, 2016, 49(2): 305-318.

［8］ 何海兵, 杨茹, 吴汉, 等. 干湿交替灌溉下氮素形态对水稻花期光合及产量形成的影响［J］. 西北植物学报, 2017, 37(11): 2230-2237.

［9］ 董立强, 叶靖, 高光杰, 等. 种植方式对北方粳稻根系特征及产量的影响［J］. 江苏农业科学, 2017, 45(2): 61-64.

［10］ 武立权, 黄义德, 张四海, 等. 淠史杭灌区水稻"浅湿灌溉"与"浅灌深蓄"技术的节水效应研究［J］. 安徽农业大学学报, 2006(4): 537-541.

［11］ 李美娟, 乔丹, 李铁男, 等. 不同灌溉方式对寒地旱直播稻生产的影响及效益分析［J］. 黑龙江农业科学, 2017(5): 22-26.

［12］ LIU X, XU J, LIU B, et al. A novel model of water-heat coupling for water-saving irrigated rice fields based on water and energy balance: Model for mulation and verification［J］. Agr Water Manage, 2019, 223.

［13］ MOHAMMAD A, SUDHISHRI S, DAS T K, et al. Water balance in direct-seeded rice under conservation agriculture in North-western Indo-Gangetic Plains of India［J］. Irrigation Sci, 2018, 36(6): 381-393.

月河、李屯河黑臭河道技术分析及治理措施

陈亚军,李欣,张桂霞,代晴,郭连峰,刘辉

(徐州市水利建筑设计研究院,江苏 徐州　221000)

摘　要　根据国家要求全面推进生态文明建设,以改善水环境质量为核心,系统推进水污染防治、水生态保护和水资源管理,水环境质量得到改善,污染严重水体较大幅度减少,徐州市将城区按照城市排水除涝规划分为17个排水片、排污体系中划分为10个污水收集区,共梳理81条黑臭河道急需进行治理。本次实施的月河和李屯河位于鼓楼区,该两条河道连接丁万河和拾屯河,属于淮河流域中不牢河排水区丁万河排水片,河道两岸局部有待开发的居住区,北部又紧邻塌陷地,由于河道水质相对较差,产生黑臭现象,已经严重影响周边居民的生产生活环境。本文针对现状存在的问题进行技术分析,阐述了控源截污、清黑臭底淤、整治岸坡、连通水系、种植水生净化植物等治理措施,能有效改善该地区黑臭河道情况,提升水环境。本工程的实施,能为相关工程提供一定的借鉴作用。

关键词　水环境;黑臭河道治理;控源截污;清淤疏浚;水系连通;水生植物净化

1　治理背景

随着徐州城市发展,水资源的用量需求日益增大,而市区水环境却逐渐遭到人为的破坏:城市开发建设挤占河道现象突出、部分生产生活污水直接入河,造成市区河道断面缩窄、水体污染、河道黑臭、水环境差,同时对徐州市区社会管理、城市运行和人民群众生产生活也造成巨大的影响。为大力推进生态文明建设,以改善水环境质量为核心,按照"节水优先、空间均衡、系统治理、两手发力"[1]原则,徐州市委、市政府出台《徐州市区黑臭河道治理规划》,着力打造"河湖安康、碧水畅流"的徐州市区生态水环境,逐步提高徐州市城市生产发展水平,促进区域经济发展,实现人与自然和谐相处。徐州市将城区按照城市排水除涝规划分为17个排水片、排污体系中划分为10个污水收集区,共梳理81条黑臭河道急需进行治理。本次实施的月河和李屯河位于鼓楼区,在建成区内,其排水属于淮河流域中不牢河排水区丁万河排水片[2]。

2　工程概况

本工程位于鼓楼区,紧邻丁万河水利风景区,区域内有丁万河、拾屯河等主干河道,郑徐高铁、北三环高架、茅夹铁路等交通道路。

月河是丁万河的一条重要支流,是徐州主城区北部主要排涝河道,全长2.5 km,排涝面积870 hm²,前屯河是月河的支河,全长1.4 km[3]。李屯河是徐州主城区北部主要排涝河道,李屯河属于月河的一条支流,全长2.1 km,排涝面积150 hm²[4]。河道治理标准按照20年一遇排涝标准。

该片区已建截污管网有三环北路、平山路、襄王路和天齐路等污水主管网,但现状两条河道沿线未设截污管网,为雨污合流河道。月河上游与拾屯河相连,换水只能依靠上游天然来水进行稀释冲换,而李屯河上游为断头河,下游与月河相连,两条河道现状水质情况恶劣,存在黑臭底淤,且淤积较严重。现状月河以北地区为庞庄煤矿采煤塌陷区,地势低洼,且尚未沉降稳定,而月河两岸地面比北侧塌陷区高4 m左右。由于月河与塌陷区之间没有节制建筑物,为保证北侧塌陷区不被淹,目前采取的措施是使月河和李屯河常年处于低水位运行,远低于河道设计正常蓄水位,导致沟深水浅,水生态差,更不能形成水

作者简介:陈亚军,男,1979年生,硕士,徐州市水利建筑设计研究院,院长助理(高级工程师),主要从事水利(水务)工程、桥梁工程和岩土工程方面的设计、科研工作。E-mail:45688580@qq.com。

景观,达不到作为丁万河水利风景区一部分的基本要求。考虑该两条河道是徐州市主城区北部的主要排洪通道,水质相对较差,河道黑臭,已经严重影响周边居民的生产生活环境,因此急需对该两条河道进行治理(见图1、图2)。

图1　月河、李屯河工程位置示意图(河道水流流向)

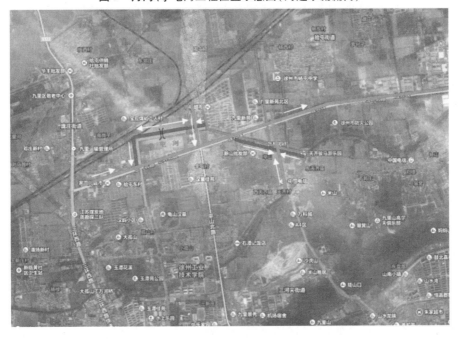

图2　月河、李屯河截污管网布置示意图(污水流向)

3　成因技术分析

对月河和李屯河现状存在问题进行梳理,成因技术分析[5-7]如下:

(1)污染源尚未控制。本工程位于建成区,局部有待开发地块,地面排水以直排或雨污合流的形式纳入河道,且沿线主要排污口尚未得到控制,这是河道污染的主要原因。该地区外围污水主管网已铺设完成,但部分毛细管网尚未铺设,致使污水直接入河而未收集到主管网中。

(2)水生态恶化。由于河道最北端紧邻塌陷地且中间未设节制,为不致北侧受淹,目前采取的低水位运行,从而使该段河道河深水浅,李屯河平时几近干河,月河也仅有 1 m 多水深,远达不到生态蓄水位要求,且缺少自净化生物,河道水生态系统濒临崩溃,水体纳污能力急剧下降,水环境服务功能几乎丧失,不利于生物生长,易形成黑臭。

(3)水系结构不合理。本工程李屯河南侧与丁万河不连通,形成断头河道,且河道水不能循环,仅在下雨时,排涝放水,平时河水正常处于非流动状态,长时间运行后,河道自身生物腐败,水体缺氧,污物沉淀于底泥中,易会产生腐臭,污染水体,形成黑臭。

4　治理措施

4.1　河道截污

根据现有截污管网情况,分段对河道进行截污,其中,月河本次治理仅需在三环北路以南经天齐路至出口月河闸河道南岸进行截污,管道按相向 1.5‰纵坡接入天齐路现有污水预留井;李屯河本次治理在河道左岸布设截污管网,以二号桥为界,管道以 1.5‰纵坡接入三环北路和平山路污水主管网。

本次建设将沿线排污口门接入新铺截污管网并每隔 50 m 预留检查接收井,能有效控制污染源直接入河。污水管网分段接入,能有效控制管网埋深,减少自流水头损失。污水截污量根据该地区的规划用地性质、给水量、自备水源量及地下水渗入量产污系数、截污系数、截留倍数和主城区生活用水定额等进行设计,经计算并确定污水管选用 DN400 的 PE 管。

4.2　河道清淤与防护

河道清淤包括清理黑臭底淤和拓浚河道断面。河道清淤断面根据设计流量、设计水位、水面比降等参数,采用明渠恒定非均匀流进行计算,河槽糙率按 0.025。断面设计采用先初拟,然后再按照设计流量和起点水位复核。河道边坡计算采用圆弧滑动法进行计算。当河道流速大于不冲流速时,则通过拓浚河道断面或者采取防护措施。经计算,月河排涝流速大于河道允许不冲流速,考虑两岸无拓浚空间,本工程水下部分采取混凝土预制块护砌,水上部分采取框格草皮护坡;李屯河排涝流速小于河道允许不冲流速,考虑该段河道治理后与周边环境相协调,注重景观设计,采用常水位以下为植草砖护砌,常水位以上按园林设计绿化河坡防护,体现海绵城市的设计理念。为避免后期开发小区雨水排水入河导致河坡重复建设,本次在河口每隔 500 m 预留雨水收集井,进口预留,出口直接入河。

4.3　水系连通及水环境提升

由于多种原因,李屯河与丁万河连接段上段河道不能敞口,本次治理考虑采用顶管施工措施打通,并在丁万河处建设李屯河闸站,在丁丁万河高水位时开闸自引,低水位时开泵抽引丁万河河水沿管道向北补充李屯河、月河河水,改善李屯河河道断头不断源。此外,通过疏浚天齐闸下现有天齐小站出水管道,利用天齐小站抽引丁万河水向北入月河,补充月河、李屯河水源。

利用本次建设的月河北节制闸、前屯河北节制闸和现有月河闸进行节制,通过李屯河补水闸站和天齐小站两座闸站进行补水,以提高月河、李屯河该区段城区内非汛期正常蓄水水位,同时通过小流量经常性补水,使该区段内河道水流成为流动的水,增加了水景观,提升了水环境,改善了沿线周边群众的生活。在汛期时,通过打开月河北节制闸、前屯河北节制闸、月河闸,将北部涝水排至丁万河。在不行洪的李屯河河道内种植包括沉水、挺水、生态浮床等水生植物,以净化河道水质。

4.4　景观绿化

考虑该地区为居民区,为突出景观效果,河道河坡常水位以上做绿化处理,河道护坡绿化以分段片植结合精致组团的形式为主,组团之间以灌木成片栽植的形式进行连接,营造错落有致、有疏有密的景观结构,乔木主要选用高杆女贞、雪松、广玉兰、垂柳、水杉、朴树、栾树、五角枫等;灌木主要选用丛生女贞、本石楠、枇杷、紫叶李、木槿、垂丝海棠、丛生紫薇、樱花等;模纹和地被主要选用红叶石楠、小海桐、金森女贞、洒金桃叶珊瑚、八角金盘、细叶麦冬、花叶蔓长春、绣线菊、白三叶等。河底有高差处采用叠石跌水,两岸连接处采用景观叠石衔接。此外,在三环北路桥、平山路桥、月河桥等处做叠石等节点景观(见图 3~图 8)。

图3　李屯河(龟山汉墓段)治理后河道

图4　李屯河(三环北路段)治理后河道

图5　李屯河(平山路段)治理后河道

图6　李屯河补水闸站

图7　月河亲水游步道栈桥

图8　月河北节制闸(钢坝闸)

5　创新设计

(1)由于李屯河补水闸站位于高校校园内,本设计创新采用闸站合一的全地下结构,并结合本次实施顶管需采用的沉井结构[8],再进行改造后作为闸站的主体结构,既节省土建投资,在丁外河高水时提闸放水又减少运行期间成本;同时,为不影响学校的整体效果,将工程施工期间影响周边范围全部做绿化,成为学校一道靓丽的风景。

(2)由于月河横穿紧邻郑徐高铁,为增强河道视线的通透性和景观效果,月河北节制闸创新采用钢坝闸结构,其最大特点是上部无工作桥、排架,视野通透,不需要安装启闭机。同时创新将闸两侧运行臂杆空箱暗化下去,仅外露进人口,其他闸室范围内全部公园式绿化,与其旁边古典式的控制管理房一起形成一处小景点,成为郑徐客运高铁线上一道靓丽的风景。

(3)在李屯河闸站管道出口位于龟山汉墓风景区入口处,结合出口水力消能、曝气充氧和水景观等功能,设计采用泉涌式出口,给河道增添了一道靓丽的观光点。

(4)考虑李屯河不行洪,设计在龟山汉墓北三环桥处以及李屯河和月河交汇处河底突变,建设叠石跌水式壅水坝,以分段提高河道内水位,同时在补水时也形成一道水景观。

(5)月河北节制闸止水采用了已获国家知识产权局授权的水工结构分缝处紫铜片水平止水连接装置[9]、垂直止水与水平止水的连接装置[10],采取该装置既可以节省工期,减少投资,又能保证止水效果。

本工程设计荣获2018年度徐州市城乡建设系统优秀勘察设计(市政公用工程设计类)二等奖。

6 结论

随着社会经济的发展,我国水体黑臭程度加剧,黑臭水体已成为制约我国社会经济发展、影响我国城市形象和生态安全的重大环境问题。2015年4月,国务院发布了《水污染防治行动计划》,全国兴起了治理黑臭河道的热潮,但是缺乏科学系统的治理思路,陷入治标不治本的误区。本文以徐州市月河、李屯河治理工程为例,将截污清淤、生态治理、景观结合为一体,既节省投资,又综合发挥效益,能为其他黑臭河道治理提供借鉴。需说明的是,城市生活及生产污水治理是一项长期而系统的市政工程,为使项目实施后能正常运行,政府有关部门须进一步完善排水系统的后期维护和管理,加强建成后的运行管理,以保证正常运行,不对水体造成污染。河道两岸往往是沿线垃圾的堆放处,在河道治理完成之后,建议加大执法力度,控制河道两岸的点源及面源污染,以确实发挥河道综合治理后的效果。

参 考 文 献

[1] 水污染防治行动计划[Z].北京:中华人民共和国环境保护部,2015.
[2] 纪伟,等.徐州市区黑臭河道治理规划[R].徐州:徐州市水利建筑设计研究院,2016.
[3] 陈亚军,李欣,等.徐州市2016年度黑臭河道综合治理鼓楼区月河及支河(前屯河)整治工程初步报告[R].徐州:徐州市水利建筑设计研究院,2016.
[4] 陈亚军,张桂霞,等.徐州市2016年度黑臭河道综合治理鼓楼区李屯河整治工程初步报告[R].徐州:徐州市水利建筑设计研究院,2016.
[5] 张列宇,侯立安,刘鸿亮.黑臭河道治理技术与案例分析[M].北京:中国环境出版社,2016.
[6] 李珍明,蒋国强,朱锡培.上海地区黑臭河道治理技术分析[J].净水技术,2010(5).
[7] 卢智灵,黄海雷.上海市黑臭河道治理技术初探[C]//华东七省(市)水利学会协作组第二十二次学术年会论文集.2011.
[8] 葛春辉.钢筋混凝土沉井结构设计施工手册[M].北京:中国建筑工业出版社,2005.
[9] 陈亚军,李平夫,等.一种水工结构分缝处紫铜片水平止水连接装置[P].ZL 201621062469.9.2016.
[10] 陈亚军.水工结构分缝处紫铜片水平止水与垂直止水的连接装置[P].ZL 201820005777.0.2018

水土保持工程助力泗河龙湾店湿地建设

吴落霞[1]，李申安[2]，苏海进[1]，张浩然[1]

（1.济宁市黄淮水利勘测设计院，山东 济宁 272000；
2.济宁市水利事业发展中心，山东 济宁 272000）

摘　要　泗河是济宁的"母亲河"，实施泗河综合开发，对于保障流域防洪安全、推动都市区融合发展、改善区域生态环境、提升社会民生福祉具有重要意义。龙湾店湿地工程以综合治理兖州区泗河滩地取土区、建设人工生态湿地公园、净化太阳纸业外排中水、改善区域生态环境为目标，有效提升兖州区水资源综合利用能力，改善区域生态环境，促进泗河综合开发效益的发挥。

关键词　水土保持；生态湿地；工程护坡；景观美化

1　项目概况

随着兖州区经济的快速发展，城市工业规模的扩大，兖州区的工业废水和生活污水的排放量也不断增多。其中太阳纸业作为最大的排废企业，其外排污水虽然能够满足《城镇污水处理厂污染物排放标准》一级 A 标准的相关要求，但水质仍处于较低水平，距南水北调调水水质目标要求仍有较大差距。2018 年，兖州区政府开工建设龙湾店湿地工程，工程中水处理规模为 35 000 m³/d，不能满足太阳纸业中水来水规模 70 000 m³/d 的处理要求。泗河龙湾店湿地扩建工程应运而生。

兖州区龙湾店湿地扩建工程即通过利用现有滩地取土区，同泗河已建湿地工程相协调，结合地方特色文化，通过湿地和湿地绿化的建设，体现规划区自然、生态和谐的特点，创造人水和谐的自然游憩空间，建设人工生态湿地公园。工程位于兖州城区东北，泗河右岸龙湾店闸上、下游。建设规模为大型人工湿地。工程总占地面积约 63.96 hm²。建设内容是利用现有泗河滩地取土区规划建设 1#、2#湿地，4#潜流＋表流人工湿地，绿化及灌溉等配套管护设施等。

2　水生植物建设的成效

2.1　水生植物配置分析

人工湿地系统是人为打造的湿地，通过分析土壤、植物、微生物的协同作用，利用合理的搭配，净化污水的一种技术。应用生态系统中物种共生、物种循环再生原理，实现结构与功能协调，净化污水。通过选取不同的植物品种，运用植物吸附和富集重金属及有毒有害物质的性能，实现湿地系统中微生物的降解作用，改善水质环境，去除污水中的颗粒物。

水生植物按生活方式主要分为挺水植物、浮叶植物、漂浮植物以及沉水植物。根据龙湖湿地的工程特性和土壤水质的分析，龙湖湿地在潜流、表流湿地栽植千屈菜、香蒲、水生鸢尾等，在湿地浅水区采用盆植方式栽植睡莲。水生植物种植面积总计 30 000 m²。水生植物不仅可以起到净化水质的作用，也可营造较好的景观。利用品种丰富的水生花卉营造美丽的水花园，使整个空间环境生态舒适。

2.2　水生植物管护

（1）收割。在湿地系统中，利用水生植物对污水中悬浮物及营养元素进行吸附、截留沉降，通过水体微生物和土壤微生物对有机质进行消化分解，再由植物体吸收净化，最终去除污染物，达到净化的目的。在湿地运行过程中，需要专人负责对水生植物的果实、枯枝进行收割和管理。

作者简介：吴落霞，女，1984 年生，山东济宁人，工程师，硕士，主要从事水土保持工作。E-mail:408374003@163.com。

　　人工湿地的植物系统(尤其是挺水植物)在建立后必须连续提供养分和水分,保证栽种植物多年的生长和繁殖。湿地中的植物通常在雨季时期生长迅速,大量吸收污水中携带的营养物质,但是其在冬季来临之前必须进行收割,这是因为存在于湿地中部分氮、磷通过植物的收获去除。此外,秋冬季是植物地下根茎和根芽的重要生长期,植物收割能够给第二年植物的生长创造良好的环境。植物收割和其他有关植物的维护管理,以不降低湿地处理能力为原则。对于人工湿地中种植的千屈菜、香蒲等挺水植物,宜每年在秋冬季节收割一次,用于造纸和编织。

　　(2)防冻。人工湿地运行过程中受气候条件影响,在对系统采取一定的保温措施的情况下,冬季低温条件下能正常运行。冬季运行时,应维持湿地处在一定的水位,使植物根系处于冰冻层以下,严禁放空。

2.3　生态驳岸灌草搭配

　　与水生植物遥相呼应的是河岸小灌草的选取。龙湖湿地在湿地边坡采取铺草皮措施,小灌草选取色叶植物,利用植物的色彩多样性和品种外形,打造多种多样的景观效果。选取的植物有迎春、连翘、蔷薇、波斯菊、鸡冠花等。

　　植物配置典型设计示意图见图1。

3　水土保持工程措施的成效

3.1　C25 混凝土连锁砌块护坡

　　临堤防侧湿地边坡和临泗河主河槽围埂边坡采用 C25 混凝土连锁砌块护砌至围堤顶,其余护砌至水面上 1 m。C25 混凝土连锁砌块厚 15 cm,下方铺设 10 cm 碎石垫层和 300 g/m² 土工布,上部采用 500 mm × 300 mm C20 混凝土压顶,下部采用 600 mm × 1 000 mm C20 混凝土护脚,坡比 1:3。

　　混凝土连锁砌块护坡不仅有效地将工程与植物措施相结合,使坡体更加稳定,而且有利于植物的生长,美化环境,保持水土。连锁砌块中的草本根系可起到预应力锚杆的作用,提高土体的强度,增强坡面的抗冲刷性能。相较于砌石护坡,连锁砌块还可给鱼类及浮游生物更多的生存空间,更有利于打造生态湿地。

3.2　下凹式绿地措施

　　在 1# 湿地南侧、2# 湿地南侧、4# 湿地北侧等多处三角地带,为了构造凹凸有致的景观造型,采用微地形设计。在打造绿地造型时,地面高程最高高于路面 40 cm,采用自然坡度向四周延伸,在与路面交接地带,地面高程低于路面 10 cm,用于收集和缓冲降雨所致的地表雨水。具体的高程控制为路面高程高于绿地高程,雨水口设在绿地内部,雨水口高程高于绿地高程而低于道路高程等铺装区高程。

3.3　泥结碎石路面工程

　　在 1# 湿地北侧的步行路上采用泥结碎石路面结构,以粗碎石作主骨料形成嵌锁作用,以黏土作填缝结合料,其常用厚度为 10 cm。不仅施工简单,充分利用当地材料,而且造价低。在沥青硬化路面所占比例越来越多的现代生活,泥结碎石路面不仅可以增加地表雨水的就地蓄水量,而且可以增加龙湖湿地的趣味性,吸引更多游人。

4　水土保持植物景观效果

4.1　乔灌木配置设计

　　植物配置应本着"生态型、景观型、休闲型"的设计原则,在满足工程安全的前提下,结合湿地建设,为市民着力打造休闲娱乐场所。植物配置上将乔、灌、草有机结合,注重季相变化、层次变化、质感变化、色彩变化、图案变化,适当考虑加植常绿树种,建成各具特色的植物群落。龙湖湿地苗木绿化共计 249.90 亩。

　　乔木主要选用金丝垂柳、龙须柳、中华红叶杨、银杏、黑松、雪松、紫叶碧桃等 40 余种;灌木主要选用红枫、石楠、海棠、紫荆、嫁接月季、金叶女贞、红叶小檗等 14 种。通过乔木与灌木的不同搭配,构造高低起伏的景观效果。

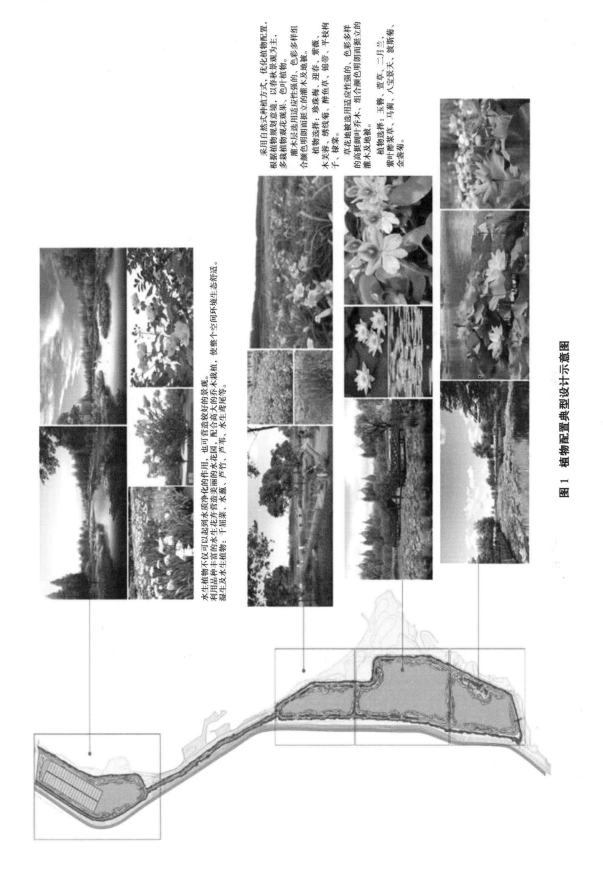

采用自然式种植方式，优化植物配置，根据植物规划意境，以春秋景观为主，多栽植物观光植物，色叶植物，色彩多样组合颜色明朗而挺立的灌木及地被。

灌木层选用适应性强的、合颜色明朗而挺立的灌木及地被。植物选择：珍珠梅、迎春、紫薇、木芙蓉、绣线菊、醉鱼草、锦带、平枝栒子、棣棠。

草花地被选用适应性强的、色彩多样的高矮阔叶乔木，组合颜色明朗而挺立的灌木及地被。植物选择：玉簪、萱草、二月兰、紫叶酢浆草、马蔺、八宝景天、波斯菊、金盏菊。

水生植物不仅可以起到水质净化的作用，也可营造较好的景观。利用品种丰富的水生花卉营造美丽的水花园，配合高大的乔木栽植，使整个空间与环境生态舒适。湿生及水生植物：千屈菜、水葱、芦竹、芦苇、水生鸢尾等。

图 1 植物配置典型设计示意图

4.2　草本绿化

花、草种主要选用百日草、天人菊、金鸡菊、波斯菊、半枝莲、桔梗、白滨菊、春白菊、春黄菊、千日红、松果菊、鸡冠花、孔雀草、中华结缕草、狗牙根等。狗牙根草皮护坡 22 314.37 m²,花草 96 844.12 m²。

4.3　特色景观区域

2#湿地东侧,西府海棠与北美海棠随路两侧种植,北美海棠栽植 191 株,胸径 8 cm,西府海棠 316 株,胸径 8 cm。海棠树树姿直立,花朵密集,果味酸甜,可供鲜食及加工用。乌桕林成片种植。乌桕选取胸径 8～10 cm,在 1#湿地东南侧栽植 101 株,2#湿地北侧栽植 403 株。乌桕是色叶树种,春秋季叶色红艳,具有极高的观赏价值,而且极具药用价值,以根皮、树皮、叶入药。在 1#、2#、3#、4#湿地周边种植垂柳一周,株距 6 m,柳枝随风舞动,"绊惹春风别有情,世间谁敢斗轻盈"。垂柳下方地表铺满三季蔷薇,自每年 4 月开始盛放。1#湿地南侧栽植有胸径 37 cm 的一株银杏,银杏树生长较慢,要 20 多年开始结果,40 年后才能大量结果,被人称作"公孙树",是树中的老寿星,具有观赏、经济、药用等价值。中华红叶杨叶片大而厚,三季四变,枝叶茂密,体型高大竖直,一般 3 月展玫红色叶片,7 月由红变紫,10 月变黄。观赏性强,是彩叶树种的珍品。

5　结论

龙湖生态湿地致力于营造最美湿地公园,展现湿地丰富多元绿化,改善区域地貌环境,利用生态湿地物种和群落多样性,实现生态系统、生产力的综合性和高效性。水土保持工程在生态湿地建设中,从工程措施、生物措施,结合施工中的临时措施等方面,发挥积极的作用。龙湖湿地工程的实施,不仅可实现太阳纸业中水全部进行深层净化,改善水质,改善区域环境,而且在景观绿化方面,选取乔灌草花搭配,增加地表覆盖率,减少裸露地表面积,减少水土流失,为人居休闲、游乐、亲近自然创造有利环境。

前坪水库工程对区域水文水资源与水环境影响分析

应越红,皇甫泽华

(河南省前坪水库建设管理局,河南 郑州　450003)

摘　要　目前,中国特色社会主义进入新的历史方位。治水领域,在聚焦防洪、饮水、灌溉等方面的基础上,人民对优质水资源、健康水生态、宜居水环境的需求也更加迫切。沙颍河流域北汝河上游控制工程前坪水库的建设,改善了流域水资源时程的分配,使洪水资源化,增加了枯水期北汝河道下泄水量,解决了下游河段断流的现象,对下游河道安全度汛、水资源利用、提高纳污能力及改善水质等将产生积极影响。

关键词　水资源;前坪水库;水生态

1　北汝河及前坪水库概况

北汝河是淮河流域沙颍河水系的主要支流。发源于河南省洛阳市嵩县车村乡,在襄城县丁营乡岔河口处入沙颍河,全长约 250 km,河道坡降 1/200 ~ 1/300,流域面积 6 080 km²。受气候、季风和地形等因素的影响,降水的时空分布不均匀,暴雨多发,且主要集中在汛期。因地面及河道坡降陡,洪水汇流迅速,峰高势猛,在历史时期,给中下游多次带来严重的洪涝灾难。水文监测资料显示,丰水期径流量占全年的 80.4%,枯水期径流量仅占全年的 19.6%,说明来水年内分配不均的情况较为显著。近年来,流域降雨量的减少,特别是枯水期的经常断流,给流域的工农业生产和群众生活带来了严重危害,水生态[1-3]恶化风险也随之增加。

前坪水库位于北汝河上游、河南省洛阳市汝阳县县城以西 9 km 的前坪村,是以防洪为主,结合供水、灌溉,兼顾发电的大(2)型水库,水库总库容 5.84 亿 m³,控制流域面积 1 325 km²。前坪水库工程可控制北汝河山丘区洪水,将北汝河防洪标准由 10 年一遇提高到 20 年一遇,同时配合已建的防洪工程,可将沙颍河的防洪标准远期提高到 50 年一遇。水库灌区面积 50.8 万亩,每年可向下游城镇提供生活及工业供水约 6 300 万 m³,水电装机容量 6 000 kW,多年平均发电量约 1 881 万 kW·h。2015 年 10 月,前坪水库全面开工建设,2020 年 3 月,正式下闸蓄水,社会效益及经济效益正逐步发挥。

2　对下游河道水文情势的影响

2.1　下游河道水文情势现状及断流情况

(1)前坪水库下游 16.5 km 处有紫罗山水文站,控制面积 1 800 km²。

紫罗山站 1952 ~ 2010 年实测流量系列中,洪峰流量大于 3 000 m³/s 的有 5 年,分别是 1953 年、1958 年、1975 年、1982 年、1983 年;洪峰流量小于 500 m³/s 的有 20 年,分别是 1960 年、1966 年、1971 年、1980 年、1981 年、1986 年、1987 年、1989 年、1991 年、1992 年、1993 年、1997 年、2000 年、2001 年、2002 年、2004 年、2006 年、2007 年、2008 年、2009 年。

根据 1999 ~ 2001 年枯水月份的日平均流量资料统计,1999 年 2 月 26 日至 3 月 17 日,日平均流量只有 0.62 m³/s。2000 年 3 ~ 5 月的月均流量分别为 0.54 m³/s、0.30 m³/s、0.009 m³/s,5 月 4 日至 6 月 1 日共计断流 29 天。2001 年 5 月 27 日至 6 月 27 日有 32 天断流。

(2)大陈闸水文站位于北汝河襄城东 12 km 处,控制流域面积 5 550 km²。

根据大陈闸水文站 1953 ~ 2010 年水文资料统计,多年平均年径流量为 7.912 亿 m³,枯水年只有

作者简介:应越红,女,河南省前坪水库建设管理局,工程师,主要从事水利工程建设与管理工作。E-mail:752617173@qq.com。

1.0 亿 ~2.22 亿 m³。1992 年 2.03 亿 m³,2001 年 1.47 亿 m³,1999 年仅为 1.0 亿 m³。

根据 1999 ~2001 年枯水月份的日平均流量资料统计,1999 年入库径流断流 134 天,其中,1 月 13 ~31 日断流 19 天,2 月 1 ~28 日断流 28 天,3 月 1 ~7 日断流 7 天,6 月 13 ~24 日断流 12 天,8 月 5 ~17 日断流 13 天,9 月 1 ~30 日断流 30 天,10 月 1 ~30 日断流 12 天,11 月 9 ~26 日断流 6 天,12 月 1 ~31 日断流 7 天。1999 年 1 ~3 月的月均流量分别为 0.37 m³/s、0、5.59 m³/s。

2000 年入库径流断流 132 天,其中,1 月 1 ~28 日断流 28 天,2 月 3 ~28 日断流 26 天,3 月 2 ~7 日断流 6 天,4 月 15 ~30 日断流 12 天,5 月 1 ~31 日断流 31 天,6 月 1 ~25 日断流 25 天,12 月 1 ~31 日断流 4 天。2000 年 1 ~4 月的月均流量分别为 0.27 m³/s、0.2 m³/s、3.0 m³/s、0.58 m³/s。

2001 年入库径流断流 108 天,其中,4 月 16 日至 5 月 8 日断流 23 天,9 月 11 日至 10 月 14 日断流 34 天,10 月 21 日至 11 月 11 日断流 22 天,11 月 16 日至 12 月 3 日断流 18 天,12 月 8 至 12 日断流 5 天,12 月 18 ~23 日断流 6 天。2001 年 9 至 11 月的月均流量分别为 0.66 m³/s、0.25 m³/s、0.62 m³/s。

根据水文年鉴统计,三个枯水年大陈闸以上分别引出水量为:1999 年引出水量 6 726 万 m³,2000 年引出水量 5 736 万 m³,2001 年引出水量 8 438 万 m³。

2.2　水库建成后下游河道水文情势及断流情况

根据前坪水库坝址天然年径流频率计算成果,$P = 25\%$ 的丰水年为 2005 年,$P = 50\%$ 的平水年为 1974 年,$P = 70\%$ 的枯水年为 1972 年,$P = 95\%$ 的特枯水年为 2001 年。

为了说明前坪水库建库取水以后对水资源状况的影响,分别列出前坪坝址、大陈闸两个断面丰、平、枯、特枯不同年份,有库、无库两种工况的逐月径流量。

前坪水库建成以后,前坪水库坝址处多年平均径流量 16 414 万 m³,较建库前的 33 204 万 m³ 减少了 50.6%。坝址区河道年径流量变化:丰水年减少 43.3%,平水年减少 80.4%,枯水年减少 71.7%、特枯水年减少 53.1%。由于水库拦蓄,坝址处河道年径流仅为水库下泄弃水、生态用水及水库渗漏量,因此坝址处河道年径流减少程度较大。

前坪水库建成以后,大陈闸断面多年平均径流量 64 593 万 m³,较建库前的 77 269 万 m³ 减少了 16.4%。大陈闸站年径流量变化:丰水年减少 18.5%,平水年减少 29.1%、枯水年减少 28.6%、特枯水年减少 17.7%。由于区间来水比重相对较大,同时加上水库供水区的部分回归水,因此大陈闸断面处河道年径流量减少程度相对较小。

据统计前坪水库建成前,大陈闸 1999 年枯水年,由于闸上已引出水量 6 726 万 m³,大陈闸全年断流 134 天,其中最严重的 2 月、9 月两个月断流。2000 年枯水年,由于闸上已引出水量 5 736 万 m³,大陈闸全年断流 132 天,其中最严重的 1 月、2 月、5 月三个月断流 85 天。2001 年枯水年,由于闸上已引出水量 8 438 万 m³,大陈闸全年断流 108 天,其中最严重的 9 月 11 日至 10 月 14 日断流 34 天。前坪水库建成以后,大陈闸站河道径流量将减少,但水库为满足河道最小生态需水量,将常年向下游河道放 2.10 m³/s 或 1.05 m³/s 基流,调节枯水年河道径流量,减少了下游河段断流的现象,增加了大陈闸枯水年和特枯年的供水量,对下游河道水资源利用产生有利的影响。

2.3　水库建成后下游河道洪水流量变化情况

前坪水库防洪任务主要是控制北汝河干流上游的山区洪水,削减襄城洪峰流量,减少漯河以上洼地的滞蓄洪量,将北汝河防洪标准不足 10 年一遇提高到 20 年一遇。配合已建的昭平台、白龟山、孤石滩、燕山水库及计划兴建的下汤水库和泥河洼滞洪区联合运用,控制漯河下泄流量不超过 3 000 m³/s,将沙颍河干流的防洪标准远期提高到 50 年一遇。

2.3.1　对坝址洪水的削峰作用

前坪水库对坝址的削峰作用比较大,将坝址 5 年一遇、10 年一遇、20 年一遇洪峰流量 1 340 m³/s、2 440 m³/s、3 720 m³/s 削减 1 000 m³/s,将 50 年一遇洪峰流量 5 580 m³/s 削减至 1 000 m³/s,削峰率分别达 25.4%、59.0%、73.1%、82.1%。

2.3.2　对襄城洪水的削峰作用

前坪水库建成以后,若遭遇 1957 年型洪水,将襄城 20 年一遇洪峰流量 4 939 m³/s 削减至 2 761

m³/s,削峰率 44.1%;若遭遇 1975 年型洪水,将襄城 20 年一遇洪峰流量 3 545 m³/s 削减至 2 951 m³/s,削峰率 16.8%;若遭遇 1982 年型洪水,将襄城 20 年一遇洪峰流量 3 545 m³/s 削减至 2 819 m³/s,削峰率 20.5%;若遭遇 2000 年型洪水,将襄城 20 年一遇洪峰流量 4 755 m³/s 削减至 2 954 m³/s,削峰率 37.9%。北汝河防洪标准由 10 年一遇提高到 20 年一遇,襄城洪峰流量控制在 3 000 m³/s,避免启用湛河洼临时滞洪区。

2.3.3　对沙河干流的防洪作用

沙河漯河以上由沙河本干、北汝河、澧河组成,目前沙河干流上兴建了昭平台、白龟山水库,远期在内昭平台水库上游拟建下汤水库,澧河上兴建了孤石滩、燕山水库,还有泥河洼滞洪工程,兴建前坪水库以后,若发生漯河 50 年一遇洪水,配合以上防洪工程,通过典型年分析,水库防洪作用如下:

(1)漯河以上遭遇 1957 年型洪水,兴建前坪水库后,澧河不需要向唐河洼分洪,北汝河需向湛河洼分洪 1 800 万 m³,北汝河襄城下泄与沙河白龟山下泄汇合后需向灰河洼分洪 3 200 万 m³,沙河干流需向泥河洼分洪 11 365 万 m³,总计坡洼进洪量 16 365 万 m³,比建库前坡洼少进洪 948 万 m³,坡洼总进洪量小于漯河以上坡洼总滞洪量 33 600 万 m³,漯河下泄流量控制在安全泄量 3 000 m³/s。

(2)漯河以上遭遇 1975 年型洪水,建前坪水库后,澧河不需要向唐河洼分洪,北汝河亦不需向湛河洼分洪,北汝河襄城下泄与沙河白龟山下泄汇合后不需向灰河洼分洪,沙河干流向泥河洼分洪 21 676 万 m³,向颍沙洼地分洪 10 268 m³,总计坡洼进洪量 31 944 万 m³,比建库前坡洼少进洪 14 182 万 m³,坡洼总进洪量小于漯河以上坡洼总滞洪量 33 600 万 m³,漯河下泄流量控制在安全泄量 3 000 m³/s。

(3)漯河以上遭遇 1982 年型洪水,建前坪水库后,澧河不需要向唐河洼分洪,北汝河需向湛河洼分洪 1 076 万 m³,北汝河襄城下泄与沙河白龟山下泄汇合后不需向灰河洼分洪,沙河干流向泥河洼分洪 12 664 万 m³,向颍沙洼地分洪 100 万 m³,总计坡洼进洪量 13 840 万 m³,比建库前坡洼少进洪 9 149 万 m³,坡洼总进洪量小于漯河以上坡洼总滞洪量 33 600 万 m³,漯河下泄流量控制在安全泄量 3 000 m³/s。

3　水库将洪水转化为可利用水资源过程分析

前坪水库建成后,主要是通过调蓄洪水供枯水期使用。前坪水库入库径流非常不均匀,在 58 年的水文系列中,共计 2 088 旬,最大入库旬平均流量为 505.44 m³/s,最小入库旬平均流量为 0.05 m³/s。旬平均流量 105 m³/s 以上共有 28 个旬;旬平均流量 40 ~ 105 m³/s 共 92 个旬;小于 40 m³/s 旬平均流量,共计 1 968 个旬,其中 0.05 ~ 3 m³/s 有 972 个旬,占总旬数的 46.6%,说明水库入库旬平均流量 0.05 ~ 3 m³/s 的时间占近 50%。

在 58 年的水文系列中,共计 2 088 旬,最大出库旬平均流量为 408.24 m³/s,最小出库旬平均流量为 0.97 m³/s。旬平均流量 107 m³/s 以上,共有 15 个旬;旬平均流量 40 ~ 107 m³/s,共有 45 个旬;小于 40 m³/s 旬平均流量,共计 2 028 个旬,其中 1.07 m³/s 以下有 1 790 个旬,占总旬数的 85.7%,说明水库下泄流量接近或小于基流 1.05 m³/s 时间占 85.7%。

前坪水库将洪水调蓄后转化为水资源的过程,可用前坪水库入库、出库流量对比图表示,见图 1。

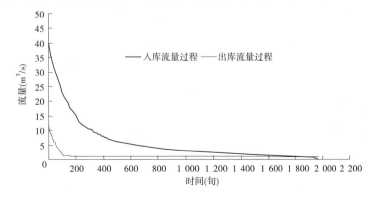

图 1　前坪水库进库、出库流量对比图($Q > 40$ m³/s)

图 1 反映了枯水期水库供水,大多数旬出库流量小于入库流量的情况。说明枯水期用水量较大,弃水量较小。

4 对下游河道水质的影响

水库建成以后实现水资源调节利用,对下游河道水质主要影响如下:

(1)水库初期蓄水,拦蓄坝址以上 1 325 km² 的北汝河流域径流,由于水库下泄河道只有 2.1 m³/s 或 1.05 m³/s 河道基流,对水库下游河道水环境极为不利,主要是河道污染物得不到及时和充足的水量稀释,对水库下游水质短时间内保护不利。

(2)前坪水库建成后,水库在主汛期和非汛期,下泄的水量均能调控。由于水库保证下泄河道基流量 2.1 m³/s 或 1.05 m³/s,保障了下游生态用水,在最枯时稀释河道污染物浓度。如果下游出现污染情况,可以调度水库下泄水量稀释污染物,对处理下游河道突发性水污染事故较为有利。

(3)枯水年份及特枯水年份,由于水库保证 2.10 m³/s 或 1.05 m³/s 河道基流下泄,下泄水量满足Ⅲ类水质标准,有效改善下游河道水环境。

前坪水库运行后,通过水库调节作用,增加下游河道枯水期水量,降低下游河道的纳污能力。前坪水库是汝阳县、汝州市、郏县城市生活用水的水源地,水库水体保护[4]级别提高和保护资源的投入将增加,入库污染负荷将一定程度减少,库区水体水质得到保障的前提下,水库下泄水水质将相应提高,对下游河道水质起到积极的改善作用。

5 对下游河道纳污能力的影响

前坪水库建成后,非汛期在正常蓄水位 403 m 条件下,电站均匀弃水 32 m³/s 进入下游河道;当低于正常蓄水位 403 m 条件下,生态基流 2.1 m³/s 或 1.05 m³/s 进入下游河道,水库在运行过程中对下泄水量起到很好的调节作用,使得天然径流量在年内较均匀下泄,所以对平水期、枯水期和特枯水季节下游河道的纳污能力有所提高。

依据规划成果,水库按调度方案下泄水量,水库年发电平均时间为 3 135 h(130 天),下泄流量为 1.05 ~ 29.8 m³/s(包括生态基流),非汛期其他时间段水库下泄水量为生态基流 2.1 m³/s 或 1.05 m³/s(共 235 天)。具有较好年内水资源调节作用,采用河道纳污能力公式计算,水库坝址下游北汝河干流至襄城县大陈闸段纳污能力提高 2.7 t/a,增加率为 0.184%,计算参数选择见表 1。

表 1 坝址至大陈闸段北汝河干流河纳污能力变化计算参数

项目	建库前	建库后
河道长 L(km)	137	137
$C_s - COD_{Mn}$(mg/L)	6	6
$C_0 - COD_{Mn}$(mg/L)	6	6
$K - COD_{Mn}$(L/d)	0.02	0.02
主槽的糙率 n	0.035	0.035
边滩的糙率 n'	0.05	0.05
河床坡降 I	1.7/1 000	1.7/1 000
$P = 90\%$ 平均流量(大陈闸站)Q_v(m³/s)	0.74	0.74
U 平均流速	0.275	0.275
$M - COD_{Mn}$(g/d)	4 036 061.6	4 043 488
$M - COD_{Mn}$(t/a)	1 473.2	1 475.9

建库后 $M - COD_{Mn}$ 增加 2.7 t/a

6 对区域水资源状况的影响

前坪水库是以防洪为主,结合农业供水、灌溉,兼顾发电等综合利用的大型枢纽工程。水库的建设对减轻北汝河上游洪水灾害,利用北汝河干流洪水资源缓解区域水资源[5-6]紧缺状况具有重要的战略意义。

前坪水库多年平均降水量为 761 mm,其中 6~9 月的降雨量占全年的 62.2%。由于降水年际变化较大,年内分配不均,反映在径流上,年际年内差异更大。据前坪水库坝址 1952~2012 年水文年共 59 年统计,多年平均径流量为 3.321 亿 m³。径流量年际变化很大,实测最枯年径流量 0.753 亿 m³,实测最丰年径流量 7.715 亿 m³,最丰年径流量是最枯年径流量的 10.25 倍。径流在年内的分配亦很不均匀,汛期 6~9 月的年径流量为 2.118 亿 m³,占全年径流量的 64%。非汛期 10 月至次年 5 月年径流量为 1.203 亿 m³,只占全年径流量的 36%,最大 8 月径流量为 0.810 亿 m³,占全年径流量的 24.4%。最枯 1 月径流量 0.053 亿 m³,仅占全年径流量的 1.6%。

北汝河地表径流上游大于下游,山区大于平原,上游汝阳县径流深 150 mm,下游襄城县径流深 100 mm,自西向东递减。前坪坝址以上,水资源相对丰富,全年水质为 II 类,水质较好,但上游已建的小型蓄水工程利用的水资源量仅占多年平均年径流量的 2.4‰。由于现有水利工程利用的水资源量很小,开发利用率很低,因此北汝河上游优质的水资源得不到有效的利用,使得下游的汝阳县、汝州市、宝丰县、郏县、襄城县等市县农田及城区近远期均面临严重缺水问题。

北汝河是沙颍河的一条重要支流,上游无控制工程,洪涝灾害频繁,防洪标准约 10 年一遇。据调查统计,中华人民共和国成立后发生较大洪灾的年份有 1956 年、1957 年、1975 年、1982 年、1983 年、1988 年和 1996 年。据不完全统计,历年来累计共有受害村庄 884 个,受灾人口 629 454 人,倒塌房屋 9.95 万间,伤亡人口 399 人,牲口死伤 2 500 头,冲毁耕地 140 万亩,冲毁堤防 571 km,冲毁护岸 2 233 m,造成绝收 50 多万亩,直接经济损失 80 多亿元。据《郏县水利志》记载统计,自中华人民共和国成立后 1950~2000 年共计 51 年间,发生 16 场较大洪水,郏县累计受灾人口 163.29 万人,累计受灾耕地面积 186.28 万亩,累计绝收面积 105.46 万亩,累计倒塌房屋 4.27 万间;平均年受灾人口 3.2 万人,平均年受灾面积 3.65 万亩,平均年绝收面积 2.07 万亩,平均年倒塌房屋 837 间。

前坪水库修建后,通过水库的调蓄兴利,可有效改变径流的时空分布,向供水区城市生活及工业年供水量 6 300 万 m³,同时向前坪灌区 50.8 万亩耕地多年平均提供灌溉用水量 10 098 万 m³,并可结合供水灌溉发电。建设项目多年平均取水量 1.626 亿 m³,占前坪水库坝址多年平均来水量的 49.0%,选定供水方案的水资源利用系数为 0.49。

7　结论

前坪水库工程是北汝河上游一座大型枢纽控制工程,在区域防洪和水资源优化配置方面将发挥不可替代的重要作用。建成后,对水资源的年内分配起到了较好的调节作用,汛期可拦蓄大量洪水,供给枯季灌溉和全年城市用水,并可在平水或丰水年份充分利用水库的多年调节性能蓄水供枯水年份利用。北汝河天然径流经水库调节后大大增加了对下游城镇供水和灌溉用水,弥补了下游水资源不足,缓解了水资源供需矛盾。水库运行过程中对下泄水量起到很好的调节作用,对平水期、枯水期和特枯水季节下游河道的纳污能力有所提高。水库水体保护级别提高和保护资源的投入增加,对下游河道水质起到积极的改善作用。水库建成后兴利除害,更有效、更合理地开发、利用北汝域的水资源。

参 考 文 献

[1] 喻光晔,李丽华,皇甫泽华,等.前坪水库工程建设陆生生态影响分析[J].河南水利与南水北调,2019,48(5):5-7.
[2] 尹星,陈立强,娄云.探索水生态补偿机制构建——以前坪水库为例[J].治淮,2015(12):8-10.
[3] 王昱,冯起,陈丽娟,等.基于参与性调查的生态输水和治理工程的可持续性[J].应用生态学报,2014,25(1):211-218.
[4] 孙法圣,杨贵羽,张博,等.基于水资源配置的流域水环境安全研究[J].中国农村水利水电,2014(11):73-76.
[5] 范杰.南水北调中西线工程对水源区水资源影响及对策[J].人民长江,2014,45(7):23-26,35.
[6] 王延辉,牛志强,刘明珠.南水北调对河南省水资源配置格局的影响分析[J].人民黄河,2010,32(2):60-61.

关于河长制背景下流域直管区取用水管控的实践与思考

陈宁

（沂沭泗水利管理局沂沭河水利管理局，山东 临沂　276001）

摘　要　取用水管理是水资源管理的核心内容，也是水资源强监管的关键环节。沂河沭河作为中央直管河道，沿河蓄、引、提、调水工程众多，取水量大，用途多样，取用水管理任务繁重。近年来沂沭河水利管理局主动作为，依法履职，充分发挥流域直管单位优势，积极落实河长制，协调做好水资源流域与行政区域管理结合的文章，通过深入开展取水许可规范化整治，强化取用水监管，"管住用水"迈出坚实步伐，工作经验入选了水利部"新时代基层水资源管理典型经验"优秀案例。但对标习近平总书记"把水资源作为最大的刚性约束"要求，当前直管区取用水管控还有不少工作需要做，要持续坚持问题导向，进一步深化流域与区域协同配合，深入推进水资源强监管，严抓大中型灌区、非农业等重点取用水管控，以更有力、有效的举措坚决抑制不合理用水需求，推进水资源节约集约利用，促进沂沭河流域经济社会高质量发展，让沂沭河成为造福人民的幸福河。

关键词　河长制；直管区；取用水管控

1　综述

2017 年元旦，习近平总书记在致新年贺词中庄严宣布："每条河流要有'河长'了"。半年后，全国百万河长上岗，守护河流健康，河长制促进"河长治"，河湖管护进入了新阶段，也给流域直管区水资源管理工作带来了新的机遇和挑战。

沂沭河跨苏鲁两省，属中央直管河道，水资源相对丰富，多年平均天然河川径流量达 45.16 亿 m^3，沿河蓄、引、提、调水工程众多，取水量大，用途多样，沂河、沭河也是淮河流域首批已批复水量分配方案的跨省江河，取用水管理任务繁重。

沂沭河水利管理局（以下简称沂沭河局）下属 7 个基层管理局，直接管理沂河、沭河等 7 条河流 517.4 km 河道，管辖范围涉及山东省临沂、日照两市。依据《水法》《取水许可与水资源费征收管理条例》和水利部《关于授予淮河水利委员会取水许可管理权限的通知》（水政资〔1994〕276 号）等要求，沂沭河局在上级单位正确领导和地方政府大力配合下，依法履职，积极作为，充分发挥流域直管单位优势，协调做好水资源流域与行政区域管理结合的文章，深入开展取水许可规范化整治，强化取用水监管，"管住用水"迈出坚实步伐，水资源管理工作取得显著成效。目前，沂沭河局的水资源管理工作得到地方各级政府、取用水户、沿河群众的普遍认可和高度评价，沂沭河流域水资源、水环境、水生态状况持续向好，在全国首届"寻找最美家乡河"大型主题活动中，沂河成功入选 2017 年度"最美家乡河"。

2　沂沭河直管区取用水管控实践

2.1　水资源流域与行政区域管理有效结合

（1）建章立制，理顺流域与区域管理权限。

2013 年，沂沭河局会同地方有关部门积极推动出台了《临沂市水资源管理办法》，专门对流域管理机构在直管河道的水资源管理职责进行了明确，有效理顺了管理权限，避免了多头管理、越权发证等现

作者简介：陈宁，男，1983 年生，沂沭河水利管理局四级主任科员，工程师，主要从事水资源管理工作。E-mail：cnstar55@qq.com。

象的发生,为沂沭河直管区水资源流域与区域管理有机结合打下坚实的制度保障。

(2)深化合作,促进流域水生态文明建设。

河长制全面实施以来,沂沭河局进一步强化与地方河长办、水利、生态环境等部门联系沟通,积极为流域经济社会高质量发展贡献力量。沂沭河局作为临沂市黑臭水体治理工作领导小组成员单位,积极建言献策,提出的"流域统一调度、雨洪资源利用"等建议得到临沂市的认可;2018年以来,会同临沂市水利局、园林局开展了临沂市中心城区生态流量调度方案制订工作,推动将水利部批复的沂河、沭河流域水量分配方案中生态流量指标纳入调度方案;积极利用直管的刘家道口、大官庄枢纽,科学实施防洪、水资源联合调度,两处枢纽可一次性调蓄水资源 5 000 多万 m³,为地方生产、生活和生态用水提供了重要保障。

(3)密切沟通,推进河长制逐步落实见效。

河长制全面实施以来,沂沭河局密切配合地方河长办,多次组织对直管范围内取(排)水口、水功能区有关信息进行核实上报,为沂河沭河"一河一策"制定、"一河一档"建立完善等提供了准确详实的基础资料;积极推进流域与区域信息互通共享,实现了对大中型灌区、非农业取水等重点取水户取用水数据的全面掌握,打通了流域与行政区域的信息隔阂,为强化取用水监管提供了更全面的数据支撑。

2.2　夯实水资源管理工作基础

(1)健全机构,因地制宜制定水资源相关制度。

建立健全水资源管理机构,沂沭河局成立了水资源科,七个基层管理局分别成立了水资源股或明确了水资源专管人员,形成了一支人员齐备、结构合理的水资源管理队伍;先后制定了《沂沭河局落实最严格水资源管理制度实施方案和工作分工》《沂沭河直管范围内非农业取水管理办法》等有关制度,明确细化水资源监管各项职责任务,完善了直管区水资源管理制度体系。

(2)摸清家底,详查细究建立取水口动态台账。

2018年以来,沂沭河局通过开展取水工程(设施)清查,对所有取水口全面建立了"一口一档",其中包含取水户调查、取水口照片、取水许可审批等全套资料;还建立了沂沭河取水口信息动态台账,台账包含了各取水口的位置坐标、联系人、现状、许可情况、实际取水量、监管情况等20多项信息,全面摸清了家底,给日常监管带来极大便利。

2.3　着力抓好取用水管理

取用水管理是水资源管理的核心内容,也是水资源强监管的关键环节。目前,沂沭河直管区持有淮委核发取水许可证的取水口有132处,许可水量合计6.19亿 m³。近年来,沂沭河局着力抓好取水许可监督管理,切实推进取用水管控,为"管住用水"迈出了坚实步伐。

(1)坚持问题导向,深入开展取水许可规范化整治。

根据淮委统一部署,自2018年以来,沂沭河局全面开展取水许可规范化管理工作,取得了显著成效。一是完成对所有取水户有关信息的清查登记,形成了完整的取水口"一口一档";二是做好取水许可证批量延续,组织对许可证到期取水口实际取用水情况进行核查,配合对14处大中型灌区农业取用水进行评估,完成取水许可证延续118份、注销27份;三是深入推进无证取水口整治,督促推动50余处无证取水口开展了取水许可手续申报工作;四是有力推进了对个别取水户涉及取水量变更、地方越权发证、利用灌渠进行工业取水等难点问题的规范化整治,切实解决了许多长期想解决而未能解决的问题。

(2)提升服务意识,配合做好直管区取水许可审批。

对拟在直管河道申请取水的单位和个人,沂沭河局关口前移,积极督促指导其按照规定程序申办取水许可,近年来先后配合上级完成了金牛水电站、泓达生物科技公司等18个取水项目的取水许可审批工作;推动取水许可"放管服"落地见效,根据授权委托,2019年沂沭河局首次代表淮委组织对沂河某取水项目进行了水资源论证技术审查、现场核验,助推直管区取水许可工作更加便民、高效。

(3)强化取用水"全过程"监管。

扎实做好对直管河道的日常水资源巡查检查,基层管理人员每月至少对取水口巡查两次;强化对取水户实际取用水、计量设施安装运行等情况的监督检查,先后督促推动12家重点取水户将取水数据接入国控系统,对直管区 33 处非农业取水口实现管理人员逐月抄表计量全覆盖,抄表数据经取水口值班人员签字确认后存档,实现了对重点取水户实际取水量的及时掌握;推进对重点取水户计划用水、节水、退水的监管,逐步强化了取用水管控。

　　(4)开展全国重点监管取水口台账建设。

　　根据水利部统一部署,认真开展了沂沭河直管区全国重点监管取水口名录及台账建设,经详细核查并与地方上报数据对接确认,最终直管区 12 处重要取水口纳入全国重点监管取水口名录(第一批),以上取水口许可水量合计达 3.01 亿 m^3,覆盖了直管区总许可水量(河道外用水)的 81%,为有效落实"管住用水"打下坚实基础。

　　(5)探索对取用水户先进典型进行表彰。

　　沂沭河局组织对直管区内取用水管理和节约用水成效突出的华盛江泉集团供水公司等 5 家取水单位进行了表彰,树立节水用水标杆,总结好经验,收集好做法。这也是沂沭河局为强化水资源管理进行的一次有益探索和尝试,发挥了较好的激励和引导效果。

3　直管区取用水管控下一步工作思考

　　习近平总书记近期在陕西考察时强调,对国之大者要心中有数,要深刻领会什么是国家最重要的利益。生态文明是事关中华民族永续发展的千年大计。水是生态环境中最重要的因子,也是生态文明建设中的"牛鼻子"[1]。2019 年 9 月,习近平总书记在黄河流域生态保护和高质量发展座谈会上的讲话[2]中,明确提出"把水资源作为最大的刚性约束",把黄河建设成造福人民的"幸福河",这对水资源管理工作提出了更高的要求,也赋予了更大的责任。

3.1　打造流域与区域管理有效结合试验田、样板区

　　中国工程院重大咨询项目淮河流域环境与发展问题研究子课题"淮河流域水资源与水工程问题研究"成果报告[3]提出,淮河水利发展的历史实践证明,流域管理能够最大限度地发挥水管理的综合功能,最有效地治水害、兴水利。流域管理是淮河流域水利发展的核心问题。建议理顺流域管理的体制机制,理顺流域和行政区域(中央和地方)及各部门之间在洪水管理、水资源管理、水利工程管理等方面的事权划分;建立健全以流域机构为主导、各方共同参与、民主协商、科学决策、分工负责的决策和执行机制。

　　要提高认识和站位,充分发挥出沂沭河局作为流域机构直管单位的独特优势,勇做水利行业强监管思路落地见效的实验田,为强化流域管理探索宝贵经验;充分利用河长制平台,全面深化与地方协同配合,主动对接地方经济社会发展重大战略,深度融入沂沭河生态走廊建设,沂河示范河湖建设,南水北调东线后续工程、沂沭河雨洪资源利用等重大发展战略,努力将沂沭河直管区打造成水资源流域与区域管理有机结合的样板区。

3.2　持续坚持问题导向

　　抓好水资源管理工作需要想在前面,干在实处。要始终坚持问题导向,增强发现问题的敏锐、正视问题的清醒、解决问题的自觉,不断破解水资源管理工作难题和制约因素。持续抓好取用水管理规范整治,着力排查并纠正无序取用水、超量取用水、无计量取用水等行为;推进对水电站、生态环境取水有效监管,依法推进问题整改,整治规范取用水行为。

3.3　抓实取用水管控

　　要想抓实取用水管控,就需要把用水监管工作抓实抓细,把具体的取用水行为管住管好,全面加强取用耗排全过程管理。取水口是取用水的必经通道和把口环节,严格取水许可管理首先要拧紧取水口这个"龙头",抓好取水计量,督促推动重点取水口计量设施安装全覆盖,符合条件的接入国控系统;同时,还要做好对实际用水,计划用水、退水等的监管,实现从水源地到水龙头的全过程监管。通过严控取水量和取水过程,可以有效遏制河流水资源过度开发,确保河流生态流量水量,维系河湖生态健康,促进沂沭河水资源有效保护与科学利用。

3.4 协力建设"幸福河"样板

2019 年,沂河入选全国 17 条示范河湖建设试点之一,沂沭河水利事业迎来新的发展机遇,也对水资源管理提出了更高的要求,要紧紧抓住当前的沂河示范河湖建设契机,积极作为,通过深入抓实取用水管控,协同配合地方政府全力完成示范河湖建设,努力将沂沭河建设成"河畅、水清、岸绿、景美、人和"的示范河、幸福河。

4 结语

对标习近平总书记"把水资源作为最大的刚性约束"要求,当前直管区取用水管控还有不少工作需要做,需要持续坚持问题导向,进一步深化流域与区域协同配合,深入推进水资源强监管,继续按照水利部"合理分水、管住用水"总体要求,严抓大中型灌区、非农业等重点取用水管控,积极配合做好沂河、沭河水量调度实施,以更有力、有效的举措坚决抑制不合理用水需求,倒逼地方发展严格以水而定、量水而行,推进水资源节约集约利用,促进沂沭河流域经济社会高质量发展,让沂沭河成为造福人民的幸福河。

参 考 文 献

[1] 朱法君.找准水利在生态文明建设中的站位[N].中国水利报,2019-05-16.

[2] 习近平.在黄河流域生态保护和高质量发展座谈会上的讲话.2019.

[3] 淮河流域水资源与水工程问题研究课题组淮河流域水资源与水工程问题研究[M].北京:中国水利水电出版社,2016(12):263.

沂沭泗流域单水源小城市饮水保障能力探索

——以江苏省灌云县城区为例

蔡娟[1],张鹏[2],王星桥[3]

(1.灌云县水利工程质量监督站,江苏 连云港 222200;
2.连云港市水利局,江苏 连云港 222004;3.灌云县水利局,江苏 连云港 222200)

摘 要 随着沂沭泗流域社会和经济快速发展,相较大中城市,小城市开辟或启用第二水源难度大、费用成本高,且快速反应能力不强,单一水源型的小城市饮用水源供水保证率偏低,饮用水安全风险问题突出。在单一水源或启用第二水源成本高、时效性差的情况下,建设城市区小型备用水源或应急水源是提升供水保障能力的有效途径,是快速应对突发性污染事件的有效措施。本文以江苏省灌云县建设应急水源工程为例,阐述小型城市在优质水源单一情况下,如何通过工程措施,高效率地解决饮用水源应急保障问题。通过工程措施运转,达到确保提供 7 天左右应急供给,为主供水源供水能力恢复正常赢得时间。

关键词 水资源;饮用水源;保障能力

1 研究的背景和解决思路的提出

1.1 沂沭泗流域小型城市饮用水保障能力背景情况

沂沭泗流域小型城市在经济社会发生程度、水环境现状、饮用水源供给等方面具有共同特点。随着沂沭泗流域社会和经济快速发展,经济和社会对饮用水源保障能力、有效管控饮用水安全风险能力提出更高要求。水资源作为区域经济社会发展的重要基础,供水安全作为区域经济社会发展的重要保障,正面临严峻挑战。在沂沭泗流域现状水资源保护的大背景下,与大中型城市不同,很大一部分小型城市在建设第二独立水源方面,受自然条件制约,难度大或建设费用成本高,加之已建成的跨流域调水工程启用难度大、快速反应能力不强,导致单一水源型小城市饮用水源供水保证率偏低,饮用水安全风险问题突出,不能快速、有效地应对突发性水污染事件。

1.2 沂沭泗流域小型城市饮用水保障解决思路

基于沂沭泗流域小型城市水资源配置现状,需要具有低成本、高效率、可操作性强的措施来解决饮用水源单一带来的供水保障能力不足问题。具体解决思路是:首先加强现状供水设施管理,提高现状主供水源水量、水质保障能力;其次是迅速建设低成本、高效率的工程措施,从而强化应急保障能力。上述加强现状供水设施管理,与建设高效益应急工程措施相互配合,组合成为小型城市饮用水基础保障。在加强现状供水设施管理方面,必须动用行政、技术等手段,加强农业面源污染管控和工矿企业、生活等点源污染治理,有效降低主供水源纳污量和失效频率,全面提升主水源保障能力。在建设高效益应急工程措施方面,至少建成满足城区 7 天左右时间的生活应急供水水量库容的应急水库,并且保证水库进出口分别与主水源、排水通道有效连通,确保库水定期引进和排出,保证优质水质和充足水量始终处于"待命"状态。当然,还要继续以综合效益最大为目标,加强水资源配置,通过产业结构调整等方式,促进水资源、社会、经济、生态环境协调发展。

2 灌云县城区饮用水源单一问题的背景与解决方案

作者简介:蔡娟,女,1976 年生,灌云县水利工程质量监督站副站长,高级工程师,主要研究水利工程建设管理、质量监督。E-mail:823812580@qq.com。

2.1 灌云县城区饮用水源供给保障能力背景

江苏省灌云县城常住人口 36 万人,城镇化率 51%,当地实现地区生产总值 375 亿元。目前灌云县城区只有叮当河单一饮用水源地,饮用水保障能力面临十分严峻形势。叮当河南起新沂河北堤叮当河涵洞,北至古泊河,全长 25 km,流域面积 140 km²。叮当河是灌云县引江淮水的重要通道,也是连云港市调江淮水的中线输水通道,通过境内东西向的区域河道相连通和水工建筑物的控制达到向全区域供水和补水。叮当河涵洞设计引水流量为 55 m³/s,实际多年引水量 20 m³/s 左右。根据近年水质监测资料,叮当河受新沂河汛期行洪和河西岭地排污的双重影响,饮用水水量和水质受到威胁,从年际分布来看,叮当河水质不达标多发于夏、秋两季,冬、春两季偶有发生,长历时污染基本集中在汛期。结合地区水系、地形地貌、耕作制度、前期降雨及可能的污染源等情况可以得出结论,灌云地区水质不达标多发于流域初次降雨后,主要来自河西岗岭地区的农业面源污染、生活污水及镇村小型企业,大雨过后污染物随着地表径流进入叮当河,当污染物集中排放量较大时,造成水质超标性污染。

流经灌云境内的通榆河北延送水工程主要是解决淮沭新河、蔷薇河送水线在遭遇突发污染事故时向连云港应急供水,以及为解决城乡发展生活、生态、农业灌溉等增供水量。工程规模为新沂河以南输送水 50 m³/s,沿线用水后进入连云港市区为 30 m³/s。通榆河北延送水工程在灌云境内利用盐河,由于通榆河中上段工程还不完善,当通榆河阜宁水位低于 0.2 m 时,通榆河不能向连云港送水。因此,近阶段通榆河北延送水工程只能相机向连云港市供水。只有完善上游工程措施,改相机供水为常态供水,通榆河北延送水工程水源才有可能成为灌云县的备用水源。因此,灌云地区的通榆河北延送水工程近期不会向连云港常态送水,且流经地区的备用水源——盐河水质达不到Ⅲ类饮用水标准,不能满足城乡居民生活用水要求。即使通榆河实现了常态送水,当遭遇新沂河行洪时,同样要关闭送水线上的盐河涵洞和盐河北闸,送水功能将暂时断绝。综上所述,鉴于灌云县城区供水系统的脆弱性,灌云县在大力推进城市化进程中,将饮用水源保护和提升饮用水源保障能力作为一项生命工程去解决,切实加大投入力度。一方面,加强企业节水、农业节水灌溉工程建设,强化企业、生活等点源、农业等面源污染治理,提升现状叮当河主水源的水量和水质保障能力;另一方面,建设伊云湖应急水源,确保在叮当河主供水源发生水污染事件期间,能应急保障城区居民喝上干净水,促进社会和谐稳定。

2.2 伊云湖应急水源规划建设情况

2.2.1 供需保障标准

伊云湖应急水源的供给规模能力,按近期 2020 年、远期 2030 年作为设计水平年,应急供水保证率采用 97%。近期满足灌云县城和下车、杨集、同兴、图河等乡镇约 55 万人的应急供水需求;远期实现向全县应急供水。伊云湖拟建成满足至少 7 天的应急供水量,在现状水源地发生短期水质超标和突发性水污染事件时,能够迅速切断被污染的水源,改用伊云湖替代供水,实现供水安全。综合灌云县城区面积、人口、事故风险及城镇重要性等因素,确定应急供水标准。近期中心城区的生活用水按正常供水量的 50%、工业用水按正常供水量的 40% 确定规模能力;周边乡镇及农村按 40% 确定规模能力。远期中心城区的生活用水提高至 60%,工业用水提高至 50%,周边乡镇及农村提高至 50% 的规模能力。

2.2.2 调蓄库容的确定

根据应急供水原则,在应急供水期间,仅解决居民生活用水。生活用水包括城镇生活用水和农村生活用水。城镇生活用水包括居民生活用水和公共用水(含商业、建筑业、消防、环境等)。农村生活用水包括居民生活用水和畜禽用水。城镇生活用水量根据人口数和综合生活用水定额确定;农村生活用水按居民生活用水和畜禽用水分别估算;管网漏损水量按综合生活用水和工业用水总和 10% 考虑,最大限度减少不必要用水;不可预见水量按综合生活用水、工业用水和管网漏损水量之和 10% 考虑;此外,还预留了水厂自身用水量,考虑水厂用水量的系数采用 1.05。综合上述用水需求,确定在应急供水不小于 7 天的情况下,伊云湖有效库容为 105 万 m³。湖区特征水位的确定,综合考虑平原河网的水位、湖区周边地面高程、工程实施难度等因素。现状灌云盐东排水片河道设计最高排涝水位 3.10 ~ 3.17 m;灌云县城区河道常水位 2.00 m。为了防止外水倒灌,伊云湖正常蓄水位应略高于外河水位。伊云湖所在地现状地面高程 2.8 ~ 3.5 m,平均高程约为 3.2 m。考虑一定的安全超高和景观亲水要求,湖面正常蓄水位采用3.0 m。工程所在地多年日平均蒸发量、湖水渗漏水量,确定伊云湖最高蓄水位3.40 m。考虑到伊云湖生态用水需求设置一定的死库容,结合设计湖底高程,伊云湖死水位定为 -0.5 m。

2.2.3　生态保障设计

伊云湖应急水源必须常态化防污、治污,随时提供应急供水。为防止降雨时环伊云湖的陆源污染物进入水库,在湖区边界外侧25~35 m范围内种植绿化隔离带,综合乔木、灌木、地被,组成高低错落有致、疏密相间的人工植物群落,形成伊云湖受污保护缓冲地带。同时,为避免周边生物、化学污染物进入湖区,在植物隔离带坡底设置截水沟,拦截地表径流,最终与市政雨水管网连接,实现水质达标后集中排放,最大程度削减湖区周边的陆源污染物进入湖区量。通过植物隔离带、截水沟等生态措施,建立起阳光、水、植物、生物、土壤之间相互依存的生态系统,丰富了生物多样性,利用动、植物的生物作用,阻隔不利物质进入湖区,并且吸收湖区水体中的氮、磷等元素,改善水体富营养化环境。水循环系统建设,可以促进湖区水体流动,增加溶解氧,能有效地避免水体腐化变质。

2.2.4　运行管理

为保证伊云湖应急水源满足地表水厂供水的水质要求,需对库域水体进行定期更换。伊云湖水面面积575亩,引入叮当河水后形成半密闭水体环境,通过理论计算和水质检测试验两种方式综合确定合理换水周期,保证湖区水体水质始终达标。当发生水质恶化突发性污染事件时,立即切断主供水源,改由伊云湖应急水源供水,在满足应急供水的7天时间内,调用行政、技术手段,加快主供水源供水能力恢复,在伊云湖供水能力未枯竭之前,实现叮当河主供水源恢复达标供水能力。

3　结论

沂沭泗流域小型城市具有经济社会发展水平较高与水资源供给保障能力低的不匹配特点。受自然条件制约,小城市开辟第二独立水源难度大、费用成本高,且快速反应能力不强。通过就地建设小型备用水源或应急水源,解决难度小、成本低、效益明显,是提升供水保障能力的有效途径,是快速应对突发性污染事件的有效措施。江苏省灌云县在单一水源的情况下,利用快速高效的工程措施,建成伊云湖应急水源,为叮当河主供水源供水能力恢复提供了7天支撑,有效地提升了城区供水保障能力。同时,灌云县继续以综合效益最大为目标,加强水资源配置,通过产业结构调整等方式,促进水资源、社会、经济、环境协调发展。

参 考 文 献

[1] 梅锦山,等.水工设计手册(第二卷 规划 水文 地质)[M].北京:中国水利水电出版社,2014.

[2] 逢勇.水环境容量计算理论与应用[M].北京:科学出版社,2010.

县区级水土保持规划的做法与思考

——以大丰区水土保持规划为例

程建敏，武宜壮，雷志祥

（江苏省水文水资源勘测局连云港分局，江苏 连云港 222004）

摘 要 水土资源是人类赖以生存和发展的基础性资源。水土流失是我国重大的环境问题，淮河流域山丘区土层较薄且石砾含量较大，该地区降雨量及降雨强度较大，虽然土壤侵蚀总量不是很大，但后果很严重，全面推进新时期水土保持工作，是一项艰巨而重要的工作。水土保持综合规划是水土保持工作的基础和前提。为落实新发展理念，更好地统筹规划水土资源保护与利用，促进绿色发展，加强生态环境保护，改善人居环境，必须开展水土保持规划编制工作。本文牢牢把握系统治理的思想，运用系统思维，统筹谋划水土保持各项工作，因地制宜地对多种措施合理配置，实现整体的最优组合，以期为同类型的水土保持规划提供参考。

关键词 水土保持；县区；规划

1 概述

淮河流域山丘区土层较薄且石砾含量较大，该地区降雨量及降雨强度较大，虽然土壤侵蚀总量不是很大，但后果很严重，全面推进新时期水土保持工作，是一项艰巨而重要的工作。水土保持综合规划贯彻"节水优先、空间均衡、系统治理、两手发力"的方针。牢牢把握系统治理的思想，用系统论的方法看问题，坚持从山水林田湖是一个生命共同体出发，运用系统思维，统筹谋划水土保持各项工作，是水土保持工作的基础和前提。

县级行政区域是水土保持综合规划的最小单位，根据区域自然与社会经济情况、水土流失现状及水土保持需求，对防治水土流失、保护和利用水土资源而做出总体部署，因地制宜地结合当地的实际情况，对水土保持多种措施合理配置，实现整体的最优组合，实现对县级水土保持综合治理的现实指导性。本文以大丰区水土保持规划为例，简要阐述县区级水土保持规划的做法及一些思考。

2 规划区概况

大丰区位于江苏省中部，盐城市东南，为江淮黄冲积平原，地势平坦，沟河纵横。处于亚热带与暖温带过渡地带，多年平均降水量1 066.7 mm，6~9月份降水量占全年的63%。多年平均蒸发量1 418.3 mm。多年地表径流量8.84亿 m³。水土流失类型轻度，然而由于土壤结构差，粉质含量高，河道两岸由于水位变化，边界土壤含水率变化，外界影响水波及人为的翻耕扒种等原因对两岸的影响，造成河坡表层松动，加速了河道淤积。随着城镇化的推进，开发建设项目活动日益频繁，大面积的地表开挖导致植被的严重破坏，造成的弃土、弃渣等，引起了新的水土流失。另外，由于水土保持收益周期长、经济效益相对较低等原因，土地经营者重经济效益、轻生态保护，重眼前利用、轻持续发展，土地经营者参与治理的积极性不高。随着社会经济发展，社会公众对良好生态环境的需求越来越高，河道健康发展及社会可持续发展都需要对水土保持工作进行全面系统的规划。

作者简介：程建敏，女，1979年生，河北省赵县人，高级工程师，硕士，主要从事水土保持及水文相关工作。E-mail：43985484@ qq. com。

3　水土保持区划和分区

3.1　规划区在全国及省水土保持区划中的情况

大丰区在全国水土保持区划中一级区划为南方红壤区,二级区划为江淮丘陵及下游平原区,三级区划为江淮下游平原农田防护水质维护区。在江苏省水土保持规划中,四级区划为盐通沿海平原农田防护拦沙减沙区。

全国及江苏省的水土保持区划不能细化大丰区水土保持区域的功能差异。因此,为更好地开展水土保持规划及指导大丰区水土保持工作的开展,进行大丰区水土保持区划,大丰区在全国水土保持区划及江苏省水土保持区划基础上,结合大丰区实际,开展了以乡镇行政区为单元的水土保持区划。

3.2　区划方法

3.2.1　水土保持区划

筛选具有较好的代表性、较高的准确性、较强的相关性、相对独立和易获性的指标,构建指标体系。然后结合地形地貌、土壤地质、河流水系、生态功能区、城市规划、土地利用等,通过图层叠加并考虑区域完整性和连续性,形成最终的水土保持区划边界。命名参考全国及省级水土保持区划命名规则,即地理位置+地形地貌+水土保持主导功能。水土保持主导功能包括水源涵养、土壤保持、蓄水保土、防风固沙、生态维护、农田防护、水质维护、防灾减灾、拦沙减沙和人居环境维护。根据分区依据,并结合实际情况、水土保持工作的特点,大丰区划分为 3 个水土保持分区,分别为里下河腹部平原农田防护水质维护区、中部平原农田防护拦沙减沙区和滩涂平原农田防护拦沙减沙区,水土保持基本功能为农田防护、水质维护和拦沙减沙。具体分区情况见表1。

表1　大丰区水土保持区划划分成果

区划名称	行政范围
里下河腹部平原农田防护水质维护区	刘庄镇、白驹镇、草堰镇
中部平原农田防护拦沙减沙区	西团镇、小海镇、大中镇、三龙镇、新丰镇、南阳镇、万盈镇、草庙镇、大桥镇和方强农场、川东农场、开发区
滩涂平原农田防护拦沙减沙区	大中农场、东坝头农场、海丰农场、上海农场、大丰港经济开发区、江苏省大丰麋鹿国家级自然保护区

3.2.2　水土流失重点防治区及易发区的划分

水土流失重点防治区是水土流失重点预防区和水土流失重点治理区的统称,水土流失较轻但危险程度较大,水土保持功能重要,以自然修复为主实施重点保护的区域划为水土流失重点预防区;水土流失严重,危害较大,以人工治理措施为主恢复水土保持功能的区域划为水土流失重点治理区。另外《中华人民共和国水土保持法》规定,水土流失易发区是除山区、丘陵区、风沙区以外的水土保持规划确定的容易发生水土流失的其他区域,也是水土流失重点预防区和重点治理区以外的区域。因此,水土流失易发区的划分是水土保持规划的一项内容。水土流失重点防治区及易发区的划分采用层次分析法。大丰区在《江苏省省级水土流失重点预防区和重点治理区》的公告中全部划为水土流失重点预防区。结合大丰区的实际情况,在大丰区内水土流失较严重的区域划为水土流失重点治理区,不再单独划分水土流失易发区。因此,目标层确定为水土流失重点治理区,是预定的目标;准则层确定为自然生态环境和社会经济环境,是为实现目标所涉及的中间环节;指标层确定为水土流失程度和林草覆盖率,是为实现目标可供选择的各种措施。大丰区水土流失重点防治区的划分结果为 9 个镇划为水土流失重点预防区,总面积 1 538.9 km²,12 个镇划为水土流失重点治理区,总面积 1 520.1 km²。具体划分情况见表2。

表2 大丰区水土保持重点防治区划分成果

名称	乡镇及其他	镇级行政单位(个)	重点预防面积(km²)
重点预防区	草堰镇、白驹镇、刘庄镇、西团镇、小海镇、新丰镇、大中镇、经济开发区、江苏省大丰麋鹿国家级自然保护区	9	1 538.9
重点治理区	南阳镇、万盈镇、大桥镇、草庙镇、三龙镇、大丰港经济开发区、大中农场、方强农场、东坝头农场、上海农场、海丰农场、川东农场	12	1 520.1

4 规划的任务

4.1 预防规划

预防范围和对象主要包括:水土流失重点预防区、重要生态功能区、生态敏感区,饮用水源区,河流的两岸的植物保护带;水土流失综合防治成果等其他水土保持设施。预防对象是指在预防范围内需采取措施保护的林草植被、地面覆盖物、人工水土保持设施。在预防范围内,林草植被覆盖度小且存在水土流失的区域,应通过综合治理提高林草植被覆盖度,促进农业生产发展和增加农民收入,保障预防措施的实施,促进预防对象的保护。

预防措施体系包括封禁管护、生态恢复、抚育更新、农村垃圾和污水处理设施、人工湿地、面源污染控制措施,以及局部区域水土流失治理措施。在预防范围内水土保持基础功能薄弱、生态脆弱的地区进行生态修复、封禁保护,开展水源涵养林和防护林建设,实施林木采伐及抚育更新的管理措施。在局部水土流失区域开展以水土流失治理为主要内容的生态清洁小流域建设,配套建设农村垃圾和污水处理设施、河道综合整治和面源污染控制措施。生产建设项目在保护范围内应实行一定程度的限制和避让措施。大力开展农田林网和河沟坡植被建设,实现水土保持措施与富民措施相结合。

4.2 治理规划

治理范围和对象为水土流失比较严重的地区,需要治理严重威胁土地资源,造成土地生产力下降,直接影响农业生产和农村生活,急需开展抢救性、保护性治理的区域。主要包括水土流失程度高、危害大的河道。

平原沙土区对河沟坡水土流失的治理,宜采取工程措施和植物措施相结合的方法,并做好后期管护工作。

4.2.1 工程措施

(1)做好水系配套,杜绝越级排水。越级排水易造成落差较大,急流冲刷,致使沟(河)口坍塌,至少按5级沟河配套,减少落差,防止冲刷。

(2)建筑子堰。在干沟、大沟的青坎(堤岸)边建筑好子堰,防止滚坡水冲刷河坡。

(3)开挖河坡集水槽。在干沟、大沟的河(沟)坡上,浇筑集水混凝土槽,以汇集堤顶与河(沟)坡径流,防止沟蚀。

(4)设置沟头跌水涵洞。主要为小沟进入中沟的沟口防护、隔水沟及田间排水洞等,根据不同水位差选定不同形式,常用溜槽、底流及井式消能,可防止沟头的水土流失。

(5)修建河坡砌护工程。作为航道的河道或者穿过城镇的河、沟,对河(沟)坡进行砌护。

(6)开挖复式河床。河床开挖成复式河床,分年实施,分层开挖,挖一层保护一层,确保河床的稳定。

4.2.2 植物措施

植被是抑制水土流失的主要因子,植物枝叶可削弱降雨侵蚀,枯枝落叶可防冲,植物根系可以固土。

河道两侧、河堤、滩面及高滩地排水中沟两侧植树铺草进行绿化,有效减轻降雨对堤防、河坡及滩地土壤的冲蚀,既防治水土流失,又绿化河堤,改善景观效果。结合滩地农田布置,在灌排沟渠、生产道路两侧植树绿化,做到沟渠路林网化、景观化。对河道滩面进行治理,采取乔灌草结合的方式,增加地面植被覆盖率,形成立体的防风固沙屏障,保持水土,提高经济效益和生态效益。禁止在堤顶、滩面、坡面耕种。面上耕地采用保土耕作技术。

4.2.3 土壤改良治理

大搞农作物秸秆还田,增施有机肥料,改善土壤团粒结构,控制土壤沙化,增加有机质含量。

4.2.4 管理措施

建立健全水土保持专职机构,加强对河道、堤坡和滩地的用地管理,严禁在堤坡、河坡上进行种植,严禁滩地取土、毁林等人为破坏植被的现象发生。加强两岸水土保持工程管理及养护措施。严禁不合理的经济活动带来人为破坏和新的水土流失等。加强水土保持工程与植物措施的维修与养护,实行管养分离,建立市场化、专业化和社会化的水利工程维修养护体系。由水利站或受益镇村负责农村河道的运行管理,保证河道的养护畅通,保证工作有人抓、河道有人管理。并加强检查监督,让农村河道更好地发挥水资源保障和水生态环境的功能作用,确保长期良性运行。

4.3 监测规划

由于大丰区土壤侵蚀以水力侵蚀为主,降雨是形成水利侵蚀的动力因素。因此,大丰区雨量站规划作为水土保持站网布局的重要组成部分之一。雨量站的主要功能为长期定点监测降雨量、强度和降雨过程,分析降雨年内、年际分配规律,探求和分析全区降雨侵蚀力分布规律。水土保持规划监测点类型还包括泥沙控制站和径流小区。按照覆盖全区、因需设置、布局合理、突出重点、分类建设、资源共享等原则,全区规划建设水土保持监测站点 11 个,其中雨量点 10 个,径流小区 1 个。

5 结语

水土保持规划编制应以水土保持区划或分区为基础拟定规划总体部署或布局,遵循下级规划服从上级规划、专项规划服从综合规划的原则,并与流域、区域相关规划相协调。水土保持规划是一个多层次结构,影响因素多,各层次各因素之间相互制约。水土保持受自然环境、经济条件和人为因素的影响,系统分析复杂,跟踪控制困难,有牵一发而动全局之势,一旦失误,调整恢复极为困难。县级水土保持综合规划结合微地形,用系统分析方法,抓主要矛盾,调控和优化水土保持综合治理的系统结构,以提高其总体功能,实现防治水土流失,保护和利用水土资源,改善生态环境。

参 考 文 献

[1] 王治国,王春红.对我国水土保持区划与规划中若干问题的认识[J].中国水土保持科学,2007,5(1):105-109.

[2] 裴新富,赵院.浅谈水土保持规划的内容与深度[J].水土保持通报,1996,16(1):28-31.

[3] 王锐亮,何丙辉,等.城市水土保持规划与城市可持续发展[J].水土保持应用技术,2006(1):31-32.

[4] 杨坤,段淑怀,等.北京市水土保持规划探讨[J].中国水土保持,2015(3):3-6.

[5] 周世波.论水土保持规划的拓展与方法体系[J].水土保持通报,1996,16(1):15-18.

[6] 厉莎,何华志,等.浙江省临海市水土保持规划编制研究[J].水土保持通报,2008,28(2):199-204.

基于星地协同的淮河流域河湖管理保护

孙金彦,黄祚继,张曦,王春林

（安徽省·水利部淮河水利委员会水利科学研究院,安徽 合肥　230088）

摘　要　淮河两岸河湖众多,岸线情况复杂,在全面推进河长制湖长制工作中,基于管理现状及具体需求,为贯彻落实"水利工程补短板,水利行业强监管"水利改革发展总基调,在智慧水利新特点、新形势下,探索卫星技术与河长制湖长制工作的切合点,以皖境淮域为例,利用卫星数据、地面站实测数据等,构建星地协同的一体化监测体系,助力淮河流域河湖精准监管,提高自动化程度和工作效率。

关键词　淮河;河湖管理;星地协同

1　引言

淮河是我国七大江河之一,皖境淮域交通发达,资源丰富,是我国重要的煤、电能源基地和粮、棉、油主产区,在国民经济中占有十分重要的战略地位。1950 年淮河流域发生了特大洪涝灾害。河南、安徽两省共有 1 300 多万人受灾,4 000 余万亩土地被淹[1]。毛泽东亲笔题词"一定要把淮河修好"。经过70 年的不懈努力,淮河流域初步形成了防洪减灾和水资源综合利用体系,在防御洪涝灾害、保障城乡用水、发展农业灌溉、促进水陆运输、维护生态多样性和推动区域发展等方面发挥了巨大作用[2]。

卫星技术的迅速发展,将人类带入一个多层、立体、多角度、全方位和全天候对地观测的新时代。由各种高、中、低轨道相结合,大、中、小卫星相协同,高、中、低分辨率相弥补而组成的全球对地观测系统,能够准确有效、快速及时地提供多种空间分辨率、时间分辨率和光谱分辨率的对地观测数据。目前,卫星技术已应用于政治、经济、军事和社会的众多领域,成为改变现有生产和生活方式、创造新产业、推动现代化建设的有力手段[3]。中国高度重视卫星技术发展,已经成功发射了高分系列、环境小卫星(HJ1A/1B),以及众多商业遥感卫星,为国土、水利、环境研究和国民经济建设提供了宝贵的空间图像数据。

当前我国治水矛盾发生深刻变化,主要矛盾已从人民群众对除害兴水利的需求与水利工程能力不足的矛盾,转变为人民群众对水资源水生态水环境的需求与水利行业监管能力不足的矛盾。探索卫星技术与河长制湖长制工作的切合点,提升河湖管理监管能力,有助于水利部门更好地履行监管职责,满足人们对优质水资源、健康水生态、宜居水环境的需求。依据习近平总书记治水重要讲话精神,厚植"科学、求实、创新"的价值取向,深入贯彻落实新时代水利工作方针,对照"水利工程补短板、水利行业强监管"的水利改革发展总基调的要求,安徽省河湖管理监管手段尚有所不足,现代化手段,如卫星技术应用还不够普及,突出问题违法信息数据获取不及时不全面的主要矛盾依然凸显。因此,本文聚焦河湖监督管理工作,探索现代化手段与传统技术的融合点,利用卫星技术、地面站实测数据等,构建星地协同的一体化监测体系,助力淮河流域河湖精准监管。

2　淮河干流管理与保护存在的突出问题

安徽省淮河干流地处淮河中游,涉及蚌埠、淮南等5 市19 个县(区),24 条主要支流和12 座重要湖泊。经过70 年治淮建设,干流沿岸已建成堤防981 km,二级以上水功能区11 个,水源地10 处,取水口119 处,排污口66 处,管理与保护体系日趋完善,但按照全面推行河长制湖长制和"五大发展"美好安徽

作者简介:孙金彦,女,1988 年生,安徽省·水利部淮河水利委员会水利科学研究院工程师,主要从事水利建设与管理研究及科技服务工作。E-mail:sjy@ahwrri.org.cn。

的建设要求,仍然存在水资源、水污染、水生态等诸多问题[2],突出表现在水资源供需矛盾、违法违规开发利用、黑臭水体等方面。

3　基于星地协同的河湖管理与保护

3.1　湖库水体面积变化

湖库水体面积变化情况能够反映出蓄水量的变化,直观展示气候变化和人类活动对湖库的影响,并可间接反映周边地区水旱灾害的发生、发展趋势和程度。常规的湖库监测主要是通过布设监测站网,还需要耗费大量的人力、物力、财力,对湖库水体的大范围、长时效监测难以实现。卫星提供多角度、多尺度、多频段、多时相的综合观测数据,使水体监测、旱情监测、灾害评估和风险分析的分辨率和精度得到大幅度提升。水量的减少必然导致水体面积的缩小,在水文、气象观测资料有限且观测数据只局限反映点状信息的现状条件下,利用卫星技术直接获取大范围地面水体分布信息,通过卫星获取的数据为空间信息密集的面域数据,它可有效地验证水体在空间上的分布特征,这是其与常规监测数据的主要区别。监测水面积变化,并分析水面积变化与水情旱情状况的关系,可为防汛抗旱、水库调度提供有力技术支撑。

淮河流域地处我国南北气候过渡带,冬春干旱少雨,夏秋闷热多雨,冷暖和旱涝转变急剧。淮河流域耕地面积 1 333 万 hm²,是国家重要的商品粮棉油基地。由于多方面的原因,淮河流域一直是我国洪涝干旱灾害发生最频繁的地区。本文以淮河流域湖库作为目标,在研究分析不同卫星提取湖库水体影响因素的基础上,通过多源卫星数据提取的水体面积结合卫星过境时刻地面站水位等实测数据,进行地表水域面积的连续动态监测(见图 1),监测地表水体变化情况,揭示其时空变化规律,实现对于水灾,确定受灾范围、淹没面积、淹没水深和时间等评估灾情情况;对于旱情,结合数字地表模型、地面水文观测断面资料(降水、流量等资料)以及同期社会经济统计资料,构建水体面积 – 水位 – 旱情等级模型,可利用水体面积变化距平百分率评估旱情状况。

3.2　河湖水域岸线变化监测

自河长制湖长制推行以来,安徽省深入贯彻习近平生态文明思想,围绕重点河湖存在的河岸垃圾、围垦侵占、违规设障等河湖"四乱"问题,结合"岸线保护和利用专项检查行动""固废点位排查工作""清四乱"等相关专项行动,紧盯关键环节,落实问题整改,多方位推进生态环境保护工作向纵深开展。为贯彻落实"水利工程补短板,水利行业强监管"水利改革发展总基调,充分发挥水科院技术、设备、人才优势,谋划利用卫星遥感、无人机航测和大数据分析等手段,结合深度学习等方法,为河湖管理相关工作提供技术支持。本文利用卫星技术提取出河湖管理范围变化区域,结合工作经验去除伪变化,识别出真变化(增加、减少),根据安徽省水利厅《关于规范建立河湖"四乱"问题整治工作台账和明确问题分类分级整治标准的通知》(皖水河湖处函〔2020〕3 号)结合实地抽样调查,判断监测问题类型,分析变化检测结果,为河湖管理相关工作提供技术支持(见图 2)。

3.3　黑臭水体识别

黑臭水体主要呈现暗黑色、黑灰色、黑褐色、黄褐色以及灰绿色等不正常的水体颜色,通常分布范围较广,河宽一般较窄,易受到两岸环境(居民点、建筑工地、工厂)影响。黑臭河道多为封闭或半封闭状态且没有明显流动,表面常漂浮生活垃圾或黑色污泥藻团等。常规的地面采样监测不易采集河道中心水质信息,难以全面划定黑臭水体分布范围,增加监测难度。卫星技术为黑臭水体的识别提供了一种新的技术手段。万凤年等[4]建立了 ETM + 遥感影像的可见光波段及其组合与电导率(EC)、氨氮($NH_4^+ - N$)等水质参数的回归方程,模型精度较高,较好地反映了浙江温瑞塘河水质参数空间分布情况。姚俊等[5]解译了苏州河 3 个不同时相的彩红外遥感影像和热红外遥感影像信息,分析了苏州河水体污染的状况和历史原因。温爽等[6]利用高分影像,提出一种比值法对南京市黑臭水体进行监测。考虑到相对于正常水体,黑臭水体反射率较低,同时在绿光—红光波段变化比正常水体平缓,本文采用地面 SVC 光谱仪实测水体反射率,拟合经过 FLAASH 大气校正后的高分辨率卫星影像多光谱地表反射率,结实测水质参数,进行黑臭水体识别。

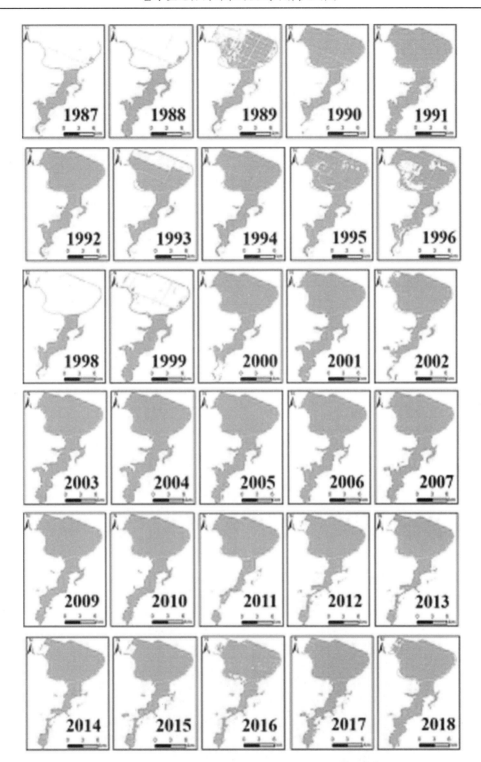

图1 淮河流域湖库1987～2019年水体面积变化(以城西湖为例)

3.4 其他

除上述应用研究外,基于星地协同的技术还可以用于河湖蓝藻水华监测、涉河项目监管(见图3)、地表水资源调查、河湖确权划界等,也可以获取在土壤湿度、植被指数、作物种类和范围等数据基础上,并通过一定的模型计算和技术处理得到出现干旱地区的土壤水分亏缺状况,监测旱情动态。

4 展望

在治水矛盾、治水思路调整转变和科学技术高速发展的新形势下,探索先进技术与河湖管理保护工作的切合点,构建星地协同的一体化监测体系。在水旱灾害防御工作中,通过湖库水体变化,分析洪涝

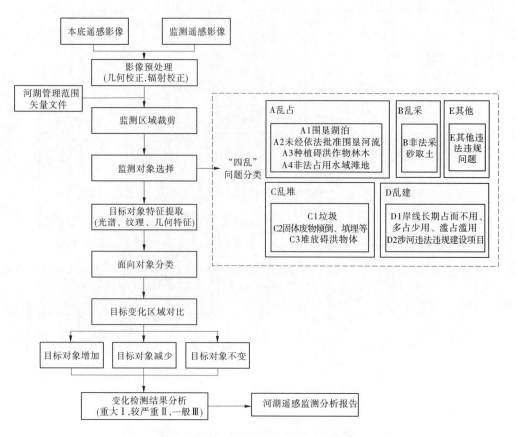

图2 河湖水域岸线变化监测技术流程

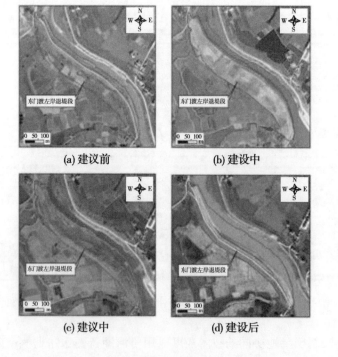

图3 涉河项目监管

旱情状况,为水情监测预警和防汛抗旱工作提供重要依据。在河湖管理工作中,依托多时间序列的监测遥感影像与本底影像间的变化关系,构建"监测分析—问题分类—现场核查—整改复查"四个关键步骤,将河湖水域岸线监管工作"推深做实"。在水环境污染突发事件应急响应中,利用多光谱数据获取水质要素等时空分布特征、分析污染物排放动态变化规律,实现黑臭水体的溯源分析。加强源头治污,补齐水污染防治基础设施短板。为提升淮河流域河湖精准监管的服务能力和应用水平,还需进一步深入开展相关自动化信息提取技术研究,完善卫星数据在水利行业应用中的更新速率,提高星地协同一体化监测技术在淮河流域河湖管理保护中的信息支撑服务能力。

参 考 文 献

[1] 袁梦茹. 20 世纪 50 年代淮河流域水利工程建设研究[D].合肥:安徽大学,2014.

[2] 赵以国. 安徽省淮河干流"一河一策"实践与探索[J]. 中国水利, 2018(2):10-14.

[3] 宫鹏. 对遥感科学应用的一点看法[J]. 遥感学报, 2019, 23(4):567-569.

[4] 万风年, 纪晓亮, 朱元励, 等. 应用遥感监测城市水体水质研究[J]. 浙江农业科学, 2013, 54(3): 349-355.

[5] 姚俊, 曾祥福, 益建芳. 遥感技术在上海苏州河水污染监测中的应用[J]. 影像技术, 2003, 15(2): 3-7, 12.

[6] 温爽, 王桥, 李云梅, 等.基于高分影像的城市黑臭水体遥感识别:以南京为例[J]. 环境科学, 2018,39(1): 57-67.

新建水库小流域面源污染调查评价及防治对策

李汉卿，杜鹏程

（淮河水资源保护科学研究所，安徽 蚌埠 233001）

摘 要 近年来，随着点源污染控制水平的逐步提高，小流域面源污染对水环境污染的贡献越来越突出。小流域多位于河流的上游，流域内各面源污染物随径流流失，导致水体污染，影响下游新建水库的水质安全。因此，解决新建水库小流域面源污染问题对开展水库建设项目环境影响评价，保护水库饮用水水源的水质具有重要意义。本文以某新建水库为例，在进行小流域面源污染调查与分析评价的基础上，提出有针对性的面源污染防治措施，以期为其他相似小流域的水利建设项目面源污染防控提供借鉴。

关键词 面源污染；小流域；新建水库；防治对策

水库面源污染是指溶解的或固体污染物从非特定的地点，在降水和径流等冲刷作用下，通过径流过程汇入库区[1]，给水库水环境功能带来负面影响，引起水库富营养化或者其他形式的污染。与点源污染相比，面源污染产生机理更复杂[2]、时空范围更广、危害规模也更大[3-4]。近年来，随着点源污染控制水平的逐步提高，小流域面源污染对水库水环境污染的贡献越来越突出[5]。

小流域指的是流域面积在 $10 \sim 30$ km² 范围的一个内部结构相对完整的自然集水单元[6]。小流域多位于河流的上游，流域内各面源污染物随径流流失，导致水体污染[7]，影响下游新建水库的水质安全。因此，解决新建水库小流域面源污染问题对开展水库建设项目环境影响评价，保护水库饮用水水源的水质具有重要意义。

本文以鲁𬒨山水库工程为例，结合小流域面源污染特点，开展库区面源污染调查并分析预测蓄水后水体富营养化状况，在此基础上提出解决面源污染的防治对策。

1 新建水库概况

鲁𬒨山水库位于安徽省桐城市境内，地处长江流域菜子湖水系孔城河支流——鲁王河上游，水库坝址处汇流面积 16.8 km²，为典型的小流域水库工程。水库设计总库容 1 068 万 m³，属中型水库。正常蓄水位 125 m，为多年调节水库。水库工程任务是以供水、灌溉为主，兼有防洪和生态作用。

2 面源污染调查与评价

2.1 面源污染调查

鲁𬒨山水库位于鲁王河流域上游，流域内现状无工业等点源污染，仅有沿河两岸面源污染。面源污染根据污染来源分为林地地表径流、农村生活污染、畜禽养殖污染、耕地地表径流。本文在实际调查的基础上，采用源强系数法对库区面源污染负荷进行估算。

2.1.1 林地地表径流

鲁𬒨山水库地处大别山南麓低山地带，属亚热带季风气候区，森林覆盖率较高，植物资源丰富。根据《安徽植被》，评价区植被属亚热带常绿阔叶林植被带，安徽南部中亚热带常绿阔叶林地带，大别山南部植被区和安庆、宿松沿江湖泊圩区植被区。林地主要为次生阔叶林、人工栽培针叶林和竹林。

水库坝址处汇流面积 16.8 km²，建库前林地面积约为 1 352.1 hm²，建库淹没林地 17.2 hm²，则建库后林地面积为 1 334.9 hm²。根据《全国水环境容量核定技术指南》中径流污染负荷的推荐值以及《珠

作者简介：李汉卿，男，1990 年生，淮河水资源保护科学研究所，工程师，主要从事水环境保护相关工作。E-mail：529035982@qq.com。

江广东流域水污染综合防治研究》中的林地地表径流污染物浓度和面积输出速率的研究成果,林地地表径流污染物入库量分别为:COD 4.78 t/a、氨氮 1.31 t/a、总氮 2.11 t/a、总磷 0.12 t/a。

2.1.2 农村生活污染

农村生活污染主要来自于日常生活洗漱、洗浴、洗衣、冲厕、餐厨过程中产生的污水和生活垃圾等。农村生活污染来源不复杂,但由于小流域农村没有污水排水管网,污水直接排入附近沟渠后会通过降水冲刷等方式进入库区。

鲁碟山水库建成后,库区汇水范围迁移出大部分人口到坝下,仅存在很小一部分居民,经调查约为400人。根据环境保护部华南环境科学研究所编制的《生活源产排污系数及使用说明》(2010年修订)中的生活源污水污染物人均产生系数,农村生活污染入库量分别为:COD 2.015 t/a、氨氮 0.221 t/a、总氮 0.286 t/a、总磷 0.019 t/a。

2.1.3 畜禽养殖污染

畜禽养殖污染主要是指养殖过程畜禽的粪便、尿液产生污水,在降雨发生时随地表径流汇入河流,为库区带来污染物。水库建成后,汇水范围区内无规模化集中养殖场,仅存在居民散养的畜禽,约400只。根据《第一次全国污染源普查畜禽养殖业源产排污系数手册》华东区畜禽产污系数,畜禽养殖污染入库量分别为:COD 1.24 t/a、氨氮 0.02 t/a、总氮 0.03 t/a、总磷 0.02 t/a。

2.1.4 耕地地表径流

库区汇水范围内现有耕地 31.6 hm²,水库建成后,耕地还存有 3.3 hm²。耕地地表径流产生的污染主要为农药、化肥等使用所带来的污染。根据《全国地表水环境容量核定和总量分配工作方案》相关计算参数和原环境保护部公布的农田径流污染物流失源强系数,耕地地表径流污染物排放量分别为:COD 0.1 t/a、氨氮 0.02 t/a、总氮 0.023 t/a、总磷 0.001 t/a。

综上,鲁碟山水库建成后库区主要污染源污染物入库量和贡献率见表1。

表1 鲁碟山水库建库后面源污染物入库量和贡献率

面源污染	COD		NH₃-N		TN		TP	
	排放量 (t/a)	贡献率 (%)	排放量 (t/a)	贡献率 (%)	排放量 (t/a)	贡献率 (%)	排放量 (t/a)	贡献率 (%)
林地地表径流	4.78	58.8	1.31	83.4	2.11	86.1	0.12	80.0
居民生活污染	2.01	24.7	0.22	14.0	0.29	11.8	0.02	13.3
畜禽养殖污染	1.24	15.3	0.02	1.3	0.03	1.2	0.01	6.7
耕地地表径流	0.10	1.2	0.02	1.3	0.02	0.8	0	0
合计	8.13	100	1.57	100	2.45	100	0.15	100

2.2 蓄水后富营养化评价

2.2.1 总磷、总氮预测

水库 TP、TN 预测采用狄龙(Dillon)模式(TP、TN):

$$C = \frac{L(1-R)}{\rho \cdot H} \tag{1}$$

式中:C 为湖中氮(磷)的年平均浓度,mg/L;L 为湖单位面积年氮(磷)负荷量,g/(m²·a);R 为湖氮(磷)滞留系数,1/a;ρ 为水力冲刷系数,$\rho = Q_入/V$,1/a;$Q_入$ 为入湖水量,m³/a;V 为湖容积,m³;H 为湖平均水深,m。

水库 TN、TP 平衡浓度水文条件采用枯水年($P=75\%$)、特枯水年($P=90\%$)进行预测。根据库区面源污染负荷估算结果,鲁碟山水库建成后 TN、TP 入库量分别为 2.45 t/a、0.15 t/a。经预测,不同水平年水库 TN、TP 浓度预测结果见表2。

2.2.2　叶绿素 a 预测

叶绿素 a 浓度预测采用 Bartsch 和 Gakatatter 模型,模型如下:

$$\lg(Chla) = 0.807\lg(P) - 0.194 \tag{2}$$

式中:$Chla$ 为叶绿素 a 的浓度,mg/L;P 为总磷浓度,mg/L。

根据表 2 中 TP 浓度计算结果,采用上述公式,计算鲁嵇山水库叶绿素 a 浓度枯水年($P = 75\%$)为 0.015 mg/L、枯水年($P = 90\%$)为 0.018 mg/L。

2.2.3　富营养化预测结果

采用《地表水资源质量评价技术规程》(SL 395—2007)中"湖库营养状态指数法"进行评价,富营养化预测结果分别见表 2。

表 2　鲁嵇山水库富营养化预测结果

典型年	TP 浓度 (mg/L)	TN 浓度 (mg/L)	Chla 浓度 (mg/L)	TLI(TP)	TLI(TN)	TLI(Chla)	TLI	营养状态
偏枯水年 (75%)	0.009	0.150	0.015	17.86	22.39	54.41	34.51	中营养
枯水年 (90%)	0.012	0.200	0.018	22.53	27.27	56.39	38.11	中营养

根据表 2,水库建成后,枯水年($P = 75\%$)综合营养状态指数为 34.51,水库属中营养型;在枯水年($P = 90\%$)综合营养状态指数分别为 38.11,水库属于中营养型。但在枯水年($P = 90\%$),水库存在轻度富营养化风险;当气温在 10~25 ℃时,水库在污染物入库的库尾和水力学稳定、交换能力差的库汊存在发生富营养化可能,因此需采取一定的防治措施。

3　面源污染防治对策

3.1　源头控制

新建水库小流域面源污染防治对策主要是加大对小流域内各污染源的源头控制。小流域的流域面积比较小,在行政管理上相对容易,从源头开展小流域内的污染防控有多方面的优势,使得治理对策的实施有效性显著提升[8]。

(1)蓄水前库底清理。为防止水库蓄水后淹没区面源污染,在水库蓄水之前,必须进行库底清理。库底清理范围是水库蓄水前除原有水域面积外受淹没的区域,清理内容包括:遗留在库底的林地和耕地实施砍伐和迹地清理,将库区内垃圾场、厕所、养殖场等污染物运出库区,拆除清理房屋等地面建筑物及其附属设施。鲁嵇山水库淹没区内分布有大量的耕地和林地,若众多的生物群落被淹没,会对水库水质会产生较大影响[9],因此必须进行彻底的林地和耕地植被清理。

(2)林地和耕地面源控制。控制农药和化肥零增长。坚决禁止销售和使用高毒、高残留农药,推广使用新型农药和新型环保杀虫技术。大力推广测土配方施肥技术,集成推广配方施肥、化肥深施,提高肥料综合利用率。禁止毁林开荒,大力发展生态农业,推广平衡施肥、秸秆还田、病虫害综合防治、无公害生产等技术,鼓励发展有机肥产业及有机食品、绿色食品和无公害农业产品。

(3)农村生活污染控制。强化农村生活垃圾和污水收集处理。生活垃圾采用"户分类、组收集、村转运、乡镇处理"的模式,保证生活垃圾都能及时清理、安全处置。农村生活污水采用按户收集、集中处理的方式,建设家庭式小型化粪池,定期将化粪池污水用于农业或林业灌溉。小流域汇水范围内严格实施"禁磷"措施,推广使用无磷洗涤用品。

(4)畜禽养殖污染。依法科学划定禁养区,将水源保护区划定为畜禽养殖禁养区,禁养区内严禁建设规模化畜禽养殖场。对畜禽散养的居民,建议在村内设置宣传栏、培训班等形式强化生态养殖观念,增强农村养殖粪便的污染防治能力。

3.2 环境管理

（1）划定水源保护区。鲁碟山水库具有供水功能，为保障库区水质，需按照《饮用水水源保护区划分技术规范》（HJ/T 338—2018）划定水源保护区，进行水源地规范化建设。同时，按照国家和安徽省饮用水水源环境保护的相关规定，采取积极的水源保护措施，突出重点，加强监督与管理。

（2）加大宣传和管理，提高农民的环保意识。充分利用各种媒体，通过科普和大众媒体，加强教育和培训，提高农民对农业面源污染的认识和自觉参与防治污染的意识，引导和规范农民的生产生活方式，切实有效地保护水库及周边环境。

（3）水库运行期环境管理。运行期环境管理是工程环境保护工作能够有效实施的关键。工程运行期设立环境保护办公室，负责水质监测工作的委托、监测资料的整编与报送，保证监测成果质量。同时，还应密切注意水质及生态环境的变化动态，防止水体富营养化、水质污染等风险事故的发生。

3.3 跟踪监测

为了掌握水库运行期水质状况，需建立水质跟踪监测和档案管理制度。水质跟踪监测可设置库尾、库中、坝前 3 个监测断面，监测指标选取《地表水环境质量标准》（GB 3838—2002）中的基本项目和集中式生活饮用水地表水源地补充项目，监测频率为每月监测 1 次，以便发现问题，及时采取措施。

4 结语

本文针对鲁碟山水库小流域面源污染的实际情况，在面源污染调查的基础上，对蓄水后水体营养化状况进行预测评价，并针对新建水库饮用水水源地面源污染提出了源头控制、环境管理、跟踪监测的多元化、全方位的环境保护措施，以期为其他相似小流域的水利建设项目面源污染防控提供参考和借鉴。

参 考 文 献

［1］ 张大伟. 流域非点源污染模拟与控制决策支持系统的开发与应用［D］. 北京：清华大学环境科学与工程系，2005.

［2］ 梁冬梅. 小流域面源污染特征与控制技术研究［D］. 长春：吉林大学，2014.

［3］ 李贵宝，周怀东，王东胜. 我国农村水环境状况及其恶化成因［J］. 中国水利，2003（14）.

［4］ LEE S I. Non－point source pollution［J］. Fisheries，1979（2）：50-52.

［5］ Lu L，Cheng H G，Pu X，et al. Identifying organic matter sources using isotopic ratios in a watershed impacted by intensive agricultural activities in Northeast China［J］. Agriculture Ecosystems & Environment，2016（222）：48-59.

［6］ 王礼先. 小流域综合治理的概念与原则［J］. 中国水土保持，2006（2）：16-17.

［7］ D U X Z，SU J J，LI X Y，et al. Modeling and evaluating of non-point source pollution in a semi-arid watershed：implications for watershed management［J］. Clean，2016，44（3）.

［8］ 武升. 巢湖流域上游众兴水库小流域农业面源污染调查与评价［D］. 合肥：安徽农业大学，2018.

［9］ 熊军，周运祥. 水库库底清理总结与探索［J］. 水利水电快报，2006（1）：26-29.

［10］ 生态环境部. 环境影响评价技术导则 地表水环境：HJ2.3—2018［S］.

连云港市区水环境治理思路探讨

吴晓东[1]，任晨曦[2]，刘炜伟[1]

(1.江苏省水文水资源勘测局连云港分局,江苏 连云港　222004；
2.山东省海河淮河小清河流域水利管理服务中心,山东 济南　250000)

摘　要　水是生命之源、生产之要、生态之基。连云港市位于淮河流域沂沭泗水系最下游,每年承接流域范围内上游大量来水,区域水环境治理压力较大,不仅要做好区域范围内治污工作,还要时刻关注上游来水污染治理。连云港市区作为连云港市主城区,水环境问题愈显突出,居民对优质水资源、健康水生态、宜居水环境要求更加强烈。基于此,为积极推进连云港市区生态文明建设、落实最严格水资源管理制度、改善市区水环境、保障城市供水安全,促进城市经济社会可持续发展,本文以水功能区为控制分析单元,通过对连云港市区各个水功能区污染现状充分调查和全面评价,从产业结构调整、排污口集中整治、截污控污、调水引流以及水生态修复等方面,提出一系列技术可行、经济合理、可操作性强的治污措施和相关保障措施。

关键词　连云港市区；水功能区；水污染；整治措施；达标

1　概况

连云港市地处我国沿海中部的黄海之滨,位于江苏省东北部,处于淮河流域沂沭泗水系最下游。连云港市区位于连云港市中部,属淮河流域沂沭泗水系,主要骨干河流有蔷薇河、淮沭新河、鲁兰河、大浦河以及通榆河等。市区范围内共有11个水功能区,见表1。

表1　连云港市区水功能区情况

序号	河流	水功能区名称	功能区类别	长度(km)	2020年目标
1	大浦河	大浦河排污控制区	排污控制区	7.3	Ⅳ
2	大浦河	东盐河农业用水区	农业用水区	12.1	Ⅲ
3	大浦河	龙尾河景观娱乐用水区	景观娱乐用水区	5.0	Ⅳ
4	大浦河	玉带河工业用水区	工业用水区	2.5	Ⅲ
5	排淡河	排淡河工业、农业用水区	工业用水区	20.3	Ⅳ
6	蔷薇河	蔷薇河连云港市海州饮用水水源区	饮用水源区	17.0	Ⅱ
7	蔷薇河	蔷薇河连云港市海州饮用水水源区	饮用水源区	7.0	Ⅲ
8	烧香河	烧香河农业用水区	农业用水区	23.2	Ⅲ
9	烧香支河	烧香支河工业用水区	工业用水区	22.0	Ⅲ
10	古泊善后河	古泊善后河灌云县饮用水水源区	饮用水源区	25.0	Ⅱ
11	古泊善后河	古泊善后河灌云、徐圩饮用水源区	农业用水区	19.3	Ⅲ

2　现状水质评价

采取全指标和双指标法对连云港市区水功能区现状水质进行评价,成果见表2。

作者简介：吴晓东,男,1984年生,江苏省水文水资源勘测局连云港分局,高级工程师,硕士研究生,从事水文水资源相关工作。E-mail：wuxiaodong_01@163.com。

表2 连云港市区各个水功能区达标率成果 （％）

水功能区名称	2016		2017 年		2018 年		2019 年	
	双指标	全指标	双指标	全指标	双指标	全指标	双指标	全指标
大浦河排污控制区	0	0	8.3	0	50	50	66.7	66.7
东盐河农业用水区	8.3	0	16.7	8.3	50	16.7	33.3	16.7
龙尾河景观娱乐用水区	0	0	8.3	8.3	83.3	50	83.8	66.7
玉带河工业用水区	8.3	0	16.7	16.7	66.7	33.3	50	16.7
排淡河工业、农业用水区	0	0	8.3	0	50	16.7	33.3	16.7
蔷薇河连云港市海州饮用水水源区 1	0	0	0	0	8.3	8.3	0	0
蔷薇河连云港市海州饮用水水源区 2	58.3	25.0	91.7	58.3	75	25	91.7	41.7
烧香河农业用水区	16.7	0	33.3	16.7	50	0	50	0
烧香支河工业用水区	0	0	8.3	0	16.7	0	33.3	0
古泊善后河灌云县饮用水水源区	0	0	8.3	8.3	0	0	8.3	0
古泊善后河灌云、徐圩饮用水源区	100	50	91.7	66.7	91.7	41.7	91.7	58.3

全指标包括 pH 值、溶解氧、高锰酸盐指数、五日生化需氧量、氨氮、总磷、总氮、铜、锌、氟化物、硒、砷、汞、镉、铬（六价）、铅、氰化物、挥发酚等。

双指标包括高锰酸盐指数、氨氮。

从评价结果可见，近年来连云港市区范围内水功能区达标率整体呈现提高趋势，但水平还比较低，水质情况不容乐观，需大力加强水功能区达标整治工作。

3 污染源调查分析

针对连云港市区水功能区达标率低的情况，开展市区河道污染源与治理现状调查，主要调查内容包括入河排污口、生活污染、农业面源污染以及内源污染等。连云港市区主要河道汇水片区范围示意图见图1。

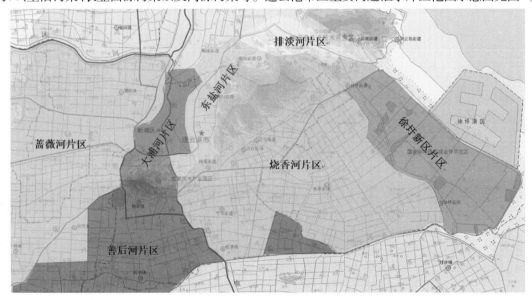

图1 连云港市区主要河道汇水片区范围示意图

　　本文以河流汇水范围为调查对象,根据汇水特征和水体达标情况,在现有污染源普查、水利普查以及相关监测基础上,对不达标水功能区逐个进行污染源与治理的现状调查,分类统计各类污染物产生量,然后在现有污染物排放系数、入河系数研究基础上,结合已有成果确定各类污染物的排放系数和入河系数,进而确定污染物的入河量。

　　连云港市区内各个水功能区主要污染物(COD 和氨氮)入河量成果见表 3 和表 4。

表 3　　市区水功能区 COD 入河量汇总表　　　　　　（单位:t/a）

水功能区	工业点源	城镇生活	农村生活	农田面源	畜禽养殖	底泥污染	水产养殖	合计
大浦河排污控制区	301.0	828.0	2.0	15.5	15.6	18.0		1 180.0
龙尾河景观娱乐用水区	34.7	749.5				6.0		790.2
玉带河工业用水区	60.8	163.2				7.1		231.0
东盐河农业用水区	60.1	952.3	56.5	130.4	46.0	15.0	11.1	1 271.5
排淡河工业、农业用水区	162.9	1 292.4	25.1	98.0	25.6	16.2	16.7	1 636.9
古泊善后河灌云县饮用水水源区		221.8	65.4	409.5	55.7	82.4	38.4	873.2
古泊善后河灌云、徐圩饮用水源区			20.8	38.1		63.0	71.2	193.0
烧香河农业用水区	2.6	298.4	127.6	746.0	170.1	48.6	33.1	1 426.4
烧香支河工业用水区	59.2	169.6	99.1	552.8	201.0	25.2	446.7	1 554.3
蔷薇河连云港市海州饮用水水源区 1	41.4	639.0	23.2	103.6	0	30.9		838.0
蔷薇河连云港市海州饮用水水源区 2	0	195.2	21.5	39.4	10.7	9.1	0	276.0
合计	722.6	5 509.4	441.9	2 133.1	524.8	321.5	617.2	10 270.5
比例	7.0%	53.5%	4.4%	20.9%	5.1%	3.1%	6.0%	100.0%

　　根据分析,连云港市市区不达标水功能区 COD 入河量 10 270.5 t/a,各类污染源所占比重由大到小排序依次为:城镇生活 > 农田面源 > 工业点源 > 水产养殖 > 畜禽养殖 > 农村生活 > 底泥污染,比重分别为 53.5%、20.9%、7.0%、6.0%、5.1%、4.4%、3.1%,其中城镇生活和农田面源是 COD 污染的主要来源。

表 4　市区水功能区氨氮入河量汇总表　　　　　　（单位:t/a）

水功能区	工业点源	城镇生活	农村生活	农田面源	畜禽养殖	底泥污染	水产养殖	合计
大浦河排污控制区	25.5	66.6	0.2	1.6	3.1	1.7		98.7
龙尾河景观娱乐用水区	4.7	73.7				0.7		79.0
玉带河工业用水区	8.9	23.0				0.7		32.5
东盐河农业用水区	9.8	119.3	5.6	26.1	10.2	1.4	0.4	172.8
排淡河工业、农业用水区	13.4	163.8	2.5	19.6	5.3	1.5	0.7	206.7
古泊善后河灌云县饮用水水源区		31.2	6.5	81.9	13.5	7.6	1.3	142.0
古泊善后河灌云、徐圩饮用水源区			2.1	7.6		5.8	5.2	20.7
烧香河农业用水区	0.2	42.0	12.8	149.2	15.1	4.5	1.1	224.9
烧香支河工业用水区	4.0	28.0	10.0	79.0	10.4	2.6	32.8	166.8
蔷薇河连云港市海州饮用水水源区 1	0.8	75.0	2.3	20.7	0.0	3.3		102.1
蔷薇河连云港市海州饮用水水源区 2	0.0	27.5	2.2	7.9	1.4	1.0	0.0	39.9
合计	67.2	650.1	44.2	393.5	58.9	30.7	41.5	1 286.3
比例	5.2%	50.4%	3.5%	30.8%	4.6%	2.4%	3.2%	100.0%

　　根据分析,市区不达标水功能区氨氮总入河量 1 286.3 t/a,各类污染源所占比重由大到小排序依次为:城镇生活 > 农田面源 > 工业点源 > 畜禽养殖 > 水产养殖 > 农村生活 > 底泥污染,比重分别为 50.4%、30.8%、5.2%、4.6%、3.5%、3.2%、2.4%,其中城镇生活和农田面源是氨氮污染的主要来源。

　　按照保护好上游源水,控制好市区范围内的污染物产生量和入河量,做好污水排放出路的思路,本文对连云港市区河道治污有针对性提出一系列措施,重点整治水质不达标的河流,明显改善河流水环境质量。

4 治污措施

4.1 加强区域内产业结构调整

(1)积极淘汰落后产能,优化产业结构。开展对重点污染企业、"低、小、散"落后企业、作坊等专项整治。按照"关停一批、搬迁一批、提升一批"的原则,实现重点污染行业的转型升级。积极推进企业清洁生产,构建循环型清洁生产的工业体系,培育和发展高新技术产业群、产品群和基地。

(2)严格流域范围内的产业准入。严格按照各自产业定位引进项目;严格控制所有入园企业的取排水量,实施少排多回用。

(3)加强用水大户的清洁生产审核。重点对污染源企业进行清洁生产审核,确保其清洁生产水平达到国际或国内先进水平。

4.2 开展入河排污口整治措施

(1)加强入河排污口合并与调整。开展截污导流,重点实施污水集中入管网;对于长期纳污、严重影响干流水环境的支流视同入河排污口,采取河道清淤疏浚等综合整治措施;对无法达标排放、污染影响显著的排污企业予以关闭或搬迁。

(2)入河排污口生态净化。采取生态沟渠、净水塘坑、跌水复氧、人工湿地等生态工程措施改善河道水质。

(3)污水集中处理与回用。加快推进城镇污水处理厂建设和一级A提标改造,完善配套管网建设,推进建制镇污水处理设施全覆盖;加强对废水处理回用,可用于市政、绿化、景观以及工业冷却循环等低质用水,深度处理后可用于生产工艺。

(4)工业点源污染治理。开展取缔"十小"、整治"十大"企业工作,建立企业清洁化改造项目清单,推进主城区30家重污染企业搬迁工作,开展化工园区环境专项整治。

4.3 面源污染治理措施

(1)加强畜禽养殖业污染控制。全面实施畜禽养殖禁、限养区制度。新建、改建、扩建规模化畜禽养殖场要实施雨污分流、粪便污水资源化利用。加大畜禽粪污收储运组织服务质量监管力度。推广人工配合饲料,推进规模化畜禽养殖场污水处理设施建设。

(2)提升村庄生活污水处理设施覆盖率。实现规模较大的规划发展村庄生活污水处理设施覆盖率达90%以上,推进农村改厕及粪便无害化处理。积极组织实施农村公厕生态化改造,特别是河道两岸污水直排、渗排的公厕。

(3)推广绿色农业,控制农药化肥施用量。全面推广农业清洁生产,建立连片绿色农业污染控制区,加强源头污染控制。开展农药、化肥使用量零增长行动,推广精准施肥技术、机具以及低毒、低残留农药使用补助试点。对现有沟渠塘等进行工程改造,配置水生植物群落、格栅和透水坝,建设生态沟渠、污水净化塘等。

(4)提高秸秆综合利用率。实施秸秆机械化还田、能源化、基料化、肥料化、工业化利用工程,解决秸秆浸泡后腐烂或者堆积产生的渗液而带来的水污染问题。

4.4 内源污染治理措施

(1)清淤工程措施。定期进行河道生态清淤,注重对两岸水生植物的保护。对清出的淤泥进行重金属和有机有毒污染物监测,并进行妥善安全处置。

(2)加强河道养殖控制。限制或取缔保护区内水产养殖,实现长效管理。

(3)航运污染防治。对航运河道采取线源污染控制措施,禁止污水直排入河。港口、码头配套建设污水存储、垃圾接收暂存设施,完善区域污水管网、垃圾转运服务体系。配置事故应急设备和器材,制订防治船舶及其有关活动污染水环境的应急计划。

4.5 调水引流措施

加强连云港市区内水系连通,保持水体流动,提高换水周期和水体自净能力,打造水质优良、生态健康、宜居适居的水环境,提高民众满意度。连云港市区内河道调水引流线路包括:①经电厂闸引蔷薇河水入玉带河、西盐河、大浦河、东盐河、排淡河,改善上述河道水质;②沟通新沭河和连云新城水系,通过大浦河调尾调蓄湖连通连云新城内部水系,引三洋港闸上新沭河中泓清水进城,改善连云新城等城区水环境;③疏浚、沟通连接排淡河和烧香河之间的运盐河,利用运盐河和运盐河节制闸沟通排淡河下游水系和烧香河下游水系;④通过烧香河南城节制闸和妇联河节制闸调引盐河水、通过猴嘴闸和顾圩门节制闸调引东盐河水,改善烧香河沿线及排淡河下游段水环境。

4.6　水生态修复措施

构建生态河道,采取生态河床和生态护岸等工程技术手段,提升水功能区水体水质;对城市内河及黑臭河道采取微生态系统修复技术、人工湿地技术、生态护堤技术、水生动物恢复和重建技术等;实施河流滨水带挺水植物修复工程;在离岸水体较深的水域采用生态浮岛、水生植物种植等来净化水质。

5　保障措施

5.1　任务分工

在市政府层面成立水功能区达标整治工作领导小组,加强宏观指导、统筹协调管理;强化地方政府治污责任,建立水功能区达标整治"区长制",明确"区长"具体负责任务;定期开展日常巡查,遇到问题及时向上级部门报告;强化排污单位主体责任,建立企业环保自律机制,严控企业污染物排放,建立排污台账,落实治污减排等责任。

5.2　监督考核

实施水功能区水质达标目标考核,将考核结果作为综合考核评估的重要依据,并建立奖惩制度,提高水环境保护的社会管理和公共服务水平;严格监督检查,建立水功能区水质定期监测、评价体系,确保水功能区整治方案的实施;落实项目管理,明确各类整治工程的责任和实施主体,关注项目实施情况,确保方案的合理性和可操作性。

5.3　资金投入

完善资金投入机制,拓宽水功能区保护工程项目融资渠道,同时加大资金使用绩效评估与考核。资金主要来源包括政府财政投入、社会化投入、企业投入以及专项资金等。

5.4　社会参与

充分利用电视、报刊、互联网等媒体,广泛宣传,及时报道水污染综合整治情况;定期发布主要水体环境质量状况,宣传先进典型、曝光反面事例;加强公众参与,强化社会监督,充分听取公众的建议;开展水环境保护公益活动,倡导文明、节约、绿色的消费方式和生活习惯,牢固树立节水意识和行为准则,共同改善水环境质量。

6　结论

伴随着上游地区治污力度的加强,上游来水污染负荷必将减少。与此同时,随着区域内一系列措施的实施,市区范围内各个水功能区主要污染物入河量均得到大幅的削减,主要污染物入河量不超过水体限排总量,并留有一定余量,水功能水质达标率将显著提高,基本可以实现市区各水功能区的达标,满足居民健康生活对水环境的需求,提高居民幸福指数。

参 考 文 献

[1] 孙传侠,刘晓明.连云港市水生态文明建设现状及对策措施[J].中国水利,2015(1):16-18.

[2] 颜建.浅析连云港市市区水环境存在的问题及对策[J].水利科学与经济,2012,18(3):39,48.

[3] 王铃宇.水污染治理措施[J].吉林农业,2019(9).

[4] 朱丽向,等.连云港市城市水环境建设与管理措施研究[J].水资源保护,2008,24.

地下水位变化引起的地面沉降发展趋势预测研究

——以聊城为例

赵庆鲁,冯新华,孙道磊

(山东省聊城市水文局,山东 聊城 252000)

摘 要 地面沉降是一种可由多种因素引起的地面高程缓慢降低的环境地质现象,严重时会成为一种地质灾害。人类活动和地质作用是造成地面沉降的主要原因,其中地下水超采是最主要的原因。本文以山东省聊城市为例,通过对该地区地面沉降监测成果以及地下水水位监测成果进行分析,并绘制地面沉降与地下水等水位线关系图,系统分析地下水位下降引起的聊城市地面沉降形成机制,并对未来发展趋势进行预测。

关键词 地面沉降;地下水水位;关系图;趋势预测

1 地面沉降监测现状

1.1 监测方式

根据监测方法,地面沉降监测主要分为水准监测、GPS 监测、基岩标分层标监测、InSAR 监测和孔隙水压力监测。聊城市根据实际情况,主要选择 GPS 监测、水准监测和 InSAR 监测三种方式进行监测。

1.2 监测点分布情况

1.2.1 GPS 监测

聊城市现有省级地面沉降 B 级 GPS 监测墩 15 个(见图 1),其中东昌府区 5 个,临清市 4 个,冠县 2 个,高唐县 1 个,茌平县 1 个,莘县 1 个,阳谷县 1 个。截至 2017 年 10 月,分别于 2012 年、2013 年、2014 年监测过 3 期。

1.2.2 水准监测

聊城地面水准分别于 2013 年 7 月、2014 年 11 月监测 2 期,利用现有国家二等水准监测点 5 个,全部位于茌平县(见图 1)。

1.2.3 InSAR 监测

聊城现有的 InSAR 监测数据 2 期,分别为 2008 年 1 月至 2010 年 10 月和 2012 年 1 月至 2015 年 10 月。

1.3 沉降速率

1.3.1 国家二等水准监测

根据山东省地质环境监测总站提供的聊城市国家二等水准点 2013 年 7 月至 2014 年 11 月的沉降量数据,5 个监测点的年沉降最大速率为 112.2 mm/a,年沉降最小速率为 30.4 mm/a。

1.3.2 B 级 GPS 监测墩监测

根据《聊城市地面沉降勘查报告》中聊城市部分 B 级 GPS 监测墩 2012 年至 2014 年沉降量数据,聊城市地面沉降速率最大的地方位于冠县万善一中,年沉降速率为 34.0 mm/a;速率最小的地方位于东昌府区柳泉花园,年沉降速率为 9.0 mm/a。

1.3.3 InSAR 监测

根据《山东省北部平原区 InSAR 监测地面沉降速率图(2008.1~2010.10)》分析,聊城市地面沉降

作者简介:赵庆鲁,男,1982 年生,河南台前人,助理工程师,主要从事水资源监测方面的研究工作。E-mail:330181114@qq.com。

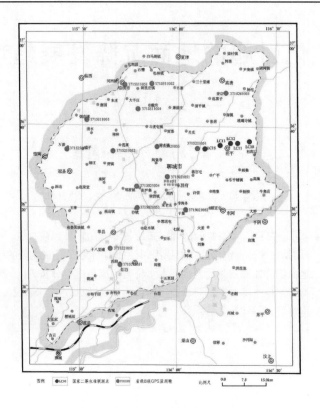

图 1　聊城市地面沉降监测点分布

发生最严重的地区位于临清市城区北部和茌平县城区周边及北部地区,年沉降速率至少大于80 mm/a。

根据《山东省西北部平原区 InSAR 监测地面沉降速率图(2012.01~2015.10)》分析,聊城市地面沉降发生最严重的地区位于茌平县城区西北部地区,年沉降速率为80~116.27 mm/a。

2　地面沉降发育现状

2.1　发育程度划分标准

2017 年 1 月 25 日,水利部办公厅、国土资源部办公厅联合下发了《关于印发<地面沉降区和海水入侵区地下水压采方案编制技术要求>的通知》(办资源[2017]25 号)文件,其中规定了地面沉降发育程度分区要求:按照近 5 年平均沉降速率或历史累计沉降量划分地面沉降发育程度,近 5 年平均沉降速率大于等于 50 mm/a 或历史累计沉降量大于等于 800 mm 为强;近 5 年平均沉降速率在 30~50 mm/a 或历史累计沉降量在 300~800 mm 为中等;近五年平均沉降速率在 10~30 mm/a 或历史累计沉降量在50~300 mm 为弱。

2.2　发育程度分区

(1)根据上述地面沉降发育程度分区标准,结合以上监测数据及资料,对 2008 年 1 月至 2010 年 10 月时段进行了地面沉降发育程度区划,见图 2。

地面沉降发育强区 3 处,分别为:①Q1,高唐县梁村镇韩寨村附近区域,年沉降速率 50~60 mm,面积约 11 km²;②Q2,茌平县城区附近,年沉降速率 50~80 mm,面积约 114 km²;③Q3,临清市城区北部区域,年沉降速率 50~70 mm,面积约 20 km²。

地面沉降发育中等区划定了 5 处,分别为:①ZD1,高唐县城区北部区域(北至梁村镇),年沉降速率 30~50 mm,面积约 108 km²;②ZD2,茌平县城区周边地区(南至乐平铺镇、东至杜郎口镇,西至徒骇河,北至县界),年沉降速率 30~50 mm,面积约 483 km²;③ZD3,临清市城区周边地区(南至大辛庄,东至胡里庄镇),年沉降速率 30~50 mm,面积约 58 km²;④ZD4,冠县城区附近,年沉降速率 30~35 mm,面积约 168 km²;⑤ZD5,鲁西化工工业园区附近,年沉降速率 30~35 mm,面积约 16 km²。

地面沉降发育弱区划定了 2 处,分别为:①R1,以莘县、东昌府区沙镇、阳谷安乐镇、东阿县为界限

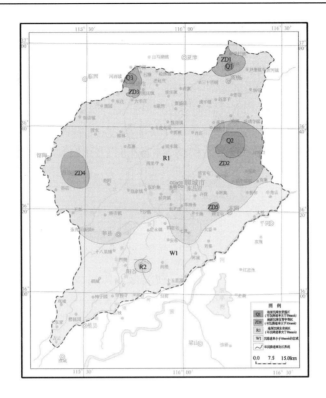

图 2 地面沉降发育程度区划(2008 年 1 月至 2010 年 10 月)

以北的广大区域,年沉降速率 10~30 mm,面积约 5 349 km²;②R2,阳谷县城附近,年沉降速率 10~20 mm,面积约 37 km²。

以上范围以外为沉降速率小于 10 mm/a 的区域。

(2)对 2012 年 1 月至 2015 年 10 月时段进行了地面沉降发育程度区划,见图 3。

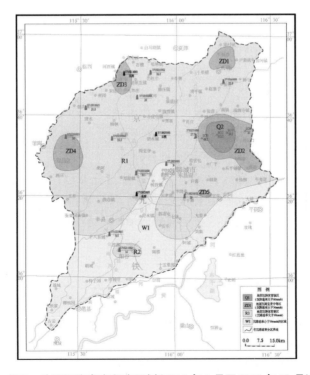

图 3 地面沉降发育程度区划(2012 年 1 月至 2015 年 10 月)

地面沉降发育强区划定了 1 处,即为:Q2,茌平县城区附近,年沉降速率 50~120 mm,面积约 159 km²。

地面沉降发育中等区划定了 5 处,分别为:①ZD1,高唐县城区北部至梁村镇,年沉降速率 30 ~ 40 mm,面积约 97 km²;②ZD2,茌平县城区周边地区(南至乐平铺镇、东至杜郎口镇,西至徒骇河,北至县界),年沉降速率 30 ~ 50 mm,面积约 347 km²;③ZD3,临清市城区周边地区(南至大辛庄,东至胡里庄镇),年沉降速率 30 ~ 35 mm,面积约 96 km²;④ZD4,冠县城区附近,年沉降速率 30 ~ 37 mm,面积约 186 km²;⑤ZD5,鲁西化工工业园区附近,年沉降速率 30 ~ 35 mm,面积约 16 km²。

地面沉降发育弱区划定了 2 处,分别为:①R1,以莘县、东昌府区沙镇、阳谷安乐镇、东阿县为界限以北的广大区域,年沉降速率 10 ~ 30 mm,面积约 5 545 km²;②R2,阳谷县城附近,年沉降速率 10 ~ 20 mm,面积约 72 km²。

以上范围以外为沉降速率小于 10 mm/a 的区域。

3 地面沉降形成机制

3.1 类型和特征

地面沉降分构造沉降、抽水沉降和采空沉降三种类型。构造沉降,由地壳沉降运动引起的地面下沉现象;抽水沉降,由于过量抽汲地下水(或油、气)引起水位(或油、气压)下降,在欠固结或半固结土层分布区,土层固结压密而造成的大面积地面下沉现象;采空沉降,因地下大面积采空引起顶板岩(土)体下沉而造成的地面碟状洼地现象。

3.2 形成机制分析

地面沉降的实质是松散地层的压缩固结或压密,理论和实验均证明,在施加压力等同的情况下,黏性土的压缩变形量较砂性土大得多,且黏性土的压缩变形一般不具有可恢复性,即多属于塑性(永久)变形。在时间上存在滞后作用,也就是在压力取消后长时间内压缩变形仍继续发生。

区内 300 ~ 800 m 深度内地层结构以黏性土为主,砂性土仅占 10% ~ 15%,多年来由于大量开采深层地下水,使地层内产生负压而压缩,从而造成地面沉降。对于抽取地下水引起的地面沉降,根据太沙基有效应力原理,当承压水头降低时,向上作用的水头压力也随之减小,使原土层中的压力平衡受到破坏,含水层与黏性土层中的孔隙水大量外流,土体中的地下水渗出使其浮托力减小,有效应力增大,黏性土层进一步固结,土颗粒骨架中的孔隙压缩,对砂层而言则使砂层压密,从而引起地面沉降,因此超量开采地下水造成承压含水层水位大幅度下降是产生地面沉降的外因,具有较大可压缩性的土层则是产生地面沉降的内因。

从时间上分析,地面沉降发生阶段与深层地下水逐年下降相对应;地面沉降发展阶段与地下水位急剧下降相对应;地面沉降加剧阶段与深层地下水维持较大埋深相对应。

从空间上分析,由图 4 和图 5 可以看出,地面沉降严重区,与深层地下水降落漏斗基本吻合,更进一步说明了聊城地面沉降的主要原因是深层地下水的过量开采。

从图 6 中可以看出,地面沉降严重区,与浅层地下水降落漏斗也存在基本吻合的关系,全市浅层地下水埋深大于 18 m 的漏斗区主要分布在冠县和莘县连片漏斗区,临清市、茌平县城区和东昌府区西南部局部区域也存在埋深大于 18 m 的漏斗区。这部分区域地下水开采集中,有关部门应给予足够重视。

4 地面沉降发展趋势预测

聊城市地面沉降预测主要考虑两方面因素:一是地层结构特征,其决定地面沉降的范围和分布特征;另一方面是深层地下水水位情况,其主要影响地面沉降的速率。由于受地层结构特征的影响,除东阿东南部以外的全部区域均具备产生地面沉降的条件,未来几年内不会有太大的变化。因此,影响地面沉降的主要因素是地下水开采而导致的地下水水位变动。

根据 GPS 监测墩监测资料与地下水水位动态监测成果,从区域上长时间序列来看,地下水位变化与地面沉降变化趋势基本一致。聊城市地下水位基本处于持续下降状态,大部分地区地面沉降以较快的速度发展,累计沉降量不断增加;地下水位回升地区,则在一定程度上能够减缓地面沉降发展的速度。

现阶段来说,由于深层地下水的过量开采,造成了深层地下水水位下降,形成了一定规模的深层地

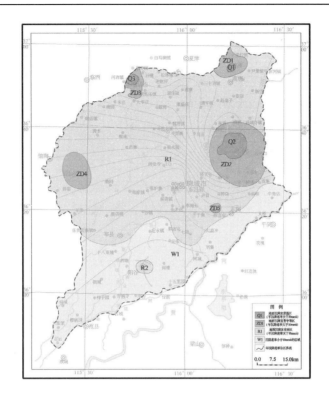

图4　聊城市 2008~2010 年地面沉降量与 2010 年深层地下水等水位线关系

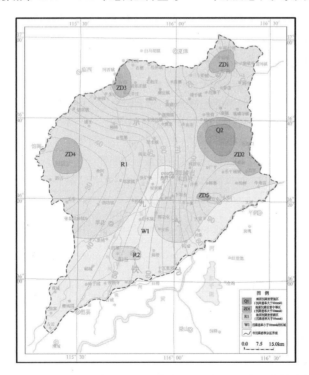

图5　聊城市 2012~2015 年地面沉降量与 2015 年深层地下水等水位线关系

下水降落漏斗。据监测资料分析,工作区深层有四大地下水降落漏斗,这四个漏斗已连成了一片,漏斗中心分别位于茌平城区、临清城区、高唐城区和鲁西工业园。根据深层地下水动态资料,深层地下水超采漏斗有所增大,有进一步发展的趋势。

随着政府和社会对地下水资源保护措施的不断加强,聊城市深层地下水水位在未来存在普遍上升的可能,但近期的地下水开采量不会发生大的变化,大部分地区的地下水水位尤其是深层地下水会持续下降,地面沉降发展趋势也会逐渐加剧,整体的地面沉降量仍会继续增加。从长远来说,地面沉降仍会

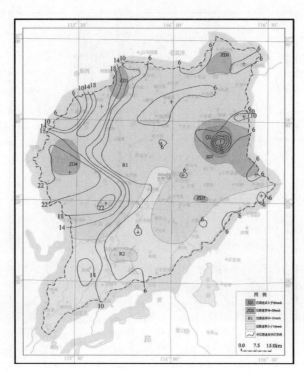

图 6　聊城市 2012 ~ 2015 年地面沉降量与 2017 年浅层地下水等水位线关系

继续发展,但会在一定程度上得到控制,地面沉降的速率将逐渐趋缓。

参 考 文 献

[1] 薛禹群.论地下水超采与地面沉降[J].地下水,2012(6):1-5.

[2] 王仕琴,宋献方,王勤学.华北平原浅层地下水水位动态变化[J].地理学报,2008(5):462-472.

[3] 王春颖,尚松浩,毛晓敏.区域地下水位插值的整体 – 局部组合方法[J].农业工程学报,2011(8):63-68.

[4] K.太沙基著,徐志英译.理论土力学[M].北京:地质出版社,1960.

[5] 路德春,杜修力,许成顺.有效应力原理解析[J].岩土工程学报,2013(7):146-151.

[6] 中国地质调查局.水文地质手册[M].2 版.北京:地质出版社,2012.

[7] 付学功.衡水市深层地下水降落漏斗及发展趋势分析[J].海河水利,1999(1):26-28.

[8] 陈振,张学谦,吉龙江,等.聊城市地面沉降勘查报告[D].山东省物化探勘察院,聊城市水文局,2017.

轴流泵叶片动应力有限元分析

薛海朋[1]，戴庆云[1]，吴东磊[2]，高璐[1]

（1. 江苏省秦淮河水利工程管理处，江苏 南京 210001；
2. 河海大学，江苏 南京 210098）

摘 要 为了获得叶片动应力的幅值大小和频率分布，以便准确地判断水泵所使用材料的强度以及结构是否合理，并对机组的寿命做出初步判断，同时通过对信号构成的分析也可以初步推断动应力产生的原因。本文通过双向流固耦合计算，得到了叶片动应力和瞬态变形的分布情况，并通过设定动应力和最大总变形监测点，分析动应力和总变形随时间变化的规律。利用 FFT 变换分析了叶轮进出口压力脉动的频域分布，分析压力脉动对于叶片动应力和瞬态总变形的影响。结果表明，叶片动应力和总变形的分布与稳态计算的结果一致，瞬态变形值与对应工况最大总变形值偏差在 10% 以内；轴流泵动应力和总变形的波动主要是由水泵转动不平衡力及导叶和水泵叶片之间的动静干涉引起的；动应力和瞬态总变形主要受幅值较大的压力脉动频率激励影响。

关键词 轴流泵；叶片；动应力；流固耦合；时频域分析

0 引言

王福军等[1]建立了非定常条件下耦合问题的控制方程及其定解条件，探讨了耦合界面模型在耦合分析过程中的作用；黄浩钦等[2]重点分析了不同瞬态相位下单向和双向耦合方式对叶轮应力应变的影响，并在此基础上对基于流固耦合的转子模态进行了多相位分析；付磊等[3]得出叶片摆幅较大，这样就会导致整个转轮偏心，进而引起整个水轮机的振动；商威等[4]得出最大应力出现在叶片上端面和法兰相接处，叶片变形对压力脉动的幅值影响明显；郑小波等[5]以轴流式水轮机全流道三维非定常湍流数值计算结果为基础，采用弹性力学非稳态有限元法开展了轴流式叶片的动应力问题研究；肖若富等[6]得出由于水压力脉动引起的转轮叶片上的振动交变动应力是混流式水轮机疲劳破坏的主要原因之一；胡丹梅等[7]对美国国家可再生能源实验室 5 MW 海上风力机叶片进行了流固耦合计算分析；潘罗平等[8]集成开发了目前国际上较为先进的、可脱离 PC 机独立运行的转轮动应力机载测试系统。本文通过双向流固耦合计算，得到了叶片动应力和瞬态变形的分布情况，并通过设定动应力和最大总变形监测点，分析动应力和总变形随时间变化的规律。利用 FFT 变换进行了叶轮进出口压力脉动的频域分布，分析压力脉动对于叶片动应力和瞬态总变形的影响。

1 模型及边界条件设置

采用 0°叶片安装角的水泵流体域和固体域进行叶片动应力计算的模型，进行流体网格和固体网格的划分。动应力的计算涉及双向流固耦合，这里需要对三个方面进行设置：流体域 CFD 设置、固体域 FEM 设置以及耦合过程的相关参数的设置。

1.1 流体域的设置

进口采用质量流量进口，取该工况下稳态数值模拟计算的流量值作为进口流量；出口采用静压出口，压力值对应水泵装置此工况下的扬程。将对应工况的稳态计算的结果作为瞬态计算的初始条件。转轮和前后导叶之间的交界面设置为"瞬态转子－静子模型"，用来模拟和传递叶轮及前后固定导叶瞬

作者简介：薛海朋，男，1985 年生，江苏省秦淮新河闸管理所副所长，工程师，主要研究水利工程管理及流体机械。E-mail：279252241@qq.com。

态相对转动过程中流场的变化数据信息传递。时间步长由每个时间步叶轮转过的角度计算得到,公式
如下:

$$\Delta t = \frac{\Delta \varphi \cdot \pi}{180 \mid \omega \mid} \tag{1}$$

式中:$\Delta \varphi = 1.5°$,即在一个时间步长的时间内叶轮转过的角度为 1.5°,叶轮转过一个周期需要 240 个
时间步长;ω 为叶轮转动的角速度,根据转速 $n = 250$ r/min 计算可以得到 $\omega = 26.18$ rad/s,最终确定
$\Delta t = 0.001$ s,即时间步长取 0.001 s。综合考虑计算的时间和资源成本以及结果的可靠性,整个瞬态模
拟取 3 个完整的周期。

1.2　叶片结构的有限元设置

叶片结构的有限元设置约束条件与载荷,需要将叶轮叶片与水接触的表面设置为流体 – 固体耦合
交界面(Fluid-structure interface),用以传递流场和结构场的数据传输交换。结构场的时间步长设置为
与流体的时间步长相同,即 0.001 s,结构长总计算时间为 0.72 s。具体设置如图 1 所示。

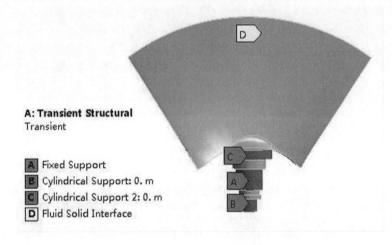

A: Transient Structural
Transient

- A　Fixed Support
- B　Cylindrical Support: 0. m
- C　Cylindrical Support 2: 0. m
- D　Fluid Solid Interface

图 1　叶轮边界条件设置

1.3　双向耦合相关耦合参数设置

将流固耦合交界面设置为动网格,设置 CFX 向 ANSYS 求解器传递的数据为流场计算得到的叶片
表面的总压力(Total force),ANSYS 向 CFX 传递的数据为结构计算得到的网格总变形(Total mesh dis-
placement)。

2　动应力结果分析

2.1　动应力分布情况

通过双向耦合计算获得叶片在不同工况下、不同时间步长的动应力分布情况,其分布规律基本相
同,只是在数值上有所不同,基本分布情况如图 2 所示。由图可以看出,叶片应力较大的区域主要分布
在靠近叶片进水边侧,叶片出水边附近区域的应力值较小,最大应力值出现在叶片背面进水边侧与叶片
轴的连接处,此处发生应力集中,与叶片静应力计算的结果一致。

2.2　动应力时域分析

取 $t = 0.72$ s,即叶轮恰好旋转 3 个周期的时刻,叶片等效应力值最大的点,即该时刻应力集中处的
点作为动应力的监测点,如图 3 所示。记录 0°叶片安装角,叶片在各个扬程下,该点在叶片转动三个周
期过程中等效应力值。为比较各个工况下监测点动应力值的变化规律,将动应力值绘成随时间变化的
曲线,并与该工况下最大静应力的计算结果做比较,如图 4 所示。

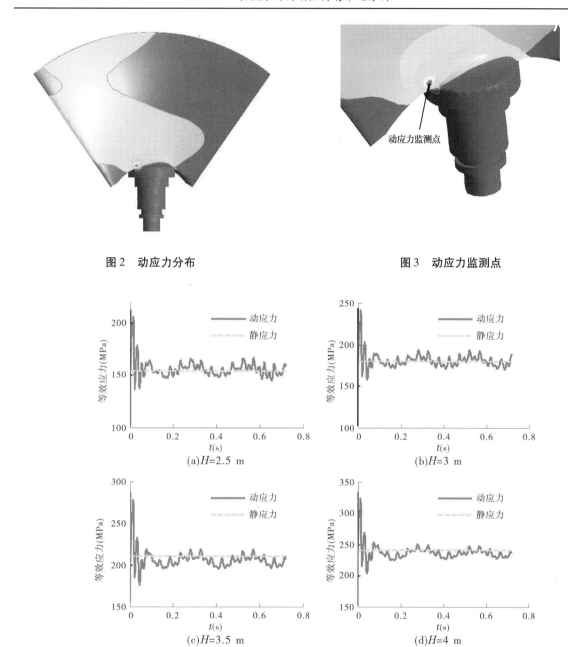

图2　动应力分布　　　　　　　　　　　　图3　动应力监测点

图4　动应力变化规律

由图4可以看出,动应力的数值是随着时间的推移呈现波动变化的。在初始时刻,动应力的值出现较大的波动,随后便逐渐趋于稳定,只是在小范围内变化,这是由数值模拟的初值效应引起的,双向流固耦合计算属于瞬态计算,计算时流场的初始值取的是此工况下流体域稳态计算的结果,未考虑瞬态计算时流场的波动变化及流体域的变形情况,故与此时刻的瞬态的真实值有一定的偏差,所以需要迭代一定的时间步数后,求解的结果才会趋于稳定。由图4可知,相同工况下动应力的值与静应力的值接近,幅值大小在静应力的周围上下波动。图5是四个扬程下水泵在后两个周期之中动应力的变化情况。从图中可以看出,当经过240个时间步长即一个周期之后,动应力的变化趋于稳定,而且呈现一定的周期变化规律。

为比较各个工况下监测点动应力相比于静应力的波动范围,引入下面公式:

$$\delta = |\sigma_m - \sigma_s| \,/\, |\sigma_s| \times 100\% \tag{2}$$

式中:σ_m 为监测点的动应力值;σ_s 为相应工况下的静应力值。通过计算得到0°叶片安装角叶轮叶片在各个扬程下的动应力值较静应力幅值的变化范围,如表1所示。

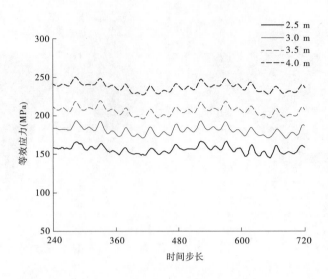

图 5　各工况动应力变化曲线

表 1　各工况动应力变化范围

扬程(m)	2.5	3	3.5	4
幅值变化(%)	≤7.95	≤7.52	≤7.36	≤6.07

由表 1 可以看出,监测点动应力较该工况下静应力幅值的变化范围在 8% 以内,说明最大静应力的计算结果和动应力的结果相差并不大,出于节约计算资源的考虑,可以通过静应力的计算结果来估算动应力的值。

2.3　动应力频域分析

从图 5 中可以看出,各个工况下监测点的动应力值随时间变化的曲线具有明显的周期性,为研究其变化规律,先将各个工况下监测点的动应力时域曲线做快速傅里叶变换(FFT),得到动应力在频域上的分布情况,如图 6 所示。

由图 6 可以看出,各个工况下监测点动应力的主频为都为 4.166 7 Hz,与该轴流泵的转频 f_n 相等;幅值较大的两个次频分别为 20.833 Hz、41.667 Hz,分别为转频的 5 倍和 10 倍。由此可推断轴流泵动应力的波动主要是由水泵转动不平衡力及导叶和水泵叶片之间的动静干涉引起的。

3　总变形变化

3.1　瞬态计算总变形分布

通过双向流固耦合计算可以得到叶片在每个时间步的总变形分布情况。图 7 为水泵在扬程为 3.5 m 时,$t = 0.72$ s 时刻叶片的总变形分布情况。由图 7 可知,叶轮在瞬态的转动过程中,叶片的总变形分布与上章稳态计算得到的总位移分布情况基本一致,变形主要发生在叶片的进水边侧,出水边的变形很小,而且进水边侧水泵位移沿着轮毂到轮缘方向是逐渐变大的。

3.2　总变形时域分析

由于叶片每个时刻的总变形值的大小是不一样的,为研究总变形值得变化规律,需要在叶片上设置总变形值得监测点,下面取各个工况下 $t = 0.72$ s 时,叶片总位移值最大的点作为监测点,即叶片进水边轮缘处,如图 8 所示。

绘制各个扬程下三个周期内监测点总变形值随时间的变化曲线,并与稳态计算得到的最大总变形值做比较。各个扬程下总变形随时间变化的曲线如图 9 所示。由图 9 可知,各个工况下,监测点总变形值与对应工况下稳态计算得到的最大总变形值接近,并随着时间的推移,在稳态值附近上下波动。在初始时刻,总变形值波动较大,与动应力初始时刻波动的原因相同,都是由数值模拟的初值效应引起的,随

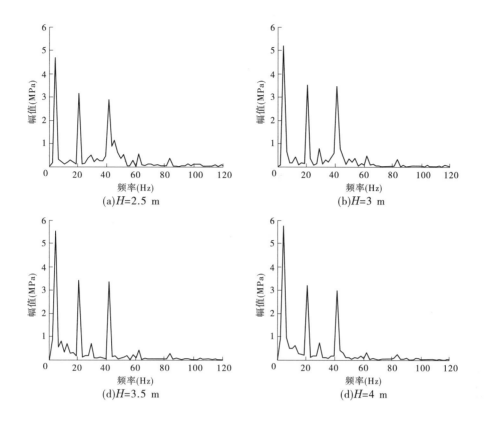

(a)H=2.5 m

(b)H=3 m

(d)H=3.5 m

(d)H=4 m

图 6　监测点动应力频域图

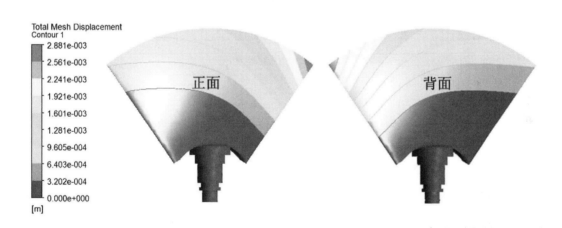

图 7　t=0.72 s 时刻叶片总变形分布

后总变形值便逐渐趋于稳定,只是在小范围内波动。

引入下面公式:

$$\delta = |\,u_m - u_s\,| \,/\, |\,u_s\,| \times 100\% \tag{3}$$

式中:u_m 为监测点的瞬态总变形值;u_s 为相应工况下稳态最大总变形值。通过计算得到 0° 叶片安装角叶轮叶片在各个扬程下的监测点瞬态总变形值较稳态最大总变形值的变化范围,如表 2 所示。

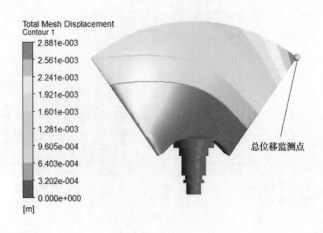

图8　总位移监测点

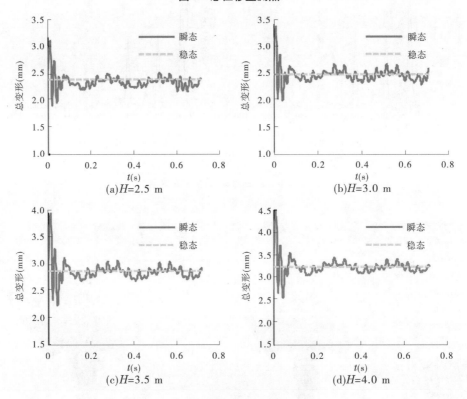

(a)H=2.5 m　　　　　　　　(b)H=3.0 m

(c)H=3.5 m　　　　　　　　(d)H=4.0 m

图9　各扬程下监测点总变形时域图

表2　各工况监测总变形变化范围

扬程(m)	2.5	3	3.5	4
幅值变化(%)	≤9.83	≤8.28	≤6.63	≤6.13

　　由表2可以看出,监测点瞬态总变形较该工况下稳态总变形幅值的变化范围在10%以内,且随着扬程增大,变化范围相应变小。

3.3　总变形频域分析

　　由于总变形随时间变化曲线后两个周期较稳定,故只提取后两个周期的总变形变化值,并将这些时域上的值做快速傅里叶变换(FFT)。图10即为各个扬程下监测点总变形值在频域上的分布情况。

　　由图10可以看出,各个工况下监测点总变形的主频为都为4.166 7 Hz,与该轴流泵的转频f_n相等;幅值较大的两个次频分别为20.833 Hz、41.667 Hz,分别为转频的5倍和10倍。由此可推断轴流泵动应力的波动主要是由水泵转动不平衡力及导叶和水泵叶片之间的动静干涉引起的。

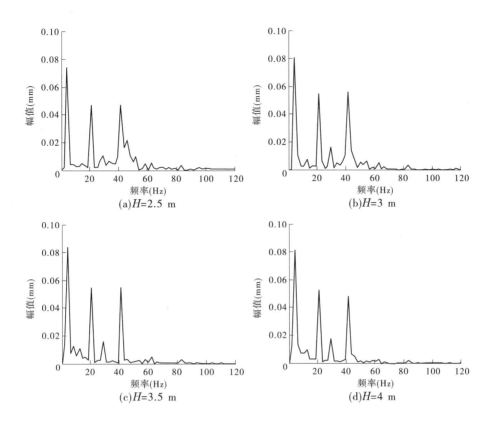

图10 监测点总变形频域图

4 叶轮压力脉动对动应力的影响分析

叶轮在工作过程中,作用在叶片上的力主要有离心力、重力以及水压力,由于前两种力的大小是恒定的,只有水压力是随时间变化的。为进一步研究叶片动应力和总变形的变化规律与水压力之间的关系,需要对叶轮进出口的水压力脉动特性进行研究。

4.1 压力脉动时域分析

在叶轮的进口断面和出口断面各设置3个监测点,来监测进出口压力变化。3个监测点距离叶轮旋转轴的距离分别为 $0.2r$、$0.5r$、$0.8r$,r 为轮毂到轮缘的距离。如图11所示。下面引入压力脉动系数 C_p 表示压力脉动幅值占平均值得比例,公式如下:

$$C_p = (p - \bar{p}) / \bar{p} \tag{4}$$

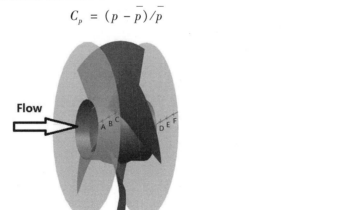

图11 压力监测点位置

式中,p 为监测点的瞬态压力值;$\bar{p}$ 为监测点一个周期内压力的平均值。

　　图 12 为各个工况下转轮进口断面和出口端面 6 个监测点处的压力脉动时域特征。由图 12 可以看出,转轮进口断面 3 个监测点和出口断面 3 个监测点压力脉动随时间变化曲线具有明显的周期性。各个工况下,B 点、E 点以及 F 点处条曲线都有 4 个波峰和 4 个波谷,与转轮的叶片数正好是相等的;而进口断面的 A 点和 C 点处压力脉动曲线有 5 个波峰和波谷,与前导叶叶片的个数相等;出口断面 D 点处压力脉动有 7 个波峰和波谷,恰好与后导叶叶片的个数相等。在 2.5 m 扬程下,进口断面处 B 点压力脉动的幅值较大,约为该处静压值的 40%,而 A 点和 C 点处的压力脉动幅值较该处静压值在 1% 以内,说明在转轮进口处中间位置的压力变化比较剧烈,而在靠近轮毂和轮缘处压力变化很小。出口断面处,靠近轮毂的 F 点压力脉动幅值较大,幅值比例在 60% 以内,而 D 点和 F 点的压力脉动幅值相对较小,幅值比例在 30% 以内。而且随着扬程的变大,进口断面各监测点处压力脉动幅值会相应的提高,出口断面各监测点处压力脉动幅值会相应地减小。

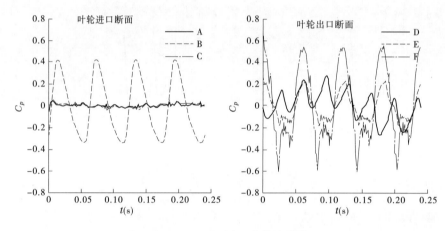

(a)H=2.5 m监测点压力脉动时域图

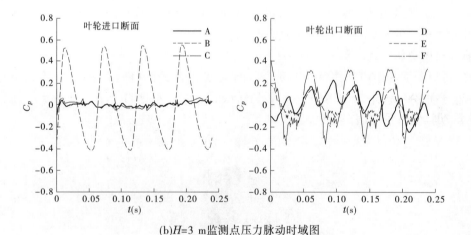

(b)H=3 m监测点压力脉动时域图

图 12　各个扬程下进出口断面压力脉动时域图

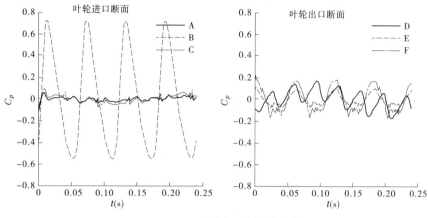

(c)H=3.5 m监测点压力脉动时域图

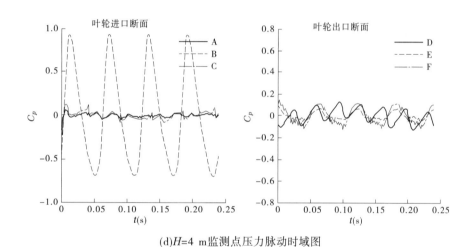

(d)H=4 m监测点压力脉动时域图

续图 12

4.2 压力脉动频域分析

将叶轮进出口监测点的压力脉动时域值做快速傅里叶变换(FFT),获得各监测点压力脉动在频域上的分布情况,如图 13 所示。由图中可以看出同一个监测点在不同扬程下的主要频率都是一致的,只是幅值大小不相同。下面将各个监测点压力脉动的主要频率记录到表3 中。从表3 中可以看出,叶轮进口处靠近轮毂的 A 点和靠近轮缘的 C 点压力脉动的主要频率是一致的,幅值最大的频率为叶轮的转频;B、E、F 点的主要频率是一致的,幅值最大的频率为 4 倍的转频;监测点 D 幅值较大的两个频率为 1 倍的转频和 5 倍的转频;A、C、D 三个监测点压力脉动频率都出现了 7 倍的转频,不过幅值相比于其他频率对应的幅值都很小。由此可知叶轮进出口断面的压力脉动主要受叶轮转频和 5 倍转频的影响,由于前置导叶的叶片数为5,而后置导叶的叶片数为7,可以推断叶轮进出口断面压力脉动主要受叶轮自身旋转激励和前置导叶与叶轮之间的动静干涉激励作用,压力脉动受后置导叶的影响很小。上文动应力和瞬态总变形的频率主要是转频、5 倍与 10 倍的转频,说明叶轮叶片的动应力和瞬态总变形主要受转频激励和前置导叶动静干涉激励的作用。

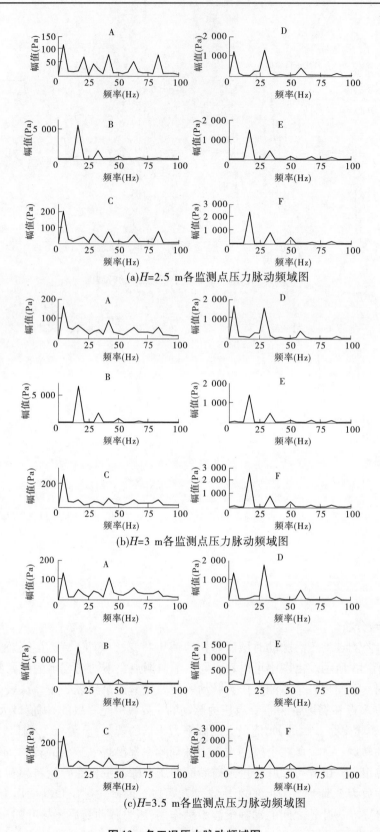

(a)H=2.5 m各监测点压力脉动频域图

(b)H=3 m各监测点压力脉动频域图

(c)H=3.5 m各监测点压力脉动频域图

图 13　各工况压力脉动频域图

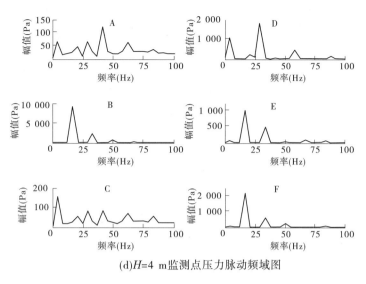

(d)H=4 m监测点压力脉动频域图

续图13

表3 各监测点压力脉动主要频率

监测点	主要频率
A	f_n、$5f_n$、$7f_n$、$10f_n$、$15f_n$、$20f_n$
B	$4f_n$、$8f_n$、$12f_n$、$16f_n$、$20f_n$
C	f_n、$5f_n$、$7f_n$、$10f_n$、$15f_n$、$20f_n$
D	f_n、$5f_n$、$7f_n$、$14f_n$
E	$4f_n$、$8f_n$、$12f_n$、$16f_n$、$20f_n$
F	$4f_n$、$8f_n$、$12f_n$、$16f_n$、$20f_n$

5 结论

（1）叶片动应力和总变形的分布与稳态计算的结果一致,最大动应力值与稳态计算最大等效应力值偏差在8%以内,瞬态变形值与对应工况最大总变形值偏差在10%以内。

（2）各个工况下监测点动应力和瞬态总变形的幅值最大的频率为1倍的转频;幅值较大另外两个频率分别为5倍的转频和10倍的转频。由此可推断轴流泵动应力和总变形的波动主要是由水泵转动不平衡力及导叶和水泵叶片之间的动静干涉引起的。

（3）叶轮进出口断面的压力脉动幅值较大的频率主要为1倍转频和5倍转频,叶轮进出口断面压力脉动主要受叶轮自身旋转激励和前置导叶与叶轮之间的动静干涉激励作用,压力脉动受后置导叶的影响很小。动应力和瞬态总变形幅值较大的频率与压力脉动幅值较大的频率是对应的,说明动应力和瞬态总变形主要受幅值较大的压力脉动频率激励影响。

参 考 文 献

[1] 王福军,赵薇,杨敏,等.大型水轮机不稳定流体与结构耦合特性研究Ⅰ:耦合模型及压力场计算[J].水利学报,2011,12:1385-1391.

[2] 黄浩钦,刘厚林,王勇,等.基于流固耦合的船用离心泵转子应力应变及模态研究[J].农业工程学报,2014,15:98-105.

[3] 付磊,黄彦华,朱培模.水轮机转轮叶片流固耦合水力振动分析[J].水利水电科技进展,2010(1):24-26.

[4] 商威,廖伟丽,郑小波.考虑流固耦合的轴流式叶片强度分析[J].河海大学学报,2009,37(4):441-445.

[5] 郑小波,罗兴锜,郭鹏程.基于 CFD 分析的轴流式叶片动应力问题研究[J].水力发电学报,2009,28(3):187-192.

[6] 肖若富,王正伟,罗永要.涡带工况下混流式水轮机转轮动应力特性分析[J].水力发电学报,2007(4):130-134,140.

[7] 胡丹梅,张志超,孙凯,等.风力机叶片流固耦合计算分析[J].中国电机工程学报,2013,17:98-104,18.

[8] 潘罗平.大型水轮机转轮动应力测试技术研究[D].北京:清华大学,2005.

定远县池河中游主要支流生态补水方案研究

周亚群[1],尚晓三[2],李汉卿[1]

(1.淮河水资源保护科学研究所,安徽 蚌埠 233001;
2.安徽省水利水电勘测设计院,安徽 合肥 230000)

摘　要　池河中游的支流马桥河、南店河和桑涧河是定远县城市规划区内的主要水系,随着城市建设的快速发展,县城集中供水和灌溉用水挤占了河道生态需水,河流承载压力日益加大,需通过水系连通工程保障河道生态用水需求,改善水生态环境。本文采用 Tennant 法进行河道生态基流计算,考虑河流城区段维持水面所需的环境用水,综合确定马桥河、南店河和桑涧河的生态补水量。提出通过泵站、输水管道、干渠和现有连通河库对马桥河、南店河和桑涧河进行生态补水的方案,并对可供水量和拟补水水源的水质稳定状况进行分析。上述各支流实施生态补水后,可基本满足河道生态用水需求。

关键词　生态补水;马桥河;南店河;桑涧河

1　研究背景

池河是淮河中下游南岸一级支流,发源于定远、凤阳两县交界处的凤阳山南麓,流经肥东、定远、凤阳和明光四县(市),在磨山注入女山湖, 出女山湖闸后经七里湖于洪山头入淮河,河道总长 182 km,流域面积 5 021 km²;其中石角桥以上为上游,石角桥至磨山为中游,磨山以下为下游。定远县境内池河流域面积 2 317 km²,担负着泄洪、灌溉、观光旅游等多重功能,在区域生态系统中占有极其重要的地位[1]。池河中游定远县境内的主要支流马桥河(含城河)、南店河和桑涧河均位于池河左岸,各支流上游分别建有解放水库、城北水库、南店水库和桑涧水库,并已划分水功能区,见图 1。

马桥河及其支流城河上的城北水库、解放水库为定远县自来水厂供水水源地,年取水量 1 200 万 t,供水人口 15 万人,规划灌溉面积为 5.6 万亩,为保障定远县城集中供水和灌溉用水,挤占了河流生态需水,导致马桥河及其支流生态需水严重不足,需通过水系连通对马桥河进行适当的生态补水。桑涧水库和南店水库虽然都达到其设计灌溉面积,但未保障水库生态用水需求,可见灌溉、供水与生态环境需水之间矛盾特殊,需通过水系连通工程,保障河道生态用水需求,改善河道水体环境[1]。

2　生态补水量计算

目前,国内外对常年性天然河流的生态环境需水研究较多,通常认为河流生态环境需水量是为维护河流生态环境的天然结构和功能所需要的水量[2],包括降水、天然储存的水(如地下水)、天然获取的水(如径流)以及人工补给的水等。生态环境需水主要受两类因素影响,一是河道生态系统自身的结构功能特征,另一类是外界影响因子,如气温、降水、蒸发、排污等。因此,城市河道生态环境需水包括河流基本生态需水、保持河流水质生态需水、渗漏蒸发生态需水、维持河流景观以及水上娱乐需水等部分[2]。

"生态需水"是合理配置水资源、确定生态补水水量的重要基础[3]。李抒苡等[4]基于蓄洪、生态调节与保育及景观水体的功能界定并计算了生态需水量。李咏红等[5]基于河流不同阶段下的保护目标,采用环境需水量和生态需水量两种方法计算了河道内生态需水量。对于桑涧河和南店河,一方面需维持其生态基流,另一方面需维持定远县城镇段河道水面,补充河道环境需水量。对于马桥河,需要补充上游城北及解放水库的生态基流,以及保持城区段河道水面的蒸发渗漏水量。因此,池河中游主要支流

作者简介:周亚群,女,1989 年生,淮河水资源保护科学研究所,工程师,主要从事环境影响评价方面的工作。E-mail:zhouyaqun@ hrc. gov. cn。

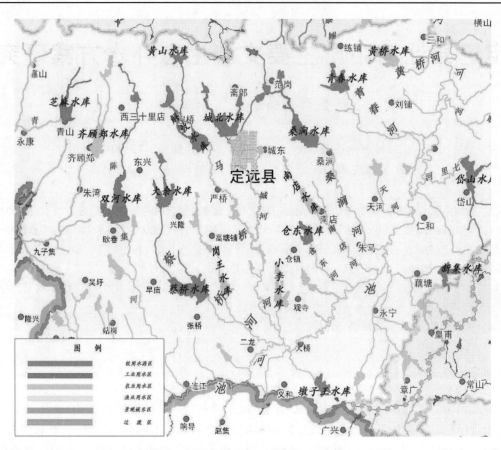

图1 池河中游及主要支流水功能区划

的生态补水量由河流生态基流和水面蒸发渗漏需水量两部分组成。

2.1 生态基流计算

生态基流选择 Tennant 法计算,Tennant 法将全年分为两个计算时段,5～9月为多水期,10月至翌年4月为少水期,不同时期流量百分比有所不同,它将多年平均流量的百分比作为生态流量,河道内不同流量百分比和与之相对应的生态环境状况见表1[6]。考虑到桑涧河、南店河和马桥河上游均建有控制性工程,河流上游流经城区,用水矛盾特殊,较丰时段(5～9月)生态基流取河流多年平均径流量的30%,较枯时段(10月至翌年4月)生态基流取河流多年平均径流量的10%。

表1 Tennant 法中不同流量百分比对应的河道内生态环境状况

不同流量百分比对应河道内生态环境状况	推荐的流量标准(年平均流量百分数,%)	
	占同时段多年年均天然流量百分比(年内较枯时段10月至翌年4月)	占同时段多年年均天然流量百分比(年内较丰时段5～9月)
最大	200	200
最佳流量	60～100	60～100
极好	40	60
非常好	30	50
好	20	40
开始退化的	10	30
差或最小	10	10
极差	<10	<10

根据以上三条河流重要水利工程建设情况,其中桑涧河以桑涧水库坝址为节点计算生态基流,其流

域面积为 72 km²;南店河以南店水库坝址为节点计算生态基流,其流域面积为 31.7 km²;马桥河以城北水库和解放水库坝址作为节点计算生态基流,其流域面积为 118.2 km²。考虑到桑涧河、南店河和马桥河尚无水文测站,且上游均建有控制性水利工程,采用池河石角桥站天然径流过程(1955 年 11 月至 2016 年 10 月),估算各断面生态基流。经计算,桑涧河、南店河和马桥河生态基流计算成果见表 2。

表 2 池河中游主要支流生态基流计算成果

流域	桑涧河	南店河	马桥河
控制节点	桑涧水库	南店水库	城北水库、解放水库
控制节点面积(km²)	72	31.7	118.2
多年平均径流量(万 m³)	1 562	688	2 564
较枯时段生态基流(m³/s)	0.05	0.02	0.08
较丰时段生态基流(m³/s)	0.15	0.07	0.24

2.2 蒸发渗漏需水量计算

根据定远县城市总体规划,定远县城以东定城镇、桑涧镇的马桥河、南店河、桑涧河是城市规划区内的主要水系,需维持一定的水面,采用明光站 1955 ~ 2016 年实测蒸发数据和区域地质资料,估算马桥河、南店河和桑涧河的蒸发渗漏需水量,见表 3。

表 3 池河中游主要支流蒸发渗漏需水量计算成果

流域	桑涧河	南店河	马桥河
水面蒸发量(mm)		915.5	
最大补水流量(m³/s)	0.03	0.05	0.15

根据表 2 和表 3 的计算成果可知,桑涧河、南店河和马桥河较枯时段(10 月至翌年 4 月)生态补水量分别为 0.08 m³/s、0.07 m³/s 和 0.23 m³/s,较丰时段(5 ~ 9 月)生态补水量分别为 0.18 m³/s、0.12 m³/s 和 0.39 m³/s,

3 研究区河库水质现状

根据 2017 年 1 月至 2019 年 12 月《滁州市水功能区水质达标情况通报》,池河水质处于 Ⅱ ~ Ⅳ 类,共 36 个测次中,符合《地表水环境质量标准》(GB 3838—2002)Ⅱ 类占 5.56%,Ⅲ 类占 66.66%,Ⅳ 类占 27.78%。桑涧水库水质处于 Ⅱ ~ Ⅲ 类,共 36 个测次中,Ⅱ 类占 44.44%,Ⅲ 类占 55.56%。城北水库水质处于 Ⅰ ~ Ⅲ 类,共 36 个测次中,Ⅰ 类占 5.56%,Ⅱ 类以上占 66.66%,Ⅲ 类占 27.78%。解放水库水质处于 Ⅱ ~ Ⅴ 类,共 36 个测次中,Ⅱ 类占 36.11%,Ⅲ 类占 47.22%,Ⅳ 类占 2.78%,Ⅴ 类占 13.89%。马桥河水质处于 Ⅱ ~ 劣 Ⅴ 类,共 36 个测次中,Ⅳ 类水占 41.67%,劣 Ⅴ 类占 41.66%,Ⅲ 类及以上仅占 13.89%,如图 2 所示。

4 生态补水方案

根据定远县池河中游水系特点,初拟从天河一级站提水,通过天河一级站干渠输送至天河二级站前池,再通过天河二级站向桑涧水库补水,从而实现桑涧生态补水;在桑涧水库建提水站向马桥河上游支流黎明河已建的东顾水库、南店河上游潜龙水库和油坊水库补水,通过新建输水管道和现有连通的河库对南店河与马桥河实现生态补水[1]。补水路径示意图见图 3,由该图可知,池河闸上蓄水完成桑涧河、南店河、马桥河生态补水后,各支流又汇入池河,是一个水循环系统,更有利于池河水体的更新和各支流的水生态修复。

4.1 可供水量分析

通过长系列调算,桑涧水库可供水量 1 171 万 m³;池河闸多年平均径流量 30 965 万 m³,可供水量为

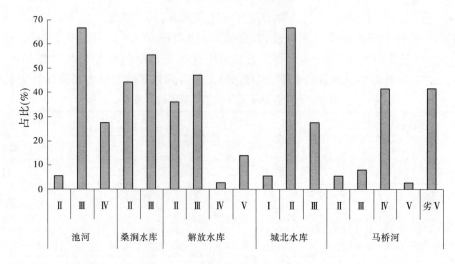

图2 研究区河库水质现状统计

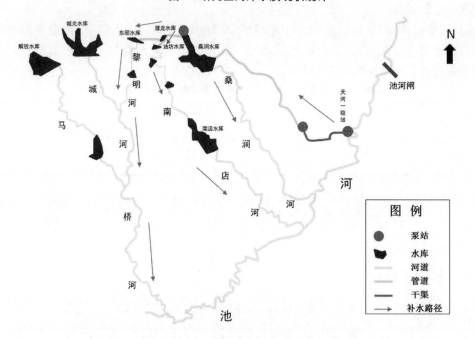

图3 池河中游主要支流生态补水路径示意图

1 637万m³[1]。因此,从桑涧水库和池河闸上提水能够满足桑涧河、南店河和马桥河的生态补水需求。

4.2 补给水源水质稳定性分析

由图2可知,池河符合《地表水环境质量标准》(GB 3838—2002)Ⅲ类占72.22%,Ⅳ类占27.78%。桑涧水库水质处于Ⅱ~Ⅲ类,共36个测次中,Ⅱ类占44.44%,Ⅲ类占55.56%,经计算,池河水质优于或等于桑涧水库水质的概率为44.44%。马桥河解放及城北水库下游河道水功能区为定远农业工业用水区,水质管理目标为Ⅳ类。2017年1月至2019年12月共36个测次中,池河仅有3个测次差于马桥河,分别为2017年6月、10月和2018年4月监测结果,其水质为Ⅱ~Ⅳ类,也满足水功能区管理要求。桑涧水库仅有1个测次差于马桥河(2017年6月),该时段桑涧水库水质为Ⅲ类。桑涧水库为中型水库,兴利库容为1 954万m³,可以充分利用其调节能力,一方面利用丰水期桑涧水库的蓄水直接补充桑涧河、马桥河和南店河生态环境用水;另一方面,待池河水质达到Ⅲ类或其水质优于桑涧水库水质时,可通过天河一级、二级泵站相机抽水至桑涧水库,用于补充桑涧河、马桥河和南店河生态用水,提高补水的水质保证率,改善马桥河下游、桑涧水库坝下及南店河水体环境。

5 结论和建议

5.1 结论

本文在分析定远县池河中游主要支流桑涧河、南店河、马桥河实施生态补水必要性的基础上,采用 Tennant 法计算出上述主要支流的河道生态基流,桑涧河、南店河、马桥河较丰时段(5~9月)的生态基流分别为 0.15 m³/s、0.07 m³/s 和 0.24 m³/s;考虑桑涧河、南店河、马桥河流经定远县城区,除生态基流外,还需维持一定的水面,经计算上述 3 条支流的最大蒸发渗漏需水量分别为 0.03 m³/s、0.05 m³/s 和 0.15 m³/s。因此,马桥河最大生态补水流量为 0.39 m³/s,南店河最大生态补水流量为 0.12 m³/s,桑涧河最大生态补水流量为 0.18 m³/s。

经分析,桑涧水库和池河闸上蓄水能够满足桑涧河、马桥河和南店河的生态补水需求。丰水期桑涧水库的蓄水可直接通过提水泵站和输水管道补给到上述主要支流;当池河水质大于等于桑涧水库水质时,可通过天河一级、二级泵站相机抽水至桑涧水库,用于补充桑涧河、马桥河和南店河生态用水。

5.2 建议

马桥河、南店河和桑涧河实施生态补水后,可基本满足各支流生态用水需求。但上述各支流均流经城区,沿线存在点面源污染,建议按照"水宁、水清、水活、水美"的治水思路,从控源截污、蓄留清水、相机补水等方面对各支流水环境展开综合治理,才能更好地实现生态补水效果,加快河流水生态修复,进一步提升城区河道水景观。

参 考 文 献

[1] 安徽省水利水电勘测设计院. 池河中游河库水系连通及水环境综合治理工程可行性研究报告[R]. 合肥,2019.

[2] 杨毅,邵慧芳,唐伟明. 北京城市河道生态环境需水量计算方法与应用[J]. 水利规划与设计,2017(12):46-48.

[3] 魏健,潘兴瑶,等. 基于生态补水的缺水河流生态修复研究[J]. 水资源与水工程学报,2020,31(1):64-65.

[4] 李抒苡,周思斯,郑钰,等. 基于河道功能及满意度的老运粮河生态需水量研究[J]. 水资源与水工程学报,2016,26(5):32-36.

[5] 李咏红,刘旭,李盼盼,等. 基于不同保护目标的河道内生态需水量分析——以琉璃河湿地为例[J]. 生态学报,2018,38(12):4393-4403.

[6] 河湖生态环境需水量计算规范:SL/Z 712—2014[S]. 北京:中华人民共和国水利部,2014.

里下河地区河道生态保护修复的实践与思考

蔡勇[1],程吉林[2],刘胜松[1]

(1. 江苏省水利工程建设局,江苏 南京　210029;
2. 扬州大学水利与能源动力工程学院,江苏 扬州　225009)

摘　要　开展河道生态保护与治理修复,充分发挥河道综合功能,是新时期人与自然和谐共生的重要体现。本文在总结国内外河道生态治理经典案例与经验基础上,针对里下河地区河道功能特点,从城乡一体化进程、黑臭河道治理、行政区划管理等方面系统分析河道现状存在问题,阐述里下河地区河道生态健康的内涵。进而从科学规划、分类管理,慎用工程措施、保持河道自然属性,点源污染治理与面源污染控制等几个方面,探讨了里下河地区河道水生态环境保护与修复的对策、措施,为进一步构建和谐优美的水生态环境提供借鉴和参考。

关键词　里下河地区;河道;水生态;水环境;保护;修复技术

1　序言

1.1　研究背景与意义

　　生态河道是在保证河道防洪除涝、灌溉供水、通航等水利功能基础上,具备河岸带水文联系的生物多样性,能够尽可能保留河道(河网)自然属性的河流生态健康系统。在农村及城市开展河道综合治理过程中,尊重河道自然生态属性,重视生态河道保护与治理,注重河道生态功能的有效发挥,有效实现河道社会效益、生态效益的有机统一,是新时代中国特色社会主义思想关于人与自然和谐共生的重要内涵的体现。

　　里下河地处淮河流域下游,东临黄海,河湖密布,土地肥沃,是典型的平原河网地区,也是国家南水北调东线,江苏江水北调、东引的重要输水通道[1]。近年来,随着城乡一体化进程加快带来的河道生态功能下降与人民群众物质精神生活水平提高带来的对自然水生态环境需求提高之间的不平衡随之凸显。如何在建设人与自然和谐共生的要求下,在河道综合治理过程中贯彻生态保护与修复理念,采用自然的水工程修复技术开展河道生态治理,对构建和谐优美的河流水生态系统,充分发挥河道综合功能,保障经济社会可持续发展,具有重要的现实意义。

1.2　国内外河道水生态环境保护与修复的经验与教训

　　20世纪工业革命后,欧洲发达国家随着经济快速发展,沿河地区人口增长,河道渠化工程增加,导致河流生态急剧退化。如:德国莱茵河1940年鲑鱼几乎消失,1971年秋德荷边界生物绝迹;英国泰晤士河19世纪开始,严重污染,由于饮用水发生4次霍乱,20世纪50年代达到顶峰;美国基西米河于20世纪60年代实施了河道渠化工程,改变了下游流量过程,给周边环境水文特性造成巨大影响,对周边生态系统造成一系列负面生态效应[2]。

　　因此,自20世纪80年代开始,德国、美国、澳大利亚、日本、韩国等国对传统的河道整治思路进行反思,从河道整治生物多样性保护等角度出发,大规模拆除以往河床上人工铺设的硬质材料,通过修建生态河堤,恢复河岸水边植物群落与河畔林,尽管生态修复资金投入远比衬砌昂贵得多,但保持河道的自然环境对保护动植物资源、保护水质,防止水资源流失都有极为重要的作用,实践证明效果显著。

　　(1)德国、瑞士等国自20世纪80年代提出了"亲近自然河流"概念和"自然型护岸"技术,进行河

作者简介:蔡勇,男,1965年生,教授级高级工程师,江苏省水利工程建设局局长,博士,主要从事水利建设管理工作。
E-mail: sltcaiyong@ sohu. com。

流回归自然的改造。通过将水泥堤岸改为生态河堤,重新恢复河流两岸储水湿润带,并对流域内支流实施裁直变弯。据有关资料介绍,欧洲MELK流域经过近自然治理后,每100 m河段的鱼类个体数量、生物量从治理前的150个、19 kg提升到治理后的410个、55 kg。

(2)美国的基西米河自20世纪90年代起有序拆除硬化材料,恢复原河道自然蜿蜒状态以及湿地系统,重建的费用远远超过了当时建设投资。美国陆军工程师团于1999年颁布了《河流管理——河流保护和修复的概念和方法》,提出并规范了"自然河道设计技术"方法,全面指导美国面广量大的生态河道修复工作。

(3)澳大利亚于2001年发布了《河流修复》,规范了河流生态修复的"绿植被技术",认为河流近自然治理首先要满足人类对河流利用的要求,同时要维持河流生态环境多样性、物种多样性及河流生态系统平衡。

(4)日本于1991年推行重视创造变化水边环境的河道施工方法,即"多自然型建设工法";于1997年颁布了《河川砂防技术标准(案)及解说》,进一步规范了河道岸坡防护。此外,日本建设省推进的第九次治水五年计划中,对5 700 km河流采用多自然型河流治理法,其中2 300 km为植物堤岸,1 400 km为石头及木材护底的自然河堤,2 000 km不稳定和特殊河段按"多自然型护堤法"进行改造,有效地促进了地下水渗透和水分良性循环,提高了自然净化功能。

(5)韩国的釜山河整治工程,通过拆除河道两岸的钢筋混凝土护岸,建设生态河堤,并在河道中央的生态岛上移栽本地杂草,满足河道生物多样性的需求。

从上可以看出,国外发达国家一方面主要是拆除原来已建的不利于河流生态环境多样性、物种多样性及河流生态系统平衡的传统护砌、护岸,改建为有利于河道自然环境保护(动植物资源保护与水质净化)的生态岸坡;另一方面,也十分重视加强河湖环保立法和水环境质量监测,并注重加强区域合作,强化法律法规效力,规范和指导生态河道保护与修复。

在国内,近20多年来,江苏、上海(如崇明区[3])、浙江等南方经济发达地区,也开展了不少河流生态修复等工程实践,如建设生态河堤、恢复河道自然形态、营造水生动植物群落等工程措施,取得了明显的效果。

2 里下河地区河道生态保护与修复的内涵

2.1 河道功能现状及原因分析

近年来,里下河地区随着社会经济快速发展,对河道功能发挥提出了更高要求,但受制于各种因素和条件的影响,河道水生态环境质量状况不容乐观,主要表现在以下几个方面:

(1)城市化进程不断加快,原有河道(段)、湿地等水面遭到侵占现象时有发生,水面率下降幅度大,河湖功能遭到破坏。加上传统的不利于河道生物多样性保护和水质净化的护岸护坡技术尚在较大范围地应用,进一步削弱河道水生态功能。

(2)有些地方工业废水、生活污水及水产养殖污染的违规和无序排放,直接导致河道水环境承载力下降。无序排放的污染物、有害物质种类、成分及相互作用机制复杂,加之部分河道淤积严重,水流不畅,导致黑臭河道治理难度加大,河道水环境质量下降,也阻碍了河道生态功能的有效发挥。

(3)里下河地区各中小河流均已实行属地河长制管理,但部分河道上下游、左右岸分属不同行政区域,造成河道管理的标准和要求可能不尽相同;同时,上游河段对下游河段的影响因素不易量化,造成出现问题责任认定不易,进而影响管理效果。甚至个别地方以构建生态河道为名采用生态工法对断面稳定、满足水利功能要求的自然生态河道进行近自然改造,花了钱,还一定程度上损害了自然河道的生态功能。

2.2 生态健康河道的内涵

里下河地区的河道生态保护与修复,应充分依托平原河网地区的自然水系条件,合理确定河道等级与功能定位,注重河道生态环境承载力对城镇化进程的反向要求;在保障防洪除涝、灌溉供水、航运等河道水利功能要求下,倡导亲近自然的生态保护与修复理念,注重"盘活水系,修复自然,治理污染,严格管控"的综合治理措施,打造群众满意度高的沿河水生态环境。生态健康河道应同时满足水利、水环境、水生态等多种要求[4-5]。

(1)水利功能。里下河地区的骨干河道一般应满足防洪、排涝、通航、引水、滞蓄涝水、灌溉等多种功能,河道断面应满足水利功能要求,且断面稳定。河道的堤、岸、坡、顶,在满足水利设计规范要求的同时,断面可宽窄不一、深浅变化,以适合多种动、植物生存;堤顶可与景观结合,隐藏在高低起伏的地形中;坡面应无雨水侵蚀,无滑塌迹象。

(2)水环境。达到"河畅、水清、岸绿、景美"的要求。"流畅":水系畅通,活水周流。"水清":河道水体清澈、河面无漂浮物,无污水集中超标排放,面源污染得到有效控制;河道主要水质标准不低于Ⅳ类标准(含Ⅳ类),或达到水功能区水质要求。"岸绿":河岸坡整洁、绿色,无乱建乱堆,无乱耕乱种。"景美":河道两岸环境优美;对于具有地方文化特色的河道,应将水历史、水文化、水生态、水景观、艺术设计因素等融入河道保护与利用主题,打造特色沿河景观河道。

(3)水生态。根据本地河道状况,形成不同类型水生植物配置方案,挺水和沉水植物生长正常,鱼、虾、蟹、底栖和浮游动物等主要本地动物生长良好,且无有害的动植物入侵,达到陆生动植物、水生动植物、底栖生物和微生物的种群和谐共生,循环生态良好。

3　里下河地区河道生态保护与修复的水工程技术探讨

3.1　科学规划,分类管理

应根据里下河区域水利规划,相关市、县(区)中长期发展规划合理确定水利设计标准,从整个里下河地区水利中长期发展需求出发,优化、完善里下河地区河网水系总体布局,明确河道的功能定位,对区域性河道,特别是市管和县管重要河道实行区域统一的分级、分类管理办法,统一分属不同行政区的河道上下游、左右岸管理标准和要求。

对承担防洪除涝、灌溉供水、通航等功能的骨干河道,明确水利工程范围与工程保护范围,划定河道现状和规划蓝线;对属于古代遗址保护的河道,划定紫线;在此基础上,划定土地管理红线,依法管理,全面推进河长制。

对仅承担滞涝蓄涝、生态功能的河道、湿地等水面,应实施水面率控制。在城乡发展过程中,可通过规划人工湿地等方式,结合园区、厂区景观,新农村建设等,采用"填一还一"的方式,保持水面率动态平衡,以保护里下河地区自然、历史遗产与人文景观。

3.2　慎用工程措施,保护与修复河道自然属性

对土质不稳定、易受水流冲刷等的不稳定河段与特殊地形河段的河堤坡,可采用工程防护,但在确定工程方案时,不宜采用传统的对河道生物多样性有损害的钢筋混凝土或重力式浆砌块石等结构,而可选用近自然治理的工程方案,也即自然生态工法;对断面稳定的河道可保持宽窄不一、深浅变化的自然属性,减少不必要的人工干预。

充分发挥工程建设对河湖生态的改善作用,在里下河地区强化生态理念设计,优先开展生态河湖示范点建设,大力推广使用生态袋、自嵌式挡墙、格网箱挡墙等生态复合材料,重视生态效益有效发挥,推广融合水工程、水环境、水生态和水景观等元素在内的综合治理新技术,构建现代化区域现代化生态水网。

3.3　重视沿河点源污染治理与面源污染控制

近年来,里下河地区因水而兴的"四水"(水稻、水产、水禽和水生蔬菜)种养业已成为当地农业的特色和支柱产业[6],农业面源污染问题有所加剧;同时,工业化、城镇化发展带来的工业和生活污水未达标排放也时有发生。加强沿河点源污染治理和面源污染控制,是从根本上减少入河污染物总量的有效措施。

河道水环境取决于入河污染物总量,应关闭河道两侧排污口门,严格控制点源污染入河。同时,采取有力措施减少大田农药、化肥使用量。目前,全国与里下河地区的单位耕地面积化肥施用量[7]分别为 434.43 kg/hm² 和 662.85 kg/hm²,分别超过发达国家防止水体污染安全标准 225 kg/hm² 的 1.9 倍与

2.9倍。

应采取有力措施减少大田农药、化肥使用量,鼓励和推行绿色生态可持续的生态农业发展模式,是恢复、保护河流及两岸水生态环境的重要措施。

4 结语

综上所述,里下河地区在开展河道生态保护修复的探索与实践中,应充分注重前期规划的科学编制与有效衔接;在水工程修复过程中,注重保护河道的自然属性,特别是对不稳定和特殊河段采取亲近自然的工程防护措施。同时,还应注重挖掘沿河水历史、水文化底蕴,在河道保护与利用时融入水文化、水生态、水景观、水人文等元素,做到因地制宜,分类指导,科学施策,效益持久,从而彰显新时代河道社会功能与生态功能的有机统一,展现出一幅人与自然和谐共生的美好画卷。

参 考 文 献

[1] 陶长生,周萍,陈长奇,等.新常态下里下河地区水利治理的思考与建议[J].江苏水利,2017(2):1-3,8.

[2] 吴保生,陈红刚,马吉明.美国基西米河渠化工程对河流生态环境的影响[J].水利水电技术,2004,35(9):13-16.

[3] 陈鸣春.崇明区生态河道治理研究探讨[J].上海水务,2018,34(1):45-47.

[4] Oghenekaro Nelson Odume. Searching for urban pollution signature and sensitive macroinvertebrate traits and ecological preferences in a river in the Eastern Cape of South Africa[J]. Ecological Indicators, 2020, 108: 1-10.

[5] Paillex Amael, Schuwirth Nele, Lorenz Armin W. Integrating and extending ecological river assessment: Concept and test with two restoration projects[J]. Ecological Indicators, 2017, 72: 131-141.

[6] 张家宏,何榕,王桂良,等.江苏里下河地区农业面源污染防治对策研究与示范[J].农学学报,2018,8(2):15-19.

协调发展 注重生态
助力江苏淮河流域中小河流治理

张维，陈健

（江苏省水利工程建设局，江苏 南京 210029）

摘 要 江苏地处淮河流域下游，特定的地理位置和气候条件，导致江苏局部洪涝频繁，历届省委、省政府都高度重视水利工程建设。在国家实施中小河流治理的良好契机下，江苏重视中小河流治理工作，尤其是淮河流域中小河流治理。文章总结了江苏省淮河流域中小河流治理10年来的经验，充分考虑江苏经济社会发展特点，区域发展不平衡，以《江苏省生态河湖行动计划（2017~2020年）》为指引，从规划立项、建设管理、生态治理等方面对江苏淮河流域中小河流治理的具体做法、治理效益等进行阐述。

关键词 生态；措施；创新；中小河流

江苏位于淮河、长江、太湖三大流域下游，10.26万 km^3 的面积承受上游近200万 km^2 国土面积的洪水下泄入海。全省地势总体低平，地形高低交错，沿海潮水顶托，排水困难，极易受涝。且特定的地理位置和气候、地形条件，导致局部洪涝频繁，防洪除涝任务艰巨。加之江苏人口众多，土地利用程度高，基础设施密集，经济总量大，洪涝灾害损失大，洪涝治理比较复杂。江苏历届省委、省政府都高度重视水利工程建设，持续推进大规模的江河治理，基本形成配套完善的大江大河防洪减灾体系。

如果说大江大河是防洪体系的骨骼的话，那么中小河流则是区域防洪、排涝的"脉络"。江苏大多数中小河流，由于治理投入不足，尚不具备抵御常遇洪涝水的能力，约有70%以上的洪涝灾害发生在中小河流，淮河流域灾情更为突出。随着城镇化进程的加快，带来人口的聚集、企业的发展，对区域防洪排涝标准提出更高的要求。因此，国家实施中小河流治理项目对江苏完善区域治理是一个很好的契机。通过巩固堤防、疏浚河道、联通水系，以期达到"流则通、通则畅、畅则活"的治理目标，盘活全省中小河流互联互济、畅通自如的这"碗"水。

江苏纳入财政部、水利部《近期规划（2009~2012）》《实施方案（2013~2015）》两批规划及《加快灾后水利薄弱环节建设实施方案》（以下简称《实施方案》）的淮河流域中小河流治理项目共181项，规划总投资约65亿元，至2019年底前两批规划项目已全部完成，《实施方案》45项已经完成37项，5项调整列入规划，3项正在实施，累计完成投资约57亿元。

1 规划立项，注重统筹协调

江苏中小河流从规划之初，就强调实现科学发展、可持续发展、包容性发展，着力提高工程治理的协调性和平衡性。

（1）注重"三个结合"。把中小河流治理与促进地方经济社会发展有机结合起来，实现水利工程效益、环境效益和社会效益的多赢；把大江大河及湖泊治理与中小河流、农村河道整治有机结合起来，进行统筹规划、系统治理，充分发挥河网水系互联互通、互调互济的功能作用；把河道疏浚整治与拆坝建桥、闸站改造、截污治污、环境整治有机结合起来，增强河流引排能力，改善沿岸地区生产生活条件。

（2）注重区域平衡发展。注重防洪除涝能力明显薄弱地区的治理，淮河流域安排了181项，占全省总数的54%。注重近年灾情特别严重地区城镇和人口密集区的治理，如宿迁城市周边地区，安排了与

作者简介：张维，男，1981年生，江苏省水利工程建设局高级工程师，主要从事中小河流治理项目的建设管理、审批等。
E-mail：22479833@qq.com。

减灾有直接关系的民便河、东沙河、总六塘河、马河治理。注重山洪威胁严重地区的治理,如淮河流域的东海赣榆山区、洪泽湖西部山区等。

（3）注重国家战略重点发展的区域,如江苏沿海安排了独流入海的五灌河、王港河、栟茶运河等,为区域发展提供有力保障。

2　生态治理,维护河流健康

江苏中小河流河段治理在解决防洪、排涝的同时,注重加强生态环境治理,以《江苏省生态河湖行动计划(2017～2020年)》为指引,在施工过程中积极采用天然材料、生态复合材料,采用植物措施护坡、保护湿地,同时注重加强水系的连通,促进水体流动,改善水体环境,提高河道综合整治水平。

（1）与河流自然条件相协调。在河道治理中,突出堤防除险加固和河道清淤疏浚的同时,尽量保持河流的自然形态,不再简单地进行裁弯取直。新沂大沙河治理段内存在大"S"转弯段,治理中对其采取浆砌块石防护,既保持河流的自然形态,又防止了弯道水流对河道的冲刷。而裁弯取直会造成永久征地,加快水流流速,不利于当地河流蓄水灌溉的需求。

（2）与河流生态保护相协调。对部分采用混凝土挡墙、浆砌块石护砌等形式防护的河段,控制防护的高程,以减少对生态的破坏。姜堰市老通扬运河,采用直立式混凝土矮挡墙结构,挡墙仅比常水位高出10～20 cm,其上采用草皮护坡,青蛙、蟾蜍等两栖动物可以在水、陆之间自由变换、生活,对生物多样性起到了较好的保护和促进作用。

（3）加强生态防护科学研究。江苏省水利厅专门设立了中小河流生态防护专项省级科研课题,联合职能部门、高校、设计单位、施工单位等多部门的力量开展有关生态防护技术的研究,同时在省内部分中小河流治理项目上开展生态防护试验,对生态袋、格宾网箱等多种生态防护方式进行比较,从而获得生态防护项目在建设过程中的经验以及设计、施工、质检等各方面的有效数据,为今后全省推广生态防护提供技术支撑。

3　多措并举,坚持统筹兼顾

江苏不同地区之间自然条件不同、资源禀赋各异、历史基础有别,因而长期存在较大发展差距。这就要求在中小河流治理中统筹苏北与苏南、城镇与农村,根据其经济社会发展特点,制定不同的补助政策和治理手段,促进区域、城乡协调发展。

（1）统筹资金配套和经济发展水平。江苏省中小河流治理对淮河流域中小河流治理项目采取差别化补助,省以上补助比例为50%～70%。

（2）统筹城乡区域治理。涉农河段以促进农业发展、提高社会主义新农村建设水平为目标,通过清淤筑坝、修建闸站等工程手段,提高河道蓄水能力,实现农田旱改水,降低农民灌溉成本,提高灌溉保证率,从而实现农民增收。如宿迁市宿城区西沙河上新建了郭庙闸,沿线郭庙村的133 hm² 地实现了旱改水,一亩地可增收500多元,该村共增收100多万元。穿城河段解决防洪排涝问题兼顾提升城市环境,促进沿线地区土地增值,增加当地财政收入。

（3）统筹工程建设与地方发展布局。中小河流治理受其政策的制约,对绿化、造景等方面资金上不予以支持,在项目实施中,中小河流主要实现河道整理、边坡整治;地方筹资安排其他项目主要实现沿线绿化、景观,打造河边公园,项目之间实现互补,取得了"双赢"的结果,极大地促进了当地经济社会的发展。如徐州丁万河,经过多方面资金的共同建设,已经打造成为国家级水利风景区,为徐州市增加了一张城市名片。

4　勇于创新,提高管理效率

中小河流治理面广量大、战线长、时间紧,之前没有类似的项目管理经验可以借鉴,江苏省水利厅在项目实施过程中积极探索、大胆创新,形成了一套适应项目特点的建设管理模式。

（1）实施权力下放。将招标投标管理、质量安全管理、政府验收等职能下放由各市具体负责实施,省厅负责对其工作进行指导和监管,调动了地方积极性,壮大了建设管理力量。

(2)推进"打捆"措施。中小河流治理以县、区为单位,打捆组建项目法人,勘测设计招标、监理招标及施工招标,有条件的也可以打捆招标。这种打捆措施有利于落实责任、加强管理,大大提高了建管效率。

(3)加强前期工作。在每个项目初步设计上报后,组织人员前往工程现场实地查勘,对照存在问题与设计单位、建设单位进行交流,随后进行封闭审查,集中人力、物力和时间对项目审查工作进行攻关,加快审批进度,提高审批效率。

作为一项民生工程,江苏淮河流域中小河流治理实施 10 年来,累计完成治理淮河流域河段长 2 900 km,治理河段防洪排涝标准有了较大幅度提高,千万人口及千万亩良田得到保护,已经发挥了良好的综合效益。

现代生态灌区建设的思考

吉宁[1],王其兵[1],邹跃[2]

(1.连云港市水利局,江苏 连云港 222000;2.赣榆区水利局,江苏 赣榆 222100)

摘 要 党的十八大以来,国家对大型灌区建设提出了新的发展要求,围绕灌区"绿色生态""可持续发展""现代化"发展方向,本文通过分析连云港市大型灌区建设的现状与不足,提出现代生态灌区建设的思路,综合考虑灌区水土资源、环境、管理等因素,因地制宜,统筹规划,努力建成"节水高效、设施完善、管理科学、生态良好"的现代生态灌区。

关键词 现代;生态灌区;建设;思考

灌区是我国粮食生产的重要基地,为保障国家粮食安全发挥了重大作用,是实现农业现代化的重要基础。2014 年,习近平总书记对我国水安全问题发表了重要讲话,明确提出"节水优先、空间均衡、系统治理、两手发力"的新时期水利工作思路。2017 年,习近平总书记指出必须始终把解决好"三农"问题作为全党工作重中之重,实施乡村振兴战略,提出"产业兴旺、生态宜居、乡风文明、治理有效、生活富裕"的乡村振兴战略总要求。2018 年,水利部办公厅印发大中型灌区标准化规范化管理指导意见,提出建成"节水高效、设施完善、管理科学、生态良好"的现代化灌区目标。

现代生态灌区建设是新时期对灌区发展提出的新要求,现代生态灌区指水量损失小,适合农民需要,生态系统良好,能保持或促进灌区环境朝良性方向发展的灌区。不仅要合理优化配置与使用水资源,还要能保护和改善生态系统,维持良好的灌区生态环境,既保证农田灌溉提高农作物产量,同时也具有较高的水污染防治水平,还要实现灌区生态环境的平衡协调,使灌区真正成为美好生产和生活的地方。

1 连云港市大型灌区概况

20 世纪 50～60 年代,连云港市先后建成 4 个大型灌区,分别是东海县沭南灌区、沭新渠灌区和赣榆区石梁河灌区、小塔山灌区,灌区耕地面积 179.88 万亩,约占全市耕地面积的 32.5%。4 个灌区总设计灌溉面积 166.68 万亩,现状有效灌溉面积 159.38 万亩,其中自流灌溉 104.02 万亩,提水灌溉 55.36 万亩。现有干渠 76 条 552 km、支渠 693 条 1 945 km、斗渠 3 532 km,支渠以上建筑物 17 638 座,排水沟 2 236 km。其中防渗渠道干渠 320.27 km、支渠 710.73 km、斗渠 1 021.76 km。

自 2002 年开始,连云港市大型灌区经过多年续建配套与节水改造,灌排设施保障水平较大提高。至 2019 年全市累计投入大型灌区节水改造资金 7.15 亿元,灌区累计完成改、拆建泵站 662 座、涵闸 1 344 座、建设防渗渠道 1 031 km,配套其他渠系建筑物 2 175 座,疏浚沟渠 1 007 km。其间整合各类涉农资金对灌区灌排设施进行改造。灌区现状灌溉保证率约 75%,灌溉水利用系数为 0.56～0.57,灌区骨干工程配套率约 75%,工程完好率约 65%。

2 大型灌区建设成效

2.1 提高灌溉保证率,提高农业综合生产能力

改造前灌区灌溉保证率 65%～70%,改造后灌区骨干工程输配水能力与效率大幅度提高,灌溉保证率提高到 75% 左右,灌排保障程度和抵御灾害能力显著提升,农业生产条件得到有效改善,为提高农

作者简介:吉宁,男,1979 年生,江苏省连云港市水利局高级工程师,从事农村水利规划设计、建设管理工作。

业综合生产能力奠定了重要基础。灌区亩增产粮食 45 ~ 50 kg,促进了农业增产和农民增收。

2.2　提高灌溉水效率,实现农业节水

灌区节水改造投入前,灌区灌溉水有效利用系数约 0.5,通过对灌区渠首、渠道等设施节水改造,灌溉水有效利用系数提高到 0.56 以上,平均年节水约 3 400 万 m³。农业灌排条件的改善为优化调整农业种植结构和推广先进农业生产技术创造了条件,蔬菜、瓜果等高附加值的经济作物面积较灌区改造前增加了近 20 万亩,灌区农业综合生产能力得到提升,灌水周期平均缩短 3 ~ 5 天,同时灌区运行维护成本也有不同程度降低。

2.3　改善灌溉条件,保障粮食安全

东海、赣榆两县(区)是连云港市重要的粮食生产基地,4 个大型灌区约占全市总耕地 32.5%,粮食产量约为 128 万 t,约占全市粮食总产量 38%,对保障粮食安全具有重大意义。通过持续不断投入、实施节水改造,约 152 万亩耕地的灌溉条件得到改善,为保障粮食安全提供了有力支撑。

2.4　改善区域生态环境,加快新农村建设

供水保证率的大幅提高,有效缓解了农村饮水安全、灌溉用水困难,大大缓解了用水矛盾,促进了社会和谐与稳定。各类控制性建筑物、跨渠交通桥和渠畔管理道路的修建改造,为农业机械化生产和出行创造了便捷的交通条件。渠道清淤清障、沿渠绿化、渠道整治以及水景观建设,大大改善了农村人居环境,加快了新农村建设的进程。

3　大型灌区发展存在的问题

3.1　上一轮灌区改造不彻底

由于经费限制,上一轮投资标准偏低。且实施年限跨越近 20 年,工程造价水平逐年提升,致使总体改造规模严重缩水,实施内容覆盖面不够,没有达到系统更新改造和全面提升节水能力的预期目标。经上一轮灌区节水改造及各涉农资金项目改造后,仍有相当一部分设施存在土建、机电设备、安全生产、使用效益等方面问题,其中不乏 20 世纪建筑物。据统计,4 个大型灌区仍有 371 座泵站、1 467 km 干支渠道、2 387 座主要涵闸(渠首)、1 257.5 km 沟渠未得到有效整治。

3.2　灌区管理经费保障水平不高

四大灌区均隶属于县(区)水利局,岗位人事也由县(区)水利局决定。管理经费来源全部仅由灌区征收的水费解决(每年总用水量约 7.1 亿 m³),因水费征收难度较大,每年征收水费约 922 万元,但每年需开支费用为 1 155 万元。前些年,主要依靠实施工程建设管理获取补贴,在全省规范农村水利建设管理后,暂无其他渠道解决经费空缺。

3.3　管理队伍年龄老化

因职工工资不能足额发放、办公硬件条件差、职工职业发展空间不大,导致灌区管理单位难以吸引人才、职工年龄结构偏大、专业技术人才和中专以上学历比例偏低。职工总数为 176 人;平均月工资仅 2 400 元;年龄在 50 岁以上人数为 70 人,占比 40%;职工具备中专以上文化人数为 72 人,占比 41%;具备水利、管理等相关专业技术人数为 51 人,占比 29%。

4　生态灌区建设思路

新时期灌区应以习近平总书记"节水优先、空间均衡、系统治理、两手发力"治水方针为指导,按照"产业兴旺、生态宜居、乡风文明、治理有效、生活富裕"的乡村振兴战略总要求,以"水利工程补短板、水利行业强监管"为灌区改革发展总基调,坚持人与自然和谐发展原则,围绕灌区"绿色生态""可持续发展""现代化"发展方向,通过灌区水资源高效利用、生态系统修复、现代科学技术运用等技术措施,加快推进灌区建设管理现代化进程,不断提升灌区管理能力和服务水平,努力建成"节水高效、设施完善、管理科学、生态良好"的现代生态灌区。

4.1　生态灌区要实现水资源可持续利用促进农业节水

2019 年,连云港市农田灌溉用水总量为 21.2 亿 m³,占全市用水总量的 72.89%。大型灌区灌溉用

水总量约 7.1 亿 m³，约占全市农业用水总量的 34%。4 个大型灌区灌溉水利用系数为 0.56，仍有大量设施未进行改造，灌区农业用水的水分生产率还不高。在完善灌区水源的条件下，通过输水环节上工程节水，灌溉环节上技术节水，管理环节上管理节水，将灌区建设为节水高效型灌区。

4.2 生态灌区要实现生态系统与生物多样性得到恢复

混凝土、浆砌块石等硬质化材料衬砌淡化了沟、渠湿地的资源功能和生态功能，水系与土地及其生物环境相分离，沟渠生态链破坏。以保护农业生态为目标，通过节水增加灌区内生态用水，通过自然生态型、植生型抛石护坡等河、沟、渠生态综合整治等新技术的使用，减少混凝土、浆砌块石等硬质化材料的使用，使用新技术、新方法、新模式，减少生物隔断，使用灌区沟塘湿地水生植物、水生动物的恢复性投放，以恢复水生生态系统的功能，提高生态系统自我调节能力。

4.3 生态灌区要实现现代科学技术高效运用

结合灌区信息化建设"4 个一"的基本要求，充分运用现代先进的高新技术，如地理信息系统技术、遥感技术、遥控技术、网络技术等，进行综合集成与配套，在灌区硬件配套、软件管理、组织运行等各个方面实现多技术多专业应用，借助于高科技的技术和手段又快又好地实现灌区管理信息化、自动化水平。深化灌区管理体制改革，完善人才引进机制，加大人才培养投入，实现灌区管理粗放式向集约式转变。

4.4 生态灌区要实现人水和谐发展

过去灌区的改造和管理限于骨干工程，而现代化的最终目标是实现整个灌区的和谐发展，不仅包括水资源用途的协调，还包括了用水管理者与用水户的协调（表现在灌区管理者为农民提供清洁可用的灌溉水源、合理的水费征收机制与管理体制等方面），以农业水价综合改革为契机，核定用水总量，实行用水定额管理，加大财政对灌区运行维护投入，健全定额内用水精准补贴和节水奖励机制，保持田间高产与节水的协调，提高灌区水资源利用率与恢复灌区良性运行管理环境。

4.5 生态灌区要实现污染源综合治理控制

建立灌区因肥料和农药等引起的面源污染的控制性灌溉排水模式，通过节水灌溉工程建设、排水沟和河塘生态改造，加强农业用水管理，计量供水，配套采取非工程措施和农艺措施，实现科学灌溉、水肥高效利用，减少入河的面源污染负荷。推广先进农业节水减排新技术，利用天然或人工湿地、生态沟等系统，截留净化农田径流中的氮磷及有机物。构建灌排控制 – 生态缓冲 – 沟渠截留 – 湿地处理多系统耦合的灌区污染逐级控制技术。

4.6 生态灌区要实现水景观与水文化融合发展

灌区是农村的重要组成部分，灌区应在乡村振兴战略要求下谋划生态布局，将闸、泵站、桥梁、渡槽等水工建筑物与周边的河道、渠道共同构成农村水利整体景观，合理建设渠道生态水景和亲水平台，挖掘构建灌区水文化遗产，实现水体与周围环境的协调发展，展现"望得见山、看得见水、记得住乡愁"美丽乡村新形象。

现代生态灌区建设是一项系统工程，应围绕灌区"绿色生态""可持续发展""现代化"发展方向，把握灌区实际需求，综合考虑水土资源、环境、管理等因素，因地制宜，统筹规划，努力实现灌区"节水高效、设施完善、管理科学、生态良好"目标。

参 考 文 献

[1] 吕纯波. 关于现代生态灌区发展方向的思考[J]. 水利科学与寒区工程，2018(6):125-129.

[2] 张绍强. 做好大型灌区续建配套与节水改造提高管理水平和管理效率[J]. 中国农村水利水电，2015(12):23-26.

[3] 冯晓拥，赵坚，朱霞. 生态型灌区的建设与现代化管理[J]. 社会科学前沿，2017,6(11):1461-1466.

[4] 赵冠亮，卞海文，丁鸣鸣，等. 灌区现代化建设及管理中的技术需求探讨[J]. 服务科学和管理，2019(3):123-126.

[5] 冯骞，陈菁. 农村水环境治理[M]. 南京：河海大学出版社，2011.

[6] 陈菁，吕萍. 农村水景观建设[M]. 南京：河海大学出版社，2011.

浅析龙湾店湿地扩建工程人工湿地设计

苏海进,吴落霞,张浩然

(济宁市黄淮水利勘测设计院,山东 济宁　272200)

1　工程概况

兖州区地处山东省西南部,北邻宁阳,西靠汶上,南、西分别与邹城、任城接壤,东隔泗河和孔子故里曲阜毗邻,总面积535 km²。兖州区泗河综合开发一期工程龙湾店湿地扩建工程位于城区东北约6 km,泗河右岸龙湾店闸上、下游。

工程对兖州区泗河综合开发一期工程滩地取土区进行综合整治,通过建设围堤、管道、涵闸、道路、桥梁及绿化等工程形成人工湿地,使龙湾店湿地工程不能处理的太阳纸业中水利用人工湿地进行蓄存净化,枯水期下泄补充河道下游生态用水,有效提升兖州区水资源综合利用能力,改善了区域生态环境,促进了泗河综合开发效益的发挥。

2　水环境现状

根据《山东省南水北调沿线水污染物综合排放标准》(DB/37 599—2006),太阳纸业排污口处于南水北调沿线一般保护区内,出水水质能够满足排放标准要求,实现达标排放,但由于污染物排放标准与环境质量标准的差距较大,现状泗河水质尚不能完全保证满足水功能区划要求。

泗河下游汇入南四湖中的南阳湖,南四湖是"国家南水北调工程"东线主要调蓄湖,京杭大运河是"国家南水北调工程"东线主要输水线。为进一步改善外排水质,提高水资源可利用程度,保障泗河水质,维护南水北调东线调水安全,执行《地表水环境质量标准》(GB 3838—2002)Ⅳ类标准要求(见

表1　主要进出水水质指标

项目	COD	BOD$_5$	NH$_3$ – N	TN	TP	pH
进水	45	10	2	15	0.5	6 ~ 9
出水	30	6	1.5	1.5	0.3	6 ~ 9

3　湿地工艺比选

3.1　湿地工艺

根据污水的流经方式不同,人工湿地可分为表面流人工湿地、水平潜流和垂直潜流人工湿地。

(1)表面流湿地系统也称自由水面人工湿地(Free Water Surface Flow Wetlands)。表面流湿地类似于天然沼泽湿地,具有底泥,水面暴露于大气,污水在人工湿地床体的表层流动,水位较浅,一般在0.1 ~ 0.6 m,表面流湿地主要用于处理暴雨径流、煤矿废水和农业面源污水的治理。同时,表面流人工湿地也常用于湖泊、河流的水质净化与生态修复。

(2)水平潜流湿地(Surface Flow Wetland),污水经配水系统均匀进入根区填料层,根区填料层基本上由3层组成:表层土壤、中层砾石和下层小豆石。在表层土壤种植耐水植物。经过净化后的出水由湿地末端的集水区中铺设的集水管收集后排出处理系统,是目前研究和应用较多的一种湿地系统。

(3)垂直潜流湿地(Vertical Flow Wetland),也称立式湿地,水流情况基本综合了表面流湿地和水平

作者简介:苏海进,男,1989年生,山东省济宁市人,济宁市黄淮水利勘测设计院工程师,主要从事水利规划设计。

潜流湿地的特点,其输氧效果好,利于硝化作用,但有机负荷高时易堵塞。近些年来,中国科学院水生生物研究所最新研发了一种新型复合垂直流人工湿地系统,经过示范工程的应用表明,该新型人工湿地系统较常规的二级污水处理工艺有着很大的优越性:系统净化功能强,常年运行比较稳定,即使在冬季也有较好的净化效果。

3.2 工艺比选

(1)表面流湿地优点。表面流湿地系统类似于天然沼泽湿地,具有底泥,水面暴露于大气,污水在人工湿地床体的表层流动,水位较浅,一般在 0.1~0.6 m。污水进入表面流人工湿地系统时,绝大部分有机物的去除是由生长在水下的植物茎、秆上的生物膜来完成。除改善水质外,表面流人工湿地还给人们提供景观价值和为水生野生动植物提供栖息地。

表面流人工湿地相对于清流湿地的优点在于:

①所要拦截处理的污水排放量较大时,所要建设的湿地面积将非常大,这样大的面积采用表面流湿地,其建设费用相对较低。

②表面流人工湿地管理简单,而潜流型人工湿地易产生阻塞问题,管理相对复杂。

(2)潜流湿地优点。相对于表面流人工湿地,潜流型人工湿地具有如下优点:

①污水始终在介质表面以下,消除了臭味,也没有蚊蝇滋长的问题。

②污水不暴露,不与公众接触,湿地既可作为水处理设施, 也可作为景观公园等公共场所。

③水流过介质,为微生物的活动和存在提供了更大的表面积,提高了处理效率。对类似的水量、水质和处理目标,潜流型人工湿地占地面积更小。

④污染物去除的各类反应均发生在地表以下,污染物去除效果受气温变化的影响相对较小。

⑤相对于表面流湿地,同等面积条件下潜流湿地的处理效果更好。

综合比较潜流湿地和表面流湿地的优缺点,本工程进水为太阳纸业处理达标后的中水,根据现状中水处理情况调查,污水厂出水存在不稳定的情况,基于技术稳定、经济可行、管理简便的设计原则,综合考虑水质净化与生态保护相协调、环境效益和经济效益并重、工程建设和产业结构调整相统一,综合各系统优点,采用潜流 + 表面流结合的湿地系统。

4 方案设计

本工程人工湿地按照 3.5 万 m^3/d 规模进行设计,采用潜流 + 表面流人工湿地工艺。

考虑到污水中的污染物浓度普遍不高,预处理可不设稳定塘;为保证水流的均匀性,同时避免发生短流和堵塞,可置多孔管和三角堰,并定期取出填料清洗。具体工艺流程如下:

进水→ 复合潜流湿地 → 表流湿地 →出水达标排放

设计水量: $Q = 3.5$ 万 m^3/d

总变化系数: $K_z = 1.4$

平均时流量: $Q = 1\ 458.3\ m^3$/h

最大时流量: $Q_{max} = 2\ 041.7\ m^3$/h

污水处理构筑物均按二组并行运行设计,以增加运行的灵活性,提高人工湿地运行的安全性、可靠性,其他构筑物均按最大流量设计。

4.1 水平潜流湿地

本工程设置 1 座潜流人工湿地,潜流湿地尺寸为 108 m×310 m,共 40 格,并联运行,每个单元尺寸为 50 m×15 m,长宽比为 3.33:1,有效面积 30 000 m^2。潜流湿地外围设置道路隔埂,路宽 6.0 m,兼作日常管护通道。

潜流湿地进水采用进水渠,宽 1 m,高 1.2 m,钢筋混凝土结构,溢流布水;湿地出水采用穿孔集水管集水,末端设控制阀门,可实现各单元分别控制。出水经出水渠汇流后进入下一级表流湿地,出水渠设计同进水渠一致。

（1）湿地表面积计算。

按照水力负荷进行计算：

$$A = Q/q_{hs}$$

式中：A 为湿地面积，m^2；Q 为流量，为 35 000 m^3/d；q_{hs} 为表面水力负荷，取值为 1.2，$m^3/(m^2 \cdot d)$。

计算得：$A = 35\ 000/1.2 = 29\ 167(m^2)$

水平潜流湿地尺寸：$L \times B \times H = 50 \times 15 \times 1.85$ m 1 座分 40 格

$$A = 50 \times 15 \times 40 = 30\ 000(m^2)$$

COD_{Cr} 负荷校核：$Q_{os} = Q \times (C_0 - C_1)/A = 35\ 000 \times (45 - 30)/30\ 000$

$$= 17.5\ g/(m^2 \cdot d) \leqslant 40\ g/(m^2 \cdot d)$$

（2）水力停留时间计算。

$$t = v \cdot \varepsilon/Q$$

式中：t 为水力停留时间，d；v 为池子的容积，m^3，容积为 $V = 30\ 000\ m^2 \times 1.2\ m = 36\ 000\ m^3$；$\varepsilon$ 为湿地孔隙度，湿地中填料的空隙所占池子容积的比值，需实验测定，本项目按 30% 计；Q 为平均流量，m^3/d，平均流量为 35 000 m^3/d。

则：水力停留时间 $= 36\ 000 \times 0.3/35\ 000 = 0.31(d) = 7.4$ h

（3）填料的使用。

水平潜流湿地由三层组成：表层土层、中层主体填料、下层砾石及砂垫层。钙含量以 2～2.5 kg/100 kg 为好；种植土层 0.2 m，主体填料（沸石或火山岩或砾石），厚 0.8 m，粒径 5～8 mm。下层铺设砾石及粗砂，厚 0.15 m，砾石粒径 8～10 mm，总厚度 1.15 m。

潜流式湿地床的水位控制：床中水面浸没植物根系的深度应尽可能均匀。

4.2 表面流湿地设计

根据《人工湿地污水处理工程技术规范》（HJ 2005—2010），表面流人工湿地的主要涉及参数见表 2。

表 2 人工湿地主要设计参数

人工湿地类型	BOD$_5$ 负荷 [kg/(hm$^2 \cdot$ d)]	水力负荷 [m^3/(m$^2 \cdot$ d)]	水力停留时间(d)
表面流湿地	15～50	<0.1	4～8
水平潜流湿地	80～120	<0.5	1～3
垂直潜流湿地	80～120	<0.1（建议值：北方 0.2～0.5，南方 0.4～0.8）	1～3

根据规范及现场实际情况，本工程水力负荷 $<0.1[m^3/(m^2 \cdot d)]$ 进行设计，计算如下：

$$L = A_s/W$$

式中：A_s 为人工湿地表面积，m^2；W 为湿地宽度，m。

根据规范，表面流人工湿地几何尺寸设计，应符合下列要求：

（1）单元的长宽比宜控制在 3∶1～5∶1，当区域受限，长宽比大于 10∶1 时，需要设计死水曲线。

（2）表面流人工湿地的水深宜为 0.3～0.5 m。

（3）表面流人工湿地的水力坡度宜小于 0.5%。

根据设计经验，$S = 255\ 000\ m^2$/座，共分 3 格。

5 植被选择

选用植物具有良好的生态适应能力和生态营建功能，具有很强的生命力和旺盛的生长势，年生长期长，不对当地的生态环境构成威胁，具有生态安全性，具有一定的经济效益、文化价值、景观效益和综合利用价值。

5.1 原生环境分析

根据植物的原生环境分析,原生于实土环境的植物如美人蕉、芦苇、灯心草、旱伞竹、皇竹草、芦竹、薏米等,其根系生长有向土性,可配置于表面流湿地系统和潜流湿地土壤中;如水葱、野茭、山姜、蘸草、香蒲、菖蒲等,由于其生长已经适应了无土环境,因此更适宜配置于潜流式人工湿地。

5.2 养分需求分析

根据植物对养分的需求情况分析,由于潜流式人工湿地系统填料之间的空隙大,植物根系与水体养分接触的面积要较表流式人工湿地广,因此对于营养需求旺盛、植株生物量大、一年有数个萌发高峰的植物如香蒲、菖蒲、水葱、水莎草等植物适宜栽种于潜流湿地;而对于营养生长与生殖生长并存,生长缓慢,一年只有一个萌发高峰期的一些植物如芦苇、茭草等则配置于表面流湿地系统。

5.3 适应力分析

一般高浓度污水主要集中在湿地工艺的前端部分。因此,前端工艺部分一般选择耐污染能力强的植物,末端工艺由于污水浓度降低,可以考虑植物景观效果(见表3)。

表3 人工湿地植物选择及搭配

植物类型	水平潜流流型	表面流湿地
漂浮植物	—	凤眼莲、浮萍、睡莲
根茎、球茎	茭白	
挺水植物	黄花鸢尾、千屈菜、茭白、蒲草、水麦冬、灯芯草	菖蒲、灯芯草、芦苇
沉水植物	—	伊乐藻、茨藻、金鱼藻、黑藻

6 湿地管护设计

湿地栽种的水生植物在污染物去除方面起到非常关键的作用,在保证栽种植物成活率的基础上,还应保证该植物成为湿地中的优势种群。在秋冬季节,这些植物的地表以上部分将枯死,易发生火灾,还要加强消防措施。植物收割和其他有关植物的维护管理,以不降低湿地处理能力为原则。对于人工湿地中种植的千屈菜、香蒲等挺水植物,宜每年在秋冬季节收割一次,用于造纸和编织。冬季运行时,应维持湿地处于一定的水位,使植物根系处于冰冻层以下,严禁放空。

7 结语

兖州历史文化悠久,九州文化、大禹文化、佛教文化等交相辉映;交通区位优越,是全国重要的交通枢纽;煤炭、铁矿等资源丰富,优势明显;区域社会发展稳定,经济发展迅速。龙湾店湿地扩建工程是保障南水北调东线工程调水水质的需要,是实现兖州区经济社会可持续发展的需要,是泗河流域综合开发的需要。人工湿地的建设,是对太阳纸业中水水质提升的积极尝试,同时除保障输水水质外,还可以在一定程度上改善周边的生态环境,其中包括对改善周边及城市整体环境质量、回补地下水、保持水土,以及提高本地生物多样性和景观多样性等。随着生态环境的改善,地区的生态平衡得以维护,同时也提高了城市人居环境的质量,对同类项目实施有一定借鉴意义。

前坪水库对北汝河水文生态的影响

陈维杰

（汝阳县发展和改革委员会,河南 汝阳　471200）

摘　要 依据 1952～2010 年水文观测资料,对前坪水库修建后对下游造成的主要影响进行了初步探讨。结果表明,水库建成运行后,将使下游的径流量减小、径流过程均化;防洪能力明显提高;泥沙输量大为减少;库区小气候有所改善,综合生态效益显著。同时,衍生一些新问题的可能性仍然存在,需要研究新的对策。

关键词　水文生态;前坪水库;北汝河

1　前坪水库概况

2020 年 3 月下闸蓄水的前坪水库坝址位于淮河二级支流北汝河上游的汝阳县境内,控制流域面积 1 325 km²,流域内为暴雨中心区,多年平均降水量 761.7 mm,其中 60% 以上分布在汛期 6～9 月四个月内,坝址处年均径流量 3.44 亿 m³。水库总库容 5.84 亿 m³,是一座以防洪为主,结合灌溉、供水,兼顾发电的大（2）型水库。该水库的修建,不仅可有效控制北汝河山丘区洪水,将现状防洪标准由不足 10 年一遇提高到 20 年一遇,而且配合其他工程措施可将下游淮河一级支流沙颍河的防洪标准由 20 年一遇提高到 50 年一遇,同时还可发展改善灌溉面积 50.8 万亩、向城乡提供居民生活及工业用水 6 300 万 m³,综合生态、经济、社会效益十分显著[1]。

2　水文生态影响

2.1　对径流量的影响

由坝址下游 16.5 km 处的紫罗山水文站提供的历年旬径流系列资料计算坝址处多年平均径流量及建坝后下泄过程[2,3],计算成果见表 1、表 2。

表 1　前坪水库对年径流量的影响

水库状态	年（亿 m³）	汛期（亿 m³）	比例（%）	非汛期（亿 m³）	比例（%）
建成前	3.44	2.22	64.5	1.22	35.5
建成后	1.24	0.79	63.7	0.45	36.3
前 – 后	2.20	1.43	64.4	0.77	63.1

表 2　前坪水库对最枯月径流量的影响

水库状态	非汛期（亿 m³）	12 月（亿 m³）	比例（%）	1 月（亿 m³）	比例（%）	2 月（亿 m³）	比例（%）
建成前	1.22	0.073 9	6.1	0.054 1	4.4	0.055 2	4.5
建成后	0.45	0.031 9	7.1	0.028 7	6.4	0.025 9	5.8

由表 1、表 2 可以看出,水库建成后,坝址处的年径流总量将由天然状态下的 3.44 亿 m³ 减至 1.24 亿 m³,减少 64%,其中汛期（6～9 月）和非汛期（10 月至次年 5 月）均有减少,但减少程度有别,汛期减少 64.4%,非汛期减少 63.1%,两者相对而言,表明水库的调节作用使非汛期水量所占比例有所增加,

作者简介:陈维杰,1964 年生,教授级高级工程师。E-mail:hnrycwj@126.com。

并且在 8 个月的非汛期中间,最枯月 12 月至次年 2 月的月径流量在建库前后的所占比例得到明显提高,由 4.4% ~ 6.1% 提高到 5.8% ~ 7.1%,进一步说明了前坪水库对下游河道枯水期的径流调节具有较大的改善作用。

2.2 对防洪的影响

前坪水库对防洪的影响主要包括三个方面,即削减坝址处洪峰流量、削减北汝河下游襄城洪峰流量、提高北汝河及沙颍河干流的防洪标准等[4]。

2.2.1 对坝址处的削峰作用

分别选择 1975 年型、1982 年型 5 年、20 年、50 年、500 年、5 000 年一遇洪水标准,进行调洪演算,分析前坪水库对坝址处的削峰作用,见表 3。

表 3 前坪水库对坝址处的削峰作用

洪水标准	年型	坝址洪峰流量 (m^3/s)	最大下泄流量 (m^3/s)	削峰比 (%)
5 年一遇	1975 年型	1 340	800	40
	1982 年型			
20 年一遇	1975 年型	3 720	800	78
	1982 年型			
50 年一遇	1975 年型	5 580	1 000	82
	1982 年型			
500 年一遇	1975 年型	10 690	8 747	18
	1982 年型		8 415	21
5000 年一遇	1975 年型	17 820	10 867	39
	1982 年型		11 554	35

从表 3 可以看出,各洪水标准情况下前坪水库的削峰比为 18% ~ 82%。其中 20 年一遇坝址洪水洪峰流量 3 720 m^3/s,水库最大下泄流量 800 m^3/s,削峰比达 78%;50 年一遇坝址洪水洪峰流量 5 580 m^3/s,水库最大下泄流量 1 000 m^3/s,削峰比达 82%;500 年一遇坝址洪水洪峰流量 10 690 m^3/s,1975 年型和 1982 年型洪水水库最大下泄流量分别为 8 747 m^3/s 和 8 415 m^3/s,削峰比为 18% ~ 21%;5 000 年一遇洪水坝址洪峰流量 17 820 m^3/s,1975 年型和 1982 年型洪水水库最大下泄流量分别为 10 867 m^3/s 和 11 554 m^3/s,削峰比分别为 39% 和 35%。

2.2.2 对襄城站的削峰作用

同样选择 1975 年、1982 年型洪水情况下,进行前坪下泄流量与坝址至襄城站区间洪水进行同频率叠加,分别计算 20 年、50 年标准的洪峰流量及削峰值,见表 4。

由表 4 分析,前坪水库建成后可将襄城站 20 年一遇洪峰流量由 3 468 ~ 3 761 m^3/s 削减至 3 000 m^3/s 以下,削峰值达 761 ~ 1 633 m^3/s,进而使北汝河防洪标准由现状不足 10 年一遇提高到 20 年一遇;遇到 50 年一遇洪水则可削减洪峰流量 1 061 ~ 2 272 m^3/s,相应减少襄城站超额洪量 0.566 亿 ~ 0.728 亿 m^3。若发生 1975 年型或 1982 年型洪水,北汝河不需要分洪,从而大大减小北汝河沿线的洪涝灾害损失。

2.2.3 对沙颍河干流的防洪作用

当出现 1982 年型前坪、襄城、漯河、周口同频率 20 年一遇洪水时,若无前坪水库,则北汝河需要分洪 1 591 万 m^3,而建成前坪水库后则无须北汝河分洪。

当出现 1982 年型前坪、襄城、漯河、周口同频率 50 年一遇洪水时,若无前坪水库,则北汝河需要分洪 7 268 万 m^3,下游湛河注需要蓄满 1 800 万 m^3;而建成前坪水库后,通过水库的调蓄(前坪水库最大蓄量 1.72 亿 m³），北汝河不再需要分洪，湛河洼也无须蓄满，漯河以上无超量洪水，达到 50 年一遇防洪标准[5]。

表 4　前坪水库对襄城站的削峰作用

洪水标准	20 年一遇		50 年一遇	
年型	1975 年型	1982 年型	1975 年型	1982 年型
现状最大流量（m³/s）	3 468	3 761	4 661	5 055
建库后最大流量（m³/s）	2 282	2 128	2 717	2 783
削峰 ΔQ（m³/s）	34.2	43.4	41.7	44.9
现状超额洪量（万 m³）	890	1 360	5 660	7 280
建库后超额洪量（万 m³）	0	0	0	0
减少超额洪量比例（%）	100	100	100	100

2.3　对泥沙的影响

前坪水库坝址处没有泥沙观测资料，仍移用紫罗山水文站泥沙资料。根据紫罗山站多年平均悬移质输沙量和前坪水库与紫罗山站控制的面积比值，计算出前坪水库坝址处多年平均悬移质输沙量为 101.11 万 t，同时依据经验公式间接估算出推移质输沙量为 20.22 万 t，二者合计坝址处年均输沙总量为 121.33 万 t。水流最大含沙率发生在"82·7"洪水期间，数值为 14 kg/m³，多年平均含沙率则为 6~8 kg/m³。北汝河汝阳县城段在 20 世纪的后 30 年间淤积抬高了 2.2~2.5 m，降低了原有的行洪能力[6-7]。

众所周知，水库对下游河道泥沙的影响程度与其自身的运用方式有关。前坪水库非汛期蓄水兴利，汛期拦洪削峰，同时也就拦蓄了大部分的入库泥沙，加之调洪作用使下泄流量过程较之无坝时而更趋于均匀化，这就势必造成水流挟沙量的大大减少，甚至形成清水冲槽、下切河床。出现这种情况，对于遏制下游河道的淤积抬高及相应提高防洪能力，从整体上看是有利的，但在下泄清水的初期，也往往会引起河床断面的变化（包括纵向正切和横向展宽两个方面），进而导致堤岸防护工程和河道整治工程的安全受到不利影响。例如，下泄清水的长期切刷会造成河床泥沙的可动性逐渐减弱，从而使汝阳至汝州界的现状游荡型河段慢慢转化为弯曲型河段，进而带来新的险情，最终迫使习惯的防洪抢险预案做出相应的调整。

2.4　对供水区地下水源的影响

前坪水库供水规划范围包括汝阳县城区、工业产业聚集区、上店镇、小店镇，汝州市区，郏县县城。

上述供水区 2012 年的总供水能力为 4 075 万 m³，实际年总供水量为 3 661 万 m³，其中地下水供水量为 3 201 万 m³，占总供水量的 87.4%，是供水区地下水可开采量 1 979 万 m³ 的 1.62 倍。在地下水的开采利用方式上，采取自备井的为 1 878 万 m³。现状的无序超采现象加剧了区域地下水位的下降，局部甚至出现地面沉降。据调查，该区域 2007~2013 年平均每年埋深增加 0.87 m，其中汝州市 11# 观测井增值达 5.24 m。

根据规划，供水区 2025 水平年总需水量将达到 10 358 万 m³，而实际可供水量仅为 4 373 万 m³，缺口 5 985 万 m³ 全部由前坪水库补充。届时，除可保留水厂现状供水规模（1 697 万 m³）不变外，还可封闭85%(按取水量计约为1 287万 m³)的自备水井,使地下水的年供水量维持在1 914万 m³ 左右,占浅层地下水供水能力1 979万 m³ 的96.7%,这样就相当于用水库供水量置换出了地下水资源量1 287万 m³,亦相当于减少开采地下水资源量1 287万 m³,对涵养保护供水区地下水资源起到了不可替代的作用[8]。

2.5 对下游生态环境的影响

2.5.1 对最小生态环境需水量的影响

水库坝址处52年逐旬径流量中有136个单旬旬平均来水量小于多年平均径流量的10%,约占全部系列的7.26%。根据规划,水库将下泄1.05 m³/s的生态基流对其下游进行补充。

2.5.2 对河流水体纳污能力的影响

前坪水库坝址处天然来水过程中90%最枯月来水量约为165万 m³,水库建成后最小月下泄水量约为283万 m³,较前者增加量超过了70%,说明将会明显增加下游河道的纳污能力,这对河流水体纳污能力的影响是有利的[9]。

2.5.3 对河道鱼类资源的影响

水库建成后,将成为一个庞大的储热水体,与建库前天然河道相比,水库水温分布特征、水体热状况都将发生变化。据测算,每年4~10月,尤其5~9月库内水体将呈现出明显分层现象,在水深5~30 m出现急变的温跃层,库表与库底温差多达20 ℃。下泄水温的变化,会对坝下游河段鱼类的繁殖产生一定影响,比如从输水洞流出的水相当于坝前水面以下42 m处引水,月均水温8.5 ℃左右[9],比当地6~8月天然水温度约低10 ℃,影响河段长度至少15 km以上,即坝址至紫罗山水文站区间16.5 km河段将不再适宜鱼类产卵繁殖。换言之,当地四大家鱼(鲢、青、草、鳙)的产卵场地将迁境至紫罗山以下河道。当然,建库后冬季水温会变暖,据测算1~2月水温会升高3 ℃左右,此将会对鱼类越冬和催肥十分有利。当地无生殖洄游性鱼类,不存在大坝阻隔之影响。

2.6 对库区小气候的影响

根据紫罗山水文站1973~2010年蒸发资料推算,前坪库区多年平均水面蒸发量为957 mm(其中月最大蒸发量出现在6月,为124.33 mm,月最小蒸发量出现在1月,为38.5 mm),多年平均陆面蒸发量为533.2 mm,二者相减为库面增加的蒸发损失量423.8 mm[2]。这一部分蒸发损失会使库区周边湿度增大、年内温度变幅缩小,进而对极端气温的出现产生一定减缓作用。

3 结语

大型水库的水文生态效应与其调节运用方式密切相关,因此规划部门应根据综合效益最大化原则,拟订多套方案进行充分的对比论证,才能提炼出水文、生态过程最佳耦合的设计方案。

参 考 文 献

[1] 刘洪仁,周虎照,陈维杰.从前坪水库的综合效益及有利因素看尽快修建的必要性[J].水利发展研究,2010,10(10):49-52.

[2] 河南省水利勘测设计研究有限公司.河南省前坪水库工程可行性研究报告[R].2014.

[3] 紫罗山水文站.1952~2010年旬径流系列观测资料[R].汝阳:紫罗山水文站,2012.

[4] 中水淮河规划设计研究有限公司.河南省前坪水库工程水文分析与计算专题报告[R].2011.

[5] 中水淮河规划设计研究有限公司.河南省前坪水库工程防洪估摸论证专题报告[R].2011.

[6] 陈维杰.豫西山丘区雨水集蓄利用的生态功能研究[J].水资源保护,2011,27(6):59-62.

[7] 陈维杰.水土保持是山丘区"生态水利"建设的切入点[J].水利发展研究,2010(2):69-71.

[8] 陈立强,李冠杰.浅析前坪水库供水区地下水源的置换和保护[J].治淮,2015(1):9-10.

[9] 淮河流域水资源保护局淮河水资源保护科学研究所.前坪水库环境影响评价报告[R].2014.

淮河干流中游近70年径流量演变规律及变化特征

梅海鹏,王振龙,刘猛,胡军

(安徽省·水利部淮河水利委员会水利科学研究院 水利水资源安徽省重点实验室,安徽 蚌埠 233000)

摘 要 基于淮河干流中游吴家渡站1950~2018年径流量资料,采用Mann-Kendall突变检验、距平累积分析、BFAST算法和小波分析系统分析吴家渡站径流量的变化特征及周期规律。结果表明:吴家渡站年内径流量分布不均,汛期6~9月的径流量可以占到全年径流总量的61.84%,与淮北平原区降雨量年内分配过程相似;吴家渡站径流量整体呈降低趋势,季节项统计量在-20~35变动,且丰枯年份交替出现;径流量在年际变化上存在27年、11年和3年的第1~3主周期,20~30年和8~15年这两个时间尺度上波动变化具有明显规律,3~7年尺度的径流波动规律不明显。

关键词 淮河干流;吴家渡;径流

淮河是新中国第一条全面治理的大河,近70年来,淮河流域的区域气候、地形地貌、植被组成以及人类社会活动等已经发生了巨大变化[1-2]。淮河干流中游的径流规律在变化环境的作用下发生了演变,对区域水资源配置、水资源的合理开发与利用、生态流量保障、航运安全和经济社会可持续发展等产生了重要影响[3]。因此,探索淮河干流中游近70年径流过程的演变规律,进一步了解新环境下淮河流域水资源分配特征,识别流域径流量变化机制,对防治区域水旱灾害、水资源短缺、水生态损害和水环境污染等方面具有重要意义。本文基于淮河中游吴家渡水文站1950~2018年实测日径流资料,利用Mann-Kendall突变检验、距平累积分析、BFAST算法和小波分析法对吴家渡站长系列径流量年际、年内变化进行分析,探索径流变化特征及演变规律,以期为流域水资源分配、规划与管理提供科学依据。

1 研究区域概况

淮河干流发源于河南桐柏山,流经河南、安徽至江苏扬州的三江营入长江,全长约1 000 km,总落差200 m,流域面积19万km²。淮河干流洪河口以下至洪泽湖出口中渡为中游,其间长490 km,地面落差16 m,河道比降骤缓,易受上、下游行洪影响,长时间持续高水位,是防洪的重点区域。吴家渡水文站作为淮河干流中游的控制站,位于安徽省蚌埠市龙子湖区吴家渡,东经117°22′09″、北纬32°57′29″,是国家重要水文站、一类精度站,流域集水面积121 330 km²,距下游河口距离为175 km。

本文选取淮河干流中游具有代表性的吴家渡水文站,根据其1950~2018年期间共69年长系列实测径流资料,研究淮河中游径流量年内分配、年际变化规律及其变化特征,以期在新的气候环境条件下为流域水利工程调度、水资源优化配置和生态环境保护等提供科学依据。

2 研究方法

2.1 Mann-Kendall突变检验

Mann-Kendall趋势检验和突变检测[4-5]广泛运用于对径流、降雨等水文和气象要素序列的突变进行检测,是一种非参数检验法。

检测步骤如下:

(1)对样本容量为n的时间序列$X_1,X_2,X_3,\cdots,X_n$,构成一个秩序列d_k表示第i个样本$x_i > x_j$的累计数:

作者简介:梅海鹏,男,1996年生,安徽省·水利部淮河水利委员会水利科学研究院,助理工程师,主要从事水文水资源研究。E-mail:meihaipeng791@163.com。

$$d_k = \sum_{i=1}^{k} \gamma_i, k = 1, 2, \cdots, n \tag{1}$$

式中：$\gamma_i = \begin{cases} 1, x_i > x_j \\ 0, x_i \ll x_j \end{cases}$。

（2）在时间数据序列随机且独立的假定条件下，通过计算得到正序列统计量 UF_k，将时间数据序列 X_n 逆序排列，重复（1）中检验过程并将最终结果变为其相反数，得到序列 UB_k：

$$UF_k = \frac{d_k - E(d_k)}{\sqrt{Var(d_k)}}, k = 1, 2, \cdots, n \tag{2}$$

逆序值：$UB_k = -UF_k$

式中 $E(d_k)$ 和 $Var(d_k)$ 分别为 d_k 序列的均值和方差：

$$E(d_k) = \frac{n(n+1)}{4}, Var(d_k) = \frac{n(n-1)(2n+5)}{72} \tag{3}$$

（3）绘制正逆序列统计量曲线，根据正逆序列统计曲线交点位置，判断是否产生突变，确定发生突变的时间点。如果 UF_k 和 UB_k 两条曲线相交，即 $UF_k = UB_k$，且交叉点位于置信区间内，则该点 k 即为可能突变点。若 UF_k 的值大于 0，则序列呈现上升趋势，小于 0 则为下降趋势。

2.2 距平累计分析

距平累计[6]常用于分析长系列气象、水文要素变化趋势。通过计算序列各值与序列均值的差，观测距平累加曲线的变化趋势，判断各值在时间序列上的离散程度、突变时间以及变化趋势。

$$LP_i = \sum_{i}^{n} (R_i - \bar{R}) \tag{4}$$

式中：LP_i 为序列中第 i 个的距平累计值；R_i 为第 i 个的序列值；$\bar{R}$ 为序列均值。

2.3 BFAST 算法

BFAST 算法（Breaks for Additive Seasonal and Trend）[7-8]是一种时间序列分解模型，将时间序列迭代分解为趋势项、季节项、残差项。该法可以在月尺度上对时间序列的突变点进行识别，并对其阶段性变化趋势进行解析，具体模式如下：

（1）将各时刻 t 观测数据 Y_t 分解成趋势项 T_t、季节项 S_t 和残差项 e_t：

$$Y_t = T_t + S_t + e_t (t = 1, 2, \cdots, n) \tag{5}$$

（2）假设 T_t 存在 $m+1$ 个不同趋势阶段，则 T_t 存在 m 个跃变点 $\tau_{i-1}, \tau_{i-2}, \cdots, \tau_m$，则 T_t 的线性表达式为：

$$T_i = \alpha_i + \beta_i t (\tau_{i-1} \leq t \leq \tau_i, i = 1, 2, \cdots, m) \tag{6}$$

式中：i 为突变点位置；α_i 和 β_i 分别为突变点两侧线性模型的截距和斜率，反映序列突变程度、方向及渐变斜率；并定义 $\tau_0 = 0$，$\tau_{m+1} = n$。

（3）通过周期模型对周期项 S_t 进行分段拟合，相似的假设 S_t 存在 $P+1$ 个趋势阶段，则 S_t 存在 p 个跃变点 $\tau_{j-1}^*, \tau_{j-2}^*, \cdots, \tau_p^*$，则 S_t 的线性表达式为：

$$S_t = \sum_{k=1}^{j} \alpha_{j,k} \sin\left(\frac{2\pi kt}{f} + \delta_{j,k}\right)(\tau_{j-1}^* \leq t \leq \tau_p^*, j = 1, 2, \cdots, p) \tag{7}$$

式中：j 为突变点位置；k 为周期模型中调和项的数目；$\alpha_{j,k}$ 为振幅；f 为频率；$\delta_{j,k}$ 为时相；定义 $\tau_{j-1}^* = 0$，$\tau_{p+1}^* = n$。

2.4 小波分析

小波分析是一种时间序列分析方法[9]，各水文要素随时间变化具有随机性，常表现出不稳定特点。而小波分析能够从时域和频域揭示时间序列的局部特征，水文领域多用于降水、径流、输沙量等序列在多时间尺度上的变化特性研究。本文应用小波分析进行径流序列研究，径流量在时间上的变化是由多种因素共同作用的结果，序列连续不稳定存在多层次时间尺度结构和局部化特征，小波分析的方法能很好地揭示吴家渡径流量在不同时间尺度内的周期特性和时域内的变化规律。

本研究中选择 Morlet 连续复小波函数进行吴家渡径流量序列分析:

$$\varphi(t) = e^{-\frac{t^2}{2}} \cdot e^{i \cdot w \cdot t} \tag{8}$$

式中:w 为常数;i 为虚数。

对于时间序列 $f(x) \in L^2(R)$,其连续小波变换为:

$$w_f(a,b) = \frac{1}{\sqrt{a}} \int_{-\infty}^{+\infty} f(t) \overline{\varphi}\left(\frac{t-b}{a}\right) \mathrm{d}t \quad (a,b \in R, a \neq 0) \tag{9}$$

式中:$w_f(a,b)$ 为连续小波变换系数;a 为时间尺度因子,反映频域特征;b 为时间位置因子,反映时域特征;$\overline{\varphi}(t)$ 为 $\varphi(t)$ 共轭复数。

小波方差描述序列在多时间尺度上的能量分布,本研究中反映了径流变化的周期强弱,其随时间尺度的变化可以用来确定主周期。小波方差计算式为:

$$Var(a) = \int_{-\infty}^{+\infty} | w_f(a,b) |^2 \mathrm{d}b \tag{10}$$

3　结果与分析

3.1　年际径流变化特征

通过对吴家渡 1950~2018 年径流量进行 Mann-Kendall 突变检验,如图 1 所示。在 1950~2018 年期间吴家渡径流量变化分为三个阶段:1950~1954 年吴家渡流量呈下降趋势,1955~1958 年吴家渡流量呈上升趋势,1959~2018 年吴家渡径流量呈降低趋势。在 1951 年、1958 年和 1964 年 UF_k 和 UB_k 存在交点,且交点均位于 95% 置信区间内,径流量发生突变。距平累积分析结果,如图 2 所示。根据 1950~2018 年距平累积曲线显示,在研究时段内,吴家渡径流量出现多次突变,1950~1957 年径流量波动增加,1957~1962 年呈下降趋势,1963~1964 年上升到一个较高水平后回落,保持水平波动直到 1977 年,后持续下降直到 1981 年,再持续上升直到 1984 年,保持水平波动后呈波动下降直到 2002 年,从 2003~2008 年又呈上升趋势,之后直至 2018 年呈下降趋势。

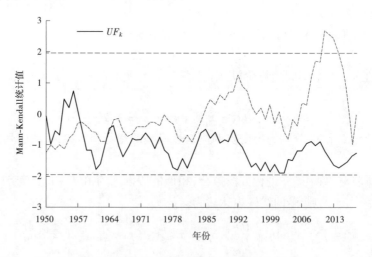

图 1　吴家渡水文站径流量 Mann-Kendall 检验

根据图 3,利用 BFAST 方法,将吴家渡径流量数据迭代分解为季节项、趋势项、残差项进行检测。趋势项检验结果表明,1950~2018 年吴家渡径流量呈持续降低趋势,并未检测出突变点,降速为 1.16 亿 m^3/a。周期组项表示吴家渡站月均径流量波动情况,统计量在 $-20 \sim 35$ 变动,BFAST 并没有检测出明显的变化,表明吴家渡站月平均径流相对稳定。

3.2　年内径流变化特征

1950~2018 年吴家渡多年各月平均径流年内分配如图 4 所示,1 月占全年平均径流的比例最小,仅为 2.47%,其次是 2 月 2.72%,7 月占全年的比例最大,为 21.85%,其次是 8 月 19%(见表 1)。汛期

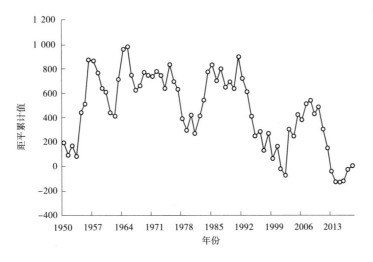

图2 吴家渡水文站径流量距平累积

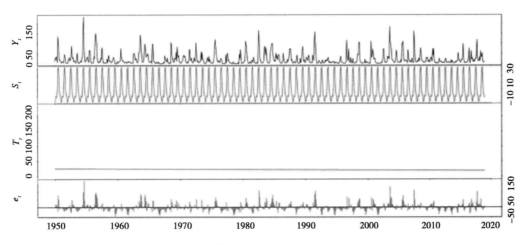

图3 吴家渡水文站径流序列 BFAST 分析

6~9月的总径流量可以占到全年径流总量的61.84%,而非汛期的另外8个月合计仅占38.16%。说明吴家渡年内径流分布极不均匀,与淮北平原降雨量的年内分配具有相似性。

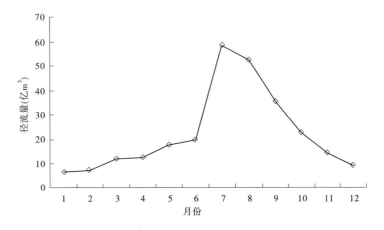

图4 多年平均径流量年内分配

表1 多年平均径流量年内分配占比

月份	1月	2月	3月	4月	5月	6月	7月	8月	9月	10月	11月	12月
占比(%)	2.47	2.72	4.47	4.70	6.59	7.35	21.85	19.48	13.16	8.41	5.36	3.44

3.3　径流变化周期特征

在分析吴家渡径流量年内、年际变化特征的基础上,利用 Morlet 小波方法进一步分析吴家渡历年径流序列的周期特征。图 5 中实线区域表示正小波系数实部,对应径流量增加,虚线区域表示负小波系数实部,对应径流量下降,从图中可以看出,吴家渡径流序列波动具有高度一致性,在 1950～2018 年间均存在相似的多尺度特征。主要存在 27 年、11 年和 3 年的第 1～第 3 主周期,其中 20～30 年尺度的径流量变化具有全域性,波动变化规律明显,8～15 年尺度径流量变化在 1950～1980 年期间规律明显,但在 1980 年以后规律性开始逐渐变弱。3～7 年尺度的径流波动规律不明显(见图 6)。

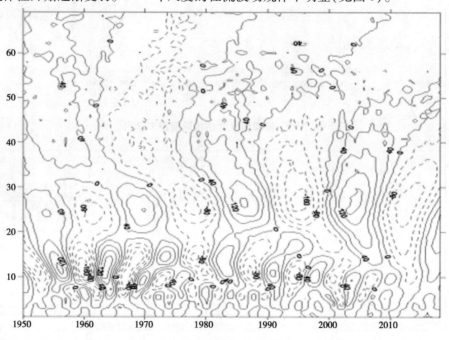

图 5　小波实部系数图

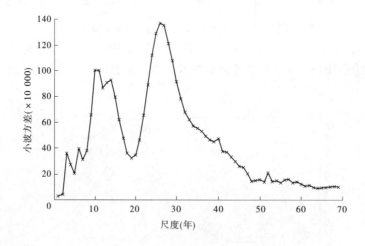

图 6　小波系数方差图

4　结论

通过对淮河干流中游吴家渡 1950～2018 年共 69 年径流量资料进行分析,得出结论如下:

(1)淮河干流中游吴家渡站年内径流量分布不均,汛期 6～9 月的径流量可以占到全年径流总量的 61.84%,与淮北平原区降雨量年内分配相似。

(2)从年际变化来看,吴家渡径流量整体呈减少趋势,丰枯年份频繁交替出现,月均径流量周期性变化相对平稳。

（3）径流量年际变化存在27年、11年和3年的第1～第3主周期,20～30年和8～15年这两个时间尺度上波动变化规律明显,但从1980年以后,在8～15年时间尺度上,规律逐渐减弱,3～7年尺度的径流波动规律不明显。

参 考 文 献

[1] 王振龙,陈玺,郝振纯,等.淮河干流径流量长期变化趋势及周期分析[J].水文,2011,31(6):79-85.

[2] 潘扎荣,阮晓红,朱愿福,等.近50年来淮河干流径流演变规律分析[J].水土保持学报,2013,27(1):51-55,59.

[3] 管新建,张一鸣,孟钰,等.径流序列突变检验与环境流量组成——以淮河干流王家坝为例[J].水土保持研究,2020,27(1):353-359.

[4] Mann H B. Nonparametric test against trend[J]. Econometrica,1945,13(3): 245-259.

[5] Kendall M G. Rank correlation methods[J]. British Journal of Psychology,1955,25(1):86-91.

[6] 田小靖,赵广举,穆兴民,等.水文序列突变点识别方法比较研究[J].泥沙研究,2019,44(2):33-40.

[7] Verbesselt J,Hyndman R,Zeileis A,et al. Phenological change detection while accounting for abrupt and gradual trends in satellite image time series[J]. Remote Sensing of Environment,2010,114(12): 2970-2980.

[8] 王烨,李宁,张正涛,张洁.BFAST——一种分析气候极端事件变化的新方法[J].灾害学,2016,31(4):196-199.

[9] 桑燕芳,王中根,刘昌明.小波分析方法在水文学研究中的应用现状及展望[J].地理科学进展,2013,32(9):1413-1422.

自然湿地型蓄滞洪区建设案例分析

——以日本渡良濑为例

章晓晖[1,2,3],赵进勇[1],高金花[2,3],付意成[1]

(1. 中国水利水电科学研究院,北京　100038;

2. 长春工程学院 水利与环境工程学院,吉林 长春　130012;

3. 吉林省水工程安全与灾害防治工程实验室,吉林 长春　130012)

摘　要　蓄滞洪区作为我国江河流域防洪减灾体系的重要部分,其建设和管理关系到防洪正常运用、区内居民安全以及经济发展。随着我国社会发展以及人口的不断增长,蓄滞洪区内土地逐渐被开发利用,蓄滞洪区建设与管理模式滞后,新形势下对蓄滞洪区的建设与管理有了更高的要求,蓄滞洪区建设必须在做好防洪工作的基础上,充分考虑到区内经济发展以及生态环境保护,使得人与自然协调发展。本文以日本渡良濑自然湿地型蓄滞洪区建设为例,详细介绍了其生态修复技术及其效益,为我国蓄滞洪区的建设与管理提供参考。

关键词　蓄滞洪区;建设与管理;渡良濑;生态修复

1　绪论

蓄滞洪区是指包含河道分洪口在内的,河岸堤防背水面以外用来临时储蓄洪水的洼地及湖泊等。蓄滞洪区作为江河流域防洪减灾的有效技术手段,是目前国内外广泛应用的一项重要防洪措施。针对蓄滞洪区的建设与管理,向立云通过对我国蓄滞洪区现状存在问题以及社会经济发展趋势的分析,提出了我国蓄滞洪区未来管理的几种模式:自然湿地生态修复模式、规模经营模式、基本维持现状模式等[1]。湿地退化是受到全球广泛关注的一个生态环境问题,由于我国蓄滞洪区内人口剧增,人类活动严重破坏了蓄滞洪区的生态环境,区内湿地退化严重甚至消失,丧失了湿地生态系统的服务功能。我国目前对于自然湿地型蓄滞洪区的研究较少,王薇等认为水源和水质是蓄滞洪区湿地生态修复的两个需要解决的主要问题,提出在蓄滞洪区内建立水量补给、水质净化等生态修复措施,来维持蓄滞洪区湿地的生态服务功能及其效益[2]。朱静儒认为自然湿地型蓄滞洪区建设可以理解为将蓄滞洪区分洪运用和湿地生态保护相结合,修复蓄滞洪区内湿地生态环境,最大限度发挥蓄滞洪区的生态功能及其综合效益[3]。综合来看,自然湿地型蓄滞洪区建设即综合考虑蓄滞洪区分洪运用、区内土地利用、经济发展和生态保护等问题,促进人与自然和谐共生,实现蓄滞洪区可持续发展。

2　渡良濑蓄滞洪区概况

渡良濑蓄滞洪区位于小山市的西南端,大致处于日本关东平原的中心,除小山市外,还横跨栃木县栃木市、野木町、群马县板仓町、埼玉县加须市、茨城县古河市4县4市2町,是日本面积最大的蓄滞洪区,同时也是利根川流域防洪体系的关键,渡良濑蓄滞洪区平面示意图见图1。就其功能而言,渡良濑蓄滞洪区为临时储存来自支流(如巴波川、思川)洪水的低洼地带,以免对利根川干流造成影响。

渡良濑蓄滞洪区发展史如图2所示。渡良濑蓄滞洪区历史上坐落着一个谷中村(见图2(a)),由下宫村、惠下野村、内野村三村合并而成,人口约计400户(合计2 500人)。谷中村夹在渡良濑川、思川的洪水常袭地带,由于受到洪水冲刷影响,大量泥沙沉积于此形成肥沃土壤,农业和渔业比较繁盛。约

作者简介:章晓晖,男,1993年生,江西九江人,硕士,主要研究方向为水利水电工程。

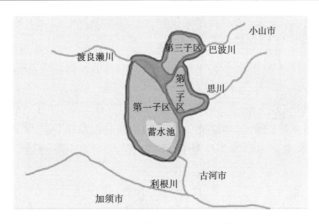

图1 渡良濑蓄滞洪区平面示意图

120年前,爆发了一场50年一遇的特大洪水,将渡良濑川上游足尾铜矿山的污水携带至渡良濑川中下游,淹没了沿岸村庄的大片土地,造成了严重的社会影响,因此明治政府决定设置渡良濑蓄滞洪区的政策[4]。

1947年,"Kathleen"台风席卷了日本关东、东北地区,带来了前所未有的大暴雨,导致渡良濑川水位异常上升。由于渡良濑川的过大的下泄水量,蓄滞洪区周边约1 750 m的堤防溃堤(见图2(b))。于是政府对渡良濑蓄滞洪区进行了重新规划建设,将蓄滞洪区分为了三个子区(见图2(c)),并在第一子区的南侧开挖一个蓄水池,蓄水池于1990年完工(见图2(d))。

渡良濑蓄水池总库容为2640万 m^3,水深6.5 m左右,水面面积4.5 km^2。这个蓄水池作为日本第一个在平原地区建成的多功能蓄水池,与利根川上游水库群联合为临近县市供水,日供水量约21.6万 m^3,是重要的供水来源。蓄水池周围是渡良濑川、巴波川及思川等支流的蓄滞洪区,汛期时洪水由溢流堤流入蓄水池,此时蓄水池发挥防洪调蓄功能,能够提供约1 000万 m^3的调洪库容[5]。这个蓄水池的基本调度是在汛期前将水位从非汛期时的15.0 m高程下泄至汛期时11.5 m的限制水位,之后自10月1日开始蓄水,将水位恢复至非汛期时的正常蓄水位。现状渡良濑蓄滞洪区卫星图如图2(e)所示。

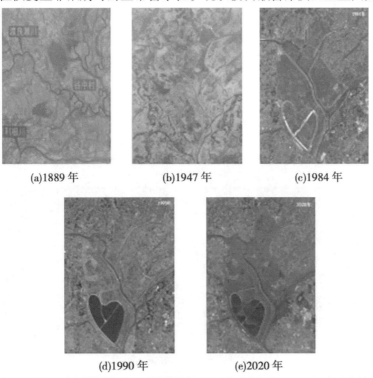

图2 渡良濑蓄滞洪区时间尺度变化

3　渡良濑蓄滞洪区生态修复技术

按照国际生态恢复学会(Society of Ecological Restoration)的定义,生态修复是帮助研究和管理原生生态系统的完整性的过程,这种完整性包括生物多样性的临界变化范围、生态系统结构和过程、区域和历史状况以及可持续发展的社会实践等。对于蓄滞洪区的生态修复而言,应从蓄滞洪区生态系统的完整性出发,以恢复区内生态系统的结构和功能为重点,促使生态系统恢复到较为自然的状态[6-7]。渡良濑蓄滞洪区内生态修复技术主要包括藻类生物控制、人工浮岛、人工湿地、栖息地修复与加强等。

3.1　藻类生物控制

自1993年渡良濑蓄水池投入运行以来,由于上游含氮、磷等生活污水的流入,蓄水池中的席藻等藻类迅速繁殖生长,致使蓄水池内的水体一直面临着由席藻产生的二甲基异莰醇引起的水体黑臭问题。为了改善水质并消除水体黑臭问题,自1997年起渡良濑蓄水池开始实施湖床疏干措施,2004～2008年,渡良濑蓄水池共进行了5次湖床疏干。湖床疏干指在汛期前排干湖水,腾空约80%的湖区库容,以控制席藻的繁殖生长,达到消除水体霉臭味的目的。Akihiro Ogawa等通过藻类生长潜力改良试验(M-AGP试验)发现,蓄水池进行了湖床排干之后,对席藻的生长有一定的控制效果[8]。

3.2　人工浮岛

人工浮岛的主要作用是通过降低水体化学需氧量、氮、磷等的浓度来抑制水体富营养化的发生,从而提高水体的透明度[9]。渡良濑蓄水池内布置了一批人工生态浮岛,在浮岛上栽培芦苇、香蒲等挺水植物,其发达的根系能够直接吸收水体中的氮、磷等营养元素,吸附水体中悬浮物以及藻类,净化水质。此外,浮岛还可作为鸟类及昆虫的生息空间,为鱼类提供栖息地及产卵床,净化水体的同时还具有良好的生态效益。

3.3　人工湿地

为保护渡良濑蓄水池的水质,在蓄水池北侧建设了一处人工湿地,通过湿地内芦苇等植物的生长来改善湿地生态环境,如图3所示。蓄水池内水体经过引水渠由泵站加压后流入湿地内芦苇荡,芦苇荡占地约20 hm²,净水能力可达到2.5 m³/s。水体在芦苇荡中迂回流动,经净化后汇入集水池,再经北闸回到蓄水池内,完成一次水体净化。整个水体净化过程循环进行,一次循环持续约5个小时,以确保蓄水池水质洁净[10-11]。监测数据显示,渡良濑人工湿地对总磷、总氮和悬浮物的去除率达到23.2%、18.22%和9.2%[12]。自1993年开始建设人工湿地后,不仅蓄水池内的水质得到改善,蓄滞洪区内生态系统也有所恢复。

图3　渡良濑蓄水池北侧人工湿地

3.4　栖息地修复与加强

渡良濑蓄滞洪区正努力为鹳鸟创造一个良好的栖息环境,渡良濑蓄滞洪区采用生态友好型农业耕作方式,鱼类和青蛙等生物在这种环境下能够大量繁衍,为鸟类提供丰富的食物来源。此外,区内还通过搭建人工巢网,为这些鸟类营造筑巢环境,作为其筑巢的基础,如图4所示。自2014年以来,人们可以在渡良濑湿地内观察到鹳鸟等鸟类的迁徙。

图4　渡良濑蓄滞洪区内人工巢塔

4　新形势下我国蓄滞洪区发展面临的问题及启示

蓄滞洪区的建设和管理工作,对于蓄滞洪区的正常运用,流域的防洪标准的提高,以及区内居民的生产生活和经济发展有着重要的作用。在蓄滞洪区的规划和设计中,有必要从区域经济社会协调发展的层面出发,针对蓄滞洪区的特殊性研究与之相适应的建设和管理模式,合理确定区内经济结构和产业结构,在发展农业、林业、渔业等产业的同时,鼓励发展旅游业、公共服务业等第三产业[13]。防洪工程建设内容和布局必须基于以人为本、人与自然和谐共生的思想,做好防洪工作的同时,兼顾蓄滞洪区生态系统的完整性,能够真正做到分离洪水,实现水资源可持续利用,区内人民可以安居乐业。

4.1　淮河流域蓄滞洪区存在问题及生态修复案例

淮河流域地处南北气候过渡带,气候复杂多变,平原广阔,人口密集,加之历史上受黄河长期夺淮的影响,洪旱灾害严重。经过70年的持续治理,淮河流域基本形成了防洪、除涝、灌溉、航运、供水、发电等水资源综合利用体系,减灾能力显著提高。新时期治水新思路,淮河流域越来越重要的战略地位对治淮发展的要求不断提高,但在流域蓄滞洪区的建设和发展方面仍存在一些突出问题:一是流域防洪要求不断提高,防洪能力相对不足;二是经济社会快速发展,水资源总体短缺,供需矛盾仍非常突出;三是流域水资源开发利用程度高,水污染形势严峻,水资源保护任务任重而道远;四是生态建设重视不足,水生态环境问题不容小觑;五是社会管理和公共服务要求不断提高,流域综合管理有待加强[14]。

江苏省阜宁县金沙湖历史悠久,底蕴深厚,是江淮文明的重要发祥地之一。由于过多的黄沙开采,植被遭到破坏,环境恶化。近年来,通过实施退塘还湿工程,对原有水产养殖区域进行退养还湿,连通湿地水系,增加水体自净能力;疏通水系,增加通往下游渔深河的排水渠道,提升湖区水体交换速率;恢复湿地植被,采取定点补植的方式,逐步扩大湖心芦苇沼泽的面积,提升水禽栖息地生境质量;恢复栖息地面积,营造生境岛,形成水禽生境岛和多个微型岛屿,为鹭类、雁鸭类等水禽提供适宜的栖息地。金沙湖经治理后水环境质量得到显著提升,改善了阜宁县农业灌溉用水的水质,对保护地下水水质也有促进作用(见图5),也促进了旅游业的发展,带来了良好的社会、经济效益。

4.2　启示

对于我国蓄滞洪区建设与管理现状而言,自然湿地型蓄滞洪区或许是充分发挥蓄滞洪区功能效益的最优之路。从经济发展来看,自然湿地型蓄滞洪区符合我国蓄滞洪区设计建设的以人为本的理念,保障蓄滞洪区经济社会持续稳定发展。蓄滞洪区湿地化后,参考日本渡良濑蓄滞洪区,转型发展模式,区内经济发展从农业经济转变为生态农业经济或旅游观光经济,在保证蓄滞洪区防洪能力的前提下,湿地

(a) 治理前　　　　　　　　　　　　　　　(b) 治理后

图 5　金沙湖生态修复前后对比

化后带来的经济效益将远远超过传统农业。从生态环境保护角度来看,自然湿地型蓄滞洪区符合我国蓄滞洪区设计建设的生态性原则,促进蓄滞洪区生态和谐、环境友好,实现人与自然协调发展。自然湿地型蓄滞洪区内湿地对水体中的氮、磷等营养盐具有较好的去除效果,在有效提升河道水质的同时,也使得区内生态环境得到明显改善;湿地还为依赖湿地生存繁衍的生物提供一个良好的生态环境,吸引了大批水禽前来栖息繁殖,大大增加了蓄滞洪区的生物多样性。

　　在流域社会经济快速发展、国家高度重视的新形势下,对蓄滞洪区生态、景观、旅游、文化、娱乐等社会管理和公共服务方面提出了更高的要求。日本渡良濑蓄滞洪区这种自然湿地修复模式有效地解决了蓄滞洪区的防洪调蓄、经济发展、生态环境等问题,实现了蓄滞洪区防洪、经济、生态、社会的多目标利用,显著提升了蓄滞洪区的整体效益,能够满足我国新形势下的新要求。同时,自然湿地型蓄滞洪区建设符合习近平总书记提出的"节水优先、空间均衡、系统治理、两手发力"的治水方针,契合"生态优先、绿色发展"高质量发展理念,对实现蓄滞洪区可持续发展具有重要意义,可作为我国蓄滞洪区建设与管理模式的探索实践。

参 考 文 献

[1] 向立云. 蓄滞洪区管理案例研究[J]. 中国水利水电科学研究院学报,2003(4):16-21.

[2] 王薇,李传奇,向立云. 蓄滞洪区生态修复研究[J]. 水利水电技术,2003(7):61-63.

[3] 朱静儒. 南四湖生态湿地型蓄滞洪区可持续发展评价研究[D]. 济南大学,2014.

[4] 明永威. 田中正造和足尾矿毒事件[D]. 东北师范大学,2017.

[5] 董哲仁,刘蒨,曾向辉. 受污染水体的生物-生态修复技术[J]. 水利水电技术,2002(2):1-4.

[6] 董哲仁. 河流生态修复[M]. 北京:中国水利水电出版社,2013

[7] 董哲仁. 生态水利工程学[M]. 北京:中国水利水电出版社,2019.

[8] Akihiro Ogawa,Yasushi Tanaka,Ken Ushiji ma. 关于渡良濑水库席藻的研究[C]. 2011.

[9] 丁则平. 日本湿地净化技术人工浮岛介绍[J]. 海河水利,2007(2):63-65.

[10] 董哲仁,刘蒨,曾向辉. 生态-生物方法水体修复技术[J]. 中国水利,2002(3):8-10,5.

[11] 丁志雄,李娜,俞茜,王艳艳. 国家蓄滞洪区土地利用变化及国内外典型案例分析[J/OL]. 中国防汛抗旱:1-8[2020-02-19 09:53].

[12] 张所续,张悦. 日本水污染防治措施借鉴[J]. 西部资源,2006(3).

[13] 蓄滞洪区设计规范:GB 50773—2012[S]. 2012.

[14] 张学军,何夕龙. 淮河流域综合规划(2012—2030年)[C]∥水利水电工程勘测设计新技术应用. 中国水利水电勘测设计协会,2018:34-41.

[15] 于紫萍,许秋瑾,魏健,等. 淮河 70 年治理历程梳理及"十四五"展望[J/OL]. 环境工程技术学报:1-18[2020-04-22 14:26].

关于河湖"清四乱"和岸线景观化的探讨

张茂洲[1],徐鹏[2],袁满[1]

(1. 沂沭泗水利管理局骆马湖水利管理局,江苏 宿迁 223800;
2. 骆马湖水利管理局邳州河道管理局,江苏 邳州 221300)

摘 要 河长制全面推行以来,水利部、淮委深入贯彻习近平生态文明思想,以河湖"清四乱"专项行动为抓手推动河长制"有名""有实",河湖岸线逐步恢复了自然空间。但"四乱"清除后的河湖保护和资源合理利用值得研究——一方面巩固河湖"清四乱"成果,持续恢复河湖水域岸线生态功能,开展河湖保护;另一方面在保障防洪、供水和生态安全的前提下,围绕"建设美丽宜居幸福河湖"的生态发展理念,开展河湖资源科学利用,达到水清岸绿、景美文昌的"美丽河湖"目标。鉴于研究能力所限,本文仅从巩固"清四乱"成果、因地制宜推动岸线景观化两方面进行一些探讨,意在探索河湖资源保护与可持续利用,更好地服务人民对美好河湖的需求。

关键词 河长制;清四乱;生态发展;岸线景观化;水文化;美丽河湖

党的十八大以来,以习近平总书记为核心的党中央着眼于生态文明建设全局,将推行河长制作为推进生态文明建设的重要举措,印发了《关于全面推行河长制的意见》,明确提出要加强河湖水域岸线管理保护,对岸线乱占滥用、占而不用等突出问题开展清理整治,恢复河湖水域岸线生态功能;要加强水环境治理,因地制宜建设亲水生态岸线,实现河湖环境优美,推进美丽中国建设。

河长制建立后,水利部、淮委深入贯彻习近平生态文明思想,全力推动河长制工作取得实效,部署开展全国河湖"清四乱"专项行动,河湖岸线正逐步恢复自然空间。后期各地将开展河湖资源保护和合理利用。怎样在保障防洪、供水安全前提下,一方面巩固来之不易的"清四乱"成果;另一方面围绕"幸福河"伟大号召开展新时代河湖保护治理,需深入研究。本文仅从巩固河湖"清四乱"成果、因地制宜推动河湖岸线景观化两方面探索河湖的管理与保护。

1 巩固河湖"清四乱"成果

1.1 河湖"清四乱"概述

2018 年 7 月,水利部印发《关于开展全国河湖"清四乱"专项行动的通知》,在全国范围内对流域面积 1 000 km^2 以上河流、水面面积 1 km^2 以上湖泊乱建、乱占、乱采、乱堆等河湖管理保护突出问题开展清理整治专项行动,改善河湖面貌,恢复生态空间。目前专项行动经历了问题排查、集中整治、巩固提升、常态化规范化四个阶段,到 2019 年底全国共清除整治了河湖"四乱"问题 13.4 万个,拆除违法建筑面积 3 936 万 m^2,一批河湖"顽疾"得到清理整治,水生态、水环境持续向好,河湖面貌焕然一新。

第一阶段为问题排查。2018 年 7 ~ 9 月,各地开展问题排查、建立台账清单,并通过河长办逐级上报至水利部。此轮排查是在中央印发全面推行河长制通知,各地建立了河长制工作机构后的一次河湖问题普查,为"一河一策"的编制、专项整治夯实了基础。

第二阶段为集中整治。自 2018 年 9 月至 2019 年 5 月,由地方行政领导作为河长统一指挥,各有关单位分工协作,对河湖中的船厂、码头、饭店、采砂船等"四乱"问题开展联合整治。据相关统计,该阶段整治的"四乱"问题中经营类占比较大。

第三阶段为巩固提升。2019 年 6 月起,水利部组织开展问题核查和暗访督查。对各地上报销号的

作者简介:张茂洲,男,1988 年生,骆马湖水利管理局邳州河道管理局四级主任科员(助理工程师),主要研究方向包括河湖长制、水利工程运行管理等。E-mail:15152029265@163.com。

问题进行核查,并通过暗访发现遗漏问题,进行全国河湖"四乱"全面督查。此阶段解决了一批侵占河湖的"老大难",河湖岸线正全面恢复自然空间和生态功能。

第四阶段为推动"清四乱"常态化、规范化。2020 年初水利部印发《关于深入推进河湖"清四乱"常态化规范化的通知》,明确河湖"清四乱"是水利行业强监管的标志性工作,将推动其常态化、规范化,持续打造河畅、水清、岸绿、景美、人和的美丽河湖、健康河湖。

1.2　巩固"清四乱"成果面临的挑战和几点建议

通过专项整治,河湖环境明显改善,防洪减灾效益凸显。但成果巩固也面临挑战:各地整治力度进度不一,与中央要求有一定距离;存量问题任务艰巨,多涉及民生稳定;共治、共建、共享模式正在探索,全社会爱河护湖氛围需持续营造;人员经费需进一步落实保障。要持续改善河湖面貌,需按水利部最新部署,推进"清四乱"常态化、规范化。通过分析"三里人家""凡客酒吧街""玉龙湾大酒店""金州加油站"等典型"四乱"整治案例,针对成果巩固提四点建议。

一是压紧压实属地责任,形成层层抓落实的责任体系。河长制的核心就是落实以属地行政领导为河长的河湖保护责任。"清四乱"作为河长制的第一抓手,各地需进一步将辖区内包括中央和省直管的全部河湖整治纳入日常工作任务,以河长为统领,直管单位和有关部门联合整治,层层落实河湖"四乱"整治和保护责任。

二是科学处置,稳妥解决民生稳定类问题整治。对历史遗留、民生稳定问题,需根据违法情况、破坏程度、发生时间分类制订方案,结合脱贫攻坚和危旧房拆迁改造综合施策。如骆马湖圈圩养殖问题,需科学制订退圩还湖方案,充分考虑渔民基本生活保障、再就业等问题,稳妥处置。

三是搭建共治、共建、共享平台,营造全社会爱河护河的浓厚氛围。在联合整治的组织框架下,依托河长制平台,进一步完善区域联防联控机制。已整治的岸线一方面要及时复绿,尽快发挥生态效益服务百姓;另一方面要加大宣传力度,畅通信息渠道,通过举报电话、随手拍等方式鼓励社会监督,营造全社会共治共享的爱河护河氛围。

四是整合资源,创新管护模式。人员和经费问题,可借助联防联控平台,协调内外部资源,整合现有人力物力。重点整合现有视频监控系统,借用卫星遥感、无人机、APP 等技术手段提高信息化、现代化水平。

2　因地制宜推动河湖岸线景观化

2.1　河湖岸线景观化概念

河湖岸线景观化需要河湖岸线和景观科学融合,是对岸线的美化和功能提升,涉及河湖岸线和景观两个基本概念。目前,河湖岸线的定义明确,是指河流两侧、湖泊周边一定范围内水陆相交的带状区域。而景观则是一个跨学科的复杂概念,在目前的学术和社会认知范围内,多数被放在风景园林范畴,主要指所处区域范围内环境给人视觉感官带来的冲击和享受。[1]

基于河湖岸线的定义,集合国内外学者对景观的研究成果,借鉴加拿大多伦多大学教授查尔斯·瓦尔德海姆所著《景观都市主义》有关论述,本文提出河湖岸线景观的概念:河湖岸线与景观并非相互对立的关系,而是可以尝试寻求一种相互融合的关系,以河湖岸线为实施对象,在首先满足河湖岸线自身防洪、供水、生态安全的基础上,揉以景观的思想与技术,结合工程技术措施,实现河湖岸线在生态环境保护、扩展活动空间、满足休闲娱乐、传承水利文化等方面的综合功效。

2.2　河湖岸线景观化的战略意义和可行性简析

随着人类文明的进步和城市化进程,国内外学者对景观和都市的关系展开了研究实践,如比利时 Kelly Shannon 教授、清华大学杨锐教授,"景观都市主义"已在业界被熟知,出现不少优秀成果,是目前解决复杂城市问题有力的理论。[2]随着我国生态文明建设伟大战略布局和"美丽中国"建设的推进,在河长制这一制度创新后,"景观河湖主义"解决复杂水问题成为可能。目前越来越多的城市滨水区开发和建设相继取得成功,如上海浦东黄浦江沿岸治理、广州珠江新城建设等。下一步人们对滨水地区的城乡建设将更加重视,"景观河湖"具有建设"美丽中国"的战略意义。下面从两方面简析河湖岸线景观化是否可行。

　　一是符合新时期治水思路,制度上可行。河湖岸线景观化顺应了生态水利、建设幸福河的治水新思路。如前文所言,党中央做出了生态文明建设重大布局,并全面推进河长制作为解决复杂水问题的制度保障。目前河湖"清四乱"成效显著,岸线逐步恢复自然空间,且即将完成管理范围划界。新形势下,岸线景观化既是对河湖生态的保护,也是对岸线有序、生态利用的探索和引导,与治水思路相符。

　　二是经济发展和技术手段可行。马斯洛需求理论认为,人类的需求参照社会经济发展水平,可归并为温饱阶段、小康阶段和富裕阶段。小康阶段对应的需求则包含亲水性、体现地方特色、因地制宜、尊重自然等具体内容。这一阶段开始追求自然生态、美的享受和寄托情感等,在工程治水的同时需考虑景观设计。[3]从马斯洛需求层次理论在综合治水中的应用分析可知,小康阶段人民对治水的需求包括景观需求。至2020年底,我国将全面建成小康社会,如果严格遵循岸线规划、通过防洪评价、环境影响评价等方式综合评估后再实施岸线景观,必要时再通过工程技术手段进行防洪和生态补偿,在社会发展和技术层面都是可行的。

2.3　河湖岸线景观化探索

　　河湖岸线景观化是"美丽河湖"的重要单元,符合生态发展理念和新时期治水思路,全面建成小康社会后,对河湖岸线空间景观化有需求。下面就怎样实施岸线景观化提四点建议。

　　一是制定河湖岸线保护与利用规划,指导约束岸线景观化。岸线的有效保护和合理利用对维护河湖健康生命意义重大。随着区域经济快速发展,河湖亲水建筑物逐渐增多,岸线利用程度逐步提高,如大运河宿迁风光带、骆马湖旅游观光带等。以往由于缺乏统一的规划为指导,部分地区岸线乱占滥用问题突出。专项整治后,急需制定河湖岸线保护与利用规划,一方面作为不合理开发行为约束的科学依据,是岸线资源保护的重要技术手段;另一方面是对合理利用、科学配置岸线资源,实施岸线景观的科学指导。

　　二是因地制宜实施生态景观,发挥岸线综合效益。习近平总书记强调"共抓大保护,不搞大开发"。因此,岸线景观化绝不是狂风骤雨般的开发利用,首先应注重保护,充分考虑水生态修复、水环境治理。可依托河湖岸线现状,首选湿地公园、水利风景区等人水和谐共生的河湖自然景观。如宿迁古黄河水景公园,不仅不降低防洪标准,还对岸线脏乱差进行了集中整治,并依托古黄河岸线自然走向布景,既修复了水生态,又美化了水环境。

　　三是融汇人文地域风情,培育和传承河湖人文景观。我国治水兴水历史悠久,人文底蕴深厚。奔腾不息的江河哺育着中华民族,京杭运河作为文化遗产列入了世界遗产名录,形成了一幅幅"人因水兴、水因人灵"的历史画卷。岸线景观化不仅包含自然景观,还应考虑保护传承和打造"河湖人文景观"。一方面可以采纳先进的工程建设理念,对规划的涉河工程项目实施"水利工程景观化";另一方面结合大运河文化带建设等内容,挖掘现有河湖岸线蕴含的文化价值,展现治水历程、水利智慧,陶冶水利情操,使河湖岸线成为高端水利文化遗产。

　　四是探索岸线景观共建共享,服务人民对幸福河湖的需要。河长制推行以来,区域与流域、跨地域和单位之间的共治、共建、共享模式事半功倍。岸线景观化同样不能仅由某地区或者某单位孤立实施。要实现景观的高格调和统一性,需坚持和推广岸线景观全社会参与,生态效益全民共享。最好能分河流或者分河段统一规划,各地、各涉河单位根据规划目标分步、分类实施,一张蓝图绘到底,一河接着一河景观化。

3　结论与建议

　　水利部开展全国河湖"清四乱"专项行动后,河湖岸线生态功能逐步恢复。但巩固"清四乱"成果,推进"清四乱"常态化、规范化任重道远,需进一步压紧压实属地责任,搭建共治平台,科学处置涉及民生问题,营造全社会爱河护河氛围。按照党中央生态发展、建设"幸福河湖"新要求,河湖岸线恢复自然空间后,因地制宜实施河湖岸线景观化,既是新时期科学治水思路的实践,又符合全社会爱河护河、建设"美丽河湖"的战略布局,更是水清岸绿、景美文昌、惠及人民、造福子孙的河湖资源可持续利用。本文对岸线景观化提出四点建议：一是制定河湖岸线保护与利用规划，指导和约束岸线景观化实施；二是因地制宜实施生态景观，发挥岸线综合效益；三是融汇人文地域风情，培育和传承河湖人文景观；四是探索岸线景观共建共享，服务人民对幸福河湖的需要。

参 考 文 献

［1］张鹏.水利工程景观化概念及建设问题浅析［J］.科技创新导报，2017（34）：188.

［2］傅红昊.景观都市主义视角下的滨水区城市设计策略研究［D/OL］.重庆：重庆大学，2016：3［2020-04-23］. https://kns. cnki. net/kcms/detail/detail. aspx？ filename = 1016908168. nh&dbcode = CMFD&dbname = CMFD2017&v.

［3］李华斌.马斯洛需求层次理论在综合治水工作中的应用［J］.浙江水利科技，2019（4）：15.

沂河刘家道口水利枢纽水利风景区建设成效及进一步发展探讨

王冬,李兴德

（沂沭河水利管理局刘家道口水利枢纽管理局,山东 临沂　276000）

摘　要　刘家道口水利枢纽地处临沂市境内,是沂沭泗河洪水东调南下骨干工程之一,枢纽竣工后在其上游形成了 12 万 km² 的大水面,沿河两岸草木丛生,风光旖旎,已经成为一个靓丽的水利风景区。文章从水利风景区现状入手,基于以往的经验,探究存在的问题及今后的发展方向,并提出一些应对措施。

关键词　工程水文化;水利风景区;发展探讨

近年来,刘家道口水利枢纽管理局在淮委、沂沭泗局、沂沭河局的正确领导下,开拓进取,不断加强自身管理水平的提高,以"维护水工程、保护水资源、保障水环境、修复水生态、弘扬水文化、发展水经济"为理念,发挥优势,突出特点,积极推动工程文化建设,并取得了有效成效。

1　水文化建设成效

1.1　因地制宜,科学谋划,工程文化建设初具规模

刘家道口水利枢纽地处临沂市境内,临沂经济技术开发区、罗庄区和郯城县等三个县区交界处,是沂沭泗河洪水东调南下骨干工程之一,枢纽竣工后在其上游形成了 12 万 km² 的大水面,沿河两岸草木丛生,风光旖旎,已经成为沂河上一个靓丽的风景区。刘家道口水利枢纽管理局充分利用区位优势和工程优势,按照"维护水工程、保护水资源、保障水环境、修复水生态、弘扬水文化、发展水经济"的理念对工程文化建设进行了详细规划,形成了"一水、两岸、三区"的布局,工程文化建设初具规模。

1.2　加强领导,健全制度,有力保障工程文化建设与管理

多年来,刘家道口水利枢纽管理局积极推行工程目标管理,提出"一流的工程,一流的设施,一流的管理,一流的效益"的水利管理目标,不断提高管理水平,2012 年被水利部评为国家级水利工程管理单位,2013 年被评为国家水利风景区。在国家级水管单位和国家水利风景区建设过程中,刘家道口水利枢纽管理局充分认识到,水利工程文化建设,是生态文明建设的重要组成部分,是发展民生水利的重要手段,是传承发展水文化的重要载体,是推动水管单位改革发展的重要支撑,更是拓宽水利服务领域的重要窗口。刘家道口水利枢纽管理局高度重视并完善了一系列管理制度和办法,工程文化建设工作有序开展,有章可循,循序渐进。

1.3　内外兼修,不断提升工程文化建设和管理水平

根据工程实际情况,刘家道口水利枢纽管理局制订了一系列工程文化建设工作计划。一是本着求真务实的原则,进一步完善工程文化,制作宣传影像专题片和图片材料。二是结合国家水利风景区建设和临沂水生态文明城市建设,充分利用维修养护经费,加强协调配合,全面对工程实施维修养护,通过精心维护,工程面貌焕然一新。三是注重水文化的积淀与传播,在工程管理区新建了水文化长廊和历史陈列区。四是积极沟通协调临沂市园林局、罗庄区、经济技术开发区等相关单位,做好沿河绿化及精品景观打造总体规划及长期经费投入计划。积极推动临沂市城市总体规划将绿道慢行系统纳入城市绿地系统,结合承担的工作职责,刘家道口水利枢纽管理局将绿道理念融入项目规划设计中,逐步构建慢行绿

作者简介:王冬,男,1983 年生,沂沭河水利管理局刘家道口水利枢纽管理局,工程师,主要从事工程建设及运行管理工作。E-mail:372020863@qq.com。

道系统。目前,按照"先行先试"的原则,结合河道景观提升工程,已完成刘家道口水利枢纽上游 7 km 沂河左右岸部分。此次绿道建设的样式是"自行车 + 步行",采用 3 + 1.5 的建设模式,即 1.5 m 的彩色沥青绿道,3 m 的普通沥青道路,形成 4.5 m 的主道路,彩色沥青道路可供市民漫步,普通沥青道路可供骑行。让市民更大限度使用绿道,享受绿道,感受水利发展带来的巨大变化。五是结合临沂市迎接国家园林城市复查工作,积极呼吁政府加大对景区进行提升,进一步完善景区的服务功能。2014 年,临沂市市委、市政府提出了要把滨河景区打造成全市人民的"大客厅、大花园"的要求,本着"一河一景,一河一特色"和"透水亲水显绿"的原则,大规模、组团式栽植大乔木;增加厕所、避雨廊架等为民服务设施。突出"增设施、便民生",按照服务半径要求,根据地形、功能、文化的需要,合理设置道路、广场、坐凳、亲水平台、小品及景观亮化,给人民群众提供更加便利的休闲空间。通过不断整合景区资源,不断提升工程文化建设和管理水平。

1.4 加强合作,发挥效益,积极促进水生态文明建设

加强和地方政府的合作,充分利用国家水利风景区的社会影响力,不断推动工程文化建设。

一是将人工景观与自然景观融合,进一步加强沿河堤防绿化建设、完善附属设施以及亮化美化周边环境,致力于把水利工程建成生态工程、水资源保护工程、环境美化工程,发挥其涵养水源、保护生态、维护河湖健康的重要作用。

二是依托国家水利风景区建设的经验,成功创建山东省花园式单位和临沂市文明单位。

三是加强和临沂市电视台等专业广告设计公司合作,制作影视资料和宣传画册;利用国家水利风景区网站、景区网站、《临沂日报》等地方媒体等宣传媒介对景区进行宣传和报道,广泛提高了景区的社会知名度,展现了水利工程迷人风采及生态文明建设给城市发展和居民生活带来的重要变化。

四是加强和地方政府合作,举办各类赛事和活动。截至目前,依托刘家道口水利枢纽拦蓄水资源,在广阔的水面上已经先后举办过很多次重大旅游活动或大型赛事,包括 2010 年 F1 摩托艇世界锦标赛中国临沂大奖赛、2011 临沂首届帆船公开赛、2011 世界杯滑水赛、2013 中美划水对抗赛及 2014 中国临沂(国际)花式摩托艇表演赛等。

五是积极引进招商引资项目。充分利用枢纽拦蓄的大水面优势,引进奥兰国际游艇俱乐部、沂人福港等娱乐休闲项目,以沂河水面资源为基础,以沂河文化为主题,打造集水上运动、休闲、度假、娱乐为一体的现代化、国际化河港休闲基地,展示生态文明建设亮点,增加水利工程文化内涵。

六是邀请临沂市中小学生及各大高校进行水利科学知识教育,建立夏令营基地和教育基地,通过一系列宣传措施和手段,宣传推广水文化价值,让人们在享受水利优美环境的同时,进一步了解我国悠久的治水历史和治水文化,感受当代水利事业的巨大成就和水文化的丰富内涵,从而达到了解水利、热爱水利、支持水利、宣传水利的目的。

1.5 强化培训,提高素质,打造过硬管理队伍

刘家道口水利枢纽管理局努力搭建学习平台,举办工程文化培训班,全局职工认真细致地学习工程文化建设内容及内涵,并先后赴安庆天峡水利风景区、菏泽黄河水利风景区、泰州引江河水利风景区等单位考察学习,打造一支过硬的高素质建设和管理队伍。

2 存在的问题

依托水文化、做足水文章,2013 年 9 月,沂河刘家道口枢纽水利风景区被水利部评为国家水利风景区,在今后的工作中,刘家道口水利枢纽管理局将按照规划要求制订下一步的发展计划,加强基础设施建设,完善软硬件环境,发挥水利枢纽特色,展示水文化与地方文化内涵,树立品牌意识,逐步形成观光旅游、休闲度假、科普教育为一体的旅游风格,以更加时尚、更加亮丽和更加迷人的风采展现在世人面前,成为彰显水文化与秀美风光的风景胜地。水利风景区建设与管理取得了一定成效,但仍存在一些尚待解决的问题,主要有以下几点。

2.1 规划的科学性及合理性有欠缺

在水利风景区建设与管理中未深刻意识到其在经济、文化、政治上的重要价值,以及水利风景区在

对国家发展和人民需求上的有效作用。国家积极落实"绿水青山就是金山银山"的实践要求,在科学理论指导下,应以水利工程稳定安全为前提使水利风景区的规划发展符合地理条件、社会经济条件等。

2.2　缺少以水文化为依托形成自我特色

风景区应该探索自己独一无二的水文化特色。一个拥有深厚文化底蕴的水利风景区可以全面提升水利风景区的吸引力、影响力、竞争力等,保证风景区长久有效地发展。但是当前由于在水利风景区的规划和开发中,对水文化内涵思考与探索不够全面,对水文化的传承与弘扬不够重视。

风景区仅仅只是停留在模仿的状态,缺乏独一无二、因地制宜的构建思路,不能有效结合风景区类型、景观空间结构、地理条件、当地历史文化特色等来合理挖掘风景区的特色,造成资源浪费,也降低景区品位。

2.3　河长制清理净化了风景区内违建,但短期有一些不利影响

水利风景区的发展必须以水利工程安全运行为前提,必须保障河道行洪安全及水闸运行安全,在水利风景区范围内有一些未经淮委批复的项目,在2018~2019年"清四乱"行动中被清理整治,不管是对于水利工程的安全运行还是对风景区的长期良性发展来说都是一件大好事,但是短期内也对景区的功能性带来不利影响。

2.4　招商引资项目最近几年未能落地

奥兰国际游艇俱乐部、沂人福港等娱乐休闲项目虽已经过审批,但项目最终未能落地建设,给景区的发展带来考验。其原因是多方面的,经济效益方面的考虑、景区的吸引力以及近些年不断加强的监管等,都是项目未能落地的原因。

3　针对存在的问题采取的应对措施

3.1　加强科技创新

深入研究水利风景区自身特色与区域优势,发扬以改革创新为核心的时代精神,秉持因地制宜、以人为本、绿色发展、创新发展等理念,将水利风景区建设与管理融入到河长制工作中。时刻关注科技前沿的创新研究,将创新科学技术投入到水利风景区建设与管理中。比如加入VR、模拟演示等体验式旅游。

3.2　融合水文化助力风景区发展

查阅历史文献,探求水利风景区内的水文化,结合已建成水文化展览馆,积极开展科教宣讲,并有限制性地让游客深入水利工程一线,使风景区内的游客身份发生由欣赏者到亲身经历者的转变,在了解水利工程和水文化的同时,更好地宣扬水利人甘于奉献的崇高精神,更利于今后的水利管理工作;水利风景区内营造一个良好的水文化氛围,体现以水文化为核心的主题,在基础设施和服务设施的建设上,紧紧围绕水文化,体现出水利风景区中人与自然和谐共处、绿色发展的理念。

3.3　积极沟通协调县区相关部门招商引资

积极联系县区政府,建设真正的符合流域规划、不危害水利工程安全的大型水上乐园及游艇、港口等水上一站式旅游中心。临沂市作为以水为名、以水闻名的新兴城市,却没有真正的水上乐园,这是极不合理也是急需建设的,风景区将致力于大力推进水上旅游中心建设。

参 考 文 献

[1] 李晗玫.浅析国内水利风景区建设与管理[J].企业科技与发展,2018.
[2] 李浩.水利风景区建设与管理研究——以飞来峡水利枢纽风景区为例[D].广州:华南理工大学,2012.

沂沭河局采砂精细化管理的探索与实践

孙涛，于鹏

（沂沭泗水利管理局沂沭河水利管理局，山东临沂 276001）

摘　要　精细化管理是打造"幸福沂沭河"和"最美家乡河"的有力抓手，是水管单位贯彻习近平生态文明思想的重要手段。沂沭河局作为淮委系统河道采砂精细化管理的先行者，2011年率先在郯城实现了采砂管理的远程监控，在此基础上逐年更新完善，并迅速在全局范围内推广应用，形成了比较完备的监控体系，初步实现了采砂管理从制订方案到砂场设置，从现场管理到监控管理，从砂场运行到砂场验收等的一系列精细化管理。本文以沂沭河水利局下属郯城局的远程监控管理实践为主线，对采砂精细化管理的具体内容进行了总结分析，提出了存在的问题，并对解决问题的途径进行了一定的探索。

关键词　采砂管理；精细化；远程监控

1　概况

沂沭河水利管理局下属的郯城河道管理局直管郯城和兰陵两县境内的沂河、老沭河、邳苍分洪道，河道堤防总长154.07 km，涉及12个乡（镇）151个村庄，所辖河流地处沂河、沭河下游，是洪水下泄的走廊，河道宽阔，水流平缓，河砂资源相对丰富。

进入21世纪以后，当地经济和社会高速发展，黄砂开采出现空前的繁荣，2002年前后，沂沭河砂场达到300多处，郯城境内近百处。当时的砂场管理，从许可方式到管理方式都比较粗放：许可期从每年的1月1日起至当年的12月31日止，汛期没有禁采要求，只在主汛期行洪期间要求砂场停止作业；许可文件中也没有对船只数量的限制，只简单规定了船采或者旱采；许可文件没有对砂场作业范围的限制，有的村庄沿河1 km的河段竟然开设3处砂场；采砂管理费采取一次性收取的方式，根据各个砂场的资源状况和经营状况确定收费数额；日常的管理方式只有巡查，对于砂场出砂量没有限制。

这种粗放的管理方式在当时对规范河道采砂秩序，把河道采砂从原来的乱采滥挖、多头无序管理拉到规范管理的轨道起到重要作用。但是，随着地方经济的飞速发展，社会对黄砂资源的需求量越来越大，砂场数量越来越多，每年大量的黄砂运出河道，部分河段砂资源出现枯竭迹象，粗放式的许可和管理方式已经不能适应新的形势。改革许可方式和管理模式，实现采砂管理的精细化已经刻不容缓。

2　精细化管理的探索

2004年7月1日，《中华人民共和国行政许可法》颁布实施，从法律层面上规范了砂场许可方式。如何按照法律要求，实现对有限河砂资源的可持续开发利用，成为摆在管理人员面前的重要课题，沂沭河局对采砂精细化管理的探索由此拉开序幕。

采砂精细化管理的内容如下：

（1）编制采砂年度实施方案。

2005年，沂沭河局第一次委托第三方机构制订采砂年度实施方案。首先对可采区进行工程勘测，摸清河道工程现状和砂资源现状，然后根据勘测结果进行河道蕴砂量和可采量分析，对禁采区、可采区、禁采期进行设定，对砂场设置以及年度采砂量提出建议。

（2）削减砂场数量，增加禁采河段。

作者简介：孙涛，男，1974年生，沂沭河水利管理局水政安监科，高级工程师。主要研究方向：水行政执法、水资源管理。E-mail：sunt111@163.com。

从 2010 年开始,沂沭河局开始逐步削减砂场数量,当年就从上一年度的 275 处削减至 140 处,之后逐年削减,到 2011 年,沂沭河只有 79 个砂场,郯城境内砂场减至 10 处。郯城境内老沭河首先从连心桥至苏鲁省界禁采,后又逐步扩大到 310 桥以下至苏鲁省界禁采。沂河自马头拦河坝以下至苏鲁省界禁采。郯城境内沂、沭河约 105 km 的河道,63.5 km 划为禁采河段,邳苍分洪道则全线禁采。

对险工密集、资源匮乏的河段实行禁采,既是工程管理的要求,也是保护资源、实现黄砂资源可持续开发利用的有效手段,禁采区的增加,砂场数量的减少,为逐步开展精细化管理奠定了基础。

(3)建立远程监控系统,对砂场实行远程监控结合票据管理。

2011 年 4 月 1 日,淮委系统第一套砂场远程监控系统在郯城局投入使用,一举将采砂管理推进到精细化管理时代。每个砂场保留唯一的一条运砂道路,在这条道路上安装摄像头,摄像头的终端在管理局监控室。因为是初次使用这种管理模式,除安排了 16 个人在监控室 24 小时"三班倒"值班外,还同时配合使用了票据管理方式。

票据管理曾在 2002 年前后在部分砂场实施过,由砂场业主到管理单位购买砂票,砂票的单位为"方",砂场业主根据自己的经营情况确定购买砂票的数量,管理局则根据市场行情确定单价,并提前向砂场业主告知。通过票据管理,实现了简单的量化管理,比之一次性收费是一大进步,但是票据管理要求监督措施严格,需要管理人员昼夜不停检查运砂车辆是否使用票据,耗费人力太大,实施一段时间后被迫终止。

现在的票据管理是作为远程监控管理的辅助,目的是验证远程监控系统的可靠性。在经过一段时间使用后,远程监控系统的可靠性得到确认,票据管理方式逐渐不再使用。

(4)实行汛期禁采。

2011 年 7 月,水利部开展了淮河流域河道采砂专项整治行动,沂沭河局借机对所有砂场实行了禁采,并将所有采砂船只吊出河道集中封存。从 2012 年开始,汛期禁采写入年度采砂实施方案。

(5)改变许可期。

从 2012 年开始,许可期限由原来的 1 月 1 日起至当年的 12 月 31 日止改为自 10 月 1 日起,至次年 5 月 31 日止。这不仅仅是许可期限上的变化,也是采砂管理理念的一次突破,这个变化突破了年度的局限,把汛期视为禁采期,不仅有利于度汛安全,也有利于资源保护。改变许可期的建议首先由郯城局提出并得到了淮委的支持。

(6)砂场终止方式的变化。

砂场原来的终止方式只有到期终止,现在除到期终止外,开采方量达到批复方量也成为砂场终止的要件。这也是精细化管理的一个精髓。

(7)严格控制采砂船只数量。

原来的许可只注明砂场开采方式是船采或者旱采,现在在许可文书中增加了船只数量的批复,不准超出。

(8)砂场岸线管理。

在各砂场埋设码头界桩、采集 GPS 信息,各砂场现场事务负责人对各界桩 GPS 信息签字确认。砂场到量或到期终止后,再次采集各界桩 GPS 信息并加以比对,以考量是否存在抽采滩地、码头等行为。

3 精细化管理模式的运行

3.1 砂场设置

每年汛期砂场禁采后,即启动下一采期的采砂实施方案编制。委托有资质的第三方机构对河道分段勘测,了解资源状况和工程状况,据此提出下一采期的采砂实施方案,实施方案对上一个许可期的采砂实施方案的实施情况与效果进行分析,并推算下一个许可期的可采量,明确砂场设置及各砂场的可采方量。采砂实施方案经专家评审和沂沭泗局审批后,作为砂场设置、采砂管理的重要依据。

3.2 监控管理

监控管理一方面是对监控设施的管理,通过与采砂业主签订协议的形式明确其对监控设施安全完整的保护;另一方面,监控管理还包括对监控人员的管理,通过规章制度的形式明确监控人员的责任和义务。

3.3　打击违反监控制度行为

对砂场出现的使用第二条道路出砂、破坏监控设施逃避监控等行为,按照与采砂业主签订的《监控管理协议》的约定进行处理。

3.4　采砂量确认

每天安排人员持监控记录奔赴各砂场,由砂场业主或安排专人在监控记录上签字确认。

3.5　采砂终止

采砂终止有到量终止和到期终止两种情况,即砂场采砂达到许可方量后,虽许可期尚未届满,砂场也必须停止采砂;砂场许可期届满,虽开采量未达许可方量,砂场也必须停止采砂。

3.6　砂场验收

砂场终止后,要对采砂区域、采砂码头进行恢复、平整,由管理单位对其在上一许可期的采砂行为和结果进行验收,验收实行打分制,是否对工程进行保护,是否出现破坏工程行为,是否完成了许可方量,是否出现过逃避监控、不服从管理行为等都列为验收指标。砂场验收结果对下一许可期能否延续许可产生影响。

4　采砂精细化管理实践中存在的主要问题

4.1　影响监控设施正常运行的因素

(1)依靠市电运行的监控设备受农村电网电压不稳定影响较大,经常会出现设备元件烧坏情况。在用电高峰期常会出现停电,致使监控设备无法运行。

(2)自然因素。风雨雷电、过冷过热等自然因素都会导致监控设备运行不正常甚至损坏。

(3)人为遮挡摄像头,破坏设备。砂场业主为了获取更大利益,故意遮挡摄像头、破坏监控设备或者暗中使用第二条道路出砂,有的甚至采用高科技手段干扰摄像头成像质量。

4.2　砂场变化

河砂资源总体上走向枯竭,一个许可期结束后,经过一个汛期,河道工程状况发生变化,下一个许可期未必能继续延续,而安装一套监控设备的成本动辄数万元,如果把设备移到新的砂场,因为有水泥线杆等,成本依然很高。

4.3　更新设备成本较高

科技发展迅速,监控类电子产品更新换代速度很快,目前基本上以每年两代的速度更新,修修补补的更新效果不好,整体更新换代成本较高。

4.4　砂场验收程序和内容设置尚不完善

有些验收指标设置不合理,导致验收打分不能如实反映砂场实际运行状况。

5　对策和展望

现在人工砂在工程特性上还远远不能满足现代建筑业的需要,在可预期的将来,社会对河砂资源的需求会持续强劲,本着节约和保护的原则开发利用河砂资源,是大势所趋,对于采砂精细化管理模式的改革探索需要继续深化。

(1)针对农村电网电压不稳问题,沂沭河局着力于新的监控技术研发,通过借鉴公安部门高清智能检测系统,结合河道采砂管理的特殊性,研发了"砂场高清卡口抓拍技术系统"。该系统利用先进的光电、计算机、图像处理、模式识别、远程数据访问等技术,对监控砂场的运砂道路进行全天候实时监控,并记录相关图像数据。新的监控设备不用市电,依靠太阳能加风能提供电力,多余电能存入蓄电池,在阴雨天气下蓄电池自动开始工作,能连续提供72小时以上的电力供监控设备运行,基本摆脱了对市电的依赖。该系统率先在郯城局投入使用,获得较好效果。

(2)逐步改革禁采区设置方式。多年来,禁采区逐年增加,有些禁采区因多年禁采,积累了较为丰富的砂资源。应尝试一种更为灵活的禁采区设置方式,除工程保护范围设为永久禁采区外,对有资源的河段实行"轮采制",即一个河段采砂几年以后,设为禁采区让其"休养生息",而将原来的禁采区解禁变为可采区。

(3)进一步完善砂场验收程序和内容。对在上一个许可期中出现过破坏工程、不遵守监控管理规定、超范围开采等行为的砂场,应记入该砂场污点档案,并对其下一许可期的延续许可造成影响,达到一定程度或验收打分低于规定分数,应下一年度不再许可给该业主。

(4)强化岸线管理。根据《山东省全面实行河长制工作方案》,山东省明确将加强河湖水域岸线保护作为全面实行河长制的主要任务之一。随着河长制工作的逐步深入,河流岸线管理及岸线资源保护和开发将成为水利行业强监管的重要内容。

采砂精细化管理是沂沭河精细化管理的一个部分,是一项长期的工作,要深入贯彻落实习近平生态文明思想,积极践行人与自然和谐共生、"绿水青山就是金山银山"的理念,正确处理河湖保护和经济发展的关系,充分认识加强河道采砂管理工作的重要性、艰巨性、复杂性和长期性,按照"保护优先、科学规划、规范许可、有效监管、确保安全"的原则和要求,保持河道采砂有序可控,维护河湖健康生命,为打造"幸福沂沭河""最美家乡河"做出更大贡献。

参 考 文 献

[1] 王治.关于破解河道采砂管理难题的思考[J].中国水利,2014(12):36-38.

[2] 阚善光.沂沭泗直管河湖管理中面临的问题及对策思考[J].中国水利,2014(8):16-17,50.

[3] 徐强以.沂沭河水利管理局采砂精细化管理措施浅谈[J].中国水利,2015(18):34-35.

对生态河湖行动计划的深层生态学思考

刘秀梅,贾成孝,朱丽向,张大虎

(连云港市水利局,江苏 连云港 222000)

摘 要 以《江苏省生态河湖行动计划(2017~2020年)》的出台为突破口,分析了我国水生态现状及存在的主要问题;通过解读生态河湖行动计划的八项重点任务,用生态哲学中的深层生态学理念深入剖析,得出因人类中心主义占主导最终将导致行动计划不能完全实现。鉴于此,笔者提出了转变价值观念、完善执法体制机制等解决途径,虽偏于理想,但必将成为今后解决生态问题的必由之路。

关键词 江苏;生态河湖;计划;中心;资源

水是生态环境的控制性要素,河湖是水资源的载体,生态河湖建设是生态文明建设的基础内容。党的十八大把生态文明建设纳入中国特色社会主义事业"五位一体"总体布局,提出努力建设美丽中国。为了加强全省生态河湖建设,江苏省人民政府在十九大召开前夕率先出台生态河湖行动计划,正是基于对生态文明建设与经济社会发展关系的超前觉悟和清醒认识,也为贯彻和落实十九大精神打下了坚实基础。

1 生态河湖行动诞生背景

1.1 国外水生态发展概述

发达国家对水生态系统的管理均经历了由无节制地开发利用到引起污染灾害转为边开发边治理,最终转向水生态治理的历程[1]。20世纪30年代起,逐步开始以水资源调配、水保、洪灾治理、航运、发电和旅游等为目的的多目标统一规划。20世纪50年代后,人口数量和经济激增,对自然资源的过度开发导致水质下降、生物多样性锐减。1972年,《人类环境宣言》发表,强调保持经济发展的同时重视生态环境保护。20世纪80年代后期,开始出现以单个物种恢复为标志的大型河流生态修复工程[2]。1992年6月,《里约环境与发展宣言》通过,明确提出"可持续发展"的新战略和新理念,出现流域尺度的整体性生态恢复。

1.2 国内水生态发展概述

国内水生态起步较晚,始于20世纪80年代初,以研究农业和渔业水生态为主。90年代中后期,随着工业生产规模的扩大,人们初步意识到经济发展对生态环境造成了不良影响。进入21世纪后,经济持续快速发展,城市人口逐渐增多,水环境不断恶化,水生态研究也逐渐向城市转移,以城市景观水体为代表的水生态修复技术日趋完善。同时,中国加入世界贸易组织后,促进了与世界接轨的步伐,出现了以流域为研究对象的宏观水生态理念和水生态的可持续发展观。

1.3 水生态发展呈现出的问题

科技革命实现了人类"做世界的主人"的梦想。但美中不足的是引发了一系列生态问题,尤其是水生态问题。这既有自然历史因素,也有特殊水情原因,更有国情和发展阶段的人为活动影响[3]。《管子·水地》说:"水者何也,万物之本源也,诸生之宗室也,美恶、贤不肖、愚俊之所产也。"古人以水为万物之本源,并且认为水质的好坏代表了居民的品性。

1.3.1 水安全堪忧——人类的控制欲望

中华人民共和国成立后,随着工程技术的提高,防洪工程遍地开花。水库建设"长藤结瓜",河道堤

·作者简介:刘秀梅,女,1981年生,连云港市水利局,高级工程师,主要研究方向为水利规划。E-mail:372301928@qq.com。

防越修越高,按理说防洪标准也应相应提高,可事实却是小洪水高水位频发。1998 年,黄河在花园口的洪水流量仅为 7 600 m³/s,水位比 1958 年的 22 300 m³/s 还高 0.91 m[4]。究其原因,一是因梯级控制,流速降低,河床不断淤积。二是河道断面被人为挤占,过流能力严重不足。正如《美国防洪减灾总报告及研究规划》中总结的洪水确实可能是自然现象,但其后果却常常由于人们的不明智行为和流域内的不合理垦占而大为增强[5]。著名水利史学家周魁一教授也提出了"灾害的双重属性",即自然属性和社会属性[6]。人类的控制欲在自然面前简直是自不量力。如雷切尔·卡森所说:"'控制自然'这个词本身就是一个妄自尊大的想象产物,是当生物学和哲学还处于低级幼稚阶段时的产物[7]"。

1.3.2 水资源紧缺——人类的贪得无厌

经济社会发展对水资源需求日益加大,而我国水资源空间分布不平衡、过度开发、用水效率低下、节水意识淡薄、对水资源缺乏人文关怀等现状导致水资源供需矛盾尤其突出。于是,各地纷纷建闸修库,将天然河道梯级控制,水量均匀下放,所谓水资源充分利用,实为"吃光喝干""断子孙粮"。近 10 年来,中国知网年均收录"水资源"主题论文不下 10 000 篇,足见水资源问题的严重。

1.3.3 水环境恶化——人类的不负责任

2015 年中国环境状况公告显示,全国地表水总体为轻度污染,部分城市河段污染较重。全国十大水系水质一半污染;国控重点湖泊水质四成污染;31 个大型淡水湖泊水质 17 个污染;9 个重要海湾中,辽东湾、渤海湾和胶州湾水质差,长江口、杭州湾、闽江口和珠江口水质极差。据统计,从 1998 年起,我国生活污水排放量就超过了工业废水排放量,大部分未经处理的生活污水直接排入水体,造成水污染加剧。又因农药、化肥利用低效,水土流失较重,致使大量农业污染随表土流入江河湖库。城市垃圾乱埋乱倒,在侵占河道岸线的同时,也使水质受到污染。种种污染日积月累,最终导致可供人类饮用、使用的水源受到威胁,逐渐减少。

1.3.4 水伦理淡薄——人类的执迷不悟

水伦理是国内外学术界目前比较关注的一个研究主题,它有两种理解:一是指水自身的伦理;二是指人类伦理体系中与水事活动相关的部分[8]。在中国知网搜索"水伦理",仅有 38 篇文献,最早的一篇是 1999 年的《建立全球"水伦理"刻不容缓》译文,之后国内学界并没有持续关注国外学者在该领域的研究进展。西方学界虽然出版了大量的水伦理研究专著,甚至发起了规划和制定国际《水伦理宪章》的活动,但仍难以扭转当今世界"以人为本"的主导价值观。2004 年,黄河水利委员开展了"维系黄河健康生命"治河体系研究,并形成一套《河流伦理》丛书,可惜市面上很难找,笔者淘了几家旧书店才算找齐。

2 江苏省生态河湖行动计划重点任务

江苏省人民政府于 2017 年 10 月 9 日正式印发《江苏省生态河湖行动计划(2017—2020 年)》(苏政发〔2017〕130 号),列出八项重点任务:①加强水安全保障。基本建成标准较高、协调配套的防洪减灾工程体系,优化配置、高效利用的水资源保障体系,有效防御新中国成立以来的最大洪水和最严重干旱,保障防洪与供水安全,维护全省经济社会发展大局稳定。②加强水资源保护。全面落实最严格的水资源管理制度,实施水资源消耗总量和强度双控行动,强化水资源管理"三条红线"刚性约束,以水资源的可持续利用保障经济社会可持续发展。③加强水污染防治。优化产业布局,调高调轻调优调强产业结构,大力开展工业、农业、生活、交通等各类污染源治理,从源头减少污染排放,降低入河湖污染负荷。④加强水环境治理。全面治理河湖"三乱",消除黑臭水体,清除河湖污染底泥,遏制湖库富营养化,改善滨河湖空间环境质量,满足河湖水功能区要求。⑤加强水生态修复。坚持山水林田湖系统治理,通过沟通水系、涵养水源、退圩还湖、保护湿地等措施,修复河湖生态,维护河湖健康生命。⑥加强水文化建设。保护挖掘河湖文化和景观资源,大力传承历史水文化,持续创新现代水文化,不断弘扬优秀水文化,充分彰显特色水文化,丰富河湖文化内涵,形成"爱水、惜水、护水"的良好社会风尚。⑦加强水工程管护。划定河湖管理保护范围,强化河湖生态空间管控,保护河湖公益性功能,实现河湖资源有序利用。⑧加强水制度创新。完善河湖长效管护体制机制,推行流域综合管理模式,推进河湖资源权属管理,健全多元化投融资机制,切实保障河湖效能持续提升。

3 深层生态学的审视与思考

3.1 基本概念

深层生态学是西方生态哲学提出的一个与浅层生态学相比较的概念,由挪威著名哲学家阿伦·奈斯(ArneNaess)在 1973 年提出。深层生态学主张生态中心主义,将生态学发展到哲学与伦理学领域,并提出生态自我、生态平等与生态共生等重要生态哲学理念。特别是生态共生理念更具当代价值,包含人与自然平等共生、共在共容的重要哲学与伦理学内涵。

3.2 分解剖析

江苏省生态河湖行动计划的出台应该说是从浅层生态主义向深层生态主义迈出的关键一步,但迈得并不大。通览八项任务,只有③、⑤两项纯粹以生态为出发点,其余六项仍以人类为中心。其中①、②两项是为满足经济社会发展需要;④是满足水功能区要求,实则满足人类的水利需求;⑥是挖掘河湖文化和景观资源,旨在丰富人类文化内涵和休闲审美需求;⑦实施河湖空间管控最终目的是实现其资源的有序利用;⑧水制度创新无非是使河湖资源更便于人类管理和使用。目前的河湖生态问题正是在人类中心主义的意识形态下逐渐形成的,那么,继续在这种意识形态下寻求与之相冲突的发展模式,其结果可想而知。

3.3 解决途径

3.3.1 转变价值观

为什么一条条河流在发展经济的名义下被轻易地破坏?是经济发展过程必然的现象还是我们的科学技术水平不够发达?显然都不是,而是我们的价值观出了问题[9]。如果人类想要确立自己在地球生态系统中的主导地位,并且与地球生态系统中的其他部分和谐相处,首先要从观念上解决现代人对生态问题的根本看法,培养深层次的生态意识。随着意识形态的转变,人类将会高度自觉地去维护和捍卫生态系统的整体利益。到那时,污染环境、浪费水资源等行为将被视为莫大的耻辱。

3.3.2 完善立法和严格执法

生态文明建设要想长期和扎实地推进并取得预期成效,必须有完备的法律保障体系。而我国现有的立法,虽然在一定程度上保障了生态文明建设,但就整体而言,仍呈现出明显的不适应。新修订的《环境保护法》对生态环境监管与执法有了巨大突破,确立了跨行政区域的重点区域、流域的生态环境联合防止协调机制,明确了环境监察机构的执法地位。2013 年以来,江苏省先后制定出台了 16 部生态相关条例,力争以最严格制度引领绿色发展。今后,可利用"河长制""263 专项行动""黑臭河道治理工作方案"等为抓手,逐步加大河湖生态执法力度。

3.3.3 教育和科普

国家出台的《水污染防治行动计划》中明确提出:"构建全民行动格局。把水资源、水环境保护和水情知识纳入国民教育体系。依托全国中小学节水教育、水土保持教育、环境教育等社会实践基地,开展环保社会实践活动。"环保、教育等部门可以联合制订学龄前和义务教育阶段环境教育活动计划,采用水知识进课堂等形式,丰富环境教育素材和综合课程内容。

3.3.4 研究和传承水历史

国内首屈一指的水利史学家姚汉源老先生晚年感悟:"在历史上找经验,愈古就是历史愈长,经验也应当更成熟,改进得愈完善。这并非复古守旧。""唯鉴古足以知今,足以推将来,知古今未来才能看到事物发展的全面,水利发展并不例外。"[10]虽然我国水利从业人员众多,可真正深入研究水历史者千不得一二,多认为其已过时无用。其实,古代水利技术仍有大量可借鉴之处,如水文记载、治黄技术、长江流域的圩垸技术等[11]。此外,还可以从水历史中探究出哲学规律,用来指导将来工作和研究,以水的哲学思维续写水历史的辉煌。

4 结语

党的十九大报告将坚持人与自然和谐共生作为新时代中国特色社会主义的基本方略,深刻阐述了建设生态文明是中华民族永续发展的千年大计。河湖同人类一样,均为整个地球自然生态的一部分。要解决河湖生态问题,必须跳出以人类为中心的传统视角,站在整个自然生态系统的高度去审视其原因,便会一目了然。进而怀着敬畏之心去修复生态,怀着感激之情去热爱河湖,必将形成人与自然的深层和谐。

参 考 文 献

[1] 夏朋,刘蒨. 国外水生态系统保护与修复的经验与启示[J]. 水利发展研究,2011(6):72-74.

[2] 金太军. 论区域生态治理的中国挑战与西方经验[J]. 国外社会科学,2015(5):4-12.

[3] 王晓红,史晓新. 我国水生态环境现状及其原因分析[C]∥中国水利学会环境水利专业委员会2015年年会暨“水生态文明建设理论、技术及管理”学术研讨会论文集,2016:5-9.

[4] 潘家铮. 水利建设中的哲学思考[J]. 中国水利水电科学研究院学报,2003,1(1):1-8.

[5] 谭徐明. 美国防洪减灾总报告即研究规划[M]. 北京:中国科学技术出版社,1997:2.

[6] 周魁一. 水利的历史阅读[M]. 北京:中国水利水电出版社,2008:243.

[7] 〔美〕雷切尔·卡森. 寂静的春天[M]. 北京:商务印书馆,2017:223.

[8] 楚行军. 西方水伦理研究的新进展——《水伦理:用价值的方法解决水危机》述评[J]. 国外社会科学,2015(2):155-159.

[9] 雷毅. 河流伦理丛书之河流的价值与伦理[M]. 郑州:黄河水利出版社,2007:17.

[10] 周魁一. 水的历史审视——姚汉源先生水历史研究论文集[M]. 北京:中国书籍出版社,2016:10,334.

[11] 姚汉源. 中国水利发展史[M]. 上海:上海人民出版社,2005:10-11.

南四湖水污染防治工作探索

窦俊伟，李莉，刘江颖，冯庆彬

（山东省海河淮河小清河流域水利管理服务中心，山东 济南　250100）

摘　要　南四湖水质问题直接影响南水北调东线工程效益。近年来，有关部门在认真落实河长制湖长制、加强水功能区监督管理、加快实施水利工程建设的同时，积极开展南四湖生态治理和保护工作，取得显著成效。建议建立南四湖流域生态补偿机制，合理开发利用南四湖水源。

关键词　南四湖；水污染；防治

南四湖是山东省最大的淡水湖泊，也是南水北调东线重要的输水通道和调蓄湖泊，确保南四湖流域水质持续稳定达标，对促进区域可持续性发展、保障南水北调调水安全都具有重要意义。近年来，有关部门坚持"节水优先、空间均衡、系统治理、两手发力"的治水方针，在认真落实河长制湖长制、加强水功能区监督管理、加快实施水利工程建设的同时，积极配合省直有关部门开展南四湖生态治理和保护工作，取得了显著成效。为进一步深化南四湖流域水污染防治工作，建议建立南四湖流域生态补偿机制，优化南水北调东线调水机制，建立跨流域水资源监管体系，合理开发利用水资源。

1　南四湖流域概况

南四湖的形成与黄河改道、决口泛滥及运河开发密切相关，由南阳、独山、昭阳、微山四湖相连而成，是淮河流域第二大淡水湖。1960年在湖腰处建成二级坝枢纽工程，南四湖实际是上、下两级湖，由于二级坝的调蓄，上、下级湖蓄水量差别很大。南四湖属于淮河流域泗河水系，承接鲁、苏、豫、皖4省32个县（市、区）的53条入湖河道的来水，其中山东省境内流域面积1 000 km² 以上的河流有东鱼河、万福河、洙赵新河、梁济运河、府河、泗河、白马河、十字河及东鱼河的3条支流（北支、南支、胜利河）共11条，流域面积300 ~ 1 000 km² 的河流20条，河道变化复杂情况全国少有。

山东省辖南四湖流域（简称南四湖流域，下同）涉及济宁、枣庄、菏泽、泰安4市，包括8区、4市、16县。流域常住人口总数于2015年达到2 087万人，且人口分布不均。南四湖流域是山东省重要经济区之一，是山东省最重要的淡水渔业基地，是我国重要粮棉生产基地，也是国家重点开发能源基地之一，该流域经济发展势头良好，GDP从2009年的4 434亿元增至2015年的8 444亿元，而且第一产业和第二产业所占比重逐年降低，第三产业比重逐年增加。

2　南四湖流域水污染源问题及现状

随着南四湖周边地区工农业的迅猛发展，水污染问题日渐突出。重要污染源涉及济宁、菏泽、枣庄和徐州4个地区，主要污染源为企业、城镇污水处理厂、生活面源和农业面源。污染企业以热电厂、印染纺织、化工和水务为主。

南水北调东线工程于2002年开工，此时南四湖入湖河流和湖区污染严重，据2003年、2004年第二季度监测，济宁老运河、洸府河、洙水河等入湖口水质已超地面水 Ⅴ 类标准，属严重污染级。对2009 ~ 2016年南四湖 COD 和氨氮的浓度进行统计分析，并将其平均浓度与《地表水环境质量标准》（GB 3838—2002）进行比较，南四湖 COD 浓度呈现逐年降低的趋势，2009 ~ 2013年达到Ⅲ类水标准，南四湖湖区2016年的监测数据显示 COD_{Cr} 浓度为14.1 mg/L，氨氮浓度为0.308 mg/L，基本符合 Ⅱ 类水水质

作者简介：窦俊伟，E-mail：182015073@ qq.com。

标准。

目前枣庄、济宁、菏泽三市的工业废水排放企业中有热电厂 38 家、水务公司 21 家、纺织工厂 17 家、煤矿公司 13 家、化工厂 23 家、水泥厂 9 家、造纸厂 15 家。污染企业主要以点源的形式,集中分布在南四湖和入湖河流周围。每年大量的污水通过入湖河流和地表径流排入南四湖,已超出了南四湖的水体自净能力,引起水质恶化。当前仍面对部分企业、污水处理厂总氮、总磷等因子治理水平不高、面源污染和航运污染突出等亟待解决的问题,需深入实施工业污染防治、城镇生活污染治理、农业农村污染防治和船舶航运污染防治。

3 南四湖流域水污染问题成因

3.1 地质地貌和自然生长物等自然因素

南四湖形状狭长,比降平缓,存在湖腰、卡口等行洪障碍;上、下级湖汇水面积和库容不适应,上级湖以 39% 的库容,承接全流域 85% 的来水;湖盆宽浅,调节洪水库容小;浅水型湖泊,芦苇、水草等高等植物密度较高且生长茂盛,阻水严重等,是造成南四湖泄洪能力不足的自然因素,加之圈围和围垦减少了调洪库容,形成大面积连续分布的行洪障碍。湖泊换水率低,换水周期长达 503 天之久,污染物稀释和外泄能力低;水生维管束植物、浮游水生植物生长茂盛易腐烂且死亡后的植物残体经细菌分解,成为湖中有机质及其各种营养元素的来源,容易滋生富营养化等,是引起湖泊水污染的天然因素。

3.2 南四湖流域资源开发对水质的影响

湖周边的点源和面源污染是湖泊水质污染的最主要原因。

(1)第一产业和第二产业的发展。2009~2015 年,南四湖流域经济高速增长,经济总量年增长率均高于 10% ;但是,流域内经济结构不平衡,南四湖以第二产业为主导产业,第二产业比重不低于 50% ,导致水资源的大量消耗和环境容量的萎缩。大多数的农民环保意识薄弱,农村污水收集管网等基础建设落后,生活污水和养殖废水等大多直接排入自然水体,这对南四湖流域的河流和湖区的水质造成潜在威胁。农业面源对南四湖流域 COD 贡献率为 56.44% ,养殖业和种植业对 COD、氨氮和总磷的贡献超过 60% 。同时,大面积的围湖养鱼也给南四湖水体污染带来了隐患。

(2)不合理的开发利用造成了湿地生态功能的退化、入湖径流的减少、径流调节能力的低下。最典型的不合理的开发利用是大量无序的圈围和围垦等。圈围和围垦造成湖泊水体阻断,进一步降低了水体的水环境容量和水流速度,加剧了水体的自身污染。

(3)船舶航运和旅游业的影响。目前有 18 个省(市)的船舶在此航行,船上的生活污水和各种废弃物也直接排入水体,对河流和湖体的水质污染影响很大。旅游业的发展带来了许多水环境问题,沿湖城镇日常生活污水消耗水中的溶解氧,人的粪便、餐饮服务业排出生活污水流入湖中,加重污染湖体水质,增加南四湖湖水污染的负荷。南四湖湖区现有居民 17 万多人,另外还有大量居住在湖外的居民,其经济来源也来自湖区,不良的生活、生产习惯在一定程度上对南四湖造成污染、破坏。

3.3 流域内不同行政区域水资源管理的利益诉求

南四湖管理体制现状可以概括为两方面:一是部门之间依湖泊功能实施相应管理。南四湖兼有防洪、除涝、蓄水、供水、灌溉、养殖、航运、旅游、生态保护、调节水环境等多种功能,水利、渔业、林业、环保、航运、旅游等部门分别依据各自职权和相关法律、法规进行管理。二是水利部门以工程为依托分别实施管理。目前,水利工程管理机构有淮委沂沭泗水利管理局下设的南四湖水利管理局和山东省编委批复的山东省南四湖水利管理局、山东南水北调南四湖至东平湖段管理局,以及济宁、枣庄两市批准成立的济宁市南四湖水利管理局、枣庄市南四湖湖东堤管理局等单位。

目前分行业、分部门的分散管理体制,使南四湖水资源保护和治理等缺乏有效的统一性,难以实现水资源的合理开发、高效利用和切实保护,在水污染防治方面难以形成强有力的手段。

4 关于南四湖流域水污染防治工作的建议

(1)夯实政府主体责任,落实党政同责、一岗双责、终身追责。在南四湖流域内市、县(市、区)及部分乡(镇、街道),设立河长制办公室,力争健全省、市、县、乡、村五级河长制,负责河长制工作的指导、协调、督查和考核。规范和推进河长制工作,提高工作效率,建立例会和报告制度、督查指导制度、各级河长巡河制度、举报投诉受理制度、重点项目协调推进制度等制度,真正将河长制各项工作落到实处。方案设计实现"一河一策",南四湖流域内每条河的"河长"根据各条河流的情况和工作重点完善工作体制机制和工作方法。

(2)落实管理举措与加强考核问责。建设覆盖到县的交界断面水质监测网络,建设河湖管理地理信息系统平台,实施流域生态补偿机制。加大考核力度,将考评结果纳入市、县科学发展综合考核评价体系和生态补偿机制,狠抓问责,对违规越线的责任单位及责任人员开展责任追究。对工作方案落实不到位的和辖区断面长期超标的,要约谈有关县(市、区)政府(管委会)及其相关部门有关负责人,提出整改意见,予以督促。

(3)省与省之间、省与流域机构之间要加强协调。相邻省份要就河长制相关工作加强沟通,尤其是针对南四湖流域边界河湖更要充分协调,使相关政策相衔接。流域机构要加强与相关省就流域机构直管河湖沟通、协调,推进直管河湖河长制相关工作。定期组织相关市直部门开展环保专项行动,健全行政执法与刑事司法联动机制,完善案件移送、联合调查、信息共享和奖惩机制,实现行政执法和刑事司法无缝衔接。

(4)学习他省先进经验,拓宽各界参与渠道。深入学习各地小流域河长制工作的好经验、好做法,因地制宜,取长补短。组织协调各类媒体赴基层采访河长制工作,形成良好的舆论氛围,发动公众参与,并为每条河道的每个河段配备巡查员(或专管员)和保洁员,在河长的领导下开展工作,确保河道的维修养护。依法公开环境信息,定期对各县(市、区)水环境质量状况进行排名,并在主要媒体进行公布。各级政府要健全完善环境信息公开制度,真实、全面、及时地公开各类环境信息。排污单位依法向社会公开其产生的主要污染物名称、排放方式、排放浓度和总量、超标排放情况,以及污染防治设施的建设和运行情况,按照《山东省污水排放口环境信息公开技术规范》(DB 37/T 2463)要求设置排污口,主动接受公众监督。探索建立河段监督员制度,依托"互联网+"创新环境保护公众参与模式,完善环保微博、微信工作体系,健全公众投诉、信访、舆情和环保执法联动机制。通过公开听证、网络征集等形式,充分听取公众对重大决策和建设项目的意见。积极推行环境公益诉讼。

(5)健全法规制度,完善环境经济政策,加强科技支撑。严格贯彻落实国家和省水污染防治、排污许可、生态补偿、湿地修复等领域法律法规,制定南四湖流域实施排污许可证管理的有关办法等相关配套政策措施。理顺价格税费,促进多元融资,建立激励机制。鼓励节能减排先进企业、工业集聚区用水效率、排污强度等达到更高标准,支持开展清洁生产、节约用水和污染治理等示范。整合科技资源,通过相关国家、省科技计划(专项、基金)等,优先推荐黑臭水体治理、地下水污染防控、水生态修复技术等项目的立项研究。加强水生态保护、农业面源污染防治、水环境监控预警、水处理工艺技术装备等领域的国际交流合作。规范环保产业市场,对涉及环保市场准入、经营行为规范的法规、规章和规定进行全面梳理,废止妨碍形成统一环保市场和公平竞争的规定与做法。健全环保工程设计、建设、运营等领域招投标管理办法。推进先进适用的节水、治污、修复技术和装备产业化发展。

参 考 文 献

[1] 吴兆,刘延堂. 实施湖长制建设南四湖生态文明[J]. 山东水利,2019(7).

[2] 耿雪飞,刘家旭. 南四湖流域水资源管理研究[J]. 治淮,2016(11):29-30.

[3] 孙建华,陈飞,李林. 南水北调东线调水期间南四湖水环境面临的风险及对策初探[J]. 治淮,2018(12):4-5.

龙河口水库流域降雨变化特征分析

张孟澜[1],余旻晓[1],朱圣男[2],张恒[1]

(1.安徽省龙河口水库管理处,安徽 六安 237000;
2.南昌工程学院 水利与生态工程学院,江西 南昌 330099)

摘 要 基于龙河口水库流域8个雨量站2011~2019年的逐日降水资料,利用最大最小极值比和滑动平均法、线性趋势法、Mann-Kendall趋势分析法、R/S分析法对龙河口水库流域降水特征、降水量变化趋势及未来趋势进行分析。结果表明,龙河口水库流域降水量年际变化大,降水年内分布不均匀、集中度高,6~8月是全年降水的集中期;年均降水量总体呈现上升趋势,春季、冬季降水量均存在减小趋势,夏季和秋季降水量有增加趋势;2019年后的一定时间内,龙河口水库流域年降水量呈现不明显的下降趋势,春季、冬季降水量呈现下降趋势,夏季、秋季呈现上升趋势,变化趋势均不显著。研究结果为水库流域内有关气象和水文研究提供参考。

关键词 水库流域;降水量;变化特征;趋势分析

全球气候变化大背景下,气候变化一直是研究的热点,引起了国内外学者的广泛关注[1-2]。降水是气候变化影响的重要指标之一,对降水变化趋势的分析也逐渐成为水文气象研究领域的重要组成部分。王大钧等[3]利用1961~2000年中国境内561个气象站的逐日降水资料,研究了中国降雨强度和降雨日数的变化趋势。徐宗学等[4]研究了黄河流域降水趋势并对比了线性回归方法与Mann-Kendall法估算结果的区别。陈冬冬等[5]研究了我国西北地区近50年降水变化特征,表明西北地区以强降雨为主,降水比重呈增加趋势。冯怡等[6]基于淮河中上游1960~2016年气象资料,分析了降水变化特征并预测了未来变化趋势。李德[7]利用观音阁水库流域8个雨量站1995~2017年的月降水资料分析了降水变化特征。

本文根据龙河口水库流域2011~2019年逐日降水量资料,利用最大最小极值比和滑动平均法、线性趋势法、Mann-Kendall趋势分析法、R/S分析法从降水特征变化趋势及未来趋势等方面着手,研究龙河口水库流域降水变化特征,为分析流域内水资源变化特征奠定基础,同时为流域内相关气象和水文研究提供参考。

1 资料与方法

1.1 研究区概况与数据资料

龙河口水库位于六安市境内杭埠河上游,属长江流域巢湖水系,是淠史杭灌区中杭埠河灌区的渠首工程,通过将军山、打山渡槽与淠河灌区贯通,成为连接淮河流域与长江流域的重要节点。水库大坝位于舒城县万佛湖镇,距下游舒城县城约25 km。水库坝址以上控制流域面积1 120 km²,是一座以防洪、灌溉为主,结合发电、养殖、旅游、供水等综合利用的水库[8]。总库容9.03亿m³,水库下游防洪保护舒城县城、万佛湖镇、三河镇等城镇和合九铁路、G3高速公路、206国道等重要基础设施,保护人口约100万人,耕地约53万亩,发电装机7 200 kW,设计年发电量2 012万kW·h。以水库为主体的万佛湖风景区是国家级水利风景区。龙河口水库洪水主要发生在6~8月,洪水成因主要是此期间的大暴雨,坝址以上流域多年(2011年以来)平均降水量1 366.0 mm。本文选取龙河口水库流域内8个雨量站(晓天、龙河口、花岩山、小涧冲、黄土关、山七、毛坦厂、芦镇关,见图1)2011~2019年的逐日实测降水量数据进

作者简介:张孟澜,男,1994年生,安徽省龙河口水库管理处助理工程师,主要研究方向为水利工程管理、水文与水资源。E-mail:1243863834@qq.com。

行分析研究,按 3～5 月为春季、6～8 月为夏季、9～11 月为秋季和 12 月至次年 2 月为冬季的划分生成逐季时间序列。

图 1　研究区示意图

1.2　研究方法

本文以年降水量为研究对象,对龙河口水库流域年降水量和年内降水特征进行分析,并运用滑动平均法、线性趋势法、Mann-Kendall 趋势分析法和 R/S 分析法对降水量变化趋势进行分析。

1.2.1　Mann-Kendall 趋势分析法

Mann-Kendall 法是非参数统计检验的方法[9]。目前,Mann- Kendall 趋势及突变检验法对水文站实测径流时间序列趋势变化及突变点的分析已被广泛应用于检验气候与降雨的时间序列变化中,Mann-Kendall 法能很好地揭示时间序列的趋势变化。

1.2.2　R/S 分析法

R/S(Re-scaled Range)是一种时间序列统计法[10]。利用 R/S 分析法可以计算得 Hurst 指数 H,该指数可以反映具有统计特性的非线性数据系列的持续性,适用于降水序列。通过 Hurst 指数,可判定降水时序的状态持续性及其记忆长度。

2　降水量变化特征

2.1　年际变化特征

根据龙河口水库流域 8 个雨量站实测降水量资料,统计龙河口水库流域年降水极值情况(见表 1)。根据雨量站资料,通过算术平均法计算龙河口水库流域各年降水量。由表 1 可知,龙河口水库流域平均年降水量为 1 366.0 mm,其中 2016 年降水量最大(1 711.1 mm),2019 年降水量最小(1 118.2 mm)。龙河口水库流域年降水量呈现年际变化大,最大年降水值是最小年降水值的 1.52 倍,最大年降水值大于平均值 52.7%,最小年降水值小于平均值 38.9%。2011～2013 年间降水量均低于研究时段多年平均值,2014～2018 年出现了降水高峰降水较多的年份有 2018 年(1 562.5 mm)、2014 年(1 441.9 mm),2019 年降水量为近 10 年来龙河口水库流域降水量最少的年份,处于低水平状态。

表 1　龙河口水库流域最大最小年降水量极值比和超平均值比例

比较项目	Max(mm)	Min(mm)	Max－Min (mm)	Max/Min	Max 超平均值比例(%)	Min 差平均值比例(%)
数值	1 711.1	1 118.2	592.9	1.53	52.7	－38.9

2.2 年内变化特征

从龙河口水库流域2011~2019年间平均降水量年内分配(见图2)可以看出,降水量在各月的分配不均匀,降水主要集中在6~8月,降水量最大值出现在8月,为210.4 mm,降水量占年降水量的15.4%;最小降水量均出现在12月,最小月降水量占年降水量的3.4%。从表2可以看出,降水量也表现为较大的季节差异,全年降水主要集中在夏季(6~8月),占全年降水量的43.7%;春季和秋季降水量相近,两季降水量分别占全年降水量的24.7%、19.1%;冬季降水量较小,占全年降水量的12.5%。

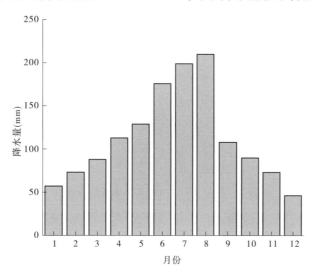

图2 龙河口水库流域降水量年内分配

表2 龙河口水库流域降水量特征值

特征值	春	夏	秋	冬
多年平均值(mm)	337.4	597.2	261.0	170.4
占全年百分比(%)	24.7	43.7	19.1	12.5
最大值(mm)	397.1	711.1	301.0	200.3
最小值(mm)	250.2	470.8	222.9	149.5

3 降水量趋势性与持续性分析

根据流域降水量数据,绘制出龙河口水库流域多年降水量时间序列图(见图3)。滑动平均法可以使序列高频震荡对变化趋势分析的影响得以弱化,本文降水量以3年进行滑动平均,由图3可以得出,龙河口水库流域降水量在2011~2019年期间呈现阶段性,在2011~2015年曲线起伏平缓,且降水量较少,2016~2018年降水量增多,曲线起伏较大,2019年以后降水量逐渐减少。总体上,年降水量变化趋势呈不明显的微弱下降。

观察图4,春季降水量序列呈不明显微弱上升趋势,夏季降水量序列呈下降趋势,秋季降水量序列呈下降趋势,冬季降水量序列呈上升趋势。

利用Mann-Kendall趋势分析法,计算统计量U值,如果$U>0$,表明有上升趋势;如果$U<0$,表明有下降趋势;当$U>U_{0.05}/2=1.96$,表示序列趋势变化显著。

对龙河口水库流域降水量序列统计量U值的计算结果见表3,年降水量呈上升趋势,春、冬季降水量呈上升趋势,夏、秋季降水量呈下降趋势。

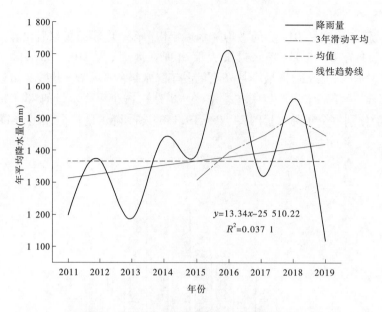

图3　龙河口水库流域年降水量时间序列

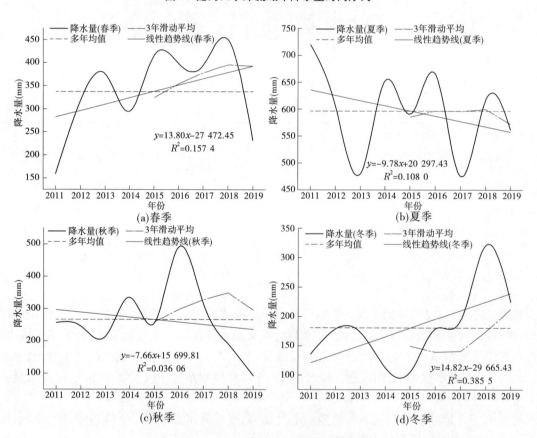

图4　龙河口水库流域季节降水量时间序列

表3　降水量 Mann-Kendall 统计值成果

项目	全年	春季	夏季	秋季	冬季
U 值	0.268	0.984	−0.805	−0.626	1.521
趋势	↑	↑	↓	↓	↑

　　利用 Mann-Kendall 法揭示序列的趋势特征, R/S 分析法揭示序列的持续性[11], 结合两种方法综合得出未来的趋势特征[12]。Hurst 系数 H 的取值范围为(0,1), 当 H = 0.5 时, 降水量序列为随机序列, 目

前的强度不会影响未来趋势;当 $H>0.5$ 时,降水序列具有持续性,存在长期记忆性,即下一个状态将持续上一个状态的态势,且其记忆性不随时间标度而变化,当 $H<0.5$ 时,系统是一逆持续性的,即下一个状态与上一个状态的态势相反,这种逆持续性行为的强度取决于距离零的远近,H 距离零值越近,负相关性越显著。

对龙河口水库流域降水量序列的未来趋势进行预测,计算结果见表 4。全年和四季的 H 系数均小于 0.5,在 2019 年之后的一定时间内,龙河口水库流域年降水量呈现不显著的下降趋势,春、冬季降水量呈不显著下降趋势,夏、秋季降水量呈不显著上升趋势。

表4 降水量未来趋势变化特征

项目	全年	春季	夏季	秋季	冬季
U 值	0.268	0.984	−0.805	−0.626	1.521
趋势	↑	↑	↓	↓	↑
H 值	0.096	0.190	0.174	0.181	0.229
持续性	逆持续性	逆持续性	逆持续性	逆持续性	逆持续性
未来趋势	↓	↓	↑	↑	↓

4 结论

本文基于对龙河口水库流域内 8 个雨量站降雨资料的分析,得出以下几个重要结论:

(1)龙河口水库流域多年(2011 年以来)平均降雨量为 1 366.0 mm,最大年降水值是最小年降水值的 1.53 倍,降雨量年际变化大。

(2)通过分析降水年内分布情况,得出降水年内分布不均匀、集中度高;6 ~ 8 月是全年降雨的集中期,要注意当地的城镇防洪和乡村的山洪地质灾害,做好相关预警工作。

(3)采用非参数 Mann-Kendall 检验方法分析了龙河口水库流域降雨量的变化趋势,结果表明,龙河口水库流域春季、冬季降雨量均存在上升趋势,秋季和夏季降雨量有下降趋势;年均降雨量总体呈现弱上升趋势,以上变化趋势均不显著。

(4)2019 年后的一定时间内,龙河口水库流域年降水量呈现不明显的下降趋势,春季、冬季降水量呈现不明显的下降趋势,夏季、秋季降水量呈现不明显的上升趋势。

参 考 文 献

[1] CHANGE C. Intergovernmental Panel on Climate Change (IPCC) [J]. Encyclopedia of Energy Natural Resource & Environmental Economics,2013,26(2):48-56.

[2] 高继卿,杨晓光,董朝阳,等.气候变化背景下中国北方干湿区降水资源变化特征分析[J].农业工程学报,2015,31(12):99-110.

[3] 王大钧,陈列,丁裕国.近 40 年来中国降水量、雨日变化趋势及与全球温度变化的关系[J].热带气象学报,2006(3):283-289.

[4] 徐宗学,张楠.黄河流域近 50 年降水变化趋势分析[J].地理研究,2006(1):27-34.

[5] 陈冬冬,戴永久.近五十年我国西北地区降水强度变化特征[J].大气科学,2009,33(5):923-935.

[6] 冯怡,张敏,王晶,薛联青,等.淮河中上游水文气象要素演变特征分析[J].江苏水利,2019(3):9-16.

[7] 李德.观音阁水库流域降雨变化特征分析[J].陕西水利,2019(2):70-73.

[8] 吕务农.龙河口水库[J].江淮水利科技,2012(6):50.

[9] 魏凤英.现代气候统计诊断与预测技术[M].北京:气象出版社,1999:32-66.

[10] 王文圣,丁晶.随机水文学[M].2 版.北京:中国水利水电出版社,2008.

[11] 燕爱玲,强晟,刘招,等.R/S 法的径流时序复杂特性研究[J].应用科学学报,2007(2):214-217.

[12] 于延胜,陈兴伟.R/S 和 Mann-Kendall 法综合分析水文时间序列未来的趋势特征[J].水资源与水工程学报,2008(3):41-44.

土方干法施工和湿法施工在车轴河治理
工程中的应用技术比较分析

蔡娟

（灌云县水利局,江苏 连云港　222200）

摘　要　河道疏浚工程是中小河流治理的重要组成部分,施工方法主要有两种,分别是对河道断流进行土方开挖和河道不断流的情况下水下清淤。通过对两种疏浚方式进行工作效率、施工质量控制、水质影响、灌溉供水等方面技术比较,合理选择有利于工程质量、建设进度、投资控制的方法,不断探索和实践新技术、新方法,从而保证建设工程的经济效益和社会效益。

关键词　河流整治;土方开挖;施工

1　工程及施工技术概况

1.1　工程概况

灌云县位于沂沭泗流域最下游,区内河流纵横,县南界新沂河贯穿东西,纵贯县城南北的盐河是苏北地区的黄金水道,善后河、车轴河、牛墩界圩河、东门五图河、五灌河等河流,分别从埒子河、灌河口入海,构成河海联运区域性网络。灌云县河流水系按高低水排水系统可分为古泊善后河高水片、善南低水片,两片以叮当河为界,叮当河以西为古泊善后河片,主要河流有古泊善后河及其支河叮当河、西护岭河、东滶沟河,区域高水经善后新闸入海;叮当河以东为善南片,是以车轴河、牛墩界圩河、东门五图河、五灌河、枯沟河等骨干河道构成的平原河网水系,区域涝水分别排入车轴河、牛墩界圩河和东门五图河,经五灌河、埒子河入海。

车轴河位于灌云县境内,由西向东流经下车、同兴、四队、圩丰等乡镇,是灌云县善后河以南、牛墩界圩河以北地区的主要排灌河道。车轴河全长 42.8 km,上游在下车镇大柴市西侧与盐河相接,下游在圩丰镇小湾闸折弯分为两支,一支从小湾闸至东陬山车轴河闸排水、经埒子河入海,另一支从小湾闸至五图闸和图西闸排水、经埒子河入海,其流域范围西至叮当河,东至五图河,北至善后河,南与牛墩界圩河平分中间排水区,流域面积 333 km²,控制耕地面积 35 万亩,受益人口 30 余万人。

1.2　施工技术概况

车轴河上段、下段河道多年未经治理,普遍存在河道规模较小且淤积严重,沿线支河口圩口闸大多修建年代久远,多为圬工结构,现状老化失修严重,同时受下游洪水及风暴潮顶托,排水不及时,导致车轴河流域洪涝灾害频发,严重制约着当地经济社会发展。

疏浚车轴河 30.8 km 河道,其中上段 12.4 km、下段北支 9.0 km、下段南支 9.4 km。车轴河上段河道底高程 -1.2 ~ -1.7 m,底宽 25 ~ 50 m,边坡 1:3 ~ 1:4。车轴河下段北支河道底高程 -2.2 ~ -2.33 m,底宽 60 m,边坡 1:4。车轴河下段南支河道底高程 -2.0 m,底宽 12 m,边坡 1:4。按 5 年一遇排涝标准进行疏浚,拆建沿线病险涵闸,提高河道防洪排涝能力,保障下车、同兴、四队、圩丰等乡镇防洪安全。这对改善河道沿线及周边居民的生产条件及生活环境,促进灌云县经济社会发展产生深远影响。

作者简介:蔡娟,女,1976 年生,本科,学士学位,高级工程师,主要从事水利工程建设管理、质量监督等工作。

2　工法选择

2.1　施工分段

本次车轴河治理段共分为三段,分别为上段、下段南支、下段北支。

车轴河上段西起盐河,东至大新河,全长 12.4 km。车轴河上段现状河道过流能力偏小,排涝标准不足 5 年一遇,本次按 5 年一遇排涝标准进行扩浚。车轴河上段沿线共有 7 座圩口闸,主要作用为防洪排涝和灌溉期保水。部分损坏严重,需进行迁址重建。车轴河下段分为南、北两支。北支南起小湾闸,北至车轴河闸,全长 9.0 km。南支西起小湾闸,东至图西闸,全长 9.4 km。车轴河排涝标准不足 5 年一遇。本次按车轴河下段 5 年一遇排涝标准进行扩浚。车轴河下段北支沿线共有 9 座圩口闸,主要作用为防洪排涝和灌溉期保水,其中,部分闸多年运行,损坏严重,需进行原址拆建。

2.2　车轴河治理工程工法选择

河道疏浚方法主要分为干法施工和湿法施工两种方案,需进行干、湿法施工方案比选。

(1)车轴河上段。经施工方案比选,车轴河上段两岸基本为农田,采用干法施工方案投资最省,工程施工相对容易,对周边农田灌溉的影响可通过现有水利工程调度缓解,因此车轴河上段选用干法施工方案。

(2)车轴河下段北支。经施工方案比选,车轴河下段北支两岸基本为农田,采用干法施工方案投资最省,工程施工相对容易,对周边农田灌溉的影响可通过现有水利工程调度缓解,因此车轴河下段北支选用干法施工方案。

(3)车轴河下段南支。经施工方案比选,车轴河下段南支与本工程其他河段相比,存在特殊性,主要体现在本段河道两岸房屋密集,且紧邻河口布置,采用干法施工影响两岸房屋稳定。而且该段河道两侧鱼塘较多,若采用干法施工,会对周边的鱼塘养殖产生不利影响,同时需对周边鱼塘养殖户进行补偿。考虑车轴河下段南支河道土方量约 20 万 m³,数量较小,因此本次设计该段施工方案采用抓斗式挖泥船施工。

3　施工质量控制要点

3.1　湿法施工控制要点

3.1.1　抓斗式挖泥船施工准备

疏浚前,组织测量人员对河道原始断面进行测量,结合工程设计图纸,标识河道底宽线、坡顶线标志,标志应稳定牢固。确定淤泥转运方式,拟以驳船的方式二次转运至排泥场弃土。卸泥地点专门划定,做好拦泥坝、排水设施,以及安全防护设施和安全警示设施。

3.1.2　抓斗式挖泥船施工准备放样及定位

利用全站仪或 GPS 进行定位放样。采用 GPS 时,须按设计图纸提供的坐标参数及时调整船舶位置。定位时,挖泥船移至施工区域上游 100 m 左右位置,按照岸设导标指示或 GPS 指引,在靠疏浚区一侧岸边寻找合适的栓锚点。通过收放主锚和边锚、尾锚,准确到达施工区域,完成定位。若采用全站仪,在一岸或两岸放设四组导标,设立显著标志,分别标示控制作业区的四个角点,以便于施工船上操作人员随时掌握疏浚位置,准确控制施工作业范围。一般抛一次锚,可以前移 40~50 m,横移 3 倍船宽。

3.1.3　抓斗式挖泥船施工

在完成施工区定位后,首先将泥驳船拖至与挖泥船相平行的一侧,将挖泥船和泥驳船通过缆绳固定。船上挖掘机开始按照要求将河床的淤泥挖至泥驳船里。满载后,将泥驳船拖运至指定的区域进行弃渣,再将空驳船拖至挖泥船相应位置,循环作业。当该船位的水深通过检测达到设计要求后,挖泥船通过收放两侧钢缆移到下一船位,重复上述内容,直至该断面河底高程达到设计要求。然后,挖泥船放松两侧锚固钢缆适当长度,通过收放尾锚和主锚,挖泥船被牵引至下一断面,开始下一断面的疏浚作业。挖泥船每次前移距离为一个挖掘机伸臂范围,为了防止发生欠挖,下挖斗间距要重叠超过 1/5 个抓斗宽度。施工前在岸边不同位置设立多支水尺,以便施工中确定施工水位。

3.1.4　挖泥的质量控制

一个区域挖泥完成后,需要对该区域进行自验,确保设计底边线以内水域不存在浅点并且边坡、超宽超深满足设计要求。施工开挖要保证按设计要求超宽超深,一般卵石、坚硬及硬黏土设计边坡 1∶3;对于岩质基线,边坡一般定为 1∶0.5。施工前要由测量人员利用 GPS 进行精确定位后方能进行挖泥作业。挖泥船移动横向距离不能大于 2 m,纵向距离不能大于斗宽,下斗时斗位要重叠 1/5 个斗宽,确保挖泥施工无漏挖;弃渣时应倒入指定抛泥区,并随时注意抛泥区深度;施工过程中要不断观察水位变化和抓斗的触底深度;同时还要派专人进行瞭望,密切注意上、下游船舶的过往情况。

3.1.5　安全控制

在施工区内做到日夜有人值班巡查,发现险情、全力及时抢险,确保人员、设备安全,确保人身安全,配置适量的消防设备和器材,消防设备和器材应随时检查保养,始终处于良好的待命状态。在施工区内应设置种类警式、提示信号,如标志的道路信号、控制信号、安全信号、提示信号等,并随时负责维修使其正常使用。加强水上作业人员安全,船上工作人员必须穿救生衣,杜绝水上事故的发生。水上作业区域设置栏杆扶手等安全措施。水上作业人员均须穿救生衣作业。陆上作业人员注意驾驶安全。随船配备橡皮救生艇一条,置于作业水面,应付突发事故。严格按用电作业规程布置电缆、电线,注意接头绝缘保护。施工区河段水上设置航标牌、安全标志,派专人及专用船只指挥过往船只。

3.2　干法施工控制要点

3.2.1　干法施工场地布置

车轴河下段北支土方开挖采用干法施工,由于河道较宽,且河底位于淤泥层,承载力仅有 45 kN,需铺设河底至现状滩面的上堤马道供运土车辆通行,施工河段每隔 100 m 两侧各设置一条上堤马道,马道按宽 3 m、坡度 1∶8 填筑,采用山场碎石土压实,厚 0.8 m。根据弃土区布置情况,为了减少房屋拆迁量,有的河段弃土区仅布置在河道一侧,或虽然布置在两侧,但需要进行两岸交叉弃土,为了缩短运输距离,需填筑跨河便道连接两岸交通,跨河便道按间隔不小于 1 000 m 布置,顶高程与青坎高程持平,顶宽 3 m,两侧边坡 1∶4,利用河道开挖土方填筑。

3.2.2　干法施工质量控制要点

采用 1.0 m³ 挖掘机,配 5.0 t 自卸汽车运输至临时弃土区,依据土方平衡和施工道路布置,分段施工。施工前,做好施工截流和排水工作;施工期间,开挖区截渗龙沟逐层开挖,及时做好雨水、渗水的排除工作,龙沟沿河坡纵向每 1 m 深开挖一条,每 100 m 横向布置一条。挖掘机采用反铲施工,施工时挖掘机反铲一次开挖到位,自卸汽车运输采用环形线路,铲运机开运方式按转圈开行或"∞"字开行,在弃土区和开挖坡面上均需设马道。施工时,要将表层耕作层土挖至弃土区以外,便于土方工程完成后复耕或绿化。

4　河道疏浚工程干、湿法施工技术对比分析

4.1　施工效率及质量控制

河道疏浚工程干法施工是通过施工导流、填筑围堰、施工降排水等形式,使河道断流,进行河底淤土开挖。在施工过程中,具有可见性、可量性,易于质量控制,对于疏浚要求高的工程非常适合。干法施工采用挖掘机配自卸汽车方式,开挖效率高,清淤程度彻底,能形成标准的河道断面。河道疏浚工程湿法施工是在保证不影响河道正常灌溉、排涝功能的前提下,由水下机械清理河底淤泥。因此,湿法施工只能通过量测才能测出水下开挖情况,且清淤效率低下,不能形成河道标准断面。湿法施工水下施工后,河道往往只能形成水下自然断面。

4.2　施工对河流水质产生的影响

河道疏浚工程干法施工和湿法施工均会造成水体污染。湿法工程施工,将因机械搅动把渠道底泥和开挖土方中细小颗粒及有机质、营养物质,甚至是重金属等有害物质,重新释放到水体中去,对水体造成如色度、浊度和 COD 等值超标,形成一定的不利影响;较严重时能对水质构成威胁。干法河道疏浚采用断流的方式,施工场地与水体暂时性隔绝,尚不会造成上述影响。但干法河道疏浚造成河道断流,在

一定程度上引起水体自然流动减慢,对应于不同的施工期,会造成不同程度的水体质量下降。当然,两种施工方法造成水体污染是短暂的,会因工程阶段的竣工,而随之减轻,最后消失。因此,在不考虑其他条件下,工程施工中尽量选择使用干法施工可以使影响最小化。

4.3 对当地建筑物及地质稳定的影响

河道疏浚工程湿法施工是在河道有水的情况下开展的,不影响原有的河道边坡稳定,有利于两岸建筑物基础稳定。而干法施工通过降排水的形式将河水排干,会引起地下水反向流入河道,造成河坡稳定性变差。在施工过程中,当有机械扰动时,常常会引起河坡滑动等地质问题。因此,当河岸建筑物较多,河坡存在不稳定因素情况下,尽量采用湿法施工。

4.4 对通航、灌溉、排涝等功能的影响

河道疏浚工程湿法施工不断流,不影响通航、灌溉、排涝等效益的发挥。而干法施工需要彻底断流,在施工期内,河道通航、灌溉、排涝等功能暂时停止发挥。因此,湿法施工对河流功能效益的发挥影响最小,在某些不宜断航的河流中经常应用。

5 结语

中小河流治理工程对提高相关区域的防洪除涝标准,促进地区经济社会发展,保证人民生产生活安全有着积极的意义。河道清淤施工方法多种多样,通过经济、技术比较,合理选择有利于工程质量、建设进度、投资控制的方法至关重要,不断探索和实践新技术、新方法,从而保证建设工程的经济效益和社会效益。

引江济淮工程江淮沟通段环境保护措施分析

史书汇[1]，訾洪利[2]

（1. 华北水利水电大学水利学院，河南 郑州　450046；

2. 安徽省水利水电勘测设计研究总院有限公司，安徽 合肥　230088）

摘　要　结合在引江济淮工程江淮沟通段实践，通过实地调研，本文从认真落实环境保护法律法规、严格执行相关技术标准、施工环境保护措施、生态保护措施、环境清理措施、环境保护工程验收等6个方面探讨分析了环境保护的对策措施，以益于环境保护"三同时"制度的真正落实。

关键词　引江济淮；江淮沟通段；环境保护；措施

1　工程概况

引江济淮工程是国务院确定的172项加快推进的重大水利工程之一，工程供水范围涵盖安徽省12市和河南省2市，共55个县（市、区），涉及面积约7.06万 km^2，估算总投资912.71亿元，2016年底开工建设，总工期72个月。该工程是以城乡供水和发展江淮航运为主，结合灌溉补水和改善巢湖及淮河水生态环境为主要任务的大型跨流域调水工程。自南向北分为引江济巢、江淮沟通、江水北送三段，输水线路总长723 km，其中新开河渠88.7 km、利用现有河湖311.6 km、疏浚扩挖215.6 km、压力管道107.1 km。

江淮沟通段输水河道自巢湖西北部派河口起，沿派河经肥西县城关上派镇、在肥西县大柏店附近穿越江淮分水岭，沿天河、东淝河上游河道入瓦埠湖，由东淝河下游河道，经东淝闸后入淮河，全长155.1 km。江淮沟通段河道输水流量：起点派河口295 m^3/s、蜀山泵站枢纽提水流量290 m^3/s、入瓦埠湖280 m^3/s。本段河渠均为岗地开挖，开挖深度20~37.5 m。边坡土质多为上弱或中膨胀土、砂性土，下部为软岩结构。

项目区为北亚热带湿润季风气候区，主要特征为气候温和，四季分明，日照充足，无霜期长。受季风气候影响，本区降水年际变化大，年内年际分配不均匀，降水主要集中在汛期。流域多年平均降水量为1 132 mm，受季风影响，本区降水年际变化大，最大年1991年降水量为1 842 mm，最小年1978年降水量为592 mm，最大年降水量是最小年的3~4倍。降水量的年内分布不均，多年平均无霜期200~250天，平均湿度78%。

2　环境保护要求

环境保护部办公厅在2016年6月《关于引江济淮工程环境影响报告书的批复》中明确要求：引江济淮工程建设将对长江干流下游局部河段水资源及水文情势、输水沿线生态环境等产生不利影响，在采取环境影响报告书和本批复要求的各项污染防治及生态保护措施后，不利环境影响可以得到一定程度的减缓和控制。要求项目建设与运行管理中应重点做好以下工作：①严格落实水环境保护措施。安徽、河南两省人民政府应当切实做好相关水环境保护工作，为工程实施创造条件。尽快完善和批复工程配套的治污规划，并组织实施，按时保质完成各项工作任务，切实改善输水沿线水环境质量。②严格落实生态保护措施。采取江湖连通、鱼类资源保护与恢复、优化航道布局、生态恢复等措施，切实保护水生生态系统。③坚持"先节水后供水、先治污后通水、先环保后用水"原则，减缓对取水河段的不利环境影

作者简介：史书汇，男，2000年生，华北水利水电大学水利学院在读，主要研究方向为水利工程建设与管理。E-mail：s6648@126.com。

响。④严格落实施工期环境保护措施。严格控制工程占地施工范围,合理安排施工时段,尽量减少占地和对动植物及其生境的扰动。加强施工期环境管理。⑤严格落实环境风险防控措施。⑥做好移民安置的环境保护工作。

3　环境保护措施分析

3.1　认真落实环境保护法律法规

在引江济淮工程建设中,项目法人和施工单位认真遵守中华人民共和国水法、水土保持法、防洪法、环境保护法、大气污染防治法、水污染防治法、环境噪声污染防治法、固体废弃物污染环境防治法、建设项目环境保护管理条例等各项环境保护法律法规,以及安徽省、河南省制定的相关法规、条例,按照环境保护部《关于引江济淮工程环境影响报告书的批复》(环审〔2016〕77号),认真实施各项环境保护措施。

3.2　严格执行相关技术标准

引江济淮工程环境保护工作过程中,严格执行水环境监测规范、地表水环境质量标准、环境空气质量标准、生活饮用水卫生标准、污水综合排放标准、大气污染物综合排放标准、水利水电工程施工通用安全技术规程、建筑施工场界噪声限值、水土保持监测技术规程、水利水电工程水土保持技术规范等技术标准,每一道工序达标后再进入下一工序。

3.3　施工环境保护措施

(1)做好生活供水及生活废水处理。工地生活饮用水水质基本符合《生活饮用水卫生标准》(GB 5749);处理后的废水水质符合受纳水体环境功能区规定的排放要求再进行排放,不能将未处理的生活污水直接或间接排入河流水体中,或造成生活供水系统的污染。生产废水处理采取以下处理措施:①基坑排水的排放口位置尽可能设置在靠近河流中的流速较大处,以尽量满足水质保护要求。在基坑排水末端设沉淀池,对基坑经常性排水进行处理,做到蓄浑排清。尽量控制水体pH值接近中性时排放。②砂石料开采加工、混凝土生产及其他辅助生产系统等的废水处理实行雨污分流,建立完善的废水处理系统,将各生产系统经常性排放的废水统一收集处理。③废水处理系统排出的污泥先进行必要的脱水(或沉淀)处理后,运至指定的弃渣场堆存。防止污泥进入排水系统或排入河道。④机修及汽修系统的废水收集、处理系统建立专用的废水收集管道,对含油较高的机修废水选用成套油水分离设备进行油水分离,防止排放未经处理的废水。⑤混凝土浇筑面的冲洗、冲毛废水,以及灌浆工作面冲洗岩粉的污水和废弃浆液由专设的沟道集中排放,严禁污水漫流。

(2)加强施工区粉尘控制。施工单位根据施工设备类型和施工方法制定除尘实施细则,提交监理人批准。施工过程中,随时进行除尘措施的检查和检测。施工期间,除尘设备应与生产设备同时运行,并保持良好运行状态,保证施工场界及敏感受体附近空气中允许粉尘浓度限值控制在规定范围内。散装水泥、粉煤灰、磷矿渣粉由封闭系统从罐车卸载到储存罐,所有出口应配有袋式过滤器。经常清扫施工场地和道路,及时向多尘工地和路面洒水。施工场地内限制卡车、推土机等的车速,以减少扬尘;运输可能产生粉尘物料的敞篷运输车,其车厢两侧及尾部均配备了挡板。运输粉尘物料用干净的雨布加以遮盖。

(3)做好固体废弃物处理。对施工场地及生活区的生产和生活垃圾,做到及时清理、清扫,统一运至指定地点处置。生产垃圾中的金属类废品,由专人负责回收利用。按指定的渣场弃渣,弃渣场采取碾压、挡护或绿化等措施进行处理。对施工中难以避免滑入河道的渣土、因施工造成的场地塌滑与泥沙漫流等问题,都采取了合理的拦挡措施。废弃混凝土运至专设的弃料场,防止任意弃置在施工场地内。

3.4　加强生态保护措施

(1)做好陆生动植物及资源保护。因工程施工需要在施工场地范围内进行砍树、清除表土和草皮时,须按批准的环境保护规划要求进行。在施工场地内发现国家保护级的鸟巢、受保护动物和巢穴,按国家的有关规定妥善保护。在施工区附近的水域,发现受保护的鱼类立即报告,并按国家有关规定处理。施工区以外的保护林区也做好野生动物保护工作。

(2)重视景观与视觉保护。保护好施工场地附近的风景区、自然保护区及湿地等免受工程施工的影响。做好生活营地周围的绿化和美化工作,保护生态,改善生活环境。修建的各项临时设施尽可能与周围环境协调。

3.5　环境清理措施

(1)做好环境清理计划。在单元工程基本完工后,制定环境清理计划,其内容应包括:①环境清理范围(包括施工场地及施工场地以外遭受施工损坏的地区);②环境保护辅助工程设施;③植被种植措施。

(2)落实环境清理措施。①在每一施工作业区施工结束后,施工单位做到及时拆除各种临时建筑结构和各种临时设施(包括已废弃的沉淀池和临时挡洪设施等)。②完工后,施工单位按计划将所有材料和设备撤离现场,工地范围内废弃的材料、设备及其他生产垃圾按环境规划要求和监理人指出的方式处理。③对防治范围内的排水沟道挡护措施等永久性水土保持设施,在撤离前进行疏通和修整,拆除和撤离的其他设施和结构及时清理出场。④施工单位有责任保证其种植的林草在规定的"林草恢复期"内成活。⑤占用耕地的料场,在开采前将剥离的耕植土妥善堆存保管,完工后将其返还摊铺,还田复耕。

3.6　做好环境保护工程验收

各项施工期环境保护临时设施和永久性环境保护工程投入使用前,均由监理人会同环保部门代表与施工单位共同进行质量检查和验收。对批准的环境保护计划落实情况、施工质量检查记录、生活和生产废水处理以及固体废弃物处理效果、"林草恢复期"内植被种植完成情况及维护管理措施等进行全面验收,并做好相关资料的收集整理。

4　总结

引江济淮工程是以城乡供水、发展江淮航运为主,结合农业灌溉补水,兼顾改善巢湖及淮河水生态环境等综合利用的国家重大水利工程,对保障淮北地区供水需求,发展江淮航运和改善淮河流域生态环境具有重要意义。工程建设过程中严格执行环境保护设施与主体工程同时设计、同时施工、同时投产使用的环境保护"三同时"制度。项目建设单位能够重视项目建设过程中的生态环境保护工作,进一步加强施工期环境管理,认真落实项目环评和批复的各项要求,细化环境保护措施,确保施工期对生态环境影响降到最低,不影响区域生态环境质量,确保治污规划中的生态环境保护工程发挥效益,水质状况满足调水需要。开展了环境保护工程专项招标,将环保措施纳入施工承包合同中。委托有资质的单位进行施工期环境监测和环境监理工作,保证了环境保护各项措施的有效实施。

参 考 文 献

[1] 环境保护部.关于引江济淮工程环境影响报告书的批复:环审〔2016〕77号.2016.

[2] 长江水资源保护科学研究所.引江济淮工程环境影响报告书[R].2016.

[3] 王艳艳.引江济淮工程江淮沟通段弃渣场防护措施探讨[J].江淮水利科技,2017(3).

三、水利工程建设与运行管理

土石方开挖智能信息化技术研究及应用

宋新江[1],徐海波[1,2]

(1.安徽省·水利部淮河水利委员会水利科学研究院,安徽 蚌埠 233000;
2.安徽省建筑工程质量监督检测站,安徽 合肥 231000)

摘 要 土石方开挖是水利工程建设中的一项重要内容。本文针对土石方开挖智能信息化关键技术开展研究;通过布置感知设备,建立土石方开挖施工质量控制物联网系统;基于高精度定位、GIS、BIM、云计算、大数据等技术,提出了数据处理与分析方法,开发了土石方开挖智能信息化管理系统,实现了土石方开挖施工的智能信息化,并指出了智能信息化技术推广应用需要解决的问题;结合某河道开挖工程,验证了土石方开挖智能信息化管理系统的可行性和可靠性。研究成果对推进水利工程土石方开挖智能信息化工作具有十分重要的意义。

关键词 土石方开挖;信息化;物联网;云计算;大数据

1 前言

土石方开挖是水利水电工程建设中的一项重要的先行工序,不仅直接影响后续工序的进行,而且事关工程整体的进度、质量、安全及运行的稳定性。土石方开挖也是一项影响因素众多、关系复杂的系统工程,涉及人员、机械、施工工艺、天气、工序衔接等环节;具有工程量大、受作业环境影响大、工程地质复杂、平行作业干扰大等特点。随着机械设备技术的发展,土石方开挖施工逐步进入到机械化时代,施工过程中产生的信息量巨大,传统的工程管理模式已不适应工程建设的需求。

工程建设信息化的运用为土石方开挖工程建设管理提供了新的途径[1]。基于土石方开挖施工特点,结合高精度定位、GIS、BIM、云计算、大数据等技术,对土石方开挖智能信息化的关键问题进行研究,重点阐述了智能信息化技术在土石方开挖过程的实现方式、存在的主要问题及发展方向,开发了土石方开挖智能信息化管理系统,研究成果对推进水利工程现代化进程具有十分重要的意义。

2 水利工程智能信息化技术发展现状

2016 年,水利部门制定并实施《全国水利信息化"十三五"规划》《水利部信息化建设与管理办法》等文件,水利工程的信息化、智能化工作随即全面启动。根据水利工程建设特点,许多学者在水利工程信息化、智能化方面做了大量研究,取得了一定的研究成果。

2.1 建设管理信息化方面

为实现水利工程建设管理信息化,按照建设管理内容将其分为项目管理、合同管理、质量管理、安全管理、进度管理、资金管理、档案管理等多个信息化模块,通过各模块之间的联系进行建设管理。陈祖煜等[2]利用云计算技术构建了一个为多主体协同管理的综合信息服务平台,开发了水利工程建设云管理平台和云管理系统。

2.2 监测信息化方面

监测信息化起步较早,技术也比较成熟。监测信息化主要通过埋设自动传感设备或手动输入数据,实时监测土石坝、水闸、泵站等工程的位移、水位、应力、应变、渗流等信息,为工程安全运行提供技术支

作者简介:宋新江,男,高级工程师,博士,安徽省·水利部淮河水利委员会水利科学研究院副院长,安徽省"特支计划"创新领军人才,主要从事水利工程信息化和质量检测技术研究。

撑。潘国兵等[3]基于 GPS 与网络传输技术建立了土石坝自动化监测预警系统,实现了对监测数据的实时存储、计算分析、绘图、异常预警等功能;张丰伟等[4]依据物联网分层思想,采用全光纤传输技术,以 FBG 传感器作为检测单元,实现了对土石坝裂缝、渗压等重要数据的采集、监测和分析,开发了基于光纤光栅传感网的土石坝监测系统。

2.3　土石方填筑信息化方面

土石方填筑信息化是当前研究的热点,如杨峰[5]将高精度标准定位技术应用于大坝填筑施工过程实时智能化监控中;钟登华等[6]、樊启祥[7]、崔博等[8]针对大型拱坝、心墙坝的建设进度与质量精细化管控问题,建立了具有实时性、高精度、自动化的填筑施工过程监控系统;陈祖煜等[9]将无人驾驶技术引入到土石坝填筑施工过程实时智能化监控系统中,实现了自主施工环境感知、自主施工行为决策和自主施工动作执行的目标。土石方填筑信息化的研究对象是施工过程中的信息化,是建设管理信息化内容的进一步细化和补充,但在填筑质量评价分析、集成系统优化等方面仍有较大的改进空间。

2.4　土石方开挖信息化方面

目前土石方开挖信息化研究仍在探索阶段,已取得的成果主要侧重于模型预测、设备姿态监控等方面。如许应成等[10]基于 UML 建模系统和 Rational Rose 工具,开发了土石方开挖仿真系统软件,准确预测了土石方开挖施工进度和施工强度;燕乔等[11]利用三角模糊数,并结合数字地面模型和可视化技术,建立了土石方开挖随机模糊模型;中联重科、广西柳工、美国卡内基梅隆大学、澳大利亚机器人中心等[12-14]单位针对挖掘设备,开发了实时姿态测量系统,实现了对开挖机械臂姿态的实时监控。土石方开挖是一项系统工程,对挖掘设备的姿态监控只是土石方开挖过程中的一个环节,实现土石方开挖的智能信息化还需要做许多工作。

3　土石方开挖智能信息化关键技术及应用

BIM、GIS、大数据技术的进步以及传感设备的发展,为土石方开挖智能信息化提供了技术支撑。土石方开挖智能信息化应满足工程建设的实际需要,同时又能便于工程管理、指导工程施工和提高工作效率,因此需开展以下关键技术研究:①通过对开挖设施设备布置各种测量部件和传感仪器,建立具有定位、识别、感知、监控功能的物联网系统;②实时收集数据,利用 GIS、BIM、大数据、云管理等技术对数据进行处理和分析;③开发具有实时展示土石方开挖工程的进度、计量、质量、检验、验收、评价和施工组织方案优化等功能智能信息化系统。

3.1　土石方开挖施工质量控制物联网系统

建立土石方开挖施工质量控制物联网系统是实现智能信息化的重要基础,而传感设备的选择是建立物联网系统的关键。传感设备的选取应满足开挖工程测量精度的要求,同时兼具经济合理性;通过对比分析,在挖掘机各部位布置坐标定位、方向、航向、角度、位移等传感设备,基于 Maxwell 架构开发了数据采集、分析、处理、传输、接收的操作平台,建立了挖掘机工作装置正运动学模型,实现了对车辆实时坐标、航向、方向和姿态以及施工状态(包括开挖位置坐标、施工过程信息等)的实时监控,搭建了土石方开挖施工质量控制物联网系统,如图 1 所示。

3.2　数据处理与分析

开挖过程中每 1 秒产生 10 条数据,每个月累计的施工数据将达到千万条,采用常规的数据分析算法会导致远程分析卡死、数据分析展示响应时间较长等问题,严重影响工程的施工动态管理。为有效管理施工数据信息,保障数据传输的安全性,提高运算速度,在数据分析与处理过程中采用了以下方法。

(1)采用长连接通信和动态压缩等传输数据,节省资源和时间。

(2)采用分库分表、动态缓存、结果优先、数据拆分等技术对大数据进行挖掘和分析。

(3)在满足测试精度的前提下,对采集到的数据进行抽稀处理,剔除冗用、无效的数据,提高数据处理效率。

(4)采用限幅滤波、中位值滤波、算术平均滤波、卡尔曼滤波等方法对数据进行去噪处理。

(5)引入 GIS、BIM 等建模技术参与数据的处理、分析和计算。

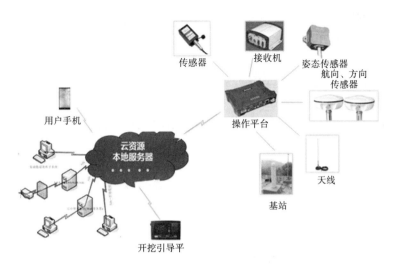

图1　土石方开挖施工质量控制物联网系统

（6）根据土石方开挖工程的计量、质量、检验、验收、评价和施工组织方案优化等需要，建立相应的评价模型对数据进行处理分析。

3.3　土石方开挖智能信息化管理系统

土石方开挖智能信息化管理系统主要基于 B/S 的三层体系架构（数据层、业务处理层、表现层），软件系统平台依托云服务器，主要业务功能通过网页浏览器操作完成，图2为系统技术架构图。

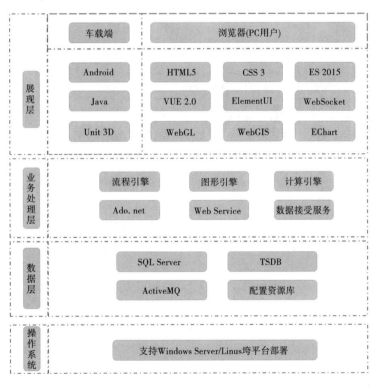

图2　系统技术架构图

根据土石方开挖过程实时监控的需求，从业务功能逻辑方面将土石方开挖智能信息化管理系统分为基础平台和土石方开挖质量控制智能系统两个部分。基础平台主要包括工程基础信息、施工机具信息、单位部门、用户/角色/权限、数据字典、业务参数/规则配置等内容，同时提供 3D/GIS 图形资源、数据分析算法、数据报表配置、业务流程定义等通用基础业务功能。土石方开挖质量控制智能系统包括面向挖掘机驾驶员的土石方开挖施工过程监控软件系统和面向工程管理者的土石方开挖质量管理系统两部分，面向挖掘机驾驶员的土石方开挖施工过程监控软件系统包括开挖范围、开挖高程、开挖坡度、开挖过程等监控及引导等模块,面向工程管理者的土石方开挖质量管理系统主要包括质量分析与工程面貌展示、工程统计与分析、数据管理、质量检验与评价、单元报表、系统管理、施工组织方案优化等。

3.4　工程应用

某河道开挖工程,设计河底高程为41.68 m,设计边坡坡比为1∶1.5。采用挖机开挖方式进行施工,施工前在挖机上安装智能信息化系统;为评价智能信息化系统的可靠性,现场采用GPS对开挖成果进行测量。图3为智能信息化系统中的显示数据,系统中实时显示边坡的开挖范围、开挖高程、边坡坡度、需填/挖的高度等信息,驾驶室内平板引导平台为开挖技术人员提供实时开挖引导;表1为某断面实测结果与系统计算成果的汇总表。

表1　实测结果与系统计算成果对比

项目名称	测点高程值	平均值
实测高程(m)	41.675、41.711、41.692、41.670、41.706、41.690、41.670、41.670、41.661、41.680	41.680
系统显示高程(m)	41.701、41.682、41.708、41.693、41.673、41.705、41.684、41.667、41.675、41.708	41.690
实测坡比	1∶1.50、1∶1.50、1∶1.51、1∶1.50、1∶1.51、1∶1.49	1∶1.502
系统显示坡比	1∶1.49、1∶1.50、1∶1.50、1∶1.50、1∶1.51、1∶1.50	1∶1.498

图3　现场测试

根据表1可知,实测高程的平均值为41.680 m,系统显示高程的平均值为41.690 m,两者相差1 cm;系统显示的各测点的高程值与实测高程平均值之差的最大值为2.8 cm,证实土石方开挖智能信息化系统的最大测量误差为2.8 cm,;实测坡比平均值为1∶1.502,系统显示的坡比平均值为1∶1.498,两者数据较接近。通过高程和边坡坡比的比对,验证了系统测量结果的准确性。

4　主要存在的问题

随着GPS定位技术及物联网、BIM、GIS等计算机技术的应用,可以将土石方开挖施工过程中的开挖动态、工程进展、开挖断面、工程统计等相关信息进行展示,实现了土石方开挖的智能信息化,为土石方开挖的质量控制和施工过程监控提供了新的技术。但在推广应用前仍有几个问题需要解决。

4.1　信息化施工的标准制定

土石方开挖智能信息化系统涉及多种传感器和电子产品,不同产品具有不同的通信协议、稳定性、采集频率、灵敏度、精度等,且产品如何组合、安装的标准如何确定,组成的系统如何检定、评价,生成的电子报验表是否纳入验收的程序等都是推广应用前亟待解决的问题。

4.2　数据的挖掘与综合利用

土石方开挖工程会产生大量信息数据,如何对这些数据进行深度挖掘,是土石方开挖工程质量智能控制与分析的重要基础。

4.3　工程地质条件对施工的影响

工程地质条件的变化直接影响着土石方开挖的过程、开挖质量以及整个施工安全和施工工期。施工场地的工程地质条件具有复杂多变性和不可预见性,如何在土石方开挖智能信息化系统中考虑工程地质条件对开挖施工的影响是一项极具有挑战性的难题,也是土石方开挖智能信息化过程中必须解决的问题。

5　主要结论

水利工程的智能信息化是实现水利现代化的重要基础。本文针对水利工程中土石方开挖智能信息化关键技术进行研究,通过布置传感设备,基于高精度定位、GIS、BIM、云计算、大数据等技术,阐述了土石方开挖施工质量控制物联网系统、数据挖掘、分析与评价,建立了土石方开挖智能信息化管理系统,通过某河道开挖工程验证了智能信息化系统的可行性和可靠性。提出土石方开挖信息化施工的标准制定、数据的挖掘与综合利用、工程地质条件影响等是下阶段智能信息化推广应用过程中需要解决的问题。

参 考 文 献

[1] 杨顺群,郭莉莉,刘增强.水利水电工程数字化建设发展综述[J].水力发电学报,2018,37(8):75-84.

[2] 陈祖煜,杨峰,赵宇飞,等.水利工程建设管理云平台建设与工程应用[J].水利水电技术,2017,48(1):1-6.

[3] 潘国兵,曾广燃,吴森阳.基于GPS与GIS的土石坝自动化监测预警系统研究[J].长江科学院学报,2013,30(9):110-113.

[4] 张丰伟,陈小勇,宋维彬,等.基于光纤光栅传感网的土石坝监测系统[J].光学技术,2014(4):357-361.

[5] 杨峰,李建坤,魏胜利,等.高精度标准定位技术在水利工程施工过程中的应用及思考[J].工程建设标准化,2017,512(12):121-122.

[6] 钟登华,任炳昱,宋文帅,等.高拱坝建设进度与质量智能控制关键技术及其应用研究[J].水利水电技术,2019,50(8):8-17.

[7] 樊启祥,周绍武,林鹏,等.大型水利水电工程施工智能控制成套技术及应用[J].水利学报,2016,47(7):916-923.

[8] 崔博,胡连兴,刘海东.高心墙堆石坝填筑施工过程实施监控系统研发与应用[J].中国工程科学,2011,13(12):91-96.

[9] 陈祖煜,赵宇飞,周斌,等.大坝填筑碾压施工无人驾驶技术的研究与应用[J].水利水电技术,2019,50(8):1-7.

[10] 许应成,王理,夏国平,等.土石方开挖数学模型和仿真系统的设计与研究[J].计算机工程与应用,2009,45(30):214-219.

[11] 燕乔,杨占宇,陈炎和,等.土石方开挖随机模糊仿真技术研究[J].岩土力学,2005,26(12):2031-2034.

[12] Singh S,Cannon H. Multi-Resolution Planning for Earth moving. Proceedings International Conference on Robotics and Automation[M]. Leuven,Belgium:1998.

[13] Nguyen Q H,Ha Q P,Rye D C. Force/position tracking for electro-hydraulic systems of a robotic excavator[M]. Proceeding of the 39th IEEE Conference on Decision and Control. Sydney,2000:5224-5229.

[14] 牛大伟.基于MEMS传感器的挖掘机姿态检测系统的研究[D].厦门:华侨大学,2015.

抗冻植被混凝土关键技术研究及推广应用

冯建国,王伟涛,周立君,刘晓,常倩,黄超

(沂沭河水利管理局河东河道管理局,山东 临沂　276000)

摘　要　为实现河道工程防护和植被防护的有机结合,采用正交试验的方法,对抗冻植被混凝土配合比进行了优化,使得植被混凝土抗冻性能和防止沉浆效果得到了显著提升,同时提高了石子的利用率,降低了施工难度,为在北方寒冷地区的推广使用奠定了基础;提出了浸泡的降碱工艺,利用复合溶液降碱的方式能够降低并维持孔隙液酸碱度,能够满足并促进植被的生长,且不会对混凝土强度造成不利影响;成功将抗冻植被混凝土应用于汤河右岸入沭河口塌岸应急修复项目中,对河道起到护坡固堤和生态修复的作用,提升了河道护坡的景观亮度。

关键词　植被混凝土;配合比优化;抗冻;降碱技术

1　前言

受 2019 年第 9 号台风"利奇马"及冷空气的共同影响,8 月 11 日 11 时,汤河河道大流量行洪,最大流量 374 m/s,洪水上滩,导致临沂市河东区汤河镇禹屋村汤河交通桥上游右岸段岸坡受洪水冲刷坍塌严重,岸坡陡立,严重危及汤河堤防安全,急需进行水毁修复。植被混凝土以大孔隙透水混凝土板为骨架,植被在孔隙内发芽生长,根系穿过多孔混凝土,扎入下层土壤,使植被、混凝土和下层土壤连为一个整体,从而起到固土护坡的作用[1]。将抗冻植被混凝土应用在汤河口处,既能对河道起到护坡固堤和生态修复的作用,同时汤河又对抗冻植被混凝土起到现实检验作用,符合生态河道的基本要求,实现了河道工程防护和植被防护的有机结合。为验证植被混凝土的防护效果,开展植被混凝土配合比优化、抗冻性能、降碱试验等研究。

2　试验研究

2.1　配合比优化

植被混凝土是指由非连续级配的石子、水泥(凝胶材料)和水按照一定比例制作而来的,其孔隙率在 28% 以上。由于制备中未使用细骨料,因此植被混凝土极易沉浆,对水胶比特别敏感(见图 1、图 2),水泥沉浆会混凝土有效孔隙率大大降低,植被根系无法穿过,同时植被混凝土强度和耐久性能也因此会大大降低[2]。

大多数研究认为粒径范围 16~19 mm 时[3],植被混凝土孔隙率、强度和耐久性能表现最好。但筛分发现,16~19 mm 粒径范围内的碎石占比较少,约为 1/8,筛分困难,效率低下,同时其他粒径范围内的碎石被筛除,会造成石子的极大浪费,工程应用受到了较大的限制,通过试验研究,拓宽粒径应用范围,优化石子级配,提高强度,降低筛分难度,能极大地提高植被混凝土在工程中的推广应用。

阅读文献发现,添加剂 1 和 2 能够增强植被混凝土的保水性和黏聚性,降低水泥浆的流动性,在水胶比较高时依然保持很好的塑性[4],同时添加剂 2 可以提高植被混凝土的早期强度,同时可以达到废弃物的再利用。

因此,将碎石粒径、水胶比、添加剂 1 和添加剂 2 列为研究因素,通过正交试验确定不同原材料的掺加范围,正交试验选取的因素水平如表 1 所示,试验结果如表 2 所示,极差分析如表 3 所示。

作者简介:冯建国,男,1991 年生,河东河道管理局,科员,主要从事水利工程管理工作。E-mail:905621270@ qq.com。

图1　出现沉降

图2　未出现沉降

表1　正交试验选取的因素和水平

水平	因素			
	碎石粒径(%) A	添加剂2(%) B	水胶比 C	添加剂1 D
1	19~26	0	0.28	0
2	16~26	4	0.30	2.0
3	16~19	8	0.32	3.5

表2　正交试验结果

试验标号	因素				实验结果			
	A	B	C	D	孔隙率(%)	7 d抗压强度(MPa)	28 d抗压强度(MPa)	有无沉浆
1	1	1	1	1	28.50	6.52	8.51	轻微
2	1	2	2	2	29.36	6.89	8.17	无
3	1	3	3	3	28.98	6.38	7.50	无
4	2	1	2	3	28.30	5.97	7.60	无
5	2	2	3	1	26.96	7.32	8.77	严重
6	2	3	1	2	28.50	7.18	8.00	无
7	3	1	3	2	28.12	7.08	9.19	无
8	3	2	1	3	29.48	6.81	7.96	无
9	3	3	2	1	28.10	6.88	8.64	中度

　　(1)由表2第1、5、9三组数据可以看出,有添加剂1的试验组均没未出现沉浆,而没有掺加组均出现了不同程度的沉浆。因此,添加剂1保水性很强,适量添加剂1防沉浆效果显著。

　　(2)由表3 B列数据可以看出,添加剂2的掺入对7 d抗压强度有提高作用,但对28 d抗压强度没有显著影响。分析表2第5组和第9组试验数据,掺入添加剂2后依然出现一定程度的沉浆,说明添加剂2的掺入对提高拌合料的保水性、防止沉浆作用不大,起防止沉浆作用的主要是添加剂1,确定添加剂2掺量取4%。

表3　正交试验极差分析表

性能	均值与极差	A	B	C	D
7 d抗压强度	K1	19.79	19.57	20.51	20.72
	K2	20.47	21.02	19.74	21.15
	K3	20.77	20.44	25.46	19.16
	k1	6.60	6.52	6.84	6.91
	k2	6.82	7.01	6.58	7.05
	k3	6.92	6.81	8.49	6.39
	R	0.33	1.45	1.91	0.66
28 d抗压强度	K1	24.17	25.30	24.46	25.92
	K2	24.37	24.90	24.40	25.36
	K3	25.78	24.13	25.46	23.05
	k1	8.06	8.43	8.15	8.64
	k2	8.12	8.30	8.13	8.45
	k3	8.59	8.04	8.49	7.68
	R	0.54	0.39	0.35	0.95

（3）由表3 B列数据可以看出，影响植被混凝土28 d抗压强度因素的主次顺序为D→A→B→C，随着添加剂1掺量的增加，植被混凝土强度逐渐降低，分析原因在于添加剂1占据一定的体积，但是其强度低于水泥浆体。考虑到添加剂1的掺入会在一定程度上降低混凝土的抗压强度，在保证不沉浆的前提下，应减少其用量，故添加剂1掺量取2%。

2.2　抗冻性能研究

植被混凝土孔隙内充满水时极易发生冻胀破坏。不采取任何抗冻措施的条件下，植被混凝土在承受约20次冻融循环后就会出现断裂、粉碎等破坏形态，抗冻性能极差。

本试验采用粗细纤维复合增强的方法[5]，提高植被混凝土的抗冻性能。碎石的级配、水胶比可能会因为粗细纤维的掺入而对植被混凝土性能产生影响，故重新将碎石级配和水胶比列为研究对象进行优化。

试验把细纤维掺量、粗纤维掺量、水胶比、碎石级配作为影响因素考虑，每个因素取3个水平，试验所取因素与水平见表4，结果见表5，对抗折强度、28 d抗压强度承受反复冻融循环的次数进行极差分析的R值见表6。

本次试验每5次冻融循环对试件的破坏情况进行检测，记录试件所能承受的最大反复冻融循环次数。

表4　正交试验选取的因素和水平

水平	因素			
	细纤维（%）A	粗纤维（%）B	水胶比C	碎石粒径D
1	0	0	0.28	19~26
2	0.06	0.10	0.30	16~26
3	0.12	0.20	0.32	16~19

表5 正交试验结果

试验标号	因素				试验结果			
	A	B	C	D	有效孔隙率（%）	抗折强度（MPa）	抗压强度（MPa）	冻融循环次数
1	1	1	1	1	27.73	2.50	9.16	35
2	1	2	2	2	28.50	2.81	9.24	75
3	1	3	3	3	28.07	2.58	9.96	85
4	2	1	2	3	28.50	2.08	7.75	80
5	2	2	3	1	27.80	1.98	8.20	105
6	2	3	1	2	32.02	1.71	6.55	120
7	3	1	3	2	27.53	1.89	8.45	80
8	3	2	1	3	28.48	1.99	7.50	105
9	3	3	2	1	30.26	1.84	5.95	90

表6 正交试验极差分析表

性能	均值与极差	A	B	C	D
抗折强度	K1	7.88	6.47	6.20	6.31
	K2	5.77	6.77	6.73	6.41
	K3	5.71	6.12	6.44	6.65
	k1	2.63	2.16	2.07	2.10
	k2	1.92	2.26	2.24	2.14
	k3	1.90	2.04	2.15	2.22
	R	0.72	0.22	0.18	0.11
28 d 抗压强度	K1	28.36	25.36	23.21	23.31
	K2	22.50	24.94	22.94	24.24
	K3	21.90	22.46	26.61	25.21
	k1	9.45	8.45	7.74	7.77
	k2	7.50	8.31	7.65	8.08
	k3	7.30	7.49	8.87	8.40
	R	2.15	0.97	1.22	0.63
冻融循环次数	K1	195.00	195.00	260.00	230.00
	K2	305.00	285.00	245.00	275.00
	K3	275.00	295.00	270.00	270.00
	k1	65.00	65.00	86.67	76.67
	k2	101.00	95.00	81.67	91.67
	k3	91.67	98.33	90.00	90.00
	R	36.67	33.33	8.33	15.00

从表中数据分析可得：

（1）各组植被混凝土的有效孔隙率都在 28% 左右,满足植被正常生长对孔隙率的要求,说明纤维的掺入对植被混凝土的透水性能影响不大。

（2）细纤维对抗折强度、抗压强度和抗冻性能均影响显著。用量越大,抗折强度和抗压强度均逐渐降低,抗冻性能先有较大程度的提高,而后有所降低,但抗冻性能仍远高于用量为 0 的试验组,本研究着重参考抗冻性能,确定细纤维用量为 0.06%。

（3）粗纤维用量越大,抗压强度有小幅度降低,抗折强度有一定升高后有小幅度降低,而抗冻性能有明显增强作用,确定粗纤维用量为 0.2%。

（4）水胶比对各性能指标影响不大,水胶比越大,抗折强度先升后降,但是变化幅度较小,而抗压强度、抗冻性能和劈裂抗拉强度不断提高,所以选取水胶比为 0.32。

（5）碎石粒径范围对各性能指标影响不大,综合考虑对各性能指标、筛分的难易程度和材料的利用率的影响,选取粒径范围 16~26 mm。

根据试验结果,基于本研究的期望(抗冻性能强、强度满足要求、透水性能好、石子利用率高等),得到最佳组合为 A2B3C3D2。

2.3　降碱试验研究

植被混凝土降碱遵循降低孔隙液碱性、促进植被生长和不降低混凝土强度的原则。通过参阅文献,以无机化学物质氮、磷、钾的盐溶液作为研究的重点,结合无机化学电离水解的相关知识,以及前期对多种物质降碱效果的初步探究,最终选取物质 1、物质 2 和物质 3 三种物质配制降碱溶液[6],研究其降碱效果。

选取物质 1、物质 2 和物质 3,浓度均取 1%、2%、5% 三个水平,测其孔隙液 pH 值。相关资料显示适合植被生长的 pH 值为 5.5~8.5,当每组 pH 值超过 8.5 时停止测定,结果如图 3~图 5 所示。

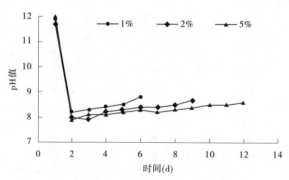

图 3　物质 1 降碱效果曲线

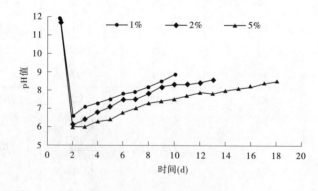

图 4　物质 2 降碱效果曲线

从图中数据分析可得:

（1）经降碱溶液降碱后,植被混凝土 pH 值能在 1 d 内降到中性以下,后期 pH 值会有缓慢回升。由于植被混凝土中的碱性物质有限,再次加入降碱物质,会在更长时间内使 pH 值维持在 8.5 以内,能够满足植被生长要求。

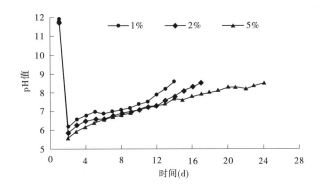

图5 物质3降碱效果曲线

（2）浓度越高降碱效果越好。pH 值维持在 8.5 以内的时间越长，但在 10 d 时间内，不同浓度降碱溶液降碱效果相差不大。

为满足植被对基本营养元素的需求，选用物质 1、物质 2 和物质 3 按照 1∶1∶1 配制成浓度为 0、0.5%、1%、2%、3% 的复合降碱溶液，测定孔隙液 pH 值随时间的变化，如图 6 所示，并测定不同浓度降碱溶液浸泡标准试块对其 28 d 抗压强度等影响如图 7 所示。

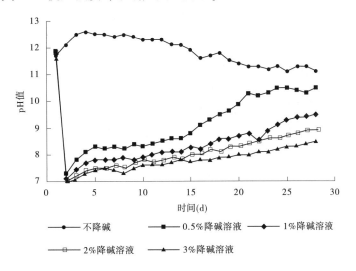

图6 复合溶液降碱效果曲线

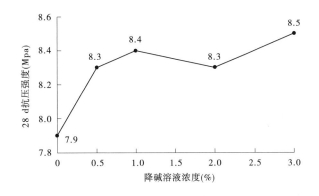

图7 复合降碱溶液对植被混凝土 28 d 抗压强度的影响

从图中数据分析可得：

（1）经复合降碱溶液降碱后，植被混凝土 pH 值能在 1 d 内降到中性以下，后期 pH 值会有缓慢回升，但能在较长时间内维持在 8.5 以内，浓度越高维持能力越强，pH 值回升越缓慢。浓度为 1%、2%、3% 时，降碱效果相差不大，考虑到植被在高浓度降碱溶液中易出现烧苗现象和成本的要求，降碱溶液浓度选取1%。

（2）复合降碱溶液对植被混凝土的强度有一定增强作用，原因在于降碱溶液与混凝土释放的氢氧化钙反应生成难溶的碳酸钙和磷酸钙，填充混凝土孔隙，增加了混凝土密实性，从而提高强度。

以不同浓度化肥溶液浸泡植被混凝土，都能够在1d内将孔隙液pH值降到中性以下，后期通过喷洒的方式再次进行降碱，以维持孔隙液pH值，满足植被生长的需要。用物质1、物质2和物质3按照1:1:1配制复合降碱溶液，降碱效果更好，同时还有提高强度、促进植被生长、简化降碱工艺、降低施工成本等效果。

3　技术应用

临沂市河东区汤河镇禹屋村汤河交通桥上游右岸段（见图8）平均坡降1.25‰，源短流急，一旦发生暴雨，受沭河洪水顶托，河道内水位暴涨陡落，极易上滩并形成塌岸险工。工程为汤河入沭河口处，滩地平均高程约63.5 m，河底高程58.0 m左右，河槽平均宽度150 m，紧靠禹屋村交通桥、汤河左岸堤防和沭河右岸堤防，位置险要，滩地狭窄且为沙质土，一旦出险，危及堤防工程安全

图8　工程位置

3.1　抗冻植被混凝土材料

石子采用粒径范围为16~26 mm，表观密度为2 720 kg/m³；水泥采用 P·C32.5 水泥；其他添加剂等。

3.2　抗冻植被混凝土采用现浇施工

（1）放样测量。

（2）边坡修整。

（3）抛石基础。采用抛石与浆砌石齿墙（或毛石混凝土）相结合，在坡肩位置后按照1:3的坡度进行抛石。

（4）土工布铺设。

（5）框格梁浇筑。根据设计要求，先在边坡上浇筑深0.2 m、宽0.2 m的混凝土框格梁，以此作为抗冻植被混凝土的模板。

（6）抗冻植被混凝土施工。抗冻植被混凝土在框格梁施工完成并达到相应强度后方可施工，并由下向上逐级施工。

（7）植被混凝土降碱。植被混凝土浇筑完成后，采用植被混凝土复合降碱溶液对其进行降碱处理。待植被混凝土强度稳定后（浇筑完成7 d后）进行第一次降碱，降碱溶液配制完成后，采用机动喷雾器均匀喷洒至植被混凝土表面，2~3 d后进行第2次喷洒，再隔2~3 d喷洒第3次，视工程进度情况可以喷5~6次。后续待植草完成后，视护坡草本的生长情况适时喷洒降碱溶液。

（8）植被混凝土播种。将营养剂、保水剂、植生外加剂、土壤的混合改良土壤铺设1~2 cm，然后铺洒草种，将选育的植物按比例撒种。在草种上部铺设2~3 cm的混合改良土壤，将铺设好的表层土覆盖

可降解的无纺布,洒水,并进行前期养护。将采购的草皮铺在护坡坡面上,并进行固定,洒水养护,待植物根系扎入混凝土下层土壤中,即可实现绿色护坡。

4 结论

第一,利用正交试验法分析了水胶比、碎石的粒径范围和粗纤维以及细纤维的掺量对抗冻植被混凝土性能的影响,优化了抗冻植被混凝土配合比,不仅提高了碎石利用率,同时解决了抗冻植被混凝土易沉浆和抗冻性能差的难题,抗冻植被混凝土抗冻等级从不足 F20 大幅度提高到 F150,为其在北方寒冷地区的推广应用奠定了基础。

第二,提出了复合溶液浸泡或喷洒的降碱方法,通过物质 1、物质 2 和物质 3 混合溶液对抗冻植被混凝土进行浸泡或喷洒处理,提高了混凝土强度、促进了植被生长、简化降碱工艺,满足了植被正常生长的要求。

第三,将抗冻植被混凝土应用于汤河右岸入沭河口塌岸应急修复项目中,既能对河道起到护坡固堤和生态修复的作用,同时汤河又对抗冻植被混凝土起到现实检验作用,在保证护坡具有一定强度、安全性、耐久性,达到防洪目的的同时,提升了护坡的景观亮度,改善了生态环境。

参 考 文 献

[1] 高文涛,刘福胜,韦梅,等.新型抗冻植被混凝土配比及性能研究[J].新型建筑材料,2016,43(11):30-33,89.
[2] 高文涛. 新型抗冻植被混凝土关键技术及性能研究[D].泰安:山东农业大学,2016.
[3] 黄剑鹏. 适于南方城市河道的护砌植生混凝土研制及性能研究[D].广州:华南理工大学,2011.
[4] 钟文乐,李政启,朱慈勉,等.无砂多孔生态混凝土力学和植生性能试验研究[J].混凝土,2012(6):131-135.
[5] 于金鹏. 基于SR-增强剂的透水/植被混凝土性能研究[D].泰安:山东农业大学,2018.
[6] 齐强. 抗冻植被混凝土降碱植生技术试验研究与应用[D].泰安:山东农业大学,2018.

梅山大坝渗流性态监测分析及评价

李家田[1]，马福正[1]，陈邦慧[2]

(1.淮河水利委员会水利水电工程技术研究中心，安徽 蚌埠　233001；
2.淮河水利委员会水文局(信息中心)，安徽 蚌埠　233001)

摘　要　安全监测是及时掌握水库大坝运行性态的有效非工程措施，也是水库大坝安全管理过程中的一项重要工作。本文选取位于史河上游的梅山水库作为研究主体，从渗流性态监测方面着手，通过建立梅山大坝渗流量与扬压力数学监控模型，重点考察影响大坝渗流安全的各因素的变化规律，并对2008年开展的补强加固工程效果进行评价，最后针对监测性态分析过程中发现的右岸渗漏等问题提出了后续的运行管理建议。本文的研究思路可为类似工程的安全监测分析评价工作提供一定的借鉴。

关键词　混凝土坝；渗流性态；监控模型；安全评价

1　概述

梅山水库位于淮河支流史河上游的安徽省金寨县境内，以防洪、灌溉为主，兼有发电等综合效益。水库总库容23.37亿 m^3，兴利库容7.96亿 m^3，死库容为4.02亿 m^3。汛期限制水位为125.27 m，水库正常蓄水位128.0 m。主要建筑物包括拦河坝、溢洪道、泄水底孔、泄洪隧洞、发电厂、坝后桥等。拦河坝由连拱坝、接拱重力坝和空心重力坝组成，最大坝高88.24 m，坝轴线长443.5 m，东接溢洪道长101.6 m，总长545.1 m。梅山水电站枢纽布置情况如图1所示。

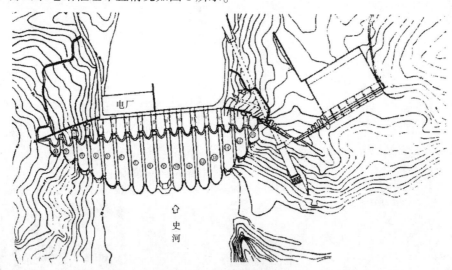

电厂

史河

图1　梅山水电站枢纽布置图

为确保梅山大坝的安全运行，在主要建筑物(或内部)布置了水平位移、垂直位移、坝基地下水位、渗流量、温度、裂缝开度以及钢筋应力等监测项目，其中，渗流变化特性的监控对于掌握混凝土坝的安全运行状况尤为关键[1]，因此，本文选取梅山大坝渗流监测资料开展研究分析。

作者简介：李家田，男，1993年生，淮委水利水电工程技术研究中心助理工程师，研究方向为水工结构工程安全监控与评价。E-mail：861446685@ qq.com。

2 渗流性态数学监控模型

利用监测系统所采集的大坝原型观测数据,建立基于水库荷载集与荷载效应集的数学统计模型是目前开展坝工结构运行性态分析的有效手段[2]。为此,本文通过分析渗流性态主要影响因素与效应量之间的关系,建立梅山大坝渗流性态数学监控模型。

2.1 渗流量数学监控模型

经分析,大坝上下游水深对渗流量影响显著;温度变化引起坝体混凝土裂缝开合度以及坝基节理裂隙的宽度变化,进而引起渗流量的变化;坝前淤泥和防渗帷幕的时变特性也引起渗流量的变化。综上所述,结合各影响因素的物理数学特征,建立渗流量的统计模型如下:

$$Q = \sum_{i=1}^{2} a_u H_1^i + \sum_{i=3}^{m_1} a_{ui} \overline{H}_{1i} + a_d H_2 + \sum_{i=1}^{2} \left(b_{1i} \sin \frac{2\pi it}{365} + b_{2i} \cos \frac{2\pi it}{365} \right) Q_\theta + \sum_{i=1}^{6} d_i p_i + c_1 \theta + c_2 \ln\theta + a_0$$

(1)

式中:a_{ui} 为上游水深分量的回归系数;H_1^i 为监测日的上游水深;$\overline{H}_{1i}$ 为监测日前 i 天的平均上游水深;m_1 为滞后天数;a_d 为下游水深分量的回归系数;H_2 为监测日的下游水深;t 为观测日至各测点第一次测值日的累计天数;b_{1i}、b_{2i} 为温度因子的回归系数;p_i 为监测日当天、监测日前第 1 天、前第 2 天、前 3~4 天、前 5~15 天、前 16~30 天的平均降雨量均值;d_i 为降雨量因子回归系数;θ 为观测日至始测日的累计天数除以 100,每增加一天,θ 增加 0.01;c_1、c_2 为时效因子回归系数。

2.2 扬压力数学监控模型

经分析,影响扬压力测孔孔水位的主要因素有库水位、温度、降雨量及时效等,结合各影响因素的物理数学特征,建立扬压力统计模型如下:

$$H = \sum_{i=1}^{6} a_i(h_i - h_i^0) + \sum_{j=1}^{6} \left[b_{1j} \left(\sin \frac{2\pi jt}{365} - \sin \frac{2\pi jt_0}{365} \right) + b_{2j} \left(\cos \frac{2\pi jt}{365} - \cos \frac{2\pi jt_0}{365} \right) \right] +$$
$$\sum_{i=1}^{6} c_i(p_i - p_i^0) + d_1(\theta - \theta_0) + d_2(\ln\theta - \ln\theta_0) + a_0$$

(2)

式中:a_{1i}、a_{2i} 为上下游水位分量的回归系数($i = 1~6$);h_i、h_i^0 为监测日当天、监测日前第 1~3 天、前第 4~7 天、前 8~15 天、前 16~30 天、前 31~60 天的上游平均水位和下游平均水位($i = 1~6$);h_{u0i}、h_{a0i} 为初始监测日上述各时段对应的上下游水为平均值($i = 1~6$);t 为观测日至各测孔第一次测值日的累计天数;t_0 为分段首次测日至始测日的累计天数;b_{1j}、b_{2j} 为温度因子的回归系数($i = 1~6$);p_i 为测日当天、测日前 1 天至前 3 天、测日前 4 天至前 7 天、测日前 8 天至前 15 天、测日前 16 天至前 30 天、测日前 31 天至前 60 天的平均降雨量;c_i 为降雨量因子回归系数($i = 1~6$);θ 为观测日至始测日的累计天数除以 100,每增加一天,θ 增加 0.01;θ_0 为分段第一个测日至始测日的累计天数除以 100;d_1、d_2 为时效因子回归系数。

3 渗流性态变化规律分析

3.1 监测方案

梅山大坝渗流监测系统主要包括扬压力监测与渗流量监测。扬压力测点主要位于左、右两岸,监控扬压力和渗透压力,采用自动化监测。左岸设置扬压力计 9 支,编号为 UP01~UP09,右岸设置扬压力计 8 支,编号为 UP10~UP17。渗流量采用翻斗式单管渗流量计测量,采用人工和自动化两种方式进行监测,主要位于 2#拱、3#拱、4#拱和 13#拱。自动化数据从 2010 年开始监测,人工数据从 1969 年开始监测,3#拱、4#拱和 13#拱 2008 年以后停测,仅有 13#拱廊道测点继续观测。

3.2 监测分析

为考察梅山大坝近年渗流安全状况,选取 1969~2015 年的监测资料序列,利用本文建立的数学监控模型对各渗流监测点开展统计分析,在此基础上,根据复相关系数大于 0.9 的标准,选取 13#拱廊道 10#孔、12#孔、19#孔、34#孔和 36#孔作为典型渗流量测孔,选取左岸 1#、2#、3#、4#拱内的 UP01、UP02、UP03、UP05、UP06、UP07、UP09 和右岸 14#、15#、16#拱内的 UP12、UP13、UP15、UP16、UP17 共计 12 个测孔作为典型扬压力测孔。

3.3 影响因素分析

选取 2014 年作为大坝渗流特性的典型表征年份,分离 2014 年渗流量年变幅结果如表 1 所示,分离 2014 年扬压力年变幅结果如表 2 所示。结合典型测点的位置分布特征,分析模型各分量的权重占比可知:

(1)库水位是影响坝基渗漏的主要因素,库水位较高时,渗流量相对较大,反之较小,水压分量占比 25%~55%;温度变化对渗流量有一定的影响,高温季节,渗流量减小,反之增大,温度分量占比 20%~40%;降雨量对大坝渗流影响相对较小,降雨分量占比一般低于 25%;时效对大坝渗流量具有一定的影响,并且呈现逐步收敛的趋势。

(2)坝基扬压力测孔孔水位变化主要受库水位变化的影响,库水位升高,测孔孔水位上升,反之则降低,并且测孔孔水位变化滞后于库水位变化;温度变化对坝基扬压力测孔孔水位有一定的影响,但不同位置测孔受温度影响程度不同,如 UP10、UP11 和 UP17 这些扬压力测孔孔水位受温度影响程度相对较大;降雨量对扬压力测孔孔水位也有一定的影响,间接反映了岸坡地下水位对扬压力测孔水位的影响;扬压力测孔水位的时效分量很小,变化趋势稳定。

表 1 2014 年渗流量测孔年变幅、拟合值及各分量变幅 (单位:mL/min)

测点	实测值	拟合值	模型分量			
			水位	温度	降雨量	时效
10#孔	20.00	19.65	7.14	5.21	1.69	5.61
12#孔	16.00	15.91	5.87	3.52	3.76	2.76
19#孔	4.00	4.14	1.75	1.11	1.15	1.13
34#孔	334.00	348.93	185.00	77.87	63.09	22.96
36#孔	24.00	22.79	8.30	8.37	4.80	1.32

表 2 2014 年扬压力测孔年变幅、拟合值及各分量变幅 (单位:m)

测点	实测值	拟合值	模型分量			
			水位	温度	降雨量	时效
UP12	1.14	1.32	0.42	0.38	0.42	0.09
UP13	0.97	1.05	0.48	0.41	0.16	0.00
UP15	2.54	2.74	1.13	1.15	0.46	0.01
UP16	5.51	3.42	1.34	1.41	0.67	0.00

4 补强加固工程料施效果评价

梅山水库大坝在 2008 年进行了补强加固,采取的主要工程措施如下:

(1)垛墙加固。垛墙面板在垛墙内部采用现浇钢筋混凝土进行加固,加固至所在垛墙高度的一半高程处;选用喷射钢纤维混凝土对侧墙靠近上游面板处的高应力区进行加固;对垛墙裂缝进行修补,另在加固混凝土中沿缝布置垂直于缝面的并缝钢筋。

(2)大坝拱加固:参照佛子岭拱的加固设计,先对缝面进行处理,处理要求同垛墙。使缝面闭合后,再在其下游面喷厚 0.15 m 钢纤维混凝土并放置受力钢筋,利用材料的高强度来提高原结构强度,并最大限度地减小加固厚度。

(3)基础处理。进一步加固岸坡帷幕;在两岸布置水平排水孔,尽可能穿过较多的陡裂隙面,从而有效降低裂隙内的地下水,共计 90 个,其中右岸 48 个,左岸 42 个,孔径 170 mm;为增加重力墩新老混凝土面结合,提高右岸坝段的整体抗滑稳定安全系数,在 12#~15# 垛新老混凝土结合面布置了接缝灌浆 4 295 m²,钻孔深 15~20 m。

由于本次加固工程对于梅山大坝后续的安全运行具有重要影响,因此本文从渗流监测层面对此次补强加固效果开展评价。

表 3 统计了补强加固前后右岸总渗流量特征值。选取相似环境下(库水位 124 m 左右,温度在 8 ℃左右)典型测孔(13#廊道 1#孔、13#孔)的渗流量,分析补强加固前后渗流量变化情况。图 2、图 3 为补强加固前后右岸人工监测 13#廊道 1#孔和 13#孔的渗流量变化示意图,图 4、图 5 为补强加固前后左侧、右侧排水孔总渗流量变化过程线。

表 3　补强加固前后右岸总渗流量变化统计 （单位:mL/min）

补强加固前		补强加固后			
日期	总渗流量	日期	总渗流量	日期	总渗流量
2005-12-09	3 713	2011-03-07	2 512	2015-03-09	2 760

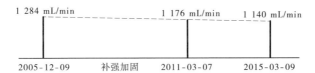

图 2　补强加固前后右岸人工监测 13#廊道 1#孔渗流量变化示意图

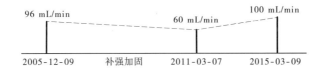

图 3　补强加固前后右岸人工监测 13#廊道 13#孔渗流量变化示意图

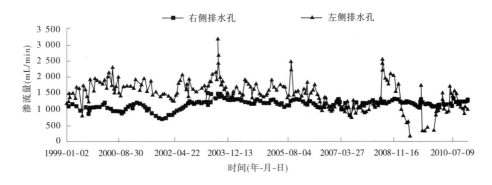

图 4　补强加固前左侧、右侧排水孔总渗流量变化过程线

分析对比表 3 中数据变化情况以及图 4、图 5 变化趋势,可以看出:

(1)补强加固完工初期,右岸总渗流量、13#廊道 1#孔和 13#孔渗流量均减小,但几年后,右岸总渗流量和 13#孔渗流量有所增加,1#孔渗流量变化不大。由此可以初步说明补强加固完工初期效果明显,但近几年库水位与右岸坝基通透性有所增加。

(2)补强加固前后,右侧排水孔渗流量变化总体比较平稳。补强加固前,左侧排水孔渗流量总体大于右侧排水孔渗流量,并且波动幅度较大;补强加固后,左右侧排水孔渗流量整体减小,两侧排水孔渗流量大小交替变化。

总体而言,梅山大坝此次补强加固工程效果良好,改善了大坝原有渗流性态,基本达到了工程预期目标。

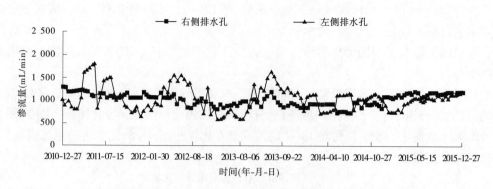

图5　补强加固后左侧、右侧排水孔总渗流量变化过程线

5　结语

本文以梅山大坝为研究对象,基于渗流数学监控模型,对大坝典型渗流监测点开展时空分析以及定量分析,并根据分析结果对大坝运行性态以及工程补强加固效果进行评价。

(1)从时序变化的角度看,各拱孔水位测值基本上能反映孔水位随上游库水位、温度和降雨量的变化而变化的规律,测值序列整体性和连续性较好。

(2)从空间分布的角度看,左岸地下水位呈现出岸坡坝段较高(大部分在 110~130 m 变化),河床坝段较低的分布规律,右岸地下水位与库水位变化同步性较好,左右两岸绝大部分渗流测孔水位和渗漏量测值变化平稳,无明显异常趋势性现象。

(3)2008 年大坝补强加固后,孔水位、渗流量和扬压力测孔水位均有所减小,但近两年,部分测孔的孔水位、渗流量和扬压力测孔水位又有恢复和增加的趋势。因此,建议加强对右岸地下水位和渗漏量的跟踪监测与分析,如遇异常情况,应及时上报并研究处理措施,改善两岸的渗流状况。

参 考 文 献

[1] 林继镛. 水工建筑物[M]. 北京:中国水利水电出版社,2009.
[2] 吴中如. 大坝与坝基安全监控理论和方法及其应用[J]. 江苏科技信息,2005,43(12):1-6.

探地雷达在水利工程隐蔽质量
缺陷探测中的应用研究

魏奎烨,朱士彬,周松

(安徽省·水利部淮河水利委员会水利科学研究院,安徽 蚌埠 233000)

摘 要 采用探地雷达技术探测堤坝中填筑异物、孔洞、裂缝及混凝土建筑物中内部空洞、不密实、界面脱空等隐蔽质量缺陷,并结合数值模拟及现场验证识别其时域响应特征。结果表明,堤坝填筑中异物、孔洞的时域响应特征均表现为双曲线绕射弧,其绕射双曲线开口大小反映了异物、孔洞的尺寸大小;堤坝中裂缝的时域响应特征与其产状相关,垂直裂缝表现为弱振幅的间断绕射双曲线,倾斜裂缝的反射波同相轴为倾角偏小的斜线,水平裂缝的同相轴为水平直线及双曲线绕射弧,多次波发育。混凝土结构中内部空洞、界面脱空的时域响应特征均表现为强振幅异常,可根据异常部位反射波同相轴与层位反射波同相轴的相对位置关系区分;混凝土不密实区的探地雷达响应特征为反射信号同相轴呈绕射弧形,且不连续、较分散。

关键词 探地雷达;隐蔽质量缺陷;响应特征

1 引言

水利工程主要由土工建筑物及混凝土建筑物组成,隐蔽质量缺陷对水利工程的安全运行存在较大的隐患。探地雷达具有快速、高效的特点,在水利、道路等工程中有着广泛的应用[1-6],实践证明,探地雷达用于堤坝隐患探测是可行的[7-8],根据接收到的探地雷达反射波的特征可识别隐患[9-10],李大心等指出高角度裂缝发育区地质雷达反射波幅度明显减小且同相轴扭曲,低角度裂缝密集区形成同相轴明显错断的强反射波[11],王国群根据工程实例,总结了结构开裂、不均匀沉降裂缝、地下介质错动裂缝、滑坡趋势裂缝及崩塌裂缝的探测机制和探地雷达图像特征[12]。赵奎等进行了探地雷达探测胶结充填体顶板裂缝的研究,测定了胶结充填体的相对介电常数,讨论了探地雷达探测胶结充填体裂缝的可行性,并基于异常点的雷达电磁波散射和波的叠加原理,得到了垂直裂缝雷达波响应特征为裂缝顶、底端对应的双曲线波组[13]。郭士礼等通过理论分析、数值模拟和物理模拟试验,研究了地下隐蔽垂直裂缝宽度不断扩展时裂缝顶部散射波振幅的变化规律[14]。根据反射波特征进而查明隐患的位置或平面分布[15],结合坑探可揭示裂缝的形态特征[16]。堤防隐患对探地雷达发射的电磁波具有散射作用,郭士礼等采用电磁波散射叠加原理,分析了垂直裂缝和倾斜裂缝的电磁波响应特征,并研究了平面蝶形偶极子天线的极化特性[17]。因此,根据散射效应下探地雷达波的特征也可识别堤坝隐患[18]。混凝土结构相对较均匀,且电磁波在其中传播时的衰减较小(有钢筋网时除外),已广泛应用于隧道/洞衬砌检测[19-21]。

2 探地雷达探测隐蔽质量缺陷的原理

2.1 电磁波的一般波动方程

探地雷达反射波法通过发射天线发射高频电磁波,再由接收天线接收反射波进行探测,根据电磁波传播理论,高频电磁波在介质中的传播服从麦克斯韦方程组(Maxwell's equation),即

作者简介:魏奎烨,男,1984年生,安徽省·水利部淮河水利委员会水利科学研究院工程师,主要从事岩土工程及工程物探工作。E-mail:weikuiye@126.com。

$$\nabla \times E = -\frac{\partial B}{\partial t} \tag{1}$$

$$\nabla \times H = J + \frac{\partial D}{\partial t} \tag{2}$$

$$\nabla \times B = 0 \tag{3}$$

$$\nabla \times D = \rho \tag{4}$$

理想的堤坝及混凝土结构可以视为均匀、线性、各向同性的介质,其本构关系满足 $D=\varepsilon E, B=\mu H$,结合麦克斯韦方程组及本构关系,通过整理可以得到

$$\nabla \times \nabla \times E + \mu\sigma \frac{\partial E}{\partial t} + \mu\varepsilon \frac{\partial^2 E}{\partial t^2} = 0 \tag{5}$$

$$\nabla \times \nabla \times H + \mu\sigma \frac{\partial H}{\partial t} + \mu\varepsilon \frac{\partial^2 H}{\partial t^2} = 0 \tag{6}$$

式(5)、式(6)为电磁场的亥姆霍兹方程,表征了电磁场的传播服从于一般波动方程(此处的一般值存在一阶项),一阶项的存在表明电磁场通过介质传播时有衰减(能量损耗),当 $\sigma=0$ 时,该项消除,则无能量衰减。

2.2　介质的介电常数模型

工程中常见的介质有土、混凝土、水及空气,其中水、空气为单相介质,空气可以视为完全电介质(绝缘体),其相对介电常数为1,水可以视为导体,其介电常数与发射天线的频率相关。土、混凝土为多相混合介质,多相混合介质的介电常数可由各相所占的体积比与其介电常数加权求和得到,即

$$\varepsilon^\alpha = v_s \varepsilon_s^\alpha + v_a \varepsilon_a^\alpha + v_{fw} \varepsilon_{fw}^\alpha + v_{bw} \varepsilon_{bw}^\alpha \tag{7}$$

$$v_s = \frac{\rho_b}{G_s} \tag{8}$$

$$m_v = v_{fw} + v_{bw} \tag{9}$$

式中:v_s、v_a、v_{fw}、v_{bw} 为单位体积混合介质中土粒、空气、自由水、结合水的体积;ε_s^α、ε_a^α、ε_{fw}^α、ε_{bw}^α 为混合介质中土粒、空气、自由水、结合水的相对介电常数,$\varepsilon_a^\alpha=1$;ρ_b 为单位体积混合介质中土粒的质量;G_s 为土粒比重;m_v 为单位体积混合介质中水的体积。

2.3　电磁波在介质中的传播

根据 $\frac{\sigma}{\omega\varepsilon}$ 的大小将介质分为完全电介质($\frac{\sigma}{\omega\varepsilon}=0$)、良电介质($\frac{\sigma}{\omega\varepsilon}\leqslant 0.1$)、良导体($\frac{\sigma}{\omega\varepsilon}\geqslant 10$)及完全导体($\frac{\sigma}{\omega\varepsilon}\to\infty$)四类,电介质在电场作用下,产生极化。对于良电介质及良导体(如土、混凝土),电磁波在媒质中传播时既有位移电流密度($j_d=j\omega\varepsilon E$),也有传导电流密度($j_d=\sigma E$),使用损耗正切角 $\tan\delta=\frac{\sigma}{\omega\varepsilon}$ 表示二者间的大小关系,当损耗正切角较大时,表示传导电流密度大于位移电流密度,由于传导电流会产生焦耳热,所以传播过程中有能量损耗,这也决定了电磁波在含水率较大的土中及钢筋较密的混凝土中传播深度较浅。

根据上述分析,除完全电介质外,其余三类介质均为有耗介质。对于有耗介质,其介电常数可以使用等效介电常数来表示,具体表达式为 $\varepsilon_c=\varepsilon-j\frac{\sigma}{\omega}$,传播常量 $\gamma=j k_c=j\omega\sqrt{\mu\varepsilon_c}=\gamma=j k_c=\omega\sqrt{\mu\varepsilon_c}=\alpha+j\beta$,其中,衰减常数 $\alpha=\omega\sqrt{\frac{\mu\varepsilon}{2}\left[\sqrt{1+\left(\frac{\sigma}{\omega\varepsilon}\right)^2}-1\right]}$,相位常数 $\beta=\omega\sqrt{\frac{\mu\varepsilon}{2}\left[\sqrt{1+\left(\frac{\sigma}{\omega\varepsilon}\right)^2}+1\right]}$。

缺陷的尺寸一般都大于电磁波波长,因此可以将缺陷视为单独探测目标,使用反射理论来研究电磁波在堤坝等土工建筑物及混凝土建筑物中的传播。当电磁波垂直入射到缺陷表面时(与极化方向无

关),其反射系数为 $R = \dfrac{\sqrt{\varepsilon_1} - \sqrt{\varepsilon_2}}{\sqrt{\varepsilon_1} + \sqrt{\varepsilon_2}}$。

3 探地雷达技术在土工建筑物质量缺陷检测中的应用

土工建筑物质量缺陷的探地雷达剖面均采用 GSSI SIR-20 型探地雷达,配置 400 MHz 天线采集。

3.1 堤/坝身填筑异物的探地雷达响应特征

堤防及土石坝在水利工程中有着广泛的应用,实际工程中一般采用黏性土进行填筑,用压实度指标判断其压实性。考虑到堤坝的渗透稳定性,不仅对堤/坝身填筑材料有着严格的要求,对堤/坝身填筑材料的均匀性也有着严格的限制,堤/坝身填筑中夹杂石块等异物是堤/坝身填筑均匀性差的主要形式。

从图 1 中可以看出,有两个位置处具有明显的双曲线绕射弧(见图 1 中标注),且反射波极性与直达波相反。通过开挖验证后,石块 1 与石块 2 尺寸相当,大于石块 3 的尺寸,表明双曲线的开口大小与石块的尺寸成正相关。在探测深度范围内,其余部位没有连续可追踪的同相轴,表明分层碾压土料的介电常数、电导率等物性参数相近,根据混合介质介电常数模型可知填筑土料的密度及含水率差异不大。

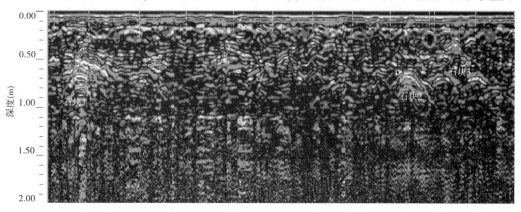

图 1 堤/坝身填筑异物探地雷达剖面

3.2 堤/坝身孔洞的探地雷达响应特征

堤/坝身孔洞的产生主要有生物破坏、人为破坏及施工不当三种情况,其中,生物破坏多以白蚁、鼠等在堤/坝身打洞筑巢为主。孔洞的存在易形成渗漏通道,对堤坝的安全运行有着很大的安全隐患,以前对堤防孔洞隐患多采用巡查、锥探、钻探等传统方式,效率低、可靠性不高,探地雷达技术具有快速、高效、无损的特点,查找孔洞的准确率较高。

白蚁蚁巢在探地雷达图像的位置如图 2 所示,其时域响应特征为:具有双曲线绕射弧,由混合介质的介电常数模型可知,蚁巢的介电常数小于周围土的介电常数,考虑到收发天线距较小,可以视为垂直入射,反射系数为正,故反射波的极性与直达波相同,通过比较蚁巢的形状大小及形态特征与时域剖面响应特征,可以得知,大的蚁巢绕射弧开口较大,小的蚁巢绕射弧开口较小。近似圆形的蚁巢呈现出较标准的双曲线形态,而不规整的蚁巢双曲线特征不明显,主要表现为振幅异常。图 3 为不同大小及形状的蚁巢验证照片。

3.3 堤/坝身裂缝的探地雷达响应特征

3.3.1 基于射线追踪方法的堤/坝身裂缝数值模拟

采用基于射线追踪方法的 GPRSIM 软件模拟了垂直裂缝、45°倾角裂缝及水平裂缝的探地雷达波场,其中,垂直及 45°倾角裂缝宽度均为 3 cm,竖向深度均为 0.8 m,水平裂缝水平方向长度 60 cm,竖向宽度为 3 cm。

模拟参数设置:

时窗长度:80 ns   天线的中心频率:400 MHz

采样点数:512   模型介电常数:8(堤防回填土),1(空气)

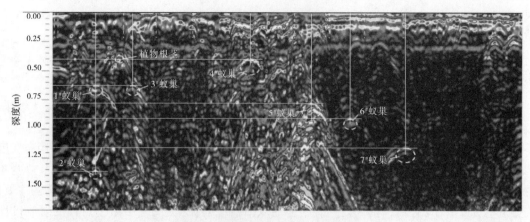

图 2　白蚁蚁巢探地雷达剖面

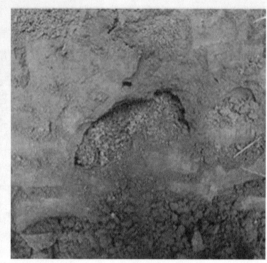

(a)1#蚁巢验证　　　　　　　　　　　　　　　　　(b)5#蚁巢验证

图 3　白蚁蚁巢验证

发射天线起始角度:180°　　　发射天线结束角度:360°
接收天线起始角度:0°　　　　接收天线结束角度:180°
每度包含射线数:5

　　图 4 中(a)、(b)、(c)分别为垂直裂缝、45°倾角裂缝及水平裂缝的模型,(d)、(e)、(f)分别为垂直裂缝、45°倾角裂缝及水平裂缝的波场剖面,(g)、(h)、(i)分别为波场成分图。

　　从波场剖面中可以看到垂直裂缝探地雷达响应中振幅较小;45°倾角裂缝探地雷达响应为一条斜线,但角度小于45°,通过时距曲线可以得到其倾角的正切值为实际模型的 0.707 倍(cos45°);水平裂缝的探地雷达响应特征为水平直线及双曲线绕射弧,具有多次波,并且多次波的振幅明显增大,表明多次波对反射界面的振幅变化具有放大效应。

3.3.2　堤/坝身裂缝实测数据分析

　　图 5 为表面裂缝的探地雷达响应特征,从图5(a)中可以看出地表波振幅减弱,双曲线绕射弧不明显,对层位反射波同相轴有错断,裂缝具体形状见图5(b);图6(a)为具有表面错台裂缝的探地雷达响应特征,从图6(a)中可以看出其相应特征为非标准双曲线,且多次波发育明显,裂缝具体形状见图6(b)。

　　图 7 为表面闭合裂缝(可视为隐伏竖直裂缝)的探地雷达响应特征,从图7(a)中可以看到,隐伏竖直裂缝的探地雷达响应特征为不连续的双曲线,裂缝具体形状见图7(b)。

　　图 8 中可以连续追踪 0.5 m 及 1.3 m 深度处的 2 条同相轴,判断为不同介质间的界面反射,水平方向 2~4 m 范围内 0.5 m 深度处的同相轴有错断现象,且两翼表现为间断的双曲线,经验证该处为隐伏水平裂缝。

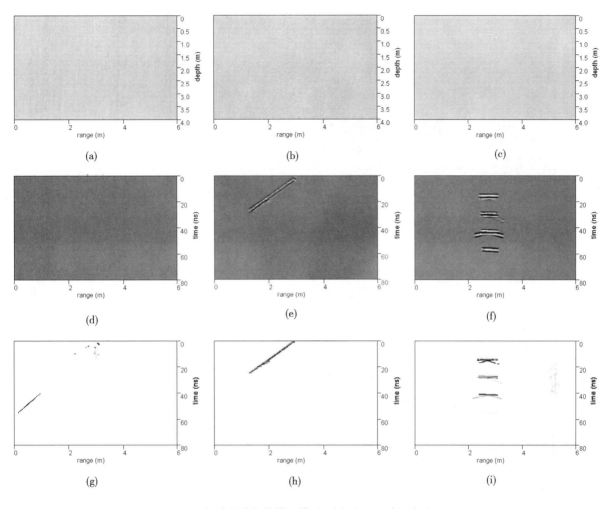

图 4　探地雷达数值模拟模型、波场剖面及波场成分图

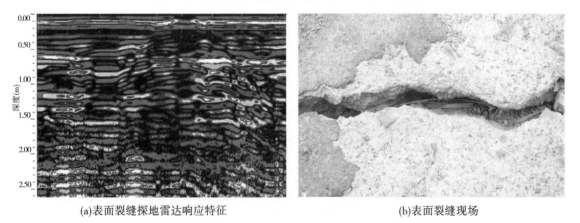

(a)表面裂缝探地雷达响应特征　　　　　　　　(b)表面裂缝现场

图 5　表面裂缝的响应特征及现场

4　探地雷达技术在混凝土结构质量缺陷中的应用

混凝土多用于水闸、泵站、拱坝、重力坝、隧洞等水工建筑物中,由于施工不当等方面的因素,常见的内部质量缺陷有内部空洞、不密实、界面脱空三种类型。

图 9~图 11 为 GSSI SIR-20 配置 900 MHz 天线采集的探地雷达剖面,图 9 中框内部位为混凝土内部脱空位置,其响应特征主要表现为强振幅异常,反射波极性与直达波相同。由于混凝土与空气界面的反射系数较大,0.45 m 深度处层位反射波同相轴在空洞位置处中断或振幅明显减弱。

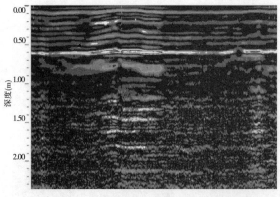

(a)表面错台裂缝探地雷达响应特征　　　　　　　　(b)表面错台裂缝现场

图 6　表面错台裂缝的响应特征及现场

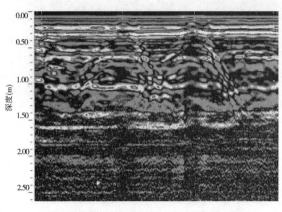
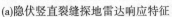

(a)隐伏竖直裂缝探地雷达响应特征　　　　　　　　(b)隐伏竖直裂缝现场

图 7　隐伏竖直裂缝的探地雷达响应特征

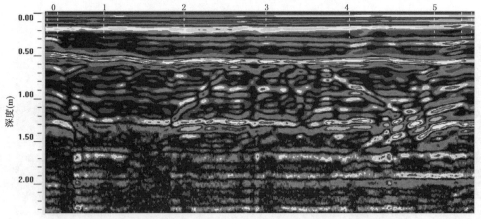

图 8　隐伏水平裂缝的探地雷达响应特征

　　图 10 中框内部位为混凝土界面脱空位置,其探地雷达响应特征与内部空洞相似,但内部空洞的反射波位于层位反射波之间,界面脱空的反射波与层位反射波位置相同,主要表现为振幅突然增大。

　　图 11 中框内部位为混凝土不密实位置,混凝土不密实区的探地雷达响应特征为反射信号同相轴呈绕射弧形,且不连续、较分散。

5　结论

　　根据现场试验数据及数值模拟的探地雷达响应特征,可以得到以下结论:

　　(1)堤坝填筑中异物、孔洞的时域响应特征均表现为双曲线绕射弧,其绕射双曲线开口大小反映了

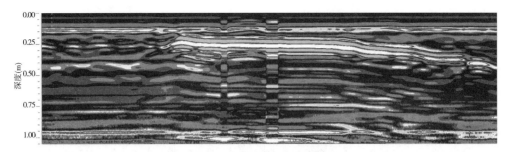

图9 内部空洞的探地雷达响应特征

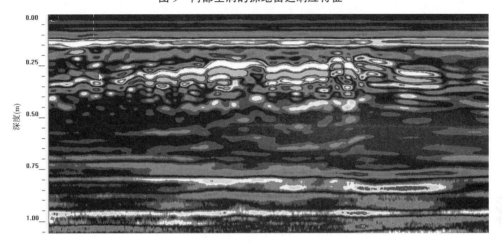

图10 界面脱空的探地雷达响应特征

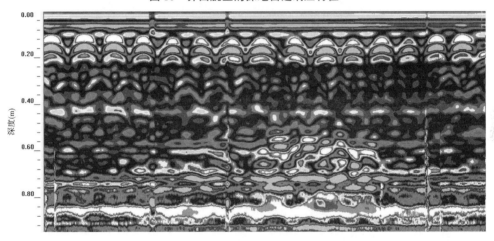

图11 不密实的探地雷达响应特征

异物、孔洞的尺寸大小;堤坝中裂缝的的时域响应特征与其产状相关,垂直裂缝表现为弱振幅的间断绕射双曲线,倾斜裂缝的反射波同相轴为倾角偏小的斜线,水平裂缝的同相轴为水平直线及双曲线绕射弧,具有多次波,并且多次波的振幅明显增大,表明多次波对反射界面的振幅变化具有放大效应。

(2)混凝土结构中内部空洞、界面脱空的时域响应特征均表现为强振幅异常,根据异常部位反射波同相轴与层位反射波同相轴的相对位置关系确定;混凝土不密实区的探地雷达响应特征为反射信号同相轴呈绕射弧形,且不连续、较分散。

参 考 文 献

[1] 刘敦文,徐国元,黄仁东,等.探地雷达在公路建设中的应用研究[J].公路交通科技,2004,21(5):33-35.

[2] 张娟,台电仓,赵述曾,等.探地雷达在水泥混凝土路面改造中的应用[J].公路交通技术,2007(2):29-32.

[3] 曹雪山,蔡亮,郑长江.探地雷达在高等级公路质量检测和管理中的应用[J].河海大学学报(自然科学版),2002,30 (3):68-71.

［4］魏奎烨,宋新江,周松,等.道路碎石垫层异常缺陷的探地雷达响应特征［J］.河海大学学报(自然科学版),2015,43(2):133-138.

［5］周正东,马良筠.堤坝隐患检测试验研究［J］.河海大学学报(自然科学版),2002,30(2):90-92.

［6］魏奎烨,宋新江.水泥土截渗墙质量缺陷探地雷达正演响应特征［J］.人民黄河,2015,37(1):50-53.

［7］吴相安,徐兴新,吴晋,等.水利隐患GPR探测方法研究［J］.地质与勘探,1998,34(3):23.

［8］祁明松.黄河大堤隐患的探地雷达探测［J］.地球科学—中国地质大学学报,1993,18(3):339-344.

［9］王万顺,孙建会,郝丽生,等.探地雷达在堤防检测中的应用［J］.中国水利水电科学研究院学报,2004,2(3):226-230.

［10］王维雅,王永乐,周松.用探地雷达技术探测堤坝的隐患［J］.合肥工业大学学报(自然科学版),2000,23(S1):781-785.

［11］李大心,祁明松,王传雷.江河堤防隐患的地质雷达调查［J］.中国地质灾害与防治学报,1996,7(1):21-25.

［12］王国群.不同成因地裂缝探地雷达图像特征［J］.物探与化探,2009,33(3):345-349.

［13］赵奎,高忠,何文,等.胶结充填体裂缝探地雷达探测与识别研究［J］.金属矿山,2014(4):17-21.

［14］郭士礼,朱培民,施兴华,等.裂缝宽度对探地雷达波场影响的对比分析［J］.电波科学学报,2013,28(1):130-136.

［15］史庆德,张振林,王传雷,等.堤防隐患的无损探测［J］.水利水电技术,1996(11):25-29.

［16］王小永.黄河焦作段左岸堤防纵向裂缝成因浅析［J］.人民黄河,2006,28(5):71,76.

［17］郭士礼,蔡建超,张学强,等.探地雷达检测桥梁隐蔽病害方法研究［J］.地球物理学进展,2012,27(4):1812-1821.

［18］杨磊,周杨,郭志生.基于雷达散射特征的堤防隐患诊断技术研究［J］.水利水电技术,2011,42(12):97-100.

［19］杨健,张毅,陈建勋.地质雷达在隧道工程质量检测中的应用［J］.公路,2001(3):62-64.

［20］叶良应,谢慧才,徐茂辉.地铁隧道衬砌脱空的雷达探测法［J］.施工技术,2006,34(6):12-14.

［21］潘伟华.探地雷达检测钢筋混凝土内部缺陷模型试验研究［J］.中国水运,2017,17(4):282-284.

淮安境内水闸设计的历史沿革与发展趋势

林旭，王丽，郭瑞，霍中迁

（淮安市水利勘测设计研究院有限公司，江苏 淮安　223005）

摘　要　水闸是水利工程体系中重要的控制性建筑物，其历史沿革对现今水闸工程的建设、设计工作有很多启示。文章将以淮安境内水闸工程设计为背景，解读水闸的设计水平和发展进步，并选取治淮70年时期内，对4个的典型应用工程进行介绍。探讨水闸设计的发展趋势，为水闸设计提供有益参考。

关键词　水利工程；水闸；淮安水利；治淮；水闸设计

1　引言

淮安市地处淮河流域中下游，上游近15.8万 km^2 的来水进入洪泽湖后分别由淮河入江水道、苏北灌溉总渠、淮河入海水道、淮沭河（分淮入沂）入江入海，境内河湖交错，水网纵横，京杭运河（里运河）、古黄河、六塘河、盐河等骨干河流纵贯横穿，白马湖、高邮湖、宝应湖等中小型湖泊镶嵌其间。淮安市总面积为 10 030.0 km^2 ，其中平原面积占69.39%，湖泊面积占11.39%，丘陵岗地面积占18.32%。全市耕地面积47.24万 hm^2 ，总人口561.33万人。

中华人民共和国成立至今70年，通过流域防洪、区域治理、病险水库（闸站）加固、城市水利、农村水利、水系调整、水景观等水利工程建设，淮安市已初步建成河湖相连、排蓄兼顾、调度灵活的防洪排涝和水资源配置格局。在这些水利工程建设活动中，水闸是最常用的控制性建筑物，在防洪排涝、蓄水供水、水系连通、灌溉等方面，都承担着重要作用。

目前，淮安市境内现有水闸500多座，其中大型水闸6座，中型水闸46座，主要有节制闸、分洪闸、排水闸、挡潮闸、进水闸等。

2　水闸设计历史沿革

2.1　水闸建设需求

淮安的特殊地理环境决定了水闸建设在历史和社会经济发展中的特殊位置。淮河流域上游洪水给淮安造成了巨大的防洪压力，同时也带来了大量的水资源，造就了"洪水走廊"的独特水文化，也形成了建造一大批泄洪闸、挡洪闸、分洪闸、蓄水闸、挡水闸、排水闸的现实需求[1]。

2.2　不同时期水闸设计简要回顾

综观淮安水闸设计的历史，大致可分为如图1所示6个阶段。

2.3　水闸设计的发展进步

2.3.1　结构布置理念的创新

随着科学技术的进步及社会经济发展的需要，赋予水闸的任务更重、功能更多、要求更高，原有的简约粗犷的工程设计已不能完全满足现实需要。水闸结构布置应在技术上可行的条件下，力求经济最优、生态景观最佳；在不影响运用且不相互矛盾的前提下，尽量发挥综合利用功能。例如：两河相交，因控制水位不同，使两河不能交汇，在20世纪50年代以前，一般在交汇点四侧河口各设置一道水闸，俗称"四门闸"的平交形式，这种设计方案需建4座水闸，不仅投资高，运用控制也较为复杂；20世纪50年代以

作者简介：林旭，男，1988年生，淮安市水利勘测设计研究院有限公司，注册土木工程师（水工结构），从事水利水电规划设计工作。E-mail：lintproc@163.com。

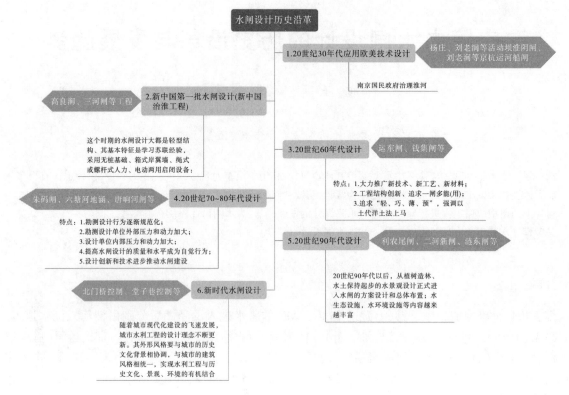

图1　水闸设计历史沿革树状图

后一般采用"倒虹吸式"地涵,由于地涵需穿越整个河道断面,洞身较长,投资相对较高;20世纪90年代,通榆河总渠立交成功探索了"下涵上槽"的立交形式,为水闸结构布置提供了创新理念和借鉴[1]。

　　典型应用:中小型立交的应用——胡庄闸

　　原胡庄闸采用闸下地涵,地涵穿越整个河道断面,投资相对较高,拆建胡庄节制闸设计时,底板设计为钢筋混凝土空箱底板,空箱垂直水流方向通长布置兼作灌溉涵洞,通过空箱连通菱陵分干渠与乌沙干渠,解决苏嘴、菱陵、顺河三个乡镇7.8万亩农田的灌溉用水。该布置方案节约工程投资,最大程度发挥了工程效益。

2.3.2　材料、技术的发展

　　以往水利工程中对混凝土耐久性要求较低,而在现行规范、规程中,均对混凝土耐久性,如抗渗、抗冻、耐冲蚀等提出了详细的要求;江苏省地方标准《江苏省水工建筑物混凝土耐久性规程》中,明确提出水工永久建筑物设计使用年限不少于50年的要求。确定合理使用年限,已是水利工程设计的必然趋势[2]。

　　增强工程的耐久性首先要提高混凝土工程质量,淮安早期设计的水闸主体结构的材料多采用低级别混凝土,甚至浆砌石,近期兴建的大中型水闸,均开始采用高强度、高性能混凝土,把混凝土结构的耐久性作为首要的技术指标,提高混凝土耐久性和可靠性,延长工程使用寿命[3]。

　　伴随着建筑材料性能的提升,地基处理技术也不断进步。结合工程的地基、结构特点及施工条件,将多种方法进行整合使用,发展形成极具特色的复合地基加固技术。

　　典型应用:历史老闸加固——钱集闸

　　钱集闸位于淮沭河东堤六塘河河口处,1958年设计,1959年开始施工,1961年竣工投入运行,2013年批复拆除重建。老钱集闸建设期正处于三年自然灾害时期,为节约三大材,主体工程混凝土强度低,埋石率高,且采用黏土掺合料,导致工程质量差;施工工艺落后,混凝土振捣密实性差,造成混凝土强度先天不足。拆建设计时,根据耐久性规范要求确定混凝土耐久性指标;设计使用年限为100年,抗冻等级为F50,抗渗等级为W4,合理地确定工程使用年限,满足水利工程可持续发展的要求。

　　钱集闸地基持力层为第3层黏土,下卧第4层重粉质砂壤土为承压水层,该层承压水头约8.12 m,

为满足闸基防渗需要,利用多头小直径水泥搅拌桩与堤防防渗封闭,并采用12%水泥土对3-1薄层进行换填,保证工程安全。

2.3.3 水闸闸门结构型式的探索

在当今水闸设计中,闸门型式选取的引领作用最为显著,门型新、跨度大、启闭要配套、景观要和谐,既要满足挡水、泄水等功能要求,又要美化周边环境,做到闸、岸、水、景的协调统一。这些给水闸设计人员提出了新的更高的要求。

水闸闸门的种类和形式较多且在不断发展中,从传统平板门、弧形门、叠梁门发展到双扉门、升卧门、下卧门、三角门、自动翻门等,到人字门、推拉门、横拉门,以及近几年来苏南地区采用的护镜门、有轨弧形门、大型立轴旋转门等。

这些闸门适用于不同场合,有的是从承受双向水头角度考虑,如三角门;有的是从启闭力角度考虑,如弧形门;有的是从单扇高度和启闭重量考虑,如双扉门;有的是从降低启闭机排架和减小地震荷载影响考虑,如升卧门等[1]。

设计人员结合全省、全行业经验,从不同闸门的结构、型式及特点等方面出发,不断创新,促进水闸设计的不断发展。

典型应用设计:城市景观控制闸——北门桥控制工程

北门桥控制工程设计以"城市景观"的主题,比选众多闸门型式,最终选定底轴翻板门。底轴翻板门的选用,既实现了调控里运河水位,改善里运河水质的目标,又利用其独特的土建结构型式达到运行可靠、管理方便的效用,具有较高的结构新颖性和景观观赏性,提高了水利工程在城市建设中的形象和地位,同时也为城市水利的建设拓展了思路,提供了新的设计理念,具有显著的社会效益、环境效益和极强的引领作用。

2.3.4 数值模拟在水闸设计中的应用

传统意义上的大中型水利工程在设计中通常要代入物理模型试验,但其费用高、周期长,试验条件苛刻。随着数值模拟在水利工程设计中的广泛应用,极大地方便了设计人员开展结构计算工作。

数值模拟相较物理模型而言,人力物力消耗较小,同时比模型试验更灵活,条件易控,不存在比尺效应,具有易循环的特性,既经济又安全。数值模拟手段可以极大地提高工作效率,而且能使人们更直观地理解模拟结果的实质,因此已在水利工程研究设计等诸多领域得到广泛应用。

就水闸计算而言,建立模型的最佳方式是考虑底板、闸墩、上部框架和地基彼此间的互相作用,将水闸结构与地基土作为一个整体进行空间有限元法计算,如图2所示,这样可以考虑复杂的边界条件和荷载状况,并兼顾到水闸与地基之间的接触区、各种型号混凝土材料之间的分区以及繁杂地质条件等问题[4]。

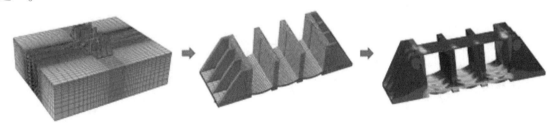

图2 水闸数值模拟示意图

典型应用:泄洪挡潮闸——唐响河闸

唐响河闸拆建工程设计过程中,利用有限元软件建立地基-闸室相互作用的三维空间模型进行静力分析,考虑闸室结构与地基土的相互作用,使得计算分析结果更加接近实际受力情况。得到了不同工况下的应力位移成果,通过结果分析闸室变形规律,判断地基沉降是否满足规范要求并对闸基面进行了抗滑稳定验算,最后依据MIDAS提取的弯矩结果进行配筋计算,使钢筋配置更加合理。

3　水闸设计发展趋势

水利工程的服务主体从原来的防洪排涝等传统功能,进阶到站在经济社会发展的全局,体现人水和谐,提升文明层次,保障可持续发展的新要求,水闸设计亦将向这些方向发展。

3.1　生态景观水闸

城市化进程加速,水闸不但要满足防洪、排涝、供水、发电、灌溉等水利功能,还要提升景观环境,成为改善水环境、承载水文化的重要载体,这就要求水闸的设计能够适应以下要求[5]:

(1)施工便利、结构简单。工程一般建于城区,受限于占地面积和施工面,需配置占地小、单跨大、结构简单、运行方便的闸门,以满足工程防洪性、景观性、经济性的要求。

(2)整体结构景观性强。生态景观水闸在满足其防洪排涝、引配水功能的同时,自身造型及结构形式应进一步体现"环境美"的特点。因此,水闸设计的发展需减少上部建筑物,或者上部建筑物需综合考虑周边景观设计,使其成为区域景观的一个亮点;水闸本身亦尽可能结合周边景观桥、景观亭的造型设计,把自身融入到环境中去[8]。

(3)满足河道亲水性要求。随着城市河道景观要求的提高,城市内河道或将作为游船的通道;另外,水闸作为河道的节点建筑物,亲水性要求也更高。水闸设计时,在综合考虑两侧的交通要求的同时,使水闸的亲水性设计融入到整个城市河道功能中去。

(4)运行管理方便可靠。生态景观水闸更加注重城市河道水体的蓄水作用,运行频繁。但是由于闸门跨度大,景观要求高,周边场地受限,闸门检修维护困难。因此,水闸设计需运行可靠,控制管理方便。

3.2　装配式水闸

当前伴随水利现代化建设的大力推进,数目巨大的中小型水工建筑物将被修建,装配式建筑物能够更好地控制质量、提高建设效率,大力发展预制装配式水工建筑物将大有可为。

装配式水闸如图3所示,是在工厂预制水闸各部分构件,在现场拼装连接成整体的水闸。预制构件力求定型化、规格化、简单化,如具有标准尺寸的槽形、工字形、T形、箱形、鱼嘴形、肋形构件等,并适应组成各种不同的结构[6]。

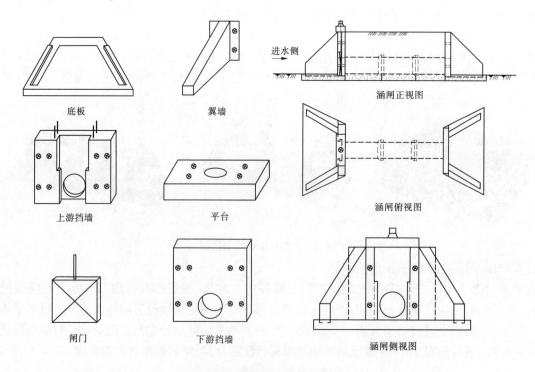

图3　装配式水闸示意图

3.3　水闸设计 BIM 技术应用

基于 BIM 技术,开展水闸的三维协同设计亦越发成熟。通过 BIM 参数模型整合项目的各种相关信息,在项目设计、施工、运行和维护全生命周期过程中进行共享和传递,使工程技术人员对建筑信息做出正确理解和高效应用;为设计方以及包括建设运营单位在内的建设各方提供数据平台,在提高生产效率、节约成本和缩短工期方面发挥重要作用[7]。最终使得整个工程项目在设计、施工和运维等各个阶段都能够有效地实现节约能源和成本、降低污染、提高质量和效率。

如在朱码闸拆建设计过程中,基于 BIM 技术,建立水闸三维模型,在设计阶段对水闸结构型式进行多方案比选、结构优化,如图 4 所示,相对传统水闸二维设计,设计方法产生质的飞跃。

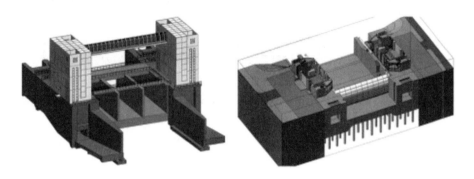

图 4　朱码闸 BIM 模型方案比选

3.4　3D 打印技术在水利工程领域的应用

3D 打印技术广泛融合了互联网信息、图像处理、仿真数字、数控、材料成型、机电控制、自动化等技术,具备三维立体化、信息化、数字化等特点和制作精度高、制作周期短、个性化制作、制造材料的多样性、成本较低、环保和节约等优势,在世界范围内一度认为是第三次工业革命[8]。

申明亮等对 3D 打印技术进行应用研究[9],对溢流堰面特殊部位计算表面曲线轮廓,进行 3D 打印试验,并总结了 3D 打印在水利水电工程施工中的优势。研究指出,3D 打印严格按照设计图纸浇筑构件,构件精度和标准化程度均较高,施工中主要由打印机来实现,避免了很多粉尘、空气、噪声、水体污染。经过试验实测,应用 3D 打印技术进行水利工程施工后的混凝土抗压强度可以满足设计要求。

由此可见,3D 打印技术正好切合了水利水电工程中特殊部位的需求,将会对水闸工程建设带来重大变革。

4　结语

治淮 70 年来,淮安在水闸的建设、设计、施工各方面已经取得了很大的成绩,水闸在淮安水利工程各方面应用的效果比较突出和显著。相信在不久的将来,会有更先进的技术发明出更新型的水闸,会为淮河流域水利工程的发展增添更大助力。

参 考 文 献

[1] 陈锡林,等.江苏水闸工程技术[M].北京:中国水利水电出版社,2013.
[2] 柏宝忠,等.水利工程耐久性和合理使用年限的探讨[J],人民长江,2004,35(9):44-45.
[3] 佟博.高性能混凝土徐变规律研究[D].北京:北京工业大学,2010.
[4] 刘冬梅.闸室结构静动力分析及上部框架优化设计[D].南京:河海大学,2006.
[5] 蔡新明.城市景观水闸的选型探讨[J].浙江水利科技,2014(4):63-65.
[6] 韩廷超.一种农田水利新型装配式涵闸的开发与应用研究[D].扬州:扬州大学,2018.
[7] 刘鹰翔.古建筑基本信息模型在保护工程中的应用研究[D].兰州:兰州交通大学,2016.
[8] 郭培强.金属增材制造中热力学耦合行为数值模拟研究[D].大连:大连理工大学,2018.
[9] 申明亮.3D 打印技术在水利水电工程施工中应用研究[J].中国农村水利水电,2015(1):134-136,6.

从东调南下水利工程建设历程
看徐州治淮70年成就

祖振华[1],刘奉[1],刘强[2]

(1.徐州市水利学会,江苏 徐州 221018;2.徐州工程学院,江苏 徐州 221018)

摘 要 徐州东调南下水利工程是新中国治淮工程的重要组成部分,其70年建设历程也是徐州的治淮历程,更是徐州水利事业的发展历程。迄今为止,该工程共经历了三个阶段:第一阶段(1949~1978年),基本解决了"洪涝旱渍碱";第二阶段(1979~2009年),水利事业快速发展;第三阶段(2010~2019年),创新思路,铸就辉煌。目前,已基本形成了比较可靠的防洪除涝工程体系和逐步改善的水环境体系,拓展了水利在促进城乡发展和服务民生方面的保障能力,为城市发展做出了巨大贡献。2017年6月,徐州荣膺全国首批、全省首家国家水生态文明城市。2018年9月,徐州喜获联合国人居奖,城市影响力和市民幸福感均大幅度提升。

关键词 治淮;东调南下;水利工程;夺泗入淮;南水北调

徐州东调南下水利工程建设的70年,也是徐州开展治淮工作的70年,更是徐州水利事业蓬勃发展的70年。尤其是改革开放以后40年的治水实践,铸就了徐州水利事业的辉煌成就,实现了几代徐州水利人共同的梦想。目前,徐州水利已基本形成了以流域和区域性骨干工程为依托、覆盖城乡的比较可靠的防洪除涝工程体系;以"水安全、水环境、水文化、水生态"为目标,初步构建了统筹协调水资源保护、水土保持、地下水超采控制、水质监测、水污染防治及水资源调度等各项措施,基本形成了逐步改善的水环境体系;以"民生水利"为理念,积极实施城乡河道综合治理、农村河塘疏浚整治、山丘区水源工程以及城乡饮水安全等民生水利工程,拓展了水利在促进城乡发展和服务民生的保障能力。

为了更加清晰地认识徐州治淮70年的发展历程与辉煌成就,以徐州东调南下水利工程为研究对象,对其建设历程进行了调研与分析。

1 背景概述

徐州,古称彭城,江苏省三大都市圈(徐州都市圈)核心城市,淮海经济区中心城市,位于江苏省西北部、华北平原东南部,地处苏、鲁、豫、皖四省接壤地区,长江三角洲北翼,北倚微山湖,西连萧县,东临连云港,南接宿迁,京杭大运河从中穿过,陇海、京沪两大铁路干线在此交汇,素有"五省通衢"之称,是华东地区的重要门户城市,华东地区重要的科教、文化、金融、旅游、医疗、会展中心,也是江苏省重要的经济、商业和对外贸易中心。

自南宋绍熙五年(公元1194年)黄河夺泗入淮起[1-2],徐州地区受黄泛影响,洪涝灾害特别严重[3-6]。尤其是邳、睢、新地区,因受山东沂蒙山区洪水客水压境,灾情特别严重,老百姓居无定所、食不果腹、衣不蔽体。中华人民共和国成立以后,淮河成为第一条得到全面综合治理的大河。1950年,中央人民政府政务院召开治淮会议,做出了治理淮河的决定,治淮方针确定为"治淮兼筹"[7]。自此之后,徐州市政府组织大量人力、物力和财力治理淮河,启动了声势浩大、意义深远的东调南下水利工程。

作者简介:祖振华,男,1951年生,江苏徐州人,大学本科,高级工程师,徐州市水利学会理事长,主要从事水利工程建设与管理、水环境治理等方面的研究。E-mail:476515119@qq.com。

2 建设历程

迄今为止,徐州东调南下水利工程共经历了三个阶段。

2.1 第一阶段(1949~1978年),基本解决了"洪涝旱渍碱"

2.1.1 大力行洪束洪,基本形成防洪工程框架

20世纪50年代,按照"苏鲁两省兼顾,治泗必先治沂,治沂必先治沭"的原则,大力行洪束洪、整治河道,先后新建了华沂闸、嶂山闸,开辟了新沭河、新沂河、淮沭新河,开挖了大运河、中运河和邳仓分洪道,筑建了沂河、沭河、骆马湖、微山湖大堤,同时兴建了一大批山区水库。上述工程的实施,基本理顺了水系,为洪水打开了入海新通道;基本形成了徐州防洪工程框架,为徐州东调南下工程规划建设奠定了基础。

2.1.2 发展农田水利,基本形成排涝降渍体系

20世纪60年代,确立了"洪涝兼治,发展灌溉,续建配套,以除涝为主"的指导思想,提出了"立足自排、辅以机排,调整水系,加强配套"的治水方针,进行区域河道治理,大力发展农田水利建设。1963年徐州特大涝灾之后,各县对沟、渠、田、林、路统一规划,桥、涵、闸、站、井全面配套,全面开挖田间沟("大、中、小、毛、腰、丰"六级配套);全面修筑渠道("干、支、斗、农、毛"五级配套),实现灌排分离;按照"先稀后密,先通后畅,先土方后建筑物"的指导方针,分期分批,以人民公社为单位,推磨转圈,轮流收益。上述工作的开展,初步实现了"沟河成网,农田成块,树木成行,连片治理"。之后,围绕"深沟密网"原则,先后开挖了湖西顺堤河、运西邳洪河、民便河下段调尾、骆马湖东自排河,疏浚了邳新地区的部分边界河道,续建机电排灌站,使低洼易涝地区的治理上了一个新台阶;集中力量对已建水库、灌区进行续建配套,对骆马湖周围注地排灌区进行沟渠配套,对废黄河两侧盐碱地采取灌水洗碱、开沟排水、降低沟河水位、作物改制等综合治理试点。通过上述工作的开展,基本形成排涝降渍体系。至1966年底,全市农田有效灌溉面积达1.3万 hm²,旱涝保收农田达到9.5万 hm²,有1/3农田达到3~5年一遇的排涝标准,水稻面积发展到4万 hm²,粮食总产达到130万 t。

2.1.3 实施"旱改水",彻底解决农田渍碱问题

20世纪70年代,以"旱改水"为中心,以"改土治水、改善农业生产条件、建设稳产高产、旱涝保收田"为目标,集中力量平田整地、开辟水源、建设机电排灌。70年代初期,新建大中型涵闸36座,新建、扩建中小水库24座,开凿农用井4万余眼。1976年冬季规模宏大的徐洪河调水工程开工,20万水利大军历时3个月,完成了七嘴—洪泽湖农场机排站的44.75 km河道扩浚任务。1977年冬至1979年春,组织实施了七嘴—沙集南和崔堰—刘房集(房亭河南)两段总长为37.2 km的平地开河,徐洪河三期工程共完成土方2 370万 m³。至20世纪70年代末,徐州地区旱涝保收田面积达到34万 hm²,其中高标准农田达17万 hm²,有效灌溉面积达到40万 hm²,水稻面积最高达18.7万 hm²,80%的低洼易涝农田达到3年一遇以上排涝标准,粮食总产达245万 t。"旱改水"工程是徐州水利史上的一个新的里程碑,彻底解决了徐州市故黄河沿岸近20万 hm²的次生盐碱地问题,老百姓实现了从饥饿到温饱的转变,主粮从山芋、粗粮变为大米、白面。

2.2 第二阶段(1979~2009年),水利事业快速发展

1978年,党的十一届三中全会拉开了中国改革开放伟大事业的序幕。水利,这一经济社会发展的基础设施和基础产业,也迎来了新的发展机遇,徐州水利建设步入了飞速发展的快车道,一大批关乎国计民生的重大水问题得以解决。

2.2.1 实施多项水利工程,大力开发水资源

1983年,在江苏省江水北调工程的基础上,徐州市实施了东水西送工程;续建疏浚了京杭大运河不牢河段,利用江淮水北调到骆马湖的条件,建成送水能力均为50 m³/s的刘山、解台抽水站,为调引骆马湖水源西送创造了条件。1985年,实施了输水能力为10 m³/s的丁万河分洪调水工程;疏浚郑集河并改建了郑集站,新建了沿湖站、范楼站和梁寨站,启动了输水能力为10 m³/s的郑集河工程。1990年,集中开挖了徐洪河,配套兴建了刘集地涵、沙集站、单集站和大庙站,使长江水和洪泽湖水跨流域调度,缓解

了水资源紧张的矛盾。全面开展了"深挖河,挖大河"工程,梯级控制拦蓄,最大限度地拦蓄地面水,使地面水、地下水、外来水三水合一,统筹调度。1991年的江淮、太湖流域特大洪涝之后,以"防洪保安全,开发水资源"为主攻方向,加强了流域性河湖、城市防洪排涝和水源工程建设。大中小工程并举,开源与节流并重,高标准农田示范带建设、中低产田改造、节水工程建设等全面展开。1993年,完成沂河出口处骆马湖林场搬迁工程、总沭河塔山闸扩孔工程、邳苍分洪道西偏泓开挖及复堤工程。1994年,中运河扩挖工程开工。1995年,启动了郑集河、干河、南北支河扩大工程,扩建了郑集、范楼、梁寨、候阁4座抽水站,疏浚扩挖了郑集河及南北支河。1995~2000年,相继完成了境内沂河、沭河、邳苍分洪道、中运河、微山湖西大堤的复堤加固险工整治工程,疏浚了顺堤河。上述工程的建设,基本缓解了徐州市水资源紧张的矛盾,全市可用水资源达到37亿m³。

2.2.2 树立安全水利理念,全面提高防洪标准

黄墩湖滞洪区滞洪保安设施建设列入了国家基本建设计划,建成了规模2 000 m³/s的滞洪闸、31条总长213 km的撤退道路和1 784幢避洪面积达20万m²的避洪楼。1991年,徐州市区黄茅岗、黄河新村两座强排泵站开工建设,使袁桥以上主城区强排能力达到20年一遇标准。1997年,按照"百年一遇设计,千年一遇校核"的防洪标准,加固了云龙湖水库大坝;按50年一遇的强排标准,兴办了袁桥东、黄茅岗西、段庄西3座排涝站,使袁桥以上主城区的强排能力达到80 m³/s。全市流域性河湖堤防的防洪标准由不足10年一遇提高到20年一遇,部分工程(湖西大堤)达到50年一遇;徐州市主城区防洪标准由20年一遇提高到50年一遇,县城防洪标准提高到20~50年一遇。2013年完成了5座中型水库和36座小型水库的除险加固工程,使徐州流域性堤防的防洪标准达到或接近50年一遇,主城区防洪标准达到百年一遇。

2.2.3 加强水资源管理,提高资源水利保障能力

坚持把加强水资源管理与保护作为新时期水利工作的重点任务来抓,主要包括以下内容:①抓住南水北调工程机遇,投资6亿余元,相继完成刘山、解台、蔺家坝工程,调引境外水的能力由50 m³/s提高到125 m³/s;②积极推广节水技改,兴建了一批循环用水、串联用水和回用水工程,完成了华润电力有限公司等20家节水技改示范项目,同时加大对地方高校、餐饮业的污水处理,城市工业和生活用水实现了年节水6 000万m³;③大力推广农业节水技术,大力推进以灌区改造为重点的农田水利建设步伐,完成了丰县苗城河灌区、新沂沂北灌区和睢宁瑞克斯旺节水示范园、贾汪区不牢河灌区等节水改造工程,城市工业和生活用水实现了年节水6 000万m³;④对中小型水库进行除险加固,充分拦蓄地表径流,最大限度地利用雨水资源灌溉农业,完成了5座中型水库和26座小型水库的除险加固工程。

2.2.4 加强水环境综合治理,改善城乡生态环境

按照"水安全、水环境、水文化、水生态、水经济"五位一体理念,综合整治故黄河,实施了云龙湖除险加固,综合整治大龙湖、九里湖,开挖金龙湖,重点实施了玉带河、徐运新河综合治理和双山湖水库加固等工程,不仅提高了城市的防洪排涝能力,还显著改善了城乡水环境,取得了良好的社会效益和生态效益。

2.3 第三阶段(2010~2019年),创新思路,铸就辉煌

近10年来,徐州积极推进城乡涉水事务一体化管理,安全水利、资源水利、环境水利和民生水利协调发展。

2.3.1 大力实施生态修复和景观工程

为加强水利工程的生态环境效应,对故黄河、奎河、丁万河、三八河等进行综合整治,实施生态修复和景观改造;对九龙湖、劳武港等昔日煤港黑风口进行园林景观改造,建成休闲开放式生态公园;按照"百年一遇设计,2000年一遇校核"标准实施了云龙湖大坝除险加固工程,在此基础上建成了滨湖公园;对云龙湖小南湖实施退渔还湖工程;对大龙湖、九里湖、玉潭湖、金龙湖进行综合整治,湖滨周围建成公园绿地。目前,已经拥有云龙湖[8]、故黄河、潘安湖、金龙湖、丁万河、邳州艾山等6处国家水利风景区,拥有督公湖、吕梁湖、大沙河、凤鸣溏、凤凰泉等19处省级水利风景区,数量居全省之首。

2.3.2　组织实施一大批重大水利工程建设

实施了苏鲁边界—微山湖湖西大堤治理工程、新沂河整治(徐州境内)工程、睢北河治理工程、大沙河治理工程、徐州市近期防洪排涝工程;完成了荆马河防洪排涝工程、和平桥和泓济桥改建工程、废黄河郑集分洪道工程,完成投资1.87亿余元;完成了奎濉河近期治理工程、邳苍郊新地区西加河治理工程、新沂河治理工程,完成投资1.0亿元;实施了黄河故道中泓贯通工程、中小河流治理工程、大中型泵站更新改造工程、"三河"开发整治工程以及丁万河水环境综合整治工程,总投资7.59亿元。其中,中小河流治理主要是铜山区拾屯河、贾汪区老不牢河、丰县复新河等14项河道疏浚整治工程,总投资2.83亿元。实施了袁桥泵站、邳西泵站、民便河闸等10座病闸泵改工程,总投资2.43亿元。在完成黄河故道258km中泓贯通的基础上,继续投资3.46亿元,全面完成水源配套工程。2018年11月,郑集河输水扩大工程正式启动,该工程是2019年徐州水利工程建设重点项目和江苏六大帮扶片区重点扶贫项目,是解决江苏最缺水地区发展用水的补短板工程。

2.3.3　实施系列工程,城乡水环境明显改善

投资8.17亿元,实施水污染防治、供水安全保障和城市排水三大工程建设。水污染防治主要包括三八河污水处理厂一期提标改造、龙亭污水处理厂二期扩建和荆马河污水处理厂提标改造等16项工程,年度总投资2.24亿元;供水安全保障主要包括小沿河水源地补水泵站建设、刘湾水厂扩建、老旧小区供水改造等8项工程,年度总投资5.14亿元;城市排水主要包括排水闸站、排水线路改造提升和排水管理及信息化工程,年度总投资0.8亿元。

完成了南水北调东线一期徐州境内工程,可概括为"5411"工程,即建设5座泵站(刘山、解台、蔺家坝、睢宁、邳州)、4座水资源控制闸(骆马湖1座、南四湖3座)、1项截污导流工程和1项南四湖水位抬高后的影响工程。随后又实施了丰、沛、睢、新四县市截污导流工程。在实施丁万河、故黄河、闸河等河道治理的基础上,还把故黄河补水的上游线路(郑集河线路)和下游线路(房亭河线路)进一步贯通,使徐州市区污水处理厂全部达到一级A的排放标准。另外,在完成城市建成区56条黑臭水体治理任务的基础上,2018年再投资6.49亿元,实施建成区24条河道景观提升和规划区19条河道治理工程,城乡水环境明显改善。

2.3.4　坚持以人为本,民生水利建设成效显著

把解决农村饮水安全作为民生水利之首,先后解决了200万人的饮水安全问题,兴建了排涝站、挡水墙、万亩方水系调整以及桥涵等配套构筑物,确保了城市供水安全。疏浚农村县级河道94条(总长919 km)、乡级河道648条(总长2 667 km)、村庄河塘11 761条(土方1.36亿 m³),完成投资5亿元。大力开展小型农田水利基本建设和农村小型泵站更新改造,共兴建塘坝204座,增加蓄水量700万 m³,增加灌溉面积5 700 hm²,改善灌溉面积6 667 hm²。实施高标准农田水利示范方带建设,主要是抓住农村河道疏浚、灌区节水改造、小型农田水利重点县、中小河流整治试点县、山丘区水源工程等项目,连片、连线整治,突出重点、亮点,总投资11.67亿元。2016年,实施了骆马湖水源地及原水管线工程,总投资约24.8亿元。目前,总投资86.5亿元的徐州市城乡供水一体化工程已经完成,"1+5"供水格局即将形成,城乡居民将共享"同水源、同水质、同管网、同服务"优质水。

3　结语

经过几代水利人的无私奉献、奋勇拼搏,徐州水利事业取得了辉煌的业绩。2017年6月,徐州荣膺全国首批、全省首家国家水生态文明城市[9]。2018年9月,徐州喜获联合国人居奖。喜看今天的徐州,天更蓝,水更清,山更绿,古风汉韵,小桥流水,生态环境优美,人民安居乐业,广大市民的幸福指数大幅度提升。在以习近平新时代中国特色社会主义思想指导下,徐州水利人将站在新的起点上,贯彻"水资源、水生态、水环境、水灾害统筹治理"的治水新思路,找准主攻方向,统筹规划徐州水利未来发展蓝图,为徐州加快淮海经济区中心城市建设做出更大的贡献。

参 考 文 献

[1] 戴培超,沈正平.水环境变迁与徐州城市兴衰研究[J].人文治理,2013(6):55-61.

[2] 蒋慕东,章新芬.黄河夺泗入淮对苏北的影响[J].淮阴师范学院学报,2006,28(2):226-230.

[3] 姚汉源.中国水利史纲要[M].北京:水利电力出版社,1987:170.

[4] 张廷玉.明史[M].上海:中华书局股份有限公司,1974:2014-2021.

[5] 王建革.明代黄淮运交汇区域的水系结构与水环境变化[J].历史地理研究,2019(1):7-31,160.

[6] 傅泽洪.行水金鉴[M].上海:商务印书馆,1912:879-1434.

[7] 张崇旺.论淮河流域水生态环境的历史变迁[J].安徽大学学报(哲学社会科学版),2012(3):81-89.

[8] 刘欢.关于云龙湖水利风景区管理的经验与对策[J].区域治理,2019,39:136-138.

[9] 刘奉,刘强,祖振阳,等.河长制下徐州水流产权确权试点探索[J].中国水利,2019(6):16-19.

关于病险水库风险判别评价方法研究

王永起

（淮河水利委员会水利水电工程技术研究中心，安徽 蚌埠　233001）

摘　要　运用相关性分析，建立相互独立的基于大坝安全参数和设计指标的水库溃坝风险指标体系，用于工程安全和风险管理评价。引入水库风险指数概念并结合工程应用实例，开展基于水库风险指数计算的风险管理评价，并结合已有工程安全评价方法，建立病险水库风险判别评价方法，识别水库风险程度，以确定水库除险加固优先顺序，充分利用。

关键词　水库大坝；风险指标体系；风险指数；风险判别标准

1　研究背景

水库大坝在蓄水发挥效益的同时，也会对下游生命、财产、基础设施和环境等构成风险。大坝风险来自其溃决可能性和溃坝后果两个方面，前者与大坝工程安全有关，后者与下游经济社会发展程度有关。长期以来，我国水库大坝安全管理重点关注水工建筑物的安全，更多依据的是基于工程安全的大坝安全评价体系。

但以工程安全评价结论作为当前正在大规模开展的病险水库除险加固决策依据时，由于无法考虑溃坝后果的影响，也无法考虑各种不确定性和区分病险的严重程度，使得很难区别诸多病险水库轻重缓急，科学合理地安排除险加固计划。常常出现风险小的病险水库比风险高的病险水库优先除险加固的不合理现象。为此，有必要建立一个行之有效的病险水库风险判别标准，对病险的严重程度进行分析，使病险严重的水库优先得到加固除险，充分利用有限的除险加固资金。

2　水库溃坝风险指标体系的建立

2.1　溃坝模式研究

溃坝模式分析是大坝风险分析中的重要环节，根据各种可能出现的外荷载，分析在荷载作用下坝体会出现的破坏形式，并分析其可能发展成为溃坝事件，最终形成荷载—建筑物—破坏—溃坝的途径。

2.2　体系的初步建立

根据水库溃坝的主要因素、溃坝模式和溃坝路径的分析与研究，可以将与水库安全有关的参数和设计指标进行归类，初步建立水库溃坝风险指标体系。

2.3　指标相关性分析

为保证指标间的独立性和可比性，对各个指标之间的相关性进行了分析，如浸润线高度和排渗完好系数两个指标之间的相关性系数为 0.90，则说明两个指标之间具有较大的正相关特性。故将排渗完好系数删除，不纳入水库溃坝风险指标体系中。

2.4　体系的最终建立

通过水库溃坝风险指标的相关性分析，删除具有较大相关性的风险指标，最终形成了具有相互独立性的风险指标体系，如图 1 所示。

指标共分为 5 大类，包括漫顶溃决、失稳溃决、渗流破坏、结构破坏和管理因素。5 大类共包含 16

作者简介：王永起，男，1990 年生，淮河水利委员会水利水电工程技术研究中心，工程师，主要从事水工建筑物消能及安全监测工作。E-mail：1071739588@ qq.com。

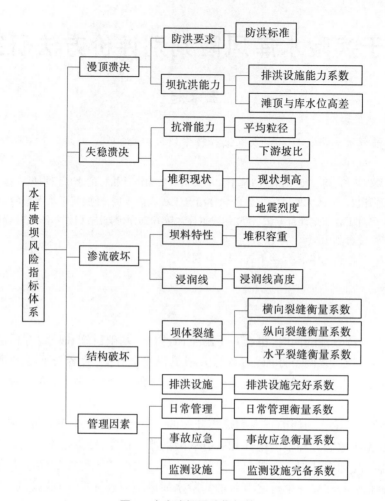

图 1　水库溃坝风险指标体系

个指标。该指标体系可为水库溃坝风险评判方法的研究提供前提条件。

2.5　风险指标体系应用

2.5.1　用于工程安全的评价

　　根据有关现行规范,分别对工程的漫顶溃决、失稳溃决、渗流破坏、结构破坏及管理因素方面的安全性依据风险指标体系给出定量或定性标准,予以分级。安全性级别均达到 A 级的,为一类坝;安全性级别达到 A 级和 B 级的,为二类坝;安全性级别中有 1 项以上(含 1 项)是 C 级的,为三类坝,即病险水库大坝。

2.5.2　用于风险管理的评价

　　风险指标体系用于风险管理制度建设,可以进行风险要素识别,分析可能的溃坝模式及溃坝洪水,计算溃坝概率和溃坝后果,进而得到大坝风险;通过与风险准则的比较,判断风险是否可以接受或可以容忍,如不可接受或不可容忍,则需采取措施降低风险。

3　水库风险指数的确定

3.1　水库风险指数

　　水库风险指数根据溃坝概率和溃坝后果综合系数进行计算,这种方法需要专家进行溃坝概率分析,称为基于概率分析风险排序。

3.2　确定溃坝概率的事件树法

　　根据水库运用的实际情况,确定几个特征水位,使其能够代表"所有可能的荷载"。这些水位出现的概率是不同的,在某一水位荷载下,画出溃决事件发展的过程,形成破坏路径,并对每个过程发生的可能性都赋予某一概率,得到在这一水位下这一破坏路径的发生概率。依次可画出这一水位下其他破坏路径以及发生概率。这就是世界上目前采用的事件树方法。

3.3 溃坝后果分析

溃坝后果包括生命损失、经济损失及社会与环境影响。

Dekay 等推导出以下潜在生命损失经验公式：

$$L_{OL} = 0.075 P_{AR}^{0.56} \exp\left[-0.759 W_T + (3.790 - 2.223 W_T) F_C\right] \tag{1}$$

即潜在生命损失 L_{OL} 是警报时间 W_T、风险人口 P_{AR} 及洪水强度 F_C 的函数。

溃坝经济损失包括直接经济损失和间接经济损失。溃坝对社会的影响主要包括对国家、社会安定的不利影响；无法补救的文物古迹、艺术珍品和稀有动植物的损失等。溃坝对环境的影响主要包括对河道形态、人文景观的影响等。

3.4 计算水库风险指数

（1）根据工程风险指标体系，按大坝可能的破坏路径建立事件树计算出各可能破坏路径下的溃坝概率。

（2）确定溃坝后果。

（3）溃坝后果综合评价（赋值）。溃坝后果综合系数 L 可由式（2）得出：

$$L = \sum_{i=1}^{3} S_i F_i = S_1 F_1 + S_2 F_2 + S_3 F_3 \tag{2}$$

式中：S_1、S_2、S_3 分别为生命损失、经济损失及社会与环境影响的权重系数，分别为 0.737、0.105 和 0.158；F_1、F_2、F_3 分别为生命损失、经济损失及社会与环境影响的严重程度系数，可根据分析或调查结果赋值。

（4）水库风险指数的计算。按式（3）计算水库风险指数 R：

$$R = P_f L \tag{3}$$

式中：P_f 为溃坝概率。由于溃坝概率 P_f、溃坝后果综合系数 L 两者的乘积较小，为直观起见，将其放大 1 000 倍，则式（3）变为：

$$R = 1\,000 P_f L \tag{4}$$

3.5 水库风险指数应用实例

以坐落于赣江水系平江支流上的长龙水库为例，根据大坝安全鉴定分析论证成果，长龙水库存在如下工程安全隐患：①现状坝顶高程仅能满足近期非常运用洪水标准，水库抗洪能力不足。②大坝填筑质量差，在校核洪水工况下，下游坡抗滑稳定安全系数不满足规范要求；涵洞存在接触渗透变形；两坝肩岩体风化破碎，存在绕坝渗漏问题。③溢洪道堰体砌筑质量差，堰体、堰基渗漏严重；下游泄洪区过流能力不足，交通桥阻水。④灌溉及发电引水隧洞的闸门和启闭设备老化锈蚀严重，不能正常运行。应用事件树法计算长龙大坝溃坝概率见表1。

该水库地理位置重要，下游防洪保护 20 万人、3 670 hm² 耕地以及兴国县城、京九铁路、319 国道、曾三讲习所等重要城镇和基础设施的安全，一旦失事，直接经济损失超过 35 亿元。对其溃坝后果分析见表2。

由表 1 长龙水库溃坝概率和表 2 长龙水库溃坝后果综合系数，代入式（4）

$$R = 1\,000 P_f L = 1\,000 \times 0.004\,098 \times 0.265\,3 = 1.087$$

4 水库风险判别方法

在常规的大坝安全鉴定（评价）的基础上，引入和采用大坝风险分析概念和技术，建立了我国病险水库风险判别标准，其框图见图2。

由图 2 可见，该判别标准主要的内容和程序是：①工程安全评价，即通过大坝安全鉴定对工程的各项安全性进行评价，被评为"三类"坝的，即为"病险水库大坝"；②风险分析，通过风险分析，确定溃坝后果和溃坝概率，从而计算出大坝风险度；③除险加固排序，即通过对溃坝后果和溃坝概率计算，最终得到大坝风险指数，然后依风险指数大小排序，进行水库安全等级划分，决定诸多水库除险加固顺序。

表 1　长龙水库溃坝概率计算

水库名称	部位	破坏模式序号	破坏路径						破坏概率	总溃坝率
长龙	大坝	1	洪水	坝顶高程不足	漫顶	冲刷坝体	干预无效			0.004 098
			0.002	0.636	0.763	0.771	0.571		0.000 428	
		2	洪水	坝体下游滑坡	坝顶高程不足	漫顶	冲刷坝体	干预无效		
			0.001	0.471	0.586	0.748	0.743	0.486	0.000 075	
		3	洪水	坝体贯穿裂缝	集中渗流破坏	干预无效				
			0.02	0.421	0.116	0.151			0.000 148	
			非汛期	坝体贯穿裂缝	集中渗流破坏	干预无效				
			0.75	0.13	0.026	0.008			0.000 020	
		4	洪水	坝基渗漏	集中渗流破坏	干预无效				
			0.02	0.786	0.3	0.136			0.000 640	
			非汛期	坝基渗漏	集中渗流破坏	干预无效				
			0.75	0.593	0.106	0.028			0.001 343	
		5	洪水	坝下埋管接触渗透变形	集中渗漏	干预无效				
			0.02	0.657	0.328	0.207			0.000 895	
			非汛期	坝下埋管接触渗透变形	集中渗漏	干预无效				
			0.75	0.236	0.08	0.039			0.000 551	

表 2　长龙水库溃坝后果分析

水库名称	生命损失严重程度 F_1	经济损失严重程度 F_2	社会与环境影响严重程度 F_3	溃坝后果综合系数 L
长龙	0.179	0.353	0.61	0.265 3

5　结论与建议

（1）传统的工程安全管理模式难以在短期内缓解水库大坝所带来的高风险压力，风险管理可以有效克服现有管理模式的不足，提高其安全管理水平，是缓解病险水库数量巨大与除险加固资金严重短缺的矛盾，确保除险加固科学决策的需要。

（2）风险管理是一个过程管理机制，要实现降低风险的目标，需要从风险管理制度建设、降低大坝溃决概率和减少溃坝后果三个主要方面入手，管理中应合理选择风险处理方式，通过工程措施与非工程措施的结合，来降低与控制风险。

（3）为克服现行以工程安全为核心的大坝安全评价判别标准的缺陷，有必要引入大坝风险理念，构建基于风险的大坝安全评价判别标准。

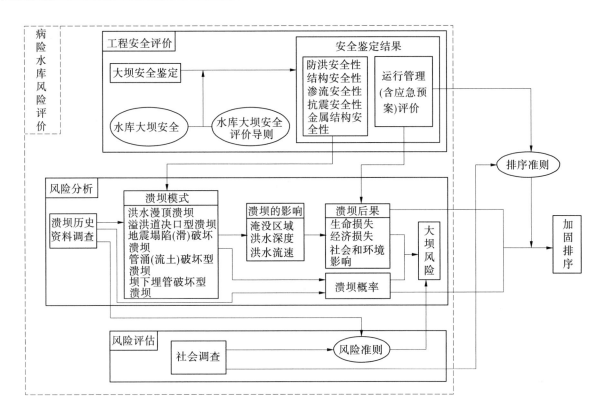

图2 病险水库风险判别标准体系框图

参 考 文 献

[1] 孙继昌.中国的水库大坝安全管理[J].中国水利,2008(20):10-14.

[2] 盛金保,李雷,王昭升.我国小型水库大坝安全问题探讨[J].中国水利,2006(2):41-43.

[3] 李雷,王仁钟,盛金保,等.大坝风险评价与风险管理[M].北京:中国水利水电出版社,2006.

[4] 李雷,蔡跃波,盛金保.中国大坝安全与风险管理的现状及其战略思考[J].岩土工程学报,2008(11):1581-1587.

[5] 蔡跃波.中国大坝风险管理对策思考[J].中国水利,2008(10):20-23.

[6] 盛金保,杨正华,葛从兵,等.小型水库信息管理系统框架及评价体系研究[R].南京:南京水利科学研究院,2008.

[7] 朱淮宁.溃坝经济分析研究[D].南京:河海大学,1997.

[8] 陈肇和.土石坝漫坝风险理论与应用[M].北京:中国水利水电出版社,2008.

[9] 王栋,朱元.防洪系统风险分析的研究评述[J].水文,2003,23(2):15-21.

[10] 李爱花,刘恒,耿雷华,等.水利工程风险分析研究现状综述[J].水科学进展,2009,20(3):453-459.

[11] 刘明维,何光春.基于蒙特卡罗法的土坡稳定可靠度分析[J].重庆建筑大学学报,2001,23(5):96-99.

[12] 曹玉斌.水库工程漫顶风险分析[J].黑龙江科技信息,2008(12):51.

[13] 姜树海.防洪设计标准和大坝的防洪安全[J].水利学报,1999(5):19-25.

[14] 梅亚东.大坝防洪安全的风险分析[J].武汉大学学报,2002,35(6):11-15.

[15] 施国庆,朱淮宁,荀厚平,等.水库溃坝损失及其计算方法研究[J].灾害学,1998,13(4):28-33.

[16] 姜树海,范子武.大坝的允许风险及其运用研究[J].水利水运工程学报,2003(3):7-12.

佛子岭连拱坝加固钢纤维混凝土综合加固方案研究

周小勇

（安徽省水利水电勘测设计研究总院有限公司，安徽 合肥　230094）

摘　要　佛子岭水库连拱坝由于存在防洪能力偏低、大坝裂缝严重、局部坝基岩体破碎或软弱等问题，经论证确定采用钢纤维现浇混凝土、高压固结灌浆、发泡聚氨酯坝面保温等新材料、新工艺和新技术进行除险加固。本文针对钢纤维混凝土综合加固方案的基本思路、加固具体措施、技术特点和加固效果进行系统总结，与同仁们共勉。

关键词　连拱坝；加固；钢纤维混凝土

1　问题的由来

国内用于对大坝进行结构性加固的措施主要有预应力锚索和帮贴普通混凝土加大断面并辅以灌浆封缝等，这些加固措施虽然能够将一些结构破坏性裂缝闭合，但在高水头、高温度场以及地震作用下，很难确保帮贴混凝土不会产生新的裂缝或沿原裂缝裂开，同时新老混凝土难以结合牢靠，这些将影响其整体受力。

钢纤维混凝土由于掺加的钢纤维为混凝土提供了微型配筋，增强了混凝土的抗拉和弯曲强度，显著改善混凝土的抗裂性、延性、韧性和抗冲击性能。佛子岭水库连拱坝的加固方案正是在充分认识到钢纤维混凝土材料上述特性的基础上提出的。

钢纤维混凝土特别是喷射钢纤维混凝土大规模地应用于对混凝土坝体进行结构性加固在国内外还找不到先例，因此有必要进行专项研究。

2　基本情况和存在问题

佛子岭大坝经多年运行，加固前大坝存在的主要问题有防洪能力偏低、坝身裂缝严重、帷幕及岸坡排水失效、部分垛基岩软弱等。

垛墙裂缝削弱了大坝的整体刚度，恶化了垛墙的受力条件，并且随着垛墙受力条件的恶化，使垛墙裂缝不断发生和发展。因此，大坝加固的一个重要课题就是加强垛墙的整体刚度，恢复其整体性，提高其承载能力。

3　加固设计的基本思路

利用钢纤维混凝土特有的高强度、高韧性等特性加固大坝，能有效地解决大坝等水工建筑物易产生裂缝而降低或丧失承载能力带来的结构安全问题。针对大坝垛墙和两端拱不同的受力条件和受力状况，采用钢纤维混凝土加固的具体措施也不尽相同。

3.1　两端拱的加固

3.1.1　存在的主要问题及原因分析

佛子岭连拱坝在建坝后期及以后的运行中相继出现了多条斜向叉缝、竖直缝、拱端缝，有些裂缝至今仍在继续延伸和发展。特别是两端 2#、22# 拱，有些区域已被切割成较危险的三角形或不规则多边形

作者简介：周小勇，男，高级工程师，安徽省水利水电勘测设计研究总院有限公司，副总工程师。长期从事水利水电工程结构设计工作。

的拱块,从而破坏了拱的整体性,削弱了其承载能力,对大坝的整体结构安全已构成了一定的威胁。分析裂缝形成的原因主要有:①拱座相对变位的影响;②原设计理论不成熟,考虑的控制工况不全面。

3.1.2 以往曾研究过的加固方案

针对两端拱存在的问题,以往研究的加固方案主要有:①在老拱下游侧做加强拱方案;②在老拱上游侧做加强拱方案。

3.1.3 本次加固方案论证比较

针对下游侧加强拱及在上游侧加固的方案做进一步的分析比较,本次加固提出了:①下游侧固端加强拱方案;②上、下游喷射钢纤维混凝土。

通过对两方案所做的大量具体的计算分析和比较工作,可以看出,在能放空水库的前提下,方案②与方案①相比,具有较大的优越性。从结构上考虑,只在上游面贴厚钢纤维混凝土和增设受力钢筋,不能提高下游拱冠处的承载能力,而贴厚加固钢纤维混凝土厚度宜控制在 0.2 ~ 0.25 m,故通过在上、下游贴厚钢纤维中增设一定数量的钢筋,不仅可提高结构的强度,适应拱座相对变位这一不利条件,同时对相邻结构无不利的负作用,而且工程量最小,无须基础开挖及处理,解决基础薄弱的问题;结构设计简单、安全可靠;从施工总体角度考虑,亦较利于施工。综合各方面因素,故决定选用方案②。

3.1.4 选用加固方案的结构设计

(1)结构设计。

两端拱结构加固的具体措施为:根据计算在 2#、22# 拱的上、下游面增设受力钢筋,上游面喷射钢纤维混凝土厚 0.15 m,下游面喷射钢纤维混凝土厚 0.10 m。

考虑上、下游贴厚结构系采用钢纤维混凝土,其强度指标较高,为保证新、老结构材料强度差别不大,使加固结构受力达到协调一致,钢纤维混凝土强度等级取 C40。其他指标初步拟订如下:轴心抗压强度设计值 $f_c = 15$ MPa;轴心抗拉强度设计值 $f_t = 1.5$ MPa;混凝土弹性模量 $E = 3.28 \times 10^4$ MPa(与实测老混凝土弹模一致);钢筋的弹性模量 $E_s = 2.0 \times 10^5$ MPa;钢筋强度设计值 $f_y = f'_y = 310$ MPa。

(2)计算分析。

加固结构的设计荷载包括自重、水荷载、温度荷载、地震荷载及拱座相对变位等。基本荷载组合按以下 3 种情况考虑:①自重+温降Ⅰ+拱座相对变位;②自重+变水压+温降Ⅱ+拱座相对变位;③自重+正常蓄水位 125.56 m+温降Ⅲ+拱座相对变位。特殊荷载组合按以下 4 种情况考虑:①自重+校核洪水位 130.00 m+温升Ⅳ+拱座相对变位;②自重+温降Ⅰ+拱座相对变位+横向地震力;③自重+变水压+温降Ⅱ+拱座相对变位+横向地震力;④自重+正常蓄水位 125.56 m+温降Ⅲ+拱座相对变位+横向地震力。

采用平面杆件单元,将各分层拱圈等分为 12 等份杆单元,针对前述七种荷载组合,采用结构力学的方法,对各分层拱圈分别进行内力计算,计算各种荷载组合下各分层拱圈上相应每一杆单元截面上的轴力 N、弯距 M,最终找出对应各种荷载组合下各分层拱圈上的最不利内力,从而依据该组内力核算结构强度,确定加固结构配筋。根据加固结构配筋,核算加固结构裂缝宽度。`

3.2 大坝垛墙加固

3.2.1 加固方案论证和选择

在本次加固方案的拟订过程中,分析了佛子岭连拱坝存在的主要问题,研究了 1982 年大坝加固的经验,并借鉴美国欢乐湖连拱坝加固所采用的工程措施,他们的做法是:用混凝土回填垛墙的下部空腔;加强上游面板与垛墙的连接,在面板的上游面上设置钢轨构成劲性钢筋,钢轨锚固在垛墙下部大体积混凝土内,然后喷混凝土。为此,考虑了以下三个方案,进行比较选择:①在垛墙上游加预应力方案;②采用在垛墙内浇筑钢筋混凝土加固方案;③采用在垛墙内喷高强钢纤维混凝土加固方案。

三种方案比较:方案①主要借鉴美国欢乐湖连拱坝加固经验,由于施工难度较大,投资多,且存在施加的预应力相对集中,在垛墙顶部施加压力,在垛内扩散较快,对中、低部的垛墙拉应力降低并不显著。而方案②主要沿用 1982 年河床坝段垛墙加固方案,由于存在施工难度较大,新、老混凝土不易很好结合等缺点。因此,本次加固选用方案③,采用在垛墙内喷高强钢纤维混凝土加固方案。

3.2.2 选用方案加固设计

(1)计算分析及应力成果。

①材料力学方法计算成果。按照贴厚加固后,新老混凝土联合受力条件,在库水位为 129.56 m、125.56 m 情况下,同时考虑温度荷载,计算垛墙最大主拉应力值见表 1 和表 2。

表 1　采用钢纤维混凝土加固后大坝上游面的主拉应力计算成果　　　　　（单位:MPa）

荷载组合	高程(m)							
	69.93	74.93	79.93	84.93	89.93	99.93	109.93	119.93
129.56+自重+温升	0.87	0.78	0.12	-0.06	0.12	-0.26	-0.13	-0.12
125.56+自重+温降	0.91	0.67	0.32	0.07	-0.12	-0.04	0.06	0.08
125.56+自重+温降+地震	1.25	0.76	0.17	0.06	-0.12	-0.32	-0.08	-0.10

说明:"-"表示受压。

表 2　采用钢纤维混凝土加固后 82 年加固坝段上游面的主拉应力计算成果　　　　　（单位:MPa）

荷载组合	高程(m)							
	69.93	74.93	79.93	84.93	89.93	99.93	109.93	119.93
129.56+自重+温升	0.69	0.56	0.08	-0.12	0.12	-0.26	-0.13	-0.12
125.56+自重+温降	0.72	0.59	0.24	0.07	-0.18	-0.10	0.04	0.06
125.56+自重+温降+地震	1.05	0.78	0.13	0.10	-0.17	-0.45	-0.16	-0.15

说明:"-"表示受压。

②三维有限元计算成果。连拱坝结构复杂,为了能较准掌握其抗震特性和加固效果,本次加固采用三维非线性有限元对大坝拱垛进行动静力分析计算。计算模型采用中国水利科学研究院抗震所近几年在有限元抗震分析模型研究中的最新成果,即采用了显式有限元—人工透射边界方法,考虑无限地基辐射阻尼的影响;静力荷载以阶跃函数的形式施加到坝体或坝体—地基系统中,待静力反应稳定后,加上相应的边界约束力,地震波即可由坝体底部或基岩输入,对体系进行波动反应分析,也就是说,非线性体系的静力反应采用动力计算方法确定,并进一步进行静动组合计算;坝体横缝采用数值模拟的动接触力模型。针对佛子岭水库连拱坝的具体情况,分别对 12# 垛以西和 13# 垛以东两种坝垛结构形态,模拟坝垛整体,收缩缝脱开及裂缝、加固前后结构,进行不同载荷组合下的静力和地震动应力计算分析。列出计算分析成果列表如表 3、表 4。

表 3　12# 垛以西各工况垛墙、面板应力表

荷载组合	计算工况	垛墙主拉应力(MPa)			
		外侧	内侧	面板上游	面板下游
自重+校核水位 ($\nabla H_上$ =129.65 m, $\nabla H_下$ =90.0 m)+温升	加固前(收缩缝脱开)	<1.6	<1.6	<1.5	<1.5
	加固后	<1.2	<0.6	<0.45	<1.0
自重+正常蓄水位 ($\nabla H_上$ =125.56 m, $\nabla H_下$ =78.56 m)+温降	加固前(收缩缝脱开)	<2.5	<2.5	<3.0	<1.8
	加固后	<2.0	<2.0	<2.0	<1.8
自重+正常蓄水位 ($\nabla H_上$ =125.56 m, $\nabla H_下$ =78.56 m)+温降+8°地震	加固前	<5.4	<5.25	<5.6	<4.0
	加固后	<3.6	<3.0	<4.0	<2.4
自重+正常蓄水位 ($\nabla H_上$ =125.56 m, $\nabla H_下$ =78.56 m)+温降+8°地震	整体无缝	<4.0	<2.4	<3.0	<2.4

注:工况一,加固前收缩缝脱开静力计算;工况二,加固前收缩缝脱开静力计算;工况三,加固前收缩缝脱开动、静力计算;工况四,整体无缝动、静力计算;工况五,加固后静力计算;工况六,加固后静力计算;工况七,加固后动、静力综合计算。

表 4　13[#]垛以东各工况垛墙、面板应力表

荷载组合	计算工况	垛墙主拉应力(MPa)			
		外侧	内侧	面权上游	面板下游
自重+校核水位 ($\nabla H_上 = 129.65$ m，$\nabla H_下 = 90.0$ m)+温升	加固前(收缩缝脱开)	<0.75	<1.2	<0.60	<0.60
	加固后	0	<0.5	<0.60	<0.25
自重+正常蓄水位 ($\nabla H_上 = 125.56$ m，$\nabla H_下 = 78.56$ m)+温降	加固前(收缩缝脱开)静力	<1.2	<1.2	<2.4	<0.90
	加固后静力	<0.75	<0.75	<1.6	<0.40
自重+正常蓄水位($\nabla H_上 = 125.56$ m， $\nabla H_下 = 78.56$ m)+温降+8°地震	加固前(收缩缝脱开)动、静力	<3.0	<3.2	<4.5	<1.6
	加固后动、静力	<2.4	<2.0	<3.0	<1.0
自重+正常蓄水位($\nabla H_上 = 125.56$ m， $\nabla H_下 = 78.56$ m)+温降+8°地震	整体无缝动、静力	<3.0	<2.7	<4.0	<1.2

（2）材料试验及指标拟订。

初步拟订垛墙加固钢纤维混凝土 28 d 龄期标准试件需要达到的主要性能指标为：容重 23 kN/m³，抗压强度 48 MPa，轴拉强度 4 MPa，劈拉强度 4.6 MPa，抗折强度 6 MPa，黏结强度 2.5~3 MPa(与老混凝土间的黏结强度)，弯曲韧度指标 $I_{10} = 6~8$，$I_{30} = 18~24$，韧度系数 $R_{30/10} = 60~80$，由大板韧度试验的变形能量达 900~1 000。

4　加固方案的具体措施

推荐采用的大坝垛墙钢纤维混凝土加固方案的具体加固措施如下：

（1）2[#]和22[#]拱自原结构基础至高程127.46 m 范围，采用喷射钢纤维混凝土加固，拱筒上游面及其左右侧外延 0.5 m 宽范围，喷射厚度 0.15 m，拱筒下游面及其左右侧外延 0.5 m 宽范围，喷射厚度 0.10 m。

（2）大坝各垛的上游面板和左右侧墙上游一定范围的高拉应力区，从垛的内壁采用喷射钢纤维混凝土进行加厚，上游面板喷厚 0.5 m，底部（79.56 m 高程以下）加厚至 0.6 m，左右侧墙喷厚 0.4 m；同时在垛内每隔一定高度增设钢筋混凝土水平隔板，厚度 0.5 m，以加强垛墙整体刚度。

（3）为保证新老结构材料强度协调一致，喷射钢纤维混凝土强度等级采用 C40。

（4）上述加固施工前，要求在低温季节对坝垛迎水面裂缝及垛头缝、垛尾缝和收缩缝等进行裂缝修补处理。

（5）为保证新老混凝土结合良好而整体受力，喷射钢纤维混凝土范围内老混凝土面均须进行严格凿毛和清洗处理。

（6）鉴于上述加固设计方案技术要求高，施工难度大，且喷射钢纤维混凝土在国内水利水电加固工程中大规模使用尚属首次应用，加固工程正式施工前应进行现场试验，优选钢纤维混凝土配合比，选择适合的施工设备和工艺，为完善工程设计和顺利施工提供可靠依据和质量保证。

5　加固方案的技术特点

佛子岭水库连拱坝加固采用了钢纤维混凝土加固大坝垛墙和两端拱，突破了国内外现行的混凝土病险坝传统加固方法和理念，首次大规模地将钢纤维混凝土应用于薄壁连拱坝加固；针对钢纤维混凝土高强度、高韧度、低干缩等要求及施工场地狭窄、倒悬面、输送距离远等特定环境，通过试验研究，确定了满足要求的钢纤维混凝土配合比，成功地进行了人工喷射条件下，远距离、超厚度一次喷射作业，喷射钢纤维混凝土一次喷射厚度达 40 cm，输送水平距离达 100 m、垂直距离达 60 m 以上，达到国内外先进水平。

6　加固效果分析

由于垛墙和上游面板贴厚,并增设水平隔板,大坝整体刚度增大。监测资料显示,2005 年大坝两端的 2# 和 21# 垛坝顶左右向水平位移变幅最大,2# 垛变幅值 4.26 mm,21# 垛变幅值 3.52 mm,河床坝段 13# 垛坝顶上下游向水平位移最大,最大值 2.82 mm。2006 年大坝两端的 2# 和 21# 垛坝顶左右向水平位移变幅最大,2# 垛变幅值 3.56 mm,21# 垛变幅值 4.1 mm,河床坝段 13# 垛坝顶上下游向水平位移最大,最大值 1.87 mm。而加固前 2# 垛侧向位移变幅达 10.77 mm,21# 垛变幅值达 7.07 mm,13# 垛向下游的最大位移达 5.81 mm,都远远大于加固后测值。

增设的钢筋计在 2005 年 6 月开始测值,初始测值最大达 40 MPa 以上,测值在 8 月、9 月有一个减小过程,10 月开始回升,至 2006 年 1 月测值仍在增大,位于 5# 垛和 13# 垛上游面板钢筋应力值最大,分别为 68.8 MPa 和 83.45 MPa,垛两侧墙并缝钢筋应力明显表现为低温时为拉应力,而高温时均出现压应力这种变化规律。表明贴厚的钢纤维混凝土和受力钢筋已能与老混凝土整体受力。

参 考 文 献

[1] 石庆尧,等.钢纤维混凝土在佛子岭水库连拱坝加固中的应用[M].北京:中国水利水电出版社,2005.

[2] 周小勇,等.高性能钢纤维混凝土在水库大坝补强加固中的应用[C]//2005 年大坝安全与堤坝隐患探测国际学术研讨会论文集.

[3] 赵国藩,等.钢纤维混凝土结构[M].北京:中国建筑工业出版社,1999.

虎盘水库大坝裂缝成因分析与除险加固方案设计

陈维杰[1],张金钢[2]

(1.汝阳县发展和改革委员会,河南 汝阳 471200;
2.汝阳县虎盘水库管理所,河南 汝阳 471200)

摘 要 虎盘水库大坝完工后,经过第1次寒流后产生了4条裂缝,之后又出现了2条裂缝,并具有发展之势。经过分析,其形成的原因是多方面的,主要可能是环境温差、约束条件、空库施工等。通过分析论证,确定采取混凝土防渗面板型式进行防渗补强加固。

关键词 大坝;裂缝;成因;处理

1 工程概况

虎盘水库位于汝阳县境内马兰河上游,是河南省王坪电气化建设试点乡的骨干电源工程。总库容1 060万 m^3,设计4级装机1 965 kW,年均发电能力500万kW·h,现建成3级装机1 165 kW,多年平均实际发电量240万kW·h。水库坝顶高程618.1 m,最大坝高46.5 m,其中基础垫座为5.5 m高的150# 混凝土埋块石,坝体为41 m高的150#细骨料混凝土砌块石双曲溢流拱坝。垫座厚15.8 m,坝体底部厚8.6 m、顶部厚1.5 m,拱冠下部倒悬度为1:0.32,1/3处坝段下部为1:0.513。垫座于1986年3月15日开工,4月5日完成;坝体1986年4月19日开工,1989年10月完工。

2 裂缝的发生与发展过程

1986年11月20日第1次寒流过后,大坝出现了4条竖向裂缝(编号见图1),其中1号缝在高程581.2 m处,距拱坝中心线5.28 m,缝宽2 mm;2号缝在581.2 m高程处,离中心线20.33 m,缝宽1 mm;3号缝离开中心线31 m,缝宽0.1 mm;4号缝不明显,位于中心线左侧31 m。这些裂缝的共同特点是:①纵向分布,切断坝轴线;②由下向上发展,下宽上窄;③上下游基本对称,且背水面宽,迎水面窄;④均未裂到坝顶。

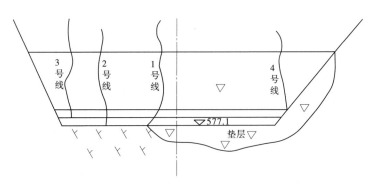

图1 大坝前水面裂缝位置图

到1987年3月25日止,通过4个月观测,1号缝在持续发展,背水面缝(581.688 m高程处)宽达4.1 mm,迎水面缝(585.4 m高程处)宽达3.2 m,漏水高程585.8 m,漏水量0.43 L/s;2号缝背水面(581.95 m高程处)缝宽达1.8 mm,迎水面缝宽1 mm;3号缝背水面缝宽0.2 mm,迎水面未发现裂缝;4号缝背水面

作者简介:陈维杰,男,1964年生,教授级高级工程师。E-mail:hnrycwj@ 126.com。

(581.688 m 高程处)缝宽 0.7 mm,迎水面(586.37 m 高程处)缝宽由原来发丝状发展到 0.55 mm。1~4 号缝之间又出现 3~5 m 长的不明显裂缝数条。

1988 年 4 月 1~26 日,水库管理单位对上述裂缝实施了机械压力灌浆,之后漏水暂时停止。1988 年 12 月 15 日在 612.4 m 高程处又发现 2 条相对称的竖向裂缝(编为 5 号、6 号缝),距坝肩约 17.5 m,缝宽 0.78 mm。次年 4 月升温后自行闭合,未做专项处理。1998 年 9 月,水库管理单位在易于观测的地方设置了两个观测点,对 4 号、6 号缝实施定量观测,结果发现 4 号、6 号缝的渗水量与坝前水位有关,日最大渗漏量分别达 30 L 和 1 050.3 L。至 2007 年 3 月,除 4 号缝以外,其他 5 条缝都较之前有所拉长,其中 2 号缝延长了 1.3 m,3 号缝延长了 2.2 m,1 号、5 号、6 号缝已形成了贯穿坝顶的通缝,最长的达到 15 m[1]。

3 裂缝成因分析

大坝发生裂缝的原因一般比较复杂,况且各坝又有各自的特定因素。具体虎盘水库大坝而言,6 条裂缝皆产生于施工阶段,因此其成因就可能主要与施工及设计因素有关,初步排查可能有以下几条:环境温差作用,未采取及时有效的温控措施,混凝土的约束条件不同,空库施工影响坝体稳定,间歇性施工造成冷缝出现,养护不够及时,保温条件较差,水泥的用量和品种不佳,以及骨料性质不理想等。其中主要的是以下三大因素[2]。

3.1 环境温差作用

大坝座垫是在 1986 年 3 月 27 日至 4 月 5 日完成的,当时日均气温为 10 ℃。4 月 19 日开始在垫座之上砌坝,至 4 月 24 日砌高至 579.1 m 高程,即净升高 2 m,这时的日均气温也只有 13.7 ℃。换言之,包括拱冠(垫座)在内的左侧坝段是在低温条件下完成的,而搁置的右坝段是 5 月 22~30 日完成的,此阶段的日均气温已升高到 22.9 ℃,且岩基(高度平垫座)又是深槽,散热条件差。于是,当 11 月 20 日寒流袭来、气温突降到 -3 ℃时,右段坝体下部就收缩而导致开裂。

3.2 混凝土的约束条件不同

虎盘水库的坝基岩性不对称,右侧基础为开挖后的岩石基槽,左侧为自然河床之上筑以混凝土垫座与右侧基岩持平,然后在此基础上筑坝,这样一来就造成了事实上垫座与岩基之间的受力特征的差异。在这种情况下,使受基岩约束的混凝土和受尚未完成其全部体积收缩的先浇混凝土(垫座)约束的混凝土之间肯定将产生不均匀收缩即不相同的位移,这就难免导致坝体的裂缝。1 号和 4 号缝刚好处在混凝土垫座与基岩接触处上方附近,可能就是这种原因诱发的。

3.3 空库情况下施工所致

虎盘水库大坝应力分析计算时的荷载组合分两种情况,一种是基本组合,即兴利水位时的静水压力+坝体自重和水重+温度荷载(温降)+淤砂压力;另一种是特殊组合,即校核水位时的静水压力+坝体自重和水重+温度荷载(温升)+淤砂压力,计算结果是以基本组合时的应力较大,最大拉应力出现在拱冠梁上游面(迎水面)的 577.1~587.4 m 高程处,应力值为 14.53 kg/cm²,小于允许拉应力 15 kg/cm²。但是,应力计算时没有考虑空库情况下的荷载组合,即少了上游静水压力情况下的运行情况,而施工过程中又偏偏出现了空库这种预料外的情况(由于上游的来水偏少和施工进度较快所造成)。由于库空,加上坝体向上游倒悬度大,坝体拉应力集中于下游侧,特别是当坝体已被裂缝竖直切断,抗拉强度削弱(甚至为 0)时,悬臂梁的稳定就全靠坝体下游侧自身的材料拉力来维持。因此,不稳定悬臂梁的重力作用,会对 1~6 号缝的发展产生一定影响,这也是各条迎水面缝在低水位时能够继续开裂的重要原因。1987 年 3 月 14 日开始蓄水后,裂缝曾一度趋于稳定状态,这一现象可以证明空库对裂缝的产生与发展有着不可低估的影响。

4 处理方案

水工混凝土建筑物裂缝按其发育变化趋势一般分作三类:一是稳定性裂缝。这种裂缝的特点是宽度、长度、深度一次成型,不再发展。二是伸缩性裂缝。这种裂缝的特点则是随着气温变化和外力作用等因素的改变会有一定规律的变化。三是发育性裂缝。这种裂缝的特点是随着时间的推移,会持续不断地向纵深一直发展[3]。显然,根据上述分析,虎盘水库大坝的裂缝属于发育性裂缝,它对坝体结构的整体性、应力分布、耐久性和安全运行均是非常不利的。根据对正常蓄水位温降、正常蓄水位温升、设计洪水位温升、死水位(运行最低水位)温升4种基本荷载组合和校核洪水位温升1种特殊荷载组合工况下的水压力、淤砂压力、自重、水重、温度荷载分别作用于悬臂梁、拱冠、拱座等部位所引起的上下游面应力叠加分析,(运用拱冠梁法)求得正常蓄水位、设计洪水位、校核洪水位3种情况下坝体的最大应力分布数据如表1所示。

表1 虎盘水库坝体加固前应力计算表

工况	正常水位温降	正常水位温升	设计水位温升	死水位温降	死水位温升	校核水位温升
最大压应力(MPa)	2.73	2.05	2.4	0.8	1.2	2.75
容许压应力(MPa)	5.7	5.7	5.7	5.7	5.7	6.6
抗压安全系数	1.95<4	2.93<4	2.15<4		4.26>4	2.29<3.5
最大拉应力(MPa)	1.78	0.98	1.53	0.03	0.35	1.8
容许拉应力(MPa)	1.5	1.5	1.5	1.5	1.5	1.5

由表1中可以直观看出,在抗压安全系数指标上,除死水位温升1项指标满足规范要求外,其余4项皆不满足规范要求;在最大拉应力指标上,除死水位温降、死水位温升、正常蓄水位温升3项指标外,其余3项皆不满足规范要求,因而从结构安全评价方面综合判定虎盘水库大坝的安全等级为"C"。

对于严重影响结构整体受力的发育性深层裂缝及贯穿裂缝,必须采取防渗、补强措施,以切实满足坝体在整体性、耐久性和安全运行等方面的基本要求。目前砌石坝的防渗补强措施主要有浇筑混凝土面板、混凝土防渗心墙、水泥砂浆深勾缝、钢丝网水泥砂浆喷浆防渗护面等。相比较而言,混凝土防渗面板防渗性能更为可靠,出现裂缝也易于修补,且外形美观[4],因而应用更为广泛,设计部门推荐了这种防渗补强方案[5]。

设计提出,沿坝体上游侧自坝基垫座高程577.10 m处向上浇筑C25混凝土面板至坝顶高程618.10 m,最大高度41.0 m,厚度0.3~4.45 m;同时将两坝肩防渗面板基础嵌入岩基2 m。为防止面板收缩与坝体变形而产生裂缝,在竖直方向每隔10 m设置一道伸缩缝,缝宽2 cm;在高程611.5 m以下伸缩缝缝内距面层15 cm处设一道1.5 cm厚紫铜片、距面层35 cm处设一道橡皮止水,每一侧埋入混凝土内25 cm,河槽段下部则插入原坝体(垫座);坝肩处混凝土防渗面板与两岸接触面同样设置紫铜片止水,止水铜片的一翼嵌入基岩止水槽内。伸缩缝内设沥青杉木板填缝。为防止温度裂缝,在防渗面板迎水面布设 φ14 温度构造钢筋,纵横间距各为20 cm。为使防渗面板与原坝体牢固相连,施工时应首先将上游坝体表面砌石凿毛并冲洗干净,在坝体内钻孔埋设锚筋,锚筋嵌入坝体1.5 m,间距1.5 m,呈梅花状分布。嵌入前将锚杆孔清理干净,嵌入后采用M30水泥砂浆封孔。

设计部门对这种补强措施进行了应力调整,成果如表2所示。

表2 虎盘水库坝体加固后应力计算表 （单位:MPa）

工况	正常水位降温	设计洪水位温升	最低运行水位温降	最低运行水位温升	校核洪水位温升
最大压应力	2.17	1.94	0.88	0.76	2.13
容许压应力	5.7	5.7	5.7	5.7	6.6
最大拉应力	1.32	1.08	0.07	0.27	1.26
控制计算拉应力参考值	1.5	1.5	1.5	1.5	1.5

由表2可以看出,防渗补强加固后,坝体结构应力在各种工况作用下均能满足规范要求。

5　除险加固效果

该水库于 2012 年 12 月 28 日至 2016 年 5 月 20 日完成了除险加固施工任务,2017 年 7 月 20 日进行了分部工程验收,施工质量达到合格标准。据 3 年来观察,原 1~6 号缝位置未出现缝迹,原 1 号、4 号、6 号缝渗水现象消失,达到了设计的预期目的。

6　结语

混凝土裂缝处理,要通过裂缝检查获得必要的数据资料,再根据裂缝所在的部位、原因、裂缝规模、危害性评定等,进行综合分析研究,选择合理处理方案。混凝土裂缝补强处理措施应达到恢复结构的整体性,限制裂缝的扩展,满足结构的强度、防渗、耐久性和建筑物安全运行的目的和要求。

参 考 文 献

[1] 洛阳水利勘测设计院.河南省洛阳市虎盘水库大坝安全鉴定评价报告[R].2007.
[2] 陈维杰,等.虎盘水电站大坝裂缝成因分析[J].水力发电,1995(3):52-53.
[3] 河南省水利科技情报中心站.水工混凝土建筑物裂缝处理[J].水利科技信息,1995(2):5-6.
[4] 水利电力部水利水电建设总局.砌石坝施工[M].北京:水利电力出版社,1984:195.
[5] 洛阳水利勘测设计院.河南省洛阳市虎盘水库除险加固工程初步设计报告[R].2010.

基于移动终端的水利工程建设
信息管理全过程设计与实现

杨峰[1]，赵宇飞[2]，赵慧敏[2]

（1.河南省出山店水库建设管理局，河南 信阳 465450；
2.中国水利水电科学研究院，北京 100048）

摘　要　水利工程建设中，工程建设质量信息的采集、传输、整理，直接关系到水利工程建设质量评价合格与否。目前，在实际水利工程中，依据 2012 年水利部颁布实施的《水利工程单元工程质量评定标准》，按照不同单元工程中的工序进行质量控制。但现场实际情况是施工人员在施工结束后，按照三检制的要求，进行三检相关内容的检测，并记录好后在室内进行三检表的整理，进而形成单元工程的工序表与单元工程质量评定表。按照传统的方法，三检表与单元工程质量评定表的形成需要花费大量的人力物力，且不能保证数据的实时可靠。在此背景下，利用移动终端设备，结合在出山店水库工程中已经建立的水利工程质量管理云平台，实现了建设信息管理全过程的标准化与数字化，并在出山店水库工程中得到了推广应用。

关键词　出山店水库；建设信息；便携式数据终端；信息管理全过程；云平台

1　引言

水利工程是我国重要的民生基础工程，水利工程建设与运行的安全可靠关系到我国工农业及第三产业的健康发展，是国家发展的重要基础条件。改革开放之后，相对于铁路交通、水电等其他国家基础工程，我国水利工程建设发展较为滞后。但是从 2010 年以来，我国加大了水利工程建设的投资力度，水利工程获得了较快的发展。

但是，相比较水利工程建设的蓬勃发展，我国水利工程信息化技术依然比较落后，尤其是重要的工程建设质量相关信息的管理，仍然是纸质载体人工管理模式，这些信息的深入整理、分析利用难度大，很难起到质量事故追溯、工程事故分析以及信息定量分析的作用。

本文在出山店水库建设管理过程中，通过广泛调研与分析，建立了水利工程单元工程质量评定标准表单，以及相关的采集标准，为这些单元工程质量评定的主控项目及一般项目信息的采集、传输、处理及归档管理提供了重要的技术标准，并利用数据终端设备，实现了工程建设质量信息的实时采集、传输及实时云上存储的功能，并且实现了数据终端设备与建设管理云平台的无缝融通，从而实现了水利工程建设质量信息管理全过程的数字化管理模式。

2　水利工程建设质量信息管理标准

2.1　目前我国水利信息化体系

在水利工程建设中，信息化技术标准是开展水利工程建设信息管理全过程的基础与关键。截至目前，我国水利行业已经颁布了相关的信息化技术标准规范超过 40 余部，形成了初步的水利工程信息化标准体系，主要分为数据存储、图示表达、采集传输、建设管理以及运行维护几个方面。

目前已有的水利信息化标准系统，缺少整个对实际工程中水利工程建设管理系统的指导价值，主要体现在顶层规划、结构设计及元数据标识规定等方面。另外，随着信息化技术的不断发展，信息采集手段与方式、信息传输与存储的方式以及服务器布置方式都有了很大的发展。

作者简介：杨峰，男，1975 年生，高级工程师，学士，主要从事水库建设管理工作。E-mail：yf2787@163.com。

2.2　出山店水库工程标准体系建立

在出山店水库工程中,为保证主体工程建设质量,加强工程大坝填筑施工过程监控,实现重要的施工信息的实时采集与高效管理,实现重要的单元工程质量评定过程的标准化数字化与实时化,提高工程建设管理的信息化水平,提高工程建设资料的利用效率与深度,并真正形成出山店水库工程的数字化档案中心。

在这样的目标下,需要建立出山店水库工程自己的信息采集、传输以及处理的相关标准体系,这样才能保证建立的系统能够在统一的信息化体系下,实现工程建设过程中信息的全过程处理。

出山店水库工程建设信息采集、处理标准的建立,首先是基于水利部颁布的信息化技术标准规范,尤其是数据存储标准中的《水利信息分类》(SL 701—2014)、《水利信息核心元数据》(SL 473—2010)、《水利信息数据库表结构及标识符标志规范》(SL 478—2010)、《水利工程建设与管理数据库表结构及标识符》(SL 700—2015)等。另外,还参考了 2012 年颁布的《水利水电工程单元工程施工质量验收评定标准》(SL 631~637—2012),主要对出山店水库中的土石方工程、混凝土工程、地基处理与基础工程等内容实现工程施工过程重要信息的全过程高效管理。出山店水库工程信息化标准体系结构如图 1 所示。

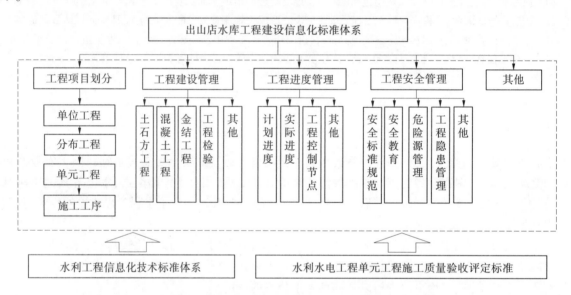

图 1　出山店水库工程建设信息化标准体系

2.3　工程建设信息管理全过程流程

关于工程建设信息管理的全过程主要包括最小质量管理的单元工程的标准化数字化建立,单元工程中不同施工工序的质量主控项目及一般项目的数字化实时采集,信息整理生成施工工序单元质量评定表,进而整理生成单元工程质量评定表,自动生成的单元工程质量评定表在施工单位、监理单位及业主单位之间的签批流转;最后作为重要工程档案进行唯一化数字化的管理。具体流程如图 2 所示。

通过建立的水利工程建设文档管理模块,可以在工程建设管理云平台中生成的文档在生成的时刻就具有了唯一的辨识码,而且在工程建设文档审批审查流程流转结束后,通过人工干预,可以将文档自动地归入按照水利工程验收文档整编办法设定的文档类别中,实现文档分类管理,为项目验收与审查保存一套可查询的电子档案。

3　基于移动终端的信息管理全过程设计与实现

3.1　水利水电工程中常见的移动终端设备

便携式数据终端概念为小型轻便、可以随身携带的数据采集及数据实时传输的通信终端设备。便携式数据终端设备类型较多,智能平板、智能手机以及带有射频技术的数据采集器等都属于便携式数据终端。目前,便携式数据终端数据采集的类型主要有便携式笔记本电脑、智能手机、具有工业三防性能

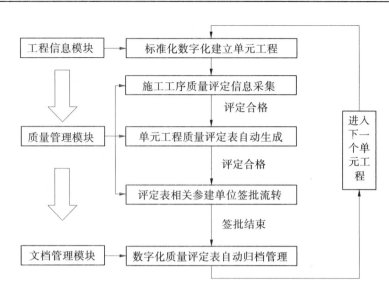

图2　工程建设信息全过程管理流程

的手持平板等。

3.2　基于便携式工业便携终端的工程建设信息采集设计

在出山店水库工程建设中,工程施工过程质量信息是利用工业级的高精度定位 PAD 进行标准格式下的实时录入进行采集的。采集得到的工程施工重要信息,通过 GPRS 公网,及时传输至云服务系统内,并根据事先定义的逻辑关系,进行数据的整理与分析。自动生成水利工程中单元工程施工工序质量评定表以及单元工程施工质量评定表。

在实际工程中,要求便携式施工数据采集系统与水利工程建设管理云服务系统之间有较好的对应与交互。便携式施工数据采集系统与云服务系统之间的数据融通如图3所示。

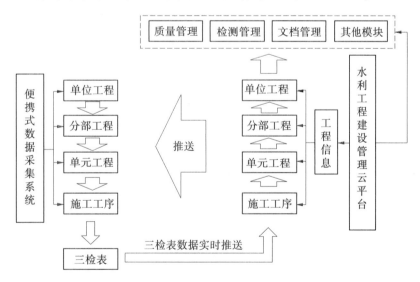

图3　便携式施工数据采集系统与水利工程建设管理云平台数据交互示意图

所建立的单位工程、分部工程、单元工程及相关施工工序,按照层次结构,云平台将此信息推送到便携式数据采集系统中,并在相关的施工工序环节中设定了不同的角色,当现场工作人员按照自己的角色登录进去之后,在系统首页上会将近期建立的单元工程中所包含的三检表以比较醒目的方式显示,提示使用者在实际工程建设中,结合不同的质量检测阶段,将相关的工序检测信息录入到系统中。

录入完成的施工三检表,在确认无误且完成上传后,将推送至水利工程建设管理云平台中,并依据最后的终检表格,生成相关的工序质量检测表,并按照主控项目以及一般项目的标准格式生成;然后,不同的施工工序质量评定表进行自动生成单元工程质量评定表,并且在施工单位、监理单位以及业主单位之间进行流转签批。最终单元工程质量评定表逐级形成分布工程施工质量评定表及单位工程施工质量评定表。

4　出山店水库应用情况

4.1　出山店水库工程简介

出山店水库是历次治淮规划确定在淮河干流上游修建的一座大(1)型水库,是以防洪为主,结合灌溉、供水、兼顾发电等综合利用的大型水利枢纽工程。水库控制流域面积 2 900 km²,总库容 12.51 亿 m³。水库由主坝、副坝、灌溉洞、电站厂房等四部分组成。大坝型式为混合坝型,主坝由混凝土坝与土坝连接混合组成,主坝轴线长 3 690.57 m。设计灌溉面积 50.6 万亩,电站装机容量 2 900 kW。

在云计算、物联网等先进信息化技术发展基础上,建立了出山店水库建设管理云平台,其中包括项目信息、质量管理、进度管理、安全管理等模块,为出山店水库工程参建单位的协同管理提供了重要的信息化平台。

4.2　工程项目分解

在工程项目划分批复的基础上,将出山店水库项目工程中的单位工程、分部工程、单元工程利用项目相关管理模块进行逐层划分,并通过添加、修改、删除功能对各工程进行不同的操作,可精细到各级工程的详细指标,如大坝高程、桩号起、桩号止、坐标等详细指标,充分体现出各工程的全面性。

4.3　基于便携式数据终端的"施工三检表"信息采集系统

由于在水利工程建设管理云平台及便携式移动终端之间建立了较好的融通机制,在系统内进行项目划分之后,进行简单的单元工程质量评定系统的参数化配置,可在移动终端实现"单位工程—分部工程—单元工程"的自动生成,然后现场质量检测人员在现场进行实时的检测信息上传。

具体的工程信息采集流程如下,启动安卓设备找到"施工三检表"应用,输入登录人姓名和密码,点击登录系统,进入系统后,在主界面上,选择对应的"单位工程""分部工程""单元工程"对应的"初""复""终"三检表。选好对应的三检表之后,进行相关检测数据添加、保存、导出后,可将三检表保存到服务器,相关文档可以在对应的工序表的附件中进行查看。"终检表"中的质量检验数据,也就成为工序表质量评定表中的数据,这样就实现了工程质量管理云平台与便携式数据终端的工程质量检测信息实时采集的无缝衔接与融通。

4.4　云平台中的工程质量评定信息的管理

在云平台中对水利工程项目中的单元工程、分部工程、单位工程逐级通过质量管理模块进行严格管理,实现单位工程、分部工程和单元工程逐级分步显示,并可进入单元工程项目中进行施工信息、工程报验、重要工程签证、施工审批信息、相关资料的查看、修改和创建等操作,从而实现对项目整体质量的控制与管理。工程质量完成评定后,分别由施工单位上报,监理单位负责将上报的信息进行复核,经过项目法人认定后,进行相关表单的自动化归档管理。

4.5　一体化的工程文档数字化管理

在国家及水利行业内相关标准规范的基础上开发建立了一系列标准化、数字化的工程建设管理表格,为实现工程质量等相关工程建设管理提供了重要的基础。目前主要包括工程建设单元工程质量评定表格系列表单、工程材料检验表格系列表等约 750 张标准表格。通过建立的标准化数字化工程建设数据采集标准表格,实现了工程建设管理文档的体系化高效管理。另外,水利工程建设文档管理的一体化与分类管理,其中水利工程档案分类树是可定义和扩展的,是提供文档分类管理的重要方式。

5　结论与建议

(1)建立的出山店水库工程信息化标准体系,为工程建设信息采集、传输、分析及展示提供了标准化数字化格式,解决了水利工程建设数据库平台包含水利工程规划、设计和施工各个阶段的基础数据,为工程建设信息的标准化与数字化管理提供了极大的便利。

(2)以《水利水电单元工程施工质量验收评定标准》为基础,采用智能手机、移动 PAD 等便携式数据终端,进行施工工序"三检制"表单的标准化、数字化信息采集及表单的流转签批,形成了"底层信息采集—信息自动重组—质量表单生成—表单签批入库"的施工信息采集、加工、处理流程,使工程建设管理向施工最底层有效延伸,实现了工程施工全过程的有效管理。

(3)建立了数字化、标准化的水利工程建设电子化文档管理体系,实现了水利工程建设信息文档的体系化、实时化、精细化管理。

(4)通过建立水利工程建设管理云平台,实现了水利工程建设全程的多单位协同管理,保证工程进度与工程质量,提高工程建设管理效率。

参 考 文 献

[1] 蔡阳.水利信息化"十三五"发展应着力解决的几个问题[J].水利信息化,2016(1):1-5.

[2] 吴苏琴,解建仓,马斌,等.水利工程建设管理信息化的支撑技术[J].武汉大学学报(工学版),2009,42(1):46-49,55.

[3] 陈祖煜,杨峰,赵宇飞,等.水利工程建设管理云平台建设与工程应用[J].水利水电技术,2017,48(1):1-6.

[4] 宋丹.水利工程档案管理信息化建设思考[J].信息系统工程,2015(5):44.

[5] 吴优,王树海,王祖印.基于 Internet 网络水利信息化管理平台的设计与研究[J].水利规划与设计,2009(5):59-62.

[6] 王英.浅谈信息化时代下的水利工程档案管理[J].河南科技,2013(1):14.

[7] 郭艳艳.云计算在水利信息化建设中的研究与应用[J].城市建设理论研究(电子版),2017(18):208-209.

几种水闸卷扬式启闭机的钢丝绳孔口密封装置

何凯，耿德友

（沂沭河水利管理局大官庄水利枢纽管理局，山东 临沂　276000）

摘　要　在建设有启闭机房的使用卷扬式启闭机的水闸工程中，由于启闭机运行时随着闸门升降卷筒上的钢丝绳横向移动，钢丝绳孔口不能固定封闭，孔口裸露，出现雨水、灰尘、杨絮、虫鸟等顺着孔口进入启闭机房。诸多杂物的进入造成设备故障多、维修频率高等问题的产生，影响机电设备的安全运行。文章对比了几种密封装置，重点介绍了水闸启闭机钢丝绳孔口密封装置的优势，为实现精细化管理，推进水闸管理单位管理体系和能力现代化建设提供参考。

关键词　钢丝绳孔口；密封装置；卷扬式启闭机

1　钢丝绳孔口封堵的必要性

近年来，随着科学技术的迅猛发展，精细化管理、现代化管理大力推进，先进科学技术在水闸上得到了广泛应用，闸门现地控制单元的电器元件、遥测设备、监控设备等精密仪器，极易受到温度、湿度、灰尘和鸟虫粪便的影响，引发线路短路、设备失效和金属结构锈蚀，因此对固定卷扬式启闭机的运行环境要求越来越高，设备安装与维护是确保防洪调度的重要工作。对于使用卷扬式启闭机的水闸工程而言，确保启闭机房与外部环境的隔离尤为重要。

由于启闭机运行时随着闸门升降钢丝绳卷筒横向移动或竖向移动，钢丝绳孔口不能固定封闭，孔口裸露，出现雨水、灰尘、杨絮、鸟类、昆虫等顺着孔口进入启闭机房。诸多杂物的进入造成设备故障多、维修频率高等问题的产生，影响机电设备的安全运行。该问题也是水利工程弧形或平板闸门所配备的固定卷扬式启闭机安装与运行常有的通病。雨水的进入极易造成各类精密仪器故障、短路；灰尘的积累会加快运转部位的磨损；鸟类、昆虫的进入一方面会造成设备线路故障，另一方面严重影响机房的环境，隐蔽部位的虫鸟尸体会造成细菌滋生，严重影响水闸管理维护人员的身体健康；杨絮等植物纤维堆积、吸附后，质轻易燃，燃烧时火焰集中，速度快，不易控制，极易引发火灾。起火原因一般是人为点燃杨絮、随意丢弃烟头、工具摩擦产生的火星等。为解决该问题所采取的勤打扫、配置纱窗等方式清除、阻断杨絮，耗费了大量的人力物力。

2　各类封堵装置的优缺点

2.1　毛刷封堵

毛刷封堵是启闭机钢丝绳孔口密封最传统的方式之一，毛刷布置在孔口两侧，交叉固定。具有造价低、密封性好、运行可靠等优点，能够有效避免鸟类、大中型昆虫、灰尘等进入启闭机房对运行环境及仪器设备造成不良影响。

由于毛刷与钢丝绳紧密接触，在闸门启闭时，会刷掉钢丝绳表面涂抹的黄油、锂基脂等保护层。造成钢丝绳与卷筒、滑轮之间的磨损加剧；钢丝直接接触空气极易生锈；磨损、生锈进而造成钢丝绳断丝，严重威胁闸门运行安全。同时，由于毛刷常年接触油污、雨水，破损速度快，不美观，与智慧水闸的管理理念背道而驰。

作者简介：何凯，男，1994年生，大官庄水利枢纽管理局水管股副股长，主要从事工程管理工作。E-mail：1579356398@qq.com。

2.2 人工放置挡板

人工放置挡板是在水闸非运行状态下将挡板放置或固定在孔口上,具有操作简单、造价低、密封性能好、便于更换等优点。放置挡板后,能有效隔离启闭机房与外部环境,避免鸟类、昆虫等进入启闭机房对运行环境及仪器设备造成不良影响。透明挡板还具有便于观察钢丝绳孔口外部运行情况的优点。但在闸门运行前需要人工将挡板移除,对于孔数较多的水闸工程,费时费力,在紧急情况下无法迅速启闭闸门,影响调度指令的准确执行,甚至造成严重的经济财产损失。紧急启闭闸门时,一旦运行操作人员忘记将挡板移除,启闭机运行时钢丝绳会挤压挡板,造成挡板及挡板基础损坏变形,同时严重剐蹭钢丝绳,缩短钢丝绳的使用寿命。

2.3 橡胶皮封堵

橡胶皮封堵与毛刷封堵类似,两片橡胶皮对齐紧贴,覆盖在孔口上,启闭机运行时,钢丝绳在两片橡胶皮中间移动,具有造价低、密封性好、运行可靠等优点,同时又具有剐蹭钢丝绳表面保护层的缺点。与毛刷封堵相比,橡胶皮封堵更显美观,与环境更为融洽,但是密封效果不如毛刷封堵,小型昆虫等仍可进入。

2.4 固定卷扬式启闭机钢丝绳孔口智能密封装置

固定卷扬式启闭机钢丝绳孔口智能密封装置由沂沭泗局直属重点工程建设管理局与大官庄水利枢纽管理局工程技术人员共同研发。该装置的核心是随动系统(servo system),亦称伺服系统,它是一种反馈控制系统。在这种系统中,输出量是机械位移。因此,这个随动系统是一个位置控制系统。在系统中,输入信号是钢丝绳的横向移动,受开闸动作的开度和方向的影响,传感器采集钢丝绳的移动信号,传输至控制器,控制器对信号进行处理,将指令传输到动作单元,动作单元接收指令使钢丝绳孔口随钢丝绳的移动而移动,直至闸门启闭过程结束,见图1、图2。

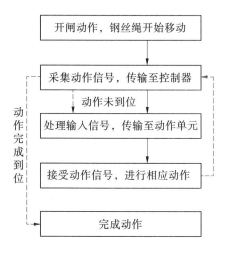

图1　随动系统

图2　固定卷扬式启闭机钢丝绳孔口智能密封装置

固定卷扬式启闭机钢丝绳孔口智能密封装置解决了启闭机钢丝绳孔口封堵措施自动化程度低、封堵效果差、剐蹭钢丝绳等技术难题,使启闭机房成为一个密闭的空间,在防尘、防水汽、防鸟虫、改善固定卷扬式启闭机运行环境等方面效益明显。保障启闭机房内各种电气设备、仪器、仪表运行安全并有效降低金属结构腐蚀率,大大提高了环境效益。固定卷扬式启闭机钢丝绳孔口智能密封装置为国内首创;调试完成后,孔口和钢丝绳是在完全无接触的情况下实时随动的。固定卷扬式启闭机钢丝绳孔口智能密封装置使钢丝绳孔口封堵技术取得突破性进展,填补了国内技术空白。

3 结语

传统的钢丝绳封堵装置多采取利用钢丝绳横向移动的力道带动隔离物移动,这种设计虽然实现了对孔口的封堵,但毛刷、挡板等均会对钢丝绳产生剐蹭,破坏黄油保护层,严重情况下甚至会对钢丝绳本身产生剐蹭,造成钢丝绳的永久性损伤,进而影响工程安全。固定卷扬式启闭机钢丝绳孔口智能密封装置实现了钢丝绳与封堵装置的零接触,具有维护简单、自动化程度高等诸多优点。是水闸工程钢丝绳孔口密封装置的优良选择,对促进智慧水利建设、推进流域管理体系和能力现代化建设具有划时代的意义。

参 考 文 献

[1] 洪远.浅议卷扬式闸门启闭机钢丝绳的维修保养[J].黑龙江科技,2014(20):45.

[2] 李建军.浅议卷扬式启闭机钢丝绳的维护保养[J].科技风,2013(21):56.

[3] 董友龙,王彦法,董超,等.水管体制改革后新技术在基层单位的发展及应用——以卷扬启闭机提升孔多层滑动式密封装置为例[J].治淮,2015(10):75-77.

响洪甸水库左坝肩断层加固技术探索与实践

王砚海,程习华

(安徽省响洪甸水库管理处,安徽 六安　237335)

摘　要　响洪甸水库大坝为我国自行设计施工的第一座等半径定圆心混凝土重力拱坝,工程于 1956 年 4 月开工兴建,1958 年 7 月基本建成。1962~1965 年响洪甸水库枢纽工程填平补齐阶段,在左坝肩发现了 F_2 断层,其后又对 F_2 断层进行了 3 次地质复查,对左坝肩岩体进行了帷幕和固结灌浆处理,通过大坝稳定计算,左坝肩 110 m 高程以上基本荷载工况下稳定安全系数最小值为 2.59,不能满足规范要求,通过采用抗滑墩加预应力锚索并进行固结灌浆等综合加固措施,左坝肩 110 m 高程以上基本荷载工况下稳定安全系数最小值达到 3.52,满足规范要求,大坝左坝肩加固处理措施有效。
关键词　水库左坝肩;断层加固技术;探索与实践

1　工程概况

安徽省响洪甸水库是新中国治淮重点工程之一,位于六安市境内西淠河上游,是一座以防洪、灌溉为主,结合发电、供水、养殖、旅游等综合利用的多年调节大(1)型水库,总库容 26.1 亿 m^3,坝址以上控制流域面积 1 400 km^2。

水库大坝为我国自行设计施工的第一座等半径定圆心的混凝土重力拱坝,坝址坐落在金寨县麻埠镇,距下游六安市 58 km。

水库工程于 1956 年 4 月动工兴建,1958 年 7 月竣工。2009 年 7 月至 2012 年 7 月,水库大坝实施了除险加固。除险加固工程主要内容有:①新建泄洪隧洞和溢洪道;②老泄洪洞加固(增设事故闸门井等);③大坝基础处理(帷幕灌浆补强和增打排水孔);④大坝上游面防护处理及大坝裂缝修补;⑤大坝防护保温(喷涂聚氨酯);⑥左岸坝肩(F_2 断层)加固;⑦工程安全监测设施和管理设施完善。

水库按 500 年一遇洪水标准设计,5 000 年一遇洪水标准校核,为淮河干流预留 5 亿 m^3 蓄洪错峰库容。水库枢纽工程由大坝、溢洪道、新泄洪隧洞、老泄洪隧洞、发电厂等组成。

2018 年 10 月,开展了除险加固后首次安全鉴定,水库大坝鉴定为一类坝。

2　坝址区工程地质条件

坝址位于西淠河自北向南流的火山岩系峡谷区,谷底宽约 130 m,谷底高程 69~70 m(废黄,下同),左岸山顶高程 285 m,山坡凹沟和凸脊起伏差异,陡缓变化较大,山坡坡度平均约 45°。右岸山顶高程 190 m,为近南北向长条形山体,山坡起伏不大,山坡坡度约 40°,较为整齐一致。

坝址区为侏罗系酸性熔结火山碎屑岩类,包括粗面岩及粗面斑岩、火山角砾岩、凝灰角砾岩、凝灰岩及凝灰斑岩等,其间有燕山期深成侵入的正长岩岩体穿插。凝灰角砾岩和凝灰岩略具层理,其产状为 N10°~20°E,SE∠30°~40°。

有二组构造线,此两组构造线在坝址区均有发育。一组 N20°~30°W,构造线表现为张剪型断裂带,如河床中的 F_A、F_B、F_L,以及左坝肩的 F_2 断层。这组断层中,一般均有石英脉、方解石脉充填,左岸岸坡的 F_2 断层中有黄色黏土及白色高岭土充填,同时断裂面有斜向或水平擦痕。另一组 N70°~90°W,构造

作者简介:王砚海,男,1965 年生,安徽省响洪甸水库管理处工程科科长、防办主任,高级工程师,长期从事水库工程管理和调度工作。E-mail:942121786@ qq.com。

线表现为压性的断层破碎带,如左坝肩上游冲沟中的 F_M 断层。

3 左坝肩 F_2 断层的发现及历次处理加固措施

3.1 填平补齐阶段

(1)检查发现情况。1962 年~1965 年在响洪甸水库枢纽工程填平补齐阶段,对左坝头进行地质复查,最初发现左坝头有两条规模较大的顺坡向 N20°—30°W 陡裂隙,1964 年在左岸打绕坝渗流观测孔时,又发现坝肩岩体一孔内有 10 m 左右断层破碎带,经过进一步查勘,于 1964 年 11 月第一次确定了 F_2 断层的存在,并认为 F_2 断层虽延伸较长,但胶结良好,没有割断坝头岩体,北西向与岸坡接近平行的一组裂隙虽多,但不连续。

(2)加固处理措施。1965 年底至 1966 年,根据水电部技术委员会专家组现场检查的意见,为了防止库水绕过左坝头发生渗漏,将坝基防渗帷幕沿轴线方向向左岸山体延长 30 m,共布置 9 个帷幕孔,并在该坝头山体布置固结灌浆孔 20 个,共灌入水泥 80 多 t,山体表面未发现冒浆和漏浆现象,对降低左坝肩岩体的透水性有一定作用。

3.2 1977~1991 年

(1)深入检查情况。1977 年在左坝头设置新的倒垂孔时,钻孔过程中,自坝顶钻到孔深 11 m 左右发现漏水,于孔深 22~45 m 的一段中岩芯破碎,胶结较差,与以往地质复查提出 F_2 断层胶结良好、没有割断坝头岩体的结论有较大的出入。F_2 断层出露在左坝头上游岩体陡壁面(高程 120 m 以上),并穿过陡壁以上左坝肩山坡,高程 161.5m 为断层最高出露位置,延伸至坝下游 100 m 处大冲沟,全长 150 m,断层走向 N24°W,倾向 SW,倾角 64°,向下延伸至 60 m 高程尖灭。由于 F_2 断层走向和左拱座受力方向平行,形成顺河流方向切割面,且左坝肩上游面岩石陡立,下游侧有 F_N 断层(走向垂直于河流方向,近东西向的陡倾角断裂)冲沟,还有在施工期间发现的左岸山体底部倾向河床方向的缓倾角裂隙,如连通形成底部切割面,与 F_2 断层组合,有可能形成左坝肩不稳定岩体。1980~1985 年进一步对左坝肩岩体进行了两次地质复查,查清了 F_2 断层走向、性质和缓倾角裂隙不发育的实际情况。经对可能形成不稳定块体的稳定复核计算,左坝肩岩体抗滑稳定安全系数满足现行规范要求。

(2)加固处理措施。1981 年,钻设一条横穿 F_2 断层长 60 m、直径 2 m 的探洞。1983 年,为更好地监测左坝端拱座稳定情况,在洞口建设监测房,设置 CT_1 型沉降仪 1 台,BV 型变位仪 2 台,Q_2 型倾斜仪 1 台,S_{BV} 三向变位仪 1 台,D_{GB}-1 型电感比指示仪 1 台。1985 年,对有关钻孔采用彩色深孔录像,了解分析岩石裂隙情况。1990 年 7 月至 1991 年 11 月中旬,根据响洪甸左坝肩地质复查与岩体稳定复核审查鉴定会的意见,主要措施是:加强帷幕,进一步封闭 F_2 断层表面出漏部分,进一步开挖回填,堵塞渗水途径,在左坝肩的勘探平洞增设水平排水,降低渗透压力,提高左坝肩的稳定安全度。对 F_2 断层进行帷幕灌浆和断层露头部位采用混凝土保护等防护处理,共完成老帷幕检查补强孔 5 个,新帷幕孔 24 个,检查孔 2 个,共 31 孔,1 174 延米,灌入水泥 7 t,并在勘探平硐端部 F_2 断层下盘打了 9 个排水孔,降低断层下盘地下水位。

对 F_2 断层虽然进行了两次防护和加固处理,但由于受到资金限制,未能彻底消除安全隐患。由于 F_2 断层及其影响带岩石破碎,库水或雨水沿断层及其破碎带渗入,将抬高下游岩体内的地下水位,且渗水还将软化 F_2 断层内的充填物,故作用于 F_2 断层壁的渗透压力和断层力学参数存在较大的变数,且左岸坝肩本身岩体单薄,因此左坝肩稳定尚存在安全隐患。

随着科学技术的发展,对左坝肩稳定进行重新复核计算,设置潜在不稳定岩体的边界条件:顺河流方向的切割面为 F_2 断层,其产状为 N20°~25°W,SW ∠65°~55°(上陡下缓),地表出露线长度 130 m;自上坡上的地表路透处 161.5 m 高程延伸至深部约 80 m 高程,且风化夹泥,断层带宽 10~15 cm,80 m 高程以下为裂隙密集带;与 F_2 相平行的小断层和较大裂隙,在地表出露的有 f_7、f_8、f_9 等,在平硐中有 F_3、F_p 等,都是潜在的切割面,其走向与大坝拱端推力的合力方向近乎平行。底部切割面是部分循缓;裂隙发生,部分切割完整基岩,稳定计算中,缓裂隙占全部滑动面积的 30%~50%,上游侧边界为左坝端的迎水面岩石陡壁,下游 50 m 处地形略呈宽缓凹沟形,且在上坝公路边见数条 N60°~70°E、NW ∠60°~80°的裂隙,构成左坝肩潜在不稳定体的下游滑动边界线,稳定计算中该裂隙组构成的下游滑动边界的裂隙连通率为40%,各边界面的抗剪强度指标如表1所示。

表1　各边界面的抗剪强度指标

部位	f'	C'(MPa)
侧向切割面(F_2断层)	0.23	0.005
底部切割面	0.90	0.78
下游切割面(N60°~70°E裂隙组)	0.98	0.84

按照《混凝土拱坝设计规范》(SL 282—2003)的有关规定,拱座抗滑稳定的数值计算方法,以刚体极限平衡法为主,采用抗剪断公式,即

$$K = \frac{\tau_F + f_F(V_F - U_F) + \tau_R A_R + f_R(V_R - U_R) + \tau_B A_B + f_B(W - U_B)}{H_F + H_R}$$

式中:K为抗滑稳定安全系数;τ、f为抗剪强度和摩擦系数;A为滑动面面积;W为滑动体自重;U为孔隙水压力;V、H分别为推力垂直于滑动面上的分力和平行于滑动面上的分力。

脚标符号:F—断层,R—坚岩,对于本计算指下游边界面,B—底面。

左坝肩抗滑稳定计算简图见图1。

各滑裂面渗透压力或扬压力:强度按静水头计算,直线分布。上游切割面 U_1 渗透压力系数 1.0~0.90,F_2断层面上渗透压力 U_F 系数取 0.90~0.5,下游滑动面渗透压力 U_R 系数取 0.5~0,底滑动面渗透压力 U_B 系数取 0.90~0。上游切割面不包括库水作用于坝体上的水压力(计算拱端作用力时已考虑此力)。

通过计算(见表2),左坝肩存在不稳定块体,110

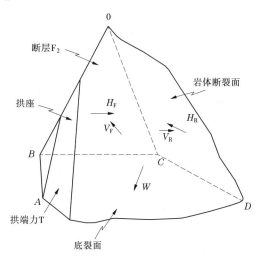

图1　左坝肩抗滑稳定计算简图见图

m 高程以上分层稳定安全系数均不能满足规范要求,基本和特殊荷载工况下的稳定安全系数最小值分别为2.68和2.59,均小于规范要求值。同时根据《混凝土拱坝设计规范》(SL 282—2003)相关要求,拱座岩体内存在断层破碎带、层间错动带等软弱结构面,影响拱座稳定安全时,必须对拱座基岩采取相应的加固处理措施。

表2　左坝肩岩体沿 F_2 断层抗滑稳定计算成果(加固前)

荷载组合		高程(m)	拱端作用力(10 kN/m)			岩体重(10 kN)	各切面上扬压力(10 kN)			安全系数	
			顺河向	横河向	竖向		U_F	U_B	U_R	K_1	规范
基本组合	<1A>设计洪水位141.13 m+自重+扬压力+温度荷载(B)	143.4	2 027	-1 372	0.00	/	/	/	/	/	3.5
		130	1 863	-1 627	154	8 549	3 022	2 663	1 308	2.68	
		116	2 140	-2 101	474	45 215	9 055	10 442	5 491	2.77	
		103	2 481	-2 553	973	102 285	20 257	26 005	12 460	3.03	
		90	2 744	-2 196	1 587	179 986	38 171	41 530	23 000	2.95	
		77	3 211	-1 777	2 711	297 428	63 994	92 748	39 029	3.37	
		64	1 644	-94.4	3 445	477 647	99 015	155 764	64 538	3.60	

续表 2

荷载 组合		高程 (m)	拱端作用力(10 kN/m)			岩体重 (10 kN)	各切面上扬压力(10 kN)			安全系数	
			顺河向	横河向	竖向		U_F	U_B	U_R	K_1	规范
特殊组合	<4A>校核洪水位 143.23 m+自重+扬压力+温度荷载(A)	143.4	2 038	-1 380	0.00	/	/	/	/	/	3.0
		130	1 905	-1 642	164	8 549	3 499	3 165	1 659	2.59	
		116	2 215	-2 116	491	45 215	9 951	11 314	6 254	2.67	
		103	2 579	-2 570	994	102 285	21 717	27 437	13 645	2.91	
		90	2 848	-2 208	1 610	179 986	40 327	43 236	24 660	2.83	
		77	3 307	-1 787	2 735	297 428	66 962	95 785	41 297	3.23	
		64	1 686	-94.0	3 445	477 647	102 909	160 005	67 678	3.46	

4 除险加固方案

目前,断层除险加固主要方法有设置抗滑键、传力墙、抗滑墩、预应力锚索和高压固结灌浆等。

响洪甸水库大坝左坝肩的加固采用设置抗滑墩加预应力锚索和进行必要的固结灌浆等综合加固措施,混凝土抗滑墩底脚设在 110 m 高程平台,沿等高线走向紧贴岸坡布置,在 115 m 高程设置宽 2.0~11.85 m 平台,在 125 m 和 135 m 高程设置宽 4 m 的平台,墩墙上游至左坝肩大坝下游面,新老混凝土间设键槽连接,下游至坝下约 50 m,包裹整个单薄岩体,抗滑墩厚 2~0 m,共计混凝土 0.56 万 m^3。同时在 116.25~141.75 m 高程设置预应力锚索 11 排,间距 2.5 m,锚固方向与 F_2 断层面垂直,锚索单孔设计锚固力为 3 000 kN,共计 230 孔。

为防止库水或雨水沿 F_2 断层进入坝肩不稳定岩体,对 F_2 断层地表出露面进行处理:开凿表面破碎和风化岩石,形成宽和深均为 1 m 的深槽,采用 C20 混凝土回填成混凝土塞。

5 运行情况分析及结论

5.1 监测设施的设置

断层温度监测:增 F_2 平硐温度计 5 支。

引伸仪、剪切计、测缝计:人工监测断层变形有 2 支引伸仪、2 支三向测缝计、1 支剪切计,共 9 个测点。引伸仪 2 只,其中长引申仪横跨 F_2 系列断层,用以测量 F_2 系列断层的张合,并在其上安放了 2 只电阻温度计,用以温度修正;短引伸仪横跨 F_{2-1} 断层,用以测量 F_{2-1} 断层的张合,长引伸仪精度 0.1 mm,短引伸仪精度 0.06 mm。剪切计安装在 F_{2-2} 断层上下盘,用以测量 F_{2-2} 断层的剪切变形。2 组三向测缝计,安装在 F_2 主断层 F_{2-1} 两边支洞上,用以测量 F_{2-1} X、Y、Z 三向的变化规律。自动化监测断层变形有 10 个测点,包括 2 支引伸仪、2 支三向测缝计、1 支两向测缝计。

多点位移计:新增 5 组多点位移计,由上至下贯穿 F2 断层,观测 F_2 断层变化。测点布置见图 2。

锚索测力计:左岸 F_2 断层锚索测力器位置分 3 个台面布置:分别布置在高程 115 m、125 m、135 m 平台上面。测点布置见图 3。

5.2 抗滑稳定复核

研究整理了历次地质、观测资料后,综合分析确定了构造面的物理力学参数,复核计算了左坝肩沿 F_2 断层等构造面的抗滑稳定安全系数。根据多拱梁反力参数法计算的各高程坝基面的梁底径向切力、拱端径向切力和轴向力,并考虑坝体自重和坝基接触面处的扬压力,按抗剪断公式计算的左坝肩抗滑稳定复核成果见表 3。

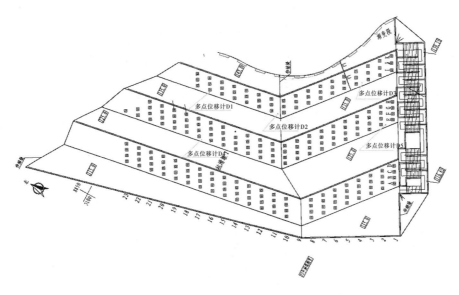

图 2　多点位移计布置图

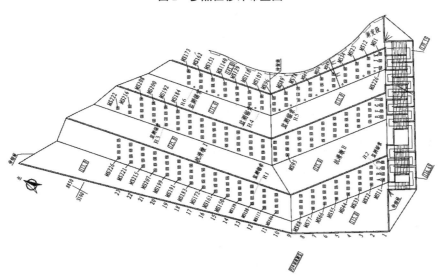

图 3　锚索分布及测点布置图

表 3　左坝肩抗滑稳定复核成果

荷载组合		高程(m)	130	116	103	90	77	64
基本组合	(1A)	加固前	2.68	2.77	3.03	2.95	3.37	3.60
		加固后	3.52	3.57	3.86	3.67	3.92	3.98
		规范要求	3.5	3.5	3.5	3.5	3.5	3.5
特殊组合	(4A)	加固前	2.59	2.67	2.91	2.83	3.23	3.46
		加固后	3.4	3.44	3.7	3.51	3.75	3.83
		规范要求	3.0	3.0	3.0	3.0	3.0	3.0

5.3　结论

通过监测以及计算分析,左坝肩沿 F_2 断层等构造面的抗滑稳定安全系数满足规范要求,证明左坝端断层裂隙带采取抗滑墩+预应力锚索+固结灌浆+地表出露混凝土塞+新老混凝土键槽连接等综合加固措施是行之有效的。

参 考 文 献

［1］混凝土拱坝设计规范：SL 282—2003［S］.北京：中国水利水电出版社，2003.

［2］响洪甸水电站设计总结［R］.安徽省水利水电勘测设计院，1988.12.

［3］安徽省响洪甸水库除险加固工程初步设计报告［R］.安徽省水利水电勘测设计院，2008.8.

［4］安徽省响洪甸水库除险加固工程蓄水安全鉴定报告［R］.中水淮河规划设计研究有限公司，2011.8.

浅谈冲沉法沉管工艺在水利工程中的应用

王丽[1]，陈坚[1]，杨兵[2]，林旭[1]，杨飞[1]，宋薇薇[3]

(1.淮安市水利勘测设计研究院有限公司,江苏 淮安　223005；
2.南京市市政设计研究院有限责任公司,江苏 南京　210000；
3.江苏省水利勘测设计研究院有限公司,江苏 扬州　225000)

摘　要　传统沉管采用水下开挖管槽并抛石平整,钢管拼装后浮运就位,灌水下沉,水下抛石压重,回填土恢复河床标高,最后河岸两侧防汛河堤按原标准恢复。在水下开挖不具备条件或者施工难度较大的情况下,水下冲沉法可以替代传统沉管,该工艺具有施工周期短、水力条件好、对两岸场地要求小的突出优点。冲沉法沉管工艺在水利工程中鲜有应用,本文以淮河流域水环境治理项目宿迁市尾水导流工程穿新沂河工程沉管设计为例,分析冲沉法沉管工程布置,并根据水下土质情况进行水下冲沉设计,可为其他类似工程提供借鉴。

关键词　冲沉法;沉管;水利工程

1　前言

宿迁市尾水导流工程是淮河流域水环境治理项目,也是江苏南水北调治污工程之一。该工程被评为2016~2017年度治淮建设文明工地。工程是保障南水北调东线工程输水水质安全的重要举措,项目通过新建尾水提升泵站、尾水管道等工程,将宿迁市中心城市内12座污水处理厂未被利用的尾水输送至新沂河北偏泓,最终汇入大海。尾水导流总规模为28.6万 m³/d。

尾水管道穿新沂河工程为整个宿迁市尾水导流工程的末端,也是整个工程设计的难点。管道穿新沂河砂沟段(主河槽)采用沉管施工方法,两侧滩地采用岸上开挖管道直埋,管道终点为新沂河北偏泓。新沂河河口总宽度约1 500 m,其中砂沟段约300 m,经前期多方案(定向钻、顶管、管道桥、沉管)比较,最终穿新沂河砂沟段采用冲沉法沉管施工,管径采用DN 1 400,双管设计。

沉管法施工技术早在19世纪末就被用于排水管道工程,随着经济建设的迅猛发展,沉管法被广泛应用,并随之较快发展。冲沉法施工方法作为沉管技术的发展和延伸,成功解决了传统管道工程在过河施工采用水中围堰、施工排水等施工技术难题,同时具有施工安全、工期短、成本低的优点。本工程作为水利工程,需避让汛期,安全施工和缩短工期显得尤为重要,冲沉法施工更凸显尾水管河底沉管施工技术在水利工程跨河施工中的优越性和先进性。

2　设计基础资料

2.1　建筑物级别

新沂河堤防等级为1级,管道为1级建筑物。

2.2　抗震设防

工程位于宿迁市,根据《建筑抗震设计规范》,拟建区抗震设防烈度为8度,设计基本地震加速度值为0.30g,设计地震分组为第一组。

2.3　防洪水位

新沂河行洪流量为7 500 m³/s时,嶂山闸下新沂河水位23.47 m,根据桩号推算出工程处设计洪水

作者简介:王丽,女,1981年生,淮安市水利勘测设计研究院有限公司高级工程师(主任),主要研究方向为水利工程设计。E-mail:50442537@qq.com。

位 19.75 m。

2.4 工程地质

宿迁市尾水导流工程穿新沂河砂沟段沉管下沉土质组成从上到下主要为淤泥层、细沙和中粉质壤土,局部中粗砂和粉细砂。沉管地基构成主要为细砂,密实状,中低压缩性,均匀性较好,强度较高,作为天然地基持力层。

3 工程布置与设计

3.1 工程布置

设计 2 根 DN 1 400 钢管穿越新沂砂沟段,沉管位置位于新沂河特大桥(新扬高速)西侧约 110 m。工程管道过河处现状河口宽 289 m,河滩面高程 16.3~16.7 m,河底高程 3.9~6.8 m,水平管中心高程为-2.3 m,河道中沉管段长度 308.0 m。穿越砂沟段管线自南向北设计情况如下:①南岸岸上开挖段长度 74.0 m,采用 2 根 DN 1 400 钢管,大开挖同槽明管敷设,管中心标高 12.000;②水下沉管段长度 308.0 m,采用 2 根 DN 1 400 冲沉法沉管,管材为钢管,管中心标高-2.30 m;③北岸岸上开挖段长度 62.0 m,采用 2 根 DN 1 400 钢管,大开挖同槽明管敷设,管中心标高 12.000。为协调不均匀沉降,沉管在两岸坡岸顶部交接处各设置带法兰盘的橡胶软管及接头检查井一个(见图 1)。

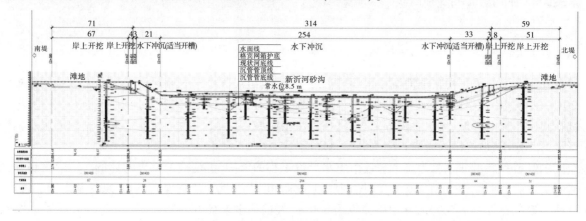

图 1 新沂河砂沟段管线纵剖面图

钢管采用 Q345B 钢,壁厚 18 mm,钢管加工成 8~10 m 长的管节,运至现场拼装。管道布置 2 道,并排布置,管道中心距 5.5 m。

接头检查井为地下式矩形钢筋混凝土水池,顶板为活动盖板,接头检查井平面尺寸 10.5 m×4.5 m,池深 9.0 m,底板厚 600 mm,壁板厚 500 mm,飞边 500 mm,池顶标高为 16.660 m。接头检查井均分为 2 格,采用天然地基整板基础,自重抗浮,抗浮安全系数 1.24,采用大开挖施工,每个井内设置 2 个带法兰盘的橡胶软管用于协调沉管的变形。

新沂河沉管完成后,两岸河坡迎水面增做 C25 预制混凝土块护坡厚度 15 cm,水下部分采用 15 cm 厚模袋混凝土护坡,护坡防护范围改为管道中心线两侧各 10 m。

3.2 沉管冲泥器设计

沉管过河采用冲沉法铺管,每根沉管管底设置 3~5 根冲泥器,冲泥器采用带喷嘴的花管,喷孔孔径可取 2~30 mm,采用梅花形布置,喷孔纵向间距可取 0.5~1.0 m,喷孔横向角度取 30°,冲泥器高压水流压力可取 0.8~2.0 MPa,冲泥器采用分段布置,每根冲泥器分为 7 段,每段采用不同的泵控制压力,因此可以调节管道的下沉姿态,控制下沉中产生的沉降差,沉管冲泥器具体布置如图 2 所示。

3.3 冲沉法沉管下沉设计

(1)管道下沉前,对河道起伏较大处进行土方平衡,使得整个河底基本平整,设计河底高程为 4.2 m,管道采用弹性敷设,可有一定的安装弧度。

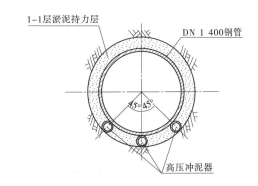

图 2　冲沉法沉管断面示意图

图 3　冲泥器工作原理示意图

（2）管道顶部每隔 30 m 设置一个应力监测点，实时监测管道的应力状态，如有超标，随时进行调整。

（3）冲泥器采用分段布置，采用不同的泵控制压力，可以随时调节管道的下沉姿态，控制下沉中产生的沉降差；冲泥器沿管道长度方向（纵向）均分为 7 段，每段（横向为 3 根冲泥器）采用一个泵控制水流压力，共设置 7 个冲水泵，按照先中心、后两边的原则进行冲泥下沉，如图 4 所示，按照第四段→第三段、第五段→第二段、第六段→第一段、第七段的先后顺序进行管道下沉，每段每次下沉深度不大于 20 cm，重复这样的顺序，直至管道下沉至设计标高。

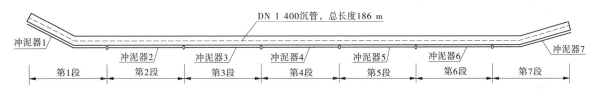

图 4　冲沉法沉管冲泥器分段示意图

（4）管道冲沉时，同时采用下面两种助沉措施：①河面吸泥船吸泥器助沉，将冲起的泥浆吸走，减小泥浆容重使得管道下沉；②管道上绑混凝土配重块助沉，每米管道需要增加 600 kg 配重，配重可采用钢管外侧绑块石，配重应沿管道均匀布置。

管道冲泥下沉过程中，应力监测、冲泥器压力调整、吸泥助沉这三大要素应形成一个三位一体的有机整体，通过三者的有机结合使得管道稳定下沉。

3.4　冲沉法沉管基础设计

（1）沉管沉至设计标高后，通过高压冲泥器进行注浆，置换出管道周边被搅动土体。

（2）注浆水泥为强度等级 42.5 MPa 的鲜普通硅酸盐水泥，压力 0.4~1.2 MPa，水灰比 0.5~1.0，注浆为水泥-水玻璃双浆液注浆，水泥浆与水玻璃的体积比为 1∶0.6。

3.5　沉管格宾网箱护底设计

（1）格宾网箱护底。沉管水平段防护采用格宾网箱护底，格宾网箱是由经防腐处理的直径 $\phi 2.4$ mm 的钢丝和 1 根直径 $\phi 6$ mm 的加强钢缆绳以双绞合的形式共同编织而成的六边形网孔复合柔性金属网，制作成符合要求的工程构件。网面由钢缆绳与钢丝同步编织而成。网面两端分别用翻边机将折叠后的两张网面钢丝末端缠绕在端部钢缆绳上。

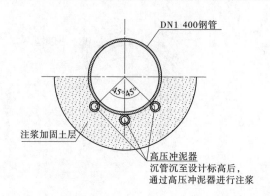

图5　冲沉法沉管冲泥器注浆示意图

　　格宾网箱护底施工:格宾网箱采用2 m×1 m×1.0 m(长×宽×高)规格。①格宾采用镀高尔凡覆高耐磨有机涂层防腐处理。格宾网面抗拉强度37 kN/m²,翻边强度26 kN/m²。②网面钢丝镀高尔凡(5%铝锌合金+稀土元素)中的铝含量应不小于4.2%。③填石要求:填石可采用块石或卵石,要求强度等级不小于MU30,不易水解,抗风化硬质岩石,填充空隙率不大于30%,格宾填石粒径以150~300 mm为宜。

　　(2)抛护宽度。格宾网箱在沉管两侧进行抛护,护宽为13.5 m。

　　(3)格宾网箱厚度。格宾网箱整体性强,其厚度较散抛石可适度降低,格宾网箱格尺度和施工需求,参照已建类似的施工经验,格宾网箱厚度取0.5 m。

4　管道应力有限元计算

　　沉管的整体计算(纵向应力计算)采用SAP2000结合实际并考虑土体特性,采用二维梁单元模型进行结构竖直模拟分析。管道模型尺寸为308 m(x轴),采用梁单元划分,共308个单元,309个节点;管道持力层土体采用文克尔模型,按节点施加弹簧模拟土-结构作用,通过土体材料特性确定弹簧刚度值,共309个弹簧;管道两端采用带法兰盘的橡胶软管,位移与力均无约束,为自由端,模型见图6。

图6　沉管结构整体数值模型

　　管道地基采用文克尔模型,每个单元节点底部设置弹簧,模拟土体与管道相互作用,计算分析管道在荷载和沉降作用下的内力情况。管道模型底部弹簧刚度值根据管道下部持力层土体特性确定。土体材料参数根据实际工程勘察报告得出,沉管钢管结构材料参数参照相应规范取值条件具体如表1所示。

表1　沉管管道结构材料参数

材料类别	密度(g/cm³)	E(MPa)	μ
钢管	7.85	206 000	0.3

　　管道施工工况和运行工况弯矩计算结果如图7~图10所示,根据最大弯矩可计算出管道的最大纵向应力,随后叠加在下一节中由规范公式计算得到的管道横向应力和温度应力,最后按规范要求的第三强度理论计算公示得出管道的强度满足要求。

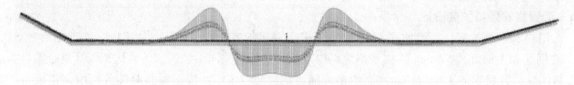

图7　施工工况1:管道第四段下沉弯矩计算结果

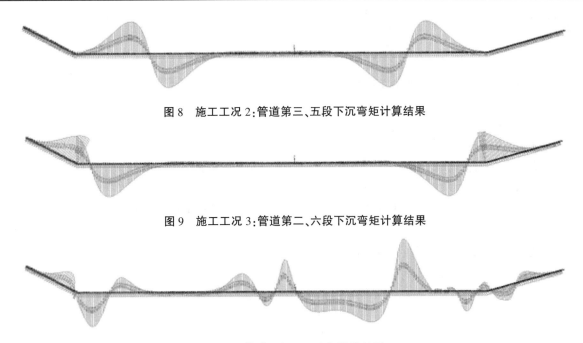

图 8　施工工况 2:管道第三、五段下沉弯矩计算结果

图 9　施工工况 3:管道第二、六段下沉弯矩计算结果

图 10　管道运行工况弯矩计算结果

5　冲沉法沉管施工

冲沉法沉管工程其主要施工工序为:参数计算→测量放线→钢管结构组焊→无损检测→试压→防腐补口→冲泥器安装施工→河底测量→定位桩施工→漂管沉降→管道测量→水下冲沉沉管→稳管→护岸及地貌恢复。施工过程大部分在水上进行,要用到水上浮吊船和运输钢管的平板驳船。

冲沉法沉管实施措施如下:

(1)施工准备。沉管施工前必须对水下地形进行详细测量,经各方认可后方可进行施工,通过现场拼接浮箱的方式运输挖机和吊机。

(2)安装高压冲泥器。将冲泥器放置于沉管底部,冲泥器高压水流压力可取 3.0~6.0 MPa,在全面开始施工之前应进行试验段试验,确定水流压力、冲泥器布置数量、布置形式等参数。

(3)沉管限位桩施工。限位桩采用 500 mm × 500 mm 预制方桩,桩长 18 m,共 27 根,采用水上打桩机施工。

(4)冲沉段可分为三段施工,各段之间采用半合套管(管夹抱箍)连接。

(5)管道定位。依管道中心线的管边两岸各设立一台卷扬机,总数为 4 台,并设置地龙(锚),由于该沉管下沉就位时河面可能有风及流速,近陆地的管端用钢缆将沉管进行固定,防止下沉时沉管轴线偏差。

(6)钢管浮运。根据计算整个沉管在没有注水前将浮于水面,DN 1 400 mm×18 mm 钢管自重吃水深度约为 510 mm。前端用设立在岸上的卷扬机钢缆牵引,拖至沉管施工区。

(7)管道下沉(至河底)。

①管道浮运沉放前,要注意当天天气、风向。钢管牵拉进入沟槽后,即可从一端注水下沉。

②钢管下沉是利用密封的钢沉管段自身正浮力,注水后下沉自由下沉,这样就可保证沉管在注水下沉过程中的基本平衡,有效地控制钢管下沉时的弯曲应力,保证质量。

③允许最大沉没深度及最大跨度的计算精确是保证管道安全放到位的基础,按管径大小、管壁就力、管段长度、管道自重、负浮力、组装强度等条件计算取得。

④钢管两端的闷板上各设立一个进水阀、一个排气阀,并连接足够长的胶管,由一端注水,另一端排气;首先将进水的一端作用在起重船上(水上挖机)慢慢进水,减小其正浮力,在起重船吊钩的作用力下慢慢下沉,在注水的过程中向另一端慢慢推进,直到钢沉管正浮力全部消失,并排出管内全部空气;在下

沉的过程中,始终调整平衡及管道轴线,调整沉管的位置,一边注水,一边下沉,直至沟槽底面,达到符合设计要求。

⑤沉管允许偏差:轴线50 mm 高程-100 mm。

⑥下沉时应采取有效措施保护管道避免受到伤害。

⑦应防止管道下沉时变形过大。

⑧管道安装完成并验收后应及时回填,回填时应避免抛损伤管材。

(8)管道冲沉下沉。

①进行水下冲沉时应向当地管理部门提出申请,为冲沉施工配置工作信号。

②水下冲沉前应对施工范围内河床地形进行复测。

③水下冲沉轮廓应该满足设计要求,允许偏差应符合《给水排水管道工程施工及验收规范》的相关要求。

④冲泥器高压水流压力可取3.0~6.0 MPa,在全面开始施工之前应进行试验段试验,确定水流压力、冲泥器布置数量、布置形式等参数。

⑤施工时场地布置,水下土石方堆积不得影响河道通航,及岸坡的稳定。

(9)接头检查井施工。接头检查井采用大开挖施工,长8.5 m,宽4.5 m,为现浇钢筋混凝土结构,采用自重抗浮,天然基础。内设带法兰盘的橡胶软管用于协调沉管的变形。

(10)岸上开挖段施工。为了预留新沂河规划扩展空间,南岸岸上开挖段长度90.0 m,北岸岸上开挖段长度90.0 m,岸上开挖段采用大开挖、明敷法施工。

6　结语

水下冲沉施工与架空过河、顶管等施工方法相比较,施工工期短,对水体在等周边环境影响小,不影响河道景观[1]。沉管建成后,管道水力条件好,对两岸场地要求小,工程造价适中,冲沉法施工周期短更是一大优势。值得注意的是,沉管施工时,管位、管身结构、稳管措施和敷设方法必须报经穿越水域堤防、水利等有关主管部门同意,管线走向应结合地形、工程地质,布置在平缓、河水主流线摆动不大的顺直河段上。

根据勘探报告新沂河河底存在约9.5 m深的1-1浮淤层和约6 m深的11-1扰动粉细砂层,1-1浮淤层承载力极低,属于采砂采空区形成的浮淤层,采用水下沟槽开挖的方式成槽困难。但是正是因为特殊的水下地质,才让冲沉法施工成为可能。目前,冲沉法沉管施工在水利工程中应用较少,因此对施工单位要求很高,需要具备一定技术力量且有水下施工经验的施工队伍才能胜任。

参 考 文 献

[1] 许楚明.韩江奥东安揭总工渠渠首工程沉管施工分析[J].陕西水利,2019.
[2] 鲍优绒,齐金奎.浅谈输水管河底沉管施工工艺[J].水利建设与管理,2016,36(8):4-7.

关于完善城市排水工程主干管渠设计标准的思考

潘树新[1],郎济君[1],闫磊[2]

(1.青岛市水利勘测设计研究院有限公司,山东 青岛　266000;
2.山东省调水工程运行维护中心棘洪滩水库管理站,山东 青岛　266000)

摘　要　城市内涝是广泛影响城市正常运转的灾害。本文以市政排水主干管渠的设计流量和设计标准为切入点,通过比较市政和水利在治理城市内涝方面存在的差异,从一个侧面探索城市内涝频发的原因,总结出目前城市排水工程规划设计中可能存在的一些问题,并提出解决市政管渠和水利河道衔接的建议措施供参考。

关键词　内涝防治;雨洪;主干管渠;标准

1　城市内涝引发的思考

城市是人类经济、文化和社会活动的中心。从城市诞生的那天起,为了生活得更美好,我们的先民很早就开始关注和处理一个古老的问题——城市排水(雨水,下同)。

随着城市的发展,城市越来越大,越来越复杂。如今的大都市往往以超大的规模、超密的建筑群著称于世。随之而来的问题是,排水变得越来越困难,甚至形成灾难。几乎所有的城市都染上了一种被称为"大城市病"的疾患——内涝。

政府高度重视城市治涝问题。2013年,国务院印发了《关于加强城市基础设施建设的意见》(国发〔2013〕36号),要求各级政府用10年左右时间建成较为完善的城市排水体系。

治理内涝需要系统化解决方案,工程设施和非工程措施相结合。如今,气象预报、水情监测和防灾减灾管理系统等非工程措施在现代科技的支撑下都可以表现得相当强大。但是投入巨资兴建的工程排水系统在暴雨面前却往往显得力不从心。

根据笔者的思考,问题之一可能出在市政管渠与水利河道(包括水库、湖泊等受纳水体,下同)的衔接之上。即市政管渠收集的雨水,有的未能顺利汇入主干管渠并排入河道,泛滥成灾。因此,笔者认为,在分别建设好市政和水利防洪排涝体系之外,还应特别重视并处理好两者的衔接。这可能是突破城市内涝顽疾的良策,值得重视和研究。

2　市政与水利规划治理的差异

城市排水属于市政工程,由城市管理部门管辖。河道的防洪排涝属于水利工程,由水行政主管部门管理。由于分属不同,导致城市排水和水利治河在工程概念、规划思路和设计标准上都存在不小的差异。这种差异可能在一定程度上影响了城市排水系统功能的发挥。

2.1　工程概念

水利部门在治理水患时,根据灾害的性质和特点,一般将水灾划分为洪灾和涝灾,治理措施分为防洪和排涝,泾渭分明,概念明确。两者在治理标准、工程措施上都有较大的差别。

反观市政部门,在应对城市水患时,一般将行洪河道作为受纳水体,不属其治理范围,而将市政治理范围称作"城市排水"。似乎含有城市排水就是排涝的意味。而且市政有关规范《城市排水工程规划规

作者简介:潘树新,男,1975年生,河海大学农田水利工程专业。就职于青岛市水利勘测设计研究院,现任职副总工程师。从事水利工程的规划和设计工作多年,主持和参与过上百项水利工程规划设计。

范》(GB 50318)和《室外排水设计规范》(GB 50014),也将城市大排水系统称作"防涝系统",治理标准称作"内涝防治设计重现期",强化了城市排水就是排涝的涵义。

但笔者根据自身工程实践认为,城市排水不宜简单认为就是排涝。理由有二:

(1)排水范围和地形条件限制。

现代城市范围广大,甚至超过上千平方千米。表1为2018年中国大陆部分城市建成区面积统计表。

表1　2018年中国大陆部分城市建成区面积统计表

序号	城市	面积(km^2)
1	北京	1 485
2	上海	1 426
3	重庆	1 379
4	广州	1 294
5	武汉	1 217

如此大的范围内,主干管渠的控制范围一般较大,有的甚至超过30 km^2。这已经超过了水利上小流域的范围,再将其干流认为是排涝就显得很勉强。

另一种情形,排水面积虽然不大,但地形高差较大,形成的水害特点完全不同于涝灾,而是洪灾。

(2)规范要求。

实际上,《室外排水设计规范》(GB 50014)在确定内涝防治重现期时,已经注意到城市排水并非都是排涝,只是表达很隐晦。证据在3.2.4B条中,其第3款指出"当地面积水不满足表3.2.4B的要求时,应采取渗透、调蓄、设置雨洪行泄通道和内河整治等措施"。由此可见,城市排水需要应对雨洪。

概念是一门科学的基石,概念会限制人的思维。如果能突破城市排水就是排涝的局限,明确排水包括排洪,在拟定市政排水主干管渠治理标准的时候,就会更加灵活,更加符合实际。

2.2　规划思路

城市内涝防治根据城市空间特点和国家建设海绵城市的要求,强调进行"源头减排"和"大、小排水系统相结合"。

(1)源头减排。

源头减排就是采取入渗、蓄滞等一系列措施减小径流系数。根据国内外先进城市治水经验,在采取绿地、坑塘、湿地和广场等源头措施后,可能将内涝防治标准从现状10年一遇提高到50年一遇以上。因此,工程实践中加大排水管渠并非城市提高排水标准的首选。

与此不同,水利虽然也有水土保持和修建水库及滞洪区等源头措施,但不可否认的是,受限于多种因素,水利提高河道行泄能力的主要措施仍然是从河道自身下功夫的,即扩挖河道、加高堤防。

根据各自治理的特点,市政和水利的规划思路都是科学的,没有问题。问题出在不少工程的具体实践中。源头未能按照市政思路减排,管渠也没有按照水利思路加大。特别是连通河道的主干排水管渠设计标准很低,只求字面上符合规范要求,建成后应对暴雨不堪重负。

(2)大、小排水系统结合。

城市排水系统有"雨水排放系统"和"防涝系统",即大小排水系统之分。遇常见降雨,利用小排水系统(雨水排放系统),依靠地下管网排水;遇强降雨,则"火力全开"启动大排水系统(防涝系统),充分利用城市中一切可以利用的通道,包括绿地、道路、隧道、渠道、河道等全力应对。

反观水利,洪泛区与大排水系统功能相似,但应用并不广泛。河道仍然是宣泄洪水的唯一通道,不存在大小洪水各行其道之说。

然而根据实地调查,绿地、道路和隧道等的地面径流在排出过程中很难直接汇入河道,大多数还是需要汇入市政管渠之中。即市政的大、小排水系统最后被迫合二为一,此时的主干管渠与行洪河道别无二致。仍然按照一般管渠的标准进行治理必将导致洪水泛滥、城市看海。

2.3 规范和标准

2.3.1 现行规范和标准

截至目前,市政和水利部门治理城市排水主要采用的规范(现行)如表2所示。

表 2 市政和水利部门排水主要采用的规范统计

序号	城市排水	水利防洪排涝
1	《防洪标准》(GB 50201)	《防洪标准》(GB 50201)
2	《河道整治设计规范》(GB 50707)	《河道整治设计规范》(GB 50707)
3	《城市排水工程规划规范》(GB 50318)	《治涝标准》(SL 723)
4	《城市防洪工程设计规范》(GB/T 50505)	《城市防洪工程设计规范》(GB/T 50505)
5	《室外排水设计规范》(GB 50014)	《水利水电工程等级划分及洪水标准》(SL 252)
6	《城镇内涝防治技术规范》(GB 51222)	

2.3.2 治涝排水设计标准

比较两个行业采用的防洪排涝有关规范可见,关于防洪,基本一致。但关于城市治涝或排水,则差异较大。市政部门一般采用《室外排水设计规范》(GB 50014),而水利部门一般采用《城市防洪工程设计规范》(GB/T 50505)或《治涝标准》(SL 723)。现分述如下。

(1)市政排水标准。

相应于前述"雨水排放系统"和"防涝系统",《室外排水设计规范》(GB 50014)给出了"雨水管渠设计重现期"和"内涝防治设计重现期"两个概念。

①雨水管渠设计重现期规范原文如下:

3.2.4 雨水管渠设计重现期,应根据汇水地区性质、城镇类型、地形特点和气候特征等因素,经技术经济比较后按表3.2.4的规定取值,并应符合下列规定:

1.人口密集、内涝易发且经济条件较好的城镇,宜采用规定的上限;

2.新建地区应按本规定执行,原有地区应结合地区改建、道路建设等更新排水系统,并按本规定执行;

3.同一排水系统可采用不同的设计重现期。

表 3.2.4 雨水管渠设计重现期(年)

城镇类型 \ 城区类型	中心城区	非中心城区	中心城区的重要地区	中心城区地下通道和下沉式广场等
超大城市和特大城市	3~5	2~3	5~10	30~50
大城市	2~5	2~3	5~10	20~30
中等城市和小城市	2~3	2~3	3~5	10~20

②内涝防治重现期规范原文如下:

3.2.4B 内涝防治设计重现期,应根据城镇类型、积水影响程度和内河水位变化等因素,经技术经济比较后确定,应按表3.2.4B的规定取值,并应符合下列规定:

1.人口密集、内涝易发且经济条件较好的城市,宜采用规定的上限;

2.目前不具备条件的地区可分期达到标准;

3.当地面积水不满足表3.2.4B的要求时,应采取渗透、调蓄、设置雨洪行泄通道和内河整治等措施;

4.超过内涝设计重现期的暴雨,应采取应急措施。

表 3.2.4B　内涝防治设计重现期

城镇类型	常住人口 (万人)	重现期 (年)	地面积水设计标准
超大城市	≥1 000	100	1.居民住宅和工商业建筑物的底层不进水; 2.道路中一条车道的积水深度不超过15 cm。
特大城市	≥500 且<1 000	50~100	
大城市	≥100 且<500	30~50	
中等城市和小城市	<100	20~30	

比较《室外排水设计规范》(GB 50014)中内涝防治和管渠设计两个标准可见,内涝防治重现期远高于管渠设计标准。说明城市排水需要全流域综合治理,管渠排水只是措施之一。

(2)水利治涝标准

①《治涝标准》(SL 723)关于城市暴雨设计重现期原文如下:

5.0.1　本标准确定的城市治涝标准,是指承接市政排水系统排出涝水的区域的标准。城市市政排水系统的排水标准应按市政相关规范的规定确定。

5.0.2　城市涝区的设计暴雨重现期应根据其政治经济地位的重要性、常住人口或当量经济规模指标,按表5.0.2的规定确定。

表 5.0.2　城市设计暴雨重现期

重要性	常住人口 (万人)	当量经济规模 (万人)	设计暴雨重现期 (年)
特别重要	≥150	≥300	≥20
重要	<150,≥20	<300,≥40	20~10
一般	<20	<40	10

注:当量经济规模为城市涝区人均GDP指数与常住人口的乘积,人均GDP指数为城市涝区人均GDP与同期全国人均GDP的比值。

②《城市防洪工程设计规范》(GB/T 50505)关于设计标准原文如下:

2.1.2　城市防洪工程设计标准应根据防洪工程等别、灾害类型,按表2.1.2的规定选定。

表 2.1.2　城市防洪工程设计标准

城市防洪 工程等别	防洪保护区人口 (万人)	设计标准(年)			
		洪水	涝水	海潮	山洪
Ⅰ 特别重要	≥150	≥200	≥20	≥200	≥50
Ⅱ 重要	≥50 且<150	≥100 且<200	≥10 且<20	≥100 且<200	≥30 且<50
Ⅲ 比较重要	>20 且<50	≥50 且<100	≥10 且<20	≥50 且<100	≥20 且<30
Ⅳ 一般重要	≤20	≥20 且<50	≥5 且<10	≥20 且<50	≥10 且<20

比较《治涝标准》(SL 723)和《城市防洪工程设计规范》(GB/T 50505)可见,两部规范对于城市治涝的标准基本一致,但略有差异。

2.3.3　行业间设计标准比较

正如《治涝标准》(SL 723)所言,水利治涝与市政排水在治理范围、标准内涵、设计重现期、水文水利计算和治理方式等方面都大有不同(见表3)。

（1）适用范围。市政的城市排水适用于新建、扩建和改建的城镇、工业区和居住区。水利的治涝适用于承接城市排水的承泄区。

（2）标准内涵。市政的城市排水是要求在设计标准内，城市地面积水的范围、深度和时间等指标不超上限。水利的治涝是要求在设计标准内，承泄区的水位和流量满足市政排水要求。

表3　市政及水利治涝排水设计标准比较表

序号	项目	市政	水利
1	适用范围	城镇范围	承泄区
2	标准内涵	控制城镇地面积水不超限，满足城镇正常运转需要	控制河道水位及流量不超限，满足城镇排水需要
3	设计重现期（年）	依据城镇类型，≥20且≤100	依据保护对象，一般10~20，未设上限
4	水文计算	汇流时长暴雨	24 h暴雨
	流量计算	推理公式法或数学模型法	利用流量资料或暴雨资料计算
	水力计算	明渠均匀流法	天然河道水面线法
5	治理方式	全流域综合治理	重点为河道范围内治理

（3）设计重现期。市政排水采用的内涝防治重现期根据城镇类型确定，从20年至100年不等。水利治涝采用的城市设计暴雨重现期根据城市的重要性确定，一般10~20年，未设上限。需要强调的是，城镇类型是根据城区常住人口的总量确定的，一座城市只有一个内涝防治重现期。而城市的重要性是根据被保护区域的常住人口或当量人口数量确定的，一座城市的河流可以有不同的设防标准。

（4）水文、流量及水力计算。市政排水设计暴雨历时采用汇流时长，流量采用推理公式法或数学模型法，水力计算采用明渠均匀流法。水利治涝设计暴雨历时采用24 h，设计流量多采用流量资料或暴雨资料计算，水力计算采用天然河道水面线法。

（5）治理方式。市政排水一般包括源头减排系统、雨水排放系统和防涝系统，必须全流域综合治理。水利治涝的治理区域主要集中在河道范围。

3　总结和建议

3.1　总结

本文中，笔者以城市排水为研究对象，通过自身工程经验和比较水利及市政有关规范的异同，总结出目前城市排水规划设计中可能存在的问题，主要为：

（1）一定程度夸大了源头减排和防涝系统的能力，使得主干管渠偏小。

（2）有的忽视城市排水应包括排洪，未为必要的区域"设置雨洪行泄通道"。

（3）个别存在以城市排水分区的规模确定内涝防治标准的现象。

（4）《室外排水设计规范》（GB 50014）未明确雨洪行泄通道的设计标准。

（5）将《城市防洪工程设计规范》（GB/T 50505）中的涝水治理标准误解为城市内涝防治设计标准。

（6）《治涝标准》（SL 723）和《城市防洪工程设计规范》（GB/T 50505）在城市治涝的标准上尚存在一定的差异。

3.2　建议

（1）综上所述，笔者建议在城市排水工程规划设计中应注意如下两点，做好市政管渠和水利河道的衔接，使得来水能汇得进、排得出。

①慎重确定源头减排和防涝系统的能力，保证主干管渠不偏小。

②积极为控制流域面积较大或地形高差较大的区域增设必要的雨洪行泄通道。在市政有关规范暂未明确其治理标准的情况下，可参照水利标准执行。

（2）《室外排水设计规范》)（GB 50014）在日后修订时，宜提升市政管渠中负责排泄雨洪的主干管渠在排水系统中的地位，专门定义排洪管渠，将其与收集雨水的一般管渠区别开来，并展开广泛的调研，明确其认定标准和设计标准。

（3）尽快修订《治涝标准》（SL 723）和《城市防洪工程设计规范》（GB/T 50505），统一有关治理标准。

参 考 文 献

[1] 张呼生.给水排水工程设计原理与方法[M].北京:中国电力出版社,2012.

水利工程建设质量与安全"强监管"方式浅析

裴磊,高繁强,沈义勤,邢坦

(淮河水利委员会沂沭泗水利管理局,江苏 徐州 221018)

摘　要　我国治水主要矛盾已经发生了深刻变化,党的十九大报告把水利列为九大基础设施网络建设之首,水利工程建设进入了蓬勃发展的新时代。目前,"水利工程补短板,水利行业强监管"成为水利改革发展总基调,如何有效监管水利工程建设质量与安全将面临重大挑战。本文对当前形式下水利工程建设质量与安全监管工作存在的问题进行了详细分析,并对今后水利工程建设"强监管"方式进行了探讨,旨在加强水利工程质量与安全监管,有效推动水利工程建设的持续健康发展。

关键词　水利工程;质量;安全;强监管

新中国成立以来,水利工程建设作为我国重要的基础设施建设项目,取得了举世瞩目的巨大成就,为国民经济和社会发展做出了突出贡献,党的十九大报告在部署建设现代化经济体系时[1],把水利列为九大基础设施网络建设之首。当前今后一段时期,水利工程建设进入了蓬勃发展的新时代,但是我国治水主要矛盾已发生了深刻变化,"水利工程补短板,水利行业强监管"成为水利改革发展总基调,如何有效监管水利工程建设质量与安全将面临重大挑战。因此,急需创新当前形势下水利工程建设质量与安全监管工作方式,以有效加强质量与安全监管效果,不断提高建设管理水平。

1　当前水利工程建设质量与安全监管体系存在的问题

我国的水利工程建设质量与安全监管体系,经历了政府全面行政管理、政府监督与建设单位管理相结合等过程,体系的构建就是为了明确政府主管部门、项目法人(建设单位)、勘察设计单位、监理单位、设备供应单位,以及施工单位等在质量控制和安全生产方面的工作职责,进而发挥自身的监管作用,确保水利工程建设的质量,避免发生安全生产事故。但是,由于水利工程建设较为复杂,建设规模和工程量大,一般分割为多个标段,施工中独立的工程队伍较多,同时较为分散,给质量与安全监管带来极大的困难。另外,当前水利工程建设质量与安全监管体系仍存在许多问题,无法满足工程建设的需要,要真正提高水利工程建设质量与安全监管水平,必须调查研究监管体系存在的问题,从而更加有针对性地加强监督管理。

1.1　组织机构设置缺乏统一性

从组织管理角度分析,水利工程建设质量与安全监管体系形式多样,一是水行政主管部门承担质量与安全监督责任;二是水行政主管部门所属的事业单位承担质量与安全监督职责;三是水行政主管部门委托独立的质量与安全监督机构[2]。可以看出,质量与安全监督组织机构设置缺乏统一性,导致水利工程质量与安全监管体系力量不集中,难以有效实现项目施工质量与安全管理。

1.2　质量与安全监管流于形式

目前,水利工程建设质量与安全监管形式不能适应"水利行业强监管"工作的基调。大多水利工程建设质量与安全监管机构是事业单位,缺少系统的编制,专职管理人员少、兼职人员多,特别是在基层尤为突出;另外,水利工程建设质量与安全监管机构缺乏先进的检测设备,没有强有力的质量与安全监管手段,仅凭施工、监理单位提供的检测数据等形成监督报告,如一旦所采用的数据有误,其编制的监督报

作者简介:裴磊,男,1989年生,沂沭泗水利管理局防汛机动抢险队,工程师,硕士研究生,主要研究方向为水利工程建设管理和干旱区节水灌溉理论与技术研究。E-mail:peil30@163.com。

告就会失去真实性。

1.3　质量与安全监管人员业务水平有限

水利工程建设项目分布广泛，质量与安全监督管理工作量大，涉及法律、法规、部门规章以及建设、设计、监理、施工、造价等多个专业，要求监管工作人员具备较强的综合素质，既要精通相关的法律、法规、规范、规定，又要熟悉建设和监理的工作方式与施工工艺，同时也要掌握一定的造价知识。然而，现有的监管人员整体业务水平有限，导致监管工作不能得到高效发挥，很难支撑监管工作的顺利开展。

1.4　传统建设管理模式的局限性

传统建设管理模式下建设单位（业主）多为临时组建的机构，并且需要具有一定管理经验的专业技术力量从事工程技术、质量、安全、合同、财务、协调、后勤等方面的建设管理工作。一旦建设单位自身技术力量不足，便会从其他单位临时抽调工作人员，而且需要专门对其进行工程质量与安全管理等相关知识的培训，而工程竣工后又将面临返回原单位的局面，造成建设单位缺乏有工程管理实践经验的技术人员，进而影响水利工程建设质量与安全的监督管理。

1.5　建设资金管理问题突出

成本控制是水利工程建设施工企业生存关键所在，施工过程中往往存在部分施工单位为了实现经济效益的最大化，忽视安全保证和科学管理，因此衍生出很多问题。此外，成本均衡意识较为淡薄，单从降低工程支出方面着手，给工程施工带来障碍，增加了企业发展难度[3]。另外，部分地区政府经费紧张，无法保证充足的经费投入，质量与安全监督管理人员基本处于任务重、环境差、经费低的工作状态，监督方式较为落后，影响监督管理人员的工作积极性。

2　水利工程建设质量与安全"强监管"的工作方式

2019 年，水利部印发了《2019 年水利建设工程质量安全监督和水利稽察工作要点的通知》（水监督〔2019〕31 号），明确提出根据"水利工程补短板，水利行业强监管"的总基调，突出"严、实、细、硬"的监督工作要求，形成高压严管的"强监管"态势。2020 年，水利部印发了《2020 年水利工程建设工作要点》（办建设〔2020〕41 号），要求积极践行"水利工程补短板、水利行业强监管"水利改革发展总基调，强化水利工程建设质量监管，紧紧围绕落实质量责任制，强化各项质量监管措施。

按照"水利工程补短板、水利行业强监管"水利改革发展总基调要求，要高度重视水利工程建设质量与安全监管体系存在的问题，创新水利工程建设质量与安全监管体系，以强有力的手段和措施加大水利工程建设质量与安全监管力度，一方面要结合具体情况，采取切实可行的监管方式，提升监督机构的监督能力；另一方面要创新建设管理模式，改善建设管理水平，将监督和管理落到实处。

2.1　提升质量安全监督能力

2.1.1　加强质量与安全监管体系建设

建立健全的水利工程建设质量与安全监管体系，是有效保证工程施工质量与安全的关键。一是严格落实工程建设参建各方主体责任，强化建设单位的首要责任和勘察、设计、施工单位的主体责任。二是严格落实项目负责人责任，严格执行建设、勘察、设计、施工、监理等五方主体项目负责人责任规定，强化项目负责人的质量与安全责任。三是严格落实从业人员责任，强化个人执业管理，落实注册执业人员的质量与安全责任，规范从业行为，推动建立个人执业保险制度，加大执业责任追究力度。四是严格落实工程质量终身责任制，严格执行工程质量终身责任书面承诺、永久性标牌、质量信息档案等制度，加大质量责任追究力度。

2.1.2　加大质量与安全监督力度

一是在水利工程建设过程中，对参建单位以及有关检测机构的质量与安全行为和人员、设备投入力度进行强制性监督管理，加强对重要隐蔽工程和关键部位质量检验检测的监督管理，确保工程实体质量。二是加强工程建设过程安全监督，主要做好施工前的检查工作，仔细对各个项目进行审查，包括开工报告、技术资质等；落实施工现场各项检查工作，包括机械设备和材料等，保证材料管理有序性；制定安全生产目标，在施工阶段，按照安全生产管理目标的要求进行落实；在施工过程中加强生产安全事故隐患排查治理与重大危险源管理。

2.1.3 提高质量与安全监管资金投入

在水利工程建设监管过程当中,监管机构应增加资金投入,配备必要的测试仪器和设备,提高水利工程质量检测水平,对工程原材料和施工质量进行全面或抽样检查,获取准确、客观、公正的检测数据,为工程监督提供有力的数据支撑。

施工现场应确保安全施工费用的正常投入,保证各项安全生产防护措施落实到位。各参建单位应强化安全意识,尤其是监理、施工人员应配备安全施工防护用具,减少和消除工程施工过程中存在的安全隐患,实现安全监督工作的循环运行。

2.1.4 强化参建各方质量与安全协调体系

施工单位是工程建设的实施方,如何保证施工质量与安全是关键所在。参建单位需要对工程建设引起重视,建立项目系统,按照监督管理和协调模式要求进行落实。建设单位对参建单位统筹管理,强化质量与安全协调体系,从组织结构、工序管理以及质量与安全目标的角度入手,做好检查工作,突出质量与安全控制最大化作用[4]。

2.1.5 加强培训,提高人员素质

做好政治与业务学习相结合,提高政治素质和专业素质,学习专业知识及相关的政策法规、规程规范、标准等,在条件允许的情况下,组织监督员参加专业培训班,系统学习监督工作实务,全面提高监督人员的综合素质。

2.2 创新建设管理模式

水利工程建设项目管理总承包(Project Management Contract,简称PMC)[5],是指建设单位(业主)通过公开招标委托实力雄厚、经验丰富的承包商,水利工程建设的项目质量、安全、进度、合同、档案进行全面的管理,确保项目基本建设目标的实现。PMC建设管理模式可以大大减少建设单位管理人员的投入,有效弥补建设单位专业技术人才不足的情况;能够充分发挥承包商技术及项目管理的优势,控制工程建设质量与安全,提高项目建设的管理水平。

2.2.1 PMC建设管理模式

PMC的通俗解释是,PMC承包商代建设单位主对工程建设项目全过程进行管理,履行建设单位全部职责或部分能职责,直至竣工验收。在工程建设实施阶段,PMC管理或协调监理和设计,发挥"管控、引导、协调、服务"作用,全面负责主体工程的建设管理实施,见图1。

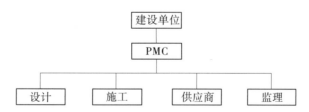

图1 PMC建设管理模式示意图

2.2.2 PMC模式质量和安全监管的优势

PMC模式与传统模式质量和安全监管的对比分析(见表1)。

表1 PMC模式与传统模式质量和安全监管的对比分析

类型	PMC模式	传统模式
管理水平	PMC全过程、专业化的项目管理承包,具有较强的技术优势、管理水平	需要建设单位组建经验丰富的管理和技术团队
机构管理	PMC具有专业的项目管理团队,有利于建设单位精简机构	建设单位需组建临时机构,项目建成后人员安置成为问题
投资控制	PMC协助建设单位完成项目融资工作;通常建立约束激励机制,有利于节约投资	建设单位(或其主管部门)申报项目投资;投资控制能力参差不齐

　　PMC 模式在投资、工期、质量、安全等方面的管理均有其独特的优势,建设单位依托 PMC 承包商所具有的较强技术力量和丰富的项目建设管理能力与经验,通过专业化管理和高技术服务,优化工程资源配置,紧密衔接工程建设资金、技术、管理各个环节,统筹工程质量、安全、进度、投资等各目标,从工程建设管理专业角度更好地协调管理建设、设计、监理、施工等工程参建单位,有利于提高工程建设质量与安全监管工作水平。

2.2.3　PMC 模式符合水利改革发展总基调

　　2015 年 2 月 6 日,水利部印发了《水利部关于印发水利工程建设项目代建制管理指导意见的通知》,推进水利工程建设项目代建制,规范项目代建管理,为 PMC 建设管理模式提供了政策支撑。2011 年以后,我国某省水利工程建设开始试行推广 PMC 建设管理模式,截至 2019 年底,该省采用 PMC 模式的在建骨干水源工程有 60 余个,涵盖了新建水库、中小河流治理、农村入饮及水文监测系统等各类水利工程。PMC 建设管理模式除能有效减轻建设单位管理压力外,能够充分发挥 PMC 承包商单位的主动性、积极性和创造性,促进新技术、新材料、新工艺、新设备的应用,有效控制工程质量、安全管理,在新时期"水利工程补短板、水利行业强监管"的水利改革发展总基调中,能够发挥重要的作用[6]。

3　结语

　　水利工程建设质量与安全监督工作对工程质量与安全产生很大的促进作用,无论其投资规模的大小、工程量的多少,都不能忽视工程质量与安全监管工作的作用。质量与安全监管工作既是一项宏观控制工作,要树立权威性,又是一项具体工作,更要讲究实效性。只有不断加强水利工程建设质量与安全监督管理,才能够保证水利工程的顺利进行,为我国水利工程建设创造有利的条件。

参 考 文 献

[1] 习近平. 决胜全面建成小康社会,夺取新时代中国特色社会主义伟大胜利——在中国共产党第十九次全国代表大会上的报告[Z]. 北京:人民出版社,2017:10.
[2] 李雪冰. 水利工程建设质量管理体系优化的研究[J]. 建材与装饰,2016,43:266-267.
[3] 朱万飞. 水利工程建设质量与安全监督管理体系构建研究[J]. 低碳世界,2016,19(1):120-121.
[4] 杨慧芬. 关于水利工程质量与安全监督管理的分析[J]. 低碳世界,2014,9(1):100-101.
[5] 徐江燕. 项目管理承包在遵义市团山水库建设中的应用[J]. 水利规划与设计,2019(5):81-83.
[6] 刘艳飞,赵学儒. 创新模式构建各方利益共同体——中水北方公司工程总承包业务探索与实践[J]. 中国水文化,2019(5):43-46.

"分淮入沂·淮水北调"工程兴建缘由及规划过程

肖怀前

(江苏省淮沭新河管理处,江苏 淮安 223005)

摘 要 "分淮入沂·淮水北调"工程是治淮工程从单一治理走向综合开发利用的标志,是南水北调最早的创新与实践,也是江苏省最早的跨流域调水工程,建成后使得江、淮和沂沭泗可以跨流域相互调度,使得淮河水系和沂沭泗河水系联系更为紧密,发挥着泄洪、灌溉、航运、发电等综合效益。该工程虽起源于国家三年困难时期,但其敢想敢干、敢于创新的精神难能可贵。本文以"分淮入沂·淮水北调"工程的规划历程为主线,介绍了该工程规划的历史背景、理论依据,分别分析了分淮入沂的合理性、可能性和淮水北调的必要性、可能性,重点回顾了规划和决策的详细过程,对综合性水系工程规划有着现实的借鉴和指导意义。

关键词 分淮入沂;淮水北调;兴建缘由;规划过程

作为淮河下游防洪体系的重要组成部分,起建于大跃进时期的"分淮入沂·淮水北调"工程,是江苏省治理淮河工程从单一治理走向综合开发利用的标志,也是江苏省最早的跨流域调水工程,由于它的存在,使得淮河水系和沂沭泗河水系联系更为紧密,从而实现了淮水与沂沭泗水互调互济。"分淮入沂·淮水北调"工程建成以来,发挥了巨大的经济、社会效益,多次分泄淮河洪水并多次为战胜淮北干旱做出重要贡献,最关键的是,每年能向淮北地区输送工农业及生活生态用水近百亿立方米,为地区经济社会发展和百姓安居乐业提供了最基础的水利支撑。

1 "分淮入沂·淮水北调"工程规划的历史背景

1194 年黄河夺淮以后,淮北平原曾连续数百年遭受洪涝、旱渍、盐碱等危害,广大人民处于水深火热之中。新中国建立伊始,新沂河的开挖很大程度上缓解了苏北地区遭受洪水肆虐的悲惨历史,但是,雨涝、干旱、盐碱仍然威胁严重,粮食产量低而不稳。1954 年淮河发生百年一遇大水,江淮之间连续大雨,洪泽湖上游洪水又来势凶猛,虽未达历史最高,但在严峻的防洪形势下,要思考如果发生更大洪水,必须给它一条可靠的出路。同时 1954 年的洪水证明,1951 年淮河规划采用的水文数据不够完善,洪泽湖及淮河下游防洪标准偏低。另外,1956 年的一场内涝,也使得淮北广大地区受灾,粮食产量陡降。干旱时,连云港市靠火车、汽车运水,以解决人畜饮水和工业用水。为根治徐淮地区的洪涝灾害,从根本上改变淮北地区的贫困面貌,江苏省委做出"改制除涝"的战略决策,提出:"洼地必须除涝、治碱,改旱作物为水稻"的治理路子,并责成水利部门解决淮北地区水源问题。江苏省水利部门在具体实施中,经过多方面的水情、工情、地形等分析研究,提出了打破淮北淮南治水界限,跨流域从洪泽湖调水至淮北的设想,定名为"淮水北调,分淮入沂,综合利用"工程规划,"分淮入沂·淮水北调"工程规划及其依托的淮沭新河的开挖,便是在这一背景下产生的。

2 "分淮入沂·淮水北调"工程规划的理论依据

2.1 "分淮入沂"的合理性与可能性

根据 430 余年的史料记载,淮河下游开归海坝分洪及决口有 160 年,平均 3 年一次。解放后大力治淮,进行了加固里运河堤防、开辟灌溉总渠及兴建三河闸等工程,但没有从根本上解决淮河洪水问题。

作者简介:肖怀前,男,1976 年生,江苏省淮沭新河管理处工程管理科科长(高级工程师),一直从事水利工程建设管理和运行管理工作。E-mail:279487805@qq.com。

另一方面,诸如1954年淮河洪水时,沂河下游平均2 km宽的新沂河泄洪能力是3 500 m³/s,却不能发挥作用。假如当时能利用新沂河分泄淮河洪水,淮河下游防汛将会增加一条机动通道。由于沂沭泗洪水源短流急,峰高量小,历时很短。据统计,新沂河自1950年建成后的8年中,在中上游工程未完情况下,行洪2 000 m³/s以上只有8天,而淮河行洪时间每年长达1~2月。总之,淮沂同时发生洪水的可能性极小,就是万一同时发生,洪峰也不会碰到一起,利用新沂河分泄淮河洪水,是一个花钱少、收效快的方案,"分淮入沂"于是就有了可能。"分淮入沂"方案是自洪泽湖向北经过二河、淮阴至沭阳开辟一条分洪道,对照入海水道的比选方案,无论土方、占地、投资均较少,渠北区遗留问题可以顺便解决,更重要的可以北送灌溉水700 m³/s,为沂河下游大片洼地改种水稻创造条件,还可以开辟沭阳至淮阴的航道(沭阳当时没有航运事业)。因此,"分淮入沂"就成为花钱少、收效大的合理方案。

2.2 "淮水北调"的必要性与可能性

当时淮阴专区是1956年全国内涝最严重的地区之一,在国家的大力救灾下,广大民众才渡过了灾荒。根据当时江苏省及天津专区洼地改造等经验,低洼地区改种耐淹的水稻加上开河沟排水是解决内涝最有效的办法。这样可以增产1倍以上的粮食,但问题是要有可靠的灌溉水源,以免在干旱年份造成被动的局面。高地开河沟与低地改种水稻相结合的办法,成为了当时解决内涝的有效措施。沂沭泗河枯水流量很小,骆马湖不宜蓄水,即使蓄水也不够,但淮河大量灌溉水源经常白白泄放。所以,从客观需要出发,规划淮水较多地北调至沂沭河下游地区进行改种水稻,是十分必要与十分适宜的,这是解决该地区人民吃饭的问题,是大力支持灾区人民早日摆脱贫困、从经济上翻身的问题,也是一个较重的政治任务。起初规划向北送水的线路是盐河,通过疏浚盐河,可以向盐河两岸输送灌溉水量,但据测,算水量远不能满足需要。后来采用开挖淮沭新河的"淮水北调"方案,除利用盐河及废黄河外,还可以利用淮沭新河向东及向新沂河沂北送水,完全满足了低洼地区改种水稻以减轻内涝及增产的目的。

3 规划过程

1950年淮河流域发生大水灾,10月,中央人民政府政务院做出具有历史意义的《关于治理淮河的决定》。1951年淮委第二次全体会议制定了《关于治淮方略的初步报告》,之后又根据1954年淮河特大洪水经验,对初步规划进行了调整,于1956年5月编制完成《淮河流域规划报告》。1955年淮委组织豫皖苏三省共同编制淮河流域规划,在苏联专家指导下,对淮河洪水重新进行分析计算。1955年9月治淮委员会勘测设计院编制了《淮河下游入海分洪工程计划任务书》报水利部同意。

同期,1956年7月,中共江苏省第三届委员会第一次全体会议上做出了关于根治徐淮地区洪涝灾害帮助徐淮人民彻底摆脱贫困的决议,提出淮北地区要走除涝改制发展水稻的路子。会后,省委书记刘顺元带领农业、水利等有关部门人员组成调查组,对徐淮地区进行全面综合调查后,确定了"洼地必须结合除涝治碱,改旱作物为水稻"的方针。针对淮北水较少、淮南水较多,涝年水多成灾、旱年缺水旱灾,淮河每年有大量水资源入江入海浪费的客观状况,确定了"跨流域调水,治水兴利"的路子。江苏省水利厅根据省委的决定,编制了徐淮地区除涝发展水稻的规划,水源通过整治盐河和兴建骆马湖、石梁河水库等解决。1956年底,江苏省委、省政府为了尽快改变徐淮地区的贫困面貌,拟引用淮水发展水稻,采取改制除涝的办法发展生产,当时以盐河整治工程计划任务书报送水利部。

1957年3月,时任水利部副部长钱正英率规划局李化一局长等到淮阴实地审核盐河整治工程,提出:淮河流域规划和沂沭泗流域规划应结合考虑,并应通盘研究发挥现有工程及水利资源的潜力,原规划对长远发展方面考虑不够,还应该争取大部分地区能发展自流灌溉。根据这一指示,江苏省研究除利用盐河、废黄河为灌溉分干渠外,新开一条淮沭新河。另外,一般淮水早,沂沭水迟,在淮沂不遭遇时可以利用新沂河分泄3 000 m³/s淮水入海,使淮河防洪标准从50年一遇提高到300年一遇。于是,在盐河整治方案的基础上,大胆地提出跨流域调水的思路,重新制定了"分淮入沂·淮水北调"工程规划。同年3月15日,江苏省委在阜宁县召开旱改水工作会议,提出徐、淮、盐三地区进一步扩大旱改水工作的意见,有力地推动淮阴地区灌溉事业的发展,推动了"分淮入沂·淮水北调"工程迅速立项。

1957年4月,结合淮河流域和沂沭泗流域两个流域规划报告,江苏省编拟了《"淮水北调·分淮入沂"工程规划设计任务书》,提出:"淮水北调·分淮入沂"工程是江苏省淮阴地区人民摆脱贫困,经济上翻身的关键,经中央水利部和江苏省人民委员会共同研究,确定兴办并应尽快进行规划设计工作,争取1957年冬开工。水利部以"(57)水计张字第1456号"函复同意,同时由水利部报国家计划委员会及国家经济委员会,同意按照"淮水北调·分淮入沂"方案进行规划。该规划经半年的研究讨论,取得有关方面的一致意见,水利部据此出具《对江苏淮水北调分淮入沂工程规划设计任务书的意见》,总共5条,主要内容包括肯定了"淮水北调·分淮入沂"方案的合理性和经济性,同意江苏根据"三湖统筹考虑,淮水北调,分淮入沂,引江济淮,改制防涝,兼顾航运"的原则进行这一工程的规划,还提出设计文件审批应按照审批程序办理,但为不误施工,将来由水利部与建委研究适当下放省人民委员会审批。

经8个月集中力量攻关,1957年12月完成《分淮入沂综合利用工程规划(初稿)》,计划新开一条连接洪泽湖至新沂河、由淮阴经沭阳到新海连市(现为连云港市)的淮沭新河干渠,既引洪泽湖淮水至淮北灌溉,又可利用新沂河错峰分泄淮河部分洪水。1957年12月,江苏省委向国家计委、水利部编报了《分淮入沂、综合利用工程规划》,省委书记刘顺元带队去北京向周恩来总理汇报。周恩来决定要亲自听取家乡对这一规划的汇报,当时的治淮委员会、省水利厅、淮阴专署水利局的专家们,向周恩来汇报了这条河的规划指导思想和规划内容。也有与会的同志提出耗资搞跨流域调水,过去没有先例,现在条件还不具备。刘顺元说:"淮水北调,不仅有利于苏北的农业、工业和交通,还可以把水一直送到新海连市,支援那里的海军设施和部队,有利于国防建设。"周恩来听了,称赞江苏有全局观点,想得好,搞水利工程,还想到支援国防。当听到这条河是取淮阴、沭阳、新海连三地的首字为"淮沭新河"时,大加赞赏:"淮沭新河好"。因为这条河既具有显著的地域特征,又是一条人工新河,既除水患,又兴水利。国家计委和水利部也很支持,工程立即定了下来。

1958年1月,水电部(1958年水利部与电力工业部合并)以"(58)水设计李字第59号"批准淮沭新河设计任务书。2月,省水利厅、省治淮总指挥部报送淮沭新河(二河工程)扩大初步设计。3月,江苏省计委以"计建杨(58)字第18号"批准该扩大初步设计。至此,"分淮入沂·淮水北调"工程全面规划完成,具备开工条件。

4 结语

在当时的自然和历史条件下,"分淮入沂·淮水北调"工程规划根据淮河及沂沭泗各自的洪水特点,为解决淮北地区灌溉用水及淮河下游洪水出路问题,通盘考虑了现有水利工程及水资源的潜力,发挥了泄洪、除涝、灌溉、供水、通航、发电等综合效益,可谓一举多得。作为江苏省最早的跨流域调水工程和治淮工程从单一治理走向综合开发利用的标志,也是南水北调最早的创新与实践,"分淮入沂·淮水北调"工程在规划过程中自始至终得到了国家、省、市各级领导的关心支持,还充分考虑了水系畅通平衡、束水漫滩行洪、一步规划分期实施等先进科学的规划设计思想,对现今的水利工程规划设计具有很强的借鉴意义。

参 考 文 献

[1] 冯桂田,钱邦永,肖怀前.分淮入沂·淮水北调——江苏省最早的跨流域调水综合利用工程[M].南京:河海大学出版社,2018.

响洪甸双水内冷水电机组技改有关问题的探讨

王健

（安徽金寨响洪甸水库管理处，安徽 六安 237335）

摘　要　本文以治淮 70 年为时间轴，阐述国产第一台双水内冷机组的技术革新过程。从机组投产、完善化、超出力到增效扩容、创建绿色水电，双水内冷发电机退出舞台。折射出新中国成立初期，水电人对新技术大胆的摸索、试验、创新、发展，以及后来水电人的接棒而上。正是这种治淮精神的延续，让我们的水电技术奋勇追赶世界一流。

关键词　响洪甸；双水内冷；水电机组；技改；探讨

1956 年 3 月，直属治淮委员会的响洪甸水库工程筹备处成立，开工建设响洪甸水库大坝，1961 年 4 月我国自行设计制造的第一台双水内冷水轮发电机组——响洪甸水电站 4# 水轮发电机组（以下简称该双水内冷机组），投产发电。

该双水内冷发电机是哈尔滨电机厂在 TS-425/94-28 空气冷却发电机的基础上，采用定、转子绕组水冷却，定子铁芯水冷方式，改制而成的 TSS-425/94-28 双水内冷发电机，目的是为新安江电厂 9# 机（72.5 MW）摸索设计制造经验。该机组于 20 世纪 50 年代末生产，1961 年 4 月投产后，因为在运行中陆续发现一些问题，所以自 1962 年 3 月开始，通过 2 年的时间又进行了完善化改造，1964 年 1 月再次投入运行。至 2010 年，因转子磁极线圈匝间短路，机组振动加大，2011 年进行双水内冷改空冷并进行增效扩容，创建绿色水电机组。

1　研制双水内冷水轮发电机的历史背景及主要技术参数

1.1　历史背景

在我国第二个五年计划刚刚开始的时候，国家对电力工业提出来新的任务：必须高速度地研制超容量电机，并要求冷却效率高、体积小、材料省。于是在安徽省水利电力厅的支持下，决定在响洪甸水电站四号机采用双水内冷方法，作为新技术的"试验田"，准备通过它取得水内冷水轮发电机的设计、制造、安装和运行经验，为设计制造更大容量的、技术指标更高的双水内冷发电机组提供翔实资料。

该双水内冷发电机，是国家科委科研项目之一。发电机的冷却方式代表一个国家电机工业水平的一项主要标志，因为发电机在运行中本身温度的高低，直接影响发电能力的大小，改进冷却方式，对发挥电机的潜力有着决定性的作用，在发电机定子和转子的空心导体通水带走热量，降低电机温度，它比空气冷却效果好几倍。

该双水内冷发电机设计制造之前，世界上只有定子水内冷、转子氢内冷的汽轮发电机，对于转子水内冷，由于转子在高速度旋转时导体内部水的流通、水路的密封、平衡与振动等一系列关键问题没有解决，因此研制该双水内冷水轮发电机组，无论在国内还是国际上，都是一项具有重大意义的创举。

1.2　主要技术参数及结构型式

发电机型号 TSS-425/94-28，额定容量 12 500 kVA，额定出力 10 000 kW，额定电压 10.5 kV，转速 214.3 r/min。发电机为悬式机组，由定子、转子、励磁机、上下机架、上下导轴承、推力轴承、风闸组成，利用水处理系统将原水处理成不导电软水，通过增压泵给定转子供水、冷却。

作者简介：王健，男，1980 年生，安徽省金寨县响洪甸水电站，水利水电工程师。主要研究方向为水利水电行业发展、水利水电设备检修维护、水资源可持续利用。E-mail：martinxhd@ 163.com。

水轮机型号为HL211-LJ-200,设计出力10 420 kW,设计水头42 m,设计流量28.4 m³/s,主要由转轮、主轴、顶盖、底环、导水叶、水导轴承、尾水管、接力器组成。

2　该双水内冷机组完善化改造及超出力运行

2.1　投产初期遇到的问题

(1)72小时带负荷运行发现转子甩水聚氟氯乙烯管合缝处产生裂纹;

(2)定、转子断水,进水机构铜瓦发干摩声响;

(3)定子端部接头漏水、橡皮管松动漏水;

(4)转子进水管漏水;

(5)水处理系统工作不可靠,冷却水导电率增大;

(6)定子端部线圈击穿;

(7)进水机构瓦磨损,溢水箱漫水。

2.2　完善化改造工程

针对2.1所列问题,从1962年至1964年,对该双水内冷机组进行了两年的完善化改造,改造从以下思路进行:

(1)减少漏水,主要是定转子冷却回路漏水,重点是解决静、动件之间及旋转件接头处漏水问题;

(2)提高定子绝缘水平;

(3)过水部件的防锈防腐工作;

(4)提高水处理系统工作可靠性。

主要改造内容有:更换了全部定子线圈;对水接头和离子交换器进行了改进;橡胶管更换为棉纱纤维加强层,两端封胶;离子交换器钢板桶先后改成搪瓷桶、有机玻璃桶;将热交换器结构改为伞形热交换器,提高换热效率。

通过完善,解决了漏水问题,亦未再发生过管道堵塞现象,发电机主绝缘达到其他空冷机组水平,能满足安全、稳定运行。但发电机转子每个磁极线圈的温度还不能测量、监视,通过后来努力,又研制了温度无线电遥控系统,很好地解决了这个问题。

2.3　超出力、拼设备,透支了该双水内冷发电机组的使用年限

20世纪70年代电力系统缺电严重,长期处于低周波、低电压运行,对发电机组及系统的稳定威胁很大,所以提倡机组超出力发电。在大的环境形势下,该双水内冷机组也进行了超出力改造,对转轮叶片进行切割和补焊。

2.3.1　切割叶片出水边,增大开口

切割量自上而下,沿转轮叶片出水边等量切割30 mm,切口磨光。

2.3.2　加长叶片进水边,增加出力

用45号圆钢打成扁圆形,厚度与转轮叶片进水边厚度相等,宽度为27 mm,长度与进水边吻合,打磨焊接坡口,对称180°同时分段焊接,焊接过程中注意监表控制变形。

2.3.3　降低底环高度,加长活动导叶,铇薄导叶

将导叶高度从600 mm加长至630 mm,底环高度降低30 mm,导叶铇薄,增大通过导叶的水流量。

通过以上改进,加大了叶片出水边开口度,相应增加了水轮机转轮的过流量,从而增大了水轮机的出力。该双水内冷机组最大带过15 000 kW,相当于超出力50%,有效地缓解了20世纪70年代电力紧张的情况。几年超出力运行结束后,相对于其他三台空冷机组,该双水内冷机组虽没有出现定子绝缘流胶现象(这一点证明双水内冷效果好于空冷);但转轮也是气蚀特别严重,叶片上还出现了不少贯穿裂纹;另有3组磁极线圈绝缘损坏,总体来说弊端还是很大的。

2.4　双水内冷发电机升级改造,水轮机更换转轮、导叶

前2.3述,超出力运行期间,该双水内冷机组因为发电机水内冷效果好,线圈绝缘保持较好,所以超出力运行结束后,为节约资金,电站只陆续更新了发电机的风闸、漏油箱、部分磁极线圈、水处理系统交

换器、励磁系统、上下导瓦及推力瓦等部件。

水轮机转轮因为严重气蚀和贯穿性裂纹,必须更换,选用富春江水工机械厂同型号转轮。导叶也因为铇薄变形,所以一并更换。

经过以上更新改造后,该双水内冷机组的健康水平大有提高,由二类设备转为一类设备,又安全稳定运行了20年。

3　增容扩效,创建绿色水电

经过50年的运行、维护,该双水内冷机组经过不断的改进、完善、升级,为我国发电机水内冷技术积累了大量的第一手资料。但随着空冷技术的发展,该机组维护工作量大、运行操作复杂、开机成功率偏低的短板就显现出来了,时至今日与空冷发电机相比已不具有明显优势。特别是最近几年,该机设备老化,从线圈到水处理系统,备品极难解决。该机组在2010年时突然出现振动加大现象,经试验分析系转子磁极线圈匝间短路所致,当年进行B修维持运行到2011年上半年,又陆续出现转子磁极线圈漏水事件,且漏水量逐渐加大,导致漏水磁极严重损坏。至此,我们认为该双水内冷机组必须更新改造,是时候退出它的试验使命了。

改造的思路是将双水内冷方式改为空气冷却方式,以便与其他三台机组相同,减少备品品种,更新的同时兼顾增容和创建绿色水电的需要。

3.1　增容量选择

该双水内冷机组原设计水头为42 m,综合2011年前10年响洪甸水库运行水位水文资料,平均加权后减去下游尾水高程,得到水轮机实际的平均运行水头为48 m,考虑到水文降雨量随年份不同的随机性,选择设计水头为46 m的混流水轮机。参照现有机组引水钢管直径2.8 m,进行初步设计选型,查混流水轮机运转特性曲线,在46 m设计水头时,水轮机额定出力为13 000 kW左右。

为保证改造后机组的运行稳定可靠性,结合20世纪70年代超出力50%的惨痛教训,综上初设选型,我们认为:选择水轮机额定出力为12 500 kW还是稳妥的。

考虑到改造的经济性,从理论上讲,只需要更新改造原双水内冷发电机定子铁芯、线圈,转子磁极即可(转子磁轭可以重新叠片),增加空冷器,其他诸如发电机的定子机座、主轴、转子轮辐、上下机架等主要部件均可保留。

(1)按该双水内冷发电机改空冷,容量增加到12 500 kW(功率因数0.85)进行电磁计算,部分数值如表1所示(限于篇幅省略计算过程,下同)。

表1　发电机增容前后电磁计算值(部分)

序号	参数名称	单位	原双水内冷发电机	增容计算值
			工况1	工况2
1	额定功率	kW	10 000	12 500
2	额定功率因数		0.8	0.85
3	额定电流	A	687	809
4	定子槽电流	A	2 749	3 234
5	电负荷	A/cm	497	585
6	气隙平均磁密	Gs	6 424	6 394
7	定子轭的磁密	Gs	13 329	13 811
8	极身根部的磁密	Gs	12 969	13 584
9	定子绕组的电流密度	A/mm^2	3.55	3.44
10	励磁绕组的电流密度	A/mm^2	2.61	2.66
11	定子线圈对空气的平均温升	℃	62	70
12	转子线圈对空气的温升	℃	64	75
13	额定负载时的励磁电流	A	492	591

通过电磁计算表明,该双水内冷发电机改空冷,理论上增容到 12 500 kW(功率因数 0.85)运行时,定子线圈铜温升为 70 ℃,转子线圈铜温升为 75 ℃,加上环境温度,均在 F 级绝缘容许温度(155 ℃)以下。从温升角度讲,发电机增容到 12 500 kW 没有问题。

(2)发电机各保留部件机械强度分析及校核计算。

a.定子机座刚度核算

①按机座绝对变形核算。

②按机座相对变形核算。

b.主轴强度分析计算

经过核算,增容到 12 500 kW 后,定子机座刚度和主轴强度符合要求。

c.推力轴承及导轴承润滑计算校核

该双水内冷发电机原推力负荷约 140 t,推力瓦为弹性塑料瓦,单位压力为 2.3 MPa,仍有很大余量,可以继续使用。

气隙磁密稍有减小,定子内径及定子铁芯长度在数值上均不变,单边磁拉力减小约 1%,导瓦的负荷、油的温升、最小油膜厚度变化可忽略不计,导轴承仍然可以继续使用。

综上分析及校核计算,该双水内冷机组增容到 12 500 kW(空冷机组)可以正常运行。

3.2　增容扩效,双水内冷改空冷,创绿色水电

3.2.1　水轮机由 HL211-LJ-200 改造为 JF3089a-LJ-200

原 HL211 为 20 世纪 70 年代技术制造的碳钢转轮,其模型转轮的最优工况效率为 89.9%,经过多年运转磨损、锈蚀后,上下迷宫环间隙增大 2~3 倍,漏水量大大增加,造成转轮效率进一步降低,已远远达不到原设计效率。

(1)叶片型线及数量改变。

①原 HL211 转轮叶片采用二元设计方法设计,叶片出水片在同一轴平面上,系常规叶片,叶片数 14 片。

②新 JF3089a 转轮叶片采用三元理论设计,其不在同一轴平面上,系 X 型叶片,叶片数 13 个。

(2)效率提高途径。

①原 HL211 转轮叶片集中在下环部位过流,流量分配不均匀,故能量转换不充分;另下环部位绝对流速快,负压导致叶片气蚀性能差。

②新 JF3089a 转轮叶片增加上冠过流量分布,使整个叶片过流分配尽可能地均匀,能量转换充分;同时下环部位绝对流速降低,叶片气蚀性能好转。

③转轮迷宫换间隙减小,减少漏水损失。

改造后,转轮(普通碳钢)升级为抗气蚀不锈钢材质,新型号转轮模型试验的最优工况效率为 92.86%,比改造前转轮实际最优工况效率大有提高。

3.2.2　发电机由 TSS-425/94-28 双水内冷改 SF12.5-28/4250 空冷

发电机由双水内冷改空冷,绝缘为 F 级绝缘,通过优化定子线圈线规及线槽,将定子线圈线规由中空型改为通棒型,匝数由 216 匝减少到 210 匝,减少高谐波及分频电磁振动。定子铁芯采用 0.5 mm 的 DW270-50 低损耗、高导磁、无时效的优质冷轧薄硅钢片叠成,定子铁芯的通风设计使气流顺畅平稳,让定子铁芯充分冷却,风摩阻损耗最小。

转子磁极线圈应用铜排扁向绕制而成,使用 F 级绝缘热压而成,磁极铁芯由 Q345 优质硅钢片叠压而成,转子上装有纵横轴阻尼绕组,阻尼条与阻尼环之间采用银焊。为改善发电机通风条件,将转子通风槽由原 3 孔增为 5 孔,从而降低了发电机温升。

增加上下挡风板、转子风扇和空冷器,该双水内冷机组改造后,整体效率提升 9%;设备增效明显,单位电量的水耗进一步降低,积极践行了绿色水电理念。

3.2.3　提高运行水头,增加单位水量所发电能

该双水内冷机组 2013 年改空冷后,可在 12 500 kW 负荷下连续稳定运行,通过优化运行方式,尽量

壅高水位发电,降低设计水头以下的发电小时数。此举一方面降低了单位发电量的水耗,另一方面也改善了水轮机的运行条件,有利于降低机组的气蚀和振动,延长机组的检修周期和使用寿命。

砥砺奋进,新中国治淮 70 年成果丰硕,水电技术亦发展迅猛。时至今日,哈电为金沙江向家坝水电站设计、制造的 800 MW 水轮发电机组,安全稳定满发。现正为白鹤滩水电站研发 1 GW 的水电机组,这充分表明在这一领域国内厂家的研发制造能力已处于国际"第一梯队"。在新时代,我们继续在习近平新时代中国特色社会主义思想和治水重要论述精神的指引下,立足实际,节约和保护好水资源,做好防汛抗旱、城市供水、农业灌溉和水工程维护工作;继续紧跟水电机组新技术发展步伐,积极创建绿色水电站,多发电、发好电,为响洪甸书写新的篇章。

参 考 文 献

[1] 白延年.水轮发电机设计与计算[M].北京:机械工业出版社,1982.

浅析上桥泵站机电设备安装及检修措施

张恒恒

（安徽省茨淮新河工程管理局，安徽 蚌埠　233400）

摘　要　上桥泵站作为茨淮新河灌区的重点水源工程，机组安全运行显得尤为重要。泵站机电设备的安装与检修在一定程度上决定了泵站是否能够得到安全、平稳的运行，所以在对有关的机电设备进行安装时务必要确保其操作的正确性，并且制订科学、合理的检修计划，为此，本文主要从水利泵站机电设备的相关概述以及关键技术和具体的检修策略等方面进行了探讨。

关键词　上桥泵站；机电设备安装；检修措施

近年来，伴随着我国水利事业的不断发展，水利泵站工程项目建设也在与日俱增，但水利泵站的平稳运行必须通过借助于机电设备才能够实现，所以这就对相关机电设备的安装以及后期的检修提出了更高的要求，特别是在其安装过程中容易产生一系列的问题，例如超电流以及机械振动和螺母与螺栓的连接等问题需要有关技术人员引起高度重视，同时也要重视后期机电设备的检修，只有从全方位将工作细致化、认真化，才可以保障水利工程的安全、平稳运行。

1　上桥泵站机电设备概述

上桥泵站机电设备的构成要素主要包括辅助设备、电气设备以及主机组和自动化设备等，其内部构造十分复杂，并且每个零部件之间环环相扣，其中任何一个零部件发生故障，都会影响其正常运行，当前计算机技术快速发展，计算机技术在泵站运行管理应用越来越广泛，可以充分发挥自动化设备相应功能并达到提高工作效率的目的，与此同时，通过运用计算机技术，还可以对有关的故障进行检测与识别，不仅节省了成本，而且节省了人力。除此之外，机械设备常年累月地运行必然会出现老化现象，因此泵站应当依照相关规定做好对机械设备的维护与保养工作，以尽可能地延长设备的使用寿命，促进机电设备的安全、稳定运行。

2　上桥泵站机电设备安装关键技术分析

2.1　泵组同心度和轴线度

在开展泵站项目的建设过程中，由于水泵和电动机的类型和品牌较多，有时往往不会选择同一个厂家生产的水泵和电动机，所以在质量以及设备的性能上也会存在着细微的差别，以至于水泵和电动机无法很好地匹配，进而影响了其性能的发挥，所以要对泵站同心度进行合理的调整，但是在对其进行调整前，应当先对电动机与泵两轴心的相对位移和偏移量进行测量，并且为了能够满足相关的标准要求，在安装的过程中应进行两半联轴器外圆同心的调整。

2.2　螺母与螺栓连接

螺母与螺栓主要起到了固定的作用，一般来说，绝大多数的人都对此项工作不予重视，所以给后期机电设备的运行带来了诸多的问题，在螺母与螺栓的连接过程中特别要注意其力度的控制，无论是拧得过紧或者过松都会引发一系列的安全问题，过紧会促使拧扣松动，而过松则会造成连接电阻过大，以至于产生较多的热量，容易引发安全事故。

作者简介：张恒恒，男，1984 年生，安徽省茨淮新河工程管理局，工程师。E-mail：375207187@qq.com。

2.3　超电流现象

在泵站机电设备的安装过程中,超电流现象十分常见,而造成这种现象产生的主要原因在于泵组、安装工艺应用以及机电设备运行问题等,在设备的实际运行过程中若出现了转子和设备机壳发生摩擦,那么必然会对轴承造成一定的影响,再加上泵内的杂物和灰尘不及时进行清除,长时间下来很容易引发超电流现象的产生。在机电设备安装过程中,若出现不规范、不合理的安装,会造成机电机组性能与标准参数之间存在着差异,一旦电流负载以及运行功率过大等都会导致电源缺相问题的发生。若水泵输出流量越小,其电流也会越小,而扬程则会越高,反之,电流越大,扬程越低。所以,务必要严格把控水泵的流量,将其控制在规定的范围内。

3　泵站机电设备检修措施分析

3.1　螺母与螺栓连接检修

应当重视螺母与螺栓的连接检修工作,特别是要重点检查其安装的正确与否,同时也要有效地避免螺母与螺栓不要拧得过紧或者过松,除此之外,在日常工作中还要对设备的运行状态进行密切关注,一旦设备发生异常,如漏电或者噪声过大等现象,要第一时间着手检查螺母和螺栓的情况,以防止更大的安全事故的产生。

3.2　转动定子温度检测与检修

机电设备在实际的运行过程中,若设备运行负荷过大并且已经超出了额定负荷,那么会导致设备温度过高,进而出现损坏的现象,为了能够更好地避免此类现象的发生,在检修过程中相关的技术人员可以通过借助于自动化监测系统来对机电设备进行实时监测,在监测的过程中一旦发现异常,它会立即做出反应并加以处理,除此之外,应当结合项目的实际情况设定温度警报值,以达到对转动定子温度控制的目的,其框架如图 1 所示。

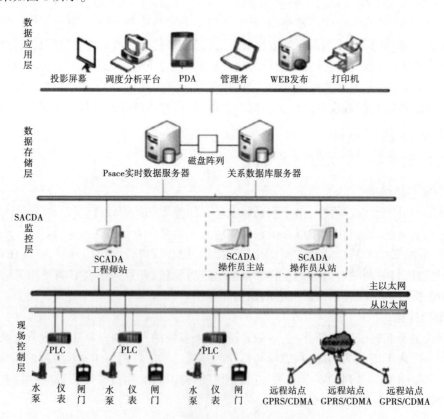

图 1　上桥泵站自动化控制系统架构方案

3.3　定子引出线电缆外表皮检修

检修工作在机电设备的安全、平稳运行中发挥出了十分重要的作用,为此必须加强重视电缆的安全防护工作,一般来说,泵站机电设备的运行环境都会较差,电缆在长时间的使用后会出现老化或者是损伤的情况,这样一来不利于机电设备的稳定运行,在开展检修工作时若发现了电缆表皮磨损,要及时切断电源并进行相应的处理,以确保电缆绝缘的质量,另外,针对老化或者是严重磨损的情况要及时进行更换。

3.4 轴承漏油故障检修

在泵站机电设备的运行过程中,轴承漏油现象十分常见,而造成这种现象产生的原因不外乎在机电设备的安装过程中未能严格依照有关的流程和标准开展作业,或者是轴承端盖的密封效果不佳等,所以务必要加强重视此项工作,同时也要做好轴承漏油现象的监测工作,一旦发现轴承漏油,必须及时地分析原因并予以解决,一般来说,其解决的措施主要有严格依照相关流程进行作业,同时要对轴承端盖进行密封处理,当然也可以使用铜垫进行替换。

3.5 同步电动机检修

由于水利泵站机电设备的安装工序较为复杂,所以给检修工作也带来了一定的难度,因此这就要求相关的检修人员严格依照有关流程进行作业,同时也要对检修规程根据实际经验进行分析和总结。此外,由于同步电动机具有不同的结构形式,而且不同的同步电动机它的运行环境也会存在着差异性,所以在开展实际的检修作业过程中,必须结合实际情况进行有针对性的检修,进而以达到提高同步电动机检修效率的目的。

4 结语

综上所述,通过本文的分析可知,泵站机电设备的安装与检修在一定程度上决定了水利工程是否能够安全、平稳地运行,所以在此过程中必须加强重视机电设备的安装与检修工作,同时也要克服重重困难,严把质量关,将各项工作予以细致化,只有这样,才能够确保水利泵站机电设备的安全、平稳运行。

参 考 文 献

[1] 王银东. 水利泵站机电设备运行管理中存在的问题[J]. 农业科技与信息,2017(24):121-122.
[2] 师自谦. 水利工程泵站机电设备的规范化安装与检修[J]. 农业科技与信息,2019(13):109-110.
[3] 陈嘉颖. 泵站机电设备的维护与管理概述[J]. 内燃机与配件,2019(13):176-177.

大变幅扬程泵站水泵选型与运行控制研究

洪伟[1]，张前进[2]，刘荣华[1]，梁敏[1]，茆福文[1]，赵水泪[2]

（1.淮安市水利勘测设计研究院有限公司，江苏 淮安　223005；
2.江苏省骆运水利工程管理处，江苏 宿迁　223800）

摘　要　淮河入海水道沿线排涝泵站出水侧水位具有变幅比较大的显著特点，本文通过总结淮安市清浦区杨庙南站工程泵站设计中的一些思路，对大变幅扬程泵站的水泵选型和运行控制方法进行了具体研究应用，选用水泵的模型效率高的立式轴流泵机组，气蚀性能较好，高效区范围宽，叶片全调节，水泵与电机直联，肘形进水流道，平直管出水流道，快速闸门断流的结构形式。通过调节出水侧挡洪闸闸门开度，抬高出水池内水位，以使水泵尽量在设计扬程工况下运行。泵站出水流道末端接出水池，出水池接5孔穿入海水道大堤的出水涵洞，涵洞末端设挡洪闸。根据入海水道行洪时的各种水位工况计算，确定出水侧水位在7.5 m（出水闸门底板处基本无水）~11.50 m（设计水位工况）范围内相对应的闸门开度。相关成果可作为类似泵站水泵选型和运行控制方法的参考。

关键词　大变幅扬程；水泵选型；运行控制；泵站效率

1　概述

淮河入海水道西起洪泽湖二河闸，沿苏北灌溉总渠北侧向东，至扁担港注入黄海，全长163.5 km。其主要作用是与现有入江水道、苏北灌溉总渠、分淮入沂等工程共同分泄洪泽湖以上的来水，并兼顾渠北地区的排涝。淮河入海水道为沿线大型排涝泵站的排涝涝水承泄区，入海水道一期工程建成于2003年6月，建成后于2003年、2007年二次分泄洪水，为淮河流域防洪排涝发挥了巨大效益，目前，二期工程正在规划建设中。由于一、二期入海水位特征水位变化大，导致泵站特征扬程变幅大。泵站水泵要选择兼顾到各个特征扬程的水泵模型难度大，针对这些问题，国内外进行了不少专项探究[1-4]。本文结合淮安市清浦区杨庙泵站更新改造工程中的杨庙南站具体设计工作，对大变幅扬程泵站水泵选型和运行控制的方法做了初步研究，研究成果可作为类似泵站水泵选型和运行控制参考。

2　工程概况

杨庙南站站址位置在入海水道左岸古盐河地涵东侧约250 m，是渠北运西片的主要排涝工程，担负清浦区境内272 km² 洼地的排涝任务。泵站采用堤后式结构，设计流量为50 m³/s，泵站运行水位组合和特征扬程见表1。

3　水泵选型

3.1　泵型选择分析

根据水文分析结果，受出水侧（淮河入海水道）水位影响，本站特征净扬程介于0.50~5.53 m，以现行《泵站设计规范》为依据，从技术、经济等方面考虑，泵型选择应遵循以下原则：

（1）应满足泵站的设计流量、设计扬程及其工况的变化。

作者简介：洪伟，男，1971年生，淮安市水利勘测设计研究院有限公司副总工程师，高级工程师，国家一级注册结构工程师、注册土木工程师（水工结构）、国家一级注册造价工程师。主要研究方向为水工建筑物结构优化及泵站效率优化。
E-mail：269009260@qq.com。

表1　泵站运行水位组合和特征扬程组合

工况		名　称	参数（m）	说明
特征水位	进水池（古盐河）	最高运行水位	7.00	
		设计运行水位	6.50	
		最低运行水位	6.00	
	出水池（淮河入海水道）	校核防洪水位	12.53	远期设计行洪 7 000 m³/s
			14.76	远期强迫行洪 7 960 m³/s
		设计防洪水位	11.53	近期设计行洪 2 270 m³/s
			13.70	近期强迫行洪 2 890 m³/s
		最高运行水位	11.53	
		设计运行水位	11.53	
		最低运行水位	7.50	
特征扬程		设计净扬程	5.03	
		最高净扬程	5.53	
		最低净扬程	0.50	

（2）在平均扬程时，水泵应在高效区运行，以保证水泵在长期运行中，多年平均装置效率最高。在最高与最低扬程下，水泵应能安全稳定运行。

（3）优先选用国家颁布的水泵系列产品和经过鉴定的产品，水泵的水力特性及抗气蚀性能较好。

（4）水泵的能量损失要小。

（5）机电设备及土建投资费用低，便于施工。

（6）便于维修和管理，运行费用省。

按照以上原则对泵站水泵选型，由于本站扬程变幅范围较大，目前基本没有合适的水力模型可以保证水泵各个工况点都在高效区运行。如果重新开发一套水力模型，所需的研发时间较长、科研经费大，而且不一定能达到效果。本站水力机械选型时，首先分析了本站的功能、泵站运行特点以及目前常用的优秀低扬程水力模型，主要分析如下：

（1）本站为排涝泵站，担负清浦区境内 272 km² 洼地的排涝任务，属于大（2）型泵站，所以泵站运行的稳定性、可靠性是泵站设计的重点。

（2）本站出水侧为淮河入海水道，入海水道是与现有入江水道、苏北灌溉总渠、分淮入沂等工程共同分泄洪泽湖以上 15.8 万 km² 的来水，并兼顾渠北地区 1 710 km² 的排涝，入海水道行洪与不行洪时、一期与二期，其水位差别大。

（3）通过南水北调东线工程的实施，国内研发了一套适合低扬程、大流量工况下的优秀水力模型，这些模型主要适用扬程范围为 3~6 m[5]。

通过以上分析，本站水泵考虑选用现有较成熟的优秀水力模型，以设计工况及最高扬程工况为出发点，选用高效区范围相对较广的模型，主要保证设计工况及最高扬程工况点落于性能曲线的高效区，最低工况点尽量不偏离高效区太远。

3.2　水力模型选择

根据以上原则，通过对部分国内水力模型的初步比选，符合要求且性能较好的水力模型有天津同台试验 TJ04-ZL-19 号水力模型（江大）、TJ04-ZL-20 号水力模型（江大），选用的水力模型为天津同台试验的轴流泵模型，南水北调工程泵站，基本上全部从天津同台测试的模型中择优选择，具有较高的技术指标。这两种模型已经多次应用在大型泵站中，在机组制造上积累了丰富成熟的经验，设备制造可靠性均能够保证[6-7]。

它们的主要性能参数列于表2,性能曲线见图1、图2。

表2 水力模型性能参数

模型代号	叶片角度 (°)	流量 Q(L/s)	扬程 H(m)	效率 η(%)	平均效率 η(%)	气蚀比转速	比转速	南水北调用例
天津20号 TJ04-ZL-20	4	392.64	7.13	86.05	85.44	863	760	泗阳泵站、 万年闸泵站
	2	381.47	6.678	85.58		926	796	
	0	365.80	6.43	85.29		1 008	793	
	-2	345.32	6.408	85.20		1 089	772	
	-4	328.89	5.99	85.06		1 398	793	
天津19号 TJ04-ZL-19	4	414.78	6.297	86.16	85.5	940	857	台儿庄泵站、 八里湾泵站
	2	396.29	6.189	85.91		977	854	
	0	374.05	6.218	85.44		1 019	822	
	-2	357.17	5.783	85.13		1 157	848	
	-4	341.72	5.643	84.87		1 258	845	

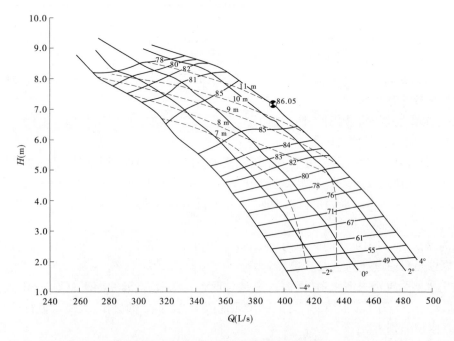

图1 TJ04-ZL-20水力模型性能曲线

表2和图1、图2表明,这两种模型水泵在国内大型泵站已多次采用,并证明其具有良好的运行可靠性。两种模型的性能指标均能达到本站设计要求,但19号模型的效率更高,气蚀性能较好,高效区范围宽。因此,本站拟选用J04-ZL-19号水力模型(江大),选用5台1900ZLQ型立式轴流泵机组,叶片全调节,水泵与电机直联。水泵叶轮翼型选用TJ04-ZL-19,叶轮直径为1 630 mm,配套电机功率为1 000 kW,转速为245 r/min,选配电压等级为10 kV的YL1000-24/2150型高压异步电机。机组采用肘形进水流道,平直管出水流道,快速闸门断流的结构形式。

4 泵站运行控制

4.1 运行控制原理

本站水泵选型主要考虑了设计及最高扬程两种工况,以保证出水侧高水位时,泵站能安全稳定运

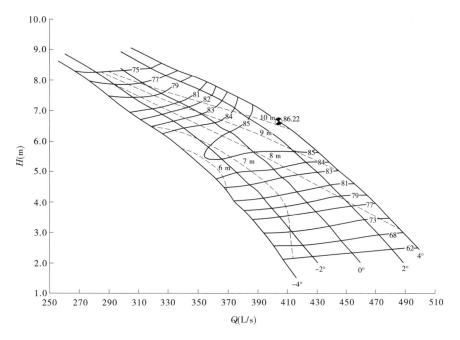

图 2   TJ04-ZL-19 水力模型性能曲线

行。但在入海水道不行洪时,出水池内无水,平直管出水流道处于不淹没状态,水流出水流态差,甚至会带来机组振动,水力损失大。为解决此问题,泵站在此工况下开机运行时,采用工程运行调度的办法来改变水泵运行工况点。主要是通过调节出水侧挡洪闸闸门开度,抬高出水池内水位,以使水泵尽量在设计扬程工况下运行,从而保证机组稳定运行。

4.2   运行控制参数计算方法

泵站出水流道末端接出水池,出水池接 5 孔穿入海水道大堤的出水涵洞,涵洞末端设挡洪闸。出水涵洞单孔净尺寸为 2.5 m(宽)×3.5 m(高),其中涵洞洞底顶高程为 7.29 m,出水池及涵洞总长为 56.87 m;挡洪闸闸门为平板钢闸门,其尺寸为 2.56 m×3.70 m,采用 5 台 QP-100 KN 卷扬式启闭机。

计算模型:根据泵站结构,简化计算模型,简化后的结构见图 3。

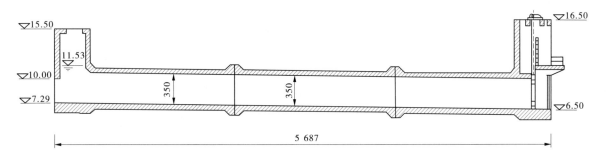

图 3   计算模型简图

计算方法:涵洞过流能力采用《灌溉与排水渠系建筑物设计规范》(SL 482—2011)附录 D 公式。

计算边界条件:控制泵站出水池水位为设计水位 11.53 m,即涵洞上游侧水位恒定 11.53 m,水深 4.23 m;涵洞过流流量 10 m³/s(单机流量);涵洞总长 50 m。

计算变量:出水侧水位(受入海水道水位影响变幅大),出口处挡洪门下孔口高度(通过控制闸门开度实现)。

4.3   运行控制参数计算成果

根据入海水道行洪时的各种水位工况计算,确定出水侧水位在 7.5 m(出水闸门底板处基本无水)~ 11.50 m(设计水位工况)范围内相对应的闸门开度。闸门开度参数计算见表 3。

表 3　入海水道侧不同水位时挡洪闸开度控制成果

单机设计流量 （m³/s）	入海水道侧水位 （m）	出水池控制水位 （m）	挡洪闸控制开度 （m）
10.00	7.50	11.53	0.61
	8.00		0.63
	8.50		0.66
	9.00		0.70
	9.50		0.75
	10.00		0.81
	10.50		0.88
	11.00		1.00
	11.50		1.23

5　工程实际运行效果

目前杨庙泵站已经过水下验收及试运行,并经过扬州大学机组性能实测,根据试运行结果,试运行时,入海水道侧水位 6.0 m,闸门开度达到 0.6 m 时,出水池水位保持在 11.53 m,此工况下实测出流流量为 9.65 m³/s,扬程 5.109 m（接近泵站设计扬程 5.03 m）,有效功率为 483.65 kW,电机输入功率 661.8 kW,水泵装置效率为 73.08%,高于《泵站更新改造技术规范》（GB/T 50510—2009）的要求 9 个百分点[8]。水泵机组运行稳定、无振动,厂房内无异常噪声。各项数据与理论计算成果基本吻合,整个泵站实际运行达到预期效果,说明这种设计思路效果十分明显。

6　结语

针对淮河入海水道沿线排涝泵站出水池水位变幅较大的特点,泵站设计时,在充分研究国内外类似工程水泵选型成果的基础上,提出了水泵选型结合运行控制调度的方法:一方面,通过频率分析,效益比选,以近期和远期高扬程为出发点,选择最优水泵转轮模型;另一方面,通过对泵站出水侧挡洪闸的闸门开度控制,人为调节出水池水位,使泵站扬程稳定控制在水泵运行最优工况点,避免了低扬程工况下效率较低对水泵的不利工况,保证整个泵站稳定、高效、安全运行。

参 考 文 献

[1] 周莉,张之峰.粤西白沙泵站水泵选型设计 [J].人民长江,2011,42（Z2）:74-76.

[2] 叶永,雷未,罗威.高扬程泵站机组选型设计探讨[J].人民长江,2017,48（11）:68-71,91.

[3] 于建忠,陈晔,朱颖,等.最高扬程与平均扬程相差较大的特低扬程泵站选型研究[J].水利水电技术,2018,49（5）:68-76.

[4] 关醒凡,商明华.以南水北调工程为鉴提高低扬程泵站的技术水平 [J].通用机械,2010（3）:62-66.

[5] 关醒凡.轴流泵和斜流泵:水力模型设计试验及工程应用 [M].北京:中国宇航出版社,2009.

[6] 关醒凡,杨敬江,陆伟刚.南水北调工程水泵模型同台测试结果分析与应用 [J].中国农村水利水电,2006（2）:123-126.

[7] 伍杰,胡兆球,秦钟建.南水北调东线台儿庄泵站水泵装置优化选型设计 [J].南水北调与水利科技,2008,6（1）:256-259.

[8] 周济人.淮安市清浦区杨庙南站泵装置效率现场测试报告[R].扬州:扬州大学,2016.

基于 BIM 建模技术的泵站运行管理一体化平台

邵茜

（安徽省茨淮新河工程管理局，安徽 怀远　233400）

摘　要　上桥泵站工程运行管理一体化平台运用 BIM 技术，创建与实物一致的模型，以二三维动态展示为表现形式，从工程运维管理角度出发，综合利用 BIM 模型、水利大数据，结合互联网和人工智能等技术，集成了抽水站的建筑、设备设施、视频和互联网感知等相关信息，实现了全场景、多要素、全过程的实时动态可视化管理，为上桥枢纽的运行管理提供可视化和智慧化支持。有效解决了日常管理所面临的系统信息分散、现场值守时无法及时发现隐患和处置效率不高等众多问题。并可实现模拟仿真、风险智能预警和应急协同联动，实现从信息化到智慧化的升级。

关键词　一体化平台;运行管理

上桥泵站为茨淮新河上桥枢纽骨干工程之一，为排灌两用泵站，装有 6 台立式轴流泵，设计抽水能力为 120 m^3/s，配有 6 台 6 kV 同步电动机，单机功率 1 600 kW。

本平台运用 BIM 建模技术，把泵站工程的监测监控、运行管理、工程巡检、人员管理等内容整合，实现工程管理的信息化、精细化和集成化，提高工程管理效率。按照泵站现代化建设要求，根据泵站工程自动化控制系统的实施现状、上桥泵站的日常管理需要和标准化管理的要求，充分运用水利信息技术，整合建立"上桥泵站工程运行管理一体化平台"。

1　工程运行管理一体化平台

1.1　总体方案

上桥泵站工程运行管理一体化平台根据上桥泵站工程自动化控制系统的实施现状、日常管理需要和标准化管理的要求，依据泵站工程相关的管理规程和标准，构建标准化管理平台。

平台建设主要包括上桥泵站 BIM 监测系统、上桥泵站运行管理信息化平台、上桥泵站数字化运行管理系统和移动 APP 端管理系统。

1.2　整体框架

上桥泵站工程运行管理一体化平台的总体框架（见图 1），整个系统采用 B/S 架构，采用 J2EE 开发平台，通过 Weblogic 中间件进行应用开发，采用数据访问层、业务逻辑层、展示层分开的三层架构模式实现系统间的"高内聚,低耦合"。

2　平台功能

2.1　上桥泵站运行管理信息化平台

上桥泵站运行管理信息化平台通过 BIM 的实景化建模，同时整合 NC2000 系统实时动态数据、相关视频和信息化系统业务数据，用于展示上桥站综合情况介绍、机电设施设备运行情况、电器设备运行情况以及站内安防监控系统等（见图 2）。便于管理者对上桥泵站情况进行全面的了解、认知和管控。

2.2　上桥泵站数字化运行管理平台

上桥泵站运行管理信息化平台根据泵站自动化控制系统的现状、管理单位的日常管理需要和泵站

作者简介:邵茜,女,1983 年生,安徽省茨淮新河工程管理局,工程师,从事大型泵站运行管理与技术改造。E-mail:107339666@ qq.com。

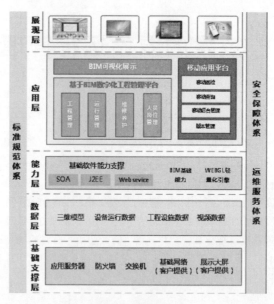

图 1　整体框架

图 2　上桥泵站综合情况

管理规程要求,分别建设了工程信息管理、设备管理、物资管理、运维资产管理、日常管理、运行管理、操作票管理、值班管理、维护养护管理和项目管理等 10 个功能模块。

2.2.1　工程信息管理

工程信息管理包括工程档案管理、工程安全鉴定和工程大事记。主要提供泵站工程的设计指标、技术参数、缺陷及其养护处理设施状态、鉴定评级、工程建设和加固改造情况、工程大事记等信息进行分类管理。

2.2.2　设备管理

设备管理包括设备管理和设备评级。主要提供设备基本信息、重要参数等。在设备管理过程中,对设备的重要故障、设备的评级情况等,进行及时的记录,为日常设备的管理和检修提供相应的依据。同时对设备进行统一的编码,通过扫描二维码了解设备的详细信息,方便各种信息的传递与共享。

2.2.3　物资管理

物资管理主要包括物资类别管理、采购计划、库存管理。主要提供备品备件合理的安全库存,并将设备管理和物资管理进行有效的集成,数据共享;同时为设备管理提供必要的备品备件库存信息。

2.2.4　运维资产管理

运维资产管理主要包括总资产管理和资产报废。主要是对投入维修资金和运行管理费的管理,规范日常运维的管理和流程,包括日常运维的计划、采购、分发和保管及报废等。

2.2.5　日常管理

日常管理主要包括日常制度管理、教育培训、安全检查、会议纪要、总结报告、其他技术资料等日常管理。

2.2.6　运行管理

运行管理主要包括运行日志管理、巡检上报记录、巡查任务管理、任务巡查记录和调度管理。

2.2.7　操作票管理

根据泵站运行操作管理规程制定典型操作票。实现操作票在管理平台下发，APP 端签收、APP 端确认操作并上报。操作票有固定操作顺序，第一种操作票开出执行完成后第二种才能开始操作。

2.2.8　值班管理

值班管理系统以自动化的模式将值班人员的出勤情况和值班记录统一管理，为泵站稳定运行提供基本保障。

2.2.9　维护养护管理

维护养护管理主要包括汛前试验、日常维护、设备维修、设备检查、工作票等。

2.2.10　项目管理

项目管理主要是对每年的所有工程进行管理，方便进行查询统计。

2.3　基于 BIM 的实时监控平台

平台基于 BIM 三维可视化技术，结合互联网、大数据和人工智能，集成了抽水站的建筑、设备设施、视频和互联网感知等相关信息，实现全场景、多要素、全过程的实时动态可视化管理，并可实现模拟仿真、风险智能预警和应急协同联动，实现从信息化到智慧化地升级（见图 3、图 4）。

图 3　实景化建模

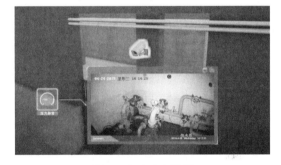

图 4　实时动态数据

通过 BIM 的实景化建模，在虚拟空间上实现精准映射，相关人员可直接通过漫游的方式进行整体和局部全方位、多角度的在线浏览。同时，平台还集成了供水、供气、供油、消防等相关数据，能够实现相关信息一屏展示、一键查询、协同共享等功能。辅助不同角色更客观、准确、高效地进行问题的判断和处理。

系统除整合实时动态数据外，还整合相关视频和信息化系统业务数据，只需点击相应的模型就可以实时掌握该设备的能耗、厂商信息、安装时间、维护计划、维修保养记录、维修方法及相关图纸等。对于即将需要检修的设备会提前进行提醒和预警，为日常运维管理提供一个直观的支撑平台，提升上桥泵站运行管理的智能化水平。

2.4　移动 APP 端管理系统

移动 APP 端管理系统可以分为客户端和服务端。服务端采用的是 J2EE 架构，使用 SSH（Struts、Spring、Hibernate）整合框架，具有良好的拓展性。数据交互主要采用了一种轻量级的数据交换格式——json，为基于 Android 和 IOS 的应用提供统一的数据服务，总体框架如图 5 所示。

移动客户端提供 Android 以及 IOS 版本的应用 APP，用户可以利用智能手机、平板电脑等移动终端设备，连接访问运行管理平台提供的各类数据和应用系统，实现事件处理和日常的业务处理。

移动 APP 系统根据泵站现有监视平台 NC2000 和实际需要，分别构建了 7 个功能模块，分为机组运行状态监视、视频监控、移动巡检、值班查询、操作票、通讯录和个人中心。

移动巡检：主要包括移动巡查、巡查上报等。巡检人员可以通过移动巡检应用完成巡检工作，包括

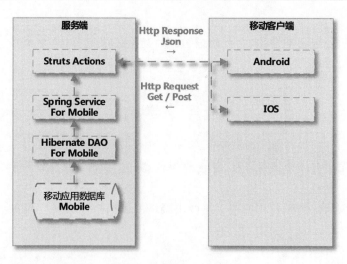

图 5　移动端总体框架

根据巡检任务的内容,按照指定的路线、时间、巡检节点和检查项目,填写巡检日志。对于发现的情况可以拍摄照片、录制视频并上传到数据中心。移动巡检应用中还可以实现对系统和设备的运行状态进行实时的监视,调用视频监控画面查询。

值班查询:主要包括运行值班巡查和日常值班巡查,值班管理系统以自动化的模式将值班人员的出勤情况和值班记录统一管理,保障值班事务的规范化和标准化,为泵站稳定运行提供基本保障。

运行状态监视:包括主变监视、辅机监视、直流系统、保护系统等,可以监视不同设备运行信息。如果有报警产生,服务端会立即以短信、信息通知等方式推送到值班人员的手机上,点击信息通知,可以查询预警的详细信息。

操作票:值班站长在管理平台上统一下发操作票。值班人员在 APP 端登录后,确认自己的操作票后,操作上报,操作完成的操作票自动在后台存储,形成操作票记录。

视频监控:工作人员可以移动终端设备上能调用视频站点的实时视频画面;并对一定的授权用户可对摄像头进行控制调整操作。

通讯录:查询展示相关防汛工作的责任人,查询联系人详细信息。点击详细信息中的联系方式可直接通过手机实现拨号。可以根据部门小组名称,人员姓名等信息进行查询。

个人中心:在登录页面通过输入用户名(由泵站控制中心统一分配和注册的,巡检人员手机号和登录密码),可以登录到移动巡检应用的主页面。

3　结语

上桥抽水站运行管理一体化平台以 BIM 模型为基础,将三维模型和工程管理系统充分结合,实现了泵站的可视化、标准化、规范化、科学化管理,管理数据在指定的范围内授权共享,提高工程管理效率,促进泵站管理的安全、高效、持续发展。

参 考 文 献

[1] 江苏省水利厅江苏省泵站运行规程:DB32/T 1360—2009[S]. 江苏省质量技术监督局,2009.
[2] 中国灌溉排水发展中心泵站技术管理规程:GB/T 20948—2014[S].中华人民共和国国家质量监督检验检疫总局,2014.
[3] 何关培.BIM 和 BIM 相关软件 [J].土木建筑工程信息技术,2010(4):110-117.

中小型水闸拦河索超限脱扣装置的研制与应用

李瞻[1],李守成[2],严平[2],龙俊[2]

(1. 淮安市洪金灌区管理所,江苏 淮安 223100,
2.江苏省洪泽湖水利工程管理处,江苏 淮安 223100)

摘 要 中小型水闸的禁航标识大多采用的是拦河索拦河设置,这种拦河索在使用中,常因河道漂浮物的冲击或漂浮物累积造成的过载而断裂,为工程管理带来不便。超限脱扣装置是一种串联在拦河索上的保护装置,能吸收或缓解漂浮物对拦河索的初始冲击力,当拦河索在水流形成的推力作用下,临近极限负载时,它可以先于拦河索的断裂而自动脱扣,使拦河索自动解索,实现对拦河索的保护。

关键词 中小型水闸拦河索;超限脱扣装置;应用

0 引言

拦河设置的中小型水闸禁航标识,主要由两岸的锚固支架、钢圆环链(或钢丝绳)、禁航浮筒等串联而成,这种串联形成了一种刚性的拉力链,这种刚性链接的问题是:①没有缓冲功能,不能有效缓解或者吸收漂浮物对拦河索带有惯性的初始冲击;②在水流作用下,随着漂浮物的积累,当漂浮物对拦河索形成的推力大于拦河索极限负载时,拦河索便会断裂,不仅为工程管理带来不便,也造成了拦河索维护、管理成本的增加,甚至可能在其断裂后,造成船舶误入工程警戒区,引起安全事故[1]。

1 超限脱扣装置概述

1.1 结构与安装

考虑到拦河索大多设置在河岸、堤坡上,较少有电力等辅助能源,而且拦河索工作环境均临水或潜水,出于安全考虑,设计研制的超限脱扣装置[2]为一种机械结构装置(见图1)。

超限脱扣装置主要由承压器和活页器两个部分组成,承压器由支架、压簧、限位件及拉力杆组成。压簧安装在支架中,压簧两端有扁平碗形的限位件,限位件如图1所示中间有穿孔,用于安装拉力杆。

活页器由活页、活页轴及活页支座组成。活页通过活页轴安装在活页器上。装配时,如图2所示将活页(2片)插装在压簧端部限位件与支架之间的空隙里。

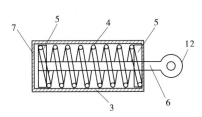

3—支架;4—压簧;5—限位件;6—拉力杆;7—端面;12—圆环
图1 承压器结构

9—活页;10—活页轴;11—活页支座
图2 活页器结构

超限脱扣装置的承压器与活页器的连接主要通过活页的拆装完成,拆下活页轴限位螺母、抽出活页

作者简介:李瞻,男,1991年生,淮安市洪金灌区管理所技术员,主要从事工程建设与管理工作。E-mail:1219561205@qq.com。

轴,将两片活页插装在承压器支架端面与限位件之间的预留空隙,再重新用活页轴将活页与活页支座连接起来,即可如图 3 所示实现承压器和活页器的对接。

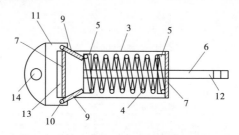

图 3　超限脱扣装置

超限脱扣装置可以串联安装在拦河索形成的拉力链上的任何位置。安装时,可以将拦河索的一端连接在承压器拉力杆尾部的圆环上,另一端连接在活页器活页支座的连接孔上,完成超限脱扣装置在拦河索上的串联接入。

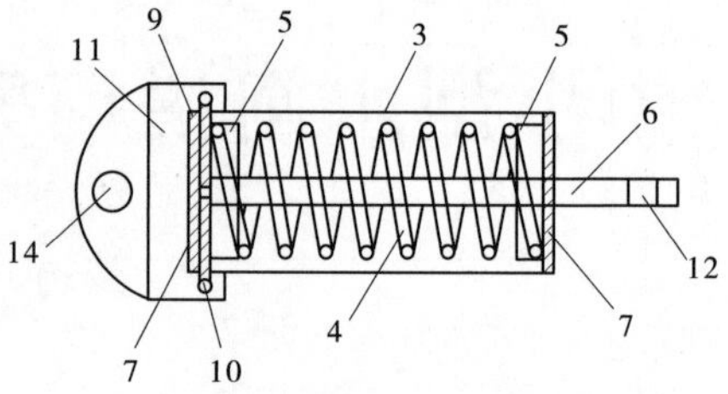

1.2　原理

超限脱扣装置在串联接入拦河索后,它便成为拦河索拉力链的一部分。当拦河索承受漂浮物的初始惯性冲击时,承压器的压簧通过压缩变形,吸收或缓解惯性初始冲击力带来的冲击能量。当拦河索上的漂浮物被清理后,此时拦河索承受的平推力减小,在压簧张力的作用下,活页的释放空间被压缩,超限脱扣装置恢复初始状态。

随着漂浮物的堆积,当拦河索承受的推力大于或者等于超限脱扣装置的脱扣值设定,此时,因为承压器压簧被较大幅度地压缩,压簧限位件与支架之间的活页释放空间变大,活页在拉力的作用下,围绕活页轴外翻释放,如图 4 所示完成脱扣。

图 4　超限脱扣装置脱扣临界状态

1.3　脱扣值设定

超限脱扣装置的脱扣值,可以根据拦河索使用材料的最小破断拉力来计算,并根据得出的脱扣值,确定压簧的规格和活页高度。脱扣值可按下式计算:

$$P = P_p/n \times 0.9$$

式中:P 为脱扣值;P_p 为拦河索材料的最小破断拉力;n 安全系数($n = 5$)[3];0.9 为脱扣提前量系数。在压簧的规格确定后,超限脱扣装置在多大荷载下脱扣,取决于活页高度,活页高度可等同于脱扣值压力下压簧的压缩量。

拦河索常见材料脱扣值设定建议见表 1、表 2。

表 1　常用 G80 起重圆环链脱扣值建议表[4]

链条代号	链条规格 (mm)	单位长度约重 (kg/m)	最小破断拉力 (kN)	建议脱扣值 (kN)
YX1003013/3.2	10×30	2.2	125	23
YX1203615/4.6	12×36	3.1	181	33
YX1404218/6.3	14×42	4.1	250	45
YX1604820/8.0	16×48	5.6	320	58
YX1805423/10	18×54	6.9	410	74

表 2　常用 6×19S+FC 钢丝绳脱扣值建议表[5]

钢丝绳直径 （mm）	钢丝直径 （mm）	单位长度约重 （kg/100 m）	公称抗拉强度 （MPa）	最小破断拉力 （kN）	建议脱扣值 （kN）
12.5	0.8	54.1	1 550	87	16
14.0	0.9	68.5	1 550	110	20
15.5	1.0	84.6	1 550	136	25
17.0	1.1	102.3	1 550	164	30
20.0	1.3	142.9	1 550	196	35

在确定拦河索脱扣值时，还需要考虑现有拦河索使用材料的锈蚀和磨损程度，并根据这些情况，对拦河索的脱扣值进行再次折减。

2　应用与扩展

南京市三汊河河口闸工程，上游设置有禁航标志拦河索，拦河索时常因秦淮河顺流而下的水草等漂浮物的冲击、缠绕堆积而超载断裂。2018 年 5 月，该工程安装使用了拦河索超限脱扣装置，经过一年多的实践运行，每当拦河索面临超载时，该装置的超限脱扣装置均能提前动作，实现拦河索自动解索，从而保护了拦河索不受损伤。

当超限脱扣装置选择拦河索末端安装时，可在河岸的拦河索支架上配置声光报警装置（需另附），然后与本装置并列安装一条副索，副索一端连接在拦河索上，另一端连接声光报警装置的开关，副索可以选择低强度的柔韧性材料，副索的长度可以小于或者等于脱扣装置的长度加上活页的长度，当本装置临近脱扣或脱扣后，副索可以牵动声光报警装置发出警示，提醒管理人员采取措施。若本装置脱扣，则副索在拉力作用下被自行断开，对本装置无任何影响。

3　结语

超限脱扣装置造价低廉、拆装便捷，无须电力等其他能源辅助，可重复使用。经过一年多的实践运用，证明可以延长拦河索的维修周期和使用寿命，为工程管理带来了极大的便利，也为管理单位节省了大量的维护成本。

参 考 文 献

[1] 周和平,李欣,陆美凝.三河闸模组型拦船设施应用研究[J].江苏水利,2017(12):31-32.

[2] 李守成,王豹,薛松,等.超限自动脱扣装置[P].中国 ZL201820199766.0,2018-09-14.

[3] 北京运输机械研究所,等.起重机设计规范:GB/T 3811-2008[S].北京:中国国家标准化管理委员会,2008.

[4] G80 高强度链条规格表[Z].山东泰安金鑫链条厂,2018.

[5] 6×19S+FC 钢丝绳(光面油绳)规格表[Z].南通正鼎金属制品有限公司,2019.

淮安市古黄河水利枢纽工程总体布局研究

宋薇薇,吴昊天

(江苏省水利勘测设计研究院有限公司,江苏 扬州　225127)

摘　要　在与相关规划充分衔接的前提下,结合工程的功能要求,通过对古黄河水利枢纽工程位置、闸前水位、总体布置、导流方案、结构优化的分析论证,确定了枢纽闸址位于涟水县城区段的涟城镇下游,闸前设计水位8.3 m,闸站桥结合,导流河位于河道右侧等总体布局方案,为减少征地拆迁、节约投资、加快前期工作、推进工程进度起到了促进作用。

关键词　古黄河;水利枢纽;总体布局;研究论证

0　引言

淮安是江苏省省辖市,位于淮河流域下游和长三角北部,下辖清江浦、淮阴、淮安、洪泽四区及涟水、盱眙、金湖三县,总面积10 072 km²。淮安市为国家战略淮河生态发展经济带引领城市、国家园林城市,正极力打造生态宜居城市。淮安市古黄河水利枢纽工程位于古黄河杨庄闸以下河段中,涟水县城下游约3 km处,工程的主要功能是适当抬高古黄河杨庄闸至涟水县城河段水位,改善河段水生态、水景观和水环境,并利用河床库容提高城市供水保证率;工程由500 m³/s节制闸、总装机容量840 kW水电站和公路—Ⅰ级公路桥组成。

1　基本情况

古黄河是古淮河的前身,是一条曾经孕育过历史的大河,从淮安中心城区穿过。杨庄以下段古黄河,西起淮安市杨庄闸,向东流经清河、淮阴、楚州区、涟水、阜宁、响水、滨海县等七县(区),由套子口入海,全长166 km,为江苏省淮河与沂沭泗流域的分界线,位于苏北灌溉总渠北侧,东临黄海,流域总面积323.1 km²,其中,淮安市境内河长约100 km,流域面积141.8 km²,是一条集行洪、排涝、灌溉等多功能综合利用河道。

古黄河下段建有控制工程两处,进口控制工程为杨庄闸,位于淮安市淮阴区境内,设计流量均为500 m³/s;海口控制工程为滨海(新)闸,位于盐城滨海县境内,设计流量600 m³/s。杨庄闸历史最高洪水位13.78 m,历史最大泄洪流量681 m³/s;滨海闸共行洪超过150 m³/s有45次,日均最大流量634 m³/s。

古黄河下段防洪标准为20年一遇,1978年以后,防汛调度安排行洪流量为200 m³/s。据资料统计,杨庄闸下多年最高水位为10.1 m,多年最低水位为5.83 m,多年平均水位为7.8 m。杨庄分洪渠北不抽排时,杨庄闸下20年一遇水位为10.84 m。现状河底高程6.8~1.5 m,底宽30~90 m,河口宽800~3 000 m。

2　问题的提出

淮安市境内古黄河西起杨庄闸,东至涟水县石湖出市境,长约100 km。新中国成立后随着流域、区域大型水利工程的陆续建成,古黄河下游段仅从防洪挡潮角度在进口建设杨庄闸,出口修建了滨海闸,古黄河的作用和地位有所下降,是新中国成立以来唯一没有安排省级以上投资系统整治的流域性河道。目前,承担排洪流量为200 m³/s,占淮河下游洪水出路的1%。每年仅以防汛岁修工程为主。对于区域

作者简介:宋薇薇,女,1990年生,江苏省水利勘测设计研究院有限公司规划二处,主要从事水利工程规划工作。

供水、水土保持和水景观方面工作重视程度不够,行洪期间和非汛期水位相差2~3 m,非汛期水景观被高堤阻隔,亲水性较差。为保障区域供水安全,提升古黄河沿线生态景观,打造生态宜居城市,展现秀水生态美景,达到显水露水近水、改善人居环境的目的,提出兴建古黄河水利枢纽工程,通过该工程抬高河段内水位1~2 m,使得区间水面更宽阔,绿水生态景观得到进一步彰显。

3 总体布置研究

3.1 闸址位置选择

根据相关规划,分别提出在京沪高速古黄河桥下游1.5 km南马厂乡境内建闸控制,区间长度约25 km;涟水城区段下游建闸控制,区间长度约42 km,以抬高区间内古黄河水位。

(1)方案一:南马厂乡方案,在京沪高速古黄河桥下游1.5 km处建闸控制,该河段现状为弯道,河面开阔,河底高程5.0 m左右,中泓底宽约90 m,河口宽约1.4 km。

(2)方案二:涟城镇方案,在涟水城区段下游建闸控制。该河段现状为弯道,河面开阔,河底高程4.0 m左右,中泓底宽约90 m,河口宽约1 km。

闸址位置比较如表1所示。

表1 闸址位置比较

方案	闸址位置	
	优点	缺点
方案一 南马厂乡方案	有利于施工导流;有利于运行管理;有利于河道行洪	水位提升范围较小,不利于下游涟水自来水厂取水口取水
方案二 涟城镇方案	有利于施工导流;有利于沟通南北交通;水位抬高范围较大,有利于提升城市景观和涟水城区用水	运行管理不便
推荐方案	推荐涟城镇方案	

经比选并征求各方意见,推荐闸址位于涟水县城区段下游的涟城镇方案。

3.2 控制水位比选

根据多年水文资料分析,杨庄闸下多年最高水位为10.1 m,多年最低水位为5.83 m,多年平均水位为7.5 m。河道输水期间,水面平均比降约1/2.8万。多年来的调度表明,行洪期间,杨庄闸下水位一般不超过10 m。因此,水位抬高以杨庄闸下水位在9 m左右为宜。选择闸上水位分别为8.5 m和8.3 m两种方案进行比选,具体说明如下:

(1)方案一:8.5 m方案。推算至杨庄闸下水位抬高至9.09 m,抬高水位约0.6 m。

(2)方案二:8.3 m方案。推算至杨庄闸下水位抬高至8.98 m,抬高水位为0.68 m。

闸前控制水位比较如表2所示。

表2 闸前控制水位比较

方案	控制水位	
	优点	缺点
方案一 8.5 m方案	增加了河川库容蓄水量约500万 m³;扩大河道水面积约200万 m²,增加了水面率;提升河道水位1~2 m,有利于保持河道生态环境,有利于城市水源地取水	水位抬高后,对杨庄活动坝水电站发电有一定影响
方案二 8.3 m方案	优缺点与方案一基本相同,但影响的程度比方案一较轻	优缺点与方案一基本相同,但影响的程度比方案一较轻
推荐方案	推荐8.3 m方案	

经比选,杨庄闸下水位以不超过 9.0 m 为宜,推荐将古黄河区间水位抬高至 8.3 m 方案。

3.3 导流河方案比较

导流河位置,根据所选闸址附近地形地貌、水流条件、施工管理和周围环境等因素,导流河拟订两种方案。

(1)方案一:左岸导流方案。在主河槽左岸开挖导流河,河底宽 40 m,底高程 4.0 m。

(2)方案二:右岸导流方案。在主河槽右岸开挖导流河,河底宽 40 m,底高程 4.0 m。

导流河方案比较如表 3 所示。

表 3　导流河方案比较

方案	导流河开挖	
	优点	缺点
方案一 左岸导流方案	土方工程量较小	缺点:拆迁赔偿工程量较大,投资较高,管理单位选址困难,水流条件较差
方案二 右岸导流方案	拆迁赔偿工程量较小,便于管理单位选址	土方工程量较大
推荐方案	推荐右岸导流方案	

选择导流河位于河道右侧,可以减少拆迁工程量,且便于管理单位选址。

3.4 总体布局方案

根据闸址地形地质、水流条件以及各建筑物的功能、特点、运行要求等,总体布置拟订两种方案,一为分建方案,二为合建方案。分建方案为节制闸布置在现状河床内,水电站布置在导流河上,闸站之间保留隔堤;合建方案为节制闸与水电站均布置在现状河床内,施工完成以后填埋导流河,恢复原地形地貌(见表 4)。经比选,推荐采用合建方案,详见图 1。

表 4　枢纽总体布置比较

方案	总体布置	
	优点	缺点
方案一 分建方案	闸、站相对独立,布置通透,可以分期施工;水电站主、副厂房布置合理,便于水电站运行管理;导流河工程量较小	施工工期长;永久占地多;闸、站布置分散,不便管理
方案二 合建方案	施工工期短;永久征地、房屋拆迁相对较少;工程紧凑,方便运行管理	不可分期施工,导流河工程需要度汛;导流工程量较大
推荐方案	推荐合建方案	

3.5 细部优化方案

通过数学模型分析计算,研究在不同工况下,枢纽工程布局在上下游一定范围内水流流速流态、泥沙冲淤分布情况及冲淤量;根据计算成果,综合分析研究河段河床变化特性和水流泥沙运动规律,优化枢纽设计方案;分析对枢纽工程运行的影响,优化枢纽工程管理方案。与初设方案比较,主要进行以下优化(见表 5):

(1)枢纽工程上游进口段上延 10 m,下游出口段加长 30 m。

(2)水闸和水电站之间空箱导流墙上游缩短 18.1 m,下游缩短 15.4 m,中部分隔墩宽度由 10 m 缩至 8 m。

(3)水电站 1#、2# 闸室进口处护坡由弯曲连接改为直线顺接,上游引河向北平移;

(4)水电站进口段护坦高程下降。

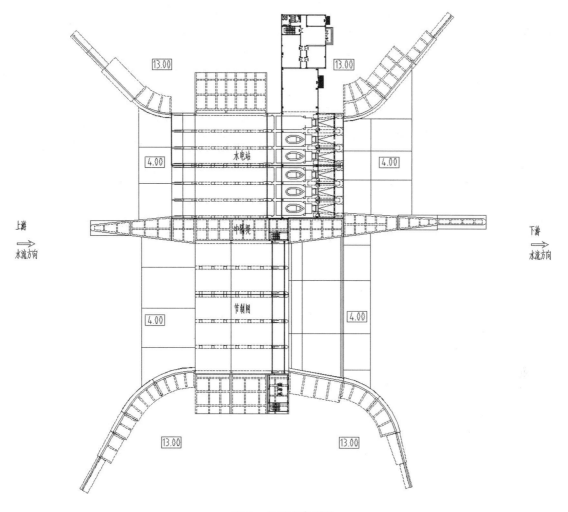

图 1　总平面布置图

（5）对水闸的开启方式等进行了优化。

表 5　细部优化比较表

方案	细部优化
初设方案	（1）上下游连接段长度偏短；（2）分隔墩长度和宽度较大；（3）水电站 1#、2# 闸室进口处护坡由弯曲连接，不利于水电站运行；（4）水电站进口段护坦偏高；（5）没有十分明确水闸的开启方式
优化方案	（1）延长了上下游连接段，增加了建筑物的安全性；（2）缩短且缩窄了分隔墩长度和宽度，调整了流场，减小了水流流速；（3）水电站 1#、2# 闸室进口处护坡由弯曲连接改为直线顺接，减少了淤积；（4）降低了水电站进口段护坦高程，提高了装置效率；（5）优化了水闸的开启方式
推荐方案	推荐优化方案

3.6　方案选定

本工程在闸址位置、导流河布置、水位控制、枢纽总体布置及细部优化等五个方面进行综合技术经济研究，经比选各种情况均选定方案二为推荐方案。

4　研究结论

古黄河水利枢纽工程建成后，区间水位较目前可抬高 1~2 m 并保持稳定，古黄河水面将更宽阔，绿水生态城市景观将得到进一步彰显。

（1）枢纽工程的实施，总体符合《淮河流域防洪规划》《江苏省近期防洪规划》等流域、区域规划及水资源相关规划的要求。对古黄河地区水利治理规划的实施不会产生大的不利影响,也不会增加规划工程的实施难度。工程建成后,依照现行的古黄河防洪、排涝、供水调度方案运行,不影响古黄河的主要功能,不改变现有的水资源配置方案。

(2)枢纽工程的实施,符合淮安市城市总体规划及相关专项规划。项目位于城市总规范围内,工程建成后,抬高了城区段古黄河水位,增加了河槽蓄水量,为实现淮安市城市饮用水源地安全是有益的,同时为打造古黄河风光带奠定了基础。

(3)枢纽工程总体布局合理,项目建设对河道行洪排涝水位基本没有改变,故对河道行洪排涝和两岸防洪影响较小。

(4)枢纽工程建设抬高了上游水位,增加了河槽蓄水量,对供水有所改善,提高了区域供水保证率;工程建成后不会改变向下游输水流量和沿线送水水位,对下游供水影响较小。

(5)枢纽工程建设对上游区间沿线水利设施、公共设施等第三人合法水事权益有一定影响,但采取相应的补偿措施后,可达到基本消除和减少影响。

汉白玉栏杆立柱裂纹成因分析及加固处理浅析

谢细建

（安徽省蚌埠闸工程管理处，安徽 蚌埠　233000）

摘　要　针对蚌埠闸分洪道交通桥汉白玉栏杆立柱根部出现的横向裂纹（与桥面中轴线平行），进行了裂纹成因分析，提出裂纹灌注高分子树脂，粘贴碳纤维布的加固方案，并简要介绍了加固工艺流程及要点。
关键词　裂纹成因；灌胶加固；碳纤维加固

安徽省蚌埠闸枢纽工程分洪道位于船闸南岸与山岗之间，1970年6月开工建设，1973年9月竣工。2012年对分洪道防汛交通桥进行拆除重建，工程于2015年6月完工。新建分洪道防汛交通桥，布置13跨，其中主桥3跨、引桥10跨，跨径为5×20 m+41.65 m+61.62 m+41.65 m+5×20 m，全长344.92 m，桥面净宽7 m。两侧引桥为跨径5×20 m空心板结构，梁高0.95 m。主桥跨径61.62 m与41.65 m，采用下承式钢管拱混凝土系杆拱结构，矢跨比均为1/5。

1　基本情况

1.1　栏杆材质与型式

交通桥栏杆材质为汉白玉。栏杆立柱高度1.6 m（其中人行道板以上1.4 m，以下0.20 m），栏杆挡板高0.64 m，厚度9 cm（见图1）。挡板两端伸进立柱约30 mm。人行道板浇筑时预留立柱洞口尺寸（$a×b×h$）220 m×220 m×260 mm。每隔20 m设置1道双柱。

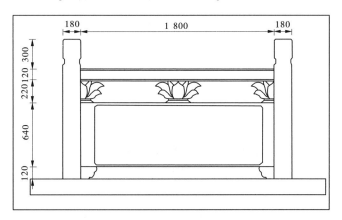

图1　栏杆样式

1.2　存在的问题

分洪道交通桥经过近两年的通车运行，栏杆立柱出现不同程度的裂纹，存在安全隐患。2017年2月20日，技术人员对分洪桥栏杆上下游侧所有立柱（总计376根）逐个进行检查，总计发现102根立柱出现全断面水平或斜向裂纹，裂纹走向与桥梁中轴线平行；2根出现垂直桥面的竖向裂纹。

作者简介：谢细建，男，1976年生，安徽省蚌埠闸工程管理处，工程师，多年从事水闸工程管理工作。E-mail：1018527250@qq.com。

2　检查观测资料

2.1　裂缝检查

根据现场逐个对立柱进行检查,裂纹基本上全部为水平或斜向贯穿裂纹,裂纹走向与桥面中轴线平行,位置主要集中在距离地面80~200 mm,裂纹宽度较小,基本上全部小于1 mm。

2.2　垂直位移观测

根据《安徽省水闸技术管理规范》(DB 34/T 1742—2012)沉陷观测规定,在每跨桥梁桥面上、下游两端各布设一个位移观测点,从左到右编为上(下)1~26号点,北桥台上下游各布设1个沉陷观测点,共计54个沉陷观测点。

经对各期垂直位移汇总数据的分析,分洪道交通桥每跨桥梁布置的上游测点与下游测点基本同时上升或下降;相邻两跨桥梁布置的同一桥墩沉陷点同时上升或下降。相邻桥跨同一桥墩布设的上(下)游观测点两次数据变化值相差很小,基本范围在0.2~0.3 mm。各桥跨上游观测点与下游观测点两次数据变化值百分比基本相等(个别桥跨相差在10%左右)。因此,由观测数据分析可以得出:各桥墩为正常均匀沉降,未出现不均匀沉降现象。

3　裂纹影响及成因分析

3.1　影响分析

汉白玉是天然白色大理石。汉白玉主要成分是碳酸钙,它是一种化合物,化学式是$CaCO_3$。其物理力学特性为:表观密度大($\rho_0 = 2\,700\ \mathrm{kg/m^3}$),硬度不大(莫氏硬度3~4),吸水率小(≤1%),耐磨性好,抗风化性差。抗压强度高(100~150 MPa),抗折强度低(为抗压强度的1/14~1/8)。栏杆立柱根部出现贯穿性的微小裂纹,大幅度降低其抗折强度,易发生突然断裂,形成重大安全隐患。

3.2　成因分析

2017年3月,蚌埠闸工程管理处邀请相关专家对裂纹成因进行研讨,根据现场检查及估测资料分析:由于石材与混凝土材质的差别,热胀冷缩形成的温度应力,因为汉白玉栏杆立柱布设双柱的距离过大(每隔20 m左右布设双柱),同时人行道在铺装层上采用水泥砂浆粘贴花岗岩板,造成石材栏杆立柱上的桥面中轴线平行线方向上的温度应力无法释放。石材力学特性抗折抗剪强度低,因此在立柱根部产生横向裂纹。因现场实际条件限制,建议对裂纹进行灌胶加固并粘贴碳纤维布。

4　加固方案

根据石材的力学特性抗剪强度低,且立柱存在裂纹,存在安全隐患,因此需要进行裂缝注胶加固,使之成为一个整体,同时粘贴碳纤维布抗剪补强(见图2),增加立柱的抗折、抗剪强度。

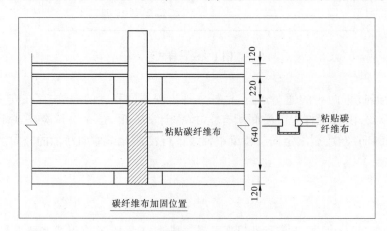

图2　碳纤维布加固图

4.1 裂缝注胶—壁可法

壁可法 BICS(Balloon Injection For Concrete Structures），利用专利工具橡胶管注入器膨胀后产生的长期恒定压力(约 0.3 MPa)将低黏度的胶液持续挤压到裂缝深处，能保证将修补材料注入到宽仅 0.02 mm 的裂缝末端，自动完成对裂缝的彻底修复。适用于宽度小于 1 mm 的细微裂缝的修补。壁可法完全满足了对石材裂纹修补要求的低压、低速的条件。橡胶注入器能自动保持低压匀速的持续注入工作，即节省了人力，又避免了人工注入时的费时费力且压力各异的致命缺陷，还避免了机器注入时压力过大，避免损坏构件。壁可法是由材料力学和材料工学完美结合，是对石材等结构裂纹进行修补的最佳工法。

施工工艺流程:裂缝调查→布设注胶底座→密封裂缝→压力试漏→配料、注胶→效果检查→拆除底座、清理表面。

施工工艺要点:

(1)利用角磨机或钢丝刷等工具对裂缝表面进行打磨清理，除去表面的泥土、灰尘以及砂浆等。查找裂纹，将毛细裂纹用记号笔标出。

(2)配置密封胶，对照材料标识比例混合搅拌。黏结注胶底座与排气孔，密封裂缝。

(3)在灌注胶前应进行压力试漏，以确保注胶效果。一般情况下，在使用封口胶封缝后 1~2 天即可进行试漏检验，以检查裂缝的密封效果及贯通情况。若用压缩空气进行试漏试验，可沿裂缝涂刷一层肥皂水，从灌胶嘴吹入压缩空气，压力与灌胶压力相同，漏气处可再行封闭;若用压力水进行试漏试验，检验完毕后应用压缩空气吹净积水，并留有足够的时间让裂缝干燥。

(4)按照注入材料要求的材料混合比，将 BL-GROUT 的主剂和硬化剂混合后，由泵把混合物压进BL 注入器中。当注入器橡胶管逐渐膨胀，塑料限制套没有褶皱时停止注入。全部注完后如有注入器明显收缩，应及时重新补灌，当各个注入器都能保持膨胀状态，观察 5 min 后没有明显收缩时，注胶工作完成，剩下的补缝注胶过程由注入器自动完成。

(5)灌注胶后经过一段时间自然养生固化，可以采用角磨机切除注胶底座，并对表面进行抛光打磨。

4.2 碳纤维黏贴

粘贴碳纤维布施工时，需要有相应的粘贴剂，现阶段主要应用的黏结剂是环氧树脂。为了保证相应的黏结强度，需要底层黏结剂完全渗透到构件表面中。调配浸渍胶时，黏度上应该保证不形成垂流。

施工工艺流程:表面清理→找平胶找平→涂刷浸渍胶→粘贴碳纤维布→养护→抹汉白玉粉环氧树脂砂浆。

施工工艺要点:

(1)对被立柱表面打磨处理，利用高压吹风机除去灰尘，保持清洁。

(2)将表面处理树脂均匀涂刷在待施工的界面上，不得有遗漏处。待表面处理树脂不粘手时，用修平树脂找平基面，做到基面平整、无凹陷处。待修平树脂不粘手已基本固化后，即将浸渍树脂均匀涂刷在上面，厚度 3~5 mm，不得过厚、过薄或有遗漏处。

(3)将碳纤维单向展开、拉紧，平铺在涂有浸渍树脂的基面上，再用专用滚筒反复滚压，排除单向布与浸渍树脂间的空气，使单向布完全浸渍于树脂之中，要做到碳纤维布单向布平直，中间无气泡。第二层碳纤维的操作要求同上。

(4)多层粘贴应待上一层碳纤维表面指触感干燥后，方可进行下一层碳纤维粘贴。在铺设滚压最后一层单向布时，应做一次最后的压平、整理，并再涂浸渍树脂，厚度为 1~2 mm。

(5)加固层完全固化时间为 7 天，完全固化后即可涂抹保护层。保护层为汉白玉粉环氧砂浆面层，厚度 2~5 mm。将立柱表面清理干净晾干后，将用汉白玉粉与胶按一定比例混合并拌和均匀，即可开始抹灰，首先薄薄地刮一道，使其与底层粘牢，紧跟抹第二遍，用专用工具刮平找直，压实收光。抹完灰后注意养护(不少于 7 天)，防止空鼓裂缝。

碳纤维施工时，表面应打磨平整、清理干净，不应有尖锐楞角与灰尘，以防碳纤维布损毁。如有搭接，不应小于 100 mm，搭接端平整无翘曲。

碳纤维施工时,对于周围环境的温度和湿度有一定要求,施工气温选择在 15~28 ℃。避免阴、雨以及结露条件下施工,冬季施工时应在 5 ℃以上。

5 加固结果

在栏杆立柱加固前,取同材质、同型号立柱进行抗折检测,检测报告结论为:原立柱抗折强度试验加荷至 92 kN 时,立柱断裂。采用上述工艺对断裂的立柱进行加固处理后,再进行抗折强度试验,加荷至 120 kN,立柱加荷区内出现两条裂纹,未断裂,卸载后重新加荷至 120 kN,未断裂。因此,该加固方法是满足安全需要的。另外,表面采用汉白玉粉环氧砂浆保护层能够更好发挥保护作用,而且较普通方法更美观。

6 结语

碳纤维材料用于混凝土等结构加固修补的研究始于 20 世纪 80 年代美、日等发达国家。我国的这项技术起步很晚,但随着我国经济建设和交通事业的飞速发展,基建技术发展迅猛,2003 年国内最早通过了《碳纤维片材加固混凝土结构技术规程》(CECS146:2003),现已经被最新的国家标准规范《混凝土结构加固设计规范》(GB 50367—2013)代替。该技术已经发展成熟,具有适用面广、施工简便、易于操作、质量易保证,不需要大型施工机械和周转材料,施工占用场地少,工期能得到保证,同时比普通加固方法更经济,目前已广泛用于国内的老旧建筑及混凝土结构等加固。

参 考 文 献

[1] 代必银. 壁可法修补混凝土结构工程微裂缝[J].中国科技纵横,2015(10):94-94.
[2] 同济大学. 碳纤维布加固修补结构施工及验收规范[S].2008.

基于AHP层次分析法的河王坝水库
健康评估和治理对策分析

陈家栋[1]，单延功[1]，湛忠宇[1]，胡琦玉[2]，孙志鹏[2]，王莹[1]，张真真[1]

(1.江苏省水文水资源勘测局南京分局，江苏 南京 210008；
2.南京大学环境规划设计研究院有限公司，江苏 南京 210093)

摘 要 基于AHP层次分析法，采用江苏省生态河流(湖泊)评估标准体系(试行)对河王坝水库健康状况进行评估，依据水库所具备的各项特征及功能，通过水库的水安全保障、水资源保护、水污染防治、水环境治理、水生态保护、水空间管护和公众满意度等七个方面多项指标的定量分析，评估水库各单项指标的生态状况，在此基础上综合评估水库的综合生态状况，并提出保护开发建议。

关键词 河湖健康评估；河王坝水库；治理对策

河湖水系是水的重要载体，是生态环境的重要组成部分，人类依水而居，城市因水而兴。近年来，社会经济的发展、城市化进程的加快，人类对河湖的影响和干扰也达到了空前的程度，基于当前我国河湖现状，政府和水行政主管部门迫切需要掌握各级河湖的整体水平和未来发展趋势。因此，准确评估现状河湖的健康状况，识别河湖所承受的压力和影响就显得十分必要。

1 研究区域概况

本次评估的河王坝水库位于南京市六合区北部低山丘陵区，库区地处江淮分水岭，拦蓄淮河水系白塔河支流蔡桥河上游径流，其集水面积为35.1 km²，总库容为2 216万m³，其中兴利库容为1 136万m³，水利枢纽工程由大坝、溢洪坝、灌溉输水涵洞等主要建筑物组成，溢洪闸设计最大流量177.6 m³/s，输水涵洞设计最大流量为4.15 m³/s，水库大坝长695 m、宽7.3 m，坝顶高程39.7 m，最大坝高15.7 m，是一座以防洪、灌溉为主，结合水产养殖等综合利用的中型水库。

2 研究方法

2.1 评价指标体系的构建

本次水库健康评估采用江苏省生态河流(湖泊)评估标准体系(试行)，依据水库所具备的各项特征及功能，构建了包括水安全保障、水资源保护、水污染防治、水环境治理、水生态保护、水空间管护和公众满意度等七个方面[1]的评价指标体系，涵盖了自然及水文、水质、生态特征和社会服务等功能，通过多项指标的定量分析，评估水库各单项指标的生态状况，在此基础上进一步通过综合评估，评估水库的综合生态状况[2]。

2.2 评价方法

本次评估参考国内外指标评价体系[3]，并结合影响河王坝水库特点，建立适当的指标体系，本次指标体系权重的分配结合AHP层次分析法[4]和《省水利厅关于开展生态河湖建设情况中期评估工作的通知》中制定的"行政区域生态河湖实现程度评估指标体系"进行确定，见表1。先对各项指标进行定量分析，评估各指标的水库状况，在此基础上进行水库的综合评估。

作者简介: 陈家栋，男，1987年生，现任江苏省水文水资源勘测局南京分局水资源科副科长(工程师)，主要研究方向为水文水资源调查评价和水土保持监测。E-mail:88200884@qq.com。

表 1　生态湖泊评估指标体系及权重分配

序号	分类	权重	指标名称	权重
1	水安全保障	0.15	防洪工程达标率	1
2			集中式饮用水水源地水质达标率	/
3	水资源保护	0.2	生态用水满足程度	0.5
4			水功能区水质达标率	0.5
5	水污染防治	/	主要入湖河流水质达标率	/
6	水环境治理	0.25	环境综合治理情况	0.33
7			富营养化指数	0.33
8			水质状况指数	0.33
9	水生态保护	0.2	口门畅通率	0.25
10			湖水交换能力	0.25
11			蓝藻密度	0.25
12			底栖动物多样性指数	0.25
13	水空间管护	0.1	开发利用率	0.5
14			管理(保护)范围划定率	0.5
15	公众满意度	0.1	公众满意度	1

注:现状河王坝水库无集中式饮用水水源地,该指标权重分配到防洪工程达标率。主要入湖河流较小,未划分水功能区,同时考虑到
　　该指标对河湖水质影响较大,可将此指标权重附加至水库水环境治理指标中。

2.3　健康等级划分

本次评估标准参照江苏省生态河流(湖泊)评估标准体系(试行)中所采用的评估标准(见表 2)。

表 2　健康状况评估标准

综合评估结果	指标分级标准及阈值			
	优	良	中	差
	[85,100]	[70,85)	[60,70)	[0,60)

3　结果与分析

3.1　水安全保障

根据"湖泊标准"中防洪工程完好率指标赋分标准,防洪工程完好率在 98% 以上,赋分为 100 分。河王坝水库现状未划定集中式饮用水水源地,集中式饮用水源地水质达标率指标不参评。

3.2　水资源保护

水库水资源保护涵盖生态用水满足程度和水功能区水质达标率,根据上文确定指标权重分配,指标权重各为 0.5。

湖库最低生态水位是生态水位的下限值,本文采用最低年平均水位法确定河王坝水库最低生态水位[5],选取 1998~2018 年河王坝水库逐年最低水位,其多年平均最低水位为 32.05 m,由专家打分法确定权重值为 1,河王坝水库最低生态水位为 32.05 m。根据 2018 年 6 月至 2019 年 6 月河王坝水库逐日水位监测记录结果,评估时段内河王坝水库水位均高于最低生态水位 32.05 m,由此判定在评估时段内河王坝水库最低生态水位满足状况较好,赋分值为 90 分。

河王坝水库属于河王坝水库饮用水水源区,该功能区 2020 年的水质目标为Ⅲ类,河王坝水库饮用水水源区达标率为 100%,故其水功能区水质达标率赋分 100 分。

现状河王坝水库生态用水满足程度较高,且水功能区水质按照双指标评估均达标,综上,河王坝水库水资源保护赋分 95 分。

3.3　水污染防治

根据现场调研,现状河王坝水库拦蓄淮河支流蔡桥河上游,主要入库河流尚未划定水功能区,该指标可不参评。鉴于该指标对河湖水质影响较大,可将此指标权重附加至水库水环境治理指标中。

3.4　水环境治理

水库水环境治理涵盖环境综合治理情况、富营养化指数和水质状况指数等三个指标,根据上文确定指标权重分配,指标权重各为 0.33。

河王坝水库岸线长约 16 km,周边人类活动以养殖、农田种植为主,三乱密度为 0.000 8 个/km,对应的赋值为 95 分。

根据 2018 年 6 月至 2019 年 6 月河王坝水库逐月水质监测数据,分析河王坝水库 2018~2019 年富营养指标监测值,采用内插法计算富营养指标赋分,见表 3 和表 4。河王坝水库水体中总氮、总磷浓度偏高,营养赋分高,致使总营养状态指数计算值位于 50.33 左右。按照"湖泊标准",富营养化赋分最终为 59.67 分。

表 3　河王坝水库 2018~2019 年富营养指标监测数据及赋分结果

总磷		
时段	监测指标均值(mg/L)	指标赋分
丰水期	0.075	55.00
平水期	0.042	46.67
枯水期	0.056	51.20
总氮		
时段	监测指标均值(mg/L)	指标赋分
丰水期	0.73	54.52
平水期	0.58	51.53
枯水期	0.83	56.60
叶绿素 a		
时段	监测指标均值(mg/L)	指标赋分
丰水期	0.003 9	39.50
平水期	0.005 4	42.33
枯水期	0.005 4	42.33
高锰酸盐指数		
时段	监测指标均值(mg/L)	指标赋分
丰水期	4.6	51.50
平水期	3.6	48.00
枯水期	3.7	49.00
透明度		
时段	监测指标均值(m)	指标赋分
丰水期	0.74	54.8
平水期	0.67	56.6
枯水期	0.70	56

表4　河王坝水库2018~2019年富营养状态指数和指标赋分结果

时段	富营养状态指数	富营养状况指标赋分
丰水期	51	59
平水期	49	62
枯水期	51	59

　　根据2018年6月至2019年6月河王坝水库监测断面水质监测数据分析可知,评估时段内河王坝水库水质类别为Ⅲ类,对应水质状况指数表,河王坝水库水质优劣程度赋分为75分。

　　本次河王坝水环境治理以环境综合治理程度、富营养化指数以及水质优劣程度三个指标进行评估,根据分析,现状河王坝水库受周边农业等面源的影响,水体水质一般,富营养指数较高,最终赋分为76.56分。

3.5　水生态保护

　　水库水生态保护涵盖口门畅通率、湖水交换能力、蓝藻密度和底栖生物多样性指数等四个指标,根据上文确定指标权重分配,指标权重各为0.25。

　　河王坝水库为人工水库,与周围水系水量交换受到人工控制较明显,丰、平、枯水期调查时,水库与水库上游入库河流之间连通性也较好,除水工调控构筑物外,出、入库河流与水库之间未发现明显的阻隔,口门通畅良好,口门畅通率赋值为75分。

　　根据计算,河王坝水库2018年6月至2019年5月水库入库流量为1 550万 m³,出库流量为1 628万 m³,总库容为2 216万 m³,河王坝水库评估时期内水库水量交换系数均值为1.43。河王坝水库多年平均水库入库流量1 159万 m³,出库流量为1 329万 m³,水量交换系数均值为1.12。则评估时期年度湖水交换率与多年平均湖水交换率比值为1.28,对应的指标赋值71.2分。

　　2018年11月、4月和6月项目组在河王坝水库上布设2个水生态监测点位,开展河流浮游植物和底栖动物生物量和多样性监测,两采样点处三次水生浮游植物监测统计结果见表5,从表中可以看出,河王坝水库主要水生植物为蓝藻门、硅藻门、绿藻门、隐藻门、甲藻门、金藻门、裸藻门。其中浮游植物中的蓝藻是表征湖泊富营养化的重要指标,根据表格统计枯水期蓝藻密度为128万个/L,平水期蓝藻密度为295万个/L,丰水期蓝藻密度为326万个/L。根据蓝藻密度指标赋分标准表,枯水期、平水期和丰水期其赋分值分别为91.5分、80.1分和79.6分,取均值则最终赋值为84分。

表5　2018~2019年河王坝水库蓝藻密度监测统计结果

监测点位	类型	密度(万个/L)	生物量(mg/L)	说明
		监测时间:枯水期		
大坝前	硅藻门	457.66	2.78	共检出5门19属25种
	金藻门	65.97	0.90	
	蓝藻门	123.69	0.01	
	绿藻门	733.91	0.78	
	隐藻门	119.57	0.43	
	合计	1 500.80	4.89	

续表 5

监测点位	类型	密度(万个/L)	生物量(mg/L)	说明
水库中	硅藻门	67.79	0.57	共检出 6 门 21 属 23 种
	金藻门	7.53	0.00	
	蓝藻门	131.40	0.02	
	裸藻门	0.84	0.01	
	绿藻门	63.61	0.02	
	隐藻门	8.37	0.13	
	合计	279.53	0.76	
监测时间:平水期				
大坝前	硅藻门	116	0.931 3	共检出 7 门 37 种
	绿藻门	308.8	0.587 76	
	金藻门	0.7	0.007	
	隐藻门	52.3	0.638 5	
	蓝藻门	298	0.191 65	
	甲藻门	2.3	0.060 4	
	裸藻门	2.3	0.102 6	
	合计	780.4	2.519 21	
水库中	硅藻门	101.3	0.825 5	共检出 6 门 38 种
	绿藻门	205	0.402 33	
	隐藻门	49.6	0.556 1	
	蓝藻门	292.7	0.225	
	甲藻门	1	0.008	
	裸藻门	0.7	0.001 4	
	合计	650.3	2.018 33	
监测时间:丰水期				
大坝前	硅藻门	104.3	0.837 22	共检出 7 门 45 种
	绿藻门	282.4	0.562 55	
	金藻门	2.7	2.7	
	隐藻门	45.7	0.624 9	
	蓝藻门	324.7	0.238	
	甲藻门	2.3	0.060 4	
	裸藻门	2	0.102	
	合计	764.1	5.125 07	

续表 5

监测点位	类型	密度(万个/L)	生物量(mg/L)	说明
水库中	硅藻门	82.10	0.62	共检出 6 门 41 种
	绿藻门	209.00	0.45	
	隐藻门	44.00	0.57	
	蓝藻门	326.60	0.43	
	甲藻门	3.60	0.13	
	裸藻门	1.00	0.06	
	合计	666.30	2.25	

2018 年 11 月、2019 年 4 月和 6 月,项目组共组织开展了 3 次水生底栖动物的定性和定量监测;共布设两个采样点,分别为大坝前和水库中心区。两采样点处三次水生底栖动物监测统计结果见表 6。

表 6　2018~2019 年河王坝水库底栖动物监测统计结果

监测点位	类型	密度(个/L)	生物量(μg/L)	生物多样性指数
监测时间:枯水期				
大坝前	环节动物门	/	/	1.00
	节肢动物门	72.00	0.41	
	软体动物门	/	/	
	合计	72.00	0.41	
水库中	环节动物门	40.00	0.39	1.52
	节肢动物门	144.00	0.29	
	软体动物门	/	/	
	合计	184.00	0.68	
监测时间:平水期				
大坝前	环节动物门	86.67	0.18	1.86
	软体动物门	/	/	
	节肢动物门	140.00	0.21	

从表 6 可以看出,河王坝主要底栖动物为环节动物门和节肢动物门,平水期底栖动物的多样性指数略高,河王坝水库三次监测生物多样性指数分别为 1.26、1.69、1.20,平均值为 1.38。河王坝水库底栖动物多样性指数赋分为 47.6 分。

本次河王坝水生态保护以口门通畅率、湖水交换能力、蓝藻密度以及底栖生物多样性四个指标进行评估,现状河王坝水库底栖生物多样性较低,导致河王坝水生态保护总体赋分较低,分值为 69.45 分。

3.6　水空间管护

河王坝水库水空间管护涵盖开发利用率、管理保护范围划定率两个指标,根据上文确定指标权重分配,指标权重各为 0.5。

河王坝水库湖水水面未有明显的开发利用,可分析其利用率可达 99%,根据开发利用率赋分表,河王坝水库开发利用指数(水面)赋分为 90 分。

河王坝水库已经完成了统一确权登记,形成了归属清晰、权责明确、监管有效的管理和保护制度,赋分为 100 分。

本次河王坝水空间管护以开发利用指数(水面)、管理(保护)范围划定率两个指标进行评估,根据分析,现状河王坝水库水空间管护较好,最终赋分为 95 分。

3.7 公众满意度

根据对 25 份调查表的满意度调查,河王坝水库周边居民对于河王坝的总体平均赋分为 72 分。

4 结论

4.1 评价结果

河王坝水库健康评估包括水安全保障、水资源保护、水污染防治、水环境治理、水生态保护、水空间管护和公众满意度等七大方面。结合各个指标的核定指数以及综合评估中指标权重值,最终确定 2018 ~ 2019 年度评估河流健康综合评估赋分为 83.73 分,对应的评估结果为良。

4.2 讨论与建议

通过分析河王坝水库主要问题出现在以下方面:第一,水环境治理较薄弱。现状水库以防洪、灌溉为主结合水产养殖等综合利用为主,沿水库人类活动较频繁,周边居民生活污水排放、农田以及鱼塘养殖中面源污染物的汇入,导致水库中水体氮、磷浓度增加,富营养化严重。第二,基于水库的功能性要求,在正常情况下,水库处于关闸蓄水状态,仅在汛期开闸泄洪,与周边水系的沟通能力受限,导致库区交换能力不强。第三,水生态保护力度有待加强。受面源污染影响,水体中氮、磷等有机质含量较高,水生态系统受到一定的干扰,湖体底栖动物生存也受到一定的影响。

建议减少入库污染物量,在岸边设置防护带防止水土流失。水库岸线外 100 m 范围内的居民,禁止其开展畜禽养殖活动,取缔私人码头等占用水面的设施。严格落实农村生活污水处理设施第三方长效运维管理机制,做到生活污水达标排放。落实属地责任,强化环境网格化监管和巡查,杜绝农村生活污水直排现象。在维持水库功能性的基础上,增加水库下泄生态流量,提高水库湖水交换能力。通过开展生态修复和生态保护工作,在库区岸边种植多种类型的水生植物,增加库区群落植被的多样性,利用生物的作用对库区水体的富营养物质进行降解,增强河王坝水库的"免疫力"。

参 考 文 献

[1] 耿雷华,刘恒,钟华平,等.健康河流的评价指标和评价标准[J].水利学报,2006(3):253-258.

[2] 张晶,董哲仁,孙东亚,等.基于主导生态功能分区的河流健康评价全指标体系[J].水利学报,2010,41(8):883-892.

[3] 岳强,刘福胜,刘仲秋.基于模糊层次分析法的平原水库健康综合评价[J].水利水运工程学报,2016(2):62-68.

[4] 吴阿娜.河流健康评价在城市河流管理中的应用[J].中国环境学报,2006,26(3):359-363.

[5] 崔保山,赵翔,杨志峰.基于生态水文学原理的湖泊最小生态需水量计算[J].生态学报,2005(7):1788-1795.

浅谈丙乳砂浆在临洪东站碳化
混凝土结构加固中的应用

徐志浩，彭勃，王晓会

（江苏省连云港市临洪水利工程管理处，江苏 连云港　222002）

摘　要　临洪东站经十多年的停缓建，其间缺少管理，加之紧靠海边，空气湿度大，氯离子含量高，站身构件混凝土碳化，钢筋锈蚀，混凝土保护层剥落。在对泵站进行更新改造时，对土建工程尤其需对碳化混凝土结构采取有效且可靠的处理措施。丙乳砂浆具有优异的黏结、抗裂、防水、防氯离子渗透、耐磨、耐老化等性能，施工简便、易于掌握，是一种优良的薄层修补材料，在临洪东站碳化混凝土表面修补中取得了良好的效果，是一种可靠的混凝土表面加固材料。

关键词　临洪东站；混凝土碳化；丙乳砂浆；施工工艺

1　工程概况

临洪东站位于连云港市北郊，承担着蔷薇河流域 1 143.85 km² 面积洪水强排任务，是保障连云港市区工农业生产和人民生命安全的重要水利工程。

该工程建设起始于 1979 年，1980 年底由于国家压缩基建规模而停缓建，到 1996~1997 年才续建完成后期工程。临洪东站经十多年的停缓建，其间缺少管理，加之紧靠海边，空气湿度大，氯离子含量高，站身构件混凝土碳化，钢筋锈蚀，混凝土保护层剥落。

2009 年初有关方面对该站进行了安全鉴定，综合评定为三类泵站，鉴于泵站对城市防洪的重要作用，需对其进行更新改造。土建工程尤其需对碳化混凝土结构采取有效且可靠的处理措施。

2　混凝土碳化机理及其危害

混凝土的碳化是材料本身与外部环境气候条件共同作用的结果，指混凝土中的氢氧化钙 $Ca(OH)_2$ 与渗透进混凝土中的二氧化碳（CO_2）或其他酸性气体发生化学反应的过程。混凝土中 pH 值下降的过程称为混凝土的中性化过程，其中，由大气环境中的 CO_2 引起的中性化过程被称为混凝土的碳化，可以简单的用下面的反应式表达：

$$Ca(OH)_2 + CO_2 \rightarrow CaCO_3 \downarrow + H_2O$$

反应生成的 $CaCO_3$ 在水中的溶解度极低，随着反应的进行不断结晶析出。随着孔隙水中 $Ca(OH)_2$ 的浓度不断降低，水泥熟料水化后生成的固态 $Ca(OH)_2$ 继续在孔隙水中溶解并向其浓度低的区域（已碳化区域）扩散，重复上述反应，使混凝土碱度降低。混凝土表层碳化后，大气中的 CO_2 继续沿混凝土中未完全充水的毛细孔道向混凝土深处气相扩散，更深入地进行碳化反应。

碳化后的混凝土质地疏松，强度降低，但这只是碳化过程带给混凝土的损坏，由于混凝土中性化过程而使钢筋钝化膜遭到破坏，从而引起混凝土内钢筋的锈胀，对结构安全的影响才是至关重要的。

最初的混凝土孔隙中充满了饱和的 $Ca(OH)_2$ 溶液，它使钢筋表层发生初始的电化学腐蚀，该腐蚀物在钢筋表面形成一层致密的覆盖物，即 Fe_2O_3 和 Fe_3O_4，这层覆盖物称为钝化膜，在高碱性环境中，即

作者简介：徐志浩，男，1977 年生，高级工程师，主要从事工程建设与管理工作。E-mail：740986565@qq.com。

pH≥11.5时,它可以阻止钢筋被进一步腐蚀。当混凝土碳化深度超过保护层达到钢筋表面时,钢筋周围孔隙液的 pH 值降低到 8.5~9.0,钝化膜被破坏,钢筋将完成电化学腐蚀,导致钢筋锈蚀。钢筋生锈后体积增大,破坏了混凝土保护层,产生顺筋裂缝,水、空气进入裂缝,更加速了钢筋的锈蚀,并最终可能导致结构或构件的失效。

3 碳化混凝土的主要加固方法

混凝土的碳化程度不同、部位不同,处理方法也不同。对碳化深度过大,钢筋锈蚀明显,危及结构安全的构件应拆除重建;对于碳化深度较小并小于钢筋保护层厚度,碳化层比较坚硬的,可用优质涂料封闭,如环氧厚浆涂料等;对碳化深度大于钢筋保护层厚度或碳化深度较小但碳化层疏松剥落的,均应凿除碳化层,粉刷高强水泥砂浆或聚合物水泥砂浆等;对钢筋锈蚀严重的,应在修补前除锈,并应根据锈蚀情况和结构需要加补钢筋。临洪东站进水侧混凝土拱圈严重碳化,采取拆除重建的方式处理;泵站泵房内混凝土处于室内环境,混凝土碳化程度相对较轻,碳化层深度较小,碳化层混凝土强度相对较高,采用涂环氧厚浆涂料封闭的方式进行处理;泵站墩墙、出水流道和胸墙等部位混凝土处于室外环境,而且大部分处于水位变动区,混凝土碳化程度相对较重,碳化层深度较大,碳化层混凝土强度相对较低,因此采用凿除碳化层混凝土,粉刷聚合物水泥砂浆进行处理。

目前进行碳化混凝土表面修补的材料及处理方案较多,如环氧砂浆、TK 聚合物砂浆、107 胶砂浆、丙乳砂浆及高强普通砂浆等,各种方案各有优缺点,具体见表 1。

表 1 碳化混凝土表面修复方案比较

序号	修复材料	优点	缺点
1	高强普通砂浆	强度高、价格低廉,施工方便	与基底黏结性差,易干裂脱落
2	环氧砂浆	强度高,黏结性能好	部分组分易挥发,有毒,造价高,施工工艺复杂
3	107 胶砂浆	防水性好,价格低廉,主要用于建筑领域	有毒,抗冻、抗渗、抗冲耐磨、胶结性能差
4	TK 聚合物砂浆	抗拉强度高、干缩变形小、抗冻、抗渗、抗冲耐磨,无毒环保	施工工艺较丙乳砂浆复杂,成本较丙乳砂浆高,对基底处理要求较高,需在短时间内用完
5	丙乳砂浆	施工工艺简单、抗拉强度高、干缩变形小、抗冻、抗渗、抗冲耐磨,与混凝土黏结强度高,抗裂性能好,无毒环保	成本较 107 胶砂浆、高强普通砂浆高,对基底处理要求较高,需在短时间内用完

4 丙乳砂浆

丙乳是丙烯酸酯共聚乳液的简称,是一种高分子聚合物的水分散体,一种水泥改性剂,是由南京水利科学院科技成果直接转化而成的产品,1986 年已通过水利部鉴定。1988 年获国家科技进步三等奖。加入到水泥砂浆后成为聚合物砂浆,属于高分子聚合物乳液改性水泥砂浆。

4.1 丙乳砂浆的特性

与普通水泥砂浆相比,丙乳砂浆极限拉伸率提高 1~3 倍,抗拉强度提高 1.35~1.5 倍,抗拉弹模降低,收缩小,抗裂性能显著提高,与混凝土面及老砂浆黏结强度提高 4 倍以上,2 d 吸水率降低 10 倍,抗渗性能提高 1.5 倍,抗氯离子渗透能力提高 8 倍以上。使用寿命与普通砂浆基本相同,且具有基本无毒、施工方便、成本低,以及密封作用,能够达到防止老混凝土进一步碳化、延缓钢筋锈蚀速度、抵抗剥离破坏的目的。

4.2 丙乳砂浆原材料及配合比选用

丙乳砂浆是丙烯酸酯共聚乳液水泥砂浆的简称,属于高分子聚合物乳液改性水泥砂浆,丙烯酸酯共聚乳液、稳定剂和有机硅乳液可选用国内厂家的合格产品;水泥宜采用 42.5 普通硅酸盐水泥;凡适宜饮用的水均可使用,未经处理的工业废水不得使用;砂子为粒径小于 2.5 mm 的当地河砂,砂子的细度模数 1.6,为细砂,要求采用过筛。

丙乳砂浆配合比:灰砂比 1∶1~1∶2;灰乳比 1∶0.15~1∶0.3;水灰比 0.4 左右。丙乳净浆按照丙乳∶水泥 = 1∶2 的比例配置。

临洪东站所用丙乳砂浆共进行了四组配合比试验,每组的灰砂比均采用 1∶2,水灰比 0.4 左右,灰乳比分别采用 1∶0.10、1∶0.15、1∶0.20 和 1∶0.25,各组试块的抗压强度及砂浆表面质量见表 2。

表 2　不同配合比丙乳砂浆试块抗压强度比较

组别	灰砂比	灰乳比	水灰比	28 d 试块抗压强度 (MPa)	试块表面质量
1	1∶2	1∶0.10	0.4 左右	45.4	表面较光滑平整,有少许裂缝
2	1∶2	1∶0.15	0.4 左右	44.6	表面光滑平整,基本无裂缝
3	1∶2	1∶0.20	0.4 左右	42.5	表面较光滑平整,有少许裂缝
4	1∶2	1∶0.25	0.4 左右	41.3	表面较光滑平整,有明显裂缝

从表 2 统计数据可以看出,在灰砂比及水灰比基本相同的情况下,28 d 试块抗压强度随丙乳掺量的提高而降低,但韧性提高;在丙乳掺量较低时,砂浆易干缩而出现表面裂缝,但在丙乳掺量较多时也出现明显的表面裂缝,是因为丙乳中含有一定的水,无形中加大了丙乳砂浆的水灰比,因此在加大丙乳用量的同时应适当减小水灰比,才能获得较好的抗裂效果。工程最终选用第二组配合比用于碳化混凝土表面修复。

4.3　丙乳砂浆施工工艺

4.3.1　基底处理

丙乳砂浆涂抹前应先将混凝土结构或构件的表面碳化层凿除,深度一般为 2~3 cm(或根据实际碳化深度调整),对于在凿除过程中暴露出的缺陷混凝土,应加大凿除深度,将其全部凿除,并用高压水将凿毛的旧混凝土面(基面)清洗干净,露出新鲜的混凝土层面(见图 1)。施工面应处于饱水状态(但不应积水),经验收合格后,方可进行丙乳砂浆抹面施工。

图 1　混凝土碳化层凿除

4.3.2　抹面施工

丙乳砂浆抹面可采用人工抹压和挤压式砂浆泵喷涂两种施工方法,采用挤压式砂浆泵操作时喷出的砂浆要充分分散、回弹少、不阻管、无流淌。为防止大面积喷涂造成收缩裂缝,应分层喷涂,并控制好间隔时间;若采用人工涂刷,应在已经验收合格的基层上涂刷一层丙乳净浆,涂刷要薄而且均匀,不漏涂、不流淌,待 15 min 左右,分两层抹压丙乳砂浆。抹压时采用倒退法进行,砂浆表面应平整光滑。为防止大面积施工造成收缩裂缝,应将施工区域分成小块,每块的面积控制在 20 m² 以下,各小块四周可铺设纤维板条作为工作面模板及层面整平导轨。

4.3.3　养护及注意事项

丙乳砂浆抹压后至终凝(约 4 h),采用农用喷雾器进行水喷雾养护或用薄膜覆盖、养护 1 d 后再用毛刷在面层刷 1 道丙乳净浆,要求涂匀、密闭,待净浆终凝结硬后继续喷雾养护,使砂浆面层始终保持潮湿状态 7 d。在阳光直射或风口部位,应采取相应的遮阳和保湿措施。

为防止早期裂缝的出现,砂浆中可适量加入具有补偿收缩性能的添加剂;因拌和及配料不当,或因拌和时间过长而报废的丙乳砂浆应弃置在指定位置,不得随意丢弃;每次拌制的丙乳砂浆应在 30~45 min 内使用完,以防砂浆变性,影响使用效果。

4.3.4 质量检验

(1)强度检验。丙乳砂浆试块 28 d 平均抗压强度实验室检验应不小于设计抗压强度,现场强度可采用回弹仪进行检验。

(2)表面检验。涂抹后的丙乳砂浆表面应完好,无剥离、剥落现象(见图 2),主要的检验方法为观察和手摸检查。

(3)施工质量检验。待丙乳砂浆强度达到设计强度的 50%时可用小锤敲击表面,声音清脆者合格,声音发哑者凿除重修。检查部位应侧重于施工缝连接处。丙乳砂浆涂层产生裂缝一般在硬化后 1~2 d,应及时检查,发现后立即凿除重修。

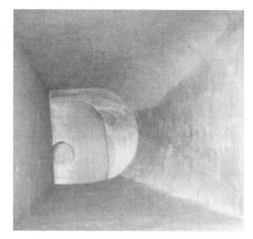

图 2　丙乳砂浆处理后的出水流道表面

5　结语

丙乳砂浆具有优异的黏结、抗裂、防水、防氯离子渗透、耐磨、耐老化等性能,施工简便、易于掌握,是一种优良的薄层修补材料,在临洪东站碳化混凝土表面修补中取得了良好的效果,是一种可靠的混凝土表面加固材料。

参 考 文 献

[1] 蒋正龙,龙广成,孙振平.混凝土修补——原理、技术与材料[M].北京:化学工业出版社,2009.

[2] 黄国兴,纪国晋.混凝土建筑物修补材料及应用[M].北京:中国电力出版社,2009.

[3] 王铁强,赵晓明,陶自成.丙乳砂浆在大型渠道衬砌工程修复中的应用[J].南水北调与水利科技,2008,6(5):107-109.

浅析南水北调宿迁市尾水导流
工程智能一体化应用系统建设

王丽[1]，陈冬冬[1]，杨飞[1]，宋薇薇[2]

（1.淮安市水利勘测设计研究院有限公司,江苏 淮安　223005；
2.江苏省水利勘测设计研究院有限公司,江苏 扬州　225000）

摘　要　近年来自动化和信息化技术得到了快速发展,但是在应用到具体工程层面上普遍存在功能定位和设备配置欠妥、功能开发和资源整合效果不理想等众多问题。通过分析南水北调宿迁市尾水导流工程建设目标,系统介绍智能一体化应用系统建设中涉及的技术手段、系统需求以及平台应用等。智能一体化应用系统的建立,提升了宿迁尾水导流项目水质水量调度、工程智慧管理等方面的信息化和智能化水平,为保护南水北调宿迁段输水干线水质安全,提高尾水资源利用率提供了有力保障。

关键词　一体化应用系统;信息化和智能化;水质水量调度;工程智慧管理

1　前言

宿迁市尾水导流工程是淮河流域水环境治理项目,也是江苏南水北调治污工程之一。该工程被评为2016~2017年度治淮建设文明工地。

宿迁市尾水导流工程是改善南水北调东线调水水质的重要举措。工程采用管道传输的方式,利用调度泵站及尾水提升泵站,将城区污水厂的污水导流引至新沂河北偏泓进行排放,避免直接排入中运河,影响调水水质,尾水导流总规模为28.6万 m^3/d。为保证新沂河水质,管道总排口的出水水质需满足《城镇污水处理厂污染物排放标准》中一级 A 的排放要求,达不到一级 A 标准的污水处理厂尾水不得进入尾水导流管网。工程涉及新建调度泵站2座、尾水提升泵站5座,改造原有3座尾水提升泵站,铺设管道长度约90 km,项目总投资约5.4亿元。10座泵站和一座压力释放井需根据水质水量联合调度运行,沿线管线实现压力实时监测,工程运行实现全景监控,工程管理初步实现信息化、数字化管理。

2　工程实体环境

2.1　自控系统

工程自控系统采用集中管理、分散控制的模式,计算机监控系统由中控室、PLC 现场分站及工业以太网组成。在各泵站及压力释放井均设置1个 PLC 站。中控室设在1号尾水调度泵站,中控室计算机之间采用以太网进行通信,各 PLC 站与中控室之间通过自建光缆方式进行通信。监控系统采用分层分布式结构,从下到上分为现地层和调度中心层。现地层配置现地控制 LCU 和控制柜,LCU 通过以太网络接入计算机网络系统,LCU 可脱离主控级和网络独立运行(见图1)。

2.2　视频监视系统

工程以调度中心为核心,通过 VPN 专线网络连接各现地站监控点,实施对现地的泵站点周边和各类设备室环境及设备状况进行全方位的视频监控。各站点图像分别汇聚至本站 NVR 后,通过自建光缆及计算机网络系统将本期工程沿线各站点的视频图像传送至运行控制中心,在运行控制中心实现工程

作者简介：王丽,女,1981年生,淮安市水利勘测设计研究院有限公司高级工程师(主任),主要研究方向为水利工程设计及 BIM。E-mail:50442537@qq.com。

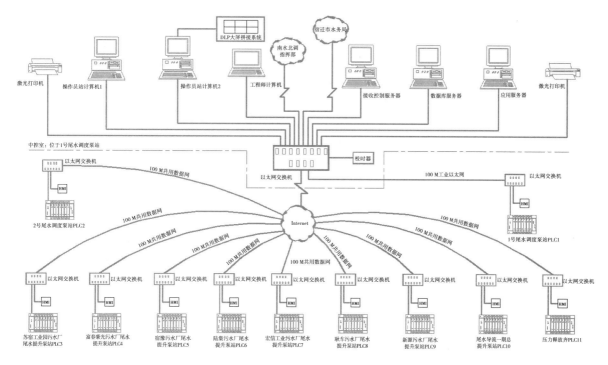

图 1　计算机监控系统图

各站点视频图像的监控。工程大部分现地建筑物都是无人值守或少人值守,上级管理部门需要远程监视现地闸站的运行情况。

前端设备部分主要包括摄像机及镜头、电动云台、摄像机防护罩、支架等。传输线路部分主要包括网络交换机、光纤、双绞线、控制线缆及电源线缆等。中心控制部分主要包括视频综合管理平台、LCD显示器等。

2.3　水质及流量仪表

工程需要监控及调度 10 座泵站和 1 座压力释放井,现场均设置仪表间。

根据水质监测指标和流量监控要求,设置相应的监测仪表,包括 COD 分析仪、NH_3-N 分析仪、TP/TN 分析仪、pH/T 分析仪、SS 分析仪、DO 分析仪、电磁流量计等。水质检测仪表设于专用仪表间,为确保仪表的正常工作,仪表间配备空气调节设备,对环境温度、湿度进行调节。为确保仪表间电源供电的可靠性,仪表间电源负荷等级为二级负荷,同时在仪表间内设置 UPS(见图 2)。

2.4　尾水管线压力监测

尾水管网压力监测系统是利用现代信息技术与压力变送器技术相结合,集数据采集、处理于一体,及时获取现场尾水管线压力检测数据,做出准确数据分析,大大提高管理效率。

根据运行管理要求,1 号尾水调度泵站能实时监测尾水管线的压力情况,在尾水管线沿途每 3 km左右及管线关键节点处设置一套压力监测设备,双管段在每根管上分别设置一套,共设置 35 套。所有压力变送器检测信号通过交换机及 4 芯单模光纤通过总线方式传输至 1 号尾水调度泵站。压力变送器信号 5 min 采集一次,每半小时集中上报一次数据;但如果某次采集压力数据时,发现压力值超过预设的上限值,则不再等待上报间隔而立即上报,实现及时报警。

3　一体化应用系统

3.1　系统概述

一体化应用系统建设的总体目标是运用当代先进的应用软件技术,以数据采集、数据传输为基础,以业务需求为主线,安全、科学运行为目的,通过虚拟仿真、自动控制、地理信息系统等技术手段,结合信息化系统的实际需求,建设服务于用户各类生产业务的综合监视与远程控制,建设以工程信息化管理、移动 APP、数字化管理等为手段的管理自动化平台,充分发挥工程建设效益,提升工程整体信息化和智

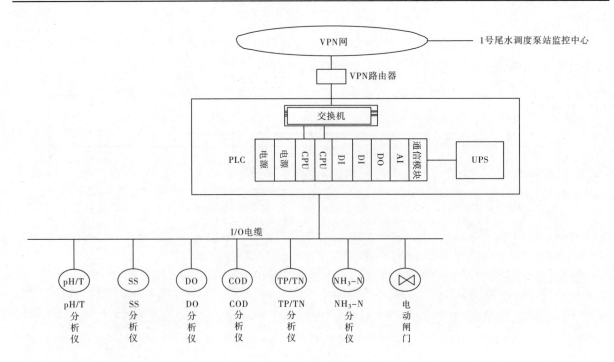

图2　水质监测系统图

能化水平,全面提高工程运行管理等各项业务的处理能力。

3.2　数据采集与交互平台

　　数据采集与交互平台实现全线现场各类专业数据的采集处理与信息下发,实现与其他外部系统的通信和数据交换。包括采集泵站设备运行状态、水质监测等数据,并按统一数据资源管理平台接口要求写入数据资源管理平台。

　　数据通信与采集系统提供可配置的、透明的、统一的、满足安全要求的各类通信接口,支持与各类计算机监控系统、水情采集系统、工程安全监测系统的通信接入。

3.3　数据资源管理平台

　　数据资源管理平台针对工程各业务工作流程的特点,建立统一的数据模型,通过采用成熟的数据库技术、数据存储技术和数据处理技术,建立分布式网络存储管理体系,满足海量数据的存储管理要求,通过采用备份等容灾技术,保证数据的安全性,整合系统资源,保证数据的一致性和完整性,并形成统一的数据存储与交换和数据共享访问机制,为一体化应用平台建设及泵站监控、水质监测等应用系统提供统一的数据支撑。

　　通过实时数据服务,可将各设备的实时采集数据接入到系统当中,形成当前时刻的系统全景数据断面,经过一系列专业处理后由系统统一完成存储。系统的各个功能可使用通用的数据接口访问实时数据,实现实时数据的共享。实时数据服务充分利用了操作系统的共享机制、消息机制以及并发机制等,在大量数据的并发处理能力上有很大的优势。

3.4　应用支撑平台

　　应用支撑平台为各类业务应用提供一体化的支撑平台,主要包括数据处理、权限管理、数据查询、报表、图形框架、综合报警、综合展示、数据通信、控制服务等功能。

　　(1)应用支撑平台为各类业务应用系统提供统一的人机开发与运行界面,提供各类通用开发基础技术框架与中间件,加速应用系统的开发,提高开发质量;平台可组件化发布各类功能,可为不同类别的用户组定制发布不同功能组件集合的功能系统,不同用户通过相应账号登录平台,可使用对应的定制系统。

　　(2)能对系统实现统一的监视与管理。对整个系统中的节点及应用配置管理、进程管理、安全管理、资源性能监视、备份/恢复管理等进行分布式管理,并提供各类维护工具以维护系统的完整性和可用性,提高系统运行效率。

(3)提供面向服务(SOA)的组件模型框架、消息管理与发布框架、工作流引擎、权限日志服务、图形报表服务、缓存管理等多类通用基础技术组件框架,为各类应用组件的开发与部署提供基础的技术环境。

3.5 智慧应用

3.5.1 全景监控

全景监控在各类现地自动化通信服务资源、自动化监测数据源、定制监控监测视图和"一张图"的支撑下,以简洁明了的图表方式显示各类监控信息和结果。以图、文、声、像等形式,通过现地通信服务直接与自动化资源交互,面向不同层次的需求,提供实时泵站自动化监控、水质监测等全景监控。

(1)泵站监控。泵站监控模块能迅速可靠、准确有效地完成对各泵站的安全监视和控制以及对整个系统的运行管理,包括历史数据存档、检索;运行报表生成与打印;对外通信管理,同时提供画面、报表等组态模块,方便运维人员根据现场运行实际需求在授权的情况下定制与修改等。

(2)水质信息综合查询系统。系统采用文字、图形、图像和视频等多媒体提供直观的水质信息,实现空间和属性数据的互动查询。水质信息综合查询系统根据用户需求进行全局范围的基本信息、评价结果、监测数据的查询工作,能以列表或 GIS 专题图的方式展示各类水环境基础信息查询结果。当发生数据越限时,在 GIS 监视图、区域监视图等地图上通过闪烁、变色、弹出窗口等方式显示超警的要素指标和报警级别,并可通过短信设备、短信服务网关系统发送报警,同时可接收用户短信查询,方便管理人员及时掌握水质状态信息。

(3)视频与安防监控。整合所有泵站的视频监视系统,实现集中展示与控制,并为其他应用系统提供视频展示的接口。利用视频监视基础信息管理系统对工程及办公场所的视频监测点的基础信息进行管理,保证视频监视点基础信息的完整性、正确性和及时性;基于 GIS 实现所有视频监测点的分布情况展示,并能基于视频监测分布图快速查看相关视频信息;按照多级管理机构、工程范围等分类方式集中展示所有视频监视点的监视信息。

(4)全景联合监测与控制。对分散在不同载体(文档、图片、表格、数据库、视频)上的信息进行收集、组织、存储。以多种方式向用户提供全面、及时、易用的信息。全景联合监测与控制即可基于二维WebGIS 平台,也可面向主题,实现各类数据、信息的综合展示与查询,同时提供综合的信息服务,可通过 PC 客户端及手机移动终端进行访问。全景联合监测与控制能够全面地提供各类现地自动化测控单元的远程监测监控功能组态定制功能,将传统系统的泵站监控、水质监测、视频监视等技术专业独立的应用有机融合起来,提供面向业务的全景监控定制与发布功能,用户可通过一张全景联合监测与控制定制的全景功能视图直接监视工情、水质、流量、视频等信息,按照日常运行规则控制泵站运行,调用视频查看现场情况。

3.5.2 工程信息化管理

依据建立职能清晰、权责明确的工程管理体制的要求,结合工程运行管理实际情况,通过工程管理子系统的建设,建立、健全长距离尾水导流工程管理信息化管理标准体系,提高工作效率。将运行维护管理业务电子化,取代了传统的手工操作方式,使得管理更加科学、有序、流畅。通过建设工程信息化平台,做到有据可查,明确权责。推进工程管理流程的标准化、科学化、规范化,减少业务随意性带来的弊病,使业务流程更趋合理。建立规范的工程养护资金投入、使用、管理与监督机制,实现工程的安全运行,降低运行和管理费用,确保工程效益的充分发挥。全过程实现网上运行、后台监管、实时管控,让工程管理检查、维护、大修、调度、监测等相关子业务可视化、透明化。

3.5.3 移动 APP

移动 APP 定位为业务系统的统一对内、对外信息整合和发布平台。为公司领导及业务人员提供更加方便快捷的系统访问功能和快速获取相关信息功能,从而提高业务处理效率。移动应用门户满足内部领导及业务人员移动业务处理和信息获取,主要通过开发专用的移动端 APP 软件实现,提供 IOS 和Andriod 两个版本。软件功能主要包括每日报告、信息查询、工程巡查、工程管理、信息上报、信息提醒、新闻公告、辅助功能、系统安全等功能。

3.5.4 工程数字化管理

工程可视化数字管理系统是基于 BIM 和数据交付平台进行集成开发建立的软件模块。用户可以对工程静态建筑属性、工程运行的动态数据、安全监测数据和水质监测数据、监视影像资料进行查询,并以可视化技术对供水调度成果和工程安全运行诊断成果进行形象、直观的展示。

管理系统是建立于 BIM 数据交付平台之上的软件模块,在该平台上建筑构件与设备用树形目录进行结构化管理,便于用户快速定位和选择。树形目录能与图形联动,实现快速定位和聚焦。平台能对模型对象完整属性数据进行查看,支持扩展属性、链接及关联文档,并具有文档检索、上传、下载等文档管理功能,支持带重力和碰撞效果的漫游,并具备与外部数据集成的扩展能力。

数字化管理系统的主要功能是与其他各主要系统均有数据接口,能够查询和展示工程的设计文件和建设档案、安全监测和水质监测数据、工程运行状态、维修保养信息等,并以能以图表、影像资料进行可视化的展示,为会商决策提供技术支撑。

4　结论

在信息时代,引领水利发展和现代化的重要途径是信息化和自动化建设[1]。通过宿迁尾水导流工程智能一体化应用系统的开发,提升了宿迁尾水导流项目水质水量调度、工程智慧管理等方面的信息化和智能化水平,为保护南水北调宿迁段输水干线水质安全,提高尾水资源利用率提供了有力保障。工程智慧管理对于提高水利工程精细管理和智能调度也起到了很好的推动作用。

参 考 文 献

[1] 蒋斌,黄海田,王朝俊.江苏水利信息化与自动化的现状及其发展方向[J].水利水文自动化,2010(1):19-23.

堤防工程段格化巡查方案研究与应用

陈昌仁,徐铭,章成伟

(江苏省洪泽湖水利工程管理处,江苏 洪泽　223100)

摘　要　江苏省洪泽湖水利工程管理处落实工程管理标准化、精细化指导意见,结合基层堤防工程管理的特点,抓牢安全运行是水利工程管理的核心,尝试推行堤防段格化巡查方案,将堤防整体切块若干段格,做到"定格、定员、定责",实现了传统"粗放型"管理向"精细型"管理的转变,为基层堤防管理摸索了一种新的工作模式。

关键词　段格化;巡查;堤防

1　前言

洪泽湖大堤始建于公元 200 年,全长 67.25 km,为 1 级堤防,是里下河地区 3 000 万亩农田和 2 600 万人民生命财产安全的防洪屏障,任何时候都必须确保安全。其中江苏省洪泽湖水利工程管理处管理的 32.35 km 北起洪泽区高良涧船坞(34K+900),南至盱眙县张庄高地(67K+250)。

堤防巡查是堤防管理最基础的工作。"千里之堤,溃于蚁穴",堤防巡查不到位,就不能及时发现问题,小问题可能酿成大事故,危及堤防安全。做好堤防巡视检查,是确保堤防安全完整的关键所在,也是工程精细化管理[1]的基本要求。

随着水利工程管养分离的不断深入,堤防的日常养护工作已经基本实现社会化服务,但堤防日常巡查、防汛安全等工作仍然由管理单位负责开展。长期以来,洪泽湖大堤巡查方式为护堤员驻段值守、巡查,结合技术人员检查、督查。20 世纪 80、90 年代,沿堤最多设有 14 个护堤段,聘用堤防沿线附近村庄群众看护堤防、巡视检查,护堤员为临时工性质;1997 年机构改革清退临时工,改由单位职工驻段巡查,护堤段压缩为 7 个,2008 年因人员减少,改为 3 个护堤段,每个护堤段负责堤防长 8 km 左右,共 7 个护堤员。近年来,原驻段护堤员陆续退休,护堤人员进一步减少,导致堤防日常检查范围缩减、频次下降。为推进洪泽湖大堤精细化管理工作,进一步整合人力资源,优化巡查模式,江苏省洪泽湖水利工程管理处在总结历史管理经验的基础上大胆创新尝试,推出了段格巡查模式,做到巡查工作"定格、定员、定责",实现了巡查任务全面、细致、高效开展。

2　巡查组织

2.1　巡查组织网络

江苏省洪泽湖水利工程管理处为江苏省水利厅直属事业单位,管理处成立江苏省洪泽湖堤防管理所,负责洪泽湖大堤 32.35 km 省管段的日常管理工作,管理所为正科级事业单位,内设综合股、工程股、水政股、财务股,职工 36 名。巡查组织结构设总段长、分段长、段格员三个层次,管理所所长任总段长,副所长、技术负责人、股长任分段长,专业技术人员任段格员。巡查日常工作由工管股负责。组织架构如图 1 所示。

2.2　巡查分级职责

依据水利部《河道堤防工程管理通则》(SL 703—81)关于管理单位的任务和职责要求,结合堤防管

作者简介:陈昌仁,男,1975 年生,江苏宿迁人,博士研究生,主要从事水利工程运行管理工作。E-mail:172022703@qq.com。

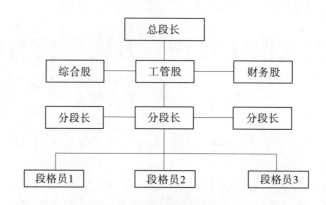

图1　组织架构图

理的实际,明确总段长、分段长以及段格员的管理任务和职责,做到"任务明确、职责清晰",具体如下:

(1)总段长主要职责[2]。贯彻执行上级主管部门要求和有关技术规范和规程,制定和完善所管工程各项规章制度,开展工程检查监测,做好防汛的各项准备工作和落实各项防汛责任。建立"一级督查一级"的工作机制,定期组织对下级段格的检查、考核,布置开展堤防巡查信息汇总、分析、建档。

(2)分段长主要职责。负责所属堤段巡查日常工作,落实总段长工作部署,层层落实工作责任,明确本级及各段格的责任人和工作责任,定期对段格员进行培训、技术交底,组织开展堤防巡查,收集汇总本堤段内的巡查信息,并及时将有关情况上报。

(3)段格员主要职责。负责本级段格范围内堤防巡查管理工作,按照巡查内容、标准、频次认真开展巡查工作,配合开展安全、水政、涉堤建设等工作,做好巡查信息记录上报工作。

3　堤防段格划分

按照《堤防工程管理设计规范》(SL 171—96)、《江苏省堤防工程技术管理办法》的要求,结合省管洪泽湖大堤原护堤哨所的建设,以及人员的配备情况,将所辖堤防分为 7 个巡查段,第一段 K34+900~K41+000,第二段 K41+000~K45+000,第三段 K45+000~K49+000,第四段 K49+000~K56+000,第五段K56+000~K60+646,第六段 K60+646~K61+556,第七段 K61+556~K67+250。将上述 7 个巡查段每段细分为若干格,全堤共划分为 7 段 16 格,具体见表 1。

表1　省管洪泽湖大堤巡查段格划分

序号	巡查段	巡查格	段格编号
1	K34+900~K41+000	K34+900~K37+000	1-1
		K37+000~K39+000	1-2
		K39+000~K41+000	1-3
2	K41+000~K45+000	K41+000~K43+000	2-1
		K43+000~K45+000	2-2
3	K45+000~K49+000	K45+000~K47+000	3-1
		K47+000~K49+000	3-2
4	K49+000~K56+000	K49+000~K52+000	4-1
		K52+000~K54+000	4-2
		K54+000~K56+000	4-3
5	K56+000~K60+646	K56+000~K58+000	5-1
		K58+000~K60+646	5-2
6	K60+646~K61+556	K60+646~K61+556	6-1
7	K61+556~K67+250	K61+556~K63+000	7-1
		K63+000~K65+000	7-2
		K65+000~K67+250	7-3

4 巡查频次及巡查重点

4.1 洪泽湖水位低于 13.5 m 时

洪泽湖水位低于 13.5 m(汛期警戒水位)时的日常检查,分为日常重点检查和日常全面检查。日常重点检查是指重要堤段、隐患部位、重要事项的巡视检查,每日不少于 1 次。日常全面检查[3]指对堤防管理范围、保护范围各部位的普查,包括一级坡、防浪林台、二级坡、堤顶、背水坡平台、堤脚、护堤地、顺堤河、护堤房、附属设施等部位的检查,日常全面检查应在一个巡查周期内完成,一个巡查周期一般为 1 个月。当洪泽湖水位低于 11.5 m 时,加强一级坡及坡脚抛石情况的巡查,每月不少于 2 次。洪泽湖水位 12.5~13.5 m 时,加强背水坡堤脚巡查,每月不少于 2 次。日常全面检查线路可依次为堤顶、一级坡(包括防浪林台)、二级坡、背水坡平台、堤脚、顺堤河(包括护堤地)等。

4.2 洪泽湖水位高于 13.5 m 时

当洪泽湖水位 13.5~14.0 m 时,重点巡查堤防背水坡平台、堤脚有无险情,每日不少于 1 次。当洪泽湖水位超过 14.0 m 时,每日巡查重点扩大到背水坡平台、堤脚、护堤地、靠水着流部位,每日 2~3 次,必要时增加夜间巡查班次。调配增加人员参加巡查,同时报请当地防汛防旱指挥部增援。洪水回落后及时对工程全面检查,1 周内完成。

5 巡查工作内容

5.1 洪泽湖水位低于 13.5 m 时

(1)堤身检查主要内容。堤顶是否坚实平整,有无凹陷、裂缝、残缺,相邻两堤段之间有无错动,是否存在硬化堤顶与土堤或垫层脱离现象。堤坡、戗台是否平顺,有无雨淋沟、滑坡、裂缝、塌坑、洞穴,有无杂物垃圾堆放,有无害堤动物洞穴和活动痕迹,有无渗水。坡脚有无隆起、下沉,有无冲刷、残缺、洞穴。混凝土结构有无溶蚀、侵蚀、冻害、裂缝、破损等情况。砌石是否平整、完好、紧密,有无松动、塌陷、脱落、风化、架空等情况。

(2)护堤地和保护范围检查主要内容。背水堤脚外有无管涌、流土、渗水等现象,排水沟有无堵塞。有无取土、打井、埋坟、放牧、破坏林木等活动。

(3)堤岸防护工程检查主要内容。坡式护岸坡面是否平整、完好,砌体有无松动、塌陷、脱落、架空、移位、垫层淘刷等现象,有无杂草、杂树和杂物等。护脚体表面有无凹陷、坍塌,护脚平台及坡面是否平顺。防浪林台有无冲刷、排水是否通畅。

(4)穿堤建筑物及其堤防接合部检查主要内容。穿堤建筑物与堤防的接合是否紧密,是否有渗水、裂缝、坍塌现象。穿堤建筑物与土质堤防的接合部临水侧截水设施是否完好,穿堤建筑物变形缝有无错动、渗水、断裂。

(5)堤防工程附属设施检查主要内容。各种观测设施是否完好,能否正常观测,观测设施的标志、盖锁、围栏或观测房有无损坏。堤顶设置的安全、管理、通信等设施是否完好。堤防里程碑、百米桩、界牌、警示牌、护路杆等是否有完好无损。护堤房有无损坏、漏雨等情况。防汛道路是否破损。

(6)防汛抢险设施检查主要内容。防汛块石有无坍塌或滋生植物,标牌是否完好。各种防汛抢险设施是否处于完好待用状态,防汛仓库是否完好。备用电源是否可靠。

(7)生物防护工程检查主要内容。防浪林带、护堤林带的树木有无缺损、风倒、断枝等现象;是否有人为破坏、病虫害及缺水现象。草皮护坡是否被雨水冲刷、缺损,是否有人畜损坏或干枯坏死。草皮护坡中是否有荆棘、高秆杂草等。

5.2 洪泽湖水位高于 13.5 m

预报洪泽湖水位可能超过 13.5 m 时,对一级坡、防浪林台、二级坡、堤顶、背水坡平台、堤脚、护堤地、顺堤河、护堤房、附属设施等部位普查一遍,发现问题及时处理,并做好各项防御大洪水的准备工作。高水位期间重点检查堤防背水坡有无滑坡、裂缝,坡脚有无渗水,护堤地有无泗潮、管涌、流土,堤防靠水着溜部位有无冲刷、坍塌、裂缝,原有渗水点水量有无变化等情况。对异常部位安排专人定点监测。洪水过后及时对工程全面检查。

6　段格运行及监督考核

6.1　段格运行

省管洪泽湖大堤工程段格巡查系统搭载洪泽湖网格化管理平台[4]，与洪泽湖网格化管理系统相融合。每个巡查组配备巡查终端1台，巡查班组将巡查轨迹、图片、文字等及时上传，管理所按日登记，即时统计，按月上报，每年考核。有关电子资料及时整理，按年度归档。巡查成果及路线图见图2。

图2　巡查成果及路线图

6.2　监督考核

管理所制定段格化巡查监管考核办法，按照"责、权、利"相统一的原则，结合绩效工资分配方案，加大对一线段格员的政策倾斜，在工资待遇、劳动保护、职务（职称）晋升等方面给予优先考虑，提高段格长（员）的积极性。同时，对履职不力、巡查监管不到位的，采取一定惩罚措施。

7　结语

实践表明，堤防管理采用段格化巡查方案对明确管理责任、隐患排查治理、事故预防能力均起到积极作用。江苏省洪泽湖水利工程管理处自实行段格化巡查监管以来，巡查任务明确、隐患排查及时、信息报送快捷，极大地提高了堤防管理效能。

参 考 文 献

[1] 徐铭,刘洪林,陈凯.堤防工程精细化管理浅析[J].江苏水利,2018(8):38-41.

[2] 余新福.加强河道堤防管理的探讨[J].水利建设与管理,2016,26(1):51-55.

[3] 李强.河道管理及堤防工程维护探析[J].陕西水利,2017(5):29-31.

[4] 刘劲松,戴小琳,吴苏舒.基于网格化管理的湖泊动态管护模式研究[J].水利经济,2017(4):51-54,77.

水利工程格宾产品检测技术浅析与展望

张建淮，何凯

（江苏苏源工程检测有限公司，江苏 淮安　223300）

摘　要　水利工程的建设产生了巨大的经济、社会效益以及生态环境效益，但同时在一定程度上也在不断影响、改变着自然生态。生态水利是按照生态学原理，遵循生态平衡的法则和要求，从生态的角度出发进行水利工程建设，建立满足良性循环和可持续利用的水利体系，从而达到可持续发展以及人与自然和谐相处。随着科学技术的发展，新材料、新技术不断运用进水利工程建设中，推动着社会经济的进步，同时也对生态与环境起到保护作用。本文以大治河疏浚工程格宾网的应用与质量控制为例，阐述格宾产品的质量检测要点，探讨水利工程中格宾产品检测规范的发展趋势。

关键词　格宾；检测；质量控制；生态水利

随着社会经济的发展和人口的增长，人们对水资源的需求日益增加，农田水利的灌溉、水能发电、供水调水、城市防洪排涝、生态与环境等综合应用，产生了巨大的经济、社会效益以及生态环境效益，但同时在一定程度上也在不断影响、改变着自然生态。机编钢丝网技术的引入及生态水利工程理念的建立，从生态的角度出发进行水利工程建设，建立良性循环和可持续利用的水利体系，从而达到可持续发展以及人与自然和谐的目的。生态格网这一新材料、新技术在江苏省以及淮河流域堤（岸）坡防护得到了许多成功的应用。

1　基本情况

大治河疏浚工程是淮安市政府2015年、2016年中心城市建设重点项目，工程概算投资2 494.3万元。本次工程贯彻了"集中连片治水"理念，采用生态护岸工艺，黑臭水体整治效果显著，施工后河道生态环境极大改善，成为淮安市城市水利建设亮点品牌。

生态护岸，是将工程护岸结构与植物护岸相结合，具有防护能力强、施工工艺简单、技术合理、经济实用等优点。生态护岸主要是由高镀锌钢丝或热镀铝锌合金钢丝编织而成的箱笼，内部填充石料等不易风化的填充物做成的工程防护结构。生态护岸具有很好的柔韧性、透水性、耐久性以及防浪能力等优点，而且具有较好的生态性。它的结构能进行自身适应性的微调，不会因不均匀沉陷而产生沉陷缝等，整体结构不会遭到破坏。由于格宾网的空隙较大，因此能在格宾网上覆土或填塞缝隙，以及微生物和各种生物，在漫长岁月的加工下，形成松软且富含营养成分的表土，实现多年生草本植物自然循环的目标。河道岸坡采用此工艺既可防止河岸遭水流、风浪侵袭而破坏，又保持了水体与岸边土体间的自然对流交换功能，实现了生态平衡；既保护了岸坡，又可增添绿化景观。但是钢丝网格外露，金属的腐蚀、塑料网格的老化、合金的性能等问题，以及外露网格的局部容易被破坏，网内松散的石头容易掉出网外，是影响这类护坡安全的重要因素。

2　工程施工中存在的问题

2.1　原材料质量不合格

生态护坡主要涉及两个方面：一是填充物，填充材料可采用天然石块、卵石、废旧混凝土块和其他特

作者简介：张建淮，男，1986年生，江苏苏源工程检测有限公司，工程师，主要研究工程检测技术。E-mail：skeans@qq.com。

定生态功能的产品,要保证其具有耐久性好、不易碎、无风化迹象,且要有一定的级配和粒径要求,才能保证结构体的功能性要求。二是格宾网,现有的生态护岸工程所用生态格网,多采用镀锌铝合金防腐处理的低碳钢丝,经机器编织而成的六边形双绞合的格宾网。钢丝的防腐处理质量和编织时网孔大小、间距等对格宾网质量产生了很大的影响。

2.2 施工人员的技术水平达不到相应标准

施工人员的技术水平对于生态护岸工程的施工质量起着决定性的作用。目前,生态护岸的施工缺少相应的国家与水利行业标准支撑,仅有中国工程建设协会标准《生态格网结构技术规程》(CECS 353—2013)、冶金行业标准《工程用机编钢丝网及组合体》(YB/T 4190—2018)等少数规范涉及。施工工艺和技术要求相对都不完善,导致工程质量难以控制。

3 施工质量控制措施

3.1 严控原材料质量关

格宾产品进场前应按程序填写材料报验单,同时应附有产品出厂合格证、检验报告和技术说明书等技术资料,由施工单位送有资质的试验机构复查并确认其质量合格后,才能够进场。复查的主要指标有:钢丝(直径、抗拉强度及伸长率、镀层重量、铝含量等),格宾网(网孔尺寸、网面拉伸及网面翻边强度等)。在这些指标中,应重点关注钢丝力学性能、镀层重量、铝含量、成品网面拉伸及网面翻边强度,这些直接影响整个工程的质量和耐久性。

3.1.1 钢丝镀层重量及铝含量

通过热浸的方法在低碳钢丝表面附着一层镀锌层,使低碳钢丝具有一定的防锈、防腐性能。若镀层为锌-5%铝-稀土合金镀层(或称高尔凡),其成分为5%铝、95%(锌+稀土合金),可以提高格宾丝、格宾箱体的抗腐蚀性能和使用寿命。若镀层为锌-10%铝-稀土合金镀层(或称高尔凡),其成分为10%铝、90%(锌+稀土合金),可以使格宾丝、格宾箱体具有更好的抗腐蚀性能和更长的使用寿命。

3.1.2 钢丝力学性能

格宾网是由具有高强度、耐磨损、抗腐蚀性能的网丝和边丝采用专用设备编织成具有多个六边形网目的网。编织用钢丝按网片编织部位分为三种:边丝、网丝、绑扎丝。网丝:用于编织格宾网边框"内部"的编织丝;边丝:用于编织格宾网"边框"的编织丝;绑扎丝:用于连接格宾网或格宾箱体间的编织丝,起到格宾"由片状到单箱"或"由单箱到群箱"的作用。钢丝的力学性能一定程度上决定了格宾网成品的力学性能。钢丝按编织状态又可分为编织前和编织后,其力学性能包括抗拉强度、断后伸长率。

3.1.3 成品网面拉伸及网面翻边强度

网面拉伸强度:在受力方向与编织方向一致的情况下做拉伸试验,网面断裂第一根网丝时的强度。网面翻边强度:在顺编织方向固定端丝及网面的情况下做拉伸试验,网面翻边处散开或翻边处断裂第一根网丝时的强度。这两个强度直接反映格宾网的力学性能。

3.2 加强施工工艺的培训

因施工工艺及技术要求的不完善,现场结合实际情况,邀请格宾网生产厂家技术人员与设计人员现场对每一施工人员进行专业培训,通过培训推动和促进施工现场、质量管理能力与水平的提高。

4 检测技术浅析与展望

4.1 检测技术现状

目前格宾产品质量检测,暂无国家标准或水利行业标准,仅有中国工程建设协会标准《生态格网结构技术规程》(CECS 353—2013[1])、冶金行业标准《工程用机编钢丝网及组合体》(YB/T 4190—2018[2])、地方标准《宁夏水利工程格宾应用技术导则》(DB64/T 1094—2015)、《水利堤(岸)坡防护工程格宾与雷诺护垫施工技术规范》(DB23/T 1501—2013)、《广东省中小河流治理工程格宾石笼应用技术要求(试行)》)等少数规范涉及。

我们以冶金行业标准《工程用机编钢丝网及组合体》(YB/T 4190—2018)为主要检测依据,辅以中国工程建设协会标准《生态格网结构技术规程》(CECS 353—2013),并结合本公司参建的淮安市古盐河(永济河)水环境综合整治先导段工程、淮安市白马湖上游中小河道整治及生态修复工程、安徽省明光市百道河(柴尹段)生态小流域综合治理工程等工程的检测经验,梳理了当前格宾产品检测技术现状。

《工程用机编钢丝网及组合体》(YB/T 4190—2018)针对原材料钢丝的检测参数有钢丝直径、伸长率、抗拉强度、缠绕、镀层重量、铝含量,试验方法引用《工程机编钢丝网用钢丝》(YB/T 4221—2016[3]);针对格宾网成品检测参数有镀层重量(编织后)、铝含量(编织后)、网孔尺寸、产品尺寸(长、宽、高/厚)、网面拉伸及翻边强度。

《生态格网结构技术规程》(CECS 353—2013)针对原材料钢丝的检测参数有钢丝的抗拉强度、伸长率、钢丝镀层重量,以及钢丝原材经盐雾型式试验后钢丝质量变化率、腐蚀率、网片质量变化率,还包括外包 PVC 的初始性能和其经过盐雾和老化型式试验后的性能,主要试验方法分别引用 YB/T 5294[4]、YB/T 5357[5];针对格宾网成品检测参数有网孔尺寸、产品尺寸(长、宽、高/厚)。

对比两个规范,不难发现 YB/T 4190—2018 对于原材料钢丝和成品均有一定的检测参数要求,而 CECS 353—2013 主要侧重于原材料钢丝的检测参数要求,而且引用的试验方法大多也是冶金行业标准,综合来看,YB/T 4190—2018 对于水利工程格宾产品的检测参数更为均衡,更加适合检测单位使用。

4.2 部分检测指标浅析

4.2.1 镀层重量

试验方法引用 GB/T 1839—2008[6],YB/T 4190—2018 在 7.1 节"原材料钢丝"和 7.5 节"成品网面镀层检验"中有不同指标要求,相对应的解读就是,编织后的钢丝镀层重量应不小于编织前的 95%(见表 1、表 2)。

表 1 (编织前)技术指标(YB/T 4221—2016)

镀层钢丝直径 d(mm)	镀层重量,不小于(g/m²)	
	Ⅰ组	Ⅱ组
$1.80 \leqslant d < 2.20$	215	430
$2.20 \leqslant d < 2.50$	230	460
$2.50 \leqslant d < 2.80$	245	490
$2.80 \leqslant d < 3.20$	255	510
$3.20 \leqslant d < 3.80$	265	530
$3.80 \leqslant d < 4.40$	275	550
$d \geqslant 4.40$	280	560

表 2 (编织后)技术指标(YB/T 4190—2018)

镀层钢丝直径 d(mm)	镀层重量,不小于(g/m²)	
	Ⅰ组	Ⅱ组
$1.80 \leqslant d < 2.20$	205	409
$2.20 \leqslant d < 2.50$	219	437
$2.50 \leqslant d < 2.80$	233	466
$2.80 \leqslant d < 3.20$	243	485
$3.20 \leqslant d < 3.80$	252	504
$3.80 \leqslant d < 4.40$	262	523
$d \geqslant 4.40$	266	532

4.2.2　铝含量

试验方法引用 YB/T 4221—2016 附录 A，YB/T 4190—2018 在 7.5 节"成品网面镀层检验"中指标要求与 YB/T 4221—2016 在 7.3.6 节一致，即锌–5%铝合金镀层中铝含量不小于 4.2%，锌–10%铝合金镀层中铝含量不小于 9%。

4.2.3　钢丝力学性能

抗拉强度及断后伸长率，试验方法引用 GB/T 228.1—2010[7]。若按 YB/T 4221—2016 则标距为 200 mm，若按 CECS 353—2013，则试验方法引用《一般用途低碳钢丝》YB/T 5294—2009，标距为 100 mm。值得商榷的地方在于两个规范对钢丝断后伸长率的技术指标均是编织前不小于 12%，缺乏编织后的技术指标要求。结合编织前后的边丝、网丝断后伸长率大致损失 3%、5%的检测经验，我们建议抽检检测中编织后的钢丝断后伸长率按不小于 7%或者 8%的技术指标控制更加科学。

4.2.4　网面拉伸及翻边强度

试验方法按 YB/T 4190—2018 的规定进行，但检测的样品数量不明确，我们建议至少 3 个样品，并报告最大值、中间值、最小值。另外，具体技术指标不够全面，期待后续规范能够更新完善。

5　结语

格宾产品的质量是生态护岸工程施工的关键。随着全国大力推进生态环境建设，新材料、新技术将不断运用进水利工程建设中。今后在生态护岸建设质量控制中，应不断摸索，充分发挥格宾产品的作用，保证水利工程向生态方面发展，形成良性循环和可持续利用的水利体系，从而达到可持续发展以及人与自然和谐的目的。

参 考 文 献

[1] 中国工程建设标准化协会.生态格网结构技术规程:CECS 353—2013[S].北京:中国计划出版社,2014.
[2] 中国钢铁工业协会.工程用机编钢丝网及组合体:YB/T 4190—2018[S].北京:冶金工业出版社,2018.
[3] 中国钢铁工业协会.工程机编钢丝网用钢丝:YB/T 4221—2016[S].北京:冶金工业出版社,2016.
[4] 中国钢铁工业协会.一般用途低碳钢丝:YB/T 5294—2009[S].北京:冶金工业出版社,2009.
[5] 中国钢铁工业协会.钢丝及其制品 锌或锌铝合金镀层:YB/T 5357—2019[S].北京:冶金工业出版社,2019.
[6] 中国钢铁工业协会.钢产品镀锌层质量试验方法:GB/T 1839—2008[S].北京:中国标准出版社,2008.
[7] 中国钢铁工业协会.金属材料 拉伸试验 第 1 部分:室温试验方法:GB/T 228.1—2010[S].北京:中国标准出版社,2011.

山东省东鱼河洪水防御工程存在问题及对策建议

高庆平，郭保同，冯江波

（山东省海河淮河小清河流域水利管理服务中心，山东 济南　250000）

摘　要　根据东鱼河现状，分析了在洪水防御中存在的短板，相应提出了对策建议，为东鱼河的综合治理提供决策依据。

关键词　东鱼河；洪水防御；存在问题；对策建议

1　山东省东鱼河洪水防御工程整体情况

1.1　东鱼河概况

东鱼河是在南四湖湖西水系调整时期，于 1967～1969 年新开挖的一条人工河道。按 3 年一遇除涝、20 年一遇防洪（1966 年郑州水文成果）标准进行挖河与筑堤。东鱼河的开挖改变了原万福河流域水系紊乱的状况，使万福河以南地区水系实现了高低水分排、洪涝水分治。东鱼河全长 172.1km（菏泽市境内 120.8 km、济宁市境内 51.3 km），总流域面积 5 923 km²。主要支流有胜利河、北支、南支。其中，东鱼河北支是原万福河的上游，于 20 世纪 70 年代在薛庄打坝建涵洞，截去万福河楚楼以上流域面积 1 060 km²，纳入东鱼河北支，同时将万福河南侧的支流截入东鱼河，减少了万福河来水面积约 75%。

1.2　近期治理情况

东鱼河开挖后，经过 30 多年的运行，河道淤积严重，建筑物老化退化失修，防洪除涝能力大大降低。山东省委、省政府决定对东鱼河进行治理，恢复河道原设计标准，并分两期实施，东鱼河第一期河道土方工程于 1999 年 7 月至 2001 年 5 月完成。第二期为建筑物工程，新建、改建、维修、加固节制闸、排灌站和涵洞等各类建筑物 124 座。自 2004 年 1 月开工，于 2006 年底全部完成。本次治理后，东鱼河干流河道防洪能力恢复到 20 年一遇标准。

2　东鱼河洪水防御存在问题分析及对策建议

2.1　河槽淤积问题

东鱼河干流河道经过一、二期（1999～2001 年，2004～2006 年）的治理，已恢复并达到 3 年一遇除涝、20 年一遇防洪标准。自 2006 年治理以后，至今已运行十多年，部分河段特别是下游淤积严重，已达不到原设计防洪标准。

经现场调研发现，东鱼河干流河道部分河段淤积较为严重，其中桩号 0+500～10+500、17+700～38+800、43+000～54+000、80+700～88+500 四段淤积较重，有些河段由于淤积，形成土堆，在河道表面露出。据实测，淤积最深处达到 3 m 多深，平均 1 m 多深，测算淤积量达 1 000 多万 m³，占标准河道断面的 1/3，河道调蓄能力及行洪能力大大降低。

造成东鱼河河槽淤积的原因主要有以下几项：①东鱼河承担着谢寨引黄灌区的引黄灌溉任务，随着国民经济的发展，水的需求量逐年增加，长年引用黄河水，黄河水携带的部分河沙一并进入河道，产生淤积，这是造成东鱼河淤积的主要因素。②东鱼河流域内降水量年内分配不均，夏季降雨集中且多为暴雨，汛期（6～9 月）降雨量占全年降雨量的 70%以上，降雨及其汇流对地表和河道岸坡冲刷引起水土流

作者简介：高庆平，男，研究员，山东省海河淮河小清河流域水利管理服务中心，1988 年 7 月毕业于山东工业大学水利系水利水电工程建筑专业，曾参加工程施工管理、工程建设管理、水利工程设计、防汛抢险队伍建设。

失,淤积河道。③东鱼河拦河建筑物关闸蓄水期间,河道内水流缓慢,河水中携带的泥沙缓慢沉积,尤其是拦河建筑物上下游,更容易形成淤积。④东鱼河支流的治理不及时,导致支流中的泥沙被冲入干流;干支流汇流处水流紊乱、缓慢,容易在汇流处产生泥沙沉淀,淤积形成浅滩。

建议:①对河道展开清淤治理,恢复或提高河道行洪能力,并对支流一并进行治理,清淤后的弃土视情况就近堆放在堤外,作为堤后压土平台,增加堤身稳固性。②优化引黄入口处的沉沙措施,避免大量泥沙淤积河道。③通过河道两岸的水土保持治理,以及河道岸坡防护,避免降雨对河道两侧岸坡及地表的冲刷。

2.2 干流堤防问题

东鱼河两岸堤防总长 342 km(其中济宁段 101 km,菏泽段 241 km),堤防工程的级别为四级。干流标准堤宽在 8.0 m 左右,部分河段的堤外有清淤时就近堆放的弃土,增加了堤身的宽度,一般在 30.0 ~ 50.0 m,堤外堆存弃土,增加了堤防的稳定性,能有效地阻止管涌和渗流的发生,提高了该河段的防洪能力。但尚存在部分河段堤身单薄不密实、堤防高程低的情况,交通道桥及人为取土造成众多堤防缺口,是防汛工作的短板。

2.2.1 堤防缺口问题

据统计,东鱼河两岸堤防缺口共计 304 处,总长 20.65 km。其中,济宁段两岸堤防缺口共计 14 处,总长度为 0.23 km;菏泽段两岸堤防缺口共计 290 处,总长度为 20.42 km。东鱼河存在的堤防缺口形成原因主要为沿线生产桥交通需要,以及部分堤段人为取土,这些缺口造成部分河段堤防矮小、单薄、残缺不全、高低不平、宽窄不一,难以满足行洪要求。

所存缺口大小不一,缺口小则几百立方米,大者达 12 000 多 m³,完全堵复需要土方 43 万 m³。目前,根据东鱼河洪水防御方案,针对堤防缺口的应急方式主要为采用土石方及编织袋堵复。东鱼河流域地处湖西黄泛平原区,地势平坦,且平原河道洪水峰低量大,历时较长,容易形成内涝,使土方含水量大,取土困难,用这种方法来堵复缺口,很难达到应急抢险的要求。

建议:①对因跨河路桥形成的堤防缺口,在缺口两侧修建旱闸闸门槽,旱闸闸门可由工程管理部门集中存放,平时不影响交通,待洪水来临,需堵复缺口时安装入闸门槽进行堤防缺口堵复。②如因道路桥梁形成的缺口长度宽于道路宽度,在道路桥梁两侧修建旱闸,其余部分堤段恢复设计堤身。③对由于人为取土产生的堤防缺口,恢复设计堤身,保证堤防防洪能力,并加强管理,防止类似缺口的产生。④无堤段按设计要求筑堤。⑤在今后的东鱼河综合治理时,提高路桥标准,封闭路桥缺口,修建上堤坡道。原设计中的生产路桥标准和桥面高程是依据 20 世纪 60 年代的生产水平和生活需求而定的,随着社会的飞速发展,人们的生产、生活方式发生了极大的变化,抬高路桥高程,修建上堤坡道完全可行。

2.2.2 堤身单薄不密实问题

通过与东鱼河管理单位座谈以及整理工程资料,东鱼河于 2000 年在济宁段使用挖泥船清淤,利用堤外填筑的围堰与堤身之间抛填淤泥进行施工时,发现从堤防外侧向堤防内测渗水严重。经分析,原因为东鱼河干流的中下游于 1967 ~ 1968 年冬季由人工开挖填筑施工,受当时施工机械及施工技术水平的限制,肩挑人抬,人力车运土,冻土填筑,没有按设计要求碾压夯实,导致堤身质量较差,压实度低,长时间运行后,部分堤段堤身内部空虚,可能存在部分孔洞、裂隙、跌窝及动物洞穴。有些河段在 1999 年清淤时,堤身后填筑有清淤的弃土,堤身相对牢固,但有些河段堤身后紧邻村庄,未在堤外填筑弃土,堤身相对单薄,堤身内部质量问题一直未作处理,是东鱼河防洪的重大隐患。

桩号 51+000 ~ 114+000 段堤身,填土主要为砂壤土,局部夹壤土,堤身土最大干密度为 1.69 g/cm³,实测干密度为 1.29 ~ 1.45 g/cm³,平均 1.38 g/cm³,压实度 0.76 ~ 0.86,平均值为 0.81,不满足设计压实度 0.93 的要求,填筑质量一般;桩号 114+000 ~ 151+000 段堤身填土主要为砂壤土,局部夹壤土,堤身土最大干密度为 1.71 g/cm³,实测干密度 1.29 ~ 1.49 g/cm³,平均 1.45 g/cm³,压实度 0.75 ~ 0.87,平均 0.84,不满足设计压实度 0.93 的要求,填筑质量较差。一旦发生大的洪水,对堤身产生浸泡,容易出现较大的事故。

建议:对在上次清淤时堤身后没有弃土的堤防进行密实度检测,若不满足要求,应根据不同的检测结果选取强夯夯实、重新开挖回填、堤身灌浆、修建堤后截渗沟等不同方式对堤身进行防渗加固。

强夯法堤身加固技术就是利用重锤和落距过程产生的冲击能实现堤身的密实加固处理,施工时强夯振动的深度影响范围一般为 11～15 m,根据检测的结果,选用强夯机械。本办法简单易行,应优先选用。

开挖回填加固,就是将堤身薄弱堤段开挖后,重新压实回填,新旧土结合处应开挖成阶梯状,并控制好土壤含水率,层层碾压夯实,保证边角与搭接部分的压实度。本方法工程量太大。

堤身灌浆加固是指在堤身中进行黏土灌浆、劈裂灌浆构造一个垂直的防护墙。本方法对于浆液的材料、钻孔的位置和深度、灌浆的压力等方面都有较高的技术要求,一般不采用。

修建堤后压土平台,控制浸润线出逸位置,可以有效地加固堤身,预防堤后管涌等险情的发生,但鉴于堤后没有弃土的堤防多紧邻村庄,不宜占压土地,故不建议采用堤后压土平台。

2.3　干流建筑物问题

目前,东鱼河干流有节制闸 10 座,橡胶坝 2 座,济宁段曹庄橡胶坝损毁严重,唐马桥下游截污导流闸为 2010 年 11 月建成的,达到 50 年一遇,菏泽五里庙橡胶坝为 2016 年 5 月按 50 年一遇新建的,新城闸、张湾闸、杨湖闸达到 50 年一遇防洪标准,其余节制闸均为 20 年一遇防洪标准,并鉴定为三、四类闸。东鱼河 155 座穿堤涵洞中,有 23 座废弃或局部损坏,约占总数的 15%,另外还有 81 座无启闭设备;26 座排灌站中,有 8 座废弃,约占总数的 31%,鱼台县缪集站(0+780)处一座排灌站引水洞洞身断裂,尚未维修;100 座跨河桥梁中,有 16 座局部破损,1 座废弃,约占总数的 17%。

建议:①按 50 年一遇防洪标准改建干流节制闸(坝);②尽快维修加固或改扩建年久失修的穿堤涵洞、排灌站等配套建筑物工程,并根据河道防洪标准,相应地提高配套建筑物工程的工程等级。

2.4　防汛道路

由于东鱼河堤防较长,部分地区交通条件较差,部分堤顶道路破损,部分堤顶有树木,使堤顶道路变得狭窄,如遭遇降雨,道路泥泞,部分堤段无法进入,影响堤防抢护。

建议:根据堤防工程管理和防汛交通的有关要求,对全河段开展新建和维修堤顶道路、上堤道路,满足汛期抢护要求。

2.5　工程运行调度存在的问题分析及建议

拦河建筑物运行过程中,除几个安装了水位监控仪的边界闸外,拦河闸工情反馈仍旧采用了电话汇报等方式,反馈速度较慢,难以及时掌握闸前水位与闸门开启情况。

建议东鱼河建立健全干流拦河建筑物信息化管控系统,系统应具备实时监测、实时传输、信息共享、预测预报、决策支持、可视化等几项功能,及时掌握全河段雨情、水情、工情,便于统筹决策,提高工程的运行调度效率。

2.6　万福河分洪存在问题

根据东鱼河洪水调度方案,万福河承担着分流东鱼河洪水的任务,当遇超过保证水位的洪水时,利用东鱼河北支从薛庄涵洞向万福河分流,以减小东鱼河干流的洪水压力。

目前,万福河正在进行新万福河复航工程,工程起点为新万福河巨野关桥闸下 400 m,终点为新万福河河口,全长 61.3 km(菏泽段约 20 km),按三级航道标准进行建设,预计 2020 年正式通航。万福河薛庄涵洞至关桥闸段并未纳入治理范围,其防洪能力有待提升。万福河薛庄涵洞处河道过流能力为102 m³/s。薛庄涵洞闸门宽×高为 3.0 m×2.2 m,最大过流量 10 m³/s。

目前,薛庄涵洞的过流能力仅为 10 m³/s,万福河承担分流东鱼河洪水任务时,仅通过薛庄涵洞过流远远不能满足需求,需要进行破坝泄洪。另外,万福河淤积严重,行洪能力差。为了更好地发挥万福河的工程效益,建议对万福河复航起点以上段进行综合治理,并将薛庄涵洞改建为拦河节制闸,将东鱼河、万福河、薛庄节制闸联成一个有效的洪水防御体系,以在洪水防御中进行联合调度。

2.7　堤防防洪标准

东鱼河是于 1967～1969 年新开挖的人工河道,防洪标准为 20 年一遇,2000 年左右的治理仅是恢复20 年一遇防洪标准,随着东鱼河流域社会经济的发展,原来的防洪标准已逐渐不能满足东鱼河流域内保护对象的需要。目前,东鱼河流域内保护人口约 700 万人,按照《防洪标准》(GB 50201—2014)中有关堤防工程防洪标准的要求,以及 2013 年印发的《山东省淮河流域综合规划》中有关东鱼河防洪标准的规划,建议将东鱼河堤防防洪标准提高至 50 年一遇。

3　结论

综上所述,为提高东鱼河的洪水防御能力,确保防洪安全,提出以下 4 点建议:

(1)对东鱼河洪水防御工程进行综合治理,包括河道清淤、堤防加固、拦河节制闸(坝)改建、路桥缺口、抢险道路修建等。

(2)对万福河复航起点以上段进行综合治理,并将薛庄涵洞改建为拦河节制闸,将东鱼河、万福河、薛庄节制闸联成一个洪水防御体系,以在洪水防御中进行联合调度。

(3)在东鱼河建立健全拦河建筑物信息化管控系统,实现实时监测、实时传输、信息共享、预测预报、决策支持、可视化,提高工程的运行调度效率。

(4)按照 2013 年印发的《山东省淮河流域综合规划》将东鱼河堤防防洪标准提高至 50 年一遇。

对安徽省水利工程"补短板"的思考

王发信,王振宇

(安徽省水利水资源重点实验室、安徽省·水利部淮河水利委员会
水利科学研究院,安徽 蚌埠 233000)

摘 要 新时代治水主要矛盾已由强调改造自然、征服自然的工程行为,调整为"调整人的行为、纠正人的错误行为"的管理行为,为此,水利部明确提出"水利工程补短板、水利行业强监管"的水利改革发展总基调。安徽省水利行业短板出在哪些方面,如何"补"?本文是作者对这一问题的思考。希望能为领导和同行提供部分参考,不足之处还请专家批评赐教。

关键词 治水方针;水利行业短板;补短板的思考

1 对"水利工程补短板、水利行业强监管"的理解

2014 年 3 月,习近平总书记在中央财经领导小组第五次会议上,旗帜鲜明地提出"节水优先、空间均衡、系统治理、两手发力"的新时代水利方针,为做好新时代水利工作指明了方向。为全面践行习总书记提出的"十六字"治水方针,鄂竟平部长提出了"水利工程补短板、水利行业强监管"的水利改革发展总基调。明确了我国治水的主要矛盾从人民对除水害兴水利的需求与水利工程能力不足之间的矛盾,转化为人民对水资源水生态水环境的需求与水利行业监管能力不足之间的矛盾,具有鲜明的问题导向特征。新时代治水主要矛盾的突破口也发生了变化,不再强调改造自然、征服自然的工程行为,而是强调以"调整人的行为、纠正人的错误行为"为出发点和落脚点。

补短板,不能否认新中国水利建设的巨大成就。自 1949 年新中国成立以来,我国水利事业得到蓬勃发展,从新中国成立初的落后水平逐步发展成为水利大国,在水利建设、管理、科学研究、先进技术应用等方面接近或达到国际先进水平。基本形成了水资源配置体系、防洪排涝减灾体系、水生态保护与修复体系以及管理运行制度体系。

补短板,是要我们充分认识现阶段水利建设与我国经济社会发展目标和要求的差距。随着城市化的发展加快以及人们对优质水资源、健康水生态、宜居水环境的迫切需求,以前的水利行业建设标准或者说局部的工程建设体系与新时期社会主义国家发展战略定位尚有差距,与新时代经济社会发展不相匹配,这个体系包括标准体系、建设体系、运行维护管理体系。

强监管,则是直面问题,不回避矛盾。长期以来,水利部门一直比较注重建设、轻于监管,必然导致建设的工程体系不能发挥它应有的社会服务功能,这些差距亟待我们完善与提高。鄂竟平部长提出的"水利工程补短板、水利行业强监管"治水思路是当前和今后一个时期水利改革发展的总基调,他肯定了我国水利建设的基本成就,顺应了我国经济发展的新形势和社会发展新常态,也体现了行业建设特定的社会环境与政策背景。

2 安徽省水利行业的"短板"

安徽省地处华东腹地,位于长江中游、淮河下游,跨长江、淮河、新安江三大流域,历史上水旱灾害频繁,新中国成立 70 年来,在党中央领导下,安徽人民开展了大规模的水利建设,修筑堤防、建造水库、疏

作者简介:王发信,男,1963 年生,安徽枞阳人,安徽省·水利部淮河水利委员会水利科学研究院,水文水资源研究所副所长,教授级高工、国贴专家;主要研究方向为水文水资源研究。E-mail:648498832@ qq.com。

浚河道、兴建泵站、开挖塘坝、发展水电、保持水土,对水资源进行综合开发利用,建立了较完整的防洪、除涝、灌溉工程体系,取得了令人瞩目的巨大成就。随着时间推移、社会发展,仍然有一些水利工程短板,体现在以下几个方面。

2.1　在防洪除涝方面

长江、淮河等大江大河都构筑了完整的防洪体系,但支流防洪体系不健全,防洪标准偏低,抢险交通体系标准更低,查险查漏依然靠人工,难以做到及时查险、及时除险。城市内涝问题突出,合肥、蚌埠、安庆等大中城市的道路小区均出现过"水深过膝"的现象。洼地农田内涝依然存在。

2.2　在蓄水工程方面

安徽省在江淮丘岗区和大别山区,兴建了众多蓄水工程,这些工程大多兴建于 20 世纪六七十年代,距今已有 50~60 年的历史,现状是功能衰减,大多带病运行,根据部分发达国家水利工程动态管理经验,隔一定年份是要对水利工程进行严格的运行资格审查的。而我国水利工程的可持续及使用寿命问题,似乎缺乏法规的管理与限制,但混凝土也是有质量保证期的,不应无限期地使用下去。同时,不少蓄水工程,功能发生转换,由农灌转为人饮,原相应设计亟待调整。

2.3　在灌溉工程方面

对国有大型灌区及稻作农业区而言,灌溉工程管护问题相对不突出,主要是农田输水"最后一公里"及渠道防渗与维护问题。但对沿淮及其支流上众多小型灌区而言,问题较为严重,如某县大某沟电灌站,该站建于 20 世纪 70 年代,由于是为旱作区农业灌溉供水,随着 80 年代家庭联产承包责任制,一家一户农作方式,难以做到成片灌溉用水,导致电灌站几年都不开机,现在电线被盗、干渠被平毁、机泵锈坏。某县大某沟电灌站,对淮北地区众多沿河小型电灌站而言,并非个案,这里牵涉到灌溉工程与农业生产方式的适应性问题,为什么"小口井+小白龙"在淮北地区盛行?因为它较好地适应了现行农业生产方式。

2.4　在安全饮水水源方面

安徽省农村饮水安全方面,涉及大量的水量、水质安全问题,并具有随机性、反常性、不确定性等特点,农村居民对水安全的高质量供给需求与水利行业供给能力不足的矛盾,是当前的主要矛盾;如何解决安全性需求、经济性需求和舒适性需求?虽然修建了大量的农村供水工程,但水质检测项目、设备、能力、人员等都存在一些突出问题和薄弱环节,必须通过补短板,进一步提升安徽省农村供水安全的应对能力;同时大力推进城乡供水一体化、供水规模化、运管标准化建设。

在城镇安全供水方面,部分县城供水双水源还未确定,淮北地区仍在大量开采中深层地下水;淮北地区有些县城虽然纳入"引江济淮"或"淮水北送"供水范围,但用于输水的"清水廊道"未"清","二次污染"令供水水质堪忧;缺少必要的调蓄"水缸",供水保证率堪忧。

2.5　基层水利队伍建设与小型水利工程管理方面

基层水利队伍建设与小型水利工程管理方面短板表现在以下几个方面:

(1)基层水利队伍缺编缺员严重。不少县由于编制原因,十多年都不进一个新人。同时基层水管单位由于地处偏避、待遇偏低,即使新招了大学生,他们也呆不了几年,大多走人。基层一线人员老龄化突出,熟悉机电、懂水利管理的人员缺位严重。有些基层管理人员对所管理的工程缺乏清晰的认识,解决问题不聚焦,对已有管理与问题信息也不善于收集整理。

(2)小型水利工程管理理念滞后,体制有待改革。部分工程产权归属不清,管理体制不顺,导致管理主体缺位。部分工程建设年限较长,设计标准低、效益低,成了摆设。部分工程建成后随即交付受益群众管理使用,由于缺乏有效管护,短期运行后便出现渗漏、损毁现象。还有部分工程受城市开发、工业建设等其他专项设施建设影响,功能与效益大幅削减。

(3)水利工程公益性运行补偿机制和渠道尚未建立,水管理单位职工工资及水利工程维护费得不到有效保障;随着城镇化步伐的进一步加快,灌区面积逐步缩小,小灌区缺乏必要的工程配套设施、计量设施不完善;所收取的水费呈逐年下降趋势,工程运行经费难以保障;部分小(2)型水库由村委会代管,管理不专业,供水保证率低。还有部分水管单位至今仍是自收自支、自负盈亏,与其公益性职责不相匹配。

3 对"补短板"的思考

3.1 节水优先,绿色发展

坚持节水优先方针,推动实施市、县、企业、社团节水行动。一是要充分认识到节水即减排、减排即是治污。农业节水主要是减少面源污染,工业和城镇生活节水主要是强调生产、消费端节水,提高用水效率和效益。通过节水减排,提高水生态水环境承载能力。二是通过用水定额管控,深挖农业节水潜力,研究确定与农业节水要求相匹配的农业用水定额,通过严格管控措施控制农业用水规模。同时,积极推进水价改革,对超定额用水提升水费标准,发挥好价格杠杆作用。三是通过节水定额和水价引导产业结构的转型升级。通过定额管控、提高水价,引导节水技术应用和推广,推动产业向高质量、高效益、低消耗方向发展。

3.2 统筹需求,优化配置

深入分析区域内外用水需求,合理布局,科学调度,统筹解决区域水资源供需矛盾。一是统筹区域上下游、左右岸以及区域内外的用水需求,优先保障城乡生活和基本生态用水,在生态安全的前提下合理配置生产用水。充分考虑区域水资源丰枯变化大的特点,科学配置水资源。二是完善区域水资源配置工程体系,充分利用现有工程的潜力,加强河湖连通和调蓄等手段,提升水资源配置能力。三是优化区域水资源统一调度,充分考虑生活、生产、生态各行业用水,突出解决枯期供需矛盾问题。

3.3 系统谋划,科学治理

充分发挥流域已建水利工程效益,按照"确有需要、生态安全、可以持续"的原则论证拟开工项目,统筹解决水问题。一是在更大空间尺度上谋划重大水利工程,合理规划布局。结合区域发展战略和生态经济带建设的需要,统筹解决好水生态水环境面临的问题。二是要多目标考虑,在保障防洪、供水安全的同时充分考虑水生态、水环境治理需求,加大以流域或区域为单元的河湖系统整治,加快实施水生态保护修复。三是加强已建工程提升潜力分析论证,新建工程和既有工程改造提升并重,进一步完善工程体系。

3.4 补齐短板,加强监管

加快补齐水利基础设施短板,提升能力,强化行业监管。一是结合防汛抗旱除涝水利提升工程和水利基础设施领域补短板工作,按轻重缓急,着力推进堤防达标建设、城市防洪、洼地除涝、洲滩民垸管理、蓄滞洪区建设、山洪灾害防治等,巩固完善工程体系。二是结合生态环境保护要求,适当提高工程建设标准,将绿色发展理念贯穿水利工程规划论证与设计—建设—运行各个环节,建设生态水利工程。三是加强流域取引水口门和闸泵的取水监管以及重要控制断面生态流量监测,结合新建工程,推进老旧工程信息化改造,补齐非工程措施短板,完善强监管手段。四是以全面推行河长制为抓手,开展"清四乱"等河湖专项整治行动,实现河湖面貌根本改善。建立全国统一分级监管体系,运用现代化监管手段发现问题,通过严格的问责推动调整人的行为,纠正人的错误行为。

3.5 深化改革,完善制度

完善涉水法制、体制和机制,科学管理水资源。一是深入实施河长制,持续开展"清四乱"行动,加强河湖保护管理。二是充分发挥流域机构协调管理和省际协商机制,进一步落实各级责任。三是充实完善水文站网,加强水利工程监控能力建设,推动实现与生态环境、自然资源等部门的信息共享,全面提升流域和区域的水利信息化决策服务水平。

3.6 充实基层,补助一线

省里组织有关管理团队,对全省水利工程管理人员状况做一个摸底调查,制定管理编制参考标准并与省编办沟通协调,同时帮助指导县水行政主管部门落实编制,定岗定编,根据管理需要引进一批专业技术人才,进一步充实和壮大县、乡水利干部队伍。按外业标准大幅提高基层人员工资标准,建立完善的基层人才流动机制。一方面,高收入让他们感到有甜头;另一方面,通过人才流动机制,让他们感到工作有盼头,能够解决他们在基层面临的家庭、子女教育问题。并通过有计划、有针对性地加强现有人员培训与知识更新,使之成为水利基层一线的管理行家、技术能手,逐步缓解水利工程运行管理等方面专业技术人员紧缺的现状,为水利事业持续发展提供有力的人才支持。拓宽水务管理领导干部任用渠道,提高领导班子成员中的专业技术人员比例,着力提拔任用"专业技术精、职业道德好、管理经营强"的基层优秀专业技术人才,调动县、乡水管理工作人员的工作积极性和主动性。

3.7　建立模式,引领水管

以最大限度发挥水利工程经济、社会效益为前提,积极探索乡镇小型水利工程管理模式,如公建民营、拍卖管理、群众参股、承包经营、自建自管等。规范小型水利工程建设管理行为,全面提升水利工程管理水平及配套率和完好率。让群众从管理效益中产生主动性,从而自觉投工投劳参与农田水利基本建设,可在村级成立水利工程管理协会、设立水务监督员,在所属村委会的领导下开展工作,依据工程管理效益制定补助标准,工程收益不足部分由财政补贴,工资标准可参照村委会干部待遇执行,通过设置村级水务监督员鼓励和引导群众参与农田水利建设与管理工作。

参 考 文 献

[1] 安徽省水利厅.安徽省水利工程图集[M].长沙:湖南地图出版社,2004.

[2] 王发信,等.淮河平原区浅层地下水对地表生态作用及调控实践[M].北京:中国科学技术出版社,2019.

几种新型蓄水建筑物在城市生态河道中的应用

李铁，陈洁茹，沈芝莹

（淮安市水利勘测设计研究院有限公司，江苏 淮安 223005）

摘 要 河道的蓄水一般可以通过节制闸、橡胶坝（充气式/充水式）、气盾闸、钢坝闸、低堰滚水坝等水工建筑物来实现，各种蓄水建筑物都有各自的优、缺点和适用性。针对城市河道对水景观、水文化等方面的要求，蓄水建筑物结构型式应与自然人文、景观规划等相协调，重点选取了钢坝、液压坝、气盾坝、橡胶坝等四种拦河蓄水建筑物在行洪与蓄水、泥沙及漂浮物影响、使用寿命、运行维护管理、美观性、工程投资等方面进行比选，为类似工程的选型提供一定依据。

关键词 城市河道；蓄水建筑物；型式比选

1 概述

近年来，随着人民生活水平的不断提高，对人居环境要求也越来越高，城市河道保持常年一定的生态水位和水面面积在环境中的作用得到了大家的广泛认可。河道生态蓄水可以延迟河水水力停留时间，并为生物生长净化水质提供生态位空间，同时在改善小气候方面的作用也是无可替代的。所以，越来越多的城市在河道中设置了一道甚至多道蓄水建筑物，蓄水建筑物的型式也是种类繁多，特别是钢坝闸、气盾闸、液压坝和橡胶坝应用更为广泛，下面就这几种方案的优缺点做一简述。

1.1 钢坝闸

钢坝闸是近几年开发的新型挡水建筑物，多采用下置的可转动铰支座和液压系统来达到升降闸门的目的，适用于上下游水位差较小但水深较大的河道上。

钢坝闸是一种新型可调控溢流坝，主要由土建结构、带固定底轴的钢制坝体、驱动装置组成。门轴设置了底水封，门叶设置有侧水封，确保了止水效果；液压锁定装置设置锁定点，确保闸门固定；闸门面板设置在上游侧，门体竖向垂直时，闸门为全关，向下游侧旋转90°后平卧，闸门为全开，从而实现立坝蓄水、卧坝行洪排涝的功能。由于钢坝闸采用液压启闭机控制闸门启闭，自动化程度高，可以人工调节闸上水位。闸门还可以调节局部开启，门顶像滚水坝一样过流，形成人工瀑布（见图1），可以营造良好的生态水景观，对于改善水环境质量也具有一定作用。近年来，将导水管布置在钢坝的门叶内部，导水管的出水口位于门叶的顶部，并设置喷水装置，通过控制水泵和阀门从而形成喷泉的景观效果，喷水装置中还集成照明、音乐装置，或者将激光与喷嘴相结合形成激光式的水景喷泉（见图2）。

图1 钢坝闸（普通）

图2 钢坝闸（水景观）

作者简介：李铁，男，1978年生，淮安市水利勘测设计研究院有限公司，高级工程师，设计二处处长，主要从事水利、交通、市政等工程设计研究工作。

1.2　气盾闸

气盾坝,也被称作气动盾形闸坝,是一种新型的挡水结构,其兼具橡胶坝和钢坝闸的优点,刚柔并济,其结构主要由盾板、充气气囊及控制系统等组成(见图3)。利用充气气囊支撑盾板挡水,气囊排气后塌坝,气囊卧于盾板下,可避免河道砂石、冰凌等对坝袋的破坏;气囊内填充介质为气体,塌坝迅速;各个部件均为预制部件,安装工期短;盾板及气囊模块化,便于修复。

气盾坝是综合橡胶坝、钢坝闸二者之长的新型水工建筑物。气盾坝吸收了传统活动坝型之精华,摒弃了传统活动坝型之不足,具有结构简单,可连续延伸钢坝横跨水域,单跨度可以达200 m以上(见图4),建设、安装周期短;防洪渡汛能力突出,运行安全可靠;过水高度和运行状态持续可控;具有更强的清污、排淤能力;挡水和过水能力更高;充排时间短,运行管理简单;使用寿命超长,综合效益高;抗震能力强,对基础的适应性高;景观效果佳等特点。

图3　气盾坝(一)　　　　　　　　　　　　图4　气盾坝(二)

1.3　液压坝

液压坝是近年来水利行业新发明创造的一种新闸型,曾入选为水利部2011年度水利先进实用技术推广产品。与传统挡水型闸坝相比,液压升降坝具有力学结构合理、泄水效果好、不易受漂浮物影响和泥沙淤积等优点。它在充分考虑传统的活动坝缺陷基础上,保留了平板闸、橡胶坝、翻板闸三种坝型的基本优点:①具有橡胶坝可控、紧贴河床不阻水的特点;②具有翻板闸自控、任意保持水位高度特点;③具有平板闸坚固耐用的特点。

液压坝是一种采用液压系统控制原理和机械力学原理,就像自卸汽车力学原理一样,结合支墩坝水工结构型式的新型活动坝,具备挡水和泄水双重功能(见图5、图6)。

图5　液压升降坝(一)　　　　　　　　　　图6　液压升降坝(二)

液压系统由动力装置、控制调节装置、执行元件和辅助装置等组成,液压泵提供动力,把机械能转化为液压能。控制调节装置主要指液压控制阀组,包括溢流阀、节流阀、换向阀等阀组,其作用是对液压油的压力、流量、方向起控制调节作用,实现液压系统的性能要求。液压缸是液压系统的执行元件,把液压能转化为机械能,实现液压升降坝的动作要求。

1.4　橡胶坝

橡胶坝是用高强度合成纤维织物作受力骨架,内外涂敷橡胶作保护层,加工成胶布,再将其锚固于底板上成封闭状的坝袋,通过充排管路用水(气)将其充胀形成的袋式挡水坝(见图7)。坝顶可以溢流,并可根据需要调节坝高,控制上游水位,以发挥灌溉、发电、航运、防洪、挡潮等效益(见图8)。

图7　橡胶坝(一)　　　　　　　　　　　　　　图8　橡胶坝(二)

橡胶坝结构简单,具有节省三材、造价低、施工工期短、自重轻、抗震性能好、跨度大、止水效果好、新颖美观等优点,在实际工程中被大量应用。但在工程运行过程中,橡胶坝也表现出了缺点和不足,例如坝袋坚固性差、坝袋易老化、使用寿命较短、坝高受限等缺点,而且橡胶气袋等主要设备需要进口,目前国内无替代产品,一旦损坏,更换费用及订货周期均受代理商限制。

2　综合比较

从行洪与蓄水、泥沙及漂浮物影响、使用寿命、运行维护管理、美观性、工程投资等方面对上述4种蓄水坝进行比较。

(1)在行洪和蓄水方面,4种坝型除橡胶坝都快速塌坝或升坝,快速泄水而不影响河道行洪或快速蓄水,而且可以任意调节坝高,但橡胶坝塌坝或升坝时间较长,不能调节坝高。

(2)在对泥沙及漂浮物影响方面,钢坝、气盾坝和液压坝可通过液压或气囊装置强行顶开坝面从而达到塌坝或升坝,而橡胶坝容易被漂浮物或尖锐物损坏。

(3)在使用寿命方面:钢坝采用集成式液压启闭机,使用年限一般可达50~60年;气盾坝采用配套气囊控制钢闸门,使用年限在40年左右;液压坝采用分体式液压启闭机,使用年限在30年左右;因橡胶坝的坝袋易老化,使用寿命最短,一般最多15年。

(4)在运行维护管理方面,钢坝因结构简单,运行管理最方便,维护成本也最低;气盾坝与液压坝因多气囊或多液压结构,同步性差,管理要求较高,但气盾坝的维护成本比液压坝要低;橡胶坝因结构简单,故而维护比较方便,但需要经常清理杂物,防止破坏。

(5)在美观性方面,四种坝面或坝袋都可以做成彩色的,钢坝整体景观和瀑布效果最好,还可通过控制水泵和阀门从而形成喷泉效果,甚至在喷水装置中集成照明、音乐装置,形成激光式的水景喷泉;气盾坝和液压坝因气囊或液压杆对景观有一定的影响,瀑布效果尚可,橡胶坝因坝体为圆形,瀑布效果最差。

(6)在投资方面,根据所实施的项目并参考市场价,几种坝型在相同地质情况下土建方面投资相差不大。如果仅考虑设备方面(含闸坝、启闭设备、埋件等附属),其中钢坝最高,一般达到4万元/m,如果增加一些水景观,还会增加1万~2万元/m,气盾坝比钢坝略低,液压坝综合单价约1.6万元/m,橡胶坝最低,一般不高于1万元/m。

蓄水建筑物方案比选见表1。

表 1　蓄水建筑物方案比选

项目	钢坝	气盾坝	液压坝	橡胶坝
行洪与蓄水	塌坝后坝面紧贴河床不阻水,能够实现快速泄洪和蓄水,能调节坝高	塌坝后坝面紧贴河床不阻水,能较快实现泄洪和蓄水,能调节坝高	塌坝后坝面紧贴河床不阻水,能够实现快速泄洪和蓄水,能调节坝高	塌坝后坝面紧贴河床不阻水,不能快速实现快速泄洪和蓄水,不能调节坝高
泥沙及漂浮物影响	可通过液压装置强行顶开坝面	可通过气囊装置强行顶开坝面	可通过液压装置强行顶开坝面	坝袋易被漂浮物或尖锐物损坏
使用寿命	闸门为钢结构,配套集成式液压启闭机,一般 50 年	闸门为钢结构,配套气囊控制闸门,40 年左右	闸门为钢结构,配套分体式液压启闭机,一般 30 年	使用寿命短,一般最多 15 年
运行维护管理	单孔结构,运行管理方便,维护成本低	跨度大,闸门后气囊多,运行管理要求较高,维护成本低	启闭设备为多组液压结构,闸门启闭同步性相对较难保证,维护成本较高	需要经常清理杂物,防止破坏,维护方便
美观性	坝面可喷色彩,瀑布效果好,景观效果好	坝面可喷色彩,下游气囊对景观略有影响	坝面可喷色彩,下游液压杆对景观略有影响	可做成彩色坝袋,瀑布效果差
投资(不含土建,坝高均为 2.0 m)	综合单价约 4.0 万元/m(含闸门、启闭设备、埋件等)	综合单价约 3.5 万元/m(含闸门、气囊、埋件、空压系统等)	综合单价约 1.6 万元/m(含闸门、启闭设备、埋件等)	综合单价约 0.6 万元/m(含坝袋、空压系统、埋件等)

3　结语

通过介绍和分析,以上几种坝型对城区河道均具有实用性,钢坝及橡胶坝整体性好,坝体无凹凸现象,过坝水膜整齐完整,但单跨坝长受结构影响不宜过长;液压坝及气盾坝均为分块软连接坝体,坝体纤细,坝长基本不受结构影响。在满足基本蓄水需求后,结合城市景观要求,将拦河坝、喷泉集中在一起,虽然总投资偏高,但其节省了大量的普通喷泉装置,也节省了普通喷泉制作过程中所需要的基础设施(如支架结构、混凝土、浮箱等),喷泉还可以让喷水落于拦河坝的上游,既可让蓄水区域内水体流动、增氧,使水体得到净化,再配以集成照明和音乐装置,夜晚营造出绚丽多彩的视听效果,从而实现一体多能、一点多景的综合效益。

参 考 文 献

[1] 水闸设计规范:SL 265—2016[S].北京:中国水利水电出版社,2016.
[2] 朱毅辉.橡胶坝的用途及构造原理[J].大众科技,2010(6):91-92.
[3] 李文君.唐山市胜利桥枢纽钢坝土建结构设计[J].水科学与工程设计,2010(6):20-22.
[4] 陈莉,韩伟刚.国产气盾坝在咸阳渭河水生态治理工程中的应用研究[J].水利与建筑工程学报,2017(1):136-138.

重点工程可供水量核算要点

陈干琴[1],庄会波[1],袁月平[2],季妤[1],尚艳丽[3]

(1.山东省水文局,山东 济南　250002;2.青岛市水文局,山东 青岛　266000;
3.泰安市水文局,山东 泰安　271000)

摘　要　在审查43座大中型水库可供水量核算成果基础上,对存在的技术问题进行了梳理、总结,对关键性技术进行了定性、定量研究,并针对逐个问题提出了具体、可行的解决方案,对提高成果质量和指导相关工作具有重要的参考作用。

关键词　重点工程;可供水量;核算要点;山东省

1　工作任务及开展情况

根据当前水资源管理的需要,第三次山东省水资源调查评价在全国规定性任务基础上,将全省43座重点工程可供水量复核工作纳入重点评价任务,并写入《第三次山东省水资源调查评价任务书》(2017.9)。重点工程可供水量成果是水资源合理开发和优化配置的重要依据,应具有严肃性、权威性。43座重点工程是指全省33座大型水库和集水区跨地级行政区的10座中型水库,其可供水量复核工作具体由各市水资源评价技术承担单位完成。成果审查由第三次山东省水资源调查评价技术承担单位山东省水文局负责,笔者是主要审查人。

重点工程可供水量具体核算任务有二:一是分析现状用水户用水满足程度,以农业供水为主或已颁发农业取水许可证的水库,分析灌区现状有效灌溉面积灌溉满足程度或农业许可水量满足程度及现状工业生活用水满足程度;以工业生活供水为主且未颁发农业取水许可证的水库,分析现状工业生活用水满足程度及近5年实灌面积灌溉满足程度。二是分析可供水量,以农业供水为主或已颁发农业取水许可证的水库,分析满足现状有效灌溉面积正常灌溉或满足农业许可水量情况下可供给工业生活的最大供水量;以工业生活供水为主且未颁发农业取水许可证的水库,分析满足近5年实灌面积正常灌溉情况下的最大工业生活供水量。对于流域内包含大型水库的大型水库,还应增加上游大型水库按照最大供水量供水情况下本水库可供水量核算任务。

该工作不属于统一规定的全国性评价内容,不参加流域和全国汇总,加之受时间和人力条件限制,其具体开展放在了完成常规性评价任务之后,大概从2019年下半年开始,各市早晚不一,11月中旬各市提交了初步成果,11月下旬召开了全省技术会暨成果汇总会,会后省、市两级承担单位对逐个重点工程可供水量成果进行了反复核实、修改、完善,于2020年4月形成了科学严谨、合理可靠、省市一致的评价成果。

2　主要存在问题

17市水资源调查评价承担单位重视程度不一、技术力量各有差异,少数承担单位缺少类似工作经验,初步成果中问题较多,主要总结如下:

(1)调节计算方法不统一。有采用"计入损失的长系列调节计算方法",也有采用"不计入损失长系列调节计算方法",对采用方法的依据及对成果的可能影响缺乏必要的交代。

作者简介:陈干琴,女,1977年生,山东省水文局高级工程师,主要从事水文水资源分析计算工作。E-mail:ganqinchen@163.com。

（2）采用系列长度不一。主要有采用 1956～2016 年和设站年份至 2016 年两种情况，缺少系列代表性评价内容，不利于成果应用。

（3）关于现状来水量。一是概念不清，对其内涵缺乏理解，前文现状来水量内涵与后文调节计算水量平衡项目不对应、不协调；二是对天然径流量中大量负值进行简单"零"处理，导致成果偏大、不安全；三是现状来水量计算方法单一，成果合理性分析不够。

（4）用水户情况介绍不全面、不详细，部分水库仅说明了工业生活用水量合计值，农业灌溉需水量计算缺乏必要的过程，有些未考虑不同年份降水差异，在一定程度上影响了可供水量成果精度。部分取得农业许可证的水库灌区，将年度许可水量作为每年需水量进行长系列调算，违背了灌溉保证率内涵。

（5）其他问题还有：水库蒸发量计算公式不符合事实，死搬硬套教科书公式；未考虑水库下游河道基本生态用水量；农业用水限制库容有采用各月固定的限制库容，也有采用各月变化的限制库容；不考虑汛限水位及农业用水限制库容；兴利水位和汛限水位对应库容等控制库容不正确；保证率分析不符合最新规范等。

3 关键技术及解决方案

针对上述问题，笔者查阅大量文献，并就有关问题选用多座水库进行了定性、定量研究，对关键技术和解决方案进行了梳理、总结。

3.1 关于调节计算方法

从概念上讲，"计入损失的长系列调节计算方法"较为严谨，推荐采用该法。

"不计入损失长系列调节计算方法"实质是假设了现状来水量中蒸发渗漏量与现状或未来供用水情况下的蒸发渗漏量相等。显然，在分析现状满足程度时，假设现状来水量中蒸发渗漏量与现状用水情况下蒸发渗漏量相等是合理的。为分析"不计入损失长系列调节计算方法"对可供水量成果的可能影响，笔者以田庄水库、光明水库、冶源水库等现状具有剩余供水能力的 7 座水库为例，采用"计入损失的长系列调节计算方法"分别分析了现状和最大供水两种情况下的多年平均年蒸渗损失水量，发现最大供水情况下蒸渗水量都较现状供水情况下蒸渗水量要小，其偏小幅度与水库剩余供水能力有关，剩余供水能力越大，偏小幅度会越大。由此判断采用"不计入损失长系列调节计算方法"得到的可供水量成果相比"计入损失的长系列调节计算方法"成果是略微偏小、偏于安全的。

另外，采用"不计入损失的长系列调节计算方法"，会存在不少月份现状来水量为负值，根据第三次评价单站径流还原计算成果，2000 年以来水库水文站天然径流量负值情况较 2000 年前有所增加、占有一定比例，将负值简单"0"处理会导致现状来水量不同程度偏大，从而导致现状满足程度偏高或可供水量成果偏大。应对负值进行前后协调处理，即将负值中和到前后的正值中，确保处理前后多年平均年来水量基本不变。

3.2 关于系列长度

根据最新评价成果，对全省而言，1956～2016 年系列总体代表性较好、略微偏丰。鉴于本项工作是第三次水资源调查评价的重要组成部分，推荐采用与水资源评价一致的基础系列，即推荐采用 1956～2016 年进行长系列调节计算。采用设站年份至 2016 年系列因其年限远超过 30 年亦符合相关规范。不管采用哪个系列，报告中都应对采用系列的代表性进行必要的评价说明，以指导成果应用。

3.3 关于现状来水量

对于设有水文站的水库工程，现状来水量系列有两种计算方法：一种是基于坝址断面近期天然径流量系列，逐年扣除现状上游工程和用水条件下的拦蓄利用水量，再加上本水库现状条件下蒸发渗漏水量。需要注意的是，个别市个别水库站还原计算时将水库渗漏量已经计入天然径流量当中，计算时不能重复还原。另一种是基于水库出库水量和蓄水变量系列，以二者之和扣除上游工程未建年份现状条件下的拦蓄利用水量，再加上本水库实际蒸发渗漏水量。

对于未设水文站、借用参证站为河道水文站天然年径流量系列计算现状来水量的水库工程，水文比拟法得到的是水库上游（入库断面以上）现状条件下的天然径流量，再逐年扣除现状上游工程和用水条件下的拦蓄利用水量,并加上库面降水量,得到现状来水量;借用参证站为水库水文站时,水文比拟法得到的是坝址断面天然径流量,进一步采用第一种方法即可得到水库现状来水量。

上述方法得到的现状来水量适用于"计入损失的长系列调节计算方法",严谨地讲,此时现状来水量内涵应为水库现状条件下上游入库水量与库面降水量之和。如采用"不计入损失长系列调节计算方法",则不需要还原蒸发渗漏水量,其他处理基本相同,此时现状来水量内涵应为水库现状条件下上游入库水量与库面降水量之和再扣除蒸发渗漏水量,基本等同于出库水量与水库蓄变量之和。

受调节计算方法影响及资料条件限制,各重点工程现状来水量内涵是不一样的。应在报告中对水库现状来水量的内涵进行明确界定,即说明具体包括水库上游来水量、库面降水量、库面蒸发量、水库渗漏量等中的哪些项目。

现状来水量成果可靠性对水库可供水量成果影响较大,建议从两个方面进行分析检查:一是对水库多年平均现状来水量、实测水量、近期天然径流量进行比较,结合现状上游拦蓄利用量、上游工程未建年份拦蓄利用量、水文站天然径流量一致性修正情况及修正幅度等,分析各项数据之间的协调性;二是按照1956~1979年、1980~2000年、2001~2016年三个统计年限,对比分析年均降水量、实测径流量、近期天然径流量和现状来水量各项数据之间的协调性,以确保现状来水量成果合理、可靠。

3.4　关于水库蒸发渗漏水量

对于现状来水量中蒸发渗漏水量还原计算。基于坝址断面天然径流量计算现状来水量时,蒸发量可采用实际值替代,考虑到坝址断面天然径流量已经是坝址断面以上现状下垫面条件下的天然径流量,因此渗漏量应采用现状条件下即除险加固后渗漏损失系数估算;基于出库水量和蓄水变量计算现状来水量时,水库蒸发和渗漏水量应根据当年实际情况估算,不同时期水库渗漏系数可根据无雨期观测资料估算。蒸发损失量应为库面水面蒸发量,不应扣除相应陆面蒸发量。

对于用水项目中蒸发渗漏损失水量计算,应按照水库现状渗漏系数和水面蒸发量及相应调算库容计算蒸渗水量。

3.5　关于工业生活需水量

本次重点工程可供水量核算作为水资源评价层面工作,主要服务于当前区域水资源配置和用水量控制管理,考虑到工业供水保证率与生活用水保证率要求相差不大,可合并考虑按照保证率95%要求论证。为提高核算报告的严肃性,应逐一列出取得许可证的用户名称及许可水量及未取得许可证但具有取水事实的用水户名称及实际年用水量,现状工业生活需水量为有效许可水量及未取得许可的事实用水量之和。

3.6　关于农业需水量

针对各地农业需水量采用历年变动值及多年不变值两种实际情况,笔者以光明水库、田庄水库、卧虎山水库3座为例,给定一套相对较大的灌溉面积,按照历年相同的农业需水量和历年变动的农业需水量两种情况分别进行了调算比较,发现采用历年相同的农业需水量时现状用水户满足程度和满足给定灌溉面积正常用水情况下的最大工业城市供水量成果都一定程度地偏高、偏大;又给定一套很小的灌溉面积,发现两种情况下的成果差异基本可以忽略。

为此,以农业供水为主水库、已颁发农业许可证水库及以工业生活供水为主但近5年实灌面积仍较大的三种类型水库,报告中应提供灌区基本信息,如主要作物种类、名称、复种指数等,并按照历年实际降水量和主要作物需水规律,根据水量平衡原理计算各种作物净灌溉定额及灌区历年综合净灌溉定额,结合灌区现状有效灌溉面积或近五年实灌面积及灌溉水有效利用系数,计算现状历年逐月农业需水量,或者采用试算法确定与农业许可水量对应的历年逐月需水量;对于以工业生活供水为主且近5年实灌面积很小的水库,考虑到农业灌溉保证率相对偏低,认为可以采用历年相同的农业需水量并采用同一月分配系数简化处理。

无论是以工业生活供水为主还是以农业供水为主的水库,报告中都应对比分析用水定额计算成果与《山东省主要农作物灌溉定额》(DB 37/T 1640.1—2015)、《山东省农业农水定额》(DB 37/T 3772—2019)等相关成果的协调性。

对于农业许可水量,考虑农业用水随丰枯变化及农业用水保证率低的客观事实,为确保灌区多年平均用水量达到许可水量,在具体调算时应以多年平均用水量与许可水量相等为控制,而非多年平均需水量与许可水量相等。

3.7　关于调节计算方程(或水量平衡方程)

调节计算方程中各平衡项目应与前述现状来水量内涵一致。采用"计入损失的长系列调节计算方法"时,如现状来水量为库区上游来水量和库面降水量之和,则调算方程中来水项目不应再包含库区降水量;如现状来水量仅为库区上游来水量,则调算方程中来水项目应增加库区降水量。采用"不计入损失长系列调节计算方法"时,现状来水量实为库区上游来水量与库面降水量之和扣除库区水面蒸发量和水库渗漏量,调算方程中用水项目不应再包含库区蒸发量和水库渗漏量。应认真核实来水量内涵与调算方程平衡项目的一致性、严谨性,确保成果安全、可靠。

3.8　关于水库下游河道生态用水量

省内河流基本都属于季节性河流,生态用水保证率尚未有明文规定,结合山东省实际情况,推荐的处理方法有两种:一种方法是先将现状来水量扣除10%再进行调节计算;另一种方法是暂且不考虑生态用水进行调算,如果调算结果中多年平均弃水量超过多年平均来水量10%,则认为弃水即满足下游河道基本生态用水需求,如多年平均弃水量少于多年平均来水量,则减少可供水量。

3.9　关于农业用水限制库容

关于农业用水限制库容,据调查目前存在两种处理方法,一种是直接采用某一固定值采用多次试算确定,二是采用某一枯水年组,先根据工业生活需水量采用倒算法求得逐月控制库容,再取外包值得到年度逐月限制库容,据此曲线下调某一数值作为年内变化的农业用水限制库容,也是通过多次试算确定的。根据笔者对光明水库、峡山水库等试算结果,两种方案导致的可供水量成果差异很小。

3.10　关于调节计算方案及其他问题

对实行汛限水位控制管理的水库应考虑汛限水位进行调节计算;但凡兼有农业和工业生活供水的水库都应考虑农业限制库容,并在报告中明确现状和最大工业生活用水量相对应的农业限制库容成果,以指导成果应用。

调节计算时控制库容应采用死水位、兴利水位和汛限水位相应的库容,不能直接采用兴利库容和汛限库容作为控制库容。

关于供水保证率,根据《水利工程水利计算规范》(SL 104—2015),"城乡供水工程设计保证率应采用历时保证率",由此工业生活用水保证率应按照计算时段统计,如按照月调节计算则以月为单位统计。根据《灌溉与排水工程设计标准》(GB 50288—2018),灌溉保证率指灌溉用水量在多年期间能够得到保证的概率,由此农业用水保证率应按照年统计。

浅析西藏阿里地区供水工程管线设计

陈虎[1]，次仁德吉[2]

(1.沂沭泗水利管理局骆马湖水利管理局,江苏 宿迁 223800；
2.阿里地区水利局,西藏 阿里 859000)

摘 要 西藏阿里地区地处青藏高原西南部,地势、环境、气候非常复杂,提高人民供水保证率和供水水质,确保人民喝上"放心水",维护边疆稳定,是亟待解决的民生问题。准委援藏人员通过调研、勘测,在梳理现有供水工程,摸清现状供水水源及水量等基本情况的基础上,结合高原气候、地理环境等特点,提出可行的输水管线设计方案。

关键词 西藏阿里;供水工程;饮水安全;输水管线

阿里地区位于我国西南边陲,西藏自治区西部、青藏高原西南部,是喜马拉雅山脉、冈底斯山脉等山脉相聚的地方,被称之为"万山之祖";同时也是雅鲁藏布江、印度河、恒河的发源地,又被称之为"百川之源"。平均海拔4 500 m以上,最高海拔7 694 m,堪称"世界屋脊的屋脊"。目前地下水水源地供水水质不达标,缺少稳定、安全的供水水源,严重制约当地经济社会的发展。

作为水利部第三批技术援阿团成员,受阿里水利局委托,协同勘测设计公司、环保局、水文分局、林业局、农业局等单位在阿里地区开展勘测、调研工作,寻找优质水源替换现有地下水源,以保障县城饮水安全,同时兼顾输水线路沿线周边农村及灌溉用水,以促进当地经济社会发展,维护边疆稳定。在梳理现有供水工程、摸清现状供水水源及水量等基本情况的基础上,结合各县城的水系分布和河流水质沿程变化特点、地理位置等多种因素,提出可行的供水工程方案,经过比选得出科学合理的供水管线设计。

1 项目背景

阿里地区土地面积33.7万 km²,下辖噶尔、普兰、札达、日土、改则、革吉、措勤7个行政县,总人口约11.9万人,每平方千米仅0.4人,是我国人口密度最小的地(市)级行政区。地广人稀,各县城之间相距较远,尤其是牧民居住点更是分散。

考虑到阿里地区所处边境战略地位、生态环境、气候复杂等特点,在供水工程设计的时候,我们坚持因地制宜,充分把握阿里地区的地形特点、河流水系分布及水资源特点等,结合供水现状、水源特点及分布、用水特点及格局、功能分区、经济发展水平、社会管理水平等诸多因素,合理设计县城供水工程及布局,保证供水工程能有效实施、稳定运行。

坚持尊重自然、科学设计。阿里地区海拔高、环境恶劣,生态系统脆弱,生态环境自我修复能力差,一旦破坏无法恢复,在设计中必须牢固树立尊重自然、顺应自然、保护自然的理念,坚持经济、社会、人口、资源与环境协调可持续发展,在发展中保护,走绿色发展道路。

2 工程概况

阿里地区供水工程的开发任务是为措勤、改则等五县提供城镇生活、城镇公共、工业及生态用水等,工程主要包括水源工程、输水线路工程和净水工程。

措勤县输水线路由水源工程取水口至措勤县受水点,水平投影总长约69.3 km,设计流量0.046 m/s,

作者简介:陈虎,男,1986年生,工程师,援藏期间主要研究方向包括农村饮水、脱贫攻坚等。E-mail:361242873@
qq.com。

设计年供水量 479 万 m³。

改则县输水线路由水源工程取水口至改则县受水点,水平投影总长约 84.73 km,设计流量 0.047 m/s,设计年供水量 662 万 m³。

噶尔县输水线路朗曲水源点方案由水源工程取水口至噶尔县受水点,水平投影总长约 52.4 km,设计流量 0.499 m/s,设计年供水量 570 万 m³;狮泉河电站水源点方案由水源工程取水口至噶尔县受水点,水平投影总长约 2.45 km,设计流量 2.966 m/s,设计年供水量 1 838 万 m³。

革吉县输水线路欧果电站水源点方案由水源工程取水口至革吉县受水点,水平投影总长约 33.4 km,设计流量 1.288 m/s,设计年供水量 1 663 万 m³;下左左村灌区水源点方案由水源工程取水口至革吉县受水点,水平投影总长约 44.7 km,设计流量 1.323 m/s,设计年供水量 1 708 万 m³。

日土县输水线路德汝电站水源点方案由水源工程取水口至日土县受水点,水平投影总长约 8.86 km,设计流量 0.442 m/s,设计年供水量 568 万 m³;玛卡灌区水源点方案由水源工程取水口至日土县受水点,水平投影总长约 21.5 km,设计流量 0.142 m/s。

3 工程设计的主要考虑因素

3.1 地理环境

阿里地区河川发育,湖泊众多,主要流域有朗钦藏布、森格藏布、措勤藏布、马甲藏布和阿毛藏布。河流走向多呈北西—南东向,与区域构造线及山脉走向一致。阿里地区北部为内陆水系,无较大河流,大多数为季节性河流。西部地区是冈底斯山脉、喜马拉雅山脉的高山槽谷伸延部分,为狮泉河、噶尔藏布、象泉河等河流的源头,属于外流水系。

工程区地下环境(土壤和水)含盐量极高,远远超过一般内陆盐土的含盐量,这一环境条件对混凝土、混凝土结构中钢筋均具有腐蚀性。

3.2 工程防冰冻要求

根据当地气象资料,阿里地区具有海拔高、低温持续时间长和空气干燥等自然地理条件,冬季终年低温严寒,极端最低气温-41 ℃,年平均气温不足 0 ℃,极有利于季节性冻土的形成。根据《中国季节性冻土标准冻深线图》可知,区内最大冻土层厚为 1.6~1.8 m,持续时间达 5 个月,具季节性、冻胀性。根据走访了解当地工程经验得知,拟建场地冻土层厚按 2.4 m 考虑为宜。

4 输水方式的选择

根据水源点和受水区(点)的地形地貌特点以及高程关系,选择采用自流输水方式。无压输水可选择的建筑物主要有明渠、暗涵、渡槽和无压隧洞,有压输水可选择的建筑物有压力埋管(含倒虹吸)、有压隧洞等。

由于工程区蒸发量大,无压输水耗损量大;且地下水盐离子含量高,输水水质易污染,永久占地多,受地质灾害影响大,管理难度大。受地形地貌特点约束,本工程不适合明渠输水。

如果采用有压输水方式,线路布置简单,管线随地形铺设(采用埋管少占地),局部交叉建筑物可采用顶管形式。输水线路短,建筑物交叉少,输水安全度高,受地质灾害影响小,便于管理。通过实施长距离管道输水,可以实现集约、节水和高效利用水资源的目的。

5 输水管材选择

目前长距离输水工程可选管材一般分为金属管和非金属管。常用管材主要有钢管(SP)、球墨铸铁管(DIP)、预应力钢筒混凝土管(PCCP)、玻璃钢管(FRPM)、低密度聚乙烯管(PE)和聚氯乙烯管(PVC)等。下面分别就各种管材的特点进行论述,通过对各种管径的管材资料的研究分析,选择出适合本工程的经济实用管材。

5.1 常用管材比较

(1)钢管。钢管应用的历史较长、范围较广,输水工程中一般选用螺旋焊缝与直缝焊接钢管,钢管的管径、管壁厚度、管段长度可进行调整。管材及管件加工容易,建厂周期短、抗震性能优,特别是地形复杂的地段更适宜采用钢管。耐高压、韧性好,一般管壁相对较薄,管段较长,因此重量轻、运输方便、接头少。水泥砂浆内衬后的内壁糙率 n 较小,水力条件好。机械强度好,管壁厚度可随内外压力变化进行调整,管身的可焊性、连接性好,沿线几乎不漏水,最大口径可达 4 m,对地基的不均匀沉陷适应能力强。

钢管属于柔性管道,整体刚度相对较小、易变形,特别是抗外压能力差,外压较大时管外需采用钢筋混凝土回填包封。

(2)球墨铸铁管。球墨铸铁管具有强度高、韧性大、抗震性能好、耐腐蚀和安装方便等优点;内衬水泥砂浆或涂刷卫生级环氧树脂防护,对输水水质无影响;可承受工作压力超过 2.0 MPa 以上,强于非金属管材;延伸率、刚度、抗拉强度较大,承受外荷载的能力强于其他管材;柔性接口,拆装方便,承受局部沉陷的能力好,特别在有地下水或管内有少量余水的状况下维修容易,比非金属管材维修难度小;防腐性能优良,比化学管材及钢管使用寿命长。

大口径球墨铸铁管加工工艺复杂,需进行专门设计,铸造难度大、造价高、制造周期长、管壁薄,承、插口端容易变形,影响管道敷设质量。重量较同口径钢管重。

(3)预应力钢筒混凝土管(PCCP)。预应力钢筒混凝土管是近年从国外引进的新型管材,由钢筒、钢丝和混凝土复合制成,按制作工艺,可分为内衬式(PCCP-L)和埋置式(PCCP-E)两种型式,内衬式是在钢筒内部衬以混凝土后在其外面缠绕预应力钢丝再辊射砂浆保护层,该型式一般管径较小;埋置式是将钢筒埋在混凝土里面,然后在混凝土管芯上缠绕环向预应力高强钢丝,再辊射砂浆保护层。

PCCP 综合了钢材的抗拉、易密封和混凝土的抗压、耐腐蚀性能,具有耗钢少、使用寿命长的特点。管内表面光滑,糙率小,同时由于不易腐蚀结垢,因此过水能力强,水头损失小,并且过水能力不随时间降低。

缺点是管壁厚、自重大,运输、安装不方便,管外壁水泥砂浆层强度低,抗渗性、抗腐蚀性差,受撞击易缺角掉块,质量难以保证。因此,在沿线地基土及地下水的腐蚀性环境下不宜采用此管材。

(4)玻璃钢夹砂管(FRPM)。玻璃钢管是选用多种不同性质的树脂作为内衬渗层,玻璃纤维做增强层复合制造而成的,大口径常采用玻璃钢夹砂管。

主要优点是耐腐蚀,管内壁光滑,粗糙度小,工作压力达 2.5 MPa。

缺点是外刚度相对小,管壁薄、脆性大,对管道基础及管壁外侧回填料要求严格,受重物撞击、装卸、倒运时易形成暗伤点,接头处为双 O 形圈,易在压力变化较大段漏水。

(5)低密度聚乙烯管(PE)和聚氯乙烯(PVC)。优点是内壁光滑,不结垢,不滋生细菌,耐腐蚀性能好,重量轻及表面光洁,使用寿命长。但大部分管材质脆,不耐外压及冲击,抗紫外线能力差,膨胀系数大,多适用于埋入受外压较小和管径较小的管道工程。

综合比较上述常用管材的技术指标见表1。

表 1　输水管材比较

管材名称	钢管 (SP)	球墨铸铁管 (DIP)	预应力钢筒 混凝土管(PCCP)	玻璃钢夹砂管 (FRPM)	低密度聚乙烯管(PE) 和聚氯乙烯(PVC)
接口	焊接	承插	柔性承插	柔性承插	热熔焊接
安装	方便	方便	不方便	方便	方便
适应口径		300~2 600 mm	600~4 000 mm	<4 000 mm	<600 mm
重量	中	较重	重	轻	轻
安全性	高	高	高	中	中
突出优点	施工方便	耐磨性能好、 施工方便	抗渗性能、抗内压、 外压性能好	耐腐蚀、重量轻、 内壁光滑	耐腐蚀性能好, 重量轻及表面光洁
价格比较	高	高	适中	口径越大,价格越高	高

续表 1

管材名称	钢管 （SP）	球墨铸铁管 （DIP）	预应力钢筒 混凝土管（PCCP）	玻璃钢夹砂管 （FRPM）	低密度聚乙烯管（PE） 和聚氯乙烯（PVC）
适用场合	线路复杂,非标场合,维修替代	小口径、短线路	大流量、高压、长距离	中小口径、严重腐蚀环境	埋入受外压较小、小口径
环保特性	好,无污染	好,无污染	好,无污染	一般,有污染	好,无污染
承压特性	0.4~10 MPa	0.4~2.0 MPa	0.4~2.0 MPa	<2.5 MPa	0.4~2.0 MPa
使用寿命	<30 年	30~50 年	30~60 年	30~50 年	
性价比	中	高	高	中	中
主要缺点	易腐蚀	制造能耗高,同口径价高	重量较大	刚性低,抗外压能力差,接口易开裂	管材质脆,不耐外压及冲击,抗紫外线能力差,膨胀系数大
加工难度	容易	较难,工艺复杂	容易,质量易保证	难,质量不易保证	容易
施工难点	内外防腐	垫土夯实	避免碰撞	回填土质量、圆度保证	施工简单

5.2 本工程对管材的要求

本工程输水沿线基本位于高寒山地及山前、河道坡地上,管线承受的内压、外压均较大,且本工程采用单管输水,输水保证率要求较高。本工程要求所选管材具备以下特点:

(1)能承受一定的工作压力,本工程管理内水流均为有压自重流,最大净水头超过 200 m。

(2)应具备一定的抗外荷能力,由于本工程埋管敷设形式所占比例较大,沿线地形条件复杂,埋深变化范围大,某些部位还要穿越公路及河流,因此管道需要承受除管顶填土静荷载外,还应承受车辆等动荷载以及管底部不均匀沉陷和管道内外温差引起的集中荷载。

(3)管内壁应光滑,长期输水时,输水能力应基本不变,以免长期输水后富裕水头不足。

(4)由于本工程所输送的水主要为城镇生活用水,对水质要求高。因此,要求管材长期与水接触时,不应产生有害的化学物质及有毒物质。

(5)管材应具有良好的抗腐蚀性能,耐老化,使用寿命长。

(6)管材与管材、管材与管件连接方便,连接处应满足工作压力、抗弯折、抗渗漏、强度、刚度以及安全等方面的要求。

(7)在满足输水安全的前提下,造价应尽可能低,做到经济合理、维护方便。

5.3 管材的选定

在长距离输水工程中,管材所占投资额比例为 50%~70%,因此合理选择管道材质尤为重要。管材的选择一般要根据工程规模、管道的工作压力等级、地形、地质条件及基础埋深等管道使用环境条件、施工交通和运输条件、系统的安全可靠性要求、工期及运行维护与检修要求、当地管材的生产状况、应用习惯等,进行技术、经济合理性和安全可靠性等方面的综合比较后确定。

钢管的性能最好,在复杂地形和较高内压时,具有最好的性能优势。从管材对沿线地基的适应性考虑,本工程输水线路基本沿河道及山前坡地布置,中途多有小的沟道交叉分布。考虑到 SP 是焊接连接,具有整体性,可减轻局部不均匀受力的影响。3PE 防腐组合及 SP 沿线增加阴极保护后,可确保 SP 管不受或减弱地基土及地下水对钢管的腐蚀,保证钢管管道的使用寿命。

通过对几种可选管材使用性能的综合分析和对该工程施工技术、工程费用的综合考虑,为便于敷设管路,满足供水压力、防腐等要求,本工程现阶段管材最终选择采用内热熔结环氧涂层、外 3PE 涂塑钢管方案。

沂沭泗直管堤防险工险段管理工作思考

李飞宇

（淮河水利委员会沂沭泗水利管理局，江苏 徐州 221000）

摘 要 堤防工程是防御洪水的重要屏障，对于保障人民的生命财产安全、促进流域社会经济发展都起到了重要的作用。险工险段是堤防工程管理的重中之重，因此要进一步加强堤防险工险段管理，使其充分得到保护并发挥出堤防应有的作用，保障堤防工程安全运行。文章介绍沂沭泗直管堤防险工险段的管理状况，分析管理工作中存在的困难和问题，思考进一步加强直管堤防险工险段管理工作的措施和建议。

关键词 险工险段；沂沭泗；堤防工程；管理

堤防工程是防御洪水的重要屏障，险工险段是堤防工程管理的重中之重，加强堤防险工险段管理是当前一项重要工作。鄂竟平部长在 2020 年全国水利工作会议上的讲话中强调，要保持水利行业强监管的高压态势，紧盯水利工程安全运行风险开展专项监督行动，要开展不少于 1 000 段堤防工程险工险段安全运行专项检查。沂沭泗局对直管堤防险工险段进一步加强管理是深入践行习近平总书记"节水优先、空间均衡、系统治理、两手发力"新时代治水思路，全面贯彻落实"水利工程补短板、水利行业强监管"水利改革发展总基调的重要举措。

1 沂沭泗直管堤防险工险段概况

沂沭泗局直管堤防工程共计 1 729.4 km，其中一级堤防 393.9 km，二级堤防 895.2 km，三级堤防 339.1 km，四级堤防 101.2 km。堤防险工险段共计 28 处，均处于三级及以上堤防。按照水利部《堤防工程险工险段判别条件》划分，共涉及 6 种险工险段类型，其中，老口门堤段 1 处（属山东省），管涌堤段 6 处（江苏境内 5 处，山东境内 1 处），崩岸堤段 12 处（江苏境内 7 处，山东境内 5 处），卡口堤段 2 处（均属江苏省），严重缺陷堤段 3 处（江苏境内 2 处，山东境内 1 处），其他堤段 6 处（山东境内 1 处，江苏境内 2 处，其余 3 处采煤沉陷段涉及南四湖湖西大堤江苏省和山东省插花堤段）。

沂沭泗局实行"沂沭泗局—直属局—基层局"三级管理体制，下设 3 个直属局（南四湖局、沂沭河局、骆马湖局）；3 个直属局共下设 19 个基层局（水管单位），基层局负责直管堤防险工险段管理具体工作。

2 沂沭泗直管堤防险工险段管理情况

2.1 核定直管堤防险工险段名录

根据《水利部办公厅关于开展堤防工程险工险段排查的通知》要求，淮委、沂沭泗局组织通过实地查看、听取汇报、查阅资料、讨论分析等方式深入开展堤防工程险工险段的排查，摸清了沂沭泗直管险工险段的基本情况，组织专家组对排查结果进行了审核，认定沂沭泗局直管堤防险工险段共计 28 处，建立了直管堤防险工险段名录，录入水利部堤防水闸信息基础信息数据库。

2.2 落实堤防险工险段管理责任

贯彻落实上级关于堤防险工险段管理文件要求，逐个险工险段明确了防汛行政责任人、管理单位责任人、抢险技术责任人、值守巡查责任人等四个责任人，在险工险段现场设立了责任人公示牌，健全管理

作者简介：李飞宇，男，1986 年生，沂沭泗水利管理局水利管理处科长，主要研究方向为水旱灾害防御与工程管理。E-mail：305900064@qq.com。

责任体系,确保责任落实到位。

2.3　强化堤防险工险段安全管理

根据《水利部关于做好堤防工程险工险段数据复核工作的通知》要求,组织对直管堤防险工险段情况进行复核,及时更新填报水利部堤防水闸信息系统。同时,立足每处险工险段现状,根据现场查勘及以往防汛经验,组织制订了沂沭泗局堤防工程险工险段抢险预案,分析预估险情,提出抢险方案、物资调运等建议,并函报地方防指,落实块石、石子、黄沙、编织袋、土工布、救生器材等必要的防汛物资;组织和地方防指联合开展专门的防汛抢险演练。

2.4　加强堤防险工险段日常管护

管理单位按照《堤防工程养护修理规程》《水管单位堤防工程检查规定》《堤防工程管理细则》等有关制度规定开展堤防险工险段检查等管理工作,规范检查记录,及时发现工程缺陷,采取有效措施及时处理;按照《沂沭泗局直管水利工程维修养护实施办法》等制度开展维修养护,保证维修养护工作规范到位,及时处理工程实体存在问题,保证堤防工程安全。

2.5　逐一建立堤防险工险段档案

档案资料是险工险段管理的重要内容。沂沭泗局针对每一处险工险段分别建立一个完整的档案,主要包括险工险段名录、险工险段基本情况、防洪标准、险情预估、历史治理、管理责任体系建设及落实、安全管理、日常管理及维护、工程实体情况等方面资料内容,同时要求电子材料和纸质材料同步完整留存,方便日常管理和资料备查。

3　堤防险工险段管理工作存在的困难和问题

3.1　管理制度体系还需完善

险工险段作为堤防工程的一部分,往往是堤身单薄、土质不好、施工质量差或隐患较多而易发生险情的薄弱堤段,或堤距过窄、易于卡阻洪水的堤段,或历史上多次发生险情的堤段。这部分堤段是堤防工程的薄弱环节,也是工程管理的重中之重。制度是管理工作的根本,当前各级管理部门并没有针对险工险段而制定专门的管理制度,所建立和适用的制度大部分是堤防工程管理方面通用的一些管理制度,并没有对险工险段的管理提出明确而具体的要求,导致在堤防工程的日常管理工作中,重视程度不够,工作落实有欠缺,达不到应有的管理效果。

3.2　管理能力建设还需强化

沂沭泗直管堤防主要涉及苏鲁两省,管理战线长,具体管理工作一般是由基层水管单位及其所属的堤防管理所等一线管理人员来实施,管理能力建设方面还存在着很多不足。一是一线管理任务重。日常管理工作中,管理所具体工作涉及管理范围内工程管理、防汛、维修养护、涉河建设项目、水资源管理、护堤护岸林等,同时还参与各类巡查、检查,及时发现问题、处理问题和上报,且大部分管理所一般只有2~3 人,普遍存在着管理人员少、管理任务繁重的现状。二是技术力量比较薄弱。部分一线管理人员能力、知识结构与岗位不适应,文化水平较低,年龄较大,管理水平不足。三是一线管理设备不完善。部分管理单位工程巡查所需交通车辆不足,检查工作所需视频采集设备短缺等。这些一定程度上影响着堤防险工险段管理工作的开展质量和效果。

3.3　加固处理渠道还需畅通

险工险段是堤防工程管理的重中之重,也是防洪的薄弱环节,对这些薄弱环节进行补强,对险工险段进行加固,最终消除安全隐患,实现工程安全运行,是险工险段管理的重要目标。当前,防洪工程方面主要项目经费渠道是水毁修复和应急度汛,都是针对当年汛前、汛后防洪工程出现的问题而进行修复,并没有对历史存在的险工险段实施加固处理的相应项目,虽然每年也根据实际情况,通过应急度汛、水毁修复等各种渠道,报送部分险工险段的加固方案和计划,往往由于各种原因未能通过审批,申请经费困难。加之,维修养护经费主要是用来维持、恢复或局部改善原有工程面貌,保持工程的设计功能,且经费额度不高,只能实施一些日常的管护处理,难以实现对险工险段实施专门的除险加固,仍有部分险工险段工程实体存在安全隐患,尚未得到彻底解决。

3.4 档案资料管理还需加强

沂沭泗局多年来坚持开展水利工程管理考核工作,按照水利部水利工程管理考核办法及其考核标准,不断规范堤防工程方面的各项管理资料。但是,具体到堤防险工险段管理方面,仅归整收集了一些基本情况以及抢险预案等基础资料,并没有针对性地形成日常性的、系统的险工险段管理工作资料,一些管理权属、责任落实等支撑资料尚不完整,险工险段档案资料欠完备,一定程度上制约着险工险段管理工作的高效开展。

4 加强直管堤防险工险段管理的思考和建议

4.1 健全管理制度体系

加强直管堤防险工险段管理首先要健全管理工作制度。在堤防工程管理的基础上,建立堤防险工险段运行管理办法、险工险段检查维护、险工险段安全管理、险工险段档案管理等方面的制度,有针对性地加强堤防险工险段管理;开展险工险段除险安全评价、除险加固及审核销号制度研究,对已有险工险段有规划、分批次地开展安全评价,发现安全隐患应及时开展除险加固,经除险加固且经专门审查认可,隐患已消除的险工险段应适时予以销号,不再作为险工险段进行管理,并应将有关情况在水利部工程数据库予以更新,形成险工险段动态管理、长效管理机制。

4.2 提升管理人员能力

管理人员是各项管理工作的执行人,也是管理工作落实的关键,提高管理人员的素质和能力是加强险工险段管理的重要手段。一是加大对一线管理人员的招录力度,合理充实一线管理人员,同时应建立年轻职工一线锻炼与工作机制,合理解决人员少、任务重的难题。二是通过加强对管理人员的日常指导、针对性地开展专门培训、采用传帮带等方式加大管理人员的培养力度,提升一线管理人员素质,提高工作效率和自身业务素质。

4.3 科学规划除险加固

堤防险工险段管理的目标应是通过加强管理和实施各种除险措施,最终消除安全隐患,使该险工险段不再是该段堤防的薄弱环节。对险工险段科学合理的实施除险加固必然是最重要的措施。鉴于当前除险加固经费申请渠道尚不够畅通。建议:一是向上级反映险工险段除险加固的重要性,积极呼吁畅通险工险段加固经费渠道,探索申请对险工险段的除险加固的专门渠道。二是结合各险工险段存在问题情况,根据实际分批次地申请堤防安全评价项目,组织对险工险段开展安全评价,鉴定其安全状况。三是针对险工险段存在的工程缺陷,应科学规划,统筹安排,有针对性地制订险工险段加固方案,利用水毁修复、应急度汛等多种渠道申报险工险段的除险加固项目,争取早日除险加固消除隐患。四是利用维修养护经费对险工险段重点处理。由于维修养护经费主要是保持工程的设计功能之用,且经费额度不高,不可能做到集中对险工险段进行彻底的整体加固。工作中,各单位可以结合维修养护经费及所辖堤防工程的实际情况,重点加强对险工险段等薄弱环节的维护,利用有限的经费,发挥最大的效益,保证工程运行安全。

4.4 加强档案资料管理

档案资料是管理工作的基础支撑,险工险段档案资料是该险工险段管理工作全过程中产生的相关文字、表格、图片、影音等内容,有利于我们更好地掌握险工险段的历史缘由、治理过程、隐患情况,从而有针对性地开展管理和实施处理,消除安全隐患,也有助于后续不同的管理工作者根据档案资料总结管理工作经验,高质量地开展管理工作。因此,管理单位应在做好险工险段档案资料日常管理工作上,建立"一险工险段一档案"制度,要做到每一处险工险段有一个完整的档案,从该段堤防的建设历史、防洪标准、基本情况、险工险段的形成缘由、险情预估、历史治理情况到管理工作中的管理责任体系建设及落实、安全管理、日常管理及维护、工程实体等全方面资料内容,同时要收集归整其他相关的支撑材料。要注重日常收集和重点归整相结合,做到电子和纸质同步完整留存。为保证险工险段档案资料归整的质量和时效,主管部门应定期对险工险段档案资料归整情况进行督促检查指导,总结交流推广工作中形成的好的经验,为提升险工险段管理水平保驾护航。

5　结语

　　堤防工程是防御洪水的重要屏障,险工险段是堤防工程管理的重中之重,也是上级实施督查暗访加强堤防管理的重要抓手,必然也将成为当前和以后水利工程管理的一项极其重要的工作。各管理单位应按照水利改革发展总基调的要求,切实加强险工险段的运行管理,强化工程检查和安全监测,查找运行管理薄弱环节和工程实体安全隐患,分析提炼堤防工程险工险段管理存在的问题,以问题为导向、以整改为目标,科学规划除险加固,严格落实安全管理责任,加强直管工程维修养护,全力保障堤防工程运行安全。

参 考 文 献

[1] 郑大鹏.沂沭泗防汛手册[M].徐州:中国矿业大学出版社,2018.
[2] 李飞宇.沂沭泗直管河湖河长制工作思考[J].治淮,2018(4):84-86.

响洪甸水电站增效扩容技术改造工程创新与实践

王砚海，龚学贤

（安徽省响洪甸水库管理处，安徽 金寨 237335）

摘　要　响洪甸水电站增效扩容改造工程为安徽省第一批农村水电站增效扩容技术改造项目，属于国家农村增效减排项目，具有较好的生态效益和环境效益，符合"全面提高农村水电增效减排能力，增强工程保障，有效发挥惠农效应"国家政策。为提高水轮发电机组综合能效和安全性能、促进水能资源合理利用、维护河流健康，以机电设备更新改造为重点，对影响发电效益、工程安全、河道生态和运行环境的水轮发电机组、引水、厂房等建筑物及送出工程进行技术更新改造，具有较好的示范推广作用。

关键词　水电站；增效扩容；技术改造；创新与实践

1　引言

响洪甸水电站是淮委自行设计安装的第一个坝后式地面电站，装机 4×10 MW，1959 年 9 月第 1 台机组并网发电。水轮发电机组为哈尔滨电机厂 20 世纪 50 年代产品，导水叶变形大，导水机构封水不严，渗漏水严重，气蚀现象明显，造成水流冲击转轮时流道改变，跑冒滴漏现象非常严重，故障频发。水轮机原转轮为 HL211 型，自苏联引进，额定点理论效率仅为 87% 左右，其效率水平和过流能力都落后于当今先进水平。发电机定子线圈绝缘脆化龟裂，击穿事故逐渐频繁，转子线圈为 B 级绝缘，端部绝缘老化龟裂，运行中温升较高。调速器虽然 1995~1998 年由原 T-100 型更新为双微机调速器，但仍存在经常出现死机和波动大，动作迟缓，调速系统的整体可靠性不能满足机组安全稳定运行需要。2 台主变为铝芯，能耗大，介损超标，渗漏油严重。2 台站用变压器为 SJL 型，属于高能耗变压器。继电保护为 20 世纪 90 年代的电磁式继电保护装置，功能不完善。控制系统为常规集中式控制，操作不便，控制困难，自动化程度低，尤其事故分析缺少实时资料支撑。

2　总体思路

为提高水电站综合效能和安全性能、促进水能资源的合理利用、维护河流健康，以机电设备更新改造为重点，并对影响发电效益、工程安全、河道生态和运行环境的引水、厂房等建筑物、金属结构及电流送出工程等进行必要的技术改造，通过改造，在水头达到 46 m 时，电站装机容量由原来 4 台×10 MW 提升到装机容量为 4 台×12.5 MW，水轮机效率由原 84% 提高到 91% 以上，发电机效率由原 95% 提高到 97%，水轮发电机组综合效率较原来提高 7.7% 以上，实际年均增加发电量 3967 万 kW·h，较改造前 5 年年均发电量增长 38%。本次改造不新增移民和永久占地，水库大坝结构及工程参数不改变，水库调节性能不改变。

3　技术方案

3.1　水力机械及辅助设备改造

工程原来状况：水轮机模型由苏联引进，额定水头 50 m，额定点理论效率仅 87%，转轮叶片为铸钢，气蚀变形严重，转轮静平衡和动平衡差，活动导水叶漏水严重。调速器为机电分离的双微机调速器，钢

作者简介：王砚海，男，1965 年生，安徽省响洪甸水库管理处工程科科长、防办主任，高级工程师，长期从事水库工程管理和调度工作。E-mail：9421217786@qq.com。

丝绳反馈的杠杆式随动系统,动作迟缓,经常出现死机或波动大现象。蝶阀阀体变形,漏水、漏油严重,封水不严,液压操作系统经常卡涩。高低压空压机噪声大,配套电机为高能耗产品。

3.2 更新改造技术方案

3.2.1 水轮机

充分考虑现有流道结构尺寸,在不改变现有输水系统结构和水轮机埋入部件(座环、蜗壳、尾水管等埋入部件均保留不动)的情况下,经过调节保证计算,选用 JF3089a 不锈钢转轮,水轮机型号为HLJF3089a-LJ-200,转轮直径 2 m,额定水头 46.0 m,额定流量 31.37 m³/s,额定出力 13 021 kW,额定转速 214.3 r/min;配套更换水轮机顶盖、底环;配套更换水导橡胶轴承、主轴密封;配套更换水轮机大轴为不锈钢大轴,更新全部导水机构(包括导叶、导叶套筒、拐臂、连杆、控制环、接力器),见图 1。

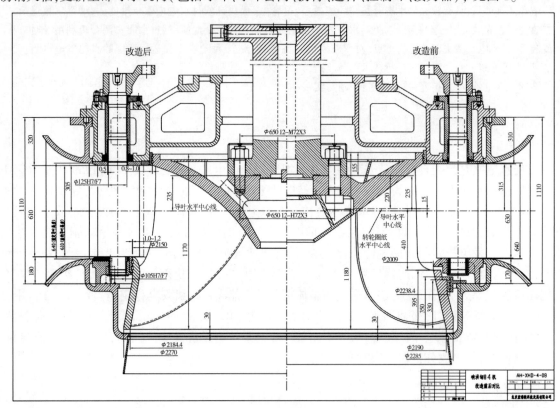

图 1 响洪闸 4 号机改造前后对比

3.2.2 调速器

更新升级为抗干扰能力强,调节精度高,操作维护方便,运行可靠的 HGS-C21 型伺服比例阀式可编程微机电液调速器(机电合柜),配套更换原有的油压装置。

3.2.3 水轮机进水蝶阀

更新升级为密封性能好、可靠性高的高油压蓄能储罐式液动蝶阀,配套新型的上游联接管和下游伸缩节等。

3.2.4 金属结构

更新闸门为潜孔式平面滑动钢闸门,在门顶设置吊杆、锁定梁结构,选用 100 kN-18 m 的移动式电动葫芦,在每扇闸门的翼缘边柱两侧设两只液压推缸,反向轨道支撑,止水密封可靠,机组检修无须潜水密封闸门。

3.3 发电机及电气设备改造升级

3.3.1 发电机

对 4 台发电机组进行空冷式结构改造,同时额定容量由原来的 10 MW 增至 12.5 MW。将 4 台发电机的定子线圈、铁芯和转子磁轭、转子磁极线圈及其铁芯等全部予以技术改造,更新发电机的镜板、推力瓦、导瓦及上、下油槽的油冷却器,同时配套更新制动、冷却(空冷器及其管路等)、消防等附属系统及其配套的管路、阀门及自动化元件等。对 4 台套发电机励磁系统进行更新改造升级,采用可控硅自并励静止励磁装置,整流器采用三相桥式全控整流电路,选用具有自动通道和手动通道的双微机型励磁调节器,能与机组的现地控制单元通信,相互交换数据。配套的励磁变采用环氧浇注干式,带金属封闭外壳。升级改造后的发电机各主要参数为:型号 TS425 / 94-28,额定出力 12.5MW,额定电压 10.5 kV,额定电流 859 A,额定效率 97%,功率因数 0.80。

3.3.2 2 台主变和 2 台站变

2 台 110/10.5 kV 主变压器依据改造后 4 台发电机的容量、额定电压及输电线路的电压等级确定型号为 ABB 公司生产的 S11-31500/110 110±2×2.5%/10.5 kV YNd11 Ud% = 10.5。由于站用电负荷没有改变,所以 2 台站用变压器的容量为 315 kVA,型号为 SC11-315/10 10.5±5%/0.4 kV D,yn11 Ud% = 4。

3.3.3 110 kV 开关设备

仍以 1 回 110 kV 线路接至六安挥手开关站,将电能送入电网,电站总装机容量为 50 MW,电站年利用小时数为 2 127 h,经计算,原线路导线截面仍能满足输送容量要求。电站电气主接线为:设置 2 台 110/10.5 kV 双线圈主变压器,机压侧采用 2 机 1 变扩大单元接线,110 kV 侧采用单母线接线(出线侧不设断路器)。其他电气设备根据《导体和电器选择设计技术规定》(DL/T 5222—2005)规定:除按正常工作状况下所在回路的最高工作电压和最大工作电流来进行选择外,还按最大运行方式下最不利的短路情况,对电气设备动稳定和热稳定进行校验。经优选和校验:110 kV 侧选择 HGIS 半封闭组合电器。10 kV 侧选用 KYN28A-12 型金属封闭移开式开关柜,柜内选配 ZN63A-12 型真空断路器,LZZBJ9-10 等型电流互感器。0.4 kV 配电装置选用 GCS 抽屉式低压配电屏,经短路条件下的动稳定和热稳定校验均满足要求。110 kV 开关设备选用六氟化硫半封闭式组合电器 HGIS,共 4 个间隔,主变进线间隔 2 个,PT 间隔 1 个,出线间隔 1 个。原有的变压器位置、母线架、110 kV 出线方向均不变。110 kV 主变低压侧出线采用分相全绝缘屏蔽管型母线与副厂房 10 kV 开关柜相连。10 kV 出线母排原为裸露式铝牌,现选用 GTM-10 型分相全绝缘屏蔽管型母线。

3.3.4 自动控制和保护系统

为提高电站的自动化水平和经济效益,减少运行和管理人员的劳动强度,提高电站的安全经济运行管理水平,自动控制方式采用远方计算机集中控制系统,按"无人值班"(少人值守)的原则进行技术改造。计算机监控系统完成全厂监视控制和自动化的任务。改造继电保护采用微机型保护装置,主要配置包括:发电机保护、纵联差动、横差、低电压保持过电流、定子绕组接地、转子绕组 1 点接地、过电压、失磁以及过负荷保护等;1~2 号主变压器的保护,纵联差动、复合电压启动过电流、轻重瓦斯、温度、过负荷保护等;1 号、2 号站变保护,电流速断、过电流、过负荷保护等。

3.3.5 直流、测量系统

电气设备的控制、保护、信号及自动装置等的电源采用直流电源,蓄电池容量按满足 1 h 事故放电容量来选择。经过计算,蓄电池容量为 150 Ah。选用"免维护全密封铅酸蓄电池",为确保在交流电源完全消失的情况下,计算机监控系统仍能可靠地工作,还配置了一台 UPS 电源,作为计算机监控系统的备用电源。根据本站是采用以计算机监控系统作为全厂集中监控的水电厂,经优化比选,采用计算机监测+常规仪表相结合的测量方式。

3.4 水工建筑物改造

3.4.1 主厂房

发动机层以上内墙整修后刷两道乳胶漆;外墙整修后窗台以下贴外墙砖,以上刷保护涂料,铺设大理石地面砖。中间层内外墙整修后刷 2 道乳胶漆,铺设大理石地面砖。水轮机层内墙整修后刷防水涂料,并刷 2 道乳胶漆;地面补做水泥砂浆地坪。发电机层梁存在裂缝以及碳化现象等问题,采用结构灌注胶对裂缝进行灌浆,并在裂缝表面采用碳纤维布封缝和结构加强。

3.4.2 副厂房

地面以上 2 层内墙后刷两道乳胶漆;外墙整修后窗台以下贴外墙砖,以上刷保护涂料;地面铺设大理石地面砖。办公楼屋面加铺 1 层 SBS 防水卷材防水。地面以上 2 层内墙整修后刷 2 道乳胶漆;外墙整修后窗台以下贴外墙砖,以上刷保护涂料;地面铺设大理石地面砖。门采用钢质防盗门,窗采用塑钢窗。装修值班室内墙整修后刷两道乳胶漆;外墙整修后窗台以下贴外墙砖,以上刷保护涂料;地面铺设大理石地面砖。

3.4.3 升压站设备支架

采用 PCS 防碳化涂料喷涂升压站钢筋混凝土支架,更换升压站铁附件及金具。

3.4.4 发电引水隧洞

平洞段由于未做衬砌,对存在发生局部岩石剥落的洞体,进行固结灌浆处理,灌浆孔深 5 m,沿每个断面布置 12 个孔,排距 2 m,梅花形布置。

3.4.5 尾水渠清淤

保持河道底宽不变,河床清淤到 68.5 m 高程,清淤厚度约 1.0 m。

3.5 主要技术特征指标(分改造前后比较)

本工程涉及水库流域面积、正常蓄水位、最大最小水头、电站装机台数等指标,在改造前后没有发生变化,改造前后变化的主要技术指标见表 1。

表 1 本工程改造前后变化的主要技术指标

序号	名称	单位	改造前	改造后
1	机组额定水头	m	42.0	46.0
2	单机额定流量	m³/s	28.4	30.51
3	电站装机容量	MW	40.0	50.0
4	近三年发电量	万 kW·h	8 249	10 634
5	年利用小时数	h	2 062	2 127
6	水轮发电机组综合效率	%	79.8	89.24
7	电站综合效能	%	75.6	85.6

4 增效扩容技术创新

通过加大定子线圈线规、更换线圈及铁芯规格材料,优化转轮模型特性曲线及运行范围,选择新型不锈钢材质的转轮、转轴,4 台水轮发电机组的装机容量由原来 4×10 MW 增至 4×12.5 MW,额定水头由改造前的 50 m 降至 46 m,有效地降低了转轮的气蚀振动和机组振摆度,增加机组运行的稳定性,发电耗水由原来 9.6 m³/(kW·h)降至 8.4 m³/(kW·h),年均发电量由改造前年均 10 347 万 kW·h 增至 14 314 万 kW·h,减少弃水 1.77 亿 m³,能耗显著降低,效率显著提高,增加弃水利用,提高水能利用率,发电效益增加明显,有效地降低运行维护成本。微机型保护装置、计算机监测和常规仪表相结合的测量方式、计算机集中控制系统等智能集成系统等新技术、新材料、新设备的投入使用,可通过人机对话,对全厂和每台机组的运行方式和状态进行预置和切换,确定机组最佳开停机顺序和合理分配负荷,安全避免机组在气蚀和振动区域运行;根据需要,记录存储打印机组运行信息档案资料,提供在线诊断、事故分析处理指导;减少设备体量,提高自动化、智能化水平,降低设备运转噪音和能耗,避免液压、降温介质油的渗漏,改善操作人员的工作环境,减少人员工作强度,有效地改善发电尾水水质。

5 增效扩容实施效果

通过增效扩容更新升级改造,达到充分利用水力资源,提高电站综合能效、安全性能以及发电能力的目标。4 台机机组单机额定功率由原来的 10 MW 增至 12.5 MW,额定水头由现状的 50.0 m 左右降低至 46.0 m,水轮机额定效率将由 84%提至 92.0%,发电机效率将由 95%提至 97%,发电量由改造前年均

10 347 万 kW·h 增至 14 314 万 kW·h,发电耗水率由改造前的 9.6 m³/s 降至改造后的 8.4 m³/s,减少弃水 1.77 亿 m³,年均减少运行维护成本 389.38 万元,增加发电财务收入 1 914.29 万元,从而达到提高年发电量及提高电站综合性能和安全性能的目的。

6　结语

　　水轮发电机组增效扩容技术改造工程在响洪甸水电站实施后,机组运行自动化水平明显提高,年均发电量较改造前平均每年增加 3 967 万 kW·h,年均减少运行维护成本 389.38 万元,年均减少弃水 1.77 亿 m³,保障下游生态流量的供给,设备"跑冒滴漏"得到有效控制,进一步净化发电尾水,大幅度降低运行人员的工作强度,改善运行操作环境,机组运行更加平稳可靠,厂容厂貌再上新台阶,水轮发电机组增效扩容技术改造陆续在安徽省水电站得到推广应用,前景十分广阔。2019 年初被水利部命名为绿色小水电站。

淮河入海水道(淮安段)工程地质条件浅析

朱崇辉,司光辉,王建东,孙松

(淮安市水利勘测设计研究院有限公司,江苏 淮安　223005)

摘　要　淮河位于我国东部地区,淮河入海水道属淮河下游地带。为更好地认识水利工程建设中面临的工程地质问题,本文以淮河入海水道(淮安段)为例,从地形地貌、地层岩性、地质构造以及水文地质条件等方面,结合地质调查资料和钻探成果,对该段的工程地质条件进行分析与探讨,旨在对水利工程建设中的工程地质评价提供一定的参考。

关键词　区域地质;工程地质;水利工程建设;淮河入海水道(淮安段)

1　前言

众所周知,淮河是划分我国南北的地理分界线。据史料记载,由于受到自然气候与区域地质等因素的影响,流域内洪涝旱灾频发,已严重影响社会经济发展和人民的日常生活[1]。自新中国成立以来,治淮工程作为第一个全流域、多目标的大型水利工程,采用点—线—面的治理模式,通过加固堤防、疏浚河道、新建水工建筑物等措施,提高了淮河的防洪标准,为洪水调度、发展灌溉和航运提供保障[2]。近些年,随着工程技术水平的提升,淮河得到了科学有效的治理,这不仅有利于改善区域水环境,合理利用水土资源,还能促进人与水的和谐相处,提升流域内城市的竞争力。

为扩大淮河洪水出路,开辟淮河入海水道,以缓解淮河下游地区泄洪风险。就有关淮河入海水道的工程地质问题,前人已开展诸多研究。其中,杨正春等[3]从地震液化、土的膨胀性以及基坑边坡稳定等方面,对淮河入海水道二河新泄洪闸的工程地质问题进行分析与评价。陈国强等[4]结合基坑渗水、渗透稳定和围堰施工等内容,概述了淮河入海水道淮安立交地涵工程的地质问题。本文从地质角度切入,对淮河入海水道(淮安段)的工程地质条件进行分析与探讨,旨在为未来的河道治理工程提供一定的参考。

2　河道现状及概况

淮河入海水道起自洪泽湖二河新闸,终至扁担港,流经淮安市清江浦区、淮安区和盐城市阜宁县、滨海县,最终注入黄海。河道全长163.5 km,其中淮安段全长67 km,宽750 m,深4.5 m,目前已完成淮河入海水道一期工程,行洪流量达2 270 m³/s,将洪泽湖防洪标准从50年一遇提高到100年一遇,建设内容涉及南、北偏泓行洪通道和南、北防洪大堤。其中,南堤属于一级堤防,北堤属于二级堤防,堤顶宽度均为8 m。从地理位置上看,淮河入海水道与苏北灌溉总渠形成两河三堤同向入海,在淮安区境内还与京杭大运河呈立交。此外,淮河入海水道亦是温带向亚热带的过渡性季风气候分界线。

3　地形地貌

淮河入海水道淮安段属淮河下游,地处苏北平原,该段河道及邻区的地貌分区以徐淮黄泛平原区为主,地貌单元以冲积扇三角洲为主[5]。整体上看,地势较为平坦,呈西北向东南方向平缓倾斜趋势。除两侧大堤因人工堆筑高程较高外,河道周边地表高程多为6.00~9.00 m(1985国家高程基准),地形起伏

作者简介:朱崇辉,男,1984年生。E-mail:304133324@163.com。

不大,河道沿线沟渠密布,河道两侧用地类别多以农用地为主。

4　地层岩性

在经历了漫长的构造运动,淮河入海水道淮安段及邻区地层由老至新依次为中元古界、震旦系至三叠系、侏罗系、白垩系、古近系、新近系和第四系,各时代地层偶有零星出露。该段河道及邻区地层岩性类型众多,包括变质岩系、碎屑岩、碳酸盐岩、玄武岩等[6]。

结合项目勘察报告和野外钻孔揭示来看,淮河入海水道淮安段及邻区第四系地层主要由淤泥及淤泥质土、人工填土、粉质壤土、黏土、粉质黏土、砂壤土、粉砂和细砂等组成。沉积物成因类型复杂,主要有河湖相、湖相、海陆过渡相等。地层自下而上可分为下更新统、中更新统、上更新统和全新统,地层岩性大体上可分述为:下更新统上部为粉细砂、粉质黏土,属河湖相夹海陆过渡相沉积,下部为粉质黏土,局部为粉细砂、砂壤土,属湖相为主的沉积;中更新统上部主要为粉细砂、砂壤土、粉质黏土,属河湖相夹海陆过渡相,下部主要为粉质黏土、黏土,局部夹粉细砂,属湖相为主的沉积;上更新统以粉质黏土、黏土为主,局部夹黏土质粉砂;全新统以粉质壤土、粉质黏土和黏土为主,还包括开挖后的人工填土及淤泥质土等。

5　地质构造及地震

淮河入海水道淮安段及邻区处于华夏系及华夏式构造体系内[6]。华夏系为北东向"之"字形构造体系,始于淮河纪,终于三叠纪。构造形迹主要由一系列北东向褶皱、压性或压扭性断裂以及相对隆起与拗陷组成,由于受后期其他构造体系的叠加、复合、改造显得残缺不全。华夏式构造主要是侏罗纪以后生成的北东向构造。形迹为北东向凹陷和凸起以及其间的断裂,并伴有微弱褶皱,是继承了华夏系主压性结构面发育起来。其中,淮阴—响水口断裂带是该构造体系内规模较大的断裂带之一,郯庐断裂带在其西北向展布。地震一般受控于活动性构造,常分布在活动性断裂带周围,淮河入海水道及邻区南侧紧邻盱眙—建湖地震带,历史记录上鲜有发生强烈地震,根据江苏省地震局对省域内地震烈度划分资料,淮河入海水道及邻区的地震烈度为7度。

6　水文地质条件

根据地下水的赋存条件及水力特征,淮河入海水道淮安段的地下水类型主要为第四系松散岩类孔隙潜水和承压水。潜水层岩性主要为全新统、上更新统的粉质壤土或粉质黏土,属于中等～弱透水层。承压水层岩性主要为中更新统的粉细砂或砂壤土,属于中等透水层。潜水主要接受地表水和侧向径流补给,以蒸发为主要排泄方式,承压水层主要接受侧向径流和层间越流补给,以侧向径流为主要排泄方式。

7　结论

(1)对淮河入海水道淮安段进行治理过程中,因河道长度较长,区域内地层成因复杂,合理地划分工程地质分段是进行工程地质评价的基础。

(2)淮河入海水道淮安段及邻区第四系地层土质类型众多,在进行工程施工时,应注意地基土层的变化,重点查明软土的分布情况,确保地基稳定性。

(3)淮河入海水道淮安段局部可能存在全新世沉积的砂壤土和粉细砂层,该区域地震烈度为7度,故对饱和砂土层的地震液化可能性评价不容忽视。

(4)在堤防筑堤过程中,淮河入海水道淮安段一般为就地取土进行填筑,填筑用土混杂,应加强土料的工程性能研究,选择合适的料场尤为重要。

参 考 文 献

[1] 金浩宇,鞠琴,谢季遥,等.淮河流域2003年7月20~22日暴雨过程分析研究[J].中国农村水利水电,2020(3):

66-73.

[2] 王瑞芳.从点到面:新中国成立初期的淮河治理[J].中共党史研究,2016(9):44-54.

[3] 杨正春,胡兆球,王根华.淮河入海水道二河新泄洪闸工程地质问题分析[J].治淮,2002(4):23-24.

[4] 陈国强,徐连锋,王庆苗.淮河入海水道淮安立交地涵工程地质问题概述[J].治淮,2002(4):27-28.

[5] 岩土工程勘察规范:DGJ32/TJ 208—2016[S].

[6] 江苏省地质调查研究院.江苏省 1:50 万区域环境地质调查报告[R].2001.

九圩港闸除险加固工程建设管理实践与探索

杨卫星，汤仲仁，江季忠

（南通市九圩港水利工程管理所，江苏 南通 226003）

摘　要　南通市九圩港闸是南通市第一大闸，建成于 1959 年 6 月。该文对九圩港闸除险加固的建设过程做了简要的阐述。针对工程建设的难点与重点，建设单位充分履行项目法人职责，通过制定有针对性的管理制度、召开相关专题会议、采用新工艺、优化施工方案等措施，克服了工程边施工、边运行的难点，全面完成了除险加固任务，九圩港闸又焕发出新的活力，继续为江淮、江海大地的水资源调控发挥着重要作用。

关键词　九圩港闸；除险加固；边施工；边运行

1　工程概况

1.1　工程位置

南通市九圩港闸位于南通市西郊九圩港河道上，距长江口 1 300 m，建成于 1959 年 6 月，40 孔，每孔净宽 5.0 m，总净宽 200 m，属大（2）型水闸。该闸主要承担南通市区、通州、如东、如皋、海安等县（市、区）345 万亩农田的引江灌溉、116 万亩农田排涝及挡潮任务。年均引水量 12 亿~15 亿 m³，约占全市沿江引水量的 50%，是南通市引江灌溉、防洪排涝的骨干工程。也是江苏省沿海开发增供淡水水源引水线路的主要引江口门建筑物。九圩港闸经 50 多年的运行，工程老化、损坏严重，工程运行存在重大隐患，2009 年，经江苏省水利厅安全鉴定为三类闸，需除险加固。

1.2　立项、初步设计批复

2010 年 1 月 18 日，南通市发展和改革委员会以《市发改委关于南通市九圩港闸除险加固工程项目的批复》（通发改交能〔2010〕34 号文）批准该工程立项。

2011 年 1 月 31 日，江苏省发展改革委以《省发展改革委关于南通市九圩港闸除险加固工程可行性研究报告的批复》（苏发改农经发〔2011〕117 号文），批准了工程可行性研究报告。

2011 年 6 月 15 日，江苏省发展改革委以《省发展改革委关于南通市九圩港闸除险加固工程初步设计的批复》（苏发改农经发〔2011〕916 号文），批准了工程初步设计及概算。

1.3　工程建设任务及设计标准[1]

（1）工程任务。通过除险加固工程的实施，消除九圩港闸安全运行隐患，延长使用年限，发挥工程防洪挡潮、引水、排涝效益，适应区域经济发展和沿海开发的需要。

（2）设计标准。防洪按 100 年一遇高潮位 5.42 m（废黄河零点，下同）设计，200 年一遇高潮位 5.68 m 校核；除涝按南通市斗南垦区近期 10 年一遇、远期 20 年一遇设计。

1.4　主要技术特征指标[1]

九圩港闸除险加固工程不改变原工程规模，引、排水设计流量不变，设计平均引水流量 186 m³/s，设计最大瞬时引水流量 1 540 m³/s，设计平均排涝流量 960 m³/s，设计最大瞬时排涝流量 1 900 m³/s。工程等别为 Ⅱ 等，闸身和上、下游翼墙为 2 级水工建筑物，其余为 3 级，公路桥荷载标准为公路-Ⅱ级，地震基本烈度为 Ⅵ 度。

作者简介：杨卫星，男，1972 年生，南通市九圩港水利工程管理所，高级工程师，主要从事水利工程的建设、运行管理工作。

1.5　主要建设内容

主要建设内容如下：①水上部分闸墩拆除重建：上游侧高程 2.5 m 以上、下游侧高程 3.2 m 以上闸墩拆除重建。高程 2.0 m 以上老混凝土外露面采用环氧涂层进行防碳化处理。②胸墙、排架、工作桥、公路桥拆除重建：胸墙采用现浇钢筋混凝土板梁式结构，简支式支承。重建排架仍为实体柱式钢筋混凝土结构。重建工作桥为预制钢筋混凝土结构，先简支、后连续，四孔一联。公路桥桥面板采用预制简支钢筋混凝土板式结构，8 cm 厚沥青混凝土面层。③启闭机房及桥头堡拆除重建：重建启闭机房采用轻型结构，桥头堡设于闸室两侧。④增设下游工作便桥，修复加固闸室沉降缝水平止水，增设 4 组（8 只）测压管。⑤更新工作闸门及门槽，新增加两套检修闸门。液压启闭机维修，更换磨损件。⑥计算机监控系统升级改造，更换变压器、电缆、配电柜等。⑦更换改造必要的管理设施。

1.6　工程布置[1]

九圩港闸共 40 孔，单孔净宽 5.0 m，总宽度 236.55 m，全闸共分 15 块悬臂式底板，沉降缝位于闸孔中间，最边侧两孔为一孔半一块，接着为两孔一块，其余为三孔一块底板。除险加固后工程布置基本不发生改变。闸底板顶高程仍是 −2.0 m，钢闸门顶高程 3.5 m，胸墙底高程 3.3 m、顶高程 7.25 m，排架顶高程 10.7 m，工作桥桥面总宽 4.6 m，桥面高程 11.32 m。公路桥桥面总宽 6.5 m，净宽 5.5 m，桥面高程 7.3 m。上、下游挡浪墙顶高程分别为 4.75 m 和 5.75 m。

1.7　工程投资

本工程初步设计批复工程总投资为 5 550 万元（2011 年 2 月价格）。工程建设资金省级补助 2 250 万元，其余由南通市财政自筹解决。

1.8　主要工程量和总工期

主要工程量：土方挖填 3 800 m³，混凝土及钢筋混凝土 7 700 m³，浆砌块石 78 m³，金属结构制作及安装 1 017.55 t，钢闸门更换安装 40 扇，液压启闭机拆除、维修 20 台套，液压泵站安装 2 台套，主变安装 1 台套，自动化控制 1 项。

工程总工期 36 个月，2011 年 10 月开工，2014 年 10 月完工。

2　工程建设情况

2.1　施工准备

本工程于 2011 年 9 月 20、21 日进行了土建施工及设备安装、闸门制作及液压启闭机拆除、维修及安装、自动控制及视频系统设备采购与安装、工程建设监理等四个标段的开标评标会议。建设单位于 2011 年 9 月 29 日与以上中标单位签订了施工合同、建设监理合同、廉政合同、安全生产合同。参建单位及时组建了项目管理机构进驻施工现场，布置生产、生活等临时设施，并做好工程开工前的准备工作。2011 年 10 月 22 日，南通市水利局在施工现场主持了开工仪式，省水利厅、南通市政府相关领导参加开工仪式，工程正式开工。

2011 年 10 月 27 日，建设单位主持召开了第一次工地例会、施工图技术交底会议。

2012 年 3 月 12 日，江苏省水利厅以苏水许可〔2012〕34 号《关于南通市九圩港闸除险加固工程开工申请的行政许可决定》批复同意工程开工。

2.2　工程施工的难点与特点[3]

（1）本工程要求在除险加固改造施工的同时，水闸还要正常运行，具有施工作业面狭窄、拆除工程量大、吊装作业多、水上水面交叉作业等特点。同时，保证边施工、边运行的安全是建设管理中的难点与重点。

（2）工程建成时的设计规范、技术标准相对较低，钢筋用量少，主体结构混凝土强度低，经多年的运行，闸墩、排架混凝土老化严重，拆建过程中混凝土随时可能出现"骨折"、坍塌现象。因此，拆除过程中既要保证施工的安全，更要保证整个建筑物的安全。

（3）水下工程维修量小、面广，工序复杂。主门槽的拆除改建采用了钢围堰排水施工，施工条件差、强度高、工序复杂。主门槽改建过程中有植筋、铸钢门槽安装、模板安装、混凝土浇筑等工序，而一孔门槽新浇筑的混凝土量还不到 1 m³,但一孔门槽从老混凝土凿除到改建完成,至少需要 7 天。采用气压沉柜对底板沉降缝进行维修,全闸共有 14 条沉降缝,每条长度 15.5 m,沉降缝维修时必须保证沉柜内施工人员安全、作业安全。

2.3 主要施工过程

2.3.1 土建施工及设备安装

①主门槽改建。门槽改建采用钢围堰排水施工。原门槽老混凝土采用风镐人工凿除,新的混凝土采用细石混凝土,为保证混凝土振捣密实,模板不一次到顶,随着混凝土浇筑面逐步升高。②拆除工程。老的启闭机房、排架、闸墩、公路桥等建筑物的拆除严格按设计的施工流程控制图进行,遵循从上向下、先上游后下游、从中间向两侧的原则依次进行。为了减少振动及混凝土块掉入闸室内,排架、胸墙、闸墩的拆除采用绳锯分块切割,吊车吊出外运的方式进行。拆除过程中严格控制混凝土分块的大小、卸载的速度以及上游拆除后下游公路桥上作业机械的吨位,并对闸底板的变形进行了跟踪监测。③闸墩、排架、胸墙重建工程的施工。闸墩、排架、胸墙均为柱墙式钢筋混凝土结构,从中间向两侧,四孔一联,依次拆除重建。闸墩新老混凝土的结合进行化学植筋处理,工艺流程严格按设计要求进行,拉拔试验合格后进入下道工序施工。拆除卸载、重建加载时,随施工进度对闸底板的变形进行跟踪监测。根据观测成果[4],闸主体工程施工期间,垂直位移最大 −5.1 mm(抬升),发生在第 33 孔下游西侧闸墩,没有产生水平位移。

2.3.2 闸门制作及液压启闭机拆除、维修、安装

①闸门制作。本工程闸门为平面钢闸门。闸门、检修闸门均在厂内整体制作,验收合格后运至现场安装。②液压启闭机的拆除、维修、安装。液压启闭机拆除后立即运回工厂维修,机架表面进行了除锈防腐处理。油缸进行解体检查、维修、保养,油缸密封圈老损严重,全部进行更换。钢丝绳全部更换。经检测,定向轮、转向轮工况良好,销轴磨损较大,轴与轴承套全部更换。油缸保养、维修、重新组装后进行了耐压试验,试验压力为工作压力的 1.25 倍。钢丝绳接头连接好后进行了拉伸试验,达到设计要求。液压启闭机维修完成、新的液压站制作完成后建设单位组织相关参建单位、质监单位进行了出厂前验收。

2.3.3 自动控制及视频系统设备采购与安装

自动化控制系统与土建施工、启闭机拆除维修安装等密切配合,并根据现场的实际情况,2012 年汛期制作安装了临时就地控制柜进行控制运行。新的控制柜在启闭机房、桥头堡土建及装修工程完成后进场安装。

2.3.4 联合调试运行

2013 年 6 月 3~20 日,建设单位组织土建施工及设备安装单位、启闭机维修安装单位、自动化控制采购单位在现场对闸门、启闭机的运行进行了联合调试,经第三方检测,闸门、启闭机运行正常,工况良好。

3 重大问题处理

3.1 加强管理、高度重视,保证施工、运行的安全

九圩港闸是南通市沿江第一大闸,年均引水量约占全市沿江引水量的一半,是南通市引江灌溉、防洪排涝的骨干工程,除险加固期间要求汛期不少于 36 孔正常运行、非汛期不少于 20 孔运行。因此,一部分闸孔在除险加固施工的同时,另一部分闸孔还必须正常运行,闸孔的运行与除险加固施工是置换交替进行的,直至所有的闸孔全部除险加固完成(见图 1)。而保证边施工、边运行的安全是本工程实施期间的难点与重点。省水利厅、市水利局对这个问题高度重视,开工之初,市水利局就施工、运行的安全在建设单位主持召开了专题会议,会议要求各施工单位严格按施工图纸、设计流程施工,特别是拆除、吊装施工严禁违规作业、违章指挥。变形观测单位要根据施工进度加强监测,发现异常及时汇报。工程建设过程中,建设单位邀请了部分专家,召集了设计单位、变形观测单位以及监理、施工单位、运行班组就拆除方案进行了多次会商,并对参建各方提出了要求:严格按设计流程控制图、施工技术交底进行拆除工

程施工,上游排架拆除后严禁大型机械在公路桥上作业;闸孔卸载、加载前后及运行时,要加强监测。变形测量要及时、结果要准确。由于参建各方的高度重视,部分闸孔在除险加固的同时,部分闸孔正常运行,卸载、加载过程中,闸底板的变形很小,施工与运行均未发生安全事故。

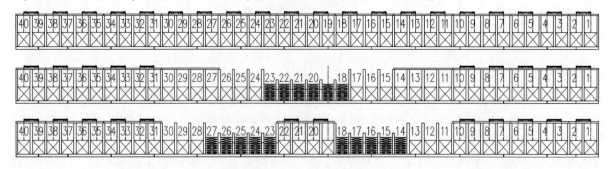

图1　自中间向两边依次拆建流程

3.2　组织专家对相关方案进行审查,保证工程安全、快速推进

　　为保证除险加固时水闸的安全稳定,原设计施工流程图对公路桥的折建分两步进行:先实施外侧一半公路桥的拆建,后实施另一半的拆建(见图2)。根据该流程施工,水闸底板上的荷载变化幅度小,能保证水闸的安全稳定,但施工期较长。建设单位经反复研究后提出了公路桥及闸墩整体拆建并在闸底板上放置压重块的方案(见图3),2012年9月23日,建设单位就下游闸墩及公路桥的整体拆建方案邀请了原初步设计审查专家进行了审查,专家在听取了建设、施工单位的情况介绍以及设计单位对整体拆建方案的复核计算,经认真讨论后形成审查意见,认为整体拆建对闸底板及未拆除闸墩的影响较小、拆除过程安全,并减少了闸墩上的竖向施工缝,可加快施工进度等,该方案是可行的。最后按此方案完成了全部公路桥的拆建,施工速度明显加快、安全也得到了保证。

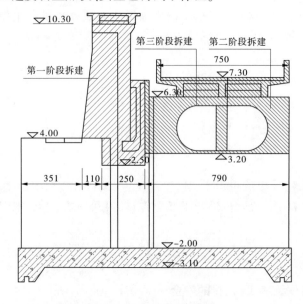

图2　三阶段拆建示意图

3.3　施工期的防汛度汛

　　本工程施工期间要度过2012年、2013年两个汛期。在2012年5月底,中间20孔上游侧主体工程除险加固已基本完成,闸门启闭机全部安装到位,并采用临时控制柜调试运行,建设单位及时向市水利局申请验收,2012年6月18日,市水利局对中间20孔组织了部分工程投入使用验收,验收通过后投入运行。根据市水利局要求及建设进度计划,2012年汛期土建施工全部暂停,全闸共有36孔(含两侧尚未开始除险加固的16孔)投入汛期的运行,已实施段与未实施段两侧各有2孔作为过渡段,部分拆除,不投入运行。2013年6月20日,全闸40孔主体结构全部拆建完成,40孔的闸门、启闭机全部安装到位,并通过了合同工程完工验收,具备了投入使用条件。由于控制室土建及装修工程尚在施工,闸门运

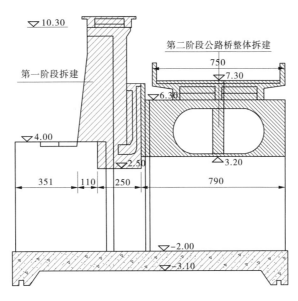

图3　两阶段拆建示意图

行采用临时控制柜就地控制,并进行了联合调试运行,工况良好。2013 年 6 月 25～27 日,由于连续暴雨,根据市防指的调度,全部闸孔开启,连续排水三潮次,排水近 5 000 万 m³。2013 年主汛期,全部闸孔除险加固完成后首次投入运行,共引水 122 潮次、引水 5.85 亿 m³、排水 7 潮次、排水 1.03 亿 m³,运行过程中工况正常。

4　经验与思考

(1)工程建设严格执行水利工程基本建设程序,同时根据自身实际制定相应建设管理制度并加强现场监管。

建设单位严格按招标投标制、建设监理制、合同管理制、竣工验收制等制度进行建设管理,这是规范项目法人建设管理行为、提高建设管理水平的基础。同时,建设单位结合本工程的特点编制了除险加固期间不同施工阶段闸门操作规程、闸门运行工岗位职责。除险加固期间,闸门哪几孔运行、哪几孔暂停,需经施工、监理、业主代表签字确认的联系单实施,确保施工与运行双安全。工程建设过程中,建设处加强对施工现场的监督管理,特别是拆除过程混凝土分块的大小、卸载速度、作业机械的吨位等重点环节,严格要求按设计施工流程图进行施工。

(2)工程建设过程中根据现场实际情况对方案、计划进行优化、调整,但优化的方案、调整的计划必须经设计单位同意、专家审查通过或上级主管部门批准。

除险加固工程,有些情况在设计时就未能全面了解,因此建设过程中的未知因素较多,变更的可能性大。如本工程中,拆除排架、闸墩混凝土时采用的绳锯切割、整体吊除的施工工艺,既加快了施工进度,又减小了空压机拆除时振动对闸室下部未拆除部分的影响,拆除过程更安全。下游公路桥及闸墩整体拆建方案、闸底板沉降缝修补的设计变更、2012 年汛后提前复工计划均是在工程建设过程中根据实际情况进行的优化和调整,而按优化的方案和调整的计划实施后工程的质量、安全、进度均有明显的效果。

(3)加强变形观测,保证边施工边运行的安全。

本工程拆除重建过程中的卸载、加载引起闸底板上压力的变化,同时边施工、边运行的不对称水流对上、下游港道的冲刷与淤积也有影响。为了随时掌握水闸主体、上下游港道在拆建过程中的变化(形)情况,我们委托有资质的测量单位根据施工进度对建筑物的垂直、水平位移及上、下游港道的水下地形进行观测,及时研究、分析观测成果,通过控制拆除时的卸载速度、排架拆除后上公路桥机械的吨位、优化部分结构拆建方案等措施来保证施工与运行安全。根据观测资料[4],主体工程施工期间,最大垂直位移-5.1 mm(抬升),发生在第 33 孔上游闸墩、排架拆除后观测其下游西侧闸墩,没有产生水平位移。主体工程施工期间,水闸主体结构变形较小,未对施工和运行安全造成影响。上、下游港道因闸孔的除险加固施工与运行交替置换进行,闸孔有不对称开启,上游距闸中心约 500 m 港道中心有冲刷,冲刷深度约 2 m,两侧有淤积,下游港道大部分微淤。除险加固期间,施工、运行均安全进行。

(4)九圩港闸除险加固主体工程于 2013 年 6 月全部完成,并于当年主汛期投入运行,2018 年 12 月通过了江苏省水利厅委托南通市水利局组织的竣工验收,除险加固后运行至今工况良好,安全隐患基本消除。

通过"强筋壮骨"后,九圩港闸正以崭新的面貌投入到当前抗旱和排涝的第一线,并焕发出新的活力。1959 年 6 月九圩港闸建成引水,当年秋收沿岸百姓丰收后传唱的民谣"看到稻子黄、想起九圩港、吃到白米饭、不忘共产党"仍记忆尤新。2014~2019 年,九圩港闸共引水 1 959 潮次、引水 66.51 亿 m³、排水 69 潮次、排水 12.22 亿 m³。除险加固后九圩港闸内外部环境明显提高,2019 年 12 月,南通市九圩港水利工程管理所顺利通过了省一级水管单位的考核验收。九圩港闸继续为江淮大地的水资源调控发挥着重要作用。

参 考 文 献

[1] 盐城市水利勘测设计研究院.南通市九圩港闸除险加固工程初步设计报告[R].2011.
[2] 盐城市水利勘测设计研究院.南通市九圩港闸除险加固工程土建部分施工图.2011.8.
[3] 江苏省水利建设工程有限公司.南通市九圩港闸除险加固工程土建施工及设备安装施工组织设计[R].2011.
[4] 南通市江海测绘院有限公司.南通市九圩港闸变形测量报告[R].2012.1~2013.6.

薄型塑性混凝土在水库防渗墙中的应用

刘志鹏，王成波，刘萍

（青岛西海岸新区城市管理局，山东 青岛　266400）

摘　要　混凝土防渗墙技术在土石坝防渗处理中应用广泛。以吉利河水库大坝除险加固工程为例，介绍了液压抓斗成槽薄型塑性混凝土防渗墙的施工工艺及施工中应注意控制的相关事项。

关键词　抓斗成槽；薄型塑性混凝土；防渗

吉利河水库位于山东青岛市，是一座以防洪和城市供水为主、兼顾灌溉和渔业养殖的中型水库，总库容 7 400 万 m^3。

水库工程包括大坝、放水洞、溢洪闸三部分。大坝为黏土心墙沙壳坝，坝顶高程 52.25 m，最大坝高 21.25 m。放水洞分东、西二座，东洞位于大坝桩号 0+147 处，为埋管式管涵，进口底高程 35.0 m；西洞位于桩号 0+674 处，为钢筋混凝土箱涵，进口底高程 38.0 m。溢洪闸位于大坝东南 200 m 处，设 7 孔闸门（净宽 42 m），最大泄量 868 m^3/s。

1　存在的问题及分析

西洞西侧背水坡脚（高程 40.30～42.00 m）200 m 范围内出现程度不同的渗水，其中 0+674 以西约 50 m 范围内的坡脚处渠底积水，向西延伸发现坡脚出现渗水，渠底具有明显水浸现象。

地质勘察结果分析表明，大坝心墙的黏土成分存在较大差异，桩号 0+640 以东含砂量较少、以西含砂量较多，且以 0+640 以西的渗透性最大，导致西洞西侧下游坡脚出现渗水；心墙齿槽呈倒梯形，直接坐于强风化岩上，渗透系数可达 $K=9.9\times10^{-5}$ cm/s。结合多年的渗压观测资料分析，应及时对大坝进行防渗处理。

2　方案的选定

大坝防渗处理要求防渗墙体必须直接坐于弱风化岩层上，最大深度可达 28.5 m。综合考虑各项因素，确定选用液压抓斗法开挖槽孔浇筑塑性混凝土防渗墙工艺。

与传统工艺相比，液压抓斗技术具有以下几个特点：①槽孔连续、平顺、完整；②槽孔深度可达 60 m，而厚度最小可达 18 cm；③开槽和浇筑成墙可同时进行，循环流水作业；④墙体可采用混凝土、黏土、土工合成材料等材料；⑤广泛适应于砂壤土层。

设计防渗墙厚度 30 cm；采用塑性混凝土墙体密度为 19～21 kN/m^3，弹性模量在 200～1 000 MPa，28 天的抗压强度值大于 2 MPa，渗透系数小于 10^{-7} cm/s，允许渗透比降大于 80。

3　施工工艺

3.1　布置施工平台

抓斗机为大型重型机械，需在坝顶构建宽度最少为 8.0 m 的操作平台，并采用 74 kW 履带式推土机培土压实，边坡满足稳定要求。

作者简介：刘志鹏，男，1968 年生，青岛西海岸新区城市管理局（水务局），高级工程师，研究方向为水利工程的除险加固。

3.2 导向槽修筑

导向槽起着标定墙体位置、成槽导向、锁固槽口、保持泥浆液面、保护上部孔壁、支撑外部荷载的作用,其稳定性是防渗墙安全施工的关键。导向槽以防渗墙轴线为中心、槽宽为 40 cm,切割、破击形成,在槽孔两侧现浇倒 L 形断面的混凝土,顶面高于场地 10 cm 以上,防止地表水流入。

3.3 槽段划分

槽段宜尽量长,以减少接头数目,提高墙体的整体性,但受地质条件及槽深等因素的影响,槽段又不宜过长。综合考虑地层特性、工期、混凝土浇筑强度等因素,将防渗墙划分为一、二期槽段,采用两序间隔法施工。先施工一期槽段,两侧用圆管堵头;二期施工时将圆管拆除,浇筑混凝土,使一、二期弧形连接,形成地下连续墙。

3.4 成槽

3.4.1 抓斗成槽

抓斗机依靠抓斗自重抓取土体,开挖形成连续槽孔,达到深度后即进行清孔、浇筑混凝土。此时抓斗机继续下一序成槽开挖,如此循环即可建造地下连续墙。

本工程采用"三抓法"施工方案,每个槽段分为两个主孔及一个副孔。抓斗机先抓取两侧主孔再抓取中间副孔成槽,主、副孔完工即该槽段成槽完工。

3.4.2 泥浆护壁

在造孔成槽过程中起固壁、悬浮、携渣、冷却钻具和润滑的作用,成墙后还可增加墙体的抗渗性能。

本工程泥浆采用膨润土制成,新制泥浆经 24 h 膨化后送至槽孔内,在成槽及防渗墙浇筑过程中进行回收,经净化后重复使用。孔口泥浆面应保持在一定高度范围内。

3.4.3 清孔换浆

槽段终孔验收合格后即进行清孔。清孔采用抓斗抓取孔底淤泥,利用下设潜水排污泵抽浆,并及时补充新鲜泥浆。清孔换浆结束 1 h 后,达到下列标准即为合格:①孔底淤积厚度不大于 10 cm;②槽内泥浆比重不大于 1.3 g/cm³,含砂量不大于 10%。

3.4.4 槽段接头处理

相邻槽段的衔接采用接头管法,要求接头管应能承受最大的混凝土压力和起拔力,表面平整光滑,节间连接简便、可靠;起拔时应采取措施防止空口塌陷。

3.4.5 刷槽

槽段清孔换浆结束前将钢丝刷子安装在抓斗体上,紧贴一期槽段混凝土壁面,分段上下反复提动,达到刷子上不带泥屑,孔底淤积不再增加方为清洗合格。

3.5 浇筑防渗墙体

在泥浆护壁的条件下,防渗墙采用刚性导管法灌筑塑性混凝土形成。混凝土顺导管下落时,通过导管隔离泥浆,依靠自重挤压下部管口的混凝土向外流动,并扩散上升,最终置换出泥浆,保证混凝土的整体性。

(1)清孔换浆结束后,并排下设三套灌注导管,导管内径宜为 300 mm。侧管距槽端 1~1.5 m,导管间距为 3~3.5 m。导管底部距槽孔底不大于 20 cm。

(2)灌注前导管内置入可浮起的隔离塞球,灌注时先注入水泥砂浆,随即注入足够的混凝土,挤出塞球并埋住导管底端,避免混凝土与泥浆混合。

(3)灌注过程中每 30 min 测量一次槽段内混凝土面,每 2 h 测量一次导管内混凝土面,以此确定导管的提升速度。导管在混凝土墙体内的埋深 H 应:$H_{min} \geq 1.0$ m,且 $H_{max} \leq 6.0$ m。

(4)槽孔内混凝土面上升至槽口时,采用泥浆泵抽出浓浆,并提升导管,减小埋深,增加混凝土的冲击力,直至混凝土顶面超出设计墙顶标高 0.5 m,即可停止浇筑,拔出导管。

4　应注意的问题

4.1　抓斗成槽过程

（1）开槽时应注意控制槽孔斜度，经常用设备观测并及时做出调整。人员要远离抓斗机回旋半径，停止作业时抓斗挺立于坝体上，防止意外事故的发生。

（2）在成槽过程中，槽段可能会出现局部和大面积坍塌现象。局部坍塌时加大泥浆密度，大面积塌孔时用黏土回填到坍塌处以上 1~2 m，沉积密实后再施工。出现漏浆时，采取平抛黏土以加大泥浆比重进行堵漏。

4.2　混凝土成墙过程

4.2.1　控制好抓接头的时间

抓斗抓取接头时接头两侧分别为混凝土和土体，斗体受力不均匀，易造成槽孔沿轴线方向偏移，同时影响造孔成槽进度。适宜时间控制为墙体浇筑后 12 h，最迟不超过 24 h。

4.2.2　设备的配备和保养

本工程采用 2 台 750 L 混凝土搅拌机、4 台 1 m³ 自卸混凝土运输汽车、1 台输送泵及 1 台 12 t 吊车形成较为经济的设备组合。机械应经常保养，确保施工中安全运行。

4.2.3　灌注应注意的问题

混凝土的灌注具有相当高的连续性，因故中断不得超过 40 min，保证混凝土面均匀上升，使管内外液面高差不超过 0.5 m。

5　质量检查

质检人员应随时对成槽、泥浆配置、清孔换浆、混凝土浇筑等环节进行检查控制。完工后，可采用钻孔取芯和其他无损检测等方法，检查混凝土防渗墙的浇筑质量。

6　防渗效果分析及评价

6.1　质量检测评价

截渗墙完工后，第三方水利工程质量检测单位采用 LTD-2000 探地雷达和 GC100M 天线，对水库大坝薄型塑性混凝土截渗墙进行检测。通过探地雷达发射高频电磁脉冲在截渗墙产生反射或散射信号，形成连续雷达扫描图像，并经计算机处理绘制成彩色探地雷达时间剖面图；分析剖面图，即可推断出截渗墙的整体效果。通过对吉利河水库大坝薄型塑性混凝土截渗墙的雷达检测剖面图分析，截渗墙整体映衬反射均匀，未见明显异常反射，推断该截渗墙墙体均匀，施工质量好，满足设计要求。

6.2　后期运行评价

工程竣工后，西放水洞背水坡原渗水点渗水逐渐减少，直至消失，渠底再无水浸、积水现象。2018 年水库大坝安全鉴定成果表明，经多年运行及监测，坝体及坝基均未再见渗漏现象，抓斗成槽薄型塑性混凝土截渗墙的防渗效果良好。

参 考 文 献

[1] 李慎平.抓斗成槽造混凝土防渗墙技术在水库除险加固中的应用[J].中国水利,2008(22):29-30.

沂沭泗直管水利工程标准化管理的实践与思考

魏蓬,边苏雷,李飞宇

(淮河水利委员会沂沭泗水利管理局,江苏 徐州　221000)

摘　要　水利工程标准化管理是指由水利工程管理单位具体实施的,按照规定的管理标准,对工程运行管理关键环节实行规范化管理的过程,并通过实行水利工程标准化管理,达到推进水治理体系和治理能力现代化,不断提高水利工程管理水平,确保水利工程运行安全,促进效益持续充分发挥的目标。文章介绍当前水利工程标准化管理工作背景,分析沂沭泗水利工程标准化管理工作开展的必要性,思考标准化管理工作要达到的目标、任务,提出推进沂沭泗水利工程标准化管理工作方面的思考。

关键词　水治理;沂沭泗;水利工程;标准化

1　引言

习近平总书记"3·14"重要讲话提出了"节水优先、空间均衡、系统治理、两手发力"的治水思路,是新时代水利工作的根本遵循,也是"水利工程补短板、水利行业强监管"的水利改革发展总基调的理论来源,贯穿其中的一条主线就是要调整人的行为,纠正人的错误行为,这意味着治水管水的思路应实现革命性转变,通过对水利工程管理工作的强监管来调整工程管理人员的行为、纠正工程管理人员的错误行为,实现工程效益充分发挥,必然成为一项极端重要的目标任务。近年,水利部门针对督查、稽察、检查发现的重点问题,采取了通报、约谈、曝光、问责等一系列"动真格"的措施,释放了强监管、严追责的强烈信号。沂沭泗局组织通过理清水利工程管理工作事项、明确管理工作流程、落实管理工作责任、规范工程管理行为等方式全面推行水利工程标准化管理,正是认清水利工作主要矛盾的转变,践行"3·14"重要讲话精神和水利改革发展总基调的重要行动,也是适应当前水利强监管形势的必然举措。

2　沂沭泗水利工程管理工作概况

沂沭泗流域内河湖交错、水道复杂,省际间水事矛盾突出,管理压力大。沂沭泗直管水利工程主要包括大型湖泊 2 座(南四湖和骆马湖),沂河、沭河、分沂入沭、韩庄运河等 961 km 河道,1 729 km 堤防,其中一级堤防长度 394 km,二级堤防长度 895 km;水闸 26 座,其中大中型水闸 18 座;中型泵站 1 座。共涉及苏鲁 2 省 7 个地级市 30 个县(市、区)。沂沭泗局实行"沂沭泗局-直属局-基层局"三级管理体制,下设 3 个直属局(南四湖、沂沭河局、骆马湖局);3 个直属局共下设 19 个基层局(水管单位),基层局负责承担水利工程管理的具体工作,沂沭泗直管水利工程标准化管理工作主要是由基层局具体实施。

一直以来,沂沭泗局高度重视水利工程管理工作,不断探索新的有效的工程管理模式,建立完善各项管理制度,始终坚持以水利工程管理考核为抓手,以创建国家级水管单位和国家水利风景区为目标,大力加强工程管理,持续提升管理水平。当前,结合水利改革发展新形势,沂沭泗局对直管水利工程推行的标准化管理,正是对以往水利工程管理模式的再次提档升级,也是适应时代发展要求的新的顶层设计。

3　沂沭泗水利工程标准化管理体系建设与实践

沂沭泗水利工程标准化管理体系的构建以习近平新时代中国特色社会主义思想为指导,贯彻落实

作者简介:魏蓬,男,1972 年生,沂沭泗水利管理局水利管理处(防办)处长(主任),一级调研员,主要研究方向为水旱灾害防御与工程管理。E-mail:1599217118@qq.com。

"节水优先、空间均衡、系统治理、两手发力"治水思路,遵循"水利工程补短板、水利行业强监管"的水利改革发展总基调,以落实水利工程管理责任、规范管理行为为核心,积极融入沂沭泗文化、生态、信息化等元素,全面提高水利工程运行管理水平,确保工程安全高效运行,工程效益持续充分发挥。

3.1 梳理事项,建成工程管理事务体系

根据当前水利改革发展形势需要,结合"三定"方案职责要求和沂沭泗工程管理实际,沂沭泗局组织各直属局、基层局根据所辖工程实际,对堤防、水闸等工程管理工作事项进行梳理,理清了当前管理工作中所有的管理事项,堤防管理单位包括工程检查、防汛管理、维修养护、险工险段、水毁修复、涉河事务监管、工程观测、护堤护岸林管理、信息化管理等,水闸管理单位主要包括工程检查、控制运用、防汛管理、维修养护、水毁修复、工程观测、注册登记、设备管理等级评定、安全鉴定、信息化管理等。

3.2 依事立标,健全工程管理制度体系

结合所理清的事项,归整梳理当前国家颁布的相应业务事项工作的规范规程标准,中央、部委以及沂沭泗局、直属局印发的各类管理文件,对照每一个事项的每一个关键环节,明确操作运行管理标准。沂沭泗局结合管理工作实际,对《水利工程管理考核办法》《沂沭泗局水利工程标志标牌建设标准》有关管理制度进行了修订完善;组织制定《维修养护项目实施办法》《沂沭泗局水闸工程运行管理办法》《堤防工程运行管理办法》等。同时,各直属局、基层局根据沂沭泗局制定的办法标准,进一步细化出台了实施细则,形成了一套适合沂沭泗局水利工程管理工作的标准,使各项管理工作有标可依。

3.3 合理设岗,明晰工程管理责任体系

根据已理清的工作事项,依据《水利工程管理单位定岗标准(试点)》(水办〔2004〕307号),结合管理实际需要,各管理单位对应工作事项,明确水利工程管理各岗位名称、类别、责任等。例如维修养护岗、工程检查岗、工程观测岗等。同时,根据岗位,结合管理单位实际管理人员情况,制定"岗位-事项-人员"对应表,做到事项到岗、责任到人。

3.4 落实奖惩,完善工程管理监管体系

奖惩是为管理工作良好运行保驾护航的重要措施。沂沭泗局根据水利部水利工程管理考核办法,结合实际,制定了《沂沭泗局水利工程管理考核办法》及其考核标准,并坚持10多年连续开展考核,将考核结果作为直属局、基层局及其负责人年度目标管理考核、评先评优的重要依据;根据规定,对水利工程管理考核成绩较后的基层局,予以全局通报,被通报单位在通报当年不得评先评优等。水利工程标准化管理作为水利工程管理考核的重要组成部分,通过不断修订完善工程管理考核制定,贯彻执行考核工作,形成沂沭泗直管水利工程管理的监管体系。

4 沂沭泗水利工程标准化管理工作目标要求

沂沭泗水利工程标准化管理主要由基层局负责实施,按照规定的管理标准,落实各项措施,开展具体管理工作,通过建立完善管理制度标准、规范管理组织体系、理清工程管理事项、落实工程管理责任、明晰管理事项操作流程、加强工程维修养护管理、推进工程管理科技创新等措施,达到管理责任明细化、管理过程流程化、管理手段现代化、管理行为规范化、工程环境美观化、打造特色水文化的"六化"目标要求。一是管理责任明细化。加强运行监管,梳理管理事项,明确管理责任人和岗位责任人,明确各岗位职责,完善规章制度,做到责任到人、职责清晰。二是管理行为规范化。依据水利部《水利工程管理考核办法》及其考核标准、《水利工程运行管理监督检查办法》,结合管理单位实际和当前水利工程管理强监管形势,明确各项管理标准,梳理工作流程和关键环节,规范管理行为,做到行为规范、履职到位。三是管理过程流程化。规范日常管理,强化日常工作的精细化、痕迹化和溯源化,做到检查规范、流程清晰、记录标准、内容完整、措施明确、处理及时、流程闭合、管理留痕。四是管理手段现代化。建设水利工程运行管理平台,提升运行管理现代化程度,强化在线监管,做到数据入库、实时监控。五是工程环境美观化。加强工程管理范围内环境整治,加强水环境监管与保护,做到环境优美整洁、舒适宜人。六是打造特色水文化。注重水文化建设,丰富水利工程文化内涵,挖掘文化底蕴,提升文化品位,赋予现代水利工程更多的文化内涵和人文色彩,使每一处水利工程都成为独具风格的水文化精品。

5　推行沂沭泗水利工程标准化管理思路

5.1　确立目标,明晰具体工作步骤

目标明确是总揽。目标明确才能进一步细化具体工作步骤,更有利于脚踏实地,稳扎稳打,实现既定目标任务。确立沂沭泗局水利工程标准化管理目标,既需要短期目标也要确立长远目标,短期应是一步一步实现选定试点单位,制订工作方案,编制管理手册,建立健全制度,总结试点经验等阶段目标任务;长期应是沂沭泗所有直管工程均实现标准化管理,8～10家或者更多水管单位通过水利部水利工程管理考核验收,达到全国或者国际先进管理水平。

目标的实现,需要统筹兼顾、循序渐进。一是试点先行。从浙江、江西等地推进经验来看,试点先行是探索新的管理模式的重要途径,同样适用于沂沭泗水利工程标准化管理工作,应按照"先易后难、以点带面"的原则,选择管理水平较高、基础条件较好的水管单位先行试点,利用一年实践,通过试点探索,初步建立沂沭泗局水利工程标准化管理体系。二是示范引领。总结试点经验,发挥试点单位示范引领作用,持续将水利工程标准化管理推广至沂沭泗局更大部分或者全部水管单位,建立比较完善的水利工程标准化管理体系。三是全面推进。通过试点先行、探索总结经验等方式,共计利用3～5年的时间,使全部水管单位实现水利工程标准化管理,管理水平得到提升。

5.2　建章立规,完善管理制度体系

制度完善是根本。经国序民,须先正其制度,党的十九届四中全会就坚持和完善中国特色社会主义制度做出重大部署,为推动各方面制度更加成熟明确了时间表、路线图。鄂竟平部长在2020年全国水利工作会议上指出要推动实现"制度治水""制度管水",这些充分说明了制度的极端重要性。制度是沂沭泗局推行水利工程管理标准化工作的根本,应梳理现有水利工程管理有关规范、规程、标准等规章制度,结合当前工程管理形势,根据工程管理各类事务需要,修订完善管理工作制度,分析思考将工程管理制度要求具体细化到每项管理事项、每个管理程序,建立沂沭泗堤防、水闸等工程监督、考核等管理制度,完善工程维修养护方案设计、质量监督、经费使用、合同管理、项目验收等各项业务方面的管理制度,直属局、基层局根据实际制定相关制度、细则,确保所有业务工作事项均能做到有规可依,形成具有沂沭泗特色、符合沂沭泗实际、顺应沂沭泗发展的水利工程标准化管理制度体系。

5.3　明确事项,理清业务工作流程

事项明确是先导。根据沂沭泗直管工程管理工作实际,结合当前水利工程强监管形式,依据水利部《水利工程管理考核办法》及其考核标准、《水利工程运行管理监督检查办法》、各类规范规程等,确定水利工程管理工作所有管理工作事项,并分类明确,比如堤防工程管理工作可分为工程检查、维修养护、工程观测、防汛度汛、水毁修复、险工险段、涉河事务管理等工作任务;然后按照规范规程等要求,逐项理清每一项工作任务及其每一个具体环节的工作程序,保证每一个管理事项均有明确的工作流程、作业方法、管理标准等,绘制流程图,达到使每一位管理人员都能看得懂、学得会、理解透,按要求顺利开展该项具体工作的目标。

5.4　定岗定责,落实具体管理责任

岗责落实是核心。各基层局应根据已明确的管理事项的具体标准和操作规程,结合实际,按照定岗标准,合理设置各类水利工程岗位,对每个岗位进行工作量测算,按照"因事定岗"原则,依据测算结果合理设置具体岗位(可以一人多岗,也可以一岗多人),明确岗位职责,根据现有管理人员状况,明确管理责任人和岗位责任人,制订"岗位-事项-人员"对应表,将各类事项及职责一一对应落实到每个岗位和岗位人员,做到事项到岗、责任到人、职责清晰,规范管理人员行为,提升管理工作效率。

5.5　培训宣传,形成工作推动合力

培训宣传是导向。一是培训。人才是贯彻落实各项管理工作的核心,管理人员的素质水平高低决定着工作开展效果的优劣,各级管理单位均应在水利工程标准化管理工作方面加大培训力度,扩大工程管理技术人才的培训规模,尤其是加强并有针对性地对基层技术人员和一线管理人员开展培训,提升其对标准化管理的各项任务、流程、标准的认识与理解,从而更好地、更有效地落实推行标准化管理的各项

工作。二是宣传。宣传是统一思想、营造氛围、提高效率的一个重要手段。应充分利用专题简报、展板、网站、QQ、微信、公众号、微博等新老媒体进行大力宣传,也要在各类工作场合通过会议、交流、调研等传统方式,让广大管理人员了解标准化工作推进情况,认识标准化管理工作对将来沂沭泗直管工程管理工作的重要性,支持标准化管理工作开展,大力营造团结一心、稳定良好的环境与氛围,充分发挥各部门各单位的作用,形成推动沂沭泗直管工程标准化管理工作合力。

5.6　科技引领,提升现代化管理水平

科学技术是支撑。党的十九届四中全会提出,建立健全运用互联网、大数据、人工智能等技术手段进行行政管理的制度规则。如何通过建立健全运用互联网、大数据、人工智能等技术手段推进水利信息化,是水利部门推行标准化,解决水问题的重要抓手。沂沭泗局各级管理单位应遵循水利部"智慧水利"建设总体思路,以"互联网+"的理念,结合自身职能定位和工程实际,编制沂沭泗水利信息化建设规划,推进智慧沂沭泗、数字沂沭泗建设,抓紧补齐水利信息化短板;应整合现有信息化资源,强化水利工程管理业务与信息技术深度融合,将云计算、物联网、大数据、移动互联、人工智能等新一代信息技术用于推进水利工程标准化管理工作中去,构建覆盖沂沭泗水利工程管理各项工作的智能感知与一体化应用体系,以信息化带动和促进水利现代化,达到并保持国际先进管理水平,为实现沂沭泗水治理体系和治理能力现代化提供科技保障。

5.7　合理奖惩,护航制度执行落实

考核奖惩是动力。再好的制度也需要执行到位才能起到应有的效果,如何来确保水利工程标准化管理的一系列制度措施执行落实到位,离不开合理的奖惩。各单位应根据实际,针对水利工程标准化管理工作,建立并完善内部监督、检查、考核机制,将岗位人员工作完成情况与职工收入、年终评比、职务(职称)晋升、进退走留等相挂钩。按制度及时组织对各岗位管理人员开展考核,监督管理制度执行情况,严格考核奖惩兑现,做到奖罚分明,形成护航制度有力执行、保障措施落实到位的强大动力。

5.8　坚定信心,打造沂沭泗特色水文化

文化建设是底蕴。习近平指出:"我们要坚持道路自信、理论自信、制度自信,最根本的还有一个文化自信。"文以化人、文以载道,文化自信是一个民族、一个国家以及一个政党对自身文化价值的充分肯定和积极践行,并对其文化的生命力持有的坚定信心。水文化是中华文化的重要组成部分,作为水利部门,在推行沂沭泗直管水利工程标准化管理工作中,要充分认识到水文化建设的重要性,同时要着力推进水文化建设,充分发掘和弘扬沂沭泗河湖文化底蕴,赋予沂沭泗水利工程更多的文化内涵和人文色彩,设立沂沭泗水文化建设专区,宣传沂沭泗治水历史名人,讲好治水故事,延续历史文脉,坚定文化自信,打造沂沭泗特色水文化。

6　结语

水利工程标准化管理工作任重而道远,沂沭泗直管水利工程属于中央直属工程,由于历史、机制等原因,工作推进中还存在着经费保障力度不够、管理人员不足、信息化水平不高、工程实体有缺陷等困难和问题,在标准化管理工作进程中,还需继续深挖、思考相关对策,积极研讨,克服困难,顺利推进沂沭泗直管水利工程标准化管理,提高工程管理水平,保证工程运行安全,促进效益持续充分发挥,大力践行水利改革发展总基调,逐步实现沂沭泗水治理体系和治理能力现代化。

参 考 文 献

[1] 郑大鹏.沂沭泗防汛手册[M].徐州:中国矿业大学出版社,2018.

[2] 李飞宇.沂沭泗直管河湖河长制工作思考[J].治淮,2018(4):84-86.

浅谈水利工程建设全过程咨询中设计服务咨询措施

陈艳[1], 王松[2]

（1.淮河水利委员会水利水电工程技术研究中心,安徽 蚌埠 233001;

2.安徽省水利水电勘测设计研究总院有限公司,安徽 合肥 230088）

摘　要　水利工程投资规模大、建设周期长,在项目投资效益越来越受重视的今天,相当多的建设单位引进了全过程咨询,力图更好地控制工程造价、进度,保证工程质量,提高投资效率。全过程工程咨询是对工程建设项目全生命周期提供包含设计和规划在内的、涉及组织、管理、经济和技术等各方面的工程咨询服务。住建部建市〔2017〕101 号文要求开展全过程工程咨询试点,旨在积累经验,提高工程咨询服务能力和水平,培养有国际竞争力的全过程工程咨询企业。目前,水利工程正在逐步引进全过程工程咨询服务,尚处于起步阶段。本文根据水利工程建设的特点,浅谈水利工程建设全过程咨询中设计服务咨询工作内容和具体措施。

关键词　水利工程;全过程咨询;设计服务;咨询

2017 年 2 月,国务院办公厅印发《关于促进建筑业持续健康发展的意见》（国办发〔2017〕19 号）,要求完善工程建设组织模式,培育全过程工程咨询。这是国家在建筑工程全产业链中首次明确提出"全过程工程咨询"这一概念,旨在适应发展社会主义市场经济和建设项目市场国际化需要,提高工程建设管理和咨询服务水平,保证工程质量和投资效益。住建部建市〔2017〕101 号文要求开展全过程工程咨询试点,旨在积累经验,提高工程咨询服务能力和水平,培养有国际竞争力的全过程工程咨询企业。全过程工程咨询的特点:一是全过程,围绕项目全生命周期持续提供工程咨询服务;二是集成化,整合投资咨询、招标代理、勘察、设计、监理、造价、项目管理等业务资源和专业能力,实现项目组织、管理、经济、技术等全方位一体化;三是多方案,采用多种组织模式,为项目提供局部或整体多种解决方案。设计咨询服务也是全过程咨询服务一项内容。针对水利工程的特点,浅谈水利工程全过程咨询中设计服务咨询工作内容和具体措施。

1　设计服务咨询主要工作内容

水利工程建设全过程设计服务咨询工作,根据建设工程的要求,按照"三控制、二管理、一协调"的要求对设计工作进行全过程的监督及管理,并对各阶段设计成果文件进行复核及审查,纠正偏差和错误,提出优化建议,出具咨询报告。

具体内容主要包括:前期决策阶段评估和审查可行性研究报告,纠正偏差和错误,提出优化建议等;设计与招标投标阶段审查评估工程勘察、工程设计、招标设计文件,提出优化建议等;施工阶段配合业主对设备材料采购、合同管理、施工监理、生产准备、人员培训、竣工验收等进行咨询以及审查评估施工图纸和文件,纠正偏差和错误,提出优化建议等;运行阶段主要是后评价等。

2　设计服务咨询工作目标

水利工程设计服务咨询主要是督促工程设计单位保证设计进度以及各阶段设计成果质量,做好设计服务工作,确保水利工程建设顺利开展;保证经复核审查后的设计成果符合国家有关法律法规和政策以及工程实际,满足审查报批及工程建设需要;优化建议具有针对性和可操作性,从而确保工程满足功

作者简介:陈艳,女,1980 年生,淮河水利委员会水利水电工程技术研究中心,高级工程师,主要从事水利水电工程技术咨询工作。E-mail:chenyan@hrc.gov.cn。

能要求的前提下,能有效地控制投资规模,提高投资效益。

3 设计服务咨询工作方案

(1)组建咨询技术小组。

根据本工程的工作量、内容、范围、技术难度、时间要求等,根据具体的水利工程特点选派相关专业的人成立项目咨询技术小组,包括工程地质、水文水资源、工程规划、水工结构、机电及金属结构、施工及概算、水保、环保、移民等专业人员。

(2)制订工作计划。

组织专业人员对项目进行深入考察,通过对项目的深入了解,按照合同要求,制定咨询工作大纲,内容包括咨询研究工作的详细范围,三阶段的具体任务、重点、深度、进度安排、人员配置,并与委托单位交换意见,最终确定具体工作计划。

(3)调查研究收集资料。

各专业组根据工程咨询工作大纲进行实地调查,收集整理有关资料,包括向市场和社会调查,向行业主管部门调查,向项目所在地区调查,向项目涉及的有关企业、单位调查,收集项目建设、生产运营等各方面所必需的信息资料和数据。

(4)复核审查与优化。

在调查研究收集资料的基础上,对项目设计单位提供的各阶段成果进行复核审查,提出优化建议,按照各阶段工作重点不同开展具体工作。

(5)项目设计咨询文件的形成。

各阶段项目咨询工作由各专业经过复核、技术经济论证和优化之后,由各专业组分工编写,项目负责人衔接协调综合汇总,内部审核后形成初步成果,提出项目咨询成果初稿,与委托单位交换意见,修改完善,形成项目咨询正式成果提交业主。

4 设计服务咨询具体措施

4.1 前期决策阶段

通过对可行性研究报告的复核审查,针对项目建设规模、工程总体布置、主要水工建筑物等关键技术和方案,提出总体评价和复核结论及建议,对建设方案进行环境评价、节能评价、财务评价、国民经济评价、社会评价及风险分析,以判别项目的环境可行性、经济可行性、社会可行性和抗风险能力,当有关评价指标结论不足以支持项目方案成立时,提出方案优化、调整或重新设计的建议。投资控制方面,重点复核工程规模和工程总体布置的合理性,减少跨越铁路、高速公路、军用电缆等重要工程的可能性,完善环境保护方案,降低不可预见工程费用的产生。

4.2 设计与招标投标阶段

通过对初步设计的复核审查,提出进一步优化工程建设方案、工程总体布局的建议;对工程具体结构提出优化建议;针对设备选型、原材料供应方案、运输方案、辅助工程方案、环境保护方案、组织机构设置方案、实施进度方案以及项目投资与资金筹措方案等提出优化建议。投资控制方面,重点对主要建筑物结构型式、施工组织方案的复核和优化,查清主要建筑物的地形地质条件,降低不可预见工程费用的产生。初步设计概算审查重点是概算是否控制在立项批准的投资估算允许范围内;工程初步设计所涉及的建设规模、使用功能、建设标准、建设内容是否在立项批准的范围内;设计概算所列项目的完整性,是否与设计要求相符,有无漏列项目、预留缺口;项目前期费用是否符合国家有关规定;初步设计是否进行了方案比选和优化设计;工程量的计算、定额的套用和换算以及取费标准是否准确合理,材料价格是否与现行市场价格接近;主要设备、工器具的种类、规格和数量是否符合设计要求,概算所列价格是否合理。工程招标时应设立招标控制价,招标控制价由招标人或其委托的工程造价咨询单位、招标代理机构根据拟建工程的工程量清单、招标文件的有关要求及项目所在地工程造价管理机构发布的市场参考价进行编制,并需经审核后方可进入招标投标程序。

4.3　实施阶段

主要任务是在确保设计进度、质量、控制投资的前提下,督促设计单位完成施工图设计。本过程中主要控制设计的不合理变更,保证总投资限额不被突破,从而达到控制工程投资的目的。具体实施中,将引进限额设计的管理方法,即按照批准的初步设计总概算控制施工图设计,并分解到各设计专业中,在保证达到使用功能的前提下,按照分配的投资限额控制设计。使限额设计贯穿于整个施工图设计之中,从设计源头控制投资费用,保证实际设计工作量与投标时编制的工作量不会出现大的差异;与设计单位签订技术和激励协议,明确设计计划进度节点控制目标,明确因工作量的差异所带来的效益变化的分配形式,形成双方利益共享、风险共担的共存机制,调动设计人员降低工程费用的积极性,从根本上减少工程量变化带来的风险;加强与设计单位的信息沟通,充分考虑到设计对采购和施工的影响,优先安排制约施工关键控制点的设计工作,根据项目总体网络计划编制设计进度计划,将设计节点控制纳入项目计划监控体系;注重设计审查工作,不仅要对设计技术可行性进行审查,更要对其材料选用的经济性和施工手段的合理性进行审查;加强与业主的工作沟通,在正式开展设计工作前,组织和协助设计单位理清工作程序,明确设计成果文件组成及出图细节要求,使设计工作具有针对性和计划性,把握设计责任范围。

4.4　运行阶段

主要是工程后评价工作,根据工程建成后运行情况,评价项目技术经济指标和技术参数是否达到设计要求、设备投资部分占项目投资额的比重、主要生产设备的技术性能、选型是否合理、是否符合预定设计要求等,为今后工程设计提供经验教训。

5　总结

从设计服务咨询方面说主要难点是督促设计单位充分听取业主意见,在规范允许范围内满足业主要求,做到分析问题不主观、解决问题不拖延、修改方案不厌烦、承担责任不推诿。关键点是督促设计单位按时提交工程建设前期合格的可研报告和初步设计报告,工程实施阶段合格的施工图及文件,做好优质的设计服务工作。主要针对性措施是成立咨询项目组全程跟踪参与设计单位项目组,及时进行设计方案等重大技术问题的沟通,引入限额设计和激励机制等。

响洪甸水库实现"互联网+水利工程"管理模式设想

慕洪安

（响洪甸水库管理处，安徽 金寨 237335）

摘 要 互联网是当代最先进生产力的代表，其先进的技术手段延伸及各领域。水利工程是社会发展及民生的基础设施。将互联网技术运用于水利工程，实现"互联网 + 水利工程管理"，必将使水利工程产生巨大的、不可估量的管理动能，极大地提升响洪甸水库水利工程的管理水准，推进管理理念升级，安澜淮河，实现淮河治理的长治久安。

关键词 互联网;水利工程;现代化;管理

1 响洪甸水库实现"互联网+水利工程"管理模式设想

1.1 目标

按照"统一标准、同一平台，资源共享，互联互通，基础先行、分步实施，适用先进、发挥效益"的原则，逐步实现信息技术标准化、采集自动化、传输网络化、管理集成化、系统功能结构模块化、业务处理智能化、综合办公电子化的目标。

至 2020 年，水库信息化（互联网+）管理体系实现程度达到 90.0%，总分达到 81.0 分（现代化目标值为 90 分）。按照相关规定，其中信息基础设施（满分 36 分）达 31.5 分，水利信息资源（满分 36 分）达 29.2 分，业务应用系统（满分 28 分）达 22.7 分。

经反复调研、评价，设想在对照现状实现程度与规划实现程度后得出如下结论：

响洪甸水库在信息基础设施的建设上成效显著，已接近现代化水平，故互联网+在保持现有水平的基础上略做加强;水利信息资源的现代化实现程度较低，应加强信息资源的采集、整合与共享工作;业务应用系统的现代化实现程度最低，建设任务艰巨，要结合实际合理规划，稳步发展。

1.2 规划布局

按照"水利安徽"战略的总体要求，在现有水利信息化系统基础上，加强水利信息化基础设施建设，对已建的业务应用系统和相关资源进行整合改造提高，落实《安徽省水利信息化发展规划（2013~2020年）》及《响洪甸水库信息化规划（2014~2020 年）》（已完成）的相关要求，围绕"四个一"的目标，即"一个数据中心、一张专网、一张地图、一个应用平台"，为水利建设管理提供信息和技术支撑。规划主要从基础设施建设、综合业务应用和系统集成与安全保障建设三个层面规划水利工程信息化的发展方向。

1.2.1 基础设施建设

（1）信息采集。

系统需要采集的信息数据主要包括雨量、水位、水质、工情、视频、泄水量等。规划在现有已建水利信息采集站点的基础上，进一步完善现有的信息采集站点，适当增加部分信息采集站点。

①雨量信息采集。雨量信息的采集主要采用共享的方式，对水文总局在响洪甸水库区域已建成的雨量自动采集站加以共享，不再重建。目前，响洪甸水库流域已建雨量站 9 个，规划拟在上游库区新建雨量站 1 个。

②水位信息采集。根据响洪甸水库管理的细致程度进行采集点布设，主要采集响洪甸水库库区、溢

作者简介: 慕洪安，男，1961 年生，南京人，高级讲师、政工师。安徽省响洪甸水库管理处秘书。研究方向为水文化、水环境保护、水工程建设管理与水生态保护。E-mail:13956126251@163.com。

洪道、泄洪洞、闸门前后的水位。目前,响洪甸水库建设有自动水位站 5 个,后期拟在上库区和下库区扩展水位自动采集点 2 个。

③闸门开度信息采集。闸位监测一般情况是结合闸门控制统一考虑,主要采集闸门的开启高度等信息。布点主要针对的是泄洪洞和溢洪道闸。目前,响洪甸水库建设闸位信息采集 3 处,根据响洪甸水库现状及管理需要,规划在未建闸门自动监控系统的涵闸新建闸位信息采集点 2 处。

④工情信息采集。以大坝安全自动监测系统为核心,建设响洪甸水库工情中心,实现水库大坝及主要建筑物的工情自动采集和传输,并增设电子巡查功能,实现防汛工程的险情和突发事件的及时上报和快速处理。根据响洪甸水库现状及管理需要,规划新建响洪甸水库工情中心 1 个,电子巡查系统 1 套。

⑤水电站信息共享。通过专用接口与水电站自动监控系统实现互联互通,通过水电站自动监控系统共享电站的流量、电量等部分实时采集数据。

⑥泄水量、水质信息采集。在泄水河段新建泄水量自动检测站 1 处,用于泄水量的实时监测;在坝上库区新建水质自动监测站 3 处,下库区新建水质自动监测站 1 处,用于库区主要入流和出流区域的水质实时信息采集。

⑦其他信息采集。其他信息主要通过资料整编、人工采集信息录入等手段,对水利电子政务、水利工程基础信息等非实时信息或暂不能采取自动采集方式获取的数据根据报送要求进行及时补充、更新和完善。

(2)水利信息网络。

响洪甸水库水利信息网络是发展响洪甸水库水利信息化最为重要的基础设施之一,是为响洪甸水库水利业务信息提供传输服务的平台,其主要建设目标为:

一是完善响洪甸水库防汛抗旱通信专网建设,拓宽其覆盖范围和带宽。实现通信网络延伸至所辖的各重点区域处,传输通信速度达到 100 M 以上,以满足响洪甸水库水利业务需求相关的数据传输、视频会商、视频监控、语音通信等。

二是加大响洪甸水库水利通信设施建设,实现大坝、涵闸、厂房等区域的通信网络覆盖,确保其至少具备一种(光纤、WIFI、GPRS、无线网桥、3 G 或 4 G 等)可靠的通信手段。

(3)响洪甸水库数据中心。

当前响洪甸水库水利信息资源存在开发管理分散、基础数据存储零乱、标准化较差、应用服务适用性单一、难以共享等问题。为此,需要整合现有数据库和系统资源,深入开发新的数据库;建立和健全标准规范体系与安全体系,建立一个集中管理、安全规范、充分共享、全面服务的水利信息数据中心。

1.2.2　综合业务应用

为提高科学管理水平和能力,同时在防汛抗旱期间为防汛、排涝、灌溉等提供可靠的决策依据,本规划建设的水利信息化系统需要防汛抗旱工程的工情信息服务、视频监控、水环境自动检测、泄水量自动检测、电子政务等功能作为支撑。

(1)已有自动化系统的升级改造。

根据响洪甸水库水利信息化的建设需求:

①完善水情自动测报系统。在已有水情自动测报系统的基础上,对原有系统中的异常站点进行修复,进一步完善其各项功能。同时拓展水位自动采集站 2 个,雨量自动采集站 1 个。

②升级改造闸门自动监控系统。升级改造响洪甸水库泄洪洞、溢洪道闸门自动监控系统,开发相应的 B/S 架构系统软件,通过新建成的响洪甸水库水利数据中心获取水位、水量、闸门开度等信息实现对水闸的调度控制。

③升级改造大坝安全监测系统。在已有大坝安全自动监测系统的基础上,对原有系统中的异常站点进行修复,进一步完善其各项功能。同时拓展环境量参数自动采集站 1 个,增加大坝安全电子巡查功能。

(2)防汛调度自动化系统。

根据安徽省水利厅的统一部署,到 2020 年,在原有的防汛调度自动化系统的基础上,依托水情自动测报系统、闸门自动监控系统、大坝安全监测系统,逐步完善防汛调度自动化系统建设,建成包括防汛调度综合业务管理系统、防汛调度信息服务与预警系统、防汛调度会商支持系统、防汛调度应用系统、引水洞信息管理系统、水库流域地理信息管理系统等六大防汛抗旱业务自动化系统,全面提高响洪甸水库防汛调度的应急管理能力、预警预报能力和决策指挥能力。

（3）视频监控与视频会议系统。

①视频监控。应用流媒体、云计算、云存储等技术整合响洪甸水库已建视频监视站点,在上游库区和重点工程段适当扩充部分视频监视站点,实现响洪甸水库水利工程重点区域的随时随地访问。同时,在响洪甸水库管理处建立监控中心,对各监视站点实时情况进行监视。

②视频会议。对响洪甸水库异地会商视频会议通信线路扩容并对会议控制系统、会议室声响系统、大屏幕显示系统进行升级改造。

（4）水环境自动检测系统。

系统主要由前端数据采集单元、数据传输网络单元、数据接收处理单元三部分组成,其中前端数据采集单元主要由采样系统、预处理系统、在线监测仪器设备、现地自动控制单元、数据采集处理等环节构成;数据传输网络单元主要由区域网的网络节点和终端设备构成;数据接收处理单元由布设在信息中心的专用服务器和数据库构成。其监测项目应包括水温、浊度、pH 值、溶解氧、电导率、高锰酸盐指数、氨氮、总磷、TOC 等参数。

（5）泄水量自动检测系统。

为保护节约水资源,促进水资源的合理使用,需要在泄水河段建设泄水量自动监测系统。

（6）电子政务系统。

①系统建设任务。建设集通用办公、水政执法管理、人力资源管理、财务资产信息管理、计划合同信息管理、工程档案管理等一系列应用系统为基础的综合办公系统。

②系统功能。系统按照功能划分为通用办公子系统、水政执法管理子系统、人力资源管理子系统、财务资产信息管理子系统、工程档案管理子系统、单位门户网站子系统等六大电子政务业务功能。

1.2.3 系统集成与安全保障建设

在系统的集成过程中,以 GIS 系统和数据仓库技术为基础,通过统一的平台系统和统一的数据库结构,将各子系统的数据统一集成到一个统一的操作平台和统一的数据库中。

根据国家信息系统安全等级保护文件和《水利网络与信息安全体系建设基本技术要求》,逐步完善信息安全防护体系、二级及以上信息系统安全防护、门户网站等级为二级信息系统安全防护建设,健全水利网络与信息安全事件应急响应机制,完善网络与信息安全事件应急管理,实现信息安全。

1.3 主要建设任务

响洪甸水库信息化管理主要建设内容包括基础设施建设、分系统建设、系统集成与安全保障建设等,具体见表 1。

表 1　响洪甸水库信息化管理主要建设内容

项目名称		主要建设内容
基础设施建设	信息采集	规划在上游库区新建雨量站 1 个,在上库区和下库区处扩展水位自动采集点 2 个,闸位信息采集点 2 处,水库工情中心 1 个,电子巡查系统 1 套
	水利信息网络	完善响洪甸水库防汛抗旱通信专网建设;完善水利信息网络,实现百兆数据通信
	响洪甸水库信息中心	建立一个集中管理、安全规范、充分共享、全面服务的水利信息数据中心

续表 1

项目名称	主要建设内容
综合业务应用	对已有自动化系统的升级改造;建立防汛调度自动化系统;建立视频监控与视频会议系统;建立水环境自动检测系统;建立泄水量自动检测系统;建立电子政务系统
系统集成与安全保障建设	以 GIS 系统和数据仓库技术为基础,通过统一的平台系统和统一的数据库结构建立统一的数据库;逐步完成响洪甸水库涉密信息系统的分级保护建设

2　结论

(1)响洪甸水库签名实现现代化管理的信息化(互联网+)工程,应是继 1956~1958 年的建设期、2009~2012 年除险加固工程竣工后实施的又一次大规模的革命性工程。

(2)工程实施后,将实现工程与社会的"资讯共享",以"实时性"面对社会及公众,同时与社会公众实现"交流功能"。必将推进全面提升水库、水工程、水资源、政务管理、水政管理水平。也会使响洪甸水库不仅在下一个 60 年里能够更广泛地融入我们这个正在全面迈进现代化的社会,还能更好地为流域的经济社会发展及民生水平提升提供源源不断的服务。

南水北调中线一期工程总干渠河南省建设管理项目进度控制与管理

刘晓英

（河南省南水北调中线工程建设管理局，河南 郑州 450000）

摘 要 南水北调中线一期工程总干渠河南省建设管理渠段长 429.3 km，沿线膨胀土（岩）、煤矿采空区等特殊地质渠段长、交叉建筑物密集，施工技术难度大，渠道衬砌任务重。本文从建设管理角度对进度控制的重点和难点进行分析，详细阐述了进度控制和管理的经验与做法，对大型水利工程建设进度管理具有重要借鉴意义。

关键词 南水北调；总干渠；进度控制与管理

1 工程概况和进度控制目标

南水北调中线一期工程总干渠委托河南省建设管理渠段长 429.3 km，渠道最大挖深约 40 m，最大填高约 15 m。输水横断面为梯形明渠，设计水深 7.0 m。渠首设计流量 350 m³/s、加大流量 420 m³/s，出河南的设计流量 235 m³/s、加大流量 265 m³/s。沿线布置各类交叉建筑物 806 座：大型河渠交叉建筑物 58 座，左岸排水建筑物 161 座，渠渠交叉建筑物 39 座，路渠交叉建筑物 487 座，分水闸、退水闸等控制建筑物 61 座。初步设计批复概算总投资 409.16 亿元，完成主要工程量：土石方开挖 31 270 万 m³，土石方填筑 11 363 万 m³，混凝土浇筑 1 005 万 m³，钢筋制安 50.9 万 t。

2008 年 10 月 31 日，国务院南水北调工程建设委员会第三次全体会议确定中线一期工程"2013 年主体工程完工，2014 年汛后通水"总体建设目标。结合初步设计报告的批复时间、征地拆迁完成情况等前期工作进展，工程进度控制目标如下：

2006～2008 年，安阳段和两个试验段工程（新乡潞王坟膨胀岩试验段和南阳膨胀土试验段）陆续开工。

2009 年 5 月底，黄河以北段全部开工；12 月底，黄河北渠道挖填施工全面展开，黄河南郑州境内工程开工，实现"黄河以北连线、黄河以南布点"建设目标。

2010 年，黄河以北段进入施工高峰，黄河南平顶山、许昌境内工程开工，实现"黄河以北发展、黄河以南连线"目标。

2011 年 4 月底，黄河以南全部开工；6 月底，路渠交叉建筑物全部开工；12 月底，黄河南渠道挖、填完成 50%，黄河北除桥梁占压和膨胀土渠段外，渠道挖填完成，衬砌全面展开，实现"黄河以北贯通、黄河以南发展"的目标。

2012 年，膨胀土（岩）渠段抗滑桩、水泥改性土换填等基础处理施工完成，黄河南渠道衬砌试验结束，黄河北渠道衬砌完成 50%以上。

2013 年 5 月底，河渠交叉、左岸排水、渠渠交叉等所有渠系交叉建筑物满足度汛要求；9 月底，路渠交叉建筑物全部通车并移交总干渠施工作业面；10 月底，完成占压段渠道开挖及缺口填筑施工；12 月底，完成全部渠道衬砌施工，主体工程完工。

作者简介：刘晓英，1971 年生，河南省南水北调中线工程建设管理局，主要研究方向为水利工程建设管理和运行管理相关技术。

2014 年 5 月底，与通水有关的附属项目全部完成。

2　进度控制的重点、难点和关键点

（1）膨胀土（岩）渠段长，处理方案批复晚，为关键控制性项目。

膨胀土（岩）是在地质作用下形成的一种主要由亲水性强的黏土矿物组成的多裂隙并具有显著膨胀性的地质体，极易造成渠道边坡失稳，对工程安全运行危害严重，且处理难度大、处理措施投资费用高，是工程界公认的世界性难题，美国工程界称其是"隐藏的灾害"，日本工程界称其是"难对付的土""问题多的土"。委托河南段 429.3 km 渠道内，有 176 km 为膨胀土（岩）渠段，占委托段总长的 41.0%。

为验证可研阶段提出的膨胀土（岩）处理方案，在总干渠典型膨胀土（岩）渠段开展了两段现场原型试验，即 2007 年开工的新乡潞王坟膨胀岩试验段和 2008 年开工的南阳膨胀土试验段。用以研究并验证换填黏性土、换填水泥改性土、抗滑桩、坡面梁等不同处理方案的效果和适用性，确定渠坡防护、处理层施工和渠道衬砌的成套施工工艺及质量控制标准。

结合两个试验段的试验成果，经反复研究论证，2011 年 8 月至 2012 年 2 月陆续确定并批复了各膨胀土（岩）渠段的处理方案。共新增抗滑桩 22 785 根、约 221.7 km，增加水泥改性土换填 1 483 万 m³，新增土料场等临时用地 4 000 余亩。

根据总体建设目标倒排工期，2012 年底必须完成膨胀土（岩）渠段基础处理施工。因膨胀土（岩）处理方案批复晚，新增工程量大，再加上土料天然含水率高等因素影响，膨胀土（岩）处理施工处于关键线路。

（2）路渠交叉建筑物密集，变更数量多，开工滞后，为重点控制性工程。

渠段内共有跨渠公路桥 465 座、铁路暗涵 1 座、跨渠铁路桥 21 座，平均每 0.88 km 一座。由于我国经济的快速发展，在工程施工阶段，部分原有道路现状已较初步设计阶段有较大变化，且有新增道路，为此，共有 140 座公路桥、8 座铁路桥发生变更，占总数的 30.4%。因变更批复程序复杂，变更桥梁开工普遍滞后。如为满足郑州市总体发展需要，新增或变更 25 座跨渠桥梁，于 2012 年 3 月批复；南阳、平顶山、许昌境内新增 11 座生产桥因批复晚，于 2012 年 8 月完成施工招标投标。另外，桥梁部位的通信、电力线路及燃气、雨污水等地埋管线多，涉及产权部门多，协调任务重，迁建周期长，跨渠桥梁建设为关键控制性项目。

（3）渠道衬砌工期紧、施工效率低，是总体建设目标能否实现的决定性因素。

全长 429.3 km 渠段内，占水头建筑物长 22.7 km，需衬砌明渠长 406.6 km。跨渠桥梁与渠道施工相互交叉，只有临时保通道路拆除才能开始占压段渠道施工。膨胀土渠段需基础处理完成后，才能开始衬砌，新增的抗滑桩、截渗墙、坡面梁等施工内容，开工晚且难度大，特别是坡面梁施工工序复杂烦琐，大型机械无法作业，沟槽开挖效率低，钢筋安装和混凝土浇筑质量控制难度大，严重制约渠道衬砌进度。加上交叉建筑物密集，衬砌设备不能连续作业，施工效率非常低，渠道衬砌是按期完工的决定性因素。

（4）工程建设涉及利益主体众多，建设环境维护困难，是制约工程进度的关键因素。

总干渠在河南境内经过人口稠密的中原地带，与沿线群众生产生活密切相关，民扰工、工扰民问题时常出现。如：为保证渠道工程质量，沿线相当一部分区域需进行强重夯处理，而总干渠线路局部距村庄较近，附近居民以施工振动影响为由阻工；部分村民因对桥面宽度和桥梁引道方案不满意而阻工；因施工降排水影响居民正常生活引起阻工等。阻工问题如不及时消除，工程建设难以顺利推进。

3　进度控制措施

（1）主动控制和动态管理相结合，按期完成膨胀土（岩）渠段处理施工。

①及时调整膨胀土（岩）渠段处理施工计划，合理配置物资设备，保证大干所需。根据膨胀土（岩）处理方案的批复进度，第一时间与移民部门沟通，协调移交因膨胀土（岩）处理需新增的临时用地。结合新增临时用地移交计划，科学制订膨胀土（岩）处理施工计划，加快具备条件渠段的水泥改性土换填、抗滑桩等渠坡处理施工。针对 2012 年上半年土料湿度大、改性土拌和效率低的问题，科学测算碎土及

拌和设备数量,不足部分于 2012 年 7 月底全部安装到位并投入使用。各施工作业面配足劳动力,加大物资储备,加强土料场的排水和土料翻晒备存,提前做好软式透水管、波纹管、粗砂等材料储备,为汛后大干做好准备。施工单位 24 小时连续作业,"歇人不停面,歇人不停机",至 2012 年底水泥改性土换填施工基本完成。

②开展水泥改性土换填施工专项劳动竞赛,促进施工进度。南阳段共需完成水泥改性土换填 990万 m³,占委托段改性土总量的 67%,施工任务重,且南阳段土料黏粒含量大、含水率高,严重制约改性土施工进度。为激励南阳段各参建单位抢赶工期,经商项目法人同意,自 2012 年 8 月起,组织开展南阳段水泥改性土专项劳动竞赛。编制竞赛实施方案,确定竞赛目标,建管单位每月对竞赛完成情况进行考核评比,重奖重罚,充分调动参建各方的积极性和创造性,促进了水泥改性土施工进度。

(2)严控路渠交叉建筑物施工进度,按期移交占压段渠道施工作业面。

①提前协调,确保路渠交叉建筑物按计划开工。渠道开工前,建管单位组织对需跨越的公路、铁路进行全面排查,对与初步设计阶段有较大变化,需加宽桥面、变更引道的跨渠桥梁进行重点研究,协调项目法人,提前组织编制变更方案,以便加快变更报批进度。提前与交通运输、铁路等道路产权单位沟通,协调解决跨渠桥梁施工行政许可、保通方案、绕行方案等问题,实现了"路渠交叉建筑物 2012 年 6 月底前全部开工"的目标。

②加强重点桥梁监控,确保按计划建成通车并移交渠道施工作业面。自 2012 年 6 月起,把郑州段开工晚、施工难度大的 53 座跨渠公路桥作为重点监控项目,明确每座桥梁的节点目标和参建各方责任,制定督察奖惩办法,建管单位 10 天一督察一排名一通报。自 2012 年 7 月起,把开工晚、按期完工风险大、可能影响后续总干渠施工的中州铝厂企业站铁路桥等 6 座铁路交叉建筑物作为重点监控项目,明确节点目标,建立责任体系,制定考核奖励办法,建管单位每月对参建各方完成目标任务情况进行考核评比和奖罚,激励先进,鞭策后进,如期实现了节点控制目标。

③建立跨渠桥梁建设进度目标责任体系,推进路渠交叉建筑物施工进度。建管单位成立桥梁建设协调小组,组织各方定期会商,解决制约桥梁建设的重大问题,并派专业技术人员进驻施工现场实施日常监管,推动桥梁工程建设快速推进。2013 年 5 月,制订《跨渠桥梁进度考核奖惩实施方案》,报项目法人批准后,按月对每座桥梁节点目标完成情况进行考核评比,对落后标段挂牌督办,对进度滞后的单位及责任人通报批评,对提前完成节点目标的单位给予奖励,有力推进路渠交叉建筑物建设进度。

(3)合理优化配置资源,按期完成渠道衬砌节点目标。

①合理安排工序衔接,保证连续顺畅施工。在 2012 年底膨胀土(岩)渠段处理基本完成和路渠交叉建筑物移交渠道施工作业面的基础上,2013 年须完成渠道单侧衬砌 921.7 km(渠坡单侧衬砌 585.0km、渠底 336.7 km)。2013 年渠道衬砌是控制工期的关键性工程。2013 年 2 月,根据既定的渠道衬砌计划,进一步优化施工方案,细化保证措施,对渠道衬砌各道工序明确需配置的人员和设备数量,督促全部配置到位。组织合理安排渠坡修削、排水系统布设、垫层和土工膜铺设以及混凝土衬砌等施工环节的衔接,制订与施工强度相匹配的人员调配与原材料储运计划,做好机械设备配置与运行维护工作,保证工程连续顺畅施工。渠道衬砌时,左右岸边坡同步进行,渠底及时跟进,最大限度地保证渠道衬砌全断面推进。

②建立渠道衬砌进度风险评估机制,适时启动应急预案。建管单位制定《渠道混凝土衬砌进度风险预警机制》和《风险处置应急保障措施》,以渠道衬砌完工单位的闲置设备、人力等资源为主,成立渠道衬砌应急抢险突击队。每旬开展一次渠道衬砌施工排查,分析进度计划执行情况,提出纠偏措施。每月对渠道衬砌进度计划完成情况进行考核,根据剩余衬砌工程量、现有资源配置情况、衬砌工效等,评估潜在风险因素,确定各标段渠道衬砌进度风险级别,提出并落实风险处置措施。

(4)优化施工方案和采取弥补措施相结合,妥善处理施工扰民问题。

①处理爆破及强夯施工振动影响问题。新乡和许昌境内,渠道强夯施工区域距村民房屋最小距离不足 50 m,尽管想方设法优化方案,最大程度地消除噪声、阻挡振动,但还是对附近居民生活造成了一定影响。建管单位及时组织专业机构进行振动监测和房屋安全鉴定,对明显造成影响的村民采取补偿

措施；焦作段聩城寨倒虹吸石方开挖边线距居民房屋 35 m，参建各方提前优化爆破方案，严格控制装药量，尽量减少对房屋的震动影响，防止村民阻工，保证施工进度。

②解决施工降排水引起的地下水位下降问题。渠道在禹州市境内经过 3.25 km 的煤矿采空区，需灌浆处理。采空区灌浆施工导致总干渠右侧部分村庄地下水位下降、水质浑浊、水量减少。针对此情况，建管单位委托勘测单位对周边村庄地下水影响情况进行专项勘察，确定地下水受灌浆施工影响的原因、影响程度和范围，采取"在当地补打饮水与灌溉井，增加配套设施"等工程措施，提高当地百姓的生产生活条件；辉县段地下水位高，渠道倒虹吸施工降排水量大，参建各方成立专业课题组就施工排水对地下水影响程度和范围进行专题研究，提出处理措施，优化降水方案，最大限度降低基坑排水对周边地下水的影响，保证周边群众的稳定，保证施工进度。

4　结语

施工进度控制与管理是一项系统工程，需参建各方共同参与。作为建设管理单位，必须严格按照总体建设目标，详细制定控制性里程碑目标，实时把控关键控制性项目，动态管理，及时纠偏，才能按期完成工程建设任务。南水北调中线一期工程总干渠委托河南建设管理项目通过实施一系列进度控制措施，于 2013 年 12 月 25 日完成了全部渠道衬砌任务，干线主体工程按期完工。2014 年 5 月底，35 kV 永久供电线路、金结机电安装调试、运行维护道路等附属项目基本完工，具备通水条件；6~7 月进行充水试验；9 月通过全线通水验收；2014 年 12 月 12 日南水北调中线工程正式通水。

淮河流域中小型灌排泵站设计研究

茆福文,雷宁,李卉,陈冬冬,赵燕,刘德高

(淮安市水利勘测设计研究院有限公司,江苏 淮安 223001)

摘 要 近年来,水利工程发展蓬勃,各类灌溉泵站、排涝泵站的建设,不仅为农业的排涝、灌溉发挥效益,而且已成为发展经济、保证人民财产安全的基础产业之一。笔者通过多年设计经验,长期探索淮河流域尤以淮安地区内不同条件下泵站结构、水泵选型、机泵配套、泵管安装、流道处理、断流措施以及施工工艺、管理条件、站容站貌等各个环节综合最佳方案,不断总结提高泵站的设计技术,使所建各类泵站布局合理、安全可靠、优质高效、便于管理。

关键词 中小型排灌泵站;设计研究

淮河发源于河南省桐柏山区,由西向东,流经河南、湖北、安徽、江苏四省,干流在江苏扬州三江营入长江,全长约 1 000 km。淮河下游主要有入江水道、入海水道、苏北灌溉总渠和分淮入沂四条出路。沂沭泗河水系位于淮河东北部,由沂河、沭河、泗河组成,均发源于沂蒙山区,主要流经山东、江苏两省,经新沭河、新沂河东流入海。淮河流域西部、西南部及东北部为山区、丘陵区,其余为广阔的平原。山丘区面积约占总面积的 1/3,平原面积约占总面积的 2/3。

淮安市位于江苏省北部中心地域,地处黄淮平原和江淮平原,无崇山峻岭,地势平坦,地形地貌以平原为主,只有市境西南部的盱眙县有丘陵岗地,地势较高。淮安市地形地貌在整个淮河流域范围内较为典型,最能反映出流域特性。

本文旨在对淮安市范围内各县区中小型灌排泵站进行设计研究,对淮河流域其他县区的中小型灌排泵站设计具有重要的借鉴意义。

1 概况

淮安市地处江苏省北部中心地域。位于北纬 32°43′00″~34°06′00″,东经 118°12′00″~119°36′30″。北接连云港市,东毗盐城市,南连扬州市和安徽省滁州市,西邻宿迁市。东西最大直线距离 132 km,南北最大直线距离 150 km,面积 10 072 km²。淮安市地处黄淮平原和江淮平原,无崇山峻岭,地势平坦,地形地貌以平原为主,只有市境西南部的盱眙县有丘陵岗地,地势较高。盱眙县仇集镇境内无名山最高231 m,为全市最高点;淮安区博里地面最高仅 2.3~3.3 m,为全市最低点。

近年来,淮安市水利工程发展蓬勃,各类灌溉泵站、排涝泵站的建设,不仅为农业的排涝、灌溉发挥效益,而且已成为发展淮安经济、保证人民财产安全的基础产业之一。

2 泵站分类

受地势影响,淮安市境内排灌泵站扬程范围在 1.5~30 m 不等,设计流量需求大小不一,加上其他各种因素的影响,不同地区选用不同的水泵,建造各种类型的泵站。通过多年设计经验,长期探索不同条件下泵站结构、水泵选型、机泵配套、泵管安装、流道处理、断流措施以及施工工艺、管理条件、站容站貌等各个环节综合最佳方案,不断总结提高泵站的设计技术,使所建各类泵站布局合理、安全可靠、优质高效、便于管理。

作者简介:茆福文,男,1986 年生,淮安市水利勘测设计研究院有限公司,工程师,从事水工结构设计工作。E-mail:59867152@qq.com。

常规的泵站分类从不同角度有不同的分类方式,常见的分类方式有以下几种。根据水泵扬程的不同,由低扬程到高扬程分为轴流泵(3~5 m)、混流泵(6~12 m)和离心泵(12 m 以上)。根据水泵安装方式的不同,轴流泵可分为卧式、斜轴和立式三种。而按泵站结构的不同,又可分为分基型、干室型、湿室型和块基型四类。根据泵站功能又分为单灌站、单排站、灌排结合站、灌排交通相结合的闸站四类。

3 建站要点

小型泵站是低洼圩区排涝降渍、亢旱地区灌溉抗旱必不可少的水利工程,建站讲究投入与产出效益最大化。如何以最少的资金,采取最简单的施工方法,建成使用价值高、效益面积大、能源消耗低、运行安全可靠、操作维修方便、美观牢固的优化泵站,是泵站设计过程中需要认真研究处理的关键点。

4 泵站选型原则

以《泵站设计规范》为依据,从技术、经济等方面考虑,泵型选择遵循以下原则:

(1)应满足泵站的设计流量、设计扬程及不同时期供排水的要求。

(2)在平均扬程时,水泵应在高效区运行;在整个运行扬程范围内,水泵应能安全、稳定运行。排水泵站的主泵,在确保安全运行的前提下,其设计流量宜按设计扬程下的最大流量计算。

(3)宜优先选用技术成熟、性能先进、高效节能的产品。

(4)具有多种泵型可供选择时,应综合分析水力性能、安装、检修、工程投资及运行费用等因素择优确定。

(5)水泵的能量损失要小,机电设备及土建投资费用低,便于施工,便于维修和管理,运行费用省。

5 泵站设计方案

根据淮安市不同地区地形地貌及各地的使用经验,泵站设计时需因地制宜,不能千篇一律。

(1)涟水县、淮阴区。

涟水县位于淮安市东北部,位于黄淮平原东,淮河流域下游;东与响水、滨海、阜宁三县交界,南与淮安区、清江浦区相连,西与淮阴区、沭阳县毗邻,北与灌南县接壤。涟水县境内地势平坦,河流纵横,土地肥沃,多为沙壤土质。

淮阴区位于淮安市西北部平原的中心,南濒洪泽湖(赵集镇洪湖村挡浪堤向南延伸 7 km),东到王兴镇盐西电站隔盐河与涟水保滩相邻,北至徐溜镇冯庄村隔六塘河与沭阳县钱集相望,西到竹络坝电站隔大运河与泗阳县毗邻。

这 2 个县区位于废黄河以北,地势相对较为平坦,水源丰富,农村灌溉泵站基本以低扬程水泵为主,个别地区位于废黄河高亢地,扬程较高。

按照县区近年来农村泵站设计的经验,低扬程泵站基本以立式轴流泵为主(见图 1),采用立式电机直联,这种泵站扬程在 3~5 m,泵房采用湿室型结构,整个泵站结构简洁,但泵站占地面积略大。

部分地区,灌溉泵站位于河岸边,紧邻农田,常规的立式轴流泵不太适合,一般采用的是斜坡式或立式潜水轴流泵(见图 2),这种泵型结构简单,土建投资较小,且占地面积小,近几年使用较多。

按照中央、省市的指示,当地部分地区大力发展低压管道灌溉技术,管道灌溉所采用的水泵一般以混流泵或离心泵为主,这种泵站扬程较高,一般在 8~20 m,泵站采用干室型结构,水泵进水管斜坡式安装,或新建进水池,水泵电机等核心部件布置于岸上泵房内,水泵出口接闸阀、流量计等后接入灌溉主管道内(见图 3)。

涟水县有部分地区位于废黄河高亢地,泵站扬程 10 m 左右,一般采用混流泵,水泵泵管斜坡式安装,泵房为干室型。

(2)清江浦区。

清江浦区位于淮安市主城区,东接淮安区,西、北靠淮阴区,南连洪泽区,位于淮安市地理位置中心。清江浦区境属黄淮冲积平原,以沙质土壤为主,地形平坦,从西北向东南略倾斜。境内河湖交错,水网纵横。

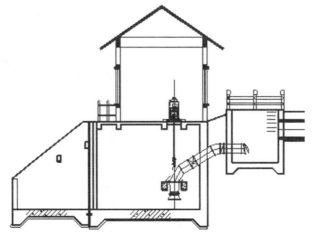

图 1　立式轴流泵设计图

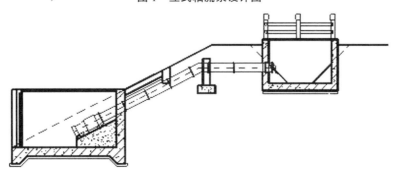

图 2　潜水轴流泵设计图

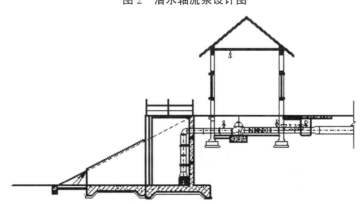

图 3　管道灌溉泵站设计图

　　该地区水泵以立式轴流泵为主,部分地区采用低压管道灌溉,一般采用混流泵或离心泵,近年来部分地段管道灌溉还采用了一体化泵站(见图 4),这种泵站结构更为简单,集成化程度高,便于远程监控。

　　(3)淮安区。

　　淮安区位于淮安市东南部,地处苏北平原中部,京杭大运河与苏北灌溉总渠交汇处,与扬州、盐城两市交界。

　　淮安区地形以平原为主,地面高程一般在 4~7 m,平均约 6 m(以废黄河入海口为零点)。地势由西北向东南倾斜,市境最高点位于徐杨乡小埧废黄河滩,真高 9.7 m;最低点位于流均镇湖荡地区,真高仅 1 m。境内河渠纵横,水网密布,京杭大运河纵贯南北,苏北灌溉总渠横穿东西。

　　受地形影响,淮安区农村泵站以立式轴流泵为主,采用湿室型结构。渠南地区位于里下河圩区范围内,部分泵站为灌排结合泵站(见图 5)或灌排闸站(见图 6)。灌排泵站一般采用双向立式轴流泵,出水管利用闸阀控制泵站功能(灌溉或排涝)。灌排闸站一般采用立式轴流泵与水闸平行布置的结构。

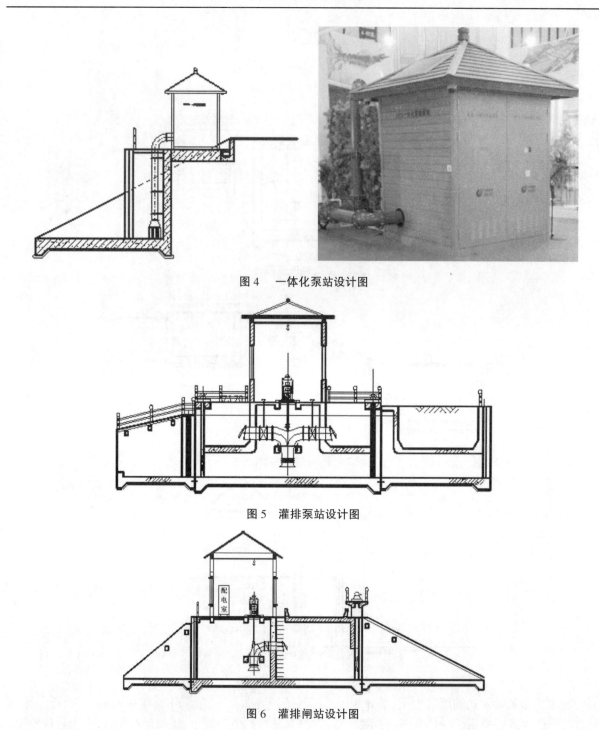

图 4　一体化泵站设计图

图 5　灌排泵站设计图

图 6　灌排闸站设计图

（4）洪泽区。

洪泽区位于洪泽湖东畔,与泗洪县、泗阳县隔湖相望,东挽白马湖,与淮安区、宝应县、金湖县水陆相依,南临淮河入江水道,与盱眙县毗邻,北濒苏北灌溉总渠,与淮阴区、清江浦区接壤。

洪泽区呈西高东低之势。全境东西跨度 63 km,南北跨度 38.5 km;全县最高点在老子山镇的丹山顶,高程 51.5 m;最低点在白马湖区,高程仅为 5.1 m。洪泽湖西南面的老子山镇为不连片的低丘陵地,中部为洪泽湖区,东部皆为黄淮冲积平原,地势平坦。洪泽湖大堤高程 18.5 m,与东部平原落差达 10 m以上;湖底浅平,高程一般为 10~11 m,最低处约 8.5 m,最高处为 12 m,高出洪泽湖大堤以东地区 3~5 m。

洪泽区中部及东部皆为黄淮冲积平原,地势平坦,一般可采用立式轴流泵。西南部位于低丘陵地,扬程相对较高,采用混流泵或离心泵。

(5)金湖县。

金湖县位于淮河下游、江苏省中部偏西地区,方位在长江以北、苏北灌溉总渠以南、洪泽湖以东、大运河以西。地处两省三市之交,东与本省扬州市的宝应县、高邮市接壤,东南、南与安徽省滁州市的天长市、南京市六合区相邻,西与淮安市盱眙县、洪泽区交界,北与洪泽区毗邻。地势西高东低,北部、东部、南部是湖荡相间的湖积平原,约占陆地面积的73%,地面真高在9.6~5.5 m;西南部为缓坡丘陵,约占陆地面积27%,地面真高在35.4~5.5 m。

水泵选型一般采用混流泵,西南部丘陵地段以离心泵为主。部分地区,如南部戴楼镇、东阳镇等地,灌溉片区与水源高程太大,如果采用一级提水,会导致输水距离较长,沿程阻力损失及水量损失加大,交叉配套建筑物过多等,导致工程投资大,效益比较低。这些地区一般采用多级提水、分区灌溉的方式,正常采用二级提水,每级提水泵站扬程在20 m左右,采用多台卧式离心泵提水。

(6)盱眙县。

盱眙县位于淮安西南部,淮河下游,洪泽湖南岸,江淮平原中东部;东与金湖县、滁州天长市相邻,南、西分别与滁州市天长市、滁州市来安县和明光市交界,北至东北分别与泗洪县、洪泽区接壤。盱眙县境内地势西南高,多丘陵低山;东北低,多平原;呈阶梯状倾斜,高差悬殊220多 m。境内有低山、丘岗、平原、河湖圩区等多种地貌。

泵站选型以离心泵为主,部分地区扬程较低,可采用立式轴流泵或混流泵(见图7)。盱眙县内灌区较多,扬程高,一般采用多级提水灌溉方式,各级泵站基本都采用离心泵,干室型结构。部分一级提水泵站位于洪泽湖周边,受洪泽湖洪水影响,这类泵站泵房大多采用整底板钢筋混凝土结构,泵站泵房位于洪水位以上,受水泵气蚀性能要求,水泵层位于水位以下,进水管处采用截渗处理。

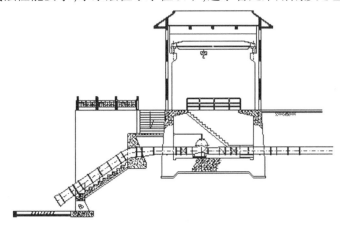

图7　混流泵设计图

中小型灌排泵站对社会经济可持续发展、全面建设小康社会具有举足轻重的地位。本文主要介绍了地区常用的几种水泵布置型式,怎样才能使中小型排灌站长期安全、高效地运行,需要我们设计人员严格按照规范要求,同时需要开创性的思维,进一步探讨更科学合理的解决办法。

参 考 文 献

[1] 刘超.水泵及水泵站[M].北京:科学技术文献出版社,2003.
[2] 陈伟.小型排灌泵站工程现状与应对措施[J].建筑工程技术与设计,2014(17):954.
[3] 陈胜利.沿海平原地区农田水利工程小型泵站设计研究[J].乡村科技,2018(24):118-119.

高清视频监控系统在水利工程建设管理中的应用

邢坦[1],胡文才[2]

(1.沂沭泗水利管理局防汛机动抢险队,江苏 徐州　221000;
2.沂沭泗水利管理局水文局(信息中心),江苏 徐州　221000)

摘　要　鄂竟平部长提出了"水利工程补短板、水利行业强监管"的要求,水利信息化建设进入新的发展阶段。为了解决水利管理、水政执法和水资源管理中的现场监控等信息采集问题,沂沭泗水利管理局建成了高清视频监控系统。该系统建成后,为基层管理单位提供了有力的技术支持,有效解决了人员不足导致的信息采集不到位问题。本着资源共享的原则,沂沭泗局水利工程建设管理单位考虑将已建成的高清视频监控系统应用到目前在建的水利工程建设管理工作中,以提高建设管理工作信息化水平,减少管理人员工作量,节省管理经费。本文对"高清视频监控系统如何应用到水利工程建设管理工作中? 如何实现资源共享?"提出自己的见解。

关键词　视频监控;应用;水利工程;建设管理 ;资源共享

1　应用背景

随着社会经济的快速发展,科技不断地改变生活、改变工作方式,高科技成果也越来越多地应用到水利行业的各项工作中,水利信息化建设进入了新的发展阶段。近年来,视频监控系统在水利工程管理中发挥了重要的作用,该系统可以实现对重要区域或远程地点的监视和控制,能够将监控现场的实时图像和数据等信息准确、清晰、快速地通过网络传到后台监控系统,实时、有效地监管堤防、闸坝、电站等的运行情况。

为了解决水利管理、水政执法和水资源管理中的现场监控等信息采集问题,沂沭泗水利管理局自2014 年开始,先后通过"沂沭泗局直管重点工程监控及自动控制系统""淮河水利委员会水政监察基础设施建设项目(一期)""淮河水利委员会水政监察基础设施建设项目(二期)"建设了沂沭泗局高清视频监控系统,形成了集中的视频监控平台,可以分别为沂沭泗局工程管理、水政执法、水资源管理服务。

沂沭泗局高清视频监控系统采用三级模式,即沂沭泗局、直属局和基层局三级。信息采集与存储均在各基层局,直属局通过连接基层局的网络系统,访问基层局的视频矩阵,调取监控点的视频信息,沂沭泗局通过连接直属局和基层局的网络系统,访问基层局的视频矩阵,调取监控点的视频信息。视频监控系统布设示意图见图 1。

该系统建成后,为基层管理单位提供了有力的技术支持,有效解决了人员不足导致的信息采集不到位问题,在"水利行业强监管"中发挥了积极作用。

本着资源共享的原则,沂沭泗局水利工程建设管理单位考虑将已建成的高清视频监控系统应用到目前在建的水利工程建设管理工作中,以提高建设管理工作的信息化水平,减少管理人员工作量,节省管理经费。本文以南四湖二级坝除险加固工程为例,深入探讨如何将高清视频监控系统应用到水利工程建设管理工作中,实现资源共享。

作者简介::邢坦,女,1981 年生,沂沭泗水利管理局防汛机动抢险队总工程师,主要从事水利工程建设管理、防汛抢险等工作。E-mail:59867152@ qq.com。

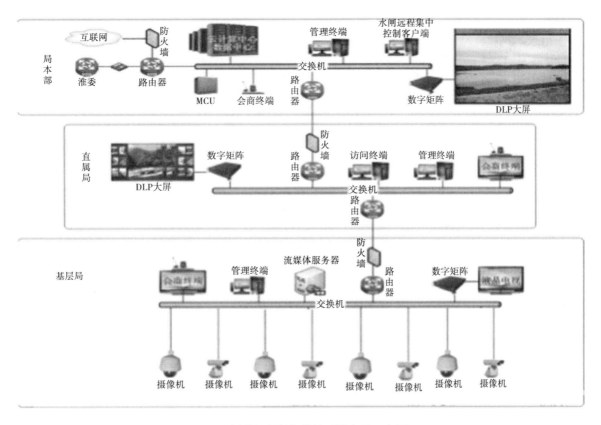

图1 沂沭泗局视频监控系统布设示意图

2 高清视频监控系统在工程建设管理中的应用

2.1 工程建设管理对视频监控系统的需求

南四湖二级坝水利枢纽是大(1)型水利工程,东起常口老运河西堤,西至顺堤河东堤,全长7 360 m,在沂沭泗流域防洪调度和水资源管理方面发挥着重要作用。正在实施的南四湖二级坝除险加固工程主要内容有:结合坝顶加高拆除重建坝顶交通道路,对坝坡采用混凝土砌块及框格草皮护砌进行防护,拆除重建溢流坝堰顶、护坡和消力池,增设海漫和防冲槽,新建溢流坝公路桥,拆除重建一闸交通桥桥板等。

南四湖二级坝除险加固工程建管处目前共有不到10名管理人员,需要承担工程质量管理、进度管理、安全生产管理以及外部关系协调等诸多方面的大量工作。工程施工区横跨南四湖,自东向西贯穿整个二级坝枢纽,战线长,监管难度大。而且二级坝是连接南四湖东、西两岸的唯一通道,工程施工对现状交通影响较大,需要限载限行,给建设管理工作造成了很多困难。

为了解决上述工程任务多、人手少、监管难度大等问题,建管处在二级坝建管处办公区安装了监控平台,连接已经建成的沂沭泗局高清视频监控系统,通过调用二级坝枢纽现有的高清摄像头,实现对施工现场的远程监管。

2.2 二级坝水利枢纽监控系统概况

近年来,沂沭泗水利管理局出于对水利工程监管的需要,通过"沂沭泗局直管重点工程监控及自动控制系统"在二级坝水利枢纽建设了视频监控系统,为了保障网络安全,又在二级坝枢纽建设了私网4G基站,信息传输采用4G传输,与公网完全隔离开来。二级坝监控示意图如图2所示。

2.3 应用视频监控系统对工程建设进行监管

2.3.1 施工进度、质量监管

建管处工作人员在办公室通过调取二级坝施工现场高清视频,可以实时监管工地现场施工进度和施工质量情况,如图3所示。

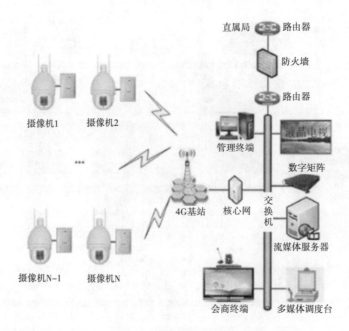

图 2　二级坝监控示意图

图 3　远程对施工进度、质量进行监管

2.3.2　施工安全监管

建管处工作人员通过操作可以调节高清摄像头的角度和焦距,能够清楚地查看施工单位安全措施是否到位、工人进入施工场地有没有佩戴安全防护用品以及施工场地安全围挡情况等,出现安全事故能够及时发现并快速启动应急预案,如图 4 所示。

2.3.3　施工期环保监管

建管处工作人员通过高清摄像头,可以实时查看施工单位在施工期间是否做好环保措施,比如堆土区有没有盖好防尘网罩、洒水车是否按规定路线行驶、扬尘控制情况等,如图 5 所示。

2.3.4　施工交通监管

由于工程施工的影响,通过二级坝的车辆不仅要限载限行,而且必须从临时道路通过,极易造成拥堵,需要及时疏导。有了高清视频监控系统的帮忙,建管处工作人员不必时刻守在现场,通过高清摄像

图4　远程对施工安全进行监管

图5　远程对施工期环保进行监控

头就能随时查看交通状况,大大减少了工作量,如图6所示。

2.4　应用效果

（1）提高了工作效率。建管处工作人员不用到施工现场,在办公室通过高清视频监控系统就可以随时查看工地施工情况,节省了来往工地现场的时间,有效提高了工作效率。

（2）节省了人力、物力、财力。采用高清视频监控系统辅助进行建设管理工作,可以在人员有限的情况下,最大限度地开展相关监管工作,节省了大量人力、物力、财力。

（3）实现了资源共享。沂沭泗局高清视频监控系统建设的目的是为工程管理服务的,现在将高清视频监控系统应用到建设管理中,不仅提高了建设管理工作的信息化水平,还能够让高清视频监控系统多渠道发挥作用,实现了资源共享。

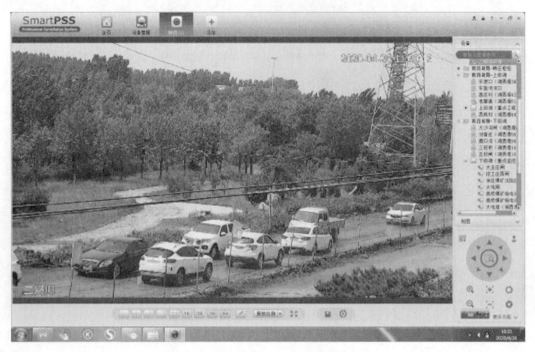

图 6　远程对施工交通进行监控

3　结语

为了贯彻落实鄂竟平部长提出的"水利工程补短板、水利行业强监管"的工作总基调,水利工程管理部门需要更多的技术手段支撑各项工作,以达到"强监管"的目的。目前,水利工程建设施工环境日趋复杂,建设管理单位在施工现场的安全、质量管理等方面面临着更大的挑战,对信息化管理的要求越来越高。在水利工程建设中使用高清视频监控系统,对于实现实时监控、确保施工现场安全质量受控等方面有着十分重要的作用。

沂沭河局直管工程观测现状及对策探析

彭贤齐，张剑峰

（沂沭泗水利管理局沂沭河水利管理局，山东 临沂 276000）

摘　要　2019年汛期，沂河、沭河分别发生编号洪水，沂沭河水利管理局（以下简称沂沭河局）部分直管水闸工程调度频次较高，个别河道岸坡受洪水冲刷造成水毁，为保障直管工程安全运行，准确掌握工程运行状态，按照规定需对直管水闸、河道堤防工程进行水平位移、垂直位移、扬压力、水位、河势断面等观测。工程观测不仅需要保证精度，同时对数据处理及分析也有着更高的要求，但目前基层水管单位工程观测中不同程度存在人员不足、专业水平不高等现象，本文根据沂沭河局近5年直管工程观测资料，分析当前直管工程观测工作存在的问题和不足，为下步工程观测工作提供合理化建议。

关键词　沂沭河；直管工程；工程观测

1　引言

工程观测是掌握工程情况，为工程设计、施工和管理运行提供可靠资料和支撑的重要手段，对运行管理单位来说，也是工程管理的一项重要任务。各种功能不同的水闸工程为当地工农业生产、社会经济发展发挥了重要作用，在防洪、抗旱工作中也占有重要地位[1]。水闸在运行过程中会产生变形，这种变形在一定限度内应视为正常现象，如果超过了规定限度，就会影响水闸的正常使用，严重的还会危及水闸的安全[2]。河道观测能反映出河道行洪能力、堤防稳定及变化、冲淤积情况等，能为防汛调度和决策提供翔实的依据。因此，对直管工程进行观测，能够准确掌握工程运行状态，及时发现和处理运行隐患，提高管理水平，充分发挥工程效益。

2　直管工程观测基本情况

2.1　观测工程简介

沂沭河局直管水闸每年进行观测的有大中型水闸7座，分别为刘家道口节制闸、彭家道口分洪闸、新沭河泄洪闸、人民胜利堰节制闸、江风口分洪闸、黄庄穿涵闸和黄庄排灌闸。刘家道口节制闸位于临沂市郯城县李庄镇刘道口村西沂河干流，闸轴线垂直沂河两岸大堤，大型Ⅰ等水利工程，彭家道口分洪闸位于沂河左岸刘道口村北，分沂入沭入口处，大型Ⅱ等水利工程，两闸为刘家道口水利枢纽的重要组成部分，该枢纽是沂沭泗河洪水东调南下的关键工程。新沭河泄洪闸，位于临沂市临沭县境内新沭河入口处，大型Ⅰ等水利工程，是沂沭河洪水东调经新沭河入海的控制性工程，人民胜利堰节制闸位于临沭县大官庄村西，大型Ⅱ等水利工程，是控制沂沭河洪水南下入老沭河的关键性工程，两闸为大官庄水利枢纽的重要组成部分，是沂沭河洪水东调入海的控制性工程。江风口分洪闸位于郯城县李庄镇王沙沟村西北沂河右岸，邳苍分洪道入口处，大型Ⅱ等水利工程，是分泄沂河洪水入邳苍分洪道的控制工程。黄庄穿涵工程，包括倒虹吸（含穿涵闸）和排管闸，位于临沂市河东区梅埠街道，分沂入沭水道与黄白沟交汇处，是沂沭河之间分沂入沭水道以北地区的区域性排涝工程。

2.2　观测设施情况

刘家道口节制闸目前观测设施数量及状况为：水平位移观测设施40个，完好率100%；垂直位移观

作者简介：彭贤齐，男，1996年生，沂沭河水利管理局科员，研究方向为变形监测。E-mail：1020733622@qq.com。

测设施 92 个,完好率 100%;测压管观测设施 26 个,完好率 88.5%。

彭家道口分洪闸目前观测设施数量及状况为:水平位移观测设施 23 个,完好率 100%;垂直位移观测设施 22 个,完好率 100%;测压管观测设施 8 个,完好率 100%。

新沭河泄洪闸目前观测设施数量及状况为:水平位移观测设施 19 个,完好率 100%;垂直位移观测设施 46 个,完好率达 100%;测压管观测设施 8 个,完好率 100%。

人民胜利堰节制闸目前观测设施数量及状况为:水平位移观测设施 10 个,完好率 100%;垂直位移观测设施 26 个,完好率达 100%;测压管观测设施 18 个,完好率 100%。

江风口分洪闸目前观测设施数量及状况为:水平位移观测设施 17 个,完好率 100%;垂直位移观测设施 31 个,完好率 100%;测压管观测设施 29 个,完好率 100%。

黄庄倒虹吸目前观测设施数量及状况为:水平位移观测设施 8 个,完好率 100%;垂直位移观测设施 8 个,完好率 100%。

黄庄排灌闸目前观测设施数量及状况为:水平位移观测设施 5 个,完好率 100%;垂直位移观测设施 5 个,完好率 100%。

沂沭河局河道观测主要有水位观测、河势断面观测等。水位观测设施主要是自设水尺,共 35 处,其中沂河水利管理局 6 处,沭河水利管理局 6 处,河东河道管理局 2 处,郯城河道管理局 11 处,刘家道口水利枢纽管理局 4 处,大官庄水利枢纽管理局 4 处,江风口分洪闸管理局 2 处,每年汛前对自设水尺进行刻度喷刷维护,对刻度零点进行测量校核,汛期进行观测。河势断面观测共 5 处,其中沂河水利管理局 1 处(4 个断面),郯城河道管理局 4 处(15 个断面)。河床变形观测 2 处,全部在刘家道口水利枢纽管理局,10 个断面。

3　直管工程观测内容与仪器

3.1　观测内容

(1)垂直位移观测。利用直管水闸周围的水准基点和观测水准点,用电子水准仪(各局型号有不同)配合条码尺,按二等水准测量的方法和相关误差要求进行观测、记录和数据分析,并与以往观测数据对比,分析沉降量,判断水闸是否存在异常。

(2)水平位移观测。在水平位移观测点上分别设站,利用大坝测量仪或全站仪,配合两个觇标或棱镜,盘左盘右分别进行观测,观测两测回,做好数据记录并计算分析,并与以往观测数据对比,得出水平方向上倾斜量。

(3)扬压力和绕渗观测(测压管水位观测)。采用电子渗压计自动采集,结合人工观测复测,利用数据绘制水位变化过程线,分析水闸闸基渗流情况。

(4)水位观测。利用自设水尺或遥测等形式进行水位数据采集。

(5)河床变形观测及河势断面观测。采用全站仪进行观测,通过每年测量数据与往年观测数据进行对比,分析河床变形及河势变化。

3.2　观测主要仪器

(1)水平位移观测:QS-65 型观测仪、活动觇标、固定觇标。

(2)垂直位移观测:电子水准仪、3 m 条码铟钢尺。

(3)扬压力和绕渗观测(测压管观测):电子渗压计、测绳。

(4)河床变形观测及河势断面观测:全站仪(拓普康 GPT-7501 等)、RTK、ADCP 等。

(5)水位观测:自动测报系统配合水位尺进行观测,或利用自动安平水准仪进行测量。

4　直管工程观测面临的困难与问题分析

(1)测量专业技术人员较少、任务量大。

目前开展工程观测任务的观测人员多为各基层水管单位人员,施测线路长,任务量大,且基层工作紧、任务重,因此在观测时间安排上存在冲突,观测工作有一定困难。其次由于多数观测者均为非测绘专业人员,在仪器操作方面存在熟练度不高、效率低等问题,导致部分数据不合格需返工。同时,基层水管单位普遍存在观测人员配备不齐问题,开展施测工作难度大,有时不能及时完成测量任务。

(2)观测仪器缺少专人保养。

非观测时段的仪器保养需定期进行,各基层水管单位未安排专门技术人员定期对电子水准仪和大坝观测仪等进行开机检查、十字丝刻划检验等,仪器普遍观测完直接存放在仪器箱问题。

(3)测量过程操作规范性不足。

一是垂直位移观测未完全按照二等水准测量相关要求进行,水准观测前应对电子水准仪进行静置,一般约为30 min,但在实际过程中基本是开机后直接观测,存在微小误差。二是往返测应分别在上午和下午进行,同时保证观测气象条件(气温变化不大、微风或无风环境等)适宜,在太阳中天前后各约2 h内不应观测,具体观测时未考虑该因素。三是水准测量基数站应按照"后前前后"顺序,偶数站按"前后后前"顺序观测,观测顺序有一定混淆。四是在数据记录上不规范,记录手簿有涂改现象,并且在备注栏未做说明,在后期数据检核时易产生数据造假嫌疑。五是在各项观测任务中,对于相关规范不熟悉,存在观测人员手扶脚架、气泡不居中、扶尺晃动、觇标不稳等问题。

(4)观测任务划分不明确,沟通协调不强。

汛前汛后观测虽能按时上报观测资料,但观测前缺少具体的任务分工制度,人员分配不合理,观测任务不能落实到个人,未能充分发挥自身能力,观测效率未真正提高。其次,部分水闸管理单位因观测人员不足,采取联合的方式进行观测,但在具体操作过程中沟通协调不到位,人员时间安排无法合理统筹。再次,在观测中对于出现的各种问题不能快速有效沟通,处理问题和分析问题能力稍显不足。

(5)测量数据分析深度不够,资料整编欠完整。

对于观测数据,仅对结果进行计算,得出观测图表,缺少系统分析;没有根据数据对水闸状态进行分析,并提出下一步观测建议;未绘制近几年观测数据对比图表,对沉降或倾斜量没能系统进行对比;部分观测资料如仪器检定证书、原始数据记录表、计算表、成果表、技术总结未完整进行存档。

5 对策及建议

5.1 加强测量人员业务培训

可邀请相关技术专家对各种测量仪器进行使用指导,明确仪器操作过程中的各种注意事项,同时,对各类规范要求进行系统学习,对数据处理过程进行明晰。

5.2 组建专门测量队伍,统一观测

测量骨干人员牵头,由各基层水管单位抽调人员力量组建测量小组,在集中观测时期统一进行观测,人员分工明确,保证观测效率;安排测量小组人员定期对仪器进行保养维护,仪器保养落实到人。

5.3 建立和健全观测工作制度,编写相关技术指导手册

编订观测相关工作制度,比如观测人员分工、观测任务划分,充分发挥个人优势,明确个人责任;统一观测记录表格格式,严格执行表格记录规范;组织技术人员对各项观测任务进行技术指导手册编写,内容可包括各种仪器的使用方法、操作过程、注意事项、数据分析等。

5.4 数据计算可尝试向计算机转移

电子水准仪可直接连接电脑,可将观测数据导入计算机,其他观测数据亦可录入计算机,后利用Excel表格、相关计算软件等进行处理,并将人工手算结果与计算机计算结果进行对比,分析精度。

水平和垂直位移观测实际上就是变形监测的一种。变形监测数据处理的过程就是变形分析和预报的过程,成熟的算法有很多,比如回归分析、灰色预计、时间序列等[3]。可尝试利用相关数学模型,比如回归分析等进行数据分析,得出合理化结果。

5.5 定期更换仪器设备

目前测绘仪器设备更新速度快,一些老式仪器在使用过程中存在操作不便、自动化程度低等问题,另外,仪器长时间使用,精度会受到影响,给测量工作带来困难,在条件允许情况下可定期分批次适当更换仪器。

参 考 文 献

［1］谢永生.水闸管理单位安全生产管理工作探讨［J］.治淮,2009(10):26-27.

［2］张清虎,陈航.关于大型水闸沉降观测的一点思考［J］.治淮,2009(10):25-26.

［3］仵振东,王瑞云,张文鹏.基于遗传算法的建筑物沉降回归分析［J］.池州学院学报,2017,31(3):87-89.

［4］赵胜发,张少勇.浅谈水闸的控制运用与检查观测［J］.治淮,2017(3):31-32.

［5］张明,陈建.水闸常规观测数据分析方法研究［J］.治淮,2013(3):28-29.

响洪甸水库工程管理实践和综合效益分析

徐军建

(安徽省响洪甸水库管理处,安徽 金寨 237335)

摘 要 安徽省响洪甸水库自 1958 年建成至今,为流域经济社会发展做出了巨大贡献。本文分析并总结了近年来,响洪甸水库管理处在保证工程安全、运行正常的前提下,通过理顺管理体制、实现"两个转变"、加强工程管理和合理配置水资源等措施,充分发挥响洪甸水库综合效益的经验。

关键词 水利;水工程管理;发挥;综合效益

为减轻淮河流域水旱灾害,1952 年,国家地质部批准在安徽省金寨县响洪甸建造拦河大坝方案。1956 年 5 月,国务院批准工程设计书,响洪甸水库枢纽工程随即开工。1958 年 7 月,大坝封顶;1959 年 9 月 15 日,首台发电机组并网发电。响洪甸水库是一座以防洪、灌溉为主,结合发电、供水、养殖、旅游等综合利用的多年调节大(1)型水库,承担为淮河干流蓄洪错峰的任务,保护下游六安市等城镇、合武与宁西铁路、G35、G42 高速公路、G312 国道等重要基础设施,保护人口约 130 万人,耕地约 4.8 万 hm² (72 万亩),水库水质长期保持为 I ~ II 类,现为合肥市、六安市的重要水源地之一。

1 工程概况及效益

水库建成 60 多年来,在拦蓄洪水、灌溉农田、城市供水、水力发电等方面发挥了巨大的经济效益和社会效益。

1.1 有效拦蓄洪水

响洪甸水库水利枢纽工程以其超过 26 亿 m³ 的库容,先后为淮河错峰蓄洪 100 多次,其中共拦蓄 1 500 m³/s 以上洪峰 115 次,削减洪峰均在 75% 以上。特别是在战胜 1969 年、1991 年、2003 年、2005 年大洪水过程中,拦蓄洪量达 47.15 亿 m³,减轻了淮河干流的防洪压力,为保障人民生命财产安全、确保淮河安全度汛发挥了巨大的防洪减灾效益。据安徽省水利学会 20 世纪 90 年代初测算,年均产生的防洪效益达 1 亿元以上。

1.2 提供灌溉服务

水库以其多年调节性能,将洪水转化为淠史杭灌区农业生产的主要水源地,为淠河灌区 44 万 hm² 农田的灌溉奠定了基础。据安徽省水利学会测算,响洪甸水库年均向灌区供水 10.88 亿 m³,累计为灌区提供农业生产灌溉用水 500 亿 m³ 以上,至 20 世纪 90 年代初,年均灌溉约 17.3 万 hm²,因灌溉因素累计增产粮食达 100 亿 kg 以上。

1.3 保障城市供水

水库担负着为合肥、六安等城市供水的重任,总供水量 100 亿 m³ 以上。进入 21 世纪以来,年均向合肥市输水 2 亿 m³ 以上,为城市建设和经济发展、社会进步及人民生活水平的提高做出了贡献。

1.4 实现发电效益

响洪甸水电站是响洪甸水利枢纽工程的重要组成部分,水电站装机容量 4×10 MW,是 20 世纪 60 年代安徽电网的骨干电厂之一,占当时安徽电网总容量的 12.5%。50 多年来,响洪甸水电站累计发电

作者简介:徐军建,男,1976 年生,安徽省响洪甸水库管理处办公室主任,政工师,研究方向为工程管理。E-mail: 1483082518@ qq.com。

44.69 亿 kW·h。为加大水资源开发力度,增大安徽省电网的调峰容量和调峰灵活性,2001 年,响洪甸水库又建成安徽省第一座抽水蓄能电站,安装了 2 台单机容量 4 万 kW 的抽水蓄能机组。蓄能电站的建成,承担了为安徽电网削峰填谷、调相调频和事故备用等功用,有效增强了安徽省的电网安全,提高了电网安全运行的可靠性。

2　深化体制改革,实现"两个转变"

2.1　深化体制改革,理顺管理体制

2001 年,在全省水利工程管理体制改革和电力体制改革的双重背景下,安徽省政府将响洪甸水库划归省水利厅管理,并于 2003 年底正式办理了移交手续,实现了企业向公益性管理单位的过渡。2004 年 12 月,随着《安徽省水利工程管理体制改革实施意见》颁布实施,响洪甸水库掀起新一轮改革发展的热潮,经省编办批准,于 2006 年成立了新的水管单位,进一步理顺了管理体制,明确了职责权限,解决了过去防洪、灌溉与发电调度上存在的突出矛盾。成立后的响洪甸水库管理处,为水利厅直属事业单位,县级建制,差额预算事业单位管理序列。管理处以履行四大职能为主线,着力强化内部管理,推行企事分开、管养分离,逐步加快内部市场化运作步伐,着力推动直属企业走向市场。水管体制改革,使响洪甸水库在改革中求索,在创新中求进。5 年来,水库水工程管理持续推进,综合经营能力得到提升,水库在防洪灌溉、城市供水等涉及民生方面的效益日渐显著。

2.2　依法履行职责,实现"两个转变"

2.2.1　转变职能,理顺关系

伴随着体制的转变,响洪甸水库由企业属性顺利过渡到事业属性,职能必将发生变化,这主要表现在它将承担起原先企业所不能承担的社会职能。目前,从其主要职能看,响洪甸水库主要承担公益性职能(工程管理、防汛抗旱、水行政执法等),辅以承担经营性职能(发电、旅游、航运、养殖等)。水库在承担公益性职能时,以服务大局为中心;水库在承担经营性职能时,则以经济效益为中心。按照水管体制改革的新要求,正确区分公益性职能和经营性职能,并使两者步调一致、协调发展,形成科学发展的合力,是实现响洪甸水库综合效益最大化的重要保证。

2.2.2　转变理念,科学发展

管理理念的转变将带动管理措施的优化,从而提高工程管理的总体水平。首先,树立传统管理向科学管理的理念转变,引用科学的方式和方法,利用先进的技术设备和手段,对水工程进行优化管理。其次,树立粗放型管理向精细化管理的理念转变,强化对各种管理制度、技术标准、操作规程的贯彻与执行,使工程管理逐步走向规范化、精细化。再次,树立"重建轻管"向"建管并举"的理念转变,统筹考虑"建"与"管"的关系,做到建管并举,避免重建轻管、顾此失彼的现象出现。最后,树立"开发为先"向"开发与保护并重"的理念转变,响洪甸水库库容量大,流域面积广,环境一旦被破坏,修复工作将耗费较多的人力、物力和财力,因此在水工程管理过程中,做到开发与保护并重显得尤为重要。

3　全面加强工程管理,发挥水库综合效益

3.1　适时开展除险加固,实现水库设计功能

为了提高响洪甸水库的防洪能力,增强淮干的蓄洪调峰能力,加强大坝的安全运行,发挥水库的防洪减灾效益,2009 年 7 月,实施大坝除险加固工程,2012 年 7 月除险加固工程完工。水库的设计洪水标准为 500 年一遇,校核洪水标准为 5 000 年一遇,泄洪建筑物下游消能防冲洪水设计为 100 年一遇,大坝地震设计烈度在基本烈度基础上提高 1 度,为 8 度。水库正常蓄水位为 128 m,主汛期限制水位为 125 m,后汛期限制水位为 128 m,蓄洪水位为 132.63 m,设计洪水位为 140.98 m,校核洪水位为 143.37 m。

3.2　实行资源化管理,发挥库容大、水质好的整体优势

随着经济建设的发展,社会对水资源需求量不断增加,人们对生态环境问题日渐关注,大规模、安全合理地利用洪水成为急需。响洪甸水库作为淮河流域最大的水库,把洪水最大限度资源化是保证水管

单位可持续发展的基础。有了这样的认识后,工程管理单位进一步细化了对水资源的管理流程,一方面,水库利用其自身的巨大水环境,对洪水进行自然净化。另一方面,管理机构加大库区乡镇水法规的宣传教育力度,加强监管力度,加强水行政执法,多年来,水库的水质保持在Ⅱ类以上。洁净的水质,又为安徽省在流域内实施民生工程提供了必要前提。

3.3 实施科学管理,保障水库及流域可持续发展

响洪甸水库虽然地处大别山东北麓,成为水资源巨大的蓄积地;但是,江淮分水岭地区却是严重缺水的地区。发展经济,提高人民生活水平,水是不可或缺的资源。作为流域已建的最大水库,必须全面树立科学发展观,科学管理,保证水库及流域可持续发展。工程管理单位的主要做法是:一是提高全员对科学管理的认识,提高全员为社会服务的意识。二是重视引用先进的理论及技术、设备,提高管理的技术含量,特别是重点加强了科学手段的运用能力,以科学手段统领水库管理的全过程。三是着力提高规范化管理过程,重点突出制度规范及组织规范。建立行之有效的管理组织体系及行政负责制,保证政令畅通、措施完善、执行有力。四是全面加强系统性和全面性管理。五是加大投入。水库及配套工程的管理需要较大的投入,工程管理单位为此积极协调,加快常态投入机制的建立,确保经费的来源,以保证大坝安全运行。

3.4 实施分期洪水调度,保证水资源充分利用

响洪甸水库流域暴雨洪水具有明显的季节性规律。自建库以来,3 天面雨量大于 200 mm 的 14 场暴雨中,7 月 15 日前发生的有 9 次,属梅雨期涡切变型暴雨;有 3 次发生在 8 月 15 日之前,属台风型暴雨。从发电量来看,发电年达 1.4 亿 kW·h 以上的年份有 5 年,即 1964 年、1971 年、1983 年、1990 年和 2003 年。这 5 年的特征:一是当年来水较多;二是上一年来水也较多,且汛后蓄水位较高,水库蓄了一定的水量供次年灌溉和发电使用。

根据水库初步设计和管理单位的运行管理实际,关于水库的调度运用,作者提出建议如下,供有关单位和读者参考:可将响洪甸水库现行的主汛时间 6 月 15 日至 9 月 15 日划分成三个分期,即 6 月 15 日至 7 月 20 日为前主汛期;7 月 21 日至 8 月 20 日为中主汛期;8 月 21 日至 9 月 15 日为后主汛期。6 月 15 日至 7 月 20 日这一期受控于江淮梅雨,汛限水位仍控制在 125.0 m。7 月 21 日至 8 月 20 日主要受台风影响,其发生暴雨的概率和量级都要小于梅雨期,汛限水位可由 125.0 m 提高到 127.0 m,增蓄水量 1.23 亿 m³。若遇台风警报,此水量可由泄洪洞和新老厂机组发电提前 2 天预泄完成。8 月 20 日以后则基本上没有较大的威胁水库安全的暴雨发生,后主汛期可视为水库的收水期,汛限水位可抬高至正常蓄水位 128.0 m,经调洪计算,仍满足为淮干错峰蓄洪的需要。此外,工程管理单位根据水库运行情况,积极争取实施分期洪水调度,科学分析雨水情,实施科学调度,采取提前预泄的方法,减少水资源浪费。

作为流域最大的水库,近年,响洪甸水库管理处全面总结了 60 多年的管理历程,优化管理措施,利用先进的技术设备和手段实施精细化管理,引用科学的方式方法,建设工程管理信息化系统,从细化工程运行管理制度、加强检查观测、严格安全管理、强化工程日常规范管理等方面促进水库工程管理现代化发展,持续在工程管理、安全管理、风景区管理、河长制管理、信息化管理等方面开展现代化建设,借助信息化技术手段提供更加科学的防汛调度决策、更加合理的灌溉调配水决策和更加精细化的工程管理,实现对水的资源性科学管理,加强水资源的科学调度,充分发挥水库的综合效益,有效提升了水库管理的总体水平,推进"智慧水库"建设。

关于绿色小水电在治淮工程中的作用

丁小兵,董良玉,王韵哲

(安徽省蚌埠闸工程管理处,安徽 蚌埠 233000)

摘 要 自从 1950 年提出治淮目标,迄今为止已经走过了 70 载,在这 70 年里,治淮工作取得了不俗的成绩,但是依然存在着一些问题。在今后的工作中,应当将最新的科学技术运用到治淮工作中来,让治淮工作更科学化、更绿色化,让淮河及沿岸变成青山绿水。而绿色小水电正是让治淮既发挥经济效益,又保护当地的生态环境,是践行"十六字治淮方针"的具体方式。蚌埠闸水电站在 2018 年创建成为绿色小水电以来,在平时的工作中更加注重对生态的影响、对环境的保护,工作人员的环保意识也在一直提高。根据中国水力发电工程学会在 2009 年发布的《中国水能资源概况》,淮河水能资源蕴藏量发电量为 127.0 亿 kW·h,可开发的水能资源为 18.94 亿 kW·h,淮河水能的开发利用潜力还是巨大的,绿色小水电的发展前景广阔,相信在更科学、更规范的管理下,绿色小水电一定会蓬勃发展。

关键词 绿色小水电;生态保护;绿色能源;减排环保

淮河流域是我国南北气候、高低纬度和海陆相三种过渡带的重叠地区,其特点是气候变化幅度大,灾害性天气发生的频率高;受东亚季风影响,流域的年际降水变化大,年内降水分布也极不均匀;洪、涝、旱及风暴潮灾害频繁发生,且经常出现连旱连涝或旱涝急转。新中国成立后,我国开始了对淮河全面而又系统的治理。淮河流域处于南北气候过渡地带,降雨受季风影响,历史上洪涝灾害频繁。安徽长期饱受淮河水患影响,严重威胁到了淮河两岸人民的生命财产安全,安徽人民积极响应号召,投入到治淮当中。由于自然因素和人为、历史因素,淮河流域在南宋黄河夺淮后长期饱受水患灾害之苦。明、清和民国统治者相继采取了一些治淮措施,但效果都不尽如人意。相反,淮河流域的灾害却反而更加严重。1949 年、1950 年,淮河流域连续两年发生重大水灾,给淮河流域人民带来了深重的灾难。1949 年水灾之后,皖北行署即开始发动治淮行动,而 1950 年的特大水灾则更是催生了中央的治淮决策。至 2020年,治淮工程已经走过了 70 载,在这 70 年中,无数的劳动人民为治理淮河贡献着自己的力量,在各自的岗位上发光发热,甚至将自己的生命献给了这项伟大的事业。在漫漫的治淮路上,凝结了无数的智慧结晶,迸发了各种思想的火花,这些都对我们的治淮工作有极大的作用和效果,而将最新的科技成果与治淮工作相结合,无疑会极大地推动了治淮事业的前进,挽救不可估量的淮河两岸人民生命安全和财产损失。而绿色小水电的提出无疑是将打造生态宜居水环境与现有工程相结合的好办法。

2013 年,水利部开始开展绿色小水电评价的工作。绿色小水电评价主要是指环境友好、社会和谐、经济合理、管理规范,达到水利部颁布的《绿色小水电评价标准(试行)》的水电站。绿色小水电的发展兼顾了水力发电和保护环境,对绿色小水电进行综合评价是农村水电开发管理领域中的一项创新性举措。绿色小水电的评价不仅对水电站的安全生产管理和发电创收提出了具体的考核办法,更注重对社会所产生的公共效益、和谐发展,是农村水电发展提出的一个新的发展方向,彻底脱离了以往纯粹的农村水电安全经济考核目标,将农村水电提到了既具有社会公益作用又有绿色能源发展的综合效益,对农村水电提出了更高要求和定位,为农村水电发展指明方向。为响应国家号召,蚌埠闸水电站在 2018年 5 月 28 日正式申请绿色小水电站。

作者简介:丁小兵,男,1992 年生,安徽省蚌埠闸工程管理处,助理工程师,研究方向为水利水电、能源与动力。E-mail:603282448@qq.com。

1 为什么要建设绿色小水电

小水电,是指单站发电机组装机容量不高于 25 MW 的水力发电站。作为绿色清洁型能源大家族的成员,小水电理论上不会发生资源枯竭的问题,也不会对周围的环境造成污染。由此可见,小水电的大力发展,符合我国当前的基本国情,也是一项促进农村地区经济发展的重要举措。但在小水电的实际发展过程中,仍存在一些开发不合理的情况,对当地的生态环境造成了严重的干扰和破坏。小水电开发所造成的环境问题屡见不鲜,其主要问题表现在下面这几个方面。

1.1 影响生态多样性

由于众多小水电站的建设,对原本河流周围的原生态环境造成了极大的破坏,改变了当地水生动、植物的生活环境,特别是对鱼类的迁徙和繁殖影响极大,导致部分物种数量急剧减少甚至灭绝的地步,对我国的健康水生态事业造成了不可估量的影响,并且这种影响是不可逆的,是对我国生物物种多样性的一个破坏,对生态环境的影响也是巨大的。

1.2 地质灾害问题

由于水电站建设存在扰动面积大、施工周期长等特点,施工期开挖、弃渣等建设活动对原始地形地貌、水土保持林草植被破坏严重,进一步加剧工程建设区域内水土流失;同时,工程区域内地质灾害如不采取相应的防御、控制措施,地质灾害将对工程建设造成巨大的危害。且破坏大量的植被,很容易造成水土流失、泥石流等地质灾害的发生,对沿岸居民的生命财产安全造成巨大威胁。

1.3 影响下游居民生活

由于建设了小型水电站,其所配置的水库蓄水导致水体流动速度减慢,不仅干扰了河流正常的自我净化,导致水体出现了不同程度的富营养化,造成蓝藻暴发和使生物量的种群种类数量发生改变,破坏了水体的生态平衡,甚至威胁到了居民的正常生活用水;而且使得部分原先正常的河段在枯水期出现了断水问题,给下游居民的生活用水和农业活动用水造成了巨大的影响。严重影响了两岸居民的生活和生产活动。

基于以上这几个因素,在大力推动小水电事业发展的同时,还应当注重水电站发展对环境是否友好,尽可能地降低其对当地生态环境的影响,确保不会因为水电站的建设而造成更深层次的影响甚至破坏,建设可持续发展的、对子孙后代都有利的、符合社会经济发展要求的绿色小水电。

2 蚌埠闸水电站增效扩容

蚌埠闸水利枢纽工程位于淮河中游蚌埠市西郊,距蚌埠市约 6 km,距中上游淮河临淮岗供水控制工程约 230 km,距下游洪泽湖 250 km,流域面积 12.1 万 km²,其主要作用为壅高淮河中下游干流水位,以利于沿淮及淮北平原农田灌溉,提高船舶通航能力。蚌埠闸所处之地气候温和,工农业发展较快,人民生活蒸蒸日上,是一个经济较发达区域。

蚌埠闸水电站是水利枢纽工程的一个组成部分。蚌埠闸水电站其厂房兼有挡水作用。按照《水利水电枢纽工程等级划分及设计标准》,节制闸的级别等级为一级建筑物,所以蚌埠闸水电站厂房的稳定性一级挡水结构的设计标准与节制闸一致,按一级建筑物设计。其中北站厂房内结构和附属建筑物参照南站水电站的实际标准,按 3 级建筑物设计。水电站厂房的水下部分的混凝土以及钢筋混凝土结构,按《水工钢筋混凝土结构设计规范》设计,水上部分按《工业与民用建筑设计规范》设计,地震设防烈度与蚌埠闸的地震基本烈度相同,为 7 度。蚌埠闸水电站为坝类河床式低水头水电站,无调节性能,一期工程于 1958 年建设,二期工程于 1987 年建成发电,电站装机 8 台,装机容量为 6 750 kW·h,水电站利用枢纽工程弃水发电,多年平均发电量为 2 591 万 kW·h,上游水位 18 m 时,蚌埠闸上游流域库容为3.2 亿 m³。

蚌埠闸水利枢纽工程生态流量为 48.35 m³/s,水电站发电引用流量为 159 m³/s,两台机组运行即可满足生态流量泄放的要求,水电站多年平均运行时长 200 余天,在机组停机时,节制闸和船闸下泄流量能够满足下游淮河河道生态流量需求。水电站附近河道岸坡采用浆砌块石护坡,减少了水土流失,同时区域内大力开展绿化、美化。水电站是国家级水利风景区的一部分,对周围环境质量无不良影响。

蚌埠闸水电站生态流量监测设备采用 ADCP 走航式测试方案。开测前,检查 ADCP 仪器并校正时间,然后将 ADCP 仪器安装在测船中部,连接通信线至计算机串口并连接好电源,启动测船对生态流量进行监测。计算机对 ADCP 传入信号进行运算、分析,得出每个测次的流量,最后用多次测量的平均值作为最后的测量结果。

蚌埠闸水电站增效扩容改造中选用的机电设备均是通过环保认证的产品,机组运行产生的电磁辐射、噪声经防护处理后,对职工及周围环境无不良影响。管理区道路采用沥青铺设,减少了粉尘污染。蚌埠闸工程管理处先后荣获了国家级水管单位、国家级绿化模范单位、国家级水利风景区、国家级水利文明单位等光荣称号。经过增效扩容改造后,蚌埠闸水电站既满足生态基流,又实现各种需水流量段的高效利用,供水同时严格管理,多措并举,满足下游水质要求,更加满足绿色小水电评价的要求。

3　蚌埠闸水电站对生态环境友好

蚌埠闸水电站近年来(2015~2017 年)效益良好,2015 年 1 月至 2017 年 12 月,蚌埠闸水电站已运行累计发电 10 756 万 kW·h,未发生任何质量安全事故;2015 年 9 月在水情有利的情况下月度发电量 502 万 kW·h,创历史新高;2015 年度总发电量达 4 025 万 kW·h,创年发电量历史记录。受水情影响,2016 年、2017 年发电量分别为 3 248 万 kW·h、3 483 万 kW·h。按照发电标煤煤耗 350 g/(kW·h)计算,可节约标煤 3.7 万多 t。减少二氧化碳排放量 11.59 t。取得了较显著的节能减排效果,积极响应我国的低碳政策。蚌埠闸水利枢纽工程能够利用船闸、分洪道、节制闸等水利工程设施,保障水生生物正常通行和繁殖,减少了工程对当地生态系统的影响,同时还配置了对生物保护的检测设备,保证了对当地水生生物的实时监测,确保不会因为工程设施影响当地的生态环境,造成生态环境的不可逆性破坏。认真践行"十六字治水思路",努力打造健康水生态。

4　蚌埠闸水电站的可持续发展

蚌埠闸水电站建立了完善的物资管理规章制度,以制度规范废旧物资管理,约束行为、明确职责、突出责任,同时也投入了废旧资源循环使用的保障设施。在机组大修以及日常维护中,蚌埠闸水电站严格按照管理处及水电站的规章制度,保证废旧资源能够循环使用,在确实达到报废的程度后,再按照相关流程给予报废。拒绝了物资的浪费,也保证了物资的循环利用,建设可持续发展的水电站。

5　结语

绿色小水电是科技治淮的一部分,是一次科技与治淮工作相碰撞产生的火花。绿色水电站发展前景广阔,绿色能源潜力巨大,对我国能源产业调整和低碳减排都是助力,也为更多的农村小水电指明了发展道路,也证明了科技治淮的重要性和必要性。星星之火可以燎原,相信绿色小水电在以后的治淮工作中一定能发挥更大的作用,扮演治淮工作中更重要的角色。

参 考 文 献

[1] 欧传奇. 我国绿色小水电发展的实践探索与思考[J]. 中国水利,2017(8):7-9,16.

[2] 李海英,王东胜,廖文根. 微水电发展综述[J]. 中国水能及电气化,2010(6):13-20,23.

[3] 杨桐鹤,禹雪中,冯时. 水电可持续发展的概念、内容及评价[J]. 中国水能及电气化,2010(8):9-14,2.

[4] 郑佩佩. 绿色小水电综合评价研究[D].郑州:郑州大学,2017.

[5] 胡晓波. 基于 GEF 项目的中国小水电绿色改造研究[D].杭州:浙江工业大学,2016.

[6] 赵冉. 绿色小水电续写山水好文章[N]. 中国电力报,2018-03-14(002).

[7] 王露,Van Vu Thi,马智杰. 绿色小水电综合评价研究[J]. 中国水利水电科学研究院学报,2016,14(4):291-296.

[8] 刘德有,欧传奇,叶敏敏. 我国绿色小水电评价标准的编制情况[J]. 中国水能及电气化,2015(9):7-12.

[9] 金连根,方兵,宋毅. 生态绿色小水电发展现状及建议[J]. 浙江水利科技,2014,42(2):73-76.

桐柏县五里河固县段河道治理工程项目设计方案的比选分析

田心勇

（河南省桐柏县水利局，河南 桐柏　474750）

摘　要　五里河为淮河的一级支流，现状河道防洪标准较低，存在河道岸坡塌滑、凹岸冲刷切割严重、堤防断面高度不足等险情，尚未形成完整的防洪体系，洪涝灾害频繁，严重威胁着两岸人民群众生命财产的安全，制约着当地社会经济发展。因此，对五里河固县镇段河道进行治理，提高河道防洪能力已显得十分必要。

关键词　设计方案；比选；分析

1　工程建设的必要性

桐柏县固县镇五里河发源于泌阳县界牌岭，主河道全长 45 km，总流域面积 236 km²，流域形状为树叶状，流域内建有 1 座小（1）型水库——学屋庄，该水库坝址以上控制流域面积 3.25 km²，总库容 135 万 m³，是一座以防洪、灌溉为主，兼顾水产养殖等综合利用的小（1）型水利枢纽工程。

五里河固县镇保护区耕地面积 0.9 万亩，总人口 3.3 万人，其中城镇人口 0.4 万人；河道比降陡，洪水峰高量大，河道弯曲，洪水泛滥冲毁河堤，造成岸坡坍塌、险工多，80% 的河段没有堤防，淹没沿河附近农田及部分村庄，冲走沿河农户的家畜、家禽；造成人员伤亡及财产损失。现状大部分河段防洪能力不足 5 年一遇，与 20 年一遇防洪标准相差甚远，已不能适应流域内国民经济和社会发展的需要，对固县镇经济社会发展及沿岸人民生命财产安全构成极大威胁，为提高该地区的防洪标准，解除阻止提高国民经济和社会发展的瓶颈，尽快实施五里河固县镇段河道治理工程是非常必要和迫切的。

2　工程建设任务和规模

2.1　工程建设任务

工程治理范围为五里河固县镇胡家湾至入淮河河口段（桩号 0+570～9+770），长 9.2 km。主要工程建设内容为：新建两岸堤防 6.38 km，两岸岸坡护砌 11.15 km，新建排水涵洞 17 座，铺设堤顶防汛路 5.03 km。

2.2　工程建设规模

根据《防洪标准》（GB 50201—94）、《堤防工程设计规范》（GB 50286—98），结合五里河固县镇区段工程现状、防洪保护对象的重要性及发展规划，确定桩号 0+570～5+000 段防洪标准为 10 年一遇，桩号 5+000～9+770 段防洪标准为 20 年一遇，临时工程洪水标准为非汛期洪水 5 年一遇，建筑物等级为 4 级，堤防等级为 4 级。

3　工程建设设计方案的比选分析

3.1　护岸护坡工程设计比选

由于该治理段位于固县镇镇区（含规划区）段，对河道岸坡在 5 年一遇水位处设 2 m 平台，对平台以下

作者简介：田心勇，男，1969 年生，河南省桐柏县人，河南省桐柏县水利局，主要从事水利工程的规划设计、建设和管理工作。E-mail：44893745@qq.com。

采用硬质护坡,对平台以上采用生态护坡。①左岸桩号 5+000~7+150、7+250~8+450、9+000~9+770 采用混凝土预制块护坡;②右岸桩号 0+570~1+700、3+600~4+630、5+000~7+150、7+950~9+770 段采用混凝土预制块护坡;③左岸桩号 7+150~7+250 段采用浆砌石贴坡挡墙护坡;④右岸 7+150~7+950 段采用浆砌石贴坡挡墙护坡;⑤左右岸桩号 5+000~9+000 段平台以上采用预制混凝土框格梁生态护坡。

3.1.1 平台以下护坡方案

治理段河道岸坡多为重粉质壤土、含砾粗砂所填筑,其抗冲刷能力较低,为保证岸坡稳定和行洪安全,需对河道岸坡进行护砌,护坡应坚固耐久,就地取材,利于施工和维修,对不同堤岸段或同一坡面的不同部位可选用不同的护坡型式。

(1)河道险工段及弯道顶冲段。

对于左岸桩号 7+150~7+250、右岸 7+150~7+950 段,由于该段位于镇区中心区域,现状由于城镇建设,加上岸坡较陡,若按 1:2 边坡放坡,涉及房屋拆迁,实施难度很大。因此,结合现状及今后发展规划,对 7+150~7+250 左右岸(老桥两侧桥头)采用浆砌石贴坡挡墙,外坡 1:0.5,内坡 1:0.2,基础深 1 m,外设浆砌石护脚;对于右岸 7+250~7+950 段平台以下采用浆砌石贴坡挡墙,外坡 1:0.5,内坡 1:0.2,基础深 1 m,外设浆砌石齿墙护基,平台以上采用生态护坡。

(2)河道顺直段。

方案比选:护坡方案选用两种方案进行比较,即浆砌石护坡、混凝土护坡(见表 1)。

方案一,Mu60M7.5 浆砌石护坡:Mu60M7.5 浆砌石具有抗冻、抗冲、抗磨和耐久性好(使用年限 25~40 年)等特点,且施工工艺简单,但投资较大,劳动强度大。

方案二,C20 混凝土护坡:C20 混凝土防渗衬砌耐久性好(使用年限 30~40 年),美观,能减少河道糙率,增加流速,但施工受季节影响较大。

表 1　护坡方案比较

方案项目	方案一,Mu60M7.5 浆砌石护坡	方案二,C20 混凝土预制块护坡
	每延米工程量	每延米工程量
土方开挖(m³)	3	4.5
衬砌厚度(cm)	35	12
衬砌高度(m)	5	5
Mu60M7.5 浆砌石(m³)	3.93	
C20 混凝土(m³)		1.344
砂石垫层(m³)	1.12	0.896
直接投资(元)	995.33	723.13
优缺点比较	抗冻、抗冲、抗磨和耐久性好,施工简单,投资较大	投资小,工期短,施工方便,防渗抗冲效果好,为推荐方案

经综合比较,结合本区其他护岸工程设计及运行情况,本次对平台以下顺直段岸坡护砌采用 C20 混凝土预制块护坡。

3.1.2 平台以上护坡方案

对于平台以上护坡,根据近年来河道治理的成熟经验,可采用以下方案:①混凝土预制框格生态护坡(80 cm×80 cm 混凝土栅格骨架),框格内植草皮(见图 1);②菱形框格 M7.5 浆砌片石骨架,框格内植草(见图 2);③预制混凝土框格梁(单根 1 m 长),内植草(见图 3)。

对于混凝土预制框格,由于断面较薄(8 cm×12 cm)、单个预制件为十字架型,不宜预制,且在搬运中损坏率较高,不宜采用。对于菱形框格 M7.5 浆砌片石骨架施工慢,人工成本高,施工质量不宜控制,不宜采用。对于混凝土预制空心块,制作方便,施工速度快,便于砌筑,中空部分采用草皮护坡,生态环保,造价相对较低。

根据以上比较,平台以上护坡采用混凝土预制框格梁护坡。

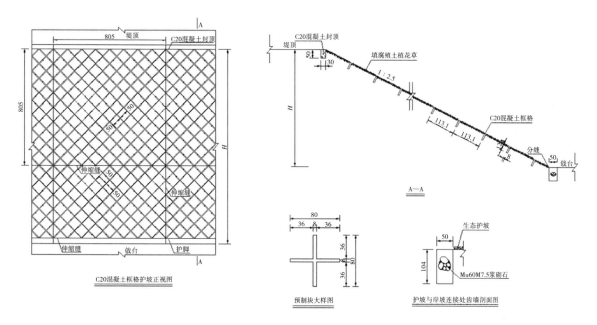

图 1 混凝土预制框格生态护坡

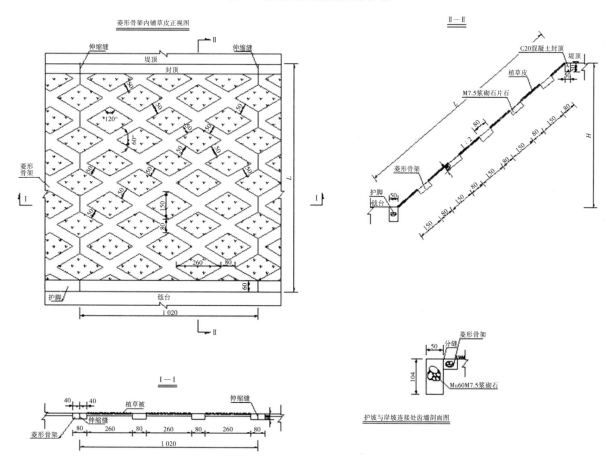

图 2 菱形框格浆砌片石护坡

3.2 护坡及护基设计

3.2.1 平台以下护坡护基设计

由于该治理段位于固县镇镇区(含规划区)段,对河道岸坡在 5 年一遇水位处设 2 m 平台,对平台以下采用硬质护坡,对平台以上采用生态护坡。

左岸桩号 5+000~7+150、7+250~8+450、9+000~9+770 段,右岸桩号 0+570~1+700、3+600~4+

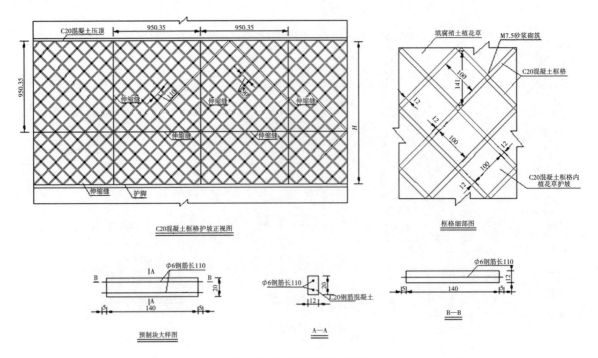

图 3　混凝土预制梁生态护坡

630、5+000~7+150、7+950~9+770 段平台以下采用 C20 混凝土六边形预制块护坡,厚度为 12 cm,边坡1:2。在坡顶处设宽 25 cm、高 50 cm 的 C20 混凝土压顶。坡底设 Mu60M7.5 浆砌石护基,护基为直角梯形,顶宽 0.5 m,高 0.8 m 的浆砌石齿墙。护坡设两排无砂混凝土排水块,顺水流方向间隔 3 块混凝土预制块,垂直水流方向间隔 4 块混凝土预制块;下设反滤土工布,土工布规格为 400 g/m²。

左岸桩号 7+150~7+250 段为老桥两端上下游,现状为居民房屋,拆除房屋实施难度较大,因此不考虑拆除,采用浆砌石贴坡挡墙护坡进行防护。贴坡挡墙为 Mu60M7.5 浆砌石结构,内边坡1:0.2,外边坡1:0.5,基础深 1 m,外设浆砌石齿墙护基。

右岸 7+150~7+950 段为固县镇中心区,现状堤顶外 5~20 m 内为居民房屋,根据现有顶宽,在保证河道行洪安全下,以基本不拆迁现有居民房屋并结合城镇规划的相关要求,平台以下采用浆砌石贴坡挡墙护坡;平台以上按1:2 削坡,采用混凝土预制框格梁护坡。贴坡挡墙为 Mu60M7.5 浆砌石结构,内边坡1:0.2,外边坡1:0.5,基础深 1 m,外设浆砌石齿墙护基。

贴坡挡墙每隔 10 m 设伸缩缝一道,聚乙烯闭孔泡沫板填缝。在距河底 1 m 和 3 m 处各设一排DN5PVC 排水孔,间距 200 cm,梅花型布置。

3.2.2　平台以上护坡设计

混凝土预制框格梁护坡,对于左岸桩号 5+200~7+150、7+950~8+450、9+050~9+770,右岸 5+200~6+800、8+700~9+770 段,为较顺直河道段,左岸 7+150~7+950 段虽然处于弯道段,但是为凸岸,冲刷相对左岸顶冲段较小,在保证行洪安全下采用投资相对节约的预制混凝土框格梁植草生态护坡。

预制混凝土框格梁单个长 1 m,断面尺寸宽 12 cm,高 20 cm,内设 2 根 φ6 钢筋,两端伸出混凝土面各 20 cm,可铺设成菱形,并可根据坡面高度调整菱形对角距离,拼接好后把两端钢筋焊接一起,形成整体结构。可在内部空心部分撒草籽。

3.2.3　踏步设计

为方便管理,在顺水流方向段每隔 100~200 m 设踏步一道,遇村庄处踏步可根据需要适当增设,踏步宽 2.5 m,步长 30 cm,步高 15 cm,采用 C20 混凝土现浇。

4　工程实施后效益评价

工程实施后,将使五里河治理段的防洪标准提高到 20 年一遇,当发生不超过设计标准量级洪水时,可使其保护区内城镇、农田免受洪灾之苦,洪涝年份可减免洪灾损失约 330 万元,防洪效果是非常显著的。

水利行业强监管新思路下徐州
尾水工程运行管理发展探讨

吴春龙,周静,何京波

(徐州市截污导流工程运行养护处,江苏 徐州　221000)

摘　要　徐州市尾水工程是保护南水北调调水水质安全的重要配套工程,建成后部分工程实施了分级管理模式,工程运行 10 年来,发挥了应有的作用,但也存在导流、排涝和灌溉矛盾的问题。目前,我国治水矛盾已经发生转移,水利工作要求"强监管,补短板"。为此,本文就水利行业强监管新思路下,探讨徐州尾水工程运行管理发展的新方向,包括全面落实分级管理模式,转变合同管理关系和补足信息化工程短板,并就做好这三项工作,提出了四点组织保障措施。

关键词　尾水工程;运管发展;分级管理;购买服务

1　尾水工程概况

为保证南水北调东线江苏出境水质达到地表水三类水质标准,江苏提出的"治、截、导、用、整"五位一体污水治理体系。为此实施了徐州尾水工程,将对南水北调东线水质有影响的区域尾水实施专线收集,与调水干线分流,保护调水水质和导流沿线水环境安全。

徐州尾水工程从 2003 年论证,到 2015 年全部建成通水,历时 12 年之久,全长 375 km,途径 8 个县(市、区),分 4 项子工程,包括徐州市截污导流工程(主体工程)、丰沛尾水工程、睢宁尾水工程、新沂尾水工程,建有资源化利用工程 6 处,导流线路 7 条,新建总投资 17.45 亿元,污水处理设计规模 110.73 万 t/d,设计导流标准 67.49 万 t/d。

2　运行管理模式现状、存在问题及原因分析

2.1　运行管理模式现状

按照初设文件设定,徐州市截污导流工程、丰沛尾水工程、睢宁尾水三个工程建成后,成立 8 个管理所,由市级管理单位统一管理;新沂尾水工程由新沂市政府组建管理单位先行负责管理,后续并入省级机构。所有利用河道工程仍由原管理单位管理。

工程建成后,部分工程实行了分级管理,成立了徐州市截污导流工程运行养护处(以下简称"市养护处"),负责管理市管工程(包括徐州市截污导流工程全部新建控制性工程、新开河道,丰沛、睢宁尾水工程县际边界控制性工程、水质监测点),其余归各县(市、区)管理。

工程实际接纳污水处理厂 18 座,日接纳尾水量约 46 万 t,年工业回用量 5 927 万 t,年灌溉用水 6 765 万 t。工程运行保护了南水北调徐州段调水水质安全,增强了徐州地区水环境容量,取得了显著的经济效益和社会效益。

2.2　存在问题及原因分析

2.2.1　存在问题

目前,工程运行整体平稳有序,但也存在一些突出问题,主要表现为专用导流通道部分河段的尾水

作者简介:吴春龙,男,1985 年生,硕士研究生,工程师,主要从事尾水工程运行管理工作。E-mail:503796959@qq.com。

导流、排涝和灌溉之间的矛盾。比如尾水通道彭河段,原是邳州地区主要排涝河道,混入尾水后禁止排入徐洪河(连通运河),只能通过尾水通道泄洪,而尾水通道导流标准无法满足排涝需求,加大了彭河地区内涝风险;再比如在苗圩地涵上下游河段,原是互相独立河道,独自发挥排涝和灌溉功能,作为尾水通道贯通后,同一时间段,苗圩地涵上游(地势低洼)需要排涝,下游(地势较高)需要蓄水灌溉,导致尾水倒流,出现内涝的现象。

2.2.2　原因分析

之所以出现上述问题,主要有两个方面原因:运行工况的改变和沟通协调越级。

第一个原因就是运行工况的改变。在南水北调非调水期,地方涝水原本可以排到京杭运河,随着运河调水期延长和运行水位调高,以及徐州第二水源地增设,目前已禁止含有尾水的涝水排入运河,导致涝水没有出路,产生内涝现象。

为了解决内涝问题,可以从提升尾水通道标准(扩大流量),或者建设专用尾水管道(置换排涝灌溉河道),以利于尾水导流入海,或涝水入运河的角度来解决。但工程投资巨大,且与国家禁止污染转移的生态环保理念不符。所以,与其继续实行多余尾水导流入海,不如换一个思路,回到问题的原点:解决尾水的出路问题。

在尾水导流工程立项之初,就是要建立运河沿线区域尾水"蓄存、回用、导流"的专用体系,要求尾水首先蓄存和回用,然后多余尾水导流入海。可以调整思路,在"回用"上继续做文章,让"蓄存和导流"全部为"回用"服务。徐州地区社会经济经过17年突飞猛进的发展,工程运行面临很多新情况、新机遇。经初略估算,徐州境内具备全部消化尾水的潜力(将专题论述)。

由此,我们的焦点可以转移到如何解决所有的尾水内部利用的问题。从目前资源化利用情况看,地方尾水利用积极性不高:一是因为尾水利用理念偏差,部分群众认为尾水等同污水,对农作物生长有危害;二是地方灌区企业缺乏必要设施,比如专用的配套输水管路和优惠政策;三是地方仍引水(运河水)灌溉,市场动机不强。所以,要想尾水全部进行资源化利用,就需要进一步充分提升地方利用尾水的积极性。

第二个原因就是沟通协调越级。目前,按照现行管理体制,尾水工程运管协调沟通的信息,需要经过六个环节,即信息经过"村→镇→县→市→县→镇→村"路径传递,相当于一个村的事务需要跨越三个层级由市级协调,信息传递路径过长,信息不断失真,周期不断加长,沟通难度显著增大。所以,这种越级沟通机制很难满足地区沟通需求。

经上述分析,要想提升地方利用尾水的积极性和沟通效率,就需要从管理体制下手,也就是管理责任权限的问题。目前,部分工程按照分级管理原则的权限进行了划分,但是没有全面落实分级管理原则:工程建成后,徐州尾水工程的主体部分(徐州市截污导流工程)新建建筑物全部由市级管理的划分方式,客观上将村、镇、县行政区域内工程全部归于市管,削弱了地方责任主体的管护意识和积极性,同时减弱了市级行政机关的监管效果。

3　强监管下,尾水发展思路探讨

当前我国治水的主要矛盾已从人民对除水害兴水利需要与水利工程能力不足之间的矛盾,转化为人民群众对水资源水生态水环境的需求与水利行业监管能力不足的矛盾。同时,水利工作重点也要转变为"水利工程补短板、水利行业强监管"。这与主张尾水资源要充分利用,防止水污染异地转移带来生态破坏是一脉相承的。[1]

为此,结合徐州尾水工程存在的问题,我们的工作重点也可以由尾水输出异地转移,转向区域内尾水消化利用,最大程度上满足徐州人民群众对水资源的需求,缓解本地区缺水的现状。同时,从激励和督促尾水充分利用的角度出发,要强化全市尾水工程运行管理的监管。

根据国家目前监管形势的发展和体制改革的具体要求,尾水工程运行监管主要涉及三个层面:第一个是管理层级上的行政监管,第二个是管理关系上的合同监管,第三个是管理手段上的信息化远程监管。[2]

因此,在治水矛盾转移和"强监管"大背景下,结合工程运行存在的主要问题,尾水工程发展方向也有三个层次:

一是落实分级管理模式。也就是将市级管理的县域工程全部下交地方管理,充分发挥属地管理优势,提升尾水利用积极性和沟通效率,理顺行政监管关系。

二是转变合同管理关系。按照事业单位政府购买服务改革要求,从行政部门和事业单位主管关系向合同关系转变,并加强合同执行的监督管理。

三是补足信息化工程短板。继续提升市级信息化系统,补足县级信息化工程短板,打通全市尾水信息数据,提升尾水工程运行效益和监管效率。

3.1 落实分级管理模式

要解决尾水利用的积极性和沟通效率的问题,首先要理顺行政管理层级。按照《江苏省河道管理条例》等有关法规精神,要重新梳理尾水工程闸、站、涵、河道、水质站等工程的具体功能,严格按照分级管理的原则,对工程权限重新划分。[3]

各行政区内尾水工程一律由属地管理,边界工程(县区边界工程、入新沂河大马庄涵洞)由上一级(市级)负责。工程实行属地管理,可以强化基层的主体职能和主导作用,发挥地方内部协调、及时解决的本土优势。由此,尾水工程可以设置为四个等级,等级划分主要由所处地理位置、自然规模及其对社会经济发展影响的程度等因素确定。

尾水河道、沟、渠道、管道等河渠划分方式为:县重要河道、管道等为2级;镇重要沟、渠等为3级;村沟、渠等为4级。

水闸、泵站、水质监测站等建筑物划分方式为:县(市、区)边界工程、控制接入导流工程的水质监测站为1级;跨乡(镇、办事处)的边界工程、与地方河道平交的控制性工程、水质监测站为2级;跨村的边界工程为3级;其余为4级工程。

1级工程属市管工程,2级工程属县管工程,3级工程属镇管工程,4级工程为村管工程。其中,入新沂河控制性建筑物大马庄涵洞、马庄涵洞属于1级工程。各级尾水行政主管部门负责所管工程的监管和指导,以及自管工程的日常管理工作。

在工程分级管理全面落实的前提下,继续做好尾水利用配套措施,包括工程措施及政策措施,比如通过建设引水渠、管道将进行尾水灌溉、工业回用;制定激励政策,比如鼓励地方政府积极利用尾水资源,给予补贴或奖励。

同时,各级政府要强化尾水利用的监督管理,确保尾水全部用于工业回用和农田灌溉,防止尾水通过各种途径进入调水干线,保障南水北调水质和地区水环境安全。

3.2 转变合同管理关系

通过行政管理权限实行分级管理模式后,责、权、利得以清晰界定,接下来,我们就要着眼于如何提升尾水工程运行效率。为此,中央、江苏省和徐州市针对激活事业单位,提升干事创业的效率,制定颁发了关于"事业单位政府购买服务改革"的相关文件,要求2020年底全面推行事业单位政府购买服务。[4]

事业单位政府购买服务,也就是政府向事业单位购买水利水务工程运行管理服务。目的是实现财政从养人到养事的转变,释放了事业单位工作人员的活力,提高了从业人员的积极性和工程管理效益。2020年1月,财政部公布了《政府购买服务管理办法》(财政部令第102号),明确了公益二类事业单位作为服务的承接主体地位。

为此,政府部门要积极推进,水务行政部门和下属事业单位主管关系向合同管理关系的转变。主要包括:政府部门作为购买主体,要加强合同履约管理和绩效管理,承接服务的事业单位要严格履行合同,确保服务质量;财政等部门要强化监督管理,水务部门要做好相关信息公开,事业单位应当自觉接受财政、审计和社会的监督。

各级水务部门要加强合同管理,包括预算、采购、运维和支付管理,涵盖了管护运行、电气机电设备运维、信息化系统运维、水质设备运维和水质采样及化验项目等五个项目。其中最重要的是做好运维管理,包括安全管理、质量管理、进度管理等环节。

3.3　补足信息化工程短板

水利行业从主管关系转变为合同管理关系,能有效提升工程运行效益,然而,徐州尾水工程点多、线长、面广,无论运行管理还是监督管理,实施难度相当大。中央、国务院多次发文要求,行政事务和工程管理日常事务,要让信息数据多跑路,干部群众少跑路。[5]

目前,徐州市尾水工程(市级)已初步建成信息化控制系统。总投资1 200万元,包括控制中心设备和现地采集端设备:控制中心DLP屏、工作站、数据库服务器、通信服务器、应用服务器等;现地端PLC控制器、开度仪、超声波水位计、雨量计、流量计、摄像机等。目前,系统实现数据采集、分析和图像展示、视频监视、及水闸远程控制等功能。

不过,目前信息化系统仅覆盖市级工程,服务于运行管理单位,建议下一步做好以下工作:

一是升级市级信息化系统。将系统接入到徐州市建立运行了污染防治综合监管平台。接入平台后,系统借助于污染防治综合监管平台可以实现市、县、镇三级架构,并有效实现数据互联互通、信息共享和上级部门动态监管功能。

二是补足县级信息化系统短板。随着分级管理全面落实,以及合同管理关系转变,县级管理工程将占主要部分,推进尾水全部利用和防止尾水进入调水干线,将成为工作重心。为此,要确保信息化系统全覆盖,打通全市尾水工程信息数据,实现在线控制、远程监管。

4　组织保障措施

徐州市尾水工程运行管理,要做好落实分级管理模式、转变合同关系转变和补足信息化工程短板这三件事,离不开强有力的组织保障措施。为此,各级政府要统一思想,加强领导,建立清单,强化问责,保障职工利益,尊重群众意见。

第一,徐州各级政府要充分认识到徐州市尾水工程对于国家南水北调调水水质安全及地方水生态文明建设的重要意义,各级地方负责人秉持政治意识、大局意识,克服困难,有力推进分级管理权限的全面落实。

第二,徐州市政府应成立徐州市尾水工程运行发展改革领导小组,由行政负责人统一指挥,各县(市、区)行政负责人分级负责,各职能部门联合参战,合力推进。

第三,各级政府要组织有关单位、部门做好实施方案,建立问题清单、责任清单,构建起组织推进机制、督查督办反馈机制、社会共识监督机制和考核评估机制等四项保障机制,将有关工作主动融入到河长制系统。

第四,徐州尾水工程是水生态文明建设的公益设施,工程管理涉及沿线人民群众及管理单位职工的切身利益。因此,要按照民主决策的原则,认真听取地方和有关单位意见,做到公开、公平和公正。

参 考 文 献

[1] 宋京鸿.以行政自我规制为视角认识水利行业强监管[J].治淮,2019(11):8-9.
[2] 郑晓慧.对水利行业强监管的认识和思考[J].中国水利,2019(14):37-38.
[3] 李劲松.农村水利工程管理办法和体制探讨[J].山西水利,2018(1):27-28.
[4] 句华.推进事业单位政府购买服务改革改善公共服务供给[N].中国财经报,2020-02-25(003).
[5] 晋浩森.小浪底引黄工程水利信息自动化系统的应用[J].山西水利,2019(10):38-39,47.

两次加固工程重振梅山水库时代雄风

邵书成

（安徽省梅山水库管理处，安徽 金寨 237300）

摘 要 通过对梅山水库20世纪60年代至21世纪初分别实施的补强加固和除险加固工程的回顾与记述，集中且全景式地反映两次加固工程的缜密规划、隐患消除和改造更新及其重要意义，此举为这座著名的老水库工程注入了新的活力。展示老一辈和新一代水利人在波澜壮阔的治淮史上所凸显的初心使命和奋进艰辛。本文亦试图以翔实的文字和丰富的数据展现梅山水库在两次加固后所发挥的显著社会效益和经济效益。

关键词 梅山水库；除险加固；效益

1 水库概况

自20世纪50年代以来，史河流域就流传着这样一首民谚："蜿蜒史河像条龙，防汛灌溉电加工，梅山水库威力大，农村生活日日红。"民谚虽然没有囊括水利工程的精髓所在和展现梅山水库的全部功能，但却生动而形象地描绘了梅山水库半个多世纪以来的巨大经济效益和显著社会效益，并由此充分地反映了这些效益在国民经济发展和老区人民脱贫致富中的作用与地位。

梅山水库兴建目的旨在根治淮河水患和兴修淮河水利，并与佛子岭、响洪甸水库等一起为主体构成了举世闻名的淠史杭灌区工程。水库位于淮河南岸主要支流史河上游的安徽省金寨县境内，是我国在第一个五年计划期内完成的大（1）型钢筋混凝土坝和国内第二座连拱坝，大坝工程自1954年3月开工，1956年4月竣工。水库控制流域面积1 970 km²，占史河流域总面积的28.6%，总库容22.63亿 m³。枢纽工程主要由连拱坝、溢洪道、泄洪隧洞、灌溉补水隧洞、放水底孔以及发电厂等几部分组成。

自20世纪60年代至21世纪初两次实施的加固工程，更为这座著名的水库工程注入了新的活力，使其重振新时代雄风。

2 第一次加固工程——补强加固

2.1 岩基错动

1962年11月6日凌晨，梅山水库大坝警卫在哨所值班中听见大坝右岸有水流声，即行报告。当日梅山水电站（当时属安徽省水电厅管辖）组织有关专业技术人员至现场检查，发现14号、15号、16号拱内普遍有漏水现象，水流大致沿14号垛右斜坡踏步两侧沟槽内流下，形如小瀑布，漏水部位共约16处。

为了掌握大坝和坝基的发展趋势，遂分别测量了大坝的变位、沉陷、裂缝和岩基的漏水、水质、水温等方面的有关数据，以判断大坝的安全性能。与此同时，成立了有水利科学研究所4位专业人员参加的测量小组，配合地质分析以观察裂缝的发展情况，并进行漏水量水堰的测量。

经测量和分析后认定，最大漏水量约每秒70 L，且有随库水位降低而下降的趋势，从而判断：15号垛台下高程100 m处有一条东西走向的破碎带，此破碎带宽40～70 cm。充填石粉帷幕和破碎带相交两次，水量破坏帷幕漏入，在这破碎带下游还有密集的顺水流的垂直节理，故而成为漏水通路。流水量以15号拱下为最多，漏水大部在石缝周围的混凝土与岩石的接触处。最后结论：右坝座基岩石错动，防渗帷幕破坏。

作者简介：邵书成，男，1953年生，安徽省梅山水库管理处退休职工，主要从事水利史志和年鉴的编撰工作。E-mail：ssc98@sina.com。

2.2　方案确定

1962 年 11 月 10 日,以水利专家汪胡桢为首的水电部工作组到达梅山水库,当日会同水利部上海水利电力勘察设计院、华东电业管理局、安徽省水电厅、安徽省水利水电勘察设计院、安徽水利科学研究所和安徽省电业管理局等单位共同研究梅山水库漏水的处理方案。11 月 14 日,汪胡桢分别致电水电部和中共安徽省委,汇报梅山水库大坝漏水情况及初步处理方案。

1962 年 12 月 23 日,安徽省水电厅编制《梅山水库修补加固工程设计任务书》报送水电部。

2.3　补强加固

自发现梅山水库大坝漏水后,首先采取了临时应急措施,泄洪隧洞闸门于 1962 年 11 月 8 日晚 20 时 45 分开启,并于次日上午 10 时 19 分满开,连同发电放水在内流量为 611 m³/s。与此同时,调派潜水人员入水探摸,明确漏水的确切进口方位。自 11 月 12 日起在 15 号垛拱周围的水库上游抛掷黄土,以土粒堵塞漏隙。

1963 年 2 月 14 日,水电部批复安徽省计划委员会和安徽省水电厅,同意梅山水库加固工程设计任务书,并成立梅山水库加固工程临时指挥部。

梅山水库大坝加固工程分两步进行,第一步首先完成 1963 年度汛的必要工程,如帷幕钻孔灌浆、深孔固结钻孔灌浆、排水孔和锚定孔及支撑墙的混凝土工程。第二步在查明漏水后岩基和坝身的确实损坏情况后,分析坝体应力和大坝右岸山脊的边坡稳定条件。施工设计和技术措施将配合施工根据具体情况分期制定。

1963 年 9 月 12 日,梅山水库所蓄之水全部放空,补强加固工程正式开始。所采取的步骤为:在大坝右岸修复已损坏的阻水帷幕;拱后及垛侧打排水孔,以降低坝基岩缝内因渗水而形成的浮托力和侧压力;对基岩内已张开的裂缝进行回填固结灌浆;岸坡过陡处设锚盘,恢复和增加岸石的整体性。同时对大坝的坝身进行核算和做必要的结构补强。

2.4　工程验收

至 1964 年底,梅山水库大坝补强加固工程各项任务完成预订计划。1965 年 5 月 15 日,安徽省水电厅会同各有关单位对加固工程的各个部位进行检查验收,认为各项工程除部分坝身接缝灌浆及裂缝灌浆须待次年春天继续施工外,其余工程均已完成且工程质量基本符合设计要求。至此,梅山水库的加固补强工程基本结束。

由于梅山水库大坝的补强加固工程遗留下来的各种问题需陆续处理,故整个工程的收尾时间延续至 1966 年 5 月。

3　第二次加固工程——除险加固

作为新中国第一个五年计划时期修建的水利工程,梅山水库经过了数十年的风风雨雨,大坝及其附属工程超期服役、隐患暴露:水工设施和机电设备亟待更新,大坝基础帷幕基本失效亦须补强加固,引水钢管防爆处理进入议事议程,泄洪隧洞闸门运行中震动的解决迫在眉睫。

3.1　定期检查

1991 年,由主管部门安徽省电业局负责组织,成立安全检查组,开展大坝首轮安全定期检查。检查组从勘测、规划、设计、施工和运行等各个方面对梅山大坝的安全状况进行全面复查,认为大坝可安全正常运行,将梅山水电站大坝定为正常坝。

1998 年 6 月,开始实施梅山水库大坝第二轮定检。2001 年 1 月 3~4 日,梅山水库大坝第二轮安全定期检查鉴定大会召开,国家电力公司等有关单位审议通过了专家组《梅山水电站大坝第二次安全定期检查报告》。定检专家组对梅山大坝的主要安全评价为:"……梅山水库大坝闸门设备存在问题较多,更新改造已刻不容缓,务必抓紧处理,否则将严重影响大坝正常运行和水库防洪、灌溉效益的发挥。"

此后共完成 8 份专题检查项目报告,基本查明了大坝安全现状以及存在问题,且对大坝安全状况做出客观的评价。

2001年2月13日,安徽省电力局向安徽省人民政府报送《关于梅山水电站大坝除险加固工程的请示》,请求解决梅山水电站大坝除险加固工程立项和资金落实问题。同期,梅山水电站委托安徽省水利水电勘测设计院编制梅山水电站大坝除险加固工程项目建议书。2001年3月6日,亦分别向安徽省防汛抗旱指挥部和淮河水利委员会要求解决梅山水电站大坝及其金属结构除险加固的前期费用。2001年6月4日,安徽省水利水电勘测设计院编制完成《梅山水电站大坝除险加固工程项目简述》。

2001年9月20日,安徽省水利厅要求按水利部有关程序,成立组织机构并聘请专家尽早对梅山水库大坝进行安全鉴定,还应抓紧向安徽省水利厅报送大坝安全鉴定资料,以便审核后报水利部大坝安全管理中心。同年10月30日,梅山水库大坝安全鉴定专家组和大坝安全鉴定领导小组成立。

3.2 考察论证

2002年1月,水利部大坝安全管理中心、水利部建设和管理总站等单位和梅山水库大坝鉴定专家组成员,对梅山水库工程进行实地查看,特别是对大坝1号拱、2号垛、15号拱、16号拱等两岸裂缝实施了重点检查。同年4月,水利部大坝安全管理中心核准梅山大坝为三类坝的鉴定结论。

至2004年9月,已完成了梅山水库除险加固工程的初步设计报告和可行性研究报告的审核及复审。

2005年7月20日,水利部向国家发改委报送《关于安徽省梅山水库除险加固工程可行性研究报告审查意见的函》。

3.3 评审与批复

2006年5月28日,中国水利水电科学研究院受国家发改委委托,率梅山水库除险加固工程可行性研究报告评估专家组来到梅山水库,听取汇报后,详细查勘了水库工程,对除险加固可行性研究报告进行了评估。

2006年6月(此时梅山水电站已改制成梅山水库管理处),梅山水库除险加固可行性研究报告通过中国水利水电科学研究院评估。同年12月,安徽省人民政府向国家发改委正式出具梅山水库除险加固配套资金承诺函。

2007年5月,水利部水库除险加固初步设计巡查指导专家组来到到梅山水库管理处,检查梅山水库除险加固工程初步设计情况。查勘水库除险加固现场后对工程初步设计报告进行了审核,并与设计单位就有关设计方案进行深入交流。专家组认为,梅山水库除险加固工程初步设计方案合理,工程除险加固十分必要和紧迫。

2007年7月,国家发改委投资司组织梅山水库除险加固工程初步设计概算评审专家组和相关单位,对梅山水库除险加固工程初步设计概算进行评审,分为工程、概算两个组,分别对初步设计方案和设计概算进行再次审查与评估。最后由专家组反馈评审意见,要求按反馈意见尽快修改完善初步设计的方案和概算。2007年9月,国家发改委下达对梅山水库除险加固工程初步设计概算的审查批复。

2007年11月,水利部对梅山水库除险加固工程初步设计报告审查批复。

至此,梅山水库除险加固工程的项目建议书、可行性研究报告和初步设计报告已全部通过审查和批复。安徽省治淮重点工程建设管理局(工程加固项目法人)据此进行梅山水库除险加固工程开工前的各项准备。

3.4 开工建设

自2008年1月起,项目法人通过招标方式确定梅山水库除险加固工程项目一期、二期等工程中标单位。2008年4月11日上午,安徽省水利厅在水库工程现场举行除险加固工程开工仪式,梅山水库除险加固工程正式开工。

3.5 加固成果

至2009年底,梅山水库除险加固工程基本结束,完成的主要项目(含尚未全部完成的工程)包括:大坝的拱、垛墙加固;帷幕灌浆补强以及增设水平排水孔;9号拱泄水底孔内放水底孔加固;垛内发电引水钢管加固;3号拱内生活引水管加固处理;大坝左岸溢洪道加固;新建泄洪隧洞,以及相应的闸门、启闭机和电气设备的安装和调试;新建右岸上坝公路;新建2号防汛交通桥。

2010 年 6 月,完成主体工程投入使用验收。

2010 年 12 月,梅山水库除险加固工程通过省水利厅组织的竣工验收。

4 两次加固工程效益

4.1 防洪效益

20 世纪 60 年代的补强加固工程实施后,防洪效益显著提高。1969 年 7 月特大洪水中入库洪峰流量达 13 978 m^3/s,遂开启建库以来从未使用过的溢洪道 7 扇高压弧形闸门泄洪,连同泄洪隧洞和发电放水,下游洪水泄量仅 1 560 m^3/s;1987 年 7 月,库区上游 15 h 共降雨 230 mm,当时属梅山水库建库以来的最大值,并出现当年的最高水位 129.84 m;经泄洪调节后保证了下游的安全;1991 年 7 月,梅山水库库区平均降雨 860 mm,最大日降雨量达 273 mm,库区最高水位 135.75 m,入库最大洪峰流量大于 3 000 m^3/s 的时间共 50 h,大于 5 000 m^3/s 的时间共 23 h,泄洪调节后下游泄量为 3 000 m^3/s;2003 年 6 月淮河流域发生自 1954 年以来最大洪水,7 月,梅山水库水位达溢洪道堰顶高程水位 129.87 m,后又涨至最高洪水位 131.31 m,开启泄洪隧洞泄洪,并全开溢洪道 7 扇闸门同时泄洪,有力地保障了下游人民群众的生命财产安全。

至梅山水库除险加固工程完成后,据有关专家测算,梅山水库防洪效益平均约 0.81 亿元,63 年累计约 32.4 亿元,效益比占 38.5%。

4.2 灌溉效益

梅山水库是淠史杭灌区的重要水源,灌溉安徽、河南两省的金寨、霍邱、六安、固始、商城等县区土地面积 383 万亩,并在史河下游分别兴建了史河灌区、梅山灌区、金寨灌区,使得安徽六安西部和河南固始东南部的广大地区发挥了灌溉效益。自建库(特别是水库实施加固工程)以来,至 2019 年止,共提供灌溉用水 700 亿 m^3,且促成了下游灌区渠道和各种设施的相继配套与日臻完善,绿水清池,万顷良田,改变了史河流域易旱易涝的面貌。随着金江支渠的开挖通水,扩大了自流灌溉面积,大大改善了灌溉条件。灌溉效益年平均约 1.13 亿元,63 年累计约 45.6 亿元。灌溉效益比约占 54.0%。

4.3 发电效益

1958 年 4 台发电机组并入电力网运行,承担安徽电力系统基本负荷,曾作为华东电网的第一调频厂参与调峰。2014 年实施技术改造后,发电容量由 4 万 kW·h 增至 5 万 kW·h。至 2019 年已累计发电 64 亿 kW·h,年平均发电量超 1 亿 kW·h。

5 结语

两次加固工程使梅山水库工程改变了面貌,焕发了青春,深情地谱写了盛世治水的辉煌与荣耀,生动地诠释了人民水利为人民的初心和使命。此举亦彰显了老一辈和新一代治淮人艰辛的砥砺奋进和崇高的历史担当。正可谓:殚精竭虑除害兴利淮河上游固功业拱坝,披肝沥胆平波安澜梅山水库展千秋雄风。

四、民生水利与改革发展

构建青岛市水安全保障体系

由吉洲

（青岛市水务管理局，山东 青岛 266000）

摘 要 为保证青岛经济社会可持续发展，加快建设宜居幸福现代化国际城市，统筹解决水资源短缺、水灾害威胁、水生态退化三大水问题，急需构建科学合理的水安全保障体系。本文在分析青岛市水安全保障现状基础上，剖析青岛市水安全保障面临的问题，提出水安全保障的总体思路，明确推进节水型社会建设、构建青岛现代化水网、加强海水再生水利用、建立可控水灾害防御体系、加强水生态文明建设、创新水管理体制机制六大建设任务，并提出做好水安全保障的相关措施，从而构建青岛市水安全保障体系。

关键词 水安全；保障体系；青岛市

0 前 言

保障水安全是涉及国家长治久安的大事，是协调推进四个全面战略布局的重要任务[1-3]。习近平总书记从全面建成小康社会、实现中华民族永续发展的战略高度，明确提出了"节水优先、空间均衡、系统治理、两手发力"新时期治水思路，对保障国家水安全做出重大部署，为加快水利改革发展提供了根本遵循和科学指南[4]。我们要深入学习贯彻习近平总书记系列讲话精神，紧紧围绕协调推进"四个全面"战略布局，积极践行中央新时期治水思路，加快构建国家水安全保障体系[5-7]。青岛市人多水少，降水时空分布不均，近几年，青岛市出现了由极端干旱引发的严峻供水危机，迫切需要建立健全科学合理的水安全保障体系。

随着青岛进入加快建设开放、现代、活力、时尚的国际化大都市的关键阶段，水安全保障面临新需求和新挑战，水资源短缺、水灾害威胁、水生态退化三大水问题依然突出，水利发展体制机制不够完善，"补短板、破瓶颈、增后劲、上水平、惠民生"的任务仍十分艰巨。要解决这些问题，需要从战略高度对所有水问题进行统筹谋划，综合施策，坚持节水优先，创新现代水管理手段，破解青岛发展最大的资源制约。

1 青岛市水资源概况

青岛市地处胶东半岛，河流均为季风区雨源型，且多为独立入海的山溪性河流，可分为大沽河、北胶莱河、沿河诸河三大水系。流域面积 10 km² 以上河流共有 221 条，其中流域面积 50 km² 及以上河流共74 条，流域面积 100 km² 及以上河流共 41 条，流域面积 1 000 km² 及以上河流共 4 条。青岛具有春迟、夏凉、秋爽、冬长的气候特征，春季多出现春旱、夏季易造成涝灾、秋季常出现秋旱、冬季雨量稀少。近年来，水旱灾害依然是青岛市经济社会发展的重大威胁。

全市多年平均降水量为 691.6 mm，多年平均水资源总量为 21.5 亿 m³，水资源可利用总量为 13.7亿 m³。外调客水主要是黄河水和长江水，其中黄河干流水量指标为 2.33 亿 m³（打渔张分水口），扣除蒸发渗漏等沿程损失，实际入境可利用水量为 1.584 亿 m³；南水北调东线一期工程入境引江水量指标为 1.3 亿 m³。青岛市具有水资源贫乏、地区分布不均、降水年际年内变化大、客水依赖高的特点，水资源的禀赋和特点凸显出水资源分布与生产力布局不相适应的矛盾十分突出，决定了水资源已成为青岛经济社会发展最大的资源制约。

作者简介：由吉洲，男，1969 年生，青岛市水务管理局发展规划处处长，主要从事水利（水务）工程规划计划、市场配置促进等工作。

2　青岛市水安全保障体系现状与面临问题

青岛市已基本构成了节水、供水、防洪、水生态保护和水管理五大保障体系,为青岛市创建国家中心城市,加快建设开放、现代、活力、时尚的国际化大都市奠定了坚实基础。

2.1　水安全保障体系现状

(1)节约用水现状。不断推进节水型社会建设,积极贯彻落实最严格的水资源管理制度,严控用水总量、用水效率和水功能区限制纳污"三条红线",实行水资源消耗总量和强度双控行动。

(2)城乡供水现状。建成引黄济青、胶东调水工程,外调引黄、引江客水已成为青岛城市供水的主力水源。建成产芝水库向即墨、城阳、崂山输水工程等水资源输配工程,加大非常规水利用,建成海水淡化和再生水利用工程,基本形成"蓄引结合、主客联调、海淡互补"的水资源配置工程网整体框架。

(3)防洪减灾现状。完成治理143余条(段)中小河流,已实施了23座大中型水库、450座小型水库和41座大中型水闸除险加固,新建、加固海堤58.8 km。完成大沽河综合治理工程,达到50年一遇的防洪标准。

(4)水生态保护现状。完成了水功能区划调整,明确了重要河流、水库水域使用功能。逐年开展入河排污口综合整治活动。狠抓水土保持工作,完成了黄山、母猪河等54个小流域综合治理工程项目建设。

(5)水管理现状。初步构建起多元化的水利投融资机制、专业化的水利建设管理机制和综合化的水行政执法机制,建立起比较完善的水利综合执法体系,执法能力和执法效能不断提升。

2.2　面临基本形势

水资源作为基础性、战略性资源,水利作为重要基础设施和重要发展支撑,面临着更高、更新的发展要求。当前及今后一个时期,是青岛市实施"三湾三城"空间发展战略,决胜全面建成小康社会,加快建设开放、现代、活力、时尚的国际化大都市的关键时期。党的十九大提出,要紧紧围绕"两个一百年"奋斗目标,坚定不移地加快发展,到2020年全面建成小康社会,到2035年基本实现社会主义现代化,到2050年物质文明、政治文明、精神文明、社会文明、生态文明全面提升,实现治理体系和治理能力现代化。青岛市委、市政府要求全面贯彻落实十九大精神和省委、省政府决策部署,围绕"五位一体"总体布局和"四个全面"战略布局,贯彻"创新、绿色、协调、开放、共享"五大发展理念,加快新旧动能转换,实施重大工程建设。

2.3　存在的主要问题

(1)节水潜力尚需挖掘。农业灌溉方式有待改进,工业节水体系不完善,城镇用水存在节水意识不强、节水设施不足等现象,建设节水型社会的制度措施不完善。

(2)供需矛盾突出。青岛市水资源贫乏,水资源安全保障应急机制不完善,客水调引量不足,水资源配置体系尚不完善,单一渠道输送客水和单一水库调蓄客水的状况难以保证城市供水安全。

(3)非常规水利用量低。非常规水开发利用规模小、配套设施不完善,再生水处理水质标准低、政策激励少。

(4)防洪减灾体系尚需完善。大部分河道达不到设计防洪标准,部分区域海堤缺失;大中型水库陆续出现不同程度的病险情况,小型水库尚未全部进行除险加固;农村小型水源工程老化失修;投入不足,小型工程运行管理经费和维修养护费无法保障。

(5)水污染形势依然严峻。生活、生产用水日益增长,挤占了农业、生态用水,河道断流,水体自净能力不断下降,水体污染问题依然存在。

(6)水管理机制尚不完善。青岛市原水存在多种水价,不利于水资源的统一配置。以水定产、以水定城尚未落到实处。未建立依法保护、促进节约、规范运作的水权水市场制度。

水利执法专业力量不足,执法不严、力度不够等问题依然存在。

3　构建青岛市水安全保障体系

为保证青岛市经济社会可持续发展,加速建设开放、现代、活力、时尚的国际化大都市,统筹解决水资源短缺、水灾害威胁、水生态退化三大问题,助力打造科学合理的水安全保障体系,提出了由构建思路、构建任务和保障措施三部分组成的青岛市水安全保障体系框架(见图1)。

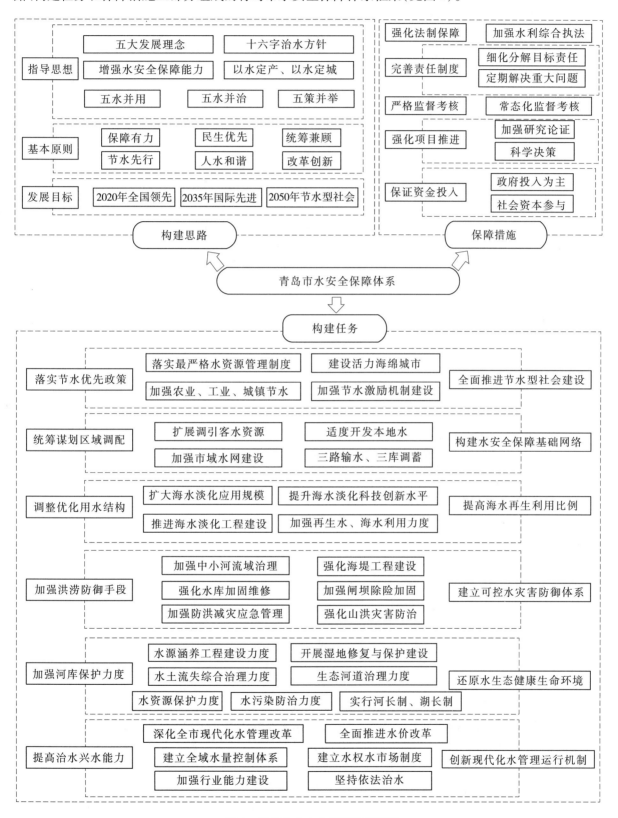

图1 青岛市水安全保障体系框架

3.1 构建思路

在水资源合理配置的基础上,构建与经济社会发展相适应、与生态环境保护相协调的水安全保障体系。

3.1.1 指导思想

坚持"五位一体"总体布局和"四个全面"战略布局,着眼于"两个一百年"奋斗目标和城市现代化目标定位,以"创新、协调、绿色、开放、共享"发展理念为引领,以增强水安全保障能力为主线,积极适应经济社会发展新常态,坚持"节水优先、空间均衡、系统治理、两手发力"的治水方针,把握"以水定产、以水定城"的发展原则,加强水安全保障基础设施建设,创新水管理体制机制。地表水、地下水、黄河水、长江水、非常规水"五水并用",节水、供水、洪水、涝水、污水"五水并治",工程、经济、行政、法律、科技"五策并举",为青岛市可持续发展提供水资源保障。

3.1.2 基本原则

(1)坚持保障有力原则。加快建立科学合理高效的水资源开发利用与节约保护体系。

(2)坚持民生优先原则。加强民生水利工程建设,继续推进城乡供水一体化。

(3)坚持节水先行原则。实施水资源消耗总量与强度双控行动,推进生产生活方式绿色化。

(4)坚持人水和谐原则。加强水生态保护与修复,顺应自然、经济社会发展规律,以水定需、量水发展。

(5)坚持统筹兼顾原则。优化配置水资源,加大引黄引江能力建设,加强水源调蓄工程建设,实施水利工程综合整治。

(6)坚持改革创新原则。完善水资源管理体制和机制,创新管理方式和方法。

3.1.3 发展目标

2020 年节水水平保持全国领先。不断加大客水调引量,完善水资源配置工程网,提升水资源供给能力,消除防洪重点薄弱环节,优化水生态环境,实现水资源统一规划、调配和管理。

2035 年力争节水水平达到国际先进水平。建成科学合理的多水源供给保障体系和安全达标的防洪减灾体系,建立高效顺畅的现代化水管理体制,水安全保障能力达到国内先进水平。

2050 年实现更高层次上的供水、防洪、水生态安全,全面建成节水型社会,形成绿色生产生活方式,满足人民群众对水日益增长的舒适性需求,实现人水和谐共生。

3.2 构建任务

水安全保障体系的构建任务包括推进节水型社会建设、构建青岛现代化水网、加强海水再生水利用、建立可控水灾害防御体系、加强水生态文明建设、创新水管理体制机制。

3.2.1 落实节水优先政策,全面推进节水型社会建设

(1)落实最严格水资源管理制度。强化节水约束性指标管理,强化水资源承载能力刚性约束,强化水资源安全风险监测预警。实施水资源消耗总量和强度双控行动,加强最严格水资源管理考核;全面落实建设项目水资源论证和规划水资源论证制度,修订完善用水定额标准体系,严格水功能区限制纳污控制;健全水资源安全风险评估、识别、预警机制。

(2)加强农业、工业、城镇节水。大力推进田间工程节水改造,积极推广农业节水新科技应用;加快淘汰落后高用水工艺、设备和产品,推广节水工艺技术和设备,加强重点行业取水定额管理,大力发展高新技术产业,提高工业废水资源化利用率;实施城镇公共供水管网更新改造,加快节水器具普及与推广。

(3)建设活力海绵城市。加大城市径流雨水源头减排的刚性约束,优先利用自然排水系统,建设生态排水设施,建设具有自然积存、自然渗透、自然净化功能和海滨山城特色的海绵城市。

(4)加强节水激励机制建设。研究制定节水激励政策,制定出台节水优惠政策管理办法,全面开展节水载体评选。

3.2.2 统筹谋划区域调配,构筑水安全保障基础网络

(1)扩展调引客水资源,适度开发本地水。充分利用引黄济青渠道及棘洪滩水库,加快建设黄水东调承接工程、新开辟南水北调东线二期两条客水调引通道,新建官路水库,扩建宋化泉水库,构建"三路输水、三库调蓄"的客水保障体系;新建 2 座小型水库,实施 7 座大中型水库清淤增容工程。

(2)加强市域水网建设。优化完善市域水资源配置工程网体系,打造市域水网升级版。青岛市

2020 年、2035 年水资源供需分析见表 1,从表中可以看到,通过不断完善青岛市客水配套工程体系,2020 年,全市正常年份、枯水年份能够满足用水需求,特枯年份缺水率为 11.3%。2035 年,全市正常年份、枯水年份、特枯年份均能够满足用水需求。2050 年,全市正常年份和枯水年份均可实现水资源供需平衡,满足人民群众对水日益增长的舒适性需求。

表 1　青岛市 2020 年、2035 年水资源供需平衡分析

青岛市	需水量(亿 m³)			可供水量(亿 m³)			缺水量(亿 m³)			缺水率(%)		
	50%	75%	95%	50%	75%	95%	50%	75%	95%	50%	75%	95%
2020 年	14.25	17.40	17.40	19.72	17.57	15.43	0	0	−1.97	0	0	11.3
2035 年	17.98	20.79	20.79	27.84	25.39	22.86	0	0	0	0	0	0

3.2.3　调整优化用水结构,提高海水再生水利用比例

(1)扩大海水淡化应用规模,提升海水淡化科技创新水平,推进海水淡化工程建设。推进工业用水领域规模化应用,推动海水淡化水作为市政用水补充水源,确立海岛第一水源战略定位;建立海水淡化研发机构和成果转化基地,加大关键技术研发力度;分期实施海水淡化工程项目,加强海水淡化装备制造项目储备。

(2)加大再生水利用、海水直接利用力度。结合污水处理厂分布,合理布置再生水子系统;大力推广海水直流冷却和循环冷技术,开展海水直接利用的海水预处理技术研究。

3.2.4　加强洪涝防御手段,建立可控水灾害防御体系

(1)加强中小河流治理,强化海堤工程建设。采取加高加固现有堤防、新建堤防等各种措施,实施河道治理;实施海堤加固工程,提升区域防潮能力。

(2)强化水库加固维修,加强闸坝除险加固。加强水库运行监测,定期进行水库大坝安全鉴定,及时进行除险加固;排除病险水闸安全隐患,提高河道来水拦蓄能力。

(3)强化山洪灾害防治,加强防洪减灾应急管理。巩固完善山洪灾害监测预警平台,加强群测群防体系建设;加强防洪减灾预防、预测、预报、预警管理。

3.2.5　加强河库保护力度,还原水生态健康生命环境

(1)加大水资源保护、水污染防治和水土流失综合治理力度。加强水功能区监督管理,强化入河排污总量管理,落实饮用水水源地核准和安全评估制度;合理布局建制镇污水处理设施,加强城镇污水管网改造和配套建设;加强地下水污染防治,抓好农业面源污染治理,强化水土保持预防监督。

(2)加大生态河道治理和水源涵养工程建设力度,开展湿地修复与保护建设,全面实行河长制、湖长制。打造生态河道,全面推广生态护岸工程;加强森林资源修复,加强沿海防护退化林改造和北部丘陵防护林建设,构建高标准综合农田防护林体系;构建青岛市"一轴一核一屏障,三网覆盖、多点连通"的湿地保护总体布局,建设以自然保护区、湿地公园、自然保护小区为基本格局的湿地保护体系。

3.2.6　提高治水兴水能力,创新现代化水管理运行机制

(1)深化全市现代水管理改革,全面推进水价改革。打破传统水管理界限,深化全市水资源统一调度管理体制改革;推进水源开发建设,实现全市水资源统一调控;建立健全反映市场供求、资源稀缺程度、生态环境损害成本和修复效益的水价形成机制。

(2)建立全域水量控制体系,建设水权水市场制度。实行行政区域和行业用水总量控制,实行水资源消耗总量和强度双控制;依法开展水资源使用权确权登记,形成归属清晰、权责明确的水资源资产产权制度。

(3)加强行业能力建设,坚持依法治水。推进人才强水,强化水安全科技支撑,加快水利信息化建设;坚持立改废释相结合,健全完善地方水法规体系。

3.3　保障措施

(1)强化法制保障。贯彻落实水利法律法规,改进完善水利政策,加强水利综合执法,通过依法治

水和依法管水的有机结合,逐步形成水资源开发、利用、节约、保护、管理良性运行的机制。

(2)完善责任制度。各相关部门、区(市)政府要强化责任意识和大局观念,细化分解目标责任;建立水安全保障工作经常化调度机制和议事决事机制,定期研究解决重大问题。

(3)严格督查考核。把涉水工程建设成效作为衡量各区(市)、各部门科学发展水平的重要内容,实行常态化的监督考核。

(4)强化项目推进。坚持以水定产、以水定城,将水资源论证工作作为开发利用水资源的规划审批的前置条件;加强项目用地、资金筹措等重大问题研究论证,实现水利工程建设科学决策。

(5)保证资金投入。拓宽投融资渠道,建立以政府投入为主,社会资本参与的资金投入机制;各级各部门要在年度预算中对重大水源工程建设所需资金予以重点安排、优先保障。

4　结论

保障水安全是坚持以人为本、执政为民,切实维护群众权益的重要体现,是构建和谐社会的重要内容。本文分析了青岛市水安全保障现状与面临问题,提出推进节水型社会建设、构建青岛现代化水网、加强海水再生水利用、建立可控水灾害防御体系、加强水生态文明建设、创新水管理体制机制六大建设任务,并从强化法制保障、完善责任制度、严格督查考核、强化项目推进、保证资金投入方面提出一系列保障措施,为建设更加富有活力、更加时尚美丽、更加独具魅力的新青岛提供坚实的水安全保障体系。

参 考 文 献

[1] 陈雷.新时期治水兴水的科学指南——深入学习贯彻习近平总书记关于治水的重要论述[J].求是,2015(15):7-49.
[2] 谷树忠,李维明.实施资源安全战略确保我国国家安全[N].人民日报,2014-04-29.
[3] 杨光明,孙长林.中国水安全问题及其策略研究[J].灾害学,2008,23(2):101-105.
[4] 黄建水.新时期治水的内涵和任务——习近平同志重要治水思想学习体会[J].水利发展研究,2014,14(9):17-18.
[5] 陈龙.以最高标准贯彻新理念践行新方针持续深入推进浙江"五水共治"[J].中国水利,2015(24):9-70.
[6] 李栋,张双,雷虹,等.滨州市水安全保障体系构建研究[J].海河水利,2018(6):29-32.
[7] 谷树忠,李维明.关于构建国家水安全保障体系的总体构想[J].中国水利,2015(9):3-5,16.

山东省治淮70年社会经济效益测算分析

朱日清[1]，王国征[2]，祁家宁[1]

（1. 山东省海河淮河小清河流域水利管理服务中心，山东 济南 370102；
2. 山东淮海水利工程有限公司，山东 济宁 272001）

摘 要 为全面反映治淮70年来的巨大成就，本文对山东省治淮70年经济社会效益进行了测算分析，1950年至2019年底，山东省淮河流域各类水利工程总效益当年价为4067.07亿元，2010年不变价为5371.90亿元，总投资当年价是1051.38亿元，2010年不变价为1444.49亿元，不变价本比为3.72，取得了巨大效益。
关键词 山东省；治淮；经济效益；社会效益；测算

1 概述

山东省淮河流域位于山东省南部及西南部，北以泰沂山脉与大汶河、小清河、潍河流域分界，西北以黄河为界，西南与河南、安徽省为邻，南与江苏省接壤，地理坐标为东经114°36′~122°43′，北纬34°25′~37°50′。流域面积5.10万km²，占全省总面积的32.55%。行政区划包括菏泽、济宁、枣庄、临沂4市的全部和日照、淄博、泰安市的一部分。山东淮河流域水旱灾害频发，元、明两代（1280~1642年）的364年间，发生较大水灾97次。清代、民国（1644~1948年）的305年间，发生水灾267次。

自1950年以来，党中央、国务院非常重视淮河治理工作，按照"蓄泄兼筹"的总体方针和全面规划、统筹兼顾、标本兼治、综合治理的原则，组织和领导流域人民开展了大规模的治淮建设，初步建成了较为有效的防洪减灾工程体系，为流域经济社会发展、人民生活改善和社会稳定奠定了坚实的基础，取得了巨大的效益。到2020年，新中国治淮进行了70周年，为全面反映治淮70年来的巨大成就，根据淮委有关工作的统一部署，本文对山东省治淮70年经济社会效益进行了测算分析。

截至2018年，山东省淮河流域内已建成水库1 915座，总库容75.99亿m³，其中：大型水库18座，总库容54.66亿m³，中型水库45座，总库容10.43亿m³，小型水库1 852座，总库容10.89亿m³。建设防洪堤防长10 164.44 km，其中，Ⅰ级堤防333.46 km、Ⅱ级堤防1 045.25 km、Ⅲ级堤防582.22 km、其他等级堤防8 203.51 km；建成大中型水闸2 769座，其中，大型水闸50座、中型水闸236座、小型水闸2 483座；建成泵站工程4 413处。建成机电井191.28万眼，灌溉面积7 778.6万亩。建成水库塘坝灌区、河湖灌区和机电井灌区三大灌溉体系；流域内大型灌区（50万亩以上）6处，有效灌溉面积457.76万亩，中型灌区（5万~50万亩）54处，有效灌溉面积647.98万亩，小型灌区（5万亩以下）684处，有效灌溉面积398.70万亩。蓄、引、提、调的水资源配套工程体系已建成，蓄、引、提水等各类水利供水工程设计年供水能力达125.36亿m³，建设城乡供水工程84.30万处。流域内已建成中小水电站63座，装机总容量5.38万kW，主要分布于沂河、沭河上，水电的建设发展促进了当地经济的发展。

2 测算方法

在已发布的山东省治淮40周年经济效益分析成果的基础上，以治淮初期即1950年为基准，采用定量分析和定性分析相结合的方法，开展山东省治淮70周年经济社会效益测算分析工作，定量分析直接经济效益，定性分析社会效益。

依据水利部《水利建设项目经济评价规范》（SL 72—2013）和《已成防洪工程经济效益分析计算及评价规范》（SL 204—2014）进行治淮效益测算。本次测算以治淮60周年水利经济效益计算成果为基

作者简介：朱日清，男，1987年生，山东省临沂人，本科，主要研究方向为水利工程管理。E-mail：244410079@qq.com。

础,通过查询省统计年鉴、省国民经济统计资料、省分片抽样调查资料等,延伸测算2010~2019年共10年治淮效益,并综合前60年经济效益计算成果计算治淮70周年治淮经济总效益。采用静态经济分析方法,实物量价格采用当年混合价,同时按2010年不变价格计算做对比,测算治淮70周年水利经济总效益。

3 经济效益

3.1 防洪工程效益

山东省治淮70年防洪工程效益当年价为990.49亿元,2010年不变价为1 364.93亿元,防洪投入当年价是211.79亿元,2010不变价为336.18亿元,不变价益本比为4.06。具体见表1。

表1 山东省治淮70年防洪工程经济效益计算

年份	防洪减灾投入（万元）	减淹面积（万亩）	综合损失单价（元/亩）	负效益（万元）	防洪效益（万元）
1950~2009	1 538 278				8 074 553
2010	67 908	20	5 289	330 045	-224 315
2011	62 611	6	8 011	326 138	-281 320
2012	50 197	98	4 175	351 803	58 454
2013	28 034	71	7 057	343 420	157 692
2014	32 034	31	3 207	355 099	-256 834
2015	82 129	31	12 267	292 501	83 659
2016	42 135	53	8 324	300 726	143 344
2017	62 955	129	10 284	297 151	1 032 858
2018	90 845	123	6 674	273 532	544 053
2019	60 761	96	8 874	281 017	572 704
小计	2 117 887				9 904 894

3.2 除涝工程效益

山东省治淮70年除涝工程效益当年价为501.41亿元,2010年不变价为1 002.02亿元,除涝降渍减灾投入当年价为211.09亿元,2010年不变价为237.85亿元,不变价益本比为4.21,具体见表2。

表2 山东省治淮70年除涝工程经济效益计算

年份	除涝降渍减灾投入（万元）	治理面积（万亩）	亩均单产（kg/亩）	综合单价（元/kg）	负效益（万元）	除涝效益（万元）	增产粮食（万kg）
1950~2009	634 040					2 782 798	3 594 407
2010	9 471	1 557	408	4.06	172 532	265 498	107 959
2011	73 047	1 634	422	3.89	169 775	279 930	117 091
2012	187 383	1 639	450	3.67	186 058	258 135	125 380
2013	155 029	1 658	451	3.39	184 197	209 310	127 194
2014	178 426	1 667	457	3.31	194 172	194 202	129 418
2015	158 125	1 677	463	2.75	162 147	169 533	132 065
2016	92 798	1 687	464	2.68	167 893	161 920	133 170
2017	163 560	1 714	460	2.51	167 462	146 099	134 147
2018	273 365	1 770	433	2.65	160 428	157 236	130 437
2019	185 658	1 796	433	2.61	167 619	150 977	132 287
小计	2 110 902					5 014 054	4 863 555

3.3　灌溉工程效益

山东省治淮 70 年灌溉工程效益当年价为 600.94 亿元,2010 年不变价为 1 326.24 亿元,灌溉投入当年价为 157.11 亿元,2010 年不变价为 314.10 亿元,不变价益本比为 4.22,具体见表 3。

表 3　山东省治淮 70 年灌溉工程经济效益计算

年份	灌溉投入（万元）	实际灌溉面积（万亩）	亩均增产量（kg/亩）	综合单价（元/kg）	负效益（万元）	灌溉效益（万元）	增产粮食（万 kg）
1950~2009	1 073 869					3 254 187	7 491 288
2010	47 706	2 000	109.0	4.0	258 543	346 552	217 960
2011	40 280	2 029	109.4	3.9	257 647	333 224	221 973
2012	33 129	2 067	110.2	3.6	274 392	295 212	227 682
2013	139 663	2 284	110.3	3.3	269 513	312 149	252 038
2014	40 836	2 238	110.5	3.3	278 614	277 921	247 371
2015	50 414	2 326	110.8	2.7	229 344	250 902	257 717
2016	27 790	2 319	111.2	2.6	235 052	232 064	257 941
2017	63 481	2 326	111.5	2.4	232 155	205 919	259 330
2018	33 637	2 363	111.4	2.6	213 628	256 144	263 173
2019	20 254	2 374	111.4	2.5	219 041	245 097	264 412
小计	1 571 058					6 009 370	9 960 886

3.4　水资源配置工程效益

山东省治淮 70 年水资源配置工程效益当年价为 524.04 亿元,2010 年不变价为 426.99 亿元,水资源配置投入当年价为 239.05 亿元,2010 年不变价为 248.47 亿元,不变价益本比为 4.22,具体见表 4。

表 4　山东省治淮 70 年水资源配置工程经济效益计算

年份	水资源配置工程投入（万元）	城市生活和工业用水量（万 m³）	万元产值取水量（m³/万元）	负效益（万元）	水资源配置效益（万元）
1950~2009	290 201				57 478
2010	297 563	10 711	20.96	50 273	80 428
2011	799 067	11 772	21.64	59 421	254 363
2012	587 281	13 249	13.51	79 137	687 029
2013	32 562	12 715	14.36	82 400	620 783
2014	141 858	13 010	13.62	91 309	720 927
2015	172 734	13 660	14.74	81 922	391 454
2016	15 706	14 400	12.95	87 071	471 374
2017	27 915	14 832	12.06	89 018	489 125
2018	15 521	15 161	11.93	84 666	516 333
2019	10 127	15 464	12.00	88 069	951 131
小计	2 390 535				5 240 426

3.5 水土保持工程效益

山东省治淮 70 年水土保持工程效益当年价为 134.97 亿元,具体见表 5。

表 5　山东省治淮 70 年水土保持工程经济效益计算

年份	水土保持投资 (万元)	水土流失治理 面积(hm²)	增产粮食 (万 kg)	综合单价 (万元/万 kg)	水土保持效益 (万元)
1950~2009	321 282				499 664
2010	2 399	1 522 140	39 075	1.91	74 774
2011	4 377	1 548 590	39 614	2.39	94 514
2012	18 025	1 576 910	41 699	2.10	87 368
2013	16 119	1 167 070	45 259	2.20	99 617
2014	11 271	1 193 770	33 998	2.32	78 908
2015	17 005	1 243 130	35 259	2.20	77 520
2016	13 618	1 288 550	37 490	2.14	80 215
2017	12 924	1 278 050	40 280	2.14	86 093
2018	8 719	1 325 170	40 716	2.08	84 690
2019	3 718	1 358 020	41 892	2.06	86 297
小计	429 458				1 349 661

3.6 水力发电工程效益

山东省淮河流域内流域内 500 kW 以上水电站共 23 座,装机总容量 47 360 kW。经计算,山东省治淮 70 年水力发电工程效益当年价为 5.38 亿元,具体见表 6。

表 6　山东省治淮 70 年水力发电工程经济效益计算

年份	水电投入 (万元)	装机容量 (万 kW)	累计发电量 (万 kW·h)	净发电量 (万 kW·h)	当年电价 [元/(kW·h)]	发电效益 (万元)
1950~2009	24 058					14 005
2010	0	5.38	5 350	5 190	0.29	1 497
2011	0	5.38	5 075	4 923	0.30	1 462
2012	1 700	5.38	3 075	2 983	0.31	931
2013	1 488	5.38	8 625	8 366	0.32	2 635
2014	3 078	5.38	12 975	12 586	0.32	3 981
2015	694	5.38	19 425	18 842	0.34	6 474
2016	57	5.38	34 800	33 756	0.33	11 098
2017	0	5.38	15 650	15 181	0.32	4 789
2018	28	5.38	10 750	10 428	0.29	3 058
2019	261	5.38	13 200	12 804	0.31	3 898
小计	31 365					53 827

3.7 城市生活和工业供水工程效益

山东省治淮 70 年城市生活和工业供水工程效益当年价为 392.97 亿元,具体见表 7。

表7 山东省治淮70年城镇及工业供水工程经济效益计算

年份	供水投入 （万元）	城市生活和工业 供水量(万 m³)	万元产值取水量 （m³/万元）	供水效益 （万元）
1950～2009	26 445			328 549
2010	3 300	27 644	18.35	5 168
2011	54	45 623	17.69	8 415
2012	10 636	43 223	13.73	15 069
2013	57 727	51 283	13.64	56 207
2014	65 044	53 274	13.40	79 855
2015	396 470	57 653	13.35	294 584
2016	139 369	60 738	14.07	355 780
2017	209 345	66 999	12.88	548 007
2018	75 926	71 757	12.26	1 523 474
2019	35 498	72 475	12.57	714 596
小计	1 019 814			3 929 705

3.8 农村饮水安全工程效益

山东省治淮70年农村饮水安全工程效益当年价为688.94亿元,具体见表8。

表8 山东省治淮70年农村饮水安全工程经济效益计算

年份	饮水投入 （万元）	已解决人口 （人）	已解决户数 （户）	工日单价 ［元/(人·日)］	饮水效益 （万元）
1950～2009	251 303				1 091 186
2010	46 586	13 092 971	3 740 849	18.98	212 950
2011	91 653	14 846 200	4 241 771	22.47	285 903
2012	84 419	16 153 659	4 615 331	25.74	356 357
2013	62 732	17 556 759	5 016 217	29.02	436 658
2014	108 748	19 775 959	5 650 274	32.60	552 597
2015	130 424	22 023 259	6 292 360	32.07	605 313
2016	4 999	22 893 959	6 541 131	34.77	682 281
2017	16 100	23 951 359	6 843 245	37.89	777 940
2018	16 702	25 432 200	7 266 343	40.37	879 976
2019	20 841	27 233 586	7 781 025	43.19	1 008 267
小计	834 507				6 889 429

3.9 水利生态保护工程效益

计算得山东省治淮70年水利生态保护效益当年价为2.26亿元,具体见表9。

表 9　山东省治淮 70 年水利生态保护效益效益计算

年份	水系治理、城市防洪 等工程投入（万元）	河道治理长度 （km）	单位长度地价贡献值 （万元/km）	生态效益 （万元）
1950～2009	0			0
2010	270	15.88	35	538
2011	540	31.76	31	921
2012	50	2.94	34	31
2013	0	0.00	0	－68
2014	656	38.59	47	1 737
2015	900	52.94	53	2 708
2016	185	10.88	46	391
2017	4 721	277.71	48	13 199
2018	510	30.00	68	1 856
2019	443	26.07	58	1 314
小计	8 275			22 625

3.10　水产养殖效益

计算得山东省治淮 70 年水产养殖工程效益当年价为 225.66 亿元，具体见表 10。

表 10　山东省治淮 70 年水产养殖经济效益计算

年份	水产产量（t）	综合单价（万元/t）	效益小计（万元）
1950～2009			466 680
2010	109 161	1.03	112 845
2011	124 117	1.05	130 605
2012	128 554	1.17	150 192
2013	133 511	1.29	172 503
2014	127 019	1.41	179 592
2015	128 486	1.46	188 124
2016	132 377	1.53	202 650
2017	118 647	1.68	198 762
2018	116 880	1.74	203 777
2019	117 763	1.87	219 690
小计			2 256 620

4　社会效益

治淮 70 年，淮河流域初步形成了防洪除涝减灾体系。淮河上游防洪标准达到 10 年一遇，中下游重要防洪保护区和重要城市的防洪标准提高到 100 年一遇；沂沭泗河中下游重要防洪保护区的防洪标准总体提高到 50 年一遇；淮北重要跨省支流的防洪标准基本达到 20 年一遇。改善了部分易涝洼地的排涝条件，重要排水河道的排涝标准达到或接近 3 年一遇。

2020 年是新中国治淮的 70 周年，作为淮河流域的重要组成部分，经过多年治理，不仅在防洪除涝、农田灌溉、水土保持、饮水安全等领域的产生了巨大的直接经济效益,而且在保护主要防洪保护区和城市及工矿企业的防洪安全、改善人居环境,促进了区域的经济发展和乡村振兴、助力脱贫攻坚、保证社会安定、改善水环境水生态水景观、弘扬和彰显水文化、提高人民群众的幸福感和安全感等方面影响深远,淮河流域的面貌发生了天翻地覆的变化。

5　结论与建议

1950 年至 2019 年底,山东省淮河流域各类水利工程总效益当年价为 4 067.07 亿元,2010 年不变价为 5 371.90 亿元,总投资当年价是 1 051.38 亿元,2010 年不变价为 1 444.49 亿元,不变价益本比为 3.72。各类工程具体情况见表 11。

表 11　山东省治淮 70 年水利经济效益综合统计

工程类别	投入(亿元)		效益(亿元)		投入产出比
	当年价	2010 年不变价	当年价	2010 年不变价	
防洪工程	211.79	336.18	990.49	1 364.93	4.06
除涝工程	211.09	237.86	501.41	1 002.02	4.21
灌溉工程	157.11	314.11	600.94	1 326.24	4.22
水资源配置工程	239.05	248.47	524.04	426.99	1.72
其他工程	232.34	307.88	1 450.19	1 251.73	4.07
山东省合计	1 051.38	1 444.49	4 067.07	5 371.90	3.72

尽管已建水利工程在兴利除害方面已发挥了巨大的效益,但新时期的治水方针对当前水利行业提出了更高的要求,如水利工程要与生态景观的结合,要加强水利工程管理等。随着社会的快速发展,当前水利工程凸显出短板,如随着河道周边地区国民经济发展,一些河道现状防洪除涝标准已不满足要求;水利行业重建轻管的传统隐患造成现状河道行洪面积的缩减,达不到治理标准;由于工程建成后管理粗放,工程维修养护不及时,导致工程老化、设备陈旧、河道防洪排涝能力降低等问题,不能充分发挥效益,造成浪费和损失;水利行业信息化建设滞后,运行管理方式低效,运维成本高。综上,应继续从各个方面增加对水利的投入,尤其是生态效益显著的工程,强化管理,加强信息化建设,进一步促使水利工程的多种功能得到充分发挥,以获取更大的经济、社会效益和生态效益。

新时代水利改革发展总基调下
淮委干部队伍建设思考

张彦奇

（水利部淮河水利委员会，安徽 蚌埠 233001）

摘 要 治国之要，首在用人。淮委作为水利部七大流域机构之一，在淮河流域经济社会发展中起着重要的支撑作用。如何落实新时代水利改革发展总基调，解决淮河流域新老水问题，维护河湖健康生命，促进流域人水和谐，需要建设一支适应新形势、新发展、新要求的治淮人才队伍，这其中，干部队伍建设更关乎着治淮的长远、可持续发展。本文从淮委干部成长实践入手，结合新时代水利改革发展总基调对干部队伍建设的要求，分析、总结、归纳干部队伍建设存在的问题及干部成长路径，就淮委干部队伍建设体制机制、措施方法等提出意见建议，为选人用人决策提供支撑。

关键字 干部队伍；新时代水利改革发展总基调；机制

1 背景

1.1 中央对干部队伍建设提出新要求

党的十八大以来，以习近平同志为核心的党中央在深化改革的实践中形成了具有鲜明时代特征的干部队伍建设新理念，对新时代党的干部队伍建设提出了一系列新要求，干部队伍建设的标准更具体、方向更明确。一是坚持德才兼备、以德为先的选人用人原则。《党政领导干部选拔任用工作条例》明确提出：德才兼备、以德为先。习近平总书记强调"政治上靠得住、工作上有本事、作风上过得硬、人民群众信得过"是新时代深化改革对德才兼备的重要要求，概括起来就是"信念坚定、为民服务、勤政务实、敢于担当、清正廉洁"二十字好干部标准。二是明晰突出政治标准的选人用人导向。党的十九大报告明确指出，"坚持正确选人用人导向，匡正选人用人风气，突出政治标准"。突出政治标准的选人用人导向，具有鲜明的问题导向与现实针对性。政治素质过硬，干部才能在坚决贯彻落实党的路线方针政策，自己的工作岗位上尽职尽责，做到忠诚、干净、担当。三是强调注重专业能力和专业精神的选人用人目标。党的十九大报告指出，增强干部队伍适应新时代中国特色社会主义发展要求的能力，要"注重培养专业能力、专业精神"。专业能力是干部的立身之本，干部不断更新认知体系，完善专业能力，才能应对新时代面临的新矛盾。专业精神是干部的为政之魂，发扬"工匠精神"，牢记全心全意为人民服务的宗旨，具有敢于担当的魄力和勇气，干部才能在改革创新中挺身而出，迎难而上。

1.2 新时代水利改革发展总基调对干部队伍建设的新要求

"水利工程补短板、水利行业强监管"新时代水利改革发展总基调，准确把握了新时代水利发展形势，既是水利改革发展的行动指南，也给干部队伍建设提出方向性要求。一是要围绕"水利工程补短板、水利行业强监管"事业需要选干部、配班子，树立正确选人导向。及时发现、选拔落实总基调有办法，善于攻坚克难，能啃"硬骨头"的好干部。二是要修订完善制度体系，把"水利工程补短板、水利行业强监管"要求融入一系列新的干部人事管理制度，构建完整健全、富有特色的制度体系，确保推动总基调在干部选拔任用各个环节的工作"有法可依"。三是要夯实干部队伍基础。水利改革发展不是一朝一夕的事情，要着眼于近期工作需求和长远战略需要，建立一个数量充足、质量优良、适应新思路需要的

作者简介：张彦奇，男，1984年生，水利部淮河水利委员会人事处干部科（干部监督科）科长（高级经济师），主要从事干部人事管理工作。E-mail：zyq@ hrc.gov.cn。

高素质专业化年轻干部队伍库。

2 淮委干部队伍基本情况及存在的主要问题

2.1 淮委干部队伍基本情况

截至 2019 年 12 月底,淮委在职职工 2 121 人,其中各级参公 572 人,专业技术人员 856 人,经营管理人员 209 人,工勤技能人员 484 人。大学本科以上学历 1 416 人,占总人数的 66.8%,高级职称 498 人,占总人数的 23.5%,45 岁以下 1 242 人,占总人数的 58.6%。总的来说,职工队伍年龄结构、职称结构、学历结构相对合理。截至 2019 年 6 月(统计到职务职级并行前),淮委处级领导干部 219 人,占全委总人数的 11.5%,其中正处级 83 人,副处级 136 人,中共党员 190 人,本科及以上学历 185 人,占总数的 84.5%。近年来,治淮事业蓬勃发展,19 项治淮骨干工程全面完成,进一步治淮 38 项工程全面推进,依托治淮工程建设,淮委注重在实践中培养锻炼干部,建设了一支素质优良、作风过硬、业务精通的干部队伍。

2.2 淮委干部队伍建设存在的主要问题

(1)处级干部队伍年龄结构不合理,年轻干部少。全委 219 名处级领导干部平均年龄 51.5 岁,50 岁及以上处级领导干部 146 人,占总数的 66.7%;41~49 岁全委处级领导干部 58 人,占总数的 26.5%;40 岁及以下全委处级领导干部 15 人,仅占 6.8%。女处级领导干部 24 名,仅占总数的 11%,其中各级机关 18 名(含非领导职务 10 名)。

(2)干部成长路径有待优化。一是成长周期较长。淮委处级领导干部从科员成长为科长平均需要 12.3 年,从科长成长为副处长平均需要 7 年,从副处长成长为处长平均需要 9 年。二是存在"天花板现象"。全委 2009 年以前任职的正处级领导干部(在正处级领导岗位上任职超过 10 年)21 人,占总数的 9.6%,其中各单位(部门)主要负责人 13 人。2009 年以前任职的副处级领导干部且仍在副处级岗位上(在副处级领导岗位上任职超过 10 年)19 人,占总数的 8.7%,其中 11 人长期在一个单位(部门)副处级岗位上任职。

(3)干部交流力度不够。一是直属单位处级领导干部工作相对经历单一,全委处级领导干部平均经历单位数量为 1.9 个。二是处级领导干部交流不平衡。由企事业单位到机关交流任职的处级领导干部多,全委各级机关处级领导干部 116 人中,有 65 人是从直属单位调入或是有直属单位工作任职经历,占机关处级干部总数的 56%。由机关到企业单位交流任职的处级干部少,全委企事业单位处级领导干部 103 人中,仅有 22 人是从机关调入,占企事业单位处级领导干部总数的 21.4%。

(4)年轻干部基层经历不足。自 2004 年淮委各级机关参照公务员法管理以来,机关年轻干部普遍基层经历不足,大多只满足新入职机关人员基层锻炼一年的要求,锻炼时间短。

3 淮委干部队伍建设意见建议

3.1 加强淮委干部队伍建设的顶层设计

一是制定规划,明确目标。把淮委干部队伍建设纳入新时代治淮水利改革发展的总体规划和布局,特别是制定 5~10 年的淮委处级领导干部队伍建设发展规划。不断优化干部成长路径,加大培养力度,缩短培养期,把熟悉流域管理、适应治淮发展需要、积极践行水利改革发展总基调和新时代水利行业精神的优秀干部,尽快补充到各级领导班子和干部队伍中。

二是形成合力,打造"头雁效应"。把淮委干部队伍建设放在"四支队伍"建设的突出位置,抓住"关键少数",强调带头引领作用。按照干部管理权限,建立由淮委党组统一领导,各级党委(党组)分级负责,委各级组织人事部门牵头,相关职能部门积极配合的干部队伍建设工作体制。把分工负责、齐抓共管、推动落实的原则贯穿干部工作的全过程。同时,在全委认真落实《淮委党组关于进一步激励广大干部新时代新担当新作为的实施意见》,激励引导广大干部贯彻新理念、担当新使命,推动形成干事创业、担当作为的良好氛围。

三是着力构建良好的政治生态。营造良好政治生态,是新时代高素质专业化干部队伍建设的重要保障。要大胆提拔使用德才兼备、实绩突出的干部，敢抓敢管、担当作为的干部。要大力选拔在关键时刻和急难险重任务中经受考验、做出重大贡献、扎根基层、埋头苦干的优秀干部。在广大干部中树立正确的权力观、地位观、利益观，在干部队伍建设中匡正选人用人风气，营造良好的政治生态。

3.2　研究解决未来一个时期淮委干部队伍建设中存在的突出问题

一是选好一把手。结合淮委实际，围绕治淮中心工作，在机构改革和职能转变完成的基础上，选好单位（部门）一把手。选好一把手要坚持更高标准、更严要求，突出把握政治方向、驾驭全局、抓班子带队伍等方面情况的考察。特别是要把在贯彻落实部党组、委党组决策部署上意志坚定，在治淮水利改革发展上有远见，在解决流域水利管理工作短板和问题上有魄力、有实招的优秀干部选拔到一把手岗位上。

二是配强各级领导班子。加强对领导班子的分析研判，注重两个方面的结合，一方面是要注重班子成员年龄结构、经历结构的合理配置，另一方面注重专业特长与职能、工作性质、岗位特点的有效搭配。特别是要根据"人岗相适"原则，合理调整班子成员的专业化结构，把班子成员专业匹配度作为衡量班子结构是否科学化、合理化的重要标准之一。

三是畅通交流渠道，优化干部成长路径。改变以往干部交流任职的不平衡情况，要根据各单位（部门）工作需要，"因岗选人"，打破政事企、上下级相对分明的界限，多措并举，给优秀干部更多选择的机会。第一，对发展潜力大、条件比较成熟的优秀干部，不要局限在某一单位（部门）或者身份，要及时放到正职岗位、关键岗位任职，加快成长速度；第二，进一步用好用足政事企之间干部的调任政策，把握调任标准和条件，鼓励机关干部走出去，欢迎事业与企业、事业内部、企业内部之间交流干部，多单位、多岗位历练，为优秀干部创造良好的成长空间；第三，对一些关键岗位、一时没有特别合适人选的岗位，按照中央有关政策，适时开展遴选、公开选拔或竞争上岗，为基层干部、年轻干部提供上升的渠道，在委内形成良性有序的竞争机制，营造人人皆可成才的良好氛围。

四是强化实践锻炼，建立健全多向的干部交流机制，提高干部能力水平。第一，对长期在委内单一单位、专业工作，缺乏复杂、艰苦环境工作经历的优秀干部，有计划、有重点地向上交流到水利部等部委，向外交流到新疆、西藏、滇桂黔石漠化片区、扶贫一线等偏远地区或流域内省（市、区）水利部门挂职，加强党性锻炼，提高政治素质和处理实际问题的能力；第二，实施委内上下级干部之间的双向挂职交流，让上级干部了解下级单位的工作情况，让下级干部领会掌握上级单位制定的政策，开阔干部视野、提升干部素质；第三，对长期在机关工作，缺乏一线基层经历的年轻干部，有计划、多层次、多渠道地选派到基层单位工作，丰富基层工作阅历，积累经验，砥砺品质，锤炼作风。同时，将干部交流融入到干部日常选拔任用工作中，与领导班子补充调整相结合，与优秀年轻干部培养相结合，不断提升干部队伍活力。

五是培养专业化优秀青年干部。根据干部队伍建设整体需要，研究制定培养专业化优秀青年干部的指导性意见，意见要包括近期和中长期培养目标，要结合干部的工作阅历、专业学历、工作业绩以及干部成长规律、个人禀赋等情况，要有针对性地补齐专业短板和能力弱项，要有水利行业特点和淮委特色。

3.3　完善淮委干部队伍建设工作机制

贯彻落实新时代党的组织路线，做好淮委干部队伍建设选育管用各环节的机制建设，用好"加减乘除"，打好组合拳。

一是提升能力的"加法"。以理想信念教育为根本，以全面提高业务能力水平为重点，对干部队伍实施教育培训工程，着重提升政治素质、专业能力，转变专业作风、专业精神。构建系统化、全方位知事识人体系，提高定期考核的科学性、有效性，在防汛抗旱、监管督查、实践锻炼、扶贫攻坚等任务中观察干部的德才表现，把攻坚克难、解决复杂问题的能力考核作为重点，有效调动积极性，激发干事创业活力，增强"有为才有位"的意识。

二是化解压力的"减法"。坚持和加强考核结果反馈、任职谈话、日常谈心等工作，落实好谈心谈话制度，及时了解干部思想动态，化解思想包袱，提振工作士气。贯彻执行《淮委干部交流工作实施办法（试行）》加强对干部的工作支持、待遇保障和人文关怀，注重解决干部实际困难和后顾之忧，增强干部荣誉感、归属感、获得感。

三是激发活力的"乘法"。进一步贯彻落实淮委党组关于激励干部新时代新担当新作为的各项工作举措,完善容错纠错机制和考核评价机制,树立正向激励的鲜明导向。

四是突破瓶颈的"除法"。坚持严管与厚爱相结合、激励和约束并重。注重强化监督管理,特别是对重点部门和关键岗位干部,做好"一报告两评议",用好提醒、函询和诫勉等手段,对于苗头性、倾向性问题早提醒、早纠正。

新时期治淮改革发展面临新形势、新挑战,需要淮委在干部队伍建设中以改革为动力,以创新精神为引领,不断实现科学化、规范化,通过建设一支高素质专业化的干部队伍,为新时代治淮水利改革发展提供更有力的保障和支撑。

淮河流域典型大型灌区农业水价综合改革试点浅析

王矿[1,2]，袁先江[1,2]，曹斌挺[3]

(1. 安徽省·水利部淮河水利委员会水利科学研究院，安徽 蚌埠　233000；
2. 水利水资源安徽省重点实验室，安徽 蚌埠　233000；
3. 水利部淮河水利委员会，安徽 蚌埠　233001)

摘　要　农业水价关系广大农民的切身利益，关系水资源的节约保护和灌区水利工程良性运行与可持续发展。通过农业水价综合改革，培育水商品、水权、水市场意识，推进农业用水管理机制建设，近年来受到社会的广泛关注。本文介绍了淮河流域典型大型灌区农业水价改革现状，对农业水价改革推进过程中存在的问题进行了分析与探讨，并提出相应建议。

关键字　大型灌区；农业节水；水价改革；节水机制

1　引言

大型灌区是粮食安全的重要基地，也是区域经济社会发展的重要基础设施和命脉工程，对于促进农业增效、农民增收、农村稳定具有重要意义[1-2]。同时，大型灌区农业用水量约占流域总用水量的 40%，是流域内关键用水大户，也是新时期建设节水型社会和发展现代农业的重要载体[3]。以灌区为单元的农业水价改革被认为是提高农业水资源利用效率、激励农业节水的重要着力点。淮河流域万亩以上灌区 940 处，其中大型灌区 92 处，总耕地面积 479.59 万 hm^2，总灌溉面积 337.04 万 hm^2，大型灌区耕地面积占流域总耕地面积的 37.8%[3-4]。自 20 世纪 90 年代以来的改革与发展进程中，淮河流域灌区在农田水利建设和水管体制改革方面进行了有益的实践与探索，初步形成了蓄、引、提、调结合，大、中、小、微相衔接的灌排工程体系。但随着社会经济的发展，生产、生活、生态用水逐年增长，大型灌区面临着新的供水与用水压力[4-5]。急需通过价格杠杆、管理创新等方式，形成节水机制，有序推进节水型灌区建设[6-9]。本文对淠史杭灌区、高邮灌区、陡山灌区、青峰岭灌区农业水价改革试点现状进行调查与分析，为流域内灌区农业水价综合改革试点和推广提供参考与借鉴。

2　典型大型灌区农业水价改革现状

2.1　农业水费计收历程

淮河流域大型灌区农业水费征缴大致经历无偿使用、以粮计征、货币计征、农业水价改革等四个主要阶段。

(1) 无偿使用阶段。从 20 世纪 50 年代至 60 年代，淮河流域农业用水多数是公益性用水，不收取水费，极少有地区存在水价问题。

(2) 按亩均摊及以粮计征阶段。从 20 世纪 60 年代至 80 年代，逐步实行有偿供水，如淠史杭灌区以每亩 3.4 kg 稻谷折价计收，计量水费按渠首引水量计收，水库和引水灌区按首部供水总量计算，灌区受益农田按亩均摊，以每 100 m^3 水 3 kg 稻谷折价计收。

(3) 计量收费货币计征阶段。从 20 世纪 80 年代到 20 世纪末，实行"按亩配水，按方收费"。如陡山灌区、青峰岭灌区内受益镇(乡)成立农业供水灌溉公司，由公司负责收费。

(4) 水价改革试点与推广阶段。2002 年水利部开展末级渠系节水改造和推进农业末级渠系水价改

作者简介：王矿，男，1983 年生，安徽省·水利部淮河水利委员会水利科学研究院高级工程师，主要从事农村水利基础试验研究与科技服务工作。E-mail：wangkuang81@163.com。

革试点;2004 年国家发改委和水利部联合发布《水利工程供水价格管理办法》;2007 年水利部选择了 8 省(区)14 个灌区作为首批试点单位,开展了综合改革试点;2016 年国务院办公厅发布《关于推进农业水价综合改革的意见》。

2.2　灌区用水管理

(1)供水管理方面。四个灌区实行"统一管理、分级负责、专管与群管相结合"的管理体制。如淠史杭灌区供水管理采用"以供定需、水权到县、水量包干、流量包段"的供水原则。高邮灌区将水量指标分解到镇和农民用水户协会。用水协会将水量分配到户并颁发农业水权证书,并明确权利和义务。陡山灌区建立了灌区管理单位主导,灌溉公司、灌溉管理站、用水协会等多方参与的供水管理组织,制定了健全的管理制度。

(2)量水设施方面。典型灌区因地制宜布设量水设施,采用水工建筑物量水、水尺量水、仪表设备类量水等多种量水形式。高邮灌区干支渠布设自动水位、流速仪并配备信息采集分析软件,量水设施结合灌区信息化同步建设,实时数据发布到用水户和供水单位,增加用水透明度和提高灌区水资源管理能力。青峰岭和陡山灌区按照科学、实用原则,结合信息化平台建设实现了水量控制、用水管理、工程管护的有机结合,促进了管理服务水平的提升。淠史杭灌区在骨干渠道采取人工观测与自动量水相结合,在分干渠、斗渠分水口采用标准断面、无喉道量水槽、巴歇尔量水槽等量水设施。四个典型灌区农业水价综合改革试点区干渠量水设施配置率达 100% ,支渠量水设施配置率达约 70% ,斗渠口门以下量水设施配置率达约 35% 。

(3)用水管理方面。末级用水管理有用水协会、物业化公司、基层村组织、新型经营主体及用水户群管等多种形式。高邮灌区按照"产权明确、责任落实、管理民主"的原则,由协会承担渠系工程项目、量水工程设施的日常管理养护主体和责任,落实工程管护经费全额纳入水价成本。陡山水库灌区采用以点带面,创新管理方式,建立"公司 + 协会 + 农户"用水模式。青峰岭灌区则是在用水经纪人制度方面进行了推广与应用,形成了"灌区专管机构 + 农民用水户协会 + 用水经纪人"管理模式。据统计,四个典型灌区农业水价综合改革试点区已组建农民用水协会 217 个,用水协会管理的灌溉面积约 135.6 万亩,占灌区设计灌溉面积的 14.8% 。农民用水协会的成立,使得用水管理向面上延伸,并逐渐探索灌溉水费征收的新途径、新模式。

2.3　水价与水费概况

(1)农业终端水价推行情况。四个典型灌区农业水价综合改革试点区均对农业供水价格进行成本监审,并最终确定了农业供水终端水价和执行水价。淠史杭灌区、高邮灌区、陡山水库灌区、青峰岭水库灌区农业水价综合改革试点区测算出的农业终端水价分别为 0.151 元/m³、0.148 元 /m³、0.174 元/m³、0.183 元/m³,执行水价分别为 0.067 元/m³、0.069 元/m³、0.052 元/m³、0.058 元/m³。

(2)水费征收由协会征缴、乡镇支付、县财政划拨多种形式。陡山水库灌区农业水费实行按亩配水、按方收费,节约归己、超用加价,收费到户、一户一票的方式。淠史杭灌区按照收支两条线管理,受益县(区)财政先期预付水费,年终根据用水总量结算。四个典型灌区水费基本遵照"三公开"的原则,做到"配水到田、开票到户"。水费实收率得到了显著提高,四个典型灌区农业水价综合改革试点区水费收缴率较改革前提高了 21% ~ 35% 。

2.4　机制建设

按照《关于扎实推进农业水价综合改革的通知》(发改价格〔2017〕1080 号),四个典型灌区逐步建立水价机制,完善工程建设和管护机制、建立精准补贴和节水奖励机制、强化用水管理机制。如高邮灌区管护机制联合院校开展了试点区农业水价测算及水价形成机制研究,对粮食作物、经济作物分类测算水价。四个典型灌区的主管部门发布了农业水价综合改革工作督查、农业用水价格核定管理、农业水价综合改革农业用水精准补贴和农业节水奖励基金等相关的管理办法与实施细则。

3　成效与不足

3.1　取得的成效

农业水价综合改革实施后,灌区工程管护主体与管护任务更加明确,农民灌溉费用支出更加合理,农业用水管理更加精细,灌区节水机制初步建立,节水意识得到了显著提高,农业水价综合改革正逐步成为灌区农业节水的"着力点"和"发力点"。

(1)农民节水意识有效增强。农业水价综合改革试点工作开展以来,试点地区充分利用电视、报纸等各类媒体加强对改革工作的宣传推广,强化了广大干群对农业水价综合改革工作的认识。同时通过计量手段的运用,进一步增强广大干群对农业用水"量"的概念,辅以合理的价格机制,培育了基层干群"水成本"意识。

(2)节水效益逐步释放。如淠史杭灌区农业水价综合改革开展前,农田灌溉水有效利用系数为0.49,亩均用水量为550 m^3;农业水价综合改革实施后,各试点项目区水的利用系数平均水平提高到0.55;试点项目区亩均用水量为410 m^3。经统计,四个典型灌区农业水价综合改试点区总面积为8.52万 hm^2,实施以来年均节水约16 610万 m^3,亩均灌水量降低约130 m^3。

(3)农业水费收缴率稳步提高。通过"一提一补",即提高水价,增加节水补贴和节水奖励,农民用水负担没有增加,水费收取率明显提高。同时,用水协会组建促进了"农民自治",用水协会对农业水费进行统一收取、一价到户,使得水费收缴更加规范和透明。

(4)"工程建设最后一公里"和"管护最后一公里"协同推进。大型灌区水价改革范围内,小型水利工程设施发放产权证到各行政村,发放率为70%~90%。同时,将工程管理权、使用权明确给各农民用水协会,并签订了管理责任书,产权主体与管护责任得到了明确与落实。

3.2　存在的不足

农业水价综合改革涉及规划、设计、工程建设、体制机制创新、工程管护等诸多环节,是一项系统工程,涉及部门多,改革环节衔接复杂。

(1)量水单元划分和水权转让机制需要进一步探索。灌区量水设施投入大,持续的维护费用,人工量测成本高,制约用水计量工作的开展。灌区节约的水大多情况下不能为供水单位带来补偿利益,行业间水权转让机制还未有效形成,灌区管理单位、用水户节水积极性和节水动力受到一定程度的制约。

(2)财政投资力度有待加强。灌区内工程普遍老化,末级灌排工程完好率不足60%,灌区实灌面积萎缩,效益衰退。尽管这几年国家对部分骨干工程进行续建和配套、更新改造,由于长期的建设滞后,历时欠账多。水利工程建设提质升级的需求越发迫切,水价改革投资力度有待进一步加强,四个典型灌区农业水价综合改革试点项目的批复投资8 365万元,其中,中央及省级财政资金5 800万元,地方配套约占30%。各灌区在精准补贴和节水奖励资金受区域财政影响,存在不均衡的现象。

(3)水价改革需要进一步凝聚共识。国家层面,当前供水价格低于供水成本的实际情况,亟待建立反映供求关系和水资源稀缺程度的价格形成机制,但同时水价改革不能增加老百姓负担;地方政府层面,要考虑用水户的水费支付能力和支付意愿,基于当前农业生产比较效益低和保障老百姓切身利益的考量,倾向于维持现状水价或者免征农业水费;用水户层面,用水户支付能力不足、支付意愿不强,由于受免征农业税和各项支农惠农补贴政策影响,农民有"减负降支"的心理预期,期望减少或免收农业水费,加之农业生产成本不断上涨,粮价处于低位,农业生产收入占农民总收入的比例不断下降,农业水价综合改革面临诸多挑战。

4　结论与建议

4.1　结论

各灌区以加强供给侧结构性改革和农业用水需求管理为重点,探索市场在资源配置中起决定性作用和更好发挥政府作用,政府和市场协同发力,稳步完善灌区水利工程体系,逐步形成农业水价调节机制,推进灌区管理体制与运行机制改革,并逐步建立灌区用水总量控制和定额管理制度,提高灌区用水效率,为灌区农业节水与农业水价综合改革奠定基础。

4.2 建议

(1)强化宣传培训。采取多种形式加强对工程技术人员、灌区工程管理人员、用水户进行相关业务培训,为农业水价综合改革推进工作打下坚实基础。农业水价改革工作面大量广,涉及千家万户。充分利用报纸、广播、电视、公众号及新媒体等加强宣传发动,鼓励全民参与。使广大人民群众充分了解改革的重大意义,营造良好的改革氛围。

(2)加强资金保障。进一步加大管护资金的投入,多方筹措精准补贴、节水奖励、工程管护资金,逐步探索"水权交易"和"融资机制",创新"以水养水"机制。开展基层水利服务机构标准化建设,全面提升基层水利服务机构服务能力。推进灌区续建配套与现代化改造,补强灌区灌排工程体系、工程管护短板,促进农业水价综合改革,推动灌区提质升级,助力乡村振兴。

(3)落实精准补贴和节水奖励。通过用水计量、精准补贴和节水奖励的措施,促使农户在农业生产中形成节水观念和资源意识。同时通过节水灌溉,农民能够真正分享到农业水价综合改革的红利,促使广大农民能够积极参与和支持农业水价综合改革,进一步激发与调动用水户节约用水的积极性和创造性,形成良性循环。

(4)强化考核与奖励。建立完善农业水价改革竞争性立项机制,稳定有序的资金投入机制。坚持开展绩效考评工作,强化考评结果运用,建立定期评估和绩效考核激励机制。

参 考 文 献

[1] 王治.破解水价改革难题的经济学分析[J].水利经济,2016,34(1):10-12.

[2] 叶阳.淮河流域大型水库灌区管理现状及发展对策探索[J].治淮,2014(10):23-24.

[3] 刘玉年,顾洪.淮河流域灌区手册[M].北京:中国水利水电出版社,2014:3-9.

[4] 牛玉霞.小型农田水利工程管理体制改革探讨[J].山西水土保持科技,2014(2):25-26.

[5] 曹金萍.山东引黄灌区农业水价调查分析[J].山东农业大学学报,2017(3):19-23.

[6] 廖永松.农业水价改革的问题与出路[J].中国农村水利水电,2004(3):74-76.

[7] 朱伟锋,吕纯波.黑龙江省庆安县农业水价改革创新机制研究[J].黑龙江水利科技,2017(5):1-4.

[8] 徐萍,赵万恒.安徽省农业水价改革情况综述[J].江淮水利科技,2013(1):5-10.

[9] 李自明,曹慧提,张会敏.四川省农业综合水价改革的分析与思考[J].水利经济,2018,36(3):25-28.

以信息化驱动流域管理能力现代化的探讨与研究

吴恒清

（水利部淮河水利委员会,安徽 蚌埠　233001）

摘　要　在大数据时代和行政体制改革时期,流域管理现代化面临巨大挑战。本文通过分析流域管理机构在水资源管理、水旱灾害防御、河湖岸线管理、水土保持管理、政务管理等方面管理能力的内涵,以及流域管理能力现代化方面存在的不足,提出流域管理要适应时代潮流,深入运用云、物、移、大、智等新兴信息技术进行管理手段创新,通过建立淮河流域综合管理信息采集共享体系、淮河高速水利信息传输网络、数字淮河大脑、智能综合业务应用体系等流域管理数字化体系,构建高效、便捷、智能的流域管理技术支撑手段,实现数字淮河,推进智慧淮河,以信息化驱动淮河流域管理能力现代化。
关键字　流域管理能力;信息化;管理能力现代化

1　引言

随着互联网和信息技术的飞速发展以及深入应用,我国的社会结构和运行模式发生了深刻的变化。信息社会产生了大量的数据和信息,推动了大数据时代的来临,促使社会经济生活不断向智能化方向演进。在大数据时代和行政体制改革时期,流域管理面临管理能力、管理手段现代化的巨大挑战。《国务院关于淮河流域综合规划(2012～2030 年)的批复》(国函〔2013〕35 号)中指出:"加强流域综合管理能力建设,构建流域科技创新体系与平台,开展流域治理重大问题研究。"什么是流域综合管理能力,如何加强流域综合管理能力建设,尤其如何实现流域管理能力现代化建设,是我们治淮人面临的课题。流域管理能力的现代化,一方面体现在依法行政,流域管理体制机制方面的改革创新,建立顺畅的运行管理体制机制;另一方面则体现在如何运用云、物、移、大、智等新兴信息技术为流域管理服务,以管理能力信息化为手段,提高管理效率、降低行政成本、整合行政资源。本文重点研究探讨如何以信息化手段实现流域管理能力现代化。

2　流域管理能力内涵

水利部淮河水利委员会(以下简称淮委)是水利部派出的淮河流域管理机构,担负着淮河流域水行政管理的职责。根据淮委"三定方案"(水利部水人教〔2002〕324 号文印发)确定的淮委职能,遵循新时期"十六字"治水思路、流域生态环境保护和高质量发展等新思想新要求,以及"水利工程补短板,水利监督强监管"的水利改革发展总基调,淮河流域管理能力综合体现在流域水资源管理、水旱灾害防御、水生态保护以及河湖岸线管理等主要方面,各方面具有既相对独立,又相互联系、协调发展的内涵。

2.1　水资源管理能力

(1)统筹协调组织保障流域生活、生产和生态用水。组织实施最严格水资源管理制度,实施水资源的统一监督管理,完善取水许可管理制度,加强取水许可总量控制和定额管理,组织实施流域取水许可和水资源论证等制度。

(2)实施水量分配与调度管理。完善水量分配配套制度建设,加强水量分配的监督管理,按照水利部批复的淮河干支流水量分配及调度方案,做好淮河干流和主要支流跨省水量调度。

(3)实现流域节约用水管理。建全完善用水效率和效益评价与考核指标体系,组织编制节约用水规划并监督实施。组织实施用水总量控制等管理制度,指导和推动节水型社会建设工作。

作者简介:吴恒清,男,1963 年生,教授级高级工程师,从事水利信息化专业技术工作。E-mail:whq_63@ hrc. gov. cn。

（4）综合管理开发利用地下水。加强地下水监测、开发利用管理和地下水资源保护管理,规划、组织地下水超采区综合治理,实现地下水水资源可持续利用。

2.2　水旱灾害防御管理能力

（1）组织防御流域水旱灾害。负责防治流域内的水旱灾害,组织、协调、监督、指导流域防汛抗旱工作,组织制订流域防御洪水方案并监督实施。按照规定和授权对重要的水工程实施防汛抗旱调度和应急水量调度。组织实施流域防洪论证制度。按规定组织、协调水利突发公共事件的应急管理工作。

（2）合理运用管理行蓄洪区。根据国家和地方政府现行法规,依法管理流域行蓄洪区,规范行蓄洪区内各类社会经济活动和资源开发行为,保障行蓄洪区及时有效运用。指导、监督流域内蓄滞洪区的管理和运用补偿工作。完善行蓄洪区工程建设及管理制度,加强行蓄洪区防洪工程和安全设施管理。

（3）做好水情旱情监测预警。按照规定和授权,负责流域水文水资源监测和水文站网的建设与管理工作。负责流域重要水域、直管江河湖库及跨流域调水的水量水质监测工作,发布流域水文水资源信息、情报预报和流域水资源公报。

2.3　河湖岸线管理能力

（1）管理河道湖泊岸线利用。指导流域内河流、湖泊及河口、海岸滩涂的治理和开发;规划划定淮河干流、重要支流以及洪泽湖、骆马湖和南四湖等重点河湖段岸线功能分区,划定河湖临水控制线、外缘控制线。按照规定权限,管理与保护流域内水利设施、水域及其岸线。

（2）管理河湖管理范围内建设项目。负责河湖授权范围内建设项目的审查许可及监督管理。指导流域内水利建设市场监督管理工作。指导和协调流域内所属水利工程移民管理有关工作。

（3）运行管理直管水利工程。全面推进水利工程管理体制改革,施行管养分离,精简管理机构,完善内部运行机制,规范维修养护工作。加强流域水利工程规范化管理,推动水利工程管理单位标准化建设。规划、实施水利设施更新改造,完成确权划界工作。

（4）负责直管河段及授权河段河道采砂管理。建立和落实行政许可责任制和监管制度,编制流域河湖采砂管理规划,指导、监督流域内河道采砂管理有关工作,推进行政许可合法、有序进行。

2.4　水土保持管理能力

（1）预防流域水土流失。指导、协调流域内水土流失防治工作。组织有关重点防治区水土流失预防、监督与管理。组织开展流域水土流失监测、预报和公告。

（2）管理水土保持生态建设。按规定负责有关水土保持中央投资建设项目的实施,指导并监督流域内国家重点水土保持建设项目的实施。

（3）监督水土保持实施。受部委托组织编制流域水土保持规划并监督实施,承担国家立项审批的大中型生产建设项目水土保持方案实施的监督检查。

2.5　综合政务管理能力

流域管理综合政务管理包括办公、规划计划、人事、财务、行政监督、公众服务等方面,具体表现为管理理念、管理体制、管理方式、管理方法创新等能力。从内部管理角度,围绕提高效率、降低行政成本、整合行政资源、加强行政体制改革的整体研究,提高执政者的能力素质,推进行政体制改革以及管理水平提升。从公众服务角度,重点围绕服务方式完备度、服务事项覆盖度、办事指南准确度、在线办理成熟度、在线服务成效度五个方面。

2.6　管理能力现代化存在的不足

按照水利改革发展总基调以及水利网信"安全、实用"总要求,淮河流域管理能力现代化水平,主要通过流域管理信息化的深度与智能化水平来呈现。淮河流域管理信息化还存在一些短板,主要表现在:流域管理数据采集与共享体系还不完善,数据不全、不新、不准问题突出;数据挖掘、深度智能分析、模型智能应用等还未起步;基础设施距"大数据、云计算"的应用要求还有很大差距;业务应用没有全面覆盖职能运行需求,多业务联动协同、支撑强监管智能应用严重不足。

3　以信息化驱动流域管理能力现代化

实现淮河流域管理能力现代化,要按照信息化驱动水利现代化理念,围绕流域管理能力信息化需求,以信息化建设为抓手,以数字淮河为近期目标,以"智慧淮河"为发展目标,依托淮委信息化"五个一"(一朵云、一套库、一张图、一证通、一站式)技术体系,深入运用云、物、移、大、智等新兴信息技术进行管理手段创新,构建淮河流域管理综合信息的透彻感知、全面互联、广泛共享、深度整合、智能应用、泛在服务体系。针对淮委信息化存在的短板,通过建立流域综合管理信息采集共享体系、建立淮河高速水利信息传输网络、建设数字淮河大脑、建立智能综合业务应用体系、健全安全保障体系等五个方面举措,建成数字淮河,推进智慧淮河,为流域管理现代化提供强有力的支撑手段,以信息化驱动流域管理能力现代化。

　　实现数字淮河乃至智慧淮河有两个关键点:一是全面汇集水利及其相关数据,建立数字淮河大脑;二是针对流域管理职能信息化需求,建成智能综合业务应用体系。数据是基础,应用是目标。数字淮河体系架构如图 1 所示。

图 1　数字淮河体系架构

3.1 建立流域综合管理信息采集共享体系

（1）建立信息采集体系。充分运用物联网、无人机、智能视频、卫星遥感等监测感知通信技术，构建空天地一体化动态信息感知监测体系。以整合建设多元信息采集系统为主导，加强直管水资源、水环境、水土保持、工程安全监测站点的建设，尤其要强化监测要素参数的物联感知能力和信息采集完整性建设。全面建立直管工程管理包括直管闸坝和重点河段工程的监控、安全监测等信息感知采集系统；应用国产密码技术以及网络安全技术，改造主要水闸自动监控系统。结合固定监测点布局，加强移动监测（巡测），增强采集灵活性和随时性。科学规划，优化布局，查漏补缺，逐步形成智能感知信息采集综合体系，提高信息的完备性、准确性和时效性，满足精细化业务管理要求。

（2）建立流域管理信息共享体系。纵向与水利部以及流域五省水行政主管部门建立信息共享体系，充分整合共享流域五省水文、水资源、水环境、水土保持监测信息，水利工程建设与安全运行信息以及流域遥感信息；横向加强与流域五省其他部门的合作，进行流域气象、水生态水环境监测、涉水工程、国土资源、社会经济、农村用水、应急管理等方面信息的交换共享。通过强化纵向、横向的信息整合与交换共享，丰富信息源，建设淮河流域管理综合信息资源交换共享体系。

3.2 建立淮河水利信息高速传输网络

淮河水利信息高速传输网由政务外网、水利业务（信息）广域网组成，重点完善水利业务广域网，以租用公网光纤数字信道为主，利用5G、物联网、卫星传输等无线互联技术作为补充，规划建设覆盖全流域、全面高速互联可靠的淮河流域水利业务信息传输网络，提供技术先进、高速可靠、满足大数据量和大接入量、融合互联的高速传输网络通道。

为满足流域水利信息采集传输需要，重点建设淮委与水利部、淮委政务外网各节点（蚌埠、合肥、徐州）之间的高速网络传输专线，进一步提升网络覆盖范围和网络连接带宽，实现政务外网蚌埠节点与徐州节点的3个直属局和19个基层局、合肥容灾备份中心节点，与淮河流域各涉水企事业单位、大中小型水利工程等网络全覆盖，建立满足大数据量、低延迟率、高可靠性信息传输带宽的网络连接。为实现信息资源共享，扩充淮委政务外网蚌埠节点与流域五省的网络连接，实现淮委与流域五省水行政主管部门，以及与流域气象、生态环保、农业、交通、应急管理、统计等相关行业部门网络的互联互通。

3.3 建设数字淮河大脑

按照水利部统一规划与协同应用的要求，作为水利大脑（水利部）的组成部分，建立数字淮河大脑，由"一云一池两平台"构成，即水利云淮河分中心、数据资源池、基础支撑平台和使能平台。数字淮河大脑以数据为基础、以算力为支撑、以模型为核心，通过数据融合与服务、算力扩展与提升、模型构造与优化等三方面能力建设，汇集融合多源数据，提供水利大数据实时处理分析能力、水利模型和机器学习算法服务，形成数字淮河的智能数据中心。

一是建立水利云淮河分中心，解决算力。运用"云"按需扩展的大规模联机计算能力，建立私有云服务，提高水利大数据实时计算能力。二是建立数据资源池，提供丰富的数据。通过按照统一数据标准，汇集多源数据，开展数据治理，构建数据资源池，统一数据服务，快速、灵活地适配前端业务调整与业务升级。三是建立基础支撑平台和使能平台，解决算法。通过研究应用深度挖掘、机器学习、知识图谱等技术，构建水利模型和数据处理分析共享平台，挖掘数据价值，提供智慧水利的预测预报、工程调度和辅助决策的算法能力。

3.4 建立智能综合业务应用体系

依托现有各水利业务应用，基于信息融合共享、工作模式创新、流程协同优化、应用敏捷智能等新时代水利业务应用思路，充分运用数字淮河大脑提供的大数据分析、机器学习、遥感解译、水利模型等平台技术，针对流域水利管理能力需求，整合优化现有的水利业务应用系统，构建涵盖水资源、水生态水环境、水灾害、水工程、水监督、水行政、水公共服务等核心业务的智能应用，建设智能综合业务应用体系；重点建设政务管理以及公众服务、水旱灾害防御、水资源管理、水生态管理、水利工程建设与运行管理等智能综合业务应用，强化应用整合以及横向协同，全面提升流域管理业务的精细管理、预测预报、分析评价与决策支持能力。

3.5　健全网络安全保障体系

依据《信息安全技术 网络安全等级保护基本要求》、《水利网络安全保护技术规范》以及《水利网络安全顶层设计》等要求,从安全技术、安全管理和安全运营三个方面,统一安全策略、管理及防御,不断完善淮委网络安全主动防御体系,全面提升网络安全的监测预警、纵深防御和应急处置能力,以保障流域管理信息采集传输、存储处理、信息应用的安全。

4　结语

流域管理信息化水平直接反映流域管理的现代化水平。实现流域管理能力现代化,需要以业务应用需求为主导,加强组织领导,高位推动,保障资金投入,以信息化驱动流域管理能力现代化。要按照"业务部门侧重提出业务需求、推进业务应用,网信部门负责统筹业务需求分析、建设公用基础设施、平台、信息资源"的原则,明确任务分工,建立目标责任,周密研究部署,加强沟通协作,统筹协调重大事项,建立健全综合协调、职责清晰、运转高效、保障有力的工作推进机制和细化工作方案,逐级监督落实,才能有力推进、实现流域管理能力现代化。

参 考 文 献

[1] 淮河流域综合规划(2012~2030 年)[R].水利部淮河水利委员会,2013.1.
[2] 智慧水利总体方案[R].水利部,2019.7.
[3] 淮委信息化顶层设计[R].水利部淮河水利委员会,2017.3.

出山店水库信息化建设成果及思考

杨峰¹,张玉明²

(1.河南省出山店水库建设管理局,河南 信阳 465450;
2.河南省水利勘测设计研究有限公司,河南 郑州 45000)

摘 要 随着水利信息化和水利现代化的迅速发展,对水库信息化的发展也提出了更高要求。文章介绍了出山店水库信息化建设的主要内容和成果,并且提出了相关经验和建议。

关键字 水库;信息化;系统;建设;应用

1 概述

出山店水库是淮河干流上的大型防洪控制工程,位于河南省信阳市境内,坝址在京广铁路以西14 km的出山店村附近,距信阳市约15 km,控制流域面积2 900 km²,出山店水库是历次淮河流域规划中列为淮干上游的唯一一座防洪控制工程。出山店水库是一座以防洪为主,结合供水、灌溉,兼顾发电等综合利用的大型水利枢纽工程,水库总库容12.51亿m³,为信阳市提供生活及工业供水8 000万m³,出山店水库规划灌区面积50.6万亩。工程规模为大(1)型。

水库作为水利工程体系的重要组成部分,在防洪、灌溉、水环境、水生态等方面发挥着巨大的作用,同时也关系到下游广大人民的生命财产安全和经济可持续发展,水利信息化和水利现代化的迅速发展,对水库信息化的发展也提出了更高的要求,采用现代高新技术革新水利监控、监测体系和管理手段,建设水库工程信息化系统,利用自动监测与远程遥测技术、通信及计算机网络技术、地理信息技术和现代水资源联合调度等,对水库全业务进行信息化管理是迫切和必要的,也是提升水库管理信息化、现代化和科学化发展的必然方向[1]。

2 水利信息化总体设计

出山店水库工程信息化系统将新兴的信息技术充分运用于水库综合管理,依托机制创新,整合气象、水文等相关领域的信息,对包括水库业务管理、信息监测等各个领域的需求提供智能化的支持,并支撑水库综合管理和面向社会公众服务。

出山店水库工程信息化系统包括三大系统:会商、机房及通信系统,集中控制系统,信息化综合管理系统。其中集中控制系统由计算机监控系统、视频监控系统、安全监测自动化系统、水文自动预报系统和中控系统组成,信息化综合管理系统由建设期管理系统、运行期管理系统和应用支撑平台组成。

3 会商、机房及通信系统

会商系统、机房系统和通信系统是水利信息化的基础设施,这些基础设施是支撑所有业务应用的前提。机房是出山店水库各类数据的信息汇聚中心,会商中心为用户提供多媒体浏览和集中展示,是水库管理调度的核心,集数据采集、处理和分析、运行监视和事故报警、控制与调度、网络与数据通信、安全防范系统为一体的综合数据应用和监控管理中心。

3.1 机房系统

机房系统是信息化所有系统运行的载体,是水库水利信息化的神经中枢,因此建立一个安全可靠、

作者简介:杨峰,男,1975年生,高级工程师,河南省信阳市浉河区游河乡三官新村出山店水库建设管理局。E-mail:yf2787@163.com。

可长久稳定运行机房是水利信息化建设工程的重中之重。机房系统包括服务器、交换机等计算机和网络设备,具有网络交换、数据存储等功能。

3.2　会商系统

会商系统是防汛会商、应急指挥、视频会议、系统展示的主要场所,是建立在宽带可视化和信息化支撑基础上的远程会商系统。通过远程监测系统或现场图像传输,指挥人员可以全面掌控现场工情险情,通过可视化的指挥调度,与现场人员进行信息交互,指挥人员和专家可以准确掌握水情、工情、灾情、险情发生的技术指标数据和现场情况,根据水库管理信息平台提供的数据支撑,适时做出决策,更大地发挥现场指挥调度和会商决策的作用。会商系统包括大屏幕显示系统、会议系统、集中控制系统等。

3.3　通信系统

通信系统主要包括数据传输通信网络和应急通信系统,数据传输通信网络主要采用光缆和 VPN 网络通信技术、无线 AP 基站辅助实现数据的传输,实现中控设备、监测信息、视频监控数据从设备前端至现场管理局,管理局至水利厅的通信,应急通信主要配备对讲机、不同运营商无线电话、卫星电话等设备,用于现场与管理局、管理局与上级管理单位的联络通信。

4　集中控制系统

集中控制系统是出山店水库现场监控系统在管理局的远程控制级,通过现地汇聚光纤交换机、通信光缆分别与水库现场安全监测及视频交换机通信,接受上级调度系统调度指令,统一负责工程安全监视、远方操作等工作,并严格按照调度规程执行调度指令,确保工程安全生产运行。同时通过在管理局建设视频系统实现内部安防,在施工现场安装视频设施实现施工期间施工现场的管理。

4.1　计算机监控系统

计算机监控系统通过现地汇聚光纤交换机、通信光缆与各个主要建筑物的交换机通信,获取水电站的状态信息,对水电站机组及其附属设备的运行状态、电气参数等信息进行实时监视。并可根据设置现场服务器权限开放控制权限,对闸门及启闭机设备进行远程控制。具有故障报警、实时趋势分析等功能。

4.2　视频监控系统

通过对水库现场各重点建筑物的视频监控并在管理局办公楼及院内建设视频监控系统,对水库进行全天候 24 h 监控,及时发现事故隐患,预防破坏,减少事故,最大限度地保护工程设施安全。视频监控系统在施工期间可用于施工过程的记录,在施工完毕后可应用于运行期的视频监控,做到永临结合、远近结合、建管结合。

4.3　水库安全监测自动化采集系统

水库安全监测自动化采集系统主要针对水库现场主要建筑物的变形、位移、渗压、应力、温度等监测仪器上传的数据进行汇集、整编、分析处理,系统所采集的数据经过处理后,为用户的在线分析提供决策依据,从而实现水库大坝安全监测数据和信息的自动化处理、分析,为监测对象提供早期安全预警报告,为水库大坝安全提供评估依据,保证水库大坝安全运行。

4.4　水文自动测报系统

水文自动测报系统完成出山店水库水文遥测数据的接收、处理、入库、分发等功能,同时作为水利工程管理平台、预报平台、工情监控平台的数据源。

4.5　中控系统

中控系统包括工控机、工作站、交换机等设备,完成水库闸门开度的采集、查询和闸门的远程控制,方便水库调度决策。同时实现安全监测系统的档案储存、数据采集、数据管理、图形制作、报表制作、分析与报警、资料调用等功能。

5 信息化综合管理系统

5.1 建设期管理系统

建设期管理系统实现出山店水库工程建设中"三控三管一协调",即投资控制、进度控制、质量控制,安全管理、合同管理、信息管理,协调参建各方现场工作关系等基础工作,使参建各方能在较长工期及建设过程海量的技术资料积累中准确把握工程整体进度、投资、质量及施工安全等重要结果,同时也为出山店水库运行期管理系统积累数据。

出山店水库建设期管理系统主要包括技术资料管理、二三维沙盘、建设信息、进度投资管理、质量管理、安全管理、防洪度汛、系统管理等若干个模块。

(1)二维沙盘模块。采用0.5 m精度的河南省遥感影像底图通过GIS软件添加一定的图层信息发布至Web端,附加的信息包括水库工程简介、流域概况、水雨情信息、移民征地、主要建筑物布置及工程料场布置。

(2)三维沙盘模块。主要为展示出山店水库完建后整个工程全貌,通过三维设计软件和BIM技术构建各主要建筑物的三维模型,叠加坝址区三维地模,整体导出中间格式至三维引擎,经二次开发发布至Web端。通过添加水面、指定不同路径漫游、不同视角等能向用户展现完建后工程的整体情况。点击不同建筑物还能查询建筑物的主要设计信息。

(3)进度投资管理模块。使参建各方定期掌握各施工标段进度及投资情况,施工单位以月为单位按招标工程量清单格式定期上传该月完成的工程量,工程进度及投资情况以表格及横道图显示各标段投资及进度。

(4)安全管理模块。提供现行有关施工安全的法律、法规在线浏览、查询、打印及搜索功能。将水库各主要建筑物安全监测仪器布置在三维模型上,通过定期在线填写各监测仪器数据,提供在线查询、趋势分析及对比分析等。

(5)防洪度汛模块。基于水库控制流域实时的雨水情信息,预报坝址处入流过程及其特征信息,以此作为防洪度汛决策的依据。

5.2 运行期管理系统

运行期管理系统开发内容主要包括安全运行监管系统、水库预报调度系统、三维仿真系统、日常业务管理系统及移动应用系统。

(1)安全运行监管系统。根据水库自动化监测系统的建设,实现水库现地监测数据信息采集,并对数据信息进行分析处理和存储,实现水库安全运行监测信息、工程信息、业务信息的集中展示、查询、分析及处理等功能,辅助水库安全运行管理工作。系统包括水库工程信息管理、水库运行监测预警、安全巡查管理、工程运维管理、受苦精细化管理等功能。

(2)水库预测调度系统。采用WebGIS技术和B/S架构,根据出山店水库流域的下垫面特征、水文气象信息及工程基础地理信息等为主要信息来源,综合运用数学模型、地理信息系统等技术手段,通过洪水调度基本信息数据库,建立水库防洪调度模型库,根据模型选择,建立水库调度系统,进行不同控制条件与预报误差影响下的调度结果模拟,获得在线与离线实时洪水预报信息。并对数据信息进行分析处理和存储,实现水库预报调度工作的智能化管理,为水库防汛工作提供帮助和支持。

(3)三维仿真系统。根据出山店水库数字高程模型和高分辨率的遥感影像,采用三维地理信息系统、多维和多种数据融合技术,对出山店水库地理信息、水库工程信息、运行管理信息、监测信息等进行数字化处理,建立出山店水库三维可视化仿真系统。三维仿真系统以三维交互方式实现水库地形地貌、水工建筑物结构、水库管理区及下游河道、沿线自然人文景观的三维可视化浏览、查询、分析、模拟等功能。通过虚拟现实技术与数据库管理技术相结合的方式,实现各类工程的可视化查询。

(4)日常业务管理系统。采用计算机技术、工作流技术、网络通信技术,构建水库日常管理的电子化办公平台,实现了水库运行中庞大数据的记录、查询、分析及处理等功能。实现对水库工程日常管理中的精细化管理。

（5）移动应用系统。采用计算机技术、工作流技术、网络通信技术等来构建整个系统功能,实现出山店水库日常业务应用延伸至智能手机终端、平板电脑等移动终端设备,使水库管理人员可在任何时间、任何地点使用相关数据资源、处理与水库相关的工作。

5.3 应用支撑平台

应用支撑平台建设是承载业务系统建设与运行的技术基础,是整个应用系统构建的基础,是管理系统的应用级技术平台。

应用支撑平台连接基础设施和应用系统,是以应用服务器、中间件技术为核心的基础软件技术支撑平台,实现资源的有效共享和应用系统的互联互通,为应用系统的功能实现提供技术支持、多种服务及运行环境,是实现应用系统之间、应用系统与其他平台之间进行信息交换、传输、共享的核心。平台将水库管理信息系统中各个应用子系统的业务逻辑无关的通用支撑功能分离出来,利用可以提供不同服务的中间件、构件集、服务集,对其进行合理的架构组织,来实现服务复用、功能复用和数据复用,用于支撑业务应用系统的开发、运行和维护。

6 水利信息化建设的主要经验

出山店水库信息化在总结省内外先进经验的基础上,做好系统规划与顶层设计,高起点进行新建水库的信息化建设。依托出山店水库工程建设,以"一套信息标准、一张地图展示、一个应用平台"实现出山店水库工程数据的全面整合与共享,推动水库综合业务精细化管理,提高科学化决策调度管理水平,提升出山店水库工程建设和管理的能力,形成"全面感知、可靠保障、精细管理、科学调度"的水库现代化管理体系,实现出山店水库从工程开工建设到运行的全生命周期信息化管理,有效推动出山店水库的现代化发展。出山店水库信息化有以下几大特点:

（1）一套信息模型。运用 BIM 技术为出山店水库建立了一套信息化模型,更直观地查看和记录工程进度、工程形象等。

（2）两端联合应用。通过 PC 端和移动端两端联合应用,打破时空局限,实现信息实时共享。

（3）三个全面覆盖。实现了人员、区域和过程的全覆盖。

（4）四个有效结合。远期与近期结合,建设与运维结合,永久与临时结合,虚拟与现实结合。

（5）五项技术应用。BIM 技术、GIS 技术、无人机技术、仿真技术和跨平台技术联合应用在水库信息化系统中。

五大特点相结合,实现出山店水库安全运行的自动化、数字化,调度决策的科学化,智能化,水库管理的信息化、现代化。

7 水利信息化建设的问题及建议

（1）提早规划、尽早设计。

由于水利信息化是贯穿工程的全生命周期,从建设到运行,水利信息化一直扮演着重要的角色。所以,水利信息化设计要与水库前期规划设计一并开展,共同设计。同时在建设过程中,应统筹考虑建设期和运行期信息化框架,摆脱独立考虑阶段性需求的传统理念,从全局运行的角度,充分考虑建设期到运行期的设施资源重复利用,减少重复投资,实现永临结合。

（2）培养水利信息化相关人才。

由于水利信息化与水利专业还是有很大的差别,管理单位很多员工都是水利相关专业的,对信息化不了解或者了解不够深入,而计算机或者信息化相关专业人员的水利知识又比较匮乏,在后期操作使用和维护中容易出现一些问题。所以,要加强相关水利信息化专业方面的人才培养,建设一支具有较高水利水平和信息化水平的管理运维队伍,满足水利信息化管理运维需要。

（3）制定相应的标准与规范。

信息化是工程现代化发展的必要趋势,在其他领域,信息化已经得到广泛应用,也拥有相应的标准规范。制定水利行业信息化的统一标准、规范、准则,对水利信息化的各个环节进行规范,更方便以后水利信息化的实施、监管等,也可以减少不必要的人力物力的浪费。

（4）系统融合,打造一体化。

随着水利科技创新能力的逐步提高,一系列相关的高精尖技术开始应用在水利工程中,并发挥着相应的作用,如水利信息化、水利自动化、水利云平台、三维智能系统等。当前这些系统大部分都是分开建设的,数据无法得到充分共享。水利信息化应该实现所有系统的集成及融合,建立健全分工明确、互惠互利、顺畅高效的信息共建共享机制和协同更新机制,从而实现信息资源最大程度的开发利用与共享,彻底解决重复建设和数据源不统一的问题。打造一体化的智慧水利信息化系统。

（5）重点建设,长远规划。

水利信息化的建设需要大量的设备和软件进行支撑,对于一些水利工程可能存在建设资金不足或者前期信息化规划不足的状况,一次性完成水利信息化的全部建设具有一定的难度,可以先对水利信息化系统中的一些基本系统、必要系统和急需系统进行重点建设,然后对水利信息化进行一个长远的规划,在后续的工程建设中逐步进行建设和完善[2]。

8 结语

出山店水库信息化系统既充分考虑建设期的信息化管理和应用,同时也考虑水库建成后运行维护的继承性、延续性以及对未来模式的适应性、融合性、可扩展性,妥善合理地配置各种软硬件资源,保证出山店水库信息化系统稳定、科学地发展,实现既实用又好用的目的。当前出山店水库信息化系统已经初步建设完成,一些系统已经投入使用,后期根据现场实际情况和需要对水利信息化系统进行进一步优化与完善,以水利信息化带动水利现代化的建设[3]。

参 考 文 献

[1] 姚真凯,金富炳.中型水库信息化体系结构设计与研究[J].科技风,2018(9):52-53.
[2] 何建宁.浅谈水库信息化发展及应用[J].技术与市场,2013(20):227-228.
[3] 汪恕诚,等.勇于创新 扎实工作 以水利信息化带动水利现代化[J].中国水利,2003(22):6-7.

河(湖)长制视角下的大型水库管理保护实践

——以安徽省响洪甸水库为例

陈勇

(安徽省响洪甸水库管理处,安徽 金寨 237335)

摘 要 响洪甸水库是安徽省水利厅直属管理的库容最大水库,水源充沛,水质优良,是省会合肥的"大水缸"。以响洪甸水库为背景,探讨研究河(湖)长制制度体系下大型水库的管理保护实践,进一步借力河(湖)长制优势,不断提高大型水库河湖管理保护水平,对于增进水库流域人民群众福祉、推动水利事业高质量发展、实现现代化五大发展美好安徽建设,具有重要意义。

关键字 河长制;湖长制;大型水库;河湖管理保护

1 基本情况

1.1 响洪甸水库概况

响洪甸水库位于安徽省六安市金寨县境内,坐落在淮河支流淠河西源,是一座综合利用、多年调节的大(1)型水库,承担为淮河干流蓄洪错峰的重任,担负着淠史杭灌区农田的灌溉任务,并在改善流域生态、维护水系健康等方面发挥不可替代的重要作用。

党的十八大以来,随着生态文明建设步伐的不断加快,以及水库下游合肥、六安等城镇的快速发展,响洪甸水库在建设生态文明、保障供水安全等方面的作用愈来愈凸显。2018年,响洪甸水库被列为安徽省第一批湖泊保护名录。

1.2 河(湖)长制情况

中央、省委做出全面推行河(湖)长制部署后,响洪甸水库所在地方党委、政府以及水库管理单位,把全面推行河(湖)长制作为加强湖泊管理保护的重点抓手,积极行动,全力推进,成效初显。

(1)健全了方案制度,水库管理保护机制更加完善。市、县出台的全面推行河长制工作方案,其实施范围都包括响洪甸水库。水库管理单位也出台了《省响洪甸水库管理处落实河长制工作方案》,就工作目标、工作职责、重点任务和保障措施进行了细化实化。乘着河(湖)长制东风,省级层面颁发实施了《安徽省湖泊管理保护条例》,响洪甸水库作为第一批列入安徽省保护名录的湖泊,被纳入条例管理保护范围;市级层面出台了《六安市饮用水水源环境保护条例》,同样将水库水源环境保护工作纳入河长制管理。市、县及水库管理单位相继制定了涉及会议、督查、考核验收等6项工作制度,水库管理单位还结合实际完善了河湖巡查工作、违法水事行为举报处理办法等配套制度,保障了体系正常运行。

(2)构建了组织体系,水库管理保护力量更加集中。六安市在淠河干流设立了市级河长,金寨县在西淠河金寨段设立了县级河长,流域所在的乡村级也相应设立了河长。目前,响洪甸水库共有市级河长1名,县级设立了双河长(含副河长1名)。同时,水库管理单位还成立了落实河长制工作领导组,单位主要负责人任组长,全面担起水库管理保护重任。

作者简介:陈勇,男,1982年生,安徽省响洪甸水库管理处,政工师,主要从事思想政治、机关党建、共青团等工作。E-mail:7839503@qq.com。

2　河(湖)长制制度体系下河湖管理保护实践

2.1　各级河(湖)长履职步入常态化

全面推行河(湖)长制以来,市、县各级河(湖)长相继上岗巡河,积极开展巡河调研、督办整改、现场指导,努力解决河湖管理保护方面突出问题,切实种好自己的"责任田"。在制度保障下,水库管理单位积极联络,会同地方水利、环保、农委、交通等部门,认真落实巡河方案。此外,水库管理单位还结合水行政管理职能,制定了内部巡河制度,坚持常态化、制度化巡河,原则上每年巡河不少于6次,水政监察人员每月巡查不少于2次,遇到特殊情况应加大巡查频次,对巡河发现的问题当场予以政策宣传、劝阻纠正,重点难点问题及时通报地方河长办,建立巡河工作台账,跟踪督促整改到位。通过各级河长挂帅亲征,推动了响洪甸水库河湖管理保护从"见河长"向"见行动""见成效"的过渡。

2.2　河湖管理保护措施更加具体有力

在全面推行河(湖)长制进程中,聚焦管好"盛水的盆"和"盆中的水",水资源保护、水域岸线管理等六大任务得到有效落实,响洪甸水库河湖面貌发生了明显变化。

(1)水资源管控方面。地方政府落实最严格的水资源管理制度,禁止不符合国家产业政策的高能耗、高污染企业入驻库区。强化入河湖排污口监管,所有入河湖排污口全面整治完成。在响洪甸水库出水口建立国家级生态环境监测站,实时监控响洪甸水库考核断面水质状况,考核断面水质达标率100%。

(2)河湖岸线管控方面。实施了西淠河燕子河段、青山镇段(宋家河)、响洪甸段等多处中小河流治理工程,推进出台《六安市河湖和水利工程划界确权工作方案》,水库部分重点岸线实现绿化、美化、景观化。

(3)水污染防治方面。由河长负责,副河长单位配合,全面排查整治流入水库的污染源,取缔库区禁养区规模畜禽养殖,关闭拆除涉及水库的9家养殖场。严控农药使用,在西淠河流域7个乡镇、2万多亩茶园开展"两替代"试点。监测显示,2019年全年,水库水质综合评价达地表水Ⅲ类的1个月、达Ⅱ类的为11个月,水库长期在贫营养的良好湖泊状态。

(4)水环境治理方面。地方政府一体化推进西淠河流域农村垃圾、污水、厕所专项整治"三大革命",并聘用专门人员担任河管员,定期开展入湖河道垃圾清理。水库管理单位开展河道保洁专项行动,每年列出专项经费投入,定期组织对近坝区库面漂浮物进行清理,保障了库面清、坝区洁、水质优。

(5)水生态修复方面。在投入近5亿元全面取缔水库近8 000只网箱、13个库湾养殖的基础上,2017年,副河长单位(县农委)牵头,对库区4个沿湖乡(镇),开展新一轮整治,拆除库面非法浮动设施近300处。落实水库禁渔期制度,每年3~6月,河长会议相关成员单位开展禁渔期禁渔宣传,依法打击电鱼、毒鱼、炸鱼等违法捕鱼行为。组织水生物资源增殖放流,仅2020年就向水库投放鲢鱼鳙鱼50万尾、中华鳖5 000只,水生生物资源得到增加补充,水库水生态环境持续修复改善。

(6)执法方面。大型水库管理保护法规制度不断建立健全,《安徽省湖泊管理保护条例》《安徽省淠史杭灌区管理条例》全面实施。河长办牵头组织联合执法队伍,围绕打击非法采砂、非法捕捞、违法设障等,开展多项联合执法行动。水库管理单位按照上级部署,实施河湖执法3年工作方案,陆续开展河道采砂专项整治行动、生态区域违法建设问题排查整治、"绿盾2018"、河湖"清四乱"等专项行动,以2019年为例,全年现场制止违法行为8起,依法取缔黑毛猪养殖场、库湾养鹅场、库岸搅拌厂各1处,拆除违建厕所4处,责令尾矿库企业完善防渗漏措施,依法制止2起违建苗头。

2.3　全社会护水兴水合力正加速凝聚

地方党委、政府以开展社会动员、设立举报电话、落实生态补偿等方式,充分发动库区群众参与监管,逐渐形成群众支持和参与河湖管理保护的良好环境。水库管理单位把专门工作与群众工作相结合,每年结合世界水日、中国水周、安徽水法宣传月、12.4全国法治宣传日,开展"走读库区"普法宣传、"河小青"助力河长制、节水护水网络知识竞赛等多种形式活动,广泛宣传河长制理念,唤醒公众绿色发展理念,充分调动河湖周边群众监督和参与的积极性。

2.4 实践中遇到的问题和困难

目前,大型水库管理保护依然面临许多挑战,运用河(湖)长制强化水库管理保护仍然存在一些问题需要解决:一是立法层面,针对大型水库甚至大别山大型水库群,目前尚缺专项立法保护。二是履职层面,河湖管理保护过分依赖于河(湖)长制责任主体,社会公众参与程度不高。三是机制层面,河长办、河长会议成员单位、水库管理单位之间联防联动的工作机制还不健全。四是技术层面,物联网、云计算、大数据、人工智能等新兴先进技术在河湖管理上尚未得到广泛应用。

3 感悟启示

欲流之远,必浚其源。河(湖)长制在大型水库管理保护实践上取得了阶段性成效,坚定了水库管理单位在更高起点上推进河(湖)长制工作的信心。然而,推行河(湖)长制、推进水库管理保护属于系统性工作,需要边试边行,不断探索,巩固提升。

3.1 践行河(湖)长制必须坚持高位推动、保持力度不松

河(湖)长制是新时期管水治水兴水的一项制度创新,其中一条重要的成功经验就是各级党委、政府高位统筹,各级河长高位推动,全面聚焦落实水资源保护、水域岸线管理、水污染防治、水环境治理、水生态修复和执法监管六大任务,凝聚各方力量,狠抓任务落实,促进了河湖面貌发生了积极变化。

推进大型水库河湖管理保护,实现水生态文明建设目标,不可能一蹴而就,贵在"抓常""抓长"。水库管理单位要充分利用河(湖)长制党委、政府领导特别是主要领导负责制这一核心优势,围绕六大任务,督促各级党委、政府落实《安徽省湖泊管理保护条例》明确的"定期组织湖泊资源调查""编制湖泊保护规划""划定湖泊的管理范围和保护范围""制订湖泊水量分配方案"等各项措施,加大管护力度,确保河(湖)长制工作见于日常、抓在经常、习以为常。

3.2 大型水库管理保护需要立法先行、法治保障

当前,安徽省已颁布实施《安徽省湖泊管理保护条例》,将湖泊纳入河长制管理。但是从全国其他省份看,北京市在1995年制定了《北京市密云水库怀柔水库和京密引水渠水源保护管理条例》,强化对"两库一渠"的水源保护;2014年云南省针对向省会昆明供水的云龙水库,出台《云南省云龙水库保护条例》,解决水源地保护问题。此外,辽宁、河南、山西、黑龙江等省份,为保护好其省份的大伙房水库、南湾水库、汾河水库、磨盘山水库,分别制定了保护条例。

保护好大型水库,最好的办法是走法治之路,对大型水库进行立法保护。当前,各地正处在落实全面依法治国、依法治水的关键时刻,积极借力河(湖)长制,管理和保护好大型水库,地方政府应加强大型水库保护条例立法工作,将河长湖长履职、大型水库管理保护纳入法制轨道。

3.3 充分利用现代技术是强化大型水库管理保护的必由之路

推动水利高质量发展,必须加快推进水利现代化,实现现代技术与水利工作的深度融合。在推进河(湖)长制进程中,各地高度重视现代技术的运用,已建成河湖信息综合管理平台、河长制决策支持等信息化系统,水库管理单位将无人机、卫星遥感技术运用到水域岸线巡航、监查。但是,从响洪甸水库看,现代技术管理手段还不够健全,已建立的信息平台共享程度不高,先进技术运用还比较低下。

党的十九届四中全会提出,要加快推进国家治理体系和治理能力现代化。当前,各级河长办及水库管理单位应抢抓机遇,争取投入,加大现代技术在大型水库管理保护上的运用,加快落实水利信息化省级共享平台,整体推进"智慧水库"建设,建立河湖信息采集与监管系统,加强对水库的入库支流、河汊库湾、雨量站、水质站以及流域重点部位、水库重点水域、消落区的实时监控,加快技术融合、业务融合和数据融合,争取实现大型水库干支流、左右岸、上下游管理保护的高度现代化,为河长履职、河湖管护提供先进技术保障。

3.4 落实河(湖)长制任务必须引导全民参与、全民尽力

在探索河(湖)长制推进河湖管理模式中,有的地方聘请了"民间河长""五老河长""青年河长",通过设立有奖举报、举办知识竞赛等方式,引导社会监督和各方参与,成效明显。

针对响洪甸水库流域广、岸线长的复杂现状,仅靠河(湖)长、河长办"热闹"起来还远远不够,要善

于通过宣传发动,整合力量,让更多"看热闹"的人参与进来。大型水库管理单位要在集中民智、汇聚民力上多下功夫,加强宣传教育特别是水情教育,探索在大型水库建立特色鲜明的水情教育基地,实行"水库开放日"制度,宣传节水型机关建设经验成效,引导河湖周边居民把爱水、护水、节水变成自觉行动,依靠公众力量助推安徽省水利高质量发展。

参 考 文 献

[1] 苏照福,李育华,王曼之.用"河长制"破解河库长效管理难点的探索[J].江苏水利,2014(6):39-40.

[2] 是峰.以"河长制"为抓手推进水利工程长效管理[J].中国水利,2014(6):25.

[3] 李鹏.浅析河长制对水行政执法的意义[J].中国水利,2017(8):5-6.

[4] 王恺.我省全面推进河长制初见成效[N].安徽日报,2017-08-28(02).

WEB 数据交互技术在小水库暗访调研工作中的应用

刘俊锋,祁家宁,冯江波

(山东省海河淮河小清河流域水利服务管理中心,山东 济南　250100)

摘　要　结合近年来水利行业强监管总基调,本文以小水库暗访调研为例,阐述通过 WEB 数据交互技术实现工作方法创新的思路与实践。以当前小水库暗访调研传统工作手段所面临的困难为切入点,提出信息化解决途径,就主体功能、数据库、后端 WEB 服务、前端 APP 等方面有关设计思路与实现过程进行了较为系统的描述,以期抛砖引玉,提升水利工作信息化水平。

关键字　暗访;调研;WEB;MySQL;Python3;Hbuilder

1　引言

近年来,随着水利行业强监管总基调的不断深化,各级水行政主管部门在小水库运行管理环节中的监管活动愈加频繁,已趋于常态化,监管内容从综合管理、防汛"三个责任人"落实情况、"三个重点环节"落实情况、日常巡查及维修养护、运行管理及工程实体、设备设施等方面逐一细化,已形成完善的监管标准,总内容条目达 123 条。传统的工作场景往往是检查组人员到达水库现场分工逐项开展工作,后根据检查情况比对检查标准逐一填写检查记录,形成问题清单,针对某些文字难以精准表述的问题项,可能还要辅以图片、地理位置、发现时间等信息并与之关联,面临着资料整理工作量大、工作效率低等现象。移动设备与通信技术的快速发展,为该项工作作业务提供了极佳的应用场景与用户体验,一是智能手机已日趋普及,且其自带的通信模块与图像、GPS、音频等传感器具有得天独厚的信息传输与采集优势;二是目前的 4G、5G 网络覆盖范围不断扩充,之前某些仅依靠 GPRS(2.5G)网络的偏远地区如今也能享受到高速网络交通带来的便利;三是应用层面,基于 HTTP 协议的 WEB 服务端框架与前端 HTML5 + 框架技术在功能上的不断完善与拓展,为移动应用业务的开发提供了极大便利。通过前端发起请求后端响应的数据交互方式,水库暗访检查人员可通过手机随时随地记录检查情况,并根据需求即时采集问题图片、位置、时间等信息并自动与之关联,形成更为精准的问题表述,为日后的问题解决、跟踪环节提供有效依据。

2　功能概述

本应用采用前后端分离技术,前端部分,亦即移动端用户部分,主要实现的功能有:UI 设计,事件响应;用户登陆,用户信息修改;水库信息的查阅与展示,并智能化根据用户所处位置提供默认距离用户最近水库供选择;检查记录增、删、改、查;工作成果自动输出。后端部分主要实现的功能有:根据前端用户数据请求类型与参数,实现后台数据库、文档的逻辑操作处理,并将处理结果响应给前端。

3　服务端操作系统

综合考虑运维成本、版权等因素,服务端实例优选国内著名的阿里云、腾讯云服务器,省去服务器购置成本,且可以根据业务需求弹性调整服务器空间与网络吞吐,最大限度地节省运维成本,操作系统选择基于 Linux 内核的 CentOS 开源系统,避免软件著作权纠纷。

作者简介:刘俊锋,男,1978 年生,高级工程师,主要从事水旱灾害防御、水利信息化等方面研究。E-mail:rainroman@163.com。

4 数据库部分

数据库服务选择 MySQL 社区版,它是一种广受欢迎的关系型数据库服务器,可以将数据长期存储在不同表中,具有开源、体积小、速度快等优点,支持多种平台和操作系统,成为普通中小型 WEB 服务端首选。按照本应用的业务功能逻辑,首先需要明确以下几个对象。

4.1 检查任务组织

通常情况下,检查任务采取分组分任务方式,每个检查组即为工作任务组织对象,应主要包含工作组编号、名称、工作任务名称、组长等属性。

4.2 具体工作实施者

工作组由专家成员组成,每个专家成员对象应包含专家编号、名称、职务、联系电话、所在工作组编号、账号、密码等属性。

4.3 检查对象

专家组成员所检查的对象是水库,水库应主要包含水库名称、注册登记号、经度、纬度、所处流域等属性。

4.4 检查内容

每座水库所检查的任务清单,应主要包括检查内容编号、内容分类、具体内容等属性。

4.5 检查记录

工作实施对象针对某个检查对象按照检查内容所形成的工作记录,应主要包含检查记录编号、专家成员编号、所检查水库编号、检查内容编号、问题描述、图片 URL、经度、纬度、问题等级、提交日期、提交地址等信息。

对象及相互之间的逻辑关系明确之后,登陆 MySQL 服务器,使用标准 SQL 语言创建数据库及各对象表,限于篇幅,这里以创建检查记录表 surveyres 为例:

```
USE survey; #选择 survey 数据库
CREATE TABLE IF NOT EXISTS 'surveyres'( #创建 surveyres 表
'id' INT AUTO_INCREMENT, #检查记录编号
'expert_id' INT, #专家成员编号
'reservoin_id' INT, #所检查水库编号
'quest_id' INT, #检查内容编号
'workinfo' varchar(255) NOT NULL, #问题表述,不允许为空
'picpath' VARCHAR(255), #图片网络地址,存储问题所附带图片的 url 地址
'lng' FLOAT(10,6),'lat' FLOAT(10,6), #经、纬度,用以存储地理坐标
'level' VARCHAR(20) NOT NULL, #问题等级,不允许为空
'commitdate' DATE DEFAULT NOW(), #提交日期,默认为插入时服务器日期
'address' VARCAHR(255) #提交地址
)ENGINE = InnoDB DEFAULT CHARSET = utf8; #InnoDB 引擎,默认字符编码 utf-8
```

具体数据库关系模型与各表数据类型及主、外键约束见图 1。

5 后端 WEB 服务

后端功能开发选择近年来较为流行的 Python3,同样具有开源特性,且跨平台兼容性强,Windows 平台下开发的代码几乎不用修改就可以轻松部署到 Linux 平台运行。开发工具选择 Windows 平台下的 PyCharm 社区版,Web 应用框架选用 Flask,具有灵活、轻便且高效的特点,同时拥有基于 Werkzeug、Jinja2 等一些开源库,具有很强的扩展性和兼容性。数据库操作选择第三方库 PyMySQL,根据客户端请求参数,完成后台数据库数据表增删改查操作。数据输出方面,本例中客户端用户可能有数据导出功能需求,如:需要将本组或本人某时间段的检查工作记录输出到 Excel,实现此项功能可选用第三方库 open-

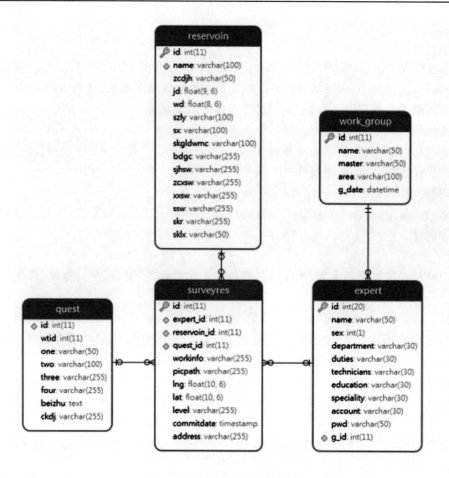

图1　数据库关系模型

pyxl,通过用户请求的导出参数,执行数据库查询,然后将查询结果写入 Excel 文件,反馈给用户下载。

　　Flask 可以很容易地结合 MVC 模式进行 WEB 开发,本例中 M(模型)即为 DAO(Data Access Object),通过创建 DB 类借由 PyMySQL 来实现数据库操作。V(视图)部分,为减轻后端网络负载,只响应 Json 格式数据给前端。M(控制器)部分,根据前端不同的数据请求,按照 url 路由,交由相应函数处理,并将处理结果反馈给前端,以前端提交问题记录为例,后端处理代码如下:

```
#定义路由以及请求方式
@ blue. route('/InsertSurveyRes', methods = ['POST'])
def InsertSurveyRes(): #定义处理函数
    data = Basedao() #实例化一个数据对象
    pic = '' #初始化图片url 地址
    #遍历前端POST 上传的所有图片
    for i in range(0,len(request. files)):
        #获取图片
        file = request. files['images' + str(i + 1)]
        #设定后端存储目录
        pathdir = os. path. join(os. getcwd(), "mainapp/static/")
        #设定文件名称以避免重复
        filename = time. strftime("% Y% m% d% H% M% S", \
        time. localtime(time. time())) + \
        request. form. get('userid') + str(i) + \
        '.' + file. filename. split('.')[-1]
```

```
        #存储文件完整的url,多个文件以'||'隔开
        file. save( pathdir + filename)
        pic = pic + 'http://47. 105. 158. 166/static/' + \
        filename + '||'
#获取其余字段信息,并通过InsertSurveyRes 方法插入数据表
result = data. InsertSurveyRes( request. form. get('userid') , \
request. form. get('reservoinid') ,request. form. \
get('questid') ,request. form. get('workinfo') , \
pic[0: -2] ,request. form. get('level') , request. form\
. get('lng') ,request. form. get('lat') ,request. form\
. get('address') )
#将处理结果响应给前端
return jsonify( result)
```

6　前端部分

　　前端开发选择 DCloud 推出的 Hbuilder,它是一款支持 HTML5 + 的 Web 开发 IDE,集成 MUI 前端开发框架,可开发混合 APP 应用,即使用原生与 HTML5 + JS 相互调用的一种开发模式,把 HTML5 页面放进一个原生容器中,通过 JS API 实现调用系统原生功能与手机声相、GPS 等模块控制交互。这种模式能够实现一次编写,多端(安卓、苹果)运行的跨平台开发,大大提升开发效率。本例中,前端主要实现的功能有用户登陆处理、检查记录清单浏览、添加检查记录、搜索水库、水库详情展示、数据导出等,开发重点是结合 HTML5 + 、CSS 等语法实现页面布局,使用 JS 处理用户事件响应,如常用的触屏、左右滑动、上拉加载、下拉刷新等输入指令,采用 AJAX 异步动态响应式数据交互技术与后端通信,通过回调函数将执行结果反馈给用户。例如,用户进入问题列表清单页面,默认只显示 5 条最新提交的记录,当用户向上滑动,此时触发上拉加载事件,调用 AJAX 方法将需求加载的数据参数以 POST 方式 JSON 数据格式发送至后端 url 处理程序,然后在回调函数中处理后端响应的数据,生成动态页面展示给前端用户,代码如下:

```
        function pullupRefresh( ) {
        setTimeout( function( ) {
        mui. post( webserver + 'getquestlist', {
        gid: localStorage. getItem("gid") ,
        beginrow: beginrow,
        questid: 0
        }, function( data) {
        if ( data. length) {
        for ( var i = 0; i < data. length; i + + ) {
        var li = document. createElement("li") ;
        li. className = "mui-table-view-cell" ;
        li. setAttribute("id" , data[i]. surveyres_id) ;
        li. setAttribute("title" , data[i]. ename) ;
        li. innerHTML = lihtml( data[i]) ;
        listinfo. appendChild( li) ;
        }
        beginrow + = data. length;
        }
```

```
｝, 'json');
mui("#refreshContainer").pullRefresh().endPullupToRefresh();
｝, 500)
｝
```

以上代码,当触发下拉加载事件时,前端将用户所在工作组编号、加载起始行等参数 POST 至后端 getquestlist 应用接口,后端收到请求后执行数据库分页查询并响应数据,然后前端在返回数据回调函数中通过遍历动态添加 HTML 列表标签元素展示给用户,前端数据刷新前后对比见图2。

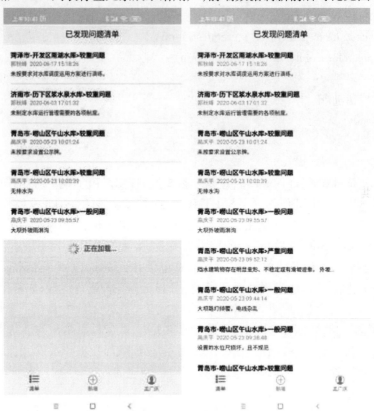

图2　前端数据刷新前后对比

7　总结

根据工作场景设计功能需求,以前后端框架分离开发技术,可以快速实现类似多对一的工作信息采集应用。目前,本应用已投入工作实践,根据用户体验反馈,工作效率较之传统方式有了明显提升,检查组成员可根据任务分工,并行开展工作,尤其是在后期检查记录资料汇总整理、问题表述等方面,无须额外投入更多工作精力,有效节省了时间成本,并形成表述更为精准的工作成果,提升了工作质量。

参考文献

[1] Ben Forta. MySQL 必知必会[M].北京:人民邮电出版社,2009.
[2] Wesley Chun . Python 核心编程[M].北京:人民邮电出版社,2016.
[3] 李辉.Flask Web 开发实战[M].北京:机械工业出版社,2018.
[4] 刘蕾,兰艳,严凤龙,等.HTML5 + CSS3 + JavaScript 项目开发[M].北京:清华大学出版社,2019.

河湖岸线保护与利用管理规划编制问题及建议

徐新华[1]，葛凯[2]，徐雷诺[3]

（1.水利部淮河水利委员会，安徽 蚌埠　233000；2.安徽省怀洪新河管理局，安徽 蚌埠　233000；
3.淮河水利委员会水文局（信息中心），安徽 蚌埠　233000）

摘　要　通过对淮河流域岸线保护与利用管理编制存在问题的分析，进一步阐述河湖岸线利用管理规划"四区两线"的重要意义，并针对问题提出建设性建议，对目前岸线保护与利用管理规划编制有一定指导意义和作用。

关键字　河湖岸线；保护；开发利用；规划编制

1　淮河流域岸线保护与利用管理规划编制重要作用及意义

岸线既具有行洪、调节水流、维持河流生态平衡的自然属性，还具有开发利用价值，为经济社会发展提供服务的资源属性。岸线控制线是指沿河流水流方向或湖泊沿岸周边为加强岸线资源的保护和合理开发而划定的管理控制线，岸线控制线分为临水控制线和外缘控制线。临水控制线是指为稳定河势、保障河道行洪安全和维护河流健康生命的基本要求，在河岸的临水一侧顺水流方向或湖泊沿岸周边临水一侧划定的管理控制线。外缘控制线是指岸线资源保护和管理的外缘边界线，一般以河（湖）堤防工程背水侧管理范围的外边线作为外缘控制线，对无堤段河道以设计洪水位与岸边的交界线作为外缘控制线。

岸线功能区是根据岸线资源的自然和经济社会功能属性以及不同的要求，将岸线资源划分为不同类型的区段。岸线功能区界线与岸线控制线垂向或斜向相交。岸线功能区分为岸线保护区、岸线保留区、岸线控制利用区和岸线开发利用区四类。

（1）岸线保护区是指对流域防洪安全、水资源保护、水生态保护、珍稀濒危物种保护及独特的自然人文景观保护等至关重要而禁止开发利用的岸线区。一般情况下是国家和省级保护区（自然保护区、风景名胜区、森林公园、地质公园自然文化遗产等）、重要水源地等所在的河段，或因岸线开发利用对防洪和生态保护有重要影响的岸线区。

（2）岸线保留区是指规划期内暂时不开发利用或者尚不具备开发利用条件的岸线区。对河道尚处于演变过程中，河势不稳、河槽冲淤变化明显、主流摆动频繁的河段，或有一定的生态保护或特定功能要求的岸线。

（3）岸线控制利用区是指因开发利用岸线资源对防洪安全、河流生态保护存在一定风险，或开发利用程度已较高，进一步开发利用对防洪、供水和河流生态安全等造成一定影响，而需要控制开发利用程度的岸线区段。岸线控制利用区要加强对开发利用活动的指导和管理，有控制、有条件地合理适度开发。

（4）岸线开发利用区是指河势基本稳定，无特殊生态保护要求或特定功能要求，岸线开发利用活动对河势稳定、防洪安全、供水安全及河流健康影响较小的岸线区，应按保障防洪安全、维护河流健康和支撑经济社会发展的要求，有计划、合理地开发利用。

2007 年 3 月，水利部《关于开展河道（湖泊）》岸线利用管理规划工作的通知》（水利部水建管〔2007〕67 号），在全国范围内启动了河道（湖泊）岸线利用管理专项规划，淮委于 2012 年组织编制完成并上报水利部，因规划水平年临近未实施。2013 年，国务院批复了《淮河流域综合规划》，淮河流域河道

作者简介：徐新华，男，1964 年生，安徽临泉人，教高，主要从事河湖管理、防汛抗旱方面的研究。

(湖泊)岸线利用管理专项规划作为流域综合规划的一部分。2016 年 12 月,中共中央办公厅、国务院办公厅印发了《关于全面推行河长制的意见》,2019 年 2 月,水利部下达《水利部关于淮河流域重要河道岸线保护与利用管理规划项目任务书的批复》,《淮河流域重要河道岸线保护与利用管理规划》(以下简称《规划》)编制再次启动。《规划》系统划定了岸线控制线,即临水控制线和外缘控制线,岸线功能实行分区管理,即岸线保护区、岸线保留区、岸线控制利用区和岸线开发利用区四类,从而成为淮河流域岸线保护利用和涉河事务规范管理的重要技术依据,对规范岸线利用和涉河建设项目管理,对保护防洪工程安全,统筹水资源、水环境、水生态保护有重要意义,将对淮河流域水利规范化管理产生积极影响。

2 《淮河流域岸线保护与利用规划》编制存在问题及建议

(1)临水控制线划定应充分分析河道情况。目前以河道滩槽分界线作为临水控制线进行划定,未能充分考虑河道设计洪水时,河道应保持的基本河道宽度,应依据河道规划治导线确定临水控制线。如淮南、蚌埠、阜阳、邳州等河道滩地较宽的河段,主槽河道宽度仅占两堤之间宽度的 20% ~ 30% ,由于滩地较宽、河道弯曲,涉河建筑物外缘线甚至已越过两堤之间的中间线,伸至河对岸,大洪水时涉河建筑物在河道中间,阻水明显。

建议:①淮河、沙颍河、新沂河、中运河、涡河等通航河段及河势变化剧烈河段,应进行数值模拟分析,根据河道设计洪水主流线变化、主流区宽度,流速、流态分布情况,定量划定各河段临水控制线,并作为规划治导线参考,作为河湖空间管控的依据。②临水控制线应控制基本宽度。在河道断面图与设计洪水位交叉点位置合理确定临水控制线宽度,保证河道行洪的基本需求,临水控制线宽度占河道设计洪水位时的水面宽度应控制在 25% ~ 50% ,对保证防洪安全、河湖空间管控有重要指导意义。

(2)岸线规划范围应包括全部河道管理范围。如东淝河入口,仅常水位向上 500 m,河口距东淝闸 2 km 多为空白,高塘湖入淮河口近 2 km 未列入等。

建议:规划范围应包括全部河道管理范围,包括原行蓄洪区转为一般堤防保护区和行蓄洪区部分;入湖入河口应明确为河道设计洪水位线上溯 500 m 以上(淮委一般堤为河口上沿 500 m,建议参照取水口水源地保护范围(1.2 级)为 3 km 以上);入河(湖)支流有控制建筑物的应上溯至控制建筑物断面。

(3)规划图底图应标注现状及规划工程,包括港口码头、桥梁管线、取水口、排水口等涉河工程。建议:按建筑物实际设计尺寸或外缘线尺寸(如桥梁宽度、港口占用长度等)标注在规划图(CAD 电子图)上,有助于涉河事务管理和指导控制。

(4)外缘控制线划定,应依据各省市管理范围已划定成果。建议:重点关注无堤段,如南四湖湖东、骆马湖湖东及三角地、淮南(淮河)山区河道、行蓄洪区等。

(5)涉河建设项目管理和控制要求,"四区两线"控制要求应明确并适当区别。建议:对通航河道,港口码头建设较多,临水控制线和外缘控制线,应明确相应项目管控类型,如港口码头一般不得超出临水控制线,桥梁、渡槽、滩地整治等工程不受约束等。非通航河道港口码头少,主要是跨河、跨堤、穿堤、临堤、景观工程较多,管控要求应区别。

明确保留区、利用区、控制利用区各功能区禁止、控制、开发类要求,保留区使用调整规定等。明确项目准入原则,对要求整改、拆除、改建的项目应慎重研究,防止引起行政诉讼。

(6)涉河建设项目已占用岸线应统一划定并标注。建议:涉河建设项目已占用岸线应列入已开发利用范围。如高铁、高速跨河桥梁、穿河及穿堤工程、取水口、码头占用等。其占用及保护范围内,其他项目已不能再利用,应标注。

浅议基层水文化的建设与发展

——以南四湖水利管理局为例

陆嘉棋,刘星祥,闫志明

(沂沭泗水利管理局南四湖水利管理局,江苏 徐州 221000)

摘 要 当前,水利行业正处在从传统水利向现代水利过渡的关键时期,如何转变水利发展观念,提升水利文化内涵,是新时代赋予现代水利的重要使命。本论文对南四湖水利管理局近年来在水文化建设方面进行的探索和尝试进行了全面回顾和总结,结合实际具体分析了水文化建设在水利工程管理工作的重要性和必要性,对南四湖水利管理局当前在水文化建设中存在的问题进行了剖析,并对下一步如何充分发掘水文化蕴含的时代价值,讲好"南四湖故事"提出了初步的构想。

关键字 新时代;水文化;现代水利;南四湖水利管理局

水是生命之源、生产之要、生态之基,与之伴生的水文化同样在人类社会的发展中扮演着重要的角色。2019 年,习近平总书记在召开黄河流域生态保护和高质量发展座谈会时发出"让黄河成为造福人民的幸福河"的伟大号召[1],并对保护、传承、弘扬黄河水文化提出了要求。2020 年,水利部部长鄂竟平在 2020 年全国水利工作会议上的讲话明确指出,要响应"幸福河"的伟大号召,宣传展示我国长期治水实践形成的灿烂文化,深入挖掘水文化内涵及其时代价值,讲好治水故事,营造全社会爱水、节水、惜水的良好氛围,进一步坚定文化自信,打造先进水文化。[2]

1 水文化的含义

"水文化"一词首次出现在 1988 年 10 月 25 日淮河流域宣传工作会议上。时任淮河水利委员会宣传教育处长的李宗新先生在讲话中提出:"现在有人提出要开展水文化的研究,要研究水事、水政、水利的发展历史和彼此关系;研究水文化与人类文明、社会发展的密切关系;研究水利事业的共同价值观念等。我们认为这种研究是很有意义的,应成为我们宣传工作的重要内容。水是中华文化中最普遍、最具有创造力的意象符号。在长期的治水实践过程中,中华民族不仅创造了巨大的物质财富,也留下了宝贵的精神财富,形成了独特而丰富的水文化。"[3]

此后 21 年,以《治淮》《水利天地》《中国水利》等杂志为首的多家杂志以及诸多专家对水文化概念及相关外延展开了讨论,"水文化"一词逐步深入人心,相关文章日益增多,相关著作也陆续面世,但始终对其含义没有定论。

直至 2009 年 10 月,在首届中国水文化论坛上,时任水利部部长陈雷做了题为《弘扬和发展先进水文化 促进传统水利向现代水利转变》的序。序中对水文化概念进行了定义,认为水文化有广义与狭义之分。广义的水文化是指人类在社会发展进程中,通过人类与水密不可分的生产生活活动中所创造的物质和精神成果的总和。它主要由物质、制度、精神 3 个层面的文化要素构成。狭义的水文化应是人类水事活动的观念、心理、方式及其所创造的精神产品,包括与水有密切关系的思想意识、价值观念、行业精神、行为准则、政策法规、文学艺术等。[4]

作者简介:陆嘉棋,男,1993 年生,南四湖水利管理局办公室四级主任科员,主要研究方向为水文化建设、综合政务。

2　南四湖水利管理局水文化建设概况

2.1　水文化建设背景

南四湖区域原系古泗水流经之地,12 世纪黄河南泛侵夺了泗水河道,排水不畅,潴积成湖,流域范围涉及江苏、山东,自史前时代就是沟通南北的重要区域,并由旧石器时代—北辛文化—大汶口文化—龙山文化谱系连接起来,组成了鲁南地区中国史前文化的完整序列。

在五千多年文明史中,南四湖地区历经齐鲁文化的洗礼,孕育和发展着南四湖地区的文化底蕴。孟子的民本思想在这里闪耀,墨子的兼爱非攻影响深远,孝贤文化源远流长,运河文化历久弥新,南四湖地区经历了历史长河的洗礼,始终绽放着灿烂的人文历史光华。

革命年代赋予了南四湖地区浓墨重彩的红色底蕴,树立了不朽丰碑。"横越江淮七百里,微山湖色慰征途",陈毅元帅的诗句道出了湖上秘密交通线的深远意义,铁道游击队浴血杀敌,淮海战役威名远扬。南四湖地区的文化因此具有了更加夺目的光彩。

这一切值得我们深入拾取挖掘,与南四湖水利工程、管理制度等通过现代化的手段使之相融合,形成新时代的南四湖水文化,从而为南四湖流域水利事业的发展做出巨大贡献。

2.2　水文化建设实践

近年来,南四湖局党委根据形势发展与工作需要,深刻挖掘水利管理工作内涵,努力提升管理品位与档次,通过有目标、有计划、有措施、有落实的水文化建设工作,基本形成了水文化建设"四个一"工程总体思路,即:每个基层局拍摄一部宣传片,建立一个水文化展览室,编制一本画册,建设一个水文化景点。全局水文化建设总体推进的格局基本建立,水文化基础架构初步形成。

2.2.1　一局一片

即各基层局每局摄制一部能够充分反映本单位管理工作历史、发展、成就的水利宣传片。为做好此项工作,南四湖局要求各单位以撰写解说词为主抓手,密切结合工作实际,避免宣传片的雷同,以形成"不同局不同观感"的观赏体验。

目前,下级湖局《筑梦湖西》、二级坝局《巨龙卧波安澜现》、韩庄枢纽局《韩庄局水管工作纵览》、蔺家坝局《风雨一甲子巍然蔺家坝》、韩庄运河局《使命运河》等宣传片已制作完成,上级湖局《浩浩南阳话复新》完成解说词撰写,正在拍摄制作中。

2.2.2　一局一室

为做好此项工作,南四湖局在全局范围内开展了"光影传承、铭记历史"老照片征集活动,将征集的老照片资源共享,为展室建设提供了素材基础。同时组织参观学习治淮档案馆、淮海战役纪念馆等,并对各展室设计方案进行充分酝酿和研究,确保展室建设的高质量、高标准、高要求。

目前,上级湖局展室建设工作已经完成,韩庄运河局结合安全生产工作规范化建设和档案管理工作规范化达标,建立水利安全主题展室。根据工作实际,南四湖局进一步拓展了"一局一室"的涵义范围,将闸室文化建设列入工作日程,目前已完成上级湖局、韩庄枢纽局、蔺家坝局闸室文化建设工作,完成二级坝局闸室、下级湖局水文化展室设计方案编制。通过闸室文化建设,使观者能够直观地了解工程管理沿革、管理成就、管理文化,赋予了工程管理以更为深厚的文化内涵。

2.2.3　一局一册

即各局将能够集中体现年度工作进展情况的照片进行分类整编,汇编成册。为做好此项工作,南四湖局要求各局首先对本单位全年工作按八大类进行系统分类,并制定详细的收集整理目录,对全年照片进行搜集整理,并编制简洁明了的照片说明,使观者能够通过读图直观地了解事件原由和发展。在每年的画册编制完成后,将其刻制成光盘,并按照档案声像管理相关规定进行归档。

目前,局机关及六个基层局完成了 2013～2019 年度的"一局一册"整编工作,蔺家坝局完成了《风雨六十载,巍然蔺家坝》老照片合集的制作。

2.2.4　一局一水文化景点

即要求各基层局充分挖掘管理范围内的历史文化存留,科学梳理管理工作发展历程及未来愿景,紧密结合工程管理实际,建设一处能够充分体现单位管理特色和历史文化内涵的水文化景点,并以此为契机,推动国家级水管单位和水利风景区的建设。

上级湖局设立了善水文化广场,二级坝局"葆润台记"、韩庄枢纽局"韩庄闸记"均完成了镌刻摆放,韩庄局"湖口观渔"景观初步成形,《二级坝赋》已完成初稿。各河道管理局在所辖堤防建设的水文化观景平台正按照既定计划有序推进。

3 水文化建设的意义

我国的水文化源远流长,具有丰富的内涵,是中国传统文化的重要组成部分之一,具有极高的社会效益、经济效益、文化效益等。因此,水文化的建设与发展,不仅对我国水利事业改革发展有着巨大的作用,而且对新时代中国特色社会主义生态文明建设具有重要的意义。南四湖局通过近年来在水文化建设中的摸索与实践,充分认识到水文化建设工作是新时期水利管理工作的应有要义:

3.1 水文化建设体现社会效益

新时期水利管理工作始终坚持以人为本、把社会效益放在首位,将社会效益和经济效益相统一。而通过水文化建设可以提高人的文化素质和道德修养,最大限度地发挥文化引领水利事业、教育广大水利职工、推进现代水利发展、促进生态文明建设的社会功能,从而体现良好的社会效益。

3.2 水文化建设坚定文化自信

习近平总书记强调,"文化自信是更基础、更广泛、更深厚的自信,是更基本、更深沉、更持久的力量。"南四湖局统管三十余年,管理工作水平发生了日新月异的变化,一代又一代南四湖人在创造工作业绩的同时,也积累了宝贵的精神内涵,厚积了丰富的文化元素,并通过扎实有效的水文化建设工作将文化自信落到实处。

3.3 水文化建设实现人水和谐

唯有通过加大水文化建设力度,才能使风景优美的河道成为人们陶冶性情的好去处,使水利工程成为人们赏心悦目的好风景,使清新靓丽的水利风景区成为人们休闲娱乐的好场所。只有立足于水利工程,挖掘文化内涵,实现水利与园林、治水与生态、亲水与安全的有机结合,才能在保障工程安全正常运行的状态下,更好地改善水资源、水生态、水环境,满足人民日益增长的美好生活需要。

3.4 水文化建设彰显管理内涵

南四湖局三十余年的发展取得了令人瞩目的成绩,管理工作水平发生了日新月异的变化,一代又一代南四湖人发扬水利精神,砥砺前行、创新进取,在创造工作业绩的同时,也积累了宝贵的精神内涵,厚积了丰富的文化元素,如果不能通过及时适当的水文化建设途径加以挖掘,管理工作将失去生动感人的人文因素,管理文化与单位文化建设将成为无源之水、无本之木。通过水文化的挖潜和建设,可以进一步提炼品质,传承精神,促进发展。

3.5 水文化建设凝聚管理力量

通过润物无声的水文化建设工作和对南四湖地区优秀传统文化的保护、传承、弘扬,不仅可以充分发掘水利管理工作的文化内涵,而且让广大干部职工更为直观地了解单位的发展历史、发展成就与未来愿景,产生精神的共鸣与心灵的互通,提升广大干部职工的单位归属感与从业荣誉感,从而凝聚更为强大的管理力量。

3.6 水文化建设树立单位形象

在文化兴国、文化强国战略指引下,水文化建设的重要作用体现得更为显著,南四湖局党委充分认识到打造单位水文化名片的重要作用,认为只有通过有效的水文化建设工作,才能进一步树立流域统管形象,产生良好的宣传推介作用。

4 水文化建设存在的问题

4.1 思想认识有待提高

长期以来,重工程管理、轻文化建设的观念在基层水利工作者中普遍存在,导致部分单位对水文化建设工作在整体水利改革发展工作中的重要地位和深远影响认识不足、站位不高,在部署具体业务工作和水文化建设工作中有时出现厚此薄彼、力度不均。

4.2　资金保障不够稳定

水文化建设工作需要稳定的经济支持和资金保障,目前财政预算中尚未设立此类经费预算,亟待建立稳定的投入保障机制。

4.3　队伍建设尚需强化

由于水文化这一概念提出的较晚,水文化建设工作开展的时间也较短,因此水文化建设队伍的专业人才还较为缺乏,不能完全满足水文化建设工作的实际需要。

4.4　传播渠道亟待拓宽

目前社会上普遍把水文化当作是水利行业的文化,把水文化建设当作水利部门的事情,导致没有形成立体的水文化宣传网络,对于水文化的传播仅限于水利报刊、网站、培训、论坛、研讨会等形式,缺乏大众喜闻乐见的影视、广告、文艺作品等传播渠道,受众受到客观限制。

5　水文化建设的建议

5.1　强化组织领导

要进一步提高各级领导对加强水文化建设的重视程度,使其充分认识水文化建设在管理工作中的重要地位,充分认识水文化建设对工程管理工作提档升级的引领和带动作用,充分认识水文化建设对提升单位形象、增强队伍凝聚力和战斗力的重要意义,继续将水文化建设工作列入年度目标任务,将加强水文化建设融入日常管理工作,与其他工作一同安排、一同检查、一同考核,确保取得扎扎实实的效果。

5.2　保障资金投入

稳定的资金投入是水文化建设能够顺利开展的物质基础,要创新思路,努力开拓水文化建设资金的筹措渠道。一方面,将水文化建设纳入到本单位的预算编制,积极申请国家对于水文化建设的财政拨款,形成稳定的财政来源;另一方面,积极争取地方媒体和企业的支持,融入社会等多方面资本投入,打造特色水文化产品,发展水文化产业,培育水文化市场,形成水文化产业链。

5.3　加强队伍建设

人才是事业发展的根本,因此打造一支具有高素质的水文化队伍,是水文化建设工作顺利铺开的根本保障。要在工作中选拔一批自身素质良好、对水文化建设具有较高热情、工作责任心与创新意识强的同志,将他们吸收到水文化建设工作中来,并在教育培训等方面加大力度,努力提高水文化工作者的综合素质和业务水平。

5.4　加强水文化研究

首先是将水文化研究置于群众智慧之中,引导和激励广大干部职工投入到水文化建设中去,相信、依靠群众,集思广益。同时积极听取相关专家领导的专业性建议,提高水文化建设的质量与水平;其次,要加强对国内外优秀水文化的研究;最后,要加强理论与实践的结合,适时地将水文化的研究成果运用到工程管理实践中去。

5.5　做好深度融合

要继续深入贯彻习近平新时代中国特色社会主义思想,特别是习近平总书记在黄河流域生态保护和高质量发展座谈会上的重要讲话精神,将文化建设与工程管理深度融合、弘扬社会主义核心价值观与践行新时代水利精神深度融合、精神文明建设与文化传承保护深度融合,讲好新时代的"南四湖故事",努力让南四湖成为造福人民的幸福湖。

6　结语与展望

通过近年来水文化建设工作的开展,南四湖局逐步摸索出了一些切实可行并卓有成效的举措,取得了一定的成绩,但仍存在很多不足之处,水文化的建设任重而道远。

下一步,我们将继续在淮委、沂沭泗局党组的坚强领导下,不断挖掘基层水文化的内涵,并丰富其表现形式,努力实现南四湖水文化建设的更好更快发展!

参 考 文 献

[1] 习近平.在黄河流域生态保护和高质量发展座谈会上的讲话[J].求是,2019(20).

[2] 鄂竟平.坚定不移践行水利改革发展总基调 加快推进水利治理体系和治理能力现代化——在2020年全国水利工作会议上的讲话[J].中国水利,2020(2).

[3] 李宗新.水文化研究的现状和展望[C]∥中国自然资源学会水资源专业委员会,中国地理学会水文地理专业委员会,中国水利学会水文专业委员会,中国水利学会水资源专业委员会,中国可持续发展研究会水问题专业委员会.环境变化与水安全——第五届中国水论坛论文集.北京:中国水利水电出版社,2007:7.

[4] 陈雷.弘扬和发展先进水文化 促进传统水利向现代水利转变[J].中国水利,2009(22).

财务共享模式在流域管理单位的应用浅析

杨婷[1]，王雪[2]

（1. 宿州学院，安徽 宿州　234000；2. 灌南河道管理局，江苏 连云港　222500）

摘　要　近年来，随着我国信息技术的迅猛发展，普遍的信息革命为财务工作带来了新的机遇，财政改革已经全面深化，财务信息共享已经成为社会发展的必然趋势。从目前来看，越来越多的上市公司已将财务信息共享应用在其财务管理中，事业单位也不例外。本文从流域管理单位特点出发，结合财务共享模式相关理论，对流域管理单位借鉴财务共享模式时存在的问题进行探讨，分析应用前景，探索构建实施路径，以提高流域管理单位财务管理工作的质量和效率。

关键字　财务共享；财务管理；流域管理

　　财务信息共享模式是目前最新的财务管理模式，它不仅能够提供统一标准模式的服务，还能够将各级业务系统以及部门之间的会计数据和财务业务全都集中到共享中心里处理，这样就能实现数据的格式规范一致，而且为单位节约大量的人力成本，也能够轻易地实现全流程的监管。这不仅能够增强单位的财务管理能力，还能够有效降低财务风险。

　　财务管理模式是经济管理的核心，由于财务信息共享在我国起步较晚，所以在实际应用财务共享模式的过程中难免会出现很多问题。本文将结合国内一些学者的相关理论，对流域管理单位借鉴财务共享模式时存在的问题与实施进行探讨，思考财务共享模式应重视的问题，寻找流域管理单位财务共享模式的构建策略。

1　流域管理单位财务共享模式相关理论

　　我国的流域管理机构主要是七大河流的流域管理机关，1988 年国务院进行机构改革，在批准水利部的"三定"方案时，明确指出七大江河流域机构是水利部的派出机构，国家授权其对所在流域行使《水法》赋予水行政主管部门的部分职责。1990 年、1994 年水利部先后批准了珠江水利委员会、太湖流域管理局、淮河水利委员会、海河水利委员会、松辽水利委员会和黄河水利委员会、长江水利委员会的"三定"方案，明确了其职能、机构、人员，并详细规定了它们分别在规定范围内行使管理职能。2002 年中编办批复流域管理机构的"三定"方案中更加明确地指出，流域管理机构代表水利部行使所在流域及授权区域内的水行政主管职责，为具有行政职能的事业单位。

　　流域管理单位会计采用的是预算会计，与企业会计相比，具有以下三个特点：

　　（1）会计核算基础。预算会计中，财政总预算会计和行政单位会计以收付实现制作为会计核算基础，事业单位会计根据单位实际情况，分别采用收付实现制和权责发生制；企业会计则以权责发生制作为会计核算基础。

　　（2）会计要素构成。预算会计要素分为五大类，即资产、负债、净资产、收入和支出；企业会计要素分为六大类，即资产、负债、所有者权益、收入、费用和利润，而且相同名称的会计要素，在预算会计与企业会计的内容上也存在许多差异。

　　（3）会计等式。在预算会计的会计等式中，资产是负债与净资产之和；而在企业会计的会计等式中，资产是负债与所有者权益之和。

2　财务共享模式特点

　　财务共享是依据于信息技术对财务业务进行处理。它使组织结构更加优化，管理流程更加规范，管

作者简介：杨婷，女，1999 年生，在校大三学生，宿州学院商学院 2017 级财务管理专业。E-mail：2876076775@qq.com。

理效率更加提高,还能优化企业的运营。

财务共享模式主要具有以下特点。

2.1 信息智能化

财务共享模式是将信息处理技术作为基础,通过信息技术实现财务分析、运算、处理等独立系统,由综合系统进行统一集合。原始单据被财务影像管理系统上传至云空间扫描,能够更便捷地查找数据,也能将这些资料长期保存在超大存储容量的云空间里。处理系统将审批流程信息化,可以避免当事人往来各个部门进行审核、批阅、签字,使流程耗时更短暂,处理起来更加方便快捷;系统使用电子支付也能够使资金的流转效率提高,让现金更快地流转起来。除此以外,综合系统也能够将其独立子系统管理起来,让数据与其他系统对接,实现真正的财务数据共享。在互联网时代科学技术的不断发展、人工智能的不断升级下,财务共享模式将更加信息智能化。

2.2 制度统一化

财务共享模式不仅依旧遵循着财务制度的准则,而且管理和控制仍是十分重要的。财务数据包含的项目涉及各个方面,财务管理制度应十分精确,故应推行统一的会计核算系统,将所有数据规范起来收集统计。财务共享模式对财务管理的不同分析对象都进行了细致划分,能够促进财务管理职能为决策提供基础。使传统的处理交易不再简单,能发挥财务数据更大价值。对财务的预算、核算、审计等制定了内部财务管理的制度,责任分明,为流域管理单位的财务战略的制定和实行提供了有效的借鉴价值。

2.3 共享安全化

财务共享模式以业务流程作为支撑,将财务作为核心,与其他部门实现数据共享,覆盖了单位所有财务业务。它颠覆了传统财务管理模式中不同部门之间的各行其是,解决了信息自我屏蔽,减少了信息不对等的可能性。财务共享模式覆盖面广,企业主要财务业务各个部门实现数据共享,使财务数据的传递更加方便,更新更加迅速,处理更加妥善,信息更加匹配,信息传输耗损减少,增强了信息的安全性,优化了财务数据的资源配置。

3 财务共享模式在流域管理单位应用的设想

3.1 财务共享模式对财务工作的影响

目前,财务共享模式在企业中的应用相对广泛,在业务处理中,也起到了费用节省与迅速高效的作用。不仅如此,财务共享在流域管理单位中也有较为可观的施行空间。它能将分散在流域管理单位的财务业务流程进行重造,比如把淮委机关到一线基层局的四级预算的所有业务集合到财务共享中心一并处理,将单位有限的人力资源全部运用到核心关键的职能业务上,解脱财务人员对烦琐的财务报表的编制与核算,达到高质量使用财务管理成本的目的。而且借助于专业的平台系统,传送财务数据信息会更加精确快捷,可以迅速了解各个单位的财务状况与其中出现的问题,更能促进单位现期运转与未来发展。

3.2 财务共享模式的优势

(1)促进财务管理的规范化。财务共享模式将所有的财务信息集合到一个共享平台当中,为所有部门制定出统一的财务数据上报标准,有助于流域管理单位的各个部门建立起统一的财务管理流程,推动了财务管理工作的规范化。

(2)促进财务管理的专业化、自动化。各级财务管理人员在财务管理信息平台中,运用现代数据分析软件与科学数据统计调查方法,进行数据筛选和数据可视化的建设,可以提升总体数据管理的科学性。

财务共享模式依靠技术进步与信息共享,提高财务管理工作的效能,有助于减少财务管理职员和缩小时间消耗,还能减少人工操作的空间,使财务管理更加标准化,提高财务安全。

(3)促进财务管理的高效性。财务共享模式也称财务共享服务模式,着重点在于共享服务,它是将各种财务会计信息统一上传至平台而进行数据共享,以实现数据服务业务和管理的一种新型财务管理形式。能够有效地汇合统计会计数据信息,而且还能提高各项数据的交互效率,以此提升数据的利用价值、降低单位成本管理。

4 流域管理单位财务共享模式实施路径

4.1 IT 平台构建

信息技术的不断改革,实现了财务管理模式的不断创新,构建有关 IT 平台,能够高效地统计和利用数据信息。利用财务共享系统可以实现数据信息的集中管理。在这一过程中,原始数据被影像扫描传递到财务共享系统,进而能有效处理数据库内的数据信息,人工处理存在的误差有效减少。各个处理系统的有效关联,实现无缝对接,财务管理工作的效率和质量被大大提高。

4.2 人员素质培养

员工是流域管理单位的基础,是人力资源的全部,代表着单位的整体实力,是各个部门甚至整个单位的根本,对单位起到主导作用。在挑选有关财务人员时,要做到层层筛选,录用之后也要不断进行审核培训,明确其工作职责,以保证他们具有良好的财务素质和较高的沟通能力,把握好会计做账流程、核实税务业务处理。

4.3 管理模式改革

管理模式的改革,首先要对内部组织结构进行改革,以促进财务信息的公开透彻,更加精确快捷地查询取得到财务数据信息。然后要重视财务管理制度的改革,扩大人员参与程度,选择借鉴使用财务共享模式,重塑财务管理流程,使财务管理制度得到有效利用,以符合单位管理需求。

4.4 标准化流程构造

在流域管理单位财务共享服务模式的实施中,构造标准化业务流程处理体制是核心,确立财务工作的标准,实现业务管理流程的重造。经过不断地监督与管理,完善内部财务管理业务的施行,保证财务管理业务的高效率和高质量,确保财务共享模式的充分运行。

5 结论

科学技术的发展和信息技术的进步为财务共享提供了前进的台阶,财政管理改革的日渐深入,也将我国各个类型的行政事业单位的财务共享模式发挥出更快捷、更便利、更高效、更成熟的作用。

财务共享模式能大大提高流域管理单位的财务管理工作质量与业务处理质量,可以不断提高各项社会公共服务职能上的施行质量,应根据单位自身的实际情况对财务共享模式取其精华,获取影响财务共享服务模式全面推广的核心结点,真正地把财务共享模式应用在流域管理单位中并发挥有效作用。

财务会计电子档案管理初探

贾素英[1],刘守杰[2]

(1.潍坊市水文局,山东 潍坊 261000;2.青岛市水文局,山东 青岛 266400)

摘 要 财务会计电子档案是新《会计档案管理办法》的最大亮点。本文从财务会计电子档案的概念、要求、特点入手,阐述了财务会计电子档案管理的主要任务、重要作用,提出了单位进行财务会计电子档案管理的具体措施。

关键字 财务会计电子档案;档案管理;具体措施

新《会计档案管理办法》肯定了电子会计档案的法律效力,电子会计凭证的获取、报销、入账、归档、保管等均可以实现电子化管理。

1 财务会计电子档案的概念、要求

财务会计电子档案是指以磁性介质形式储存的会计核算的专业材料,它包括电子凭证、电子账簿、电子报表、其他电子会计核算资料等。

财务会计电子档案的归集整理是指在一定的时间间隔(通常指一个会计年度),把单位运行的财务软件系统中所有财务数据备份、存储到光盘、移动硬盘或专用硬盘上。新《会计档案管理办法》在会计档案的范围、保管、移交、销毁等方面进行了相应规定,主要有四个要求:将电子会计档案纳入了会计档案的范围,规定会计档案包括通过计算机等电子设备形成、传输和存储的电子会计档案;规定满足一定条件时单位内部生成和外部接收的电子会计资料可仅以电子形式归档保存;要求电子会计档案移交时将电子会计档案及其元数据一并移交,且文件格式应当符合国家档案管理的有关规定;特殊格式的电子会计档案应当与其读取平台一并移交;要求电子会计档案的销毁由单位档案管理机构、会计管理机构和信息系统管理机构共同派员监销。

2 财务会计电子档案的特点

(1)保存、存储形式多样化。财务会计电子档案主要是存储在磁性介质中,而存储财务会计数据的磁性介质一般包括光盘、移动硬盘、U盘和其他磁性介质。

(2)再利用的特殊要求。通常纸质的会计档案具有直观可视性,普通的电子文件都是文本文件或准文本文件。然而,财务会计电子档案因为会计核算、管理的特殊性决定其电子档案必须在特定的计算机硬件和软件系统环境中才能再利用。

(3)保存、存储条件要求高。财务会计电子档案具有易被损坏、难留痕迹的特点,同时又受载体的材质、载体存放的环境、载体存储信息的有效期等条件影响。

(4)管理更加复杂化。实行会计电算化的时间越长,会计电子档案与财务软件面对繁多的软件版本通常就越多,电子文档应该进行分类管理。

3 财务会计电子档案管理的主要任务

财务会计电子档案的管理不但是企事业单位财务管理的基础工作,而且是企事业单位整个档案管理系统的重要组成部分。做好对会计电子档案的管理工作,对提高会计电子档案可重复利用具有重要的意义。

作者简介:贾素英,女,1974年生,山东寿光人,大学本科,潍坊市水文局计划财务科科长,高级会计师。

　　财务会计电子档案管理的主要任务是：监督和保证按要求生成各种会计档案，保证各种会计档案的安全与保密，保证各种财务会计电子档案得到合理和有效的利用，并安全保存。

　　新《会计档案管理办法》肯定了电子会计档案的法律效力，电子会计凭证的获取、报销、入账、归档、保管等均可以实现电子化管理。

4　对财务会计电子档案进行管理的重要作用

　　（1）提高财务会计人员工作效率。手工记账时期，会计人员的主要精力是登记各种账簿和编制会计报表，会计的最主要职能表现为会计核算，而会计的监督与管理职能仅体现在漫长的手工记账之后，监督的形式主要是事后监督与被动监督。实行财务会计电算化后，一方面会计在时间上保证了会计人员能够有效地行使审核、监督和财务会计分析工作；另一方面会计电算化系统中的预算控制功能不仅可以实现对单位经济活动的"时时监控"，而且由于实行对会计电子档案的有效管理，会计人员可以打破时间的跨度，方便快捷地完成对历史会计信息的使用和对未来会计信息进行分析，进行预测、控制和监督。

　　（2）方便进行科学决策。可以提交历年的会计数据给单位的决策者，便于他们进行更好的决策；通过历年的会计电子档案数据方便快捷地看出过去、现在和将来单位的财务状况、发展情况与发展趋势，使领导决策层制定出适合单位自身发展的战略，从而改善管理，提高单位的经济效益和社会效益。另外，可以基于本单位的财务会计电子资料设计建立相对比较完整的决策支持系统，将大力推动电子会计数据的深度开发和有效利用，为政府决策和管理提供更多维度、更具参考价值的会计信息。

　　（3）减少社会资源耗费。新《会计档案管理办法》允许符合条件的会计凭证、账簿等会计资料不再打印纸质归档保存，同时要求建立会计档案鉴定销毁制度，完善销毁流程，推动会计档案销毁工作有序开展。这些新的规定将节约大量纸质会计资料的打印、传递、整理成本以及归档后的保管成本，减少社会资源耗费，推动节能减排，有利于形成绿色环保的生产方式。

5　财务会计电子档案管理的具体措施

　　（1）单位应确保财务会计电子档案的真实、完整、可用和安全。

　　对于电子会计资料仅以电子形式归档保存的方式，新《会计档案管理办法》提出了如下要求：

　　①形成的电子会计资料来源真实有效，由计算机等电子设备形成和传输。

　　②使用的会计核算系统能够准确、完整、有效接收和读取电子会计资料，能够输出符合国家标准归档格式的会计凭证、会计账簿、财务会计报表等会计资料，设定了经办、审核、审批等必要的审签程序。

　　③使用的电子档案管理系统能够有效接收、管理、利用电子会计档案，符合电子档案的长期保管要求，并建立了电子会计档案与相关联的其他纸质会计档案的检索关系。

　　④采取有效措施，防止电子会计档案被篡改。

　　⑤建立电子会计档案备份制度，能够有效防范自然灾害、意外事故和人为破坏的影响。

　　⑥电子会计资料附有符合《中华人民共和国电子签名法》规定的电子签名。

　　（2）必须根据财务会计电子档案的归集整理、保存和再利用等方面的工作要求进行具体管理，做好会计电子档案的管理使用工作。

　　财务会计电子档案的归集整理要在一定的时间间隔（通常指一个会计年度）进行，财务数据多份数、多介质进行备份，备份之后在介质的表面贴上标签，注明形成档案材料的内容、时间和制作人，保存在至少两个不同地点。电子档案时应远离磁场，注意防潮、防尘和防盗。单位的财务部门应由专人保管这些备份的电子档案，以便在财务软件系统或计算机硬件系统出现故障修复后能在最短的时间内和最小的损失下恢复财务数据。

　　单位的财务电子档案管理人员还应对运行整个财务软件系统的计算机硬件系统、计算机操作系统、网络服务器系统、网络操作系统以及财务软件的系统名称与使用说明书等进行详细记录在册。在财务系统的变化中，单位应按要求对财务会计电子数据、财务软件系统与计算机硬件和操作系统以及数据库系统进行归档备份、封存。

(3)财务会计电子档案管理中应考虑地震、洪水或火灾等意外情况引起的对整个财务会计电算化系统的破坏而使系统不可恢复而具有的对策。

对磁性介质电子档案的定期和不定期的检查、翻录和再备份工作,防止由于这些磁性物理介质的损坏而使会计数据丢失,从而造成无法挽回的损失。为了使备份的财务会计电子档案能够再次使用,单位还应该重视与之配套的硬件系统的封存、保管和维护。

参 考 文 献

[1] 会计档案管理办法:财政部、国家档案局令第79号[S].

[2] 中华会计网校.电子会计档案是新《会计档案管理办法》的最大亮点[R/OL].

[3] 李晔洁.浅谈财务会计电子档案管理与再使用[J].合作经济与科技,2013,2(22):88-89.

论流域管理机构所属管理单位在水行政执法层面的主体法律性质

——以淮河水利委员会及其所属管理单位为例

黄学超,张鑫,韦东海

（淮河水利委员会沂沭泗水利管理局,江苏 徐州　221018 ）

摘　要　现行《水法》《防洪法》等法律,在水资源管理和防洪协调监管工作中都规定了流域管理和区域管理相结合的管理体制,国家在重要的江河、湖泊设立的流域管理机构,在其所管辖的范围内行使法律、行政法规规定和国务院水行政主管部门授予的监督管理职能。近年来,随着"水利行业强监管"工作的深入,水行政执法作为"调整人的行为,纠正人的错误行为"的重要手段,直接体现行业监管水平,作用越来越突出。在流域管理范围内,随着执法重心的下移,水行政执法工作主要集中在基层管理单位,但是由于现行《水法》《防洪法》《河道管理条例》等水法律法规仅有"流域管理机构"的表述,没有"流域管理机构所属管理单位"的表述,导致肩负执法重要任务的基层管理单位的执法主体法律性质不明确,在水行政执法层面受到制约。本文试图通过结合流域管理机构及其所属管理单位水行政执法工作,以淮河水利委员会及其所属管理单位为例,分析流域管理机构所属管理单位在水行政执法层面的主体法律性质,为流域范围内水行政执法工作奠定基础。

关键字　流域管理机构;水行政执法;执法主体;法律性质

1　问题源起

1997 年 8 月 29 日,第八届全国人民代表大会常务委员会第二十七次会议通过了《中华人民共和国防洪法》(简称《防洪法》),规定国务院水行政主管部门在国家确定的重要江河、湖泊设立的流域管理机构,在所管辖的范围内行使法律、行政法规规定和国务院水行政主管部门授权的防洪协调和监督管理职责。2002 年 8 月 29 日,第九届全国人民代表大会常务委员会第二十九次会议修订了《中华人民共和国水法》(简称《水法》),规定国务院水行政主管部门在国家确定的重要江河、湖泊设立的流域管理机构,在所管辖的范围内行使法律、行政法规规定的和国务院水行政主管部门授予的水资源管理和监督职责。现行《水法》《防洪法》等水法律法规,在水资源管理和防洪协调监管工作中都规定了流域管理和区域管理相结合的管理体制。

在水行政执法层面,现行《水法》《防洪法》都规定了三类执法主体:国务院水行政主管部门、流域管理机构、县级以上人民政府水行政主管部门。在"流域管理和区域管理相结合的管理体制"下,"国务院水行政主管部门"和"县级以上人民政府水行政主管部门"范畴相对明确。但是长期以来,"流域管理机构"应该包含流域单位内部哪些层级的执法主体一直未能明确,给执法带来不便。以淮委系统为例,淮委实行"四级管理"的体制,除淮委本级外,还下设了沂沭泗局、直属局、基层局等所属管理单位。随着执法权下移,具体水行政执法工作主要集中在基层单位,但在实践中,由于流域管理机构所属管理单位的法律性质是否与流域管理机构一致一直未能明确,直接影响到流域直管区基层单位执法依据适用问题,进而影响执法效果。

作者简介:黄学超,男,1971 年生,沂沭泗水利管理局水政安监处处长(研究员),主要研究方向为财务管理、水行政执法。E-mail:hxc0506@126.com。

2 问题分歧

长期以来,在水行政执法层面,对"沂沭泗局及其下属直属局、基层局属不属于流域管理机构,能否适用执法主体为流域管理机构的水法律法规"存在两种观点:

第一种观点认为,沂沭泗局及其下属直属局、基层局是流域管理机构所属管理单位,而不是流域管理机构,执法依据只有水利部《关于流域管理机构决定〈防洪法〉规定的行政处罚和行政措施权限的通知》(水政法〔1999〕231号)规定的内容。主要原因:第一,只有水利部《关于流域管理机构决定〈防洪法〉规定的行政处罚和行政措施权限的通知》(水政法〔1999〕231号)明确沂沭泗局及其下属直属局、基层局的执法主体地位,其他法律、行政法规都没有类似规定。第二,《水利部行政复议工作暂行规定》对"流域管理机构"和"流域管理机构所属管理机构"进行了区分,并且第六条第三款规定"对流域机构所属管理机构作出的具体行政行为不服的,向流域机构申请行政复议"。故认为沂沭泗局及其下属直属局、基层局是流域管理机构所属管理单位,不是流域管理机构,执法依据只有水利部《关于流域管理机构决定〈防洪法〉规定的行政处罚和行政措施权限的通知》(水政法〔1999〕231号)规定的内容。

第二种观点认为,在水行政执法层面,沂沭泗局及其下属直属局、基层局属于流域管理机构,除有特别规定外,其执法依据和流域管理机构一致,即包括《水法》《防洪法》在内的执法主体为流域管理机构的所有水法律法规。主要理由是沂沭泗局及其下属直属局、基层局是区别于地方各级水行政主管部门的对流域性河湖行使管理权限的机构,虽然在流域系统内部区分"流域管理机构"和"流域管理机构所属管理机构",但在水行政执法工作中,沂沭泗局及其下属直属局、基层局属于流域管理机构,与流域管理机构法律性质一致,可以适用执法主体为流域管理机构的水法律法规。

3 问题分析

笔者认为,在水行政执法工作中,沂沭泗局及所属直属局、基层局是流域管理机构的组成部分,属流域管理机构,与流域管理机构法律性质一致,在履行执法职责时,适用执法主体为流域管理机构的水法律法规作为执法依据,主要理由如下:

(1)沂沭泗局及所属各级单位是流域管理机构的组成部分,其法律性质与流域管理机构一致。

1981年《国务院批转水利部关于对南四湖和沂沭河水利工程进行统一管理的请示的通知》(国发〔1981〕148号)明确"在治淮委员会的领导下成立沂沭泗水利工程管理局",沂沭泗局的"三定方案"也明确"沂沭泗水利管理局是淮河水利委员会在沂沭泗流域的水利管理机构,在所辖范围内行使水行政管理职责"。沂沭泗流域是淮河流域的组成部分,沂沭泗局相对独立的在所辖范围内行使水行政管理职责,与地方属地管理有本质的区别,其实质与淮河流域(除直管范围外)的流域管理职责是一致的。因此,沂沭泗局及所属各级单位是流域管理机构的组成部分,其性质与淮委一致,同属流域管理机构。

(2)沂沭泗局及所属各级单位属于《水法》《防洪法》规定的三类执法主体之一。

根据《水法》《防洪法》等水法律法规的有关规定,我国实施水资源监督管理和防洪协调、监督管理的部门主要有三类,即国务院水行政主管部门、流域管理机构和县级以上地方水行政主管部门。国务院水行政主管部门是水利部,县级以上水行政主管部门是各省、市、县水利厅局。沂沭泗局及所属各级单位作为淮委的组成部分,既不属于国务院水行政主管部门,也不属于地方水行政主管部门,只能属于流域管理机构。

(3)沂沭泗局及所属各级单位的执法依据不仅包括《防洪法》的授权,还包括执法主体为流域管理机构的其他水法律法规。

由于立法方式的不同,《水法》和《防洪法》两部法律在"法律责任"一章分别采用了不同的表述方式:《防洪法》第七章"法律责任"条款中没有逐条列出执法主体,只是在第六十四条规定"除本法第六十条的规定外,本章规定的行政处罚和行政措施,由县级以上人民政府水行政主管部门决定,或者由流域管理机构按照国务院水行政主管部门规定的权限决定"。1999年,水利部据此规定,对淮委、沂沭泗局及所属各级单位进行了专门的授权(也从反面说明沂沭泗局及所属各级单位均属于流域管理机构)。

但《水法》第七章"法律责任"条款中逐条列明执法主体为"县级以上人民政府水行政主管部门或者流域管理机构",没有规定流域管理机构履行《水法》规定的行政处罚和行政措施需要专门授权。因此,沂沭泗局及所属各级单位可直接适用《水法》等其他水法律法规,无须专门授权。

(4)淮委本级及沂沭泗局各级单位在某些职责权限上的划分不影响其共同的流域管理机构性质。

根据水利部《水行政许可实施办法》《水利部行政复议暂行规定》《淮河河道建设项目管理规定》等规定,淮委本级与沂沭泗局各级单位在行政许可、行政复议等具体事项中被赋予不同的职责权限,其主要目的是出于工作的客观现实需要,理清流域管理机构本级与下级管理机构在不同事项上的分工,从而提高行政效率。这种区分,不影响流域管理机构本级与下级管理机构共同的流域管理机构性质。此外,河道主管机关、河道管理单位、水管单位、水资源管理单位等是从不同角度对国务院水行政主管部门、地方水行政主管部门和流域管理机构的不同称谓,与单位执法主体的法律性质无关。

4 结语

综上,笔者认为"流域管理机构"是一个整体概念,不应将"流域管理机构"单纯理解为某一个单位或者某一级单位。流域管理机构是一个区别于地方各级水行政主管部门的独立管理体系,下至基层单位、上至淮委,都是这个管理体系的组成部分。沂沭泗局及所属各级单位是淮河流域管理机构的组成部分,同属淮河流域管理机构,在履行执法职责时,适用执法主体为流域管理机构的水法律法规作为执法依据。

南四湖苏鲁省界水行政联合执法工作的实践与思考

胡影

（淮河水利委员会沂沭泗水利管理局,江苏 徐州　221018）

摘　要　南四湖地处苏鲁两省边界,是迄今为止全国唯一没有完成省界勘定的地区。一湖分两省,上下游、左右岸属地不同,交界处犬牙交错,一度使湖区两岸群众因争夺湖田湖产而不断引发纠纷械斗,严重影响了边界地区社会稳定和经济发展。1981 年沂沭泗水系统管以来,沂沭泗水利管理局在水利部、淮委的正确领导和苏鲁两省的支持配合下,充分发挥流域机构统筹协调的作用,南四湖省际水事纠纷问题逐步解决,并建立了"水事矛盾联调、防汛安全联保、湖水资源联调、非法采砂联打、整治违法建设联动"的省界水事协调"五联"工作机制。本文旨在总结 30 多年来南四湖苏鲁省界水行政联合执法取得的成绩,总结经验、分析问题,并提出下一步工作建议。

关键字　省界;联合;执法

南四湖是我国第六大淡水湖,由南阳湖、独山湖、昭阳湖、微山湖等 4 个湖泊串联而成,湖面面积 1 280 km²,周边与山东省济宁市微山县、鱼台县、任城区,枣庄市滕州市、薛城区和江苏徐州市沛县、铜山县接壤,属大型省际边界湖泊。一湖分两省,上下游、左右岸属地不同,交界处犬牙交错,一度使湖区两岸群众因争夺湖田湖产而不断引发纠纷械斗。据不完全统计,1949 ~ 1985 年,南四湖地区因排水、用水和湖田湖产纠纷引起的群众械斗有 400 余起、伤亡 256 人,严重影响了边界地区社会稳定和经济发展。

1981 年,经国务院批准成立了沂沭泗水利管理局,负责该地区水事矛盾协调和水利工程统一管理。30 多年来,沂沭泗水利管理局(以下简称沂沭泗局)在水利部、淮委的正确领导和苏鲁两省的支持配合下,始终不忘初心,牢记使命,把人民群众的利益放在第一位,坚持团结治水、依法管水,充分发挥流域机构统筹协调的作用,南四湖省际水事纠纷问题逐步解决,并建立了"水事矛盾联调、防汛安全联保、湖水资源联调、非法采砂联打、整治违法建设联动"的省界水事协调"五联"工作机制,彰显了流域机构在边界水事协调中不可替代的作用。

1　南四湖苏鲁省界水行政联合执法工作实践

河湖保护管理是一项复杂的系统工程,在流域层面上,往往因跨行政区、跨部门以及上下游、左右岸的权责和利益问题,使水行政执法工作更加复杂和艰难。30 多年来,沂沭泗局本着团结治水、兼顾各方的原则,不断加强同地方政府的联系,在求同存异的基础上加强沟通、增进了解,省界水行政联合执法工作成效显著。

1.1　妥善解决省际水事纠纷

多年来,沂沭泗局积极利用"世界水日""中国水周"等时间节点,开展水法规宣传活动,以边界地区为宣传重点,以协调处理为原则,经过长期不懈的努力,营造了边界地区良好的法治环境。始终坚持团结治水、依法管水,积极做好边界地区水事矛盾的排查,水资源利用、工程调度运行、涉河建设项目审批等涉水方面的矛盾基本都能化解在基层、消灭在萌芽,赢得了地方政府的好评和称赞。协调苏、鲁两省成立了南四湖湖西大堤联防指挥部、打击南四湖非法采砂工作协调领导小组,建立了流域机构组织协调、跨省联动、部门配合工作机制,有效预防了因防汛、采砂等可能引起的省界水事矛盾。2007 年,沂沭泗局下属的南四湖水利管理局(以下简称南四湖局)因其在化解苏鲁边界冲突中所发挥的积极作用,获

作者简介：胡影,女,1984 年生,沂沭泗水利管理局办公室综合科科长。

得了中央社会治安综合治理委员会办公室和水利部联合颁发的"全国调处水事纠纷,创建平安边界先进集体"荣誉称号。同年 3 月,江苏省徐州市与山东省济宁市签订了《经济社会发展全面合作框架协议》,良好的边界水事关系让同属淮海经济区的徐州、济宁等地市间经济社会发展的合作道路越走越宽。

1.2　联合打击湖内非法采砂

南四湖是跨省界湖泊,非法采砂船只经常做"猫逮老鼠"游戏,江苏打击跑到山东,山东打击跑到江苏,给打击非法采砂工作带来了巨大的困难和挑战。2006 年,沂沭泗局协调成立了打击南四湖非法采砂工作协调领导小组,负责南四湖跨省界水域的非法采砂打击工作。联合打击机制建立以来,协调领导小组每年定期召开会议,并开展了"闪电—2007""曙光—2008""亮剑—2009"等一系列打击南四湖非法采砂专项行动。2011 年,水利部组织召开淮河流域采砂专项整治会后,沂沭泗局迅速行动,领导小组充分发挥协调作用,开展了"飓风—2011"专项行动,并集中拆除了一批非法采砂船只,大规模非法采砂得到有效遏制。2016 年 5 月,在南四湖局的统筹协调下,山东微山县和江苏沛县公安联合成立专案组,经过精心部署、周密组织,一举打掉了以孟氏三兄弟为首的、游荡在苏鲁边界十几年的非法采砂集团,77 名犯罪嫌疑人被采取刑事强制措施,其中 12 人被判处有期徒刑。一次次成功的联合打击证明,跨区域、跨部门的联合机制,在打击南四湖省际边界非法采砂中发挥了至关重要的作用。

1.3　合力整治省界"四乱"问题

河(湖)长制全面实施以来,沂沭泗局主动搭建省际边界河长沟通平台,积极协调开展水利部"清四乱"、江苏省"两违三乱"、山东省"清河行动"专项清理行动,有效解决了边界诸多管理难题及历史遗留问题。苏鲁边界上,刘香庄"码头群"涉及两省沛县、微山、鱼台三县,土地管辖、人员属地、经营许可等问题相互交织,是历史上"老大难"问题。淮委将刘香庄码头群挂牌督办以来,沂沭泗局积极协调两省三县河长办,制订联合整治方案,共同开展调查摸底、宣传动员和集中整治等行动。经过一年多的共同努力,非法建设的 6 处码头全部清除并复垦,未按批复要求建设的 4 处码头基本整改完毕。联动机制还有很多丰硕成果,2019 年 7 月顺利清除南四湖苏鲁边界水域违章圈圩 412 亩,2020 年 3 月成功清除苏鲁省界 8 处、近 20 000 m^2 的违章建设……流域统筹协调 + 区域联合整治的模式一次又一次成功破解了省际边界水事难题。

2　南四湖苏鲁省界水行政联合执法工作经验

2.1　统筹协调,建立联防联控机制是根本

良好的工作机制是工作有效开展的基础,南四湖湖西大堤联防指挥部、打击南四湖非法采砂工作协调领导小组、南四湖河(湖)长制工作座谈会为湖区两岸县(市、区)搭建起了良好的沟通交流平台。流域机构组织协调、跨省联动、部门配合工作机制妥善解决了省际边界采砂管理、"四乱"清理整治等执法难的问题,为湖区两岸执法部门有效开展执法工作奠定了基础。

2.2　加强宣传,营造执法良好氛围是保障

积极利用世界水日、中国水周、法制宣传日等重要节点开展宣传活动,通过进社区、进校园、进乡村、进湖区等多种形式宣法、送法、传法,有效增强了流域内民众的水法治观念,营造了良好的法治环境。以案说法,通过在采砂敏感区域设置"孟氏三兄弟"非法采砂入刑案普法宣传牌、在微山县非法采砂船只集中拆解点等沿湖区域张贴全湖禁采公告等形式,加大宣传力度。通过持续不断的宣传,流域内群众的法制意识不断增强,为水行政执法奠定了良好的基础,为水行政执法营造了良好的氛围。

2.3　依法行政,不断加强自身建设是基础

近年来,水事违法活动呈现复杂化、多样性的趋势,查处难度加大。沂沭泗局不畏困难、依法履职,成功查处一大批重大案件,为改善河道和工程面貌,维护河流健康发挥了重要作用,树立了流域机构良好的社会形象。同时为不断提高水行政执法水平,沂沭泗局不断优化调整全局水政监察人员队伍,逐步形成人员整齐、忠于职守、业务素质高的水政执法力量。进一步加强执法能力建设,配置了调查取证设备、执法信息处理设备、听证设备、无人机、水行政执法监控系统等,使水政监察队伍具备多层次、多角

度、全方位的工作保障能力。

3 南四湖苏鲁省界水行政联合执法存在的问题

3.1 缺少明确的法律规范

《水法》《河道管理条例》等有关法律法规中,对流域机构下属单位的执法权没有明确,流域与区域事权划分还有待进一步明确。在水资源管理方面,少数地方政府受短期效益和本位利益驱动,进行行政干预,致使水行政执法人员在执行公务中事难做、案难办,增加了执法工作的难度。

3.2 水行政联合执法机制执行力度仍需加大

虽然南四湖局与地方政府有关单位部门成立了联防联控机制,也进行过多次水行政联合执法行动,但联合执法检查的频次、范围及持续时间等仍不能满足跨省界水域管理保护需要,省界插花地段"难管"问题未得到彻底解决。

3.3 执法保障水平不能适应"强监管"工作需要

"强监管"对水行政执法工作提出了新的更高要求,目前南四湖局各基层局水政安监股平均只有两人,执法力量分散、执法手段有限、执法设备不足、信息化手段不高、河(湖)长制工作经费缺乏等问题仍然突出。

4 南四湖苏鲁省界水行政联合执法工作的建议

4.1 从立法层面明确流域机构及其下属单位的执法权

修订完善《水法》《河道管理条例》等法律法规,在《水法》《河道管理条例》等法律法规中明确流域管理机构及其下属单位均可适用该法。进一步明确流域管理机构与地方水行政主管部门的责权利(如水资源管理),强化流域管理的执法权限。研究出台《南四湖管理条例》,为强化南四湖的管理和保护提供法律保障。

4.2 加大联防联控的省界水行政执法力度

进一步健全现有的联防联控机制,利用各级行政区实施河长制的"高位推动"优势,建立行政区党政负责人定期联席会商制度。坚持问题导向,加大联合执法检查力度(包括联合执法的频次、范围和持续时间),落实齐抓共管制度,切实解决省界插花地段管理中存在的突出问题。继续做好纠纷预防调处,促进平安边界建设。

4.3 进一步强化执法保障水平

加大机构改革力度,优化机构、职能配置,保障"水利工程补短板、水利行业强监管"各项工作落到实处。不断提高执法信息化水平,进一步加强水政监察队伍的规范化建设,加强人员培训,强化担当意识,建立适应全面依法治国要求的新型水政监察队伍,提高整体素质、执法能力与执法水平。

国家级水管单位创建工作的实践与启示

公静，董超

（沂沭河水利管理局江风口分洪闸管理局，山东 临沂　276000）

摘　要　江风口分洪闸 1954 年 11 月 1 日动工，1955 年 6 月 15 日建成。1955 年 9 月 17 日，江风口分洪闸管理所成立。60 多年间，江风口分洪闸管理局一直是全国水利系统的先进单位，分别于 1963 年、1981 年、1989 年、1991 年、1996 年被评为全国水利系统先进单位；2006 年成功创建国家二级水利工程管理单位，2019 年顺利通过水利部国家级水管单位考核验收，这是继灌南河道管理局、嶂山闸管理局、刘家道口水利枢纽管理局之后，淮委沂沭泗第 4 个通过国家级水管单位考核验收的单位，标志着淮委沂沭泗局直管工程管理水平的新提高。本文介绍了江风口分洪闸管理局在创建国家级水利工程管理单位工作过程中的主要做法和经验，并谈了一些体会与启示，以期为水利工程考核和创建提供有益的探讨。

关键字　水管单位；工程管理；考核实践；经验与探索

1　基本情况

1.1　工程概况

江风口分洪闸位于山东省临沂市境内沂河右岸，邳苍分洪道入口处，是分泄沂河洪水入邳苍分洪道的控制性工程，为大（2）型水闸。

工程于 1955 年 6 月建成，被誉为"山东治淮第一闸"。1999 年 12 月至 2001 年 1 月实施除险加固，2008 年 12 月至 2011 年 5 月实施扩孔建设。按照分泄沂河 50 年一遇洪水标准设计，设计分洪流量 4 000 m³/s，相应闸上水位 58.39 m、闸下水位 57.93 m，设计闸上防洪水位 58.98 m，闸上正常蓄水位 53.50 m。现共 11 孔，单孔净宽 12 m，总宽 180.9 m，长 109 m。闸室结构为实用堰、胸墙式结构，闸门为钢结构弧形闸门，右岸 7 孔、左岸 4 孔闸门分别采用液压启闭机、卷扬式启闭机启闭。

建闸以来，该闸共分洪 10 次，1957 年 7 月 19 日最大分洪流量为 3 380 m³/s，为历史最大值，属超标准运用。

1.2　单位概况

江风口分洪闸管理局（以下简称江风口局）位于山东省郯城县李庄镇，成立于 1955 年，原名武河江风口分洪闸管理所，隶属临沂专区治淮指挥部；1969 年，与沂河管理所合并，更名为沂武河管理所；1983 年，归沂沭河管理处统管后定为沂河管理所；1987 年，根据沂沭河管理处要求，沂河管理所分为沂河管理所和江风口闸管理所；2003 年，更名为江风口分洪闸管理局。江风口局下设办公室、财务股、水利管理股（防汛抗旱办公室）、水政水资源管理股（水政执法大队）四个股室，现有职工 17 人，退休职工 7 人，负责江风口分洪闸的日常管理维修养护、水资源管理及防汛抗旱工作。

江风口局先后于 1963 年、1981 年、1989 年、1991 年、1996 年被评为全国水利系统先进单位；1991 年和 1996 年分别被水利部评为会计工作达标单位和会计工作先进集体；1999 年被水电工会淮河水利委员会评为民主管理达标单位；多次被山东省人民政府评为水利工程管理先进单位；多次被沂沭泗水利管理局评为水利工程先进单位；多次被沂沭泗水利管理局评为优胜红旗闸。原全国政协副主席、水利部部长钱正英同志先后两次莅临江风口闸视察，对江风口分洪闸的管理给予了高度评价，并在江风口分洪闸建闸四十周年亲笔题词"发扬艰苦创业的精神，并在改革开放中作出更大贡献"。

作者简介：公静，女，1986 年生，沂沭河水利管理局江风口分洪闸管理局办公室主任，主要从事水利工程管理。E-mail：329418417@qq.com。

2006 年,江风口局通过水利部考核验收,被批准为国家二级水利工作管理单位。

2012 年,江风口局在沂沭泗局直管水利工程管理考核中被评为一级管理单位。

2019 年,江风口局通过水利部国家级水管单位考核验收。

2 主要做法

2.1 广泛宣传,快速启动

为确保创建工作顺利开展,江风口局迅速成立以局长为组长,各部门负责人为成员的创建工作领导小组,召开创建工作动员大会,沂沭河局分包领导出席会议并进行了动员讲话。江风口局对国家级水管单位创建工作进行全面部署安排,统筹年度重点工作安排,深入分析自身的优势和面临的问题,科学制订了创建国家级水管单位实施方案,做到有计划、有步骤,将创建工作任务进行分解落实。

2.2 任务细化,责任到人

为保证日常管理和创建工作两不误、两促进,江风口局按照考核项目及标准将任务分解细化,责任到人。实行每日检查、每周例会调度制度,各部门协调一致,全局上下统一认识、统一指挥、统一行动,务实求细,注重细节,兼顾大局,声势与行动双管齐下,硬件与软件建设两手并举,围绕"改"字,突出"快"字,仔细对照标准逐项检查,逐条梳理分析,认真细致做好各项工作的落实。

2.3 积极学习,逐项整改

江风口局先后到多家国家级水管单位调研学习,通过学习借鉴达标单位的成功经验,取长补短,稳步提升管理能力和水平。同时,对自检发现问题、上级主管部门考核反馈意见,高度重视,及时落实整改责任部门、责任人和整改期限。坚持从严从实,切实做到坚决整改、逐条逐项排查整改,举一反三,确保整改工作取得实实在在的效果。

3 夯实基础,突出重点

3.1 重创新,提升现代化管理水平

科技是第一生产力,积极落实"水利工程补短板、水利行业强监管"的水利发展总基调,围绕江风口闸运行管理工作实际,主动开展技术创新。2017 年研发"无线遥控液压启闭机应急控制装置",获得淮委科学技术奖三等奖及国家知识产权局实用新型专利授权;2018 年对"卷扬式启闭机提升孔多层滑动式密封装置"进行升级改造;2019 年研发江风口分洪闸智慧水闸工程管理信息 APP 系统,这些装置和系统的应用提升了水闸工程管理现代化水平,为保障水闸安全稳定运行发挥了积极作用。

3.2 补短板,外提面貌内强管理

按照国家级水管单位标准要求,充分利用维修养护、应急度汛等水利基金,加大工程维修养护实施力度,为水利工程安全度汛打下坚实基础。坚持精修细管,稳步提升闸区面貌,塑造了"闸是风景区,堤是风景线"的新时期水利工程管理新面貌。

3.3 强监管,提高水行政管理能力

多措并举加强工程、水政巡查力度,对管理范围内的水事违法行为及时发现、制止和处理。配合县河长办做好"清四乱"工作。利用维护经费及时对设备设施维护,做到安全稳定运行。对堤防占道经营、侵占堤防架设线路、私设广告牌等行为进行专项治理,共清理设摊点 100 余处、乱搭电线 700 余 m、广告牌 6 处。对闸区进行全封闭管理,安装防护栏 1 000 余 m,增设安全警示标志 100 余块。维护了闸区的良好管理秩序。

3.4 双促进,党建主业两融合

直面问题重实效,干事创业显担当。结合"不忘初心、牢记使命"主题教育,江风口局党支部紧扣学习贯彻习近平新时代中国特色社会主义思想这条主线,把握"守初心、担使命、找差距、抓落实"的总要求,以"三个创建"为抓手,推动主题教育走深走实。严格落实"三会一课"制度,落实党员奉献积分制管理。组织不同主题的党日活动,依托"学习强国",在支部内部掀起比学赶超的热潮。开展"固定学习日＋业务知识学习"活动,与沂沭泗局水管处党支部、河东局党支部开展联学联做活动,不断创新和探

索丰富党内教育与组织生活模式,把在党建学习教育中激发出来的奋斗激情和创业热情,转化为创建过程中力学笃行、精进不休的全力以赴。用成功创建国家级水管单位、水利安全生产标准化一级单位、档案工作规范化管理三级单位的成果检验党建工作成效。

4　突出特色抓亮点

4.1　利用历史,讲好故事

江风口局作为"山东治淮第一闸",作为拥有无数成绩的"老红旗闸",承载了多少人的记忆,也记录了一代代水利人的初心和前行的步伐。江风口局结合"不忘初心、牢记使命"主题教育活动,延伸江风口局展室建设,利用1978年全国水利工程管理现场会旧址,建立"初心 使命"展馆,用实物和图片等方式,展示了江风口局65年的奋斗历程。充分利用每一处历史痕迹,从备用发电机到郁郁葱葱的玉兰树,从记忆展馆的老桌椅到星火展馆的一件件珍贵实物,充分展现出老一代水利人的忠诚与担当,同时又展现出新一代水利人追寻前人脚步,奋勇前进的坚定决心。

4.2　提炼精神,鼓舞后人

江风口局开展"追寻闪光的足迹"口述历史专题活动,通过见证者的口述,让江风口的历史更加丰富感人。印制宣传册、宣传片,全方位立体化地向人们展现一个更加全面的江风口,让江风口精神更加具象。在此过程中,提炼了江风口精神:

自力更生、艰苦奋斗的创业精神;

恪尽职守、赤诚于心的奉献精神;

凝神聚力、砥砺前行的开拓精神。

用精神去鼓舞人、激励人、培养人,增强职工的认同感和自豪感。

4.3　率先垂范,斗志昂扬

在创建过程中,领导干部率先垂范,全体党员干在实处、走在前列,全体职工不掉队,人人都有好表现。在创建过程中,领导班子成员及时同职工开展谈心谈话,做好心理上的开导,为其加油鼓劲,以饱满的热情投身到工作中。全体干部职工以志在必得的信心、背水一战的决心、一鼓作气的斗志,全力以赴,顺利完成创建工作。

5　创建工作几点经验和启示

5.1　深化对考核标准的理解是基本前提

考核标准是推进水利工程管理规范化、法制化、现代化建设,确保水利工程运行安全和充分发挥效益,不断提高水利工程管理水平的一项日常管理制度,每个水利工程管理单位都应该认真学习、不断揣摩,在准确理解的基础上,结合单位实际,开展科学实践。

5.2　领导的支持和职工的努力是有力保证

在创建过程中,淮委、沂沭泗局、沂沭河局有关领导和部门先后多次派员检查、指导,给予了必要的支持,激发了全局干群的信心和工作积极性,强力推进江风口分洪闸管理局开展创建工作,确保了创建工作目标按期完成。创建过程中,全体职工用精益求精的工作态度,踏实工作,不断创新,涌现了许多令人感动的敬业故事,工程管理面貌全面提高,管理水平大力提升,职工恪尽职守的精神和求实创新的态度推动了创建工作的全面开展。

5.3　标准化规范化管理是重中之重

2019年,江风口局同时完成了水利部安全生产标准化一级单位验收、水利部档案工作规范化管理三级单位达标,通过标准化、规范化管理,单位内部规章制度完备查,制度执行严谨,日常管理井然有序,为创建工作打下良好基础。深刻理解规范化、标准化管理内涵,严格执行考核标准,是创建工作的基础要求,按照标准落实各项措施,才能切实提高水利工程管理水平。

5.4　水利工作的现代化水平是有力支撑

水利工程的现代化水平是深入贯彻落实中央关于加快水利改革发展的决策部署,不断推进水治理体系和治理能力的一种具体体现。水利工程管理单位要增强现代化管理理念,提高水利工程现代化管理的重视程度,不断加强对管理现代化的投入力度,大力开展水利科研和技术创新工作,探索建设水利工程运行管理平台,促进信息化与现代化水利深度融合,提升运行管理现代化水平。

5.5　打造特色水文化是金色名片

目前对于水文化研究和水文化建设还处于探索阶段,但是挖掘水文化的重要性是毋庸置疑的。水利工程管理单位要注重水文化建设,不断丰富水利工程文化内涵,充分挖掘文化底蕴,提升文化品位,赋予现代水利工程更多的文化内涵和人文色彩,使每一处水利工程都成为独具特色的水文化精品。

5.6　建立长效管理机制是根本目的

创建完成后,进入"后创建时代",还应采取措施,建立长效管理机制。把巩固创建成果列入工作目标,完善单位内部考核机制,加强日常管理,定期进行自检。要拉高标杆、对标对表,推动单位管理水平向更高水平迈进。

6　结语

国家水管单位创建是推进工程管理规范化、法制化、现代化建设的需要,也是提高水利工程管理水平的有效途径。要始终坚持把创建工作贯穿于工程管理之中,从而推进水利现代化管理,提升水文化品位,丰富现代化管理内涵,提高管理水平,确保工程安全运行,充分发挥工程社会经济效益的管理目标。创建工作需要创新创优,持续提升工程管理水平,这样才能使水利工程管理单位得到高质量发展。

参 考 文 献

[1] 陈润辉,陈富川.创建国家级水管单位全面提升管理水平——临淮岗工程创建国家级水管单位实践[J].城市建设理论研究(电子版),2012(25).

安徽省淮河河道管理现代化建设的探索与实践

杨冰，张春林

（安徽省淮河河道管理局，安徽 蚌埠 233000）

摘 要 文章介绍了《安徽省淮河河道管理现代化规划（2016～2030）》五大体系的主要内容和建设任务；为初步实现安徽省淮河河道管理现代化，安徽省淮河河道管理局进行了一些现代化建设的探索和实践。

关键字 安徽；淮河；管理现代化；探索；实践

安徽省地处淮河中游，省内淮河干流全长 418 km，两岸支流水系发达，湖泊洼地众多，流域面积 6.7 万 km²。经过多年的治淮建设，特别是治淮骨干工程的实施，淮河中游综合防洪体系基本形成，整体防洪能力得到了明显提高。进入新时代，如何进一步加快水利改革发展，保障人民安居乐业，推动淮河河道管理现代建设，是当前淮河水利人面前的重要课题。

1　以规划为引领，明确淮河河道管理现代化思路

安徽省淮河河道管理局（以下简称省淮河局），作为安徽省水利厅直属水利工程管理单位，担负省内淮河干流、主要支流（颍河茨河铺以下、涡河西阳集以下）河道管理职责，直接管理堤防 708 km（其中一级堤防 585 km），大中小型水闸 89 座。

2013 年 11 月，省淮河局组织编制《安徽省淮河河道管理现代化规划（2016～2030）》（以下简称《规划》），经多次专家咨询、意见征集及修改完善，2015 年上半年完成了《规划》（送审稿），2015 年 6 月通过了安徽省水利厅审查，并批准组织实施。

1.1　指标体系

根据安徽省水利现代化指标体系，针对省淮河局的实际情况，开展评价指标的设计与选取，经反复论证修改，最终确定了防灾减灾、运行及安全管理、水生态保护、水利信息化、能力建设支撑五大体系共 15 项指标。

1.2　总体目标

根据安徽省经济社会发展布局和总体要求，围绕全省水利现代化建设目标，超前谋划，坚持"稳中求进、好中求快"地推进安徽省淮河河道管理改革和发展，大力提升管理现代化水平，建成现代化的淮河河道管理综合体系，实现"安全保障可靠、工程管理先进、水生态健康、信息安全畅通、发展支撑有力"的总体目标。力争到 2020 年，现代化重点薄弱环节建设初见成效，信息化建设取得明显进展，短板指标得到缓解，"五大体系"现代化水平得到较大提升，各体系得分率均大于 70%，综合得分大于 80 分，初步实现安徽省淮河河道管理现代化。到 2030 年，"五大体系"现代化水平进一步巩固提升，各体系得分率均大于 80%，综合得分大于 90 分，基本实现安徽省淮河河道管理现代化。

1.3　规划内容

1.3.1　防灾减灾体系

推进工程除险加固，进一步巩固提升工程防御标准；加快堤顶防汛道路升级改造，保障防汛抢险应急道路全线畅通；落实防汛抗旱相关制度，加强防汛物资储备与管理，着力加强防汛抗旱能力建设；总结工程调度运用规律和经验，优化调度方案，最大限度减轻灾害损失，发挥工程效益。

作者简介：杨冰，女，1973 年生，安徽省淮河河道管理局，高级经济师，主要从事水利工程管理。E-mail：401168014@qq.com。

1.3.2 运行与安全管理体系

以常态化管理为基础,以规范化管理为抓手,强化工程检查观测、维修养护等工作,持续提升工程技术管理水平。依法划定工程管理范围和保护范围,严格涉河项目审批,规范水事活动,保持管护设施齐全完好,保障工程运行安全。

1.3.3 水生态保护体系

坚持科学规划、综合治理、可持续发展原则,牢固树立生态文明理念,全力保障水生态环境安全。加强推进依法行政,严格行政审批程序,有序开发利用滩地资源;积极引进生态护坡新技术,维护岸坡稳定,改善生态环境,提升自我修复能力;实施退耕还林工程和大中型水闸范围绿化美化工程,预防和治理水土流失,提高水土保持绿化程度;全面完成基层单位能力建设,实现庭院园林化,有序推动水利风景区建设,打造人水和谐的优美环境,营造浓厚的水文化氛围。

1.3.4 水利信息化体系

利用先进适用的信息技术,在已有建设成果的基础上,进一步完善水利信息基础设施,大力推进业务应用系统建设,构建安全可靠的运行保障体系,建立服务于防汛调度运用、堤防及建筑物监视监测、安徽省淮河干流及重要支流河道监测、工程运行管理等业务的信息化服务平台和决策会商支撑系统,实现信息技术标准化、采集自动化、传输网络化、管理集成化、功能模块化、处理智能化、办公电子化的目标。

1.3.5 能力建设支撑体系

推进事业单位改革,深化管理模式改革,强化人才队伍建设,健全内部规章制度,提高财政供给水平,规范发展水利经济,构建体制顺畅、活力高效、保障有力的能力建设支撑体系。

2 以方案为抓手,全面开展淮河河道管理现代化"五大体系"建设

为有序推进安徽省淮河河道管理现代化建设,全面提升安徽省淮河河道管理现代化水平,根据全省水利现代化建设的总体要求,2016 年底,省淮河局根据管理实际,编制印发《安徽省淮河河道管理现代化实施方案(2017~2020)》,明确了各年度实施任务。

2.1 强力推进工程除险加固,夯实管理现代化基础

积极推进水利基本建设项目计划的落实,争取沿淮地方政府水利投资的支持,2016 年以来,重点实施了颍上闸除险加固工程、东湖闸加固及扩建工程、五河分洪闸拆重建工程、涡河蒙城枢纽建设工程、西淝河左堤除险加固工程以及淮北大堤部分堤段防汛道路升级改造工程等,累计投资约 20 亿元。通过一批病险水闸及堤防工程的除险加固,水利工程保障经济社会发展能力进一步提升,河道管理现代化基础得以进一步夯实。

2.2 强化工程运行和安全管理,不断提升工程管理水平

巩固提升管理达标创建成果,以目标管理促进管理水平再提升,2019 年王家坝闸管理处经水利部批准,成为继蚌埠闸之后系统内第二家国家级水利工程管理单位。2020 年将继续推进颍上闸、阜阳闸、东湖闸、凤台局等单位创建省级水利工程管理单位。

2019 年全面完成直管工程管理范围划界、上图,并埋设界桩。加强河道岸线监管,以河长制建设为契机,开展"四乱"治理和"生态区域违建清除"等专项行动,大力清除河道管理范围历史遗留"四乱"问题;持续开展重点河段、边界河段巡查,督促并配合地方政府开展非法采砂行动及淮河干流非法采砂船只拆解,2019 年淮河干流共拆解非法采砂船舶 1 232 条,基本完成拆解取缔任务,取得了历史性突破;完善并落实"四查"制度(管理所日巡查、基层河道局周检查、执法大队月复查、省淮河局季督查)使河道日常巡查制度化、常态化,保证及早发现违法水事活动。

2.3 着力改变传统观念,大力推进水生态建设

在满足河湖防洪、除涝、供水等基本功能的基础上,工程建设兼顾河湖的水景观、水文化、水生态功能,积极支持地方政府建设沿河景观带,颍上县、五河县、怀远县滨河公园已建成,蒙城县滨河公园等项目已进入可研阶段;大力开展护堤地植树造林,2017~2020 年累计消灭护堤地空白段 10 580 亩,淮河、涡河和颍河堤防护堤地绿化率已达 98% 以上;在西淝河左堤加固和淮北大堤堤防管护中,积极采用狗

牙根草茎建植技术进行草皮防护;在阜阳闸下游岸坡崩岸治理中,计划引进生态混凝土护坡新技术。

2.4　注重补齐信息化短板,加快管理现代化步伐

开展安徽省淮河河道信息化总体设计,并分期进行建设,一期工程已完成全局视频会商系统、数据机房、水利专网组建及网络安全建设等;二期工程正在建设三架无人机中继站、通信网络和飞控基地,首架无人机已完成实地飞行和数据通信测试,工程建成后,将实现无人机移动视频对管理范围无死角的监视,利用固定视频对重点区域全天候监视,为强化河道、堤防工程监管提供有力支撑;加快三期工程建设进度,2020 年 5 月底前完成招标,主要包括水闸自动化升级改造,开发综合管理应用平台,实现水闸工情、水情数据的自动采集与交换,为工程管理、灾害防御提供数据支撑。到 2020 年底,安徽省淮河河道管理信息化基本建设完成并投入使用。

2.5　大力加强能力建设,激发支撑保障活力

加强人才引进与培养力度,通过公开招考、“三支一扶”招聘和特殊人才引进等渠道,近三年累计引进各类人才 179 人,基层偏远单位专业人才得到了补充,一定程度上解决了年龄老化和人才队伍断层问题,有力改善了人才队伍专业结构,为《规划》各项任务落实提供了新鲜血液和人才保障;修订印发《科级干部聘任管理办法》《关于进一步做好七级八级管理岗位设置与管理的意见》,健全完善各项管理机制,提高干部综合素质;在工程维修养护不足的情况下,改善职工草皮养护劳动强度大,安全性不高等问题,2019 年、2020 年共引进多功能割草机、智能遥控割草机等堤防草皮养护专用设备 26 台,草皮养护效率大幅提升,为今后全面推行机械化养护创造有利条件。

3　结语

河道管理现代化是一个长期的系统性工程,且随着新形势持续创新发展,要想实现管理现代化,需要紧密联系实际,对照现代化规划建设“五大体系”评价标准,严格根据时间节点要求,确保不折不扣完成各项年度重点任务。2020 年是初步实现安徽省淮河河道管理现代化的关键之年,省淮河局近年来做了一些探索和实践,但河道管理现代化是一个复杂的课题,在推进现代化建设的过程中仍面临很多困难,需要从理论和实践中进行更加深入的探索。

利用卫星遥感、无人机等信息化手段开展水土保持重点工程实施效果评价

吴鹏

（河南省水土保持监测总站，河南 郑州 450003）

摘　要：水土保持工作作为生态文明建设的重要组成部分，必须从传统粗放式管理向现代精细化管理转变，推动信息技术与水土保持深度融合，提高管理能力与水平。利用卫星遥感、无人机等信息化手段对国家水土保持重点工程项目竣工验收后一段时期内（3～5年），对项目区林草覆盖变化情况、水土保持措施保存情况和水土流失消长变化情况等水土流失治理实施效果的评估，以便科学、系统地分析各项水土保持措施对项目区生态改善的影响。

关键词：水土保持重点工程；实施效果评价；卫星遥感；信息化

新时代，党中央将生态文明建设纳入"五位一体"总体布局，党的十九大就生态文明建设的发展理念和战略举措做出了全面安排部署，人民群众对生态环境质量的要求越来越高，对生态建设工程的管理、质量、效益也提出了更高的要求。水土保持工作作为生态文明建设的重要组成部分，必须从传统粗放式管理向现代精细化管理转变，推动信息技术与水土保持深度融合，提高管理能力与水平。为贯彻落实水利部"治理补短板"水土保持工作要求，利用卫星遥感、无人机等信息化手段对国家水土保持重点工程项目竣工验收后一段时期内（3～5年），对项目区林草覆盖变化情况、水土保持措施保存情况和水土流失消长变化情况等水土流失治理实施效果的评估，以便科学、系统地分析各项水土保持措施对项目区生态改善的影响。本文以泌阳县2016年国家水土保持重点工程为例，利用遥感影像、无人机航拍等手段，对比项目区建设年和评估年土地利用和水土流失现状，以此探讨水土保持工程效果和区域影响。

1 前期准备

1.1 项目资料收集

泌阳县2016年度国家水土保持重点建设工程，地处淮河流域盘古山大刘冲小流域。小流域总面积35.37 km²，水土流失面积21.94 km²，计划治理面积16.00 km²，总人口3 530人，农业人口3 530人，农业劳力1 590人，人口密度100人/km²。

2015年大刘冲小流域土地利用现状为：梯地207.54 hm²，坡耕地118.2 hm²，有林地1 431.31 hm²，疏林地1 489.21 hm²，荒山荒坡231.35 hm²，其他用地58.95 hm²。该项目2016年实施，规划实施治理水土流失面积16.0 km²，采取工程措施与植物措施相结合，治理与管护相结合，采取大封禁、小治理方式，进行山、水、田、林、路综合治理。通过对生态效益、经济效益和社会效益的综合考虑，项目区综合治理措施是：在坡度较缓的荒山、荒坡营造经济林，在稀疏林地进行封禁、补植补种，谷坊、塘坝工程主要布设在沟道上、中部，梯田布局在土层较厚的10°～15°的坡耕地内，生产道路以原田间便道为基础适当加宽、垫平，以方便群众生产、生活。项目布设主要措施为：坡改梯65.84 hm²，营造经果林285.60 hm²，封禁治理1 248.44 hm²，整修山塘7座，生产道路3.56 km，排水沟5.79 km。

1.2 遥感影像

遥感影像利用高分1号卫星影像，为保障影像解译准确性，选取影像时注意控制了以下条件：分辨率控制在2 m或以上级别，影像拍摄时间选择与项目实施季节相近的遥感影像，获取泌阳县实施年

作者简介：吴鹏，男，1984年生，汉族，河南省舞阳县人，工程师，硕士，主要从事水土保持遥感监管与规划工作。

(2015 年)与评估年(2019 年)遥感影像。利用水土保持信息管理系统获取项目区边界及图斑 shp 格式图,将其与获得的影像在 GIS 中叠加,获得项目区实施年与评估年遥感影像。项目区设计布局图和评估年卫星影像图如图 1、图 2 所示。

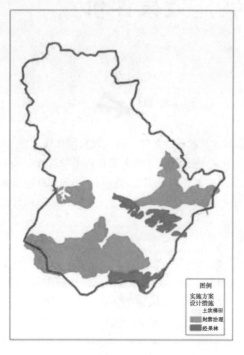

图 1　河南省泌阳县 2016 年重点工程设计布局图

图 2　河南省泌阳县 2016 年重点工程年遥感影像

2　数据获取

　　主要技术路线为:通过现场实地勘察、无人机航拍等方式对水土保持措施、土地利用类型等开展项目区遥感解译。基于收集影像和解译标志,获取项目区水土保持措施现状图斑以及项目区土地利用现状等情况。

2.1　解译标志建立

　　建立泌阳县 2016 年重点工程项目区解译标志库(见表 1)。本文在这里按主要土地利用类型列举了梯田、耕地、林地等主要的项目区土地利用类型。

表 1　国家水土保持重点工程项目解译标志库

项目省:河南省		项目县:泌阳县		实施年度:2016 年				
项目区:盘古山项目区大刘冲小流域								
影像类型:遥感影像		影像拍摄时间:2019 年						
项目实施阶段:效果评估								
编号	解译标志位置		土地利用类型	措施类型	影像空间分辨率	影像截图	影像特征	现场照片
	经度	纬度						
1	113°5′48″	32°40′03″	梯田		2 m		等高线特征明显	

续表1

| 编号 | 解译标志位置 | | 土地利用类型 | 措施类型 | 影像空间分辨率 | 影像截图 | 影像特征 | 现场照片 |
	经度	纬度						
2	113°13′15″	33°29′24″	耕地		2 m		黄色或绿色,地块呈现规则多边形	
3	113°12′07″	33°38′56″	林地		2 m		颜色深绿色,不规则点状	

2.2　实施效果评估图斑解译

依据建立的解译标志库,对项目区评估年高分遥感影像解译土地利用现状。根据项目区影像特征,基于项目区措施布局图和参考解译标志,利用 GIS 软件,分别勾绘出水土保持实施效果评价图斑和评估年土地利用现状图斑。实施效果评估图见图3,根据解译所得项目区土地利用现状见图4。

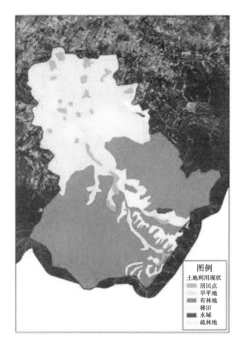

图3　泌阳县2016年重点工程　　　　　　　图4　泌阳县2016年重点工程
实施效果评估图斑分布图　　　　　　　　评估年土地利用现状图

泌阳县2016年重点工程评估年解译总面积3 672.5 hm²,其中居民建筑用地193.64 hm²,占5.3%;旱平地731.93 hm²,占19.93%;梯田66.29 hm²,占1.8%;水域32.6 hm²,占0.89%;有林地1 987.2 hm²,占54.11%;疏林地660.84 hm²,占17.99%。

3　效果评价

综合已有数据,通过解译评估年土地利用、水土保持措施和土壤侵蚀状况,对比实施年土地利用、水土保持规划措施和土壤侵蚀状况,评估项目区水土保持措施的实施效果,主要包括以下 4 个方面:水土流失治理度、水土保持措施保存情况、林草植被覆盖情况、水土流失消长情况。

3.1　评估年水土流失治理度

水土流失治理度计算方法为:评估年水土流失治理面积/项目区总面积,根据对评估年遥感影像土地利用等现状信息解译,评估年水土流失总治理面积 2 940.57 hm²,总治理度 80.07%。

3.2　水土保持措施保存情况

评估年水土保持措施保存率计算方法为:评估年该项措施图斑的实测措施数量/竣工验收时水土保持措施图斑数量。泌阳县 2016 年重点工程验收图斑面积 1 600 hm²,规划区域现有措施保存面积 1 529.92 hm²。因此,项目区措施保存率为 95.62%。

3.3　林草植被覆盖情况

根据遥感影像对土地利用现状的解译,泌阳县 2016 年重点工程评估年解译土地总面积 3 672.5 hm²,其中有林地加疏林地 2 648.04 hm²,植被覆盖度为 72.1%。

3.4　水土流失消长情况

项目区实施前原有水土流失面积 3 003.38 hm²,其中轻度流失 1 342 hm²,中度流失 1 656 hm²,强度及以上 5.38 hm²。实施后评估年水土流失面积 731.93 hm²,全部为轻度。

在实施评价过程中,发现了诸如坡改梯措施地块位置变化、经济林位置面积有所更改等情况,反映出当前小流域治理过程中设计深度仍然需要加强,需要建设单位和水行政主管部门在项目建设前,加强设计复核、细化措施布设,进一步准确图斑位置,实施更精确的项目管理。

综合以上效果评价结果,泌阳县 2016 年国家水土保持重点工程取得了明显的治理效果,项目区总治理度达到了 80% 以上,水土保持措施保存率达到了 95% 以上,项目区林草覆盖度达到了 72.1%,水土流失面积减少了 2 271 km²,取得了良好的生态效益。

关于淮河水文化的研究

陶春

（淮南市堤防管理处,安徽 淮南 232001）

摘 要 淮河水文化是淮河文化的重要组成部分,伴随着淮河应运而生,历史久远,博大精深,是淮河文化的核心和精髓。研究和传承淮河水文化,对认识淮河、了解淮河、推动淮河流域文化建设具有十分重要的意义。本文从淮河起源与历史变迁中,探寻淮河水文化的发展因素及思想精髓,并从水工程作为水文化的载体,进一步阐述水工程对水文化所赋予的新的思想内涵。

关键字 淮河;水文化;研究

淮河,是我国一条古老而又独具地域特色的河流。淮河流域位于长江与黄河流域之间,横亘于中原大地,是苏、鲁、豫、皖人民赖以生存和发展的基础,更是中华民族 5 000 年文明史的主要发源地之一。千百年来,生活在淮河流域的人民,通过对淮河的认识、治理、开发、保护和感知中,创造着与水有关的丰富绚烂的物质财富和精神财富,领悟出许多充满智慧的哲思,形成了具有鲜明地域特色的淮河水文化。淮河水文化是淮河文化的重要组成部分,伴随着淮河应运而生,历史久远,博大精深,是淮河文化的核心和精髓。

1 淮河的起源与历史变迁

1.1 淮河的起源

淮河,是我国一条古老而又独具地域特色的河流。古时候,由于淮河居于黄河与长江中间,于是人们就称她为"中河",随着时光的推移,人们开始觉得中河名只能反映它的位置,而不能反映它的自然形美,于是黄帝的史官仓颉就依据古淮河比长江、黄河都短,而且淮水美如"鸟之短尾"的意境,用象形字"水"与"隹"(zhui,短尾鸟名)合并,创造了"淮"字,并将中河之名改为淮河。

历史上的淮水是一条独流入海的河流。在商代的甲骨文和西周的钟鼎文(金文)里就有"淮"字出现,历史上,淮河与长江、黄河、济水并称四渎,是独流入海的四条大河之一。春秋时的地理著作《禹贡》记载:"导淮自桐柏,东会于泗、沂,东入于海"。《大明统一志》载:"桐柏山,淮水出其下"。河南省南阳市桐柏山是淮河的发源地,由桐柏山 58 条支流汇成。干流流经河南、安徽、江苏三省,在三江营入长江,全长 1 000 km,流域面积 27 万 km²。流域人口约 1.78 亿人,约占全国总人口的 13%,流域平均人口密度为 659 人/km²,是全国平均人口密度的 4.8 倍。居各大江河流域人口密度之首。

1.2 淮河的历史变迁

淮河在古时候由于下游河床深阔,"淮流顺轨,畅出云梯,南北支川纲纪井然",是一条"有利无害"的河,很少有泛滥决溢的现象。谚语曾说:"走千走万,不如淮河两岸""江淮熟,天下足"。宋光宗绍熙五年(公元 1194 年),黄河在阳武(今河南原阳县)决口,黄河在无遮无挡的淮北大平原,一泻千里,抢去淮河入海的水道,黄河所挟带泥沙全部由云梯关出海,自此,黄河开始了长达 700 多年的夺淮历史。1194年黄河夺淮以后,彻底改变了淮河独流入海的历史,由此形成了淮河"大雨大灾,小雨小灾,没雨旱灾"的独特地理环境。黄河使淮河环境的变迁,成了世界河道史上罕见的变化最激烈的河道之一,也对淮河流域的政治、经济、文化等产生了极其深远的影响。

作者简介:陶春,男,1975 年生,淮南市堤防管理处处长,高级工程师,主要研究方向为水利工程建设与管理及水利信息化工作。E-mail:hnslfx@163.com。

2　淮河水文化的发展

2.1　地理环境对淮河水文化发展的影响

　　人类文明的起源大多都在大河流域,如尼罗河流域的古埃及文明,两河流域的古巴比伦文明以及长江、黄河流域的中华文明等。淮河更是华夏的血脉、文化的摇篮,千里淮水奔流而下,生生不息,淮河文化与水的关系千丝万缕,可以说淮河文化是顺着淮水流淌出来的文化,具有水文化的性质。

　　从地理位置上看,淮河流域位于长江与黄河流域之间,横亘于中原大地,淮河上游及以南区域以山区为主,主要有伏牛山、桐柏山和大别山,山峦起伏、绵亘蜿蜒,沟壑纵横,山高水急。淮河以北主要是黄淮平原,沃野千里,河湖纵横,洪河、汝河、颍河、涡河等主要支流多汇集在北岸,淮河中上游支流之水汇于正阳关,古语有"七十二条归正阳"之说,下游有中国四大淡水湖之一的洪泽湖。丰富的水资源和肥沃的土地资源,使淮河流域成为人类聚居地的最早流域之一,也开启了人类文明的先河。从气候特点上看,淮河与秦岭构成了我国南北地理分界线,淮河以北称为北方,淮河以南称为南方,"橘生淮南则为橘,生于淮北则为枳",即是淮河流域气候特点特殊性的最佳注脚。

　　由于淮河流域四季分明、气候宜人,以淮河为纽带,汇集了南北方政治、经济、文化的交流和交融。淮河流域特殊的地理位置和气候特点,无论是自然条件、农业生产方式,还是地理风貌或是人民的生活习俗,都在这个特定的自然环境中形成了独具特色的区域文化。同时,也创造出了与水文化有关的更具流域特点的多元化文化。如,酒文化,淮人乐酒,据传,古代有名的酒仙刘伶、阮籍、嵇康和造酒祖师杜康都是淮人;茶文化,唐代茶圣陆羽遍访天下名泉,曾到过桐柏,他在《水品》中将淮河源头之水评为"天下第九佳水";饮食文化,早在 2 000 多年前,淮南王刘安招贤纳士,与八位仙客在淮水之畔的寿春城北山上炼丹时,无意发明了千古美食豆腐。用淮河之畔八公山泉水制造的八公山豆腐,闻名遐迩,被称为中国一绝。明代有《咏豆腐》诗赞曰:"传得淮南术最佳,皮肤退尽见精华。一轮磨上流琼液,百沸汤中滚雪花。瓦罐浸来蟾有影,金刀剖破玉无瑕。"时至今日,淮南八公山豆腐仍在全球享有盛誉;除些之外,还有与水文化有关的敬拜水神、祈求风调雨顺的祭祀文化等。这些多元化的文化都是水文化的外延与拓展,与水文化一脉相承,相得益彰。

2.2　人文活动对淮河水文化发展的影响

　　古老淮河很早以前就已成为淮河流域人们赖以生存的水源。淮河流域文化是以淮水为基本概念、基本内涵和主要纽带予以命名的,因此水是淮河流域文化的核心词汇,也是淮河流域文化发生的本源。从漫长的文化史分析,淮河文化源于长江流域的楚文化,兴盛于淮河流域的宋、明文化,并与中原文化汇合,才使中国进入炎黄同尊、龙凤呈样的时代。

　　古往今来,从淮河流域走出许多思想大家和文化名人,他们像耀眼的星辰,光照千古。我国的第一部诗歌总集《诗经》,记有"鼓钟将将,淮水汤汤"的诗句。孔孟儒家学说,墨家学派,韩非、李斯的法家学派,都是在淮河流域创立的。喝颍河水长大的管仲,是我国春秋时期著名的平民政治家和思想家,以其超人的智慧、独到的眼光和卓越的才能,辅佐齐王励精图治,终使齐国"九合诸侯,一匡天下"。出生在涡河岸边的道学家老子,曾骑一头青牛飘然而出函谷关,留下一本五千言的《道德经》,成为中国思想史上的不朽之作,至今仍令中外学者叹为观止。在涡水之滨吸足了日月精华的庄子,用哲学家的目光、诗人的语言,来解说道教理论,更是大气磅礴、汪洋恣肆。其浪漫主义的天才想象,成为后世取之不尽、用之不竭的灵感源泉,孕育了一代又一代文学英豪。淮南王刘安聚贤八山,主持编撰鸿篇巨著《淮南子》,又名《淮南鸿烈》。近代梁启超说:"《淮南鸿烈》为西汉道家言之渊府,其书博大而有条贯,汉人著述中第一流也。"《淮南子》一书牢笼天地,博极古今,在中国文化史上具有极其重要的地位。从文化上来说,它既保存了先秦时期光辉灿烂的文化,又开启了两汉以后的文化。从哲学上来说,它以道家为宗,综合了诸子百家的思想,构筑了一个以道论为主体的哲学思想体系。从政治上来看,它主张积极进取,对无为而治做了新的解释,对治国之道做出了有益的探索。从科学技术上来说,它对天文、地理、节令等都做了广泛而深入的探讨,并以道论为宗本解释各种自然现象,对我国古代科技发展做出了重要贡献。此外,该书还保存了大量的神话传说资料,具有很高的文学价值和学术价值。

2.3　现代文明对淮河水文化发展的影响

随着现代文明的高速发展,赋予了水文化更加丰富多彩的内涵,也为水文化的发展与深化注入了新动力和活力。尤其是 20 世纪末以来,社会和人们关注、讨论、研究、探索淮河水文化的热情更为高涨,成果也更为丰富。20 世纪 80 年代末,有学者提出了水文化研究的理念,水文化研究的倡议提出后,很快在水利行业引起良好反映,1995 年中国水利文协水文化研究会成立,并召开了多次研讨会,成果颇丰。2006 年联合国把"世界水日"的主题确定为"水与文化","世界水日"当天,由世界水文化研究会和国家发改委公众营养发展中心主办的以"水、人、和谐社会"为主题的"中国首届水文化高峰论坛"在人民大会堂举行,高峰论坛通过了《北京水文化宣言》。特别一提的是,水文化已进入院校教育的殿堂,如蚌埠学院成立了淮河文化研究中心,开展了形式多样的淮河文化研究活动。这些工作的开展对淮河文化及淮河水文化的发扬、传承和深入研究都具有深远的意义。

3　淮河水文化与水工程

3.1　古代水工程对水文化的传承

"治水兴国安邦"成为历代王朝政治经济生活中的一件大事。《史记·殷本纪》:"四渎已修,万民乃有居。"大禹治水,三过家门而不入的传说,家喻户晓,据史载,大禹是河南登封人,曾三次前往桐柏山察看水情,征服淮河水妖巫支祁,使淮河不再泛滥。相传,怀远荆、涂两山在大禹的开山利斧下,劈为两段,自此淮水顺畅,滚滚东流入海。涂山禹王庙前的望夫石屹立山顶,千年守望,见证着大禹历尽艰辛治理水患的丰功伟绩。春秋战国时代,诸侯争霸,各国为达到富国强兵的目的,对兴修水利都很重视。春秋时期楚庄王九年(公元前 605 年)前许,孙叔敖主持兴建了我国最早的大型引水灌溉工程——期思雩娄灌区,后世又称"百里不求天灌区"。因此,《淮南子》称:"孙叔敖决期思之水,而灌雩娄之野,庄王知其可以为令尹也。"楚庄王知人善任,深知水利对于治理国家的重要性,任命治水专家孙叔敖担任令尹(相当于宰相)的职务。孙叔敖当上了楚国的令尹之后,继续推进楚国的水利建设,发动人民"于楚之境内,下膏泽,兴水利"。在楚庄王十七年(公元前 597 年)左右,又主持兴办了我国最早的蓄水灌溉工程——芍陂。芍陂建成后,很快成为楚国的经济要地,楚国更加强大起来,楚庄王也一跃成为"春秋五霸"之一。春秋末年,吴王夫差北上争霸,于公元前 486 年开挖了沟通江淮的人工运河邗沟,这也是最早见于明确记载的古运河。邗沟的开挖,贯通了江、淮、河、济四大水系,为地域经济的发展和各个民族间的文化交流,提供了得天独厚的条件。战国魏惠王十年(公元前 360 年)开始兴建鸿沟,连接了黄、济、颍、淮、泗五大水系,是中国古代最早沟通黄河和淮河的人工运河,一直是黄淮间主要水运交通线路之一。当年楚汉相争,打仗四年,曾以鸿沟划地为界,东楚西汉,"楚河汉界"由此得来。在后来的王朝更迭中,兴修水利越来越被重视,也从未间断过。在历代王朝治水、管水、用水的水事活动中,一方面建成了大量的水工程,推动了经济社会的发展、社会文明的进步,为社会创造了巨大的物质财富。同时,人们在各种水事活动中,积累了经验,汇聚了智慧,形成了具有水行业特点的思维方式和工作方式,影响着人们的思想观念和情感,并且以水为题材创作了许多神话传说、民间故事、诗词歌赋、绘画摄影、曲艺戏剧、科学著述等,这些都是人类精神财富宝库中的璀璨明珠。因此,无论从物质财富还是从精神财富上讲,水与文化的关系都十分密切,人们在水事活动中创造了水文化,也传承着水文化。

3.2　当代水工程对水文化的发扬

水工程作为水文化的承载者,在当代水利工程建设,尤其是治淮工程建设中得到了发扬光大。真正科学、系统治理淮河,还是从新中国成立以后。党中央、国务院先后对治淮做出两次重大战略性决策。第一次是 1950 年 8 月,政务院召开第一次治淮会议。10 月 14 日,政务院颁布了《关于治理淮河的决定》,制定了"蓄泄兼筹"(上游以蓄为主,中游蓄泄兼施,下游以泄为主)的治淮方针、治淮原则和治淮工程实施计划,确定成立隶属于中央人民政府的治淮机构——治淮委员会。由此掀起了新中国第一次大规模治理淮河的高潮。第二次是 1991 年 9 月,针对淮河、太湖发生严重洪涝灾害所暴露出的问题,国务院及时召开治淮治太会议,并决定成立由副总理为组长、国务院有关部门和流域四省参加的国务院治淮领导小组,做出了《关于进一步治理淮河和太湖的决定》,提出要坚持"蓄泄兼筹"的治淮方针,近期以泄为主,基本完成以防洪、除涝为主要内容的近期 19 项治淮骨干工程建设任务,再次掀起治淮高潮。

通过 70 年的淮河治理,基本建成了以堤防为基础,以水库、涵闸、泵站等控制性工程为骨干的区域防洪体系。这些治淮工程的建设,在防洪保安、水资源调配、航运交通等诸多方面发挥着重要作用。可以说是淮河两岸人民的保护神,是沿淮经济社会发展的安全屏障。同时,在水工程的建设、使用和管理过程中,也承载着水文化发展的重任。如以水库为重点的水利风景区的水利旅游文化,水工程管理过程中形成的水利职工文化,水利工程建设过程中形成的水利建设文化等,这些水文化的集中体现即上升为"忠诚、干净、担当,科学、求实、创新"的新时代水利精神。这十二个字的水利精神反映出历史传承和时代需要的有机结合,成为引领水利行业新风尚的精神旗帜。

4　结语

水文化是水利事业发展的重要组成部分,水文化不仅是水利行业的,更是社会的。新时期,淮河水文化作为淮河文化的核心和精髓,要在治水、管水、用水、赏水的过程中,不断丰富水文化内涵,不断提升水文化品位,要大力拓展水工程对水文化的承载和传承功能,加强水文化整理研究开发利用,繁荣发展水利文学艺术,加强水文化普及教育,加强水文化传播,增进水文化交流,完善文化服务体系建设等。通过水文化建设,不断提升水利事业软实力,进一步推动淮河文化的多元化发展,为实现淮河流域文化大发展大繁荣做出应有贡献。

参 考 文 献

[1] 陈琳,陈丽丽.淮河文化的成因与特色[J].江苏地方志,2007(1).
[2] 李宗新.水文化研究的现状和展望[C].中国水论坛,2007-11-10.
[3] 吴圣刚.论淮河流域文化的特征[J].中原文化研究,2013(1).

沂蒙山区小流域治理模式探讨

——以会宝山小流域为例

戴洪尉,高艳伟,陈俊光

（山东省兰陵县水利局,山东 兰陵 277700）

摘 要 会宝山生态产业合作社是在农村家庭承包经营基础上,对统分结合、双层经营农村经营体制的进一步丰富和完善,创新了小流域治理模式,体制新,运作方式独特,产生了较好的效益。

关键字 小流域;模式;治理;创新

1 前言

乡村振兴战略是全面建设小康社会的重要内容,最艰巨最繁重的任务在水土流失严重的山丘区。长期的实践表明,水土保持是山区发展的生命线,以小流域为单元进行综合整治是水土保持的根本技术路线,因地制宜,制定科学合理的治理模式是小流域综合整治的关键。山东省兰陵县会宝山生态产业合作社的小流域治理模式是对农村联产承包责任制的丰富和完善,具有独特的运作方式,展现了现代农业产业化的经营模式,在沂蒙山区小流域治理工作中实现了由防护型治理向开发型治理的转变,在追求社会效益的同时,生态效益和经济效益也得到充分体现。

党的十八大以来,从山水林田湖草的命运共同体初具规模,到绿色发展理念融入生产生活,再到经济发展与生态改善实现良性互动,以习近平同志为核心的党中央将生态文明建设推向新高度,美丽中国新图景徐徐展开。兰陵县会宝山生态产业合作社以小流域为治理单元,搞荒山综合整治开发,与传统的"四荒"资源治理开发模式相比,在经营理念、投入机制、管理方式等方面都有独到和创新之处,是社会主义市场经济体制下的一种新型市场主体,符合农民专业合作社法的要求,经营效果十分明显,具有广阔的推广应用前景。目前已带动了当地蔬菜、林业、畜牧等行业的经济合作组织建设,符合科学发展观要求,在促进农村经济发展、构建农村和谐社会中发挥了重要作用。

近年来,沂蒙山区小流域综合治理模式取得了较大突破。传统的小流域治理以治理荒山荒坡、改善生态环境为中心,以浅层水开发引导农民致富为突破口,以提高土地利用率为目的发展区域经济。自然条件和社会经济状况的多样性,决定着小流域综合整治模式是多样的。会宝山生态产业合作社的小流域综合整治模式有体制上的创新和运作方式的创新,具有独到之处。

2 会宝山流域水土流失特征

2.1 地形地貌

会宝山流域位于山东省兰陵县尚岩镇境内,属淮河流域中运河水系,东靠文峰山,西临会宝岭水库,流域面积 10.36 km²,是低山青石岭区,沟道情况为东北向西南方向倾斜,区内沟壑纵横,沟道密度为 2.69 km/km²。流域内低山、高丘到低丘各种类型都有,其中高丘面积占总面积的 60%,中低丘和低山面积占 40%,沟道坡度较缓,一般为 10°～25°,地面坡度 5°～15°的面积占总面积的 50.69%,15°～35°的面积占总面积的 41.06%。该流域的主要土壤类型一是灰岩,土壤颗粒均匀、细小,黏粒含量低,空隙度大,透水透气性好,有机质含量低;二是砂页岩,土壤薄,肥力低,漏水、漏肥,易造成水土流失,砂化

作者简介:戴洪尉,1966 年生,工程师,主要研究水土保持小流域治理模式。E-mail:dhw661120@126.com。

严重。

2.2　水文气象

该流域位于中运河水系,西泇河支流上,属中纬度暖温带大陆性季风气候区,一年四季分明,基本特征是冬长干冷,雨量稀少;春季风大,空气干燥,易发生春旱;夏季高温多雨,灾害性天气多;秋季受干旱和连阴雨的天气影响,历年来该区自然灾害比较严重,旱涝霜冻、干风、暴雨、大风、冰雹时有发生。多年平均降水量为892 mm,年平均气温13.2 ℃,无霜期为202天。

2.3　水土流失的现状和以前水土流失治理存在的问题

受大陆季风气候及复杂地质、地貌等自然因素影响,加之不太合理的人为生产活动,致使区内水土流失面积为7.96 km², 占总面积的76.83%,年侵蚀总量为29 580.8 t,年侵蚀模数为2 855.3 t/km²,其中轻度流失面积0.764 km²,占流失总面积的9.6%,中度流失面积0.456 2 km²,占流失总面积的9.6%,强度流失面积0.238 6 km²,占总面积的29.97%,剧烈侵蚀面积0.248 km²,占总面积的3.12%,无明显流失面积2.4 km²,占总面积的23.17%(见表1)。

表1　侵蚀程度分级表

级别	I	II	III	IV	V	合计
面积(hm²)	240.0	76.4	456.2	23.03	24.8	1 036
比例(%)	23.17	7.4	44.0	23.03	2.40	100

该流域水土流失类型主要是水力侵蚀,受降水、地质、地貌、土壤等综合性自然因素的影响;人为因素也是一个主要方面,流域内群众在生活困难的情况下,上山伐树烧柴,陡坡开荒,过度放牧,使自然植物被遭到严重破坏,水土流失面积增大,破坏了生态环境,形成恶性循环,导致了水土流失现象的进一步加剧。

多年来,流域内群众在当地政府和有关部门的指导下,为改善贫穷落后的生产面貌和恶劣的自然条件,曾进行过多次整山治水活动。但由于群众自发性治理标准低,工程布局不合理,种植结构单一,规模效益不突出,流域综合整治效果不好。

3　会宝山小流域治理模式

3.1　结合流域特征,提出新的治理模式

严重水土流失成为当地新农村建设面临的主要矛盾和问题,也影响到下游地区经济和社会发展。主要表现是耕地肥力下降,土层变薄,沙化、石化,甚至成为不毛之地,导致气候失调,同时大量的泥沙下泄,抬高河床,淤积水库、闸道、塘坝,加剧了洪涝灾害,毁坏水利水保设施,缩短了工程寿命,严重制约了山区农业生产的发展,致使当地群众生活处贫困状态。

为改变恶劣的生产条件和生活环境,实现山、水、林、田、路科学规划,综合整治。尽快使会宝山流域群众脱贫致富,以家庭承包经营为基础的农业生产经营体制难以满足农业专业化、商品化、规模化的发展要求,进一步完善农村经营体制,加快山区经济发展,成为迫切解决的重大课题。2004年3月,以兰陵县人大代表徐廷合为主,组织人员从本地农业和农村经济发展的实际出发,认真研究农民与市场的关系,分析农民对生产资料、实用技术、市场信息等方面需求的不断增加,市场机制对农民的资金实力、文化素质等也提出了新的要求,家庭经营规模小、资金实力弱等问题严重制约了当地山区农业生产经营活动的开展。扩大农业生产和经营规模,提高农民的组织化程度,实现农户与市场的连接,成为发展山区经济、增加农民收入的当务之急,而通过增加土地面积实现生产规模的扩大,无疑对会宝山流域的群众来说是一句空话,实现广大农户的联合与合作实行经营规模的扩大是一条现实可行的路子,于是以流域整治、发展山区经济为主的新型组织——兰陵县会宝山生态产业合作社就这样诞生了。

3.2　生态产业合作社的方式

会宝山生态产业合作社成员间合作的基础是劳动而不是资本。主要采取荒山、土地、劳动力、资金、技术五种入股形式。其中个人投资或争取上级扶持资金为资金股,上级扶持资金作为所在村集体的股

份。村集体以集体所有的荒山作价人民币入股为荒山入股。技术入股和劳动力入股是指果树管理等技术人员和当群众以劳动报酬入股,平时发给基本的生活费用。土地入股是本着"依法、自愿、有偿"的原则,在当地政府的领导和监督下,当地群众以荒山周边的承包地入股。资金、荒山、土地、劳动力技术折合为资金即为合作社总股值,每位社员投入和总股值之比即为占有的股份,合作社收益后按股分红。生态产业合作社,不改变农户的独立经营地位,有利于家庭承包经营制度的长期稳定,主要在流通、加工等环节进行合作,将流域内 16 个行政村的 238 户共 941 人生产的农林产品和所需的服务集中起来,以规模化的方式进入市场,农民在市场中的地位得到了提高。"生产在家,服务在社",使家庭经营与市场经济得到衔接,解决了政府"统"不了,部门"包"不了,单家独户"干"不了的问题,创新了小流域治理模式,是对农村经营体制的丰富和完善。合作社成立 4 年多来,营造果园和经济林 1 万余亩,水保林 2 300多亩,建桥涵 28 处,恒温保鲜库 2 座,环保节能沼气池 2 座,安装风力提水机 6 台,修建蓄水池 20 个,初步治理水土流失面积 8.2 km²。

3.3　生态产业合作社的基本特征

会宝山生态产业合作社是社会主义市场经济体制下的一种新型市场主体。独立的市场主体地位、明晰的产权制度和规范的内部运行机制是合作社的重要特征。它以农民自愿加入、自由退出为基础,以自我管理、自我服务、自负盈亏为运行机制,是适应市场经济要求的创造,符合农民专业合作社法的要求。它不是过去的合作化,与 20 世纪 50 年代的高级社、改革前的人民公社有着根本的区别。

(1)建立在农民自愿的基础上。会宝山流域内的群众是在有共同的需求基础上,自发组建的经济组织,"入社自愿,退社自由",是生态产业合作的基本原则。流域内凡是具有民事行为能力,能够利用生态合作社提供的服务,承认并遵守合作社章程的农民都可申请加入。同时按照章程规定,农民也可以退出合作社。农民加入或退出合作社,都是个人的自由选择,任何组织和个人都无权干涉。既不依靠行政命令或其他手段强行要求农民加入,也不能限制农民加入,更不能剥夺农民退出合作社的自由。

会宝山生态产业合作社是独立的市场经济主体,依法成立、依法登记、依法经营,入社的农民财产权利得到充分的法律保护。在承认成员个人财产所有权的前提下,合作社共同使用成员的出资,既保障成员的个人财产所有权,又保障组织的占有使用权。成员的出资及增值部分始终为成员所有。每个成员对自己的财产份额及由此产生的收益都很清楚,退社时可以撤出自己的出资及其增值部分。任何组织和个人都无权向生态合作社及其成员摊派,强迫其接受有偿服务。

(2)生态合作社坚持民主管理,充分调动社会的积极性。会宝山生态产业合作社是依法成立的法人组织,具有独立法人地位,独立经营、自负盈亏、民主管理、民主决策,任何组织和个人不得非法干预生态合作社的生产经营活动。作为独立的市场经济主体,会宝山生态合作社有健全的组织机构和严密的运行制度(见图 1),制定了合作社章程,按章程开展各项活动。成立农机部、财务部、贮藏部、技术咨询服务部、生产管理部、销售部等 6 个职能部门,明确了各组成机构的权利和义务。根据章程,合作社的最高权利机关为社员代表大会,负责协商决定本社的重大事务,由其选举产生合作社主任、理事会、监事会、生产管理委员会。合作社主任是合作社的法人代表;理事会是社员代表大会的执行机构,负责合作社具体运作,监事会负责合作社章程和工作计划的实施情况。生产管理委员会负责合作社的安全生产和社员后勤保障。合作社为每位社员办理养老保险和基本医疗保险,解决了社员的后顾之忧。科学、高效和个性的管理,在合作社内部形成了一种人人想干事、谋发展的良好氛围。

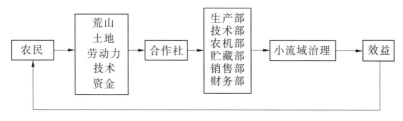

图 1　会宝山生态合作社运行制度

3.4 生态产业合作社的效果

会宝山生态产业合作社是推进农业产业化经营、建设现代农业的载体,是小流域治理体制的创新。推进农业产业化经营,实现农产品的产加销、贸工农一体化,目的是通过农业生产各参与方的合作,延长农业产业链,实现农业产业的一体化经营,增加农林产品附加值,提高农业的比较效益。会宝山生态产业合作社在引导和组织农民参与产业化经营方面具有独特的优势。

合作社成立之初,即确定了发展干鲜果商品生产基地、建设生态观光旅游基地、快速壮大经济实力的发展策略。根据农业生产能力低、水资源短缺、市场前景等对比分析,决定了主攻核桃和柿子生产,兼顾其他果品生产开发。目前核桃和柿子种植面积已近 1 万亩,预计 3 年后这些果树即可带来良好的经济效益。

合作社加强与相关业务部门和科研机构的联系与合作,对荒山开发进行科学规划、综合治理。在山东省农科院的帮助下,规划了干果示范园、鲜果示范园、生态绿化苗木及花卉苗木示范基地。与中国园艺学会干果分会实验示范基地、河北省核桃林木良种基地等单位合作,引进栽植了 50 多种名优特新果树品种,3~5 年之内合作社将由投入转向收益阶段,前景看好。

在带动农民参与农业产业化经营方面,合作社通过了“合作社 + 企业 + 农户”这种方式,兴办自己的企业,惠及农民,实现企业发展与发民致富的双赢。目前合作社已建成两座恒温库,一个蔬菜批发市场,农民可以最大限度地享受农产品加工、销售等环节的利润。

与传统的小流域治理模式相比,会宝山生态产业合作社在小流域治理和山区开发中,注重现代企业发展理念,体现灵活的市场运作机制,展现了现代农业产业化的经营发展模式。在生产、经营、服务、销售等环节产生了良好的经济效益、社会效益和生态效益。

广大农户在合作社中集聚资金、技术、信息等资源,做许多单家独户不能做的事,从而可以扩大生产规模、提高产品档次,促进了第一产业的发展,同时也带动了养殖农产品的贮藏和销售及农业技术信息服务等三产业的发展,对农村产业结构优化,全面繁荣农村经济,促进社会主义新农村建设发挥了重要作用。合作社充分利用自然环境优势,制定了发展生态旅游的远景规划,逐步健全休闲娱乐设施,进一步增强了发展后劲。生态合作社的原则和精神就是强调人与人的合作和互助。合作社的宗旨是为成员服务,成员相互之间合作经营、和睦相处、团结友爱、平等诚信。加入合作社的农民不仅在经济上受益,而且有一种归属感,其民主、合作学习、监督、守法等意识得到增强。因此,在改善乡风民俗、建立和睦邻里关系、形成文明生活方式等方面发挥着越来越重要的作用,为构建和谐社会做出了一定贡献。流域内的枣庄等村在 2004 年以前是全镇有名的治安落后村,现在变成了镇三个文明建设先进村。徐廷合同志被授予“全省造林荒山绿化十佳标兵”。

4 结论

会宝山生态产业合作社在山区开发和小流域治理中取得了初步成效,得到了省、市、县有关部门的认可,其模式也被当地蔬菜、畜牧、林业等行业采用,产生了较大的辐射效应,促进了地方经济发展,它的做法在实践中需要不断丰富和完善,在今后的发展中,必将在振兴乡村战略中发挥更大的作用。

连云港市全面推进河长制工作实践与路径研究

潘志富，孙佑祥，高德应

（连云港市市区水工程管理处，江苏 连云港 222003）

摘 要 连云港市全面推进河长制的主要做法和特点包括建立河长体系与制度，通过全面排查率先制订"一河一策"行动方案、确权划界、建立河湖信息数据库等河长制基础性工作，各级河长全面开展巡河履责工作，清理多项违法违建，打造示范工程等。河长制工作开展通过省级验收，各县区考核成绩优良。分析了河长制在编制，履责，资金等方面的不足和未来所面临的挑战。并提出了下一步深入开展河长制工作在任务要求、治理模式、团队建设、绩效考核方面深入开展工作的路径建议，使连云港市河长制工作继续保持在全省前列。
关键字 河长制；河长；一河一策；路径；连云港市

连云港市是江苏省辖地级市，位于江苏省北部，与山东省接壤，是中国首批沿海开放城市、新亚欧大陆桥经济走廊首个节点城市、江苏"一带一路"战略支点城市。2017 年以来，连云港市政府及各部门认真落实中央、省、市关于全面推行河长制的决策部署，狠抓落实，扎实推进，初步在全市范围内建立了市、县、乡、村四级河长制组织体系和工作机制。为继续完善基础工作，进一步理顺完善运行机制，市政府印发《连云港市生态河湖"高质发展、后发先至"三年行动计划（2018～2020 年）》，市河长办编制完成流域性河道新沂河、新沭河、通榆河、沭河（2018～2020 年）重点治理项目实施方案、市内 12 条主要入海河流水环境综合治理行动方案、《通榆河水环境综合治理方案（2018～2020 年）》，印发 2018 年度"一河一策"任务清单，实现市级河长责任河库基本情况及存在问题"一张图"，增强了河库治理与保护工作的针对性和实效性。全市河长制工作进展顺利，取得了显著成效。

1 连云港市河长制的主要做法和特点

1.1 建立四级河长体系及相关制度

河长制本质上就是责任制，是在河湖管理保护中建立地方党政领导负责制[1]。习近平总书记多次提出的"绿水青山就是金山银山"，是党的十八大以来，生态文明建设作为统筹推进"五位一体"总体布局和协调推进"四个全面"战略布局的重要内容[2]。河长制方案明确提出市委、市政府主要领导分别担任政委、市级总河长，各骨干河库分别由市委、市政府领导任市级河长。各县区、乡镇总河长均由本级党委、政府主要负责同志担任。目前，市、县、乡、村四级河长体系已全部建成，共落实河长 3 504 人，其中市级河长 13 人、县区级河长 104 人、乡镇级河长 882 人、村级河长 2 505 人。同时，建立健全河长会议、督查考核、巡查交办等一系列制度，及时协调解决问题，定期通报工作进展情况。

1.2 率先完成河长制基础性工作

连云港市编委批准成立了连云港市河长制办公室（以下简称市河长办），按照河长制工作要求，建立了河长制巡查、考核、会议、信息送报、信息共享、督导检查及验收等多项制度。在全省 13 个地级市里率先完成多项基础性工作，主要包括：

（1）全面排查，建立"一河一策"行动方案。通过组织摸底排查各河库的水质、沿线排污企业及排污口、水面及堤岸的环境卫生、河库乱占乱建行为以及河库沿岸绿化等情况，建立数据库，有效掌握河流状况，依照各条河道的特点，在全省范围内率先编制完成"一河一策"市级行动方案。

（2）确权划界工作提前完成。率先完成全市河库和水利工程管理范围划定，实现了"三年任务两年完成"，划定管理范围界线总长度 4 260.9 km，现场埋设界桩 32 249 个、告示牌 1 924 个。

作者简介：潘志富，男，1969 年生，江苏省连云港人，本科文化，高级工程师，从事水利工程管理方面工作。

(3)建立河湖信息数据库,高效完成河库名录调查录入工作。随着河长办工作全面开展,河流、水库基本情况采用统一的数据库进行录入,率先完成了全市河库名录编制工作。根据全国河长制湖长制管理信息要求,又完成乡镇级以上河库起止点位置、河道长度、河道宽度测量等各项基本情况录入工作。

1.3　全面开展巡河履责工作,清理各项违法行为

随着《连云港市河长履职办法》《连云港市河长制工作年度考核细则》出台,市委、市政府主要领导高度重视河长制工作,实地检查指导,认真履行政委和总河长工作职责。13位市级河长多次召开河长制工作推进会,开展市级骨干河库认河、巡河和督查工作,进行"三乱"(乱占、乱建、乱排)专项整治行动,清理河道内网箱、渔网、渔簖,关停、整治排污企业,清理畜禽养殖场、违章种植等。随着巡河工作的开展,2018年市级河长累计完成巡河14次,县区级河长累计巡河188次,乡镇级河长累计巡河2 447次。

1.4　强化示范工程引导

自河长制实施以来,强化示范引导,以河长制样板工程投入重点,明确"河畅、水清、岸绿、景美"的治理目标,高效推进治水工作,市政府及水利部门打造玉带河、大浦河、大浦副河等河长制示范工程建设,以点带面有效推进治水工作。按照"一河一策一表"行动方案,相继开工建设东门、五图河、蔷薇河、开泰河等工程,整治各类河道219条615 km,整治村庄河塘826处,治理范围内水体环境得到有效改善。

1.5　有序推进考核监督

河长制工作采取"周巡查、旬督查、月通报、季会办、年考核"推进模式。市河长办组织对市级河长21条责任河库53个河段在全省设区市首次开展分段考核工作,考核报告及存在的问题及时反馈、交办并报督促相关县区、相关单位及时整改。为强化社会监督,全市新设置河长公示牌11 500块,公布市、县、乡河长办监督电话,同时,将河长制监督举报电话与"12345"数字城管投诉电话整合,广泛接受群众关于河库治理管护方面问题的咨询和举报。

2　连云港市河长制工作取得成效

河长制实施以来,各级河长积极行动,各级河长高密度调研,协调推动解决河湖管理保护中存在的问题。各区各部门全面贯彻落实河长制工作精神,积极推动各项工作,河长制工作取得明显成效。

2.1　河长制工作通过复核验收

2017年12月,连云港市通过了省级复核验收,并代表全省顺利通过国家河长制工作中期评估。根据省、市河长制验收办法,市河长办对各县区、功能板块开展了年度河长制工作市级验收,其中灌云县、赣榆区、海州区、开发区验收结果为优秀,其余县区、功能板块验收结果为良好。

2.2　河湖"三乱"治理成效显著

2019年11月,连云港通过省级清单项目进行验收,成为全省第一家100%提请验收、100%完成整治、100%通过验收的地级市。累计完成问题整改3 800余项,清理违章种植2.8万余亩、违章圈圩3.6万余亩,清理违建170万 m²,整治畜禽养殖场320万 m²,全市河湖岸线存量问题迅速压缩,河湖整体面貌显著改善。

2.3　水质改善明显

先后投入资金近3亿元整治河道109条,切实加强饮用水源地保护和城区周边水环境建设。2017年以来国考、省考断面水质持续达标,饮用水源地水质100%达标。市级河长、县区级河长督查频次为每月一次,由市级河长签发《河长制工作交办单》,限期完成工作任务,保障河道水质稳步提升。

3　连云港市河长制工作存在的挑战与问题

虽然河长制工作取得一定成绩,但当前河长制工作还存在着诸多问题,水资源、水环境协调工作仍面临诸多隐忧和风险,完善河长制工作,保障连云港水安全,仍需要付出艰辛的努力。

3.1　市河长办编制不完善

虽然早已批复成立机构,但是人员编制尚未落实,目前连云港市河长办工作人员均为"临时人员",一定程度上影响了人员的积极性和工作成效。县区级河长办人员配置更不平衡,人员多以兼职为主,专

职人员较少,当前配置的人员数量难以满足承担河长办日常工作需要。河长制工作协调机构建设仍很薄弱。乡镇级河长办空转现象较多,不能正常履行河长办工作职责。

3.2 河长制工作责任仍需进一步强化

基层河长对职责认识不到位。河长不仅要通过巡河、部门信息、群众举报、媒体曝光等途径发现河库存在的问题,还要针对存在问题,制定系统的治理规划,逐步实施。部分基层河长存在被动开展巡河工作,尚不能将河库作为自己的"责任田",难以形成主动作为、通盘谋划、系统治理的局面。

3.3 河长制工作仍需加大资金的投入

改善河库周边环境,需要大量的工程措施和非工程措施,尤其是源头污染治理,需要投入大量的人力、财力。这些都需要各级河长进一步提高责任意识、整合各方资源、分解细化任务、压实责任,不断推进。

4 全面推进河长制工作路径思考

为实现连云港市河长制工作一直走在全省前列,进一步理顺完善运行机制,推动连云港市水生态文明建设取得扎实成效,为全市"高质发展、后发先至"提供优良的水支撑,从以下几方面继续努力。

4.1 强化任务落实

根据河库"一河一策"的总体规划部署,按照《生态河湖三年行动计划》的工作重点,细化月度目标,量化月度任务,统筹调度各职能部门协调开展工作,确保责任落实到位,治理工作取得实效。推进示范段建设,通过示范河段引领效应,由点到面推动市生态河湖建设。健全长效管护机制,加强河道的日常保洁和社会化管理,使用无人机、无人艇等先进科技设备开展重点河库的巡查工作,高效落实各项工作任务。

4.2 统筹"水岸同治"

以河长督查履职为主要手段,坚持"一河一策"为指导,加强水功能区和断面水质监测,协同推动上下游和左右岸全面整治,全力打造水质达标、水面清洁、岸坡整洁的水生态环境。结合"263"专项行动、湾长制,建立联动执法机制,集中开展取水口执法检查、河库"三乱"和入海河流专项整治行动,构建起陆海统筹、河海兼顾、上下联动、协同共治的治理模式。建立21条入海河流水质定期不定期监测通报机制,作为河长制工作考核的重要依据。推动黑臭河道整治和污染源头治理工作,优化排污口设置。

4.3 坚持标本兼治

河道水环境问题,问题在水里,根源在岸上。在控源上,深入开展夜查、暗查、突击检查和互查,严格监管,依法从严从重查处水环境违法问题,推进园区完善基础设施,推动企业稳定达标排放。同时,严密监控企业所有排口,对重点排污企业要在厂区雨水排口安装自动在线监测仪,并与环保部门实时联网。在治污上,要加强城市和乡镇污水处理设施建设,力争在2020年实现县级以上污水处理达到A级排放标准,建制镇污水设施覆盖率达到100%。实施城区污水全面截污纳管,加快推进雨污分流。

4.4 加强队伍建设

河长制工作已全面进入治河的攻坚阶段,各级河长办和河长在治河阶段发挥着重要作用。各县区完善河长办建设、编制设置、人员配备、经费保障等。对基层河长进行系统性培训,掌握巡河治河护河要点,树立履职意识,提高工作能力,真正成为河库健康的守护者。

4.5 严格督查考核

市河长办要重点督查各地落实上级河长制工作情况、年度目标任务完成情况、河长巡查交办情况、群众举报提出的意见和建议落实情况等,并严格责任追究,以高压态势强力推动水生态文明建设。充分利用各类媒体,广泛动员群众关心、支持、参与、监督河长制工作,积极引入河道巡查和水环境质量监督评价第三方力量,形成多方参与、共治共管的良好氛围。

参 考 文 献

[1] 曹荣第,苏冉.宁阳县推进河长制管理的主要做法及成效[J].山东水利,2018(11):60-61.
[2] 认真履行保水职责 更高标准推进河长制——北京市密云区水务局[J].北京水务,2019(5):4-5.

七十载治水路风雨前行　续辉煌沂沭河泽惠民生

苏冠鲁，李风雷

（沂沭泗水利管理局沂沭河水利管理局，山东 临沂　276000）

摘　要　沂沭河是鲁南苏北地区两条主要行洪河道，沂沭河 70 年来治水历程也是新中国治淮事业的一个重要见证和地区缩影。本文对治淮 70 年来沂沭河流域治水工作的主要历程和辉煌成就进行了梳理回顾，总结了近年来沂沭河直管水利管理工作所取得的主要成绩，分析了当下面临的突出问题和短板，结合新时代治水工作的要求，提出了今后的努力方向。

关键字　沂沭河；治淮；东调南下；直管工程

沂沭河是地处淮河水系北端的两条大型山洪性河道，受到历史上黄河夺泗侵淮的影响，上游源短流急，下游水系不畅，防洪压力重、水资源矛盾突出，是两条极其复杂难治的河流，也是新中国成立后率先开始全面治理的河流。1950 年 10 月 14 日，中央人民政府政务院颁布《关于治理淮河的决定》，拉开了新中国治淮的序幕，70 年来，沂沭河伴随着新中国治淮的伟大历程，在一代又一代水利人的披荆斩棘、奋力前行中，谱写出了一曲区域水利发展的壮丽凯歌，铸就了除害兴利、造福人民的巍巍丰碑。

1　忆往昔，70 载光辉历程

追溯历史，公元 1194～1855 年间黄河侵泗夺淮，逐步淤废淮河下游及泗水干流河道，逼淮入江，彻底打乱了沂沭河原有洪水出路，沂、沭河两河逐渐脱离泗水，各自向东寻找入海出路。黄河北迁直到新中国成立以来，沂沭河地区虽有一些水利整治，但仅限于局部，下游水系紊乱、出口不畅的局面始终没有改善，加之上游源短流急，洪水峰高量大，沂蒙山区洪水直泄下游平原，遍地漫流，肆虐苍野，鲁南苏北人民深受洪涝灾害之苦，书云"百里少人烟、黄沙沟我目"。

1949 年 4 月 21 日，在解放战争渡江战役打响的同一天，新中国的缔造者们高瞻远瞩，在百废待兴的年代发出了治理水患、造福人民的伟大号召，30 万军民队伍开往治水前线，"千里治淮第一仗"新沭河开挖工程正式开工。当时的华东军政委员会和山东、苏北党政机关提出了"苏鲁两省统筹兼顾，治泗必先治沂，治沂必先导沭"的战略设想，"导沭"主要是在大官庄兴建胜利堰，开辟新沭河，分沭河洪水经沙河入海，"整沂"主要是开辟新沂河，引沂河洪水直接入海，并开挖分沂入沭水道，分沂河洪水至胜利堰下老沭河。1951 年毛泽东主席亲笔题词"一定要把淮河修好"，在这一伟大号召下，至 1953 年，山东、江苏两省分别完成"导沭整沂""导沂整沭"主要内容，当时的治理设计标准是：沂河临沂站 6 000 m³/s，新沭河 2 800 m³/s，老沭河 3 000 m³/s，分沂入沭 1 000 m³/s，江风口分洪道 1 500 m³/s，沂河李庄以下 3 500 m³/s。

1953 年底，沂沭泗地区治水规划开始纳入治淮委员会统一领导，治淮委员会在 1954 年提出了"沂沭汶泗洪水处理意见"，兴建了"治淮第一闸"江风口分洪闸，按 1 500 m³ 扩挖了分沂入沭水道，培修加固了沂河、新沂河、骆马湖堤防，并在 1957 年初完成了沂沭泗区流域规划。1957 年 7 月，沂沭泗地区发生特大洪水，灾情严重，水利部组织对沂沭泗区流域规划进行了修订。1958 年起，鲁苏两省根据规划安排，结合两省实际，开展了一系列大规模的水利建设，落实蓄泄兼顾，在沂沭河上游山区和苏北山丘区修建了唐村、许家崖、跋山、岸堤、青峰岭、石梁河等大中小型水库，修筑邳苍分洪道堤防，建成宿迁闸、嶂山闸和骆马湖宿迁控制线，新沂河、新沭河分别按 6 000 m³/s 和 3 800 m³/s 扩大行洪能力。

作者简介：苏冠鲁，男，1963 年生，淮委沂沭泗局沂沭河水利管理局局长（教高），主要从事水利工程运行管理、水旱灾害防御方面工作。E-mail：liflei@163.com。

1971 年,国务院治淮规划小组提出了治淮战略性骨干工程规划,在沂沭泗地区的总体部署是"沂沭泗洪水东调南下工程",沂沭河流域规划标准是防御 50 ~ 100 年一遇洪水,主要内容包括增建山区水库、扩大沂沭河洪水出路,治理骆马湖,提高新沂河行洪能力。从 1971 年至 1980 年,相继按 4 000 m³/s 和 6 000 m³/s 完成了分沂入沭、新沭河部分河段扩挖,加固新沂河堤防,建成了分沂入沭彭道口分洪闸、大官庄新沭河泄洪闸和分沂入沭黄庄穿涵。1981 年,国家调整国民经济,东调南下工程总体上停缓建。

1987 年特别是 1991 年淮河大水后,淮河治理又一次进入高潮,东调南下工程得以继续实施,先期按 20 年一遇洪水标准实施,加固沂河祊河口以下、沭河汤河口以下和邳苍分洪道堤防,兴建了人民胜利堰节制闸,按 2 500 m³/s 完成分沂入沭水道整体扩建,并调整至人民胜利堰上入沭河,相继加固改造了江风口、彭道口分洪闸。至 21 世纪初,工程完成治理任务,沂沭河骨干河道达到 20 年一遇防洪标准,沂河临沂站设计洪水达到 12 000 m³/s,沭河大官庄达到 5 750 m³/s。

2003 年淮河大水后,国家全面加快治淮工作进度,淮河水利委员会编制了沂沭泗河洪水东调南下续建工程实施规划,按 50 年一遇标准对沂河祊河口、沭河汤河口以下进行全面治理,按 12 000 m³/s 标准新建刘家道口节制闸,按 4 000 m³/s 扩建江风口分洪闸,并相继实施沂沭邳治理、分沂入沭扩大、新沭河治理、新沂河整治等单项工程,至 2016 年工程完工,基本实现了规划目标,沂河临沂站和沭河大官庄设计洪水分别达到 16 000 m³/s、8 050 m³/s。这一时期,上游水库的除险加固也基本完成,拦蓄洪水能力进一步增强,沿河地方政府结合续建工程建设,修建了滨河大道,防洪能力和防汛交通条件有了显著提升,沂沭河水系的整体防洪标准明显提高。

2013 年以后,国务院批复《淮河流域综合规划》,提出近期按 20 年一遇标准加固沂沭河上游堤防,远期安排骆马湖、新沂河防洪标准逐步提高到 100 年一遇,其他骨干河道提高到 50 年一遇,当前沂沭河上游堤防加固工程已经全面展开,预期将在 2 年内完工。

70 载风雨前行,70 载年沧桑巨变。经过长达 70 年的不懈努力,沂沭河发生了巨大变化,主要河道得到了系统性的全面整治,主要控制枢纽互济互补,沂、沭两河相通互联,拦、蓄、分、泄统筹并举,从曾经的洪水漫流、水患肆虐到如今的安澜富饶、绿波如带,这两条总计 600 余 km 的长河,见证了一片土地、一个流域在中国共产党领导下的改天换地,见证了治淮事业从无到有的伟大胜利。如今,我们站在新的历史节点回望沂沭河水利发展历程,犹如回味一首感天动地、气壮山河的壮丽史诗,令人不胜唏嘘。

2　看今朝,治水路任重道远

沂沭河地跨鲁南、苏北两地,由于区域水问题的复杂性、特殊性,1983 年经国务院批复,在山东省临沂市设立沂沭河水利管理局,对沂沭河山东境内的河道及控制性闸涵工程进行直接管理,统管工程范围包括在山东省境内的临沂、日照两市的 11 个县(区),河道长度 517.4 km,堤防 739.9 km,主要控制性水闸 8 座。自那时起,沂沭河水利管理局也就成了沂沭河新的守护者,在淮委、沂沭泗局的统一领导下,沂沭河水利人扎根这片土地,治水、管水、兴水、守水,把最美好的青春和岁月奉献给了这两条生生不息的大河。

回望过去,检视当下的沂沭河水利工作,成绩值得欣慰。防洪工程体系初步建立,防洪减灾效益充分发挥,生态河流建设成效明显,水利管理水平显著提升,管理基础设施得到改善,依法行政能力显著增强,探索建立了比较完善的水利管理体制机制,培养造就了一批素质高、业务精的水利管理人才队伍。特别是近年来,在防汛抗旱、河长制、清四乱、生态河湖建设等方面取得了一系列突出成绩,沂河被评为"最美家乡河",先后建成了沂蒙湖、沂河刘家道口、经开区沂沭河等国家水利风景区,沂河滨河城区段被建设部评为国家城市湿地公园,沂河环境综合治理工程被评为"中国人居环境范例奖",沂沭河局因成功防御"利奇马"台风暴雨,在 2019 年被山东省委、省政府授予"山东省抗击台风抢险救灾先进集体"称号,所属刘家道口局、江风口局先后被评为国家级水管单位。

党的十八大以来,以习近平同志为核心的党中央高度重视水利工作,习近平总书记多次就治水发表重要讲话、做出重要指示,明确提出"节水优先、空间均衡、系统治理、两手发力"的治水思路,发出了建设造福人民的幸福河的伟大号召。水利部深刻把握新时代治水主要矛盾的变化,提出了"水利工程补短板、水利行业强监管"的新时代水利工作总基调。这些既是沂沭河水利发展的历史机遇,更是对全体水利人的使命重托和更高要求。

沂沭河的水利工作必须立足当下、着眼未来,把各项工作放在党和国家事业的全局中,放到治淮事业的战略布局中,科学分析、准确把握。必须清醒看到,与流域经济社会的高质量发展要求相比,与新时代水利工作的更高要求相比,沂沭河的水利工作仍有很多短板弱项。一是防洪减灾体系仍显薄弱。中下游防洪标准虽然达到了50年一遇,但上游未完成系统治理,险工险段、病险小涵闸、局部河床变形剧烈等隐患问题仍然存在,防洪减灾体系仍存在不少短板和硬伤。二是水资源保障能力不足。流域多年平均水资源总量41.4亿 m³,但人均水资源量约为 500 m³,仅为全国人均水资源量的1/4,水资源利用依然粗放,工农业用水效率不高。三是依法治水管水能力亟待加强。水利执法力量和装备严重不足,违法建设、侵占河道、超标排污、乱采乱挖等水事违法行为仍时有发生,部分涉河建设项目未批先建,个别河段乱搭乱建、"脏乱差"的现状仍未得到彻底改变。四是生态河流建设短板明显。生态河流监管和调控手段不足,部分河段河道过度开发,干流季节性变化突出,生态流量难以保证,河道拦蓄缺少统一协调,部分河段沙漠化严重。五是现代化管理水平依然偏低。水利信息化总体水平不高,"智慧水利"建设力度不大,思想落后和投资不足严重影响了现代化管理水平的提高。六是流域与区域管理体制仍需理顺。新形势下河长制全面实施,河道管理保护机制得到加强,但在一些具体的事权划分、责权匹配、工作机制等方面仍面临很多新问题的需要加以解决。

3　展未来,守初心砥砺前行

士不可以不弘毅,任重而道远。沂沭河是鲁南苏北地区人民的母亲河,是区域防洪保安的根本保障,是"山清水秀、天蓝地绿"的关键支撑。建设人民满意幸福河的伟大号召已经发出,在新的历史条件下,在进一步治理淮河的新征程中,如何做好沂沭河水利管理工作,更好保障沿河两岸人民群众生命财产安危,更好服务流域社会高质量发展,是每一名沂沭河水利人应该深入思考的问题。

一是加快推进工程基础设施建设,构建灾损可控的防洪减灾保护体系。大力推动工程基础设施建设,进一步完善提升流域防灾减灾工程体系,尽快完成上游地区20年一遇的系统治理。紧抓工程管理主责主业,提升管理水平,完善管理机制,确保直管工程安全运行的底线不失。针对近年来水旱灾害防御工作中暴露的短板和瓶颈,积极推进工程除险加固,及时消除防洪安全隐患,加强非工程体系建设,切实保障好区内人民生命财产安全和经济社会发展。

二是着力强化水资源管理,构建更加长效完善的水资源配置和保障体系。以优质水资源为目标,主动担当作为,发挥流域统管的协调作用,推动干流水资源调配、保障、监测体系的建设和提升,强化水资源统一调配,综合运用"拦、分、蓄、排"等措施,优化水资源配置格局,提升水资源保障水平。坚持最严格水资源管理制度,理顺水资源管理体制,协调区域用水矛盾,引导促进流域经济社会发展与水资源水环境承载能力科学适应。

三是努力维护河流健康生命,构建河畅水清、岸绿景美的美丽沂沭河生态长廊。坚持保护优先、自然恢复为主,坚持把生态文明理念融入水利管理的各方面和全过程,努力促进和保障流域水生态文明建设。强化河流水生态空间管护,推动实施生态流量统一调度,保障河流生态基础水量,促进水域岸线生态功能恢复。持续打造绿色生态水利工程,推进工程美化绿化,促进河道自然植被和生态物种的修复与多样化,大力推进国家水利风景区建设,打造沂沭河绿色生态长廊。

四是扎实推进依法治水管水,构建更加严格有效的水域岸线管理和保护机制。强化法治意识与法治思维,处理好沿河发展建设同依法管水治水之间的矛盾,处理好绿水青山和金山银山的关系。要像保护我们的眼睛和生命一样保护沂沭河,以河道采砂、取水许可、入河排污、涉河违法建设等为重点,坚持依法行政,加大监管力度,坚决查处水事违法行为。加强河道管理保护能力建设,进一步完善涉水涉河联合执法长效机制,形成团结治水管水的有效合力。

五是持续深化水利改革,着力构建现代化管理运行机制。主动适应新时代治水主要矛盾的变化,准确把握角色定位,依法履职、统筹协调,进一步完善河长体系下的联合巡查、综合执法机制,更好推进涉河建设、水政执法、采砂管理等重点难点工作。持续深化水利工程管理体制改革,健全完善职能清晰、权责明确的水利工程管理体制和管理科学、运行规范的水管单位运行机制。切实落实"放管服"改革要求,在强化监管的同时,转变管理形象,提供高效涉水服务,共同营造服务社会发展的便利环境。

六是持续推动水利管理创新,着力增强沂沭河水利发展的内生动力。进一步加大创新力度,丰富和完善新时代沂沭河水利管理的新思路,大力推广应用新理念、新技术,全面提升各项工作的信息化水平,努力实现水利工程管理现代化。积极开展沂沭河闸坝联合调度、水旱灾害防御风险管理、生态流量调控等重大问题研究,推动科技创新成果转化应用。进一步解放干部职工的思想,完善内部管理,激励干部职工新时代新担当新作为,破解制约沂沭河发展的瓶颈难题。

70载风雨,塑就沂沭河安澜美丽;70载沧桑,绘出幸福河亮丽底色。抚今追昔,意在登高望远;知往鉴今,重在开创未来。我们以历史的眼光审视70年的风雨历程,真切感受到在治淮征程中沂沭河所经历的变化、所面临的形势,更深刻地感受到历史进程中所蕴含的规律和凝结的精神,收获了引领未来发展的历史智慧。当前,沂沭河水利事业正处于新形势下改革发展的关键时期,机遇和挑战并存,希望与困难同在,让我们携手同心、勇于开拓、砥砺奋进,继续传承先辈的治水精神,站在新的历史起点上,努力开创沂沭河更加灿烂美好的明天。

参 考 文 献

[1] 水利部淮河水利委员会沂沭泗水利管理局.沂沭泗河道志[M].北京:中国水利水电出版社,1996.
[2] 苏冠鲁.沂沭河防洪工程与抢险技术[M].徐州:中国矿业大学出版社,2017.

南四湖河长制湖长制工作实践与思考

孙魏魏

（南四湖水利管理局上级湖水利管理局,山东 济宁　272000）

摘　要　2017年河长制工作开展以来,南四湖局认真落实"水利行业强监管,水利工程补短板"水利工作总基调,充分发挥流域管理机构指导、协调、监督职能,主动作为,做到不缺位、不越位,完成了直管工程管理范围内"四乱"问题排查和直管工程管理范围地籍测绘、界桩埋设和宣传牌制作安装工作,划界成果经过了市(县)人民政府公示;全力配合地方各级河长办积极开展"清四乱"工作,圆满完成既定目标任务,集中解决了南四湖直管河湖管理中顽疾,清除了一大批侵占河湖、违规占用河湖岸线、破坏生态"四乱"问题,取得了巨大成效。随着工作的开展,南四湖河长制工作也暴露出一些新的问题。作者通过南四湖河长制工作实践,提出了解决这些问题的思路、对策和办法,为下一步更好地在南四湖开展河长制工作,提出了一种工作思路。

关键字　南四湖;河长制湖长制;实践;成效;问题;对策

南四湖由南阳、昭阳、独山、微山等4个水波相连的湖泊组成,承接苏鲁豫皖4省8市34个县(区)53条河流来水。大部分在山东省济宁市微山县境内,周边与济宁市任城区、鱼台县,枣庄市滕州市,徐州市铜山区、沛县接壤。南四湖湖形狭长,南北长125 km(其中上级湖67 km、下级湖58 km),东西宽6～25 km,湖面面积1 280 km²,是我国第六大淡水湖,具有调节洪水、蓄水灌溉、发展水产、航运交通、南水北调,改善生态环境等多重功能。

南四湖作为省际边界河湖,省界不清,侵占河湖、破坏生态等问题由来已久、积弊深重。2017年河长制工作开展以来,南四湖局及各基层水管单位(以下简称全局)认真落实"水利行业强监管,水利工程补短板"水利工作总基调,充分发挥流域管理机构指导、协调、监督职能,主动作为,做到不缺位、不越位,完成了直管工程管理范围内"四乱"问题排查和直管工程管理范围地籍测绘、界桩埋设和宣传牌制作安装工作,划界成果经过了市(县)人民政府公示;全力配合地方各级河长办积极开展"清四乱"工作,圆满完成既定目标任务,集中解决了南四湖直管河湖管理中顽疾,清除了一大批侵占河湖、违规占用河湖岸线、破坏生态"四乱"问题,取得了巨大成效。随着工作的开展,南四湖河长制工作也暴露出一些新的问题。

1　南四湖河长制湖长制工作实践

1.1　全面开展直管河湖问题排查和综合整治方案编制工作

根据苏、鲁两省关于全面推行河长制工作总体要求和安排,全局全面开展直管河湖问题排查工作,2017年6～7月,历时一个多月,先后完成了南四湖西大堤、韩庄运河、伊家河及蔺家坝枢纽、复新河闸、韩庄枢纽、二级坝枢纽及南四湖湖内问题排查工作,对管理范围内违章建设、违法活动、违章垦殖、埋坟、穿堤建筑物、排污口等情况进行了全面摸底排查,做到了现状调查全面准确、问题排查清楚。

1.2　积极配合地方政府开展河湖"清四乱"工作

全局加强了与各级河长办保持密切沟通联系,密切关注河长制工作动态,全力配合做好河(湖)长制"清四乱"工作。组织召开2次南四湖沿岸各县(市、区)参加的河长制座谈会;联合沛县和微山县水利部门建立了苏鲁边界水利工作联动机制,在全国首创处理边界水问题的"五联"机制(情况信息联通机制、矛盾纠纷联调机制、非法行为联打机制、河湖污染联治机制、防汛安全联保机制),为推动两地河

作者简介:孙魏魏,男,1985年生,上级湖水利管理局副局长,工程师,主要从事工程管理工作。E-mail:sww_star@126.com。

湖生态建设,打造水清岸绿的省界环境创造良好条件。截至 2020 年 3 月底,南四湖局直管河湖管理范围内共清理共同认定"四乱"问题 843 项,配合地方政府对苏鲁省界码头群进行了集中清理整治,完成了对水利部暗访发现问题的督导检查,协调各方积极进行整治;完成了山东省第 23 届省运会飞碟靶场、水上运动基地等重点项目,圆满完成既定目标任务,集中解决了南四湖直管河湖管理中顽疾,清除了一大批侵占河湖、违规占用河湖岸线、破坏生态"四乱"问题。

1.3 加大河湖巡查和违法查处力度

深入推动南四湖局水行政执法标准化建设,对全局水行政执法工作进行了全面检查,对巡查发现的问题及时进行跟踪处理;规范全局执法文书制作和归档工作,完成南四湖"清四乱"立案清单汇总整理,共梳理查处重点"四乱"问题 200 件。印发采砂管理监督指导办法,组织沛县、微山县两县开展采砂联合巡查,对南四湖采砂敏感水域、省际插花水域进行了重点巡查;确定 7 处直管河湖采砂重点河段和敏感水域,明确责任人,重点加强监管。

1.4 积极推进直管水利工程划界和政府公告工作

积极争取直管工程划界工作专项经费,全面推进南四湖局直管湖西大堤、湖东堤、二级坝枢纽、韩庄枢纽、蔺家坝枢纽、复新河闸等直管工程地籍测绘、界桩埋设、宣传牌制作安装工作,并积极对接相关市县人民政府对划界成果进行公告,为今后更好地依法依规管理河湖问题打下坚实基础。

1.5 强化工程维护,努力改善直管工程面貌

在全局范围内大力推动维修养护物业化管理工作,强化直管工程日常管理和养护。通过开展维修养护专项检查和日常管理规范化督查,不断规范维修养护和管理行为,跟踪解决历次检查中发现的问题,不断改善工程面貌,提升工程管理水平。

2 取得的主要成效

2.1 直管河湖综合效益有效发挥

截至 2020 年 3 月底,南四湖局直管河湖管理范围内共清理共同认定"四乱"问题 843 项(含乱占 19 处、乱建 805 处、乱堆 19 处),约占排查问题总数的 89.97%。其中山东省境内清理整治共同认定问题 744 项(含乱占 18 处、乱建 709 处、乱堆 17 处),占山东省认定总数的 94.54%;江苏省境内清理整治 99 项(含乱占 1 处、乱建 96 处、乱堆 2 处),占江苏省认定总数的 66%。特别是对苏鲁省界码头群进行了集中清理整治,完成了山东省第 23 届省运会飞碟靶场、水上运动基地等重点项目,通过"清四乱"工作开展,维护了堤防工程安全完整,消除了防洪安全隐患,有效改善了直管工程面貌和河湖生态环境,直管河湖综合效益有效发挥。

2.2 流域管理作用有力彰显

在"清四乱"工作开展过程中,全局认真履行流域管理机构职责,主动担当作为,积极与地方各级河长办沟通联系,加大对沿河(湖)干群法规政策宣传力度,争取地方各级政府理解支持,有力推动了河(湖)长制工作顺利开展。河湖管理秩序进一步规范,水事执法环境进一步净化,流域管理作用进一步彰显,单位形象进一步提升。

2.3 依法管水能力明显提高

随着河长制工作的不断推进和深入开展,水管单位进一步提高了对"清四乱"工作重要性的认识,坚定了河湖管理的信心,强化了依法管水的责任心和紧迫感,锻炼了队伍,积累了经验,干部职工的凝聚力和战斗力进一步增强,依法管水能力明显提高。

2.4 河湖划界工作全面完成

河湖完成划界作为河长制工作的一项主要内容,也是流域管理单位长期以来重要工作之一。通过河长制工作平台,水管单位积极开展河湖划界工作,积极组织开展直管工程地籍测绘、界桩埋设、宣传牌制作安装工作,率先全面完成划界工作并得到了地方政府公示,为下一步河湖规范化管理打下了坚实基础。

2.5 沿湖干群守法意识普遍提高

随着河长制工作的不断深入开展和宣传力度不断增加,对沿湖干部群众进行了一次全民普法,营造了全民参与监督和参与管水、治水的浓厚氛围,使更多的人认识、了解、支持、参与河长制工作,进一步让沿湖干群共同行动起来,参与水环境治理、水生态修复、水污染防治,沿湖干群对河流保护的守法意识、责任意识空前提高。

3 面临的困难

一是南四湖湖内"四乱"问题未做全面调查,存在暗访发现新"四乱"问题的概率依然较大,管理单位面临被追责的风险和概率较大。二是南四湖周边村庄较多,受土地面积制约和经济利益驱使,沿湖政府及群众新发生违章行为时有发生,受单位人员等条件限制,如长效管理难度极大。三是苏鲁两省插花地段脏乱差整治难度仍然较大,在防汛工作中,针对南四湖地区16处插花地段(湖西大堤58.58 km,涉及沛县、微山县)已建立了湖西大堤联防机制,而针对湖长制中治理脏乱差任务重却没有相关联动机制,实施过程中存在一定难度,特别是埋坟、违章建设、码头等主要集中在这段区域,需协调两省、两市积极、同步协调。

4 思考及对策

4.1 全面开展南四湖湖内问题调查

南四湖作为省际边界河湖,省界不清,侵占河湖、破坏生态等问题由来已久、积弊深重。南四湖湖内一直有着大规模的人类活动,历史上围绕湖产湖田等有着数百年的纷争,近来地方为了经济利益,在湖内大搞开发、建设。另据《微山县水利志》(2016年)统计,仅微山一县,就有渔湖民约19万人,湖内有南阳岛、微山岛、独山岛等多个岛屿及众多庄台,多数渔湖民祖祖辈辈以湖为生,湖内有大量村庄、公路、林木、湖田、鱼塘、渡口码头等,针对这些问题,要分类施策,区分问题性质(是违法违规、历史遗留、涉及群众生计等问题)、违法情况、破坏程度、发生时间、责任主体等分类制定清理整治意见,同时要解决好渔湖民人员的生计问题,避免简单化、"一刀切"。而在河长制工作开展过程中,苏鲁两省河长制工作开展不同步,标准不尽相同,造成沿湖群众有攀比心理,省界部分河长制工作开展和推动难度较大。

鉴于其管理复杂性和特殊性的特点,建议由流域机构、苏鲁两省共同参与,对南四湖湖内问题进行全面调查工作进行立项,进一步全面排查,统一整治标准,共同研究编制《南四湖河湖问题专项整治方案》《南四湖河湖岸线综合利用规划》,同时积极协调苏鲁两省尽快开展南四湖管理和保护范围划定工作,以推动南四湖湖内问题有效解决。

4.2 持续对河湖管理顽疾展开斗争

充分利用河长制湖长制工作平台,持续对河湖管理顽疾展开斗争。水管单位要认真按照水利部深入推进"清四乱"常态化规范化管理工作部署,坚定不移践行水利改革发展总基调,以持之以恒、久久为功的战略定力,以造福人民、舍我其谁的责任担当,按照务实、高效、管用的原则,坚持"遏增量、清存量",深入推进"清四乱"常态化、规范化,努力让南四湖成为日出斗金、造福人民的幸福河湖。

4.3 不断加强依法管水能力建设

进一步贯彻落实水利部"水利工程补短板,水利行业强监管"水利工作总基调及上级各项工作部署,充分利用河湖管理范围划定成果,持续加强直管工程规范化管理。"清四乱"只是治标,治本之策还是在于日常监管。积极开展直管工程管理范围内违章项目排查、查处力度,坚决杜绝新增违法建设。加强管理范围内涉河湖建设项目全过程监管;同时督促地方各部门在拟开工建设涉河湖工程时要提前做好水行政许可,共同维护好"清四乱"工作成果。认真学习把握有关水利法规政策,强化责任意识,履职尽责,主动担当作为,规范管理行为,不断提高依法管水能力和水平。

4.4 探索南四湖河湖联合巡查执法工作机制

探索成立类似于南四湖联合打击非法采砂、南四湖湖西大堤联合防汛工作机制的南四湖河湖联合巡查执法工作机制,加强部门协调,形成联合监管合力。南四湖联合打击非法采砂、南四湖湖西大堤联合防汛工作机制实践表明,多部门联合进行采砂监管、联合防汛,有利于集中力量,形成合力;有利于实现信息资源共享,机制运行顺畅;有利于迅速有效解决问题,提高执法效率。水管单位可以尝试探索与有关工程管理单位、执法部门等抽调人员组成南四湖河湖联合巡查执法队,利用各部门的职能优势,有效整合资源,形成监管合力,提升河湖管理效能。

4.5 继续加强直管河湖巡查和宣传力度

加大巡查,杜绝任何新增违法建设项目。对新发现问题、媒体曝光问题和群众举报问题,发现一处、整治一处,切实做到应改尽改、能改速改、立行立改,做到"四乱"问题动态清零。对好经验,好做法和典型案例积极宣传推广。同时要进一步加大宣传力度,充分利用传统媒体和微信、微博等新兴媒体扩大宣传范围,让群众及时了解到国家政策,并积极参与到河湖管理保护工作中来,形成良好的舆论氛围。

淠史杭灌区工程管理标准化规范化建设
推进灌区治理能力的实践

时兆中

（安徽省淠史杭灌区管理总局，安徽 六安　237005）

摘　要　淠史杭灌区作为新中国成立治淮工程建设时新建的全国最大灌区，也是效益特别突出的特大型灌区，近年来通过灌区工程管理标准化规范化建设，能够不断提升灌区治理能力和服务水平，也是贯彻落实"水利工程补短板、水利行业强监管"水利工作主基调的重要抓手。

关键字　标准化；规范化；治理能力；灌区

1　基本情况

淠史杭灌区于 1958 年开工建设，1972 年基本建成运行，2000 年开始灌区续建配套与节水改造工程建设，2020 年基本完成规划投资。工程位于安徽省中西部，设计灌溉面积 1198 万亩。灌区呈东西走向，横跨长江淮河两大流域，是 20 世纪 50 年代治淮工程最伟大的成就之一，同时也成为新时代安徽省水资源调配三纵三横的重要基础工程，也是安徽省重要的民生基石。灌区自 2000 年机构改革提出了工程管理规范化标准化建设理念，同步开展了工程管理规范化标准化建设尝试，尤其是 2010 年以来，以横排头渠首枢纽、红石嘴渠首枢纽 2 个国家级水利工程管理单位和淠河总干渠官亭管理分局、潜南干渠管理分局等 15 个省级灌区管理单位代表的工程标准化规范化管理达标建设，有力地提升了灌区管理单位的治理能力。

2　灌区工程管理标准化规范化建设实践

灌区标准化规范化建设分组织管理、安全管理、工程管理、供用水管理、经济管理五大类，每类都有不同的二级内容，每个二级内容都包括大量具体的管理内容，内容涵盖了灌区工程管理工作软件、硬件的各方面，建设的对象不仅是管理单位的工程管理，还包括管理单位的精神文明建设、规章制度建设、工资福利及社会保障、土地资源利用、水政执法等方面。由于工程标准化规范化建设涉及方面多，必须要厘清思路、明确目标、分步推进。

2.1　制定规划，明确思路

按照先完成省级水利工程标准化规范化建设、后进行国家级水利工程标准化建设的设计，谋划了"打造亮点、突出重点、以点带面、全面推进"的工作思路。首先进行以横排头、罗管闸为代表的规范化建设，其次进行淠河总干渠"水清、岸绿、渠畅、环境美"水生态综合整治建设，再次择优选择积极性高、基础条件较好的县区管理单位进行标准化建设。

2.2　制定目标，稳步推进

对照《水利工程管理考核办法与考核标准》中水闸、灌区部分，成立工程标准化规范化管理创建领导小组，自 2010 年利用 3 年时间完成横排头管理处国家级水利工程管理单位建设，利用 5 年时间完成红石嘴管理处国家级水利工程管理单位建设，到 2015 年分别完成史河总干渠管理局、三十铺管理分局等 8 个直管和长丰县瓦东分局和肥西县潜南分局 7 个县区管理的灌区管理单位标准化建设。

作者简介：时兆中，男，1978 年生，安徽省淠史杭灌区管理总局规划计划处副处长（高级工程师），主要从事特大型灌区建设管理工作。E-mail：ahszz@163.com。

2.3　吃透标准,节点管理

灌区标准化规范化建设涉及组织、安全、运行、经济管理等方面,需要统筹协调,整体推进。参与工程标准化规范化建设的单位根据自身实际,客观评估软、硬件水平,科学合理地制订工程标准化规范化实施方案,强化目标措施,把握节点步骤,有序推进标准化规范化建设工作的日控制、周调度、旬分析、月推进的推动制度,细化工作岗位与责任分工,定期举行工作阶段性汇报会,解决建设过程中的重点和难点问题,推动建设工作有序开展。

3　推进灌区治理能力的主要成效

通过灌区工程管理标准化规范化建设,初步构建科学高效的灌区标准化规范化管理体系,加快推进灌区建设管理现代化进程,不断提升灌区管理能力和服务水平,保证实灌面积连续多年超 66.67 万 hm^2 的粮食生产安全和区域 1 500 万人的饮水安全,促进 1.4 万 km^2 的国土自然生态安全,保障区域经济社会稳定健康发展。

3.1　建立了一套比较完善的管理制度

出台了《安徽省淠史杭灌区管理条例》,制定完善了《淠史杭总局党委议事规则》和局长办公会议为主的议事决策制度、以《安徽省淠史杭灌区管理总局安全责任制》为主的安全生产制度、以《安徽省淠史杭灌区续建配套与节水改造项目竞争性立项办法》为主的工程建设制度、以《安徽省淠史杭灌区管理总局工程检查办法》为主的工程运行制度、以《安徽省中西部水量分配方案》为主的灌区分水配水供水调度制度、以《安徽省淠史杭灌区党风廉政建设办法》为主的党建制度等相关制度,这些制度体系保证了管理单位的正常运行与发展,促进了单位的有序规范运转。

3.2　促进思想共识统一

工程管理标准化规范化建设工作自始就受到省水利厅的高度重视,相关部门领导多次亲临现场检查指导,听取标准化规范化建设情况汇报。成立标准化规范化建设领导组织,专门研究解决重大事项。下设办事机构,负责指导督促相关单位工作推进。基层管理单位更是将考核创建作为工作的重中之重,全体人员共同参与。各参加单位参与人员都能凝心聚力、团结协作,各司其职、共同推进,同时明确责任分工,强化奖惩措施,将创建工作任务分解到每个岗位、每位职工,充分调动全体职工的主动性、积极性和创造性。

3.3　促进力量投入集中统一

首先,开展标准化建设、软硬件建设和整改落实等创建工作,都离不开必要的人、财、物支撑。其次,考核创建仅靠几个人、十几个人、几十人均是不行的,需要单位全体职工投入,更需要主管部门支持指导、兄弟单位和有关部门的配合,形成统一力量,汇聚合力,共同推进。不同单位、不同部门、每位员工都认识到标准化规范化建设工作是一项重要工作,把工程标准化规范化建设工作自觉纳入到自己职责范围内。再次,统筹运行管理,突出标准化建设,创建工作既兼顾到管理对象的达标,还兼顾到管理单位、养护单位的达标。参加的人员用积极向上的锐气,破解了创建过程中的一道道难题。

3.4　促进了基层管理单位的精气神

进行灌区工程管理标准化规范化建设的基层单位从单位领导到中层干部乃至基层所段长都高度重视此项工作,逢会必说、逢事必做,带领所在单位全体员工围绕标准化规范化建设规范日常工作行为与举止,使基层单位的职工精气神有了焕然一新的变化,如横排头管理处、红石嘴管理处职工均以国家级水利工程管理单位为自豪,能以参与到工程标准化规范化建设为荣耀,看到单位的管理水平持续提升而坚持不懈地付出。

3.5　促进了管理单位的传承力

灌区工程管理标准化规范化建设过程中形成了"123456"。"1"指的是"一个目标",即灌区"12355"的现代化建设目标;"2"指的是"两个治理",即灌区治理体系与治理能力建设;"3"指的是"三个检查",即工程灌溉前检查、工程灌溉后检查、工程特别检查力度明显增强;"4"指的是"四个一流",即一流的工程、一流的管理、一流的服务、一流的效益;"5"指的是"五个安全",即单位党风廉政建设安全、工程运行安全、工程建设安全、工程调度安全、粮食生产安全;"6"指的是"所段六有",即基层所段基本能力达标,职工办公有电脑、就餐有食堂、蔬菜有菜地、巡堤有交通工具、洗漱有澡堂、健身有器材。随着"123456"的持续提升完善,成为独具淠史杭灌区特色的文化软实力的一部分。

3.6 提升了管理单位的治理能力

在组织管理上,有序地进行了党代会、职代会、工会、文明建设等制度建设并进行认真考核,保证了干部安全、职工安全、资金安全,同时荣获水利部、六安市等建设精神文明单位。在安全管理上,通过灌区续建配套与节水改造系列制度建设和修订完善,经历次水利部、国家发改委、审计署等部委稽查审计均没有发现严重问题。在工程管理上,除了工程检查、工程养护、工程维修等常规动作外,相继开展了罗管节制闸、将军山渡槽、大观桥渠下涵等安全鉴定和九里沟电站的标准化建设,确保所辖工程以正常的状态运行。在供用水管理上,根据灌区六大水库、灌区面上库塘堰坝蓄水情况按一般年份、正常年份、干旱年份、重大干旱年份分别确定了渠首枢纽引水流量,通过精心调度,在 2019 年战胜了灌区 40 年一遇的大旱。在保障粮食生产安全上,率先在史河灌区开展了安徽省、河南省两省跨省水量分配并以制度的形式确定下来,促使灌区粮食产量稳定在 65 亿 kg 左右。在经济管理上,管理单位的职工均有了不低于当地平均工资水平的工资收入,由单位缴纳了五险一金,部分单位养护经费也较以前相比有了小幅增加。

4 问题和建议

灌区工程标准化规范化是贯彻落实"节水优先、空间均衡、系统治理、两手发力"治水方针,也是新时期"水利工程补短板、水利行业强监管"水利改革发展的重要抓手,更是灌区管理单位达到国家级工程管理单位的关键一环。但是把灌区工程管理整体以国家级灌区管理单位达标考核为主的标准化规范化存在一定难度。

4.1 灌区建筑物种类多,整体完成标准化规范化建设难度大

特大型灌区管理标准化规范化建设由于涉及水闸、渠下涵、渡槽等建筑物工程,也涉及渠道堤防工程,既有流量 300 m^3/s 的总干渠,也有流量仅为 1 m^3/s 的支渠,工程种类多、管理跨度大。按照《水利工程管理考核办法与考核标准》(水运管〔2019〕53 号),灌区工程如果要达到国家标准,则其所辖的大中型水库、水闸、泵站、灌区、调水工程均需要完成单项工程管理标准化规范化建设,比如淠东干渠灌区内的苟陂水库反调节中型水库就需要达到国家级水库管理标准,另外,淠东干渠上杨西分干渠迎河泄水闸这一中型水闸同样需要达到国家级水闸管理标准,否则就不满足以国家级工程管理单位为主的工程管理标准化规范化建设。对此类问题,建议先按水库、水闸、堤防等类别进行省级一级水利工程管理达标建设,待完成以省级工程管理单位达标为主的标准化规范化建设后,再按总干渠、干渠进行分灌区进行标准化规范化建设,待 2 条总干渠、11 条干渠均完成标准化规范化建设之后,再完成以全灌区国家级灌区管理单位达标为主的标准化规范化建设。

4.2 灌区工程完整性不够

灌区总干渠 2 条,干渠 11 条,分干渠 19 条,支渠 317 条,支渠以上渠道 4 730.3 km,渠系建筑物 22 410 座。仅基本完成续建配套的渠道只有 2 条总干渠、3 条干渠、5 条分干渠、13 条支渠,仍有 8 条干渠、14 条分干渠、304 条支渠及 3 000 多座建筑物需要配套或重建。根据水利部颁布的水利工程养护标准,淠史杭灌区工程维修养护经费年需要近亿元,实际到位 0.2 亿元左右。建议针对工程老损不配套问题要加大灌区工程补短板的力度,粮食主产区维护经费不足的问题由中央财政补助解决。

4.3 灌区续建配套与现代化改造需要大力推进

2019 年淠史杭灌区管理总局委托中国水利科学研究院编制完成《淠史杭灌区续建配套与现代化改造实施方案》初稿,要求进行工程设施达标改造,实现骨干工程无安全隐患,节水减排措施完善,水生态保护有效推进,标准化规范化管理扎实推进,信息化覆盖率达到 80% 等,要实现实施方案确定的目标,必须大力推进灌区建设管理。

推进灌区标准化规范化建设提升灌区治理能力,对于促进灌区管理单位全面、协调、可持续发展,树立水管单位良好的形象,提升管理水平和层次,促进工程安全运行和充分发挥效益意义重大。

河长制实践金宝航道"一河一策"方案编制探讨

杨涛,雷宁,徐子令,张巍

(淮安市水利勘测设计研究院有限公司,江苏 淮安 223001)

摘 要 "一河一策"方案实施工作是落实全面推行河长制,加强河湖治理与保护工作不可或缺的重要环节。本文通过对金宝航道的现状进行分析,围绕国家实施河长制"水资源保护、水域岸线管理保护、水污染防治、水环境治理、水生态修复、执法监管"六大任务,落实江苏省实施河长制总体目标,针对金宝航道水资源保护、河岸线治理、防洪保安、河道管理、执法监管等方面存在的主要问题,提出相应治理目标,制订一河一策措施方案,落实河道长效管理机制,为国内其他地区河道的保护治理提供借鉴和参考。

关键字 金宝航道;治理目标;措施;长效管护

1 河道概况

1.1 基本情况

金宝航道位于江苏省扬州市宝应县和淮安市金湖县、盱眙县、洪泽区和省属宝应湖农场境内,东起里运河西堤,西至三河拦河坝下,全长 30.88 km(南水北调工程裁弯取直后全长 28.40 km)。该河道是沟通京杭大运河与洪泽湖,串联金湖站和洪泽站,承转江都站、宝应站抽引的江水,是南水北调东线第一期工程运西线输水的起始河段,具有输水、防洪排涝、灌溉、航运等综合功能。

(1)输水功能:金宝航道主要任务是安全地将第一梯级抽入里运河的部分江水通过金宝航道线送至金湖站后再抽入洪泽湖,设计过流能力 150 m^3/s。

(2)防洪排涝功能:金宝航道位于宝应湖地区,现状支流众多,水流通畅,其水面实际上是宝应湖的一部分,相应水位与宝应湖一致。因此,金宝航道的排涝功能很突出,在南水北调工程中,金湖站结合宝应湖地区排涝,条件比较优越,利用湖区和金宝航道可直接抽引涝水。

(3)灌溉功能:工程所在地分属洪泽湖灌区和地方径流、回归水灌区。主要包括洪金灌区、周桥灌区及宝应湖滨湖地区。

(4)航运功能:金宝航道现状为Ⅵ级航道,航道规划等级为Ⅲ级。在南水北调金宝航道工程扩挖工程中,沿线建筑物、桥梁已经按照规划Ⅲ级航道标准进行建设。石港船闸已经按照Ⅲ级标准安排扩建。

(5)生态景观功能:金宝航道南北两岸结合省道、地方乡镇道路的建设,形成了绿化景观带,营造了桃红柳绿、四季有景的休闲风光带,具有较好的生态景观效果。金宝航道北侧为金湖县重要旅游景区——水上森林公园,金宝航道与其相辅相成,构成美丽的水乡景观。

1.2 水资源及开发利用现状

金宝航道自 2013 年 5 月整治拓宽投入运行以来,为苏北、山东地区人民的生产、生活、航运提供了充足水源,周边农田灌溉水源得到保障,改善了水环境;有效减少了宝应湖地区的洪灾损失。

金宝航道沿线有农业、工业、生活取水口多处,以农业用水为主;沿线共有码头 11 处。

1.3 水环境与水生态状况

金宝航道是南水北调东线工程运西线的输水干道,根据《江苏省地表水(环境)功能区划》、《南水北调东线工程规划》(2001 年修订)确定水质保护的目标是确保水质达到Ⅲ类水标准。金宝航道沿线无化工企业,污染源主要为船舶污染、平交河道水质污染、零星生活污水排放以及农业面源污染等,污染物排放总量相对较小,没有发生大的水污染事件。经检测,金宝航道现状 pH 值 7.53 ~ 7.74,溶解氧(DO)含

作者简介:杨涛,男,1988 年生,淮安市水利勘测设计研究院有限公司工程师,主要从事水利工程规划与设计。

量 6.51 ~ 6.57 mg/L,化学需氧量 COD_{Cr} 含量 16 ~ 18 mg/L、5 日生化需氧量 BOD_5 含量 3.5 ~ 3.9 mg/L,总磷含量 0.057 ~ 0.175 mg/L,氨氮含量 0.209 ~ 0.487 mg/L,总氮含量 2.05 ~ 3.03 mg/L。根据检测结果分析,河道现状水质总氮超标,其余指标满足Ⅲ类水要求。河道底泥中重金属及砷基本满足《土壤环境质量标准》二级标准要求。

1.4　河道管理状况及河长组织体系

江苏水源有限责任公司淮安分公司是金宝航道工程的主管机构。受省南水北调东线江苏水源有限责任公司的委托,金湖县河湖管理所成立了金湖县南水北调金宝航道河道管理所,负责管理金湖境内金宝航道及沿线配套影响(闸、涵)工程。金宝航道除水利部门管理外,环保、交通、海事、国土、林业、规划、公安等部门也参与金宝航道的日常管理。

金宝航道河长组织体系已经建立,市级河长由副市长担任,金湖县、乡镇党政负责同志担任相应河段河长。

2　存在问题

金宝航道作为南水北调金湖站的引水河,兼具调水、防洪、排涝、灌溉、航运等综合功能。主要现状及存在的问题如下:

(1)据淮安市重点水功能区水质公报,金宝航道金湖调水保护区金湖站断面全年水质达标。

(2)现状金宝航道与大汕子河道、京杭运河相通,区域水资源丰富,满足农业灌溉、周边渔业养殖、航运用水的要求。

(3)河道资源管护较好,除北侧弯道段因历史原因存留的民房、企业外,基本完成主航道岸线的清理整治。

(4)水环境方面的问题较为突出。北侧弯道段居民、企业将生产生活污水直排入河;大汕子河道与金宝航道开敞式连通,其河道内存在大量围网养殖,周边水系较多,附近乡镇尾水皆通过支流排入大汕子河道,给金宝航道西段的水质带来压力。

(5)水生态情况良好,沿线绿化完整,树木、草皮有专人养护,河道内水草杂物有专人打捞。

(6)金宝航道管理体系完整,河道管理所负责日常管理,清污打捞、绿化养护由专业公司承包,地方政府的海事、国土、公安部门均进行了有效的管理。但北侧弯道段未纳入统一管理,与主航道管理水平差距较大。

3　治理目标

通过全面推行河长制,到 2020 年金宝航道管理保护规划体系基本建立,管理机构、人员、经费全面落实,人为侵害河道行为得到全面遏制,水功能区水质达标率 100%,国考断面和省考断面水质稳定达到Ⅲ类水,河道资源利用科学有序,调水、供水、排涝、航运、生态功能明显提升,群众满意度和获得感明显提高。

4　治理措施

4.1　水资源管理

落实最严格的水资源管理制度,严守用水总量控制、用水效率控制、水功能区限制纳污"三条红线",严格考核评估和监督。严格取水许可监督管理,开展水资源管理专项检查,对非法取水户,依法进行水资源管理专项整治。严格水功能区管理监督,完善监督管理制度,制定水功能区监督管理办法及监测、评价、考核实施细则,落实水功能区通报制度。对弯道段北侧滩面居民进行搬迁,或者实施污水管网建设;加强管理大汕子河道沿线排污口。明确用途、落实措施、加强管制。

4.2　河道资源保护

金宝航道是南水北调东线工程的输水干线,也是白宝湖地区一条抽排涝水入江的通道,还是沟通里运河与洪泽湖的一条重要航道,具有引水、灌溉、排涝、防洪、航运、生态等功能。河道资源保护在现状各功能主次关系的基础上,科学规划河道管理范围内的空间布局,合理划分各项功能保护区,为金宝航道管理与保护提供依据。

(1)水域资源保护:保证行水通道安全,加强河面保洁,加强动植物和鱼类保护。

(2)岸线资源保护:工程管控区保护和生态景观区保护,清除违建码头,进行植被恢复。对居民占用滩地耕种等情况进行清理,必要时设置围栏进行防护。

(3)管理范围划界:金宝航道北侧弯道段河道及该段水利工程管理范围线划界。

4.3 水环境与水生态综合治理

4.3.1 水污染防治

落实《江苏省水污染防治工作方案》,明确金宝航道水污染防治目标任务,强化源头控制,坚持水陆兼治,统筹水上、岸上污染治理,加强排污口监测与管理。开展城乡生活垃圾分类收集,推进城镇雨污分流管网,提高村庄生活污水处理设施覆盖率。强化农田面源污染控制,优化养殖业布局,推进规模化畜禽养殖场粪便综合利用和污染治理。

4.3.2 水环境综合治理

强化水环境质量目标管理,按照水功能区确定水质保护目标,以金宝航道管理范围内侵占水域岸线资源和突出的水污染问题为重点,全面开展水环境治理。强化滨河空间环境综合整治,对影响调水、航运、生态安全的侵占河道行为、不合理建筑物以及开发利用行为全面清理,并进行环境提升。深入推进码头、船舶临时停靠点和船舶污染防治,加强船舶污染应急能力建设。强化河道水域岸线保洁,开展干线航道和港口码头周边洁化绿化美化行动,打造整洁优美、水清岸绿的河湖水环境。推进水环境治理网格化和信息化建设,建立健全水环境风险预警机制。

4.3.3 水生态建设

结合江苏调水干线的清水通道工程建设,将金宝航道建成清水通道和生态廊道,建立系统的、立体的、多层次的"河道-堤岸-护坡缓冲带"生态修复与污染物削减体系。金宝航道堤岸生态建设与保护结合岸线资源保护措施,南岸主要用于景观开发、居民休闲、旅游;北岸离城区稍远,开发程度不高,主要用于科学研究和植物繁育。按照人与河道和谐共存的理念,恢复金宝航道扩挖工程堆土区和生态景观系统,构建健康的生态景观环境,形成覆盖广泛的生态景观廊道网络,使金宝航道成为水清岸绿的清水通道。加强渔业资源和水生生态养护。建立健全金宝航道禁渔制度,实行水生态平衡放养,实行轮休、轮养制度。同时对河道沿线原生水生植物进行必要的保护,清除杂生泛滥的外来物种。

4.4 长效管护与监管能力建设

落实管护经费,进一步明确河道管理责任主体、落实管护机构、人员和经费,市、县二级财政保障,保证管理经费全部落实到位,配置管理巡查车船、工程观测设施。建立健全法规制度,加大河湖管理保护监管力度,严厉打击涉河湖违法行为。建立健全部门联合执法机制,完善行政执法与刑事司法衔接机制。完善河道管理体制,进一步完善河道管护和执法体制,处理好市、县两级河长办与省水源公司在河道管理上的关系与界限。加强管理人员、管护资金投入。进行河长制信息化平台建设,建设视频监控系统,在河道沿线布设监控点。

4.5 综合功能提升

统筹推进河道综合治理,保持河道空间完整与功能完好,实现金宝航道的引水、排涝、航运、旅游等功能。实施沿线护坡、涵闸、桥梁等维修加固工程,落实日常维护经费。随着金宝航道的升级改造(Ⅵ级航道升级为Ⅲ级航道),需要对沿线船闸等通航建筑物进行改扩建。河长办配合后期规划,进行航道的升级改造。其中石港船闸已经按照Ⅲ级标准安排扩建。

5 保障措施

落实河长责任,明确相关责任部门及其具体职责,统筹协调解决河道治理管理工作中的问题。作为政府"河长制"重要考核内容,加强对实施方案和执行结果的检查评估。加大财政政策支持力度,切实落实地方公共财政投入,将建设资金纳入各级政府的财政预算。同时积极探索建立多元化、多渠道、多层次的投资体系,引导金融机构和社会资金投资河湖治理与保护。

加强对河道水质改善、河湖生态修复等技术研究,加强技术交流与合作,引进和吸收国内外先进的技术与经验。进一步完善相关的流域综合规划、专业规划。及时跟踪评估治理措施的实施效果和存在的问题,及时调整、优化、完善相关治理措施,确保系统性、科学性。

加强金宝航道"一河一策"行动计划实施监管的信息化建设与管理,加强监督考核,完善河长制的长效监管机制。通过传统媒体、新媒体等多种方式,加大对河长制的宣传,鼓励公众参与和监督河湖管理保护工作。

6 结语

为建设水清、河畅、岸绿、生态的金宝航道,保障南水北调供水水质,保障沿河人民群众身体健康和流域水环境安全,坚持依法治水、科学治水,科学编制金宝航道"一河一策"方案,为河长制工作奠定基础、提供依据。全面推动河道"一河一策"的落实,坚持创新、协调、绿色、开放、共享发展理念,牢固树立生态文明理念,统筹山水林田湖草系统治理,实行最严格的生态环境保护制度,形成绿色发展方式和生活方式,坚定走生产发展、生活富裕、生态良好的文明发展道路,为建设中国美丽乡村做出贡献。

冬小麦和夏玉米高效用水调控技术应用实例

王艳平[1,2],邱新强[1,2],孙彬[3],刘见[3],路振广[1]

(1. 河南省水利科学研究院/河南省节水灌溉工程技术研究中心,河南 郑州　450003;
2. 河南省科达水利勘测设计有限公司,河南 郑州　450003;
3. 许昌市农田水利技术试验推广站,河南 许昌　461000)

摘　要　为寻求合理的冬小麦和夏玉米高效用水调控指标,通过田间试验,对比分析非充分灌溉条件下冬小麦和夏玉米耗水特性、产量形成及水分利用效率(WUE)的差异。结果表明,与对照田(CK1)相比,夏玉米试验田的总耗水量、籽粒产量和 WUE 分别增加了约 - 6.01%、1.10% 和 7.56%,相应地,冬小麦分别增加了约0.42%、10.55% 和 10.09%。最终冬小麦和夏玉米平均实现增产 5.83%,WUE 提高 8.82%。这主要得益于目前的灌溉方式已从传统的粗放灌溉转向以精细灌溉为主,而通过采取高效用水调控技术,可实现测墒灌溉、灌水定额可控、灌溉用水管理有依有据。由此可知,冬小麦和夏玉米高效用水调控技术符合当地生产实际,且具备很强的可操作性。

关键字　冬小麦;夏玉米;高效用水;水分利用效率;

0　引言

河南省是农业大省和全国粮食生产核心区,灌溉农业对全省粮食的贡献率超过 80% 以上,但农业用水日趋紧张。大中型灌区农田灌溉有效水利用系数平均仅 0.5 左右[1],井灌区地下水超采问题日益严重,田间灌溉与管理方式粗放,农业水资源高耗低效问题突出,进一步加剧了水资源供需紧张矛盾。近 20 年来,河南省不断加大大中型灌区和井灌区节水工程建设与改造力度,工程节水体系不断完善。可以预见的是,通过工程输配水过程中的节水潜力正在不断减弱,而研究完善田间节水高效灌溉技术、进一步挖掘作物自身的节水潜力,是未来节水灌溉的主要发展方向之一。

冬小麦和夏玉米是河南省的两大主要粮食作物,同时也是主要的灌溉用水作物。玉米灌溉用水占农业用水的 30% ~ 40%,冬小麦灌溉用水占农业用水的 50% ~ 60%[2-3]。研究和推广实施冬小麦和夏玉米节水高效灌溉技术,对于促进农业节约用水、转变农业粗放用水方式、保障农业水资源可持续利用意义重大。河南省水利科学研究院自 2015 年以来,依托 2010 年省重大公益项目"粮食核心区农业节水关键技术研究与应用"研究成果,联合许昌市灌溉试验站进一步研究完善了冬小麦和夏玉米合理灌水控制下限和灌水定额的优化组合技术等高效用水调控技术标准[4-6]。经调研,许昌地区现状耕地以农户为基本经营单元,农民灌溉多凭传统经验,加之种粮效益较低,尽管当地灌溉系统配套完善,但作物受旱时农民的灌溉意愿并不高,除非遇到旱情严重威胁作物正常生长发育时才抢浇"保命水",且灌水定额整体偏高。结合当地生产实际,同时考虑到充分灌溉条件下实现作物高产难度不大,因此仅针对非充分灌溉条件下冬小麦和夏玉米的高效用水调控技术进行田间应用实例分析。

1　试验区概况

本试验所在地许昌市灌溉试验站(34°76′N,113°24′E,73ma. s. l.)多年平均气温 14.7 ℃,极端最高气温 42 ℃,极端最低气温 - 17.3 ℃,多年平均日照时数 2 183 h,无霜期 216.4 天。多年平均降水量698 mm,最大年降水量 1 037 mm,最小年降水量仅 430 mm,降水量主要集中在汛期(每年 6 ~ 9 月),占

基金项目:河南省基本科研业务费项目;河南省水利科技攻关计划项目(GG201509;GG201602)。

作者简介:王艳平,女,1980 年生,工程师,主要研究方向为节水灌溉与水资源。E-mail:232681738@qq.com。

全年降水量的65%,多年平均蒸发量1 044 mm。土壤干容重为1.53 g/cm³,田间持水量为25.4%(重量含水率)。试验站周边均以农业生产为主,大部分实行冬小麦和夏玉米一年两熟连作种植。

本试验在许昌市灌溉试验站内的大田试验区进行。夏玉米品种为"滑玉168",2015年6月8日播种,2015年9月25日收获,全生育期109天;冬小麦品种为"许科168",于2015年10月21日播种,2016年6月2日收获,全生育期226天。夏玉米机播种植密度4 800株/亩,播前机施底肥50 kg/亩(N: P: K =28:6:6),施肥深度15~20 cm;冬小麦机播播量12.5 kg/亩,行距20 cm,3叶期定苗,播前施底肥100 kg/亩,其中复合肥50 kg/亩(N: P: K =24:18:6),缓释肥50 kg/亩(总养分60%以上,其中氨基酸≥10%,N+P+K≥18%,有机质≥20%)。其他田间管理措施(施肥、除草、防病虫等)均保持一致,管理水平参照一般高产田。

2　试验设计与方法

2.1　试验设计

冬小麦和夏玉米高效用水调控指标主要由灌水控制下限和灌水定额两个指标组成。灌水控制下限指标如下:苗期、拔节期、抽雄期和灌浆期分别为田间持水量的50%和50%(冬小麦和夏玉米,下同)、55%和55%、65%和65%、55%和60%,同时设置常规灌溉管理方式种植农田(CK1)和全生育期重度水分胁迫农田(CK2)作为对照。CK2处理苗期、拔节期、抽雄期和灌浆期的灌水控制下限分别为田间持水量的45%和45%、50%和50%、60%和55%、50%和45%。灌水定额指标为拔节前40 m³/亩,拔节后50 m³/亩,灌溉方式为软管微喷灌溉,CK2处理的灌水方式及灌水定额与试验田均保持一致。当土壤墒情达到灌水控制下限时,参照气象部门5~7天内的天气预报结果,按照既定灌水定额实施灌溉。CK1处理根据当地农民的灌溉习惯进行灌溉,并详细记录灌溉时间和各次灌溉水量。具体处理见表1。

表1　试验处理及用水调控设计

作物种类	处理及控制指标		拔节前	拔节期	抽穗期	灌浆期
冬小麦	土壤水分下限 (田持,%)	中试田	50	55	65	55
		对照田(CK2)	45	50	55	45
	灌水定额(m³/亩)		40	50	50	50
夏玉米	土壤水分下限 (田持,%)	中试田	50	55	65	60
		对照田(CK2)	45	50	60	50
	灌水定额(m³/亩)		40	45	45	45

2.2　试验方法及观测项目

本试验依据已有试验成果,结合生产现状,在对田间实测土壤水分信息进行订正的基础上,参照当地天气预报结果指导灌溉。收获后与对照田进行比较,综合分析冬小麦和夏玉米的增产和节水效果。主要观测项目如下:①详细记录相关农事活动。②收集生育期内的主要气象资料,包括温湿度、降水量及降水历时等。③采用取土烘干法和仪器测定相结合的方法测定土壤墒情。测定深度为1 m,每10 cm为一层,共10层。仪器使用前需结合取土烘干法进行率定。播种前、收获后,以及降雨及灌水前后均加测试验田和对照田内的土壤墒情。④测产和考种:冬小麦收获时每块地选10个样方(1 m×1 m)进行测产和考种;夏玉米选10个点,每个点取10株玉米进行测产和考种。

3　田间试验应用情况及结果分析

试验总面积41.64亩。其中试验田面积20.99亩(分为两个试验区,面积分别为14.09亩和6.89亩),对照田(CK2)20.65亩(同样两个试验区,面积分别为13.39亩和7.26亩)。选择站内相邻试验田作为对照田(CK1),CK1处理的作物生产情况与试验田保持一致。经实地调查,对照田(CK1)夏玉米季和冬小麦季各灌水1次,灌水定额分别约为61 m³/亩和75 m³/亩。

3.1 田间试验应用情况

本试验实施测墒灌溉和灌水计量控制采用取土烘干法结合土壤水分速测仪监测土壤墒情,每隔15日左右监测一次。由水表严格控制灌溉水量,当各期土壤水分平均值达到灌水控制下限时,参照气象部门5~7天内的天气预报结果和作物长势,按照灌水定额实施灌溉。试验田夏玉米播种后于7月23日灌水45 m³/亩,对照田(CK2)全生育期未灌水;试验田冬小麦于2016年3月2日和5月12日分别灌水50 m³/亩,对照田(CK2)于2016年4月10日灌水50 m³/亩。灌溉作业及灌溉计量现场如图1所示。

图1 灌溉作业及灌溉计量现场

3.2 应用结果分析

3.2.1 冬小麦和夏玉米的耗水特性分析

由表2可知,夏玉米季对照田(CK1)的总耗水量较中试田和对照田(CK2)分别高31.1 mm和123.2 mm,其中拔节期阶段耗水量的处理间差异较大;冬小麦季对照田(CK1)的总耗水量较中试田低约1.8 mm,较对照田(CK2)高约72.6 mm。

表2 冬小麦和夏玉米的耗水量差异

生育阶段	夏玉米耗水量(mm)			冬小麦耗水量(mm)		
	对照田(CK1)	中试田	对照田(CK2)	对照田(CK1)	中试田	对照田(CK2)
苗期	113.7	108.6	111.5	264.4	232.0	210.2
拔节期	223.2	196.1	110.7	75.0	38.9	37.8
抽穗期/抽雄期	76.1	84.5	63.1	56.2	74.4	77.0
灌浆成熟期	105.7	98.3	110.2	83.7	99.9	78.7
全生育期	518.6	487.5	395.4	428.3	430.1	355.7

3.2.2 冬小麦和夏玉米的产量形成特性分析

由表3可知,夏玉米季和冬小麦季中试田的籽粒产量总是最高,对照田(CK2)总是最低,处理间极差分别为1 373 kg/hm² 和1 123 kg/hm²。方差分析结果显示,夏玉米季和冬小麦季中试田和对照田(CK2)的籽粒产量间差异显著,但中试田与对照田(CK1)的处理间差异均不显著。

对比可知,夏玉米季中试田植株最高,茎秆最粗,其果穗的秃尖最长、穗粒数最多、籽粒最重;对照田(CK1)的果穗最长且最粗,其穗行数也最大。方差分析结果显示,各处理株高、穗长、秃尖长、穗行数的处理间差异均不显著。冬小麦季中试田果穗最长,千粒重最大;对照田(CK1)的植株最矮,茎秆最粗,其果穗的小穗数最多、无效小穗数最少、穗粒数最大。方差分析结果显示,各处理株高、茎粗、小穗数、无效小穗数、穗粒数的处理间差异均不显著。

表 3　冬小麦和夏玉米的籽粒产量及其构成参数

项目	夏玉米			冬小麦		
	对照田（CK1）	中试田	对照田（CK2）	对照田（CK1）	中试田	对照田（CK2）
株高（cm）	297a	305.1a	304.5a	67.69a	70.53a	70.63a
茎粗（mm）	21.2b	23.9a	22.1b	4.17a	3.99a	3.66a
穗长（cm）	20.9a	20.2a	20.0a	9.53a	9.90ab	9.00b
穗粗（cm）	4.81a	4.68ab	4.64b	—	—	—
秃尖长（cm）	1.60a	1.65a	2.10a	—	—	—
小穗数	—	—	—	20.6a	20.47a	20.37a
无效小穗数	—	—	—	2.35a	2.63a	2.89a
穗行数	16.5a	16.0a	15.4a	—	—	—
穗粒数	367.6a	371.3a	333.3b	35.90a	35.84a	35.53a
千粒重（g）	333.4ab	338.0a	329.2b	39.75b	42.41a	39.58b
产量（kg/hm²）	8 733a	8 829a	7 456b	6 064ab	6 704a	5 581b

3.2.3　冬小麦和夏玉米的水分利用效率分析

由表 4 计算可知,夏玉米季的耗水构成中,有效降雨占比在 87.72% 以上,灌溉水占比较小;冬小麦季的耗水构成中,有效降雨占比在 64.36% ~ 77.82%,灌溉水占比为 21.09% ~ 34.88%,土壤储水消耗占比在 10% 以下。

表 4　冬小麦和夏玉米的耗水特性、籽粒产量及 WUE

项目		作物耗水情况（mm）				籽粒产量（kg/hm²）	WUE（kg/m³）	WUE 变化率（%）	
		有效降雨量	土壤储水消耗	灌溉量	总耗水量			较 CK1	较 CK2
夏玉米	对照田（CK1）	454.9	−27.8	91.5	518.6	8 733	1.68	—	−10.6
	中试田	454.9	−34.9	67.5	487.5	8 829	1.81	7.56	−3.94
	对照田（CK2）	454.9	−59.5	0	395.4	7 456	1.89	11.97	—
冬小麦	对照田（CK1）	276.8	39.0	112.5	428.3	6 064	1.42	—	−9.76
	中试田	276.8	3.3	150.0	430.1	6 704	1.56	10.09	−0.65
	对照田（CK2）	276.8	3.9	75.0	355.7	5 581	1.57	10.81	—

与对照田（CK1）相比,夏玉米季中试田的总耗水量、籽粒产量和 WUE 分别增加了约 −6.01%、1.10% 和 7.56%,相应地,较对照田（CK2）分别增加了约 23.27%、18.41% 和 −3.94%;冬小麦季中试田的总耗水量、籽粒产量和 WUE 较对照田（CK1）分别增加了约 0.42%、10.55% 和 10.09%,相应地,较对照田（CK2）分别增加了约 20.91%、20.12% 和 −0.65%。通过实施本技术后,中试田冬小麦和夏玉米可实现年均增产 5.83%（较 CK1）,WUE 提高 8.82%。

4 试验结论

经过为期一年的田间试验,试验田冬小麦和夏玉米平均可实现增产 5.83%,WUE 提高 8.82%。这主要得益于目前的灌溉方式已从传统的粗放灌溉转向以精细灌溉为主,而通过采取高效用水调控技术,可实现测墒灌溉、灌水定额可控、灌溉用水管理有依有据。总之,通过实施前述技术后,冬小麦和夏玉米不仅可实现稳产,且 WUE 显著提高。由此可知,冬小麦和夏玉米高效用水调控技术符合当地生产实际,且具备很强的可操作性。

参 考 文 献

[1] 张玉顺,路振广,王敏,等.河南省农田灌溉水有效利用系数测算分析[J].中国农村水利水电,2017(1):9-12,17.

[2] 刘昌明,周长青,张士锋,等.小麦水分生产函数及其效益的研究[J].地理研究,2005,24(1):1-10.

[3] Li Quanqi,Zhou Xunbo,Chen Yuhai, et al. Water consumption characteristics of winter wheat grown using different planting patterns and deficit irrigation regime[J]. Agricultural Water Management, 2012, 105(none):8-12.

[4] 邱新强,王艳平,和刚,等.调亏模式下灌水定额对夏玉米生长及产量的影响[J].排灌机械工程学报,2018,36(8):673-678.

[5] 和刚,路振广,邱新强,等.不同水分调亏下冬小麦适宜灌水定额研究[J].灌溉排水学报,2016,35(9):65-69.

[6] 邱新强,路振广,张玉顺,等.冬小麦生长性状及耗水特性对水分亏缺的响应[J].中国农村水利水电,2016(9):115-120.

淮河流域水利院校"人才兴淮"供给侧探究

张挺

（安徽水利水电职业技术学院，安徽 合肥　231601）

摘　要　服务淮河治理和淮河生态经济带建设是淮河流域水利类相关高校办学的重要方向和任务。基于人才培养不均衡、产教融合不紧密、社会服务不充分的现状，流域水利院校应聚焦高等教育办学定位和服务行业与区域经济社会发展的职能定位，深化人才培养供给侧改革，在目标定位、学科建设、模式创新上进行系统性改革，共同助力淮河治理和淮河生态经济带的建设。

关键字　人才兴淮；供给侧；人才培养；产教融合；社会服务

"当前水利行业人才'不够用、不适用、不被用'，已成为新时代水利改革发展的明显短板，尤其是高层次创新人才平台缺乏、发展不平衡、联合协同培养不够、激励机制不健全等问题突出，这些水利行业人才队伍建设的薄弱环节亟待破题"[1]。随着淮河治理和淮河生态经济带建设的加快推进，淮河流域管理和建设人才的技术水平、职业素养不能满足事业高质量发展需要，专业技术人才层级结构不尽合理，高层次领军人才、创新人才缺乏，高技能人才作用发挥不充分，基层水利专业人才尤为短缺。淮河水利事业发展面临的新形势、新任务和水利人才队伍的现状，迫切需要水利院校尤其是淮河流域水利院校充分的人才和智慧供给。有效实现淮河治理和淮河生态经济带发展，高等教育人才支撑至关重要。正因如此，笔者从淮河流域水利院校人才供给角度，分析供给侧现状、定位及路径，对统筹优化淮河流域水利类院校实现"人才兴淮"有效供给具有十分重要的意义。

1　淮河流域水利院校"人才兴淮"的"供给侧"现状

1.1　人才供给不均衡

从淮河流域水利类高等教育整体布局（见表1）看，相关院校水利专业人才培养不均衡，远不能满足淮河流域治理和生态经济带发展对人才的迫切需求。湖北、河南、江苏多数水利类高校以服务长江、黄河流域治理和发展为主要目标。山东、安徽等水利类高校高层次人才培养缺乏学科和专业群支撑基础，人才供给能力也存在不足。同时，由于公务员、事业单位招考门槛限制，高职水利类专业人才无法进入县以上水行政主管部门和水利管理部门事业单位。通过"三支一扶"等形式进入县以下水利单位的职工由于待遇等问题，难以安心，流失较多。因此，淮河水利事业发展专业人才需求和供给的矛盾日益凸显，迫切需要采取措施加以解决。

表 1　淮河流域水利类相关院校一览表

序号	院校名称	所在省份	办学层次
1	河海大学	江苏	本科及以上
2	扬州大学	江苏	本科及以上
3	合肥工业大学	安徽	本科及以上
4	蚌埠学院	安徽	本科
5	皖江工学院	安徽	本科

　作者简介：张挺，男，1981 年生，安徽水利水电职业技术学院马克思主义学院讲师。主要研究方向为高等教育人才培养。E-mail：zhangt1006@126.com。

续表1

序号	院校名称	所在省份	办学层次
6	安徽水利水电职业技术学院	安徽	专科
7	山东水利职业学院	山东	专科
8	山东水利技师学院	山东	专科
9	黄河水利职业技术学院	河南	专科
10	河南水利与环境职业学院	河南	专科

1.2　产教融合不紧密

产教融合是高校实现人才供给侧改革的重要途径,是高校培养适应社会需求的技术技能人才的内在要求,也是高等教育特别是应用型高等教育高质量发展的关键。水利类学科属于社会经济发展互动性很强的学科,水利人才必须具备很强的技术技能应用能力,这迫切需要水利类院校强化与水利一线的密切联系,深化产教融合、校企合作。由于淮河流域管理多数以事业单位形式存在,政校合作互动性不强、吸引力不够,产教融合、校企合作紧密度不高。流域内水利高等教育人才供给侧和水利行业人才需求侧在专业结构、职业素养、技能水平上不能完全充分对接和均衡。

1.3　社会服务不充分

长期以来,高等教育在职能上以人才培养为主战场,社会服务能力和水平整体不高。多数高校与淮河流域相关组织机构、单位信息交流不畅,没有充分有效建立横向对接机制。同时,也缺乏相应的激励机制,社会服务形态松散,缺乏整体和团队效应。据调查,除河海大学等个别高校社会服务支撑力度较大外,其他高校与淮河流域组织和管理单位社会服务对接紧密度普遍有待提升,在人才学历提升、技能提升等方面对接不够紧密。

2　淮河流域水利院校"人才兴淮"的"供给侧"定位

淮河流经我国中东部地区的江苏、山东、安徽、河南、湖北五省,是南北方的重要分界线。流域内水利相关专业类院校服务淮河治理和生态经济带的发展是其办学职能的重要体现。因此,必须强化人才培养和社会服务定位导向,明确学科及专业建设方向和目标,从而更好地在服务淮河水利事业发展中体现价值、赢得发展主动权。

2.1　人才培养满意度定位

人才资源是第一资源。水利要发展,人才是根本。要实现淮河安澜和淮河生态经济带的有效构建,必须加大创新型、高层次人才以及技术技能型的引进力度。基于人才工作在淮河治理和淮河生态经济带发展中的基础性作用,流域水利类高校要坚定不移助力实施"人才兴淮"战略,将建设数量充足、结构合理、素质优良的高素质人才队伍作为人才培养能力和水平的重要体现。同时,也只有通过紧密对接,流域内水利院校才能在实现双赢中充分实现其服务行业和区域经济社会发展的职能。

2.2　产教融合紧密度定位

高等教育体现为行业和区域经济社会发展服务职能,培养高素质创新型和技术技能型专门人才,必须深化产教融合。当前,淮河治理和生态经济带发展仍然面临一些亟待破解的矛盾和问题,如防灾减灾体系仍然存在不少薄弱环节,需要着力补齐中小河流治理、小型病险水库除险加固、城市排水防涝等短板;水利大数据和信息化资源整合与共享能力不足,"智慧淮河"建设需要进一步提质增效。越是如此,流域内水利院校更应加强与流域相关组织机构及单位的产教融合,确保人才培养的能力和水平更加契合行业发展的需要。

2.3　社会服务贡献度定位

淮河流域水利院校,其发展职能要体现在面向淮河水利事业发展主战场,着力提升水利类及其相关专业发展的质量特色效益、社会贡献度,突出与行业发展、社会需求、科技前沿紧密衔接,加大科技成果转化的一体化衔接,打造卓越的人才培养和社会服务能力。突出办学职能,社会服务贡献度是重要的组成部分。要在推动全流域综合治理、全面融入"一带一路"建设、推进产业转型升级和新旧动能转换等方面提供社会服务有效供给,共同为加快建成美丽宜居、充满活力、和谐有序的生态经济带贡献智慧和力量。

3　淮河流域水利院校"人才兴淮"的"供给侧"路径

习近平总书记提出的"节水优先、空间均衡、系统治理、两手发力"的治水思路,对新时代水利工作赋予了新内涵、新任务、新要求。"面对水利行业巨大的竞争压力,培养具有创新能力的应用型水利人才已成为各水利院校的一项重大战略任务。"淮河水利事业发展迫切需要发挥人才作为第一资源的作用,全面提升水利人才素质和能力,进一步优化人才队伍学历结构、能力结构、年龄结构等,满足新时期水利发展的新需求。水利主管部门、教育主管部门要通过科学合理设置高等教育院校、优化学科专业结构、创新人才培养模式等推进高等教育人才培养供给侧改革,共同实现淮河治理和淮河生态经济带建设的高质量推进。

3.1　强化目标和需求导向

目标和需求导向是高等教育在淮河治理和建设中实现支撑的重要先决条件,体现在面向淮河治理和淮河生态经济带发展,着力提升水利高等教育发展的质量特色、社会贡献,突出与水利治理、生态发展紧密衔接。一要明确目标。要聚焦进一步提升与经济社会发展相适应的水利防灾减灾能力和水资源保障能力、聚焦充分发挥水资源要素配置的先导作用、聚焦进一步夯实农村水利基础、聚焦统筹做好山水林田湖草系统治理、聚焦完善治淮事业科学发展的体制机制和现代信息技术支撑体系。二要完善机制。要在制度设计、政策保障、环境营造上下功夫,在畅通渠道、搭建平台、配置资源等方面持续用力,切实提升淮河流域内水利院校人才供给整体效能。要充分发挥武汉大学、合肥工业大学、河海大学的科技创新引领优势,发挥黄河水利职业技术学院、安徽水利水电职业技术学院等技术技能人才培养引领优势,形成多层次、宽结构、精培养的人才供给体系。三要加强互动。要加强与流域内院校的科研合作,坚持走联合科研的道路,是提升治淮科技支撑能力、解决治淮重大问题的重要途径,要确保流域内水利院校与淮河治理、淮河生态经济带发展相匹配、相融合。

3.2　优化学科和专业结构

当前,包括淮河水利管理在内的水利行业正处在从传统水利向现代水利转型的重要时期,迫切需要水利院校培养更多高素质人才,担当水利现代化建设的时代重任。一要主动对接需求。要适应水利发展的要求,实现党政人才、专业技术人才、高技能人才、经营管理人才、基层水利人才等人才队伍总量的稳定增长,特别要实现高层次专业技术人才、高技能人才、急需紧缺人才的结构性增长。要充分发挥水利部人事管理部门、水利类专业教学指导委员会以及流域内水利职业院校的联合作用,持续性开展人才需求与院校专业设置等调研工作,精准进行专业动态调整和人才培养。二要优化学科建设。流域内水利院校要充分考虑流域管理及发展特点,前瞻性动态调整学科及专业,建设对接性强、契合度高、供给力强的学科体系和专业集群。突出加强流域内高校、科研院所、行业企业协同创新,服务淮河治理和生态经济带建设。要大力发展新工科,鼓励支持流域内高校与行业企业共建产业学院。要加强相关学科专业建设,引导高校共建共享优质资源平台,以世界先进标准打造相关学科专业。三要发挥示范效应。深入推进河海大学、合肥工业大学、武汉大学"一流高校、一流学科"与流域建设管理协同发展。推动专业与行业对接,课程与职业对接,教学与生产对接。主动对接水利行业需要,动态调整水利类专业群结构,转变水利类专业群发展方式,精准开发新专业(专业群),解决以往水利专业结构调整滞后于水利产业转型升级等问题和矛盾。

3.3　创新培养和服务方式

"人才兴淮"战略需要流域管理单位和水利类高校协同推进,要以水利人才充分供给支撑淮河水利事业高质量发展,以淮河水利高质量发展促进水利人才的全面培养。一要立足办学职能。面向淮河治理和淮河生态经济带建设的人才培养要坚持"四个自信",自觉把高等教育人才培养和社会服务同"人才兴淮"战略紧密结合,全面落实立德树人根本任务,充分发挥高等教育人才培养、科学研究、社会服务、文化传承与创新、国际交流合作的职能。要建立流域机构——水利院校合作模式,聚焦淮河流域各类机构组织在治淮能力现代化方面的技术进步和管理能力的提升,拓深淮河水利委员会技术交流与合作范围,持续开展深层次、多角度的合作与交流。二要创新培养方式。合力共建"水利行业技术技能人才培养实习基地",打造流域组织机构、单位与水利院校"资源共享、责任共担、人才共育"新型合作典范,为淮河流域各级各类管理机构建设一支结构合理、素质优良的治淮技术技能人才队伍提供人才储备。要充分利用"三支一扶"等政策,逐步扩大水利岗位招募规模。要依托水利职业院校自主招生平台,从初高中毕业生及退伍军人中选拔推荐,实行定向招生、定向培养、定向就业的"三定向"培养计划。"要依托'互联网+'等新技术模式,构建最广泛的水利创新平台,使水利人才在更大范围、更深程度、更高层次上进一步融合,形成内脑与外脑结合、团队与个人协同的创新格局"。三要丰富服务形式。要通过技术技能人才联合培养、应用型技术协同创新等,共同搭建技术咨询、协同创新、人才交流平台,提升淮河流域水利院校水利技术技能人才供给能力,推进淮河治理和淮河生态经济带构建。要强化政校企协同创新,聚集淮河治理和生态经济带建设,破除体制机制障碍、全面深化战略合作、探索资源与成果共享机制,提升原始创新和集成创新能力。

参 考 文 献

[1] 陶丽琴.让人才队伍建设成为水利改革发展的不竭动力和重要保障[N].中国水利报.2019-5-13.

[2] 迟艺侠,杨明杰,吴尊睿,等.应用型水利人才培养模式探索与实践[J].安徽农业科学.2019,47(13):278-279,282.

[3] 马永祥."十三五"水利人才战略研究[J].水利发展研究,2015(10):103-106.

浅谈县域节水型社会达标建设工作

彭紫薇,扶清成

(淮河水利委员会水利水电工程技术研究中心,安徽 蚌埠 233001)

摘 要 全面开展县域节水型社会达标建设,是落实节水优先方针的重要举措,对加快实现从供水管理向需水管理转变,从粗放用水方式向高效用水方式转变,从过度开发水资源向主动节约保护水资源转变,具有十分重要的意义。根据安徽省、河南省、山东省县域节水型社会达标建设复核工作经验,浅谈县域节水型社会达标建设工作的由来与现状,进一步探索县域节水型社会达标建设工作中的重难点问题,为各县(区)开展县域节水型社会达标建设相关工作提供借鉴。

关键字 县域;节水型社会达标建设;由来;现状;重难点

习近平总书记2014年3月14日在中央财经领导小组第五次会议上就保障水安全发表重要讲话,提出"节水优先、空间均衡、系统治理、两手发力"的新时期治水思路,要求从观念、意识、措施等各方面都要把节水放在优先位置。全面开展县域节水型社会达标建设,是落实节水优先方针的重要举措,对加快实现从供水管理向需水管理转变,从粗放用水方式向高效用水方式转变,从过度开发水资源向主动节约保护水资源转变,具有十分重要的意义。本文根据安徽省、河南省、山东省县域节水型社会达标建设复核情况,浅谈县域节水型社会达标建设工作的由来与现状,进一步探索县域节水型社会达标建设工作中的重难点问题,为各县(区)开展县域节水型社会达标建设相关工作提供借鉴。

1 工作基础

2011年中央一号文件和中央水利工作会议提出加快建设节水型社会。

2012年,党的十八大将"建设节水型社会"纳入生态文明建设的战略部署。

"十一五"期间,全国范围内先后确立了三批共计88个节水型社会建设试点,形成了河西走廊、黄淮海平原、南水北调受水区、太湖平原河网区、珠三角、长株潭城市群、黄河上中游能源重化工基地群、环渤海经济圈等为典型的节水型社会建设示范带。

在全国节水型社会建设试点的带动下,有22个省(区、市)在本行政区开展了节水型社会试点建设,共建设省级试点226个。部分省在开展全国试点和省级试点建设的同时,还组织有关地级市和扩权县(市)开展本级节水型社会建设试点工作。全国试点和省级试点形成相互补充、相互促进、共同发展的格局,全国用水总量增长势头得到有效遏制,水资源利用效率有所提高,各行业节水取得较好效果,为县域节水型社会达标建设提供了丰富的实践样本。

2 任务由来与工作目标

水利部、国家发展改革委等相关部门相继印发了一系列节水政策、规划与标准,逐步完善了节水管理政策制度。

2016年12月,《中共中央、国务院关于深入推进农业供给侧结构性改革加快培育农业农村发展新动能的若干意见》(中发〔2017〕1号)要求"全面推行用水定额管理,开展县域节水型社会建设达标考核"。

2017年1月,《节水型社会建设"十三五"规划》提出2020年全国北方40%以上、南方20%以上的

作者简介:彭紫薇,女,1992年生,淮河水利委员会水利水电工程技术研究中心,主要从事水利水电工程技术咨询工作。E-mail:pengziwei@ hrc. gov. cn。

县级行政区达到节水型社会标准。

2017年2月,中央一号文件提出"开展县域节水型社会建设达标考核"要求。

2017年10月,党的十九大报告提出实施国家节水行动,明确要"推进资源全面节约和循环利用,实施国家节水行动,降低能耗、物耗,实现生产系统和生活系统循环链接"。

2018年8月,水利部办公厅印发《关于开展县域节水型社会达标建设年度监督检查工作的通知》,组织开展监督检查,查找问题,总结经验,指导各地加快推进达标建设工作。

2019年7月,《国家节水行动方案》印发,明确指出要以县域为单元,从"总量强度双控""农业节水增效""工业节水减排""城镇节水降损""重点地区节水开源""科技创新引领"六大行动入手,全面开展节水型社会达标建设,到2022年北方50%以上、南方30%以上县(区)级行政区达到节水型社会标准。同时,提出了三个主要目标:

(1)到2020年,节水政策法规、市场机制、标准体系趋于完善,技术支撑能力不断增强,管理机制逐步健全,节水效果初步显现。万元国内生产总值用水量、万元工业增加值用水量较2015年分别降低23%和20%,规模以上工业用水重复利用率达到91%以上,农田灌溉水有效利用系数提高到0.55以上,全国公共供水管网漏损率控制在10%以内。

(2)到2022年,节水型生产和生活方式初步建立,节水产业初具规模,非常规水利用占比进一步增大,用水效率和效益显著提高,全社会节水意识明显增强。万元国内生产总值用水量、万元工业增加值用水量较2015年分别降低30%和28%,农田灌溉水有效利用系数提高到0.56以上,全国用水总量控制在6 700亿 m³ 以内。

(3)到2035年,形成健全的节水政策法规体系和标准体系、完善的市场调节机制、先进的技术支撑体系,节水护水惜水成为全社会自觉行动,全国用水总量控制在7 000亿 m³ 以内,水资源节约和循环利用达到世界先进水平,形成水资源利用与发展规模、产业结构和空间布局等协调发展的现代化新格局。

2020年水利部发布水利系统节约用水工作要点和重点任务清单,提出全面推进节水载体建设,大力推动县域节水型社会达标建设,按照北方地区不少于40%、南方地区不少于20%的要求,推动各县级人民政府组织开展达标建设。

3 县域节水型社会达标建设现状

水利部按照自评、技术评估、验收、公示、复核等程序开展县域节水型社会达标建设验收工作,已完成对2017年度备案的65个县(区)和2018年度备案的223个县(区)的复核工作,并于2019年3月和10月公布了两批节水型社会达标县(区)名单。县域节水型社会达标建设工作程序见表1。

各节水型县(区)在提升社会节水意识、促进生产方式转型和产业结构升级等方面取得了明显成效,提供了可借鉴的建设模式和经验。在强化节水管理上,大部分节水型县(区)纳入计划用水管理的城镇非居民用水单位数量占比达到100%;90%以上的县(区)实行了城镇居民阶梯水价制度和非居民用水超计划超定额累进加价制度。在加强节水载体建设上,节水型县(区)重点用水行业节水型企业和公共机构节水型单位平均建成率超过50%,节水型居民小区平均建成率25%。

表1 县域节水型社会达标建设工作程序

序号	程序	工作内容
1	启动阶段	县(市、区)按照各省开展县域节水型社会达标建设工作的通知、实施方案和计划任务等文件,成立节水型社会建设工作领导小组,建立工作台账,县(市、区)政府承担主体责任,落实各相关部门任务分工,县级水行政主管部门牵头,其他相关部门配合,启动并推进节水型社会建设的各项工作
2	自评阶段	达标建设任务完成后,县级人民政府按照《节水型社会评价标准(试行)》进行自评,整理完成自评估报告和支撑材料,支撑材料包括节水型社会建设规划(或实施方案)、自评分情况及逐项说明材料、节水型社会建设工作总结和相关影像资料

续表 1

序号	程序	工作内容
3	初评阶段	自评符合达标验收标准的,向市级水行政主管部门申请初审。通过初审后,由县(市、区)政府向省水利厅申请技术评估及验收
4	技术评估阶段	各省级节约用水办公室组织有关单位和有关市级水行政主管部门对通过初审的县(市、区)进行技术评估,形成技术评估意见
5	验收阶段	各省级水行政主管部门对通过技术评估的县级行政区进行现场验收,成立验收组,听取各县(市、区)关于开展节水型社会达标建设工作情况汇报、查阅相关资料,形成验收意见
6	公示及备案阶段	省水利厅对通过验收的节水型社会达标建设县(市、区)名单进行公示,由各省级水行政主管部门于每年 12 月底前,将公示期满无异议的县(市、区)达标建设工作总结、达标评定结果及其达标建设相关支撑材料报水利部备案
7	复核阶段	全国节约用水办公室组织水资源管理中心、各流域管理机构根据《节水型社会评价标准》要求,采取资料复核与现场检查相结合的方式,对报水利部备案的省级水行政主管部门达标建设工作开展形式复核和指标赋分合理性复核,抽取县(区)级行政区进行现场检查
8	复验阶段	按照水利部三年一复验"回头看"要求,流域管理机构按照分工安排选取达标县(区)进行现场检查,重点核查用水户在用水定额、用水计量、计划用水、水费征缴、公共场所节水器具推广等节水管理落实情况

4　淮委复核工作情况

截至 2019 年底,安徽省共有 19 个县(市、区)完成了县域节水型社会达标建设任务并通过省级验收,山东省共有 63 个县(市、区)完成了县域节水型社会达标建设任务并通过省级验收,河南省共有 71 个县(市、区)完成了县域节水型社会达标建设任务并通过省级验收。已完成达标建设任务的县(市、区)在农业节水增效、工业节水减排、城镇节水降损等方面取得了明显成效,最严格水资源管理制度、水资源总量和强度双控指标落实良好,创建了一批节水措施有效、用水计量完善、节水器具普及、用水管理规范、节水意识较强的节水型企业、节水型公共机构、节水型小区等载体,发展了一批高效水肥一体化灌溉技术的特色农业项目,再生水利用率明显提高,在营造全社会节水氛围、促进生产方式转型和产业结构升级等方面取得了明显成效。

从复核工作情况看,淮委对县域节水型社会达标建设工作推动效果显著,尤其是河南、山东两省,完成并通过省级验收的县(市、区)占比分别达到 45% 和 46%,已超额完成"十三五"县域节水型社会达标建设任务,县域节水型社会建设工作取得了明显成效,但仍存在一些重难点问题:

(1)部分基础性工作有待完善。农业灌溉用水存在只注重源头计量,田间计量率较低的问题。部分农业供水设施等水利工程,因建设标准较低、配套不完善,维修更新不及时,难以适应水资源高效利用的要求。部分县域企业水平衡测试工作完成比例较低,参与节水建设的积极性不高,水行政主管部门缺少有效的奖惩机制和监管手段以促进工业企业参与节水建设。

(2)管理体系和运行机制有待完善。节水型社会建设是一项需要长期坚持、全社会共建的复杂系统工程,仅靠水利部门难以开展,需要水利、财政、环保、住建和发改等多部门共同参与。目前仍普遍存在相关部门之间协调配合不够,阻碍节水型社会建设向更深层次上开展。

(3)节水激励政策和机制有待完善。各县区节水资金投入情况差距较大,部分县域存在节水资金投入不足或水利项目资金被统筹用于脱贫攻坚,造成节水建设专项资金不能及时到位的问题,特别是对于一些经济发展较为落后的地区,缺乏对节水项目建设、节水技术推广等实行补贴或其他优惠激励政策,政府与地方财政的投资难以保证形成节水资金投入的长效机制。

5 结语

截至目前,全国已建成 266 个节水型县(区),节水型社会建设水平得到了极大提高。2020 年,水利部将按照北方地区不少于40%、南方地区不少于20%的标准,继续大力推动县域节水型社会达标建设,进一步推动各县级人民政府组织开展达标建设。

随着县域节水型社会达标建设工作的稳步推进,相关工作日趋常态化、规范化。各地在总结节水型社会建设实践经验的基础上,更需规范达标建设程序,不仅要充分发挥政府主导作用,细化明确责任分工,构建水利、财政、环保、住建和发改等多部门共同参与、协调配合,领导有力、责任明晰、协同联动的工作推进体系,同时也要加强对基层节水型社会达标建设相关人员培训工作,重视相关资料收集整理,完善工作过程痕迹管理,做好资料存档备查工作。以创建节水载体为抓手,以"世界水日""中国水周"等重要节点为宣传契机,全面开展县域节水型社会达标建设,对落实节水优先方针、营造全民节水的良好氛围有十分重要的意义。

济宁市深化水利行政审批制度改革实践

张梅，王凤其

（济宁市水利事业发展中心，山东 济宁 272100）

摘　要　多年来，全国各地以深化行政审批制度改革为突破口，大力推进"放管服"工作。济宁市按照国务院、省和市政府对"放管服"工作的一系列要求，进一步加大深化水利行政审批改革力度，精简审批事项，优化审批流程，规范审批行为，提高审批效能和服务质量，深化改革已见成效。尤其是 2019 年济宁市行政审批服务局成立后，水利深化改革进一步向纵深发展，改革红利持续释放。

关键字　水利；行政审批；制度改革；济宁市

2011 年，中央 1 号文件《中共中央 国务院关于加快水利改革发展的决定》在全国吹响了加快水利改革的号角，各级水行政部门加快水利改革发展工作步伐，2014 年《水利部关于深化水利改革的指导意见》印发以来，各地积极推动水利重要领域和关键环节改革攻坚工作，成效显著。近年来，济宁市按照国家、省、市统一部署，全力做好"简政放权、放管结合、优化服务"工作，着力推进制度创新，提高审批效率，优化服务环境，水利行政审批效能和服务质量不断提高，深得社会各界好评。尤其是 2019 年济宁行政审批服务局成立后，水利深化改革进一步向纵深发展，改革红利持续释放。

1　强力推进深化改革，激发经济发展活力

济宁市水利行政审批制度改革通过权力"减法"、服务"加法"来激发市场"乘法"，凡是国务院及水利部明确取消的项目一律不再审批，凡是能方便群众且县（市、区）水行政主管部门有条件办好的一律依规下放。审批制度改革的焦点难点是项目审批流程再造，济宁市人民政府 2017 年印发了《济宁市政府投资项目审批流程再造工作实施方案（试行）》和《济宁市企业投资项目审批流程再造工作实施方案（试行）》，一般性政府、企业投资项目全程审批时限分别为 120 天、28 天。水利部门积极作为，认真落实项目审批流程再造要求，强力推进深化改革，为全市行政审批改革做出了积极贡献。

1.1　精简审批事项

依据《水利部简化整合投资项目涉水行政审批实施办法（试行）》、《国务院关于取消一批行政许可事项的决定》和《山东省人民政府关于促进开发区改革和创新发展的实施意见》等文件精神，按照"取消一批、承接一批、调整一批"的原则，水利部门积极承接落实好上级整合、取消、下放的水行政审批事项，将原有 13 项许可服务事项削减到 7 项，削减率 46.15%。将水工程建设规划同意书审核，在洪泛区、蓄滞洪区内建设非防洪建设项目的洪水影响评价报告审批，河道、湖泊、水库大坝灌区管理范围内工程建设方案审查 3 项归并为"洪水影响评价类审批"；将取水许可和建设项目水资源论证报告书审批 2 项整合为"取水许可审批"，且从大中型河道、中型水库、跨县级行政区域取水区别对待，日取地表水 2 万 ~4 万 m^3 或者日取地下水 3 000 ~20 000 m^3 的由市级审批，其余由县级审批；将农村集体经济组织修建水库下放到各县（市、区）人民政府水行政主管部门实施；将市级水行政权力包括行政许可权和行政处罚权一并下放到济宁高新区。在江河、湖泊新建、改建或者扩大排污口审核区别对待，在市管河道上设置由市级审批，其余由所在县（市、区）审批；取消了生产建设项目水土保持设施验收审批，由生产建设单位按照有关要求自主开展水土保持设施验收。

作者简介：张梅，女，1976 年生，济宁市水利事业发展中心，硕士研究生，高级工程师，主要研究方向为水利水电工程规划设计。E-mail：zm2311271@163.com。

1.2　再造审批流程

（1）规范简化审批流程。重新编制流程图，优化审批程序，推行集中并行审批、联合审批、在线审批服务，通过审批流程再造变"纵向型审批"为"扁平型审批"。对于水土保持方案审批、洪水影响评价类审批事项不再作为项目立项的前置条件，与其他手续并行办理，未通过评审和未完成审批的项目都一律不得开工建设。更改文件审签程序，减少审批环节，规范和简化了审批手续。过去 7 项法定审批时间最长 45 日，最短 20 日，总用时 165 日，现承诺审批时间最长 11 日，最短 2 日，总用时 48 日，较法定时限缩减了 70.91%。现通过"联合审、区域评、网上办"等措施，使审批工作更加快捷和方便，让企业和群众少跑腿、好办事。"联合审"主要指在工程规划阶段联合审查工程设计方案、施工许可阶段联合审查施工图纸、竣工验收阶段联合验收，项目前期阶段涉及多项审批事项，加强部门联动和会商沟通，变串联审为并联审，在部门内部流转中间环节，一次会议完成多方评审。"区域评"是济宁市创新推出水土保持方案区域化评审模式。在项目进入审批流程前，依据年度投资项目计划提出适用水土保持方案区域化评估评审的项目，报政府投资项目推进委员会备案后实施。主要由功能区或园区管理机构统一委托符合资质的编制单位编制总体水土保持方案报告书，以功能区或园区为单位实行建设项目水土保持方案区域化评审，区域内建设项目共享使用区域化评审成果，不再单个另行报批。"网上办"是指超前为项目单位提供业务指导，突破审批流程界限，提前主动介入审批要件网上预审，帮助完善申报材料，让项目在进入审批流程前具备相应的受理条件，预审后"即来即办"，且"马上就办"，"只跑一次"就办成。

（2）制定发布审批清单。审批清单制是审批流程再造的一个亮点，推进各类清单规范化、精细化、标准化管理。一是修订规范水利部门"五张清单"。依据现有审批事项，及时调整完善了行政审批事项清单、行政权力清单、部门责任清单、行政审批中介服务项目清单和公共服务事项清单五张清单，尤其是清理了涉水各类认证、评估、审图、代理、检查、检测等流程和环节，规范了涉水中介服务清单，并将"五张清单"在济宁相关网站上及时发布。二是精细制定政府投资项目审批清单。依据济宁市年度投资项目计划，在项目进入审批流程前对每年度项目逐个进行梳理，对需要办理的水利审批事项、环节、要件、中介评估评审事项及设立依据列出清单，审批清单解决了项目单位需要办哪些手续、为啥办、找谁办、怎么办的问题，着实为项目单位提供了"路线图"，凭审批清单精准办理相关审批手续。三是推出"零跑腿"或"只跑一次"事项清单。2017 年以来，市政府网上公布了两批"零跑腿"和"只跑一次"事项清单，其中涉及水利部门行政许可 7 项。由于生产建设项目水土保持设施项目单位按照有关要求组织验收后需报市水利局备案，该事项全程采取电子化办公，属于"零跑腿"事项。在江河、湖泊新建、改建或者扩大排污口审查，水利基建项目初步设计文件审批，洪水影响评价审批等采用网上预审，"只跑一次"即可完成审批。

2　加强事中事后监管，切实抓好放管结合

按照《水利部关于加强投资项目水利审批事中事后监管的通知》要求，济宁市严格落实"谁审批、谁监管"的要求，建立健全后续监管机制，让水利行政许可事项监管有章可循，确保水事中建设规范、事后保持质量和效果，真正做到"该管的事管住管好"。同时注重水利行业指导，加强审批事项行业指导和后续监管工作，以提高防范风险的能力，做到早发现、早预警。对违章违法行为，切实加大水政执法力度，维护良好水事秩序，保护社会公共利益和人民群众合法权益，实现了"减量"与"增效"的协调发展。

2.1　建立监管机制，推进公正监管

进一步明确各项水利行政许可事项的监管措施、责任主体，加强相关部门、单位之间的沟通协调，建立联动管理和信息共享机制，形成监管合力。深入实施"双随机一公开"监管，健全完善"一单两库一细则"制度。在网上设立了水利许可事项清单、水利执法人员名录库、许可服务对象名录库和随机抽查工作细则，接受社会监督。单位主体数据信息全部纳入"双随机一公开"监管平台，使用该平台开展随机抽查工作，抽取有关业务人员配合水政执法人员共同实施，坚决执行业务规范，对照许可的业务方案一一检查核对，即时上传检查情况，及时录入检查结果，除涉及商业秘密和个人隐私的内容外，在双网及时公开公布监管结果。对超时、质差、收费不合理的中介机构，列入诚信"黑名单"并公开，在一定时限内

依法限制或禁止服务。

2.2　加强行业指导,重视督导检查

水利行政审批以办理取水许可手续、生产建设项目水土保持方案审批、洪水影响评价类审批及河道管理范围内有关活动审批为主。水利部门在履行行政审批许可的同时,明确了监督检查单位,同时加强业务指导,确保行政许可事项事中建设规范、事后保持质量和效果。

(1)取水许可的事中事后监管。由于取消了水资源论证报告书审批,便将建设项目水资源论证的有关技术要求纳入"取水许可审批",在取水许可环节对水资源论证严格进行把关,强化取水许可管理;项目建设期取水许可管理是事中监管的重要环节,鉴于个别项目业主对依法依规取用水资源意识不到位,如缺少建设期的监管,到取水许可核验时再去纠正为时已晚。因此,市水利局加强对建设项目用水的监督检查,定期或不定期开展取水许可监督检查,重点检查涉水建设项目的建设是否符合批复要求,并严厉查处违反规定利用水资源的行为,处罚结果纳入信用平台,实行联合惩戒。作为取水许可事后监管的重点内容,延续取水管理工作一直在探索中,济宁市结合实际仅需取水权人提供实际取用水情况的证明,根据用水户取水许可证有效期内逐年实际取用水量、水资源费缴纳、用水计划执行情况,并考虑行业用水水平、地方用水定额等,综合核定许可延续水量。该方法虽然增加了审批工作量,但符合深化水利"放管服"改革方向。

(2)生产建设项目水土保持建设监管。国务院明文取消了水利部门生产建设项目水土保持方案验收审批,但水土保持方案审批作为水利部门独立开展的审批事项依法保留。自 2015 年《国务院决定第一批清理规范的国务院部门行政审批中介服务事项目录》发布以来,水利部先后出台了《水利部办公厅关于贯彻落实国发〔2015〕58 号文件进一步做好水土保持方案行政审批工作的通知》《水利部办公厅关于印发〈生产建设项目水土保持方案变更管理规定(试行)〉的通知》《水利部办公厅关于进一步加强生产建设项目水土保持方案技术评审工作的通知》。2017 年《国务院关于取消一批行政许可事项的决定》发布后,水利部出台了《关于加强事中事后监管规范生产建设项目水土保持设施自主验收的通知》。这些规范性文件对贯彻水土保持法、规范行政审批及做好生产建设项目水土保持监督管理做出了具体、明确的规定。水利部门加大宣传力度,使建设单位、水土保持技术咨询服务机构开展生产建设项目水土保持各项工作均有章可循,严格按照文件要求,并结合实际制定了具体实施意见,强化生产建设项目水土保持水土流失防治情况的检查,切实推进和规范生产建设项目水土保持设施自主验收工作。

(3)洪水影响评价类审批及河道管理范围内有关活动审批监管。在审批流程再造方案中,将洪水影响评价类审批与其他手续压茬横向办理,弱化了事前管理,强化了事中事后监管。在实际办理中,项目建设单位积极办理相关手续,像涉及洙赵新河、泗河等由省以上审批立项或者涉及市(地)边界河道管理范围内的建设项目,南四湖管理范围内的建设项目,蓄滞洪区内的非防洪建设项目,可行性研究报告中的工程建设方案均在立项阶段经有关水行政主管部门审查同意。在其他河道管理范围内的建设项目,也不存在拖至开工时才办理审批的情况。尤其是 2017 年以来,水利部门积极推行河长制,建立起市、县、乡、村四级河长体系,共落实 6187 名河长,实现了全市各类水域河长制管理"全覆盖"。因此,在审批部门的指导下,项目所在地河长们成了河湖库健康的"守护神",洪水影响评价类审批及河道管理范围内有关活动审批指导和监管也实现了"全覆盖"。

3　优化审批服务水平,服务企业群众需求

济宁市不断深化水利审批服务队伍建设,改善窗口环境、完善服务设施,增加服务人员,高质量提升审批服务效能和水平。

3.1　严格落实"三集中三到位"制度

前几年,原济宁市水利局专门成立了许可服务科负责水利行政审批工作,把原来业务处室涉及审批的关键职能全部划归该科集中组织实施,并选派了精干力量到部门窗口集中办公。2019 年济宁行政审批服务局成立后,迅速完成人员及事项的集中划转,依托服务大厅,打造线上线下、虚实一体、互为补充的服务平台。实行水利行政许可首席代表制,全权负责行政许可服务事项,真正做到了行政许可事项进

驻落实到位、授权到位、电子监察到位。实行了"首席代表办理行政审批事项授权",将行政许可服务事项、组织协调和规范监管等10项事宜一并授权,行使单位所有行政审批项目的受理权、审核权、协调权、制证权、送达权等职权。执行"一窗受理、集成服务"规定,办理水利许可事项更加规范和便捷,大大提高了许可工作效率。为确保"并联审批"的联审质量,济宁市除固定5名人员组成技术初审小组外,还建立了81名专家的水利技术专家库,为各类涉水项目评审、论证提供了专业化和精准化服务。水利行政许可事项办理情况在网上集中公开,保证了技术评估和报告审查公平、公正、公开进行。

3.2 推行免费"保姆式"服务

近年来,水利行政审批人员迅速从"审批者"转变为既是"审批者"又是"监管者"还是"服务员",为项目单位提供综合受理、一口咨询、报批辅导、跟踪服务等全过程全方位免费"保姆式"服务。特别是在济宁市企业项目流程再造改革中首次提出"企业不跑干部跑"的指导原则,在审批中反转了水利审批部门和申办方角色,由"办事群众围着部门跑"转变为"部门围着办事群众转",让企业、群众从深化改革中增强了获得感。

窗口工作人员平时注重收集重大项目信息,把行政指导融入到项目论证报告编制、可研报告等前期工作阶段,使项目从一开始就做到符合水法律法规和技术规范要求,提前对项目审批进行网上预审,服务对象申报材料符合申报条件的告知办理流程,申报材料不全或不符合要求影响审批的一次性告知需补充的材料,预审通过后"即来即办"。水利行政许可工作及"窗口"服务得到服务对象和群众的广泛认可,实现了多年"零差错""零投诉",审批服务窗口多次被评为"红旗窗口",窗口多名服务人员多次被评为"服务标兵",进一步增强了服务人员的责任意识、进取意识和服务意识。

4 结语

实践是检验成败的关键。近年来,济宁市通过深化水利小改革,释放了民生大红利,受到了社会各界好评。我国水利基础设施尚处于继续发展完善阶段,今后一段时期基本建设项目仍将维持相当规模,对保留、承接的行政审批事项,要秉承"没有最优只有更优"的理念,审批流程改革不停步,改革创新无止境,更好地服务社会。

参 考 文 献

[1] 郝晨宇,袁宪亮,李月春. 济宁市加强涉水审批事项监管的主要经验[J]. 山东水利,2018(1):12-13.
[2] 水利部. 水利部简化整合投资项目涉水行政审批实施办法(试行). 2016.
[3] 水利部. 水利部关于加强事中事后监管规范生产建设项目水土保持设施自主验收的通知. 2017.
[4] 山东省委办公厅,省政府办公厅. 关于深化放管服改革进一步优化政务环境的意见. 2017.

平度市现行河长制管理制度分析

于睿，张亚萍，窦子荷，刘丰启

（平度市水利水产局，山东 平度 266700）

摘 要 本文对平度市现行河长制组织形式、河长制办公室机构设置及其职责进行了梳理，介绍了河湖水资源保护、水环境及水生态治理等方面的管理体系。结合河湖资源的自然属性和社会属性，提出河长制治理现代化措施的建议，并从组织体系、管理制度、协调机制等方面提出相应的意见，以实现河长制管理从"有名"到"有实"的转变。

关键字 组织形式；机构设置；制度；建议

自2016年以来，党中央、国务院部署全面推行河长制湖长制，建立了"党政领导挂帅、部门分工协作、社会参与"的河湖管理保护体制机制，从制度上解决了涉河湖管理难题。全面推行河长制，是以保护水资源、防治水污染、改善水环境、修复水生态为主要任务，全面建立省、市、县、乡四级河长体系，构建责任明确、协调有序、监管严格、保护有力的河湖管理保护机制，为维护河湖健康生命、实现河湖功能永续利用提供制度保障。

平度市属大沽河水系和胶莱河水系，共有省级河道1条，青岛市级河道3条，平度市级河道18条。全市多年平均水资源总量为6.06亿 m^3，其中地表水3.73亿 m^3，地下水3.00亿 m^3（重复计算量0.67亿 m^3）。在全市的水资源总量中，可利用量为4.11亿 m^3，其中地表水1.74亿 m^3，地下水2.50亿 m^3（重复计算量0.13亿 m^3），占世界（10 800 m^3）、全国（2 710 m^3）人均淡水资源量的4.2%和16.8%，水资源非常短缺，在追求经济发展的过程中，平度市境内在水环境污染、河道断流、侵占河道、乱采河沙等方面出现一些问题。为有效解决上述问题，并结合国家层面发布的《关于全面推行河长制的意见》及省级层面发布的《关于印发〈山东省全面实行河长制工作方案〉的通知》，平度市制订了《平度市全面实行河长制实施方案》。

1 "河长制"总体要求

1.1 指导思想

全面贯彻党的十八大和十八届三中、四中、五中、六中全会精神，深入贯彻落实习近平总书记系列重要讲话精神，紧紧围绕统筹推进"五位一体"总体布局和协调推进"四个全面"战略布局，牢固树立创新、协调、绿色、开放、共享五大发展理念，坚持节水优先、空间均衡、系统治理、两手发力，以保护水资源、防治水污染、改善水环境、修复水生态为主要任务，在全市全面实行河长制，构建责任明确、协调有序、监管严格、保护有力的河库管理保护机制，维护河库健康生命，保障河库功能永续利用，促进生态文明建设持续推进。

1.2 基本原则

——坚持生态优先，绿色发展。牢固树立尊重自然、顺应自然、保护自然的理念，处理好河库管理保护与开发利用的关系，强化规划约束，促进河库休养生息，维护河库生态功能。

——坚持党政领导，部门、镇（街道）联动。建立健全以党政领导负责制为核心的责任体系，明确各级河长责任，强化工作措施，协调各方力量，形成一级抓一级、层层抓落实的工作格局。

——坚持科学治理，系统整治。以流域为单元，统筹自然生态各种要素，科学规划，把治水与环境整治、生态修复等有机结合起来，综合运用现代科技解决水问题。

作者简介：于睿，男，1992年生，汉族，山东平度人，主要从事农村饮水安全及水利工程管理等方面研究。

——坚持问题导向,因地制宜。立足不同区域、不同流域河库实际,统筹河库上下游、左右岸,因地施策,一河一策,健全完善河库管理保护新机制,充分发挥市场参与带动作用,解决好河库管理保护的突出问题。

——坚持统筹兼顾,管护并重。加快推进生态文明重点工程建设进度,创新管理保护机制,建立健全政策法规体系,确保河库管理保护取得长期效益。

——坚持强化监督,严格考核。建立健全河库管理保护的监督考核和责任追究制度,拓展公众监督参与渠道,营造全社会关心河库、爱护河库、保护河库的良好氛围。

2 现状河长组织体系

在全市全面实施河长制,由各级党委、政府主要负责同志担任行政区域总河长;各级相关领导分级分段担任行政区内河库长,建立市、镇(街道)、村(社区)三级河长组织体系。鼓励设立民间(义务)河长。

市委书记、市长为全市总河长,市委副书记、常委副市长、分管农业农村工作副市长为副总河长。在大沽河、北胶莱河、小沽河、南胶莱河、泽河、现河、龙王河、猪拱河、落药河、白沙河、淄阳河、双山河、黄同河等22条流域面积50 km² 以上河道干流(上述河道均包括其上所建的各类水库,下同)分别设立市级河长,由市级领导担任,同时明确一个市直部门为联系单位,负责落实河长安排事项和工作任务。河流所经镇(街道)的负责同志分别担任相应河库长。

流域面积50 km² 以下河道、塘坝、库河渠系、沟渠,由镇(街道)负责设置河段长,并明确其职责。

市级河长名单由市委、市政府根据情况适时予以公布或调整,镇(街道)级河段长名单也要及时予以公布或调整。

3 现状河长制办公室的机构设置及相应职责

3.1 设置方式

市级、镇(街道)级要设置河长制办公室,落实专门工作机构、配备专职工作人员、落实经费保障。市河长制办公室设在市水利水产局。办公室主任由市政府分管农业工作的副市长担任,市政府办公室主任、市水利水产局、市环保局、市城乡建设局、市国土资源局、市综合行政执法局主要负责人担任副主任,各相关部门落实一名分管负责同志担任办公室成员。

镇(街道)级河长制办公室设置由镇(街道)根据实际情况确定。

3.2 工作职责

河长制办公室承担河长制组织实施具体工作,落实河长确定的事项,负责河长制实施中的组织协调、调度督导、检查考核等具体工作,协调河长制办公室成员单位按照职责分工落实责任,监督指导下级河长制办公室完成任务,总体推进河库管理保护工作。

3.3 成员单位

市河长制办公室成员单位包括市委组织部、市委宣传部、市编委办、市综合考核办公室、市发改局、市科技工信局、市公安局、市财政局、市人社局、市国土资源局、市城乡建设局、市城乡规划局、市交通运输局、市农业局、市水利水产局、市林业局、市卫生和计划生育局、市审计局、市环保局、市综合行政执法局、市旅游局、市政府办公室(法制办)、市畜牧兽医局、市水文局。各成员单位分别确定1名股级以上干部为联络员。

镇(街道)也要相应明确河长制办公室成员及具体工作职责。

4 河长制治理现代化的措施建议

治国先治水,河长制是水治理领域机制创新,是治理现代化不可或缺的一环。应从治理现代化要求出发,思考推动水治理现代化和河长制的完善。

4.1 因河施策,提高河长制治理能力

因地制宜,解决突出问题是河长制实施的基本原则,也是提升河长制治理能力的途径。不同的水功能区、不同类型的河流水资源保护面临的突出问题不同,应根据河流所处水功能区、经济社会发展规划和河流水资源现状,查找突出问题,采取针对性措施,提高治理能力。饮用水源区应严禁一切污染,保障水源水质;工业用水区应加强污水废水处理,实现达标排放;农村河流河段,应加强农村小流域治理和生活污水处理。

4.2 系统梳理,加快完善河长制制度体系

作为机制创新,河长制必然要突破现行制度和法律。当前,水利部门、生态环境部门和自然资源部门承担着不同的水管理职责,部门之间、部门与河长之间的职责和权利存在重叠、交叉与冲突。随着机构调整和相关法律法规的修订,应系统梳理河长制有关规定,将不同部门与河长办的责任加以明确,为河长制实施提供制度保障。

4.3 多措并举,吸收社会力量参与河长制

河长制实施主要依靠政府力量,社会力量参与不足。人民群众是水资源的直接使用者,也是水环境污染的直接受害者,具有参与水治理的动力,能够监督河长制实施。河长制实施中应该广泛吸收上下游、左右岸群众的意见,及时公开相关信息,接受群众监督。利用新媒体通过公众号、微视频等及时发布每条河流治理计划、举措和成效信息,利用网络及时收集群众意见,集思广益,推动社会力量参加水资源保护。

4.4 积极创新,利用科技手段解决辖区涉河问题

随着时代的进步与科技的发展,河长制的推进应与科技相结合,利用科技手段解决辖区涉河问题。平度市已采用手机 APP 形式,对镇(街道)辖区内河长巡河情况进行同步监控、上传及汇总分析,确保压实监管责任。目前,越来越多先进技术逐渐向民用化靠拢,无人机、卫星及红外遥感等技术逐渐普及,河长制工作的推进应充分结合现代化技术,优化资源配置,进而有效加强镇(街道)对辖区内涉河问题的管理能力,提升河长制现代化管理水平。

4.5 差异考评,综合评价河长制实施绩效

差异化绩效评价考核应根据不同河流、河段的水功能定位、经济社会发展规划设置不同的评价标准。水质考评指标应更加全面,加强水资源监控能力建设,突出对地方主要污染问题的检测。吸收社会力量和行业专家参与考评,加大沿岸群众的评价比重,防止上下级之间以文件考核文件。要对治理绩效进行考评,避免只要结果不计成本,适当增加河长制的经济绩效和社会绩效的考评,避免仅考虑环境绩效。

5 结语

从平度市河长制管理组织形式、河长制办公室设置等方面,理清了平度市河长制管理框架及现有的管理制度。结合河湖资源特有的属性,分析现有管理制度中存在的问题,并从组织体系、管理制度、协调机制等方面提出相应的意见,以实现河长制管理从"有名"到"有实"的转变。

参 考 文 献

[1] 闫丽娟,史仁朋,李荣虎.枣庄市现行河长制管理制度分析[J].水资源开发与管理,2018(12):54-57.
[2] 张春玲, 沈大军.我国现行湖泊管理制度分析[C]//中国水利学会 2013 学术年会论文集——S2 湖泊治理开发与保护.北京:中国水利水电出版社,2013.
[3] 孙继昌.河长制湖长制的建立与深化[J].中国水利,2019(10):1-4.

南四湖纠纷回顾与水系统一管理思考

宋京鸿

（淮河水利委员会沂沭泗水利管理局，江苏 徐州 221018）

摘　要　1981 年，为加强水利管理，妥善解决南四湖地区的省际边界水事纠纷，国务院批转了水利部关于对南四湖和沂沭河水利工程进行统一管理的请示。本文回顾了南四湖省际纠纷的历史、沂沭泗水系统一管理的由来和化解纠纷的主要成效，结合新时代治水主要矛盾转化，浅析对水系统一管理的思考。

关键字　南四湖纠纷；沂沭泗水系统一管理

沂沭泗水系复杂，沂沭泗地区曾经水事矛盾频发。自 1981 年沂沭泗水系统一管理近 40 年来，沂沭泗流域水利工程面貌显著改善，河湖管理水平全面提升，为经济社会发展提供了有力保障。"无论我们走得多远，都不能忘记来时的路。"回顾走过的道路，能够有助于更加清晰认识沂沭泗水利管理工作的历史方位和职责定位。

1　历史上的南四湖纠纷

1.1　南四湖基本情况

南四湖由南阳湖、独山湖、昭阳湖、微山湖 4 个相连的湖泊组成，由于微山湖面积比其他 3 湖较大，习惯上也统称微山湖。南四湖流域面积约 31 180 km²，湖面面积 1 280 km²，总容积 60.12 亿 m³，是我国第六大淡水湖。南四湖属淮河流域泗运河水系，位于苏鲁 2 省、3 市、8 个县区的结合部，具有防洪、排涝、灌溉、供水、养殖、航运及旅游等多项功能。

1.2　南四湖管理变迁

南四湖地区的争端始于清咸丰时期黄河决口后，此后难以彻底解决，晚清年间就曾出现过江苏土民和山东团民之间的湖田纠纷。在两省的边界上，存在诸多历史上长期存在的问题矛盾，例如湖田、湖产、排涝、引水、渔业等。

中华人民共和国成立之前，南四湖是山东省与江苏省的交界湖，归属湖沿岸的 8 个县管理。北部的南阳湖、独山湖属于山东省管辖，南部的昭阳湖、微山湖大部分属于江苏省管辖。渡江战役胜利结束后，江苏全境得以解放，因为苏北是老解放区，而苏南是新解放区，中央决定建立苏北、苏南两个省级行政公署。1953 年，中央决定恢复江苏省，山东省和安徽省管辖的原江苏省部分地区，重新移交回江苏省，其中就包括徐州地区。在江苏与山东之间移交过程中，山东省协商江苏省并报中央批准，成立微山县以管理微山湖。政务院 1953 年批复"同意山东省以微山湖等四湖湖区为基础，将湖内纯渔村及沿湖半渔村划设为微山县"。

1.3　纠纷调处过程

淮河流域历史上是一个"大雨大灾、小雨小灾、无雨旱灾"的区域，同样，江苏、山东两省在南四湖地区"涝时争排水，旱时争用水"。中华人民共和国成立后的微山湖纠纷始于 1959 年，由于无法划定两省在湖区的边界，引发多种利益争端。微山湖问题是复杂的，在不同时期有不同的重点和表现，有湖区群众关心的湖田湖产问题，有地方政府间的边界和水利问题，还有湖区煤炭资源、交通和税费收入问题。据公安部门 2006 年统计，"近 50 年来，该地区共发生此类械斗 400 余次，双方死亡 31 人，伤 800 余人"。南四湖的省际纠纷已经严重影响了人们的生产生活和社会安定发展。

作者简介：宋京鸿，男，沂沭泗水利管理局办公室。

1.3.1　统一管理的由来

1980 年,南四湖地区再度产生严重纠纷,两个省的沿湖村庄为争夺湖田湖产屡发械斗,造成双方 4 人死亡。国务院派出由民政部、水利部组成的工作组赴湖区,调研解决两个问题,一是边界纠纷以及划界问题,二是水利冲突以及水利统管问题。1981 年 9 月,国务院杨静仁副总理在徐州主持召开两省会议,审议水利部建议南四湖流域水利统管的报告以及民政部、水利部关于苏、鲁两省划界方案。会议上,水利统管的方案得到相关方的同意,而划界方案却未能形成共识。杨静仁副总理在讲话中表示,大家对水利统管问题看法比较一致,都感到很有必要,统一管理势在必行。10 月,国务院转批水利部关于对南四湖和沂沭河水利工程进行统一管理的请示(国发〔1981〕148 号),将水利部的统管请示转批苏、鲁、豫、皖四省,在治淮委员会领导下成立沂沭泗水利工程管理局(1992 年经批准更名为沂沭泗水利管理局),对沂沭泗水系的主要河道、湖泊、控制性枢纽工程及水资源实行统一管理和调度运行。

1.3.2　遗留问题

两省划界方案未达成共识,1983 年的收苇季节又发生严重冲突,多名群众在械斗中伤亡。10 月 23 日,国务院再次派工作组赴湖区。此后国务院多次召开会议,包括 1983 年 10 月济宁会议、1984 年 5 月徐州会议、1984 年 7 月济南会议、1985 年 3 月北京会议,专门解决微山湖问题。国务院副总理万里、田纪云等中央领导都曾主持调处两省争议。同时,中央先后下发多个文件,相关部门也先后提出解决方案,但都未获最终解决。南四湖争端久拖不决的原因,不仅是因为湖田、湖产、水利矛盾,还由于南四湖苏鲁两省省界未划定。自 1996 年起,我国历时 5 年勘定行政区域界线,但省级行政区域界线仍有一段没有划定,就是苏鲁边界微山湖段,问题至今仍悬而未决。

2　沂沭泗水系统一管理化解纠纷的主要成效

2.1　充分发挥防洪体系统管作用

沂沭泗流域曾经水旱灾害频发,自 1981 年统一管理以来,通过流域水利统一规划,加强水利工程建设,基本形成了主要河湖相通互联、控制性工程合理调蓄、拦分滞排功能兼备的防洪工程体系。充分发挥流域主要防洪工程统一管理、统一调度的优势,化解防洪、排涝、用水矛盾。科学运用沂沭泗河洪水东调南下工程,统筹解决沂沭泗水系洪水出路,合理调蓄雨洪资源,先后成功防御了多次暴雨洪水和严重旱情。大幅增强供水保障能力,据统计,2002～2019 年南四湖和骆马湖汛末蓄水量累计 293.22 亿 m³,为流域地方经济社会发展提供了坚实的水利支撑保障。

2.2　妥善化解省际边界水事纠纷

南四湖地区是我国省际水事矛盾最突出的地区之一,历史上曾造成重大人员伤亡和财产损失。统一管理以来,充分发挥流域管理优势,主动协调上下游、左右岸不同利益诉求,大力开展省际工程建设,强化工程科学调度能力,组织召开南四湖湖西大堤联合防汛指挥部办公室主任成员会议,落实省际边界防汛责任。持续加强省际边界地区普法宣传活动,加强水资源管理,联合地方严厉打击非法采砂,逐步形成了团结治水的良好氛围。南四湖地区已成为全国创建平安边界的先进典型,南四湖水利管理局被中央社会治安综合治理委员会办公室和水利部联合授予"全国调处水事纠纷创建平安边界先进集体"。

2.3　有效遏制水事违法行为

依法严格查处违法案件,有效遏制水事违法行为。探索建立了流域机构牵头、地方参与的联合执法机制,各项水事活动逐步纳入法治化轨道。当前直管河湖实施全线禁采,基本实现"零船只、零码头、零采砂",河道采砂管理持续稳定向好。积极协同地方开展河湖管理"清四乱"等专项整治行动,一大批破坏河湖的历史遗留问题得以彻底解决。如在清理苏鲁两省插花地段刘香庄违建码头群过程中,管理单位牵头主动作为,积极协调苏鲁两省鱼台、微山、沛县三县河长办,多方共商,合力推进,取得了明显的成效,解决了南四湖苏鲁省界"四乱"清理整治"老大难"。

2.4　全面提升直管工程管理水平

统管以来,经过多年的持续加固治理、维修养护,工程面貌显著改善。19 个基层水管单位全部完成水管体制改革,灌南河道管理局、刘家道口水利枢纽管理局、嶂山闸管理局、江风口分洪闸管理局等 4 家基层水管单位先后通过水利部水利工程管理考核验收,沂河刘家道口枢纽水利风景区、骆马湖嶂山闸水利风景区获评国家水利风景区。

3 几点思考

3.1 深入认识南四湖地区管理中主要矛盾的转化

沂沭泗水系统一管理从矛盾中诞生,在解决矛盾中砥砺前行近 40 年,40 年来,无论是水利管理事业还是流域经济社会发展都发生深刻变化。就南四湖边界纠纷而言,2000 年以后,随着工农业生产发展、社会和谐进步以及沿湖人民生活水平的不断提高,微山湖畔虽有零星冲突,但再未发生大规模的为抢割芦苇、强种湖田而械斗、拼命的事件。进入新时代,沿湖人民群众对美好生活有了新的向往。随着治水主要矛盾的转化,南四湖省界主要矛盾也由湖田湖产、防洪排涝纠纷转化为水生态环境改善、水资源保护利用和涉水行为监管。需要关注、适应新时代省际边界水利矛盾转化,加强政策研究和趋势研判,更加依法、科学、有效预防调处边界水事矛盾。

3.2 不断完善流域与区域协商协作机制

流域管理在法律支撑、与区域管理事权划分尤其是水资源统一管理等方面还存在一些不完备之处。流域管理与区域管理之间,不同行业管理之间仍存在一定的职能交叉重叠。一方面要通过完善流域管理法规体系,从制度层面提升治理效能。另一方面要充分发挥流域统一管理和区域管理相结合的优势,进一步完善议事机制,建立有效的协商协作和信息共享机制,就流域区域管理事权理顺关系、达成共识、明确分工、合力推进。有效利用河湖长制平台,流域管理机构牵头开展跨区域河湖长之间的水事执法行动等联防联控工作,构建流域与区域之间和区域与区域之间的协同管理机制,形成涉水活动管理合力。

3.3 着力提升流域治理水平和能力

当前,"水利行业强监管"总基调以及流域经济社会发展现状,都对流域管理机构直管河湖管理水平和管理能力提出更高要求。应以强本固基为目标,进一步完善流域防洪减灾体系,大力推进水利工程标准化管理,全面推进依法治水管水。在直管河湖管理水平稳步提升基础上,以实际行动回应流域人民群众的关切和期待,提供经济社会发展的支撑和保障。

参 考 文 献

[1] 肖幼,苗建中,李秀雯. 化解省际边界水事矛盾 维护社会稳定 构建和谐社会[J]. 中国水利,2007(4).

[2] 郑大鹏. 三十年成就斐然 再跨越任重道远[J]. 治淮,2011(10):4-6.

[3] 胡其伟. 行政权力在水利纠纷调处中的角色——以民国以来沂沭泗流域为例[J]. 中国矿业大学学报(社会科学版),2017(3):29-36.

[4] 黄宗智,尤陈俊. 历史社会法学 中国的实践法史与法理[M]. 北京:法律出版社,2014.

新时代行政事业单位内部控制有关问题的探讨

李伟新,贾素英

(潍坊市水文局,山东 潍坊　261061)

摘　要　党的十九大报告强调,"转变政府职能,深化简政放权,创新监管方式,增强政府公信力和执行力,建设人民满意的服务型政府"。行政事业单位加强内部控制,不仅可以提升自身能力和管理水平,还有利于提高社会公共服务水平。本文分析了行政事业单位实行内部控制的必要性和需要解决的问题,并提出了解决对策。

关键字　行政事业单位;内部控制必要性;薄弱环节;建议

1　行政事业单位实行内部控制的必要性

(1)是全面从严治党的重要抓手。通过内部控制的建立与实施,可以扎紧织密制度的"笼子",真正做到用制度管事、管人、管风险,形成相互制约、相互协调、相互监督的工作机制,打造全方位、全覆盖、无死角的内控监督体系,从根源上防止权力滥用和腐败,保障干部廉洁用权、履职尽责。

(2)是国有资产的安全完整的重要保障。完善的内控体系的建立,可以杜绝资产购置的盲目性和重复性,避免国有资产的无形流失,缓解财政压力。另外,通过对资产使用、调拨、维修改造、报废等一系列的管控,可以规避资产流失的潜在风险,保障国有资产的安全性,提高国有资产的使用效率和水平。

(3)是提升公共服务水平和服务质量的重要措施。通过明确单位内部各部门的职责权限,规范具体业务流程,可大大提高为民服务水平。另外,通过构建科学完备、严谨有效的管理模式,可提高工作效率和工作质量,为行政事业单位履职尽责提供标准化、规范化的制度保障,促进各项事业全面提升。

(4)是全面依法治国的重要内容。目前,中国特色社会主义法律体系基本形成,我们国家和社会生活总体上实现了有法可依,这是改革开放 30 多年来我们在立法方面取得的重大成就。各行政事业单位要根据上位法律法规设计内部控制制度,将合法合规要覆盖到全部权力运行。

2　行政事业单位内部控制的薄弱环节

(1)内控意识不足,财务控制形同虚设。

一是对建立健全内部控制的重要性和现实意义认识不足。许多行政事业单位的主要领导对内部控制认识程度不够,抱着有与没有无所谓的态度,有的单位负责人简单地认为内部控制只是填填表格、走走过场而已。

二是对财务工作的重视程度不够。企业财务管理往往涉及资产的购置、投资、融资和管理的决策体系等业务,而行政事业单位财务人员仅仅是"记账员",不参与单位内部业务决策和活动,无法实现有效的财务监督。

三是仅重视财务单据的合规性。有些行政事业单位在经济业务实施的过程中不加管控,却要求财务单据合法、合规,完全忽略了财务只是经济业务的具体反映。

(2)制度不健全,配套改革措施不到位。

一方面,内部控制制度实际可操作性不高。大多行政事业单位根据《行政事业单位内部控制报告管理制度(试行)》制定了本单位的内控制度,这些制度具有很强的指导性,但是有的很简单,无任何价值;有的杂乱无章,让人摸不着头脑;有的则很空洞,抓不住实质。导致在制度的落实和执行上有章难循,实际可操作性不高。

作者简介:李伟新,男,1981 年生,山东胶州人,大学本科,潍坊市水文局,高级会计师。

另一方面,岗位设置不合理。目前,行政事业单位机构改革已基本完成,受人员编制的影响,部分行政事业单位没有规范设置人员岗位,一人多岗、混编混岗现象普遍存在,致使人员身份和岗位职责不相符,很难实现岗位间的互相制约作用。

(3)内部审计缺失,内控监控力度不够

首先,大多行政事业单位未设立内部审计部门,一般都是在财务部门指定一名会计做兼职内审人员,这样情况下,内审组织机构独立性差,导致内审人员在制订审计计划、实施审计程序、出具审计报告时受到的阻碍较大,审计质量无法得到保证。

其次,内审从业人员的业务水平参差不齐。部分内审从业人员未接受过系统的审计专业知识学习,业务能力不强,审计方法和处理问题的能力不高,严重影响了内审工作的质量和水平。

最后,内审部门未进行有效性评价,没有发挥内部审计在内控建设中的关键评价作用。

(4)风险管控不严,侧重于事后控制。

有的行政事业单位还是停留在"把事干好"的阶段,没有把内控理念嵌入到各业务层面工作流程,忽略了事前控制、事中控制,仅仅停留在传统的事后控制层面。有些单位对重点领域风险管控不严,存在权力寻租空间,并且缺乏对风险的前瞻性管控,往往错过了规避风险的最佳时机。

3　强化行政事业单位财务会计内部控制的建议

(1)强化内控意识,改善内部控制环境。

一是坚持单位主要负责人为内控建设与实施第一责任人,对内控有效运行负最终责任,全体员工广泛参与内部控制的具体实施,通过各种培训学习,提高全体员工对内部控制重要性的认识,培养他们良好的内控意识;二是优化组织架构,形成科学合理、精干高效、分工明确、责权具体的管理体系,做到有权必有责,用权受监督,失职要问责,违法要追究;三是理清不同部门负责人之间、各岗位之间的相互制约和合作关系,有效预防越权行为,避免出现违法乱纪情况,在单位内部构建良好的工作氛围。

(2)完善内控体系,完善内控配套制度。

"没有规矩,不成方圆"。行政事业单位建立健全内控制度体系,一是明确各项业务内控办法的基本思路和内容,以依法行政为前提,科学设计工作流程,对关键流程、关键环节和关键岗位进行重点控制;二是统筹全局,查缺补漏,建立健全本单位的议事规则、预算管理、收支业务管理、合同管理、政府采购、资产管理、建设项目管理、财务管理、内部审计等制度,力求做到"过程留痕、责任可追溯";三是召开制度宣贯会,对新修订的制度的关键点、核心内容进行讲解,对各项业务的操作规程进行详细说明,使新制度能够深入人心。

(3)推行电子政务,提高内控运行效率。

"工欲善其事,必先利其器"。在信息高速发展的新时代推行内部控制,行政事业单位应建立与业务管理相适应的信息系统,实现对业务流程的有效管控,一方面可以大大提高工作效率和管理效率,营造规范、开放、高效的工作环境;另一方面通过在信息系统录入专项业务内控办法、风险点及防控措施、相关法规制度等,进而实现数据共享,系统内业务衔接,固化业务流程,做到过程留痕,责任可追溯,增强内部控制的实用性、可操作性,使决策、执行、监督公开透明。

(4)加强内审监督,健全内控评价机制。

行政事业单位要想加强自身的内部控制,就必须加强自身的内部审计和监督机制,使之不再流于形式,并且发挥其应有的作用。一是建立独立于财务部门以及其他管理部门以外的审计部门,强化其存在的权威性和独立性;二是配备政治素质高、业务能力强、服务水平高的专业内审人员,并建立专业培训制度,保证内审的质量;三是定期对内控制度的合理、合规性进行检查和考核,并对单位的内部控制制度设计的效果及其实施的有效程度做出评价,发现问题及时纠正,做到财务制度健全、会计核算合规,真正做到"以内审促内控",不断完善内部管理。

综上所述,行政事业单位要以构建贯穿财政资金全流程的内控体系为目标,进一步推动《行政事业单位内部控制规范(试行)》有效实施,更好发挥内部控制在提升内部治理水平、规范内部权力运行、促进依法行政、推进廉政建设中的重要作用,以高度的历史使命感和责任感,努力推动内控建设覆盖财政资金分配、管理和使用全过程,助力新时代,谱写新篇章。

参 考 文 献

［1］ 唐大鹏 常语萱.新时代行政事业单位内部控制理论创新——基于国家治理视角[J].会计研究,2018(7):13-19.

［2］ 陈国红.新事业单位会计准则下内部控制研究[J].经济视野,2013(9).

［3］ 洪燕君.浅谈行政事业单位内部控制的重要性[J].时代金融,2015(1):216,226.

产芝水库灌区灌溉制度探讨

孙浩政，孙毅

（莱西市水利工程建设服务中心，山东 莱西 266600）

摘 要 灌溉制度是指作物播种前及全生育期内的灌水次数，每次灌水日期、灌水定额以及灌溉定额。制定作物的灌溉制度主要根据作物的需水量及需水规律。作物需水量是指生长在大面积的无病虫害作物，在最佳水、肥等土壤条件和生长环境中，取得高产潜力所需满足的植株蒸腾和棵间蒸发之和，又称为作物蒸发蒸腾量或腾发量。作物需水量的大小与气象条件、土壤含水状况、作物种类及其生长发育阶段、农业技术措施、灌溉排水措施等有关。决定灌水指标的因素是作物对水分的需求和水库可供水量的状况。本着充分利用水源，取得最大灌溉效益的原则，考虑到高效农业、田间综合措施的发展，结合当地多年的灌溉实践经验，制定了作物的灌溉制度。

主题词 灌区；作物需水量；灌溉制度

产芝水库位于莱西市区西北 10 km 大沽河中上游，控制流域面积 879 km²，水库多年平均来水量为 1.18 亿 m³，兴利库容为 2.23 亿 m³，总库容为 3.798 亿 m³。产芝水库灌区位于水库下游大沽河两侧，灌区内地形分为低岗丘陵、河流冲积平原、平泊洼地三部分，面积约各占 1/3。产芝灌区属典型暖温带、半湿润大陆性季风气候，多年平均气温为 11.3 ℃，最高气温 37.5 ℃，最低气温 -21 ℃。多年平均日照时数为 2 825.9 h。多年平均降水量为 645 mm，年内降雨分布不均，降雨年际变化大。

灌溉制度是指作物播种前及全生育期内的灌水次数，每次灌水日期、灌水定额以及灌溉定额。

制定作物的灌溉制度主要根据作物的需水量及需水规律。作物需水量是指生长在大面积的无病虫害作物，在最佳水、肥等土壤条件和生长环境中，取得高产潜力所需满足的植株蒸腾和棵间蒸发之和，又称为作物蒸发蒸腾量或腾发量。

作物需水量的大小与气象条件（温度、湿度、日照、风速）、土壤含水状况、作物种类及其生长发育阶段、农业技术措施、灌溉排水措施等有关。

1 作物种植及需水量

灌区内主要种植粮食作物和经济作物。粮食作物以小麦、玉米为主，经济作物 20 世纪七八十年代以地膜覆盖花生和蔬菜为主体。

根据莱西市农业局 2003 年提供的灌区内有关部门乡镇近几年种植情况，作物总复种指数为 1.71，其中小麦 0.642、玉米 0.564、花生 0.236、其他 0.266。考虑到其他作物大都随机性种植，将其所占比例分摊给三种主要作物，其中小麦 0.76、玉米 0.67、花生 0.28。

作物需水量根据彭曼公式计算，计算步骤如下：

参考作物腾发量 ET_0 的计算

$$ET_0 = C[WR_n + (1 - w)f(u)(e_a - e_d)]$$

式中：ET_0 为参考作物腾发量，mm/d；C 为修正系数；R_n 为太阳净辐射，mm/d；W 为温度与高程的加权系数；$F(u)$ 为风函数，$F(u) = 0.27(1 + u/100) \times 0.72$；$u$ 为 2 m 高处的风速，km/d；e_a 为平均温度下的饱和水汽压，hPa；e_d 为实际水汽压，hPa。

（1）水汽压差 $e_a - e_d$ 由各月平均温度查《微灌指南》得，见表 1。

作者简介：孙浩政，男，汉族，山东青岛莱西市人，高级工程师，现为莱西市水利工程建设服务中心技术负责人。主要从事水利工程建设、管理、水利工程防汛工作。E-mail：lxsshz@126.com。

表 1　水汽压差 $e_a - e_d$

月份	1	2	3	4	5	6	7	8	9	10	11	12
平均温度(℃)	-3.6	-2.2	3.9	11.1	17.3	21.8	24.9	24.6	19.5	13.6	6.0	-1.1
e_a			8.1	13.2	19.8	26.1	31.5	31.0	22.7	15.66	9.3	
相对湿度 RH(%)	64	64	61	63	66	74	85	83	75	71	69	66
$e_d = RH \times e_a$			4.94	8.32	13.07	19.31	26.78	25.73	17.03	11.12	6.42	
$e - e_d$			3.16	5.0	6.73	6.79	4.72	5.27	5.67	4.54	2.88	

（2）风函数 $f(u)$。

根据 $f(u) = 0.27(1 + u/100) \times 0.72$ 计算风函数，结果如表 2 所示。

表 2　风函数 $f(u)$

月份	1	2	3	4	5	6	7	8	9	10	11	12
平均风速(m/s)	5.2	5.0	5.6	4.3	3.8	4.0	3.6	3.1	3.0	2.7	4.7	4.5
$f(u)$	1.07	1.03	1.13	0.92	0.83	0.87	0.80	0.72	0.70	0.65	0.98	0.95

（3）权系数 W。

产芝水库灌区平均高程 50 m，月内最高、最低温度平均值计算权系数 W 见表 3。

表 3　权系数 W

月份	1	2	3	4	5	6	7	8	9	10	11	12
平均气温(℃)	-3.6	-2.2	3.9	11.1	17.3	21.8	24.9	24.6	19.5	13.6	6.0	-1.1
W	0.24	0.28	0.46	0.569	0.654	0.708	0.74	0.737	0.68	0.61	0.492	0.30

（4）R_n 确定。

$$R_n = R_s - R_{nl} = (1 - \alpha)R_{ns} - R_{nl}$$

式中：

$$R_s = (0.25 + 0.5n/N)R_a$$
$$R_{ns} = (1 - \alpha)R_s$$
$$R_{nl} = f(T) \times f(e_d) \times f(n/N)$$
$$\alpha = 0.23$$

计算结果见表 4。

表 4　太阳净辐射 R_n

月份	1	2	3	4	5	6	7	8	9	10	11	12
n(月)	147.8	205.9	170.7	199.2	177.4	147.1	116.1	203.6	204.6	180.9	147.8	180.8
N(d)	9.9	10.8	11.9	13.2	14.1	14.7	14.4	13.6	12.4	11.3	10.3	9.8
R_a	7.2	9.2	11.9	14.6	16.4	17.2	16.7	15.3	13.1	10.3	7.8	6.4
R_s	3.53	5.40	5.73	7.32	7.40	7.17	6.35	7.52	6.80	5.26	3.84	3.56
R_{ns}	2.72	4.16	4.41	5.64	5.70	5.52	4.89	5.79	5.24	4.05	2.96	2.74
$f(T)$	10.5	10.8	11.8	13.0	14.2	15.1	15.8	15.7	14.6	13.5	12.1	10.9
$f(e_d)$	0.24	0.24	0.24	0.21	0.18	0.147	0.11	0.12	0.16	0.19	0.23	0.24
$f(n/N)$	0.53	0.71	0.52	0.55	0.46	0.40	0.33	0.53	0.59	0.57	0.54	0.65
R_{nl}	1.34	1.84	1.47	1.50	1.18	0.91	0.59	1.00	1.39	1.46	1.5	1.70
R_n	1.38	2.32	2.94	4.14	4.52	4.61	4.41	4.79	3.85	2.59	1.46	1.04

（5）白天与夜晚天气影响的修正系数 C 查《微灌指南》可得,见表5。

表5 修正系数 C

月份	1	2	3	4	5	6	7	8	9	10	11	12
C	0.84	0.91	0.78	0.76	0.95	0.94	0.92	0.96	0.91	0.9	0.84	0.84

（6）代入 $ET_0 = c[wR_n + (1-w)f(u)(e_a - e_d)]$,求得各月 ET_0,见表6。

表6 参考作物腾发量

月份	1	2	3	4	5	6	7	8	9	10	11	12
ET_0	1.113	1.537	2.01	3.18	5.12	4.78	3.75	4.15	3.52	2.55	1.57	0.98

2 根据《中国主要作物需水量与灌溉》确定作物需水量

$ET_c = k_c \cdot ET_0$,查该书及《农田水利学》得 K_c 值,计算不同作物各生育期的需水量,见表7、表8。

表7 冬小麦需水量

月份	1	2	3	4	5	6	7-9	10	11	12	全年
ET_0	1.113	1.537	2.01	3.18	5.12	4.78		2.55	1.57	0.98	
K_c	0.29	0.35	0.53	1.13	1.15	0.77		0.5	0.4	0.31	
ET_c	0.32	0.54	1.07	3.59	5.89	3.68		1.28	0.63	0.3	
生育期 ET_c	9.92	15.12	33.17	107.7	182.59	36.8		39.7	18.9	9.3	453.2

表8 夏玉米需水量

月份	6	7	8	9	全年
ET_0	4.78	3.75	4.15	3.52	
K_c	0.80	1.01	1.41	1.04	
生育期 ET_c	38.24	117.4	181.4	76.88	413.92

花生需水量

$$ET_c = K_1 \times K_2 \times K_c \times ET_0$$

式中: K_1 为灌水方法修正系数; K_2 为产量修正系数。

查《中国主要作物需水量与灌溉》,并计算生育期各月 ET_c,见表9。

表9 生育期各月 ET_c

月份	4	5	6	7	8	9	全年
ET_0	3.18	5.12	4.78	3.75	4.15	3.52	
K_c	0.43	0.33	0.54	1.2	0.94	0.8	
K_1	0.94	0.94	0.94	0.94	0.94	0.94	
K_2	0.95	0.95	0.95	0.95	0.95	0.95	
生育期 ET_c	12.21	46.77	71.46	124.57	107.99	25.15	388.12

各种作物生长期时间划分及需水量见表10~表12。

表10　小麦各生长期时间划分及需水量

生育期	播种—分蘖	分蘖—越冬	越冬—返青	返青—拔节	拔节—抽穗	抽穗—灌浆	灌浆—成熟	合计
起止时间（月-日）	10-01～10-20	10-21～11-30	12-01～02-28	03-01～04-10	04-11～04-30	05-01～05-20	05-21～06-12	10-01～06-12
天数	20	41	90	41	20	20	23	255
日均需水（mm）	1.28	0.80	0.38	1.68	3.59	5.89	4.42	1.777
总需水（mm）	25.60	33	34.34	69.07	71.8	117.80	101.59	453.2

表11　夏玉米各生长期时间划分及需水量

生育期	播种—拔节	拔节—抽穗	抽穗—扬花	扬花—灌浆	灌浆—成熟	合计
起止时间（月-日）	06-21～06-30	07-01～07-20	07-21～07-25	07-26～08-10	08-11～09-21	06-21～09-21
天数	10	20	5	15	42	92
日均需水（mm）	3.824	3.788	3.788	5.416	4.756	4.499
总需水量（mm）	38.24	75.75	18.94	81.24	199.76	413.92

表12　花生生长期时间划分及需水量

生育期	播种—出苗	出苗—花针	花针—结荚	结荚—饱果	合计
起止时间（月-日）	04-20～06-30	05-31～06-30	07-01～08-11	08-12～09-10	04-20～09-10
天数	41	30	33	30	134
日均需水量（mm）	1.439	2.382	4.936	3.161	2.896
总需水量（mm）	58.94	71.46	162.89	94.82	388.12

3　作物生长期内降雨量

根据莱西市气象局2005年提供的历年逐月降雨量资料和小麦、玉米、花生三种作物各生长期时间的划分,统计出三种作物各个生长期的历年降雨量,计算出三种作物各个生长期的多年平均降雨量及保证率为50%、75%的降雨量。具体见表13～表15。

表13　小麦生长期水分供需分析计算

生长期		播种期（苗期）	分蘖期	越冬期	返青期	拔节期	抽穗期	灌浆期	合计
起止时间（月-日）		10-01～10-20	10-21～11-30	12-01～02-28	03-01～04-10	04-11～04-30	05-01～05-20	05-21～06-12	10-01～06-12
生长期天数		20	41	90	41	20	20	23	255
日均需水量（mm）		1.28	0.80	0.38	1.68	3.59	5.89	4.42	1.777
生长期需水量（mm）		25.60	33	34.34	69.07	71.80	117.80	101.59	453.2
多年平均情况	降水（mm）	22.2	29.9	30	25.6	29.1	27.8	39.7	204.3
	缺水（mm）	3.4	3.1	4.34	43.47	42.7	90	61.89	248.9

续表 13

生长期		播种期（苗期）	分蘖期	越冬期	返青期	拔节期	抽穗期	灌浆期	合计
50%降雨保证率（中等年）	降水（mm）	16.3	21.7	26.8	21.8	21	24.6	26.5	168.7
	缺水（mm）	12.3	11.3	7.54	45.6	41.8	93.2	65.09	286.83
75%降雨保证率（中等干旱年）	降水（mm）	7.2	9.6	13.2	8	12.1	14.2	17.5	81.8
	缺水（mm）	18.4	23.4	21.14	61.07	59.7	103.6	84.09	371.4

表 14　玉米生长期水分供需分析计算

生长期		苗期	拔节期	抽穗期	扬花期	灌浆期	合计
起止时间（月-日）		06-21～06-30	07-01～07-20	07-21～07-25	07-26～08-10	08-11～09-21	06-21～09-21
生长期天数		10	20	5	15	42	92
日均需水量（mm）		3.824	3.788	3.788	5.416	4.756	4.499
生长期需水量（mm）		38.24	75.75	18.94	81.24	199.76	413.92
多年平均情况	降水（mm）	38.6	125.8	31.7	108.3	152.7	457.1
	缺水（mm）				27.06	47.06	74.12
50%降雨保证率（中等年）	降水（mm）	16.3	108	15.4	88.1	127.6	355.4
	缺水（mm）	21.94		2.54		72.16	97.64
75%降雨保证率（中等干旱年）	降水（mm）	4	57.8	3.5	51	71	187.3
	缺水（mm）	34.24	17.95	15.44	30.24	128.76	226.63

表 15　花生生长期水分供需分析计算

生长期		播种期	苗期	花针期	结荚期	合计
起止时间（月-日）		04-20～05-30	05-31～06-30	07-01～08-11	08-12～09-10	04-20～09-10
生长期天数		41	30	33	30	134
日均需水量（mm）		1.44	2.38	4.94	3.16	2.9
生长期需水量（mm）		58.94	71.46	162.89	94.82	388.12
多年平均情况	降水（mm）	65.3	82.1	258.5	130.8	536.7
	缺水（mm）					
50%降雨保证率（中等年）	降水（mm）	57	62	241.8	129.6	490.4
	缺水（mm）	0	9.46			9.46
75%降雨保证率（中等干旱年）	降水（mm）	26	30	164	60	278
	缺水（mm）	32.91	41.16		34.82	109.22

注:花生一般播种前灌水,故第一生长期按"三查三定"核实数确定需水量,其他生长期由于考地膜需水量按半计入。

4　作物水分供需分析

小麦在整个生长期中水分都很短缺,特别是生育后期。返青后,随着小麦群体的迅速扩大,需水量急剧上升，而同一时期的降水增加却很缓慢，导致差值越来越大，到孕穗期达到顶峰，并保持高水平至收获，形成一年中水分亏缺的主要时期。在50%保证率下，全生长期缺水286.8 mm，在75%保证率下全生长期缺水达371.4 mm。

玉米整个生长期中在多年平均降雨情况下，只有拔节—抽穗期需要水。在50%降雨保证率下，只有苗期和抽穗期水分略显不足，累计缺水97.64 mm，其他生长期中水分则有盈余。在75%保证率下，各生长期均缺水，累计缺水226.63 mm。

花生整个生长期中，50%保证率下，生长前期水分略显不足，仅为9.46 mm。在75%保证率下，生长前期缺水严重而后期也略显不足，全期累计缺水109.22 mm。

上述数字表明，一般降雨情况下灌溉补充水分的重点是小麦，尤其是生长后期。在75%降雨的保证率下，小麦、花生、玉米的前后期均需适量的水分补给。

小麦播种时水分供给状况主要看土壤表层的含水量，这主要由播前一段时间的降雨状况所决定。当土壤表层较干旱时，就需要补充灌溉，这对于及时播种，保全苗、壮苗及以后的进一步生长都具有重要意义。待小麦出苗后至越冬前，幼苗耗水较小，一般情况是下层土壤有储水可利用，不需灌溉。越冬及返青期是一个慢长的时期，尽管田间耗水量很小，但累计值较大，经苗期水分亏缺后的土壤一般难以补足这两时期的水分亏缺，而冬季良好的水分条件对顺利越冬及穗原基分化很重要，故越冬水在多数情况下要考虑灌溉。拔节之后，小麦进入生殖生长和营养生长同步进行时期，水分亏空迅速增加，并在孕穗开花期及灌浆期都有大量亏空，由于前期也都处于缺水状态下，对土壤储水的消耗较重，在前期未充分灌溉的情况下，土壤中可利用的储水已很少，降雨成为小麦水分供应的主要渠道。在耗水旺盛而降雨严重不足的情况下，补充灌溉成为保证小麦水分供给、提高小麦产量的唯一途径。

夏玉米播种出苗紧接小麦之后，土壤水分一般很小，季节也尚未进入雨季，适当的灌溉是在土壤表层含水不足时保证及时播种及全苗、壮苗的重要条件，但需求量一般较小。玉米拔节后雨季开始，至灌浆前期降雨基本可以满足要求，即使在较高保证率下也可不考虑灌浆。在灌浆期一般年份水分供应缺口不大，加上有中期的土壤水分储存，可不考虑灌水，即使在干旱年份，由于土壤储水的缓解，只需小量补充即可。

5　水分供需的变化规律

5.1　降雨年际分配不均

莱西降水量年际变化很大，最高值1 458 mm，最低值365 mm，多年平均645 mm。1980～1998年19年间降水普遍偏小，平均值只有596 mm，造成近19年间干旱频繁发生。

5.2　作物生长期水环境的变化规律

在自然降雨条件下的作物生产，其水分供给状况由降雨的分布状况决定，而水分需求状况主要受气候的蒸发潜力所影响，二者的变化规律具有一定的差异。降雨在春季最小且变化缓慢，进入6月后急剧增加，9月又急剧减少，10月后维持较低水平且变化较缓慢。而气候蒸发潜力则是春季上升很快，并在5月就达到高峰，之后又缓慢下降，维持了春、夏、秋季的持续较高水平，作物生长的水环境是由二者共同决定的，由于二者变化规律的差异，其差值$(R-E_0)$下降两次，上升两次。春季，差值主要受蒸发潜力的影响，下降很快，并在5月达到第一低值。6月雨季开始后，降雨急增，差值日升很快，于7月、8月达到最高值。9月后降雨下降很快，但蒸发仍维持较高水平，差值下降于10月达到第二最低值。之后，蒸发也逐渐下降，差值又出现回升，差值的变化反映水分供需的综合状况。可以看出，春、秋季是水分亏空的主要时期，其中以春季为甚，量大且持续时间长，而夏季则是水分补给期。从作物生长与此差值配合情况看，夏播、秋收的作物玉米水分状况最好，只是在播种和生育后期水分略有亏损。春播秋收的作物花生水分状况次之，生育前期水分条件较差，但后期水分供给良好，温度适宜时，可保证较高的收成。秋播夏收的作物小麦水环境最差，整个生育期都处于水分亏空期，特别是生育后期，正处于亏空最高峰的5月、6月，对作物生长发育获取高产十分不利。

6　结论

按水分供需分析，小麦全生育期在一般年份缺水286.83 mm，在中等干旱年份缺水371.4 mm，在7

个生长阶段都需进行灌溉补充水量。玉米全生育期在一般年份缺水 97.64 mm,在中等干旱年份缺水 226.63 mm,缺水最大时期为苗期和抽穗扬花灌浆期。花生全生育期在一般年份缺水 9.46 mm,在中等干旱年份缺水 109.22 mm,缺水最大时期为播种期、苗期和结荚期。按作物需求,一般年份亩灌水量为 286 mm,即 191 m³。中等干旱年份亩灌水量为 465 mm,即 310 m³。

水库多年平均净来水量为 11 834 万 m³,扣除城镇生活、工业用水 2005 年为 2 520 万 m³,2015 年为 3 003 万 m³,一般年份可供水量为,2005 年 9 314 万 m³,2015 年 8 831 万 m³。

决定灌水指标的因素,一是作物对水分的需求,二是水库可供水量的状况。本着充分利用水源,取得最大灌溉效益的原则,考虑到高效农业、田间综合措施的发展,结合当地多年的灌溉实践经验,制定作物灌溉制度。

灌水定额 40 m³/亩,相当于 60 mm 降雨,50 m³/亩,相当于 75 mm 降雨。

综合净灌溉定额为 220 m³/亩。

灌溉水利用系数按防渗渠道确定,其中渠系水利用系数为 0.27,田间水利用系数 0.9,则灌溉水利用系数为 0.27×0.9=0.7。

综合毛灌溉定额为 314 m³/亩。

表 16　灌水率

作物名称	复种指数	灌水次数	灌水时期	灌水时间(月-日) 起	止	灌水天数	灌水定额 (m³/亩)	灌溉定额 (m³/亩)	灌水模数 [m³/(s·万亩)]
冬小麦	0.76	1	播前	10-01	10-12	12	40	187	0.293
		2	返青	03-11	03-22	12	40		0.293
		3	拔节	04-09	04-20	12	67		0.49
		4	灌浆	05-10	05-21	12	40		0.293
夏玉米	0.67	1	播前	06-21	06-30	10	40	90	0.258
		2	灌浆	08-14	08-25	12	50		0.367
春花生	0.28	1	播前	04-21	04-30	10	40	80	0.13
		2	花针	05-22	05-31	10	40		0.13

参 考 文 献

[1] 傅琳,董文楚,郑耀泉,等.微灌工程技术指南[M].北京:中国水利电力出版社,1987.
[2] 水利部农村水利司,中国灌溉排水技术开发培训中心.喷灌工程技术[M].北京:中国水利电力出版社,1999.
[3] 郭元裕.农田水利学[M].北京:中国水利电力出版社,1986.
[4] 陈玉民,郭国双,王广兴,等.中国主要作物需水量与灌溉[M].北京:中国水利电力出版社,1995.
[5] 水利部农村水利司.灌溉管理手册[M].北京:中国水利电力出版社,1995.

浅谈基层单位内部建设项目招标存在的
问题及对策分析

赵宋萍

（安徽金寨响洪甸水库管理处，安徽 六安　237335）

摘　要　招标投标是项目发包、承包的重要形式，目前已经广泛应用。随着社会经济的迅猛发展，很多基层单位内部小型项目建设也随之增多，由于项目多而投资少，项目发包无法进入政府公共交易平台。为确保项目发包公正、公平、公开，确保项目建设质优价廉，一些内部招标投标机构应运而生，为规范基层单位内部项目建设市场起到了重要作用，本文针对笔者所在单位内部建设项目招标投标管理中还存在的问题及对策进行分析，以阐明如何进一步发挥基层招标投标机构的重要作用。

关键字　成立；基层；招标投标机构；重要性

1　水利工程招标投标发展过程

水利工程招标投标制是指通过招标投标的方式，选择工程建设的勘察设计、施工、监理、材料设备供应单位。水利部20世纪80年代曾颁布《水利工程施工招标投标工作管理规定》，后经多次修订，该规定对于水利工程建设项目的招标投标工作起到了重要的推进作用，但上述规定主要针对施工招标，关于勘察、设计、监理的招标工作没有具体的管理规定。在《中华人民共和国招标投标法》颁布以后，为加强水利工程建设项目招标投标工作的管理，规范水利工程建设项目招标投标活动，水利部颁发了《水利工程建设项目招标投标管理规定》（水利部令第14号）。2012年，《中华人民共和国招标投标法实施条例》颁布实施后，水利部等9部委局颁发了《关于废止和修改部分招标投标规章和规范性文件的决定》，对相关规章和规范性文件进行了清理。后来发展了电子招标投标活动，并要求建设项目招标投标进入统一平台进行交易，实现公共资源交易平台从依托有形场所向以电子化平台为主转变。

2　基层单位成立招标投标机构的必要性

对于基层单位来说，当有水利工程建设任务时，最重要的是如何合规、合理地找到理想的、有能力承担工程建设任务的合格单位，用经济合理的价格，获得满意的服务和产品。根据当前相关法规要求和水利工程的通常做法，基层单位一般都通过招标来选择实施单位。多年的实践表明，基层单位内部工程以小型项目居多，中型项目极少。由于项目多而投资少，实施时间又零星分散，不能集中打包，达不到水利招标投标关于以下规模标准的规定：

（1）施工单项合同估算价200万元人民币以上的。

（2）单项低于200万元，但项目总投资额3 000万元人民币以上。

故项目发包无法进入政府公共交易平台。为确保项目发包程序公正、公平、公开，确保项目建设质优价廉，一些基层单位内部招标投标机构应运而生。

3　基层单位成立招标投标机构发挥的重要作用

笔者所在单位2015年成立内部招标投标服务中心以来，总共招标107次，招标金额2300万元，为

作者简介： 赵宋萍，女，1979年生，安徽省金寨县响洪甸水电站，水利水电工程师，主要研究方向为招标投标规范管理、水利水电行业发展。E-mail：664228781@qq.com。

单位规范招标投标行为,维护水利工程建设市场秩序,保护单位利益,提高工程质量、降低工程造价和提高投资效益发挥了重要作用。

(1)促进水利工程建设按程序、按制度执行。水利工程招标准备工作包括招标报告备案、编制招标文件、发布招标信息、出售招标文件、组织踏勘现场和招标预备会(若组织)、招标文件澄清与修改(若有)、招标文件异议处理、组织开标、评标、确定中标人、提交招标投标情况的书面总结报告、发布中标通知书、订立书面合同等程序。

按照水利招标投标相关规定,建设单位只有做好了相关准备工作,具备招标条件方可进行招标,此举有效促进了基层建设单位必须按照基本建设程序、制度办事。

(2)有利于促进施工技术进步,保证和提高工程质量。水利工程招标投标制改变了企业过去向上级要任务的计划管理模式,施工企业为了其自身的生存和发展,就必须提高其竞争力,提高中标率,提高社会信誉,这就需要施工企业不仅加速自身经营管理体制和经营方式的变革,而且还要抓企业内部的技术进步和施工队伍的全员素质,以适应市场竞争的需要。多年的实践证明,施工企业只有不断改革经营方式,加强内部规范管理,重视经济效益和技术进步,提高工程质量,自觉地遵守基本建设程序和承包合同,才能在激烈的招标投标竞争中立于不败之地。

(3)有利于缩短施工工期,降低造价和简化工程结算手续。水利基层建设单位通过招标投标,把降低造价和缩短工期通过投标书在签订合同时固定下来。承包人若延期误工将受罚,提前完成了得奖,促使承包人按时或提前完成。

"预算超概算、决算超预算"是水利工程建设过程中屡见不鲜的事,其原因虽然是多方面的,但缺乏充分的竞争机制却是重要原因之一。基层单位招标投标机构通过投标、开标、评标或议标和定标,使施工单位的报价低于工程预算或使其达到合理的价位,从而减少了建设单位与施工单位双方扯皮现象的发生,合同关于结算方式的约定又进一步简化了工程竣工结算手续。

4　基层单位内部招标投标机构运行过程中可能存在的一些问题

水利工程项目作为公共资源交易,关系着国计民生,它一直是社会关注的热点。全额使用财政性资金或预算金额超过200万元的施工单项或项目总投资额3000万元人民币以上,除在建设单位招标投标中心网上公告外,还应在省综合招标投标中心网上同步公告,接受社会监督,而对于一些小型项目,建设单位在内部招标投标平台发包选择施工企业时,存在一些弊端。

(1)招标投标程序尚不够规范。采用邀请招标的形式远远大于公开招标,以个人主观意识来邀请一些自己关系好、熟悉的施工单位来投标,甚至出现以"稳定""内部保护""平衡"等为借口规避招标,进行暗箱操作,将工程建设项目有时发包给亲戚、朋友,不仅为腐败滋生提供了土壤,工程项目的质量、安全也得不到保障,这些"近亲"施工单位往往偷工减料,施工技术也不达标,很容易造成"豆腐渣"工程。

(2)评标过程(标准)不够规范。工程项目评标过程管控不按相应制度进行,存在随意更改评分办法和评分标准,甚至直接指定中标单位,在施工过程中随意增加变更项目的现象,导致实际支付的施工合同价款远远高于中标价款。

(3)"串标""围标"现象时有发生。个别施工企业为了利益,明面是公开竞争,实际是几家联合起来围标、串标,形成假竞争,导致整体投标价虚高,最后的中标价肯定也是水涨船高,损害了发包人的利益。招标过程中,抽取评委通常是谁有空喊谁来,随意性大,既没有相应的专业评标知识,不能科学地评标,也做不到"公开、公平、公正",有时还会产生行政干预。

(4)竞争还不够充分。招标投标实质就是一个优胜劣汰的选择手段,对于在基层网站挂网的水利工程项目,因为网站关注度低、信息不对称、标的金额小等诸多原因,参与报名的潜在投标人往往数量少且良莠不齐,竞争不充分,最后只能矮子里面选将军,没有达到大浪淘金的筛选效果。

(5)挂靠现象屡禁不止。近年来,随着水利工程建设法规体系的不断完善和建设市场的整顿规范,以无资质的方式承揽水利建设工程的行为已极为罕见,往往是采取比较隐蔽的"挂靠"形式。所谓"挂靠",就是无资质或资质等级低的工程施工企业以资质条件符合招标文件要求的建筑施工企业的名义承揽工程。挂靠导致一些资质等级低、施工技术和机械设备等严重不足的企业成立实质的施工单位,一方面扰乱了建设市场的秩序,另一方面也给水利工程留下了质量隐患。

(6)违规分包或转包现象时有发生。承包单位将承包的工程转包,或者将工程分包给无相应资质条件的施工单位,或者将整个工程肢解后分包。转包或违规分包,项目经过层层扒皮外,最后的施工单位为了赚钱就只有依靠偷工减料、以次充好等非法手段,进而使工程项目的质量难以保障。

5　基层单位招标投标机构如何招好标

基于上述可能存在的一些问题,笔者认为,应从以下几点着力。

5.1　禁止投标人相互串通投标

有下列情形之一的,认定为串通投标:

(1)投标人之间协商投标报价等投标文件的实质性内容,或约定中标人。

(2)属于同一集团、协会、商会等组织成员的投标人按照该组织要求协同投标。

(3)投标人之间为谋取中标或者排斥特定投标人而采取的其他联合行动。

(4)不同投标人的投标文件由同一单位(个人)编制或委托同一单位(个人)办理投标事宜。

(5)不同投标人的投标文件载明的项目管理成员为同一人或者投标保证金从同一单位(个人)的账户转出。

(6)不同投标人的投标文件异常一致或者投标报价呈规律性差异。

5.2　完善制度建设,强化监督管理

(1)建立诚信档案。依据 5.1 条认定有串通投标行为,或以他人名义投标、弄虚作假等不良行为的,除取消投标资格外,记录其不良行为和采取市场禁入。

(2)着力对项目招标备案、招标投标过程监管、开评标现场监督管理、中标企业标后履约等方面的监管工作进行规范,使招标投标机构管理做到有章可循,为基层单位招标投标提供强有力的制度保障。

5.3　规范操作流程,净化交易环境

(1)未经相关主管部门审批同意,一律不得擅自改变项目招标组织形式和招标方式。

(2)严把招标文件审核关,着力规范市场准入行为,依法设置项目招标条件,在招标投标法律框架内,合理界定项目招标个性化指标,严禁违规设置投标"门槛"。

(3)严把开标评标关,着力规范评标评审行为,严格开标评标程序管理。

(4)严把评标结果公示关,着力规范信息公开行为,坚持按程序公开评标结果,按时公示中标候选人和中标人信息,广泛接受社会监督。

(5)严把投诉处理关,着力规范市场纠错行为,依法依规受理招标投标投诉,及时纠正错误行为,澄清事实,消除疑虑,着力建立健全招标投标市场纠错机制。

(6)严把违法违规行为查处关,着力规范招标投标案件查处行为,积极贯彻"公平、公正、公开"方针,着力优化"统一、开放、竞争、有序"的环境。

综上所述,基层单位成立招标投标机构是必要的,其有序运转对规范单位招标投标管理重要性是不言而喻的。笔者从事基层单位标招标投标管理工作时间虽然不长,但从实践经验中也总结了一些心得体会和经验,这对指导以后的工作至关重要。笔者认为,基层单位招标投标机构未来的发展方向,除继续为水利建设工程筛选质优价廉的施工单位,进一步规范管理、堵住制度漏洞、强化监督外,应最大力度地减少或消除"人为"因素,力使基层单位招标投标机构在筛选最优承包人中发挥更加重要的作用。

参 考 文 献

[1] 中华人民共和国招标投标法[S].

[2] 水利工程建设项目招标投标管理规定[S].

梁济运河基层水利管理模式探讨

滑伟

（济宁市水利事业发展中心，山东 济宁　272000）

摘　要　山东省济宁市水利事业发展中心梁济运河分中心(原济宁市梁济运河管理处)近年来始终坚持以体制机制改革为动力,以堤防工程规范化管理为抓手,理顺了体制机制,创新了发展思路,谋求了发展新路,着力提升了基层水利工程管理水平,各项工作走在省、市前列,成为山东第一家获得省一级水利工程规范化单位。本文总结分析了梁济运河分中心的水利工程管理的做法与经验,以期为基层水管单位提供有益借鉴。
关键字　河道工程;体制改革;机制创新;规范化管理

梁济运河是京杭大运河的一部分,上接黄河,下连南四湖,流经济宁市 6 个县区,全长 87.8 km,流域面积 3 306 km²,是山东省大型河道之一,也是国家南水北调东线工程输水干线和黄河下游防洪设施的重要组成部分及北煤南运的黄金水道,防洪、除涝、引黄、灌溉、航运综合效益十分显著,梁济运河分中心为社会公益一类财政拨款事业单位,现为济宁市水利事业发展中心正科级分支机构,现有在职干部职工 91 人,处机关设 10 个科室,下设 5 个堤防(水闸)管理所,全面负责梁济运河的安全运行管理工作。

1　以改革创新为动力,建立精简效能的管理运行机制

体制不顺、机制不活、工作效率低是水管事业单位普遍存在的问题,也是多年改革的难点和重点。为了彻底扭转这种被动局面,管理处大胆改革,勇于创新,迅速开创了管理工作新局面。

1.1　在全市率先完成水管体制改革

从优化管理机构入手,本着精简机关人员,充实壮大一线的原则,对全处人员实行"金字塔"布局,除机关留少部分人员从事机关管理服务外,将其余人员实施"三三"制分流,即 1/3 的人员从事依法行政,1/3 的人员从事工程管理,1/3 的人员搞多种经营,彻底解决了人浮于事的问题。2011 年 1 月,通过了济宁市政府组织的水管体制改革验收,管理处被定性为公益一类财政拨款全额事业单位,由原来依靠自身创收来维持其安全运行的公益性工程,转变为相对稳定和有制度保障的投入机制和渠道,进一步理顺了管理体制,破解了发展难题。

1.2　在全省率先推行了目标管理责任制考核办法

推行目标管理责任制,实行目标管理考核,是实现规范化管理的重要措施和手段。梁济运河分中心于 2000 年就按照国家和省市有关规范标准,结合梁济运河实际,探索制定了《济宁市梁济运河工程管理考核办法》,并不断修订完善,考核也由原来的百分制改革为千分制,将岗位工资、效益工资、工作目标、单位效益与个人工资挂钩,基本工资、岗位工资与效益工资相结合,实行了月考核、季讲评、年评比,奖优罚劣,工程规范化管理水平大大提升,这些工作不仅填补了省内空白,其经验被山东省水利厅在全省水管单位推广,有力地推动了全省水利工程规范化建设。

1.3　管养分离,走活一盘棋

实行管养分离,工程维修养护工作走专业化、社会化的路子,是全国水管体制改革的核心内容之一。自 2002 年起,经市编委批准,梁济运河分中心在原经营科的基础上成立了梁济运河工程养护服务中心,工程管理职能与维修养护职能实行了内部分离,建立起了专业化的维修养护队伍,维修养护工程实行了内部合同化管理。近几年来承担了梁济运河工程全部维修养护任务,还承揽部分社会服务项目,为单位创造了巨大经济效益,较好地解决了工资和单位发展问题。

作者简介:滑伟,男,1971 年生,济宁市水利事业发展中心,高级工程师。

1.4　大力推进竞争激励机制

在人事制度改革上,按照干部"四化"标准和《党员干部选拔任用工作条例》及国家有关政策,对中层以上干部、中级以上专业技术人员实行竞争上岗和评聘分离,定期考核,按岗定酬。建立了《中层干部年度考评暂行规定》《专业技术岗位设置和推行竞争上岗暂行规定》等制度。对中层以上干部,按年度考核结果确定岗位;对中级以上专业技术人员,每 3 年竞聘一次,均按现岗位确定报酬,实现了干部能上能下、专业技术人员评聘分开的灵活用人机制,极大地增强了广大干部职工的紧迫感,激发了干事创业的积极性。

2　以创建水利工程规范化管理单位为目标,全面提升工程建设管理水平

梁济运河分中心第一管理所成为全省第一个省一级水利工程规范化管理单位。创建之初,梁济运河分中心统筹结合国家南水北调东线一期征地移民、淮河治污迎查等工作,精心组织,周密安排,扎扎实实开展创建达标工作。

2.1　实施堤防规范化达标整治建设

按照"整体推进、重点突破、逐步实施、分段达标"的原则,投资 300 多万元高标准完成下游段 14.8 km 工程规范化达标整治建设,修筑右岸 14.8 km 堤顶泥结碎石防汛道路 8.88 万 m²,修复堤防排水设施 1 530 m²,埋设路沿石 29.6 km,整修左右岸堤防内外堤肩、堤坡、滩地、护堤地、戗堤区 5.78 万 m³,堵复马道 1.95 万 m³;重新安装埋设标志标牌、禁行杆 29 处,公里桩、界桩 326 块。两岸堤防堤顶顺直,堤坡平整,各类护堤护岸林木整齐美观,绿化率达到 100%,实现了堤防"四化"目标。

2.2　彻底整治了下游段河道堤防环境

在沿河县区防指、水务、公安、乡镇等部门的配合下,组织水政监察人员和工程管理人员,出动各类执法车辆、执法人员对下游 16 km 河道堤防违章建筑物、构筑物和乱植树木进行了强制清除,优化了河道环境,确保了河道行洪畅通。同时,结合治污迎查工作,组织沿河县区对河道堤防及周边环境进行了全面整治,有力促进了工程规范化建设和创建工作。

2.3　积极推行精细化管理

在工程管理工作中提出了管理方式物业化、管理标准保洁化的新要求,把工程管理工作提升到保洁的高度,建立了日巡查、日保洁制度,规范了巡查日志,加大了工程巡查维护力度,使工程巡查和维修养护工程更加制度化、常态化,工程面貌整洁美观。

3　以政策法规研究为着眼点,进一步加大水政执法力度

多年来,梁济运河分中心积极探索新形势下的依法治水、依法管理河道的可持续发展之路,致力于水法规体系建设,以水法规政策为支撑,不断完善水政执法体系建设。

3.1　在全市率先出台了《济宁市梁济运河管理办法》

为使工程管理走上法制化轨道,根据《水法》《防洪法》《河道管理条例》等法规,结合梁济运河工程和本地实际进行了大量的调研工作,经过积极努力和争取,济宁市人民政府颁布了《济宁市梁济运河管理办法》,从河道整治、建设、保护、利用、防汛等方面都做出了法规规定,为保护梁济运河工程,充分发挥工程效益提供了法律保障。

3.2　在全省率先开征了堤防养护费

在充分调查研究的基础上,按照现行水法规政策和有偿使用的原则,克服困难,主动工作,积极争取,在上级主管和有关业务部门的大力支持下,经山东省财政厅、山东省物价局批准立项和核定标准,在全省率先出台堤防养护费的收费政策,填补了全省的空白,这项名利兼有的"黄金"政策出台后,管理处及时制定了切实可行的征收措施,确保政策的顺利实施。目前,此项收费工作因济宁市滨河路的开通,已停止执行。

3.3　水政执法工作进一步规范

为了确保各项政策的贯彻实施,作为山东省水利综合执法试点单位之一,不断加强水政执法体系建

设,积极推行水利综合执法,并成立了3个水政监察中队,专职水政监察人员达到40多人,配备了执法车辆、取证设备等,统一着装。先后制定完善了30多项规章制度,编印了《水利综合执法手册》,做到人手一册。对水政执法人员进行岗前培训、军训和考核,实行持证上岗、军事化管理,坚持夜巡查制度,严厉打击各类水事违法案件,在依法管理河道中充分发挥水利尖兵作用。

4 以实施资源转化为依托,可持续发展后劲显著增强

在发展水利经济中,始终坚持多业并举,立足水土资源,从转化资源优势上大做文章,自身实力不断壮大,走出了一片新天地。

4.1 大力发展岸线经济

在不影响工程度汛安全的前提下,大力发展"岸线"经济,先后批准兴建临时码头10多处(现统一整合为森达美东、西港),以滩地参股、联合经营的方式,对码头收费进行改革,将过去按占用面积收费改为按码头吞吐量收费,规范了收费标准,制止了相互压价和无序竞争,既增加了经济收入,又推动了济宁航运业、煤炭业的发展,活跃了济宁经济;深入挖掘运河文化旅游内涵,依托"运河之都"品牌形象,打造运河旅游航道,开辟济宁城区至南阳古镇旅游航运线路,丰富大运河船上、水上和岸上休闲娱乐产品与服务,使梁济运河又恢复了昔日的繁荣,成为贯穿济宁南北的一条经济大动脉,取得了巨大的经济效益和社会效益。

4.2 大力发展工业供水

充分利用梁济运河独特的地理优势,把发展工业供水作为主导产业来抓,以优质的服务,为济宁电厂、运河电厂等工业企业供水。在水源日趋紧张的情况下,采取有力措施,清淤输水,全力搞好供水服务,努力扩大供水量。同时,按照市场规律积极向上争取,经省物价、水利部门批准,调整了工业供水水价,由原来的每立方米0.30元调整到0.65元,每年可收取水费400余万元。

4.3 合理开发水土资源

堤防及行洪滩地是运河的又一丰富资源,为了充分发挥工程综合效益,加快滩地土地开发利用步伐,本着既维护工程安全和国家利益,又照顾当地群众利益的原则,进行统一规划,合理开发,积极引导沿河群众承包发展高效种植业,既彻底解决了垦堤种植问题,又获得了良好的经济效益。在工程绿化方面,不断深化林权制度改革,自身经济实力不足,就采取分段承包、社会招标等方式,动员社会力量植树造林,以工程土地参股,实行效益提成等办法,在国家投资较少的情况下,加快了堤防绿化步伐。目前,梁济运河堤防宜林面积绿化率已达100%,林木存有量70多万株,两岸绿树成荫,不仅成为济宁环境优美的一大景观,而且成为当地群众致富的绿色银行。

浅议淮河入江水道(金湖段)行洪通道内河床滩地的合理开发利用

陈彪

(金湖县河湖管理所,江苏 金湖　211600)

摘　要　淮河入江水道是淮河下游的干流,承泄上、中游70%以上洪水,全长157.2 km,设计行洪流量12 000 m³/s。本文通过对淮河入江水道(金湖段)行洪道内的河床滩地开发利用的分析,为类似水土资源的开发利用提供参考和借鉴。

关键字　行洪通道;水土资源;开发利用

1　滩地资源概况

淮河入江水道属于流域性水利工程,金湖县境内行洪道长 31 km,两岸堤防之间有河床滩地 3 000 hm²,其中起伏较大、地面高程较低、常年干湿交替的河床滩地约 1 300 hm²。1992 年以前植被以芦苇等禾本科杂草为主,每年汛前都投入大量的人力、物力采用人工割除或机械耕翻的方式进行清障,但年年清、年年长且逐渐成蔓延之势,致使入江水道河床实际糙率增大,汛期成为阻碍行洪的屏障,降低了入江水道的行洪能力,行洪水位全面提高,严重削弱行洪能力,给安全度汛带来了很大威胁。

2　开发利用情况

2.1　开发利用依据

2.1.1　法规政策依据

入江水道在 20 世纪 60 年代开工建设时,国家就征用了入江水道管理范围内的所有土地,并对拆迁户进行了补偿、安置,江苏省土地管理局苏土籍〔1989〕39 号文件明确规定,金湖县入江水道土地属国家所有。金湖县河湖管理所负责国家流域性工程——淮河入江水道行洪道 31 km、两岸防洪圩堤 115 km、防洪涵闸 33 座的管理、维修、养护,汛期负责入江水道中等流量以下行洪时的日常防汛工作,该所依据《江苏省水利工程管理条例》第二十八条的规定,充分利用管理范围内的水土资源,积极开展综合经营活动,增加收入,逐步提高自给能力,拓展工程维护费用的来源,确保了水利工程的正常运行。

2.1.2　省市专家建议

20 世纪 90 年代初,针对入江水道行洪道内芦苇疯长,严重阻碍入江水道行洪的实际,国家每年投入大量工程资金对滩地芦苇进行机械耕翻,但收效甚微,因芦苇根系发达,耕翻后次年长势更旺。为此,省、市水利专家多次到现场调研会办,建议实施"清障种植",即利用入江水道冬、春两季行洪频率较低的实际,积极引导、动员当地群众到行洪道河床滩地上种植冬小麦,形成消灭芦苇的持续性,从根本上减少行洪阻碍。

2.1.3　科技成果支撑

针对社会上对"清障种植"合理性的疑问,2008 年金湖县河湖管理所与扬州大学进行科技合作,研究淮河入江水道(上段)金湖段过流受苇草的影响情况,采用河工模型试验对苇草生长的三种工况四个特征流量下的水位进行了测试分析,得出了苇草生长三种工况下的水位流量关系和沿淮河入江水道

作者简介:陈彪,男,1966 年生,金湖县河湖管理所所长(高级工程师、高级经济师),主要研究方向为水利工程运行与管理。E-mail:369828696@ qq. com。

(上段)金湖段站点的水位线,从而指出了苇草对河道泄洪影响,为"清障种植"有利于入江水道行洪提供了理论支撑,该科研成果获得2011年江苏省水利科技三等奖。

2.2　开发利用过程

2.2.1　政策技术扶持

一是免收减收租金。在开发利用初期,为鼓励行洪道附近的群众参与"清障种植",前三年免收租金,后三年租金225元/hm²左右,基本上能使种植户收回开荒成本。二是提供技术支持。由于行洪道内滩地芦苇长势旺盛,一般高3～4 m,当年即使耕翻1～2次后,也不能种植,或即使种植也没有收成,为此,工程管理单位向种植户提供药物灭苇和耕翻混合运用的方法来清除芦苇,推广使用内吸型除草剂——草甘膦,通过将配制的草甘膦药液喷洒到芦苇叶面上,经植物输导系统运送到根、茎、叶各生长区,使植物全株腐烂死亡。对用药量、用药时间、用药配方提供技术支持,基本上做到当年开荒,当年即可种植冬小麦,次年受益。三是提供信息服务。通过微信群向种植户提供雨水情、汛情等各项信息服务。

2.2.2　增加收获概率

一是改善种植条件。由于入江水道行洪,行洪后滩地地貌均有所改变,每年汛后管理单位组织工程技术人员对汛后地貌的变化进行实地勘察,根据河床地形地貌科学疏通沟渠,对水毁道路进行修复,形成相对完善的降水水系和交通路网,方便滩地种植,改善了种植条件。二是强化水位调控。2003年以前春季经常小流量行洪,行洪流量达250 m³/s时,滩地被淹,特别是2000～2003年连续春季小流量漫滩行洪,清障种植基本处于停滞,入江水道芦苇疯长,实测资料分析,入江水道行洪能力下降10%左右。2003年以后,省水情调度部门进一步优化水情调度,入江水道春季小流量漫滩行洪频率大幅降低,清障种植有序推进。三是拓宽偏泓洪道。2011年国家实施了淮河入江整治工程,对改道段东西偏泓抽槽拓宽,扩建了东西偏泓闸,使入江水道行洪流量1 600 m³/s时不漫滩,进一步提高"清障种植"收获概率。

2.2.3　细化合同管理

一是约定种植品种。在"清障种植"合同中约定河床滩地只能种植冬小麦等低秆农作物,禁止种植高秆农作物,即使冬汛或春汛行洪,冬小麦失收,也不影响入江水道漫滩行洪。二是风险提示机制。入江水道是宣泄淮河中上游洪水的主要通道,国家已征用入江水道的河床滩地,属国有土地性质,在河床滩地上种植为自主的"清障种植"行为,若因行洪造成损失,不予任何补偿,因此入江水道"清障种植"的风险很大,管理单位在推行清障种植时,反复向愿意进行清障种植的农户提示风险,在"清障种植"协议文本上方用黑体字标明"清障种植有风险、投资须慎重",引导抗风险能力强的投资者参与"清障种植"。三是明确权利义务。对秸秆禁烧、环境保护、开沟筑埝等做了细化约定,使河床滩地开发利用合法合规。四是履约保证金。在签订合同时,每公顷收取300元的履约保证金,合同到期后,按合同约定予以退还。

2.2.4　推行市场运作

2004年以后,由于入江水道冬、春季连续没有泄洪,加之粮食价格上涨,清障种植获得了较大的收益,社会上产生了清障种植热,使滩地种植成为投资热点,出现了层层转包,形成了所谓"滩主"坐收渔利,社会负面影响较大,为调节河床滩地的供需矛盾、体现公平,从2006年开始对到期河床滩地进行市场化运作,推行滩地招标租赁,在招标投标过程中聘请县纪委、水务局纪委全程监督,县公证处全程跟踪招标投标,保证了清障种植招标的透明、公开、公平、公正,受到清障种植投资者好评,也得到上级相关部门的肯定。

3　开发利用效益

通过在淮河入江水道行洪通道河床滩地上实施"清障种植",不仅使入江水道阻水芦苇面积逐年减少,达到了清障的目的,而且显现了较大的工程效益、经济效益和社会效益。

3.1　工程效益

2008年,金湖县河湖管理所与扬州大学联合进行淮河入江水道(金湖段)河工模型试验研究,在三种工况下的水位—流量关系分析(见图1),站点水位在无苇草工况下最低,随流量增加平缓上升。在滩地苇草现状和全苇草状态下水位随流量增加开始上升较快,后趋向平缓,这主要是苇草影响产生的。同时可以看出,滩地全苇草工况,金湖站水位在试验流量下全部超过 12 m;现状工况由于下游高邮湖水位的选取,金湖站水位在 6 000 m³/s、8 000 m³/s 流量时超出设计对应水位,10 000 m³/s 流量时接近设计对应水位,这说明苇草在中小流量时对水位的影响更显著。充分说明苇草对淮河入江水道(上段)金湖段过流影响很大。

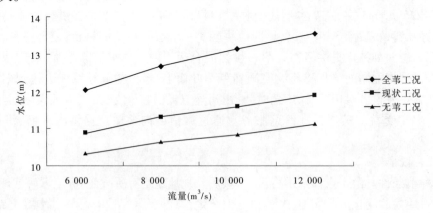

图 1　金湖站三种工况下水位—流量关系线

近年来,由于采取"以耕作代清障"的方式对外承包种植,汛后对河床进行耕翻,播种适宜在河床上生长的冬小麦,第二年汛前收割掉,从根本上达到了抑制芦苇生长的目的。2017 年汛期行洪 6 000 m³/s 时,金湖站实测水位 10.46 m,入江水道行洪能力得到了恢复,增加圩区涝水的自排概率,减少防汛的人力、财力、物力的投入,从而减轻了沿线镇、村群众负担,工程效益极为显著。

3.2　经济效益

淮河入江水道(金湖段)洪道内的河床滩地,经过工程管理单位多年推广"清障种植",现宜种面积基本上得到了开发利用,到 2018 年底已开发利用面积达 1 630 hm²,经济效益不断攀升,滩地租赁收入从 2003 年的 17 万元上升到 2018 年的 776 万元,为工程管理单位拓宽了水利工程维修养护的资金来源,减轻了地方财政负担。

3.3　社会效益

工程管理单位对淮河入江水道行洪道内滩地的开发利用,实行科学规划、合同管理、阳光服务,为入江水道河床滩地开发利用打下了基础,逐渐显现出洪道滩地的"粮仓"效应,2018 年,夏收粮食产量 11 000 余 t,产值 2 400 余万元,既增加了清障种植户的收入,又发展了地方经济,显现出较大的社会效益。

4　结语

为减少行洪阻碍,恢复行洪能力,利用冬、春涝水量少的实际,通过优化水情调度,实现行洪道小流量不漫滩行洪,使行洪通道内的河床滩地资源得到充分利用。

参 考 文 献

[1] 陈智跃,高福生,陈彪.淮河入江水道使用药物灭苇效果显著[J].江苏水利科技,1995(3):43-44.

[2] 季建国,邹燕,陈彪,等.淮河入江水道(上段)金湖段河工模型试验研究[J].扬州大学学报(自然科学版),2010(13):85-91.

浅谈对河湖管理督查工作的几点认识

王永起

（淮河水利委员会水利水电工程技术研究中心，安徽 蚌埠　233001）

摘　要　河湖管理是以"问题导向、指挥联动、考核评估"为核心的过程化管理。河湖管理督查聚焦管好"盛水的盆"和护好"盆中的水"，是全力打好河湖管理攻坚战的重要举措，是推动河长制从"有名"向"有实"转变的重要抓手。本文结合河湖管理督查工作实际，对工作中发现的典型问题和经验进行系统总结，提出对河湖管理工作认知和建议。从而为推进河湖管理工作提供参考。

关键词　河湖管理；过程化管理；河湖管理督查；经验总结

1　河湖管理督查意义

河湖管理工作以习近平新时代中国特色社会主义思想为指导，围绕"水利工程补短板、水利行业强监管"水利改革发展总基调，聚焦管好"盛水的盆"和护好"盆中的水"。

当前，河长制湖长制（简称河长制）的组织体系、制度体系、责任体系等体系建设已形成，把"清四乱"作为第一抓手，把河长履职、岸线保护和采砂管理作为重点任务，以河湖划界、法规制度建设、规划编制为重要支撑，以信息化和暗访督查为重要手段，全力打好河湖管理攻坚战，加快推动河长制从"有名"向"有实"转变是河湖管理工作要务所在。

在"强监管"新形势下，对河长制的实施和见效要求更高，以问题导向、指挥联动、考核评估为核心的过程化管理是河湖管理工作的重要内容和提升方向。河湖管理督查作为推动河长制工作任务全面落实的主要手段，紧抓"问题导向"，通过层次分析法确定问题判别指标权重，构建问题判别指标体系，进行核查问题认定；协调"指挥联动"，通过河湖督查 APP 下发问题，利用河长制平台层层压实责任，协调建立联防联控机制，督促下发问题整改；重视"考核评估"，通过复核销号检视问题整改，形成闭环，把考核问责激励作为推动各级河湖长、各部门履职的主要方式。河湖管理督查流程见图 1。

2　河湖管理督查紧抓"问题导向"

河湖管理督查紧抓"问题导向"，聚焦提炼河湖"清四乱"行动、河湖采砂管理、河长湖长履职以及问题整改落实工作中需提高、完善的方面。

2.1　河长制工作宣传力度不够

河长制工作宣传力度不够，受访群众不知道、不了解河长制工作，没有发挥群众社会监管作用。要加强河长制宣传报道，激发群众参与河长制工作积极性，将河湖保护发展成为"全民行动"。利用流媒体，如开发推送面向群众的地市级河长制微信公众号等，大力营造全社会关注参与河湖长制工作的浓厚氛围。开展"河长制进校园活动"等主题活动，尤其向青少年普及河长制工作。面向社会公众不定期开展参与河道垃圾清理、河岸植绿种草、打造近水平台等环保公益和志愿服务活动，让河长制成为全民共识和自觉行动，共同建设幸福河湖。

2.2　河长制公示牌设置不规范

河长制公示牌是每条河湖的明信片，也是向群众介绍河长制工作组织体系、制度体系、责任体系的重要展示窗口。河长制公示牌要设置规范，做到设立位置合适，设立密度合理，框架格式标准，标示内容

作者简介：王永起，男，1990 年生，淮河水利委员会水利水电工程技术研究中心，工程师，水工建筑物消能及安全监测。E-mail：1071739588@qq.com。

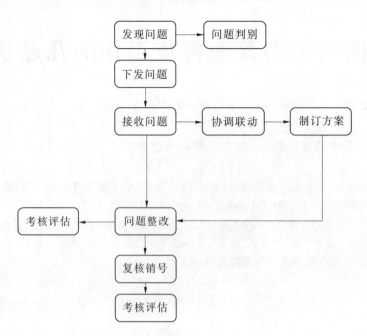

图 1　河湖管理督查流程

准确,信息更新及时。同一河流在不同地市流经段,由于各地市地域习惯,河流名称会出现不统一情况(如水利部提供河湖名录的塌河,在东营市称阳河,在潍坊市称北阳河),为保持河湖名录的一致性,可在河长制公示牌作备注识别。

2.3　各地市河湖整治标准不同

每个地市都有其地域特色,如东营市河流整治较好,但有输油管网密布,黄河滩地采油机点多的特点。潍坊市河湖清理工作与灾后重建工作结合,贯彻执行力强。特别是各地市间界河整治难度大,各地市河湖整治标准不同,需要上级河长办统一协调规划。根据不同的河道类型和功能定位,需提出针对性河湖管护标准,提高管护规范化水平。加大河湖整治资金投入,将河湖整治管护经费列入财政预算,鼓励社会资本参与,建立稳定经费渠道,解决河湖整治管护资金难题。

2.4　部分地方河长制工作效率不高

部分地方河长制工作责任压实不足,没有建立有效监管、考核制度。急需构建"河湖管理信息系统",协助各级河长实现信息化管人、流程化管事、智能化管河。加快推进河湖划界,明确河湖管控边界,利用全国"水利一张图"及河湖遥感数据库,加快推进划界成果上图,逐步建立范围明确、权属清晰的河湖管护体系。

3　河湖管理督查协调"指挥联动"

河湖管理是复杂的系统工程,需坚持河湖"上下游一盘棋、左右岸同治理"原则,需落实地方主体责任,协调整合各方力量,促进水资源保护、水域岸线管理、水污染防治、水环境治理等。

河湖管理督查协调"指挥联动",推动建立高规格河长制组织协调平台,指导跨界河湖地区建立沟通协调和联防联控机制,建立健全以流域为体系、以河湖为单元、以网格为节点,横向到边、纵向到底的管护网格体系,助力河长制从"有名"向"有实"转变。

3.1　强化督查问题整改,层层压实责任

各级河长办应重视河湖管理督查发现问题,将河长制工作压力传导到各级河长,层层压实责任,及时督促有关市(县)区落实整改责任、整改措施和完成时限,建立问题台账,及时反馈问题整改情况,对账销号,确保问题整改到位。

3.2　发挥河长制作用,构建智慧河湖管理

利用河长制工作平台,党政领导积极发挥河长作用,河长制办公室履职尽责,建立职业化河湖管护

队伍。利用信息化技术,建立河长办工作群,确保河长制工作信息沟通及时,构建"互联网 + 河长制"模式的"智慧河湖管理信息系统",协助各级河长实现信息化管人、流程化管事、智能化管河。

4 河湖管理督查重视"考核评估"

"考核评估"是河湖过程化管理的重要环节,也是延伸、丰富河湖管理工作的催化剂。河湖管理督查重视"考核评估",指导督促各地发挥考核"指挥棒"作用,促进河长履职尽责,建立河湖管理长期有效机制。

4.1 丰富河湖管理工作

(1)设置法治河长、文化河长、民间河长等,打通河湖管护与群众之间的"最后一公里",利用社会的强监管,全面形成公众参与机制,实现河湖共治。

(2)河长制办公室委托第三方开展环卫管护一体化模式,建立职业化河湖管护队伍,进行暗访巡河巡湖,保洁河湖,防范垃圾搬家,形成长效机制。

(3)上级河长办对下级河长办的河湖管理工作进行专项验收,可委托第三方开展河湖管理工作评估,建立"主体申报、机构评估、政府监管"的新型三元考核评估体系。

4.2 加强监管、考核,建立河湖管理长期有效机制

加强对各级河长巡河巡湖、重点工作协调推进等河长制工作履职尽责的监管、考核。加强正向激励,对河长制工作真抓实干、成效明显的地方给予资金奖励。探索健康河湖评价,组织开展河长制背景下的河湖健康评价体系。组织开展示范河湖建设等,建立河湖管理长期有效机制。

5 结语

(1)随着河湖"清四乱"常态化、规范化、制度化的稳步推进。河湖管理工作重点将由大江大河向中小河流、农村河湖延伸,实现河湖全覆盖。深入研究"清四乱"中的深层次问题;加快推进河湖划界;完成河湖水域岸线保护利用规划和河道采砂管理规划编制,强化规划约束,落实河湖空间管控要求成为河湖管理工作主要任务。

(2)将已有的河长制"信息服务"转变为面向动态变化的过程化"决策服务"是做好河湖管理工作关键"牛鼻子问题"。在过程化的各个环节,须正确选用不同指标,规范指标的计算模型及计算方法,建立有效指标体系。强化监督针对实际问题在不同阶段的解决程度,对河湖治理成效及新问题进行实时跟踪与反馈,实现过程化动态管理。

(3)以河湖管理督查为重要抓手,着重开展中小河湖管理督查,重点查处虚假履职、虚假整改、久拖不改问题。针对重要河湖、重点区域,开展进驻式、靶向式专项管理督查。进一步健全河湖管理督查制度,建立以"查、认、改、罚"为流程、以"面上督查、专项督查、重点督查、群众举报"为方式、以"一张图 + 遥感影像 + APP + 无人机"为手段的河湖管理督查体系。

参 考 文 献

[1] 解建仓,陈小万,赵津,等.基于过程化管理的"河长制"与"强监管"[J].人民黄河,2019,41(10):143-147.

[2] 刘琳,孙湛博.山东省加强河湖清违清障工作的实践和探索[J].水资源开发与管理,2020(1):66-69.

[3] 刘毅韬.河长制在泉州市泉港区水环境治理中的应用[J].陕西水利,2019(12):77-80.

[4] 李文蕾,邢友华,王保庆.第三方评估是全面推行河长制湖长制取得实效的重要举措[J].环境与可持续发展,2019,44(6):137-139.

对济宁市水安全保障的思考

张琳，刘继柱，寇珊珊

（济宁市水利事业发展中心，山东 济宁　272019）

摘　要　随着经济社会的快速发展，中国社会的主要矛盾已经转化为人民日益增长的美好生活需要和经济社会发展不平衡不充分的矛盾。水利作为经济社会发展的重要基础和支撑，仍面临诸多问题和挑战。本文从水灾害防御、水资源调配以及水生态安全等方面对济宁市水安全保障进行分析和探讨。

关键词　水安全保障；水灾害防御；水资源调配；水生态安全

0　引言

习近平总书记强调，水安全是涉及国家长治久安的大事，全党要大力增强水忧患意识、水危机意识，从全面建成小康社会、实现中华民族永续发展的战略高度，重视解决好水安全问题，以水定城、以水定人、以水定产、以水定发展。当前及今后一个时期，是处于决胜全面建成小康社会、全面转型振兴、实现第一个百年奋斗目标与乘势而上开启全面建设社会主义现代化新征程、向第二个百年奋斗目标进军的历史交汇期。济宁市市委、市政府确定了建设"一环八水绕济宁，十二明珠映古城"的水生态城市，要实现这个目标，必须有坚实的水安全保障。近年来，济宁水利深入贯彻"创新、协调、绿色、开放、共享"的发展理念，落实"节水优先、空间均衡、系统治理、两手发力"新时代水利工作方针，防洪安全、供水安全和水生态安全方面取得显著成效，水利改革发展的体制机制不断创新，水安全保障能力显著提升。但与经济社会发展的要求相比，还存在不少差距，水资源短缺、水灾害威胁、水生态退化三大水问题依然突出。本文对济宁市水安全保障进行简要分析和探讨。

1　济宁市水安全保障现状

济宁市水系发达，境内河流纵横交错，水库塘坝星罗棋布。黄河、大汶河穿境而过，泗河贯穿 7 个县（市、区），南水北调东线重要输水干线京杭运河贯穿南北，南四湖是我国北方最大的淡水湖，承接苏、鲁、豫、皖 4 省 8 市 34 县 3.17 万 km^2 的客水，流域面积在 50 km^2 以上的河流 117 条，其中流域面积在 1 000 km^2 以上的大中型骨干河道 12 条。东部山区遍布着 247 座大中小型水库和 1 700 多座塘坝，水库总库容约 60 321 万 m^3。近几年，完成了济宁市境内的南水北调东线一期梁济运河输水与航道结合工程、柳长河输水及交叉建筑物工程、南四湖湖内疏浚工程及抬高蓄水位影响等工程，济宁首次实现大规模、长时间的当地水、黄河水、长江水"三水"联合调度的局面。完成了南水北调一期续建配套、金乡县高河水库、梁山县蓼儿洼水库建设及河道拦蓄等雨洪资源利用工程，水资源统筹调配能力和供水保障能力逐步提升。沂沭泗河洪水东调南下续建工程南四湖湖东堤工程、湖内工程、湖西大堤加固工程顺利通过水利部淮委和山东省水利厅组织的竣工验收，全面完成了境内洙赵新河治理工程、泗河中游治理等大中型河道治理，泗水县济河、嘉祥县赵王河、曲阜市及邹城市小沂河、嘉祥县红旗河、济宁市洸府河、汶上县小汶河、任城区（原中区）及嘉祥县蔡河等重点河段治理任务；实施了东沟河、老万福河、南跃进沟、石莱河、北沙河、白马河、老运河、十字河、险河等中小河流治理规划项目；实施了小型病险水库除险加固工程。完成了大汶河琵琶山引水闸改建、泗河大闸除险加固等，启动了红旗闸除险加固工程建设，水闸防洪蓄水能力得到增强。完成了曲阜市、邹城市、泗水县山洪灾害防治项目，落实了山洪灾害防治非工程措施，初步建立起山洪灾害综合预警管理体系。以上工程的实施，使水利工程防洪能力得到提高，重点

作者简介：张琳，女，1979 年生，E-mail：jnzhanglin@126.com。

河段防洪能力普遍达到 20 年一遇防洪,南四湖堤防防洪标准 50 年一遇,南四湖滨湖洼地重点易涝洼地带达到 5 年一遇除涝标准。通过提高重要河道重点河段达到国家规定防洪标准,规划内病险水库水闸通过治理达到防洪标准,南四湖湖东蓄滞洪区实现安全运用,重点县城、重要乡镇防洪能力得到了提升。大力实施后备水源、地下水压采和回灌补源工程建设,抗旱应急供水能力明显增强。

通过多年水利建设,防洪能力显著增强,抗御旱灾能力显著提高。但随着气候变化和经济社会发展,水环境发生了深刻的变化,给防汛抗旱带了新的挑战。人民生活水平的提高,对水利建设标准、水平提出了更高的要求。需用新观念、新思路、新标准来规划布局新时代水务建设蓝图。

2 存在的问题

济宁市防洪减灾工程体系已初具规模,但标准还不适应经济社会快速发展和全面建成小康社会的要求,尤其是近年来极端突发天气事件频发,暴雨洪水的突发性、不可预见性和灾害性大大增加,应对水旱灾害的难度日益加大,还存在许多安全隐患。一是南四湖入湖河流多,汇水面积大,洪水出路不畅,加之湖内居住人口多,湖东滞洪区建设尚未启动,不具备滞洪条件,防守任务重,防洪调洪压力较大。二是小型病险水库虽纳入除险加固规划,但受资金限制,加固不彻底,存在着较大安全隐患。塘坝工程基本上未进行加固治理,处于无专管人员、无管理和维修养护经费、无管理设施、无通信设施、无观测设施的状况。三是抗旱应急水源特别是地下水储备不足。四是防汛抗旱应急管理和雨水情监测预警能力不强。随着济宁市经济总量的不断增加,人口财富的日益聚集,洪涝干旱风险加大,防汛抗旱仍面临严峻挑战。

3 几点建议

3.1 水旱灾害防御方面

(1)加大小型水库、塘坝加固治理能力。

实施千塘百库加固工程,全面提升工程标准,消除工程隐患。加大除险加固力度,抓住当前中央、省、市各级党委、政府贯彻落实"补短板、强监管"的契机,利用 2020 年、2021 年两年加大小型水库的除险加固投资,对存在重大安全隐患和严重影响工程安全运行的小型水库进行加固处理。加快小型水库标准化建设,全面推行小型水库标准化建设,逐步实现达到管理责任明细化、管理工作制度化、管理人员专业化、管理范围界定化、管理运行安全化、管理经费预算化、管理活动常态化、管理过程信息化、管理环境美观化、绩效评价规范化。

(2)盯紧看牢河湖库坝,做好防汛度汛。

做好山洪灾害的防御,全面排查沟道、河流交汇处和出山口泥沙淤积情况及群众居住状况,及时组织清淤疏浚泄洪道,防止发生山体滑坡、泥石流等次生灾害。对水库坝下村庄,逐户进行走访,摸清转移人员底数,将组织人员、转移路线、转移信号、转移车辆、临时安置点等一一明确,让群众熟练掌握避险转移的基本常识,提前组织防汛实战演练。一旦出现险情,要充分进行预警,决不能漏掉一人,确保群众能迅速、安全、有序撤离。

(3)加强防洪减灾应急管理。

加强防汛抗旱组织指挥体系建设,由市、县逐步延伸到所有乡镇和重点水利工程。严格落实防汛抗旱行政首长负责制、安全度汛责任制、防汛抗旱督查及责任追究制度。加强防汛抗旱应急能力建设,完善市级防汛抗旱物资储备体系,加强防汛抗旱服务设施建设与设备配置,提升防汛抗旱管理能力。

3.2 水资源保障方面

(1)采煤塌陷地水资源综合利用。

一是建设平原水库。利用采煤塌陷地和河流湖泊等天然水体的位置关系,结合河流水系整治升级,通过水系连通工程把塌陷地和自然水系连通起来,建设引水、蓄水、供水、排水等控制性工程,建成一批平原水库,在确保防洪安全的基础上,实现塌陷地水资源的合理配置和综合利用,提高水资源供给保障能力。二是建设生态湿地。结合城市污水处理、生态修复等项目,通过水系治理、生态护岸、净水生物种植、水利配套设施建设等综合治理措施,把采煤塌陷地建成水质净化和生态湿地,有条件的建成水利风景区或水利公园,进一步提升城市污水处理净化能力和土地、水资源综合利用能力,改善生态环境,为城市发展提供绿色空间。

(2)做好南四湖及滨湖洼地防洪排涝。

湖东、湖西河道按照防洪除涝标准进行治理,同时按照"引、蓄"要求提高回水段供水能力;通过新(重、改)建、维修加固现有建筑物,使治理区形成一个完整的防洪排涝体系,提高南四湖流域防洪除涝整体效益。安排无人机对南四湖进行航差,查找阻水障碍,疏通泄水出路。

(3)实施城乡供水一体化工程和抗旱水源建设,合理利用好地下水。

坚持"农村供水城市化,城乡供水一体化"和"规模化发展、标准化建设、规范化管理、市场化运行、企业化经营、用水户参与"建设思路,以集中水源建设、管网改造、水质处理为重点,加快农村饮水安全巩固提升工程建设,实现城乡供水一体化。推进水源保护区划定,加强水源地保护,完善水质净化处理措施,加强后备水源地建设,制定突发供水事件应急预案,保障饮水水质、水量安全。

参 考 文 献

[1] 济宁市水安全保障总体规划[R].济宁市水利局,2018:1-82.

[2] 第二次济宁市水资源调查评价报告[R].济宁市水利局,2000:1-424.

[3] 第三次济宁市水资源调查评价报告[R].济宁市城乡水务局,2019:1-269.

[4] 济宁市地下水超采区综合整治实施方案[R].济宁市人民政府,济政字〔2016〕9号:1-120.

县域节水型社会达标建设的几点思考

梁丹丹，陈艳

（淮河水利委员会水利水电工程技术研究中心，安徽 蚌埠 230001）

摘　要　为深入贯彻"节水优先"的治水方针，水利部开展了全国范围内的县域节水型社会达标建设工作，其中，河南省42个县（区）已经完成2018年度县级自评、省级验收和公示等建设验收程序并报水利部备案，由水利部淮河水利委员会对其进行复核，本文对复核工作中发现的县域节水型社会达标建设的问题进行了归纳总结，提出了相应的对策，以期为各地区开展县域节水型社会达标建设提供借鉴意义。

关键字　节水型社会；达标建设；河南省；建议

1　背景与目标

习近平总书记2014年3月14日在中央财经领导小组第五次会议上就保障水安全发表重要讲话，提出"节水优先、空间均衡、系统治理、两手发力"新时代治水方针，要求从根本上转变治水思路，把节水放在治水工作各环节的首要位置，按照"确有需要、生态安全、可以持续"的原则开展重大水利工程建设，并强化水资源取、用、耗、排的全过程监管。2017年中央一号文件提出"全面推行用水定额管理，开展县域节水型社会建设达标考核"的要求。

为深入贯彻节水优先方针，落实2017年中央一号文件要求，全面推进节水型社会建设，实现水资源可持续利用，水利部决定在全国范围内开展县域节水型社会达标建设工作，于2017年5月9日，印发了《水利部关于开展县域节水型社会达标建设工作的通知》（水资源〔2017〕184号），提出到2020年，北方各省（区、市）40%以上县（区）级行政区、南方各省（区、市，西藏除外）20%以上县（区）级行政区应达到《节水型社会评价标准（试行）》要求。各省级水行政主管部门，要按照《"十三五"水资源消耗总量和强度双控行动方案》《节水型社会建设"十三五"规划》《全民节水行动计划》确定的目标任务，统筹制订县域节水型社会达标建设工作实施方案，明确县域节水型社会达标建设的总体目标、年度任务和实施计划，组织开展辖区内县域节水型社会达标考核工作，按照自评、技术评估、验收和备案的程序进行。共设置了11个评价类别20个评价内容。

2　复核工作开展情况

按照水资源〔2017〕184号文件要求，2019年6月，印发了《水利部办公厅关于开展县域节水型社会达标建设年度复核工作的通知》（办节约〔2019〕131号），对已经完成2018年度县级自评、省级验收和公示等建设验收程序并报水利部备案的省级行政区及其223个县（区）级行政区进行复核，根据复核工作分工安排，河南省42个县（区）级行政区的复核工作由淮委负责。采取资料复核与现场检查相结合的方式，对报水利部备案的省级水行政主管部门达标建设工作开展形式复核和指标赋分合理性复核，抽取县（区）级行政区进行现场检查。

3　河南省县域节水型社会达标建设情况

为落实水资源〔2017〕184号文件要求，河南省水利厅结合河南实际，2017年印发了《河南省水利厅关于印发〈河南省开展县域节水型社会达标建设工作实施方案〉的通知》（豫水政资〔2017〕60号），要求

作者简介：梁丹丹，女，1990年生，淮河水利委员会水利水电工程技术研究中心，工程师，主要从事水利水电工程技术咨询。E-mail：1140047649@qq.com。

全省各省辖市、省直管县(市)制订本地区的县域节水型社会达标建设工作实施方案,明确总体目标、年度任务和实施计划。2018年水利厅印发了《河南省水利厅关于〈进一步加强县域节水型社会达标建设工作〉的通知》,确保到2020年全部完成水利部下达的达标任务。河南省2018年度达标建设已经组织验收并报水利部备案的42个县(区)级行政区,被确定全部达到县域节水型社会达标建设标准,占河南省全省应创建县(市、区)数量的27%,完成了2018年度达标任务。

4　存在的主要问题

4.1　基层节水管理能力不足

虽然各县(区)节水管理机构健全,但个别县(区)没有专门的节水机构和专职负责节水的工作人员,且节水工作人员少,加上职位变动,人员工作偶尔调整,缺乏节水经验积累,专职节水管理队伍建设滞后,技术力量总体薄弱。

4.2　部门间缺乏联动协调机制

节水型社会建设工作大部分地方由水利部门牵头,但其涉及社会大部分行业,由于工作职能限制,水利部门难以有效调动其他部门的工作,没有形成合力。

4.3　节水宣传力度不够

整体来讲,部分县(区)节水宣传形式单一,甚至个别县(区)只限于在"世界水日""中国水周"期间宣传,缺乏日常节水公益宣传等其他形式宣传活动。全社会对节约用水的认识不够,对未来水危机缺乏足够的认识,节水意识有待提高。

4.4　资金保障不足,缺乏激励政策

资金保障对节水型社会达标建设具有关键作用,节水建设投入不足将大大限制节水工作的全面开展。目前,县域节水型社会达标县的节水专项投入有限,国家和省级财政安排有农业节水项目资金,但没有工业和生活节水的专项资金。针对节水示范工程建设、节水载体创建、节约用水新技术、新设备的推广应用等工作缺乏资金来源,有效激励政策较少,难以激发用水户的自主节水投入和创新意识。

4.5　资料收集整理不足

部分县(区)节水型社会建设工作做得很不错,但台账资料没有归类做好,资料整理不规范。个别县(区)备案资料不完整,现场检查时发现评价内容已按照《节水型社会评价标准》进行建设。省级水行政主管部门对部分县域节水型社会达标建设的技术评估验收等过程资料备案不完整。

5　建议

5.1　设置专门节水机构及人员

建议设置专门的节水机构并配备专职人员,加强监督管理和业务指导,加强对基层技术人员和管理人员的培训,提高专业素质和管理水平。

5.2　加强政府领导,增强工作合力

加强政府对节水型社会建设的领导,各地方政府要高度重视此项工作,建立和完善节水型社会建设协调机制与合作机制,明确各相关部门的工作职责,认真履职,加强配合,增强工作合力,按照节水型社会建设要求,加快督促各部门工作落实推进,做好年度考核监督,激发各部门的主动性与积极性。

5.3　加大宣传力度,提高节水意识

加大对节水型社会建设的宣传,节水宣传活动不但要以每年的"世界水日""中国水周"为契机,开展节水活动进校园、进社区、进企事业单位,同时也应贯穿到工作和生活的方方面面,采用发传单、张贴宣传海报、播放节水公益视频等形式,通过宣传栏、电视、微博、微信等多渠道、全方位宣传节水理念,提高广大市民的节水意识,改善日常行为习惯,让节约用水成为一种良好的社会风气。

5.4　加大资金投入,创新激励政策

建议设置工业和生活节水的专项资金,纳入年度财政预算,保障节水工作经费和配套改造建设资金的投入。同时大力推行合同节水管理等模式,形成基于市场机制的节水服务模式,鼓励社会资本投入,

拓宽资金筹措渠道。出台节水激励政策,在各项节水改造项目和节水载体创建过程中,积极探索"以奖代补"等方式对县级节水型社会建设工作给予资金补助或荣誉奖励。

5.5　加强台账资料收集整理

建议各县域重视节水型社会建设工作,加强台账资料收集整理工作,严格按照《节水型社会评价标准》中的 11 个评价类别 20 个评价内容,分类整理好台账资料,定量指标值计算数据来源可靠、真实准确,定性指标依据充分、文件标准。

6　结语

全面开展县域节水型社会建设,是落实节水优先方针的重要举措,对加快实现从供水管理向需水管理转变,从粗放用水方式向高效用水方式转变,从过度开发水资源向节约保护水资源转变,具有十分重要的意义。通过推进县域节水型社会达标建设,可以全面提升全社会节水意识,倒逼生产方式转型和产业结构升级,促进供给侧结构性改革,更好满足广大人民群众对美好生态环境的需求,增强县域经济社会可持续发展能力,促进社会文明进步。

参 考 文 献

[1] 水利部.水利部关于开展县域节水型社会达标建设工作的通知:水资源〔2017〕184 号[S].2017.
[2] 水利部.水利部办公厅关于开展县域节水型社会达标建设年度复核工作的通知:办节约〔2019〕131 号)[S].2019.
[3] 河南省水利厅.河南省水利厅关于印发〈河南省开展县域节水型社会达标建设工作实施方案〉的通知:豫水政资〔2017〕60 号[S].2017.
[4] 河南省水利厅.河南省水利厅关于《进一步加强县域节水型社会达标建设工作》的通知[R].2018.

大陈闸拆除重建工程建设管理的一些经验探讨

闫朝阳

(许昌市颍汝灌溉工程运行保障中心,河南 许昌 461100)

摘 要 四类大型水闸拆除重建工程在目前政策条件下作为建设管理单位如何搞好管理,抓住主要矛盾,尤其是前期工作、招标投标、合同管理、变更管理等关键环节。本文是大陈闸拆除重建工程建设管理的一些经验和体会,供有类似建设任务的单位借鉴。

关键字 拆除重建工程;建设管理;经验探讨

1 引言

大陈闸位于许昌市襄城县北汝河大陈村东侧,控制流域面积 5 500 km²,为大(2)型水闸,设计过闸流量 3 700 m³/s。该闸是许昌市颍汝灌区供水的枢纽工程,大陈拦河闸拦蓄北汝河水通过 45 km 颍汝干渠向许昌市供水,年供水量 1.2 m³。颍汝水源是许昌市的重要水源之一,是市区生态用水的主要水源,是许昌市生活用水备用水源,是许昌市重要大型灌区工程,也是市区工业用水唯一水源,在许昌市经济社会生活中作用显著。

该工程 2016 年 10 月通过水利厅组织的初步设计方案审查,2016 年 11 月发改委对初步设计进行了批复,总投资 1.4 亿元,其中中央投资 0.84 亿元,地方配套 0.56 亿元。工程于 2018 年 8 月开标,2018 年 10 月施工队伍进入,目前工程已基本完工,审计验收工作正在进行中。工程建设在各级领导和建设参与方的共同努力下取得了较好的成果,2020 年 1 月被水利部淮河水利委员会评为"治淮文明工地",现工程已蓄水发挥效益。回顾工程紧张的建设期过程,作为建设管理方面有成功的做法,也有一些经验,总结探讨如下,供有类似建设任务的单位借鉴参考,同时对我们自己也具有重要意义,为以后工程建设做得更好提供经验。

2 工程概况

大陈闸原闸建于 1975 年,2010 年安全鉴定为四类水闸,需拆除重建,同年委托中水淮河规划设计院研究有限公司重新设计,2011 年列入全国病险大型水闸除险加固规划。

大陈闸重建要求原闸址、原规模,为 II 等大(2)型工程,主要建筑物为 2 级,次要建筑物为 3 级,临时建筑物 4 级,设计洪水标准 20 年一遇,校核洪水标准 50 年一遇,设计正常蓄水位 79.537 m,设计洪水位为 80.80 m,闸下水位 80.60 m,设计过闸流量 3 700 m³/s,校核水位 81.80 m,闸下水位 81.5 m。校核过闸流量 4 960 m³/s。工程主要建设内容,大陈闸原址拆除重建,共 12 孔,每孔 10 m,重建闸室、启闭机房及上下游连接段,消力设施和上下游岸坡护砌,管理房和水文设施等。工程内容有老闸拆除,拆除方量 4.8 万 m³,临时工程围堰导流,交通便桥等。新闸重建混凝土浇筑 4.5 万 m³,上下游铺盖边坡衬砌 7 000 m³,防护桩 3 200 m。管理房 1 200 m²。启闭机及弧形钢闸门采购和安装 640 t,工程总投资 1.2 亿元。

3 工程建设管理

3.1 全面落实建管责任

项目开工前,许昌市颍汝灌溉工程运行保障中心成立了建管局,中心全员参与建设管理,中心主任

作者简介:闫朝阳,男,1964 年生,教高,主要从事水利工程管理工作。

任建管局局长,成立了质检、安全管理、技术、拆除协调专职机构,落实责任分工。开工之初就明确了建一流工程、创文明团队的总目标,通过工程建设管理提升颍汝中心队伍素质。具体做了以下工作:一是明确责任分工,由建管局局长全面负责大陈闸建设管理工作,明确了技术负责人、质量与安全负责人、拆迁与协调负责人、财务负责人、后勤与宣传负责人职责和分工,建管局局长、技术负责人、质量与安全负责人根据有关文件规定签订了质量终生制承诺书,为工程的建设管理提供了有力的组织保障。二是全员参与驻扎工地,深度融入工程建设管理全工程。解决工程施工工程中的各种难题,监督督查工程质量、安全、进度、环境保护等问题。三是建立每周例会制度。由驻工地值班建管局领导召集参建各方每周一下午召开建设工作例会,解决工程建设中的问题。四是克服困难,协调进度。工程开工前,通过与襄城县、乡两级政府协调,有效解决了征地拆迁清表问题,使工程顺利开工。工程开工后,由于闸门厂自身经营原因无法按时供货,建管局多次与主管部门、财政部门及市政府沟通协调,通过提前支付工程款,确保了闸门厂能顺利供货。五是安全与质量并重。建管局要求各参建单位严格落实安全责任制,增强安全施工意识,牢记安全责任重于泰山,以强烈的使命感、紧迫感和一丝不苟、扎实细致的工作作风,科学施工,规范操作,认真做到安全、质量两手抓两手硬,高标准、高品质完成大陈闸除险加固工程建设任务。

3.2 质量管理

为确保大陈闸除险加固工程成为精品工程,我们在抓工程质量上绝不含糊。严格执行国家、地方技术标准,确保大陈闸除险加固工程精品工程目标的实现。一是建立健全质量保证体系和规章制度。在项目开工之前,督促各参建单位建立内部质量保证体系,制定相关的工程规章制度,切实履行岗位职责,以保证工程质量的良好进展。二是严格落实质量终身制,建立健全质量管理制度,按有关规定办理质量监督手续并及时向质量监督机构报送有关资料。三是严格履行项目法人质量管理主体责任,对施工、监理单位人员变更及出勤情况进行审批和检查,按相关规定要求组织(或委托监理)对重要隐蔽单元工程及关键部位单元工程、分部工程、单位工程、合同工程完工等验收。四是建管局与参建单位签订了合同,对工程质量以及相应的责任和义务做出明确约定,并督促参建单位履行质量义务,对技术标准执行情况进行了检查。五是在原材料上把关。工程施工过程中,严格坚持了材料报验和现场工程材料的见证取样送检制度,凡是不合格的材料不允许使用并坚决退场。六是严格报检程序。我们严格遵守"三检"制度,每道工序先由班组自己检查,合格后再由下道工序的班组检查,合格后由专职质量员进行复查,复查后再报监理、业主终检。各项报检达到要求后,再进行施工。只有严格按照施工规范进行操作,才能确保工程质量,打造大陈闸除险加固精品工程。七是坚持技术交底制度。每道工序在施工前必须进行技术交底,未进行技术交底及交底不清的坚决不予施工

工程建设中,淮河流域管理机构水利部淮河水利委员会、河南省水利工程质量监督站、许昌市水利工程质量监督站对工程实体和外观质量进行了多次巡检,获得了一致好评。

3.3 安全生产管理

为了加强水利工程建设安全生产管理,明确安全生产责任,防止和减少安全生产事故,保障人民群众生命和财产安全,根据《中华人民共和国安全生产法》《建设工程安全生产管理条例》等法律、法规,结合水利工程的特点,本着坚持安全第一、预防为主的方针,我们采取了以下措施:一是在对施工投标单位进行资格审查时,对投标单位的主要负责人、项目负责人以及专职安全生产管理人员是否经水行政主管部门安全生产考核合格进行审查。有关人员未经考核合格的,取消其投标资格。二是高度重视度汛安全,由于工程全断面施工且横跨整个汛期,防汛安全至关重要,我们专门制订了防汛方案,组织了多次防汛演练,强化了责任制、预警机制和值班制度。采取了要害部位赶工应急措施,保障了汛期安全。三是保障安全措施费足额到位,监督检查施工单位工程建设有关安全作业环境及安全施工措施等所需费用使用情况,确保费用不调减或挪用。四是组织参建单位编制保证安全生产的措施方案。五是每天工程开工前,对落实保证安全生产的措施进行了全面系统的布置,明确各参建单位的安全生产责任。每天上岗前由班组安全员进行安全要点提醒,并发到专门的微信群。六是优化施工方案,保证安全施工。监理、施工方多次组织有关技术人员,重点研究大陈闸除险加固工程施工组织方案,从基础开挖、主体施工

等每一道工序都有详细的施工方案,对达到一定规模的危险性较大的工程,施工单位编制了专项施工方案并组织专家进行了论证、审查,使安全施工有了技术保障。七是组织有关技术人员,对已确定的施工方案进行学习消化,使现场技术人员对自己所分管工程项目的规范要求有一个比较全面的了解。八是利用最新技术手段对施工现场全方位、全时段监控,监管方随时在网络上调看施工作业面情况,发现隐患即时指示整改。九是对特殊工种人员进行技术培训。通过内部培训,使项目所有的特殊工种都持证上岗。十是完善施工现场标志标牌。组织监理、施工单位专职安全员对整个施工现场进行排查,确定危险源点,在危险源点设置明显的标志标牌。

2019年9月,水利部委托黄委会专家对工程进行了暗访,河南省水利厅也多次检查巡检,由于大陈闸除险加固工程参建各方组织得力、安全措施到位,现场管理有序,评价良好。

3.4　抓文明工地建设,创造良好和谐环境

我们十分注重抓文明工地建设,自工程开工之初,建管局就向参建各方提出了建设文明工地、保优质工程的高标准目标要求,力争达到河南省及水利部的要求。一是抓绿色施工。对拆除工程采取有计划、科学合理的拆除,尤其是施工垃圾的处理,布置了特殊处理方案,垃圾影响最小化。并对拆除部位进行淋水以防粉尘的环保施工。二是抓好工地现场布置。高标准、高起点建设施工现场,在工地布局上舍得投入,"七牌二图"、标语、标识以及规定的各项标志牌到位。同时,我们还注重环境保护,在工地上种植一些草木美化工地,使施工环境得到很大的改善。三是抓好工人宿舍的建设。充分体现以人为本,大力改善职工的生产和居住条件。整个工地布局合理,美观大方,简洁实用,为员工创造了舒适的生活环境。四是抓好员工培训。进场以来,我们对项目所有施工人员都进行了思想政治、业务技术和岗位技能的培训,保证所有上岗人员都进行了培训,使大家的思想统一到建设精品工程及安全文明工地上来。

近日,经水利部淮河水利委员会公示验收审核,许昌市北汝河大陈拦河闸除险加固工程荣获2018～2019年度"治淮建设文明工地"称号。

3.5　疫情防控和抓好工地大气污染管理

由于该水源对许昌的重要性,许昌市政府要求工程必须按时完工,建设期遭遇新冠肺炎疫情,为了工程如期完工,2020年2月,建管局组织参建单位召开了复工专题会议,研判疫情文件精神,准备开工资料,做好复工准备。随后建管局根据许昌市和襄城县政府关于复工复产的要求,制订了《企业疫情防控及复工复产方案》,督促施工单位根据员工数量和防控需求,购置配备不少于2周的口罩、消毒液等疫情防控物资,并建立库存和使用台账。对复工人员进行了全面排查并做好了登记。2020年2月25日工地已正常复工,3月1日,协调信阳闸门厂进入工地完成闸门防腐、检修闸门进场等工作。工地开工以来,建管局严格落实省、市和襄城县政府关于新冠肺炎疫情管控措施,督促施工单位对施工场地和生活区实施封闭管理,按要求对重点区域和设施设备清洁、消毒;食堂要避免集中就餐;严格执行体温检测制度,体温正常方可进入办公楼、施工工地等工作场所。设立单独的隔离室,对有发热、咳嗽等症状的人员隔离并及时上报襄城县防疫部门。这些应急措施为工程按时完工打下了基础。

建设期间,正值大气污染治理攻坚关键期,全年累计接到停工封土时间多达80天。一边工期紧迫,一边是大气治理要求停工。平时省、市相关部门不间断的督查暗访,为了工程顺利施工,我们花大气力狠抓扬尘防控,投入资金、设备、人力抓好每个环节,最大限度保施工,严格做到"六个百分之百",兼顾社会大局又保障了施工进度。

4　建设管理中需要注意的几个环节

4.1　建设前期

结合大陈闸工程,河南省该项投资均存在除险加固的项目多、中央投资资金有限、投资周期均比较长的实际,加上建筑材料价格波动大,造价会有较大价差,地市财政部门仍然需要财政评审,投资总额不允许超过批复造价,因此应尽量使初设批复总价留有较大余量,避免资金不够的麻烦。比如大陈闸初次批复是2016年,资金下达为2019年,三年间材料价格上涨幅度大,财政部门不同意突破批复,为使工程顺利实施,避免麻烦,应提前考虑。

另外,评审环节财政部门为了节约资金过度杀价,有些费用压得很低,作为建管局,一定要仔细评估价格的合理性,花时间和精力做好对接,据理力争,价格有保证,质量才有保障。

招标前严格审查图纸与清单不符的问题,避免开工后引起麻烦。

4.2 招标标段划分

对于较大型的拦河闸工程,主体施工为一个整体标,不宜再分,金属结构采购为一个标,不宜再分,监理标为一个标,不宜再分,第三方检测应独立招标,验收中的水闸安全鉴定等应提早做好谋划和资金安排,与主体工程一同招标,这样可节省时间和精力。工程标段的设置过细过多增加建管方管理工作量,且标段间协调工作量也很大,一总发包不利于质量进度管控。

4.3 拆迁清表、土地征迁

拆迁清表和土地征迁牵涉人员多、工作难度大,需要各级政府联动工作,作为建管局,应向政府多汇报、早谋划,通过上级政府发文成立相应机构,落实相应责任和时限,尽量在开工前启动,该项经费切块打包交政府实施,建管局应积极组织力量做好技术配合,如放线核实拆迁面积、树木、征用土地边界、取土填土占地等工作。

4.4 合同管理

合同签订是项目管理的重要环节,一旦签订就要严格执行,合同对工程项目的影响很大,拟订合同前要仔细研究协商,一是要仔细评审看是否有隐含的额外费用支出,因为项目建设采用清单预算,没有安排预备资金,额外多出的支出存在无法支付的风险。二是招标前业主方为了找到实力强的承包商,各种条件都相对苛刻,进入合同签订后,计划资金都已落实,付款条件应尽量宽松,尽量减轻承包人的资金压力,有利于项目的顺利开展。比如大陈闸建设工程闸门安装制作标,签订合同要求支付50%后所有制作安装都要完成,执行中厂家资金周转出现问题,不能如期供货,通过大量工作签订了补充协议才完成供货,但也造成了工期延误。

4.5 变更管理

地市财政部门为了防止项目超支,采取了严苛的变更管理,使变更手续办理非常困难,一方面,一定要从前期开始做深做细设计方案,做好预算清单的审查,费用清单尽量不漏项,更符合现场实际。导流临时工程汛期变数很大,采用考虑充分、费用包死的办法,以减少变更风险。另一方面,建管方面要协调上下,向主管部门争取适当的资金变通方案,向承包各方提出要求,尽量少做变更,共同研究解决方案,减少变更的发生。

4.6 施工期管理

除上述提到的质量责任、安全进度体系管理,还应注意几个关键点:一是大体积混凝土的温控,闸底板浇筑正值深冬季节,内外温差大,一定要按设计方案中的温控措施落实到每个细节,强化保温和水循环降温等措施。二是细节质量问题,比如做好闸门墩和排架柱外观质量的控制,表面标号强度的控制,闸门防腐环节漆膜强度的控制,这些细部质量,关系到工程整体质量水平。三是防尘防大气污染管理环节,国家对大气污染治理越来越重视,要求越来越高,检查更加频繁和严格,一定要资金到位、措施到位,做到六个"百分之百",才能保障施工顺利展开。

5 结语

回顾整个建设过程,作为建设管理者,除了一些技术管理,政策环境对建设的过程影响是很大的。各地政策环境条件大同小异,建管方要结合各自实际,比如财政条件、招标投标政策,努力化解条件约束,把工程建得更好。许昌市财政部门全部取消了建管费和科研费,对工程技术进步有不小影响,呼吁给建设管理更宽松的经费支持。

新沂河70年历史回顾与前景展望

高钟勇[1],王迎涛[1],陈虎[2],徐书涛[1]

(1.骆马湖水利管理局沭阳河道管理局,江苏 宿迁 223600;
2.沂沭泗水利管理局骆马湖水利管理局,江苏 宿迁 223800)

摘　要　淮河是新中国第一条系统治理的大河,而新沂河的开挖是淮河下游地区的治淮第一仗,是沂沭泗水系治水战役打响的第一枪,在治淮事业上写下了浓墨重彩的一笔。70年来,新沂河在消减水患、保障防洪安全、促进经济发展等方面发挥了巨大作用。站在新中国治淮70周年的历史节点上,回顾新沂河的历史,是一部治淮人战天斗地、敢叫日月换新天的奋斗史,是一部水利人筑堤束水、除害兴利的光荣史。70年风雨沧桑,而今步入水利改革发展的新时代,在新时代治水思路的指引下,新沂河水利人继续弘扬新时代水利精神,牢记初心使命,攻坚克难,负重前行,为建设"幸福河"而不懈奋斗。

关键字　治淮;水利;新沂河

2020年,是新中国治理淮河70周年,新沂河的开挖是淮河下游地区的治淮第一仗,是沂沭泗水系治水战役打响的第一枪,在治淮事业上写下了浓墨重彩的一笔。70年来,新沂河始终与祖国共命运、与时代共奋进、与淮河共发展,在消减水患、保障防洪安全、促进经济发展等方面发挥了巨大作用,谱写了治淮事业的精彩华章。而今水利改革发展进入新时代,回顾新沂河70年来的风雨历程、肩负的历史使命、做出的巨大贡献,展望未来发展的光明前景,意义尤其重大而深远。

1　治理水患,开挖新沂河

在江苏省北部的平原上,从宿迁到连云港,从骆马湖到黄海边,流淌着一条大河——新沂河。新沂河西起骆马湖嶂山闸,向东流经宿豫、新沂、沭阳、灌云、灌南5个县(市、区),至燕尾港灌河口入海,是沂沭泗水系主要入海通道。新沂河河道长度146 km,两岸堤防长度283.8 km。主要由淮委沂沭泗局骆马湖水利管理局下属的宿迁水利枢纽管理局、新沂河道管理局、沭阳河道管理局、灌南河道管理局等管理。而今,站在新沂河堤防上,树木成荫,鸟语花香,堤下河水缓缓流淌,水清岸绿,一派祥和,人们很难想到,新沂河开挖时水患连连、民不聊生的情境。

淮河流域原本富足丰饶,有"走千走万,不如淮河两岸"之说。但1194年黄河夺泗夺淮以后,沂水、沭水、泗水失去了原来出路,水系紊乱,水旱灾害频发,苏北地区由此变得多灾多难,水患肆虐,成为著名的"洪水走廊"。

据史料记载,1368~1948年的581年间,沂河、泗河、沭河流域发生较大水灾就达340次之多。苏北成了有名的"大雨大灾、小雨小灾、无雨旱灾"的极贫之地。

时间回到70年前,1949年8月中上旬,苏北地区解放不久,沂河沭河暴发洪水,堤防决口150多处,苏北洪水漫流,一片汪洋,农田被淹,粮食绝收。

10月,新中国刚刚成立,毛泽东主席和周恩来总理就电告苏北区党委和行政公署,要求"全力组织人民生产自救,以工代赈,兴修水利,以清除历史上遗留的祸患"。11月,苏北区党委、苏北行署和苏北军区联合发出《苏北大治水运动总动员令》,导沂整沭工程轰轰烈烈地开始了,12月6日在沭阳举行导沂工程开工典礼,拉开了治理淮河的序幕。工程采用"筑堤、束水、漫滩"方式,在宿迁、新沂、沭阳、灌南、灌云等县境内开挖新沂河。周边9个县共出动民工58万人,他们向大自然开战,挑担推车,奔赴工地,不顾天寒地冻,克服重重困难,以生产自救、以工代赈的方法,投入了被称为"苏北治水第一仗"的气

作者简介:高钟勇,男,1984年生,沭阳河道管理局工程师,主要从事水利工程管理工作。E-mail:253943565@qq.com。

势磅礴的导沂整沭工程。

1950 年 5 月,新沂河一期工程胜利完工。几十万民工靠手挖肩抬,硬是在一片泥泞之地,平地挖出一条大河。新沂河迫使鲁南客水归槽,从根本上改变了苏北鲁南地区的水利面貌,根除了水患。新沂河的建成,不仅在苏北,甚至在淮河流域乃至全国都是新中国成立后的第一项大型水利工程。

新沂河刚刚建成不久,即在汛期抗击了 5 次洪水袭击,保住了沿线两岸秋熟作物免受洪水肆虐,保障了两岸人民生命安全。

汛期过后,在全国水利会议上,周恩来总理听了导沂整沭工程的汇报后,高兴地说:"苏北刚刚解放,就搞出了这么一条大河,当年就发挥了效益,而且没出什么问题,这是十分可喜的事!……一旦人民当了家,作了主,在建设祖国的事业中,必然会发出无穷无尽的力量,苏北人民这样干是正确的。"

2　续建加固,保流域安澜

新沂河拉开了淮河流域除洪涝、兴水利的序幕。新沂河投入使用后,经过多年行洪冲刷,堤防出现多处险情。结合流域规划的要求,治淮委员会自 1954 年起对新沂河进行了三次续建。1954 年进行第一次续建,淮阴专区组织沿线 84 万多民工,对新沂河堤等进行了整修加固,新沂河行洪标准由 3 500 m³/s 提高到 4 500 m³/s。1958 年春进行第二次续建,淮阴专区动员泗阳、泗洪、沭阳、淮阴、涟水、灌云、灌南 7 个县民工共 12 余万人,按设计标准加固南、北大堤,将新沂河行洪标准提高到 6 000 m³/s。

1964 年 12 月,国家计委和水电部相继批准江苏省水利厅于 10 月编制的《新沂河续办工程总体设计》,同意按十级台风安全行洪 6 000 m³/s 的标准全面加固新沂河。自此,新沂河进入了长达 8 年的第三次续建时期。在这 8 年中,先后动员民力 54 万人次,完成新沂河加高培厚堤防 264 km,处理了沭西渗漏险工等。

1974 年,新沂河迎来它历史上的最大洪水,沭阳水文站实测最大流量达 6 900 m³/s,总沭河出口处许口段出现严重淘刷,沭阳县城以西北堤多处堤身出现严重淘刷,县城以东北堤和南堤多处堤身窨潮、渗漏,总计长约 40 km,其中南堤大小陆湖段 12 km 发生翻沙冒水现象,成为新沂河又一有名的重点险段之一;小潮河以东 34 km 行洪水位均超过设计水位。沭阳县 8 万人上堤防汛抢险,幸遇无风无浪,终于安全度汛。1977 年,江苏省实施新沂河除险急办工程,建设程圩试验段,处理堤防裂缝和大小陆湖险工。

1983 年,经水电部批复,江苏省实施新沂河除险加固工程,土方复堤 267.8 km,处理沙湾险工,加固颜集段块石护坡,建设防汛道路等。1993 年,国务院批准"沂沭泗河洪水东调南下工程"复工,并实施了"新沂河近期除险加固工程",进行了堤防加固、险工处理等。2003 年,淮委编制了《沂沭泗河洪水东调南下续建工程实施规划》,作为国务院确定实施的治淮 19 项骨干工程之一、沂沭泗河洪水东调南下续建工程的重要组成部分,新沂河整治工程 2006 年开工实施,整治河道 185 km,加固堤防 153 km,建设防汛道路 239 km,改扩建海口枢纽、沭阳枢纽工程等,通过整治,新沂河行洪能力提高到 7 500～7 800 m³/s,使骆马湖和新沂河保护区的防洪标准提高到 50 年一遇。这也是新沂河最近一次大规模加固。

一次次地续建加固,新沂河南北两道大堤像两条臂膀更加强壮起来,更有力地护卫着两岸土地和人民。

70 年后的 2019 年,台风"利奇马"来袭,沂沭泗上游普降大到暴雨,8 月 9 日起,新沂河开始行洪,至 11 日 23 时,新沂河沭阳站水位 10.87 m,破历史最高纪录。然后水位迅速上涨至 11.31 m,超历史最高水位 0.55 m。新沂河内,平时的两三条泓道,此刻汇聚成磅礴长龙,向下游奔腾而去。洪水漫过了河滩地,淹没了生产桥,风吹浪涌,直扑两岸堤防。新沂河遇到严峻的考验。

坚固的新沂河大堤,以它磐石般的胸膛,抵御着来势汹汹的洪水。水利人迅速行动起来。沂沭泗局提前研判,调度洪水尽量从新沭河入海,减少新沂河洪水。新沂河沿线徐州、宿迁、连云港三市各级政府迅速启动防汛应急响应,沿河群众团结一心、众志成城,6 万多名干部群众日夜驻守大堤,他们白天拿着铁锹、晚上手持电筒,巡堤查险,夜以继日。面对严峻考验,无锡、南京等地的 800 名消防指战员赶赴前线,在沭阳县颜集镇设立前沿指挥部,巡查防守,厉兵秣马,共同固守新沂河大堤。

创纪录的洪水冲击下,新沂河堤防沭阳、灌云、灌南等境内先后出现了多处轻微渗水等险情。巡查人员第一时间发现,专家紧急会商,应急处置,黄沙、石子、土工布、装配围井,迅速抢险,止住堤防渗水。细致调度,全面巡查,群策群力,科学抢险,万众的力量汇聚在一起,连续多天艰苦鏖战,最终击败了肆虐的洪魔,送新沂河滔滔洪水安全入海,取得了新沂河保卫战的胜利。

70 年来,新沂河始终与祖国共命运、与时代共奋进、与淮河共发展,在消减水患、保障防洪安全、促进经济发展等方面发挥了巨大作用,谱写了治淮事业的精彩华章。

3 治理保护,追梦新时代

站在新沂河 70 年的历史新起点,我们也进入了水利改革发展的新时代。新时代承载新使命,新使命呼唤新作为。在习近平总书记"让黄河成为造福人民的幸福河"的伟大号召下,新沂河也将乘势而上,把实现"幸福河"目标贯穿在新时代治理保护工作中,再铸新一轮治淮事业发展的新辉煌。

展望新时代,在国家加快重大水利工程建设的重大历史机遇期,新沂河防洪标准将得到很大提高,将为两岸和苏北地区防洪保安提供更加有力的保障。在国务院批复淮委的新一轮流域规划《淮河流域综合规划(2012～2030 年)》中,新沂河防洪标准将提高到 100 年一遇,排洪能力扩大,设计流量提高到 8 600 m^3/s。

展望新时代,在习近平生态文明思想指引下,新沂河将加强生态建设,构建生态河湖带。新沂河是江苏省着力构建 5 条生态河湖带之一,加强护堤林建设,推进生态河湖行动,加快建设生态样板河道和示范河道,山水林田湖草综合治理、系统治理、源头治理,促进河流生态系统健康。

展望新时代,水利工程补短板力度加大,新沂河险工隐患将得到根本治理。在淮委和江苏省推动下,新一轮治淮重点工程陆续实施,新沂河历史险工、2019 年行洪出险堤段等将进行全面除险加固,以消除行洪隐患,进一步筑牢防洪保安屏障。

展望新时代,河长制从"有名"向"有实"推进,新沂河治理体系和治理能力初步实现现代化。深入推进"两违三乱"整治、"清四乱"常态化,落实属地管理责任,各类违章现象将得到全面清理整改,水事秩序得到进一步规范,实现管控有序。河道监管巡查全覆盖,水行政执法力度加大,河湖岸线空间与水面形象显著改观。

展望新时代,水资源实行最严格管理,新沂河水资源将得到更好的保护。统筹生活、生产、生态用水需求,落实节水优先,加强取水许可监督管理,河道排污口从严监管,管控水资源用水总量和用水效率,推进节水型单位创建,增强水资源刚性约束,为经济社会高质量发展提供优质的水资源保障。

展望新时代,新沂河将加快建设宜居水环境。通过流域和区域的联防联控、共保共治,新沂河监管力度进一步加大,努力实现河畅、水清、岸绿、景美,建设美丽河湖。

展望新时代,水利信息化不断推进,新沂河将着力建设"数字河道"。加快视频监控布点组网,实现河道问题动态监管,建设新沂河"一张图",信息化和现代化水平大大提高。

70 年栉风沐雨,70 年丰碑屹立。在"两个一百年"奋斗目标历史交汇点上,新沂河水利人将深入践行新时代治水方针,以高质量发展为主线,以河长制为统领,以"补短板、强监管、提质效"为基调,以改革创新为动力,用实际行动践行初心使命,为建设"幸福河"而不懈奋斗,全力谱写治淮事业新篇章!

以刑事手段打击小规模非法采砂的途径探索

杜春秧[1],史生泽[2],孟姣[3]

(1. 沂沭河水利管理局江风口分洪闸管理局,山东 临沂 276111;
2. 沂沭河水利管理局河东河道管理局,山东 临沂 276034;
3. 沂沭河水利管理局郯城河道管理局,山东 临沂 276100)

摘 要 河道非法采砂活动因暴利而屡禁不止,不仅严重影响河道行洪、破坏水生态环境,而且危害沿线群众生命财产及涉水工程安全。水行政执法人员在查处非法采砂活动时行政处罚措施强制力有限,需要公安机关以刑事手段配合打击。最高人民法院和最高人民检察院的司法解释虽然明确了"河道管理范围内非法采砂,符合规定的以非法采矿罪定罪处罚",但在处理小规模的非法采砂活动时还存在证据采集、价值认定等程序和操作上的问题。面对这些问题,各地执法部门也在探索追究非法采砂行为刑事责任的其他途径。鉴于此,本文结合一些地区的案件实例对追究非法采砂行为刑事责任的法律适用问题进行探讨。

关键字 非法采砂;刑事;水行政执法

对非法采砂活动的打击一直是水行政执法中的重点,长期执法实践表明,在进行行政处罚的同时,适时采取强有力的刑事手段,才能有效遏制河道非法采砂活动。在追究非法采砂当事人刑事责任时,水行政执法部门需要将涉嫌刑事犯罪的案件移送给公安机关进行处理,但在实际处理一些"蚂蚁搬家"式的采砂活动时,因为犯罪构成要素等原因难以进行刑事处罚,影响了对非法采砂的打击力度。所以,有必要对追究小规模非法采砂行为刑事责任时的法律适用问题进行研究。

1 现有法律定罪依据的局限

水行政执法机关在打击非法采砂行为的过程中向公安机关移送案件主要分为两类,即非法采砂行为本身直接触犯刑律的案件(主要涉嫌非法采矿罪)和办案过程中触犯刑法的案件(主要涉嫌妨碍公务罪、寻衅滋事罪等)。办案过程中触犯刑法案件的处理并不复杂,而且随着河长制的全面推行,水行政执法机关与公安机关的合作日益加深,执法人员遭遇暴力抗法的情况逐渐减少,所以此处主要讨论以非法采矿罪对违法当事人进行刑事处罚的情况。

以非法采矿罪打击非法河道采砂的依据是刑法第三百四十三条和2016年9月26日通过的两高关于办理非法采矿、破坏性采矿刑事案件适用法律若干问题的解释(以下简称"司法解释")。"司法解释"解决了过去以非法采矿罪追究采砂者刑事责任是否合理的争议,但在处理小规模盗采中还存在证据收集和价值认定的困难。

"司法解释"中第八条规定:"多次非法采矿、破坏性采矿构成犯罪,依法应当追诉的,或者二年内多次非法采矿、破坏性采矿未经处理的,价值数额累计计算。"但是水行政执法机关在办理小规模盗采案件中发现,嫌疑人为逃避打击,在已经接受过行政处罚后,再次进行盗采被发现时经常舍弃作案车辆、机械逃离现场,而水政执法人员在无法明确当事人的情况下也不能立案进行行政处罚,因而也无法达到非法采矿罪的定罪标准。

小规模非法采砂多在河道边缘进行,一般以陆路方式采掘、运输河砂。水政执法人员单次查获的砂量较少,而通过测量采砂点来计算被盗采的方量又难以证明该地河沙全部由被查获的当事人盗采,所以在很多小规模盗采案件中,矿产资源破坏的价值难以达到刑法上非法采矿罪的认定标准,使部分不法分

作者简介:杜春秧,男,1995年生,沂沭河水利管理局江风口分洪闸管理局,主要从事水政执法、水利工程管理等。
E-mail:2218304949@qq.com。

子逃过刑事打击。

另外,《中华人民共和国矿产资源法》第三十五条规定:国家允许个人采挖零星分散资源和只能用作普通建筑材料的砂、石、黏土及生活自用采挖少量矿产。相关法律规定的表述也给以非法采矿罪打击小规模盗采行为造成了一定局限性。

2 其他可能的定罪途径及案例

由前文分析可以看出,水政执法机关在配合公安机关以刑事手段打击小规模非法采砂的过程中还存在困难,需要拓宽刑事打击途径。非法盗采的行为方式、造成的危害、侵犯客体可能存在不同,但只要符合相应罪名的犯罪构成要件,就应追究其刑事责任,以下结合各地司法实践,对追究非法采砂行为刑事责任的法律适用问题进行探讨。

2.1 盗窃罪

砂石在法律上所有权归属国家,依砂石的财物属性,盗采砂石的行为侵犯了财物的所有权,足已构成盗窃罪。在"司法解释"出台之前,河北唐山、山东烟台、江苏连云港等地均有以盗窃罪追究非法开采海砂行为的案例出现,以河北唐山 2012 年郑某、李某盗采海砂案和 2013 年李某、龚某等盗采海砂案为例,两案案犯的非法采砂行为均以盗窃定罪获刑。

从各地司法实践来看,盗窃罪定罪在程序上比较简单,也更易达到定罪标准,因此一直是公安机关打击各类非法采砂活动的重要途径。不过以盗窃罪打击非法采砂在法律层面一直存在争议。部分学者认为,盗窃罪是侵犯财产犯罪,侵犯的是公私财产所有权,盗采砂石行为不但侵犯国家对矿产资源的所有权,而且侵犯了国家对矿产资源和矿业生产的管理制度,同时还侵犯了环境保护制度,盗窃罪不足以全面评价非法采砂行为。例如 2019 年,西安市中级人民法院在王某坡、万某博等盗窃罪二审刑事裁定中,当事人的盗采行为被认定为属非法采矿且涉案金额未达定罪标准,最终被判无罪。

"司法解释"出台之后,虽然特别法优于一般法的原则支持以非法采矿定罪各类盗采行为,但各地执法部门仍倾向对以盗窃罪追究非法采砂刑事责任。以 2018 年河北唐山孙某昌、孙某民盗窃案和 2017 年江西南昌钱某、钱某辉盗窃案为例,在两案的终审判决中,唐山市中级人民法院和南昌市中级人民法院均认定案犯的非法采砂行为属于盗窃。

从以上案例中可以看出,各地的公安和检察机关对以盗窃罪追究非法采砂责任比较认可,但有部分法院对此的看法仍存在分歧。因此,水政执法部门以盗窃罪名打击小规模盗采活动较为可行,但为降低执法风险,笔者建议执法人员在获得所在地司法机关特别是法院的支持后,再以涉嫌盗窃罪的名义向公安机关移交非法采砂案件。

2.2 以危险方法危害公共安全罪

砂石作为河床的构造物,对砂石的采挖也会导致流域内河道、堤防工程设施破坏或者对其安全产生威胁,影响到水道通航安全、堤防防洪安全,因此非法采砂行为也符合以危险方法危害公共安全罪的构成要件,即不特定多数人的生命、健康和重大公私财产的安全。因此,即使是小规模的非法采砂,依然有可能构成以危险方法危害公共安全罪。

对非法采砂人员追究以上两种罪名在部分地区已有司法实践。以刘某阳危害公共安全案和夏某全危害公共安全案为例,周口和西华两地法院均认定当事人非法采砂的行为造成了堤防工程的破坏,威胁河道行洪安全,构成以危险方法危害公共安全罪。

对破坏堤防和其他水利工程的打击一直是水政执法部门执法的重点,现有破坏工程的案件绝大多数都可以依据水法和防洪法处理,以上案例中的情况在水政执法过程中并不多见,不具备普适性。另外,非法采砂尤其是小规模盗采行为对河道和堤防的损害需要经过一定时间累加,从实际办案角度来看,证据获取难度比较大,而且如果能证明当事人多次盗采,以非法采矿罪定罪明显更为适当,所以水政执法部门不宜以此向公安机关移送案件。

2.3 故意毁坏财物罪

同样是因为采砂行为破坏堤防和其他水利工程,造成的危害、侵犯客体存在不同,所触犯的刑法罪名也会不同。各类水利工程设施均属于公共财物,因此盗采行为造成工程设施破坏也可能构成故意毁坏财物罪。

以内蒙古李永某故意毁坏财物案和河北白某燕、刘某合故意毁坏财物案为例,当事人因采砂、取土造成堤防受损均被判定触犯故意毁坏财物罪。另外,在江西、四川和浙江等地也有多起非法采砂案件当事人因盗采活动破坏堤防工程被法院认定构成故意毁坏财物罪,而这些案件中大多数是由水政执法机关巡查发现并移交公安机关的。

由这些案例可以看出,故意毁坏财物罪与以危险方法危害公共安全罪相比,立案标准更容易达到;还因为涉及堤防及水利工程,水行政执法人员巡查力度更强并且调查、收集证据的经验也更丰富,所以通过故意毁坏财物罪名打击小规模盗采活动在实际办案过程中也具有可行性。

2.4 非法占用农用地罪

砂石也是土地构成要素,对砂石的盗采也会造成农用地毁坏的结果。小规模河砂盗采通常发生在河道边缘,但采挖行为有时会波及临河的农用地,另外,盗采活动多发的堤防护堤地很多属性为林地,也属于农用地范畴。盗采活动会使农用地的表土剥离或使耕地难以复耕,这些行为都是对农用地的毁坏,因此盗采活动也有可能构成非法占用农用地罪。

以非法占用农用地定罪非法采砂在全国大部分地区都有案例发生,据不完全统计,2014 年至今已有 23 个省(区、市)发生过非法占用农用地采砂的刑事案件,但非法占用农用地罪与非法采矿罪一样,属于结果犯,需要达到一定危害后果才可以立案,小规模非法采砂的危害后果难以达到目前的立案标准。另外,此类案件大多涉及数项违法行为,水政执法人员向公安机关移交案件难度较大,以陕西宝鸡司某东、徐某等非法占用农用地案和刘军非法占用农用地案为例,两案案犯除占用农用地采砂外,还分别涉及寻衅滋事和公职人员职务犯罪。综上所述,笔者不建议水政执法部门以此向公安机关移送案件。

3 结语

整治各类非法采砂活动是当前强化水治理、保障水安全的重要内容,对其的管制更是横跨行政法和刑法两个法律领域,如何在现有法律法规的框架下,针对河道非法采砂具体行为方式的不同、造成的危害后果的不同、侵犯的客体的不同,认定其不同的罪名,拓宽打击非法采砂的新途径,已经是摆在执法机关面前的现实问题。

同时,非法采砂无论规模大小都是一个完整的非法产业链,各地对打击非法采砂的探索表明,包括工商、国土、矿产、农业等其他执法机关的配合都对非法采砂的打击起到了重要作用。在当前河长制全面推行流域机构与地方政府合作空前加强的背景下,如何协调与之相关的各类执法机关共同参与对非法采砂活动开展打击也成为对水政执法机关的新考验。

参 考 文 献

[1] 郭宇光,郑连合,白燕.利用法律手段规范河道采砂问题[J].水科学与工程技术,2010(1):56-58.

[2] 王健.河道采砂管理体制探讨[J].中国水利,2009(16):16-18.

[3] 邵建中.安徽省淮河河道采砂管理能力建设探析[J].水政水资源,2015(1):64-65.

[4] 陈茂山,吴强,王晓娟,等.河道采砂管理现状与立法建议[J].水利发展研究,2019,19(7):1-5.

[5] 沈琳.长江河道采砂管理中水行政执法与刑事司法衔接工作探索[J].长江技术经济,2019(3):69-73.

现行体制下沂沭泗局信息化建设探讨

李智[1]，胡文才[1]，曾平[2]

（1. 沂沭泗水利管理局水文局（信息中心），江苏 徐州　221018；
2. 淮河水利委员会沂沭泗水利管理局，江苏 徐州　221018）

摘　要　沂沭泗水利管理局是一个三级管理体制的事业单位，即沂沭泗局本部、直属局和基层局。从 1992 年开始，沂沭泗局信息化进入建设期，经过二十多年的建设，建成了 1 个中心、2 个分中心的信息化系统。随着国家水利管理体制改革，沂沭泗水利管理局信息化系统短板也越来越突出。本文从沂沭泗局当前的体制和水利信息化的现状，就新形势下如何进行信息化补短板，建设沂沭泗局水利信息系统提出自己的见解。

关键字　体制；水利信息化；现状；建设

1　概述

1981 年 10 月，为调处苏鲁两省水事矛盾，促进沂沭泗地区的省际边界稳定和经济社会发展，国务院批转了水利部关于对南四湖和沂沭河水利工程进行统一管理的请示（国发〔1981〕148 号），"沂沭泗水利工程管理局"应势成立，1992 年，为适应形势发展，加强水资源统一管理，经水利部批准，更名为"沂沭泗水利管理局"（简称沂沭泗局）；在 2002 年的机构改革中，水利部进一步确立了沂沭泗局的法律和行政地位。2003 年 3 月淮委批准沂沭泗局下属管理处和管理所都更名为管理局，形成现在的局（沂沭泗局）、直属局（原管理处）、基层局（原管理所）三级局的机构框架。2005 年，沂沭泗局按照水利部、淮委统一部署，结合直管工程实际，正式启动水利工程管理体制改革工作。从沂沭泗局机构管理体制的变革过程不难看出，经过历次改革，沂沭泗局职责权限不断得到拓展，但是三级管理体制的改革也影响了沂沭泗局信息化建设。

2　存在问题

2.1　基础设施陈旧

2.1.1　通信网络带宽严重不足

目前沂沭泗局防汛通信网主要网络设备绝大部分为 2007 年东调南下续建工程建设，已持续运行十余年，设备严重老化，故障频出，运行可靠性急剧下降；尤其是直属局现有的网络联网设备，如路由器、三层交换机是基于原有接入的单位个数、业务设定，随着基层单位的接入，对流量数据转发能力、接入端口数等都有更高的要求，原有的网络设施交换处理能力不足，板卡接口单一，必须改造才能满足基层单位接入后的联网需求。沂沭泗局防汛通信系统为"树枝状"结构，传输手段单一，没有备份的通信路由，无法形成环形通信保护。

沂沭泗局三级管理单位大部分都在县级以上的城市，受城市高层建筑影响，2007 年建设的数字微波传输通道共 22 跳，目前仅有 5 跳可正常使用，其余链路被迫采用租赁光纤的方式。租用光纤主要用于语音和计算机网络的工程管理信息传输，随着重点工程监控和水行政执法监控等视频系统的建设，视频信息传输数据量急剧增加，视频信息的传输需要干线信道带宽达到 50 ~ 200 M，而沂沭泗局工程管理信息传输通道现状带宽只有 2 ~ 100 M 不等。

作者简介：李智，男，1983 年生，沂沭泗水利管理局水文局（信息中心）副科长，工程师，主要从事水利信息化相关工作。
E-mail：582405147@ qq.com。

2.1.2 水闸监控自动化程度低

沂沭泗局下辖 25 座控制性水闸、831 座穿堤涵闸,目前仅有 11 座大型水闸在本地实现了自动控制集中启闭,水闸监控自动化程度较低。

2.2 支撑平台落后

2.2.1 数据计算、存储资源共享不足

沂沭泗局目前数据计算、存储资源主要依靠多个时期不同项目分散建设的,部分存储计算资源没有得到充分利用,存在计算、存储资源浪费。系统管理分散、复杂,运维难度大,不能集中实时监控,基础设施简单重复且投入成本高,信息资源固定,不能动态调配,资源部署周期长,难以快速地支撑部署新的应用与服务,无法提供灵活、安全和易于扩展的应用环境,业务弹性较差,难以保证系统和应用的可用性和可靠性,硬件资源难以实现共享。

2.2.2 数据资源存储分散,共享困难

数据资源主要存储于各业务系统建设数据库,数据存储分散,服务目标单一,数据库标准不统一,各数据库之间缺乏信息共享机制与手段,有些内容还相互重复,甚至互相矛盾,数据共享困难。

2.2.3 系统底图不一

各业务系统由于建设时间不同、数据获取来源不同、数据更新不及时等因素,经常导致不同系统的行政区划、道路、水系等基础地理信息数据、监测站点、工程等水利专题数据底图以及遥感影像等数据不一致,大大降低了系统的应用效果。

2.3 应用系统分散

2.3.1 系统建设分散,条块分割

系统大多分散建设在各个不同业务部门,呈现条块分割的特征,缺少综合性、整体性的综合信息服务内容,管理人员和业务人员仅能通过专业系统查看本部门甚至本专业的信息,无法浏览查询跨部门、多业务、全面性、综合性的信息。各系统没有统一的入口、统一的界面,不能"一站式"获取分散在不同部门而又相互关联的数据。

2.3.2 系统功能不够完善

新时期对流域管理提出新的业务要求,系统建设受经费、技术条件等限制,一些已建系统功能已经不能满足业务需求,需在已有系统建设基础上进一步新建或完善系统功能。

2.4 管理与保障能力不足

2.4.1 机房环境设施不健全

近年来,沂沭泗局新建的信息化项目配置了大量的计算存储设备,局本部机房空调系统超负荷运行,直属局和基层局缺少备用供电系统,空调配置低、功率小,制冷不足,缺少消防系统。

2.4.2 基层安全防护体系薄弱

直属局和基层局只配备防火墙和入侵检测系统,网络安全防护手段单一,缺乏行为审计、防病毒网关等必要的网络安全设备。安全检查、软件风险测试、应急演练等工作不能深入开展。

2.4.3 运维管理自动化水平低

安全设备的日常管理、监控和运维都是靠人工完成,网络系统、安全设备、主机操作系统和数据库等的运行状态不能直观地展示,事件管理、威胁态势、数据统计上报和业务视图等工作都缺乏技术支撑。

2.4.4 技术人员缺乏

沂沭泗局信息化运维涉及的面广、点多、专业性强,全局共有近 30 家单位,专业的网络安全管理与运维人员不足 5 人,技术人才短缺,运行维护难度大。

2.4.5 运维费不足

沂沭泗局信息化系统固定资产约 1.5 亿元,按照水利部运行维护费定额测算,年运维费需 1300 万元,2020 年到位仅 198.69 万元,无法满足系统日常运行维护需要。近几年新建的重点监控等项目投入运行后,由于缺少运行经费,损坏的设备不能及时更换,故障不能及时排除,出现了部分监控点瘫痪的现象。

2.4.6　创新应用不足

当前,物联网、大数据、云计算等日臻成熟,已经具备了与水利业务进行深度融合应用的条件,下一步建议结合在建、新建项目积极采用新技术、新产品并使之为水利业务现代化提供最有力的信息化技术支撑。

2.4.7　安全管理制度不健全

部分基层局安全管理制度不健全或者制度有缺失,存在着很多管理空白。部分单位虽然制定了安全管理制度,但针对性不够强,难以落实责任。在网络安全问题上还存在不少认知盲区和制约因素。尤其是基层水利管理单位,忙于防汛、工程管理、水资源管理和水行政管理等具体事务,对网络信息的安全性无暇顾及,安全意识淡薄,对网络信息不安全的事实认识不足,普遍存在侥幸心理,没有形成主动防范、积极应对的意识,更无法从根本上提高网络监测、防护、响应、恢复和抗击能力。

3　建设探讨

3.1　基础设施建设

3.1.1　提升信息传输带宽

当前,视频会议、固定和移动等方式的视频监控、巡查监控应用发展迅速,地图、遥感影像、业务和综合办公等数据访问量急剧增加,都使得对传输带宽需求成倍、成指数级增加。"让信息多跑路,让群众少跑路",就需要信息高速公路,需要通信通道和计算机网络的基本支撑。沂沭泗局现有通信能力已不能适应当前需要,更无法满足未来发展需要。需采用租用和共享应用等多种方式,扩展现有防汛通信网络带宽,建议租赁沂沭泗局至三个直属局100 M数字电路,直属局至下属基层局50 M数字电路的三级链路并对重要节点和区段建设应急备份通道或两种方式通信手段互为备份,从而满足视频会议、工程监控系统等应用的需要。

3.1.2　对计算机网络设备升级改造

现有网络设备严重老化,能力不足,布局不够合理,而水利部资源整合共享的总体原则是计算和存储上移,实行上级部署、下级应用的运行体系,这就要求我们大力推进现有计算机网络优化、网络设备更新改造,以满足日益发展的网络传输需要。

3.1.3　改造和扩充水闸监控设施

经济社会发展对水资源管理提出了更高要求,实施最严格水资源管理制度也对水量分配管理提出了更加精细化的要求,为此必须提升水闸管理的水平和效率,建议采用物联网、互联网＋等新技术升级改造现有水闸自动化系统,实现25座控制性水闸和831座穿堤涵闸中重点涵闸的自动化监控,其中重要的大型闸实现远程启闭、重要穿堤涵闸操作状态实时监控,以便获取实时、准确的涵闸运行状态,提升涵闸管理自动化水平,更加有效地支撑最严格水资源管理。

3.1.4　改造水文站和水位站观测和传输效率

现有水文观测和上报方式多基于定时、定期统计分析需要,缺乏不间断实时观测和实时信息传输能力,而迅速发展的物联网、互联网＋等信息化新技术为改变上述不足提供了最好的技术支撑。建议将最新的信息化技术与水文观测新需要紧密结合,构建新的水文测验与信息服务方式。实现流量、水位等信息的在线监测,更好地服务于防汛指挥、抢险救灾工作。

3.2　支撑平台建设

3.2.1　扩充计算和存储资源

鉴于当前计算和存储资源分散、能力不足、管理和服务落后等问题,建议重点开展以下几个方面的工作,首先,扩充计算和存储资源,即增加计算能力和存储空间,以满足日益增长的服务需要;其次,利用云计算等新技术改造现有资源管理方式,提升管理效率和系统运行可靠度;最后,结合三级单位资源管理、应用服务整合共享,集中部署信息资源,开展新的统一服务,满足从局本部到基层各级用户的便捷应用。

3.2.2 建立统一的地图服务

要改变各业务系统间独立建设地理信息数据资源的落后工作方式,建立起支撑沂沭泗局各个业务和各级单位应用的统一的地理信息系统,需定期更新行政区划、道路、水系等基础地理信息数据,以及监测站点、工程等水利专题数据底图,建立起高分辨率遥感影像定期更新机制,全面支撑各项业务需要。

3.2.3 强化信息资源共享与服务

结合建立统一的数据库标准体系和制定信息资源共享管理办法,促进各业务系统间资源的共享应用,减少重复建设,提高资源利用率。

3.3 应用系统建设

结合水文情报预报、防汛减灾指挥调度、水政管理、水资源管理、工程建设与运行管理等主要业务技术发展,把信息化新技术与业务工作深度融合,完善现有业务应用的功能,扩建新建信息化水平低的业务应用系统,着力推进智慧应用建设并提高对会商、决策的支持效率。

3.4 管理与保障能力建设

3.4.1 改善信息化设施

配合计算与存储资源物理集中,局本部机房环境进行全面升级,更新电源系统、空调系统,安装机房环境自动监控设备并将相关信息纳入统一的信息化运维平台,以便保障机房内软硬件设备的正常运转。

3.4.2 完善基层安全防护体系

依据统一管理策略,针对三级单位信息化设施特点,进一步升级改造安全防护系统,切实保障信息系统安全。

3.4.3 加强运维管理自动化

借鉴其他单位信息化系统运维监控与管理的经验,根据沂沭泗局信息化设施环境的特点,在配置信息化系统运维监控设备的基础上,开发网络安全态势感知与预警平台,提高运维管理自动化水平。

3.4.4 加大人才引进

有针对性地引进优秀的信息化专业人才从事信息化基础技术和管理工作,为全局信息化发展提供基础性技术保障,同时,着眼未来,以将信息化技术与水利专业技术深入融合为目的积极培养复合型人才,切实推进信息化综合应用,从而为提升水利管理现代化保驾护航。

3.4.5 争取运维经费

随着信息化建设的深入,信息化系统资源不断增加,急需改变信息化系统运维费严重短缺的局面,从根本上改变信息化系统建成后没有正常运维费用支撑的情况,需要全局高度重视这个问题并采取多种措施、多渠道积极筹措的资金保障系统正常运行,使其在水利管理工作中充分发挥效益。

3.4.6 创新信息化应用

密切跟踪当前物联网、大数据、云计算等日益发展并日臻成熟的信息化新技术,对应已经成熟应用并大力提升水利管理效率的新技术要及时采纳应用,充分发挥信息化技术优势并切实提高工作效率。

3.4.7 完善各项信息化标准制度

结合局云平台建设、资源共享和统一管理等措施,认真执行部、委信息标准、规范,同时强化本局配套标准规范的编制和执行,切实保障资源共享和统一管理的有关要求得到实行。加大宣传力度,不断强化各级单位广大职工的信息网络安全意识,加强信息网络安全措施,切实落实网络安全各项要求,保障信息化系统安全稳定运行并发挥应有的作用。

4 结语

信息化的短板是制约沂沭泗局发展的一个重要因素,要想补好短板,需要从基础做起,下一番功夫,借助全国水利信息化发展的美好契机,大力发展沂沭泗局信息化系统建设,力争让沂沭泗局信息化水平迈上一个新台阶。

参 考 文 献

[1] 俞自力,马佳,张大鹏.沂沭泗局防汛通信系统的现状与发展方向探讨[J].治淮,2015(10):73-74.

[2] 胡文才,李智,水利行业强监管新思路下沂沭泗信息化发展探讨[J].治淮,2019(11):10-11.

[3] 李智.沂沭泗局骨干网系统补短板[J].数字通信世界,2020(1):129,135.